통신이론 제7판

Principles of COMMUNICATIONS
Systems, Modulation, and Noise

Rodger E. Ziemer · William H. Tranter 지음
박상규 · 오성근 · 윤동원 · 이재진 옮김

WILEY Σ 시그마프레스

통신이론, 제7판

발행일 | 2016년 9월 1일 1쇄 발행
2021년 3월 5일 2쇄 발행

저자 | Rodger E. Ziemer, William H. Tranter
역자 | 박상규, 오성근, 윤동원, 이재진
발행인 | 강학경
발행처 | (주)시그마프레스
디자인 | 이상화
편집 | 이지선

등록번호 | 제10-2642호
주소 | 서울시 영등포구 양평로 22길 21 선유도코오롱디지털타워 A401~402호
전자우편 | sigma@spress.co.kr
홈페이지 | http://www.sigmapress.co.kr
전화 | (02)323-4845, (02)2062-5184~8
팩스 | (02)323-4197

ISBN | 978-89-6866-757-2

Principles of COMMUNICATIONS:
Systems, Modulation, and Noise, Seventh Edition

* 책값은 책 뒤표지에 있습니다.

이 도서의 국립중앙도서관 출판예정도서목록(CIP)은 서지정보유통지원시스템 홈페이지(http://seoji.nl.go.kr)와 국가자료공동목록시스템(http://www.nl.go.kr/kolisnet)에서 이용하실 수 있습니다.(CIP제어번호: CIP2016019214)

역자 서문

오늘날 우리의 삶에서 필수품이 되어버린 휴대전화는 이동 통신기기의 하나로 1990년대 이후 비약적인 발전을 거듭하여 가까운 미래에 초고속 통신 기술이 기반이 되는 5세대 통신 시대를 앞두고 있다. 1세대 통신에서는 음성을 위주로 한 아날로그 통신 기술을 사용하였고 2세대 통신부터는 디지털 통신 기술을 사용하면서 음성 통신뿐만 아니라 고속 데이터 통신이 가능하게 되었고, 이러한 기술을 다루는 통신 이론을 이해하는 것이 매우 중요하게 되었다.

Ziemer와 Tranter가 쓴 **통신이론** 제7판은 제6판의 내용에서 예제와 훈련문제를 추가하고 일부 내용을 삭제하거나 추가하면서 아날로그 통신의 변조 기법을 선형 변조 기법과 각 변조 기법으로 분리하고 MIMO 및 차세대 통신 시스템을 포함한 데이터 통신 기술에 대한 내용을 보완하였다. 이 책은 연습문제와 함께 MATLAB을 이용하여 푸는 컴퓨터 실습문제, 그리고 수학적인 표현이 많은 통신 시스템의 내용을 다양하고 쉽게 설명하고 있어 학생이나 연구원에게 좋은 교과서나 참고서가 될 수 있을 것이다.

이 책은 제6판에서 사용한 용어와 문장을 수정 · 보완하고 제7판에 추가된 내용을 번역함으로써 독자들이 더욱 쉽게 이해할 수 있도록 최선을 다하였으나 미흡한 내용이 있을 것으로 생각된다. 여러 독자들의 많은 충고와 조언을 바라며 이를 토대로 계속 수정 · 보완해나갈 것을 약속드린다.

끝으로 이 책의 번역 작업에 참여한 교수님들의 수고와 번역서가 출판될 수 있도록 적극적으로 도와주신 (주)시그마프레스 관계자 분들에게 감사를 드린다.

2016년 8월

역자 대표 박 상 규

저자 서문

이 책의 첫 판은 1976년에 출판되었는데, Neil Armstrong이 1969년 달에 인류의 첫발을 디딘 이후로 채 10년이 되지 않을 때이다. 첫 달 착륙을 이끈 프로그램들은 과학과 기술에 많은 발전을 이루도록 하였다. 이 많은 발전들, 특히 전자회로와 디지털 신호처리 분야의 발전은 통신의 발전을 위한 기반 기술이 되었다. 예를 들면, 1969년 이전에는 라디오, 전화, 그리고 텔레비전을 포함한 모든 상업적인 통신 시스템들은 모두 아날로그였다. 기반 기술들은 인터넷과 월드와이드웹, 디지털 라디오와 텔레비전, 위성 통신, GPS 시스템, 음성과 데이터를 위한 셀룰러 통신, 그리고 우리의 일상생활에 영향을 주는 다른 많은 응용이 가능하도록 했다. 이러한 응용의 심도 있는 연구내용을 제공하는 많은 책들이 쓰였다. 이 책에서 우리는 응용 분야는 자세하게 다루지 않으면서 오히려 기초 이론과 근본적인 기술들에 초점을 맞추기로 하였다. 기초 이론의 확고한 이해는 학생들이 높은 경지의 이론적 개념과 응용의 공부를 수행할 수 있도록 도울 것이다.

이러한 철학을 바탕으로 우리는 이번 판에서도 다양한 새로운 응용과 기술들을 포함하려는 유혹을 계속해서 뿌리쳤으며, 대개는 아주 짧은 주기의 응용 예 및 특정한 기술들은 학생들이 기초 이론과 분석 기술을 숙달한 후에 연계되는 과목들에서 다루는 것이 최선이라고 믿는다. 이전 판들에 대한 반응들은 특정한 기술들에 반하는 근본적인 것들을 강조하는 것이 책의 길이를 잘 유지하면서 독자들을 만족시키는 것임을 보여왔다. 이러한 전략이 우수한 학부생들과 기초를 까먹은 신입 대학원생들 그리고 이 책을 참고문헌으로 사용하거나 일과 후 과정으로 수강하는 현장의 엔지니어들을 위하여 잘 들어맞는 것 같다. 다중 입력 다중 출력(MIMO) 시스템과 채널 용량에 근접하는 부호들과 같이 근본으로 되어가는 새로운 발전들은 적절하게 자세히 다루고 있다.

제7판에서 두 가지 가장 확연한 변화는 각 장의 끝에 있는 연습문제에 훈련문제를 추가하고 3장을 두 개의 장으로 분리한 것이다. 훈련문제는 학생들에게 상대적으로 간단한 문제들로서 문제 푸는 연습을 하도록 한다. 이 문제들의 해답은 직관적이어서 전체 훈련문제들은 각 장의 중요한 개념을 모두 다룬다. 이전 판에서의 3장은 전적으로 길이 때문에 이번에는 두 장으로 나뉘었다. 3장은 이제 선형 아날로그 변조와 샘플링 이론의 직접적인 응용인 간단한 이산시간 변조 기술들에만 초점을 맞춘다. 4장은 이제 비선형 변조 기술들에 초점을 맞춘다. 모든 장에서 다수의 새로운 혹은 수정된 연습문제들이 포함되었다.

이러한 분명한 변화 외에도 다수의 다른 변화들이 제7판에서 이루어졌다. 신호 공간에 대한 예가 2장에서 제외되었는데, 이것은 책의 앞부분에서 실제로 필요치 않기 때문이다. (11장에서 신호 공간의 개념에 대해 더 충분히 다룬다.) 이전 문단에서 기술하였듯이 3장은 이제 선형 아날로그 변조 기술들을 다룬다. AM 신호의 변조 지수와 송신기 선형도를 측정하는 절 하나가 추가되었다. 아날로그 텔레비전에 대한 절은 더 이상 의미가 없기 때문에 3장에서 삭제되었다. 마지막으로 적응 델타 변조에 관한 절도 삭제되었다. 4장은 이제 비선형 아날로그 변조 기술들을 다룬다. 문제들을 제외하고는 눈에 띄는 추가나 삭제가 5장에서는 없다. 각각 확률과 랜덤 과정을 다루는 6장과 7장도 마찬가지이다. 신호 대 잡음비 측정에 대한 절 하나가 8장에 추가되었는데, 이것은 변조 시스템에서 잡음 효과를 다룬다. 페이딩 채널에 대한 기본 채널 모델에 관한 더 자세한 내용이 최적 계수를 갖는 최소 평균 제곱 오차(MMSE) 등화기와 적응 계수를 갖는 최소 평균 제곱 오차 등화기의 추가적인 예의 비트 오류율 성능에 관한 시뮬레이션 결과와 함께 9장에 추가되었다. 10장에서 여러 가지 변화들이 이루어졌다. 위성통신은 그것의 정당성을 설명하기 위해 다소 많은 분량이 필요하기에 마지못해 삭제되었다. 알라무티(Alamouti) 방법을 이용하는 MIMO 시스템에 대한 절 하나가 추가되었는데, 레일리(Rayleigh) 페이딩 채널에서 2-송신 1-수신 알라무티 신호의 성능과 2-송신 2-수신 다이버시티 시스템을 비교하는 BER 곡선으로 결론을 맺는다. 2G와 3G 시스템과 비교한 4G 셀룰러 통신의 특징들을 보여주는 간략한 논의가 10장에 또 추가되었다. 문제들을 제외하고는 11장에서 변화된 것은 없다. 채널용량에 접근하는 부호들과 연속-길이 부호 그리고 디지털 텔레비전을 논의하는 간단한 개요 절이 12장에 추가되었다.

이 책의 최근 판의 특징은 각 장마다 여러 개의 컴퓨터 예제들을 포함시킨 것이다(MATLAB은 풍부한 그래픽 자료들뿐만 아니라 학교나 산업체에서도 널리 사용되고 있기 때문에 이러한 예제들을 위하여 선택되었다). 이러한 컴퓨터 예제들은 성능 곡선을 계산하는 데 필요한 프로그램부터 어떤 형태의 통신 시스템과 알고리즘들에 관한 시뮬레이션 프로그램까지 다루고 있는데, 학생들에게 많은 계산을 하지 않고서도 좀 더 복잡한 시스템의 행태를 관찰할 수 있게 해준다. 또한 이 예제들은 학생들에게 통신 시스템을 분석하고 시뮬레이션하는 데 필요한 현대적인 계산 도구들을 접하게 한다. 비록 우리는 이 책의 특성이 변하지 않도록 보장하기 위하여 이 내용의 양을 제한해야 하지만 컴퓨터 예제들의 수는 제7판에 들어와서 더 늘어났다. 각 장에 있는 컴퓨터 예제들 외에도 많은 컴퓨터 실습문제들이 각 장의 끝부분에 포함되었으며, 문제의 수도 늘었다. 이 실습문제들은 각 장의 연습문제 다음에 나오며, 기본원리를 보여주기 위하여 컴퓨터를 사용하고 학생들에게 부가적인 통찰력을 제공하도록 설계되었다. 이전 판부터 수정된 문제들뿐만 아니라 몇몇 새로운 연습문제들이 각 장의 마지막에 포함되었다.

모든 장에 있는 컴퓨터 예제들을 다운로드할 수 있도록 소스 코드를 웹사이트로 관리하고 있다. 또 웹사이트에 포함된 것은 부록 G(훈련문제들의 해답)와 참고문헌이다. URL은 다음과 같다.

www.wiley.com/college/ziemer

비록 MATLAB 코드가 교재에 포함되어 있지만 학생들은 위의 웹사이트를 통하여 필요한 MATLAB 코드를 다운로드하기를 추천한다. 교재에 있는 코드는 프린팅, 또는 다른 형태의 오류들이 있을 수 있는데, 제공되는 예제들에 사용되는 계산 기법들에 관하여 학생들이 통찰력을 가질 수 있도록 하기 위하여 포함되었다.

또한 웹사이트에 있는 MATLAB 코드는 필요할 때마다 주기적으로 업데이트된다.

이 교재의 개발에 공헌하였고 이전 판부터 이번 개정판의 향상을 위해 조언해주신 많은 분들에게 감사를 표한다. 우리 연구를 지원해준 산업체나 기관들 외에도 또한 서신을 통해서나 말로써 우리에게 제안을 한 많은 동료들에게 감사를 표한다. University of Colorado at Colorado Springs, Missouri University of Science and Technology, 그리고 Virginia Tech에 있는 우리의 동료들과 학생들의 논평과 제안들에 대해 특히 감사한다. 이 책을 우리의 학생들에게 헌정한다. 우리는 과거 40여 년 동안 많은 사람들과 일해왔으며, 그들 중 많은 이들이 우리의 교육과 연구 철학을 형성하는 데 도움을 주었다. 우리는 그들 모두에게 감사한다.

마지막으로 40여 년의 끝이 없을 것 같은 이러한 저술 프로젝트 과정에서 가족들이 우리에게 보내준 인내와 지원에 대해 한두 마디로 다할 수 없는 많은 감사를 표하고 싶다.

Rodger E. Ziemer

William H. Tranter

차례

CHAPTER 5

기저대역 디지털 데이터 전송의 원리

CHAPTER 6

확률 및 랜덤변수 개관

CHAPTER 7

랜덤 신호 및 잡음

CHAPTER 8

변조 시스템에서의 잡음

CHAPTER 9

잡음에서의 디지털 데이터 전송의 원리

CHAPTER 10

고급 데이터 통신 주제

CHAPTER 11

최적 수신기와 신호 공간 개념

CHAPTER 12

정보 이론과 부호화

부록 A

물리적 잡음원 815

CHAPTER 1

서론

우리는 구체적인 상품들의 물리적 유통이 아니라 오히려 정보의 흐름에 의해 야기되는 무형의 경제라는 시대에 살고 있다고 말할 수 있다. 만일 우리가 어떤 중요한 상품을 구매해야 한다면 아마도 인터넷 검색을 통하여 제품에 대한 정보를 수집할 것이다. 그러한 정보 수집은 그 제품에 관한 수많은 사실까지 거의 순식간에 접할 수 있음으로써 가능해졌다. 때문에 우리는 어느 특정한 상표에 대해 더 많은 정보를 가지고 선택할 수 있게 되었다. 이러한 순식간의 정보 접근이 가능하도록 하는 기술적인 발전을 생각해볼 때 두 가지 중요한 요소가 떠오른다. 하나는 신뢰성이 높고 빠른 통신이며 다른 하나는 즉각적인 접속을 위한 정보의 저장인데, 때로는 통신과 컴퓨터의 **융합**으로 불리기도 한다.

이 책에서는 정보 전달에 대한 시스템 이론이 주 관심사이다. **시스템**이란 한 지점에서 다른 지점으로 지식을 전송하는 것과 같이 원하는 과업을 수행하기 위하여 조합되는 회로와 소자들의 조합이다. 정보의 전송을 위한 많은 수단은 로마시대의 거울을 사용한 햇빛의 반사를 사용하는 것으로부터 1800년대에 발명된 전신을 시작으로 한 현대 전기 통신의 시대에 이르는 모든 시대에 걸쳐서 사용되어 왔다. 우리가 이 책에서 **전기** 통신을 위한 시스템 이론에 관하여 논의하고 있다는 사실은 굳이 말할 나위도 없다.

전기 통신 시스템의 특징은 불확실성이 존재한다는 것이다. 이러한 불확실성의 일부분은 어느 시스템에서나 피할 수 없이 존재하는 원치 않는 신호, 넓게 얘기해서 잡음이라 불리는 것과 다른 일부분으로 정보 자체의 예측 불가능한 성질에 기인한다. 그러한 불확실성이 존재하는 상황에서의 시스템 분석은 확률적인 기법들을 필요로 한다.

잡음은 전기 통신이 시작된 초기 시대 이후부터 존재해온 문제이다. 그러나 1940년대에 이르러서야 비로소 확률을 이용한 시스템의 해석 방법이 잡음 환경에서의 통신 시스템을 분석하고 최적화하는 데 사용되었다(Wiener 1949; Rice 1944, 1945).[1] 1940년대 말에 Claude Shannon의 mathematical theory of communications(Shannon 1948)이 발표된 이후에 정보의 예

---

1 괄호 안에 있는 참고문헌들은 관계 서적 목록에서 역사적 참고문헌을 의미한다.

측할 수 없는 특성에 대해서 널리 인식되기 시작되었다는 것도 다소 놀라운 일이다. 이는 정보 이론의 시작으로서 자세한 것은 나중에 논의될 것이다.

전기 통신의 발전과 관련된 중요한 역사적 사실들이 표 1.1에 있다. 이것은 해가 지나면서 통신과 연관된 발명과 사건들의 가속적인 발전에 대한 감사를 느끼게 한다.

표 1.1 전기 통신의 발전에서 중요한 사건과 발명

Year	Event
1791	Alessandro Volta invents the galvanic cell, or battery
1826	Georg Simon Ohm establishes a law on the voltage-current relationship in resistors
1838	Samuel F. B. Morse demonstrates the telegraph
1864	James C. Maxwell predicts electromagnetic radiation
1876	Alexander Graham Bell patents the telephone
1887	Heinrich Hertz verifies Maxwell's theory
1897	Guglielmo Marconi patents a complete wireless telegraph system
1904	John Fleming patents the thermionic diode
1905	Reginald Fessenden transmits speech signals via radio
1906	Lee De Forest invents the triode amplifier
1915	The Bell System completes a U.S. transcontinental telephone line
1918	B. H. Armstrong perfects the superheterodyne radio receiver
1920	J. R. Carson applies sampling to communications
1925–27	First television broadcasts in England and the United States
1931	Teletypewriter service is initialized
1933	Edwin Armstrong invents frequency modulation
1936	Regular television broadcasting begun by the BBC
1937	Alec Reeves conceives pulse-code modulation (PCM)
WWII	Radar and microwave systems are developed; Statistical methods are applied to signal extraction problems
1944	Computers put into public service (government owned)
1948	The transistor is invented by W. Brattain, J. Bardeen, & W. Shockley
1948	Claude Shannon's ''A Mathematical Theory of Communications'' is published
1950	Time-division multiplexing is applied to telephony
1956	First successful transoceanic telephone cable
1959	Jack Kilby patents the ''Solid Circuit''—precurser to the integrated circuit
1960	First working laser demonstrated by T. H. Maiman of Hughes Research Labs (patent awarded to G. Gould after 20-year dispute with Bell Labs)
1962	First communications satellite, Telstar I, launched
1966	First successful FAX (facsimile) machine
1967	U.S. Supreme Court Carterfone decision opens door for modem development
1968	Live television coverage of the moon exploration
1969	First Internet started—ARPANET
1970	Low-loss optic fiber developed
1971	Microprocessor invented
1975	Ethernet patent filed
1976	Apple I home computer invented
1977	Live telephone traffic carried by fiber-optic cable system
1977	Interplanetary grand tour launched; Jupiter, Saturn, Uranus, and Neptune
1979	First cellular telephone network started in Japan

표 1.1 (계속)

Year	Event
1981	IBM personal computer developed and sold to public
1981	Hayes Smartmodem marketed (automatic dial-up allowing computer control)
1982	Compact disk (CD) audio based on 16-bit PCM developed
1983	First 16-bit programmable digital signal processors sold
1984	Divestiture of AT&T's local operations into seven Regional Bell Operating Companies
1985	Desktop publishing programs first sold; Ethernet developed
1988	First commercially available flash memory (later applied in cellular phones, etc.)
1988	ADSL (asymmetric digital subscriber lines) developed
1990s	Very small aperture satellites (VSATs) become popular
1991	Application of echo cancellation results in low-cost 14,400 bits/s modems
1993	Invention of turbo coding allows approach to Shannon limit
mid-1990s	Second-generation (2G) cellular systems fielded
1995	Global Positioning System reaches full operational capability
1996	All-digital phone systems result in modems with 56 kbps download speeds
late-1990s	Widespread personal and commercial applications of the Internet
	High-definition TV becomes mainstream
	Apple iPoD first sold (October); 100 million sold by April 2007
2001	Fielding of 3G cellular telephone systems begins; WiFi and WiMAX allow wireless access to the Internet and electronic devices wherever mobility is desired
2000s	Wireless sensor networks, originally conceived for military applications, find civilian applications such as environment monitoring, healthcare applications, home automation, and traffic control as well
2010s	Introduction of fourth-generation cellular radio. Technological convergence of communications-related devices—e.g., cell phones, television, personal digital assistants, etc.

첫 번째 전기 통신 시스템인 전신(telegraph)이 디지털, 즉 점(dot)과 선(dash)으로 구성된 단어들로 이루어진 디지털 부호를 이용하여 한 지점에서 다른 한 지점으로 정보를 전달했다[2]는 것은 재미있는 사실이다. 전신 이후 38년만에 나온 (목소리 파형이 아날로그 전류에 의해 전달되는) 전화의 발명은 약 75년 동안 단어 통신이라는 더 편리한 수단으로 격심한 변동을 이루었다.[3]

이러한 역사의 관점에서 왜 요즘 세상이 디지털 포맷에 의해 거의 완벽하게 지배되는지를 질문하는 것은 당연할 수 있다. 여러 가지 이유가 있는데 그중에 다음과 같은 것이 있다. (1) 미디어 고결성 : 디지털 포맷은 아날로그 기록에서보다 재생 과정에서 품질 저하가 훨씬 덜 생긴다. (2) 미디어 통합 : 소리, 그림, 워드 파일과 같은 자연적인 디지털 데이터 등에 관계없

---

2 실제의 물리적인 전신 시스템에서 점은 전신기사의 키(스위치)로 회로를 열었다 닫았다 하는 클릭을 짧게 두 번, 선은 길게 두 번 클릭하여 표현한다.

3 B. Oliver, J. Pierce, and C. Shannon, "The Philosophy of PCM," *Proc. IRE*, Vol. 16, pp. 1324-1331, November 1948 참조.

이 디지털 포맷에서는 모두 똑같이 처리된다. (3) 유연한 상호 작용 : 디지털 영역에서는 일대일부터 다대다 상호 작용까지 어떤 것이든 지원이 훨씬 더 용이하다. (4) 편집 : 글자, 소리, 이미지 혹은 비디오 등에 관계없이 디지털 포맷에서는 모두 편리하고 쉽게 편집될 수 있다.

이러한 간략한 소개와 역사를 가지고, 이제부터 전형적인 통신 시스템을 이루는 여러 가지 요소들에 대하여 좀 더 자세하게 살펴보자.

1.1 통신 시스템의 블록도

그림 1.1은 일반적으로 사용되는 단일연결(single-link) 통신 시스템의 모델을 보여주고 있다.[4] 이 블록도는 멀리 떨어진 두 지점 사이의 통신 시스템을 제시하지만, 전파 탐지기(radar)나 수중음파 탐지기(sonar)와 같이 시스템의 입력과 출력이 같은 장소에 위치한 원거리 감지 시스템에도 적용이 가능하다. 특정한 응용이나 구성에 관계없이 모든 정보 전송 시스템은 3개의 중요한 부시스템(subsystem) ― 송신기, 채널, 수신기 ― 으로 구성된다. 이 책에서는 멀리 떨어진 지점 간의 정보 전송 시스템에 대해서만 생각하겠다. 그러나 제시된 시스템 분석 기술은 이런 시스템에만 국한되지는 않음을 강조한다.

이제 그림 1.1에 있는 각 기능 요소에 대해 더 자세히 설명할 것이다.

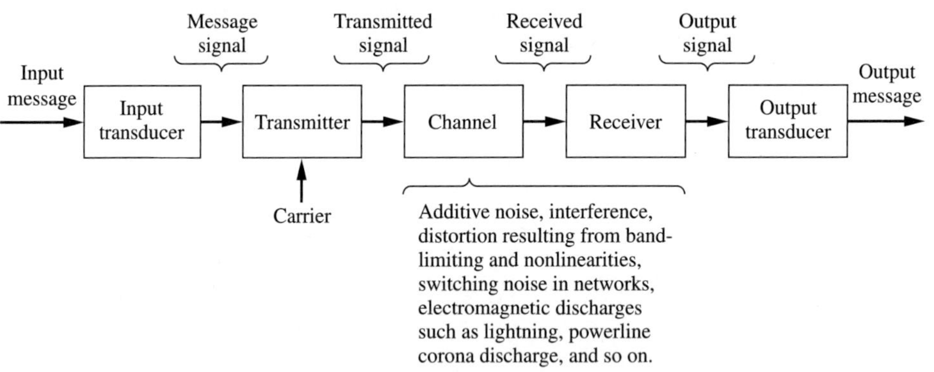

그림 1.1 통신 시스템의 블록도

4 보다 복잡한 통신 시스템은 기준이라기보다는 규칙이다. TV, 라디오와 같은 방송 시스템은 하나의 신호원으로부터 같은 정보를 받는 여러 개의 연결로 이루어진 일대다 형식이다. 위성 통신 시스템은 많은 사용자가 같은 채널을 공유하는 다중 액세스 통신이다. 사용자 집단에서 양방의 통신을 제공하는 인터넷, 전화 시스템은 가장 복잡한 다대다 형식이다. 통신자원 공유에 대한 내용이 다중화, 다중접속 주제에서 언급되지만 진반적으로 이 책에서는 단일 송신자와 단일 수신자라는 가장 단순화된 환경만을 고려한다.

입력 변환기 다양한 정보의 신호원은 여러 다른 형태의 메시지를 발생한다. 그러나 그 정확한 형태에 상관없이 메시지는 **아날로그**와 **디지털**로 분류된다. 전자는 연속적인 시간변수의 함수로 모델링할 수 있다(예 : 압력, 온도, 음성, 음악). 반면에 후자는 이산 심벌로 구성된다(예 : 쓰여진 문구). 거의 모든 경우에 신호원에 의해 생성된 메시지는 변환기에 의해 특정 종류의 통신 시스템에 알맞은 형태가 되도록 변환된다. 예를 들어, 통신에서 음성 파형은 마이크로폰에 의해서 전압 변화로 변환된다. 이렇게 변환된 메시지를 **메시지 신호**라 일컫는다. 그러므로 이 책에서는 **신호**가 시간에 따른 전압 또는 전류 같은 어떤 양의 변화로 해석된다.

송신기 송신기의 목적은 메시지를 채널에 결합시키는 역할을 한다. 구내 통화 장치(intercom system)처럼 직접 입력 변환기를 전송 매체에 연결해도 되지만, 입력 변환기로부터 나온 신호로 반송파를 **변조**하는 것이 종종 필요하다. **변조**는 메시지 신호의 함수에 따라 진폭, 위상, 또는 주파수와 같은 반송파의 어느 속성을 체계적으로 변화시키는 것이다. 반송파를 사용하고 그것을 변조하는 데에는 몇 가지 이유가 있다. 중요한 이유들은 (1) 방사(radiation)를 쉽게 하고, (2) 잡음과 간섭을 줄이며, (3) 채널 할당을 하고, (4) 한 채널로 여러 메시지를 다중화하거나 전송하며, (5) 장비의 한계를 극복하는 것이다. 이들 중 몇몇은 그 자체로 설명이 된다. 반면에 두 번째와 같은 것들은 나중에 좀 더 자세히 설명한다.

변조 이외에도 송신기에서 수행되어야 할 기본적인 다른 기능들은 필터링, 증폭, 그리고 변조된 신호와 채널을 결합하는 것이다(예를 들어, 안테나나 다른 적절한 장치를 사용하여 채널과 결합된다).

채널 채널에는 많은 다른 형태가 있다. 가장 익숙한 것은 아마도 상업 방송국의 송신 안테나와 라디오의 수신 안테나 사이에 존재하는 채널일 것이다. 이 채널에서 송신 신호는 대기나 자유 공간을 지나 수신 안테나로 전파한다. 그러나 대부분의 지역 전화 시스템에서와 같이 송신단과 수신단이 선으로 직접 연결된 것도 쉽게 찾아 볼 수 있다. 이 채널은 무선 채널과는 매우 다르다. 그러나 모든 채널은 하나의 공통점을 갖는다. 송신단에서 수신단으로 전달되는 신호는 에너지의 감쇠를 겪는다. 이런 감쇠는 통신 시스템 블록도 내의 모든 점에서 발생함에도 불구하고 관습적으로 채널에만 연관되어 있는 것으로 본다. 이 감쇠는 종종 잡음과 원치 않는 신호 혹은 간섭 때문에 나타날 뿐만 아니라 페이딩 신호 정도, 다중 전송 경로, 그리고 여파 기능과 같은 왜곡 효과도 포함한다. 이런 원치 않는 혼란들에 대해 곧 설명하겠다.

수신기 수신기의 기능은 채널의 출력으로부터 수신된 신호에서 원하는 메시지를 추출하고 그 메시지를 출력 변환기에 알맞은 형태로 변환시키는 것이다. 특별히 수신 신호의 크기가 매우 미약한 무선 통신에서는 수신기에서 증폭 과정이 제일 먼저 이루어질 수도 있지만, 수신기의 주된 기능은 수신 신호의 **복조**이다. 비록 어떤 경우에는 수신기 출력이 입력 메시지의 좀 더 일반적인 함수이기를 원하기도 하지만 변조기 입력단 메시지 신호의 크기가 변화되고, 어쩌면 시간이 지연된 형태의 출력을 종종 원한다. 그러나 잡음과 왜곡이 존재하기 때문에 성능은 이상적인 경우보다 나쁘다. 신호를 이상적으로 완벽하게 복원하는 방법은 후에 계속해서 설명하겠다.

출력 변환기 출력 변환기는 통신 시스템을 완성시킨다. 이 장치는 입력으로 들어온 전기적 신호를 시스템 사용자가 원하는 형태로 변환시키는 역할을 한다. 아마도 가장 흔한 출력 변환기는 확성기나 이어폰일 것이다.

1.2 채널 특성

1.2.1 잡음원

통신 시스템에서의 잡음은 그 근원에 따라 크게 두 가지 범주로 나누어진다. 통신 시스템 내의 저항, 전자관, 반도체 능동 소자(solid-state active device) 등의 소자들에서 발생되는 **내부잡음**이 있고, 통신 시스템 외부의 대기나 우주 또는 인공의 잡음원에 의해 발생되는 **외부잡음**이 있다.

대기잡음은 주로 뇌우에 의한 대기 내의 자연적인 전기 방전으로 생성되는 의사(spurious) 전파들로 인해 일어난다. 이것을 흔히 **정전기**(static) 혹은 **전자기상관측**(spherics)이라고 한다. 약 100MHz 아래의 주파수에서는 이런 전파의 세기가 주파수에 반비례하게 된다. 대기잡음은 시간축에서 볼 때 짧은 구간에 큰 진폭으로 집중되어 나타나며 **임펄스 잡음**의 중요한 예가 된다. 대기잡음이 주파수에 대해 역비례 관계를 갖고 있으므로, 540kHz에서 1.6MHz까지의 주파수 범위를 사용하는 상업용 AM 라디오 방송이 AM보다 50MHz 더 높은 주파수 범위를 사용하는 TV나 FM 라디오 방송에 비해 대기잡음에 의한 영향을 더 많이 받는다.

인공잡음원으로는 고전압 전력선의 코로나(corona) 방전, 통신기기의 전기 동력기에서 발생되는 잡음, 자동차나 항공기의 점화잡음, 스위칭기어에 의한 잡음 등이 있다. 점화잡음이나 스위칭잡음은 대기잡음처럼 임펄스 특성을 갖는다. 임펄스 잡음은 전화 채널과 같이 스위치가 있는 유선 채널에서 두드러지게 나타나는 잡음이다. 음성 전송과 같은 응용에서는 임펄스 잡음이 통신을 하는 데 단지 성가신 요인이지만 디지털 정보를 전송하는 경우에서는 심각한 오류를 만드는 요인이 된다.

또 다른 중요한 인공잡음원은 다른 사람의 송신기의 무선 주파수(radio-frequency)이다. 간섭 송신기로 인해 발생하는 잡음을 주로 **무선 주파수 간섭**(radio-frequency interference, RFI)

이라고 한다. 특히 대도시에서의 이동 통신처럼 고밀도의 송신기 환경에서 수신을 하는 경우 RFI는 특별히 문제가 된다.

우주잡음원으로는 태양이나 별과 같이 온도가 높은 천체들이 있다. 태양은 높은 온도(6000℃)와 지구와의 상대적인 근접성으로 인해 강한 잡음원이 되지만, 다행히도 지역적인 전파 에너지원이 넓은 주파수 스펙트럼상에 퍼져 있다. 비슷하게 별도 광대역 무선 에너지원이 된다. 별의 경우 태양에 비해 훨씬 먼 거리에 있기 때문에 잡음의 세기가 작지만 그 개수가 매우 많기 때문에 집합적으로 중요한 잡음원이 된다. 준성(quasar)이나 맥동성(pulsar)과 같은 전파성(radio star)들 역시 무선 에너지의 강한 신호원이 된다. 무선 천문학자들은 이런 별들을 신호원으로 생각하지만 통신 엔지니어들에게는 또 다른 잡음원이 된다. 태양과 우주 잡음의 주파수 범위는 수 메가헤르츠부터 수 기가헤르츠까지에 이른다.

통신 시스템에서 또 다른 간섭원으로 다중 전송 경로를 들 수 있다. 이는 건물, 지표면, 비행기, 선박 등으로부터 반사되거나 전송 매질 내의 여러 층에서 굴절되어 일어난다. 만일 산란 작용이 다수의 반사 성분을 만들어낸다면 수신된 다중경로 신호는 잡음처럼 보이게 되며 이를 **확산**이라 한다. 만일 다중경로 신호 성분이 하나 혹은 두 개의 강한 반사파로 되어 있다면 이것을 **반영**(specular)이라 한다. 마지막으로 통신 시스템에서 신호의 감쇠는 전송 매질 내에서 불규칙한 감쇠 변화 때문에 일어난다. 이러한 신호의 혼란을 **페이딩**(fading)이라 한다. 반영 다중경로로 인해 수신된 다중 신호들은 서로를 보강시키거나 상쇄시키기 때문에 반영 다중경로도 페이딩을 초래한다.

내부잡음은 전자 소자 내에 있는 전하의 불규칙한 운동으로 생긴다. 여기에는 세 가지 형태가 있다. 첫 번째로는 **열잡음**(thermal noise)이 있으며, 이는 열의 요동에 의해 야기된 도체나 반도체 내의 자유전하의 불규칙한 운동에 의해 생긴다. 두 번째로는 **산탄잡음**(shot noise)을 들 수 있으며, 이는 열이온관이나 반도체 접합 소자 내에서 불규칙한 이산 전하의 도달에 의해 발생한다. 세 번째는 **명멸잡음**(flicker noise)으로 이것은 잘 이해되지 않는 메커니즘으로 발생되며, 낮은 주파수에서 더욱 심각하다. 부록 A에서는 첫 번째 형태의 잡음원인 **열잡음**에 대해 분석적으로 설명되어 있으며, 이 모델을 사용한 시스템의 특성에 대한 예도 함께 실려 있다.

1.2.2 전송 채널의 종류

여러 종류의 전송 채널이 있지만 여기서는 전자파 전파 채널, 유도 전자파 채널, 광 채널과 같은 세 가지 보통의 유형에 대해 그 특성과 장단점을 살펴본다. 이 세 채널의 특징은 모두 전자파의 전파 현상을 바탕으로 하여 설명된다. 그러나 각각의 특징과 적용은 서로 다르기 때문에 각각을 분리해서 생각한다.

전자파 전파 채널

1864년에 James Clerk Maxwell(1831~1879)은 전자기파의 전파에 대한 가능성을 예견했다. 그는 스코틀랜드의 수학자로 Michael Faraday의 실험 결과에 이론적 바탕을 두고 있었다. 독일의 물리학자인 Heinrich Hertz(1857~1894)는 1886~1888년에 걸쳐 빠르게 진동하는 불꽃으로부터 전자파를 만들어내는 실험에 성공하여 Maxwell의 예견을 실험적으로 증명하였다. 그래서 라디오, TV, 그리고 레이더와 같은 전자파의 전파를 이용한 많은 발명에 대한 물리적 근거가 19세기 후반에 이미 발견되었다.

기본적인 물리적 원리는 전자파 에너지를 안테나라고 불리는 방사 소자를 통해 전파 매질인 자유 공간이나 대기로 연결해주는 것이다. 안테나의 구성이나 전파 매질의 특징에 따라 여러 종류의 전파 방식이 있을 수 있다. 가장 간단한 경우는 실제적으로는 불가능하지만 무한대의 범위를 갖는 매질 내에 존재하는 점신호원으로부터 전파되는 경우이다. 이런 경우 전파면(동위상 평면)은 동심구의 모양이 된다. 이러한 모델은 멀리 떨어진 우주선에서 지구까지의 전자파 에너지의 전파에 사용될 수 있다. 상업용 방송 안테나에서 전파가 전파되는 과정을 근사화하는 또 하나의 이상적인 모델이 무한한 도체판에 대해 수직인 도선의 전파이다. 이와 같은 여러 가지 이상적인 모델은 전자기학에 대한 책에서 분석되어 있다. 이 책에서는 모든 이상적인 모델에 대해 요약하려는 것이 아니고, 실제적인 채널에서 전파 현상의 기본적인 관점들을 지적하려고 한다.

우주 공간에서 두 우주선 간의 전파의 경우를 제외하면 송신기와 수신기 사이의 중간 매질

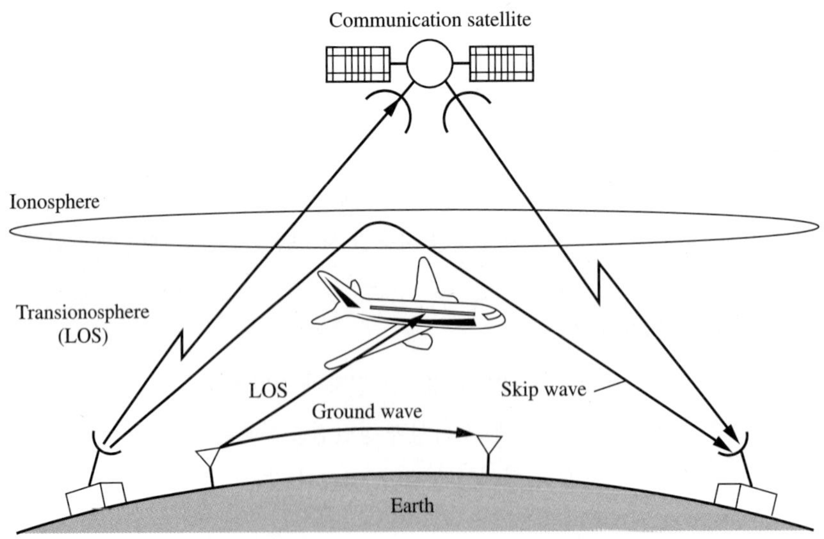

그림 1.2 여러 종류의 전자파 전파 방식(LOS는 직진파를 나타낸다.)

표 1.2 해당 표기의 각 주파수 대역

Frequency band	Name	Microwave band(GHz)	Letter designation
3–30 kHz	Very low frequency (VLF)		
30–300 kHz	Low frequency (LF)		
300–3000 kHz	Medium frequency (MF)		
3–30 MHz	High frequency (HF)		
30–300 MHz	Very high frequency (VHF)		
0.3–3 GHz	Ultrahigh frequency (UHF)	1.0–2.0	L
		2.0–3.0	S
3–30 GHz	Superhigh frequency (SHF)	3.0–4.0	S
		4.0–6.0	C
		6.0–8.0	C
		8.0–10.0	X
		10.0–12.4	X
		12.4–18.0	Ku
		18.0–20.0	K
		20.0–26.5	K
30–300 GHz	Extremely high frequency (EHF)	26.5–40.0	Ka
43–430 THz	Infrared (0.7–7 μm)		
430–750 THz	Visible light (0.4–0.7 μm)		
750–3000 THz	Ultraviolet (0.1–0.4 μm)		

Note : kHz=kilohertz = $\times 10^3$, MHz = megahertz = $\times 10^6$, GHz = gigahertz = $\times 10^9$, THz = terahertz = $\times 10^{12}$, μm = micrometers = $\times 10^{-6}$ meters.

을 자유 공간으로 근사화하는 것은 적절하지 않다. 전송 파형의 주파수와 송수신 거리에 따라서 지상 통신 링크는 직진파, 표면파, 전리층 도약파 등으로 설명될 수 있다(그림 1.2 참조). 표 1.2는 다른 응용들 가운데 레이더에 사용되는 초고주파 대역을 위한 문자 표기에 따른 3kHz에서 10^7GHz까지의 주파수 대역 목록이다. 주파수 대역이 10배의 단위로 나타난다. VHF 대역은 HF 대역에 비해 10배의 주파수 대역을 갖는다. 표 1.3은 특별한 용도의 주파수 대역을 보여준다.

일반적인 주파수 할당은 국제적인 협의에 의해 이루어진다. 현재의 주파수 할당 체계는 국제통신연합(International Telecommunications Union, ITU)에 의해 조정되고 있으며, 지역적 혹은 세계적 기반의 전파관리협의회(Administrative Radio Conferences, ARC)의 주기적인 회의 소집에 대한 책임을 가지고 있다[1995년 이전에는 WARC이고 1995년부터는 세계전파통신협의체(World Radiocommunication Conference)를 의미하는 WRC].[5] WRC의 의무는 무선 스펙트럼의 국제적 관리 감독을 위한 도구인 무선 규약(Radio Regulations)의 초안 작성, 개정

5 WARC 체제하에서 열린 WARC-79, WARC-84, WARC-92는 모두 스위스 제네바에서 개최되었으며, WRC-95, WRC-97, WRC-00, WRC-03, WRC-07, WRC-12는 WRC 체제하에서 열렸다. 다음은 WRC-15이고 4개의 정보 작업 그룹이 있다. 해양, 항공과 레이더 서비스, 지상 서비스, 우주 서비스, 그리고 규약 문제들이다.

표 1.3 공익과 군사 통신을 위해 할당된 주파수 대역[6]

Use		Frequency
Radio navigation		6–14 kHz; 90–110 kHz
Loran C navigation		100 kHz
Standard (AM) broadcast		540–1600 kHz
ISM band	Industrial heaters; welders	40.66–40.7 MHz
Television:	Channels 2–4	54–72 MHz
	Channels 5–6	76–88 MHz
FM broadcast		88–108 MHz
Television	Channels 7–13	174–216 MHz
	Channels 14–83	420–890 MHz
	(In the United States, channels 2–36 and 38–51 are used for digital TV broadcast; others were reallocated.)	
Cellular mobile radio	AMPS, D-AMPS (1G, 2G)	800 MHz bands
	IS-95 (2G)	824–844 MHz/1.8–2 GHz
	GSM (2G)	850/900/1800/1900 MHz
	3G (UMTS, cdma-2000)	1.8/2.5 GHz bands
Wi-Fi (IEEE 802.11)		2.4/5 GHz
Wi-MAX (IEEE 802.16)		2–11 GHz
ISM band	Microwave ovens; medical	902–928 MHz
Global Positioning System		1227.6, 1575.4 MHz
Point-to-point microwave		2.11–2.13 GHz
Point-to-point microwave	Interconnecting base stations	2.16–2.18 GHz
ISM band	Microwave ovens; unlicensed spread spectrum; medical	2.4–2.4835 GHz
		23.6–24 GHz
		122–123 GHz
		244–246 GHz

및 채택이다.[7]

미국에서는 연방통신위원회(Federal Communications Commission, FCC)가 주파수 대역의 사용 허가뿐 아니라 그 용도도 정하고 있다. FCC는 대통령이 지명하고 상원에서 인준된 5년 임기의 위원 다섯 명에 의해 운영된다. 대통령이 다섯 위원 중에서 한 명을 의장으로 지명한다.[8]

낮은 주파수, 즉 긴 파장에서는 전파가 지표면을 따라가는 경향이 있고, 높은 주파수, 즉 짧은 파장에서는 전파가 직진하는 경향이 있다. 저주파에서는 전파가 전리층(ionosphere, 지표면으로부터 30~250마일 사이의 상공에 존재하는 전하를 띤 입자들의 연속적인 층)에서 반사되는 특징이 있다. 따라서 약 100MHz보다 낮은 주파수에서는 도약파가 가능하다. 밤에는 태

6 Bennet Z. Kobb, *Spectrum Guide*, 3rd ed., Falls Church, VA: New Signals Press, 1996. Bennet Z. Kobb, *Wireless Spectrum Finder*, New York: McGraw Hill, 2001.

7 무선 규약 웹사이트 http://www.itu.int/pub/R.REG-RR-2004/en에 있다.

8 http://www.fcc.gov/

양으로부터 이온화가 덜 발생하기 때문에 낮은 고도의 전리층은 사라지고(E, F_1, F_2층이 F층 하나로 합해진다) 높은 고도의 전리층 하나만이 존재하게 되어 보다 더 먼 장거리까지 도약파를 전파할 수 있게 된다.

약 300MHz 이상에서는 전파가 직선으로 전파하게 된다. 이유는 이온층이 전파를 지구 쪽으로 반사시킬 만큼 충분히 전파를 굴절시킬 수 없기 때문이다. 약 1 또는 2GHz 이상의 더 높은 주파수에서는 여전히 대기가스(주로 산소), 수증기, 그리고 침전물이 전파를 흡수하고 산란시킨다. 이러한 현상 때문에 수신 신호가 감쇠되고, 주파수가 높아질수록 감쇠는 점차 심해진다(어떤 주파수들에서는 가스에 의한 흡수가 최대가 되는 공진 영역이 있게 된다). 그림 1.3은 주파수의 함수[9]로서 산소, 수증기, 그리고 강우에 대한 특정한 감쇠 곡선이다[1 데시벨(dB)은 전력비의 상용로그의 10배이다]. 대륙횡단 전화 링크나 지상-위성 간 통신 링크에서 사용되는 초고주파 링크를 디자인할 때는 대기 구성 성분에 의한 감쇠를 고려해야만 한다.

약 23GHz에서는 첫 번째 흡수 공진이 수증기 때문에 일어나고, 약 62GHz에서는 두 번째 흡수 공진이 산소의 흡수 때문에 일어난다. 대기를 통해 신호를 전송할 때는 이러한 주파수들을 피해야 되는데, 그렇지 않으면 과도한 전력이 소모될 것이다(예를 들어, 대기의 흡수가 문제가 되지 않는 두 위성 간의 상호 연결을 위한 신호로서 62GHz를 사용할 수 있는데, 그 때문에 지상에 있는 적이 도청하는 것을 막을 수 있다). 산소에 의한 또 다른 흡수 주파수는 120GHz에서 일어나고, 수증기에 의한 다른 두 개의 흡수 주파수는 180과 350GHz이다.

낮은 주파수 대역은 많은 용도로 사용되어 혼잡하기 때문에 밀리미터파(즉 30GHz 또는 그 이상)에서의 통신이 점점 중요해지고 있다(1990년대 중반에 발사된 Advanced Technology Satellite는 상향 링크(uplink)는 20GHz의 주파수를 사용하고, 하향 링크(downlink)는 30GHz의 주파수를 사용한다). 소자와 시스템의 기술이 발전되어 밀리미터파 주파수에서의 통신은 점점 실현 가능해지고 있다. 비록 상용화되지는 않았지만 30GHz와 60GHz, 즉 LMDS(Local Multipoint Distribution System)와 MMDS(Multichannel Multipoint Distribution System) 대역은 광대역 신호의 지상 전송에 사용 가능한 것으로 밝혀졌다. 나무나 빌딩과 같은 물체에 의한 방해는 물론 대기와 강우에 의한 흡수에 영향을 받기 쉽기 때문에, 이들 대역을 이용하는 시스템을 설계할 때는 대단한 주의가 요구된다. 대부분, 이들 대역의 사용은 때로는 Wi-Fi로 불리는 WiMAX(Worldwide Interoperability for Microwave Access)와 같은 표준에 의해 전용된다.[10]

1THz(1000GHz) 이상에서는 전파(radio wave)의 전파 특성은 광학적이다. 10μm(0.00001m) 파장에서는 이산화탄소 레이저가 위상동기(coherent) 방사의 광원으로 사용되고, 가시광선 레

---

9 Louis J. Ippolito, Jr., *Radiowave Propagation in Satellite Communications*. New York: Van Nostrand Reinhold, 1986, Chapter 3 and 4.

10 더 많은 정보를 원하면 Wikipedia에서 LMDS, MMDS, WiMAX, Wi-Fi 참조.

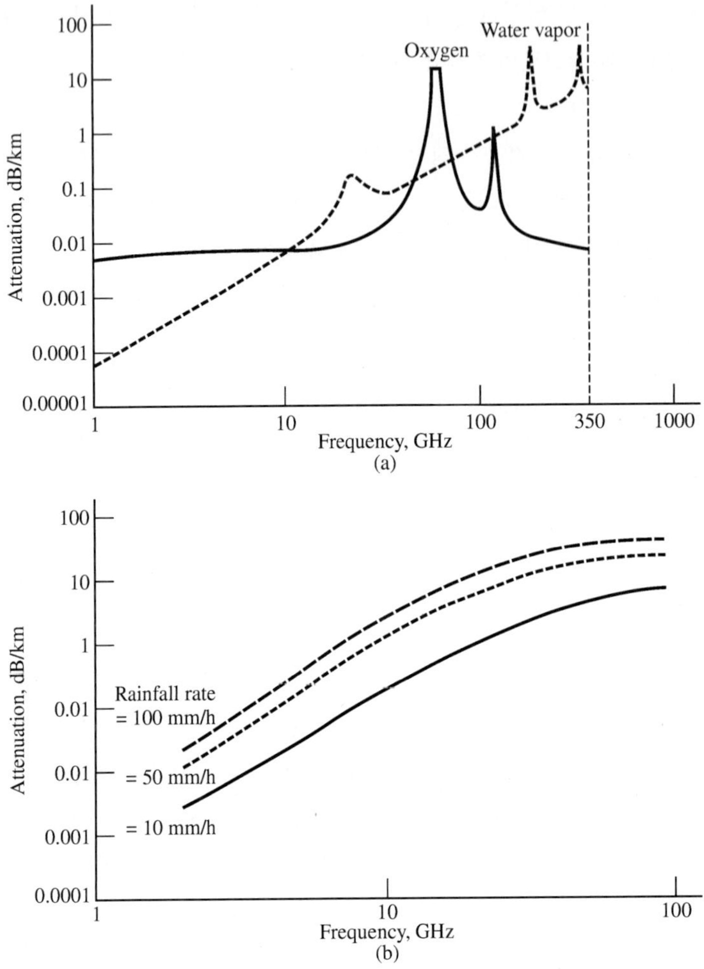

그림 1.3 대기가스와 강우에 의한 특정한 감쇠. (a) 산소와 수증기(농도 7.5g/m^3)에 의한 감쇠, (b) 10, 50, 100mm/h의 비율로 내리는 강우에 의한 감쇠

이저(예 : 헬륨-네온)는 1μm 또는 더 짧은 파장의 영역에서 방사된다. 그러한 주파수를 사용하는 지상 통신 시스템은 흐린 날에는 상당한 감쇠를 겪게 되어 지상 링크를 통한 레이저 통신은 대부분 광섬유로 제한되어 있다. 위성 간의 상호 연결을 위한 레이저 통신에 대해 여러 연구가 수행되어 왔다.

유도 전자파 채널

20세기 말까지 매우 광범위하게 볼 수 있는 유도 전자파 채널의 예는 유선을 사용하는 장거리 전화망의 일부분이었지만 이들은 거의 모두 광섬유로 대체되고 있다.[11] 한 대륙 정도 멀리 떨

11 전화 시스템에 적용되는 유도 전송 시스템에 대한 요약으로 F. T. Andrews, Jr., “Communications Tech-

어진 사람들 간의 통신은 피복이 없는 선을 이용해 음성 주파수 대역(10,000Hz 이하) 전송을 통하여 처음으로 이루어졌다. 전송의 품질은 열악한 편이었다. 1952년까지는 고주파 반송파에서의 양측파대(double-sideband)와 단측파대(single-sideband)로 알려진 변조 방식의 사용이 이루어졌다. 대부분의 경우 다중쌍 또는 동축 케이블선을 통한 통신은 좀 더 나은 품질의 전송을 가져다주었다. 1956년에 첫 번째 대서양 횡단 케이블의 완성으로 대륙 간 전화 통신은 더 이상 고주파 전파에 의존하지 않게 되었고 대륙 간 전화 서비스의 품질은 획기적으로 향상되었다.

동축 케이블 링크에서의 대역폭은 수 메가헤르츠이다. 좀 더 넓은 대역폭이 요구됨에 따라 밀리미터파 유도 전송 시스템의 발전을 촉발시켰다. 하지만 저손실 광섬유의 발전으로 밀리미터파 시스템을 향상시켜 좀 더 많은 대역폭을 얻기 위한 노력은 중단되어 왔다. 사실 광섬유의 발전은 유선도시 — 그곳에서는 디지털 데이터와 비디오가 도시 안의 어떤 거주지나 기업에도 송신될 수 있다 — 의 개념을 현실화하였다.[12] 현대적인 동축 케이블 시스템은 케이블당 13,000 음성 채널만 전송할 수 있지만, 광 링크는 그 수의 몇 배를 전송할 수 있다(제한 요소는 광원을 위한 현재 드라이버 기술이다).[13]

광 링크 광 링크의 사용은 최근까지 단 · 중거리에만 제한되어 왔다. 1988년과 1989년 초반의 태평양횡단, 대서양횡단 광케이블이 가설됨에 따라, 더 이상 거리에 따른 제한은 없다.[14] 광파를 사용한 통신을 가능하게 한 비약적인 기술은 소규모 동위상 광원(반도체 레이저), 저손실 광섬유 또는 도파관, 그리고 저손실 검출기의 개발이다.[15]

---

nology: 25 Years in Retrospect. Part III, Guided Transmission Systems: 1952–1973." *IEEE Communications Society Magazine*, Vol. 16, pp. 4–10, January 1978 참조.

12 제한인자는 비용이다. 그 비용을 감당할 잠정 고객이 많다 할지라도 한 도시의 지하를 어떻게든 연결하는 것은 대단한 비용을 필요로 한다. 케이블이나 광섬유를 연결하는 입장에서 시골의 가정에 연결단자를 공급하는 것은 상대적으로 쉽지만 잠정 고객의 수가 작아 고객당 감당해야 하는 비용이 커진다. 케이블에 비해 광섬유의 경우 종결단자가 더 비싸다. 이 최종단 문제를 해결하기 위한 여러 방법이 제안되었다. 이중 전화선으로 높은 전송율을 제공하기 위해 제안된 특정 변조 기법(표 1.1의 ADSL 참조), 이중 케이블 TV 접속(대역폭은 충분하나 감쇠의 문제), 위성(먼거리에서), 광섬유(광대역을 원하며 그것을 위해 기꺼이 대가를 지불할 수 있는 사람들을 위해), 무선접속(Wi-MAX에 대한 앞의 참고문헌 참조)이 그 예이다. 모든 상황을 해결하는 일반적인 해결책은 없다. 더 자세한 내용은 Wikipedia를 참고하라.

13 광섬유를 통한 정보의 전달이 상대적으로 짧은 WDM(wavelength division multiplexing)은 최근에 개발되었다. 그 기본 아이디어는 다음과 같다. 대역폭을 아주 넓게 증가시키기 위해서 서로 다른 레이저에서 제공하는 서로 다른 파장의 대역(색깔)이 병렬로 광섬유를 통해 보내진다. 이를 통해 수 기가헤르츠의 대역폭이 가능하다. *The IEEE Communications Magazine*, February 1999("Optical Networks, Communication Systems, and Device" 특집호), October 1999("Broadband Technologies and Trials" 특집호), February 2000("Optical Networks Come of Age" 특집호), June 2000("Intelligent Networks for the New Millennium")를 참고하라.

14 Wikipedia에서 "Fiber-optic communications" 참조.

15 광통신을 개선하기 위한 신호처리 기술의 사용법에 대한 개관으로 J. H. Winters, R. D. Gitlin, S. Kasturia,

전형적인 광섬유 통신 시스템은 광방출 다이오드나 반도체 레이저인 광원을 갖고 있는데, 광원의 빛의 강도는 정보원에 따라 변하게 된다. 이 변조기의 출력은 광전도 섬유의 입력이 된다. 수신기, 즉 빛 센서는 전형적으로 광다이오드로 되어 있다. 광다이오드에서는 입사광의 광전력에 비례하는 평균전류가 흐른다. 그러나 전하 캐리어(즉 전자)의 정확한 수는 랜덤하다. 검출기의 출력은 평균전류 — 변조에 비례한다 — 와 잡음 성분의 합이다. 이 잡음 성분은 수신기 전자기기에 의해 생성된 연집적인 특성의 열잡음과는 다르다. 그것은 산탄잡음이라 불리는데, 금속판을 두드리는 탄환에 의해 만들어지는 잡음과 유사하다. 성능 악화의 또 다른 원인은 광섬유 자체의 분산이다. 예를 들어, 광섬유로 보내진 펄스 유형 신호는 수신기에서 퍼져서 관찰된다. 손실은 케이블 간이나 케이블과 시스템 구성 부분이 연결됨으로써 발생한다.

마지막으로 광통신은 자유 공간을 통해서도 이루어질 수 있다는 것을 언급해야만 한다.[16]

1.3 시스템 분석 기법 요약

통신 시스템에서의 주요 부시스템과 전송 매체의 특성을 제시하고 논의해보았으므로 이제부터는 시스템을 분석하고 설계하는 기술들을 살펴본다.

1.3.1 시간 및 주파수 영역 분석

회로 과목 또는 선형 시스템을 분석하기 위한 선수 과목들에서 전기 공학자는 말하자면 시간과 주파수의 두 가지 세계에서 살고 있다. 또한 이원적인 시간-주파수 해석 기법은 중첩 원리가 성립하는 선형 시스템에서 특별히 가치가 있다. 비록 통신 시스템에서 보게 되는 많은 부시스템과 동작들이 대부분 선형에 대한 것이지만 많은 것이 그렇지는 않다. 그럼에도 불구하고 주파수 영역 해석은 아마도 다른 시스템 해석자들보다는 통신 공학자들에게 더욱더 대단히 귀중한 도구이다. 통신 공학자들은 순간적인 분석보다는 신호 대역폭과 주파수 영역에서의 신호 위치에 대해 주로 관심이 있기 때문에, 라플라스 변환보다는 푸리에 급수와 푸리에 변환을 이용한 정상 상태 접근법이 필수적이다. 따라서 2장에서는 푸리에 급수와 푸리에 적분, 그리고 시스템 분석에서의 이들의 역할에 대해 개략적으로 논의할 것이다.

1.3.2 변조와 통신 이론

변조 이론은 시간 영역과 주파수 영역 분석 방법을 이용해서 정보 신호의 변조와 복조를 위한

"Reducing the Effects of Transmission Impairments in Digital Fiber Optic Systems." *IEEE Communications Magazine*, Vol. 31, pp. 68-76, June 1993 참조.

16 *IEEE Communications Magazine*, Vol. 38, pp. 124-139, August 2000(free space laser communications) 참조.

시스템을 분석하고 설계하는 것이다. 특별히 양측파대 변조를 사용하여 채널을 통해 전송되는 메시지 $m(t)$를 고려해본다. 양측파대 변조된 반송파는 $x_c(t)=A_c m(t)\cos\omega_c t$ 형태인데 여기서 ω_c는 반송파 주파수이고 A_c는 반송파의 진폭이다. 변조기는 두 개의 신호를 곱할 수 있는 기능이 있어야 하며, 증폭기는 전송된 신호를 적절한 전력 크기로 만들어주기 위해서 필요하다. 그러한 증폭기의 정확한 설계는 시스템 면에서는 중요한 사항이 아니다. 그러나 변조된 반송파의 주파수는 시스템 설계를 하는 데 중요해서 상세하게 설명되어야 한다. 이원적인 시간-주파수 분석 접근법은 특히 그러한 정보를 제공하는 데 있어 도움이 된다.

채널의 다른 쪽 끝에서는 변조된 신호로부터 $m(t)$와 동일한 신호를 복원할 수 있는 수신기의 구조가 있어야만 하고, 시간-주파수 영역 기법을 적용하여 좋은 효과를 얻을 수 있어야 한다.

간섭 신호가 시스템 성능에 미치는 영향에 대한 분석 및 그러한 간섭 신호하의 성능 향상을 위한 추가적인 설계의 변경은 변조 이론을 활용하는 **통신 이론**의 한 부분이다.

간섭 신호는 언급할지라도 이 설명에서는 정보 전달 문제의 불확실한 면을 확실하게 강조하지는 않았다. 실제로 많은 것을 통계적 방법을 적용하지 않고 할 수 있다. 그러나 앞에서 지적했던 것처럼 최적화 과정과 함께 통계적 방법의 적용은 현대 통신 시대의 중요한 부분 중의 하나이며 2차 대전 전에 존재했던 것들과 개념적으로 전혀 다른 새로운 기법과 시스템의 발전을 20세기 후반부부터 이끌어왔다.

이제 통신 시스템의 통계적 최적화를 위한 몇 가지 접근 방법에 대해서 알아본다.

1.4 시스템 최적화를 위한 확률적인 접근 방법

예전에 인용되었던 Wiener와 Shannon의 업적은 근대 통계적 통신 이론의 시작이었다. 이 두 사람은 잡음 환경으로부터 정보를 갖고 있는 신호를 추출해내는 문제를 해결하기 위해 확률적인 방법을 적용했지만 서로 다른 관점으로 연구했다. 이 절에서 최적 시스템을 설계하기 위한 이들 두 가지 접근 방법을 간략히 설명한다.

1.4.1 통계적 신호 검출과 추정 이론

Wiener는 잡음으로부터 신호를 최적으로 필터링하는 문제를 생각했다. 여기서 최적이란 원하는 출력과 실제 출력 사이의 제곱 평균 오차를 최소로 하는 관점에서 사용된다. 그 결과로 생긴 필터 구조를 위너 필터(Wiener filter)라고 한다. 이런 형태의 접근은 수신기에서 복조된 출력이 송신기 메시지 입력의 신뢰할 만한 복제본이 되어야 하는 아날로그 통신 시스템에 가장 적합하다.

Wiener의 접근은 아날로그 통신에 적절한 방법이다. 한편 1940년대 초에 North(1943)는 수신기가 잡음 환경에서 이산 신호를 구별해야 하는 디지털 통신 문제에 대한 더 많은 유익한 접근법을 제시하였다. 실제로 North는 단지 펄스의 존재 또는 부재만을 검출하는 레이더에 관심을 두고 있었다. 수신기에서 검출된 신호 형태의 충실도(fidelity)는 신호 검출 문제에서 중요한 것이 아니기 때문에 North는 그것의 출력단에서 첨두 신호 대 rms 잡음비[peak-signal-to-root-mean-square (rms)-noise ratio]를 최대화하는 필터를 찾았다. 그 결과로 생긴 최적 필터를 **정합 필터**(matched filter)라 한다. 그 이유에 대해서는 디지털 데이터 전송을 취급하는 9장에서 설명한다. 시변환 환경에서 Wiener의 개념과 정합 필터의 개념이 결합되어서 **적응 필터**(adaptive filter)가 나오게 된다. 디지털 데이터 신호의 **등화**를 설명하는 9장에서 그러한 필터들의 종류에 대해서 설명한다.

여러 연구자에 의해 1950년대 초기에 통계 용어로 공식화된 Wiener와 North의 신호-추출 접근법은 오늘날 **통계적 신호 검출**(statistical signal detection)과 **추정 이론**(estimation theory)의 시초이다(몇 가지 참고문헌이 있는 Middleton 1960, p. 832 참조). Woodward와 Davies(1952)는 채널 출력에서 이용할 수 있는 모든 정보를 사용하여 수신기를 설계하였으며, 이런 이상적인 수신기는 가능한 어떤 송신 메시지가 주어졌을 때 현재 수신된 신호를 받게 될 확률을 계산하는 것으로 결정했다. 이런 계산된 확률을 **사후**(posteriori) 확률이라 한다. 이상적인 수신기는 사후 확률이 가장 큰 것에 해당하는 송신 메시지를 선택한다. 비록 이 시점에서는 다소 분명하지 않겠지만 소위 **최대 사후**(maximum a posteriori, MAP) 정리는 검출 · 추정 이론의 초석 가운데 하나이다. 검출 이론의 발전에 있어서 폭넓은 영향을 미친 결과를 가져온 다른 발전은 일반화된 벡터 공간의 개념을 이용한 것이다(Kotelnikov 1959; Wozencraft and Jacobs 1965). 이러한 개념들은 9~11장에서 좀 더 자세하게 다룬다.

1.4.2 정보 이론과 부호화

Shannon이 생각했던 기본적인 문제는 "메시지 정보원이 있을 때 주어진 채널을 통과하는 정보량을 최대화하기 위해 메시지를 어떻게 나타내야 하는가?" 하는 것이다. Shannon은 이산 및 아날로그 정보원에 대한 이론을 모두 정립했지만, 여기에서는 이산 시스템에 관해서만 생각한다. 명백히 이 이론은 기본적으로 정보량의 측정에 관한 것이다. 우선 적절한 척도를 정의한 후(12장에서 다룰 것이다), 그다음 단계에서 채널을 통해 전송할 수 있는 정보의 최대 전송률로 채널 정보 전송 용량, 즉 간단히 말해 용량을 정의한다. 지금 당면한 분명한 의문은 "채널이 주어졌을 때 그 채널의 용량에 얼마만큼이나 도달할 수 있으며 그 수신된 메시지의 품질은 어느 정도인가?"이다. 대단히 놀랍고도 가장 중요한 샤논 이론(Shannon's theory)의 결과는 전송 신호를 적절히 재구성함으로써 전송을 위하여 충분히 긴 임의의 시간이 주어진다면 잡음이 존재한다고 할지라도 **임의의 작은 오차를 허용하면서 채널 용량보다 작은 전송률로**

그 채널을 통하여 정보를 전송할 수 있다는 것이다. 이것이 Shannon의 두 번째 정리에 관한 요지이다. 이 시점에서 우리의 논의를 이진 이산 정보원으로만 제한한다면 Shannon의 두 번째 정리는 채널 입력에서 n자리 길이로 된 2^n개의 가능한 이진 수열을 원소로 갖는 집합으로부터 랜덤하게 부호어를 선택하여 증명할 수 있다. 모든 가능한 코드를 선택하여 평균적으로 보았을 때 어느 주어진 n자리 수열이 수신되는 것에 대한 오류 확률은 n이 커질수록 더욱 작아진다. 그래서 많은 적당한 부호가 존재한다. 그러나 이런 부호를 찾는 방법은 설명하지 않았다. 실제로 이것이 초창기부터 정보 이론의 고민이며, 이 때문에 활발한 연구가 이루어지고 있는 것이다. 최근 몇 년 동안에 적당한 크기의 하드웨어로 구현할 수 있으면서 복호를 할 때 적당한 시간만이 요구되는 부호화와 복호화 기법을 찾아내는 커다란 진보를 이루었다.

몇 가지 기본적인 부호화 기술을 12장에서 설명한다.[17] 아마도 부호화(coding)의 최근 역사에서 가장 놀라운 발전은 1993년 프랑스 연구자들이 한 터보 부호화의 발명과 그에 따른 출판이다.[18] 여러 연구자들에 의해 추가적으로 증명된 그들의 결과는 샤논 한계(Shannon limit)에 수 데시벨 오차 내의 성능을 보여준다.[19]

1.4.3 최신 동향

과거 수십 년간 통신 이론과 그것의 실질적인 구현에 있어서 굉장한 발전이 있었다. 이 중 일부는 이 책에서 나중에 다시 지적할 것이다. 이 시점에서 이들 진보에 대한 요점들을 알려고 하는 것은 이 책에 깔려 있는 의도인 통신 이론의 기본 개념들을 다루는 것을 지연시킨다. 이 시점에서 추가적으로 읽기를 원한다면 *IEEE Proceedings*의 최신호 두 권이 다음의 두 분야에 대한 정보를 제공할 것이다. 터보-정보처리(다른 응용들에서 터보 부호를 복호화하는 데 사용)[20]와 다중 입력 다중 출력(MIMO) 통신 이론(이것은 무선 네트워크의 발전에 큰 영향을 끼칠 것으로 기대된다).[21] 현대 통신 이론의 시작부터 최근까지 발전에 대해 대략적으로 살펴본

---

17 '샤논 이론'에 대한 최근 조사를 알고 싶으면 S. Verdu, "Fifty Years of Shannon Theory," *IEEE Transactions on Information Theory*, Vol. 44, pp. 2057-2078, October 1998 참조.

18 C. Berrou, A. Glavieux, and P. Thitimajshima, "Near Shannon Limit Error-Correcting Coding and Decoding: Turbo Codes", *Proc. 1993, Int. Conf. Commun.*, pp. 1064-1070, Geneva, Swizerland, May 1993과 D. J. Costello and G. D. Forney, "Channel Coding: The Road to Channel Capacity," *Proc. IEEE*, Vol. 95, pp. 1150-1177, June 2007 참조.

19 실제로 1963년 Robert Gallager에 의해 발명된 low-density-parity-check 부호가 이론적인 한계에 근접하는 데이터 전송률을 지닌 첫 번째 부호이다(Gallager 1963). 하지만 그것은 1963년에는 구현이 불가능한 것이었다. 그래서 이론의 실질적인 발전과 충분히 진보한 프로세서들로 인해 그들에 대한 흥미를 부활시킬 때까지 과거 10~20년 동안 잊혀져 있었다.

20 *Proceedings of the IEEE*, Vol. 95, no. 6, June 2007. Special issue on turbo-information processing.

21 *Proceedings of the IEEE*, Vol. 95, no. 7, July 2007. Special issue on multi-user MIMO-OFDM for next-generation wireless.

것의 진수는 각 분야의 전문가들에 의해 그 가치를 인정받아 대략 50년 동안의 기간을 통해 선정된 논문들을 한 권의 책으로 모아놓은 것에서 얻을 수 있다.[22]

1.5 미리 보기

이미 설명한 것처럼 통신 시스템을 분석하는 데 있어 확률과 잡음의 특성은 중요하다. 따라서 2~5장에서 기본적인 신호, 시스템, 그리고 잡음이 없을 때의 변조 이론과 디지털 데이터 전송의 기본을 설명한 후에, 6~7장에서 확률과 잡음 이론을 간단히 설명한다. 이후로 8장에서 우리는 이러한 도구들을 아날로그 통신 구조의 잡음 해석에 적용한다. 9~10장에서는 디지털 데이터 전송을 고려할 때 최적의 수신기를 찾기 위해 확률적인 기법을 사용한다. 그리고 여러 유형의 디지털 변조 방식을 오류 확률을 통해서 분석한다. 11장에서는 일반적인 경우에 대해서 최적 신호 검출과 추정 기법에 접근해보고, 신호 공간 기법으로 예전에 분석해보았던 시스템의 동작 원리를 알아본다. 미리 언급된 것처럼 정보 이론과 부호화는 12장의 주제이다. 이것은 실제 통신 시스템과 이상적인 것을 비교할 수 있는 수단이다. 이런 비교는 시스템 선택을 위한 자료를 제시해주며 12장에서 고려된다.

마지막으로 광, 컴퓨터, 군사 통신 등과 같은 통신 기술의 다양한 분야들은 이 책에서 취급되지 않았다는 것을 꼭 얘기하고 싶다. 하지만 역시 이러한 분야에서도 여러분은 이 책에서 전개된 원리를 적용할 수 있다.

참고문헌

이 장에 대한 참고문헌은 근대 통신 이론의 역사적 발전을 설명하는 것으로서 선택하여 전반적으로 읽는 것이 쉽지 않을 것이다. 그것들은 관계 서적 목록의 역사적 참고문헌 부분에서 찾을 수 있다. 또한 2~4장의 참고문헌에 나열되어 있는 책들의 서론 부분을 참조해도 될 것이다. 이러한 책은 관계 서적 목록의 중요 부분에 나온다.

---

22 W. H. Tranter, D. P. Taylor, R. E. Ziemer, N. F. Maxemchuk, and J. W. Mark (eds.). *The Best of the Best: Fifty Years of Communications and Networking Research*, John Wiley and IEEE Press, January 2007.

CHAPTER 2

신호와 선형 시스템 분석

정보 전송 시스템에 대한 연구는 본질적으로 시스템을 통해서 신호를 전송하는 것과 관련이 있다. 1장에서 **신호**는 어떤 양, 주로 전압 또는 전류의 시간에 따른 변화로 정의되었다. **시스템**은 어떤 요구된 기능을 수행하기 위해 선택된 소자와 네트워크(부시스템)의 조합이다. 현대 통신 시스템은 매우 복잡하여 요구되는 시스템을 실제로 만들기 전에 시험용 부시스템들로 많은 분석과 실험을 행한다. 그래서 통신 기술자의 도구는 신호와 시스템을 위한 수학적 모델이다.

이 장에서는 통신 공학에 사용되는 신호와 시스템의 모델링 기법과 분석에 필요한 기술에 대해 설명한다.[1] 신호 표현에 대한 시간-주파수의 이원적 관점과 선형, 시불변, 2단자 시스템에 대한 모델이 우선적인 관점이다. 모델링이란 신호 또는 시스템 자체가 아니라 현 문제에서 핵심되는 중요 특성을 수학적으로 이상화하여 제시해주는 것임을 항상 명심하는 것이 중요하다.

이러한 간단한 소개와 함께 이제 신호의 분류 및 신호와 시스템을 모델링하는 다양한 방법들에 대해 알아볼 것이다. 이러한 방법들은 복소 지수 푸리에 급수와 푸리에 변환을 이용한 신호의 주파수 영역에서의 표시 방식과 신호에 대한 그러한 시스템의 효과를 분석하기 위한 선형 시스템 모델과 기술을 포함한다.

2.1 신호 모델

2.1.1 결정 신호와 랜덤 신호

이 책에서 우리는 결정 신호와 랜덤 신호라는 두 가지 광의의 부류의 신호를 다룬다. 결정 신호는 완전히 구체화된 시간의 함수로서 표현되는 신호이다. 예를 들어 신호,

$$x(t) = A\cos\left(\omega_0 t\right), \quad -\infty < t < \infty \tag{2.1}$$

1 이 주제에 대한 좀 더 완전한 취급은 선형 시스템 이론에 대한 교재들에서 찾을 수 있다. 이 장에서 추천하는 참고문헌을 참조하라.

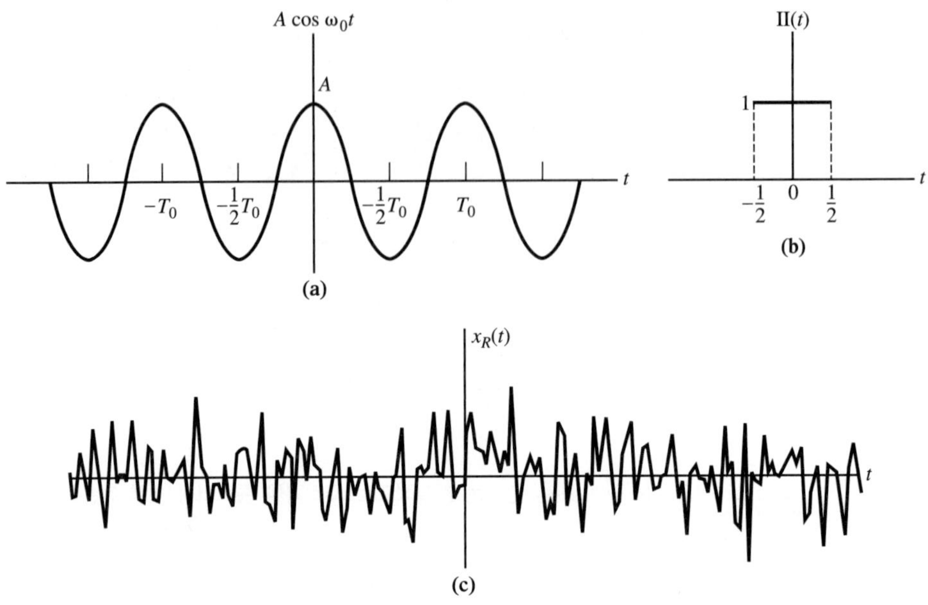

그림 2.1 다양한 형태의 신호의 예. (a) 결정적(정현파) 신호, (b) 단위 구형 펄스 신호, (c) 랜덤 신호

는 결정 신호로서 친숙한 예로, 여기서 A와 ω_0는 상수이다. 다른 예로는 $\Pi(t)$로 표시되는 단위 구형 펄스가 있으며, 다음과 같이 정의된다.

$$\Pi(t) = \begin{cases} 1, & |t| \le \frac{1}{2} \\ 0, & \text{otherwise} \end{cases} \tag{2.2}$$

랜덤 신호는 어떤 주어진 시간에 랜덤한 값을 가지는 신호이고, 확률적으로 모델링되어야만 한다. 이들은 6~7장에서 다룰 것이다. 그림 2.1은 방금 논의된 다양한 형태의 신호를 나타낸 것이다.

2.1.2 주기 신호와 비주기 신호

식 (2.1)에 정의된 신호는 **주기 신호**의 한 예이다. 신호 $x(t)$는 다음 조건이 만족될 때 주기적이라고 할 수 있다.

$$x(t + T_0) = x(t), \quad -\infty < t < \infty \tag{2.3}$$

여기서 상수 T_0는 주기이다. 식 (2.3)을 만족시키는 가장 작은 수의 T_0를 **기본 주기**라 한다[수식어 '기본(fundamental)'은 종종 생략된다]. 식 (2.3)을 만족하지 않는 신호는 **비주기 신호**이다.

2.1.3 페이저 신호와 스펙트럼

시스템을 분석할 때 유용한 주기 신호는 다음 신호이다.

$$\tilde{x}(t) = Ae^{j(\omega_0 t+\theta)}, \quad -\infty < t < \infty \tag{2.4}$$

이 신호는 세 개의 변수, 즉 진폭 A, 위상 θ[단위는 라디안(radian)], 주파수 ω_0(단위는 초당 라디안) 또는 $f_0 = \omega_0/2\pi$ Hz에 의해 특성이 기술된다. $e^{j\omega_0 t}$가 내재하는 페이저 $Ae^{j\theta}$와 구분하기 위해서 $\tilde{x}(t)$를 **회전 페이저**(rotating phasor)라고 한다. 오일러(Euler) 정리[2]를 사용하여, $\tilde{x}(t) = \tilde{x}(t+T_0)$임을 쉽게 보일 수 있으며, 여기서 $T_0 = 2\pi/\omega_0$이다. 따라서 $\tilde{x}(t)$는 $2\pi/\omega_0$를 주기로 갖는 주기 신호이다.

회전 페이저 $Ae^{j(\omega_0 t+\theta)}$는 실수 정현파 신호 $A\cos(\omega_0 t+\theta)$와의 관계를 두 가지 방법으로 표시할 수 있다. 그 첫 번째 방법은 회전 페이저의 실수 부분을 취하는 것이고,

$$\begin{aligned} x(t) = A\cos(\omega_0 t+\theta) &= \operatorname{Re} \tilde{x}(t) \\ &= \operatorname{Re} Ae^{j(\omega_0 t+\theta)} \end{aligned} \tag{2.5}$$

두 번째는 $\tilde{x}(t)$와 그것의 켤레 복소수를 합하여 1/2을 곱하여 취한 것이다.

$$\begin{aligned} A\cos(\omega_0 t+\theta) &= \frac{1}{2}\tilde{x}(t) + \frac{1}{2}\tilde{x}^*(t) \\ &= \frac{1}{2}Ae^{j(\omega_0 t+\theta)} + \frac{1}{2}Ae^{-j(\omega_0 t+\theta)} \end{aligned} \tag{2.6}$$

그림 2.2는 이러한 두 가지 과정을 그래프로 나타낸 것이다.

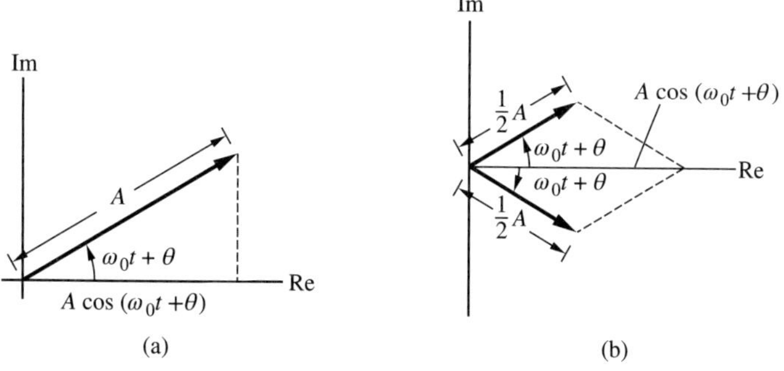

그림 2.2 회전 페이저 신호를 정현파 신호에 연관시키는 두 가지 방법. (a) 회전 페이저를 실수축으로 투영, (b) 복소 공액 회전 페이저들의 합

2 오일러 이론은 $e^{\pm ju} = \cos u \pm j \sin u$이고, $e^{j2\pi} = 1$이다.

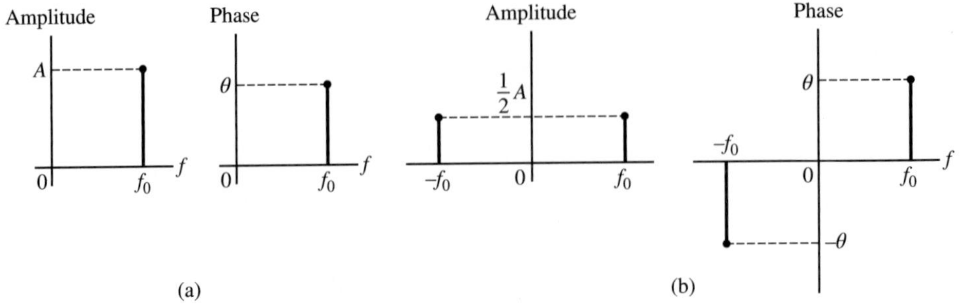

그림 2.3 $A\cos(\omega_0 t+\theta)$ 신호의 진폭 스펙트럼과 위상 스펙트럼. (a) 단측파대, (b) 양측파대

식 (2.5)와 식 (2.6)은 회전 페이저 $\tilde{x}(t)=A\exp[j(\omega_0 t/2+\theta)]$를 이용하여 정현파 신호 $x(t)=A\cos(\omega_0 t+\theta)$를 다르게 표현한 $x(t)$에 대한 시간 영역 표현들이다. 주파수 영역에서 $x(t)$의 두 가지 등가 표현식은 변수 A와 θ가 특정 f_0에 대해서 주어질 때 회전 페이저 신호가 완전히 기술되는 것에 주목함으로써 얻을 수 있다. 따라서 $Ae^{j\theta}$의 주파수에 대한 크기와 각의 그래프는 $x(t)$의 특성을 완전히 나타내기에 충분한 정보를 준다. 단일 정현파 신호의 경우 $\tilde{x}(t)$는 단일 주파수 f_0에 대해서만 존재하기 때문에, 결과 그래프는 한 개의 이산 직선으로 이루어지며 이것을 **선 스펙트럼**(line spectra)이라고 한다. 그림 2.3(a)에 보이는 것과 같이 이러한 그래프를 $x(t)$의 **진폭 선 스펙트럼**과 **위상 선 스펙트럼**이라고 한다. 이것들은 식 (2.5)에 의해서 $\tilde{x}(t)$뿐만 아니라 $x(t)$의 **주파수 영역** 표현이 된다. 그림 2.3(a)는 단지 양의 주파수에서만 존재하기 때문에 $x(t)$의 **단측파대 진폭 스펙트럼**과 **위상 스펙트럼**이라 한다. 다른 주파수의 정현파 합으로 이루어진 신호에서 단측파대 스펙트럼은 여러 개의 선, 즉 각 정현파 요소들에 해당하는 직선들의 합으로 이루어진다.

식 (2.6)의 켤레 복소 위상들의 진폭과 위상을 주파수에 대해 그리면 **양측파대 진폭 스펙트럼**과 **위상 스펙트럼**이라고 하는 $x(t)$에 대한 또 다른 주파수 영역 표현을 얻으며 그림 2.3(b)와 같다. 그림 2.3(b)에서 두 가지 중요한 사실을 관찰할 수 있다. 첫째는 실제 신호 $A\cos(\omega_0 t+\theta)$를 구하기 위해서 켤레 복소 페이저 신호를 더할 필요가 있기 때문에, 주파수 영역에서는 정확하게 음의 주파수 $f=-f_0$에서 선이 존재하게 된다는 것이다. 둘째는 진폭 스펙트럼은 우대칭이고 위상 스펙트럼은 $f=0$에 기대칭임을 알 수 있다. 이런 대칭성은 $x(t)$가 실수 신호이기 때문이다. 단측파대의 경우처럼 여러 개의 정현파 합으로 이루어진 신호의 양측파대 스펙트럼은 여러 개의 선으로 구성되어 있으며, 한 쌍의 선 스펙트럼은 각 정현파의 스펙트럼 성분이다.

그러므로 그림 2.3(a)와 (b)는 주파수 $f=f_0$(그리고 $f=-f_0$)에서 선으로 이루어지는 $A\cos(\omega_0 t+\theta)$ 신호에 대한 등가적인 스펙트럼 표현들이다. 이런 간단한 경우에는 스펙트럼 표현 방식을 사용하는 것이 오히려 불필요하게 복잡해 보이지만, 신호가 복잡한 경우에는 푸리에 급수와 푸리에 변환을 이용해서 신호의 스펙트럼을 구할 수 있음을 곧 알게 될 것이다.

예제 2.1

(a) 다음 신호의 단측파대 스펙트럼과 양측파대 스펙트럼을 그리기 위하여

$$x(t) = 2\sin\left(10\pi t - \frac{1}{6}\pi\right) \tag{2.7}$$

$x(t)$를 다음과 같이 쓸 수 있다.

$$\begin{aligned} x(t) &= 2\cos\left(10\pi t - \frac{1}{6}\pi - \frac{1}{2}\pi\right) = 2\cos\left(10\pi t - \frac{2}{3}\pi\right) \\ &= \text{Re}\ 2e^{j(10\pi t - 2\pi/3)} = e^{j(10\pi t - 2\pi/3)} + e^{-j(10\pi t - 2\pi/3)} \end{aligned} \tag{2.8}$$

따라서 단측파대 스펙트럼과 양측파대 스펙트럼은 그림 2.3과 같이 $A = 2$, $\theta = -\frac{2}{3}\pi$ rad, $f_0 = 5\text{Hz}$이다.

(b) 만약 하나 이상의 정현파 성분이 한 신호에 존재한다면, 그것의 스펙트럼은 다수의 선들로 이루어진다. 예를 들어, 다음 신호는

$$y(t) = 2\sin\left(10\pi t - \frac{1}{6}\pi\right) + \cos(20\pi t) \tag{2.9}$$

다음과 같이 쓰여질 수 있다.

$$\begin{aligned} y(t) &= 2\cos\left(10\pi t - \frac{2}{3}\pi\right) + \cos(20\pi t) \\ &= \text{Re}\ [2e^{j(10\pi t - 2\pi/3)} + e^{j20\pi t}] \\ &= e^{j(10\pi t - 2\pi/3)} + e^{-j(10\pi t - 2\pi/3)} + \frac{1}{2}e^{j20\pi t} + \frac{1}{2}e^{-j20\pi t} \end{aligned} \tag{2.10}$$

위 신호의 단측파대 진폭 스펙트럼은 $f = 5\text{Hz}$에서 진폭이 2인 선과 $f = 10\text{Hz}$에서 진폭이 1인 선으로 이루어진다. 위 신호의 단측파대 위상 스펙트럼은 $f = 5\text{Hz}$에서 $-2\pi/3$라디안 크기를 갖는 선으로 이루어진다. 양측파대 진폭 스펙트럼을 얻기 위해서는 간단히 단측파대 진폭 스펙트럼 선들의 진폭을 반으로 줄이고, 이 결과를 $f = 0$에 대칭인 상을 구하여 얻는다($f = 0$에 있는 진폭 직선들은 그대로 남는다). 양측파대 위상 스펙트럼은 단측파대 위상 스펙트럼을 $f = 0$을 주위로 해서 대칭인 상을 구하고 왼쪽(음의 주파수 부분)을 역으로 취하여 얻는다.

■

2.1.4 특이 함수

비주기 함수의 한 가지 중요한 하위 부류는 특이 함수이다. 이 책에서는 단지 두 가지 특이 함수, 즉 단위 임펄스 함수 $\delta(t)$(혹은 델타 함수)와 단위 계단 함수 $u(t)$에 대해서만 설명한다. 단위 임펄스 함수는 다음 적분식으로 정의된다.

$$\int_{-\infty}^{\infty} x(t)\,\delta(t)\,dt = x(0) \tag{2.11}$$

여기서 $x(t)$는 $t=0$에서 연속적인 임의의 시험 함수이다. 변수를 치환하고, $x(t)$를 새로이 정의하면 다음의 **택출성**(sifting property)을 얻는다.

$$\int_{-\infty}^{\infty} x(t)\,\delta(t-t_0)\,dt = x(t_0) \tag{2.12}$$

여기서 $x(t)$는 $t=t_0$에서 연속이다. 시스템 분석에 대해 공부할 때 택출성을 자주 사용하게 될 것이다. 특별한 경우로서, $t_1 \le t \le t_2$일 때 $x(t)=1$이고 $t<t_1$이고 $t>t_2$일 때 $x(t)=0$인 경우를 고려함으로써 다음의 두 가지 성질

$$\int_{t_1}^{t_2} \delta(t-t_0)\,dt = 1, \quad t_1 < t_0 < t_2 \tag{2.13}$$

그리고

$$\delta(t-t_0) = 0,\ t \neq t_0 \tag{2.14}$$

를 얻게 되는데, 이것으로 단위 임펄스를 달리 정의할 수 있다. 식 (2.14)에 의해서 식 (2.12)의 피적분 함수는 $x(t_0)\delta(t-t_0)$로 대치될 수 있으며, 식 (2.13)에 의해서 택출성이 증명된다.

식 (2.11)의 정의로부터 증명될 수 있는 단위 임펄스 함수의 다른 성질들은 다음과 같다.

1. $\delta(at) = \frac{2}{|a|}\delta(t)$, a는 상수
2. $\delta(-t) = \delta(t)$
3. $\int_{t_1}^{t_2} x(t)\delta(t-t_0)dt = \begin{cases} x(t_0), & t_1<t_0<t_2 \\ 0, & \text{otherwise} \quad \text{(택출성의 일반화)} \\ t_0=t_1,\ t_2\text{에서는 정의 안 됨} \end{cases}$
4. $x(t)\delta(t-t_0) = x(t_0)\,\delta(t-t_0)$, 여기서 $x(t)$는 $t=t_0$에서 연속이다.
5. $\int_{t_1}^{t_2} x(t)\delta^{(n)}(t-t_0)dt = (-1)^n x^{(n)}(t_0)$, $t_1<t_0<t_2$. [이 식에서 위 첨자 (n)은 n차 미분을 나타내고, $x(t)$와 그것의 첫 번째 n번 미분은 $t=t_0$에서 연속이라고 가정한다.]
6. $f(t) = a_0\delta(t)+a_1\delta^{(1)}(t)+\cdots+a_n\delta^{(n)}(t)$이고, $g(t) = b_0\delta(t)+b_1\delta^{(1)}(t)+\cdots+b_n\delta^{(n)}(t)$일 때, $f(t)=g(t)$라면 이것은 $a_0=b_0,\ a_1=b_1,\ \cdots,\ a_n=b_n$임을 의미한다.

식 (2.13)과 식 (2.14)는 무한히 작은 폭으로 단위 면적을 가지는 적절히 선택된 일반적인 함수의 극한으로 단위 임펄스 함수를 직관적으로 생각한 것이다. 예를 들어 $\epsilon=1/4$와 $\epsilon=1/2$인 경우에 대하여 그림 2.4(a)에서 보여주고 있는 신호는 다음과 같다.

$$\delta_\epsilon(t) = \frac{1}{2\epsilon}\Pi\left(\frac{t}{2\epsilon}\right) = \begin{cases} \frac{1}{2\epsilon}, & |t|<\epsilon \\ 0, & \text{otherwise} \end{cases} \tag{2.15}$$

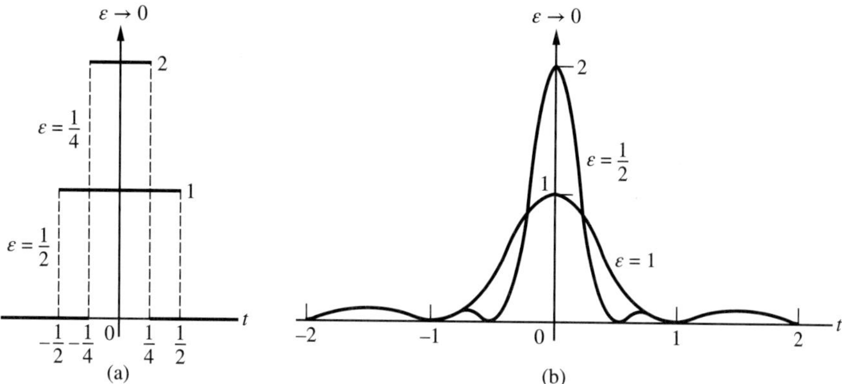

그림 2.4 ϵ이 0으로 접근함에 따라 극한에서 단위 임펄스 함수를 표현하는 두 가지 방법. (a) $\left(\frac{1}{2\epsilon}\right)\Pi(t/2\epsilon)$, (b) $\epsilon[(1/\pi t)\sin(\pi t/\epsilon)]^2$

어떤 변수가 0으로 접근함에 따라 단위 면적을 가지고 극한에서 0의 펄스폭을 갖는 임의의 신호, 예를 들어 그림 2.4(b)에 나타낸 다음의 신호는 $\delta(t)$를 적절히 표현할 수 있는 함수이다.

$$\delta_{1\epsilon}(t) = \epsilon\left(\frac{1}{\pi t}\sin\frac{\pi t}{\epsilon}\right)^2 \tag{2.16}$$

다른 특이 함수들은 단위 임펄스 함수를 적분하거나 미분함으로써 정의될 수 있다. 우리는 단위 임펄스의 적분으로 정의되는 단위 계단 함수 $u(t)$만 필요하다. 따라서 다음과 같다.

$$u(t) \triangleq \int_{-\infty}^{t} \delta(\lambda)d\lambda = \begin{cases} 0, & t < 0 \\ 1, & t > 0 \\ \text{undefined}, & t = 0 \end{cases} \tag{2.17}$$

또는

$$\delta(t) = \frac{du(t)}{dt} \tag{2.18}$$

(단위 펄스 함수의 정의와의 일관성을 유지하기 위하여 우리는 $u(0)=1$로 정의한다.) $(-\infty, \infty)$ 구간에서 존재하는 신호를 어떤 시점에서 켜는 과정을 표현하거나 계단 형태의 신호를 표현하는 데 단위 계단 함수는 매우 유용하다. 예를 들어, 식 (2.2)의 단위 구형 펄스 함수는 다음과 같이 단위 계단 함수들로 쓸 수 있다.

$$\Pi(t) = u\left(t+\frac{1}{2}\right) - u\left(t-\frac{1}{2}\right) \tag{2.19}$$

예제 2.2

단위 임펄스 함수를 가진 계산을 보이기 위하여 다음의 표현들을 계산하라.

1. $\int_{2}^{5} \cos(3\pi t)\,\delta(t-1)\,dt$
2. $\int_{0}^{5} \cos(3\pi t)\,\delta(t-1)\,dt$
3. $\int_{0}^{5} \cos(3\pi t)\,\dfrac{d\delta(t-1)}{dt}\,dt$
4. $\int_{-10}^{10} \cos(3\pi t)\,\delta(2t)\,dt$
5. $2\delta(t) + 3\dfrac{d\delta(t)}{dt} = a\delta(t) + b\dfrac{d\delta(t)}{dt} + c\dfrac{d\delta^2(t)}{dt^2}$, find a, b, and c
6. $\dfrac{d}{dt}\left[e^{-4t}u(t)\right]$

풀이

1. 이 적분은 단위 임펄스 함수가 적분 구간의 밖에 있기 때문에 0이다.
2. 이 적분은 $\cos(3\pi t)|_{t=1} = \cos(3\pi) = -1$이다.
3. $\int_{0}^{5} \cos(3\pi t)\,\dfrac{d\delta(t-1)}{dt}\,dt = (-1)\dfrac{d}{dt}\left[\cos(3\pi t)\right]_{t=1} = 3\pi\sin(3\pi) = 0.$
4. 성질 1을 사용하면 $\int_{-10}^{10} \cos(3\pi t)\,\delta(2t)\,dt = \int_{-20}^{20} \cos(3\pi t)\,\dfrac{1}{2}\delta(t)\,dt = \dfrac{1}{2}\cos(0) = \dfrac{1}{2}$이다.
5. $2\delta(t) + 3\dfrac{d\delta(t)}{dt} = a\delta(t) + b\dfrac{d\delta(t)}{dt} + c\dfrac{d\delta^2(t)}{dt^2}$는 성질 6을 사용하면 $a = 2,\ b = 3,\ c = 0$이다.
6. 미분에 대한 연쇄법칙과 $\delta(t) = \dfrac{du(t)}{dt}$를 적용하면, $\dfrac{d}{dt}\left[e^{-4t}u(t)\right] = -4e^{-4t}u(t) + e^{-4t}\dfrac{du(t)}{dt} = -4e^{-4t}u(t) + e^{-4t}\delta(t) = -4e^{-4t}u(t) + \delta(t)$이다. 여기서 성질 4와 식 (2.18)을 사용하였다. ■

이제 전력과 에너지 신호 구별을 생각할 준비가 되었다.

2.2 신호의 분류

한 신호에 대하여 사용되는 특정한 표현은 관련된 신호의 형태에 좌우되기 때문에, 여기서 잠시 신호 부류를 소개하는 것이 도움이 된다. 이 장에서 두 가지 신호 부류를 생각하는데, 하나는 유한한 에너지를 가지는 신호들이고 다른 하나는 유한한 전력을 가지는 신호들이다. 특정한 예로 $e(t)$는 저항 R에 걸리는 전압으로 전류 $i(t)$를 만든다고 가정하자. 옴당 순시 전력은 $p(t) = e(t)i(t)/R = i^2(t)$이다. 구간 $|t| \le T$에서 적분하면 옴당 기준으로 하는 전체 에너지와 평균 전력은 다음과 같이 각각의 극한치로 얻어진다.

$$E = \lim_{T\to\infty} \int_{-T}^{T} i^2(t)\,dt \tag{2.20}$$

그리고

$$P = \lim_{T\to\infty} \frac{1}{2T} \int_{-T}^{T} i^2(t)\, dt \tag{2.21}$$

일반적으로 복소수가 될 수 있는 임의의 신호 $x(t)$의 전체 (정규화된) 에너지는

$$E \triangleq \lim_{T\to\infty} \int_{-T}^{T} |x(t)|^2\, dt = \int_{-\infty}^{\infty} |x(t)|^2\, dt \tag{2.22}$$

이고, (정규화된) 전력은 다음과 같다.

$$P \triangleq \lim_{T\to\infty} \frac{1}{2T} \int_{-T}^{T} |x(t)|^2\, dt \tag{2.23}$$

식 (2.22)와 식 (2.23)의 정의들을 기반으로 해서 두 가지 다른 부류의 신호를 정의할 수 있다.

1. 만약 $0 < E < \infty$이면 $P = 0$이고, 우리는 $x(t)$를 **에너지 신호**라고 한다.
2. 만약 $0 < P < \infty$이면 $E = \infty$이고, 우리는 $x(t)$를 **전력 신호**라고 한다.[3]

예제 2.3

신호 부류를 결정하는 예로 다음 신호를 생각하자.

$$x_1(t) = Ae^{-\alpha t}u(t), \ \alpha > 0 \tag{2.24}$$

여기서 A와 α는 양의 상수이다. 식 (2.22)를 사용하면 E는 유한한 값으로 $A^2/2\alpha$이기 때문에 $x_1(t)$가 에너지 신호임을 쉽게 증명할 수 있다. $\alpha \to 0$으로 놓으면 우리는 신호 $x_2(t) = Au(t)$를 얻을 수 있고 이것은 무한 에너지를 가진다. 식 (2.23)을 적용하면 $Au(t)$에 대하여 $P = \frac{1}{2}A^2$이 되므로 $x_2(t)$가 전력 신호임을 증명할 수 있다. ■

예제 2.4

식 (2.4)에 의해 주어진 회전 페이저 신호를 생각하자. $\tilde{x}(t)$의 전력 P가 식 (2.25)와 같이 유한한 값을 가지므로 전력 신호임을 증명할 수 있다.

$$P = \lim_{T\to\infty} \frac{1}{2T} \int_{-T}^{T} |\tilde{x}(t)|^2\, dt = \lim_{T\to\infty} \frac{1}{2T} \int_{-\infty}^{\infty} \left| Ae^{j(\omega_0 t+\theta)} \right|^2 dt = \lim_{T\to\infty} \frac{1}{2T} \int_{-T}^{T} A^2\, dt = A^2 \tag{2.25}$$

■

---

3 에너지 신호도, 전력 신호도 아닌 신호를 쉽게 발견할 수 있다. 예를 들면, $x(t) = t^{-1/4}$, $t \geq t_0 > 0$, 그 외에서는 0인 신호이다.

주기 신호에 대하여 P를 구하기 위해서 극한 연산을 취할 필요가 없다. 왜냐하면 주기 함수이면 한 주기를 취하여 적분한 값과 식 (2.23)과 같이 극한 연산을 한 경우의 값이 같기 때문이다. 즉 주기 신호 $x_p(t)$에 대해 다음과 같다.

$$P = \frac{1}{T_0}\int_{t_0}^{t_0+T_0} \left|x_p(t)\right|^2 dt \tag{2.26}$$

여기서 T_0는 주기이고 t_0는 (편의에 따라 선택될 수 있는) 임의의 시작점이다. 식 (2.26)의 증명은 연습문제로 남겨둔다.

예제 2.5

정현파 신호

$$x_p(t) = A\cos(\omega_0 t + \theta) \tag{2.27}$$

는 평균 전력

$$\begin{aligned} P &= \frac{1}{T_0}\int_{t_0}^{t_0+T_0} A^2\cos^2(\omega_0 t + \theta)\, dt \\ &= \frac{\omega_0}{2\pi}\int_{t_0}^{t_0+(2\pi/\omega_0)} \frac{A^2}{2}\, dt + \frac{\omega_0}{2\pi}\int_{t_0}^{t_0+(2\pi/\omega_0)} \frac{A^2}{2}\cos\left[2(\omega_0 t + \theta)\right]\, dt \\ &= \frac{A^2}{2} \end{aligned} \tag{2.28}$$

를 갖는다. 여기서 항등식 $\cos^2(u) = \frac{1}{2} + \frac{1}{2}\cos(2u)$를 사용하였고,[4] 완전한 2주기 동안의 적분이기 때문에 두 번째 적분은 0이다.

■

2.3 푸리에 급수

2.3.1 복소 지수 푸리에 급수

$\omega_0 = 2\pi f_0 = \frac{2\pi}{T_0}$로 정의되고 구간 $(t_0,\ t_0 + T_0)$에서 정의되는 신호가 주어지면, 복소 지수 푸리에 급수(complex exponential Fourier series)는 다음과 같이 정의된다.

$$x(t) = \sum_{n=-\infty}^{\infty} X_n e^{jn\omega_0 t}, \qquad t_0 \le t < t_0 + T_0 \tag{2.29}$$

---

4 삼각 항등식에 관하여 부록 F.2 참조.

여기서 계수 X_n은

$$X_n = \frac{1}{T_0}\int_{t_0}^{t_0+T_0} x(t)\, e^{-jn\omega_0 t}\, dt \tag{2.30}$$

이다.

좌극한과 우극한의 산술 평균으로 수렴하는 점프 불연속점에서의 값을 제외하고는 신호 $x(t)$를 구간 $(t_0,\ t_0+T_0)$에서 정확하게 표현할 수 있다.[5] 물론 구간 $(t_0,\ t_0+T_0)$ 밖에서는 어느 것도 보장되지 않는다. 하지만 식 (2.29)의 우변은 고조파(harmonic) 주파수를 가진 주기적인 회전 페이저의 합이기 때문에 주기 T_0를 가진 주기 신호이다. 따라서 만약 $x(t)$가 주기 T_0를 가진 주기 신호라면 식 (2.29)의 푸리에 급수는 모든 t(불연속점 제외)에서 $x(t)$에 대한 정확한 표현이다. 그때 식 (2.30)의 적분은 어떤 주기에서도 취할 수 있다.

신호의 완전한 직교 정규 급수 전개에 있어 그 급수는 유일하다. 예를 들어, 신호 $x(t)$에 대한 푸리에 전개를 찾았다면 $x(t)$에 대한 또 다른 푸리에 전개는 존재하지 않는다. 다음 예제에서 이러한 사실의 유용함을 보여준다.

예제 2.6

$\omega_0 = 2\pi/T_0$인 신호

$$x(t) = \cos(\omega_0 t) + \sin^2(2\omega_0 t) \tag{2.31}$$

를 고려하여 복소 지수 푸리에 급수를 찾아라.

풀이

식 (2.30)을 사용하여 푸리에 계수를 계산할 수 있지만 적절한 삼각 함수 공식과 오일러 정리를 사용하여

$$\begin{aligned} x(t) &= \cos(\omega_0 t) + \frac{1}{2} - \frac{1}{2}\cos(4\omega_0 t) \\ &= \frac{1}{2}e^{j\omega_0 t} + \frac{1}{2}e^{-j\omega_0 t} + \frac{1}{2} - \frac{1}{4}e^{j4\omega_0 t} - \frac{1}{4}e^{-j4\omega_0 t} \end{aligned} \tag{2.32}$$

을 얻는다. 유일성을 이용하여 둘째 줄을 $\sum_{n=-\infty}^{\infty} X_n e^{jn\omega_0 t}$와 같다고 하면 다음과 같이 구할 수 있다.

$$\begin{aligned} X_0 &= \frac{1}{2} \\ X_1 &= \frac{1}{2} = X_{-1} \\ X_4 &= -\frac{1}{4} = X_{-4} \end{aligned} \tag{2.33}$$

5 디리클레(Dirichlet)의 조건은 $x(t)$가 $(t_0,\ t_0+T_0)$의 구간에서 정의되고, 이 범위에서 유한 개의 최댓값, 최솟값과 유한 개의 불연속점을 가지는 것이 수렴하기 위한 충분조건임을 의미한다.

그 외 다른 모든 X_n은 0이다. 따라서 신호의 푸리에 급수가 유일하다는 사실을 참고하면 많은 노력이 절약될 수 있다.

■

2.3.2 푸리에 계수의 대칭 성질

$x(t)$를 실수라고 가정하면 식 (2.30)에서 적분기호 안쪽에 켤레 복소수를 취하고 n을 $-n$으로 대체하여 다음을 얻을 수 있다.

$$X_n^* = X_{-n} \tag{2.34}$$

X_n을 다음과 같이 쓰면

$$X_n = |X_n| e^{j\underline{/X_n}} \tag{2.35}$$

다음 식을 얻는다.

$$|X_n| = |X_{-n}|, \qquad \underline{/X_n} = -\underline{/X_{-n}} \tag{2.36}$$

따라서 실수 신호의 푸리에 계수의 크기는 n에 대해서 우함수이고 각은 기함수이다.

$x(t)$의 대칭성에 따라 푸리에 계수의 몇 개의 대칭 성질을 유도할 수 있다. 예를 들어, $x(t)$가 우함수, 즉 $x(t)=x(-t)$라고 가정하면 오일러 정리를 이용하여 푸리에 계수는 다음과 같이 표현된다($t_0 = -T_0/2$로 선택한다).

$$X_n = \frac{1}{T_0}\int_{-T_0/2}^{T_0/2} x(t)\cos\left(n\omega_0 t\right)\, dt - \frac{j}{T_0}\int_{-T_0/2}^{T_0/2} x(t)\sin\left(n\omega_0 t\right)\, dt, \tag{2.37}$$

$x(t)\ \sin(n\omega_0 t)$가 기함수이므로 두 번째 항은 0이 된다. 그러므로 X_n은 실수가 되고, 게다가 $\cos(n\omega_0 t)$가 n에 대해서 우함수이기 때문에 X_n은 n의 우함수가 된다. $x(t)$가 우함수가 되는 결과는 예제 2.6에 예시되었다.

반면 $x(t) = -x(-t)$[즉 $x(t)$는 기함수]라면 $x(t)\ \cos(n\omega_0 t)$가 기함수가 되고 X_n를 표현한 식 (2.37)에서 첫 번째 항이 0이 되므로 X_n이 순허수가 됨을 쉽게 알 수 있다. 게다가 $\sin(n\omega_0 t)$가 n의 기함수이기 때문에 X_n은 n의 기함수가 된다.

또다른 형태의 대칭성은 (기함수)반파 대칭[(odd) halfwave symmetry]으로 다음과 같이 정의된다.

$$x\left(t \pm \frac{1}{2}T_0\right) = -x(t) \tag{2.38}$$

여기서 T_0는 $x(t)$의 주기이다. 기함수 반파 대칭성을 가지는 신호에 대해서

$$X_n = 0, \quad n = 0, \pm 2, \pm 4, \ldots \tag{2.39}$$

이고, 이것은 푸리에 급수가 단지 n이 홀수인 항만을 갖는다는 것을 나타낸다. 이것의 증명은 연습문제로 남겨둔다.

2.3.3 푸리에 급수의 삼각 함수 형태

식 (2.36)을 사용하고 $x(t)$가 실수라고 가정하면 다음 형태의 쌍으로 복소 지수 푸리에 급수를 다시 묶을 수 있다.

$$\begin{aligned} X_n e^{jn\omega_0 t} + X_{-n} e^{-jn\omega_0 t} &= |X_n| e^{j(n\omega_0 t + \underline{/X_n})} + |X_n| e^{-j(n\omega_0 t + \underline{/X_n})} \\ &= 2|X_n| \cos\left(n\omega_0 t + \underline{/X_n}\right) \end{aligned} \tag{2.40}$$

여기서 식 (2.36)이 사용되었다. 그러므로 식 (2.29)는 다음의 등가적인 삼각 함수 형태로 쓸 수 있다.

$$x(t) = X_0 + \sum_{n=1}^{\infty} 2|X_n| \cos\left(n\omega_0 t + \underline{/X_n}\right) \tag{2.41}$$

식 (2.41)에서 코사인 항을 전개하면 다음 형태의 또 다른 등가적인 급수를 얻는다.

$$x(t) = X_0 + \sum_{n=1}^{\infty} A_n \cos\left(n\omega_0 t\right) + \sum_{n=1}^{\infty} B_n \sin\left(n\omega_0 t\right) \tag{2.42}$$

여기에서

$$\begin{aligned} A_n &= 2|X_n| \cos \underline{/X_n} \\ &= \frac{2}{T_0} \int_{t_0}^{t_0+T_0} x(t) \cos\left(n\omega_0 t\right) \, dt \end{aligned} \tag{2.43}$$

이고, B_n은 다음과 같다.

$$\begin{aligned} B_n &= -2|X_n| \sin \underline{/X_n} \\ &= \frac{2}{T_0} \int_{t_0}^{t_0+T_0} x(t) \sin\left(n\omega_0 t\right) \, dt \end{aligned} \tag{2.44}$$

푸리에 급수에서 삼각 함수 형태에서든 지수 형태에서든 X_0는 $x(t)$의 평균 또는 직류 성분을

나타낸다. $n=1$에서의 항을 기본파(fundamental)라 부르고 $n=2$에서의 항을 제2고조파(second harmonic)라 부른다.

2.3.4 파시발의 정리

주기 신호의 평균 전력을 나타내는 식 (2.26)에[6] $x(t)$대신에 식 (2.29)를 대입하고 적분과 합의 순서를 바꾸면

$$P = \frac{1}{T_0}\int_{T_0} |x(t)|^2\, dt = \frac{1}{T_0}\int_{T_0}\left(\sum_{m=-\infty}^{\infty} X_m e^{jm\omega_0 t}\right)\left(\sum_{n=-\infty}^{\infty} X_n e^{jn\omega_0 t}\right)^* dt = \sum_{n=-\infty}^{\infty} |X_n|^2 \tag{2.45}$$

혹은

$$P = X_0^2 + \sum_{n=1}^{\infty} 2\,|X_n|^2 \tag{2.46}$$

을 얻게 되는데, 이것을 파시발의 정리(Parseval's theorem)라 한다. 말하자면 식 (2.45)는 주기 신호 $x(t)$의 평균 전력은 그 신호의 푸리에 급수의 각 페이저 성분 전력의 합인 것을 나타내고, 식 (2.46)은 그것의 평균 전력은 DC 성분의 전력과 AC 성분의 전력의 합인 것을 나타낸다[식 (2.41)로부터 각 코사인 성분의 전력은 그것의 진폭 제곱을 2로 나눈 값, 즉 $(2|X_n|)^2/2 = 2|X_n|^2$이다]. 푸리에 성분들의 전력은 그들이 서로 직교성을 갖기 때문에 더해질 수 있다(즉 두 고조파의 곱의 적분은 0이다).

2.3.5 푸리에 급수의 예

표 2.1은 흔히 발생하는 여러 가지 주기적 파형에 대한 푸리에 급수를 구한 것이다. 왼쪽 열은 한 주기에 대한 신호를 나타낸 것이다. 주기성의 정의는 모든 t에 대해서 신호가 다음과 같아야 한다.

$$x(t) = x(t + T_0)$$

표 2.1의 오른쪽 열에 있는 푸리에 계수들의 유도는 연습문제로 남겨둔다. 전파 정류된 정현파는 실제로는 $\frac{1}{2}T_0$의 주기를 갖는다.

주기적인 펄스 열은 계수들이 다음과 같이 정의되는 싱크 함수(sinc function)로 표현하는 것이 편리하다.

---

6 $\int_{T_0}(\,)\,dt$는 임의의 주기에 대한 적분을 의미한다.

$$\text{sinc } z = \frac{\sin(\pi z)}{\pi z} \tag{2.47}$$

싱크 함수는 독립변수의 정숫값에서 0을 지나고 그 진폭이 감쇄하여 진동하는 우함수이다.

표 2.1 여러 가지 주기 신호에 대한 푸리에 급수

Signal(one period)	Coefficients for exponential Fourier series
1. Asymmetrical pulse train; period = T_0: $x(t) = A\Pi\left(\frac{t-t_0}{\tau}\right), \tau < T_0$; $x(t) = x\left(t + T_0\right)$, all t	$X_n = \frac{A\tau}{T_0}\text{sinc }\left(nf_0\tau\right)e^{-j2\pi nf_0t_0}$, $n = 0, \pm1, \pm2, \ldots$
2. Half-rectified sinewave; period = $T_0 = 2\pi/\omega_0$: $x(t) = \begin{cases} A\sin\left(\omega_0 t\right), 0 \le t \le T_0/2 \\ 0, -T_0/2 \le t \le 0 \end{cases}$; $x(t) = x\left(t + T_0\right)$, all t	$X_n = \begin{cases} \frac{A}{\pi\left(1-n^2\right)}, n = 0, \pm2, \pm4, \cdots \\ 0, \quad n = \pm3, \pm5, \cdots \\ -\frac{1}{4}jnA, \quad n = \pm1 \end{cases}$
3. Full-rectified sinewave; period = $T_0' = \pi/\omega_0$: $x(t) = A\lvert\sin\left(\omega_0 t\right)\rvert$	$X_n = \frac{2A}{\pi\left(1-4n^2\right)}, n = 0, \pm1, \pm2, \ldots$
4. Triangular wave: $x(t) = \begin{cases} -\frac{4A}{T_0}t + A, 0 \le t \le T_0/2 \\ \frac{4A}{T_0}t + A, -T_0/2 \le t \le 0 \end{cases}$; $x(t) = x\left(t + T_0\right)$, all t	$X_n = \begin{cases} \frac{4A}{\pi^2 n^2}, n \text{ odd} \\ 0, n \text{ even} \end{cases}$

예제 2.7

진폭이 0과 A이고 우대칭인 구형파의 복소 지수 푸리에 급수와 삼각 함수 푸리에 급수에 대한 표 2.1의 펄스 열(항목 1)을 위한 결과를 풀어라.

풀이

표 2.1의 항목 1에서 $t_0 = 0, \tau = \frac{1}{2}T_0$로 놓고 푼다. 그러면

$$X_n = \frac{1}{2}A\text{ sinc }\left(\frac{1}{2}n\right) \tag{2.48}$$

인데

$$\text{sinc }(n/2) = \frac{\sin(n\pi/2)}{n\pi/2}$$

$$= \begin{cases} 1, & n = 0 \\ 0, & n = \text{짝수} \\ |2/n\pi|, & n = \pm 1, \pm 5, \pm 9, \ldots \\ -|2/n\pi|, & n = \pm 3, \pm 7, \ldots \end{cases}$$

이므로 $x(t)$는 다음과 같다,

$$\begin{aligned} x(t) &= \cdots + \frac{A}{5\pi}e^{-j5\omega_0 t} - \frac{A}{3\pi}e^{-j3\omega_0 t} + \frac{A}{\pi}e^{-j\omega_0 t} \\ &\quad + \frac{A}{2} + \frac{A}{\pi}e^{j\omega_0 t} - \frac{A}{3\pi}e^{j3\omega_0 t} + \frac{A}{5\pi}e^{j5\omega_0 t} - \cdots \\ &= \frac{A}{2} + \frac{2A}{\pi}\left[\cos\left(\omega_0 t\right) - \frac{1}{3}\cos\left(3\omega_0 t\right) + \frac{1}{5}\cos\left(5\omega_0 t\right) - \cdots\right] \end{aligned} \tag{2.49}$$

첫 번째 식은 푸리에 급수의 복소 지수 형태이고 두 번째 식은 삼각 함수 형태이다. 이 구형파의 직류 성분은 $X_0 = \frac{1}{2}A$이다. 푸리에 급수를 구하는 과정에서 이 항을 0으로 두면 진폭 $\pm\frac{1}{2}A$인 구형파의 푸리에 급수를 얻는다. 이런 구형파는 반파 대칭 성질을 가지며, 이것이 푸리에 급수에 짝수 고조파가 전혀 없는 이유이다. ■

2.3.6 선 스펙트럼

신호의 복소 지수 푸리에 급수인 식 (2.29)는 단순한 페이저들의 합이다. 2.1절에서는 페이저를 두 개의 그래프, 즉 하나는 주파수 대 진폭 특성을, 또 다른 하나는 주파수 대 위상을 나타내는 그림으로 주파수 영역에서의 특성을 나타낼 수 있음을 설명하였다. 같은 방법으로 주기 신호도 두 개의 그래프, 즉 주파수에 대해 각 페이저 성분의 진폭을 나타내는 그래프와 다른 하나는 주파수에 대해 각 페이저 성분의 위상을 나타내는 그래프를 그림으로서 주파수 영역에서 특성을 보일 수 있다. 결과적인 그래프를 각각 신호에 대한 **양측파대 진폭 스펙트럼**[7]과 **위상 스펙트럼**이라고 한다. 식 (2.36)으로부터 실수 신호에서 진폭 스펙트럼은 우대칭이고 위상 스펙트럼은 기대칭이며, 이것은 실수 정현파 신호를 얻기 위하여 켤레 복소 페이저를 합하게 되는 단순한 결과 때문이다.

그림 2.5(a)는 표 2.1에서 주어진 결과를 그린 반파 정류된 정현파의 양측 스펙트럼(double-sided spectrum)이다. $n=2, 4, \cdots$에 대해서 X_n은 다음과 같이 표현된다.

$$X_n = -\left|\frac{A}{\pi\left(1-n^2\right)}\right| = \frac{A}{\pi\left(n^2-1\right)}e^{-j\pi} \tag{2.50}$$

7 비록 진폭 스펙트럼(amplitude spectrum)이 관습적인 용어지만 크기 스펙트럼(magnitude spectrum)이 더 정확한 용어이다.

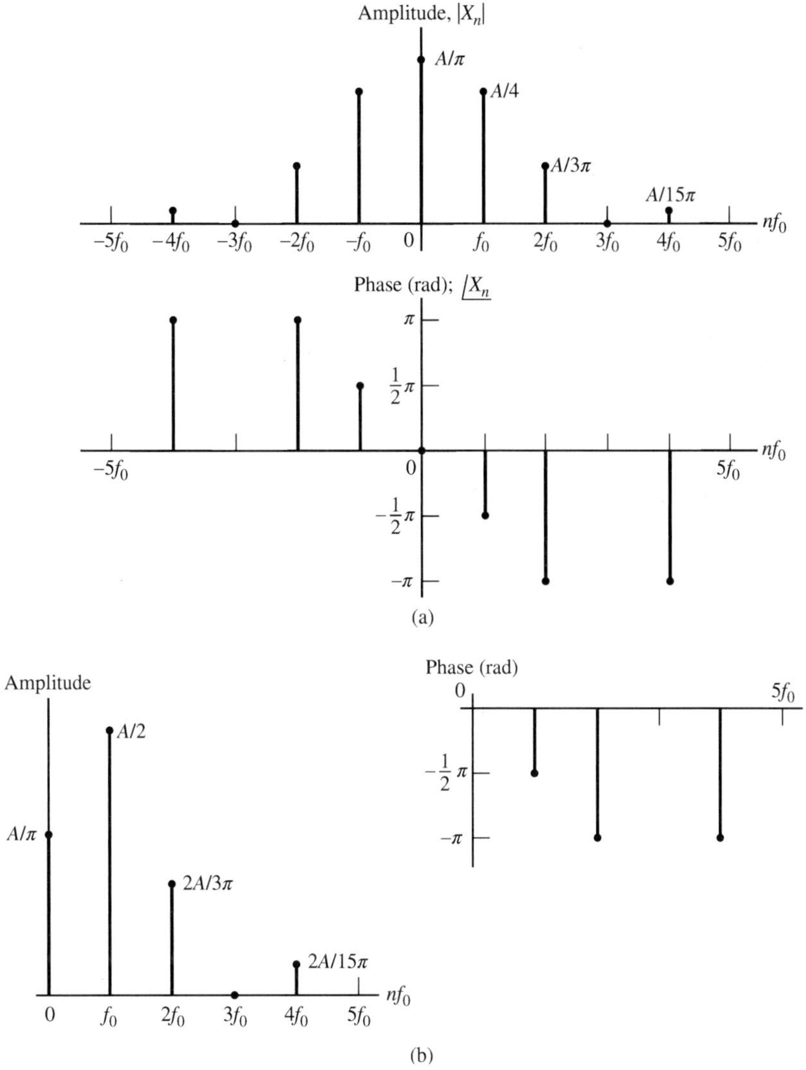

그림 2.5 반파 정류된 사인 파형의 선 스펙트럼들. (a) 양측, (b) 단측

$n=-2,-4,\cdots$일 때

$$X_n = -\left|\frac{A}{\pi\left(1-n^2\right)}\right| = \frac{A}{\pi\left(n^2-1\right)}e^{j\pi} \tag{2.51}$$

이다. 당연히 그래야만 하는 것처럼 위상은 기대칭임을 확실히 알 수 있다($e^{\pm j\pi}=-1$). 따라서 이것을 $X_{\pm 1}=\mp jA/4$와 함께 적용하면 다음과 같다.

$$|X_n| = \begin{cases} \frac{1}{4}A, & n = \pm 1 \\ \left|\frac{A}{\pi(1-n^2)}\right|, & n\text{은 모두 짝수} \end{cases} \tag{2.52}$$

$$\underline{/X_n} = \begin{cases} -\pi, & n = 2, 4, \ldots \\ -\frac{1}{2}\pi & n = 1 \\ 0, & n = 0 \\ \frac{1}{2}\pi, & n = -1 \\ \pi, & n = -2, -4, \ldots \end{cases} \tag{2.53}$$

단측 선 스펙트럼(single-sided line spectra)은 식 (2.41)의 삼각 함수 푸리에 급수에 있는 항들에서 진폭과 위상각을 nf_0에 대해서 그리면 얻을 수 있다. 급수식 (2.41)은 단지 음이 아닌 주파수 항만을 가지고 있기 때문에 단측 스펙트럼은 단지 $nf_0 \geq 0$에서만 존재한다. 주기 신호의 단측 위상 스펙트럼은 $nf_0 \geq 0$일 때 양측 위상 스펙트럼과 동일하고, $nf_0 < 0$에서는 0이라는 것을 식 (2.41)로부터 쉽게 알 수 있다. 단측 진폭 스펙트럼은 $nf_0 > 0$ 영역에서 양측 진폭 스펙트럼의 모든 선의 진폭을 2배한 것이다. $nf_0 = 0$에서의 선은 같은 값을 갖는다. 그림 2.5(b)는 반파 정류된 사인파의 단측 스펙트럼이다.

두 번째 예로, 다음의 펄스 열

$$x(t) = \sum_{n=-\infty}^{\infty} A\Pi\left(\frac{t - nT_0 - \frac{1}{2}\tau}{\tau}\right) \tag{2.54}$$

를 생각해본다. 표 2.1의 항목 1에서 $t_0 = \frac{1}{2}\tau$로 하면 푸리에 계수는 다음과 같다.

$$X_n = \frac{A\tau}{T_0}\operatorname{sinc}(nf_0\tau)e^{-j\pi nf_0\tau} \tag{2.55}$$

푸리에 계수는 $|X_n| \exp(j\underline{/X_n})$ 형태로 쓸 수 있고 여기서

$$|X_n| = \frac{A\tau}{T_0}|\operatorname{sinc}(nf_0\tau)| \tag{2.56}$$

이고

$$\underline{/X_n} = \begin{cases} -\pi nf_0\tau & \text{if} & \operatorname{sinc}(nf_0\tau) > 0 \\ -\pi nf_0\tau + \pi & \text{if } nf_0 > 0 \text{ and} & \operatorname{sinc}(nf_0\tau) < 0 \\ -\pi nf_0\tau - \pi & \text{if } nf_0 < 0 \text{ and} & \operatorname{sinc}(nf_0\tau) < 0 \end{cases} \tag{2.57}$$

이다. 식 (2.57)의 우변에 있는 두 번째와 세 번째 줄의 $\pm\pi$는 $\operatorname{sinc}(nf_0\tau) < 0$일 때마다 |sinc

$(nf_0\tau)| = -\mathrm{sinc}(nf_0\tau)$임을 고려한 것이다. $x(t)$가 실수이면 위상 스펙트럼은 기대칭이어야 하므로 π를 $nf_0 < 0$일 때는 빼주고, $nf_0 > 0$일 때는 더해준다. 반대로 할 수도 있으며 임의적으로 선택해도 무관하다. 이러한 것들을 고려하여 이제 양측 진폭 스펙트럼과 위상 스펙트럼을 그릴 수 있다. 그림 2.6은 여러 가지 τ와 T_0값에 대해서 그린 것이다. 위상 스펙트럼의 각 선들에서 2π의 적절한 곱만큼 빼준다($e^{\pm j2\pi} = 1$).

그림 2.6(a)와 (b)를 비교하면 진폭 스펙트럼 포락선의 0은 $1/\tau$ Hz의 배수가 되는 점에서 발생되는데, 이들은 펄스폭이 감소할수록 주파수축을 따라 바깥쪽으로 이동한다. 즉 신호의 시간 간격과 스펙트럼 폭은 반비례 관계이며, 나중에 이러한 성질이 성립됨을 일반적으로 증명할 것이다. 둘째로 그림 2.6(a)와 (c)를 비교하면 선 스펙트럼 간의 간격은 $1/T_0$이다. 따라서 $x(t)$의 주기가 증가함에 따라서 주파수에 대한 스펙트럼 선의 밀도도 증가한다.

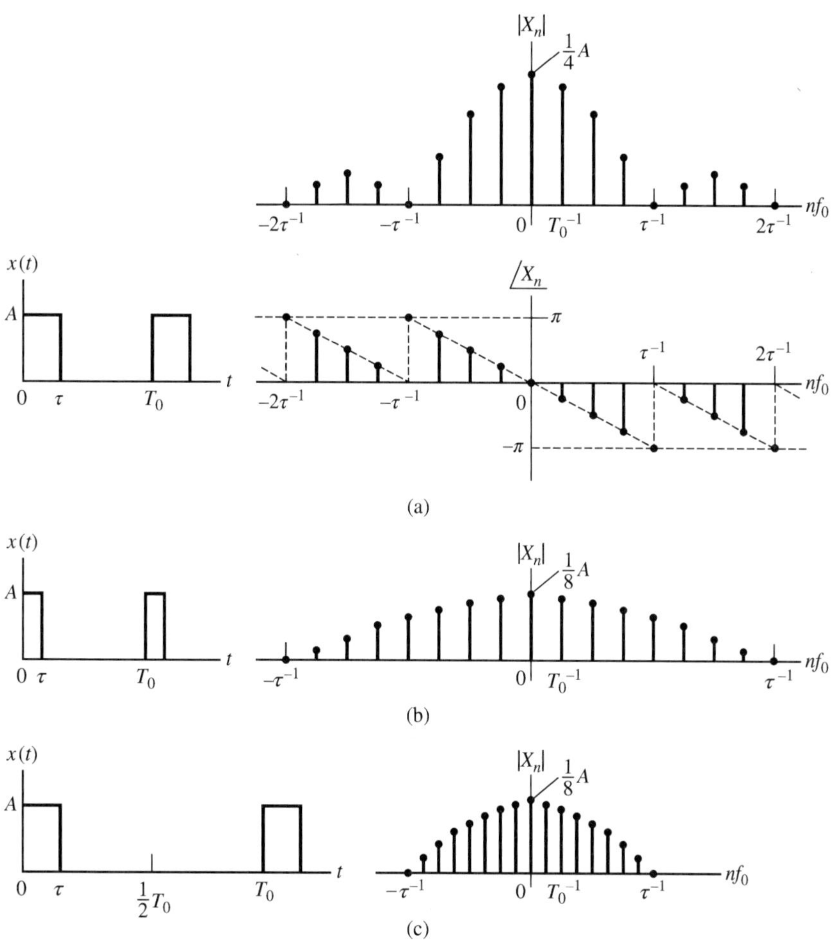

그림 2.6 주기적인 펄스 열 신호에 대한 스펙트럼. (a) $\tau = \frac{1}{4}T_0$, (b) $\tau = \frac{1}{8}T_0$. T_0는 (a)에 있는 것과 같음, (c) $\tau = \frac{1}{8}T_0$. τ는 (a)에 있는 것과 같음

컴퓨터 예제 2.1

다음에 주어진 MATLAB™ 프로그램은 반파 정류된 정현파의 진폭과 위상 스펙트럼을 계산하고 있다. stem을 사용하여 그려진 그림은 그림 2.5(a)와 똑같은 모습을 보이고 있다. 다른 파형의 스펙트럼을 그리는 프로그램은 컴퓨터 실습문제로 남겨둔다.

```
% file ch2ce1
% Plot of line spectra for half-rectified sinewave
%
clf
A = 1;
n_max = 11;              % maximum harmonic plotted
n = -n_max:1:n_max;
X = zeros(size(n));      % set all lines = 0; fill in nonzero ones
I = find(n == 1);
II = find(n == -1);
III = find(mod(n, 2) == 0);
X(I) = -j*A/4;
X(II) = j*A/4;
X(III) = A./(pi*(1. - n(III).^2));
[arg_X, mag_X] = cart2pol(real(X),imag(X)); % Convert to magnitude and
phase
IV = find(n >= 2 & mod(n, 2) == 0);
arg_X(IV) = arg_X(IV) - 2*pi;       % force phase to be odd
mag_Xss(1:n_max) = 2*mag_X(n_max+1:2*n_max);
mag_Xss(1) = mag_Xss(1)/2;
arg_Xss(1:n_max) = arg_X(n_max+1:2*n_max);
nn = 1:n_max;
subplot(2,2,1), stem(n, mag_X), ylabel('Amplitude'), xlabel('{\itnf}_0,
Hz'),...
    axis([-10.1 10.1 0 0.5])
subplot(2,2,2), stem(n, arg_X), xlabel('{\itnf}_0, Hz'), ylabel('Phase,
rad'),...
    axis([-10.1 10.1 -4 4])
subplot(2,2,3),    stem(nn-1,    mag_Xss),    ylabel('Amplitude'),
xlabel('{\itnf}_0, Hz')
subplot(2,2,4),   stem(nn-1,   arg_Xss),   xlabel('{\itnf}_0,   Hz'),
ylabel('Phase, rad'),...
    xlabel('{ \itnf}_0')
% End of script file
```

■

2.4 푸리에 변환

푸리에 급수 표현식 (2.29)를 비주기 신호에 대해서도 유효하도록 일반화하기 위하여 두 개의 기본적인 관계식 (2.29)와 (2.30)을 생각한다. 구간$(-\infty, \infty)$[8]에서 제곱 적분이 가능하도록 $x(t)$가 비주기적이지만 에너지 신호라고 가정하자. 그러면 구간 $|t| < \frac{1}{2}T_0$에서 $x(t)$를 다음과 같이

8 $\int_{-\infty}^{\infty}|x(t)|dt < \infty$이면 푸리에 변환 적분은 수렴한다. 이것은 $x(t)$가 에너지 신호이면 충분하다는 것을 의미한다. 디리클레의 조건은 신호가 푸리에 변환을 가지기 위한 충분조건을 말한다. 절댓값의 적분이 유한한 것 이외에 $x(t)$가 유한 구간에서 유한 개의 최댓값, 최솟값과 유한 개의 불연속점을 가지는 단사 함수이어야 한다.

푸리에 급수로 표현할 수 있다.

$$x(t) = \sum_{n=-\infty}^{\infty} \left[\frac{1}{T_0} \int_{-T_0/2}^{T_0/2} x(\lambda)\, e^{-j2\pi f_0 \lambda}\, d\lambda \right] e^{j2\pi n f_0 t}, \quad |t| < \frac{T_0}{2} \tag{2.58}$$

여기에서 $f_0 = 1/T_0$이다. $x(t)$를 모든 시간에 대하여 표현하기 위해 $T_0 \to \infty$로 놓으면 $nf_0 = n/T_0$이 연속적인 변수 f가 되고, $1/T_0$은 미분 df가 되며, 합은 적분이 된다. 따라서

$$x(t) = \int_{-\infty}^{\infty} \left[\int_{-\infty}^{\infty} x(\lambda)\, e^{-j2\pi f \lambda}\, d\lambda \right] e^{j2\pi f t}\, df \tag{2.59}$$

이며, 내부 적분을 다음과 같이 정의하면

$$X(f) = \int_{-\infty}^{\infty} x(\lambda)\, e^{-j2\pi f \lambda}\, d\lambda \tag{2.60}$$

식 (2.59)를 다음과 같이 쓸 수 있다.

$$x(t) = \int_{-\infty}^{\infty} X(f)\, e^{j2\pi f t}\, df \tag{2.61}$$

$x(t)$가 에너지 신호이기 때문에 이들 적분은 반드시 존재한다. $T_0 \to \infty$임에 따라 $|X_n| \to 0$인 문제를 피하기 위해서 $x(f)$는 다음과 같다.

$$X(f) = \lim_{T_0 \to \infty} T_0 X_n \tag{2.62}$$

식 (2.60)에서 주어지는 $x(t)$의 주파수 영역 표현을 $x(t)$의 **푸리에 변환**(Fourier transform)이라 하며 $X(f) = \Im[x(t)]$로 쓴다. 시간 영역으로의 역변환은 **역푸리에 변환**(inverse Fourier transform)인 식 (2.61)에 의해서 구할 수 있으며, 표기는 $x(t) = \Im^{-1}[X(f)]$로 쓴다.

식 (2.60)과 식 (2.61)을 $f = \omega/2\pi$로 표시하면 쉽게 대칭적 표현들을 기억할 수 있다. 변수 ω로 표시된 적분식 (2.61)은 $(2\pi)^{-1}$이 필요하다.

2.4.1 진폭과 위상 스펙트럼

$X(f)$를 다음과 같이 크기와 위상의 항으로 쓰면

$$X(f) = |X(f)| e^{j\theta(f)}, \quad \theta(f) = \underline{/X(f)} \tag{2.63}$$

이고, 실수 $x(t)$에 대해 푸리에 급수의 경우와 똑같이 다음과 같이 쓸 수 있는데

$$|X(f)| = |X(-f)|\,,\;\; \theta(f) = -\theta(-f) \tag{2.64}$$

오일러 정리를 사용하여 식 (2.60)을 실수 부분과 허수 부분으로 쓰면

$$R = \operatorname{Re} X(f) = \int_{-\infty}^{\infty} x(t)\cos(2\pi ft)\,dt \tag{2.65}$$

그리고

$$I = \operatorname{Im} X(f) = -\int_{-\infty}^{\infty} x(t)\sin(2\pi ft)\,dt \tag{2.66}$$

이다. 따라서 $x(t)$가 실수 신호일 때 $X(f)$의 실수 부분은 우대칭이고 허수 부분은 기대칭이다. $|X(f)|^2=R^2+I^2$이고 $\tan\theta(f)=I/R$이므로 식 (2.64)의 대칭 성질을 얻게 된다. f에 대한 $|X(f)|$의 그래프를 $x(t)$의 **진폭 스펙트럼(amplitude spectrum)**[9]이라 하고, f에 대한 $\underline{/X(f)} = \theta(f)$의 그래프를 **위상 스펙트럼(phase spectrum)**이라 한다.

2.4.2 대칭 성질

만일 $x(t)=x(-t)$, 즉 $x(t)$가 우함수라면 식 (2.66)에서 $x(t)\sin(2\pi ft)$는 기함수가 되고, $\operatorname{Im} X(f)=0$이다. 또한 $\operatorname{Re} X(f)$는 코사인이 우함수이기 때문에 f의 우함수가 된다. 따라서 실수인 우함수의 푸리에 변환은 역시 실수이고 우함수이다.

반면 $x(t)$가 기함수이면 식 (2.65)에서 $x(t)\cos(2\pi ft)$는 기함수이고 $\operatorname{Re} X(f)=0$이다. 따라서 실수인 기함수의 푸리에 변환은 허수이다. 게다가 $\sin(2\pi ft)$가 기함수이기 때문에 $\operatorname{Im} X(f)$는 주파수에 대한 기함수가 된다.

예제 2.8

다음의 펄스를 생각해보자.

$$x(t) = A\Pi\left(\frac{t-t_0}{\tau}\right) \tag{2.67}$$

이 신호의 푸리에 변환은

$$\begin{aligned} X(f) &= \int_{-\infty}^{\infty} A\Pi\left(\frac{t-t_0}{\tau}\right) e^{j2\pi ft}\,dt \\ &= A\int_{t_0-\tau/2}^{t_0+\tau/2} e^{-j2\pi ft}\,dt = A\tau\,\operatorname{sinc}(f\tau)\,e^{-j2\pi ft_0} \end{aligned} \tag{2.68}$$

9 차원이 (진폭 단위)(시간)=(진폭 단위)/(주파수)이므로, **진폭 밀도 스펙트럼(amplitude density spectrum)**이 더 정확한 표현이다. 그러나 간단히 **진폭 스펙트럼**이란 용어를 사용할 것이다.

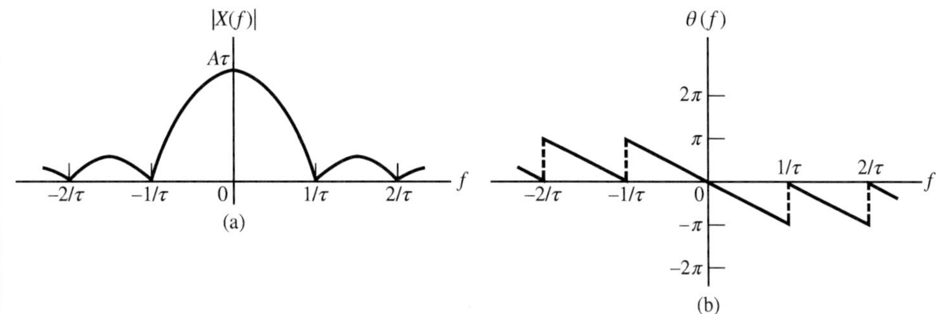

그림 2.7 펄스 신호에 대한 진폭 스펙트럼과 위상 스펙트럼. (a) 진폭 스펙트럼, (b) 위상 스펙트럼($t_0=\frac{1}{2}\tau$)

이고, $x(t)$의 진폭 스펙트럼은 다음과 같다.

$$|X(f)| = A\tau|\text{sinc }(f\tau)| \tag{2.69}$$

위상 스펙트럼은 다음과 같이 쓸 수 있다.

$$\theta(f) = \begin{cases} -2\pi t_0 f & \text{if sinc }(f\tau) > 0 \\ -2\pi t_0 f \pm \pi & \text{if sinc }(f\tau) < 0 \end{cases} \tag{2.70}$$

$\pm\pi$항은 sinc$(f\tau)$가 음이 되는 경우를 고려한 것이며, $\theta(f)$가 기함수가 되도록 하기 위해서 $f>0$일 때 $+\pi$가 사용되었다면, $f<0$일 때 $-\pi$가 사용되는데, 혹은 그 반대로도 한다. $|\theta(f)|$가 2π를 초과할 때는 2π의 적절한 배수를 $\theta(f)$에서 더하거나 빼준다. 그림 2.7은 식 (2.67)인 신호의 진폭 스펙트럼과 위상 스펙트럼이다. 그림 2.6과 유사함을 알 수 있는데, 스펙트럼 폭과 펄스 간격 사이의 역수 관계는 특히 그러하다. ■

2.4.3 에너지 스펙트럼 밀도

식 (2.22)에서 정의된 어떤 신호의 에너지는 주파수 영역에서는 다음과 같이 표현될 수 있다.

$$\begin{aligned} E &\triangleq \int_{-\infty}^{\infty} |x(t)|^2\, dt \\ &= \int_{-\infty}^{\infty} x^*(t) \left[\int_{-\infty}^{\infty} X(f)\, e^{j2\pi ft}\, df\right] dt \end{aligned} \tag{2.71}$$

여기서 $x(t)$는 푸리에 변환으로 표시했다. 적분 순서를 바꾸면 에너지는 다음과 같다.

$$\begin{aligned} E &= \int_{-\infty}^{\infty} X(f) \left[\int_{-\infty}^{\infty} x^*(t)\, e^{j2\pi ft}\, dt\right] df \\ &= \int_{-\infty}^{\infty} X(f) \left[\int_{-\infty}^{\infty} x(t)\, e^{-j2\pi ft}\, dt\right]^* df \end{aligned}$$

$$= \int_{-\infty}^{\infty} X(f)\, X^*(f)\, df$$

혹은

$$E = \int_{-\infty}^{\infty} |x(t)|^2\, dt = \int_{-\infty}^{\infty} |X(f)|^2\, df \tag{2.72}$$

이것을 레일리의 에너지 정리(Rayleigh's energy theorem) 또는 푸리에 변환에 대한 파시발 정리라고 한다.

식 (2.60)에서 주어진 $X(f)$의 정의를 상기하여 $|X(f)|^2$을 검토하면 $|X(f)|$는 (volts-seconds)의 단위를 가지며 옴당 전력을 기준으로 하면 $|X(f)|^2$은 (watts-seconds)/hertz=joules/hertz의 단위를 가진다. 따라서 $|X(f)|^2$은 에너지 밀도의 단위를 갖고 있으며, 신호의 에너지 스펙트럼 밀도는 다음과 같이 정의된다.

$$G(f) \triangleq |X(f)|^2 \tag{2.73}$$

$G(f)$를 모든 주파수에 대해 적분하면 그 신호의 전체 에너지를 얻게 된다.

예제 2.9

레일리의 에너지 정리(푸리에 변환에 대한 파시발의 정리)는 신호의 제곱이 시간 영역과 주파수 영역 중 어느 한 영역에서 쉽게 적분되지 않는 경우 신호의 에너지를 구할 때 편리하다. 예를 들어, 다음 신호의 에너지 밀도는 다음과 같다.

$$x(t) = 40 \operatorname{sinc}(20t) \longleftrightarrow X(f) = 2\Pi\left(\frac{f}{20}\right) \tag{2.74}$$

$$G(f) = |X(f)|^2 = \left[2\Pi\left(\frac{f}{20}\right)\right]^2 = 4\Pi\left(\frac{f}{20}\right) \tag{2.75}$$

여기에서 $\Pi(f/20)$는 진폭이 1이기 때문에 제곱할 필요가 없다. 레일리의 에너지 정리를 사용하면 $x(t)$에서 에너지는

$$E = \int_{-\infty}^{\infty} G(f)\, df = \int_{-10}^{10} 4\, df = 80 \text{ J} \tag{2.76}$$

이다. 이것은 정적분 $\int_{-\infty}^{\infty} \operatorname{sinc}^2(u)\, du = 1$임을 이용하여 $x^2(t)$를 모든 시간 t에 대해 적분함으로써 얻은 결과와 비교될 수 있다.

주파수 구간 $(0, W)$에 포함된 에너지는 다음 적분식으로 구할 수 있다.

$$E_W = \int_{-W}^{W} G(f)\,df = 2\int_{0}^{W} \left[2\Pi\left(\frac{f}{20}\right)\right]^2 df$$
$$= \begin{cases} 8W, & W \le 10 \\ 80, & W > 10 \end{cases} \tag{2.77}$$

이것은 $|f|>10$에서 $\Pi\left(\frac{f}{20}\right)=0$이기 때문이다.

■

2.4.4 컨벌루션

컨벌루션 연산을 정의하기 위해서 푸리에 변환을 잠시 미루고 한 예를 들어서 컨벌루션을 그림으로 설명할 것이다.

두 신호 $x_1(t)$와 $x_2(t)$의 컨벌루션 $x(t)$는 x_1과 x_2의 항으로 다음과 같은 기호로 표기하는 새로운 시간의 함수이다.

$$x(t) = x_1(t) * x_2(t) = \int_{-\infty}^{\infty} x_1(\lambda)x_2(t-\lambda)\,d\lambda \tag{2.78}$$

여기서 적분에 관한 한 t는 하나의 매개변수임을 주목하자. 피적분 함수는 x_1과 x_2를 세 단계로 연산하여 구한다. (1) 시간의 역을 취하여 $x_2(-\lambda)$를 얻는다. (2) 시간 이동으로 $x_2(t-\lambda)$를 얻는다. (3) $x_1(\lambda)$와 $x_2(t-\lambda)$를 곱하여 피적분 함수를 구한다. 한 예제를 들어 이러한 연산을 하여 $x_1 * x_2$를 구하는 과정을 설명한다. 흔히 시간의 표기는 삭제한다.

예제 2.10

다음 두 신호의 컨벌루션을 구하라.

$$x_1(t) = e^{-\alpha t}u(t),\ \ x_2(t) = e^{-\beta t}u(t),\ \alpha > \beta > 0 \tag{2.79}$$

풀이

그림 2.9는 $\alpha=4$이고 $\beta=2$인 경우에 대하여 컨벌루션에 관련된 단계들을 나타내었다. 수학적으로 직접 대입하여 피적분 함수를 구할 수 있다.

$$x(t) = x_1(t) * x_2(t) = \int_{-\infty}^{\infty} e^{-\alpha\lambda}u(\lambda)e^{-\beta(t-\lambda)}u(t-\lambda)d\lambda \tag{2.80}$$

그러나

$$u(\lambda)u(t-\lambda) = \begin{cases} 0, & \lambda < 0 \\ 1, & 0 < \lambda < t \\ 0, & \lambda > t \end{cases} \tag{2.81}$$

가 되어 다음과 같다.

$$x(t)=\begin{cases}0, & t<0\\ \int_0^t e^{-\beta t}e^{-(\alpha-\beta)\lambda}\,d\lambda=\dfrac{1}{\alpha-\beta}\left(e^{-\beta t}-e^{-\alpha t}\right), & t\ge 0\end{cases} \tag{2.82}$$

$x(t)$의 결과가 그림 2.8에 있다.

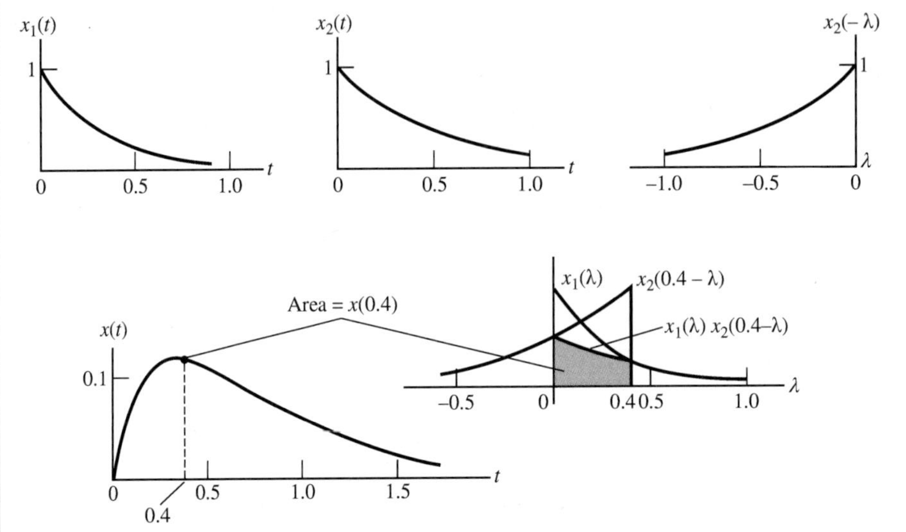

그림 2.8 두 지수적으로 감소하는 신호들의 컨벌루션에서 포함되는 연산

2.4.5 변환 정리 : 증명과 응용

푸리에 변환과 관련된 몇몇 유용한 정리[10]를 증명한다. 이것들은 일반적인 주파수 영역의 관계를 이끌어내는 것뿐만 아니라 푸리에 변환쌍을 구하는 데도 유용하다. $x(t)\leftrightarrow X(f)$ 표기는 푸리에 변환쌍을 의미한다.

대부분의 경우에 각 정리는 증명과 함께 설명된다. 모든 정리에 대해 설명한 후 몇 개의 응용 예제를 들겠다. 정리에 대해 설명할 때 $X(f)$, $X_1(f)$, $X_2(f)$는 각각 $x(t)$, $x_1(t)$, $x_2(t)$에 해당하는 푸리에 변환이고 a, a_1, a_2, t_0, f_0는 상수이다.

중첩 정리

$$a_1x_1(t)+a_2x_2(t)\longleftrightarrow a_1X_1(f)+a_2X_2(f) \tag{2.83}$$

10 푸리에 변환쌍과 이론에 대해서는 부록 F에 있는 표 F.5와 F.6 참조.

증명 : 푸리에 변환의 정의적인 적분을 취함으로써 증명한다.

$$\begin{aligned}\Im\{a_1x_1(t)+a_2x_2(t)\} &= \int_{-\infty}^{\infty}\left[a_1x_1(t)+a_2x_2(t)\right]e^{-j2\pi ft}\,dt \\ &= a_1\int_{-\infty}^{\infty}x_1(t)e^{-j2\pi ft}dt + a_2\int_{-\infty}^{\infty}x_2(t)\,e^{-j2\pi ft}\,dt \\ &= a_1X_1(f)+a_2X_2(f)\end{aligned} \tag{2.84}$$

시간 지연 정리

$$x\left(t-t_0\right) \longleftrightarrow X(f)\,e^{-j2\pi ft_0} \tag{2.85}$$

증명 : 푸리에 변환에 대한 적분 정의를 사용하여

$$\begin{aligned}\Im\{x(t-t_0)\} &= \int_{-\infty}^{\infty}x(t-t_0)e^{-j2\pi ft}\,dt \\ &= \int_{-\infty}^{\infty}x(\lambda)e^{-j2\pi f(\lambda+t_0)}\,d\lambda \\ &= e^{-j2\pi ft_0}\int_{-\infty}^{\infty}x(\lambda)\,e^{-j2\pi f\lambda}\,d\lambda \\ &= X(f)\,e^{-j2\pi ft_0}\end{aligned} \tag{2.86}$$

을 얻는다. 첫 번째 적분에서는 $\lambda=t-t_0$로 치환하였다.

축척 변화 정리

$$x(at) \longleftrightarrow \frac{1}{|a|}X\left(\frac{f}{a}\right) \tag{2.87}$$

증명 : 먼저 $a>0$을 가정하면

$$\begin{aligned}\Im\{x(at)\} &= \int_{-\infty}^{\infty}x(at)e^{-j2\pi ft}\,dt \\ &= \int_{-\infty}^{\infty}x(\lambda)e^{-j2\pi f\lambda/a}\frac{d\lambda}{a} = \frac{1}{a}X\left(\frac{f}{a}\right)\end{aligned} \tag{2.88}$$

여기서 $\lambda=at$로 대입하였다. 다음으로 $a<0$을 가정하면 푸리에 변환은 다음과 같다.

$$\begin{aligned}\Im\{x(at)\} &= \int_{-\infty}^{\infty}x(-|a|t)\,e^{-j2\pi ft}\,dt = \int_{-\infty}^{\infty}x(\lambda)e^{+j2\pi f\lambda/|a|}\frac{d\lambda}{|a|} \\ &= \frac{1}{|a|}X\left(-\frac{f}{|a|}\right) = \frac{1}{|a|}X\left(\frac{f}{a}\right)\end{aligned} \tag{2.89}$$

여기서 만일 $a<0$이면 $-|a|=a$인 관계를 사용하였다.

쌍대성 정리

$$X(t) \longleftrightarrow x(-f) \tag{2.90}$$

즉 $x(t)$의 푸리에 변환이 $X(f)$라고 하면 $X(f)$에서 f가 t로 대치된 함수의 푸리에 변환은 t가 $-f$로 대치된 원래의 시간 영역 신호가 된다.

증명 : 푸리에 변환 적분과 역푸리에 변환 적분 간의 차이점은 단지 피적분 함수 내 지수의 부호가 음이라는 사실을 이용하여 이 정리를 증명한다.

주파수 천이 정리

$$x(t)e^{j2\pi f_0 t} \longleftrightarrow X\left(f - f_0\right) \tag{2.91}$$

증명 : 주파수 천이 정리의 증명은 다음과 같다.

$$\int_{-\infty}^{\infty} x(t)e^{j2\pi f_0 t}e^{-j2\pi ft}\,dt = \int_{-\infty}^{\infty} x(t)e^{-j2\pi(f-f_0)t}\,dt = X(f-f_0) \tag{2.92}$$

변조 정리

$$x(t)\cos(2\pi f_0 t) \longleftrightarrow \frac{1}{2}X(f-f_0) + \frac{1}{2}X(f+f_0) \tag{2.93}$$

증명 : $\cos(2\pi f_0 t)$를 $\frac{1}{2}(e^{j2\pi f_0 t}+e^{-j2\pi f_0 t})$의 지수 형태로 쓰고 중첩 정리와 주파수 천이 정리를 적용하여 증명할 수 있다.

미분 정리

$$\frac{d^n x(t)}{dt^n} \longleftrightarrow (j2\pi f)^n X(f) \tag{2.94}$$

증명 : 다음과 같이 푸리에 변환 적분에서 부분 적분법을 사용하여 $n=1$일 때 이 정리를 증명한다.

$$\begin{aligned}\mathfrak{F}\left\{\frac{dx}{dt}\right\} &= \int_{-\infty}^{\infty}\frac{dx(t)}{dt}e^{-j2\pi ft}dt \\ &= x(t)e^{-j2\pi ft}\Big|_{-\infty}^{\infty} + j2\pi f\int_{-\infty}^{\infty}x(t)e^{-j2\pi ft}\,dt \\ &= j2\pi f\,X(f)\end{aligned} \tag{2.95}$$

여기에서 $u=e^{-j2\pi ft}$와 $dv=(dx/dt)dt$가 부분 적분 공식에서 사용되었고, 중간 식의 첫 번째 항은 $x(t)$가 에너지 신호이기 때문에 각 끝점에서 0이 된다. $n>1$의 값에 대한 증명은 귀납법을 이용하여 증명될 수 있다.

적분 정리

$$\int_{-\infty}^{t} x(\lambda)\,d\lambda \longleftrightarrow (j2\pi f)^{-1}X(f)+\frac{1}{2}X(0)\delta(f) \tag{2.96}$$

증명 : 만일 $X(0)=0$이라면 적분 정리의 증명은 미분 정리의 경우에서처럼 부분 적분법을 이용하여 유도될 수 있다.

$$\begin{aligned}&\mathfrak{I}\left\{\int_{-\infty}^{t} x(\lambda)\ d(\lambda)\right\}\\ &=\left\{\int_{-\infty}^{t} x(\lambda)\ d(\lambda)\right\}\left(-\frac{1}{j2\pi f}e^{-j2\pi ft}\right)\Bigg|_{-\infty}^{\infty}+\frac{1}{j2\pi f}\int_{-\infty}^{\infty} x(t)\,e^{-j2\pi ft}\,dt\end{aligned} \tag{2.97}$$

만일 $X(0)=\int_{-\infty}^{\infty}x(t)dt=0$이라면 첫 번째 항은 0이 되고, 두 번째 항은 단지 $X(f)/(j2\pi f)$이다. $X(0)\neq 0$인 경우 $x(t)$의 평균값이 0이 아닌 푸리에 변환에 대하여 이를 고려할 수 있는 극한값 $X(0)\delta(f)$를 이용해야만 한다.

컨벌루션 정리

$$\begin{aligned}&\int_{-\infty}^{\infty} x_1(\lambda)x_2(t-\lambda)\,d\lambda\\ &\triangleq\int_{-\infty}^{\infty} x_1(t-\lambda)x_2(\lambda)d\lambda \leftrightarrow X_1(f)X_2(f)\end{aligned} \tag{2.98}$$

증명 : 푸리에 변환의 컨벌루션 정리를 증명하기 위하여 다음과 같이 역푸리에 변환 적분식을 이용해 $x_2(t-\lambda)$를 표시한다.

$$x_2(t-\lambda)=\int_{-\infty}^{\infty} X_2(f)e^{j2\pi f(t-\lambda)}\,df \tag{2.99}$$

컨벌루션을 $x_1(t)*x_2(t)$로 표시하고 다음과 같이 쓴다.

$$\begin{aligned}x_1(t)*x_2(t)&=\int_{-\infty}^{\infty} x_1(\lambda)\left[\int_{-\infty}^{\infty} X_2(f)e^{j2\pi f(t-\lambda)}\,df\right]d\lambda\\ &=\int_{-\infty}^{\infty} X_2(f)\left[\int_{-\infty}^{\infty} x_1(\lambda)e^{-j2\pi f\lambda}\,d\lambda\right]e^{j2\pi ft}\,df\end{aligned} \tag{2.100}$$

여기서 마지막 단계는 적분 순서를 바꾸어 얻었다. 적분 안의 큰 괄호로 묶인 항은 $x_1(t)$의 푸리에 변환 $X_1(f)$가 된다. 따라서 다음과 같다.

$$x_1 * x_2 = \int_{-\infty}^{\infty} X_1(f)X_2(f)e^{j2\pi ft}\, df \tag{2.101}$$

앞의 식은 $X_1(f)X_2(f)$의 역푸리에 변환이 된다. 이 결과에 푸리에 변환을 취하면 원하는 변환쌍을 얻는다.

곱셈 정리

$$x_1(t)x_2(t) \longleftrightarrow X_1(f) * X_2(f) = \int_{-\infty}^{\infty} X_1(\lambda)X_2(f-\lambda)\, d\lambda \tag{2.102}$$

증명 : 곱셈 정리의 증명은 컨벌루션 정리의 증명과 유사하다.

예제 2.11

쌍대성 정리를 사용하여 다음을 보여라.

$$2AW \text{ sinc } (2Wt) \longleftrightarrow A\Pi\left(\frac{f}{2W}\right) \tag{2.103}$$

풀이

예제 2.8로부터

$$x(t) = A\Pi\left(\frac{t}{\tau}\right) \longleftrightarrow A\tau \text{ sinc } f\tau = X(f) \tag{2.104}$$

이다. $X(t)$를 생각하고 쌍대성 정리를 사용하면 다음과 같다.

$$X(t) = A\tau \text{ sinc } (\tau t) \longleftrightarrow A\Pi\left(-\frac{f}{\tau}\right) = x(-f) \tag{2.105}$$

여기에서 τ는 $(s)^{-1}$의 단위를 가진 매개변수인데 처음 볼 때는 다소 혼란스러울 것이다. $\tau=2W$로 놓고 $\Pi(u)$는 우함수임을 유의하면 주어진 관계를 얻는다. ■

예제 2.12

다음의 푸리에 변환쌍을 구하라.

1. $A\delta(t) \leftrightarrow A$
2. $A\delta(t-t_0) \leftrightarrow Ae^{-j2\pi ft_0}$
3. $A \leftrightarrow A\delta(f)$
4. $Ae^{j2\pi f_0 t} \leftrightarrow A\delta(f-f_0)$

풀이

이런 신호들은 에너지 신호가 아니라 할지라도 어떤 변수가 '0' 또는 무한대로 접근하는 극한에서 주어진 신호로 접근할 수 있는 '적절한' 에너지 신호의 푸리에 변환을 구하면, 이 신호들 각각의 푸리에 변환을 정식으로 유도할 수 있다. 예를 들어, 정식으로 다음과 같다.

$$\mathfrak{F}\left[A\delta(t)\right] = \mathfrak{F}\left[\lim_{\tau\to 0}\left(\frac{A}{\tau}\right)\Pi\left(\frac{t}{\tau}\right)\right] = \lim_{\tau\to 0} A\,\mathrm{sinc}\,(f\tau) = A \tag{2.106}$$

다른 세 개의 신호에 대해서도 마찬가지로 푸리에 변환을 정의하기 위해서 같은 과정을 사용할 수 있다. 그러나 델타 함수의 택출성과 적절한 푸리에 변환 정리를 사용하는 것이 더 쉽다. 그 결과는 같다. 예를 들어, $x(t)=\delta(t)$의 푸리에 변환 적분식을 쓰고 감별 정리를 적용하여 첫 번째 푸리에 변환쌍을 직접 구한다.

$$\mathfrak{F}[A\delta(t)] = A\int_{-\infty}^{\infty}\delta(t)e^{-j2\pi f t}\,dt = A \tag{2.107}$$

변환쌍 2는 변환쌍 1에 시간 지연 정리를 응용하여 얻는다.

변환쌍 3은 역변환 관계를 사용하거나 또는 첫 번째 쌍과 쌍대성 정리를 사용하여 얻을 수 있다. 후자를 이용하여

$$X(t) = A \longleftrightarrow A\delta(-f) = A\delta(f) = x(-f) \tag{2.108}$$

을 얻으며, 여기서 임펄스 함수의 우함수 성질이 사용되었다.

변환쌍 4는 변환쌍 3에 주파수 천이 정리를 적용하여 얻는다. 예제 2.12의 푸리에 변환쌍들은 변조를 논의할 때 흔히 사용될 것이다.

■

예제 2.13

미분 정리를 사용하여 다음과 같이 정의되는 삼각 신호의 푸리에 변환을 구하라.

$$\Lambda\left(\frac{t}{\tau}\right) \triangleq \begin{cases} 1-|t|/\tau, & |t|<\tau \\ 0, & \text{otherwise} \end{cases} \tag{2.109}$$

풀이

$\Lambda(t/\tau)$를 두 번 미분하여 그림 2.9에서와 같이 다음 수식을 얻는다.

$$\frac{d^2\Lambda(t/\tau)}{dt^2} = \frac{1}{\tau}\delta(t+\tau) - \frac{2}{\tau}\delta(t) + \frac{1}{\tau}\delta(t-\tau) \tag{2.110}$$

미분 정리, 중첩 정리, 시간 이동 정리와 예제 2.12의 결과를 사용하여 다음 등식을 얻는다.

$$\begin{aligned}\mathfrak{F}\left[\frac{d^2\Lambda(t/\tau)}{dt^2}\right] &= (j2\pi f)^2\mathfrak{F}\left[\Lambda\left(\frac{t}{\tau}\right)\right] \\ &= \frac{1}{\tau}\left(e^{j2\pi f\tau} - 2 + e^{-j2\pi f\tau}\right)\end{aligned} \tag{2.111}$$

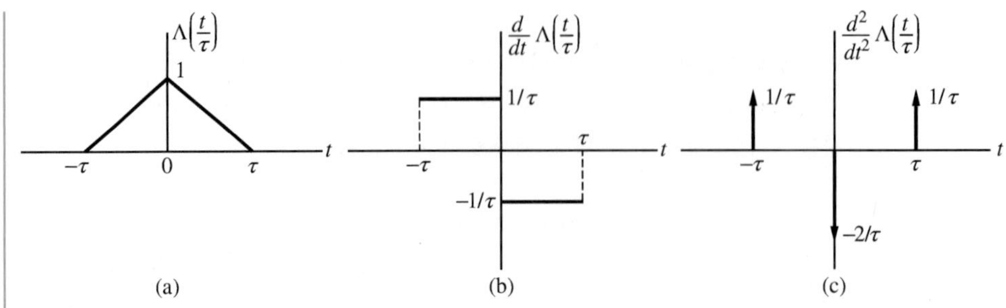

그림 2.9 삼각파 신호와 그 함수의 처음 두 개의 도함수. (a) 삼각파 함수, (b) 삼각파 함수의 1차 도함수, (c) 삼각파 함수의 2차 도함수

즉 $\Im\left[\Lambda\left(\frac{t}{\tau}\right)\right]$를 구하고 간략하게 하면

$$\Im\left[\Lambda\left(\frac{t}{\tau}\right)\right] = \frac{2\cos 2\pi f\tau - 2}{\tau(j2\pi f)^2} = \tau\frac{\sin^2(\pi f\tau)}{(\pi f\tau)^2} \tag{2.112}$$

여기서 $\frac{1}{2}[1-\cos(2\pi ft)]=\sin^2(\pi ft)$를 사용하였다. 요약하여 다음 관계식을 증명하였다.

$$\Lambda\left(\frac{t}{\tau}\right) \longleftrightarrow \tau\ \mathrm{sinc}^2(f\tau) \tag{2.113}$$

여기서 $[\sin(\pi f\tau)]/(\pi f\tau)$를 $\mathrm{sinc}(f\tau)$로 대치하였다. ■

예제 2.14

임펄스들을 포함하는 신호들의 푸리에 변환을 구하는 또 다른 예로 다음 신호를 생각해보자.

$$y_s(t) = \sum_{m=-\infty}^{\infty} \delta(t - mT_s) \tag{2.114}$$

이것은 이상적인 표본화 파형(ideal sampling waveform)이라고 하는 주기적인 파형이며, T_s초만큼 간격을 두고 있는 임펄스의 무한 열로 이루어져 있다.

풀이

$y_s(t)$의 푸리에 변환을 구하는 데 있어서 이 함수가 주기적이므로, 정의에 의해 푸리에 급수로 표현될 수 있다.

$$y_s(t) = \sum_{m=-\infty}^{\infty} \delta(t - mT_s) = \sum_{n=-\infty}^{\infty} Y_n e^{jn2\pi f_s t},\quad f_s = \frac{1}{T_s} \tag{2.115}$$

여기서 Y_n은 임펄스 함수의 택출성에 의해서 다음과 같다.

$$Y_n = \frac{1}{T_s}\int_{T_s} \delta(t)e^{-jn2\pi f_s t}\,dt = f_s \tag{2.116}$$

그러므로

$$y_s(t) = f_s \sum_{n=-\infty}^{\infty} e^{jn2\pi f_s t} \tag{2.117}$$

항별로 푸리에 변환을 하면

$$Y_s(f) = f_s \sum_{n=-\infty}^{\infty} \mathfrak{I}[1 \cdot e^{j2\pi n f_s t}] = f_s \sum_{n=-\infty}^{\infty} \delta(f - nf_s) \tag{2.118}$$

를 얻으며 예제 2.12의 결과를 사용하였다. 요약하면 다음을 증명하였다.

$$\sum_{m=-\infty}^{\infty} \delta(t - mT_s) \longleftrightarrow f_s \sum_{n=-\infty}^{\infty} \delta(f - nf_s) \tag{2.119}$$

변환쌍 (2.119)는 푸리에 변환으로 주기 신호의 스펙트럼을 구하는 데 유용하며 곧 설명할 것이다.

식 (2.119)로부터 유용한 표현식을 유도할 수 있다. 식 (2.119)의 좌변에 푸리에 변환을 취하면

$$\begin{aligned} \mathfrak{I}\left[\sum_{m=-\infty}^{\infty} \delta(t - mT_s)\right] &= \int_{-\infty}^{\infty} \left[\sum_{m=-\infty}^{\infty} \delta(t - mT_s)\right] e^{-j2\pi ft} dt \\ &= \sum_{m=-\infty}^{\infty} \int_{-\infty}^{\infty} \delta(t - mT_s) e^{-j2\pi ft} dt \\ &= \sum_{m=-\infty}^{\infty} e^{-j2\pi m T_s f} \end{aligned} \tag{2.120}$$

이다. 여기서 적분과 합의 순서를 바꾸고 적분을 하기 위하여 임펄스 함수의 택출성을 이용하였다. m을 $-m$으로 바꾸고 그 결과를 식 (2.119)의 우변과 같다고 놓으면 다음과 같다.

$$\sum_{m=-\infty}^{\infty} e^{j2\pi m T_s f} = f_s \sum_{n=-\infty}^{\infty} \delta(f - nf_s) \tag{2.121}$$

이 결과는 7장에서 사용될 것이다.

■

예제 2.15

컨벌루션 정리는 식 (2.109)에 의해 정의된 삼각 함수 Λ(t/τ)의 푸리에 변환을 구하는 데 사용될 수 있다.

풀이

먼저 두 구형 펄스의 컨벌루션은 삼각파가 됨을 보임으로써 증명을 시작한다. 다음 적분식

$$y(t) = \int_{-\infty}^{\infty} \Pi\left(\frac{t - \lambda}{\tau}\right) \Pi\left(\frac{\lambda}{\tau}\right) d\lambda \tag{2.122}$$

의 계산 과정은 표 2.2에 있다. 결과를 요약하면 다음과 같다.

표 2.2 $\Pi(t/\tau) * \Pi(t/\tau)$의 계산

Range	Integrand	Limits	Area
$-\infty < t < -\tau$	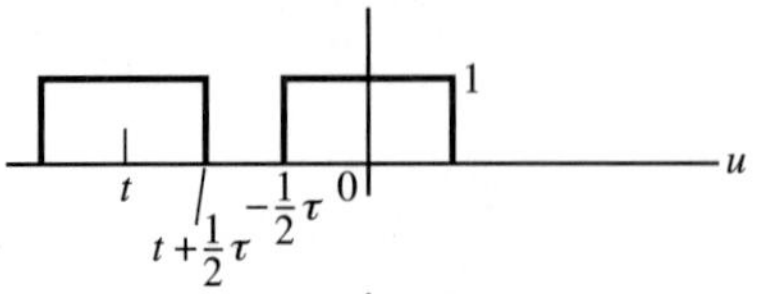		0
$-\tau < t < 0$	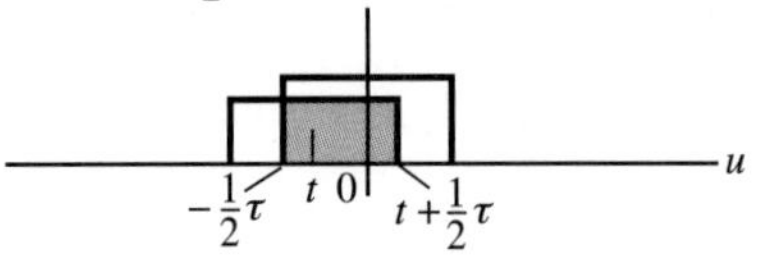	$-\frac{1}{2}\tau$ to $t+\frac{1}{2}\tau$	$\tau + t$
$0 < t < \tau$	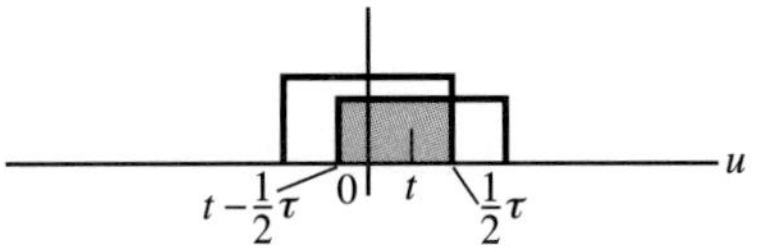	$t-\frac{1}{2}\tau$ to $\frac{1}{2}\tau$	$\tau - t$
$\tau < t < \infty$	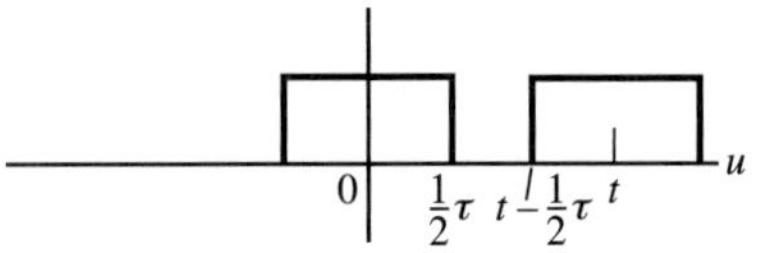		0

$$\tau\Lambda\left(\frac{t}{\tau}\right) = \Pi\left(\frac{t}{\tau}\right) * \Pi\left(\frac{t}{\tau}\right) = \begin{cases} 0, & t < -\tau \\ \tau - |t|, & |t| \le \tau \\ 0, & t > \tau \end{cases} \tag{2.123}$$

$$\Lambda\left(\frac{t}{\tau}\right) = \frac{1}{\tau}\Pi\left(\frac{t}{\tau}\right) * \Pi\left(\frac{t}{\tau}\right) \tag{2.124}$$

변환쌍

$$\Pi\left(\frac{t}{\tau}\right) \longleftrightarrow \tau \operatorname{sinc} ft \tag{2.125}$$

를 사용하고 푸리에 변환식 (2.114)의 컨벌루션 정리를 이용하면 미분 정리를 적용한 예제 2.13에서와 같이 다음과 같은 변환쌍을 얻는다.

$$\Lambda\left(\frac{t}{\tau}\right) \longleftrightarrow \tau \operatorname{sinc}^2 f\tau \tag{2.126}$$

■

$t=t_0$에서 연속인 신호 $x(t)$와 임펄스 $\delta(t-t_0)$의 컨벌루션은 유용하다. 연산을 행하면 델타 함수의 택출성에 의해

$$\delta(t - t_0) * x(t) = \int_{-\infty}^{\infty} \delta(\lambda - t_0)x(t - \lambda)\, d\lambda = x(t - t_0) \tag{2.127}$$

를 얻는다. 즉 시간 t_0에서 발생하는 임펄스와 $x(t)$의 컨벌루션은 단순히 $x(t)$를 t_0만큼 이동시킨 것이다.

예제 2.16

다음과 같은 여현 펄스(cosinusoidal pulse)의 푸리에 변환을 구해본다.

$$x(t) = A\Pi\left(\frac{t}{\tau}\right)\cos\left(\omega_0 t\right),\ \omega_0 = 2\pi f_0 \tag{2.128}$$

먼저 앞에서 구한 변환쌍(예제 2.12, 항목 4 참조)

$$e^{\pm j2\pi f_0 t} \longleftrightarrow \delta(f \mp f_0) \tag{2.129}$$

와 오일러 정리를 사용하여

$$\cos\left(2\pi f_0 t\right) \longleftrightarrow \frac{1}{2}\delta(f - f_0) + \frac{1}{2}\delta(f + f_0) \tag{2.130}$$

를 구한다. 다음의 관계는 이미 보였다.

$$A\Pi\left(\frac{t}{\tau}\right) \longleftrightarrow A\tau\text{sinc }(f\tau)$$

그러므로 푸리에 변환식 (2.118)의 곱셈 정리를 사용하여

$$\begin{aligned} X(f) &= \mathfrak{F}\left[A\Pi\left(\frac{t}{\tau}\right)\cos\left(\omega_0 t\right)\right] = [A\tau\text{ sinc }(f\tau)] * \left\{\frac{1}{2}\left[\delta(f - f_0) + \delta(t + f_0)\right]\right\} \\ &= \frac{1}{2}A\tau\left\{\text{ sinc }\left[(f - f_0)\tau\right] + \text{sinc }\left[(f + f_0)\tau\right]\right\} \end{aligned} \tag{2.131}$$

를 얻는다. 여기서 $f = f_0$에서 연속인 $Z(f)$에 대해서 $\delta(f-f_0) * Z(f) = Z(f-f_0)$를 사용하였다. 그림 2.10 (c)는 $X(f)$를 보여준다. 같은 결과가 변조 정리를 통하여 얻어질 수 있다.

■

2.4.6 주기 신호의 푸리에 변환

주기 신호는 에너지 신호가 아니기 때문에 엄격한 수학적 의미에서 주기 신호의 푸리에 변환은 존재하지 않는다. 하지만 상수와 페이저 신호에 대한 예제 2.12에서 유도된 변환쌍을 사용하면 주기 신호의 복소 푸리에 급수의 각 항들을 푸리에 변환함으로써 푸리에 변환을 형식적인 면에서 쓸 수 있다.

주기 신호의 푸리에 변환에 대한 보다 더 유용한 형태는 컨벌루션 정리와 이상적인 표본화 파형의 변환쌍 식 (2.119)를 적용하여 얻는다. 주기적이면서 전력 신호인 새로운 신호 $x(t)$를 얻기 위하여 이상적인 표본화 파형과 펄스 형태의 신호 $p(t)$를 컨벌루션한 결과를 생각한다. 이것은 식 (2.127)을 이용하여 컨벌루션을 수행하면 확실해진다.

$$x(t) = \left[\sum_{m=-\infty}^{\infty} \delta(t - mT_s)\right] * p(t) = \sum_{m=-\infty}^{\infty} \delta(t - mT_s) * p(t) = \sum_{m=-\infty}^{\infty} p(t - mT_s) \quad (2.132)$$

컨벌루션 정리와 식 (2.119)의 푸리에 변환쌍을 적용하면 $x(t)$의 푸리에 변환은

$$\begin{aligned} X(f) &= \Im\left\{\sum_{m=-\infty}^{\infty} \delta(t - mT_s)\right\} P(f) \\ &= \left[f_s \sum_{n=-\infty}^{\infty} \delta\left(f - nf_s\right)\right] P(f) = f_s \sum_{n=-\infty}^{\infty} \delta\left(f - nf_s\right) P(f) \\ &= \sum_{n=-\infty}^{\infty} f_s P\left(nf_s\right) \delta\left(f - nf_s\right) \end{aligned} \quad (2.133)$$

이 되며 여기서 $P(f)=\Im[p(t)]$이고 $P(f)\delta(f-nf_s)=P(nf_s)\delta(f-nf_s)$를 사용하였다. 요약하면 우리는 푸리에 변환쌍을 다음과 같이 구했다.

$$\sum_{m=-\infty}^{\infty} p(t - mT_s) \longleftrightarrow \sum_{n=-\infty}^{\infty} f_s P(nf_s)\delta(f - nf_s) \quad (2.134)$$

식 (2.134)의 유용성을 예제를 통해 설명한다.

예제 2.17

단일 여현 펄스(single cosinusoidal pulse)의 푸리에 변환을 예제 2.16에서 구하였고, 그림 2.10(c)에 나타내었다. 예를 들어, 레이더 송신기의 출력을 표현할 수 있는 주기적인 여현 펄스 열의 푸리에 변환은 신호를 다음과 같이 쓰면 얻을 수 있다.

$$\begin{aligned} y(t) &= \left[\sum_{n=-\infty}^{\infty} \delta(t - mT_s)\right] * \Pi\left(\frac{t}{\tau}\right) \cos\left(2\pi f_0 t\right), \quad f_0 \gg 1/\tau \\ &= \sum_{m=-\infty}^{\infty} \Pi\left(\frac{t - mT_s}{\tau}\right) \cos\left[2\pi f_0 (t - mT_s)\right], \quad f_s \le \tau^{-1} \end{aligned} \quad (2.135)$$

이 신호는 그림 2.10(e)에 나타내었다. $p(t)=\Pi\left(\frac{t}{\tau}\right)\cos(2\pi f_0 t)$이고 변조 정리에 의해 $P(f)=\frac{A\tau}{2}[\text{sinc}(f-f_0)\tau+\text{sinc}(f+f_0)\tau]$가 된다. 식 (2.134)를 적용하면 $y(t)$의 푸리에 변환은

$$Y(f) = \sum_{n=-\infty}^{\infty} \frac{Af_s\tau}{2} \left[\text{sinc}\,(nf_s - f_0)\tau + \text{sinc}\,(nf_s + f_0)\tau\right] \delta(f - nf_s) \quad (2.136)$$

이다. 스펙트럼은 그림 2.10(e)의 오른쪽에 있다.

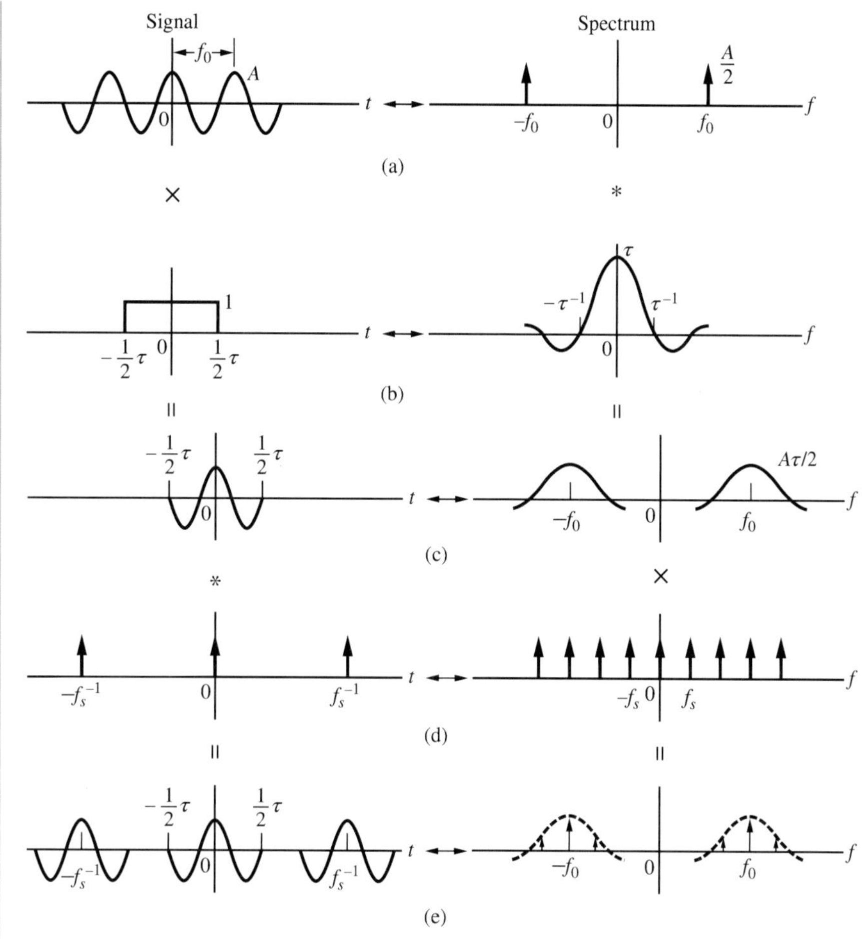

그림 2.10 (a)~(c) 곱셈 정리의 적용, (c)~(e) 컨벌루션 정리의 적용
(주 : ×는 곱셈을 나타냄. *는 컨벌루션을 나타내고, ↔ 는 변환쌍을 나타냄)

2.4.7 포아송 합 공식

식 (2.134)의 우변에 역푸리에 변환을 취함으로써 포아송 합 공식(Poisson sum formula)을 구할 수 있다. 변환쌍 $\exp(-j2\pi n f_s t) \leftrightarrow \delta(f-nf_s)$(예제 2.12 참조)를 사용하면 다음과 같이 된다.

$$\mathfrak{F}^{-1}\left\{\sum_{n=-\infty}^{\infty} f_s P(nf_s)\,\delta(f-f_s)\right\} = f_s \sum_{n=-\infty}^{\infty} P(nf_s)e^{j2\pi n f_s t} \tag{2.137}$$

이것을 식 (2.134)의 좌변과 같다고 하면, 포아송 합 공식을 다음과 같이 얻는다.

$$\sum_{m=-\infty}^{\infty} p(t-mT_s) = f_s \sum_{n=-\infty}^{\infty} P(nf_s)e^{j2\pi n f_s t} \tag{2.138}$$

포아송 합 공식은 푸리에 변환에서부터 그것의 표본화된 근삿값으로 갈 때 유용하다. 예를 들어, 식 (2.138)은 $P(f)=\Im\{p(t)\}$의 표본값 $P(nf_s)$가 주기 함수 $T_s\sum_{n=-\infty}^{\infty} p(t-mT_s)$의 푸리에 급수의 계수임을 보여준다.

2.5 전력 스펙트럼 밀도와 상관

식 (2.73)의 에너지 스펙트럼 밀도에 대한 정의를 상기해보면 $G(f)$를 모든 주파수에 대해 적분한 값은 전체 에너지를 얻는 데 유한한 양이 되는 에너지 신호에 대해서만 사용할 수 있다는 것을 알 수 있다. 전력 신호의 경우 **전력 스펙트럼 밀도**(power spectral density)에 대해서 생각하는 것이 의미가 있을 것이다. $G(f)$와 유사하게 주파수에 대해 실수 함수이면서 우함수이며 음이 아닌(nonnegative) 함수로 신호 $x(t)$의 전력 스펙트럼 밀도 $S(f)$를 정의하고, 이것을 주파수 전 구간에 대해 적분하면 옴당 전체 평균 전력값이 된다. 즉

$$P = \int_{-\infty}^{\infty} S(f)\,df = \langle x^2(t)\rangle \tag{2.139}$$

여기서 $\langle x^2(t)\rangle=\lim_{T\to\infty}\frac{1}{2T}\int_{-T}^{T} x^2(t)\,dt$는 $x^2(t)$의 시간평균을 의미한다. $S(f)$는 주파수에 따라 전력 밀도의 변화를 나타내는 함수이므로 지금까지 생각해왔던 주기적인 전력 신호에 대해서는 임펄스의 급수로 이루어져야 한다. 나중에 7장에서는 랜덤 신호의 전력 스펙트럼을 다룬다.

예제 2.18

다음의 정현파 신호

$$x(t) = A\cos(2\pi f_0 t + \theta) \tag{2.140}$$

는 신호의 옴당 평균 전력이 $\frac{1}{2}A^2$이고 단일 주파수 f_0 Hz에 집중되어 있다. 하지만 전력 스펙트럼 밀도는 주파수에 대해 우함수이어야 하므로 이 전력을 $+f_0$와 $-f_0$ Hz에 똑같이 나눈다. 따라서 $x(t)$의 전력 스펙트럼 밀도는 직관적으로

$$S(f) = \frac{1}{4}A^2\delta(f-f_0) + \frac{1}{4}A^2\delta(f+f_0) \tag{2.141}$$

이다. 식 (2.139)를 사용하여 이것을 검토하면, 모든 주파수에 대한 적분은 $\frac{1}{2}A^2$의 옴당 평균 전력이 됨을 알 수 있다. ■

2.5.1 시간평균 자기상관 함수

시간평균 자기상관 함수를 소개하기 위하여 에너지 신호 식 (2.73)의 에너지 스펙트럼 밀도를 다시 생각해본다. 어떤 특별한 이유는 없지만 독립변수를 τ로 하고 $G(f)$의 역푸리에 변환을 하면

$$\begin{aligned}\phi(\tau) &\triangleq \mathfrak{F}^{-1}[G(f)] = \mathfrak{F}^{-1}[X(f)X^*(f)] \\ &= \mathfrak{F}^{-1}[X(f)] * \mathfrak{F}^{-1}[X^*(f)]\end{aligned} \tag{2.142}$$

가 된다. 마지막 단계는 컨벌루션 정리를 적용하여 구했다. 시간 반전(time-reverse) 정리(부록 F, F.6의 네 번째 항목)를 이용하면 $\mathfrak{F}^{-1}[X^*(f)]=x(-\tau)$가 되며, 이를 위 컨벌루션 정리에 적용하면 다음과 같다.

$$\begin{aligned}\phi(\tau) &= x(\tau) * x(-\tau) = \int_{-\infty}^{\infty} x(\lambda)x(\lambda+\tau)\,d\lambda \\ &= \lim_{T\to\infty}\int_{-T}^{T} x(\lambda)x(\lambda+\tau)\,d\lambda \text{ (energy signal)}\end{aligned} \tag{2.143}$$

식 (2.143)을 에너지 신호에 대한 시간평균 자기상관 함수(time-average autocorrelation function)라고 한다. 자기상관 함수는 어떤 신호와 그 신호의 지연된 모양 간의 유사성이나 위상동기(coherence)의 척도이다. $\phi(0)=E$, 즉 신호의 에너지가 되며 컨벌루션과 상관 함수 간에는 유사성이 있음을 알 수 있다. 식 (2.142)의 중요한 점은 자기상관 함수와 에너지 스펙트럼 밀도가 푸리에 변환쌍이라는 것이다. 전력 신호에 대한 유사한 결과를 다루기 위하여 에너지 신호에 대한 시간평균 자기상관 함수를 더 이상 논의하지 않겠다.

전력 신호 $x(t)$의 시간평균 자기상관 함수 $R(\tau)$는 시간평균으로 정의된다.

$$\begin{aligned}R(\tau) &= \langle x(t)x(t+\tau)\rangle \\ &\triangleq \lim_{T\to\infty}\frac{1}{2T}\int_{-T}^{T} x(t)x(t+\tau)\,dt \text{ (power signal)}\end{aligned} \tag{2.144}$$

$x(t)$가 주기 T_0를 갖는 주기 신호라면, 식 (2.144)의 피적분 함수는 주기 함수이고 시간평균은 한 주기에 대해서 취한다.

$$R(\tau) = \frac{1}{T_0}\int_{T_0} x(t)x(t+\tau)\,dt \; [x(t)\text{는 주기 함수}]$$

$\phi(\tau)$와 마찬가지로 $R(\tau)$도 시간 t와 시간 $t+\tau$일 때의 전력 신호 간의 유사성의 척도이다. 시간에 대해 적분을 취했기 때문에 자기상관 함수는 지연변수 τ의 함수이다. 신호와 지연된 신

호 간의 유사성의 척도일 뿐만 아니라 다음은 신호의 전체 평균 전력이다.

$$R(0) = \left\langle x^2(t) \right\rangle = \int_{-\infty}^{\infty} S(f)\,df \tag{2.145}$$

그러므로 마치 에너지 신호의 경우와 같이 전력 신호의 시간평균 자기상관 함수와 전력 스펙트럼 밀도는 밀접한 관계가 있다고 할 수 있다. 이 관계는 신호의 시간평균 자기상관 함수와 신호의 전력 스펙트럼 밀도가 푸리에 변환쌍이라고 하는 위너-킨친 정리(Wiener-Khinchine theorem)로 말할 수 있다.

$$S(f) = \mathfrak{F}[R(\tau)] = \int_{-\infty}^{\infty} R(\tau)\,e^{-j2\pi f\tau}\,d\tau \tag{2.146}$$

그리고

$$R(\tau) = \mathfrak{F}^{-1}[S(f)] = \int_{-\infty}^{\infty} S(f)e^{j2\pi f\tau}\,df \tag{2.147}$$

위너-킨친 정리의 공식 증명은 7장에 있다. 지금은 단순히 식 (2.146)을 전력 스펙트럼 밀도의 정의로 사용한다. 식 (2.145)는 식 (2.147)에서 $\tau=0$이라 하면 바로 구할 수 있다.

2.5.2 $R(\tau)$의 성질

시간평균 자기상관 함수는 다음에 열거된 몇 가지 유용한 성질들을 가지고 있다.

1. 모든 τ에 대해 $R(0)=\langle x^2(t)\rangle \geq |\mathrm{R}(\tau)|$, 즉 $\tau=0$일 때 $\mathrm{R}(\tau)$는 상대적 최댓값을 갖는다.
2. $R(-\tau)=\langle x(t)x(t-\tau)\rangle=R(\tau)$, 즉 $R(\tau)$는 우함수이다.
3. 만약 $x(t)$가 주기적인 성분을 포함하지 않는다면 $\lim_{|\tau|\to\infty} R(\tau) = \langle x(t)\rangle^2$이다.
4. 만약 $x(t)$가 주기 T_0를 가지는 주기적인 신호라면 그때 $R(\tau)$는 주기 T_0를 가지는 τ의 주기적인 함수이다.
5. 임의의 전력 신호의 시간평균 자기상관 함수는 음이 아닌 푸리에 변환을 갖는다.

성질 5의 정규화된 전력은 음이 아닌 값이라는 사실에 의한 결과이다. 7장에서는 이런 성질들을 증명한다.

자기상관 함수와 전력 스펙트럼 밀도는 랜덤 신호와 관련된 시스템 해석을 위하여 중요한 도구이다.

예제 2.19

신호 $x(t)=\text{Re}[2+3\exp(j10\pi t)+4j\exp(j10\pi t)]$, 즉 $x(t)=2+3\cos(10\pi t)-4\sin(10\pi t)$의 자기상관 함수와 전력 스펙트럼 밀도를 구해보자. 첫 번째 단계는 이 신호를 상수 더하기 단일 항의 정현파로 적는다. 그렇게 하면 다음과 같이 적는다.

$$x(t) = \text{Re}\left[2+\sqrt{3^2+4^2}\exp\left[j\tan^{-1}(4/3)\right]\exp(j10\pi t)\right] = 2+5\cos\left[10\pi t+\tan^{-1}(4/3)\right]$$

두 가지 방법 중에 하나를 따라 하면 된다. 첫째는 $x(t)$의 자기상관 함수를 구하고 그것의 푸리에 변환을 구하여 전력 스펙트럼 밀도를 얻는다. 둘째는 전력 스펙트럼 밀도를 적고 그것의 역변환을 취하여 자기상관 함수를 얻는다.

첫 번째 방법을 따라 하면 자기상관 함수를 구한다.

$$\begin{aligned}
R(\tau) &= \frac{1}{T_0}\int_{T_0} x(t)x(t+\tau)\,dt \\
&= \frac{1}{0.2}\int_0^{0.2}\left\{2+5\cos\left[10\pi t+\tan^{-1}(4/3)\right]\right\}\left\{2+5\cos\left[10\pi(t+\tau)+\tan^{-1}(4/3)\right]\right\}dt \\
&= 5\int_0^{0.2}\left\{\begin{array}{c} 4+10\cos\left[10\pi t+\tan^{-1}(4/3)\right]+10\cos\left[10\pi(t+\tau)+\tan^{-1}(4/3)\right] \\ +25\cos\left[10\pi t+\tan^{-1}(4/3)\right]\cos\left[10\pi(t+\tau)+\tan^{-1}(4/3)\right]\end{array}\right\}dt \\
&= 5\int_0^{0.2}4dt+50\int_0^{0.2}\cos\left[10\pi t+\tan^{-1}(4/3)\right]dt \\
&\quad +50\int_0^{0.2}\cos\left[10\pi(t+\tau)+\tan^{-1}(4/3)\right]dt \\
&\quad +\frac{125}{2}\int_0^{0.2}\cos(10\pi\tau)\,dt+\frac{125}{2}\int_0^{0.2}\cos\left[20\pi t+10\pi\tau+2\tan^{-1}(4/3)\right]dt \\
&= 5\int_0^{0.2}4dt+0+0+\frac{125}{2}\int_0^{0.2}\cos(10\pi\tau)\,dt \\
&\quad +\frac{125}{2}\int_0^{0.2}\cos\left[20\pi t+10\pi\tau+2\tan^{-1}(4/3)\right]dt \\
&= 4+\frac{25}{2}\cos(10\pi\tau)
\end{aligned} \tag{2.148}$$

여기서 t의 코사인 함수와 관련된 적분들은 코사인을 정수배 주기로 적분하므로 0이고, 삼각 함수 관계식 $\cos x\cos y=\frac{1}{2}\cos(x+y)+\frac{1}{2}\cos(x-y)$를 사용하였다. 전력 스펙트럼 밀도는 자기상관 함수의 푸리에 변환이다.

$$\begin{aligned}
S(f) &= \mathfrak{F}\left[4+\frac{25}{2}\cos(10\pi\tau)\right] \\
&= 4\mathfrak{F}[1]+\frac{25}{2}\mathfrak{F}[\cos(10\pi\tau)] \\
&= 4\delta(f)+\frac{25}{4}\delta(f-5)+\frac{25}{4}\delta(f+5)
\end{aligned} \tag{2.149}$$

모든 f에 대하여 적분을 하면 $P=4+\frac{25}{2}=16.5\text{W}/\Omega$이 되며, 이것은 DC 전력 더하기 AC 전력(5Hz와 −5Hz 사이에 나뉘어져 있다)이다. 자기상관 함수를 구하기 위하여 전력과 관련된 전력 스펙트럼 밀도를 먼저 쓰고 그것의 역푸리에 변환을 구하는 방법을 따라 할 수도 있다.

자기상관 함수의 모든 성질이 세 번째만 빼고 만족된다. ■

예제 2.20

수열 1110010은 의사잡음(pseudonoise) 또는 m-시퀀스의 한 예이다. 이들은 디지털 통신 시스템의 구현에 중요하며, 9장에서 더 다룰 것이다. 지금은 자기상관 함수와 전력 스펙트럼을 계산하기 위하여 다른 예를 보여주는 예로서 이 m-시퀀스를 사용한다. 그림 2.11(a)를 생각해보면 이것은 각각의 0을 −1로 바꾸어 얻은 m-시퀀스의 등가 파형인데, 각 시퀀스 원소들에 구형파 $\Pi\left(\frac{t-t_0}{\Delta}\right)$를 곱하여 더한 것이다. 그 결과 파형이 주기적으로 계속해서 반복된다고 가정한다. 파형이 주기적으로 반복된다고 가정하기 때문에 자기상관 함수를 계산하기 위하여 다음 식을 이용한다.

$$R(\tau) = \frac{1}{T_0}\int_{T_0} x(t)x(t+\tau)\,dt$$

$x(t+n\Delta)$에 의해 곱해진 파형 $x(t)$를 생각한다[$n=2$인 경우는 그림 2.11(b) 참조]. 곱한 것이 그림 2.11(c)에 있는데, 곱셈 $x(t)x(t+n\Delta)$를 한 후 남는 순수 면적이 $-\Delta$인 것을 볼 수 있다. 따라서 이 경우에 $R(2\Delta)=-\frac{\Delta}{7\Delta}=-\frac{1}{7}$이 된다. 사실 이 답은 임의의 τ가 Δ의 0 아닌 정수배와 같으면 나오는 결과이다. $\tau=0$인 경우, 곱셈 $x(t)x(t+0)$을 한 후 남는 순수 면적은 7Δ이고, $R(0)=\frac{7\Delta}{7\Delta}=1$이 나온다. 이들 상관 결과들이 그림 2.11(d)에 동그라미로 그려져 있는데 $\tau=7\Delta$마다 반복되는 것을 알 수 있다. 임의의 정수가 아닌 지연값에 대해서 자기상관 함수는 원하는 지연값을 괄호로 묶고 정수 지연을 위하여 자기상관 함수 값의 선형 보간(interpolation)으로써 구한다. 이것은 적분 $\int_{T_0} x(t)x(t+\tau)dt$를 생각한 경우인데 곱셈 $x(t)x(t+\tau)$를 한 후의 면적은 $x(t)$가 구형파로 구성되어 있으므로 τ의 선형 함수여야만 한다는 사실을 알 수 있다. 따라서 자기상관 함수는 그림 2.11(d)에서 실선으로 그려져 있다. 한 주기 동안인 경우 다음과 같이 표현된다.

$$R(\tau) = \frac{8}{7}\Lambda\left(\frac{\tau}{\Delta}\right) - \frac{1}{7},\quad |\tau| \le \frac{T_0}{2}$$

전력 스펙트럼 밀도는 식 (2.146)을 적용하여 구할 수 있는 자기상관 함수의 푸리에 변환이다. 이것의 자세한 유도 과정은 연습문제로 남겨둔다. 결과는

$$S(f) = \frac{8}{49}\sum_{n=-\infty}^{\infty} \text{sinc}^2\left(\frac{n}{7\Delta}\right)\delta\left(f - \frac{n}{7\Delta}\right) - \frac{1}{7}\delta(f)$$

이고, 그림 2.11(e)에 보인다. $f=0$ 근처에서 $S(f)=\left(\frac{8}{49}-\frac{1}{7}\right)\delta(f)=\frac{1}{49}\delta(f)$이며, DC 전력은 $\frac{1}{49}=\frac{1}{7^2}W$이다. 학생들은 이것이 왜 맞는지를 생각해봐야만 한다. (힌트 : $x(t)$의 DC 값이 무엇이며 이것에 해당하는 전력은 얼마인가?)

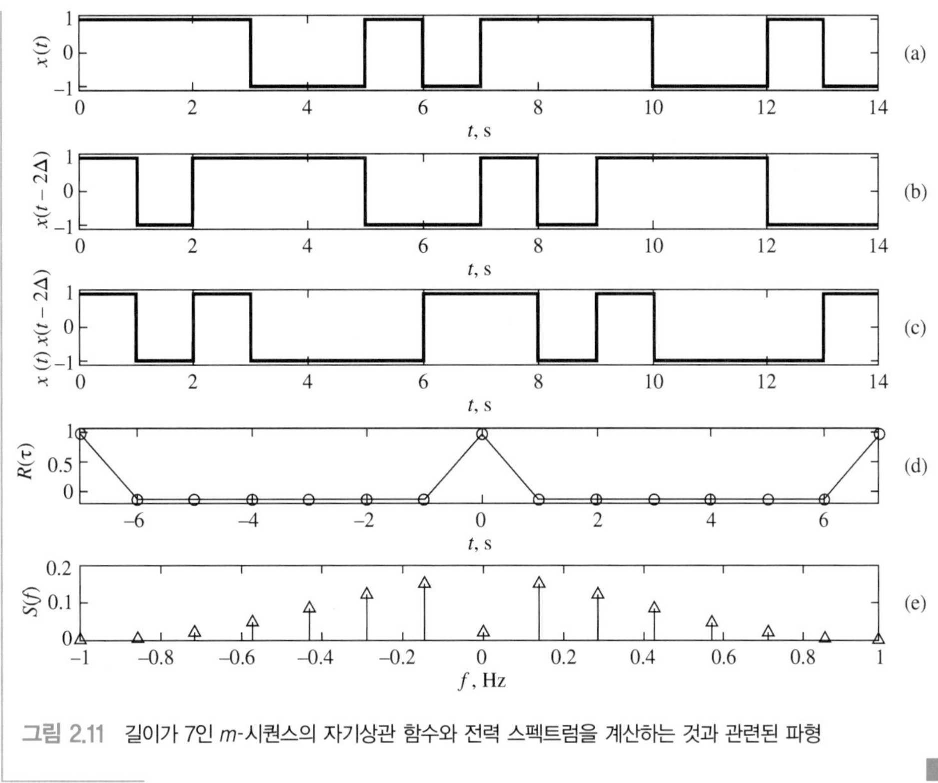

그림 2.11 길이가 7인 m-시퀀스의 자기상관 함수와 전력 스펙트럼을 계산하는 것과 관련된 파형

자기상관 함수와 전력 스펙트럼 밀도는 랜덤 신호와 관련된 시스템 분석을 위하여 중요한 도구들이다.

2.6 신호와 선형 시스템

이 절에서는 시스템의 특성과 신호에 주는 시스템의 영향에 대해 알아보겠다. 시스템을 모델링할 때는 어떤 특별한 시스템을 구성하는 저항, 커패시터, 인덕터, 스프링, 질량 등과 같은 실재 요소들은 대개 관심사가 아니다. 오히려 어떤 입력으로 어떤 출력을 발생하기 위해 수행하는 동작의 측면에서 시스템을 관찰한다. 단일 입력, 단일 출력 시스템의 경우는 다음과 같은 기호를 사용하여 시스템을 모델링한다.

$$y(t) = \mathcal{H}[x(t)] \tag{2.150}$$

여기서 $\mathcal{H}[\cdot]$는 그림 2.12에 있는 것처럼 입력 $x(t)$로부터 출력 $y(t)$를 발생시키는 연산자이다. 이제 시스템의 어떤 부류를 생각할 것인데, 그 첫 번째는 선형 시불변 시스템이다.

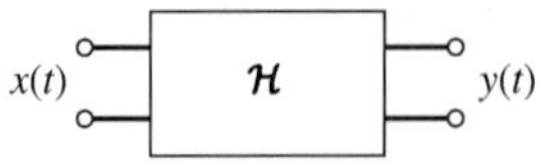

그림 2.12 선형 시스템의 연산자 표현

2.6.1 선형 시불변 시스템의 정의

만약 시스템이 선형이면 중첩이 가능하다. 즉 $x_1(t)$의 출력이 $y_1(t)$이고 $x_2(t)$의 출력이 $y_2(t)$이면 상수 α_1과 α_2에 대해서 $\alpha_1 x_1(t)+\alpha_2 x_2(t)$의 출력은 다음과 같다.

$$\begin{aligned} y(t) &= \mathcal{H}[\alpha_1 x_1(t) + (\alpha_2 x_2(t)] = \alpha_1 \mathcal{H}[x_1(t)] + \alpha_2 \mathcal{H}[x_2(t)] \\ &= \alpha_1 y_1(t) + \alpha_2 y_2(t) \end{aligned} \tag{2.151}$$

만약 시스템이 시불변(time-invariant)이거나 고정되어(fixed) 있으면 지연된 입력 $x(t-t_0)$의 출력은 $y(t-t_0)$가 된다. 즉

$$y(t-t_0) = \mathcal{H}[x(t-t_0)] \tag{2.152}$$

분명하게 명시된 이런 성질들을 가지고 이제 선형 시불변(LTI) 시스템에 대한 더 구체적인 설명을 할 수 있다.

2.6.2 임펄스 응답과 중첩 적분

LTI 시스템의 임펄스 응답(impulse response) $h(t)$는 $t=0$에서 적용된 임펄스에 대한 시스템의 응답으로 정의된다. 즉 다음과 같다.

$$h(t) \triangleq \mathcal{H}[\delta(t)] \tag{2.153}$$

시스템의 시불변 성질에 의해 임의의 시간 t_0에서 적용된 임펄스에 대한 응답은 $h(t-t_0)$이며, 임펄스의 선형 조합 $\alpha_1\delta(t-t_1)+\alpha_2\delta(t-t_2)$에 대한 응답은 중첩 정리와 시불변에 의해 $\alpha_1 h(t-t_1)+\alpha_2 h(t-t_2)$가 된다. 그러므로 귀납법에 의해서 입력

$$x(t) = \sum_{n=1}^{N} \alpha_n \delta(t-t_n) \tag{2.154}$$

에 대한 응답은 다음과 같다.

$$y(t) = \sum_{n=1}^{N} \alpha_n h(t-t_n) \tag{2.155}$$

중첩 적분(superposition integral)을 얻기 위해 식 (2.155)를 이용하는데, 이 적분식은 시스템

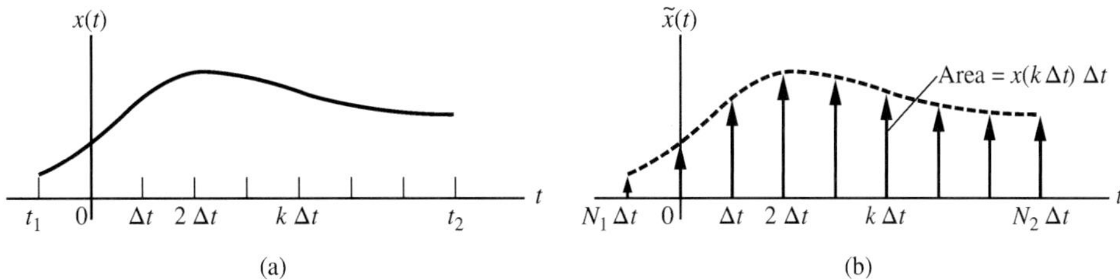

그림 2.13 신호와 그 신호의 근사적인 표현. (a) 신호, (b) 임펄스의 시퀀스로 근사화

의 임펄스 응답을 이용해서 (적당한 조건을 만족하는) 임의의 입력에 대한 LTI 시스템의 응답을 표현한다. 그림 2.13(a)의 임의의 입력 신호 $x(t)$를 생각하면 이것은 단위 임펄스의 택출성에 의해 다음과 같이 표현할 수 있다.

$$x(t) = \int_{-\infty}^{\infty} x(\lambda)\delta(t-\lambda)\,d\lambda \tag{2.156}$$

식 (2.156)의 적분을 합으로 근사화하면 다음과 같다.

$$x(t) \cong \sum_{n=N_1}^{N_2} x(n\ \Delta t)\,\delta(t-n\Delta t)\,\Delta t,\ \ \Delta t \ll 1 \tag{2.157}$$

여기서 $t_1=N_1\Delta t$ 는 신호의 시작 시간이고, $t_2=N_2\Delta t$는 끝나는 시간이다. $\alpha_n=x(n\Delta t)\Delta t$와 $t_n=n\Delta t$ 로 놓고 식 (2.155)를 사용하면 출력은

$$\tilde{y}(t) = \sum_{n=N_1}^{N_2} x(n\ \Delta t)h(t-n\,\Delta t)\,\Delta t \tag{2.158}$$

이고, 여기에서 입력식 (2.157)에 대한 근사화된 출력임을 나타내기 위해서 틸드(tilde)를 사용했다. Δt가 0으로 접근하고 $n\Delta t$가 연속변수 λ가 됨에 따라 합은 적분이 되고 출력은 다음과 같다.

$$y(t) = \int_{-\infty}^{\infty} x(\lambda)h(t-\lambda)\,d\lambda \tag{2.159}$$

여기서 $x(t)$가 임의의 시작 시간과 끝 시간을 갖는 일반적인 신호도 고려하기 위해 적분 구간을 $\pm\infty$로 바꾼다. $\sigma=t-\lambda$로 치환하여 다음과 같은 결과를 얻는다.

$$y(t) = \int_{-\infty}^{\infty} x(t-\sigma)h(\sigma)\,d\sigma \tag{2.160}$$

이 식들은 각각의 임펄스에 대한 다수의 기본 응답들의 중첩에 의해 얻어지기 때문에 중첩 적분(superposition integral)이라고 한다. 만약 시스템이 인과적이라면, 즉 입력이 인가되기 전에는 응답이 없는 시스템이라면 출력은 보다 간단히 얻을 수 있다. 인과적 시스템에서는 $t<\lambda$에 대해 $h(t-\lambda)=0$이고 따라서 식 (2.159)에서 적분 상한은 t로 둘 수 있다. 더욱이 $t<0$에 대해 $x(t)=0$이면 적분 하한은 0이 된다.

2.6.3 안정도

모든 크기가 제한된 입력(bounded input)에 대해 제한된 출력(bounded output)이 발생된다면 고정된 선형 시스템은 BIBO 안정하다고 한다. 시스템이 BIBO 안정이 되기 위한 필요 충분조건은 다음과 같다.[11]

$$\int_{-\infty}^{\infty} |h(t)|\, dt < \infty \tag{2.161}$$

2.6.4 전달(주파수 응답) 함수

푸리에 변환의 컨벌루션 정리(부록 F에서 F.6의 여덟 번째 줄)를 식 (2.159)나 식 (2.160)에 적용하면 다음을 얻는다.

$$Y(f) = H(f)X(f) \tag{2.162}$$

여기서 $X(f)=\mathfrak{F}\{x(t)\}$, $Y(f)=\mathfrak{F}\{y(t)\}$이며

$$H(f) = \mathfrak{F}\{h(t)\} = \int_{-\infty}^{\infty} h(t)e^{-j2\pi ft}\, dt \tag{2.163}$$

또는

$$h(t) = \mathfrak{F}^{-1}\{H(f)\} = \int_{-\infty}^{\infty} H(f)e^{j2\pi ft}\, df \tag{2.164}$$

이다.

$H(f)$를 시스템의 전달(주파수 응답) 함수[transfer (frequency response) function]라고 한다. $h(t)$와 $H(f)$는 똑같이 시스템의 특성을 잘 나타내주는 것을 알 수 있다. 식 (2.162)를 역푸리에 변환을 취하면 다음과 같다.

---

11 Ziemer, Tranter, and Fannin(1998), Chapter 2 참조.

$$y(t) = \int_{-\infty}^{\infty} X(f)H(f)e^{j2\pi ft}\,df \tag{2.165}$$

2.6.5 인과성

시스템이 입력을 예견할 수 없다면 시스템은 인과적(causal)이라 한다. 시불변이고 인과적인 시스템에 대해 임펄스 응답은 다음과 같다.

$$h(t) = 0,\ t < 0 \tag{2.166}$$

시스템의 전달 함수의 관점에서 볼 때 인과성이란 Paley와 Wiener[12]의 유명한 정리에 의해 만일

$$\int_{-\infty}^{\infty} |h(t)|^2\,dt = \int_{-\infty}^{\infty} |H(f)|^2\,df < \infty \tag{2.167}$$

이고 $t<0$에 대해 $h(t) \equiv 0$이면 다음 조건이 성립됨을 말한다.

$$\int_{-\infty}^{\infty} \frac{|\ln|H(f)||}{1+f^2}\,df < \infty \tag{2.168}$$

반대로 만일 $|H(f)|$가 제곱 적분이 가능하고 식 (2.168)에서 적분이 한정되지 않는다면 $\underline{/H(f)}$를 어떻게 선택하더라도 $h(t) \equiv 0,\ t<0$로 만들지 못한다. 식 (2.168)의 결과로부터 어떤 필터도 한정된 주파수 대역에서 $|H(f)| \equiv 0$이 될 수 없다는 것을 알 수 있다(즉 어떤 필터도 임의의 주파수 대역을 완전히 제거할 수는 없다). 사실 페일리-위너(Paley-Wiener) 기준은 선형이고 인과적인 시불변 시스템에 대한 전달 특성 $|H(f)|$가 주파수 영역에서 0으로 수렴하는 비율을 제한하고 있다. 예를 들어

$$|H_1(f)| = e^{-k_1|f|} \Rightarrow |\ln|H_1(f)|| = k_1|f| \tag{2.169}$$

그리고

$$|H_2(f)| = e^{-k_2 f^2} \Rightarrow |\ln|H_2(f)|| = k_2 f^2 \tag{2.170}$$

여기서 k_1과 k_2는 양의 상수이고, 식 (2.168)에 대입하면 두 경우 모두가 유한한 값이 아니기 때문에 인과적인 필터의 가능한 진폭 응답이라고 볼 수 없다.

페일리-위너 기준의 충분조건은 다음과 같다. 식 (2.168)을 만족하고 제곱 적분이 가능한 어떤 함수 $|H(f)|$가 있으면 $H(f) = |H(f)|\exp[j\underline{/H(f)}]$가 인과적인 필터 $h(t)$의 푸리에 변환

12 William Siebert, Circuits, Signals, and Systems, New York: McGraw-Hill, 1986, p. 476 참조.

쌍이 되는 $\underline{/H(f)}$ 가 존재한다.

예제 2.21

(a) 다음의 임펄스 응답을 갖는 시스템이 안정함을 보여라.

$$h(t) = e^{-2t}\cos(10\pi t)\,u(t)$$

(b) 인과적인가?

풀이

(a) 다음 적분을 생각하자.

$$\begin{aligned}\int_{-\infty}^{\infty} |h(t)|\,dt &= \int_{-\infty}^{\infty} \left|e^{-2t}\cos(10\pi t)\,u(t)\right| dt \\ &= \int_{0}^{\infty} e^{-2t}\,|\cos(10\pi t)|\,dt \\ &\leq \int_{0}^{\infty} e^{-2t}\,dt = -\frac{1}{2}e^{-2t}\Big|_{0}^{\infty} = \frac{1}{2} < \infty\end{aligned}$$

그러므로 이것은 BIBO 안정하다. $|\cos(10\pi t)| \leq 1$이므로 세 번째 줄은 두 번째 줄로부터 따라온다.

(b) $t<0$에서 $h(t)=0$이므로 이 시스템은 인과적이다. ■

2.6.6 *H*(*f*)의 대칭 성질

일반적으로 LTI 시스템 $H(f)$의 주파수 응답 함수는 복소수이다. 그러므로

$$H(f) = |H(f)| \exp\left[j\underline{/H(f)}\right] \tag{2.171}$$

처럼 크기와 각으로 쓸 수 있으며 여기에서 $|H(f)|$를 LTI 시스템의 **진폭(크기) 응답 함수**[amplitude-(magnitude) response function]라 하고, $\underline{/H(f)}$를 LTI 시스템의 **위상 응답 함수**(phase response function)라고 한다. 또한 $H(f)$는 실시간 함수 $h(t)$의 푸리에 변환이다. 그러므로

$$|H(f)| = |H(-f)| \tag{2.172}$$

그리고

$$\underline{/H(f)} = -\underline{/H(-f)} \tag{2.173}$$

가 성립한다. 즉 실숫값의 임펄스 응답을 갖는 시스템의 진폭 응답은 주파수에 대하여 우함수이고 위상 응답은 주파수의 기함수이다.

예제 2.22

그림 2.14에 보이는 저역통과 RC필터를 생각해보자. 여러 가지 방법으로 회로의 주파수 응답 함수를 구할 수 있다. 첫째로, 그 시스템의 미분 방정식(일반적으로 미분-적분 방정식)을 적는다.

$$RC\frac{dy(t)}{dt} + y(t) = x(t) \tag{2.174}$$

그리고 이것을 푸리에 변환하면

$$(j2\pi f RC + 1)Y(f) = X(f)$$

즉

$$\begin{aligned} H(f) &= \frac{Y(f)}{X(f)} = \frac{1}{1 + j(f/f_3)} \\ &= \frac{1}{\sqrt{1+(f/f_3)^2}} e^{-j\tan^{-1}(f/f_3)} \end{aligned} \tag{2.175}$$

가 되고, 여기서 $f_3 = 1/(2\pi RC)$는 3dB 주파수 또는 반전력 주파수이다. 둘째로, 라플라스(Laplace) 변환 이론을 (s를 $j2\pi f$로 대체시켜) 사용할 수 있다. 셋째로, AC 정현파 정상 상태 해석을 사용할 수 있다. 이 시스템의 진폭과 위상 응답은 그림 2.15(a)와 (b)에 각각 나타내었다.

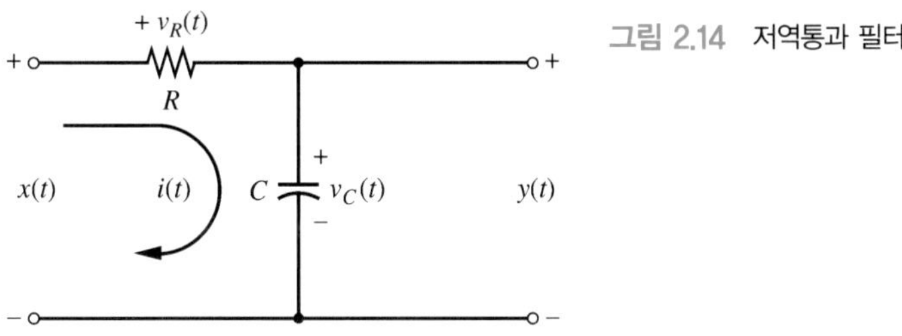

그림 2.14 저역통과 필터

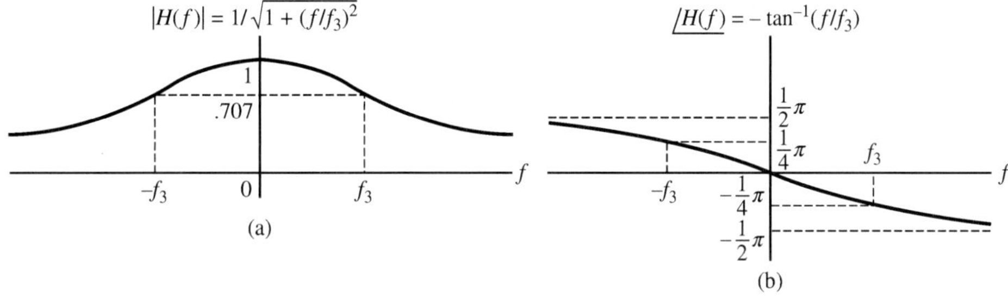

그림 2.15 저역통과 RC 필터의 진폭 및 위상 응답. (a) 진폭 응답, (b) 위상 응답

푸리에 변환쌍

$$\alpha e^{-\alpha t}u(t) \longleftrightarrow \frac{\alpha}{\alpha + j2\pi f} \tag{2.176}$$

를 사용하면 필터의 임펄스 응답이

$$h(t) = \frac{1}{RC}e^{-t/RC}u(t) \tag{2.177}$$

가 되는 것을 알 수 있다.

끝으로 다음 펄스에 대한 필터의 응답을 생각해보자.

$$x(t) = A\Pi\left(\frac{t - \frac{1}{2}T}{T}\right) \tag{2.178}$$

적절한 푸리에 변환쌍을 사용하면 $Y(f)$를 쉽게 구할 수 있지만, 그것의 역푸리에 변환을 구하기 위해서는 약간의 수고가 필요하다. 따라서 이런 경우에는 중첩 적분이 최상의 접근 방식이다. 다음과 같은 형태를 사용하고

$$y(t) = \int_{-\infty}^{\infty} h(t-\sigma)x(\sigma)\,d\sigma \tag{2.179}$$

$h(t)$에 직접 대입하면

$$h(t-\sigma) = \frac{1}{RC}e^{-(t-\sigma)/RC}u(t-\sigma) = \begin{cases} \frac{1}{RC}e^{-(t-\sigma)/RC}, & \sigma < t \\ 0, & \sigma > t \end{cases} \tag{2.180}$$

가 성립된다. $\sigma < 0$이고 $\sigma > T$일 때 $x(\sigma)$가 0이므로

$$y(t) = \begin{cases} 0, & t < 0 \\ \int_0^t \frac{A}{RC}e^{-(t-\sigma)/RC}\,d\sigma, & 0 \le t \le T \\ \int_0^T \frac{A}{RC}e^{-(t-\sigma)/RC}\,d\sigma, & t > T \end{cases} \tag{2.181}$$

가 되고, 적분을 하면 $y(t)$는 다음과 같다.

$$y(t) = \begin{cases} 0, & t < 0 \\ A\left(1 - e^{-t/RC}\right), & 0 < t < T \\ A\left(e^{-(t-T)/RC} - e^{-t/RC}\right), & t > T \end{cases} \tag{2.182}$$

이 결과가 여러 가지 T/RC의 값에 대하여 그림 2.16에 그려져 있다. 또한 $|X(f)|$와 $|H(f)|$도 나타내었다. $T/RC = 2\pi f_3/T^{-1}$은 필터의 3dB 주파수 대 펄스의 스펙트럼 폭(T^{-1})의 비에 비례한다. 이 비가 클 때 입력 펄스의 스펙트럼은 시스템에 의해 왜곡되지 않고 통과되며, 출력은 입력과 같아 보인다. 반면 $2\pi f_3/T^{-1} \ll 1$이면 시스템은 입력 신호 스펙트럼을 왜곡시키며, $y(t)$는 입력과 전혀 같아 보이지 않는다. 이러한 점들은 신호 왜곡이 논의될 때 더 확고한 기초를 다지게 될 것이다.

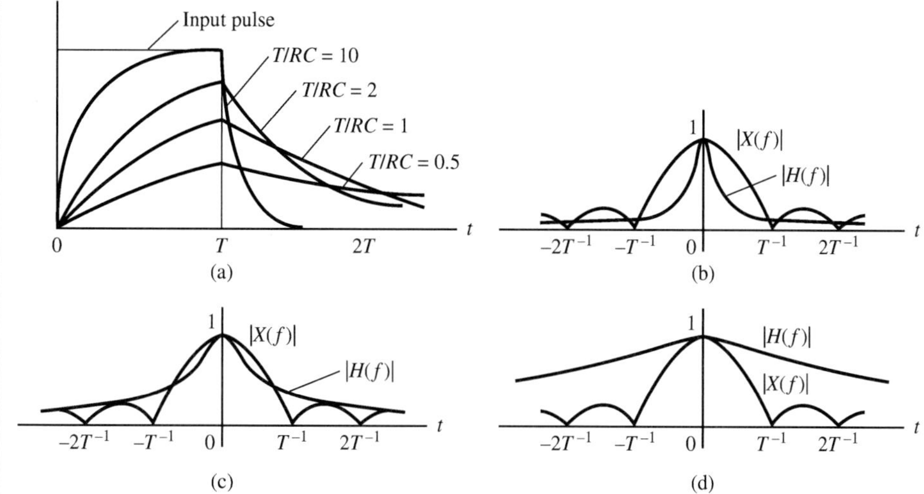

그림 2.16 (a) 파형과 (b)~(d) 펄스 입력이 있을 때 저대역 RC 필터에 대한 스펙트럼. (a) 입력 신호와 출력 신호, (b) $T/RC=0.5$, (c) $T/RC=2$, (d) $T/RC=10$

출력은 $x(t)=A[u(t)-u(t-T)]$로 입력을 하고 $y(t)=y_s(t)-y_s(t-T)$의 계단 응답 항들로 출력을 써서 중첩 정리를 이용하여 구할 수 있다는 것을 기억하자. 여러분은 계단 응답이 $y_s(t)=A(1-e^{-t/RC})u(t)$임을 보일 수도 있다. 따라서 출력은 식 (2.182)에 구한 결과와 같은 $y(t)=A(1-e^{-t/RC})u(t)-A(1-e^{-(t-T)/RC})u(t-T)$이다.

■

2.6.7 스펙트럼 밀도의 입출력 관계

주파수 응답 함수가 $H(f)$, 입력이 $x(t)$, 출력이 $y(t)$인 하나의 고정된 선형 2단자 시스템을 생각해보자. 만약 $x(t)$와 $y(t)$가 에너지 신호라면 이들의 에너지 스펙트럼 밀도는 각각 $G_x(f)=|X(f)|^2$이고, $G_y(f)=|Y(f)|^2$이다. $Y(f)=H(f)X(f)$이므로 다음과 같다.

$$G_y(f)=|H(f)|^2\,G_x(f) \tag{2.183}$$

유사한 관계가 전력 신호와 스펙트럼에 대해서 성립한다.

$$S_y(f)=|H(f)|^2\,S_x(f) \tag{2.184}$$

이들은 7장에서 증명될 것이다.

2.6.8 주기적인 입력의 응답

복소 지수 입력 신호 $Ae^{j2\pi f_0 t}$에 대한 고정된 선형 시스템의 정상 상태 응답을 생각해보자. 중첩 적분을 사용하면

$$y_{ss}(t) = \int_{-\infty}^{\infty} h(\lambda) A e^{j2\pi f_0(t-\lambda)} d\lambda$$
$$= A e^{j2\pi f_0 t} \int_{-\infty}^{\infty} h(\lambda) e^{-j2\pi f_0 \lambda} d\lambda$$
$$= H\left(f_0\right) A e^{j2\pi f_0 t} \tag{2.185}$$

를 얻는다. 즉 출력은 입력과 같은 주파수의 복소 지수 신호로서 입력 신호의 진폭과 위상에 비해 $|H(f_0)|$만큼 진폭이 변화되고, $\underline{/H(f_0)}$ 만큼 위상 천이된 신호가 된다. 중첩 정리를 사용하면 임의의 주기적인 입력에 대한 정상 상태 출력은 복소 지수 푸리에 급수로 표현하면 다음과 같다.

$$y(t) = \sum_{n=-\infty}^{\infty} X_n H(nf_0) e^{jn2\pi f_0 t} \tag{2.186}$$

또는

$$y(t) = \sum_{n=-\infty}^{\infty} |X_n| \, |H(nf_0)| \exp\left\{ j\left[2\pi n f_0 t + \underline{/X_n} + \underline{/H(nf_0)} \right] \right\} \tag{2.187}$$

$$= X_0 H(0) + 2\sum_{n=1}^{\infty} |X_n| \, |H(nf_0)| \cos\left[2\pi n f_0 t + \underline{/X_n} + \underline{/H(nf_0)} \right] \tag{2.188}$$

여기서 식 (2.172)와 식 (2.173)이 두 번째 식을 얻기 위하여 사용되었다. 따라서 주기적인 입력에 대해서 그 입력의 각각의 스펙트럼 성분의 크기는 그 특정한 스펙트럼 성분의 주파수에서의 진폭 응답 함수에 의해 감쇠(또는 증폭)되고, 각 스펙트럼 성분의 위상은 그 특정한 스펙트럼 성분의 주파수에서의 시스템의 위상 천이 함숫값에 의해 이동된다.

예제 2.23

주기가 0.1초인 단위 진폭 삼각 신호에 대하여 다음과 같은 주파수 응답 함수를 갖는 필터의 응답에 대해서 생각해보자.

$$H(f) = 2\Pi\left(\frac{f}{42}\right) e^{-j\pi f/10} \tag{2.189}$$

표 2.1과 식 (2.29)로부터 입력 신호의 지수적인 푸리에 급수는 다음과 같다.

$$x(t) = \cdots \frac{4}{25\pi^2} e^{-j100\pi t} + \frac{4}{9\pi^2} e^{-j60\pi t} + \frac{4}{\pi^2} e^{-j20\pi t}$$

$$+\frac{4}{\pi^2}e^{j20\pi t}+\frac{4}{9\pi^2}e^{j60\pi t}+\frac{4}{25\pi^2}e^{j100\pi t}+\cdots$$

$$=\frac{8}{\pi^2}\left[\cos(20\pi t)+\frac{1}{9}\cos(60\pi t)+\frac{1}{25}\cos(100\pi t)+\cdots\right] \tag{2.190}$$

이 필터는 21Hz 이상의 모든 고조파를 제거하고, 21Hz 이하의 모든 고조파는 통과시킨다. 진폭 크기 인자는 2이고, 위상 천이 인자는 $-\pi f/10$rad이다. 필터에 의해 통과되는 유일한 삼각 파형의 고조파는 주파수가 10Hz이고 위상 천이가 $-\pi(10)/10=-\pi$ rad인 기본파 성분이다. 그러므로 출력은 다음과 같다.

$$y(t)=\frac{16}{\pi^2}\cos 20\pi\left(t-\frac{1}{20}\right) \tag{2.191}$$

여기서 위상 천이는 $\frac{1}{20}$초의 지연과 같다.

■

2.6.9 무왜곡 전송

식 (2.188)은 일반적으로 신호가 2단자 LTI 시스템을 통과하면 주기적인 입력 신호의 진폭과 위상 스펙트럼 성분이 둘 다 변화될 것이라는 것을 보여주고 있다. 이런 변화는 신호 처리 응용들에는 바람직할 수도 있지만, 신호 **전송**(transmission)에 응용될 때는 왜곡이 된다. 입력의 스펙트럼 성분의 감쇠와 위상 천이가 전혀 없다면 이상적인 신호 전송이라고 할 수 있지만, 이런 조건은 실제적으로 거의 불가능하다. 시스템을 통과할 때 입력의 모든 스펙트럼 성분에 대해 똑같은 감쇠와 시간 지연이 생긴다면 이 시스템을 무왜곡으로 분류하고, 그때의 출력은 입력처럼 보일 것이다. 특히 시스템의 출력이 상수 H_0와 t_0에 대해서

$$y(t)=H_0x(t-t_0) \tag{2.192}$$

이면 출력은 입력이 크기가 변화되고 시간 지연된 신호이다(인과적인 경우 $t_0>0$이다). 식 (2.192)를 푸리에 변환하는 데 시간 지연 정리를 적용하고 $H(f)=Y(f)/X(f)$의 관계를 사용하면 무왜곡 시스템의 주파수 응답 함수는 다음과 같다.

$$H(f)=H_0e^{-j2\pi ft_0} \tag{2.193}$$

즉 무왜곡 시스템의 진폭 응답은 상수이며, 위상 천이는 주파수에 대해 선형적이다. 물론 이런 조건들은 입력의 스펙트럼 대부분이 존재하는 주파수 범위 내에서만 만족하면 된다. 그림 2.17과 예제 2.24는 이들 설명을 나타내었다.

일반적으로 왜곡을 세 가지 주요 형태로 분류할 수 있다. 첫째로, 시스템이 선형이지만 진폭 응답이 주파수에 대해 상수가 아니라면 시스템은 **진폭 왜곡**(amplitude distortion)이 있다고 한다. 둘째로, 시스템은 선형이지만 위상 천이가 주파수의 선형 함수가 아니라면 시스템은 위상

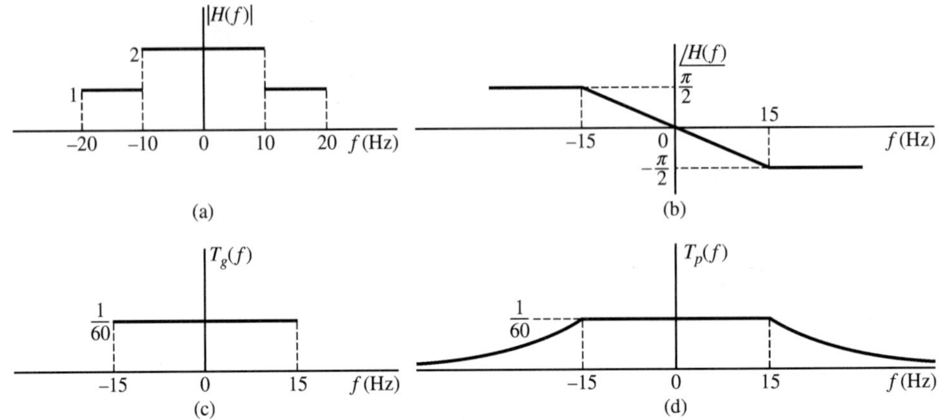

그림 2.17 예제 2.24에서 필터의 진폭 응답과 위상 응답, 그룹 지연과 위상 지연. (a) 진폭 응답, (b) 위상 응답, (c) 그룹 지연, (d) 위상 지연

(phase) 또는 지연(delay), 왜곡(distortion)이 있다고 한다. 세 번째로, 시스템이 선형이 아니라면 비선형 왜곡(nonlinear distortion)이라 한다. 물론 이런 세 가지 형태의 왜곡이 서로 조합되어서 나타날 수도 있나.

2.6.10 그룹 지연과 위상 지연

위상을 주파수로 미분을 하면 선형 시스템에서의 위상 왜곡을 종종 알아낼 수 있다. 무왜곡 시스템은 위상이 주파수에 직접적으로 비례하는 위상 응답을 갖고 있다. 따라서 무왜곡 시스템의 주파수에 대한 위상 응답 함수의 미분은 상수가 된다. 이 상수의 음의 값을 LTI 시스템의 그룹 지연(group delay)이라 부른다. 즉 그룹 지연은

$$T_g(f) = -\frac{1}{2\pi}\frac{d\theta(f)}{df} \tag{2.194}$$

에 의해 정의되는데, $\theta(f)$는 시스템의 위상 응답이다. 무왜곡 시스템에 대하여 위상 응답 함수는 식 (2.193)에 의해

$$\theta(f) = -2\pi f t_0 \tag{2.195}$$

로 주어지고, 이것은

$$T_g(f) = -\frac{1}{2\pi}\frac{d}{df}(-2\pi f t_0)$$

혹은

$$T_g(f) = t_0 \tag{2.196}$$

와 같은 그룹 지연을 발생시킨다. 이것은 무왜곡 LTI 시스템의 그룹 지연이 상수라는 앞의 관찰과 일치한다.

그룹 지연이란 두 개 또는 그 이상의 주파수 성분 그룹이 선형 시스템을 통과하면서 겪는 지연을 말한다. 만약 어떤 선형 시스템이 그 입력에 따라 한 개의 주파수 성분만을 갖는다면 그 시스템은 항상 무왜곡이다. 왜냐하면 출력은 그 입력이 위상 천이(시간 지연)되고 진폭이 변화된 모양으로 써질 수 있기 때문이다. 한 예로 선형 시스템의 입력이

$$x(t) = A\cos\left(2\pi f_1 t\right) \tag{2.197}$$

로 주어지면, 식 (2.188)로부터 출력은

$$y(t) = A\left|H(f_1)\right|\cos\left[2\pi f_1 t + \theta(f_1)\right] \tag{2.198}$$

로 쓸 수 있고, 여기서 $\theta(f_1)$은 주파수 $f = f_1$에서 계산되는 시스템의 위상 응답이다. 식 (2.198)은 다시 다음과 같이 쓸 수 있다.

$$y(t) = A\left|H(f_1)\right|\cos\left\{2\pi f_1\left[t + \frac{\theta(f_1)}{2\pi f_1}\right]\right\} \tag{2.199}$$

한 개의 성분에 대한 지연은

$$T_p(f) = -\frac{\theta(f)}{2\pi f} \tag{2.200}$$

인 위상 지연으로 정의된다. 그러므로 식 (2.199)는

$$y(t) = A|H(f_1)|\cos\left\{2\pi f_1\left[t - T_p(f_1)\right]\right\} \tag{2.201}$$

로 쓸 수 있다. 식 (2.195)를 사용하면 무왜곡 시스템에 대하여 위상 지연이

$$T_p(f) = -\frac{1}{2\pi f}\left(-2\pi f t_0\right) = t_0 \tag{2.202}$$

임을 알 수 있다. 따라서 우리는 무왜곡 시스템은 동일한 그룹 지연과 위상 지연을 갖는다는 것을 알 수 있다. 다음 예제를 풀면 앞의 정의들이 확실히 이해될 것이다.

예제 2.24

그림 2.17에 있는 진폭 응답과 위상 천이를 가진 시스템과 다음 네 가지 입력을 생각해본다.

1. $x_1(t) = \cos(10\pi t) + \cos(12\pi t)$
2. $x_2(t) = \cos(10\pi t) + \cos(26\pi t)$
3. $x_3(t) = \cos(26\pi t) + \cos(34\pi t)$
4. $x_4(t) = \cos(32\pi t) + \cos(34\pi t)$

비록 이 시스템은 실질적인 관점으로는 다소 비현실적이지만 진폭 왜곡과 위상 왜곡의 여러 가지 조합을 예시하기 위해 사용할 수 있다. 식 (2.188)을 사용하면 다음과 같은 출력을 얻는다.

1.

$$\begin{aligned} y_1(t) &= 2\cos\left(10\pi t - \frac{1}{6}\pi\right) + 2\cos\left(12\pi t - \frac{1}{5}\pi\right) \\ &= 2\cos\left[10\pi\left(t - \frac{1}{60}\right)\right] + 2\cos\left[12\pi\left(t - \frac{1}{60}\right)\right] \end{aligned}$$

2.

$$\begin{aligned} y_2(t) &= 2\cos\left(10\pi t - \frac{1}{6}\pi\right) + \cos\left(26\pi t - \frac{13}{30}\pi\right) \\ &= 2\cos\left[10\pi\left(t - \frac{1}{60}\right)\right] + \cos\left[26\pi\left(t - \frac{1}{60}\right)\right] \end{aligned}$$

3.

$$\begin{aligned} y_3(t) &= \cos\left(26\pi t - \frac{13}{30}\pi\right) + \cos\left(34\pi t - \frac{1}{2}\pi\right) \\ &= \cos\left[26\pi\left(t - \frac{1}{60}\right)\right] + \cos\left[34\pi\left(t - \frac{1}{68}\right)\right] \end{aligned}$$

4.

$$\begin{aligned} y_4(t) &= \cos\left(32\pi t - \frac{1}{2}\pi\right) + \cos\left(34\pi t - \frac{1}{2}\pi\right) \\ &= \cos\left[32\pi\left(t - \frac{1}{64}\right)\right] + \cos\left[34\pi\left(t - \frac{1}{68}\right)\right] \end{aligned}$$

식 (2.192)로 이 결과들을 검토해보면 입력 $x_1(t)$만이 시스템으로부터 왜곡을 받지 않고 통과됨을 알 수 있다. $x_2(t)$에 대해서는 진폭 왜곡이 생기고, $x_3(t)$와 $x_4(t)$에 대해서는 위상(지연) 왜곡이 생긴다.

그림 2.17에 그룹 지연과 위상 지연이 역시 나타난다. $|f| \le 15$Hz에서 그룹 지연과 위상 지연은 둘 다 $\frac{1}{60}$초이다. $|f| > 15$Hz에서 그룹 지연은 0이고, 위상 지연은 다음과 같다.

$$T_p(f) = \frac{1}{4|f|}, \quad |f| > 15 \text{ Hz} \tag{2.203}$$

■

2.6.11 비선형 왜곡

비선형 왜곡을 나타내기 위하여 입출력 특성이

$$y(t) = a_1 x(t) + a_2 x^2(t) \tag{2.204}$$

와 같은 메모리 없는 비선형 시스템을 생각해보자. 여기서 a_1과 a_2는 상수이고, 입력은 다음과 같다.

$$x(t) = A_1 \cos\left(\omega_1 t\right) + A_2 \cos\left(\omega_2 t\right) \tag{2.205}$$

그러므로 출력은 다음과 같다.

$$y(t) = a_1\left[A_1 \cos\left(\omega_1 t\right) + A_2 \cos\left(\omega_2 t\right)\right] + a_2\left[A_1 \cos\left(\omega_1 t\right) + A_2 \cos\left(\omega_2 t\right)\right]^2 \tag{2.206}$$

삼각 함수 공식을 이용하면 출력을

$$\begin{aligned} y(t) = {} & a_1\left[A_1 \cos\left(\omega_1 t\right) + A_2 \cos\left(\omega_2 t\right)\right] \\ & + \frac{1}{2}a_2({A_1}^2 + A_2^2) + \frac{1}{2}a_2\left[A_1^2 \cos\left(2\omega_1 t\right) + A_2^2 \cos\left(2\omega_2 t\right)\right] \\ & + a_2 A_1 A_2 \left\{\cos\left[\left(\omega_1 + \omega_2\right) t\right] + \cos\left[(\omega_1 - \omega_2)t\right]\right\} \end{aligned} \tag{2.207}$$

으로 쓸 수 있다.

식 (2.207)과 그림 2.18에 나와 있는 바와 같이 이 시스템은 입력 주파수 이외의 다른 주파수를 출력에서 생성하였다. 원하는 출력 신호로 생각될 수 있는 식 (2.207)의 첫 번째 항 이외에

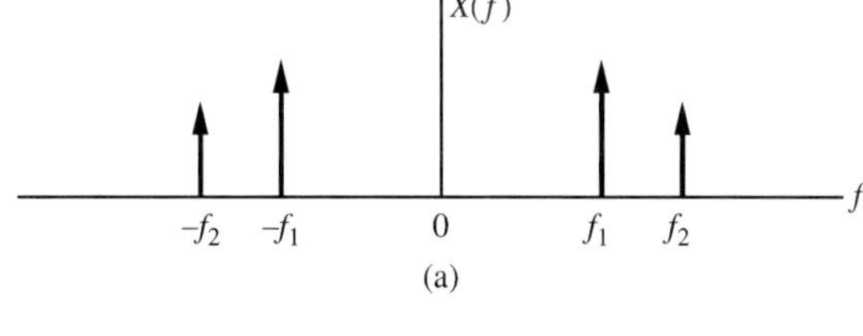

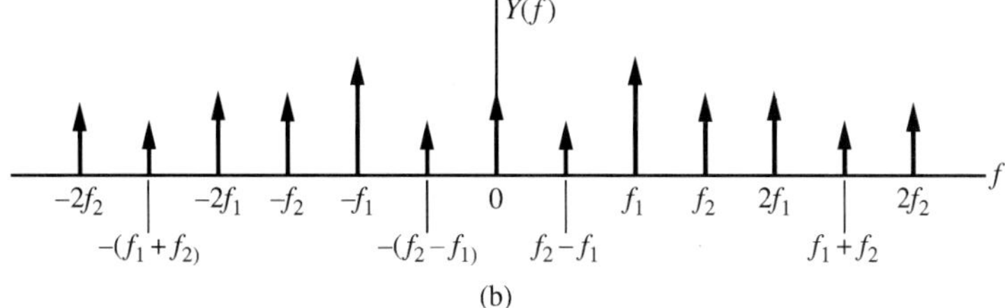

그림 2.18 이산 주파수 입력을 가진 비선형 시스템에 대한 입력과 출력 스펙트럼. (a) 입력 스펙트럼, (b) 출력 스펙트럼

도, 입력 주파수의 고조파에서의 왜곡 항과 입력 주파수의 고조파의 합과 차에 관련된 왜곡 항들도 있다. 전자를 **고조파 왜곡 항**(harmonic distortion terms)이라 하고 후자를 **상호 변조 왜곡 항**(intermodulation distortion terms)이라 한다. 2차 비선형은 입력 정현파 주파수를 2배로 하는 장치로 사용될 수 있다. 3차 비선형은 3배기 등으로 사용될 수 있다.

일반적인 입력 신호는 부록 F의 표 F.6에 주어진 곱셈 정리를 적용하여 다룰 수 있다. 따라서 식 (2.204)의 전달 특성을 가진 비선형 시스템에 대한 출력 스펙트럼은 다음과 같다.

$$Y(f) = a_1 X(f) + a_2 X(f) * X(f) \tag{2.208}$$

두 번째 항은 왜곡으로 생각되고 원하는 출력(첫 번째 항)이 점유하고 있는 모든 주파수 대역에 간섭을 일으키는 것으로 보인다. 앞에서와 같이 고조파 왜곡 성분과 상호 변조 왜곡 성분을 분리하는 것은 불가능하다. 예를 들어, 만약

$$X(f) = A\Pi\left(\frac{f}{2W}\right) \tag{2.209}$$

이면 그때 왜곡 항은 다음과 같다.

$$a_2 X(f) * X(f) = 2a_2 W A^2 \Lambda\left(\frac{f}{2W}\right) \tag{2.210}$$

입력과 출력 스펙트럼이 그림 2.19에 있다. 왜곡 항의 스펙트럼 폭은 입력 스펙트럼 폭의 2배가 된다.

2.6.12 이상적인 필터

문제를 다루는 과정에서 필터들을, 통과대역에서는 상수이고 그 외에서는 0인 직사각형의 진폭 응답 함수를 갖는 이상적인 전달 함수의 필터들로 생각하면 해석이 종종 수월해진다. 세 가지 일반적인 형태(저대역, 고대역, 대역통과)의 이상적인 필터를 다룰 것이다. 통과대역 내에

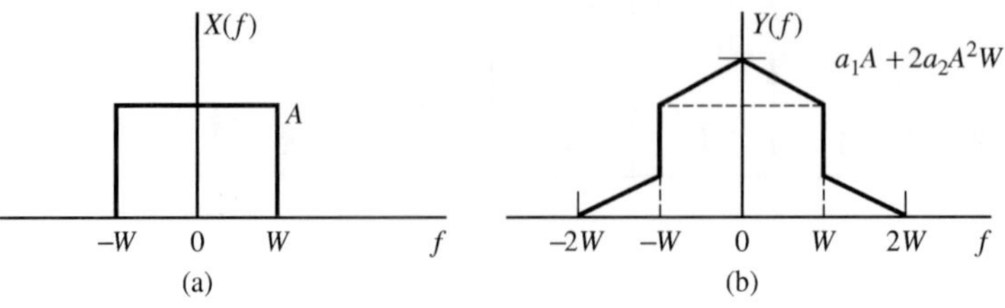

그림 2.19 연속 주파수 입력을 가진 비선형 시스템에 대한 입력과 출력 스펙트럼. (a) 입력 스펙트럼, (b) 출력 스펙트럼

서는 선형 위상 응답 특성으로 가정한다. 따라서 만약 문제에서 B가 필터의 단측 대역폭[고대역 필터에서는 정지대역(stopband)[13]의 폭]이라고 가정하면, 이러한 이상적인 저대역, 고대역, 대역통과 필터의 전달 함수는 쉽게 다음과 같이 쓸 수 있다.

1. 이상적인 저대역 필터

$$H_{\mathrm{LP}}(f) = H_0 \Pi(f/2B) e^{-j2\pi f t_0} \tag{2.211}$$

2. 이상적인 고대역 필터

$$H_{\mathrm{HP}}(f) = H_0 \left[1 - \Pi(f/2B)\right] e^{-j2\pi f t_0} \tag{2.212}$$

3. 이상적인 대역통과 필터

$$H_{\mathrm{BP}}(f) = \left[H_1(f - f_0) + H_1(f + f_0)\right] e^{-j2\pi f t_0} \tag{2.213}$$

여기서 $H_1(f) = H_0 \Pi(f/B)$이다.

이 필터들의 진폭 응답과 위상 응답 함수들이 그림 2.20에 있다.

해당되는 임펄스 응답은 각각의 주파수 응답 함수를 역푸리에 변환하여 얻는다. 예를 들어, 이상적인 저대역 필터의 임펄스 응답은 예제 2.12와 시간 지연 정리로부터 다음과 같이 주어진다.

$$h_{\mathrm{LP}}(t) = 2BH_0 \operatorname{sinc} \left[2B(t - t_0)\right] \tag{2.214}$$

$h_{\mathrm{LP}}(t)$는 $t<0$에서 0이 아니므로 이상적인 저대역 필터는 비인과적(noncausal)이라는 것을 알 수 있다. 그럼에도 불구하고 이상적인 필터는 계산을 간단하게 하고 스펙트럼 관련된 것에 대하여 만족스러운 결과를 줄 수 있기 때문에 유용한 개념이다.

이상적인 대역통과 필터로 돌아가서 변조 이론을 사용하면 필터의 임펄스 응답은 다음과 같다.

$$h_{\mathrm{BP}}(t) = 2h_1(t - t_0) \cos \left[2\pi f_0 (t - t_0)\right] \tag{2.215}$$

여기서

$$h_1(t) = \mathfrak{F}^{-1}[H_1(f)] = H_0 B \operatorname{sinc}(Bt) \tag{2.216}$$

이므로, 이상적인 대역통과 필터의 임펄스 응답은 발진하는 신호인데 다음과 같다.

---

13 여기서 필터의 정지대역은 $|H(f)|$가 최댓값에서 3dB 아래인 주파수 범위로 정의되었다.

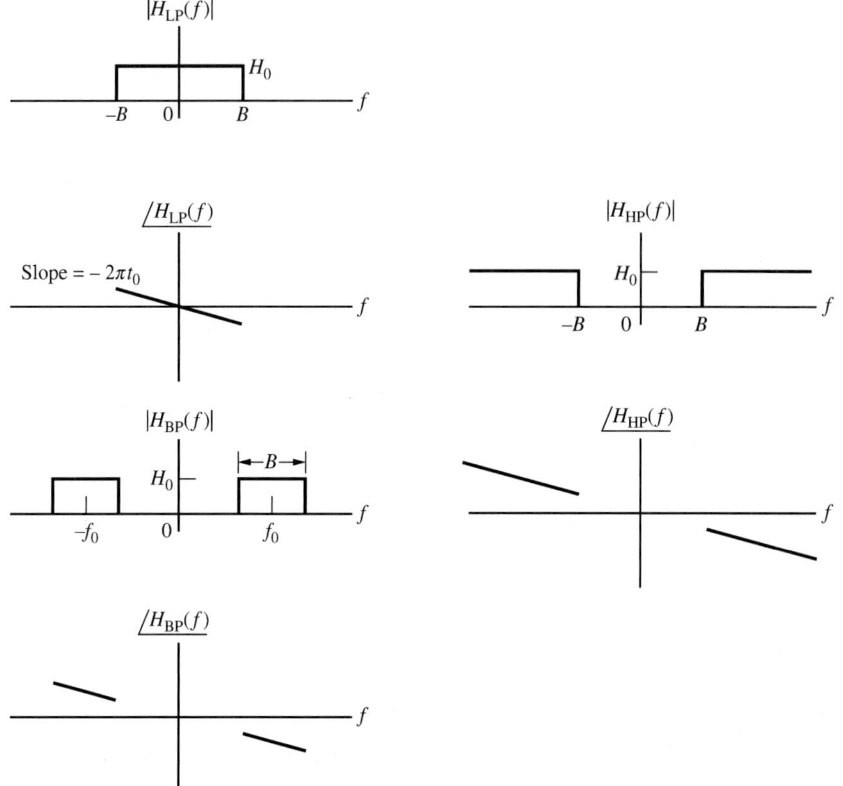

그림 2.20 이상적인 필터에 대한 진폭 응답과 위상 응답

$$h_{BP}(t) = 2H_0 B \,\text{sinc}\,\left[B(t - t_0)\right] \cos\left[2\pi f_0(t - t_0)\right] \tag{2.217}$$

그림 2.21은 $h_{LP}(t)$와 $h_{BP}(t)$를 나타내고 있다. 만약 $f_0 \gg B$이면 $h_{BP}(t)$를 천천히 변화하는 포락선 $2H_0\,\text{sinc}(Bt)$를 고주파 발진 신호 $\cos(2\pi f_0 t)$로 변조하고 t_0초만큼 오른쪽으로 이동시킨 것으로 보면 편리하다.

이상적인 고대역 필터에 대한 임펄스 응답의 유도는 문제(연습문제 2.63)로 남겨둔다.

2.6.13 이상적인 저대역 필터의 실현 가능한 필터로의 근사화

이상적인 필터는 비인과적이고 따라서 실현 불가능[14]하지만 이상적인 필터의 특성을 원하는 만큼 근사화할 수 있는 몇 가지 실용적인 형태의 필터들이 있다. 이 절에서는 저대역 필터에 대한 세 가지 접근 방법을 설명한다. 대역통과와 고대역 필터에 대한 근사 방법은 적절히 주

---

14 전형적인 필터 설계에 대해 더 자세히 알고 싶으면 Williams와 Taylor(1988) Chapter 2 참조.

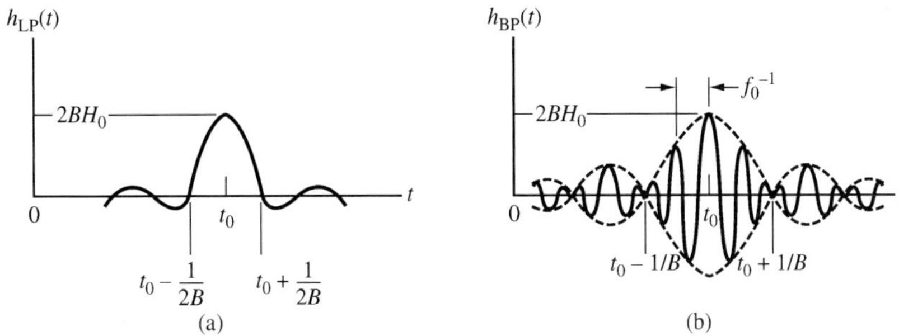

그림 2.21 이상적인 저대역 필터와 대역통과 필터에 대한 임펄스 응답. (a) $h_{LP}(t)$, (b) $h_{BP}(t)$

파수를 변환시켜서 얻는다. 고려하는 세 가지 필터들의 형태는 (1) 버터워스, (2) 체비셰프, (3) 베셀이다.

버터워스 필터는 정지대역에서의 감쇠가 덜한 대신에 통과대역에서는 일정한 진폭 응답을 유지하기 위해 선택된 필터 설계 방법이다. n차 버터워스 필터는 복소 주파수 s로 표시하면 다음과 같은 전달 함수의 특성을 갖는다.

$$H_{BW}(s) = \frac{\omega_3^n}{(s - s_1)(s - s_2)\cdots(s - s_n)} \tag{2.218}$$

여기서 극점 $s_1, s_2, \cdots s_n$은 실수축에 대해 대칭이며, s평면의 왼쪽 반에서 반지름 ω_3의 반원 위에 똑같은 간격으로 위치한다. 그리고 $f_3 = \omega_3/2\pi$는 3dB 차단 주파수(cutoff frequency)이다.[15] 전형적인 극점의 위치는 그림 2.22(a)에 있다. 예를 들어, 2차 버터워스 필터의 시스템 함수는

$$H_{\text{2nd-order BW}}(s) = \frac{\omega_3^2}{\left(s + \frac{1+j}{\sqrt{2}}\omega_3\right)\left(s + \frac{1-j}{\sqrt{2}}\omega_3\right)} = \frac{\omega_3^2}{s^2 + \sqrt{2}\omega_3 s + \omega_3^2} \tag{2.219}$$

이며, 여기서 $f_3 = \frac{\omega_3}{2\pi}$는 3dB 차단 주파수이다. n차 버터워스 필터에 대한 진폭 응답은 다음과 같다.

$$|H_{BU}(f)| = \frac{1}{\sqrt{1 + (f/f_3)^{2n}}} \tag{2.220}$$

n이 무한대로 접근함에 따라 $|H_{BU}(f)|$는 이상적인 저대역 필터 특성에 접근한다. 하지만 필

15 여러분은 기본적인 회로 이론에서 Pole과 Zero는 s의 유리 함수, 즉 $H(s) = N(s)/D(s)$가 각각 $D(s) = 0$과 $N(s) = 0$을 만족하는 복소 주파수 $s \triangleq \sigma + j\omega$의 값들을 가진다는 것을 배웠다.

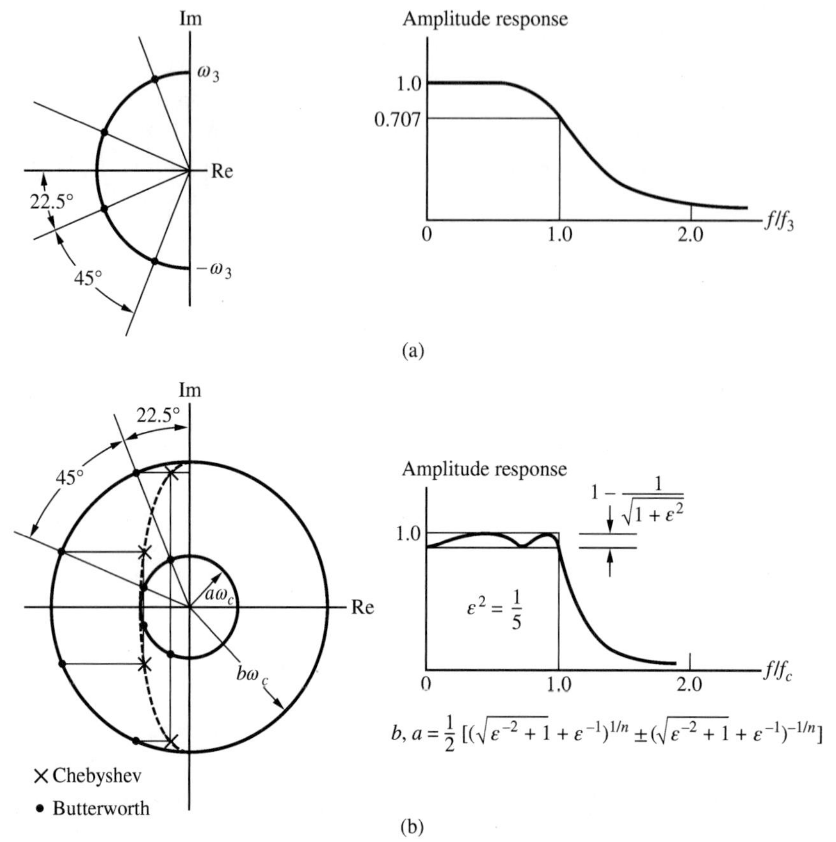

그림 2.22 4차 버터워스 필터와 체비셰프 필터에 대한 극점 위치와 진폭 응답. (a) 버터워스 필터, (b) 체비셰프 필터

터 지연 또한 무한대로 접근하게 된다.

체비셰프(형태 1) 저대역 필터는 정지대역에서의 감쇠를 최대로 하면서 통과대역에서 허용할 수 있는 감쇠를 최소로 유지되도록 선택된 진폭 응답을 갖는다. 전형적인 극점-영점 다이어그램이 그림 2.22(b)에 있다. 체비셰프 필터의 진폭 응답은

$$|H_C(f)| = \frac{1}{\sqrt{1 + \epsilon^2 C_n^2(f)}} \tag{2.221}$$

이다. 변수 ϵ은 통과대역에서의 최소 허용 감쇠에 의해 결정되고, 체비셰프 다항식으로 알려진 $C_n(f)$는 재귀식(recursion)에 의해

$$C_n(f) = 2\left(\frac{f}{f_c}\right) C_{n-1}(f) - C_{n-2}(f), \quad n = 2, 3, \ldots \tag{2.222}$$

로 주어지며 여기서

$$C_1(f) = \frac{f}{f_c}, \quad C_0(f) = 1 \tag{2.223}$$

이다. n값과 상관없이 $H_c(f_c) = (1+\epsilon^2)^{-1/2}$이 성립하기 위하여 $C_n(f_c) = 1$이다. (여기에서 f_c는 반드시 3dB 주파수일 필요는 없다.)

베셀 저대역 필터는 진폭 응답에 관심을 두지 않고 통과대역에서 선형적인 위상 응답을 유지하기 위한 설계 방법이다. 베셀 필터의 차단 주파수는

$$f_c = (2\pi t_0)^{-1} = \frac{\omega_c}{2\pi} \tag{2.224}$$

로 정의되며 여기서 t_0는 필터의 명목상의(nominal) 지연이다. n차 베셀 필터의 주파수 응답 함수는

$$H_{\text{BE}}(f) = \frac{K_n}{B_n(f)} \tag{2.225}$$

이고 여기서 K_n은 $H(0) = 1$이 되도록 선택된 상수이며, $B_n(f)$는 다음과 같이 정의되는 n차의 베셀 다항식이다.

$$B_n(f) = (2n-1)B_{n-1}(f) - \left(\frac{f}{f_c}\right)^2 B_{n-2}(f) \tag{2.226}$$

$$B_0(f) = 1, \; B_1(f) = 1 + j\left(\frac{f}{f_c}\right) \tag{2.227}$$

그림 2.23은 3차 버터워스, 베셀, 체비셰프 필터들의 진폭 응답과 그룹 지연 특성을 나타낸 것이다. 4개의 모든 필터들은 주파수 $f_c = 1\text{Hz}$에서 3dB의 진폭 감쇠를 갖도록 정규화시켰다. 진폭 응답을 보면 3dB 주파수를 초과하는 주파수에서 체비셰프 필터가 버터워스와 베셀 필터보다 더 큰 감쇠를 갖는다. 체비셰프 필터의 통과대역($f < f_c$) 리플을 증가시키면 정지대역($f > f_c$)의 감쇠를 증가시킨다.

그림 2.23(b)에 보인 그룹 지연 특성은 예상했던 것처럼 베셀 필터가 가장 일정한 그룹 지연을 가짐을 알 수 있다. 버터워스와 0.1dB 리플 체비셰프 필터의 그룹 지연을 비교하면 비록 체비셰프 필터의 그룹 지연이 더 큰 최대치를 가지지만 약 $0.4f_c$ 이하의 주파수에서는 더 일정한 그룹 지연을 가짐을 알 수 있다.

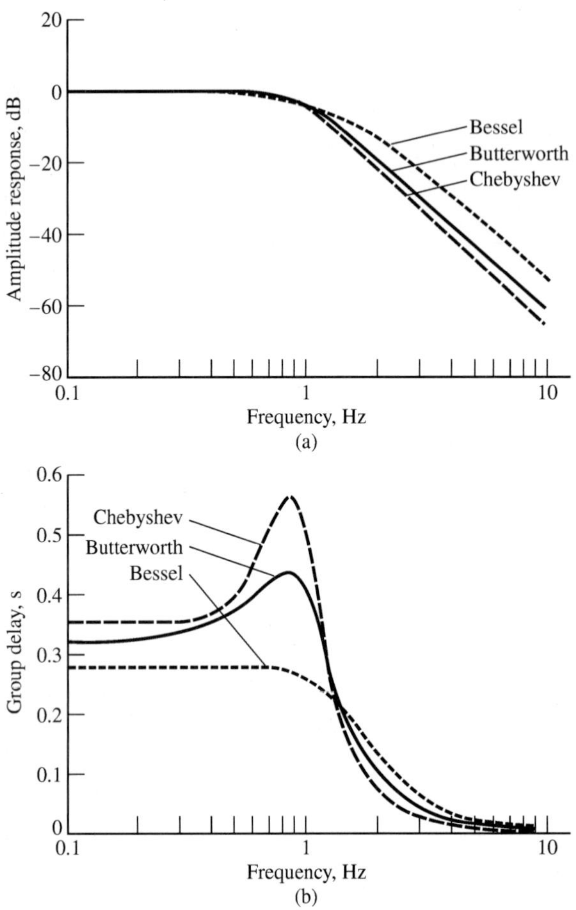

그림 2.23 3차 버터워스, 체비셰프(0.1dB 리플), 베셀 필터의 비교. (a) 진폭 응답, (b) 그룹 지연. 모든 필터는 1Hz, 3dB 대역폭을 가지도록 설계되었다.

컴퓨터 예제 2.2

다음에 주어진 MATLAB™ 프로그램은 다양한 차수와 차단 주파수(버터워스 경우에는 3dB 주파수)의 버터워스와 체비셰프 필터의 진폭과 위상 응답 곡선을 그리는 데 사용할 수 있다. 체비셰프 필터의 경우 리플 또한 입력변수이다. logspace, butter, cheby1, freqs 그리고 cart2pol과 같은 몇몇의 MATLAB™ 부프로그램을 사용하고 있다. 이 같은 부프로그램들이 어떻게 사용되는가는 MATLAB™의 도움말 기능을 참조하기 바란다. 예를 들면, 명령 창에서 `freqs(num, den, W)`가 있는 줄은 자동으로 진폭과 위상 응답 곡선을 그린다. 하지만 여기서는 로그 단위로 된 주파수(Hz)에 따른 진폭 응답(dB)을 그리기 위해서 semilogx를 사용하고 있다.

```
% file: c2ce2
% Frequency response for Butterworth and Chebyshev 1 filters
%
```

```
    clf
    filt_type = input('Enter filter type; 1 = Butterworth; 2 = Chebyshev 1');
    n_max = input('Enter maximum order of filter ');
    fc = input('Enter cutoff frequency (3-dB for Butterworth) in Hz ');
    if filt_type == 2
       R = input('Enter Chebyshev filter ripple in dB ');
    end
    W = logspace(0, 3, 1000);   % Set up frequency axis; hertz assumed
    for n = 1:n_max
       if filt_type == 1         % Generate num. and den. polynomials
          [num,den]=butter(n, 2*pi*fc, 's');
       elseif filt_type == 2
          [num,den]=cheby1(n, R, 2*pi*fc, 's');
       end
       H = freqs(num, den, W);  % Generate complex frequency response
       [phase, mag] = cart2pol(real(H),imag(H)); % Convert H to polar
coordinates
       subplot(2,1,1),semilogx(W/(2*pi),20*log10(mag)),...
       axis([min(W/(2*pi)) max(W/(2*pi)) -20 0]),...
       if n == 1 % Put on labels and title; hold for future plots
          ylabel('|H| in dB')
          hold on
          if filt_type == 1
             title(['Butterworth filter responses: order 1 -
                ',num2str(n_max),'; ...
             cutoff freq = ',num2str(fc),' Hz'])
          elseif filt_type == 2
             title(['Chebyshev filter responses: order 1 -
                ',num2str(n_max),'; ...
             ripple = ',num2str(R),' dB; cutoff freq = ',num2str(fc),'
                  Hz'])
          end
          end
          subplot(2,1,2),semilogx(W/(2*pi),180*phase/pi),...
             axis([min(W/(2*pi)) max(W/(2*pi)) -200 200]),...
          if n == 1
             grid on
             hold on
             xlabel('f, Hz'),ylabel('phase in degrees')
          end
       end
       % End of script file
```

■

2.6.14 대역폭에 대한 펄스 분해도 및 상승시간의 관계

신호 왜곡을 설명할 때 우리는 대역 제한된(bandlimited) 신호 스펙트럼을 가정하였다. 만약 필터가 신호의 통과대역 내에서 일정한 진폭 응답과 선형 위상 응답을 가진다면 필터에 대해 입력 신호는 그냥 지연되고 감쇠된다. 그러나 입력 신호가 대역 제한되지 않다고 가정하면 요구되는 대역폭을 추정하기 위하여 어떤 기준을 사용할 수 있겠는가? 이것은 필터의 출력부에서 펄스의 검출과 분해도가 중요한 펄스 전송 기술에서 특히 중요한 문제이다.

펄스 구간과 대역폭에 대한 만족스러운 정의와 그들 간의 관계를 그림 2.24를 참고하여 얻을 수 있다. 그림 2.24(a)에서는 $t=0$에서 편의상 하나의 최대치를 가지는 펄스를 높이가 $x(0)$이고 구간이 T인 직사각형으로 근사화하였다. 근사화된 펄스와 $|x(t)|$는 같은 면적을 가져야

한다. 따라서 다음과 같다.

$$Tx(0) = \int_{-\infty}^{\infty} |x(t)|\, dt \geq \int_{-\infty}^{\infty} x(t)\, dt = X(0) \tag{2.228}$$

여기서

$$X(0) = \Im[x(t)]|_{f=0} = \int_{-\infty}^{\infty} x(t) e^{-j2\pi t\cdot 0} dt \tag{2.229}$$

의 관계를 사용하였다.

그림 2.24(b)로 돌아가서 펄스 스펙트럼을 직사각형으로 근사화하여 위와 유사한 부등식으로 구한다. 특히

$$2W\,X(0) = \int_{-\infty}^{\infty} |X(f)|\, df \geq \int_{-\infty}^{\infty} X(f)\, df = x(0) \tag{2.230}$$

으로 쓸 수 있으며 여기서

$$x(0) = \Im^{-1}[X(f)]\Big|_{t=0} = \int_{-\infty}^{\infty} X(f) e^{j2\pi f\cdot 0}\, df \tag{2.231}$$

의 관계를 사용하였다. 따라서

$$\frac{x(0)}{X(0)} \geq \frac{1}{T}, \quad 2W \geq \frac{x(0)}{X(0)} \tag{2.232}$$

의 부등식 쌍을 얻을 수 있으며 두 관계식을 결합하면 펄스 구간과 대역폭의 관계는

$$2W \geq \frac{1}{T} \tag{2.233}$$

또는

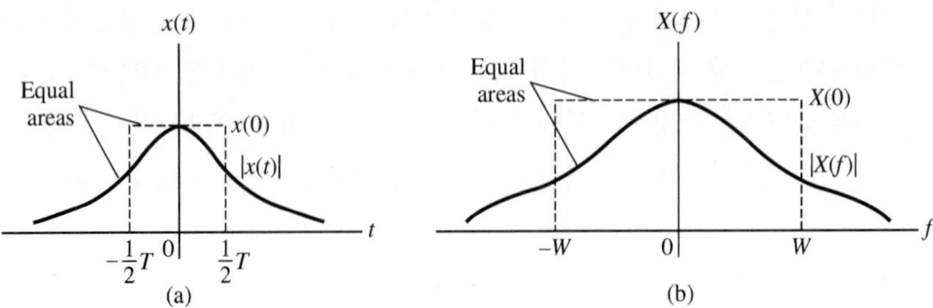

그림 2.24 임의의 펄스 신호와 스펙트럼. (a) 펄스와 구형파로 근사, (b) 진폭 스펙트럼과 구형파로 근사

$$W \geq \frac{1}{2T}\ \text{Hz} \tag{2.234}$$

가 된다. 다른 정의의 펄스 구간과 대역폭을 사용할 수 있으나 식 (2.233) 및 식 (2.234)와 유사한 관계식을 얻을 것이다.

펄스 구간과 대역폭 사이의 이 역비례 관계는 지금까지 고려되었던(예제 2.8, 2.11, 2.13) 펄스 스펙트럼에 관한 모든 예제들에 의해 설명되었다.

만일 대역통과 스펙트럼을 갖는 펄스를 생각하면 그 관계는

$$W \geq \frac{1}{T}\ \text{Hz} \tag{2.235}$$

이며, 이것을 예제 2.16에서 나타내었다.

식 (2.233), 식 (2.234)와 유사한 결과가 **상승시간** T_R과 펄스의 대역폭 사이의 관계에도 성립된다. **상승시간**(risetime)의 적절한 정의는 펄스의 가장자리가 최종치의 10~90%까지 되는 데 요구되는 시간이다. 대역통과의 경우 식 (2.235)에서 T를 T_R로 대치하면 되고, 여기에서 T_R은 펄스의 **포락선**(envelop)의 상승시간이다.

상승시간은 시스템의 왜곡의 척도로서 사용될 수 있다. 이것이 어떻게 왜곡의 척도를 나타내는지를 알기 위해서 임펄스 응답으로 필터의 계단 응답을 표현할 것이다. $x(t-\sigma)=u(t-\sigma)$이므로, 식 (2.160)의 중첩 적분으로부터 임펄스 응답 $h(t)$를 갖는 필터의 계단 응답은 다음과 같다.

$$\begin{aligned} y_s(t) &= \int_{-\infty}^{\infty} h(\sigma)u(t-\sigma)\,d\sigma \\ &= \int_{-\infty}^{t} h(\sigma)\ d\sigma \end{aligned} \tag{2.236}$$

이것은 $\sigma > t$에서 $u(t-\sigma)=0$이므로 성립한다. 그러므로 선형 시스템의 계단 응답은 임펄스 응답의 적분이 된다. 이것은 단위 임펄스 함수를 적분하면 단위 계단 함수이기 때문에 그다지 놀라운 것은 아니다.[16]

예제 2.25와 2.26은 계단 입력에 따른 시스템 출력의 상승시간이 어떻게 해서 시스템 충실도의 척도로 사용될 수 있는지를 설명한다.

---

16 이 결과는 LTI 시스템에 대한 좀 더 일반적인 결과이다. 주어진 입력에 대해 시스템의 응답이 알려지고 입력이 적분과 같은 선형 동작을 통해 수정되면, 이에 대한 출력은 출력에서 입력에 대해 같은 선형 동작을 시행시켜 얻을 수 있다.

예제 2.25

저대역 RC필터의 임펄스 응답은 다음과 같이 주어진다.

$$h(t) = \frac{1}{RC} e^{-t/RC} u(t) \tag{2.237}$$

계단 응답은

$$y_s(t) = \left(1 - e^{-2\pi f_3 t}\right) u(t) \tag{2.238}$$

가 된다. 여기서 식 (2.175)에서 정의된 필터의 3dB대역폭을 사용하였다. 계단 응답은 그림 2.25(a)에 그렸으며, 10%에서 90%까지의 상승시간은 대략

$$T_R = \frac{0.35}{f_3} = 2.2RC \tag{2.239}$$

인데, 이것은 대역폭과 상승시간 사이의 역비례 관계를 보여주고 있다.

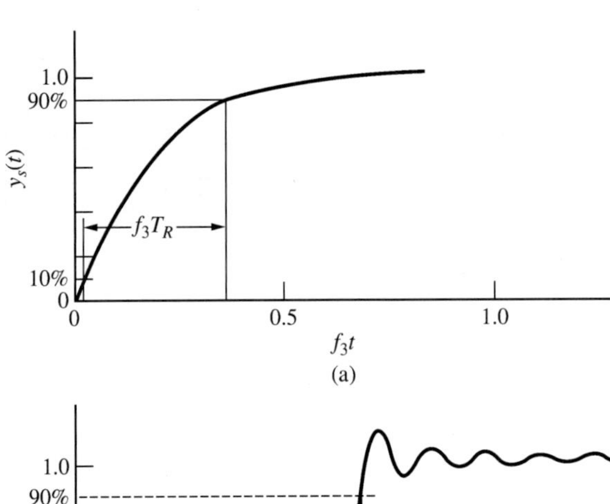

그림 2.25 각각 10%에서 90%의 상승시간을 설명하는 (a) 저역통과 RC 필터의 계단 응답, (b) 이상적인 저역통과 필터의 계단 응답

■

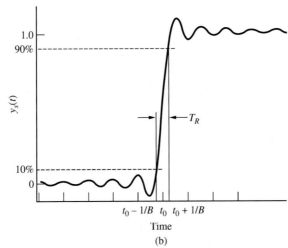

예제 2.26

$H_0=1$을 갖는 식 (2.214)를 사용하면 이상적인 저역 필터의 계단 응답은 다음과 같다.

$$y_s(t) = \int_{-\infty}^{t} 2B \operatorname{sinc}\left[2B(\sigma - t_0)\right] d\sigma$$
$$= \int_{-\infty}^{t} 2B \frac{\sin\left[2\pi B(\sigma - t_0)\right]}{2\pi B(\sigma - t_0)} d\sigma \tag{2.240}$$

적분에서 $u=2\pi B(\sigma-t_0)$로 변수를 치환하면 계단 응답은

$$y_s(t) = \frac{1}{2\pi}\int_{-\infty}^{2\pi B(t-t_0)} \frac{\sin(u)}{u} du = \frac{1}{2} + \frac{1}{\pi}\mathrm{Si}[2\pi B(t - t_0)] \tag{2.241}$$

이 된다. 여기에서 $\mathrm{Si}(x)=\int_0^x (\sin u/u)du=-\mathrm{Si}(-x)$는 사인-적분 함수[17]이다. 이상적인 저역 필터에 대한 $y_s(t)$는 그림 2.25(b)에 나와 있는 바와 같이 10%에서 90%까지 상승시간이 대략

$$T_R \cong \frac{0.44}{B} \tag{2.242}$$

라는 것을 나타낸다. 다시 한 번 대역폭과 상승시간 사이의 역비례 관계가 증명된다. ■

2.7 표본화 정리

많은 응용 분야에서는 적당한 시간 간격에서 취한 표본값으로 신호를 표현하는 것이 유용하다. 표본 데이터 시스템은 제어 시스템과 펄스 변조 통신 시스템 등에서 응용 분야를 찾아볼 수 있다.

이 절에서는 다음과 같은 형태의 소위 이상적인 **순간 표본 파형**(instantaneous sampled waveform)에 의해 신호 $x(t)$를 표현하는 것을 생각해보자.

$$x_\delta(t) = \sum_{n=-\infty}^{\infty} x(nT_s)\delta(t - nT_s) \tag{2.243}$$

여기서 T_s는 표본화 구간이다. 그런 표본화와 연계하여 답할 수 있는 두 가지 질문은 "$x_\delta(t)$로부터 $x(t)$를 완벽히 복원하기 위한 $x(t)$와 T_s에 대한 조건은 무엇인가?"와 "$x_\delta(t)$로부터 $x(t)$를 어떻게 복원할 것인가?"이다. 다음과 같이 설명될 수 있는 저대역 신호에 대한 균일 표본화 정리

17 M. Abramowitz and I. Stegun, *Handbook of Mathematical Functions*, New York: Dover Publications, 1972, pp. 238ff (Copy of the 10th National Bureau of Standards Printing) 참조.

에 의해 두 질문에 답할 수 있다.

정리

만약 신호 $x(t)$가 $f=W$ Hz 이상에서 주파수 성분이 없다면 주기가 $T_s<\frac{1}{2W}$인 시간으로 균일한 간격의 순간 표본값에 의해 그 신호를 완전하게 설명할 수 있다. 신호는 식 (2.243)에 의해 표본화된 파형을 대역폭이 B인 이상적인 저역 필터에 통과시킴으로써 정확하게 복원시킬 수 있다. 여기서 $W<B<f_s-W$이고 $f_s=T_s^{-1}$이다. 주파수 $2W$를 나이퀴스트(Nyquist) 주파수라 한다.

표본화 정리를 증명하기 위하여 식 (2.243)의 스펙트럼을 구한다. $t=nT_s$를 제외한 모든 곳에서 $\delta(t-nT_s)$는 0이므로 식 (2.243)은

$$x_\delta(t) = \sum_{n=-\infty}^{\infty} x(t)\delta(t-nT_s) = x(t)\sum_{n=-\infty}^{\infty}\delta(t-nT_s) \tag{2.244}$$

로 쓸 수 있다. 푸리에 변환식 (2.102)의 곱셈 정리를 적용하면 식 (2.244)의 푸리에 변환은

$$X_\delta(f) = X(f) * \left[f_s\sum_{n=-\infty}^{\infty}\delta(f-nf_s)\right] \tag{2.245}$$

가 되고, 여기서 식 (2.119)의 변환쌍이 사용되었다. 합과 컨벌루션의 순서를 바꾸고, 델타 함수의 택출성에 의해

$$X(f)*\delta(f-nf_s) = \int_{-\infty}^{\infty} X(u)\,\delta(f-u-nf_s)\,du = X(f-nf_s) \tag{2.246}$$

임을 상기하면 다음을 얻는다.

$$X_\delta(f) = f_s\sum_{n=-\infty}^{\infty} X(f-nf_s) \tag{2.247}$$

그러므로 $x(t)$의 스펙트럼이 W Hz로 대역 제한되어 있고, 표본화 정리에서 언급된 것처럼

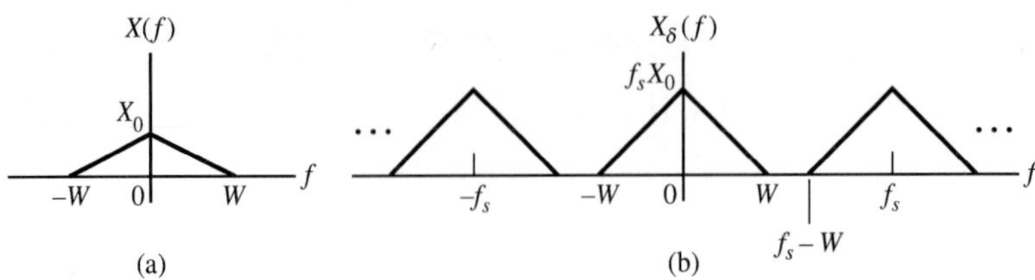

그림 2.26 저역통과 표본화에 대한 신호 스펙트럼. (a) $x(t)$에 대해 가정한 스펙트럼, (b) 표본화된 신호의 스펙트럼

$f_s > 2W$로 가정하면 $X_\delta(f)$를 쉽게 그릴 수 있다. 그림 2.26은 $X(f)$와 그에 대응하는 $X_\delta(f)$에 대한 전형적인 스펙트럼이다. 표본화는 단순히 주파수 영역에서는 $X(f)$가 f_s 간격으로 주기적으로 반복되어 나타난다. 만약 $f_s < 2W$이면 식 (2.247)에서 각각의 항이 겹치게 되어 $x_\delta(t)$로부터 왜곡 없이 $x(t)$를 복원할 뚜렷한 방법이 없게 된다. 반면 $f_s > 2W$이면 식 (2.247)에서 $n=0$에 대한 항은 이상적인 저역 필터에 의해 쉽게 분리된다. 주파수 응답 함수가

$$H(f) = H_0 \Pi\left(\frac{f}{2B}\right) e^{-j2\pi f t_0}, \quad W \le B \le f_s - W \tag{2.248}$$

인 이상적인 저역 필터를 가정하면, 입력이 $x_\delta(t)$일 때 출력 스펙트럼은

$$Y(f) = f_s H_0 X(f) e^{-j2\pi f t_0} \tag{2.249}$$

가 되고 시간 지연 정리에 의해 출력 파형은 다음과 같다.

$$y(t) = f_s H_0 x(t - t_0) \tag{2.250}$$

그러므로 만약 표본화 정리의 조건이 만족된다면 $x_\delta(t)$로부터 $x(t)$의 왜곡 없는 복원이 가능하다. 역으로 $x(t)$가 대역 제한되지 않거나 $f_s < 2W$가 되어 만약 표본화 정리의 조건이 만족되지 않는다면 복원 필터의 출력에서의 왜곡은 피할 수 없게 된다. 이러한 왜곡을 **에일리어싱**(aliasing)이라고 하고 그림 2.27(a)에 나타내었다. 표본화 전에 신호를 필터링하거나 표본화 율을 증가시킴으로써 에일리어싱에 대처할 수 있다. 그림 2.27(b)에 나타낸 두 번째 형태의 오류는 복원 과정에서 생기는데, 실제 필터의 이상적이지 못한 주파수 응답 특성 때문이다. 이런

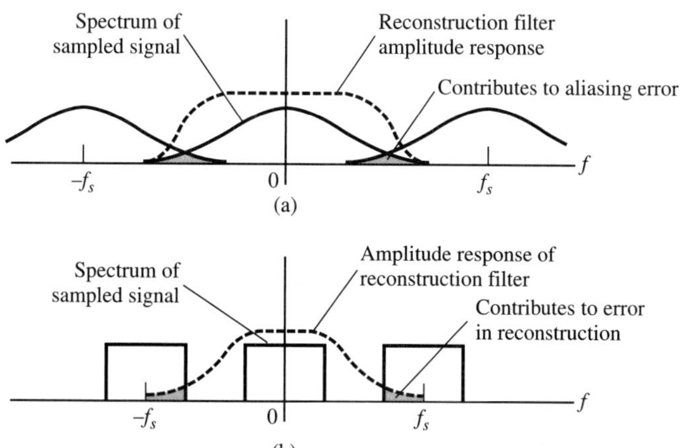

그림 2.27 표본화된 신호의 복원에서 발생하는 두 가지 형태의 오류를 설명하는 스펙트럼. (a) 표본화된 신호의 복원에서 에일리어싱 오류의 예, (b) 이상적이지 못한 복원 필터로 인한 오류의 예

형태의 오류는 더 첨예한 롤오프 특성을 가진 복원 필터를 사용하거나 표본화율을 증가시킴으로써 최소화할 수 있다. 에일리어싱에 의한 오류나 불완전한 복원 필터에 의한 오류는 둘 다 신호 레벨에 비례한다. 그러므로 신호 레벨을 증가시키더라도 신호 대 오류율은 향상되지 않는다.

식 (2.243)의 신호가 임펄스 응답이 $h(t)$인 필터를 통과할 때 출력이 다음과 같이 표시되며,

$$y(t) = \sum_{n=-\infty}^{\infty} x(nT_s)h(t - nT_s) \tag{2.251}$$

이를 이용해서 이상적인 저역 필터로부터 복원된 출력을 달리 표시할 수 있다. 그러나 식 (2.248)에 대응하는 $h(t)$는 식 (2.214)에 의해 주어진다. 그러므로

$$y(t) = 2BH_0 \sum_{n=-\infty}^{\infty} x(nT_s)\text{sinc}\ \left[2B(t - t_0 - nT_s)\right] \tag{2.252}$$

이고, 주기 신호가 그것의 푸리에 계수에 의해 완전히 표현될 수 있는 것처럼 대역 제한된 신호도 신호의 표본값에 의해 완전히 표현될 수 있다는 것을 알 수 있다.

간단히 하기 위해 $B=\frac{1}{2}f_s$, $H_0=T_s$, $t_0=0$으로 놓으면 식 (2.252)는

$$y(t) = \sum_{n} x(nT_s)\text{sinc}\ (f_s t - n) \tag{2.253}$$

이 된다. 다음이 성립하기 때문에, 이 식의 전개는 일반화된 푸리에 급수와 같다.

$$\int_{-\infty}^{\infty} \text{sinc}\ (f_s t - n)\text{sinc}\ (f_s t - m)\, dt = \delta_{nm} \tag{2.254}$$

여기서 $n=m$일 때 $\delta_{mn}=1$이고 나머지는 0이다.

다음으로 대역통과 스펙트럼으로 돌아가서 스펙트럼의 최대 상한 주파수 f_u가 단측 대역폭 W보다 훨씬 더 크다면 당연히 $f_s>2f_u$보다 낮은 비율로 표본화하는 것이 가능한지에 대해서 의문을 가질 수 있다. 다음은 대역통과 스펙트럼에 대한 균일 표본화 정리가 성립하기 위한 조건이다.

정리

만약 신호가 W Hz의 대역폭을 갖고 스펙트럼의 상한 주파수가 f_u이면 신호가 표본화될 수 있는 비율 f_s는 $2f_u/m$이고, 여기서 m은 f_u/W를 초과하지 않는 가장 큰 정수이다. $2f_u$를 넘지 않는다면 모든 더 높은 표본화율이 반드시 유용한 것은 아니다.

예제 2.27

그림 2.28에 보이는 스펙트럼을 가진 대역통과 신호 $x(t)$를 생각하자. 대역통과 표본화 정리에 따라

$$f_s = \frac{2f_u}{m} = \frac{2(3)}{2} = 3 \text{ samples per second} \tag{2.255}$$

의 표본화율로 취한 표본값으로 $x(t)$를 복원하는 것이 가능하다. 그러나 저역통과 표본화 정리에 의하면 초당 6개의 표본이 필요하다.

이것이 가능함을 보이기 위해 표본화된 신호의 스펙트럼을 그려보자. 식 (2.247)에 의해 일반적으로 다음이 성립된다.

$$X_\delta(f) = 3\sum_{-\infty}^{\infty} X(f-3n) \tag{2.256}$$

결과 스펙트럼이 그림 2.28(b)이고, 이론적으로 대역통과 필터링에 의해 $x_\delta(t)$로부터 $x(t)$를 복원하는 것이 이론적으로 가능하다는 것을 본다.

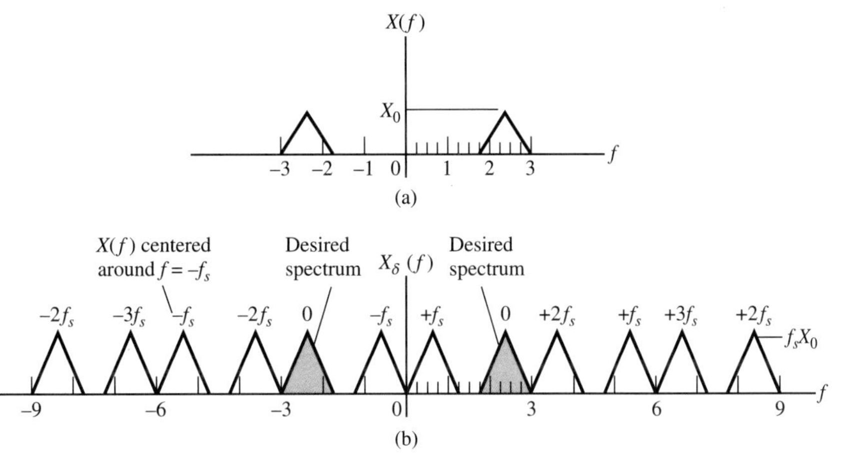

그림 2.28 대역통과 표본화에 대한 신호 스펙트럼. (a) 가정된 대역통과 신호의 스펙트럼, (b) 표본화된 신호의 스펙트럼

■

대역폭이 W인 대역통과 신호의 또 다른 표본화 방법은 대역폭이 $\frac{1}{2}W$인 두 개의 저역통과 직교(quadrature) 신호로 분해하는 것이다. 이들 두 개가 모두 초당 $2\left(\frac{1}{2}W\right) = W$개의 최소 비율로 표본화될 수 있으며, 따라서 결국 전체 최소 표본화 비율은 초당 $2W$개가 된다.

2.8 힐버트 변환

(3장에서 나오는 단측파대 시스템을 고려할 때까지 이 절을 미루는 것이 좋을 수도 있다.)

2.8.1 정의

입력의 모든 주파수 성분의 위상을 $-\frac{1}{2}\pi$라디안만큼 천이시키는 간단한 필터를 생각해보자. 즉 필터의 주파수 응답 함수가

$$H(f) = -j \operatorname{sgn} f \tag{2.257}$$

이고 여기서 sgn 함수('시그넘 f'라고 읽음)는

$$\operatorname{sgn}(f) = \begin{cases} 1, & f > 0 \\ 0, & f = 0 \\ -1, & f < 0 \end{cases} \tag{2.258}$$

로 정의된다. $|H(f)|=1$이고 $\underline{/H(f)}$는 기함수임에 주의해야 한다. 만약 $X(f)$가 필터의 입력 스펙트럼이라면 출력 스펙트럼은 $-j \operatorname{sgn}(f)\, X(f)$이고, 대응하는 시간 함수는

$$\begin{aligned} \hat{x}(t) &= \mathfrak{F}^{-1}[-j \operatorname{sgn}(f) X(f)] \\ &= h(t) * x(t) \end{aligned} \tag{2.259}$$

이며 여기서 $h(t)=-j\mathfrak{F}^{-1}[\operatorname{sgn} f]$는 필터의 임펄스 응답이다. 외곽선 적분(contour integration)을 하지 않고 $\mathfrak{F}^{-1}[\operatorname{sgn} f]$를 얻기 위해서 함수

$$G(f;\alpha) = \begin{cases} e^{-\alpha f}, & f > 0 \\ -e^{\alpha f}, & f < 0 \end{cases} \tag{2.260}$$

의 역변환을 이용한다. 여기서 $\lim_{\alpha \to 0} G(f;\alpha) = \operatorname{sgn} f$에 주의하자. 그러므로 앞으로의 과정에서는 $G(f;\alpha)$의 역푸리에 변환을 취하고 그 결과에서 α를 0으로 보낸 결과의 극한을 취한다. 역변환을 수행하면 다음과 같다.

$$\begin{aligned} g(t;\alpha) &= \mathfrak{F}^{-1}[G(f;\alpha)] \\ &= \int_0^\infty e^{-\alpha f} e^{j2\pi f t}\, df - \int_{-\infty}^0 e^{\alpha f} e^{j2\pi f t}\, df = \frac{j4\pi t}{\alpha^2 + (2\pi t)^2} \end{aligned} \tag{2.261}$$

α를 0으로 보내는 극한을 취하면 다음의 변환쌍을 얻을 수 있다.

$$\frac{j}{\pi t} \longleftrightarrow \text{sgn}\ (f) \tag{2.262}$$

이 결과를 식 (2.259)에 적용하면 다음과 같은 필터의 출력을 얻는다.

$$\hat{x}(t) = \int_{-\infty}^{\infty} \frac{x(\lambda)}{\pi(t-\lambda)} d\lambda = \int_{-\infty}^{\infty} \frac{x(t-\eta)}{\pi\eta} d\eta \tag{2.263}$$

함수 $\hat{x}(t)$를 $x(t)$의 **힐버트 변환**(Hilbert transform)으로 정의한다. 힐버트 변환이 $-\frac{1}{2}\pi$의 위상 천이에 해당하기 때문에 $\hat{x}(t)$의 힐버트 변환은 주파수 응답 함수 $(-j\ \text{sgn}\, f)^2 = -1$에 해당하며, 즉 π라디안의 위상 천이에 해당된다. 그러므로 다음과 같다.

$$\hat{\hat{x}}(t) = -x(t) \tag{2.264}$$

예제 2.28

힐버트 변환 필터의 입력이 다음과 같으면

$$x(t) = \cos\left(2\pi f_0 t\right) \tag{2.265}$$

출력 스펙트럼이

$$X(f) = \frac{1}{2}\delta(f - f_0) + \frac{1}{2}\delta(f + f_0) \tag{2.266}$$

이다. 힐버트 변환기를 지난 출력 스펙트럼은 다음과 같다.

$$\hat{X}(f) = \frac{1}{2}\delta(f - f_0)e^{-j\pi/2} + \frac{1}{2}\delta(f + f_0)e^{j\pi/2} \tag{2.267}$$

식 (2.267)에 푸리에 역변환을 취하면 출력 신호가 다음과 같이 됨을 알 수 있다.

$$\begin{aligned} \hat{x}(t) &= \frac{1}{2}e^{j2\pi f_0 t}e^{-j\pi/2} + \frac{1}{2}e^{-j2\pi f_0 t}e^{j\pi/2} \\ &= \cos\left(2\pi f_0 t - \pi/2\right) \\ \widehat{\cos(2\pi f_0 t)} &= \sin\left(2\pi f_0 t\right) \end{aligned} \tag{2.268}$$

물론 힐버트 변환은 이 경우에 코사인의 각도에 $-\frac{1}{2}\pi$를 더해서 직접적으로 구할 수도 있다. 신호 $\sin \omega_0 t$에 대해 이런 방법을 취하면 다음과 같다.

$$\widehat{\sin(2\pi f_0 t)} = \sin\left(2\pi f_0 t - \frac{1}{2}\pi\right) = -\cos\left(2\pi f_0 t\right) \tag{2.269}$$

이 두 결과를 이용해서 다음 식이 성립함을 보일 수 있다.

$$\widehat{e^{j2\pi f_0 t}} = -j\ \mathrm{sgn}\,(f_0)e^{j2\pi f_0 t} \tag{2.270}$$

이것은 $f_0>0$과 $f_0<0$의 두 경우를 고려하고 식 (2.268)과 식 (2.269)의 결과와 함께 오일러 정리를 사용하여 증명될 수 있다. 식 (2.270)의 결과는 입력 $x(t)=e^{j2\pi f_0 t}$에 주파수 응답 $H_{HT}(f)=-j\ \mathrm{sgn}(2\pi f)$를 갖는 힐버트 변환 필터의 응답을 생각하면 바로 나온다. ■

2.8.2 성질

힐버트 변환은 나중에 사용될 몇 가지 유용한 성질을 갖고 있다. 이러한 성질들 중 세 가지는 여기서 증명한다.

1. 신호 $x(t)$와 이것의 힐버트 변환 $\hat{x}(t)$의 에너지(전력)는 같다. 이것을 증명하기 위해서 힐버트 변환 필터의 입력과 출력의 에너지 스펙트럼 밀도를 구한다. $H(f)=-j\ \mathrm{sgn}\,f$이기 때문에 이 밀도들은 다음과 같은 관계가 있다.

$$\left|\hat{X}(f)\right|^2 \triangleq \left|\Im\left[\hat{x}(t)\right]\right| = |-j\ \mathrm{sgn}\ (f)|^2\,|X(f)|^2 = |X(f)|^2 \tag{2.271}$$

여기서 $\hat{X}(f)=\Im[\hat{x}(t)]=-j\ \mathrm{sgn}\ (f)X(f)$이다. 이와 같이 입력과 출력에서의 에너지 스펙트럼 밀도가 같기 때문에 총에너지도 같다. 전력 신호들에 대해서도 유사한 증명이 성립한다.

2. 신호와 그 신호의 힐버트 변환은 직교한다. 즉

$$\int_{-\infty}^{\infty} x(t)\hat{x}(t)\,dt = 0 \text{ (energy signals)} \tag{2.272}$$

또는

$$\lim_{T\to\infty}\frac{1}{2T}\int_{-T}^{T} x(t)\hat{x}(t)\,dt = 0 \text{ (power signals)} \tag{2.273}$$

이다. 식 (2.272)를 고려하여 좌변은 일반화된 파시발 정리에 의해 다음과 같이

$$\int_{-\infty}^{\infty} x(t)\hat{x}(t)\,dt = \int_{-\infty}^{\infty} X(f)\hat{X}^*(f)\,df \tag{2.274}$$

로 쓰일 수 있으며 여기서 $\hat{X}(f)=\Im[\hat{x}(t)]=-j\ \mathrm{sgn}\ (f)X(f)$이므로

$$\int_{-\infty}^{\infty} x(t)\hat{x}(t)\,dt = \int_{-\infty}^{\infty} (+j\ \mathrm{sgn}\ f)\,|X(f)|^2\ df \tag{2.275}$$

이다. 하지만 식 (2.275)의 우변의 피적분 함수는 우함수 $|X(f)|^2$과 기함수 $j\ \mathrm{sgn}\,f$의 곱

이므로 기함수이다. 그러므로 적분은 0이 되고, 식 (2.272)가 증명된다. 유사한 증명이 식 (2.273)에 대해서도 성립한다.

3. $m(t)$가 저역통과 신호이고 $c(t)$가 고역통과 신호일 때 두 스펙트럼이 서로 겹치지 않는 신호이면 다음의 등식이 성립된다.

$$\widehat{m(t)c(t)} = m(t)\hat{c}(t) \tag{2.276}$$

이 관계를 증명하기 위해 $m(t)$와 $c(t)$를 각각 스펙트럼 $M(f)$와 $C(f)$의 식으로 푸리에 적분을 이용한다. 그러면

$$m(t)c(t) = \int_{-\infty}^{\infty}\int_{-\infty}^{\infty} M(f)C(f')\exp[j2\pi(f+f')t]\,df\,df' \tag{2.277}$$

이고 여기서 $|f|>W$에서 $M(f)=0$이며, $|f'|<W$에서 $C(f')=0$으로 가정한다. 식 (2.277)의 힐버트 변환은 식 (2.270)을 이용해서 다음과 같이 된다.

$$\begin{aligned}\widehat{m(t)c(t)} &= \int_{-\infty}^{\infty}\int_{-\infty}^{\infty} M(f)C(f')\widehat{\exp[j2\pi(f+f')t]}\,df\,df' \\ &= \int_{-\infty}^{\infty}\int_{-\infty}^{\infty} M(f)C(f')\left[-j\,\mathrm{sgn}\,\left(f+f'\right)\right]\exp\left[j2\pi\left(f+f'\right)t\right]\,df\,df'\end{aligned} \tag{2.278}$$

그런데 곱 $M(f)\ C(f')$는 오직 $|f|<W$와 $|f'|>W$에서만 존재하고, 이 경우에 $\mathrm{sgn}(f+f')$을 $\mathrm{sgn}(f')$으로 대체할 수 있으므로 다음과 같다.

$$\widehat{m(t)c(t)} = \int_{-\infty}^{\infty} M(f)\exp(j2\pi ft)\,df \int_{-\infty}^{\infty} C(f')[-j\,\mathrm{sgn}\,(f')\exp(j2\pi f't)]\,df' \tag{2.279}$$

하지만

$$c(t) = \int_{-\infty}^{\infty} C(f')\exp(j2\pi f't)\,df'$$

그리고

$$\begin{aligned}\hat{c}(t) &= \int_{-\infty}^{\infty} C(f')\widehat{\exp(j2\pi f't)}\,df' \\ &= \int_{-\infty}^{\infty} C(f')[-j\,\mathrm{sgn}\,f'\exp(j2\pi f't)]\,df'\end{aligned} \tag{2.280}$$

이기 때문에 우변의 첫 번째 적분은 바로 $m(t)$이고, 두 번째 적분은 $\hat{c}(t)$이다. 따라서 식

(2.279)는 식 (2.276)과 등가이고 관계식은 증명되었다.

예제 2.29

$m(t)$는 $|f|>W$에서 $M(f)=0$인 저역통과 신호이다. 만일 $f_0=\omega_0/2\pi>W$라면 식 (2.275) 및 식 (2.269)와 함께 식 (2.276)을 직접 적용하여

$$\widehat{m(t)\cos}\,\omega_0 t = m(t)\sin\omega_0 t \tag{2.281}$$

그리고

$$\widehat{m(t)\sin}\,\omega_0 t = -m(t)\cos\omega_0 t \tag{2.282}$$

이 성립함을 보일 수 있다. ■

2.8.3 해석적 신호

실수 신호 $x(t)$에 대응하는 해석적 신호(analytic signal) $x_p(t)$는 다음과 같이 정의된다.

$$x_p(t) = x(t) + j\hat{x}(t) \tag{2.283}$$

여기서 $\hat{x}(t)$는 $x(t)$의 힐버트 변환이다. 이제 해석적 신호의 몇 가지 성질들을 생각해보겠다.

우리는 이상적인 대역통과 필터와 관련해서 포락선이라는 용어를 사용했다. 어떤 신호의 포락선은 수학적으로는 해석적 신호 $x_p(t)$의 크기로 정의된다. 포락선의 개념은 3장에서 변조에 대해 공부할 때 그 중요성을 더 알게 될 것이다.

예제 2.30

2.6.12절 식 (2.217)에서 대역폭이 B이고 지연이 t_0이며 중심 주파수가 f_0인 이상적인 대역통과 필터의 임펄스 응답은

$$h_{BP}(t) = 2H_0 B\,\text{sinc}\,\left[B(t-t_0)\right]\cos\left[\omega_0(t-t_0)\right] \tag{2.284}$$

임을 보였다. $B<f_0$로 가정하면, 예제 2.29의 결과를 사용하여 $h_{BP}(t)$의 힐버트 변환을 구할 수 있다. 그 결과는 다음과 같다.

$$\hat{h}_{BP}(t) = 2H_0 B\,\text{sinc}\,\left[B(t-t_0)\right]\sin\left[\omega_0(t-t_0)\right] \tag{2.285}$$

포락선은 그림 2.22(b)에 파선(dashed line)으로 나타난 바와 같이

$$|h_{BP}(t)| = \left|x(t) + j\hat{x}(t)\right|$$

$$= \sqrt{[x(t)]^2 + [\hat{x}(t)]^2}$$

$$= \sqrt{\{2H_0 B \operatorname{sinc}[B(t-t_0)]\}^2 \{\cos^2[\omega_0(t-t_0)] + \sin^2[\omega_0(t-t_0)]\}} \tag{2.286}$$

즉

$$|h_{\mathrm{BP}}(t)| = 2H_0 B \left|\operatorname{sinc}[B(t-t_0)]\right| \tag{2.287}$$

이다. 만일 신호가 저역통과 신호 곱하기 고주파 정현파로 구성되어 있으면 포락선은 아주 쉽게 식별할 수 있다. 그러나 포락선은 수학적으로는 모든 신호에 대해서 정의됨을 주의하자. ■

해석적 신호의 스펙트럼 역시 관심의 대상이다. 3장에서 단측파대 변조를 공부할 때 유용하게 사용될 것이다. 식 (2.283)으로부터 해석적 신호는

$$x_p(t) = x(t) + j\hat{x}(t)$$

로 정의되기 때문에 $x_p(t)$의 푸리에 변환은

$$X_p(f) = X(f) + j\{-j \operatorname{sgn}(f) X(f)\} \tag{2.288}$$

와 같고 여기서 괄호 안의 항은 $\hat{x}(t)$의 푸리에 변환이다. 그러므로

$$X_p(f) = X(f)[1 + \operatorname{sgn} f] \tag{2.289}$$

즉

$$X_p(f) = \begin{cases} 2X(f), & f > 0 \\ 0, & f < 0 \end{cases} \tag{2.290}$$

이다. 아래 첨자 p는 스펙트럼이 오직 양의 주파수에서만 0이 아님을 표시하기 위해서 사용되었다.

유사하게 신호

$$x_n(t) = x(t) - j\hat{x}(t) \tag{2.291}$$

가 오로지 음의 주파수에서만 0이 아님을 보일 수 있다. 앞의 결과에 $\hat{x}(t)$를 $-\hat{x}(t)$로 대체하면

$$X_n(f) = X(f)[1 - \operatorname{sgn} f] \tag{2.292}$$

즉

$$X_n(f) = \begin{cases} 0, & f > 0 \\ 2X(f), & f < 0 \end{cases} \tag{2.293}$$

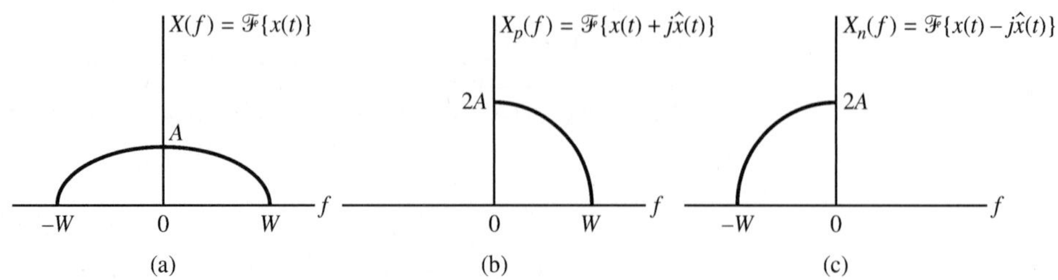

그림 2.29 해석적 신호의 스펙트럼. (a) $x(t)$의 스펙트럼, (b) $x(t)+j\hat{x}(t)$의 스펙트럼, (c) $x(t)-j\hat{x}(t)$의 스펙트럼

의 결론을 얻는다. 그림 2.29는 이들의 스펙트럼이다.

이 시점에서 두 가지 사항을 주목해야 한다. 첫째, $X(f)$가 $f=0$에서 0이 아니라면 $X_p(f)$와 $X_n(f)$는 $f=0$에서 불연속이 될 것이다. 또한 $|X_n(f)|$와 $|X_p(f)|$에 대응하는 시간 영역에서의 신호들이 실수 신호가 아니므로, $|X_n(f)|$와 $|X_p(f)|$는 우함수가 아니라는 점에 당황하지 말아야 한다.

2.8.4 대역통과 신호의 복소 포락선 표현

만일 식 (2.288)에서 $X(f)$가 그림 2.30(a)에 보이는 것과 같은 대역통과 스펙트럼을 가진 신호라면 식 (2.290)에 의해 $X_p(f)$는 그림 2.30(b)처럼 $X(f)=\Im\{x(t)\}$의 양의 주파수 부분을 단지 2배한 것이 된다는 것을 알 수 있다. 주파수 변환 정리에 의해 $x_p(t)$는

$$x_p(t) = \tilde{x}(t)e^{j2\pi f_0 t} \tag{2.294}$$

으로 쓸 수 있으며 여기서 $\tilde{x}(t)$는 복소값의 저역통과 신호이고[이제부터는 **복소 포락선**(complex envelop)이라고 부른다], f_0는 편의상 선택한 기준 주파수이다.[18] $\tilde{x}(t)$의 스펙트럼(쉽게 그리기 위하여 실수라고 가정하였다)이 그림 2.30(c)에 있다.

$\tilde{x}(t)$를 구하기 위하여 두 가지 방법 가운데 하나를 따라 하면 된다[단순히 식 (2.294)의 크기를 취하면 단지 $|\tilde{x}(t)|$만 구하고 각은 구할 수 없다는 점을 명심하자]. 첫째로, 식 (2.283)을 사용하여 해석적 신호를 찾고 나서 $\hat{x}(t)$에 대하여 식 (2.294)를 푼다. 즉

$$\tilde{x}(t) = x_p(t)\, e^{-j2\pi f_0 t} \tag{2.295}$$

둘째로, 주파수 영역에서의 접근법을 사용하여 $X(f)$를 얻고, $X_p(f)$를 구하기 위해 2를 곱하여 크기 변환한 후, 이 스펙트럼을 f_0 Hz만큼 왼쪽으로 변환한다. 그러면 이 변환된 스펙트럼

---

18 만일 $x_p(t)$의 스펙트럼이 대칭의 중심을 가진다면 f_0가 대칭점이 되는 것이 자연스럽지만 반드시 그럴 필요는 없다.

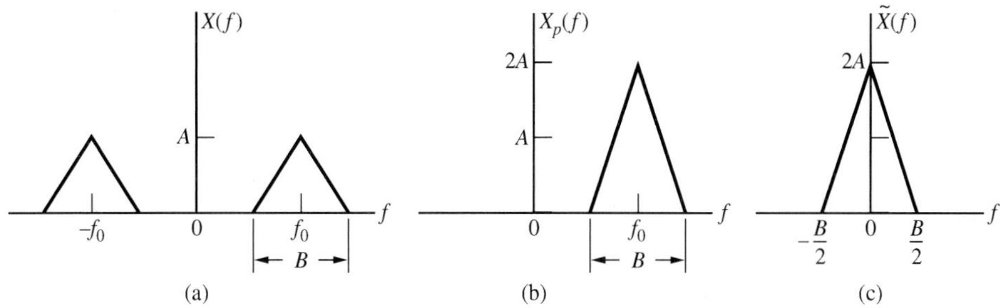

그림 2.30 신호 $x(t)$의 복소 포락선 형태에 속하는 스펙트럼. (a) 대역통과 신호 스펙트럼, (b) $\Im[x(t)+j\hat{x}(t)]$에 해당하는 $X(f)$의 양의 주파수 부분의 두 배, (c) $\hat{x}(t)$의 스펙트럼

의 푸리에 역변환이 $\widetilde{x}(t)$이다. 예를 들어, 그림 2.30에 보이는 스펙트럼에 대하여 그림 2.30(c)를 이용한 복소 포락선은

$$\widetilde{x}(t) = \mathfrak{F}^{-1}\left[2A\Lambda\left(\frac{2f}{B}\right)\right] = AB\,\text{sinc}^2\,(Bt) \tag{2.296}$$

이다. 이 복소 포락선은 스펙트럼 $X(f)$가 $f=f_0$에 대하여 대칭이기 때문에 이 경우에는 실수이다.

$x(t)$와 $\hat{x}(t)$는 각각 $x_p(t)$의 실수 부분과 허수 부분으로 $x_p(t)=x(t)+j\,\hat{x}(t)$이므로 식 (2.294)로부터

$$x_p(t) = \widetilde{x}(t)e^{j2\pi f_0 t} \triangleq x(t) + j\hat{x}(t) \tag{2.297}$$

또는

$$x(t) = \text{Re}\,\left[\widetilde{x}(t)e^{j2\pi f_0 t}\right] \tag{2.298}$$

그리고

$$\hat{x}(t) = \text{Im}\,\left[\widetilde{x}(t)e^{j2\pi f_0 t}\right] \tag{2.299}$$

가 성립한다. 따라서 식 (2.298)로부터 실수 신호 $x(t)$는

$$\begin{aligned} x(t) &= \text{Re}\,\left[\widetilde{x}(t)e^{j2\pi f_0 t}\right] \\ &= \text{Re}\,\left[\widetilde{x}(t)\right]\cos\left(2\pi f_0 t\right) - \text{Im}\,\left[\widetilde{x}(t)\right]\sin\left(2\pi f_0 t\right) \\ &= x_R(t)\cos(2\pi f_0 t) - x_I(t)\sin(2\pi f_0 t) \end{aligned} \tag{2.300}$$

와 같이 복소 포락선으로 표현될 수 있는데 여기서

$$\tilde{x}(t) \triangleq x_R(t) + jx_I(t) \tag{2.301}$$

이다. 신호 $x_R(t)$와 $x_I(t)$는 $x(t)$의 동위상 및 직교 성분(inphase and quadrature component)으로 알려져 있다.

예제 2.31

다음의 실수를 대역통과 신호를 생각해보자.

$$x(t) = \cos(22\pi t) \tag{2.302}$$

이것의 힐버트 변환은

$$\hat{x}(t) = \sin(22\pi t) \tag{2.303}$$

이고, 그래서 대응하는 해석적 신호는

$$\begin{aligned} x_p(t) &= x(t) + j\hat{x}(t) \\ &= \cos(22\pi t) + j\sin(22\pi t) \\ &= e^{j22\pi t} \end{aligned} \tag{2.304}$$

이다.

이것의 복소 포락선을 구하기 위하여 f_0를 정해야 하는데, 이 예제를 위해서 $f_0 = 10\text{Hz}$로 한다. 그러면 식 (2.295)로부터

$$\begin{aligned} \tilde{x}(t) &= x_p(t)\, e^{-j2\pi f_0 t} \\ &= e^{j22\pi t} e^{-j20\pi t} \\ &= e^{j2\pi t} \\ &= \cos(2\pi t) + j\sin(2\pi t) \end{aligned} \tag{2.305}$$

가 되고 식 (2.301)로부터

$$x_R(t) = \cos(2\pi t) \text{ and } x_I(t) = \sin(2\pi t) \tag{2.306}$$

를 얻는다. 이것을 식 (2.300)에 대입하면

$$\begin{aligned} x(t) &= x_R(t)\cos(2\pi f_0 t) - x_I(t)\sin(2\pi f_0 t) \\ &= \cos(2\pi t)\cos(20\pi t) - \sin(2\pi t)\sin(20\pi t) \\ &= \cos(22\pi t) \end{aligned} \tag{2.307}$$

이다. 놀라운 일은 아니지만 이것은 식 (2.302)에서 시작한 것이다. ■

2.8.5 대역통과 시스템의 복소 포락선 표현

임펄스 응답 $h(t)$가

$$h(t) = \text{Re}\left[\widetilde{h}(t)e^{j2\pi f_0 t}\right] \tag{2.308}$$

이고 복소 포락선 $\widetilde{h}(t)$로 표현된 대역통과 시스템을 생각해보자. 여기서 $\widetilde{h}(t)=h_R(t)+jh_I(t)$이다. 입력은 또한 식 (2.298)로 표현된 대역통과라고 가정한다. 출력은 중첩 적분에 의하여 다음과 같다.

$$y(t) = x(t) * h(t) = \int_{-\infty}^{\infty} h(\lambda)x(t-\lambda)\,d\lambda \tag{2.309}$$

오일러의 정리에 의해 $h(t)$와 $x(t)$는 각각

$$h(t) = \frac{1}{2}\widetilde{h}(t)e^{j2\pi f_0 t} + \text{c.c.} \tag{2.310}$$

그리고

$$x(t) = \frac{1}{2}\widetilde{x}(t)e^{j2\pi f_0 t} + \text{c.c.} \tag{2.311}$$

로 표현되는데, 여기서 c.c.는 바로 앞의 항의 켤레 복소수를 의미한다. 따라서 식 (2.309)에 이들을 사용하면 출력은 다음과 같이 표현할 수 있다.

$$\begin{aligned} y(t) &= \int_{-\infty}^{\infty}\left[\frac{1}{2}\widetilde{h}(\lambda)e^{j2\pi f_0\lambda} + \text{c.c.}\right]\left[\frac{1}{2}\widetilde{x}(t-\lambda)e^{j2\pi f_0(t-\lambda)} + \text{c.c.}\right]d\lambda \\ &= \frac{1}{4}\int_{-\infty}^{\infty}\widetilde{h}(\lambda)\widetilde{x}(t-\lambda)\,d\lambda\, e^{j2\pi f_0 t} + \text{c.c.} \\ &\quad + \frac{1}{4}\int_{-\infty}^{\infty}\widetilde{h}(\lambda)\widetilde{x}^*(t-\lambda)e^{j4\pi f_0\lambda}\,d\lambda\, e^{-j2\pi f_0 t} + \text{c.c.} \end{aligned} \tag{2.312}$$

항들의 두 번째 쌍 $\frac{1}{4}\int_{-\infty}^{\infty}\widetilde{h}(\lambda)\,\widetilde{x}^*(t-\lambda)e^{j4\pi f_0\lambda}\,d\lambda\,e^{-j2\pi f_0 t}+\text{c.c.}$은 피적분 함수에서 $e^{j4\pi f_0\lambda}=\cos(4\pi f_0\lambda)+j\sin(4\pi f_0\lambda)$ 인수에 의해 근사적으로 0이 된다($\widetilde{h}$와 $\widetilde{x}$는 이 복소 지수 함수에 비해 천천히 변하는 신호이므로 피적분 함수는 반주기 적분한 값과 또 다른 반주기로 적분한 값끼리 소거되어 0이 된다). 따라서

$$\begin{aligned} y(t) &\cong \frac{1}{4}\int_{-\infty}^{\infty}\widetilde{h}(\lambda)\widetilde{x}(t-\lambda)\,d\lambda\, e^{j2\pi f_0 t} + \text{c.c.} \\ &= \frac{1}{2}\,\text{Re}\left\{\left[\widetilde{h}(t) * \widetilde{x}(t)\right]e^{j2\pi f_0 t}\right\} \triangleq \frac{1}{2}\,\text{Re}\left\{\widetilde{y}(t)e^{j2\pi f_0 t}\right\} \end{aligned} \tag{2.313}$$

여기서

$$\widetilde{y}(t) = \widetilde{h}(t) * \widetilde{x}(t) = \mathfrak{F}^{-1}\left[\widetilde{H}(f)\widetilde{X}(f)\right] \tag{2.314}$$

이고 $\widetilde{H}(f)$와 $\widetilde{X}(f)$는 $\widetilde{h}(t)$와 $\widetilde{x}(t)$ 각각의 푸리에 변환이다.

예제 2.32

식 (2.313)을 응용하는 예로 다음의 입력

$$x(t) = \Pi(t/\tau)\cos(2\pi f_0 t) \tag{2.315}$$

가 임펄스 응답이

$$h(t) = \alpha e^{-\alpha t}u(t)\cos(2\pi f_0 t) \tag{2.316}$$

인 필터로 입력된다고 생각하자. $\widetilde{x}(t) = \Pi(t/\tau)$와 $\widetilde{h}(t) = \alpha e^{-\alpha t}u(t)$에 대해서 방금 설명한 복소 포락선 해석을 사용하면 필터 출력의 복소 포락선은 다음과 같다.

$$\begin{aligned}\widetilde{y}(t) &= \Pi(t/\tau) * \alpha e^{-\alpha t}u(t)\\ &= \left[1 - e^{-\alpha(t+\tau/2)}\right]u(t+\tau/2) - \left[1 - e^{-(t-\tau/2)}\right]u(t-\tau/2)\end{aligned} \tag{2.317}$$

이것에 $\frac{1}{2}e^{j2\pi f_0 t}$를 곱하고 실수 부분만 취하면 식 (2.313)에 따라 필터의 출력을 얻는다. 그 결과는 다음과 같다.

$$y(t) = \frac{1}{2}\left\{\left[1 - e^{-\alpha(t+\tau/2)}\right]u(t+\tau/2) - \left[1 - e^{-(t-\tau/2)}\right]u(t-\tau/2)\right\}\cos\left(2\pi f_0 t\right) \tag{2.318}$$

이 결과를 확인하기 위해 식 (2.315)와 식 (2.316)을 직접적으로 컨벌루션한다. 중첩 적분은 다음과 같다.

$$\begin{aligned}y(t) &= x(t) * h(t)\\ &= \int_{-\infty}^{\infty}\Pi(\lambda/\tau)\cos(2\pi f_0\lambda)\alpha e^{-\alpha(t-\lambda)}u(t-\lambda)\cos[2\pi f_0(t-\lambda)]\,d\lambda\end{aligned} \tag{2.319}$$

그러나

$$\cos(2\pi f_0\lambda)\cos[2\pi f_0(t-\lambda)] = \frac{1}{2}\cos(2\pi f_0 t) + \frac{1}{2}\cos[2\pi f_0(t-2\lambda)] \tag{2.320}$$

이므로 중첩 적분은 다음과 같다.

$$\begin{aligned}y(t) = &\frac{1}{2}\int_{-\infty}^{\infty}\Pi(\lambda/\tau)\alpha e^{-\alpha(t-\lambda)}u(t-\lambda)\,d\lambda\cos\left(2\pi f_0 t\right)\\ &+\frac{1}{2}\int_{-\infty}^{\infty}\Pi(\lambda/\tau)\alpha e^{-\alpha(t-\lambda)}u(t-\lambda)\cos\left[2\pi f_0(t-2\lambda)\right]d\lambda\end{aligned} \tag{2.321}$$

만일 $f_0^{-1} \ll \tau$이고 $f_0^{-1} \ll \alpha^{-1}$이라면 두 번째 적분은 근사적으로 0이 되어 오로지 $\Pi(t/\tau)$와 $\alpha e^{-\alpha t}u(t)$가 컨벌루션된 첫 번째 결과만을 얻으며, 그 결과는 식 (2.318)과 마찬가지로 $\frac{1}{2}\cos(2\pi f_0 t)$가 곱해져 있다. ■

2.9 이산 푸리에 변환과 고속 푸리에 변환

신호의 푸리에 스펙트럼을 디지털 컴퓨터를 통해 계산하려면 시간 영역의 신호는 반드시 표본화된 값으로 표현되어야 하며 스펙트럼은 이산적인 수의 주파수들에서만 계산하여 구한다. 다음의 합은

$$X_k = \sum_{n=0}^{N-1} x_n e^{-j2\pi nk/N}, \quad k = 0, 1, ..., N-1 \tag{2.322}$$

$k/(NT_s)$, $k=0, 1, \cdots, N-1$ 주파수들에서 신호의 푸리에 변환에 대한 근삿값임을 보일 수 있다. 여기서 $x_0, x_1, x_2, \cdots, x_{N-1}$은 T_s초 간격으로 취해진 N개의 신호 표본값이다. 합으로 표현된 식 (2.322)를 시퀀스 $\{x_n\}$의 **이산 푸리에 변환**(discrete Fourier transform, DFT)이라고 한다. 표본화 정리에 의하면 T_s초 간격으로 표본을 취한 신호의 스펙트럼은 매 $f_s=T_s^{-1}$ Hz마다 반복하게 된다. 이 한 구간 안에는 N개의 주파수 표본들이 있으므로 식 (2.322)의 주파수 분해도(resolution)는 $f_s/N=1/(NT_s)\triangleq 1/T$이 된다. DFT 시퀀스 $\{X_k\}$로부터 표본들의 시퀀스 $\{x_n\}$을 얻기 위해서 합으로 된

$$x_n = \frac{1}{N}\sum_{k=0}^{N-1} X_k e^{j2\pi nk/N}, \quad k = 0, 1, 2, \ldots, N-1 \tag{2.323}$$

이 사용된다. 식 (2.322)와 식 (2.323)이 변환쌍을 이룬다는 것은 식 (2.322)를 식 (2.323)으로 대체한 후 다음의 기하급수의 합 공식을 사용하여 증명할 수 있다.

$$S_N \equiv \sum_{k=0}^{N-1} x^k = \begin{cases} \frac{1-x^N}{1-x}, & x \neq 1 \\ N, & x = 1 \end{cases} \tag{2.324}$$

위에서 가리키는 바와 같이 DFT와 역DFT는 이산적인 주파수들의 집합 $\{0, 1/T, 2/T, \cdots, (N-1)/T\}$에서 신호 $x(t)$의 진짜 푸리에 스펙트럼을 근사화한 것이다. DFT와 역DFT가 신호에 적절하게 적용된다면 오차는 매우 적어질 수 있다. 관련된 근사화를 나타내기 위해 유한 개의 표본값들만 사용한 표본화된 신호의 스펙트럼을 그려보아야 하며, 그 스펙트럼이 이산적인 N개의 점들에서 표본화된다. 관련된 근사화를 살펴보기 위해서 다음의 푸리에 변환 정리들을 사용한다.

1. 이상적으로 표본화된 파형의 푸리에 변환(예제 2.14)

$$y_s(t) = \sum_{m=-\infty}^{\infty} \delta(t - mT_s) \longleftrightarrow f_s^{-1} \sum_{n=-\infty}^{\infty} \delta(f - nf_s), \quad f_s = T_s^{-1}$$

2. 사각 윈도우 함수의 푸리에 변환

$$\Pi(t/T) \longleftrightarrow T \text{ sinc}(fT)$$

3. 푸리에 변환의 컨벌루션 정리

$$x_1(t) * x_2(t) \longleftrightarrow X_1(f)X_2(f)$$

4. 푸리에 변환의 곱셈 정리

$$x_1(t)x_2(t) \longleftrightarrow X_1(f) * X_2(f)$$

관련 근삿값에 대해서 다음 예제에서 설명할 것이다.

예제 2.33

지수 함수 신호가 표본화되었고 유한한 개수의 표본만을 이용해서 표본화된 신호의 푸리에 변환을 취한 후 푸리에 스펙트럼의 유한한 개수의 표본으로 결과를 표시해보았다. 연속시간 신호와 그 푸리에 변환은 다음과 같다.

$$x(t) = e^{-|t|/\tau} \longleftrightarrow X(f) = \frac{2\tau}{1 + 2(\pi f \tau)^2} \tag{2.325}$$

이 신호와 그것의 스펙트럼이 그림 2.31(a)에 나타나 있다. 하지만 우리는 T_s초 간격의 표본값들로 신호를 나타내고 있는데, 이것은 원래의 신호와 식 (2.114)의 이상적인 표본화 파형 $y_s(t)$와의 곱을 의미한다. 이 표본화 신호의 결과적인 스펙트럼은 $X(f)$와 식 (2.119)로 주어지는 $y_s(t)$의 푸리에 변환 $Y_s(f) = f_s \sum_{n=-\infty}^{\infty} \delta(f - nf_s)$의 컨벌루션이 된다. 주파수 영역에서 이 컨벌루션의 결과는

$$X_s(f) = f_s \sum_{n=-\infty}^{\infty} \frac{2\tau}{1 + [2\pi\tau(f - f_s)]^2} \tag{2.326}$$

이다. 표본화된 신호와 그것의 스펙트럼은 그림 2.31(b)에 나와 있는 바와 같다.

DFT를 계산할 때 오직 $x(t)$의 T초 부분이 사용된다(N개의 표본들은 $T_s = T/N$의 간격이다). 이것은 표본화된 시간 영역 신호가 윈도우 함수 $\Pi(t/T)$와 효과적으로 곱해졌음을 의미한다. 주파수 영역에서는 사각 윈도우 함수의 푸리에 변환 T sinc (fT)와의 컨벌루션에 해당한다. 결과적으로 윈도우가 씌워=져서 표본화된 신호와 그 스펙트럼이 그림 2.31(c)에 그려져 있다. 마지막으로 스펙트럼은 윈도우 길이의 역수인 $1/T$만큼 떨어진 N개의 이산적인 주파수들에서만 얻을 수 있다. 이것은 델타 함수들의 시퀀스를 시간 영역에서 컨벌루션한 것에 해당된다. 이 결과 신호와 스펙트럼은 그림 2.31(d)에 나타나 있다. 주의하지 않으면 DFT 스펙트럼이 원래의 연속시간 신호의 스펙트럼과 전혀 동일하지 않을 가능성이 있다. 이러한 오차를 줄이기 위한 방법들이 몇몇 관련 참고문헌에 있다.[19]

19 Ziemer, Tranter, and Fannin(1998), Chapter 10 참조.

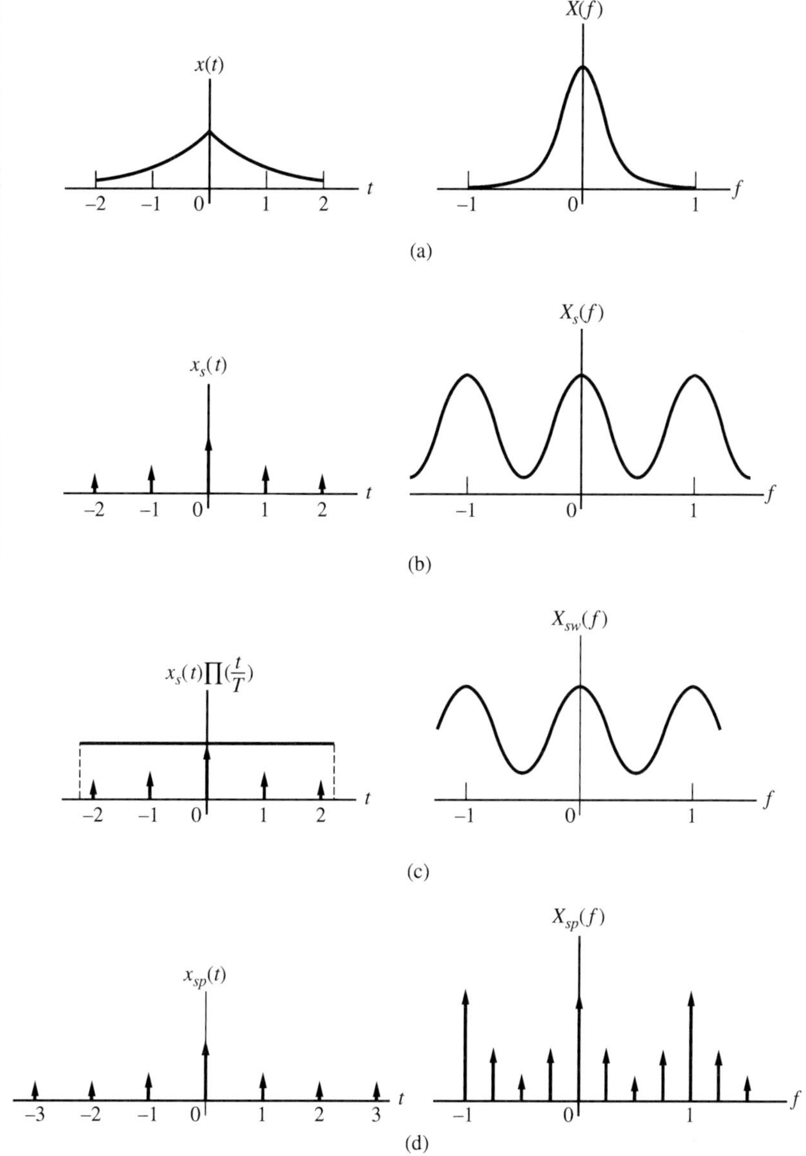

그림 2.31 DFT의 계산을 설명하는 신호와 스펙트럼. (a) 표본화하기 위한 신호와 그것의 스펙트럼(τ=1s), (b) 표본화된 신호와 그것의 스펙트럼(f_s=1Hz), (c) 윈도우가 쓰인 표본화된 신호와 그것의 스펙트럼($T=4^+$s), (d) 표본화된 신호의 스펙트럼과 표본화되고 윈도우를 씌운 동일한 신호의 주기적인 반복

조금 생각해보면 어떤 신호의 완전한 DFT 스팩트럼을 계산하기 위해서는 여러 번의 복소 덧셈 외에도 대략 N^2 번의 복소 곱셈이 필요하다. 신호의 DFT 스펙트럼을 계산하는 데 단지 약 $N \log_2 N$번의 복소 곱셈만 필요한 알고리즘이 가능한데, 이것은 N이 큰 경우 현저한 계산

량 절감을 준다. 그러한 알고리즘을 고속 푸리에 변환(fast Fourier-transform, FFT) 알고리즘이라고 한다. FFT 알고리즘의 두 가지 주된 유형은 시간 간축(decimation in time, DIT)에 기반한 것과 주파수 간축(decimation in frequency, DIF)에 기반한 것들이다.

다행히도 FFT 알고리즘은 MATLAB™과 같은 대부분의 컴퓨터 수학 패키지에 포함되어 있어서 교육적인 훈련으로 좋고, FFT를 요구하는 계산을 하기 위해 우리만의 FFT 프로그램을 짜려고 고생하지 않아도 된다. 다음의 컴퓨터 예제는 표본화된 양측파대 지수 펄스의 FFT를 계산하고 시간 연속이고 표본화된 펄스의 스펙트럼을 비교한다.

컴퓨터 예제 2.3

다음에 나온 MATLAB 프로그램은 구간 $-15.5 \le t \le 15.5$로 신호를 잘라내고 $T_s = 1$초로 표본화한 양측으로 지수적 감소를 보이는 신호의 고속 푸리에 변환을 계산한다. FFT의 주기적 성질은 얻어진 푸리에 계수가 이 지수 파형을 주기적으로 확장한 파형에 해당하는 것을 의미한다. 이 FFT의 주파수 범위는 음수 주파수에 해당하는 $f_s/2$ 이상의 주파수를 포함해서 $[0, f_s(1-1/N)]$이다. 이 결과는 그림 2.32에 있다.

```
% file: c2ce3
%
clf
tau = 2;
Ts = 1;
fs = 1/Ts;
ts = -15.5:Ts:15.5;
N = length(ts);
fss = 0:fs/N:fs-fs/N;
xss = exp(-abs(ts)/tau);
Xss = fft(xss);
t = -15.5:.01:15.5;
f = 0:.01:fs-fs/N;
X = 2*fs*tau./(1+(2*pi*f*tau).^2);
subplot(2,1,1), stem(ts, xss)
hold on
subplot(2,1,1), plot(t, exp(-abs(t)/tau), '--'), xlabel('t, s'), yla-
bel('Signal & samples'), ...
legend('x(nT_s)', 'x(t)')
subplot(2,1,2), stem(fss, abs(Xss))
hold on
subplot(2,1,2), plot(f, X, '--'), xlabel('f, Hz'), ylabel('FFT and
Fourier transform')
legend('|X_k|', '|X(f)|')
% End of script file
```

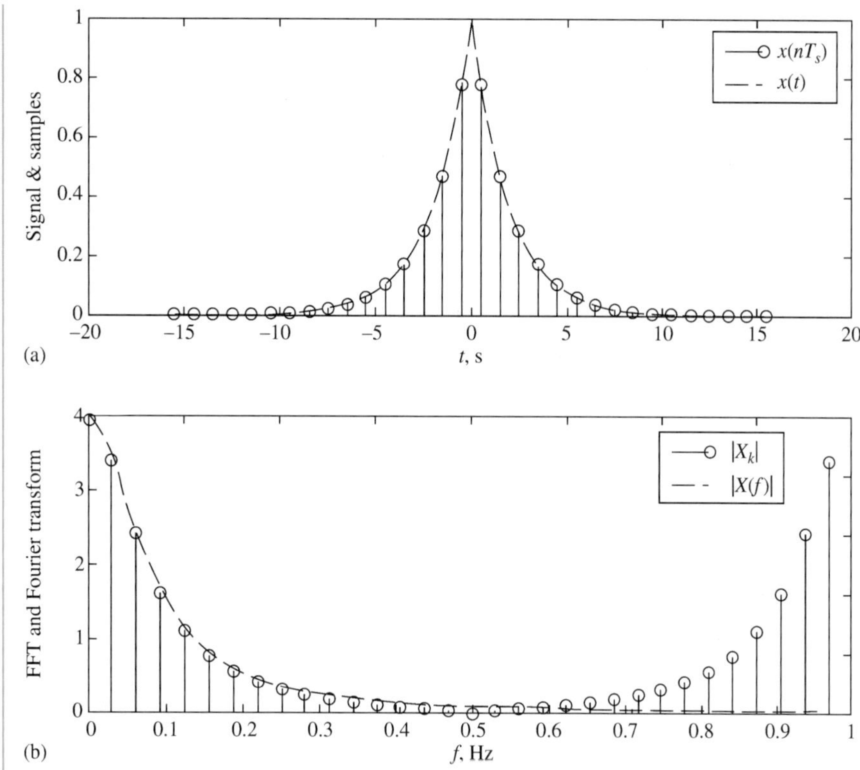

그림 2.32 (a) $x(t)=\exp(-|t|/\tau)$, $\tau=2$s이고 $T_s=1$로 표본화, (b) $x(t)$의 푸리에 변환과 비교한 표본화된 신호의 FFT($N=32$)의 크기. 스펙트럼 그림이 엘리어싱에 의해 $f_s/2$ 근처에서 각자로부터 벗어난다.

참고문헌

Bracewell(1986)은 푸리에 이론과 응용에 대해 집중적으로 다루고 있다. Ziemer, Tranter, Fannin(1998)과 Kamen과 Heck(2007)은 연속과 이산적인 신호 및 시스템 이론을 집중적으로 다루고 있으며 이 장의 배경지식을 제공하고 있다. 더 기초적인 책은 McClellan, Schafer, Yoder(2003)와 Mersereau와 Jackson(2006), 그리고 Wickert(2013)이다.

요약

1. 신호의 두 가지 일반적인 부류는 결정 신호와 랜덤 신호이다. 랜덤 신호의 진폭은 확률적으로 표시해야 하는 반면에 결정 신호는 완전히 알고 있는 시간의 함수로 표시할 수 있다.

2. 주기가 T_0인 주기 신호는 모든 t에 대하여 $x(t)=x(t+T_0)$를 만족한다.

3. 회전 페이저 $\tilde{x}(t)=Ae^{j(2\pi f_0 t+\theta)}$의 단측 스펙트럼은 f(주파수)에 대한 A(진폭)과 θ(위상)값을 갖는다. 이 페이저에 대응하는 실수 정현파 신호는 $\tilde{x}(t)$의 실수부를 취함으로써 얻을 수 있다. 만약 $x(t)=\frac{1}{2}\tilde{x}(t)+\frac{1}{2}\tilde{x}^*(t)$ 형태를 가지면 양측 스펙트럼이 된다. 주파수 f에 대한 이들 회전 페이저의 합의 진폭과 위상의 그래프를 각각 양측 진폭 스펙트럼과 양측 위상 스펙트럼이라 한다. 이러한 스펙트럼의 그림을 신호 $A\cos(2\pi f_0 t+\theta)$의 주파수 영역 표현이라 한다.

4. 단위 임펄스 신호 $\delta(t)$는 폭이 0이고, 높이가 무한대이면서 단위 면적을 갖는 펄스로 생각할 수 있다. $x(t)$가 $t=t_0$에서 연속일 때, 택출성 $\int_{-\infty}^{\infty}x(\lambda)\,\delta(\lambda-t_0)d\lambda=x(t_0)$는 단위 임펄스에 대한 관계를 정의하기 위한 일반화이다. 단위 계단 함수 $u(t)$는 단위 임펄스를 적분한 것이다.

5. $E=\int_{-\infty}^{\infty}|x(t)|^2dt$가 유한한 값을 갖는 신호 $x(t)$를 에너지 신호라 한다. 만약 $x(t)$의 $P=\lim_{T\to 0}\frac{1}{2T}\int_{-T}^{T}|x(t)|^2dt$가 유한한 값을 가지면 그 신호는 전력 신호라고 한다. 예의 신호들은 이도 저도 아닐 수 있다.

6. 복소 지수 푸리에 급수는 $x(t)=\sum_{n=-\infty}^{\infty}X_n\exp(j2\pi nf_0t)$이다. 단, $f_0=1/T_0$이고 $(t_0,\ t_0+T_0)$는 해당 구간이다. 계수는 $X_n=\frac{1}{T_0}\int_{t_0}^{t_0+T_0}x(t)\exp(-j2\pi nf_0t)dt$로 주어진다. 만일 $x(t)$가 주기가 T_0인 주기 신호이면, 지수 푸리에 급수는 모든 t에서 정확하게 $x(t)$를 표현한다. 단, 푸리에 합이 불연속점에서 신호의 우방과 좌방 극한의 평균에 수렴하는 불연속점들은 예외이다.

7. 실수 신호의 지수 푸리에 급수에서 푸리에 계수들은 $X_n=X_{-n}^*$을 만족시키며, 이것은 $|X_n|=|X_{-n}|$과 $\underline{/X_n}=-\underline{/X_{-n}}$을 의미한다. nf_0에 대해서 $|X_n|$과 $\underline{/X_n}$을 나타낸 그림을 각각 $x(t)$의 이산 양측 진폭 스펙트럼과 이산 양측 위상 스펙트럼이라 한다. 만약 $x(t)$가 실수이면 진폭 스펙트럼은 nf_0의 우함수이며, 위상 스펙트럼은 기함수이다.

8. 주기 신호에 대한 파시발의 정리는 다음과 같다.

$$\frac{1}{T_0}\int_{T_0}|x(t)|^2\,dt=\sum_{n=-\infty}^{\infty}|X_n|^2$$

9. 신호 $x(t)$의 푸리에 변환은

$$X(f)=\int_{-\infty}^{\infty}x(t)e^{-j2\pi ft}\,dt$$

이고, 푸리에 역변환은

$$x(t)=\int_{-\infty}^{\infty}X(f)e^{j2\pi ft}\,df$$

이다. 실수 신호에 대해서는 $|X(f)|=|X(-f)|$, $\underline{/X(f)}=-\underline{/X(-f)}$이다.

10. f에 대한 $|X(f)|$와 $\underline{/X(f)}$의 그래프를 각각 $x(t)$의 양측 진폭 스펙트럼과 위상 스펙트럼이라 한다. 그러므로 주파수의 함수로서 실수 신호의 진폭 스펙트럼은 우함수이며 위상 스펙트럼은 기함수이다.

11. 신호의 에너지는

$$\int_{-\infty}^{\infty}|x(t)|^2\,dt=\int_{-\infty}^{\infty}|X(f)|^2\,df$$

이다. 이것을 레일리의 에너지 정리라고 한다. 신호의 에너지 스펙트럼 밀도는 $G(f)=|X(f)|^2$이다. 이것은 신호의 주파수에 대한 에너지의 밀도를 나타낸다.

12. 두 신호 $x_1(t)$와 $x_2(t)$의 컨벌루션은

$$x(t)=x_1*x_2=\int_{-\infty}^{\infty}x_1(\lambda)x_2(t-\lambda)\,d\lambda$$

$$=\int_{-\infty}^{\infty}x_1(t-\lambda)x_2(\lambda)\,d\lambda$$

이다. 푸리에 변환의 컨벌루션 정리는 $X(f)=X_1(f)X_2(f)$이며, 이때 $X(f)$, $X_1(f)$, $X_2(f)$는 각각 $x(t)$, $x_1(t)$, $x_2(t)$의 푸리에 변환이다.

13. 비록 수학적으로는 전력 신호의 푸리에 변환은 존재하지 않지만 주기 신호의 푸리에 변환은 $Ae^{j2\pi f_0 t}$

$\leftrightarrow A\delta(f-f_0)$를 이용해서 지수 푸리에 급수를 항별로 푸리에 변환하여 얻을 수 있다. $x(t)=p(t)*\sum_{m=-\infty}^{\infty}\delta(t-mT_s)$ 형태의 주기 신호를 얻기 위하여 더 손쉬운 접근 방법은 펄스 형태 신호 $p(t)$와 이상적인 표본화 파형을 콘볼루션하는 것이다. 이것의 푸리에 변환은 $X(f)=\sum_{n=-\infty}^{\infty} f_sP(nf_s)\,\delta(f-nf_s)$이다. 여기서 $P(f)$는 $p(t)$의 푸리에 변환이며, $f_s=1/T_s$이다. 푸리에 계수는 $X_n=f_s\,P(nf_s)$가 된다.

14. 전력 신호 $x(t)$의 전력 스펙트럼 $S(f)$는 총평균 전력 $\langle x^2(t)\rangle=\int_{-\infty}^{\infty}S(f)df$를 구하기 위해 적분되는 실수 함수이고 우함수이며, 음이 아닌 함수이다. 여기서 $\langle w(t)\rangle \triangleq \lim_{T\to\infty}\frac{1}{2T}\int_{-T}^{T}w(t)dt$이다. 전력 신호의 시간평균 자기상관 함수는 $R(\tau)=\langle x(t)x(t+\tau)\rangle$로 정의된다. 위너-킨친 정리에 의하면 $S(f)$와 $R(\tau)$는 푸리에 변환쌍이다.

15. 기호 $\mathcal{H}(\cdot)$로 표시되는 선형 시스템은 중첩의 원리가 적용되는 시스템이다. 즉 $y_1=\mathcal{H}(x_1)$이고 $y_2=\mathcal{H}(x_2)$이면 $\mathcal{H}(\alpha_1x_1+\alpha_2x_2)=\alpha_1y_1+\alpha_2y_2$가 된다. 이때 x_1, x_2는 입력이고 y_1, y_2는 출력이다. (시간변수 t는 단순화를 위해 생략했다.) α_1과 α_2는 임의의 상수이다. $y(t)=\mathcal{H}[x(t)]$로 주어지고, 입력 $x(t-t_0)$에 대해서 출력이 $y(t-t_0)$이면 시스템은 고정 또는 시불변이라고 한다.

16. 선형 시불변 시스템의 임펄스 응답 $h(t)$는 $t=0$에서 입력된 임펄스에 대한 시스템의 응답이다. 즉 $h(t)=\mathcal{H}[\delta(t)]$이다. 입력 $x(t)$에 대한 선형 시불변 시스템의 출력은 $y(t)=h(t)*x(t)=\int_{-\infty}^{\infty}h(\tau)x(t-\tau)d\tau$이다.

17. **인과적인 시스템**은 입력을 미리 알 수 없는 시스템이다. 그런 시스템은 $t<0$이면 $h(t)=0$이다. **안정적인(stable) 시스템**은 유한한 입력에 대해서 출력도 유한한 시스템이다. LTI 시스템이 안정적일 필요충분조건은 $\int_{-\infty}^{\infty}|h(t)|\,dt<\infty$이다.

18. LTI 시스템의 주파수 응답 함수 $H(f)$는 $h(t)$의 푸리에 변환이다. 입력 $x(t)$에 의한 출력 $y(t)$의 푸리에 변환은 $Y(f)=H(f)X(f)$이다. 이때 $X(f)$는 입력의 푸리에 변환이다. $|H(f)|=|H(-f)|$를 시스템의 **진폭 응답**이라고 하고, $\underline{/H(f)}=-\underline{/H(-f)}$를 위상 응답이라고 한다.

19. 주기적인 입력에 대한 고정 선형 시스템 출력의 푸리에 계수는 $Y_n=H(nf_0)X_n$이다. 이때 $\{X_n\}$은 입력의 푸리에 계수이다.

20. 선형 고정 시스템의 입력과 출력 스펙트럼 밀도 간의 관계는 다음과 같다.

$$G_y(f)=|H(f)|^2\,G_x(f)\ \text{(에너지 신호)}$$
$$S_y(f)=|H(f)|^2\,S_x(f)\ \text{(전력 신호)}$$

21. 만일 진폭이 변하고 시간 지연된 것 외에 출력이 입력과 같으면, 즉 $y(t)=H_0x(t-t_0)$이면, 그 시스템을 무왜곡(distortionless)이라 한다. 무왜곡 시스템의 주파수 응답 함수는 $H(f)=H_0e^{-j2\pi ft_0}$이다. 입력 신호 주파수 대역에서 무왜곡 시스템의 진폭 응답은 $|H(f)|=H_0$이고, 위상 응답은 $\underline{/H(f)}=-2\pi t_0f$이다. 시스템이 만들 수도 있는 왜곡의 세 가지 형태는 $|H(f)|\neq$상수, $\underline{/H(f)}\neq-$상수$\times f$, 또는 시스템이 비선형인 경우이다. 선형 시스템의 두 가지 다른 중요한 성질은 그룹 지연과 위상 지연이다. 이들은 각각 다음과 같이 정의된다.

$$T_g(f)=-\frac{1}{2\pi}\frac{d\theta(f)}{df},\quad T_p(f)=-\frac{\theta(f)}{2\pi f}$$

이때 $\theta(f)$는 LTI 시스템의 위상 응답이다. 위상 무왜곡 시스템은 똑같은 그룹 지연과 위상 지연을 갖는다(상수).

22. 이상적인 필터는 비록 실제로 구현은 불가능하지만 통신 시스템을 분석할 때 편리하다. 세 가지 종류의 이상적인 필터에는 저역통과, 대역통과, 고

역통과가 있다. 이상적인 필터는 통과대역에서는 상수의 진폭 응답과 선형 위상 응답을 갖는다. 이상적인 필터의 통과대역 밖의 입력 스펙트럼 성분은 완전히 차단된다.

23. 이상적인 필터를 근사화한 필터들로는 버터워스, 체비셰프, 베셀 필터가 있다. 처음 두 개의 필터는 이상 필터의 진폭 응답을 근사화한 것이며, 마지막 필터는 이상적인 필터의 선형 위상 응답을 근사화한 것이다.

24. 펄스의 길이 T와 단측 대역폭 W는 부등식 $W \geq 1/(2T)$ 관계이다. 펄스의 상승시간 T_R과 신호의 대역폭은 대략 $W=1/(2T_R)$의 관계를 갖고 있다. 이 관계들은 저역통과의 경우에 대해서 성립한다. 대역통과 필터 및 신호들에 대해서는 필요 대역폭은 2배가 되고 상승시간은 신호의 포락선의 상승시간이 된다.

25. 표본화 정리에 의하면 대역폭이 W인 저역통과 신호에 대해서 초당 $f_s > 2W$의 비율로 표본화하고 저역통과 필터를 통과시키면 원신호를 완벽하게 복원시킬 수 있다. 임펄스로 표본화된 신호의 스펙트럼은

$$X_\delta(f) = f_s \sum_{n=-\infty}^{\infty} X(f - nf_s)$$

이다. 이때 $X(f)$는 원신호의 스펙트럼이다. 대역통과 신호는 저역통과 표본화 정리에 의해 정해진 표본화율보다 낮은 비율로 표본화할 수 있다.

26. 신호 $x(t)$의 힐버트 변환 $\hat{x}(t)$는 신호의 모든 양의 주파수 성분의 위상을 $-90°$ 위상 천이시킨 것에 해당한다. 수학적으로는

$$\hat{x}(t) = \int_{-\infty}^{\infty} \frac{x(\lambda)}{\pi(t-\lambda)} d\lambda$$

이다. 주파수 영역에서는 $\hat{X}(f) = -j \operatorname{sgn}(f) X(f)$이다. 이때 $\operatorname{sgn}(f)$는 시그넘 함수이고, $X(f)=\Im[x(t)]$, 그리고 $\hat{X}(f)=\Im[\hat{x}(t)]$이다. $\cos\omega_0 t$의 힐버트 변환은 $\sin\omega_0 t$이고, $\sin\omega_0 t$의 힐버트 변환은 $-\cos\omega_0 t$이다. 신호와 그 힐버트 변환은 같은 전력(또는 에너지)을 갖는다. 신호와 그 힐버트 변환은 $(-\infty, \infty)$ 구간에서 직교한다. 만약 $-m(t)$가 저역통과 신호이고 $c(t)$가 고역통과 신호이면서 두 신호의 스펙트럼이 겹치지 않는다면

$$\widehat{m(t)c(t)} = m(t)\hat{c}(t)$$

이다. 힐버트 변환은 해석적 신호

$$z(t) = x(t) \pm j\hat{x}(t)$$

를 정의하는 데도 사용된다. 해석적 신호의 크기 $|z(t)|$는 실수 신호 $x(t)$의 포락선이다. 해석적 신호의 푸리에 변환 $Z(f)$는 $z(t)$의 허수부에 $+$, 또는 $-$를 붙이는지에 따라서 각각 $f<0$, 또는 $f>0$에 대해 0이다.

27. 대역통과 신호의 복소 포락선 $\tilde{x}(t)$의 정의는 다음과 같다.

$$x(t) + j\hat{x}(t) = \tilde{x}(t)e^{j2\pi f_0 t}$$

여기서 f_0는 신호의 중심 주파수이다. 이와 유사하게 대역통과 신호의 임펄스 응답의 복소 포락선 $\tilde{h}(t)$는 다음과 같이 정의된다.

$$h(t) + j\hat{h}(t) = \tilde{h}(t)e^{j2\pi f_0 t}$$

그 대역통과 시스템 출력의 복소 포락선은 연산

$$\tilde{y}(t) = \tilde{h}(t) * \tilde{x}(t)$$

또는

$$\tilde{y}(t) = \Im^{-1}\left[\tilde{H}(f)\tilde{X}(f)\right]$$

로부터 구한 출력의 복소 포락선으로 구할 수 있다. 여기서 $\tilde{H}(f)$와 $\tilde{X}(f)$는 각각 $\tilde{h}(t)$와 $\tilde{x}(t)$의 푸리에 변환이다. 따라서 실제 출력은

$$y(t) = \frac{1}{2}\operatorname{Re}\left[\tilde{y}(t)e^{j2\pi f_0 t}\right]$$

이 된다.

28. 신호 시퀀스 $\{x_n\}$의 이산 푸리에 변환(DFT)은

$$X_k = \sum^{N-1} x_n e^{j2\pi nk/N} = \text{DFT}\ [\{x_n\}],\quad k = 0, 1, ..., N-1$$

로 정의되고 역이산 푸리에 변환(IDFT)은 다음과 같다.

$$x_n = \frac{1}{N}\text{DFT}\ [\{X_k^*\}]^*,\quad k = 0, 1, ..., N-1$$

DFT는 표본화된 신호의 스펙트럼을 디지털 방식으로 계산하는 데 사용되는데, 예를 들어 필터를 통과시키는 것과 같은 일반적인 푸리에 변환에 의해 수행되는 연산을 근사화하는 데 사용되기도 한다.

훈련문제

2.1 다음 신호들의 기본 주기를 구하라.

(a) $x_1(t) = 10\cos(5\pi t)$

(b) $x_2(t) = 10\cos(5\pi t) + 2\sin(7\pi t)$

(c) $x_3(t) = 10\cos(5\pi t) + 2\sin(7\pi t) + 3\cos(6.5\pi t)$

(d) $x_4(t) = \exp(j6\pi t)$

(e) $x_5(t) = \exp(j6\pi t) + \exp(-j6\pi t)$

(f) $x_6(t) = \exp(j6\pi t) + \exp(j7\pi t)$

2.2 훈련문제 2.1에 주어진 주기 신호들의 양측파대 진폭과 위상 스펙트럼을 그려라.

2.3 훈련문제 2.1에 주어진 주기 신호들의 단측파대 진폭과 위상 스펙트럼을 그려라.

2.4 다음 적분을 계산하라.

(a) $I_1 = \int_{-10}^{10} u(t)\,dt$

(b) $I_2 = \int_{-10}^{10} \delta(t-1)\,u(t)\,dt$

(c) $I_3 = \int_{-10}^{10} \delta(t+1)\,u(t)\,dt$

(d) $I_4 = \int_{-10}^{10} \delta(t-1)\,t^2 dt$

(e) $I_5 = \int_{-10}^{10} \delta(t+1)\,t^2 dt$

(f) $I_6 = \int_{-10}^{10} t^2 u(t-1)\,dt$

2.5 다음 신호들의 전력과 에너지를 구하라(0과 ∞도 가능한 답이다).

(a) $x_1(t) = 2u(t)$

(b) $x_2(t) = 3\Pi\left(\frac{t-1}{2}\right)$

(c) $x_3(t) = 2\Pi\left(\frac{t-3}{4}\right)$

(d) $x_4(t) = \cos(2\pi t)$

(e) $x_5(t) = \cos(2\pi t)\,u(t)$

(f) $x_6(t) = \cos^2(2\pi t) + \sin^2(2\pi t)$

2.6 다음이 실수 신호의 푸리에 계수인지 아닌지를 말하라(그 이유를 밝혀라).

(a) $X_1 = 1+j$, $X_{-1} = 1-j$, 다른 푸리에 계수는 모두 0이다.

(b) $X_1 = 1+j$, $X_{-1} = 2-j$, 다른 푸리에 계수는 모두 0이다.

(c) $X_1 = \exp(-j\pi/2)$, $X_{-1} = \exp(j\pi/2)$, 다른 푸리에 계수는 모두 0이다.

(d) $X_1 = \exp(j3\pi/2)$, $X_{-1} = \exp(j\pi/2)$, 다른 푸리에 계수는 모두 0이다.

(e) $X_1 = \exp(j\,3\pi/2)$, $X_{-1} = \exp(j5\pi/2)$, 다른 푸리에 계수는 모두 0이다.

2.7 푸리에 급수의 유일성에 따라서 다음 신호들의 복소 지수 푸리에 급수의 계수를 구하라.

(a) $x_1(t) = 1 + \cos(2\pi t)$

(b) $x_2(t) = 2\sin(2\pi t)$

(c) $x_3(t) = 2\cos(2\pi t) + 2\sin(2\pi t)$

(d) $x_4(t) = 2\cos(2\pi t) + 2\sin(4\pi t)$

(e) $x_5(t) = 2\cos(2\pi t) + 2\sin(4\pi t) + 3\cos(6\pi t)$

2.8 다음의 문장이 참인지 거짓인지 밝히고 그 이

유를 말하라.

(a) 삼각파는 그것의 푸리에 급수에서 홀수 항만 가진다.

(b) 펄스 열의 스펙트럼 성분은 펄스폭이 길수록 더 높은 주파수 성분을 갖는다.

(c) 전파 정류된 정현파는 정류된 원래 정현파의 절반인 기본 주파수를 갖는다.

(d) 구형파의 고조파들은 n에 따라 삼각파의 고조파보다 더 빨리 감소한다.

(e) 펄스 열의 지연은 그것의 진폭 스펙트럼에 영향을 준다.

(f) 반파 정류된 사인파와 반파 정류된 코사인파의 진폭 스펙트럼은 같다.

2.9 푸리에 변환쌍 $\Pi(t) \leftrightarrow \text{sinc}(f)$와 $\Lambda(t) \leftrightarrow \text{sinc}^2(f)$로 주어지고, 다음 신호들의 푸리에 변환을 구하기 위해 적절한 푸리에 변환 이론을 사용하라. 각 경우에 있어서 어느 이론을 사용하였는지 말하라. 신호와 변환을 그려라.

(a) $x_1(t) = \Pi(2t)$

(b) $x_2(t) = \text{sinc}^2(4t)$

(c) $x_3(t) = \Pi(2t)\cos(6\pi t)$

(d) $x_4(t) = \Lambda\left(\frac{t-3}{2}\right)$

(e) $x_5(t) = \Pi(2t) \star \Pi(2t)$

(f) $x_6(t) = \Pi(2t)\exp(j4\pi t)$

(g) $x_7(t) = \Pi\left(\frac{t}{2}\right) + \Lambda(t)$

(h) $x_8(t) = \frac{d\Lambda(t)}{dt}$

(i) $x_9(t) = \Pi\left(\frac{t}{2}\right)\Lambda(t)$

2.10 신호 $x(t) = \sum_{m=-\infty}^{\infty} \Lambda(t-3m)$의 푸리에 변환을 구하라. 신호와 변환을 그려라.

2.11 다음에 주어진 자기상관 함수들의 전력 스펙트럼 밀도를 구하라. 각 경우에 있어서 전력 스펙트럼 밀도를 적분하면 전체 평균 전력[즉 $R(0)$임]을 증명하라. 각 자기상관 함수와 그에 해당하는 전력 스펙트럼 밀도를 그려라.

(a) $R_1(\tau) = 3\Lambda(\tau/2)$

(b) $R_2(\tau) = 2\cos(4\pi\tau)$

(c) $R_3(\tau) = 2\Lambda(\tau/2)\cos(4\pi\tau)$

(d) $R_4(\tau) = \exp(-2|\tau|)$

(e) $R_5(\tau) = 1 + \cos(2\pi\tau)$

2.12 주파수 응답 함수가 $H(f) = 2/(3+j2\pi f) + 1/(2+j2\pi f)$인 시스템의 임펄스 응답을 구하라. 임펄스 응답과 진폭 및 위상 응답들을 그려라.

2.13 다음 시스템들이 (1) 안정한지, (2) 인과적인지 아닌지 말하라. 그 이유도 밝혀라.

(a) $h_1(t) = 3/(4+|t|)$

(b) $H_2(f) = 1 + j2\pi f$

(c) $H_3(f) = 1/(1+j2\pi f)$

(d) $h_4(t) = \exp(-2|t|)$

(e) $h_5(t) = [2\exp(-3t) + \exp(-2t)]\,u(t)$

2.14 다음 시스템들의 위상 및 그룹 지연을 구하라.

(a) $h_1(t) = \exp(-2t)u(t)$

(b) $H_2(f) = 1 + j2\pi f$

(c) $H_3(f) = 1/(1+j2\pi f)$

(d) $h_4(t) = 2t\exp(-3t)u(t)$

2.15 어느 필터가 다음과 같은 주파수 응답을 갖는다.

$$H(f) = \left[\Pi\left(\frac{f}{30}\right) + \Pi\left(\frac{f}{10}\right)\right]\exp\left[-j\pi f\,\Pi(f/15)/20\right]$$

입력은 $x(t) = 2\cos(2\pi f_1 t) + \cos(2\pi f_2 t)$이다. 다음과 같이 주어진 f_1과 f_2에 대하여 (1) 왜곡 없음, (2) 진폭 왜곡, (3) 위상 또는 지연 왜곡, (4) 진폭 및 위상(지연) 왜곡인지를 말하라.

(a) $f_1 = 2\text{Hz}, f_2 = 4\text{Hz}$

(b) $f_1 = 2\text{Hz}, f_2 = 6\text{Hz}$

(c) $f_1 = 2\text{Hz}, f_2 = 8\text{Hz}$

(d) $f_1 = 6\text{Hz}, f_2 = 7\text{Hz}$

(e) $f_1 = 6\text{Hz}, f_2 = 8\text{Hz}$

(f) $f_1 = 8\text{Hz}, f_2 = 16\text{Hz}$

2.16 어느 필터가 $y(t)=x(t)+x^2(t)$의 입출력 전달 특성을 갖는다. 입력이 $x(t)=\cos(2\pi f_1 t)+\cos(2\pi f_2 t)$일 때 출력에 어떤 주파수 성분이 나타나는지 말하라. 어느 항이 왜곡인가?

2.17 어느 필터가 주파수 응답 함수 $H(j2\pi f) = \dfrac{2}{-(2\pi f)^2 + j4\pi f + 1}$를 갖는다. 이것의 10%와 90% 상승시간을 구하라.

2.18 신호 $x(t)=\cos(2\pi f_1 t)$가 $f_s=9$표본/초로 표본화된다. 다음과 같은 f_1값들에 대해 표본화된 신호 스펙트럼에 존재하는 최소 주파수를 구하라.

(a) $f_1 = 2\text{Hz}$

(b) $f_1 = 4\text{Hz}$

(c) $f_1 = 6\text{Hz}$

(d) $f_1 = 8\text{Hz}$

(e) $f_1 = 10\text{Hz}$

(f) $f_1 = 12\text{Hz}$

2.19 다음 신호들의 힐버트 변환을 구하라.

(a) $x_1(t) = \cos(4\pi t)$

(b) $x_2(t) = \sin(6\pi t)$

(c) $x_3(t) = \exp(j5\pi t)$

(d) $x_4(t) = \exp(-j8\pi t)$

(e) $x_5(t) = 2\cos^2(4\pi t)$

(f) $x_6(t) = \cos(2\pi t)\cos(10\pi t)$

(g) $x_7(t) = 2\sin(4\pi t)\cos(4\pi t)$

2.20 $f_0=6\text{Hz}$일 때 신호 $x(t)=\cos(10\pi t)$의 해석적 신호와 복소 포락선을 구하라.

연습문제

2.1절

2.1 다음 신호의 단측파대, 양측파대 진폭 및 위상 스펙트럼을 그려라.

(a) $x_1(t) = 10\cos(4\pi t + \pi/8) + 6\sin(8\pi t + 3\pi/4)$

(b) $x_2(t) = 8\cos(2\pi t + \pi/3) + 4\cos(6\pi t + \pi/4)$

(c) $x_3(t) = 2\sin(4\pi t + \pi/8) + 12\sin(10\pi t)$

(d) $x_4(t) = 2\cos(7\pi t + \pi/4) + 3\sin(18\pi t + \pi/2)$

(e) $x_5(t) = 5\sin(2\pi t) + 4\cos(5\pi t + \pi/4)$

(f) $x_6(t) = 3\cos(4\pi t + \pi/8) + 4\sin(10\pi t + \pi/6)$

2.2 그림 2.33에 있는 양측파대 진폭 및 위상 스펙트럼을 갖는 신호가 있다. 이 신호를 시간 영역의 함수로 표기하라.

2.3 둘 또는 그 이상의 정현파의 합은 그들의 주파

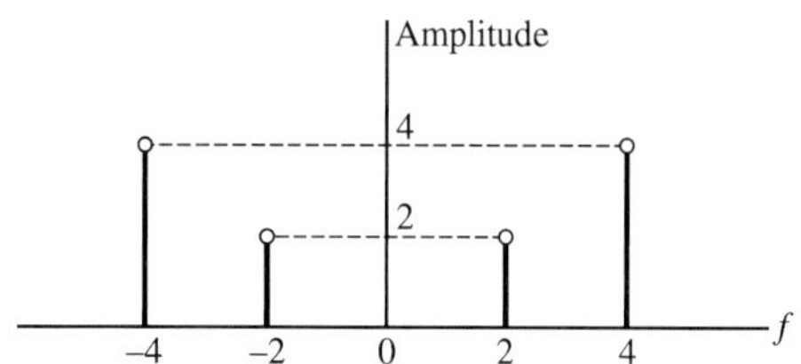

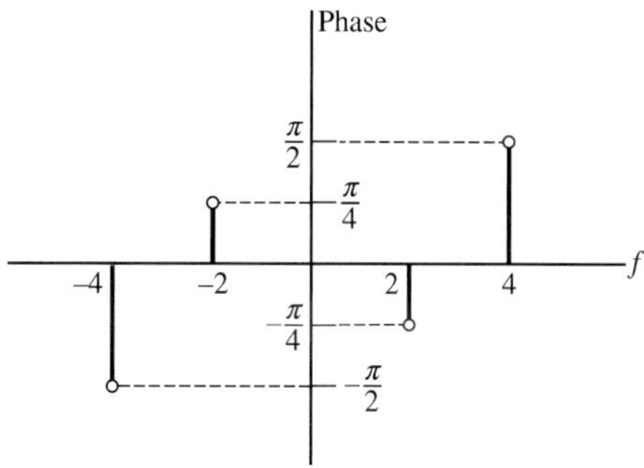

그림 2.33

수 간격에 따라 주기적 또는 비주기적이다. 각 두 개의 정현파의 주파수를 각각 f_1과 f_2라 하자. 두 신호의 합이 주기적이기 위해서는 f_1과 f_2의 비가 유리수로 표시되어야 한다. 즉 각 주파수가 f_0의 정수배로 표시되어야 한다. 따라서 만약 f_0가

$$f_1 = n_1 f_0,\ \ f_2 = n_2 f_0$$

를 만족하는 최대의 수라면 f_0는 기본 주파수이다. 다음의 신호들 중 어떤 신호가 주기 신호인가? 주기적인 신호의 주기를 구하라.

(a) $x_1(t) = 2\cos(2t) + 4\sin(6\pi t)$

(b) $x_2(t) = \cos(6\pi t) + 7\cos(30\pi t)$

(c) $x_3(t) = \cos(4\pi t) + 9\sin(21\pi t)$

(d) $x_4(t) = 3\sin(4\pi t) + 5\cos(7\pi t) + 6\sin(11\pi t)$

(e) $x_5(t) = \cos(17\pi t) + 5\cos(18\pi t)$

(f) $x_6(t) = \cos(2\pi t) + 7\sin(3\pi t)$

(g) $x_7(t) = 4\cos(7\pi t) + 5\cos(11\pi t)$

(h) $x_8(t) = \cos(120\pi t) + 3\cos(377t)$

(i) $x_9(t) = \cos(19\pi t) + 2\sin(21\pi t)$

(j) $x_{10}(t) = 5\cos(6\pi t) + 6\sin(7\pi t)$

2.4 다음 신호의 단측과 양측파대 진폭 스펙트럼 및 위상 스펙트럼을 그려라.

(a) $x_1(t) = 5\cos(12\pi t - \pi/6)$

(b) $x_2(t) = 3\sin(12\pi t) + 4\cos(16\pi t)$

(c) $x_3(t) = 4\cos(8\pi t)\cos(12\pi t)$

(힌트 : 적절한 삼각 항등식을 이용하라.)

(d) $x_4(t) = 8\sin(2\pi t)\cos^2(5\pi t)$

(힌트 : 적절한 삼각 항등식을 이용하라.)

(e) $x_5(t) = \cos(6\pi t) + 7\cos(30\pi t)$

(f) $x_6(t) = \cos(4\pi t) + 9\sin(21\pi t)$

(g) $x_7(t) = 2\cos(4\pi t) + \cos(6\pi t) + 6\sin(17\pi t)$

2.5 (a) 그림 2.4(b)에 있는 함수 $\delta_\epsilon(t)$가 단위 면적을 갖고 있음을 보여라.

(b) 다음 함수가 단위 면적을 갖고 있음을 보여라.

$$\delta_\epsilon(t) = \epsilon^{-1} e^{-t/\epsilon} u(t)$$

$\epsilon=1,\ \frac{1}{2}$ 그리고 $\frac{1}{4}$에 대해서 함수를 그려라. 단위 임펄스 함수를 근사화하는 데 적합한지 설명하라.

(c) $\epsilon \to 0$에 따른 단위 임펄스 함수의 적절한 근사화가 다음과 같이 주어짐을 보여라.

$$\delta_\epsilon(t) = \begin{cases} \epsilon^{-1}(1 - |t|/\epsilon), & |t| \le \epsilon \\ 0, & \text{otherwise} \end{cases}$$

2.6 식 (2.14)로 주어진 단위 임펄스 함수의 성질을 이용하여 다음을 계산하라.

(a) $\int_{-\infty}^{\infty} [t^2 + \exp(-2t)]\delta(2t-5)\,dt$

(b) $\int_{-10^-}^{10^+} (t^2+1)\left[\sum_{n=-\infty}^{\infty} \delta(t-5n)\right] dt$

(주의 : 10^+는 10의 바로 오른쪽을 의미하고, -10^-은 -10의 바로 왼쪽을 의미한다.)

(c) $10\delta(t) + A\frac{d\delta(t)}{dt} + 3\frac{d^2\delta(t)}{dt^2} = B\delta(t) + 5\frac{d\delta(t)}{dt} + C\frac{d^2\delta(t)}{dt^2}$에서 A, B, C를 구하라.

(d) $\int_{-2}^{11} [e^{-4\pi t} + \tan(10\pi t)]\delta(4t+3)\,dt$

(e) $\int_{-\infty}^{\infty} [\cos(5\pi t) + e^{-3t}]\frac{d\delta^2(t-2)}{dt^2}\,dt$

2.7 다음 신호들 중 어떤 것이 주기 신호이고 어떤 것이 비주기 신호인가? 주기 신호의 주기를 구하라. 모든 신호의 그림을 그려라.

(a) $x_a(t) = \cos(5\pi t) + \sin(7\pi t)$

(b) $x_b(t) = \sum_{n=0}^{\infty} \Lambda(t-2n)$

(c) $x_c(t) = \sum_{n=-\infty}^{\infty} \Lambda(t-2n)$

(d) $x_d(t) = \sin(3t) + \cos(2\pi t)$

(e) $x_e(t) = \sum_{n=-\infty}^{\infty} \Pi(t-3n)$

(f) $x_f(t) = \sum_{n=0}^{\infty} \Pi(t-3n)$

2.8 신호 $x(t) = \cos(6\pi t) + 2\sin(10\pi t)$를 다음으로 표시하라.

(a) 회전 페이저 합의 실수부

(b) 회전 페이저의 합 더하기 그 켤레 복소수

(c) (a)와 (b)의 결과로부터의 진폭과 위상의 단측파대 및 양측파대 스펙트럼을 그려라.

2.2절

2.9 다음에 주어진 신호들 중 전력 신호에 대해서는 정규화된 전력을, 에너지 신호에 대해서는 정규화된 에너지를 구하라. 전력 신호도 에너지 신호도 아닌 신호를 찾아라. 각 신호를 그려라(α는 양의 상수이다).

(a) $x_1(t) = 2\cos(4\pi t + 2\pi/3)$

(b) $x_2(t) = e^{-\alpha t}u(t)$

(c) $x_3(t) = e^{\alpha t}u(-t)$

(d) $x_4(t) = \left(\alpha^2 + t^2\right)^{-1/2}$

(e) $x_5(t) = e^{-\alpha|t|}$

(f) $x_6(t) = e^{-\alpha t}u(t) - e^{-\alpha(t-1)}u(t-1)$

2.10 다음의 신호들에 대해서 각각 에너지 E 또는 전력 P를 구하고, 에너지 신호나 전력 신호로 분류하라(A, B, θ, ω, τ는 양의 상수이다).

(a) $x_1(t) = A|\sin(\omega t + \theta)|$

(b) $x_2(t) = A\tau/\sqrt{\tau + jt},\ j = \sqrt{-1}$

(c) $x_3(t) = Ate^{-t/\tau}u(t)$

(d) $x_4(t) = \Pi(t/\tau) + \Pi(t/2\tau)$

(e) $x_5(t) = \Pi(t/2) + \Lambda(t)$

(f) $x_6(t) = A\cos(\omega t) + B\sin(2\omega t)$

2.11 다음의 주기 신호들의 전력을 구하라. 각 경우에 대해 신호를 그리고 주기를 구하라.

(a) $x_1(t) = 2\cos(4\pi t - \pi/3)$

(b) $x_2(t) = \sum_{n=-\infty}^{\infty} 3\Pi\left(\frac{t-4n}{2}\right)$

(c) $x_3(t) = \sum_{n=-\infty}^{\infty} \Lambda\left(\frac{t-6n}{2}\right)$

(d) $x_4(t) = \sum_{n=-\infty}^{\infty} \left[\Lambda(t-4n) + \Pi\left(\frac{t-4n}{2}\right)\right]$

2.12 다음의 각 신호들에 대해서 정규화된 에너지와 전력을 구하라. 어느 것이 전력 신호이고 어느 것이 에너지 신호인지, 혹은 둘 다 아닌지 밝혀라. (참고 : 0과 ∞도 가능한 답이다.)

(a) $x_1(t) = 6e^{(-3+j4\pi)t}u(t)$

(b) $x_2(t) = \Pi[(t-3)/2] + \Pi(\frac{t-3}{6})$

(c) $x_3(t) = 7e^{j6\pi t}u(t)$

(d) $x_4(t) = 2\cos(4\pi t)$

(e) $x_5(t) = |t|$

(f) $x_6(t) = t^{-1/2}u(t-1)$

2.13 다음 신호들이 에너지 신호임을 증명하고 각 신호를 그려라.

(a) $x_1(t) = \Pi(t/12)\cos(6\pi t)$

(b) $x_2(t) = e^{-|t|/3}$

(c) $x_3(t) = 2u(t) - 2u(t-8)$

(d) $x_4(t) = \int_{-\infty}^{t} u(\lambda)\,d\lambda - 2\int_{-\infty}^{t-10} u(\lambda)\,d\lambda + \int_{-\infty}^{t-20} u(\lambda)\,d\lambda$

(힌트 : 계단 함수의 부정적분이 무엇인지를 먼저 생각하라.)

2.14 다음 신호들의 에너지와 전력을 구하라. (참고 : 0과 ∞도 가능한 답이다.) 어느 것이 전력 신호이고 어느 것이 에너지 신호인지 밝혀라.

(a) $x_1(t) = \cos(10\pi t)u(t)u(2-t)$

(b) $x_2(t) = \sum_{n=-\infty}^{\infty} \Lambda\left(\frac{t-3n}{2}\right)$

(c) $x_3(t) = e^{-|t|}\cos(2\pi t)$

(d) $x_4(t) = \Pi\left(\frac{t}{2}\right) + \Lambda(t)$

2.3절

2.15 푸리에 급수의 유일성을 이용해서 다음 신호들의 지수 푸리에 급수를 구하라(f_0는 임의의 주파수이다).

(a) $x_1(t) = \sin^2(2\pi f_0 t)$

(b) $x_2(t) = \cos(2\pi f_0 t) + \sin(4\pi f_0 t)$

(c) $x_3(t) = \sin(4\pi f_0 t)\cos(4\pi f_0 t)$

(d) $x_4(t) = \cos^3(2\pi f_0 t)$

(e) $x_5(t) = \sin(2\pi f_0 t)\cos^2(4\pi f_0 t)$

(f) $x_6(t) = \sin^2(3\pi f_0 t)\cos(5\pi f_0 t)$

(힌트 : 절한 삼각 항등식과 오일러 정리를 이용하라.)

2.16 구간 $|t| \leq 2$에 대해서 신호 $x(t)=2t^2$을 복소 지수 푸리에 급수로 전개하라. 푸리에 급수가 모든 시간 t에 대해서 수렴하는 신호를 그려라.

2.17 만일 $X_n = |X_n| \exp[j\underline{/X_n}]$이 실수 신호 $x(t)$의 푸리에 계수라면, 다음을 증명하기 위한 모든 과정을 설명하라.

(a) $|X_n| = |X_{-n}|$이고 $\underline{/X_n} = -\underline{/X_{-n}}$이다.

(b) 우함수 $x(t)$에 대해서 X_n은 n의 실수 우함수이다.

(c) 기함수 $x(t)$에 대해서 X_n은 n의 허수 기함수이다.

(d) $x(t) = -x(t+T_0/2)$(반파 기함수 대칭)은 짝수 n에 대해서 $X_n=0$을 의미한다.

2.18 표 2.1에 주어진 (a) 펄스 열, (b) 반파 정류된 정현파, (c) 전파 정류된 정현파, (d) 삼각파에 대해서 복소 지수 푸리에 급수의 계수들을 구하라.

2.19 다음 경우들의 각각에 대한 총전력과 $|nf_0| \leq \tau^{-1}$일 때 펄스 열에 포함된 전력의 비를 구하라.

(a) $\tau/T_0 = \frac{1}{2}$

(b) $\tau/T_0 = \frac{1}{5}$

(c) $\tau/T_0 = \frac{1}{10}$

(d) $\tau/T_0 = \frac{1}{20}$

(힌트 : 스펙트럼은 $f=0$에 대하여 우함수임을 기억하면 일을 줄일 수 있다.)

2.20

(a) 만일 $x(t)$가 푸리에 급수

$$x(t) = \sum_{n=-\infty}^{\infty} X_n e^{j2\pi n f_0 t}$$

이고 $y(t) = x(t-t_0)$이면

$$Y_n = X_n e^{-j2\pi n f_0 t_0}$$

임을 보여라. 여기서 Y_n은 $y(t)$의 푸리에 계수이다.

(b) $x(t) = \cos(\omega_0 t)$와 $y(t) = \sin(\omega_0 t)$의 푸리에 계수를 구해서 (a)의 결과를 검증하라.

(힌트 : 어느 정도의 지연 t_0가 코사인을 사인으로 바꾸는가? 해당하는 푸리에 계수를 적기 위해 유일성을 이용하라.)

2.21 주기 사각파와 삼각파의 푸리에 급수 전개를 이용해서 다음 급수들의 합을 구하라.

(a) $1 - \frac{1}{3} + \frac{1}{5} - \frac{1}{7} + \cdots$

(b) $1 + \frac{1}{9} + \frac{1}{25} + \frac{1}{49} + \cdots$

(힌트 : 각각에 대해 푸리에 급수를 적고 적절히 선택한 t값에 대해 계산하라.)

2.22 펄스 열의 푸리에 계수에 대한 표 2.1의 결과를 이용해서 그림 2.34에 있는 파형의 양측파대 진폭 및 위상 스펙트럼을 그려라.

(힌트 : $x_b(t) = -x_a(t) + A$임을 유의하라. 파형의 스펙트럼에서 부호 변화와 직류 레벨의 천이가 어떻게 나타나는가?)

2.23

(a) 그림 2.35(a)에 있는 사각파의 단측파대 및 양측파대 진폭 스펙트럼과 위상 스펙트럼을 그려라.

(b) 그림 2.35(b)에 나타난 삼각 파형의 복소 지수 푸리에 급수 계수와 그림 2.35(a)에 나타난 $x_a(t)$의 복소 지수 푸리에 급수 계수를 연관시키는 수식을 구하라.

(힌트 : $x_a(t) = K[dx_b(t)/dt]$임을 주지하고 여기서 K는 적절한 배율 변화이다.)

(c) $x_b(t)$의 양측파대 진폭 및 위상 스펙트럼을 그려라.

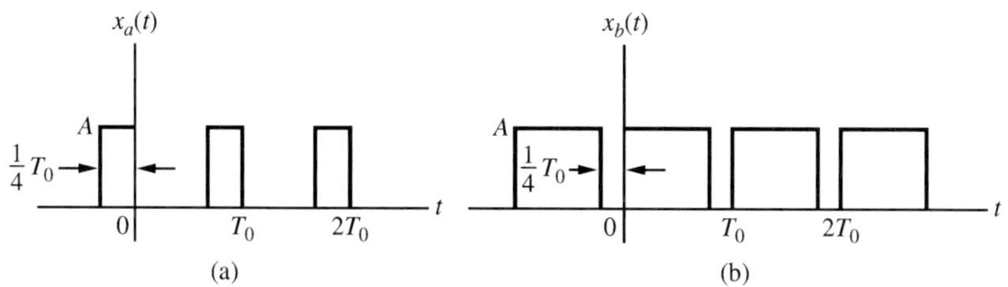

그림 2.34

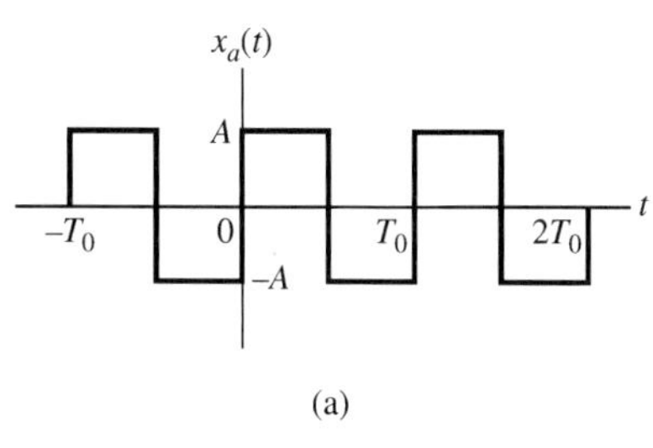

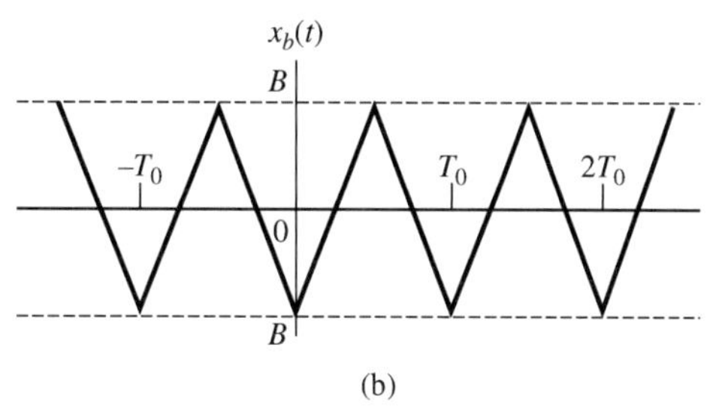

그림 2.35

2.4절

2.24 다음에 주어진 신호들의 그림을 그리고, 각각의 푸리에 변환을 구하라. 각 신호의 진폭 및 위상 스펙트럼을 그려라(A와 τ는 양의 상수이다).

(a) $x_1(t) = A\exp(-t/\tau)u(t)$

(b) $x_2(t) = A\exp(t/\tau)u(-t)$

(c) $x_3(t) = x_1(t) - x_2(t)$

(d) $x_4(t) = x_1(t) + x_2(t)$. 푸리에 변환 테이블에서 찾은 답과 비교해보았는가?

(e) $x_5(t) = x_1(t-5)$

(f) $x_6(t) = x_1(t) - x_1(t-5)$

2.25

(a) $x(t) = \exp(-\alpha t)u(t) - \exp(\alpha t)u(-t)$의 푸리에 변환을 이용해서

$$\mathrm{sgn}(t) = \begin{cases} 1, & t > 0 \\ -1, & t < 0 \end{cases}$$

로 정의되는 시그넘 함수의 푸리에 변환을 구하라. 여기서 $\alpha > 0$이다.

(힌트 : 구한 푸리에 변환에 대하여 $\alpha \to 0$으로 극한을 취한다.)

(b) 앞의 결과와 $u(t) = \frac{1}{2}[\mathrm{sgn}(t) + 1]$을 이용해서 단위 계단 함수의 푸리에 변환을 구하라.

(c) 적분 정리와 단위 임펄스 함수의 푸리에 변환을 이용해서 단위 계단 함수의 푸리에 변환을 구하라. (b)의 결과와 비교하라.

2.26 단위 임펄스 함수의 푸리에 변환과 미분 정리를 사용해서 그림 2.36에 있는 신호들의 푸리에 변환을 구하라.

2.27

(a) 그림 2.36의 신호들을 두 지연된 삼각 함수의 선형 조합으로 적어라. 즉 $x_a(t) = a_1\Lambda((t-t_1)/T_1) + a_2\Lambda((t-t_2)/T_2)$로 적는 데 적절한 a_1, a_2, t_1, t_2, T_1, T_2의 값을 구하라. 그림 2.36에 보이는 네 신호 모두에 대하여 비슷한 표현을 하라.

(b) 푸리에 변환쌍 $\Lambda(t) \leftrightarrow \mathrm{sinc}^2(f)$가 주어지면 중첩, 크기 변환, 시간 지연 정리들을 이용하여 그들의 푸리에 변환을 구하라. 연습문제 2.26에서 얻은 답과 여러분의 결과를 비교하라.

2.28

(a) $\Pi(t) \leftrightarrow \mathrm{sinc}(f)$가 주어지면 주파수 변환 후 시간

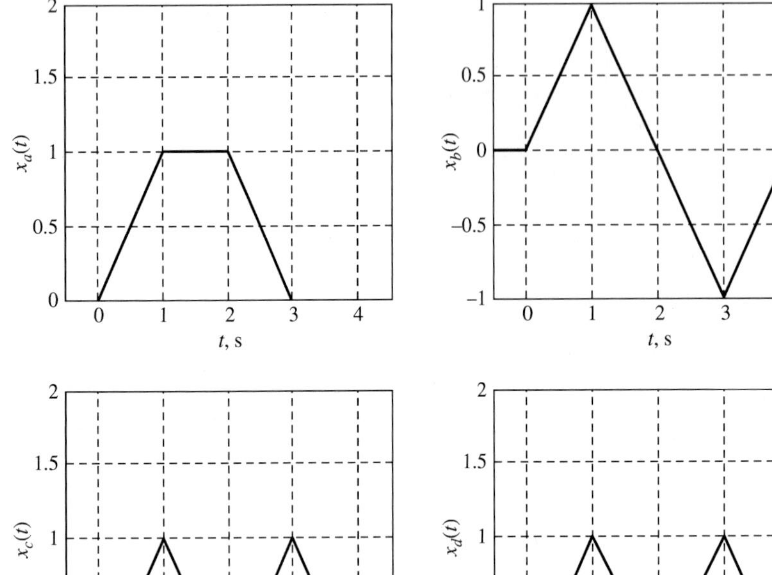

그림 2.36

지연 정리를 사용하여 다음 신호들의 푸리에 변환을 구하라.

(i) $x_1(t) = \Pi(t-1)\exp[j4\pi(t-1)]$

(ii) $x_2(t) = \Pi(t+1)\exp[j4\pi(t+1)]$

(b) 위를 반복하는데 이제는 시간 지연 후 주파수 변환 정리를 사용하라.

2.29 적절한 정리를 적용하고 연습문제 2.28에서 정의된 신호들을 사용하여 다음 신호들의 푸리에 변환을 구하라.

(a) $x_a(t) = \frac{1}{2}x_1(t) + \frac{1}{2}x_1(-t)$

(b) $x_b(t) = \frac{1}{2}x_2(t) + \frac{1}{2}x_2(-t)$

2.30 변환쌍 $\Pi(t) \leftrightarrow \text{sinc}(f)$, $\text{sinc}(t) \leftrightarrow \Pi(f)$, $\Lambda(t) \leftrightarrow \text{sinc}^2(f)$, $\text{sinc}^2(t) \leftrightarrow \Lambda(f)$와 함께 중첩, 크기 변환, 위상 지연 정리 등을 이용하여 다음의 푸리에 변환을 구하라.

(a) $x_1(t) = \Pi\left(\frac{t-1}{2}\right)$

(b) $x_2(t) = 2\,\text{sinc}[2(t-1)]$

(c) $x_3(t) = \Lambda\left(\frac{t-2}{8}\right)$

(d) $x_4(t) = \text{sinc}^2\left(\frac{t-3}{4}\right)$

(e) $x_5(t) = 5\,\text{sinc}[2(t-1)] + 5\,\text{sinc}[2(t+1)]$

(f) $x_6(t) = 2\Lambda\left(\frac{t-2}{8}\right) + 2\Lambda\left(\frac{t+2}{8}\right)$

2.31 실제로 계산하는 과정 없이 적절한 그림들을 이용하여 다음에 주어진 각 신호의 푸리에 변환이 실수, 순허수 또는 어느 것도 아닌지 등을 밝혀라. 또한 우함수, 기함수 또는 어느 것도 아닌지도 밝혀라. 그리고 각 경우에 대하여 그 이유를 설명하라.

(a) $x_1(t) = \Pi(t+1/2) - \Pi(t-1/2)$

(b) $x_2(t) = \Pi(t/2) + \Pi(t)$

(c) $x_3(t) = \sin(2\pi t)\Pi(t)$

(d) $x_4(t) = \sin(2\pi t + \pi/4)\Pi(t)$

(e) $x_5(t) = \cos(2\pi t)\Pi(t)$

(f) $x_6(t) = 1/\left[1 + (t/5)^4\right]$

2.32 포아송 합 공식을 사용하여 다음 신호의 푸리에 급수를 구하라.

$$x(t) = \sum_{m=-\infty}^{\infty} \Pi\left(\frac{t-4m}{2}\right)$$

2.33 다음 신호들의 에너지 스펙트럼 밀도를 구하고 그려라. 그래프의 단위를 완전히 표시하라. 적절한 푸리에 변환쌍과 정리들을 이용하라.

(a) $x_1(t) = 10e^{-5t}u(t)$

(b) $x_2(t) = 10\ \mathrm{sinc}\ (2t)$

(c) $x_3(t) = 3\Pi(2t)$

(d) $x_4(t) = 3\Pi(2t)\cos(10\pi t)$

2.34 레일리의 에너지 정리(푸리에 변환에 대한 파시발의 정리)를 이용해서 다음 적분값들을 계산하라.

(a) $I_1 = \int_{-\infty}^{\infty} \frac{df}{\alpha^2+(2\pi f)^2}$

[힌트 : $\exp(-\alpha t)u(t)$의 푸리에 변환을 생각해보라.]

(b) $I_2 = \int_{-\infty}^{\infty} \mathrm{sinc}^2(\tau f)\, df$

(c) $I_3 = \int_{-\infty}^{\infty} \frac{df}{\left[\alpha^2+(2\pi f)^2\right]^2}$

(d) $I_4 = \int_{-\infty}^{\infty} \mathrm{sinc}^4(\tau f)\, df$

2.35 다음 신호들의 컨벌루션을 구하고 그려라.

(a) $y_1(t)=e^{-\alpha t}u(t) * \Pi(t-\tau)$, 여기서 α와 τ는 상수이다.

(b) $y_2(t)=[\Pi(t/2)+\Pi(t)] * \Pi(t)$

(c) $y_3(t)=e^{-\alpha|t|} * \Pi(t),\ \alpha>0$

(d) $y_4(t)=x(t) * u(t)$, 여기서 $x(t)$는 임의의 에너지 신호이다[그림을 그리기 위해서는 특정한 $x(t)$를 가정해야 할 것이나 그 전에 일반적인 결과를 구하라].

2.36 다음의 스펙트럼에 해당하는 신호를 구하라. 적절한 푸리에 변환 이론을 사용하라.

(a) $X_1(f) = 2\cos(2\pi f)\Pi(f)\exp(-j4\pi f)$

(b) $X_2(f) = \Lambda(f/2)\exp(-j5\pi f)$

(c) $X_3(f) = \left[\Pi\left(\frac{f+4}{2}\right) + \Pi\left(\frac{f-4}{2}\right)\right]\exp(-j8\pi f)$

2.37 다음 신호들에 대해서 대역폭 $|f| \le W$ 밖의 에너지 스펙트럼 성분은 이상적인 필터에 의해 제거되고 대역 내의 모든 에너지 스펙트럼 성분은 유지된다고 가정하자. 각각의 경우에 대해서 총에너지 대 출력 에너지의 비를 구하라(α, β, τ는 양의 상수이다).

(a) $x_1(t) = e^{-\alpha t}u(t)$

(b) $x_2(t) = \Pi(t/\tau)$ (수식적인 적분이 필요하다.)

(c) $x_3(t) = e^{-\alpha t}u(t) - e^{-\beta t}u(t)$

2.38

(a) 다음 코사인 펄스의 푸리에 변환을 구하라.

$$x(t) = A\Pi\left(\frac{2t}{T_0}\right)\cos(\omega_0 t)$$

여기서 $\omega_0 = \frac{2\pi}{T_0}$ 결과를 싱크 함수들의 합으로 나타내라. $x(t)$와 $X(f)$를 그리는 MATLAB을 구하라[$X(f)$는 우함수이다].

(b) 상승 코사인 펄스(raised cosine pulse)

$$y(t) = \frac{1}{2}A\Pi\left(\frac{2t}{T_0}\right)\left[1 + \cos(2\omega_0 t)\right]$$

의 푸리에 변환을 구하라. $y(t)$와 $Y(f)$를 그리는 MATLAB을 구하라[$Y(f)$는 우함수이다]. (a)와 비교하라.

(c) 식 (2.134)와 (a)의 결과를 이용해서 반파 정류된 코사인파의 푸리에 변환을 구하라.

2.39 다음 시간 함수들의 그림을 그리고 그들의 푸리에 변환을 구하라. 어느 푸리에 변환이 f에 대해 실수이고 우함수인지 말하고 어느 것이 허수이고 기함수인지 말하라.

(a) $x_1(t) = \Lambda\left(\frac{t}{2}\right) + \Pi\left(\frac{t}{2}\right)$

(b) $x_2(t) = \Pi\left(\frac{t}{2}\right) - \Lambda(t)$

(c) $x_3(t) = \Pi\left(t + \frac{1}{2}\right) - \Pi\left(t - \frac{1}{2}\right)$

(d) $x_4(t) = \Lambda(t-1) - \Lambda(t+1)$

(e) $x_5(t) = \Lambda(t)\text{sgn}(t)$

(f) $x_6(t) = \Lambda(t)\cos(2\pi t)$

2.5절

2.40

(a) $x(t)=3+6\cos(20\pi t)+3\sin(20\pi t)$의 시간평균 자기상관 함수를 구하라.

(힌트 : 코사인과 사인 항을 어떤 위상각을 갖는 하나의 코사인으로 묶어라.)

(b) (a)의 신호의 전력 스펙트럼 밀도를 구하라. 전체 평균 전력은 얼마인가?

2.41 다음 신호들의 전력 스펙트럼 밀도와 평균 전력을 구하라.

(a) $x_1(t) = 2\cos(20\pi t + \pi/3)$

(b) $x_2(t) = 3\sin(30\pi t)$

(c) $x_3(t) = 5\sin(10\pi t - \pi/6)$

(d) $x_4(t) = 3\sin(30\pi t) + 5\sin(10\pi t - \pi/6)$

2.42 다음의 전력 스펙트럼 밀도를 갖는 신호의 자기상관 함수를 구하라. 또한 그들의 평균 전력을 구하라.

(a) $S_1(f) = 4\delta(f-15) + 4\delta(f+15)$

(b) $S_2(f) = 9\delta(f-20) + 9\delta(f+20)$

(c) $S_3(f) = 16\delta(f-5) + 16\delta(f+5)$

(d) $S_4(f) = 9\delta(f-20) + 9\delta(f+20) + 16\delta(f-5) + 16\delta(f+5)$

2.43 자기상관 함수의 성질들을 적용하여 다음이 자기상관 함수가 맞는지 결정하라. 각 경우에 대하여 그 이유를 밝혀라.

(a) $R_1(\tau) = 2\cos(10\pi\tau) + \cos(30\pi\tau)$

(b) $R_2(\tau) = 1 + 3\cos(30\pi\tau)$

(c) $R_3(\tau) = 3\cos(20\pi\tau + \pi/3)$

(d) $R_4(\tau) = 4\Lambda(\tau/2)$

(e) $R_5(\tau) = 3\Pi(\tau/6)$

(f) $R_6(\tau) = 2\sin(10\pi\tau)$

2.44 다음 신호에 해당하는 자기상관 함수를 구하라.

(a) $x_1(t) = 2\cos(10\pi t + \pi/3)$

(b) $x_2(t) = 2\sin(10\pi t + \pi/3)$

(c) $x_3(t) = \text{Re}\left[3\exp(j10\pi t) + 4j\exp(j10\pi t)\right]$

(d) $x_4(t) = x_1(t) + x_2(t)$

2.45 예제 2.20의 $R(\tau)$는 거기에 있는 푸리에 변환 $S(f)$를 갖는 것을 보여라. 전력 스펙트럼 밀도를 그려라.

2.6절

2.46 어떤 시스템이 다음의 미분식에 의해 표현된다(a, b, c는 음이 아닌 상수이다).

$$\frac{dy(t)}{dt} + ay(t) = b\frac{dx(t)}{dt} + cx(t)$$

(a) $H(f)$를 구하라.

(b) $c=0$일 때 $|H(f)|$와 $\underline{/H(f)}$를 구하고 그려라.

(c) b=0일 때 $|\text{H}(f)|$와 $\underline{/H(f)}$를 구하고 그려라.

2.47 다음 전달 함수 각각에 대해서 시스템의 단위 임펄스 응답을 구하라.

(a) $H_1(f) = \dfrac{1}{7 + j2\pi f}$

(b) $H_2(f) = \dfrac{j2\pi f}{7 + j2\pi f}$

(힌트 : 나누기를 먼저 하라.)

(c) $H_3(f) = \dfrac{e^{-j6\pi f}}{7 + j2\pi f}$

(d) $H_4(f) = \dfrac{1 - e^{-j6\pi f}}{7 + j2\pi f}$

2.48 필터의 주파수 응답 함수가 $H(f)=\Pi(f/2B)$이고 입력이 $x(t)=2W\text{sinc}(2Wt)$이다.

(a) $W<B$일 때의 출력 $y(t)$를 구하라.

(b) $W>B$일 때의 출력 $y(t)$를 구하라.

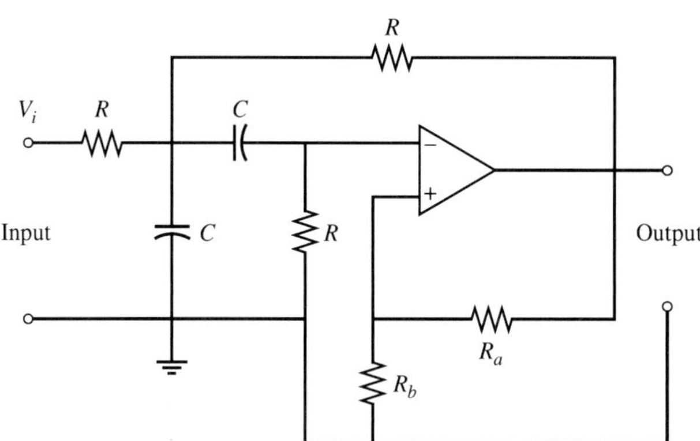

그림 2.37

(c) 어떤 경우에 출력에 왜곡이 생기는가? 이유를 설명하라.

2.49 그림 2.37은 대역통과 샐렌-키(Sallen-Key) 회로라고 알려진 2차 능동 대역통과 필터(BPF)이다.

(a) 이 필터의 주파수 응답 함수가 다음과 같음을 보여라.

$$H(j\omega) = \frac{\left(K\omega_0/\sqrt{2}\right)(j\omega)}{-\omega^2 + \left(\omega_0/Q\right)(j\omega) + \omega_0^2}, \quad \omega = 2\pi f$$

단,

$$\omega_0 = \sqrt{2}(RC)^{-1}$$

$$Q = \frac{\sqrt{2}}{4-K}$$

$$K = 1 + \frac{R_a}{R_b}$$

(b) $|H(f)|$를 그려라.

(c) 필터의 3dB 대역폭이 $B = f_0/Q$임을 보여라. 이때 $f_0 = \omega_0/2\pi$이다.

(d) 이 회로를 이용해서 중심 주파수가 $f_0 = 1000$Hz이고 3dB 대역폭이 300Hz인 필터를 설계하라. 이 설계 조건을 만족하는 R_a, R_b, R, C를 구하라.

2.50 그림 2.38에 있는 두 회로의 $H(f)$와 $h(t)$를 구하라. 진폭 응답과 위상 응답을 정확하게 그려라. 데시벨 단위로 진폭 응답을 그려라. 주파수축은 로그를 사용하라.

2.51 페일리-위너 기준을 이용해서

$$|H(f)| = \exp(-\beta f^2)$$

는 인과적 LTI 시스템에 적합한 진폭 응답이 아님을 보여라.

2.52 임펄스 응답이 다음과 같이 주어진 필터가 BIBO 안정인지 아닌지를 판별하라. α와 f_0는 양의 상수이다.

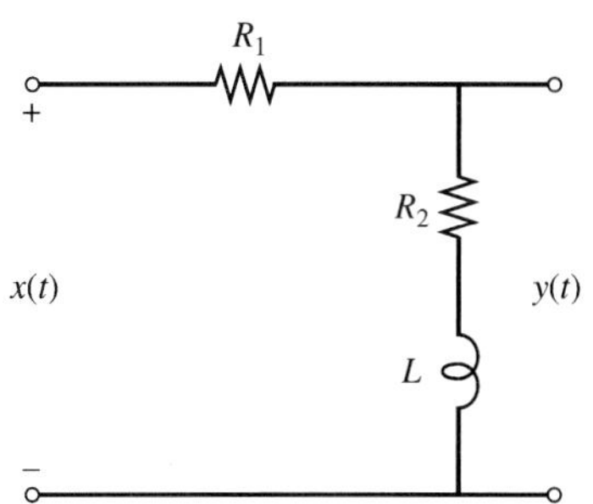

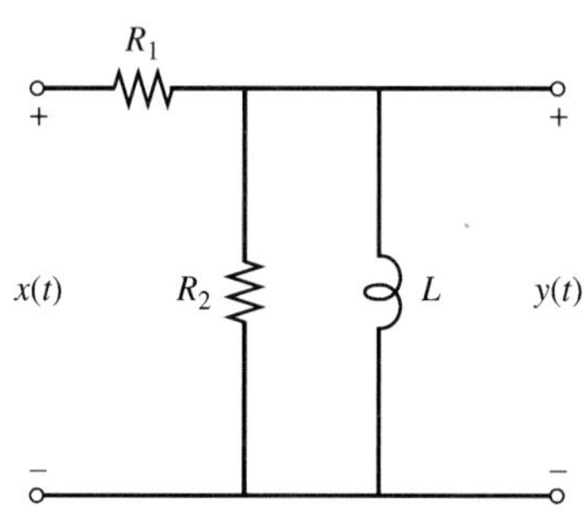

그림 2.38

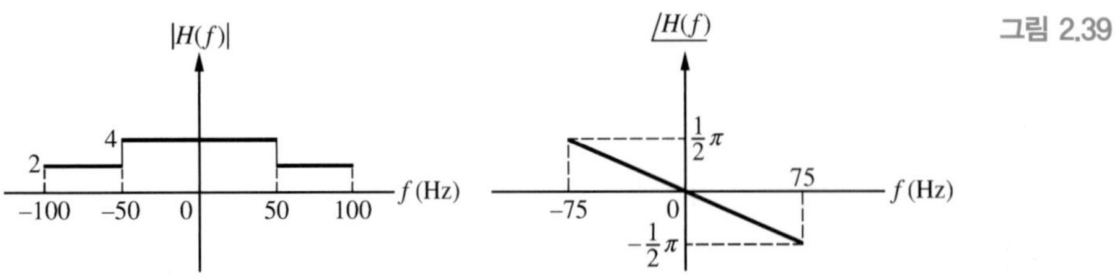

그림 2.39

(a) $h_1(t) = \exp(-\alpha|t|)\cos(2\pi f_0 t)$

(b) $h_2(t) = \cos(2\pi f_0 t)\, u(t)$

(c) $h_3(t) = t^{-1}u(t-1)$

(d) $h_4(t) = e^{-t}u(t) - e^{-(t-1)}u(t-1)$

(e) $h_5(t) = t^{-2}u(t-1)$

(f) $h_6(t) = \text{sinc}(2t)$

2.53 필터의 주파수 응답 함수가

$$H(f) = \frac{5}{4 + j(2\pi f)}$$

이고, 입력이 $x(t) = e^{-3t}u(t)$일 때, 입력과 출력의 에너지 스펙트럼 밀도를 구하고 정확하게 그려라.

2.54 주파수 응답 함수가

$$H(f) = 3\Pi\left(\frac{f}{62}\right)$$

인 필터가 기본 주파수가 10Hz인 반파 정류된 코사인 파형을 입력으로 갖는다. 필터의 출력에 대해 해석적 표현을 구하라. MATLAB을 사용하여 출력을 그려라.

2.55 신호에 대한 대역폭의 또 다른 정의는 90% 에너지 대역폭이다. 신호의 에너지 스펙트럼 밀도가 $G(f) = |X(f)|^2$일 때 B_{90}의 관계는 다음과 같다.

$$0.9E_{\text{Total}} = \int_{-B_{90}}^{B_{90}} G(f)\,df = 2\int_0^{B_{90}} G(f)\,df,$$

$$E_{\text{Total}} = \int_{-\infty}^{\infty} G(f)\,df = 2\int_0^{\infty} G(f)\,df$$

다음 신호들에 대해서 B_{90}을 정의할 수 있으면 B_{90}을 구하라. B_{90}을 정의할 수 없는 경우에는 그 이유를 설명하라.

(a) $x_1(t) = e^{-\alpha t}u(t)$, 단 α는 양의 상수이다.

(b) $x_2(t) = 2W\,\text{sinc}(2Wt)$, 단, W는 양의 상수이다.

(c) $x_3(t) = \Pi(t/\tau)$, (수치 적분이 필요하다.)

(d) $x_4(t) = \Lambda(t/\tau)$, (수치 적분이 필요하다.)

(e) $x_5(t) = e^{-\alpha|t|}$

2.56 이상적인 직교 위상 천이기는 다음과 같은 전달 함수를 갖는다.

$$H(f) = \begin{cases} e^{-j\pi/2}, & f > 0 \\ e^{+j\pi/2}, & f < 0 \end{cases}$$

다음 입력들에 대한 출력을 구하라.

(a) $x_1(t) = \exp(j100\pi t)$

(b) $x_2(t) = \cos(100\pi t)$

(c) $x_3(t) = \sin(100\pi t)$

(d) $x_4(t) = \Pi(t/2)$

2.57 어떤 필터가 그림 2.39와 같은 진폭 응답과 위상 천이를 갖고 있다. 다음에 주어진 입력들에 대해서 각각의 출력을 구하라. 어떤 경우에 왜곡 없는 전송이 가능한가? 왜곡이 있는 경우에는 어떤 종류의 왜곡이 일어나는지 설명하라.

(a) $\cos(48\pi t) + 5\cos(126\pi t)$

(b) $\cos(126\pi t) + 0.5\cos(170\pi t)$

(c) $\cos(126\pi t) + 3\cos(144\pi t)$

(d) $\cos(10\pi t) + 4\cos(50\pi t)$

2.58 단위 임펄스 응답이 다음과 같은 시스템에 대하여 그룹 지연과 위상 지연을 구하고 같은 축 위에

정확하게 그려라.

(a) $h_1(t) = 3e^{-5t}u(t)$

(b) $h_2(t) = 5e^{-3t}u(t) - 2e^{-5t}u(t)$

(c) $h_3(t) = \text{sinc}\left[2B(t - t_0)\right]$, 여기서 B와 t_0는 양의 상수이다.

(d) $h_4(t) = 5e^{-3t}u(t) - 2e^{-3(t-t_0)}u$, 여기서 t_0는 양의 상수이다.

2.59 시스템의 주파수 응답 함수가

$$H(f) = \frac{j2\pi f}{(8 + j2\pi f)(3 + j2\pi f)}$$

이다. (a) 진폭 응답, (b) 위상 응답, (c) 위상 지연, (d) 그룹 지연을 구하고 정확하게 그려라.

2.60 다음과 같이 정의된 비선형 시스템이 있다.

$$y(t) = x(t) + 0.1x^2(t)$$

이 시스템의 입력은 다음과 같은 대역통과 스펙트럼을 갖는다.

$$X(f) = 2\Pi\left(\frac{f - 10}{4}\right) + 2\Pi\left(\frac{f + 10}{4}\right)$$

출력의 스펙트럼을 그리고, 모든 주요 주파수 및 진폭을 표시하라.

2.61 주어진 필터의 주파수 응답 함수가

$$H(f) = \frac{j2\pi f}{\left(9 - 4\pi^2 f^2\right) + j0.3\pi f}$$

이다. (a) 진폭 응답, (b) 위상 응답, (c) 위상 지연, (d) 그룹 지연을 구하고 정확하게 그려라.

2.62 $y(t) = x^3(t)$의 전달 특성을 가진 비선형이고 메모리가 없는 장치가 있을 때 입력

$$x(t) = \cos(2\pi t) + \cos(6\pi t)$$

의 출력을 구하라. 모든 주파수 성분을 나열하고 그들이 고조파 생성 또는 상호 변조 항들에 의한 것인지 말하라.

2.63 주파수 응답 함수가

$$H_{\text{HP}}(f) = H_0\left[1 - \Pi\left(\frac{f}{2W}\right)\right]e^{-j2\pi f t_0}$$

인 이상적인 고역통과 필터의 임펄스 응답을 구하라.

2.64 다음 신호들에 대해서 식 (2.234)의 펄스폭-대역폭 관계를 증명하라. 각 신호와 그 스펙트럼을 그려라.

(a) $x(t) = A\exp(-t^2/2\tau^2)$ (가우시안 펄스)

(b) $x(t) = A\exp(-\alpha|t|)$, $\alpha > 0$ (양측 지수 함수)

2.65

(a) 2차 버터워스 필터의 주파수 응답 함수가 다음과 같음을 보여라.

$$H(f) = \frac{f_3^2}{f_3^2 + j\sqrt{2}f_3 f - f^2}$$

여기서 f_3는 단위가 Hz인 3dB 주파수이다.

(b) 이 필터의 그룹 지연 표현을 구하고 f/f_3의 함수로 그래프를 그려라.

(c) 2차 버터워스 필터의 계단 응답은 다음과 같이 주어진다.

$$y_s(t) = \left[1 - \exp\left(-\frac{2\pi f_3 t}{\sqrt{2}}\right) \times \left(\cos\frac{2\pi f_3 t}{\sqrt{2}} + \sin\frac{2\pi f_3 t}{\sqrt{2}}\right)\right]u(t)$$

여기서 $u(t)$는 단위 계단 함수이다. 10%에서 90%의 상승 시간을 f_3을 이용하여 표시하라.

2.7절

2.66 주파수 1Hz인 정현파 신호를 주기적으로 표본화하려고 한다.

(a) 표본 간의 허용 가능한 최대 시간 간격을 구하라.

(b) 표본이 $\frac{1}{3}$초 간격으로 추출되었다(즉 $f_s = 3$ sps).

$x(t)$
$x_\delta(t)$
$h(t) = \prod[(t-\frac{1}{2}\tau)/\tau]$
$y(t) = x_\delta(t) * \prod[(t-\frac{1}{2}\tau)/\tau]$
$\sum_{n=-\infty}^{\infty} \delta(t - nT_s)$

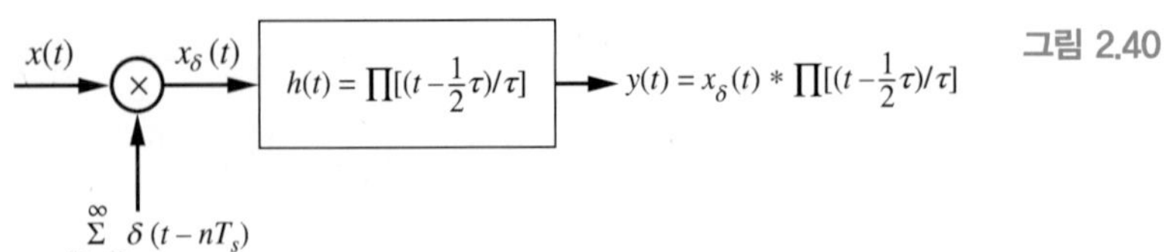

그림 2.40

이것은 원래의 정현파를 복구할 수 있는 가능한 표본화율임을 표본화된 신호의 스펙트럼 그림을 그려라.

(c) 표본 간 간격이 $\frac{2}{3}$초이다. 만일 오직 낮은 주파수의 스펙트럼 선들만 통과시키기 위하여 샘플들이 저역통과 필터를 통과한다면 어느 것이 복구된 신호일지를 보여주는 표본화된 신호의 스펙트럼 그림을 그려보라.

2.67 그림 2.40의 블록도는 평탄(flat-top) 표본화기이다.

(a) $\tau \ll T_s$를 가정할 때 전형적인 $x(t)$에 대한 출력을 그려라.

(b) 출력 스펙트럼 $Y(f)$를 입력의 스펙트럼 $X(f)$로 나타내라. 복원된 파형의 왜곡을 최소화하기 위한 τ와 T_s 간의 관계를 구하라.

2.68 그림 2.41는 소위 0차 유지 복원(zero-order-hold reconstruction) 과정을 그렸다.

(a) 일반적인 $x(t)$에 대해 $y(t)$를 s그려라. 어떤 조건하에서 $y(t)$가 $x(t)$를 잘 근사화하는가?

(b) $x(t)$의 스펙트럼으로 $y(t)$의 스펙트럼을 나타내라. 주파수 영역에서의 해석을 이용해 $x(t)$에 대한 $y(t)$의 근사화에 대해 설명하라.

2.69 초당 4,500개의 표본이 추출되는 신호

$$x(t) = 10\cos^2(600\pi t)\cos(2400\pi t)$$

를 복원하기 위한 이상적인 저역통과 필터의 허용 차단 주파수의 범위를 구하라. $X(f)$와 $X_\delta(f)$를 그려라. 최소 허용 표본화 주파수를 구하라.

2.70 그림 2.42에 주어진 대역통과 신호에 대해서 다음의 표본화 주파수 f_s들로 표본화된 신호의 스펙트럼을 그리고 어떤 표본화 주파수가 알맞은지 표시하라.

(a) $2B$, (b) $2.5B$, (c) $3B$, (d) $4B$, (e) $5B$, (f) $6B$

2.8절

2.71 적절한 푸리에 변환 정리와 푸리에 변환쌍을 이용해서

$$y(t) = x(t)\cos(\omega_0 t) + \hat{x}(t)\sin(\omega_0 t)$$

의 스펙트럼 $Y(f)$를 $x(t)$의 스펙트럼 $X(f)$로 나타내라. 이때 $X(f)$는 대역폭이

$$B < f_0 = \frac{\omega_0}{2\pi}$$

인 저역통과 스펙트럼이다. 일반적인 $X(f)$에 대한 $Y(f)$를 그려라.

2.72 다음 신호들에 대해서 $x(t)$와 $\hat{x}(t)$가 직교임을 보려라.

(a) $x_1(t) = \sin(\omega_0 t)$

(b) $x_2(t) = 2\cos(\omega_0 t) + \sin(\omega_0 t)\cos(2\omega_0 t)$

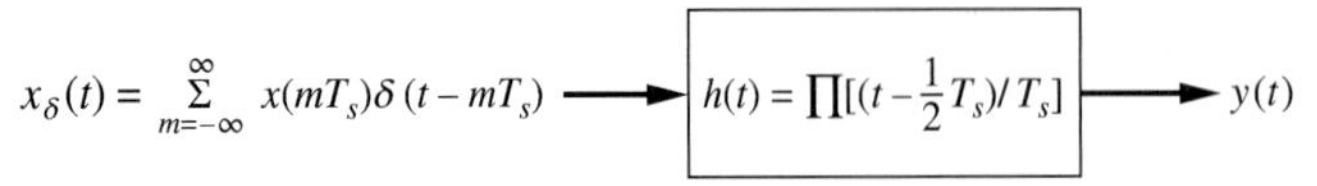

$x_\delta(t) = \sum_{m=-\infty}^{\infty} x(mT_s)\delta(t - mT_s)$
$h(t) = \prod[(t-\frac{1}{2}T_s)/T_s]$
$y(t)$

그림 2.41

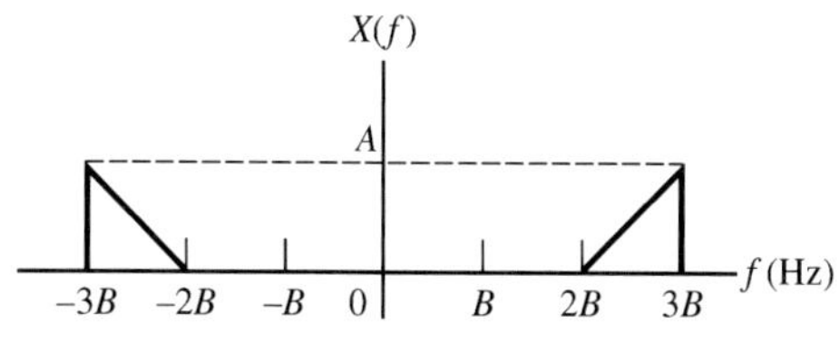

그림 2.42

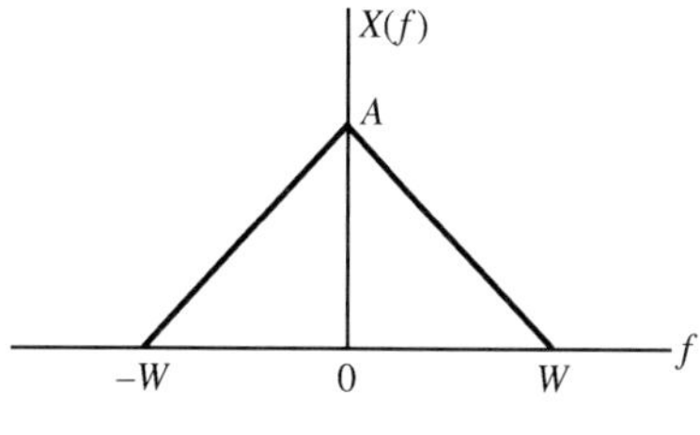

그림 2.43

(c) $x_3(t) = A\exp\left(j\omega_0 t\right)$

2.73 $x(t)$의 푸리에 변환이 실수이고 모양은 그림 2.43과 같다고 가정하자. 다음의 신호들에 대해서 각각의 스펙트럼을 구하고 그려라.

(a) $x_1(t) = \frac{2}{3}x(t) + \frac{1}{3}j\hat{x}(t)$

(b) $x_2(t) = \left[\frac{3}{4}x(t) + \frac{3}{4}j\hat{x}(t)\right]e^{j2\pi f_0 t},\ f_0 \gg W$

(c) $x_3(t) = \left[\frac{2}{3}x(t) + \frac{1}{3}j\hat{x}(t)\right]e^{j2\pi W t}$

(d) $x_4(t) = \left[\frac{2}{3}x(t) - \frac{1}{3}j\hat{x}(t)\right]e^{j\pi W t}$

2.74 예제 2.30에서 $x(t)=2\cos(52\pi t)$라 하자. 다음의 경우에 대하여 $\hat{x}(t)$, $x_p(t)$, $\tilde{x}(t)$, $x_R(t)$, $x_I(t)$를 구하라. (a) $f_0=25\text{Hz}$, (b) $f_0=27\text{Hz}$, (c) $f_0=10\text{Hz}$, (d) $f_0=15\text{Hz}$, (e) $f_0=30\text{Hz}$, (f) $f_0=20\text{Hz}$.

2.75 임펄스 응답이

$$h(t) = \alpha e^{-\alpha t}\cos(2\pi f_0 t)u(t)$$

인 필터의 입력이

$$x(t) = \Pi(t/\tau)\cos[2\pi(f_0 + \Delta f)t],\quad \Delta f \ll f_0$$

이다. 복소 포락선 기법을 이용해서 출력을 구하라.

컴퓨터 실습문제

2.1 표 2.1에 주어진 신호들에 대해서 푸리에 급수를 더하는 컴퓨터 프로그램을 작성하라.[20] 푸리에 합에서 더할 항의 수는 각 푸리에 급수의 수렴을 공부할 수 있도록 조정할 수 있어야 한다.

2.2 컴퓨터 예제 2.1의 프로그램을 일반화하여 여러 신호의 복소 지수 푸리에 급수의 계수를 계산하는 프로그램을 작성하라. 푸리에 급수를 계산하고자 하는 신호의 진폭 및 위상 스펙트럼의 그림을 그리는 부분도 포함시켜라. 구형파의 푸리에 급수 계수를 계산해서 확인해보라.

2.3 고속 푸리에 변환(FFT)을 이용해서 신호의 복소 지수 푸리에 급수의 계수를 계산하는 프로그램을 작성하라. 컴퓨터 실습문제 2.2를 가지고 구형파의 푸리에 급수 계수를 구한 것과 여러분의 결과와 비교해보라.

2.4 펄스 형태의 신호의 푸리에 변환을 계산하기 위해서 컴퓨터 실습문제 2.3과 같은 접근 방식을 어떻게 사용할 것인가? 두 출력이 어떻게 다른가? 폭이 1인 구형파를 근사적으로 푸리에 변환을 하고 이론적인 결과와 비교하라.

20 이 컴퓨터 실습문제를 풀 때 MATLAB™과 같은 수학 패키지를 이용할 것을 권한다. MATLAB™의 그래픽 기능을 사용할 수 있으면 상당한 시간을 절약할 수 있을 것이다. 가능하면 MATLAB™의 벡터 기능을 사용하기 위해 노력하길 바란다.

2.5 예를 들어, 95%와 같은 총에너지의 특정 백분율의 에너지를 갖는 저역통과 에너지 신호의 대역폭을 찾는 프로그램을 작성하라. 다시 말해서 E_W를 특정값으로 두고 식

$$E_W = \frac{\int_0^W G_x(f)\, df}{\int_0^\infty G_x(f)\, df} \times 100\%$$

에서의 W값을 찾는 프로그램을 작성하라. $G_X(f)$는 신호의 에너지 스펙트럼 밀도이다.

2.6 예를 들어, 95%와 같은 총에너지의 특정 백분율의 에너지를 갖는 저역통과 에너지 신호의 시간폭을 찾는 프로그램을 작성하라. 다시 말해서 E_T를 특정값으로 두고 식

$$E_T = \frac{\int_0^T |x(t)|^2\, dt}{\int_0^\infty |x(t)|^2\, dt} \times 100\%$$

에서의 T값을 찾는 프로그램을 작성하라. $t<0$일 때 신호는 0이라고 가정한다.

2.7 컴퓨터 예제 2.2와 같이 MATLAB을 사용해서 다양한 Q값에 해당하는 샐렌-키 회로의 주파수 응답을 조사하라.

CHAPTER 3

선형 변조 기법

정보를 가지고 있는 신호를 통신 채널을 통해서 전송하려면, 우선 일련의 변조 과정을 통해서 채널이 쉽게 수용할 수 있는 신호 형태로 만들어야 한다. 이 장에서는 여러 가지 형태의 변조 방식에 대해서 논의할 것이다. 변조 과정은 일반적으로 메시지 신호, 즉 정보를 지닌 신호[대개는 메시지 신호(message signal)라 한다.]를 전송하려는 주파수에 따른 새로운 스펙트럼 대역으로 변환하는 것이다. 예를 들어, 신호를 대기 또는 자유 공간을 통해 전송한다면, 신호 스펙트럼을 적절한 크기의 안테나를 사용하여 효과적으로 방사될 수 있는 주파수 위치로 천이시킬 필요가 있다. 여러 신호가 같은 채널을 이용할 경우 변조를 이용하여 각기 다른 신호가 각기 다른 스펙트럼을 사용하게 하고, 수신단은 원하는 신호를 선택하도록 한다. 다중화는 둘 이상의 메시지 신호를 하나의 송신기로 전송하고 하나의 수신기로 동시에 수신할 수 있다. 어떤 특정한 응용을 위한 변조 기법의 논리적인 선택은 메시지 신호의 특성, 채널의 특성, 전반적인 통신 시스템의 요구되는 성능, 전송된 데이터의 용도, 그리고 실질적인 응용에서 항상 중요시되는 경제적인 요소를 고려하여 이루어지게 된다.

아날로그 변조의 두 가지 기본 형태에는 연속파 변조(continuous-wave modulation)와 펄스 변조(pulse modulation)가 있다. 연속파 변조에서는 고주파 반송파의 변수가 메시지 신호와 일대일 대응관계를 가지며, 메시지 신호에 비례해서 변화된다. 반송파는 대개의 경우 정현파이나, 예를 보이겠지만 이것이 꼭 필요한 제약 조건은 아니다. 정현파 반송파를 가정하였을 때, 일반적으로 변조된 반송파는 다음과 같은 수식으로 표현된다.

$$x_c(t) = A(t)\cos[2\pi f_c t + \phi(t)] \tag{3.1}$$

여기서 f_c를 반송파 주파수(carrier frequency)라 한다. 정현파는 진폭(amplitude) $A(t)$와 순시 위상(instantaneous phase) $2\pi f_c t+\phi(t)$로 완벽히 정해지기 때문에, 일단 반송파 주파수 f_c가 정해지면 오직 두 가지 변수, 즉 순시 진폭 $A(t)$와 위상 편이 $\phi(t)$만이 변조 과정에서 변화한다. 진폭 $A(t)$가 변조하는 신호에 대해 선형적으로 변화하면 선형 변조(linear modulation)라 한다. $\phi(t)$나 $\phi(t)$의 시간 미분이 변조 신호에 대해 선형적으로 변화하면 각각을 위상 변조, 주파수 변조라 한다. 이들은 변조된 반송파의 순시 위상각을 이용하여 정보를 전달하므로, 위상 변조와 주파수 변조를 통칭하여 각 변조(angle modulation)라 한다.

이 장에서 우리는 연속파 선형 변조에 초점을 둔다. 하지만 이 장의 끝에서 간단히 펄스 진폭 변조를 다루는데, 이것은 이전 장에서 공부한 표본화 정리의 간단한 응용이며 선형 과정이다. 다음 장에서 우리는 연속파와 펄스에 대한 각 변조를 다룬다.

3.1 양측파대 변조

일반적인 선형 변조된 반송파는 식 (3.1)의 순시 위상 편이 $\phi(t)$를 0으로 하여 나타낸다. 그러므로 선형 변조된 반송파는

$$x_c(t) = A(t)\cos(2\pi f_c t) \tag{3.2}$$

으로 표현되고, 반송파 진폭 $A(t)$는 메시지 신호와 일대일 대응관계를 가지며 변화한다. 다음으로 몇 가지 다른 변조와 복조를 위하여 사용되는 기술들에 대해서 논의한다.

$A(t)$가 메시지 신호 $m(t)$에 비례할 때 양측파대(double-sideband, DSB) 변조라 한다. 그러므로 DSB 변조기의 출력은

$$x_c(t) = A_c m(t)\cos(2\pi f_c t) \tag{3.3}$$

로 표현되고, DSB 변조는 단순히 반송파 $A_c\cos(2\pi f_c t)$와 메시지 신호의 곱임을 알 수 있다. 푸리에 변환에 대한 변조 정리로부터 DSB 신호의 스펙트럼이 다음과 같이 주어진다.

$$X_c(f) = \frac{1}{2}A_c M(f+f_c) + \frac{1}{2}A_c M(f-f_c) \tag{3.4}$$

DSB 변조 과정이 그림 3.1에 있다. 그림 3.1(a)는 DSB 시스템을 표현한 것이고, 수신 신호 $x_r(t)$를 복조 반송파 $2\cos(2\pi f_c t)$로 곱하고 저역통과 필터를 거쳐서 DSB 신호가 복조된다. 여기서 고려하고 있는 이상적인 시스템에서는 수신 신호 $x_r(t)$와 송신 신호 $x_c(t)$가 서로 같다. 곱셈기의 출력은

$$d(t) = 2A_c[m(t)\cos(2\pi f_c t)]\cos(2\pi f_c t) \tag{3.5}$$

즉

$$d(t) = A_c m(t) + A_c m(t)\cos(4\pi f_c t) \tag{3.6}$$

이며, 이때 삼각법칙 $2\cos^2 x = 1 + \cos 2x$를 이용하였다.

시간 영역 상에서의 어떤 메시지 신호 $m(t)$가 그림 3.1(b)에 있다. 메시지 신호 $m(t)$는 $x_c(t)$의 포락선, 즉 $x_c(t)$의 순시 크기(instantaneous magnitude)이다. $d(t)$의 파형은 $\cos^2(2\pi f_c t)$가 모든 t

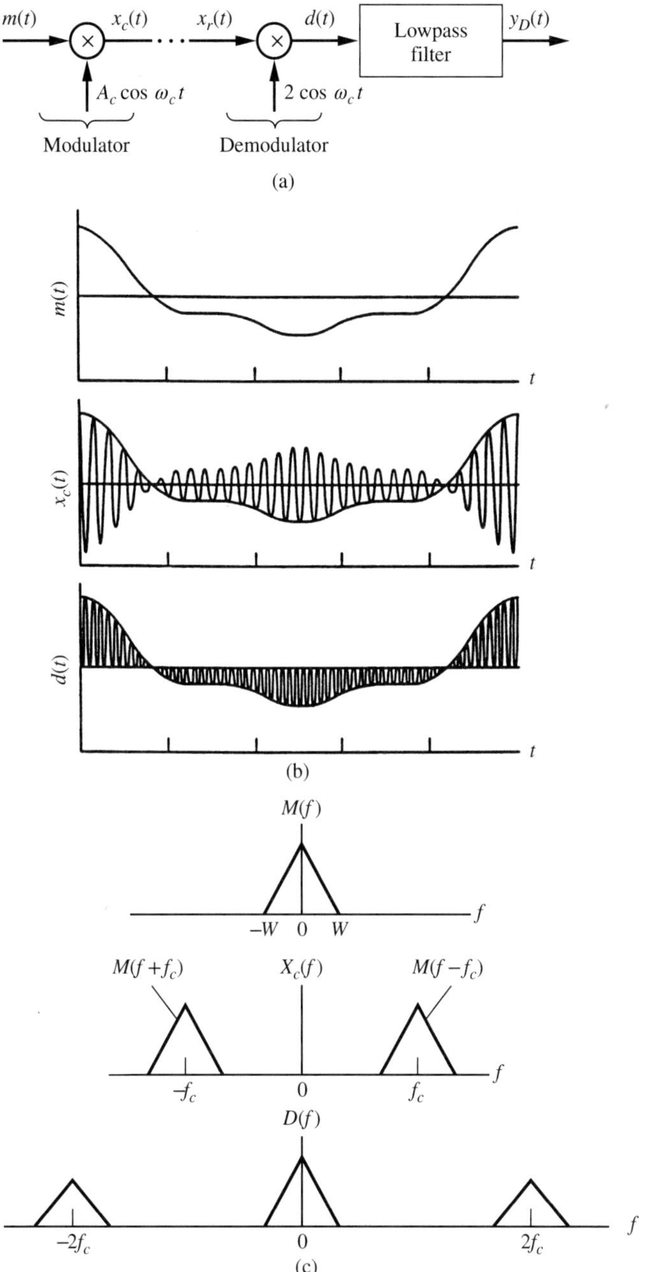

그림 3.1 양측파대 변조. (a) 시스템, (b) 파형, (c) 스펙트럼

에 대해 음이 아닌 값을 가지기 때문에 $m(t)$가 양수이면 $d(t)$도 양수이고 $m(t)$가 음수이면 $d(t)$도 음수임을 생각해보면 가장 잘 이해할 수 있다. 또한 (적절히 크기가 변화된) $m(t)$가 $d(t)$의 포락

선을 형성하고 포락선 아래 정현파의 주파수가 f_c가 아닌 $2f_c$라는 것에 주목하자.

그림 3.1(c)는 신호 $m(t)$, $x_c(t)$, $d(t)$의 스펙트럼들이며, $M(f)$의 대역폭을 W로 가정한다. 스펙트럼 $M(f+f_c)$와 $M(f-f_c)$는 단순히 $f=\pm f_c$로 천이한 메시지 스펙트럼이다. 반송파 주파수 위의 $M(f-f_c)$ 부분을 **상측파대**(upper sideband, USB)라 하고, 반송파 주파수 아래 부분을 **하측파대**(lower sideband, LSB)라 한다. 반송파 주파수 f_c는 보통 메시지 신호의 대역폭 W보다 훨씬 크기 때문에 $d(t)$에 있는 두 항의 스펙트럼은 서로 겹치지 않는다. 그러므로 $d(t)$를 저역통과 필터링하고 A_c만큼 진폭을 크기 변환하면 복조된 출력 $y_D(t)$를 얻는다. 실제적으로 2장에서 본 대로 상수를 곱하는 것은 파형 왜곡을 일으키지 않으며 진폭은 원하는 대로 조절될 수 있기 때문에 어떤 크기 변환 인자도 사용될 수 있다. 예를 들면 볼륨 조절이 그렇다. 그래서 편의상 복조기 출력에서 A_c는 보통 1이라고 놓는다. 이 경우에서 복조된 출력 $y_D(t)$는 메시지 신호 $m(t)$와 같다. $2f_c$ 성분을 제거하는 저역통과 필터의 대역폭은 메시지 신호의 대역폭 W보 다 크거나 같아야 한다. **검출후 필터**(postdetection filter)라고 하는 이 저역통과 필터는 잡음이 있는 환경에서는 검출후 필터의 대역폭을 최소화하는 것이 대역 외부잡음(out-of-band noise)과 간섭을 제거하는 데 중요하기 때문에 가능한 한 최소한의 대역폭을 가져야 함을 8장에서 배우게 될 것이다.

전송된 모든 전력이 측파대(sideband)에 있고 이 측파대들은 메시지 신호 $m(t)$를 나르기 때문에 DSB는 100%의 전력 효율을 가짐을 후에 알게 될 것이다. 이것이 DSB 변조를 전력 효율적이고 매력적으로 만드는 점이다. 그러나 송신기에서 변조를 위하여 사용된 반송파와 위상동기가 맞는 복조 반송파가 있어야 하기 때문에 DSB의 복조는 어렵다. 위상동기 기준을 사용하는 복조를 **동기** 또는 **위상동기 복조**(synchronous or coherent demodulation)라 한다. 다음 장에서 다루는 코스타스(Costas) 위상 고정 루프를 이용하는 것을 포함한 다양한 기법을 통해 위상동기 복조 반송파를 만들어낸다. 이런 기법들은 수신기 설계가 복잡하다. 또한 아주 작은 위상 오차도 복조된 메시지 파형에 심각한 왜곡을 야기할 수 있기 때문에 복조 반송파에서 위상 오차는 최소화되어야 한다는 점에 특별한 주의가 요구된다. 이에 대한 효과는 8장에서 철저히 분석될 것이지만, 그림 3.1(a)에서 복조 반송파를 $2\cos[2\pi f_c t+\theta(t)]$로 가정하여 간단한 해석을 수행할 수 있다. 여기서 $\theta(t)$는 시변환 위상 오차이다. 삼각공식

$$2\cos(x)\cos(y)=\cos(x+y)+\cos(x-y)$$

를 이용하면

$$d(t)=A_c m(t)\cos\theta(t)+A_c m(t)\cos[4\pi f_c t+\theta(t)] \tag{3.7}$$

가 되고, 이를 저역통과 필터를 통과시킨 뒤, 반송파의 진폭을 없애기 위해 진폭의 크기 변환

을 하면 다음과 같다.

$$y_D(t) = m(t)\cos\theta(t) \tag{3.8}$$

역시 $d(t)$의 두 항의 스펙트럼이 겹치지 않는다고 가정한다. 위상 오차 $\theta(t)$가 단순히 상수라면 위상 오차는 복조된 메시지 신호의 크기를 감소시키는 효과를 준다. 위상 오차의 효과는 복조 신호의 크기를 변화시켜 제거될 수 있기 때문에, $\theta(t)$가 정확히 $\pi/2$가 아니라면 이런 감쇠는 왜곡을 의미하지는 않는다. 그러나 $\theta(t)$가 예측할 수 없이 시간에 따라 변화한다면, 위상 오차의 효과는 복조된 출력을 상당히 왜곡시킬 것이다.

위상동기 복조 반송파를 발생시키는 간단한 방법은 수신된 DSB 신호를 제곱하는 것으로 다음의 식과 같다.

$$\begin{aligned} x_r^2(t) &= A_c^2 m^2(t)\cos^2(2\pi f_c t) \\ &= \frac{1}{2}A_c^2 m^2(t) + \frac{1}{2}A_c^2 m^2(t)\cos(4\pi f_c t) \end{aligned} \tag{3.9}$$

만일 $m(t)$가 전력 신호라면 $m^2(t)$는 0이 아닌 직류값을 가진다. 따라서 변조 정리에 의해 $x_r^2(t)$는 $2f_c$에서 이산 주파수 성분을 가지는데, 이는 협대역 대역통과 필터를 사용하여 $x_r^2(t)$의 스펙트럼으로부터 추출할 수 있다. 이 주파수 성분을 2로 나누어 원하는 복조 반송파를 얻는다. 추후에 필요한 주파수 분배기를 구현하기 위한 편리한 방법을 논의할 것이다.

DSB를 분석해보면, $m(t)$가 직류 성분을 지니지 않는 한 DSB 신호는 반송파 주파수에서 이산적인 스펙트럼 성분을 가지지 않음을 알 수 있다. 이런 이유로 인해 반송파 주파수 성분이 없는 DSB 시스템을 종종 **억압 반송파 시스템**(suppressed carrier system)이라 한다. 하지만 만일 DSB 신호와 함께 반송파 성분을 전송하면 복조가 간단해진다. 수신된 신호를 협대역 대역통과 필터를 사용하여 추출한 반송파 성분을 복조 반송파로 사용할 수 있다. 다른 방법으로, 반송파의 크기를 충분히 크게 하면 복조 반송파를 특별히 발생시킬 필요성이 전혀 없게 된다. 이것은 진폭 변조에 대한 주제로 자연스럽게 연결된다.

3.2 진폭 변조(AM)

진폭 변조(amplitude modulation, AM)는 반송파 성분이 DSB 신호에 더해진 결과이다. 식 (3.3)에 주어진 DSB 신호에 반송파 성분 $A_c\cos(2\pi f_c t)$를 더하고 메시지 신호를 축척하면

$$x_c(t) = A_c[1 + am_n(t)]\cos(2\pi f_c t) \tag{3.10}$$

로 되며, 여기서 a는 **변조 지수**(modulation index)[1]라 하는데, 대개는 $0 < a \leq 1$의 범위를 가지고, $m_n(t)$는 메시지 신호 $m(t)$를 축척한 것이다. 이 축척은 모든 t에서 $m_n(t) \geq -1$을 만족하도록 적용한 것이다. 수학적으로는 다음과 같다.

$$m_n(t) = \frac{m(t)}{|\min[m(t)]|} \tag{3.11}$$

$a \leq 1$에 대하여 모든 t에서 $m_n(t) \geq -1$ 조건을 만족하면 $[1 + am_n(t)]$로 정의된 AM 신호의 **포락선**이 모든 t에서 음이 아니게 됨을 알 수 있다. 이 조건의 중요성을 다음 절의 **포락선 검출기**를 공부할 때 이해하게 될 것이다. 그림 3.2(a)와 (b)에는 AM의 시간 영역 표현이 나타나 있고, 그림 3.2(c)에는 AM을 발생시키는 변조기의 블록도가 있다.

AM 신호는 DSB에 대하여 사용된 똑같은 위상동기 복조를 이용하여 복조될 수 있다. 하지만 위상동기 복조를 사용하는 것은 AM의 장점을 감퇴시킨다. DSB에 대한 AM의 장점은 포락선 검출(envelope detection) 혹은 포락선 복조(envelope demodulation)로 알려진 매우 간단한 기술이 사용될 수 있다는 것이다. 포락선 복조는 그림 3.3(a)에 보이는 것과 같이 구현할 수 있다. 그림 3.3(b)를 보면, 주파수가 증가할수록 $A_c[1 + am_n(t)]$로 정의된 포락선이 보다 쉽게 관찰됨을 알 수 있다. 더욱 중요한 것은, AM 신호의 포락선인 $A_c[1 + am_n(t)]$가 음이 되면 포락선 복조를 사용한다고 가정하여 복조된 신호에 왜곡이 발생한다는 것도 그림 3.3(b)로부터 관찰할 수 있다. 정규화된 메시지 신호는 왜곡이 방지되도록 하기 위하여 정의된다. 그래서 $a = 1$에 대하여 $[1 + am_n(t)]$의 최솟값이 0이 되도록 한다. 모든 t에 대하여 포락선이 음이 아닌 값이 되도록 확실히 하기 위하여, $1 + m_n(t) \geq 0$, 즉 모든 t에 대하여 $m_n(t) \geq -1$이 요구된다. 그러므로 정규화된 메시지 신호 $m_n(t)$는 조건 $m_n(t) \geq -1$이 만족되기 위하여 $m(t)$를 양의 상수로 나누어 구한다. 이 정규화 상수는 $|\min\, m(t)|$이다. 음성이나 음악 신호와 같이 실제 상황의 많은 경우에서 메시지 신호의 최댓값과 최솟값은 똑같다. 왜 이것이 사실인지 6장과 7장에서 나오는 확률과 랜덤 신호들을 공부할 때 알게 될 것이다.

3.2.1 포락선 검출

포락선 검출 과정이 적절히 동작하기 위해서는 그림 3.3(a)에서 보여주는 검출기의 RC 시상수를 조심해서 선택해야 한다. 시상수를 위한 적절한 값은 반송파 주파수와 $m(t)$의 대역폭과 관계가 있다. 실제 상황에서 만족스러운 동작을 위해서는 반송파 주파수가 $m(t)$의 대역폭 W의 적어도 10배는 되어야 한다. 또한 RC 회로의 차단 주파수는 f_c와 W 사이에 있어야 하고 두 주

---

1 여기에서 사용된 파라미터 a는 때때로 음의 변조인수(negative modulation factor)라 불린다. 또한 $a \times 100\%$라는 양은 종종 퍼센트 변조(percent modulation)로 불린다.

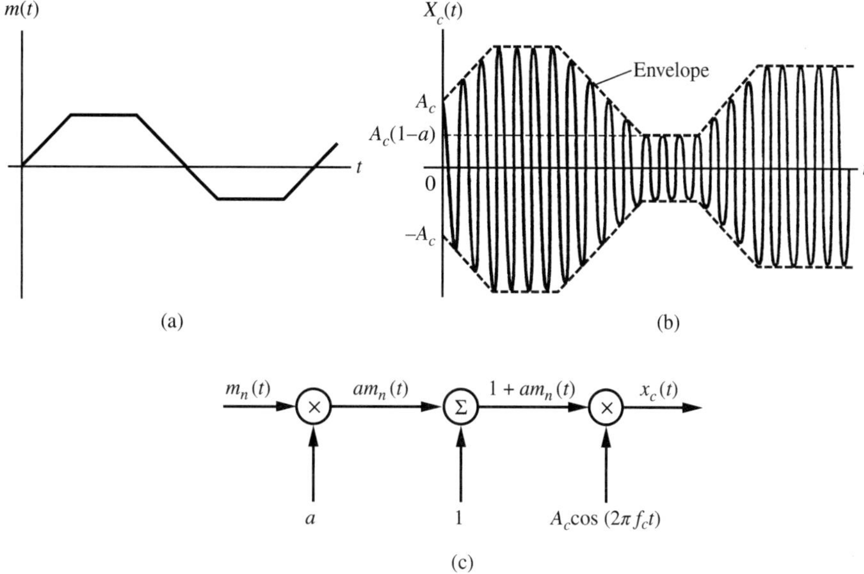

그림 3.2 진폭 변조. (a) 메시지 신호, (b) $a<1$에 대한 변조기 출력, (c) 변조기

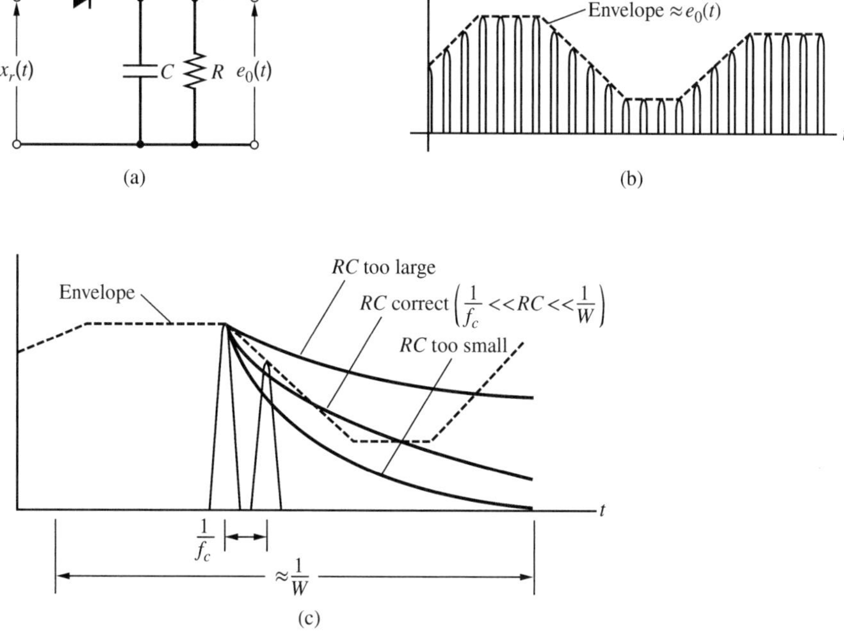

그림 3.3 포락선 검출. (a) 회로, (b) 파형, (c) RC 시상수의 영향

파수로부터 충분히 떨어져 있어야 한다. 이것은 그림 3.3(c)에 나타나 있다.

변조기 출력의 모든 정보는 측파대에 실려 있다. 그러므로 식 (3.10)의 반송파 성분인 $A_c\cos\omega_c t$는 정보 전달의 관점에서 보면 전력의 낭비이다. 이 사실은 전력이 제한된 환경에서는 상당히 중요한 점으로, 이로 인해 전력이 제한된 응용 분야에서는 변조 방식으로서의 AM의 사용을 완전히 배제할 수도 있다.

식 (3.10)으로부터 AM 변조기 출력에 포함된 총전력은 다음과 같다.

$$\langle x_c^2(t)\rangle = \langle A_c^2[1+am_n(t)]^2\cos^2(2\pi f_c t)\rangle \tag{3.12}$$

여기서 $\langle\cdot\rangle$는 시평균값을 표시한다. 만일 $m_n(t)$가 반송파에 비해 천천히 변한다면, 총전력은 다음과 같다.

$$\begin{aligned}\left\langle x_c^2\right\rangle &= \left\langle A_c^2\left[1+am_n(t)\right]^2\left[\frac{1}{2}+\frac{1}{2}\cos(4\pi f_c t)\right]\right\rangle \\ &= \left\langle \frac{1}{2}A_c^2\left[1+2am_n(t)+a^2m_n^2(t)\right]\right\rangle\end{aligned} \tag{3.13}$$

$m_n(t)$가 평균값 0을 가진다고 가정하고 항별로 시간평균을 취하면 다음과 같다.

$$\langle x_c^2(t)\rangle = \frac{1}{2}A_c^2 + \frac{1}{2}A_c^2a^2\langle m_n^2(t)\rangle \tag{3.14}$$

앞의 표현에서 첫 번째 항은 반송파의 전력을 나타내고, 두 번째 항은 측파대(정보)의 전력을 나타낸다. 변조 과정의 효율(efficiency)은 전송된 신호에서 정보를 포함하는 전력(측파대 전력)과 총전력의 비로 정의된다. 이것은 다음과 같다.

$$E_{ff} = \frac{a^2\langle m_n^2(t)\rangle}{1+a^2\langle m_n^2(t)\rangle} \tag{3.15}$$

효율은 일반적으로 퍼센트 단위로 표시하기 위하여 100을 곱한다.

만일 메시지 신호가 대칭적인 최댓값과 최솟값을 가지면, 다시 말해 $|\min m(t)|$와 $|\max m(t)|$가 같다면 $\langle m_n^2(t)\rangle \le 1$이다. 이로부터 $a\le 1$인 경우, 최대 효율은 50%이고 구형파 형태의 메시지 신호일 때 얻을 수 있다. 만일 $m(t)$가 정현파라면 $\langle m_n^2(t)\rangle = \frac{1}{2}$이고, $a=1$일 때 효율은 33.3%이다. 만일 변조 지수가 1을 초과하면 효율이 50%를 넘고, $a\to\infty$이면 $E_{ff}\to 100\%$가 된다. 이미 본 것처럼 1보다 큰 a의 값들은 포락선 검출의 사용을 배제해야 한다. 효율은 변조 지수가 1 아래로 떨어지면 급격하게 감소한다. 만일 메시지 신호가 대칭적인 최댓값과 최솟값을 가지지 않으면 더 높은 값의 효율을 얻을 수 있다.

AM의 주요한 장점은, $a\le 1$이기만 하면 복조 과정에서 위상동기 기준이 필요하지 않기 때

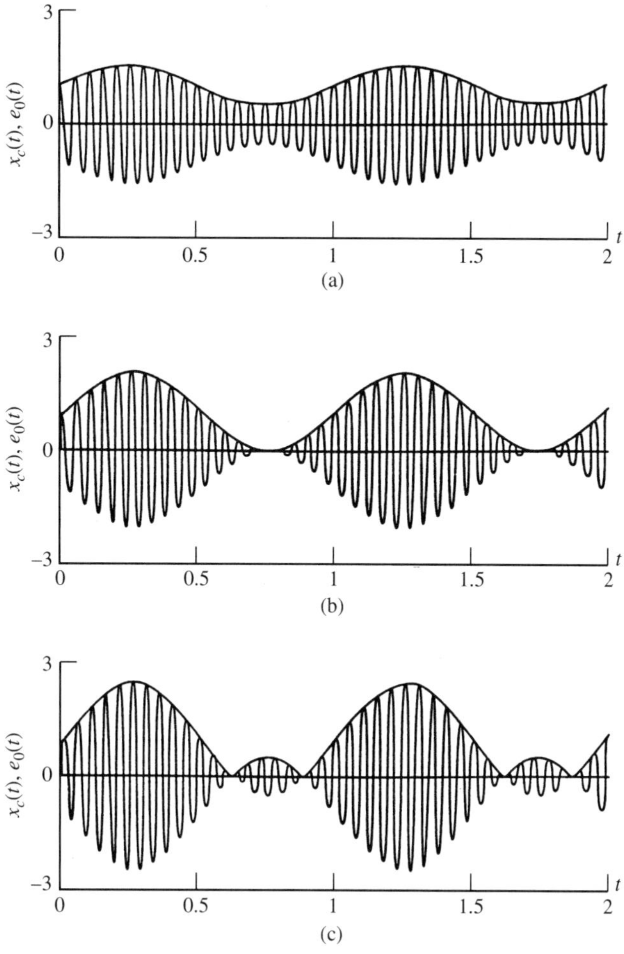

그림 3.4 다양한 변조 지수에 따라 변조된 반송파와 포락선 검출기 출력. (a) $a=0.5$, (b) $a=1.0$, (c) $a=1.5$

문에 복조기가 간단하고 값싸게 구현된다는 것이다. 상업용 라디오와 같은 많은 응용 분야에서 이 사실만으로도 AM의 유용성이 충분하다.

그림 3.4는 세 가지 변조 지수의 값($a=0.5$, $a=1.0$, $a=1.5$)에 대한 AM 변조기 출력 $x_c(t)$를 나타낸다. 메시지 신호 $m(t)$는 1Hz의 주파수를 가진 단위 진폭의 정현파로 가정한다. 반송파도 단위 진폭을 가진다고 가정한다. 그림 3.3에서 정의된 것처럼 포락선 검출기 출력 $e_0(t)$가 각각의 변조 지수에 대해 그려져 있다. $a=0.5$인 경우 포락선은 항상 양수이다. $a=1.0$인 경우 포락선의 최솟값은 정확히 0이다. 그러므로 포락선 검출은 이 두 경우에 모두 사용될 수 있다. $a=1.5$이면 포락선이 음수가 되고 포락선의 절댓값인 $e_0(t)$는 메시지 신호가 심하게 왜곡된 모양이 된다.

예제 3.1

이 예제에서 우리는 변조 지수 0.5로 동작하는 AM 변조기의 효율과 출력 스펙트럼을 구하려고 한다. 반송파 전력은 50*W*이고 메시지 신호는 다음과 같다.

$$m(t) = 4\cos\left(2\pi f_m t - \frac{\pi}{9}\right) + 2\sin(4\pi f_m t) \tag{3.16}$$

첫 번째 단계는 $m(t)$의 최솟값을 정하는 것이다. 이것을 하기 위한 여러 가지 방법이 있다. 아마도 가장 쉬운 방법은 단순히 $m(t)$를 그리고 최솟값을 고르는 것이다. 다음 프로그램에 보이는 것처럼 MATLAB은 이 목적으로 아주 유용하다.

```
%File: c3ex1.m
fmt=0:0.0001:1;
m=4*cos(2*pi*fmt-pi/9) + 2*sin(4*pi*fmt);
[minmessage,index]=min(m);
plot(fmt,m,'k'),
grid, xlabel('Normalized Time'), ylabel('Amplitude')
minmessage, mintime=0.0001*(index-1)
%End of script file.
```

프로그램을 실행하면 메시지 신호의 그림을 그리고, $m(t)$의 최솟값과 최솟값의 발생 시간을 다음과 같이 준다.

```
minmessage=-4.3642
mintime=0.4352
```

MATLAB 프로그램에 의해 생성된 메시지 신호가 그림 3.5(a)에 보인다. 시간축은 f_m으로 나누어서 정규화되었음을 주의하라. 보는 바와 같이 $m(t)$의 최솟값은 -4.364이고 이것은 $f_m t=0.435$에서 발생한다. 그러므로 정규화된 메시지 신호는

$$m_n(t) = \frac{1}{4.364}\left[4\cos\left(2\pi f_m t - \frac{\pi}{9}\right) + 2\sin(4\pi f_c t)\right] \tag{3.17}$$

즉

$$m_n(t) = 0.9166\cos\left(2\pi f_m t - \frac{\pi}{9}\right) + 0.4583\sin(4\pi f_m t) \tag{3.18}$$

이다. $m_n(t)$의 제곱평균값은

$$\langle m_n^2(t)\rangle = \frac{1}{2}(0.9166)^2 + \frac{1}{2}(0.4583)^2 = 0.5251 \tag{3.19}$$

이다. 따라서 효율은

$$E_{ff} = \frac{(0.25)(0.5251)}{1+(0.25)(0.5251)} = 0.116 \tag{3.20}$$

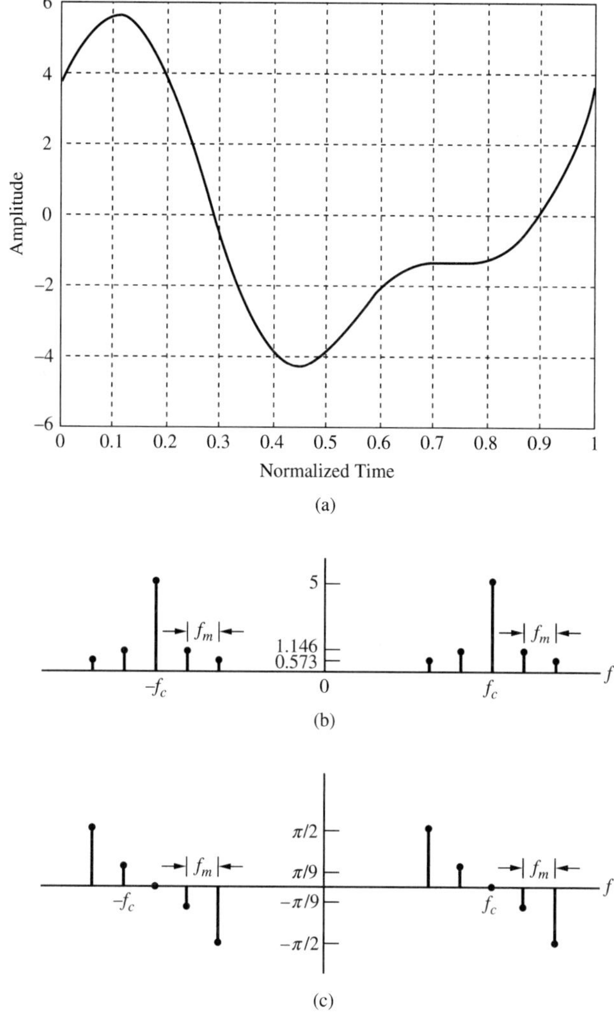

그림 3.5 예제 3.1에 대한 파형과 스펙트럼. (a) 메시지 신호, (b) 변조기 출력의 진폭 스펙트럼, (c) 변조기 출력의 위상 스펙트럼

즉 11.6%이다.

반송파 전력이 50W이므로

$$\frac{1}{2}(A_c)^2 = 50 \tag{3.21}$$

이고,

$$A_c = 10 \tag{3.22}$$

이다. 또한 $\sin x = \cos(x - \pi/2)$이므로, $x_c(t)$는 다음 식으로 표현된다.

$$x_c(t) = 10\left\{1 + 0.5\left[0.9166\cos\left(2\pi f_m t - \frac{\pi}{9}\right) + 0.4583\cos\left(4\pi f_m t - \frac{\pi}{2}\right)\right]\right\}\cos(2\pi f_c t) \tag{3.23}$$

$x_c(t)$의 스펙트럼을 그리기 위해 앞의 방정식은 다시 다음과 같이 쓸 수 있다.

$$\begin{aligned} x_c(t) &= 10\cos(2\pi f_c t) \\ &+2.292\left\{\cos\left[2\pi(f_c + f_m)t - \frac{\pi}{9}\right] + \cos\left[2\pi(f_c + f_m)t + \frac{\pi}{9}\right]\right\} \\ &+1.146\left\{\cos\left[2\pi(f_c + 2f_m)t - \frac{\pi}{2}\right] + \cos\left[2\pi(f_c + 2f_m)t + \frac{\pi}{2}\right]\right\} \end{aligned} \tag{3.24}$$

그림 3.5(b)와 (c)는 $x_c(t)$의 진폭과 위상 스펙트럼이다. 진폭 스펙트럼은 반송파 주파수에 대하여 우함수 대칭이고 위상 스펙트럼은 반송파 주파수에 대하여 기함수 대칭인 점을 주목하자. 물론 $x_c(t)$는 실수 신호이기 때문에 전체적인 진폭 스펙트럼은 $f=0$에 대해서 우대칭이고 전체적인 위상 스펙트럼은 $f=0$에 대해서 기대칭이다. ■

3.2.2 변조 사다리꼴

AM 신호의 변조 지수를 관찰하는 아주 좋은 도구가 **변조 사다리꼴**(modulation trapezoid)이다. 변조된 반송파 $x_c(t)$를 오실로스코프의 수직 입력에 넣고 메시지 신호 $m(t)$를 수평 입력에 넣으면, 변조 사다리꼴의 포락선이 만들어진다. 변조 사다리꼴의 기본 형태가 그림 3.6에 나타나 있다. 사다리꼴은 쉽게 해석되고, $a<1$에 대해 그림 3.6에 보인다. 그림 3.6을 그릴 때, $\max[m_n(t)]=1$이고 $\min[m_n(t)]=-1$이라 가정하는데, 이것은 일반적인 경우이다.

$$A = 2A_c(1 + a) \tag{3.25}$$

이고

$$B = 2A_c(1 - a) \tag{3.26}$$

그러므로

$$A + B = 4A_c \tag{3.27}$$

이고

$$A - B = 4A_c a \tag{3.28}$$

변조 지수는 다음과 같다.

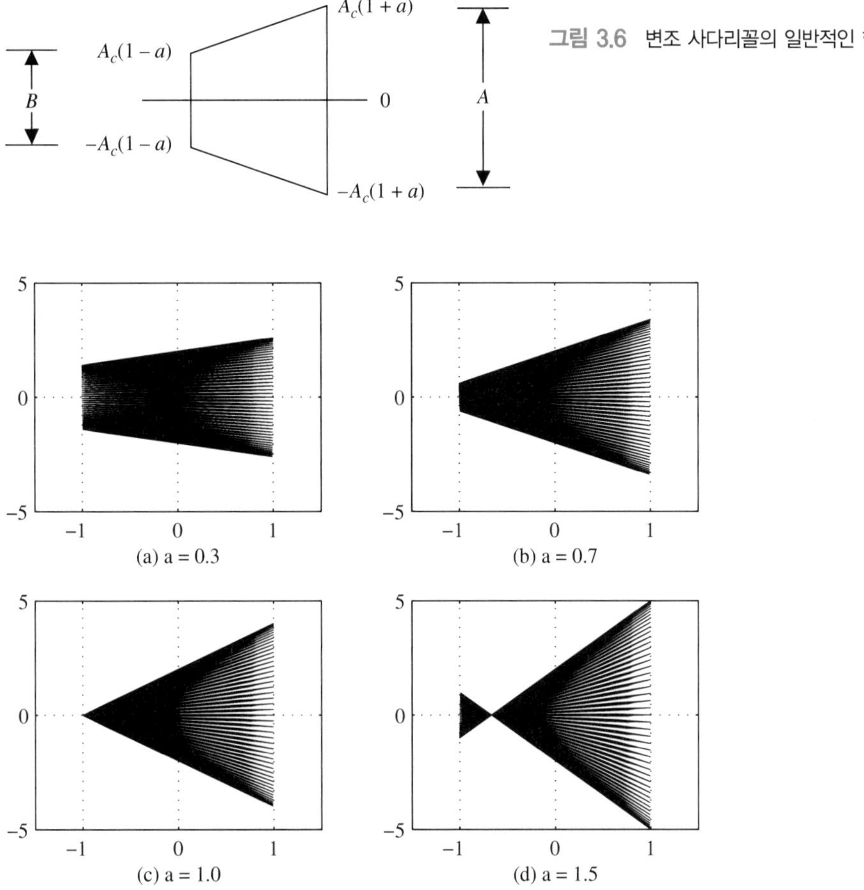

그림 3.6 변조 사다리꼴의 일반적인 형태

그림 3.7 a=0.3, 0.7, 1.0, 그리고 1.5에 대한 변조 사다리꼴

$$\frac{A - B}{A + B} = \frac{4A_c a}{4A_c} = a \tag{3.29}$$

그림 3.7은 a=0.3, 0.7, 1.0, 그리고 1.5에 대한 특정한 예이다.

변조 사다리꼴의 포락선의 위와 아래는 직선임을 유의하자. 이것은 선형성에 대한 간단한 시험을 제공한다. 만일 변조기/송신기 조합이 비선형이면, 사다리꼴의 위와 아래 끝의 모양이 더 이상 직선이 아니다. 그러므로 다음 컴퓨터 예제 3.1에 보인 것처럼 변조 사다리꼴은 선형성에 대한 시험이다.

컴퓨터 예제 3.1

이 예제에서 우리는 3차 비선형을 가진 변조기/송신기 조합을 고려한다. 다음의 MATLAB 프로그램을 생각하자.

```
% Filename: c3ce1
a = 0.7;
fc = 2;
fm = 200.1;
t= 0:0.001:1;
m = cos(2*pi*fm*t);
c = cos(2*pi*fc*t);
xc = 2*(1+a*m).*c;
xc = xc+0.1*xc.*xc.*xc;
plot(m,xc)
axis([-1.2,1.2,-8,8])
grid
% End of script file.
```

MATLAB 프로그램을 실행하면 그림 3.8에 보이는 변조 사다리꼴이 생성된다. 비선형 효과가 분명하다.

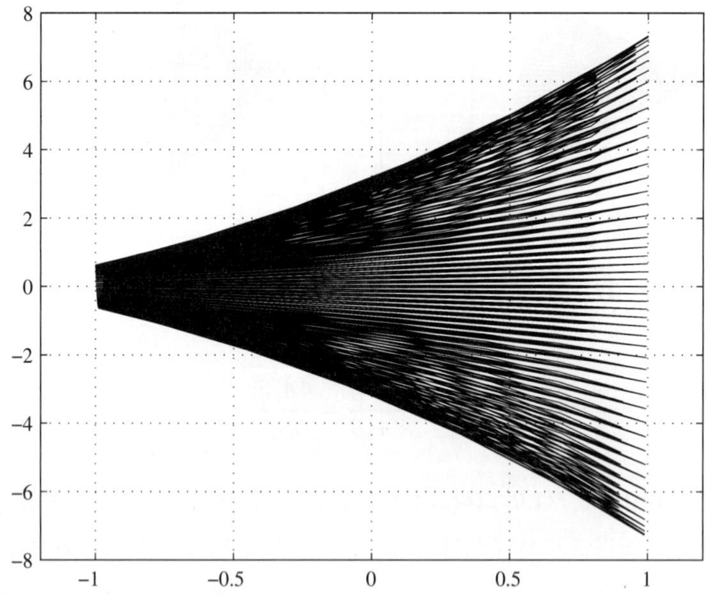

그림 3.8 3차 비선형을 가진 변조기/송신기의 변조 사다리꼴

■

3.3 단측파대(SSB) 변조

DSB의 전개 과정에서 우리는 상측파대(USB)와 하측파대(LSB)는 반송파 주파수에 대해서 진폭 스펙트럼은 우대칭이고 위상 스펙트럼은 기대칭임을 알았다. 따라서 둘 중 한 측파대만으로도 메시지 신호 $m(t)$를 복원하기 위한 충분한 정보를 포함하고 있기 때문에 양측파대(DSB) 모두를 전송할 필요가 없다. 전송에 앞서 측파대의 한쪽을 제거하면 단측파대(SSB) 신호가 되고, $m(t)$의 대역폭이 W라면 변조기 출력의 대역폭은 $2W$에서 W로 줄어든다. 그러나 이같이 대역폭을 감소시키기 위해서는 구현이 상당히 복잡해진다.

다음에서 SSB 변조기 출력 신호의 시간 영역 표현을 두 가지 다른 방법을 사용하여 유도한다. 비록 두 방법은 동일하지만 서로 다른 관점에서 표현된다. 첫 번째 방법은 DSB 신호로부터 SSB 신호를 발생시키기 위해 사용되는 필터의 전달 함수를 힐버트 변환을 통해 유도하는 것이다. 두 번째 방법은 그림 2.29에서 표현된 결과와 주파수 천이 정리를 이용하여 $m(t)$로부터 직접 SSB 신호를 유도하는 것이다.

그림 3.9는 측파대 필터링에 의한 SSB 신호의 발생 과정을 설명하고 있다. 첫째로, DSB 신호 $x_{DSB}(t)$를 만든다. DSB 신호의 측파대 필터링은 필터의 선택된 통과 대역에 따라서 상측파대 또는 하측파대 SSB 신호가 된다.

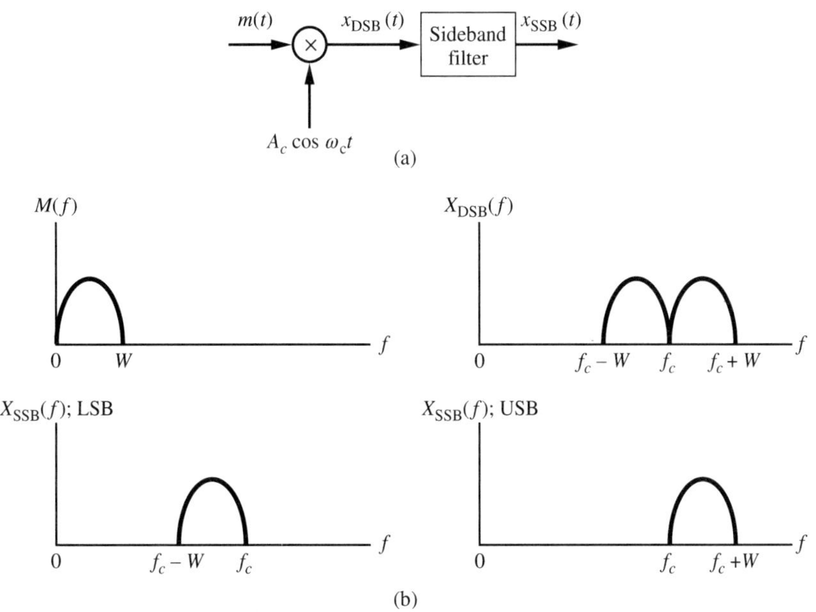

그림 3.9 측파대 필터링에 의한 SSB 생성. (a) SSB 변조기, (b) (단측)스펙트럼

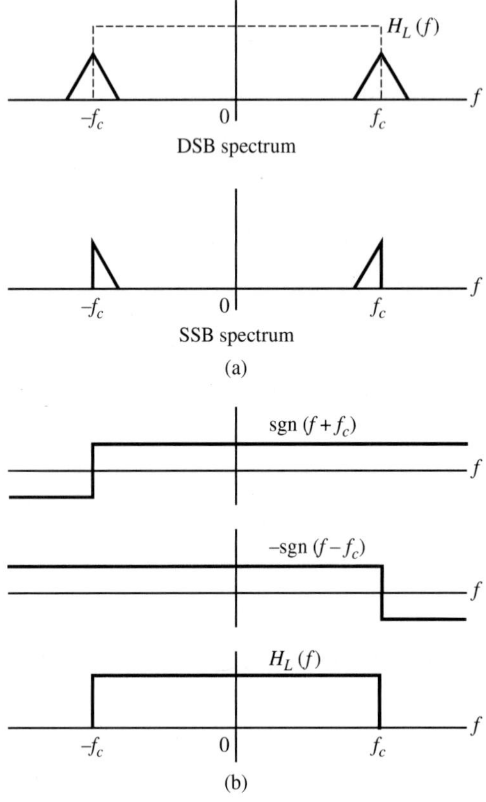

그림 3.10 하측파대 SSB의 생성. (a) 측파대 필터링 과정, (b) 하측파대 필터의 생성

하측파대 SSB를 형성하는 필터링 과정을 그림 3.10에 자세히 나타내었다. 하측파대 SSB 신호는 DSB 신호의 하측파대는 통과시키고 상측파대는 제거하는 이상적인 필터에 DSB 신호를 통과시켜서 만들 수 있다. 이것이 그림 3.10(b)이며, 이 필터의 전달 함수는 다음과 같다.

$$H_L(f) = \frac{1}{2}[\text{sgn}(f + f_c) - \text{sgn}(f - f_c)] \tag{3.30}$$

DSB 신호의 푸리에 변환이

$$X_{\text{DSB}}(f) = \frac{1}{2}A_c M(f + f_c) + \frac{1}{2}A_C M(f - f_c) \tag{3.31}$$

이기 때문에, 하측파대 SSB 신호의 변환은

$$\begin{aligned} X_c(f) = {} & \frac{1}{4}A_c[M(f + f_c)\text{sgn}(f + f_c) + M(f - f_c)\text{sgn}(f + f_c)] \\ & -\frac{1}{4}A_c[M(f + f_c)\text{sgn}(f - f_c) + M(f - f_c)\text{sgn}(f - f_c)] \end{aligned} \tag{3.32}$$

이고, 정리하면 다음과 같다.

$$X_c(f) = \frac{1}{4}A_c[M(f+f_c) + M(f-f_c)] \\ +\frac{1}{4}A_c[M(f+f_c)\text{sgn}(f+f_c) - M(f-f_c)\text{sgn}(f-f_c)] \tag{3.33}$$

DSB의 연구를 통해서

$$\frac{1}{2}A_c m(t)\cos(2\pi f_c t) \leftrightarrow \frac{1}{4}A_c[M(f+f_c) + M(f-f_c)] \tag{3.34}$$

임을 알 수 있고, 2장에서 공부한 힐버트 변환으로부터

$$\hat{m}(t) \leftrightarrow -j(\text{sgn}f)M(f)$$

이다. 주파수 천이 정리에 의해

$$m(t)e^{\pm j2\pi f_c t} \leftrightarrow M(f \mp f_c) \tag{3.35}$$

임을 알 수 있고, 앞의 식에서 $m(t)$를 $\hat{m}(t)$로 대치하면

$$\hat{m}(t)e^{\pm j2\pi f_c t} \leftrightarrow -jM(f \mp f_c)\text{sgn}(f \mp f_c) \tag{3.36}$$

가 된다. 따라서

$$\mathfrak{F}^{-1}\left\{\frac{1}{4}A_c[M(f+f_c)\text{sgn}(f+f_c) - M(f-f_c)\text{sgn}(f-f_c)]\right\} \\ = -A_c\frac{1}{4j}\hat{m}(t)e^{-j2\pi f_c t} + A_c\frac{1}{4j}\hat{m}(t)e^{+j2\pi f_c t} = \frac{1}{2}A_c\hat{m}(t)\sin(2\pi f_c t) \tag{3.37}$$

식 (3.34)와 식 (3.37)을 결합하면, 하측파대 SSB 신호의 일반적인 형태를 얻을 수 있다.

$$x_c(t) = \frac{1}{2}A_c m(t)\cos(2\pi f_c t) + \frac{1}{2}A_c\hat{m}(t)\sin(2\pi f_c t) \tag{3.38}$$

유사한 방법으로 상측파대 SSB 신호를 유도할 수 있고, 결과는 다음과 같다.

$$x_c(t) = \frac{1}{2}A_c m(t)\cos(2\pi f_c t) - \frac{1}{2}A_c\hat{m}(t)\sin(2\pi f_c t) \tag{3.39}$$

이로써 LSB와 USB 변조기는 힐버트 변환을 나타내는 항의 부호를 제외하고는 같은 정의식을 가진다는 것을 알 수 있다. SSB 신호의 스펙트럼을 관찰하면 SSB 시스템은 직류 응답을 가지지 않는다는 것을 확인할 수 있다.

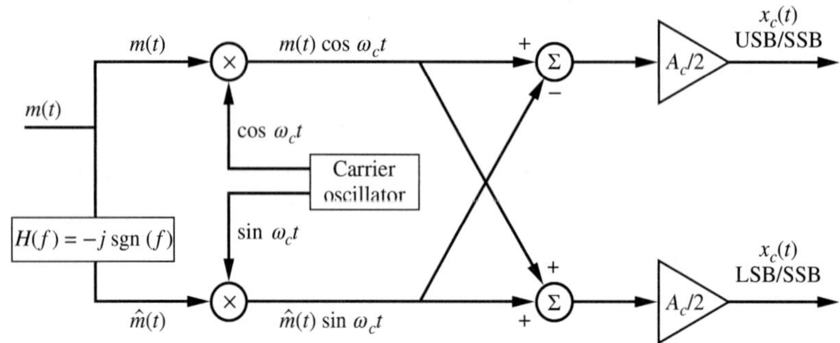

그림 3.11 위상 천이 변조기

만일 저주파 성분이 $m(t)$에 포함되어 있다면 DSB 변조기의 출력을 측파대 필터링 방법에 의하여 SSB를 생성하는 것은 매우 이상적인 필터의 사용이 요구된다. 위상 천이 변조(phase-shift modulation)로 알려진 SSB 신호를 생성하기 위한 또 다른 방법이 그림 3.11에 있다. 이 시스템은 식 (3.38)과 식 (3.39)를 항별로 구현한 것이다. 측파대 필터링을 위하여 요구되는 이상적인 필터처럼, 힐버트 변환 연산을 수행하는 이상적인 광대역 위상 천이기를 정확히 구현하기란 불가능하다. 하지만 불연속 주파수가 $f=f_c$ 대신에 $f=0$에서 일어나기 때문에 이상적인 위상 천이기를 매우 근사적으로 구현할 수 있다.

SSB 신호를 위한 $x_c(t)$의 다른 유도 방법은 해석적 신호(analytic signal)의 개념을 바탕으로 한다. 그림 3.12(a)에서 보듯이, $M(f)$의 양의 주파수 부분은

$$M_p(f) = \frac{1}{2}\mathfrak{F}\{m(t) + j\hat{m}(t)\} \tag{3.40}$$

이고, $M(f)$의 음의 주파수 부분은 다음과 같다.

$$M_n(f) = \frac{1}{2}\mathfrak{F}\{m(t) - j\hat{m}(t)\} \tag{3.41}$$

정의에 의해 상측파대 SSB 신호는 주파수 영역에서

$$X_c(f) = \frac{1}{2}A_c M_p(f - f_c) + \frac{1}{2}A_c M_n(f + f_c) \tag{3.42}$$

으로 주어지며, 역푸리에 변환은

$$x_c(t) = \frac{1}{4}A_c[m(t) + j\hat{m}(t)]e^{j2\pi f_c t} + \frac{1}{4}A_c[m(t) - j\hat{m}(t)]e^{-j2\pi f_c t} \tag{3.43}$$

이고, 다시 쓰면 다음과 같다.

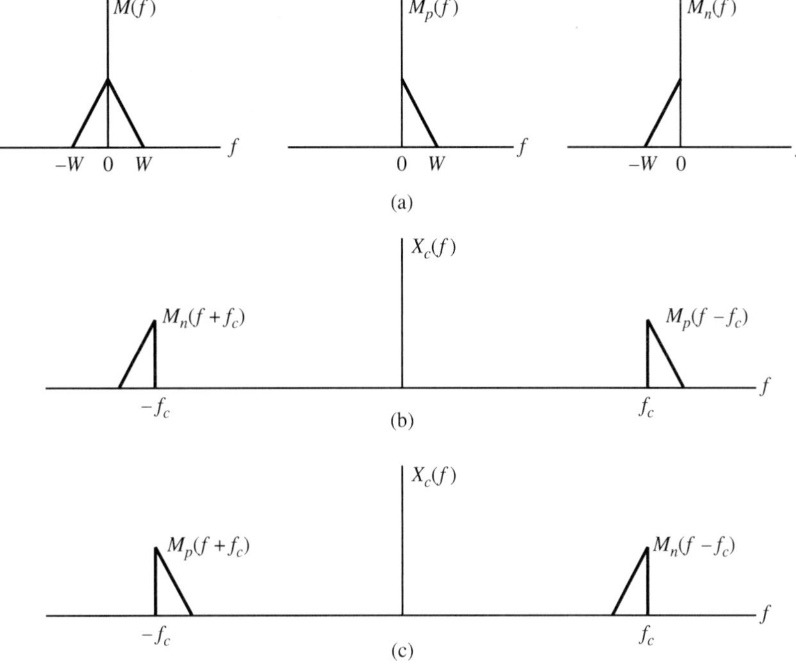

그림 3.12 SSB 신호의 다른 유도 방법. (a) $M(f)$, $M_p(f)$, 그리고 $M_n(f)$, (b) 상측파대 SSB 신호, (c) 하측파대 SSB 신호

$$\begin{aligned} x_c(t) &= \frac{1}{4}A_c m(t)[e^{j2\pi f_c t} + e^{-j2\pi f_c t}] + j\frac{1}{4}A_c \hat{m}(t)[e^{j2\pi f_c t} - e^{-j2\pi f_c t}] \\ &= \frac{1}{2}A_c m(t)\cos(2\pi f_c t) - \frac{1}{2}A_c \hat{m}(t)\sin(2\pi f_c t) \end{aligned} \tag{3.44}$$

앞의 표현은 정확히 식 (3.39)와 동일하다.

하측파대 SSB 신호 역시 매우 비슷한 방법으로 유도된다. 정의에 의해서 하측파대 SSB 신호에 대하여

$$X_c(f) = \frac{1}{2}A_c M_p(f + f_c) + \frac{1}{2}A_c M_n(f - f_c) \tag{3.45}$$

이다. 역푸리에 변환하면 이것은

$$x_c(t) = \frac{1}{4}A_c[m(t) + j\hat{m}(t)]e^{-j2\pi f_c t} + \frac{1}{4}A_c[m(t) - j\hat{m}(t)]e^{j2\pi f_c t} \tag{3.46}$$

이고, 다시 쓰면 다음과 같다.

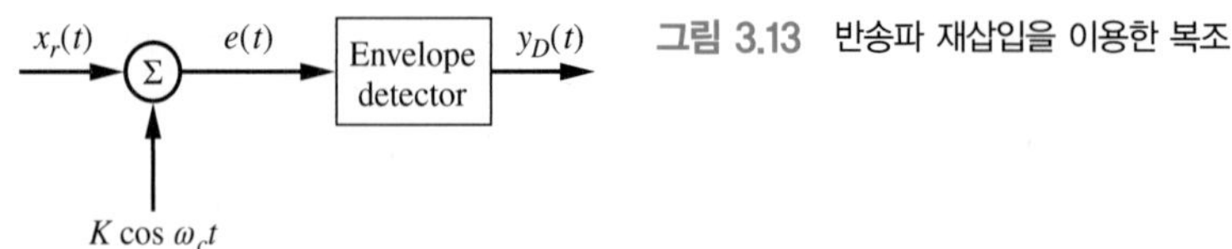

그림 3.13 반송파 재삽입을 이용한 복조

$$\begin{aligned} x_c(t) &= \frac{1}{4}A_c m(t)[e^{j2\pi f_c t} + e^{-j2\pi f_c t}] - j\frac{1}{4}A_c \widehat{m}(t)[e^{j2\pi f_c t} - e^{-j2\pi f_c t}] \\ &= \frac{1}{2}A_c m(t)\cos(2\pi f_c t) + \frac{1}{2}A_c \widehat{m}(t)\sin(2\pi f_c t) \end{aligned}$$

이 표현은 식 (3.38)과 동일하다. 그림 3.12(b)와 (c)는 이 전개에서 쓰인 네 신호의 스펙트럼, $M_p(f+f_c)$, $M_p(f-f_c)$, $M_n(f+f_c)$, $M_n(f-f_c)$를 보여준다.

SSB 신호를 복조하는 데 사용될 수 있는 여러 가지 방법이 있다. 가장 간단한 방법은 그림 3.1(a)에 있는 대로 복조 반송파를 $x_c(t)$에 곱하고 그 결과를 저역통과 필터링하는 것이다. 복조 반송파가 위상 오차 $\theta(t)$를 갖고 있다고 가정하면 다음과 같다.

$$d(t) = \left[\frac{1}{2}A_c m(t)\cos(2\pi f_c t) \pm \frac{1}{2}A_c \widehat{m}(t)\sin(2\pi f_c t)\right]\{4\cos[2\pi f_c t + \theta(t)]\} \tag{3.47}$$

여기서 인수 4는 수학적인 편의를 위해 선택된 것이다. 앞의 표현을 다시 쓰면

$$\begin{aligned} d(t) &= A_c m(t)\cos\theta(t) + A_c m(t)\cos[4\pi f_c t + \theta(t)] \\ &\mp A_c \widehat{m}(t)\sin\theta(t) \pm A_c \widehat{m}(t)\sin[4\pi f_c t + \theta(t)] \end{aligned} \tag{3.48}$$

이다. 저역통과 필터링과 진폭 조정(scaling)을 하면 복조된 출력은 다음과 같다.

$$y_D(t) = m(t)\cos\theta(t) \mp \widehat{m}(t)\sin\theta(t) \tag{3.49}$$

식 (3.49)를 관찰하면, $\theta(t)$가 0이면 복조된 출력은 원하는 메시지 신호가 된다. 하지만 만일 $\theta(t)$가 0이 아니면 출력은 두 항의 합으로 구성됨을 알 수 있다. 첫째 항은 시변화 감쇠(time-varying attenuation)된 메시지 신호이고, 유사한 방식으로 동작하는 DSB 시스템에서 존재하는 출력이기도 하다. 둘째 항은 혼신 항(crosstalk term)으로 $\theta(t)$가 작지 않으면 심한 왜곡을 발생시킨다.

SSB 신호를 복조하는 또 다른 유용한 방법은 반송파 재삽입인데 그림 3.13에 나타내었다. 국부 발진기(local oscillator) 출력이 수신 신호 $x_r(t)$에 더해진다. 이것은 포락선 검출기에 입력이 되며 다음과 같이 표현된다.

$$e(t) = \left[\frac{1}{2}A_c m(t) + K\right]\cos(2\pi f_c t) \pm \frac{1}{2}A_c \widehat{m}(t)\sin(2\pi f_c t) \tag{3.50}$$

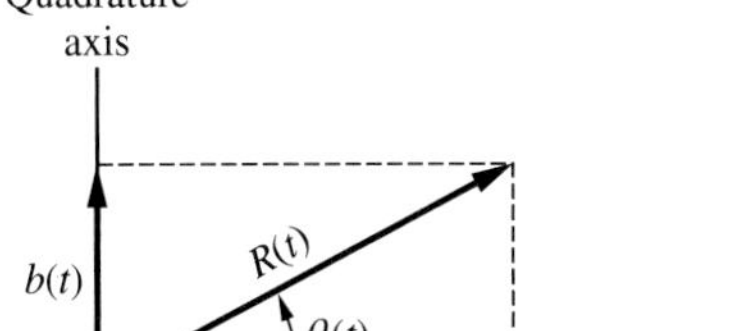

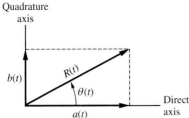

그림 3.14 실수축-허수축 신호의 표현

다음으로 포락선 검출기의 출력을 계산해야 한다. 식 (3.50) 형태의 신호에서는 코사인과 사인 항이 모두 포함되기 때문에 식 (3.10) 형태의 신호에서보다 포락선을 구하기가 다소 어렵다. 원하는 결과를 유도하기 위해 다음 식을 생각하자.

$$x(t) = a(t)\cos(2\pi f_c t) - b(t)\sin(2\pi f_c t) \tag{3.51}$$

위의 식은 그림 3.14에서와 같이 표현될 수 있다. 그림 3.14는 실수축(direct) 성분의 진폭 $a(t)$와 허수축(quadrature) 성분의 진폭 $b(t)$, 그리고 결과인 $R(t)$를 보여준다. 이들은 그림 3.14로부터

$$a(t) = R(t)\cos\theta(t)\text{이고}\quad b(t) = R(t)\sin\theta(t)$$

이다. 이것은

$$x(t) = R(t)[\cos\theta(t)\cos(2\pi f_c t) - \sin\theta(t)\sin(2\pi f_c t)] \tag{3.52}$$

이 되고, 다시 쓰면

$$x(t) = R(t)\cos[2\pi f_c t + \theta(t)] \tag{3.53}$$

여기서 $\theta(t)$는

$$\theta(t) = \tan^{-1}\left(\frac{b(t)}{a(t)}\right) \tag{3.54}$$

이다. 이 신호의 포락선인 순시 진폭(instantaneous amplitude) $R(t)$는 다음과 같다.

$$R(t) = \sqrt{a^2(t) + b^2(t)} \tag{3.55}$$

그리고 이것은 만일 $a(t)$와 $b(t)$가 $\cos\omega_c t$ 에 비해 천천히 변한다면, 입력으로 $x(t)$를 갖는 포락선 검출기 출력이다.

식 (3.50)과 식 (3.55)를 비교하면 반송파 재삽입 후에 SSB 신호의 포락선은 다음으로 주어짐을 알 수 있다.

$$y_D(t) = \sqrt{\left[\frac{1}{2}A_c m(t) + K\right]^2 + \left[\frac{1}{2}A_c \widehat{m}(t)\right]^2} \tag{3.56}$$

이는 그림 3.13에서 복조된 출력 $y_D(t)$이다. 만일 K가 다음을 만족시킬 정도로 크면,

$$\left[\frac{1}{2}A_c m(t) + K\right]^2 \gg \left[\frac{1}{2}A_c \widehat{m}(t)\right]^2$$

포락선 검출기의 출력은

$$y_D(t) \cong \frac{1}{2}A_c m(t) + K \tag{3.57}$$

이고, 위 신호로부터 메시지 신호를 쉽게 얻을 수 있다. 이 전개 과정을 보면, 반송파 재삽입에서 지역적으로 생성된 반송파는 원래의 변조 반송파와 위상동기되어야 한다는 것을 알 수 있다. 이것은 음성 전송 시스템에서는 쉽게 구현된다. 복조 반송파의 주파수와 위상은 소리가 또렷해질 때까지 수동으로 조정할 수 있다.

예제 3.2

앞의 분석에서 본 것처럼 단측파대의 개념은 주파수 영역 분석을 이용하면 가장 잘 이해가 된다. 하지만 SSB의 시간 영역 파형 또한 흥미로우며 이 예제의 중심 내용이기도 하다. 메시지 신호가 다음과 같다고 가정한다.

$$m(t) = \cos(2\pi f_1 t) - 0.4\cos(4\pi f_1 t) + 0.9\cos(6\pi f_1 t) \tag{3.58}$$

$m(t)$의 힐버트 변환은 다음과 같다.

$$\widehat{m}(t) = \sin(2\pi f_1 t) - 0.4\sin(4\pi f_1 t) + 0.9\sin(6\pi f_1 t) \tag{3.59}$$

그림 3.15(a)와 (b)에 이 두 파형을 나타내었다.

앞에서 보았듯이, SSB 신호는

$$x_c(t) = \frac{A_c}{2}[m(t)\cos(2\pi f_c t) \pm \widehat{m}(t)\sin(2\pi f_c t)] \tag{3.60}$$

이고, 부호는 전송에 이용된 측파대에 따라 선택한다. 식 (3.51)부터 식 (3.55)까지 이용하여 $x_c(t)$를 식 (3.1)의 표준 형태로 놓으면 다음과 같이 된다.

$$x_c(t) = R(t)\cos[2\pi f_c t + \theta(t)] \tag{3.61}$$

여기서 포락선 $R(t)$는

$$R(t) = \frac{A_c}{2}\sqrt{m^2(t) + \widehat{m}^2(t)} \tag{3.62}$$

이고, $x_c(t)$의 위상 편이 $\theta(t)$는

$$\theta(t) = \pm \tan^{-1}\left(\frac{\widehat{m}(t)}{m(t)}\right) \tag{3.63}$$

이다. 그러므로 $\theta(t)$의 순시 주파수는

$$\frac{d}{dt}[2\pi f_c t + \theta(t)] = 2\pi f_c \pm \frac{d}{dt}\left[\tan^{-1}\left(\frac{\widehat{m}(t)}{m(t)}\right)\right] \tag{3.64}$$

가 된다.

식 (3.62)로부터 SSB 신호의 포락선은 측파대의 선택과는 독립적임을 알 수 있다. 하지만 순시 주파수는 메시지 신호의 복잡한 함수이고 또한 측파대의 선택에 따라 달라진다. 그러므로 메시지 신호 $m(t)$

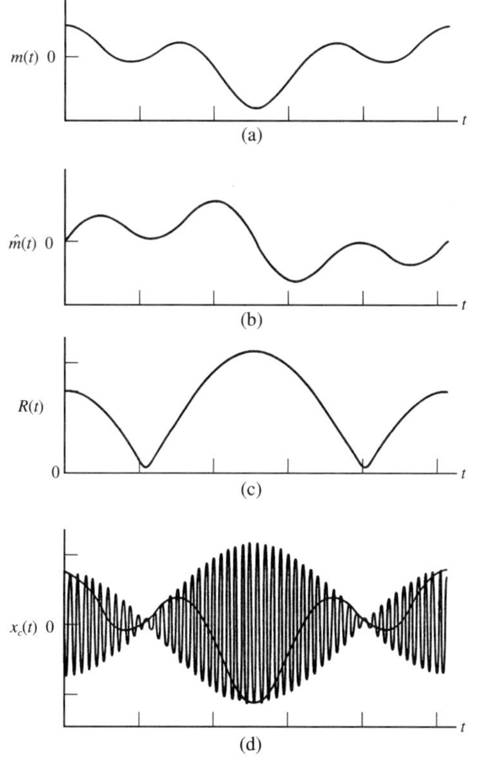

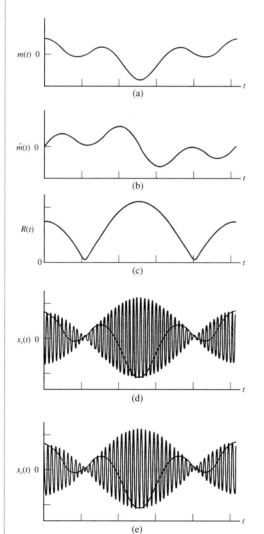

그림 3.15 SSB 시스템의 시간 영역 신호. (a) 메시지 신호, (b) 메시지 신호의 힐버트 변환, (c) SSB 신호의 포락선, (d) 메시지 신호와 상측파대 SSB 신호, (e) 메시지 신호와 하측파대 SSB 신호

는 변조된 반송파 $x_c(t)$의 포락선과 위상 모두에 영향을 준다. DSB와 AM에서 메시지 신호는 오직 $x_c(t)$의 포락선에만 영향을 준다.

SSB 신호의 포락선, $R(t)$가 그림 3.15(c)에 있다. 상측파대 SSB 신호는 그림 3.15(d)에 있고, 하측파대 SSB 신호는 그림 3.15(e)에 있다. 상측파대와 하측파대 SSB 신호 모두 그림 3.15(c)에서 보이는 포락선을 가진다. 메시지 신호 $m(t)$ 또한 그림 3.15의 (d)와 (e)에 나타나 있다.

■

■ 3.4 잔류측파대(VSB) 변조

우리는 DSB는 과도한 대역폭을 필요로 하며 측파대 필터링에 의한 SSB의 생성은 단지 대략적으로만 구현할 수 있다는 것을 보았다. 게다가 SSB는 아주 나쁜 저주파 성능을 갖는다. **잔류측파대 변조**[vestigial-sideband(VSB) modulation]는 SSB 변조기의 출력에서는 원하지 않았던 측파대의 잔류를 어느 정도 허용함으로써 절충안을 제공하는데, 반송 주파수에서의 날카로운 차단의 필요가 없어지므로 측파대 필터의 설계를 간단히 할 수 있다. 게다가 VSB 시스템은 SSB에 비하여 저주파 응답을 개선하고, 심지어 DC 응답도 가질 수 있다. 간단한 예로 이 기술을 설명하겠다.

예제 3.3

간단히 하기 위하여, 메시지 신호가 두 정현파의 합이라고 하자.

$$m(t) = A\cos(2\pi f_1 t) + B\cos(2\pi f_2 t) \tag{3.65}$$

다음과 같은 DSB 신호를 만들기 위해 반송파 cos $(2\pi f_c t)$와 이 메시지 신호를 곱한다.

$$\begin{aligned} e_{DSB}(t) = &\frac{1}{2}A\cos[2\pi(f_c - f_1)t] + \frac{1}{2}A\cos[2\pi(f_c + f_1)t] \\ &+\frac{1}{2}B\cos[2\pi(f_c - f_2)t] + \frac{1}{2}B\cos[2\pi(f_c + f_2)t] \end{aligned} \tag{3.66}$$

그림 3.16(a)는 이 신호의 단측 스펙트럼을 나타내고 있다. 전송 전에 잔류측파대 필터를 사용하여 VSB 신호를 생성한다. 그림 3.16(b)는 VSB 필터의 가정된 진폭 응답이다. 위상 응답은 다음 예제의 주제이다. VSB 필터의 가장자리는 그림에 있는 것처럼 반송파 주파수에 관하여 대칭이 되어야 한다. 그림 3.16(c)는 VSB 필터 출력의 단측 스펙트럼을 나타내고 있다.

VSB 필터가 다음과 같은 진폭과 위상 응답을 갖는다고 가정하자.

$$H(f_c - f_2) = 0, \quad H(f_c - f_1) = \epsilon e^{-j\theta_a}, \quad H(f_c + f_1) = (1-\epsilon)e^{-j\theta_b}, \quad H(f_c + f_2) = 1e^{-j\theta_c} \tag{3.67}$$

VSB 필터 입력은 복소 포락선 형태로 다음과 같이 표현되는 DSB 신호이다.

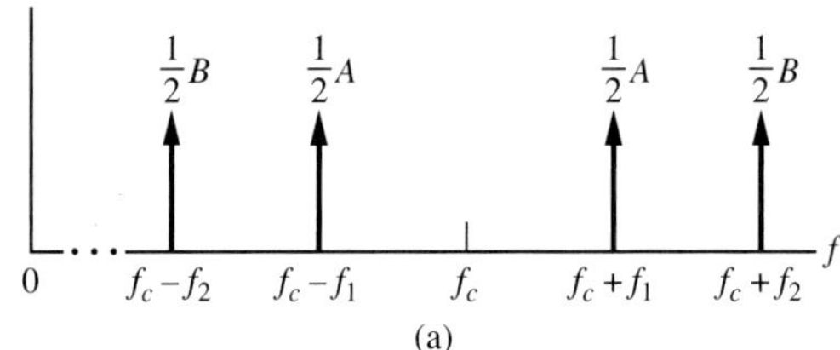

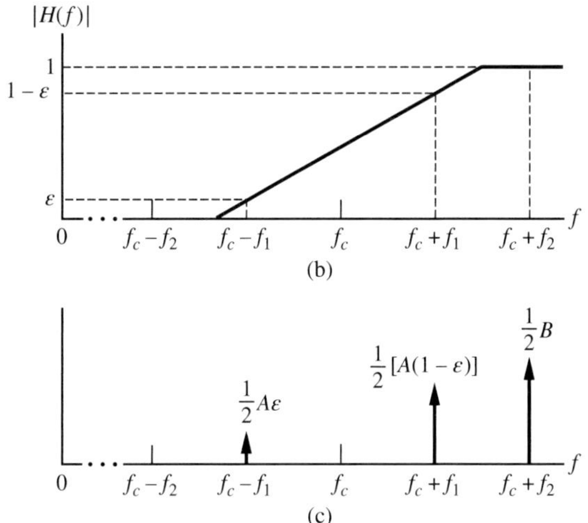

그림 3.16 잔류측파대 변조의 생성. (a) DSB 진폭 스펙트럼(단측), (b) f_c 주위의 VSB 필터 특성, (c) VSB 진폭 스펙트럼

$$x_{DSB}(t) = \text{Re}\left[\left(\frac{A}{2}e^{-j2\pi f_1 t} + \frac{A}{2}e^{j2\pi f_1 t} + \frac{B}{2}e^{-j2\pi f_2 t} + \frac{B}{2}e^{j2\pi f_2 t}\right)e^{j2\pi f_c t}\right] \tag{3.68}$$

VSB 필터의 진폭 및 위상 응답을 사용하여 다음의 VSB 신호를 얻는다.

$$x_c(t) = \text{Re}\left\{\left[\frac{A}{2}\epsilon e^{-j(2\pi f_1 t+\theta_a)} + \frac{A}{2}(1-\epsilon)e^{j(2\pi f_1 t-\theta_b)} + \frac{B}{2}e^{j(2\pi f_2 t-\theta_c)}\right]e^{j2\pi f_c t}\right\} \tag{3.69}$$

복조는 $2e^{-j2\pi f_c t}$를 곱하고 실수부를 취하여 완성할 수 있다. 이것은

$$e(t) = A\epsilon\cos(2\pi f_1 t + \theta_a) + A(1-\epsilon)\cos(2\pi f_1 t - \theta_b) + B\cos(2\pi f_2 t - \theta_c) \tag{3.70}$$

이다. 식 (3.70)에 있는 것처럼 첫 두 항을 뭉치기 위하여, 다음을 만족하여야만 한다.

$$\theta_a = -\theta_b \tag{3.71}$$

이것은 위상 응답이 f_c에 대하여 기대칭이어야만 하고, 게다가 $e(t)$는 실수이기 때문에 VSB 필터의 위상 응답은 또한 $f=0$에 대하여 기대칭 위상 응답을 가져야만 한다는 것을 보여준다. $\theta_a = -\theta_b$이면, 다음과 같이 된다.

$$e(t) = A\cos(2\pi f_1 t - \theta_b) + B\cos(2\pi f_2 t - \theta_c) \tag{3.72}$$

우리는 아직도 θ_c와 θ_b 사이의 관계를 구해야 한다.

2장에서 본 것처럼 복조된 신호 $e(t)$가 원래의 메시지 신호 $m(t)$의 왜곡되지 않은(진폭이나 위상 왜곡이 없는) 모양이 되기 위해서 $e(t)$는 $m(t)$에 일정한 크기의 진폭으로 곱해지고 시간 지연된 형태여야만 한다. 다시 말해

$$e(t) = Km(t - \tau) \tag{3.73}$$

이다. K=1로 하고 시간 지연을 τ라 하면, $e(t)$는

$$e(t) = A\cos[2\pi f_1(t - \tau)] + B\cos[2\pi f_2(t - \tau)] \tag{3.74}$$

이다. 식 (3.72)와 식 (3.74)를 비교하면

$$\theta_b = 2\pi f_1 \tau \tag{3.75}$$

이고

$$\theta_c = 2\pi f_2 \tau \tag{3.76}$$

이다. 위상 왜곡이 없기 위하여, 시간 지연은 $e(t)$의 양 성분들에 대하여 똑같아야 한다. 그래서

$$\theta_c = \frac{f_2}{f_1}\theta_b \tag{3.77}$$

이다. 그러므로 VSB 필터의 위상 응답은 입력 신호의 대역폭에서 선형적이어야 한다는 것을 볼 수 있는데, 이것은 2장에서 왜곡 없는 시스템을 다룰 때 예상했던 것이다. ■

SSB에서 요구되는 것보다 VSB가 약간 더 넓은 대역폭을 필요로 하는 단점은 전자회로의 단순화에 의해 상쇄되는 것 이상이다. 사실 반송파 성분이 VSB 신호에 더해지면 포락선 검출도 가능하다. 이런 기술에 대한 전개 과정은 SSB 신호의 반송파 재삽입을 이용한 포락선 검출 과정과 유사하며 연습문제에서 다룬다. 하지만 다음 예제에서 이 과정을 대략적으로 설명한다.

예제 3.4

이 예제에서는 VSB 변조에 해당하는 시간 영역 파형에 대해 알아보고, 포락선 검출이나 반송파 재삽입을 사용한 복조를 고려한다. 똑같은 메시지 신호를 가정한다.

$$m(t) = \cos(2\pi f_1 t) - 0.4\cos(4\pi f_1 t) + 0.9\cos(6\pi f_1 t) \tag{3.78}$$

메시지 신호 $m(t)$가 그림 3.17(a)에 있다. VSB 신호는 다음과 같이 표현될 수 있다.

메시지 신호 $m(t)$가 그림 3.17(a)에 있다. VSB 신호는 다음과 같이 표현될 수 있다.

$$\begin{aligned} x_c(t) = A_c[&\epsilon_1 \cos[2\pi(f_c - f_1)t] + (1-\epsilon_1)\cos[2\pi(f_c - f_1)t]] \\ &-0.4\epsilon_2 \cos[2\pi(f_c - 2f_1)t] - 0.4(1-\epsilon_2)\cos[2\pi(f_c - 2f_1)t \\ &+0.9\epsilon_3 \cos[2\pi(f_c - 3f_1)t] + 0.9(1-\epsilon_3)\cos 2\pi(f_c - 3f_1)t] \end{aligned} \tag{3.79}$$

그림 3.17(b)는 $\epsilon_1=0.64$, $\epsilon_2=0.78$, $\epsilon_3=0.92$에 대해 메시지 신호와 함께 변조된 반송파를 나타낸다. 그림 3.17(c)는 반송파 재삽입과 포락선 검출의 결과를 나타낸다. 반송파 성분의 진폭에 의해 증가된 메시지 신호를 명백히 보여주고 있으며 이것이 바로 포락선 검출기의 출력이다.

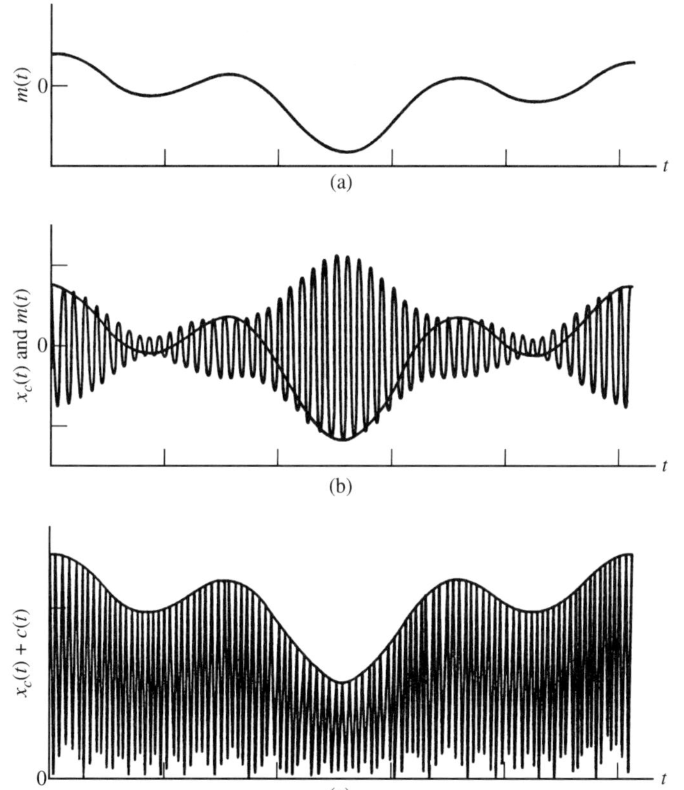

그림 3.17 VSB 시스템의 시간 영역 신호. (a) 메시지 신호, (b) VSB 신호와 메시지 신호, (c) VSB 신호와 반송파 신호의 합

3.5 주파수 천이와 혼합

대역통과 신호를 새로운 중심 주파수로 천이시키는 것이 종종 요구된다. 주파수 천이는 다른 많은 응용에서만큼이나 통신 수신기의 구현에 사용된다. 이런 주파수 천이의 과정은 대역통과 신호에 주기 신호를 곱함으로써 이루어지는데 이것을 **혼합**(mixing)이라고 부른다. 혼합기의 블록도가 그림 3.18에 있다. 한 예로, 대역통과 신호 $m(t)\cos(2\pi f_1 t)$는 $2\cos[2\pi(f_1 \pm f_2)t]$ 형태의 국부 발진 신호를 곱함으로써 f_1으로부터 새로운 반송 주파수 f_2로 천이될 수 있다. 적당한 삼각 함수 공식을 사용하여 곱셈의 결과가

$$e(t) = m(t)\cos(2\pi f_2 t) + m(t)\cos(4\pi f_1 \pm 2\pi f_2)t \tag{3.80}$$

임을 알 수 있다. 원치 않는 항은 필터링에 의해 제거된다. 필터는 DSB 변조를 가정한다면 최소한 $2W$의 대역폭을 가져야 한다. 여기서 W는 $m(t)$의 대역폭이다.

혼합기의 통상적인 문제는 두 개의 다른 입력 신호가 같은 주파수 f_2로 천이될 수 있다는 사실에서 비롯된다. 예를 들면, $k(t)\cos[2\pi(f_1 \pm 2f_2)t]$ 형태의 입력들 역시 f_2로 천이되는 것이다. 이유는 다음과 같다.

$$\begin{aligned} 2k(t)\cos[2\pi(f_1 \pm 2f_2)t]\cos[2\pi(f_1 \pm f_2)t] &= k(t)\cos(2\pi f_2 t) \\ &+k(t)\cos[2\pi(2f_1 \pm 3f_2)t] \end{aligned} \tag{3.81}$$

식 (3.81)에서 세 개의 부호 모두 양이거나 모두 음이어야 한다. 출력을 f_2에 나타내는 입력 주파수 $f_1 \pm 2f_2$는 원하는 주파수 f_1의 **환상 주파수**(image frequency)라고 불린다.

환상 주파수가 수신기 설계에서 고려해야 할 문제라는 것을 설명하기 위해 그림 3.19에 나타낸 슈퍼헤테로다인 수신기를 생각하자. 복조되기 위한 신호의 중심 주파수는 f_c이고, 중간 주파수(intermediate-frequency, IF) 필터는 중심 주파수가 f_{IF}로 고정된 대역통과 필터이다. 슈퍼헤테로다인 수신기는 좋은 감도(sensitivity)(미약한 신호를 검출할 수 있는 능력)와 선택도

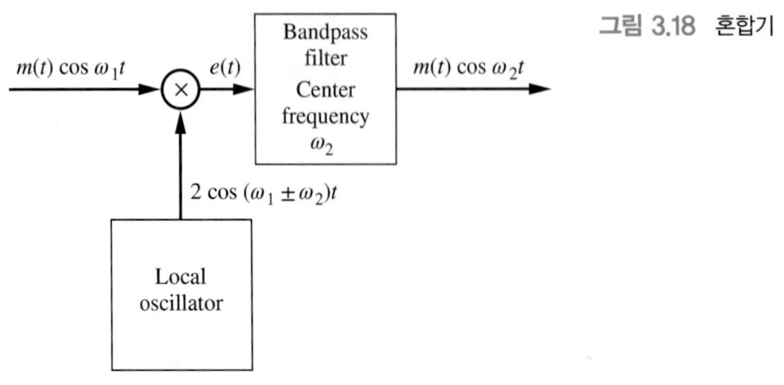

그림 3.18 혼합기

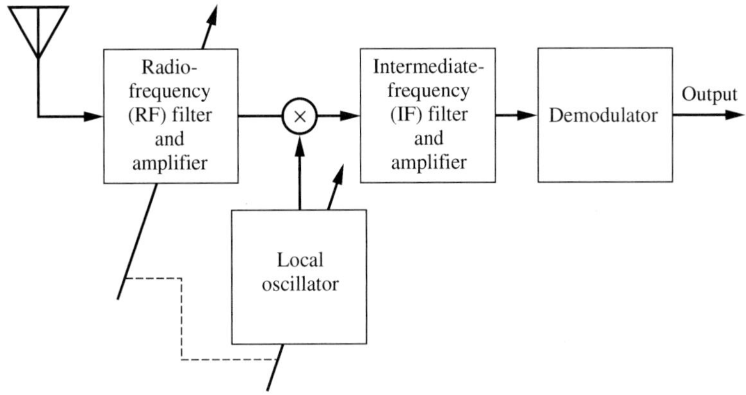

그림 3.19 슈퍼헤테로다인 수신기

(selectivity)(가까이 있는 신호를 구분할 수 있는 능력)를 갖고 있다. 이것은 대부분 검출 전에 필터링을 하는 IF 필터는 튜닝이 필요 없기 때문이다. 그래서 이것은 다소 복잡한 필터일 수 있다. 수신기의 튜닝은 국부 발진기의 주파수를 변화시킴으로써 할 수 있다. 그림 3.19의 슈퍼헤테로다인 수신기는 그림 3.18에서 $f_c = f_1$이고 $f_{IF} = f_2$인 혼합기이다. 혼합기는 입력 주파수 f_c를 중간 주파수 f_{IF}로 천이시킨다.

앞에서 본 것처럼 국부 발진 주파수 값의 선택에 따라서, 환상 주파수 $f_c \pm 2f_{IF}$도 또한 IF 출력에 나타난다. 이것은 반송파 주파수 f_c를 갖는 신호를 수신하고자 할 때, 국부 발진 주파수가 $f_c + f_{IF}$라면 반송파가 $f_c + 2f_{IF}$인 신호도 수신할 수 있으며, 국부 발진 주파수가 $f_c - f_{IF}$라면 반송파가 $f_c - 2f_{IF}$인 신호도 수신할 수 있다는 것을 의미한다. 환상 주파수는 오직 한 개만이 있으며, 항상 원하는 주파수와 $2f_{IF}$만큼 떨어져 있다. 그림 3.20은 다음과 같은 주파수를 갖고 있는 국부 발진기에 대한 원하는 신호와 환상 신호를 나타낸다.

$$f_{LO} = f_c + f_{IF} \tag{3.82}$$

환상 주파수는 라디오 주파수(radio-frequency, RF) 필터로 제거될 수 있다. AM 라디오에 대한 표준 IF 주파수는 455kHz이다. 따라서 환상 주파수는 원하는 신호와 거의 1MHz 떨어져 있다. 이것은 RF 필터가 협대역일 필요가 없다는 것을 보여준다. 더욱이 AM 방송 대역은 540kHz에서 1.6MHz의 주파수 대역을 차지하기 때문에 만약 가장 높은 대역의 방송국이 가장 낮은 대역의 방송국에 지리적으로 가까이 있지 않다면, 조정할 수 있는 RF 필터는 필요 없음이 분명하다. 일부 값싼 수신기는 이 사실을 이용한다. 게다가 RF 필터가 가변이라 할지라도 주파수의 조정 범위는 매우 좁다.

슈퍼헤테로다인 수신기를 설계할 때에 국부 발진기의 주파수를 입력 반송파 주파수 이하

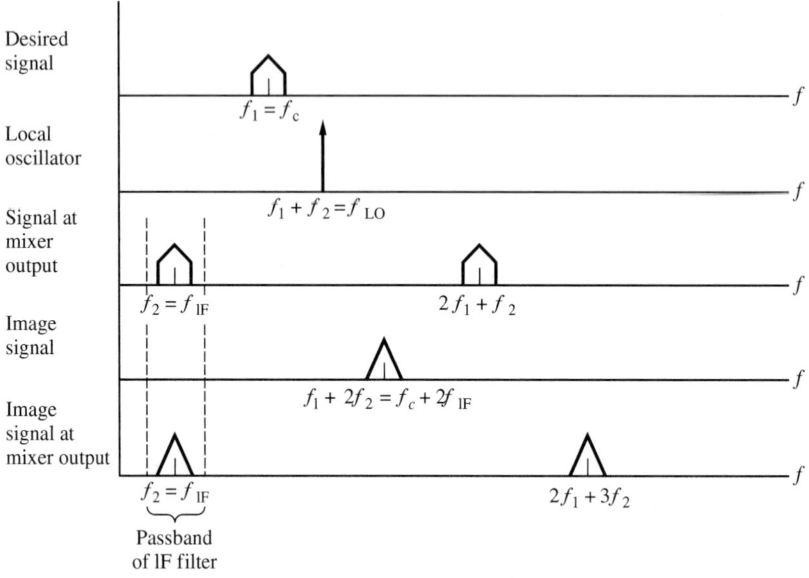

그림 3.20 환상 주파수의 설명(상측 튜닝)

인 값으로 선택(*low-side tuning*)할 것인지, 입력 반송파 주파수 이상의 값으로 선택(*high-side tuning*)할 것인지를 결정해야 한다. 표준 AM 방송 대역에 근거를 둔 한 간단한 예가 중요한 점을 보여주고 있다. 표준 AM 방송 대역은 540kHz에서 1600kHz까지 걸쳐 있다. 이 예에서 일반적인 중간 주파수 455kHz를 선택하자. 표 3.1에서 보는 것처럼 하측 튜닝에 대해 국부 발진기의 주파수는 85kHz에서 1145kHz까지 변할 수 있어야 하며, 이것은 13대 1을 초과한 주파수 범위를 나타낸다. 만약 고측 튜닝이 사용되면 국부 발진기의 주파수는 995kHz에서 2055kHz까지 변해야 하며, 이것은 2대 1을 조금 넘는 주파수 범위를 나타낸다. 주파수가 넓은 범위에서 변해야 하는 발진기는 주파수가 좁은 범위에서 변하는 발진기보다 구현하기 훨씬 더 어렵다.

표 3.1 f_{IF}=455kHz를 가지는 AM 방송 대역을 위한 하측과 상측 튜닝

	Lower frequency	Upper frequency	Tuning range of local oscillator
Standard AM broadcast band	540 kHz	1600 kHz	
Frequencies of local oscillator for low-side tuning	540 kHz − 455 kHz = 85 kHz	1600 kHz − 455 kHz = 1145 kHz	13.47 to 1
Frequencies of local oscillator for high-side tuning	540 kHz + 455 kHz = 995 kHz	1600 kHz + 455 kHz = 2055 kHz	2.07 to 1

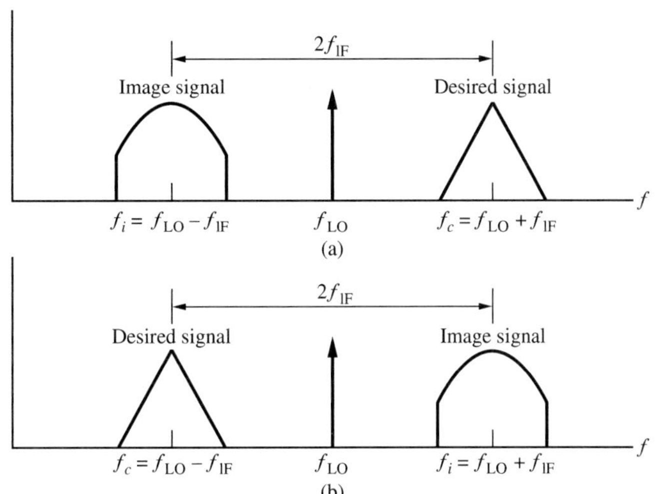

그림 3.21 f_c와 f_i 간의 관계. (a) 하측 튜닝, (b) 상측 튜닝

복조되길 바라는 신호와 환상 신호 사이의 관계가 하측, 상측 튜닝에 대해 그림 3.21에 요약되었다. 복조되기 위한 원하는 신호는 f_c의 반송파 주파수를 가지고 있고, 환상 신호는 f_i의 반송파 주파수를 가지고 있다.

3.6 선형 변조에서의 간섭

이제 통신 시스템에서의 간섭에 대한 영향을 생각한다. 실제 시스템에서 간섭은 복조할 반송파 주파수에 근접해 있는 여러 다른 반송파 주파수를 사용하는 송신기로부터 방출되는 RF와 같은 여러 가지 경로로부터 생긴다. 또한 간섭이 있는 시스템의 분석은 8장의 주제인 잡음이 있는 상황에서 동작하는 시스템의 행태에 대해 중요한 통찰력을 우리에게 제공하기 때문에 간섭에 대하여 공부할 것이다. 이 절에서는 선형 변조와 각 변조를 모두 고려할 것이다. 간섭이 있는 경우 이 두 시스템은 매우 상이한 동작 특성을 보이며, 이를 이해하는 것이 매우 중요하다.

간섭이 존재하는 간단한 경우의 선형 변조로서, 그림 3.22에 있는 스펙트럼(단측)을 갖는 수신된 신호를 고려한다. 수신된 신호는 세 성분으로 구성된다. 반송파 성분, 정현파 메시지 신호를 나타내는 한 쌍의 측파대와 주파수 f_c+f_i의 원하지 않는 간섭 톤이다. 그러므로 복조기의 입력은 다음과 같다.

$$x_c(t) = A_c \cos(2\pi f_c t) + A_i \cos[2\pi(f_c + f_i)t] + A_m \cos(2\pi f_m t)\cos(2\pi f_c t) \tag{3.83}$$

$x_c(t)$에 $2\cos(2\pi f_c t)$를 곱하고 저역통과 필터링(위상동기 복조)을 하면

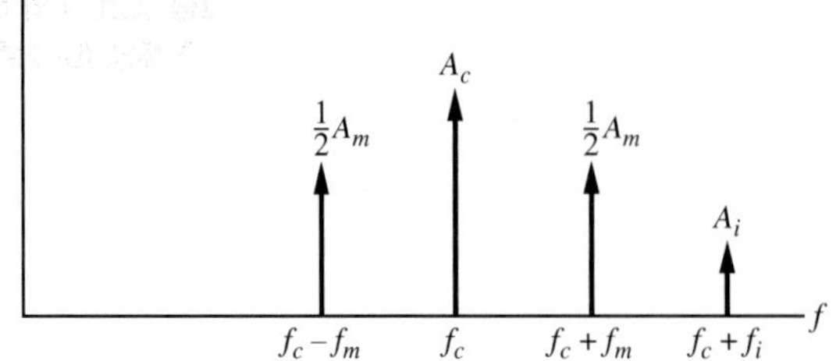

그림 3.22 가정한 수신된 신호의 스펙트럼

$$y_D(t) = A_m \cos(2\pi f_m t) + A_i \cos(2\pi f_i t) \tag{3.84}$$

가 되고, 여기서 간섭 성분은 필터에 의해 통과되고 반송파로부터 발생된 직류 성분은 차단된다고 가정한다. 이 간단한 예로부터 간섭이 수신기 입력에서 가산적이면, 신호와 간섭은 수신기 출력에서도 가산적이라는 것을 알 수 있다. 이는 위상동기 복조기가 선형 복조기처럼 동작하기 때문이다.

포락선 검출에서의 간섭의 영향은 포락선 검출기의 비선형 특성 때문에 매우 다르게 나타난다. 포락선 검출을 분석하는 방법은 위상동기 복조의 경우보다 매우 어렵다. $x_c(t)$를 위상의 형태로 나타내면 이해를 도울 수 있다. 위상 다이어그램을 도입하기 위해 식 (3.83)을 다음과 같은 형태로 나타낸다.

$$x_r(t) = \text{ Re } \left[\left(A_c + A_i e^{j2\pi f_i t} + \frac{1}{2}A_m e^{j2\pi f_m t} + \frac{1}{2}A_m e^{-j2\pi f_m t}\right) e^{j2\pi f_c t}\right] \tag{3.85}$$

위상 다이어그램은 반송파 주파수를 0이라 할 때, 반송파와의 관계로 얻어진다. 다시 말해, 복소 포락선 신호에 대응하는 위상 다이어그램을 그린다. 이 위상 다이어그램이 그림 3.23에 간섭이 있는 경우와 없는 경우로 보여주고 있다. 이상적인 포락선 검출기의 출력은 두 경우 모두 $R(t)$가 된다. 위상 다이어그램은 간섭이 진폭 왜곡과 위상 편이 모두를 일으키는 것을 보여준다.

포락선 검출에서의 간섭의 영향은 식 (3.83)을 다음과 같이 써서 구한다.

$$\begin{aligned} x_r(t) = {} & A_c \cos(2\pi f_c t) + A_m \cos(2\pi f_m t)\cos(2\pi f_c t) \\ & + A_i[\cos(2\pi f_c t)\cos(2\pi f_i t) - \sin(2\pi f_c t)\sin(2\pi f_i t)] \end{aligned} \tag{3.86}$$

이것은

$$x_r(t) = [A_c + A_m \cos(2\pi f_c t) + A_i \cos(2\pi f_i t)]\cos(2\pi f_c t) - A_i \sin(2\pi f_i t)\sin(2\pi f_c t) \tag{3.87}$$

이다. 만일 우리가 관심을 갖는 일반적인 경우인 $A_c \gg A_i$이면, 식 (3.87)의 마지막 항은 첫 번째 항과 비교해서 무시될 수 있으며 직류 항은 제거된다고 가정하면 이 경우 포락선 검출기의 출

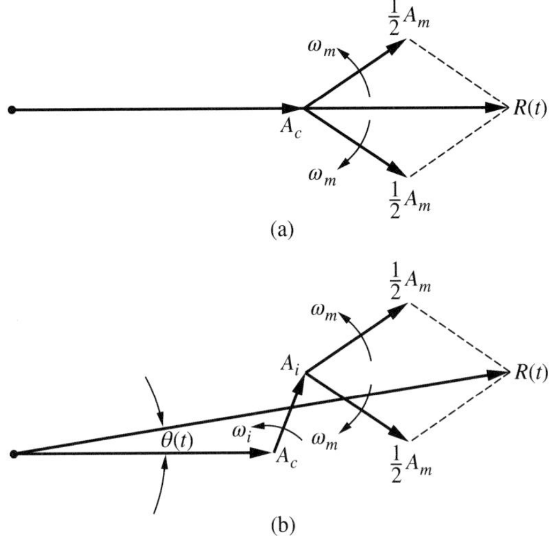

그림 3.23 간섭을 보여주는 페이저 다이어그램. (a) 간섭이 없는 경우의 페이저 다이어그램, (b) 간섭이 있는 경우의 페이저 다이어그램

력은 다음과 같다.

$$y_D(t) \cong A_m \cos(2\pi f_m t) + A_i \cos(2\pi f_i t) \tag{3.88}$$

그러므로 간섭이 작은 경우에는 포락선 검출과 위상동기 검출은 본질적으로 동일하다.

만일 $A_c \ll A_i$ 라면, 식 (3.87)의 마지막 항은 무시될 수 있다는 가정은 성립할 수 없고, 출력은 상당히 달라진다. 이를 살펴보기 위해 식 (3.83)을 다시 쓰면 다음과 같다.

$$\begin{aligned} x_r(t) &= A_c \cos[2\pi(f_c + f_i - f_i)t] + A_i \cos[2\pi(f_c + f_i)t] \\ &\quad + A_m \cos(2\pi f_m t) \cos[2\pi(f_c + f_i - f_i)t] \end{aligned} \tag{3.89}$$

여기서 적절한 삼각 함수 정리를 사용하면,

$$\begin{aligned} x_r(t) &= A_c \{\cos[2\pi(f_c + f_i)t] \cos(2\pi f_i t) + \sin[2\pi(f_c + f_i)t] \sin(2\pi f_i t)\} \\ &\quad + A_i \cos[2\pi(f_c + f_i)t] + A_m \cos(2\pi f_m t)\{\cos[2\pi(f_c + f_i)t] \cos(2\pi f_i t) \\ &\quad + \sin[2\pi(f_c + f_i)t] \sin(2\pi f_i t)\} \end{aligned} \tag{3.90}$$

이다. 식 (3.90)은 다음과 같이 쓸 수 있다.

$$\begin{aligned} x_r(t) &= [A_i + A_c \cos(2\pi f_i t) + A_m \cos(2\pi f_m t) \cos(2\pi f_i t)] \cos[2\pi(f_c + f_i)t] \\ &\quad + [A_c \sin(2\pi f_i t) + A_m \cos(2\pi f_m t) \sin(2\pi f_i t)] \sin[2\pi(f_c + f_i)t] \end{aligned} \tag{3.91}$$

만일 $A_i \gg A_c$ 라면, 식 (3.91)의 마지막 항은 첫 번째 항에 비해 무시될 수 있다. 그러면 포락선 검출기의 출력은 다음과 같이 근사화된다.

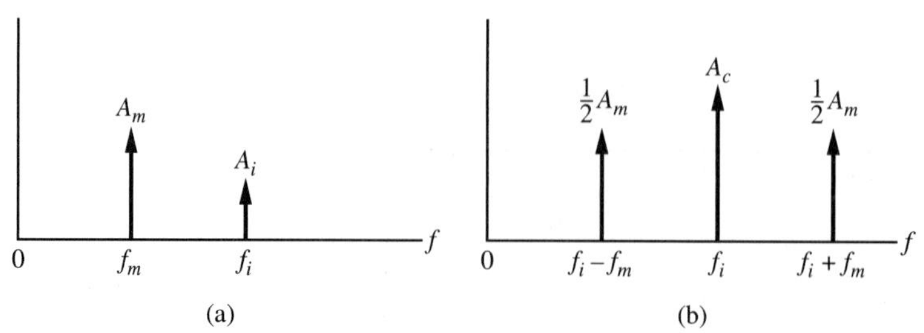

그림 3.24 포락선 검출기의 출력 스펙트럼. (a) $A_c \gg A_i$, (b) $A_c \ll A_i$

$$y_D(t) \cong A_c \cos(2\pi f_i t) + A_m \cos(2\pi f_m t) \cos(2\pi f_i t) \tag{3.92}$$

여기서 몇 가지 관찰을 할 수 있다. 포락선 검출기에서 가장 큰 고주파 성분이 반송파로 취급되었다. 만일 $A_c \gg A_i$라면 유효한 복조 반송파는 f_c이고, 반면에 $A_i \gg A_c$이면 유효한 반송파 주파수는 간섭 주파수인 $f_c + f_i$가 된다.

그림 3.24는 $A_c \gg A_i$인 경우와 $A_c \ll A_i$인 경우에 대한 포락선 검출기 출력의 스펙트럼이다. $A_c \gg A_i$인 경우에 간섭 톤은 단순히 포락선 검출기의 출력에서 주파수 f_i를 갖는 정현파 형태로 나타난다. 이것은 $A_c \gg A_i$이면, 포락선 검출기는 선형 복조기로 동작한다는 것을 보여준다. $A_c \ll A_i$인 경우는 식 (3.92)와 그림 3.24(b)에서 볼 수 있는 것처럼 상황이 많이 달라진다. 이 경우, 주파수 f_m을 갖는 정현파 메시지 신호가 간섭 톤을 변조시키는 것을 볼 수 있다. 포락선 검출기의 출력은 반송파 주파수 f_i와 $f_i + f_m$, $f_i - f_m$에서 측파대 성분을 갖는 AM 신호의 스펙트럼을 연상시키는 스펙트럼을 갖는다. 메시지 신호는 사실상 손실된다. 이런 원하는 신호의 감소를 임계 현상(threshold effect)이라 하며, 이는 포락선 검출기의 비선형 성질의 결과이다. 8장에서 아날로그 시스템에서의 잡음의 영향을 연구할 때 임계 현상을 상세히 다룰 것이다.

3.7 펄스 진폭 변조(PAM)

2장(2.8절)에서 대역이 제한되어 있고 연속적인 신호를 이산적인 표본들의 시퀀스로 나타낼 수 있으며, 표본화율이 충분히 높으면 무시할 수 있을 정도의 오차로 연속적인 신호로 복원시킬 수 있음을 보았다. 표본화된 신호부터 생각하면서 펄스 변조를 시작한다. 펄스 변조는 표본화값에 일대일 대응하며 연속적으로 펄스가 변화하는 아날로그의 경우이거나, 혹은 허용되는 값들 중 하나가 취해지는 디지털의 경우 둘 다 가능하다. 이 절에서는 펄스 진폭 변조(pulse amplitude modulation, PAM)에 대해서 알아본다. 다음 절에서는 디지털 펄스 변조의 몇 가지 예들을 알아본다.

언급된 것처럼, 펄스의 어떤 성질이 표본화값에 일대일 대응하며 연속적으로 변화할 때 아

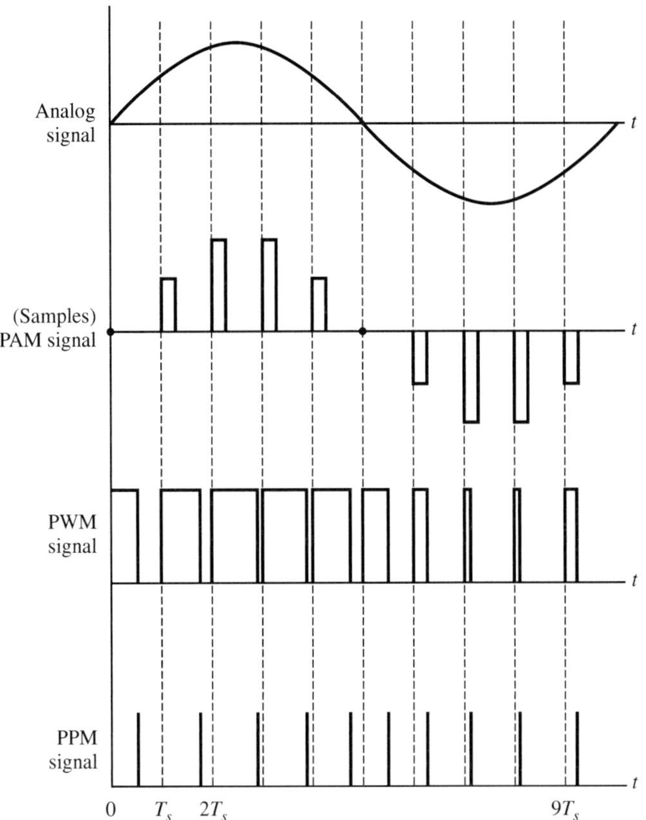

그림 3.25 PAM, PWM, PPM의 그림

날로그 펄스 변조(analog pulse modulation)라 한다. 세 가지 성질이 쉽게 변할 수 있다. 진폭(amplitude), 펄스 폭(width), 그리고 위치(position). 그림 3.25와 같이 이 특성들은 각각 펄스 진폭 변조(PAM), 펄스 폭 변조(PWM), 펄스 위치 변조(PPM)가 된다. 이 장에서는 PAM만 다룰 것이다. 펄스 폭 변조와 펄스 위치 변조는 각 변조의 성질을 가지고 있어서 다음 장에서 다룬다.

PAM 파형은 표본화된 값들을 의미하는 일련의 평평한 펄스들의 시퀀스로 이루어져 있다. 각 펄스의 진폭은 펄스의 시작점에서의 메시지 신호 $m(t)$의 값이다. PAM과 앞 장에서 논의된 표본화의 근본적인 차이점은 PAM에서는 표본화된 펄스가 일정한 폭을 가진다는 점이다. 그림 3.26에 보이는 유지 회로(holding circuit)로 임펄스 열 모양의 표본값들을 통과시켜서 나온 임펄스 열 표본화 함수로부터 일정한 폭의 펄스를 발생시킬 수 있다. 이상적인 유지 회로의 임펄스 응답은 다음과 같이 주어진다.

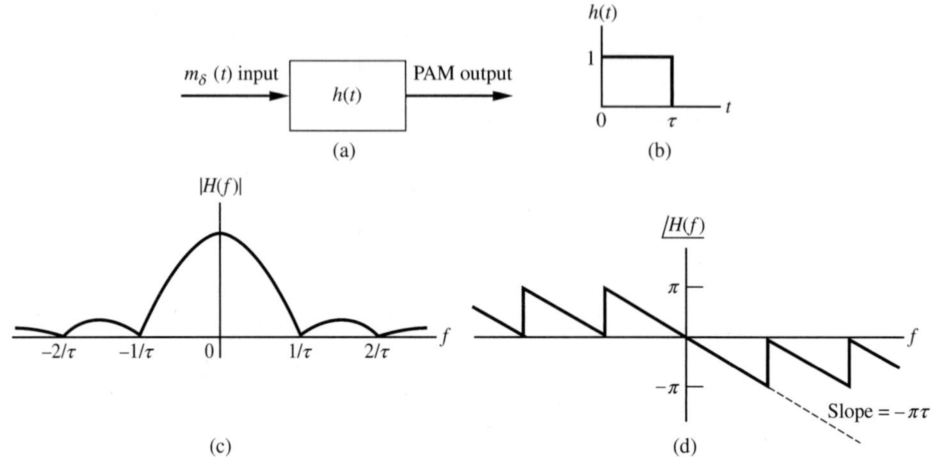

그림 3.26 PAM의 생성. (a) 유지 회로, (b) 유지 회로의 임펄스 응답, (c) 유지 회로의 진폭 응답, (d) 유지 회로의 위상 응답

$$h(t) = \Pi\left(\frac{t - \frac{1}{2}\tau}{\tau}\right) \tag{3.93}$$

유지 회로는

$$m_\delta(t) = m(nT_s)\delta(t - nT_s) \tag{3.94}$$

로 주어지는 임펄스 함수 표본들을

$$m_c(t) = m(nT_s)\Pi\left[\frac{(t - nT_s) + \frac{1}{2}\tau}{\tau}\right] \tag{3.95}$$

과 같은 PAM 파형으로 변환시키는데, 그림 3.26에 나타낸 것과 같다. 유지 회로의 전달 함수는 다음과 같다.

$$H(f) = \tau \operatorname{sinc}(f\tau)e^{-j\pi f\tau} \tag{3.96}$$

유지 회로는 $m(t)$의 모든 대역에 걸쳐서 일정한 진폭 응답을 갖지 않기 때문에, 진폭 왜곡이 발생한다. 펄스 폭 τ가 충분히 좁지 않다면 심각해질 수 있는 이 진폭 왜곡은 표본화를 거치고 다시 $m(t)$를 복원할 때 $m(t)$의 전대역에 걸쳐서 진폭 응답이 $1/|H(f)|$인 필터를 통과시킴으로써 방지할 수 있다. 이 과정은 등화(equalization)라 불리며 이 책의 후반부에서 더욱 자세히 다룰 것이다. 유지 회로의 위상 응답은 선형이므로, 그 영향은 시간 지연이 되고 일반적으로 무

시될 수 있다.

3.8 디지털 펄스 변조

이제 간단히 두 가지 형태의 디지털 펄스 변조, 즉 델타 변조와 펄스 부호 변조에 대해 살펴본다.

3.8.1 델타 변조(DM)

델타 변조(delta modulation, DM)는 메시지 신호를 이진 심벌들의 시퀀스로 부호화시키는 변조 기술이다. 이러한 이진 심벌들은 변조기 출력에서 임펄스 함수의 극성을 나타내주는 데 사용된다. 변조와 복조를 구현하는 전자회로 모두가 극히 간단하다. 이러한 단순성이 DM을 여러 가지 응용에 대하여 매력적인 기술로 만든다.

델타 변조기의 블록도가 그림 3.27(a)에 있다. 회로의 펄스 변조기 부분의 입력은

$$d(t) = m(t) - m_s(t) \tag{3.97}$$

인데, 여기서 $m(t)$는 메시지 신호이고 $m_s(t)$는 기준 파형이다. $d(t)$는 강제 제한되고(hard-limited) 펄스 생성기 출력에 곱해진다. 이는

$$x_c(t) = \Delta(t)\delta(t - nT_s) \tag{3.98}$$

이 되고, 여기서 $\Delta(t)$는 $d(t)$를 강제 제한시킨 것이다. 앞 식을 다시 쓰면 다음과 같다.

$$x_c(t) = \Delta(nT_s)\delta(t - nT_s) \tag{3.99}$$

따라서 델타 변조기의 출력은 표본화 순간에서 $d(t)$의 부호에 따른 양수 혹은 음수의 극성을 갖는 임펄스의 열이 된다. 실제적인 응용에서 펄스 발생기의 출력은 물론 임펄스 함수의 시퀀스가 아니라 오히려 주기에 비해 폭이 좁은 펄스의 시퀀스이다. 여기서는 수학적 간단함을 위해 임펄스 함수로 가정한다. 기준 신호 $m_s(t)$는 $x_c(t)$를 적분하여 만든다. 즉

$$m_s(t) = \Delta(nT_s)\int^t \delta(\alpha - nT_s)d\alpha \tag{3.100}$$

인데, 이것은 $m(t)$를 계단 함수로 근사화한 것이다. 가정된 $m(t)$의 경우 기준 신호 $m_s(t)$가 그림 3.27(b)에 있다. 전송된 파형 $x_c(t)$가 그림 3.27(c)에 그려져 있다.

DM의 복조는 계단 함수 근삿값 $m_s(t)$를 형성하기 위하여 $x_c(t)$를 적분하여 얻는다. 그리고 이

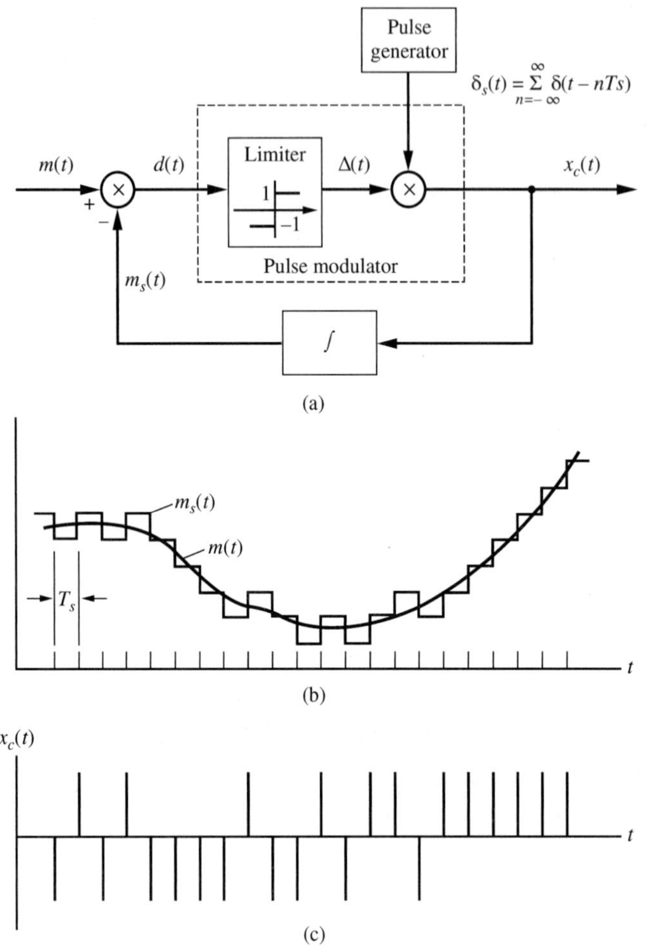

그림 3.27 델타 변조. (a) 델타 변조기, (b) 변조 파형과 계단 함수 근사화, (c) 변조 출력

신호는 저역통과 필터링되어 $m_s(t)$의 이산적인 점프 부분을 없앤다. 저역통과 필터는 적분기를 근사화하기 때문에 PAM에 대하여 했던 것처럼 복조기에서 적분기 없이 저역통과 필터만으로 DM을 복조하는 것도 가능하다. DM이 지닌 어려움은 경사 과부하(slope overload)의 문제이다. 경사 과부하는 메시지 신호 $m(t)$가 계단 근삿값 $m_s(t)$로 추적할 수 있는 것보다 더 큰 경사를 가질 때 일어난다. 이 영향을 그림 3.28(a)에서 나타내었는데, 시간 t_0에서 $m(t)$의 계단 변화를 보인다. $x_c(t)$의 각 펄스가 무게 δ_0의 값을 갖고 있다고 가정하면 $m_s(t)$가 추적할 수 있는 최대 경사는 δ_0/T_s이다. 그림 3.28(b)는 시간 t_0에서 $m(t)$의 계단 변화에 따른 오차 신호의 결과를 보여준다. $m(t)$의 계단 변화 이후에도 얼마 동안은 상당한 오차가 있음을 알 수 있다. 경사 과부하에 의한 오차의 지속 기간은 계단의 진폭, 임펄스의 무게 δ_0값 및 표본화 주기 T_s에 의존한다.

메시지 신호 $m(t)$가 다음과 같이 정현파일 경우로 가정하고 간단한 분석을 해본다.

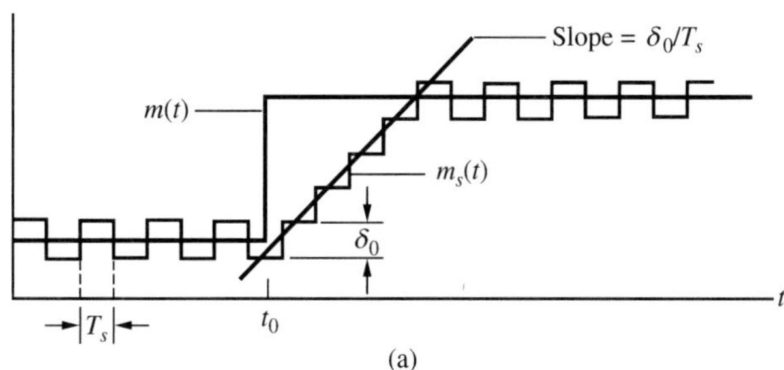

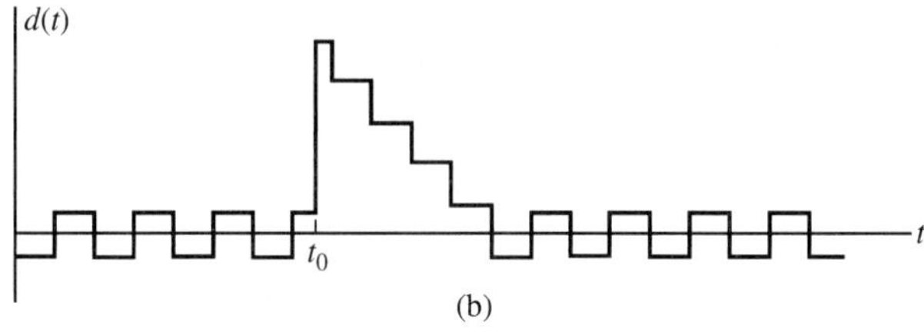

그림 3.28 경사 과부화의 그림. (a) $m(t)$의 계단 변화에 따른 $m_s(t)$와 $m(t)$의 그림, (b) $m(t)$의 계단 변화에 따른 $m(t)$와 $m_s(t)$ 간의 오차

$$m(t) = A\sin(2\pi f_1 t) \tag{3.101}$$

$m_s(t)$가 추적할 수 있는 최대 경사는

$$S_m = \frac{\delta_0}{T_s} \tag{3.102}$$

이고, $m(t)$의 미분은

$$\frac{d}{dt}m(t) = 2\pi A f_1 \cos(2\pi f_1 t) \tag{3.103}$$

이다. $m_s(t)$는 다음과 같은 경우 경사 과부하 없이 $m(t)$를 추적할 수 있다.

$$\frac{\delta_0}{T_s} \geq 2\pi A f_1 \tag{3.104}$$

3.8.2 펄스 부호 변조(PCM)

그림 3.29(a)에 보이는 것과 같이 세 단계 과정을 거쳐 PCM을 생성한다. 메시지 신호 $m(t)$가 먼저 표본화되고, 이 표본값들은 양자화된다. PCM에서는 표본값 대신 각 표본의 양자화 레벨이 전송되는 값이다. 전형적으로, 이 양자화 레벨은 그림 3.29(b)와 같이 이진 시퀀스로 부호화된다. 변조기의 출력은 그림 3.29(c)에서 나타나듯이 이진 시퀀스의 펄스로 표현된다. 이

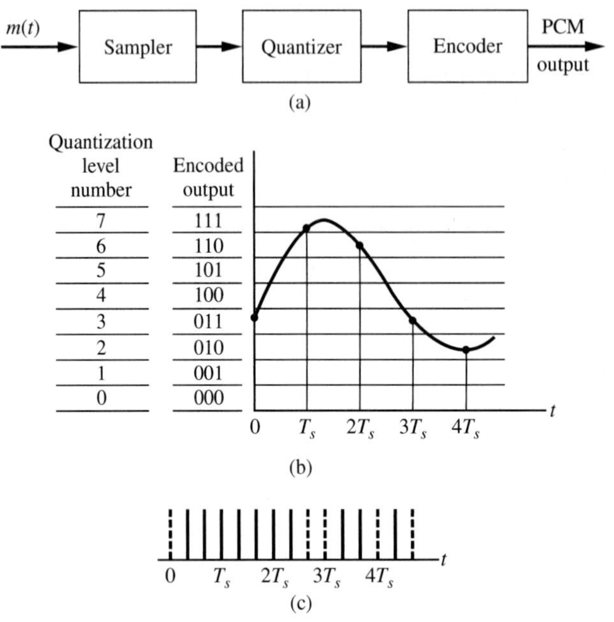

그림 3.29 PCM의 생성. (a) PCM 변조기, (b) 양자화기와 부호화기, (c) 부호화기 출력 표현

진수 "1"은 펄스로 나타내고 이진수 "0"은 펄스의 부재로 표현한다. 이 펄스의 부재를 그림 3.29(c)에선 파선으로 나타내었다. 그림 3.29(c)의 PCM 파형을 보면 PCM 시스템에서는 디지털 워드의 시작점을 복조기에서 알 수 있도록 하는 위상동기가 필요함을 알 수 있다. 또 PCM은 짧은 펄스들의 전송을 위해 충분히 큰 대역폭을 필요로 한다. 그림 3.29(c)는 PCM 신호를 아주 이상적으로 표현한 것이다. 대역폭의 필요성과 함께 더 실질적인 신호 표현들은 5장에서 선 부호들을 공부할 때 다룬다.

PCM 시스템의 대역폭 요건을 고려하기 위해

$$q = 2^n \tag{3.105}$$

를 만족하는 q개의 양자화 레벨을 사용한다고 가정한다. 여기서 n은 단어 길이를 나타내는 정수이다. 이 경우, 메시지 신호의 각 표본마다 $n = \log_2 q$개의 이진 펄스들이 전송되어야 한다. 이 신호의 대역폭을 W라 하고 표본화율을 $2W$라 하면, $2nW$개의 이진 펄스들이 매초마다 전송되어야 한다. 따라서 각 이진 펄스의 최대 폭은 다음과 같다.

$$(\Delta\tau)_{\max} = \frac{1}{2nW} \tag{3.106}$$

2장에서 우리는 펄스 하나의 전송에 필요한 대역폭은

$$B = 2knW \tag{3.107}$$

와 같이 펄스 폭에 반비례함을 보았다. 여기서 B는 PCM 시스템에서 필요한 대역폭이고 k는 비례상수이다. 한 펄스를 전송하기 위하여 최소의 표본화율과 최소의 전송 대역폭을 갖는다고 가정하였음을 명심하자. 식 (3.107)은 PCM 신호의 대역폭이 메시지 신호의 대역폭 W와 단어 길이 n의 곱에 비례함을 보여준다.

만약 이 시스템의 오차의 주된 원인이 양자화 오차라 한다면, 작은 오차 요건은 보다 넓은 전송 대역폭을 만드는 긴 단어 길이를 쓰게 한다. 따라서 PCM 시스템에선 양자화 오차와 대역폭의 교환이 가능하다. 이는 잡음환경에서 동작하는 많은 비선형 시스템의 일반적인 특성이다. 하지만 잡음의 영향에 대한 분석이 이루어지기 전에 확률과 랜덤 과정 이론에 대해 먼저 알아야 한다. 이들 분야에 대해 지식이 있어야 매일 비이상적인 환경에서 동작하는 현실적이고 실제적인 통신 시스템을 정확하게 모델링할 수 있다.

3.8.3 시분할 다중화(TDM)

시분할 다중화(time-division multiplexing, TDM)는 그림 3.30(a)를 보면 가장 이해하기 쉽다. 데이터 정보원은 나이퀴스트(Nyquist)율이나 그보다 더 큰 비율로 표본화되었다고 가정한다. 그러면 교환기가 표본들을 그림 3.30(b)에서 보여주듯이 차례로 짜 맞추어서 기저대역 신호를 형성한다. 채널 출력에서 기저대역 신호는 그림에서 나타낸 바와 같이 두 번째 교환기로 각 신호를 추출하여 역다중화한다. 이 시스템이 적절하게 동작하기 위해서는 두 교환기 사이의 적절한 동기화가 매우 중요하다.

만일 모든 메시지 신호가 동일한 대역폭을 갖는다면, 표본들은 그림 3.30(b)에 나타낸 것처럼 순차적으로 전송된다. 만일 표본화된 데이터 신호들의 대역폭이 서로 같지 않다면, 보다 광대역의 채널에 보다 많은 단위 시간당 표본들이 전송되어야 한다. 이는 대역폭들이 조화적 관계를 가진다면 쉽게 달성된다. 예를 들어 TDM 시스템이 4개의 데이터 채널을 가진다고 가정하자. 또한 첫 번째와 두 번째의 데이터원 $s_1(t), s_2(t)$의 대역폭이 W Hz이고, $s_3(t)$의 대역폭이 $2W$ Hz, $s_4(t)$의 대역폭이 $4W$ Hz라고 하자. 이것은 기저대역의 표본의 허용할 수 있는 시퀀스가 $\cdots\ s_1\ s_4\ s_3\ s_4\ s_2\ s_4\ s_3\ s_4\ \cdots$를 한 주기로 하는 주기적 시퀀스라는 것을 쉽게 알 수 있다.

TDM 기저대역의 최소 대역폭은 표본화 정리를 이용하여 쉽게 구할 수 있다. 나이퀴스트율 표본화를 가정하면, W_i가 i번째 채널의 대역폭일 때 기저대역은 각각 T초 구간에서 i번째 채널로부터 $2W_iT$ 표본들을 포함한다. 그래서 T초 구간에서 기저대역 표본의 전체 수는 다음과 같다.

$$n_s = \sum_{i=1}^{N} 2W_iT \tag{3.108}$$

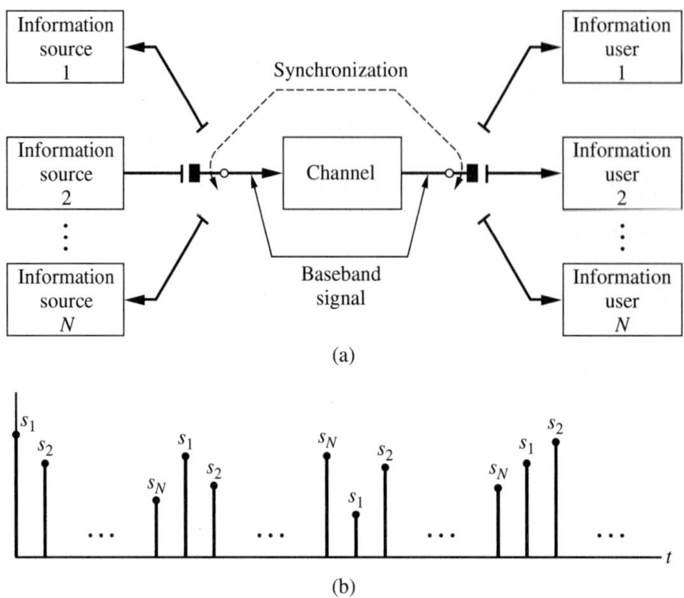

그림 3.30 시분할 다중화. (a) TDM 시스템, (b) 기저대역 신호

기저대역이 대역폭 B의 저역통과 신호라고 가정하면, 요구되는 표본화율은 $2B$이다. 그러면 T초 구간에서 전체 $2BT$개의 표본을 갖는다. 따라서

$$n_s = 2BT = \sum_{i=1}^{N} 2W_i T \tag{3.109}$$

즉

$$B = \sum_{i=1}^{N} W_i \tag{3.110}$$

이고, 이것은 FDM에서 구한 최소 요구 대역폭과 같다.

3.8.4 예 : 디지털 전화 시스템

디지털 TDM 시스템의 예로서, 많은 전화 시스템에서 공통으로 사용하는 다중화 구조를 살펴보자. 그림 3.31(a)에 표본화 형식이 나타나 있다. 음성 신호는 초당 8,000개로 표본화되고, 각 표본은 일곱 개의 이진수로 양자화된다. 신호 비트(signaling bit)라고 하는 부가적인 비트가 표본값을 나타내는 일곱 개의 기본 비트에 더해진다. 신호 비트는 호(calls)를 만들고 동기화를 위해 사용된다. 따라서 각 표본값에 대해 여덟 개의 비트가 전송되며, 64,000bit/s의 비트율(64kbps)이 된다. 이 64kbps의 음성 채널을 24개로 묶어 T1 반송파를 만든다. T1 프레임은

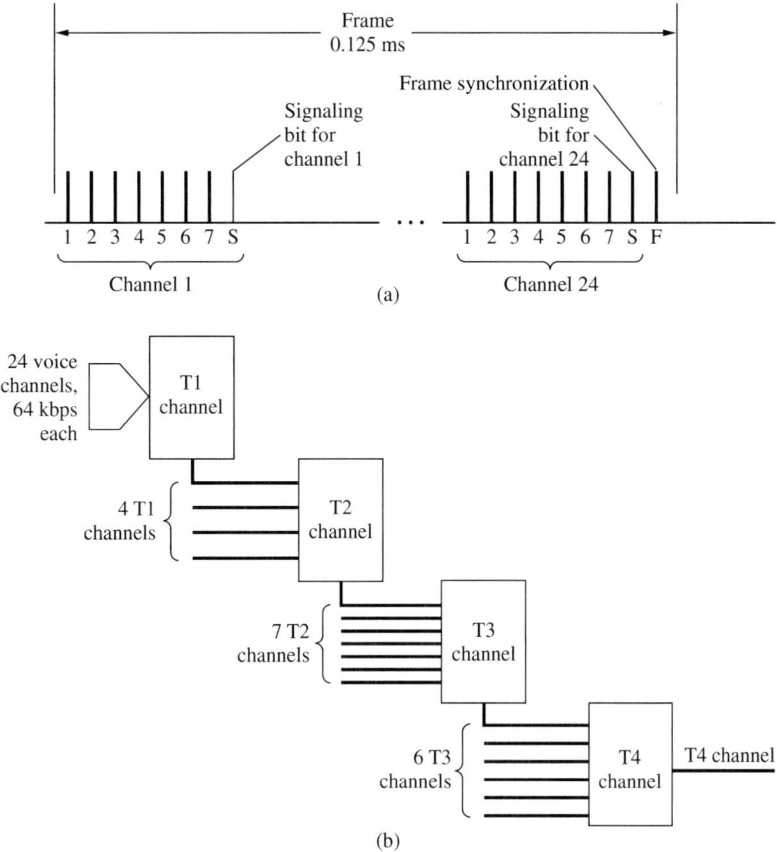

그림 3.31 디지털 전화를 위한 디지털 다중화 방식. (a) T1 프레임, (b) 디지털 다중화

24(8)+1=193bits로 구성된다. 프레임의 동기를 위해 추가로 비트를 사용한다. 프레임 구간은 기본 표본화 주파수의 역수가 되어 0.125ms가 된다. 프레임률이 프레임당 193개의 비트를 가지며 초당 8000프레임이므로, T1의 데이터율은 1.544Mbps가 된다.

그림 3.31(b)에 보이는 것처럼 네 개의 T1 반송파가 다중화되어 96개의 음성 채널로 이루어지는 T2 반송파를 만든다. 일곱 개의 T2 반송파가 T3 반송파를 만들고, 여섯 개의 T3 반송파가 T4 반송파를 만든다. 신호 비트와 프레임 비트를 갖고 4032개의 음성 채널로 구성되는 T4 채널의 비트율은 274.176Mbps이다. T1 링크는 보통 사용자가 많은 지역에서 단거리 전송을 위해 사용된다. T4와 T5 채널은 장거리 전송을 위해 사용된다.

참고문헌

이 책과 같은 기술적 수준으로 기초적인 변조 이론에 대해 다루는 것을 여러 다양한 책에서 구할 수 있다. 그 예로, Carlson과 Crilly(2009), Haykin과 Moher(2009), Lathi와 Ding(2009), 그리고 Couch(2013) 등이 있다.

요약

1. 변조는 반송파의 특정 변수와 메시지(message)라고 하는 정보를 갖고 있는 신호를 일대일 대응시키는 과정이다. 변조의 여러 가지 사용은 효과적인 전송을 하고 다중화 및 채널 할당 등을 위한 것이다.

2. 만일 반송파가 연속적이라면 변조는 연속파 변조이다. 만일 반송파가 펄스들의 시퀀스라면 변조는 펄스 변조이다.

3. 연속파형 변조에는 두 가지 기본적인 형태로 선형 변조와 각 변조가 있다.

4. 일반적인 변조된 반송파가

$$x_c(t) = A(t)\cos[2\pi f_c t + \phi(t)]$$

라고 가정하자. 만일 $A(t)$가 메시지 신호에 비례하면 선형 변조이다. 만일 $\phi(t)$가 메시지 신호에 비례하면 PM이다. 그리고 $\phi(t)$의 미분이 메시지 신호에 비례하면 FM이 된다. PM과 FM은 모두 각 변조의 예이다. 각 변조는 비선형 과정이다.

5. 선형 변조의 가장 간단한 예는 양측파대(DSB)이다. DSB는 간단한 곱셈기로 구현되며, 위상동기 복조기가 사용되어야만 한다. 여기서 위상동기 복조란 들어오는 반송파와 똑같은 주파수와 위상의 국부 기준이 수신기에서 복조에 사용되는 것을 뜻한다.

6. 만일 반송파 성분이 DSB 신호에 더해지면, 그 결과는 AM이다. 이것은 아주 단순하고 저가의 수신기를 구현하기 위해 간단한 포락선 검출기를 사용할 수 있게 하므로 유용한 변조 기술이다.

7. 변조 과정의 효율은 정보를 전달하는 전체 전력의 백분율로 정의된다. AM에서는

$$E = \frac{a^2\langle m_n^2(t)\rangle}{1 + a^2\langle m_n^2(t)\rangle}(100\%)$$

로 주어진다. 여기서 변수 a는 변조 지수(modulation index)라 하며, $m_n(t)$는 음의 첨두값이 1(unity)이 되도록 하기 위하여 $m(t)$를 정규화한 값이다. 만일 포락선 복조기가 사용된다면, 변조 지수는 1보다 작아야 한다.

8. 변조 사다리꼴은 AM 신호의 변조 지수를 관찰하기 위한 간단한 기법을 제공한다. 이것은 또 변조기와 송신기의 선형성을 눈으로 보여준다.

9. SSB 신호는 DSB 신호의 측파대 중 하나만을 전송하여 만들어낸다. 단측파대 신호는 DSB 신호를 측파대 필터링을 하거나, 위상 천이 변조기를 사용하여 만들어낸다. 단측파대 신호는

$$x_c(t) = \frac{1}{2}A_c m(t)\cos(2\pi f_c t) \pm \frac{1}{2}A_c \hat{m}(t)\sin(2\pi f_c t)$$

로 쓸 수 있다. 여기서 +부호는 하측파대 SSB에 해당되고, −부호는 상측파대 SSB에 해당된다. 이들 신호는 위상동기 복조나 반송파 재삽입 방법을 이용하여 복조될 수 있다.

10. 한쪽 측파대의 흔적이 반대쪽 측파대에 남아 있는 SSB가 잔류측대파가 된다. 잔류측파대는 SSB보다 발생시키기 쉽다. 위상동기 복조나 반송파 재삽입으로 메시지 복원을 할 수 있다.

11. 주파수 변환은 신호에 반송파를 곱하고 필터링을 하여 이루어진다. 이런 시스템을 혼합기라고 한다.

12. 혼합의 개념은 슈퍼헤테로다인 수신기에서 사용된다. 혼합 과정에는 **환상 주파수**(image frequency)가 존재하며, 이것은 수신 과정에서 문제를 일으킨다.

13. 원하지 않는 신호 성분인 **간섭**(interference)은 복조 시에 문제가 될 수 있다. 복조기 입력에서의 간섭은 복조기 출력에서 원하지 않는 성분을 만들어낸다. 간섭이 크고 복조기가 비선형이라면, 임계 현상이 발생한다. 이 결과로 신호 성분이 굉장히 많이 손실된다.

14. 각각의 반송파 펄스의 진폭이 각 표본 순간의 메시지 신호값에 비례할 때, 펄스 진폭 변조라고 한다. 펄스 진폭 변조는 본질적으로 표본화 후 유지(sample-and-hold)로 동작한다. PAM의 복조는 저역통과 필터로 수행된다.

15. 메시지 신호의 표본값이 전송 전에 양자화되고 부호화될 때 디지털 펄스 변조라고 한다.

16. 델타 변조(DM)는 디지털 펄스 변조를 간단히 구현한 형태이다. DM에서 메시지 신호는 이진 심벌의 시퀀스로 부호화된다. 이진 심벌은 변조기 출력에서의 임펄스 함수 극성으로 표시된다. 복조는 이상적으로는 적분을 하여 수행되지만, 저역통과 필터가 종종 간단하고 만족할 만한 대체가 된다.

17. 펄스 부호 변조에서는 각각의 메시지 신호가 표본화되고 양자화된 후, 각각의 양자화된 표본값이 이진 심벌의 시퀀스로 부호화된다. PCM에서는 각각의 양자화된 표본값이 전송되는 반면, DM에서는 메시지 신호가 하나의 표본에서 다음 표본으로 변할 때의 극성이 전송된다는 점이 PCM과 DM의 차이이다.

18. 다중화는 단일 시스템을 사용하여 동시에 둘 또는 그 이상의 메시지 신호들을 전송하는 구조이다.

19. 변조를 사용하여 기저대역의 스펙트럼에서 **겹치지 않는** 위치로 메시지 스펙트럼들을 이동시켜 동시에 전송하는 것을 주파수 분할 다중화(FDM)라고 한다. 그러면 기저대역의 신호는 임의의 반송파 변조 방법을 사용하여 전송될 수 있다.

20. 두 개의 메시지 신호가 직교 반송파로 선형 변조를 사용하여 스펙트럼에서 같은 위치로 변환될 때 직교다중화(QM)라고 한다. 복조는 직교 복조 반송파를 사용하여 위상동기 방식을 사용하여 이루어진다. 복조 반송파에서 위상 오차는 복조된 신호에 심각한 왜곡을 가져온다. 이 왜곡은 두 가지 성분을 가진다. 원하는 출력 신호의 시간에 따라 변하는 감쇠와 직교 채널로부터의 혼신이 그것이다.

21. 기저대역 신호를 만들기 위해 둘이나 그 이상의 데이터원으로부터의 표본들이 교환기를 사용하여 차례로 섞였을 때, 시분할 다중화(TDM)라고 한다. 역다중화는 두 번째 교환기가 다중화 교환기와 동기를 이룸으로써 이루어진다.

훈련문제

3.1 DSB 신호가 다음의 메시지 신호를 갖는다.

$$m(t) = 3\cos(40\pi t) + 7\sin(64\pi t)$$

변조되지 않은 반송파는

$$c(t) = 40\cos(2000\pi t)$$

이다. 상측파대 성분들의 주파수, 하측파대 성분들의 주파수 그리고 전체 전송 전력을 구하라.

3.2 이전 문제에서 주어진 메시지 신호와 변조되지 않은 반송파를 사용하고, 변조 방식은 AM이라 가정하여 변조 지수와 효율을 구하라.

3.3 AM 시스템이 $A_c=100$ 그리고 $a=0.8$로 동작한다. 변조 사다리꼴의 총체적인 차수를 스케치하라.

3.4 $a>1$인 AM에 대한 변조 사다리꼴을 스케치하고 총체적으로 차원화하라. A와 B로 변조 지수를 결정하기 위한 식을 적어라.

3.5 AM 신호가 다음과 같은 모양의 복조 반송파를 가정하여 위상동기 복조를 사용하여 복조될 수 있음을 보여라.

$$2\cos[2\pi f_c t + \theta(t)]$$

여기서 $\theta(t)$는 복조 위상 오차이다.

3.6 메시지 신호가

$$m(t) = 3\cos(40\pi t) + 7\sin(64\pi t)$$

이다. 그리고 $A_c=20$이고 $f_c=300\text{Hz}$이다. 상측파대 SSB 신호와 하측파대 SSB 신호에 대한 표현을 구하라. 이들을 모든 전송된 성분들의 진폭과 주파수가 보이도록 설명하라.

3.7 식 (3.63)은 $f=+f_c$에 대하여 중심인 VSB 신호 성분들에 대한 진폭과 위상을 알려준다. $f=-f_c$에 대하여 중심인 VSB 신호 성분들에 대한 진폭과 위상을 구하라. 이 값들을 사용하여 VSB 신호가 실수임을 보여라.

3.8 AM 라디오는 455kHz의 표준 IF 주파수를 사용하며 1020kHz의 반송파 주파수를 가지는 신호를 수신하려고 주파수를 맞춘다. 저역 튜닝과 고역 튜닝을 위한 국부 발진기의 주파수를 구하라. 각각에 대한 환상 주파수를 구하라.

3.9 AM 수신기의 입력은 변조된 반송파(메시지 신호는 단일톤이다.) 그리고 간섭 항들이다. $A_i=100\text{V}$, $A_m=0.2\text{V}$, $A_c=1\text{V}$, $f_m=10\text{Hz}$, $f_c=300\text{Hz}$, $f_i=320\text{Hz}$일 때, 포락선 검출기 출력에서 모든 성분의 진폭과 주파수를 구하기 위한 포락선 검출기 출력을 근사화하라.

3.10 PAM 신호가 5kHz에서 아날로그 신호를 표본화하여 형성된다. 생성된 PAM 펄스들의 의무주기(duty cycle)는 5%이다. 식 (3.92)에서 τ의 값을 주는 유지 회로의 전달 함수를 구하라. 등화기 필터의 전달 함수를 구하라.

3.11 δ_0/A와 $T_s f_1$ 사이의 관계를 보여주기 위하여 식 (3.100)을 다시 써라. 아래와 같이 정의된 신호

$$m(t) = A\cos(40\pi t)$$

가 DM 신호를 형성하기 위하여 1000Hz로 표본화된다. 경사 과부하를 방지하기 위한 δ_0/A의 최솟값을 구하라.

3.12 어느 TDM 신호가 대역폭이 1000, 2000, 4000, 6000Hz인 네 신호로 구성되어 있다. TDM 신호를 구성하는 전체 대역폭은 얼마인가? 이 TDM 신호에 대한 가장 작은 표본화 주파수는 얼마인가?

연습문제

3.1절

3.1 양측파대(DSB) 신호

$$x_c(t) = A_c m(t) \cos(2\pi f_c t + \phi_0)$$

가 복조 반송파 $2\cos[2\pi f_c t + \theta(t)]$를 사용하여 복조된다고 가정하자. 일반적인 복조된 출력 $y_D(t)$를 결정하라. $A_c = 1$이고 $\theta(t) = \theta_0$라 두고 $m(t)$와 ϕ_0와 θ_0의 함수로 복조된 출력 사이의 제곱평균 오차를 결정하라. 여기서 θ_0는 상수이다. 이제 $\theta(t) = 2\pi f_0 t$라 두고 $m(t)$와 복조된 출력 사이의 제곱평균 오차를 결정하라.

3.2 메시지 신호는

$$m(t) = \sum_{k=1}^{5} \frac{10}{k} \sin(2\pi k f_m t)$$

이고, 반송파는

$$c(t) = 100 \cos(200\pi t)$$

이다. 전송 신호를 푸리에 시리즈로 표현하고 전송 전력을 구하라.

3.2절

3.3 그림 3.3에 나타난 반파 정류기 대신 전파 정류기를 사용한 포락선 검출기를 설계하라. 그림 3.3(b)와 같이 반파 정류기에 대한 결과 파형을 도시하라. 전파 정류기의 이점은 무엇인가?

3.4 그림 3.32에 나타낸 것처럼 주기가 T인 세 개의 메시지 신호가 있다. 세 개의 메시지 신호 각각을 AM 변조기에 적용한다. 각 메시지 신호에 대해서 $a = 0.2$, $a = 0.3$, $a = 0.4$, $a = 0.7$과 $a = 1$일 때의 변조 효율을 결정하라.

3.5 AM 변조기 출력의 포락선의 양의 부분을 그림 3.33에 나타내었다. 메시지 신호는 0의 DC값을 가

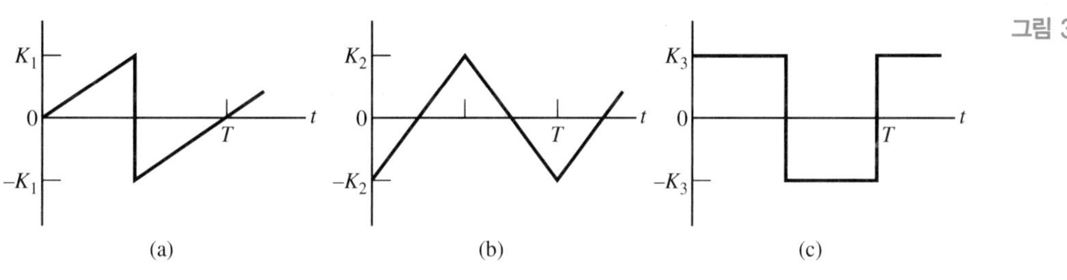

그림 3.32

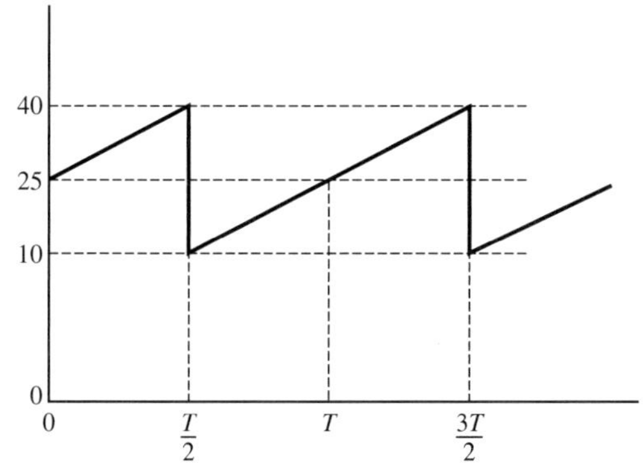

그림 3.33

지는 파형이다. 변조 지수, 반송파 전력, 효율, 측파대의 전력을 결정하라.

3.6 메시지 신호가 최댓값과 최솟값이 각각 8과 −8V인 구형파이다. 변조 지수는 $a=0.7$이고 반송파 진폭은 $A_c=100$V이다. 측파대에 있는 전력을 구하고 효율을 구하라. 변조 사다리꼴을 그려라.

3.7 이 문제에서는 메시지 신호의 최댓값과 최솟값이 대칭이 아닌 경우에 대해 AM 변조의 효율을 조사한다. 두 메시지 신호는 그림 3.34에 있다. 각각은 주기 T로 주기적이고, τ는 $m(t)$의 DC값이 0이 되도록 선택된다. $a=0.7$과 $a=1$일 때 각 $m(t)$에 대해 효율을 계산하라.

3.8 AM 변조기가

$$m(t) = 9\cos(20\pi t) - 8\cos(60\pi t)$$

의 메시지 신호를 가지고 동작한다. 변조되지 않은 반송파가 $110\cos(200\pi t)$로 주어지고, 시스템은 변조 지수 0.8로 동작한다.

(a) 최솟값이 −1로 정규화된 신호 $m_n(t)$의 식을 써라.

(b) $m_n(t)$의 전력인 $\langle m_n^2(t)\rangle$를 결정하라.

(c) 변조기의 효율을 결정하라.

(d) 모든 크기 성분과 주파수 성분을 가진 변조기 출력 $x_c(t)$의 양측 스펙트럼을 그려라.

3.9 메시지 신호

$$m(t) = 9\cos(20\pi t) + 8\cos(60\pi t)$$

에 대해서 문제 3.8을 반복하라.

3.10 AM 변조기의 출력이

$$x_c(t) = 40\cos[2\pi(200)t] + 5\cos[2\pi(180)t] + 5\cos[2\pi(220)t]$$

이다. 변조 지수와 효율을 결정하라.

3.11 AM 변조기가 출력

$$x_c(t) = A\cos[2\pi(200)t] + B\cos[2\pi(180)t] + B\cos[2\pi(220)t]$$

을 갖는다. 반송파의 전력이 P_0이고 효율은 E_{ff}이다. P_0, A, B의 식으로 E_{ff}의 표현을 구하라. $P_0=200W$이고, 효율이 $E_{ff}=30\%$일 때, A, B, 그리고 변조 지수를 구하라.

3.12 AM 변조기의 출력이

$$x_c(t) = 25\cos[2\pi(150)t] + 5\cos[2\pi(160)t] + 5\cos[2\pi(140)t]$$

이다. 변조 지수와 효율을 결정하라.

3.13 AM 변조기가 변조 지수 0.8로서 동작하고 있

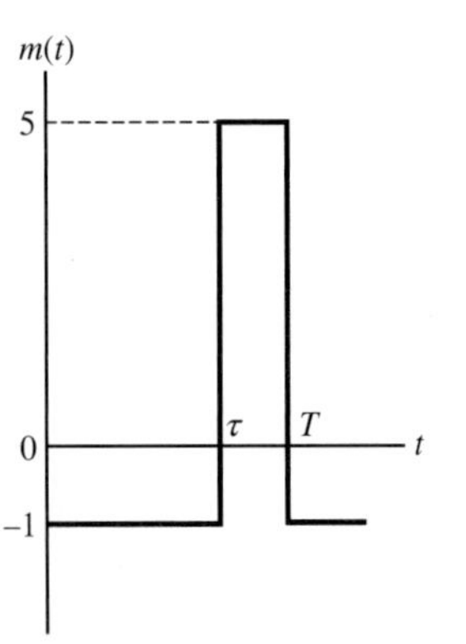

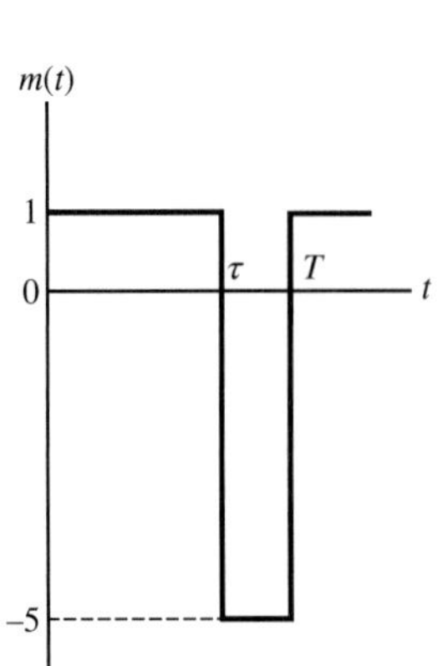

그림 3.34

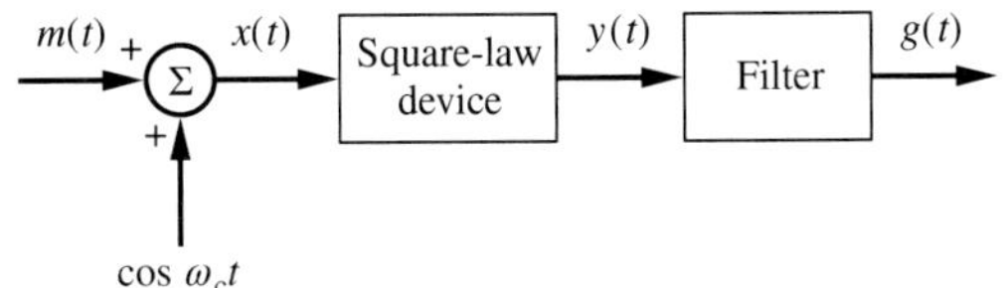

그림 3.35

다. 변조 입력은

$$m(t) = 2\cos(2\pi f_m t) + \cos(4\pi f_m t) + 2\cos(10\pi f_m t)$$

이다.

(a) 모든 임펄스 함수의 크기를 나타내는 변조기 출력의 스펙트럼을 그려라.

(b) 변조 과정에서 효율은 얼마인가?

3.14 그림 3.35에 나타낸 시스템을 생각하자. $m(t)$의 평균값이 0이고, $|m(t)|$의 최댓값이 M이라고 가정하자. 또한 제곱 장치가 $y(t) = 4x(t) + 2x^2(t)$로 정의 된다고 가정하자.

(a) $y(t)$에 대한 식을 써라.

(b) $g(t)$에 대한 AM 신호를 생성하는 필터를 설명하라. 필요한 필터의 형태와 관련되는 주파수를 나타내라.

(c) 변조 지수가 0.1이 되도록 M의 값을 결정하라.

(d) 이런 변조 방법의 이점은 무엇인가?

3.3절

3.15 메시지 신호가

$$m(t) = 4\cos(2\pi f_m t) + \cos(4\pi f_m t)$$

로 주어진다고 가정하자. $A_c = 10$일 때

$$x_c(t) = \frac{1}{2}A_c m(t)\cos(2\pi f_c t) \pm \frac{1}{2}A_c \hat{m}(t)\sin(2\pi f_c t)$$

을 계산하라. 그 결과가 상측파대 SSB인지 하측파대 SSB인지 산술식의 부호의 선택에 따라 결정되는 것을 스펙트럼을 그려서 보여라.

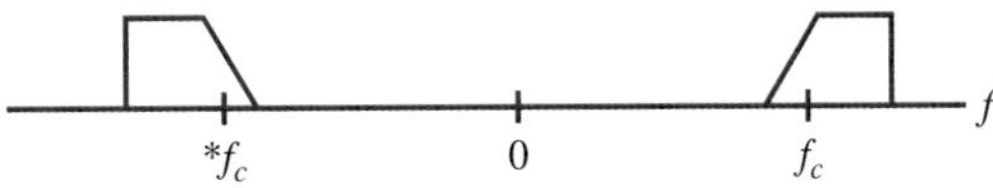

그림 3.36

3.16 상측파대 SSB의 생성을 나타내기 위하여 그림 3.10을 다시 그려라. 상측파대 필터를 정의하는 식을 표현하라. 상측파대 SSB 변조기의 출력을 유도하기 위한 해석을 완성하라.

3.17 DSB 또는 AM을 제곱하여 반송파 주파수의 2배 주파수 성분을 생성하라. 이것은 SSB 신호에도 역시 사실인가? 그런지 아닌지 보여라.

3.4절

3.18 포락선 검출에 반송파 재삽입 방법은 VSB의 복조에도 사용될 수 있음을 증명하라.

3.19 그림 3.36은 어느 VSB 신호의 스펙트럼을 보인다. 진폭과 위상 특성은 예제 3.3에 설명된 것과 같다. 위상동기 복조에서 복조기의 출력이 실수임을 보여라.

3.5절

3.20 $f_{LO} = f_c - f_{IF}$인 경우에 대하여 그림 3.20을 그려라.

3.21 혼합기가 단파 슈퍼헤테로다인 수신기에 사용된다. 수신기는 10MHz와 30MHz 사이의 주파수로 전송된 신호를 수신하도록 설계되었다. 고측 튜닝이 사용된다. 가능한 IF 주파수와 국부 발진기의 튜닝 범위를 결정하라. 최소 튜닝 범위를 만들기 위한 설계를 만들도록 노력해보라.

3.22 슈퍼헤테로다인 수신기는 455kHz의 IF 주파

수를 사용한다. 수신기는 1100kHz의 반송파 주파수를 사용하는 송신기에 튜닝된다. 국부 발진기에서 허용 가능한 두 개의 주파수를 구하고, 각각에 대한 환상 주파수를 나타내라. IF 주파수가 2500kHz라 가정하고 다시 하라.

3.6절

3.23 DSB 신호가 복조에서 사용될 수도 있는 반송파 성분을 생성하기 위해 제곱된다. (이렇게 하기 위한 기술, 즉 위상동기 루프는 다음 장에서 공부할 것이다.) 이 기술에 대한 간섭의 영향을 나타내는 표현식을 유도하라.

3.7절

3.24 연속시간 신호가 표본화되고 유지 회로에 입력된다. 유지 시간과 표본화 주파수의 곱은 τf_s이다. 필요한 등화기의 진폭 응답을 τf_s의 함수로 그려라. 표본화 주파수가 상수로 유지되면서 τ가 큰 값을 가질 때 발생하는 문제점들은 무엇인가?

3.8절

3.25 연속 데이터 신호가 PCM 시스템을 사용하여 양자화되어 전송된다. 만약에 시스템의 수신단에서 각각의 데이터 표본이 실제 peak-to-peak 값의 ±0.25% 안에 있어야 한다면, 각각의 전송되는 디지털 워드 안에 몇 개의 이진 심벌이 있어야 하는가? 메시지 신호는 음성이고, 4kHz의 대역폭을 가진다고 가정한다. 결과적인 PCM 신호의 대역폭을 계산하라(k를 정하라).

3.26 델타 변조기가 메시지 신호

$$m(t) = 3\sin 2\pi(10)t + 4\sin 2\pi(20)t$$

를 가진다. 임펄스의 크기 δ_0를 0.05π로 가정하고, 과부하 경사를 피하기 위한 최소 표본화 주파수를 구하라.

3.27 W, W, $2W$, $4W$, $4W$Hz로 대역 제한된 다섯 개의 메시지 신호가 시분할 다중화된다. 각각의 신호는 서로 최소한의 주파수로서 주기적으로 표본화되고, 표본은 적절하게 사이에 끼워지는 그런 교환기(commutator)의 구성을 고안하라. 이 TDM 신호에 요구되는 최소 전송 대역폭은 얼마인가?

3.28 교환기가 최소율의 2배로 동작하는 것을 가정하여 앞의 문제를 다시 하라. 이렇게 하는 것의 장점과 단점은 무엇인가?

3.29 W, W, $2W$, $5W$, $7W$Hz로 대역 제한된 다섯 개의 메시지 신호가 시분할 다중화된다. 최소의 표본화 주파수를 필요로 하는 표본화 방식을 만들라.

3.30 FDM 통신 시스템에서 전송된 기저대역 신호가 다음과 같다.

$$x(t) = m_1(t)\cos(2\pi f_1 t) + m_2(t)\cos(2\pi f_2 t)$$

이 시스템은 송신기 출력과 수신기 입력 사이에 2차 비선형성을 가지고 있다. 그래서 수신된 기저대역 신호 $y(t)$는

$$y(t) = a_1 x(t) + a_2 x^2(t)$$

로 표현될 수 있다. 두 개의 메시지 신호 $m_1(t)$와 $m_2(t)$가

$$M_1(f) = M_2(f) = \Pi\left(\frac{f}{W}\right)$$

의 스펙트럼을 가진다고 가정할 때, $y(t)$의 스펙트럼을 그려라. 수신된 기저대역 신호를 복조할 때 겪는 어려움을 논하라. 많은 FDM 시스템에서 부반송파 주파수 f_1과 f_2는 서로 고조파 관계에 있다. 이것이 나타내는 어떤 부가적인 문제를 설명하라.

컴퓨터 실습문제

3.1 예제 3.1에서 MATLAB을 사용하여 $m(t)$의 최솟값을 구하였다. 예제 3.1을 위한 완벽한 해를 구하는 MATLAB 프로그램을 적어라. 전송된 신호 $x_c(t)$의 진폭과 위상 스펙트럼을 구하기 위하여 FFT를 사용하라.

3.2 이 문제의 목적은 SSB 변조의 성질들을 보여주는 것이다. 상측파대와 하측파대 SSB 신호를 생성하는 컴퓨터 프로그램을 개발하고, 시간 영역의 신호와 이들 신호의 진폭 스펙트럼을 나타내라. 메시지 신호는

$$m(t) = 2\cos(2\pi f_m t) + \cos(4\pi f_m t)$$

로 가정한다. 시간과 주파수 축 모두가 쉽게 조정될 수 있도록 f_m과 f_c를 그려라. SSB 신호의 포락선을 그리고, 상측파대와 하측파대 SSB 신호가 같은 포락선을 가짐을 보여라. 상측파대와 하측파대 SSB 신호의 진폭 스펙트럼을 만들기 위하여 FFT 알고리즘을 사용하라.

3.3 앞의 컴퓨터 실습문제에서 사용된 똑같은 메시지 신호를 사용하여, 반송파 재삽입 방법이 SSB 신호를 복조하는 데 사용될 수 있음을 보여라. 반송파 재삽입 기술을 사용할 때, 불충분한 크기를 가진 복조 반송파를 사용하여 나타나는 영향을 나타내라.

3.4 이 컴퓨터 실습문제에서 VSB 변조의 성질을 조사한다. VSB 신호와 대응되는 진폭 스펙트럼을 생성하고 그리는 컴퓨터 프로그램(MATLAB을 사용할 것)을 개발하라. 프로그램을 사용하여, 반송파 재삽입을 사용하여 VSB를 복조할 수 있음을 보여라.

3.5 MATLAB을 사용하여 델타 변조를 시뮬레이션하라. 대역폭을 알기 위하여 정현파들의 합을 사용하여 신호를 생성하라. 적절한 표본화 주파수를 (경사 과부화가 없도록) 표본화하라. 계단 근사화를 보여라. 이제 경사 과부화가 생기도록 표본화 주파수를 감소시켜라. 다시 한 번 계단 근사화를 보여라.

3.6 메시지 신호로서 정현파들의 합을 사용하여 PAM 신호를 생성하고 표본화하라. 다양한 값의 τf_s로 실험하라. 메시지 신호가 저역통과 필터링으로 복구됨을 보여라. 3차 버터워스 필터를 제안한다.

CHAPTER 4

각 변조와 다중화

이전 장에서 우리는 아날로그 선형 변조를 다루었다. 이제 각 변조를 생각한다. 각 변조를 생성하기 위하여, 변조된 반송파의 진폭은 상수로 고정되고 반송파의 위상이나 위상의 시간 미분이 메시지 신호 $m(t)$에 따라 선형적으로 변한다. 이것이 각각 위상 변조(PM)와 주파수 변조(FM)이다.

각 변조된 신호를 복조하기 위한 가장 효율적인 기법은 위상동기 루프(PLL)이다. PLL은 현대 통신 시스템에서 흔히 쓰인다. 아날로그 시스템과, 나중에 보겠지만, 디지털 시스템 모두에서 PLL을 광범위하게 사용한다. PLL의 중요성 때문에 우리는 이 장에서 많이 강조하려 한다.

또 이 장에서 우리는 각 변조와 관련된 펄스 변조 기법들인 PWM과 PPM을 다룬다. 펄스 진폭 변조를 제외하고 이렇게 하는 동기는 펄스 변조의 특성들이 각 변조의 특성들과 비슷하기 때문이다.

4.1 위상 및 주파수 변조 정의

우리의 시작은 앞 장에서 처음 사용된 일반적인 신호 모델로

$$x_c(t) = A_c \cos[2\pi f_c t + \phi(t)] \tag{4.1}$$

각 변조를 위해, 진폭 $A(t)$는 상수 A_c로 유지되며, 메시지 신호는 위상에 의해 통신된다. $x_c(t)$의 순시 위상은

$$\theta_i(t) = 2\pi f_c t + \phi(t) \tag{4.2}$$

로 정의되며, Hz 단위의 순시 주파수는 다음과 같이 정의된다.

$$f_i(t) = \frac{1}{2\pi}\frac{d\theta_i}{dt} = f_c + \frac{1}{2\pi}\frac{d\phi}{dt} \tag{4.3}$$

함수 $\phi(t)$와 $d\phi/dt$는 각각 위상 편이(phase deviation)와 주파수 편이(frequency deviation)라 한다.

위상 변조는 반송파의 위상 편이가 메시지 신호에 비례한다. 따라서 위상 변조는 다음 식과 같다.

$$\phi(t) = k_p m(t) \tag{4.4}$$

여기서 k_p는 $m(t)$의 단위당 라디안으로 편이 상수(deviation constant)이다. 마찬가지로, FM은 반송파의 주파수 편이가 변조 신호에 비례하는 것을 의미한다. 이것은 다음과 같다.

$$\frac{d\phi}{dt} = k_f m(t) \tag{4.5}$$

주파수 변조된 반송파의 위상 편이는

$$\phi(t) = k_f \int_{t_0}^{t} m(\alpha)d\alpha + \phi_0 \tag{4.6}$$

로 주어지며, ϕ_0는 $t=t_0$에서의 위상 편이이다. 식 (4.5)로부터 k_f는 $m(t)$의 단위당 초당 라디안으로 표현되는 주파수 편이 상수이다. 종종 주파수 편이를 헤르츠로 측정하는 것이 편리하므로 다음과 같이 정의한다.

$$k_f = 2\pi f_d \tag{4.7}$$

여기에서 f_d는 변조기의 주파수 편이 상수(frequency-deviation constant)라 하며, $m(t)$의 단위당 Hz로 표현한다.

이 정의를 이용하면, 위상 변조기의 출력은

$$x_c(t) = A_c \cos[2\pi f_c t + k_p m(t)] \tag{4.8}$$

이며, 주파수 변조기 출력은 다음과 같다.

$$x_c(t) = A_c \cos\left[2\pi f_c t + 2\pi f_d \int^{t} m(\alpha)d\alpha\right] \tag{4.9}$$

적분의 하한은 식 (4.6)에서 나타내는 것처럼 초기 조건에 포함되므로 일반적으로 지정하지 않는다.

그림 4.1과 4.2는 PM과 FM 변조기의 출력을 나타내고 있다. 단위 계단 메시지 신호에 대해 PM 변조기 출력의 순시 주파수는 $t<t_0$와 $t>t_0$ 모두에 대해서 f_c이다. 변조되지 않은 반송파의 위상은 $t>t_0$일 때 $k_p=\pi/2$라디안만큼 앞서 있게 되어 $t=t_0$에서 불연속이 된다. FM 변조기의 출력 주파수는 $t<t_0$일 때 f_c이고, $t>t_0$일 때 f_c+f_d이다. 하지만 변조기의 출력 위상은 $t=t_0$에서 연속이다.

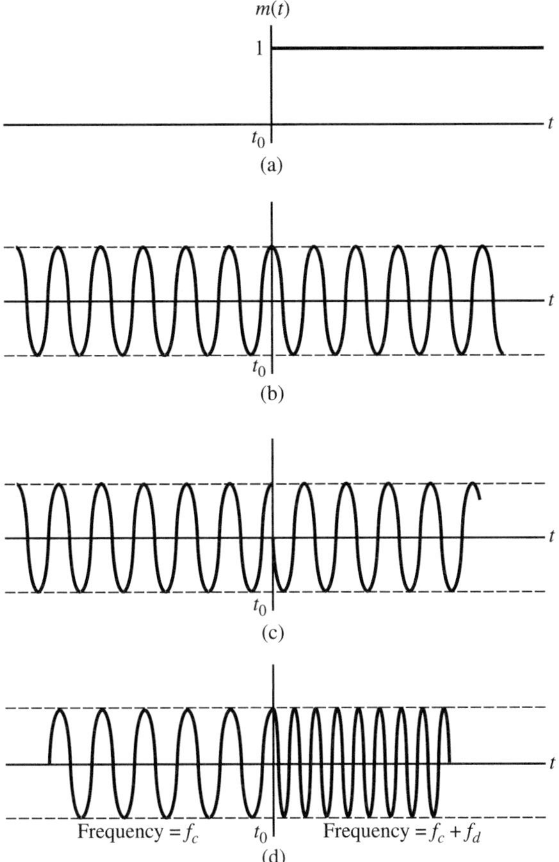

그림 4.1 단위 계단 입력에 대한 PM과 FM 변조기 출력의 비교. (a) 메시지 신호, (b) 변조되지 않은 반송파, (c) 위상 변조기 출력($k_p = \frac{1}{2}\pi$), (d) 주파수 변조기 출력

정현파 메시지 신호에서는 PM 변조기 출력의 위상 편이는 $m(t)$에 비례한다. 주파수 편이는 위상 편이의 미분에 비례한다. 그래서 PM 변조기 출력의 순시 주파수는 $m(t)$의 기울기가 최대일 때 최대이며, $m(t)$의 기울기가 최소일 때 최소이다. FM 변조기 출력의 주파수 편이는 $m(t)$에 비례한다. 따라서 FM 변조기 출력의 순시 주파수는 $m(t)$가 최대일 때 최대이고, $m(t)$가 최소일 때 최소이다. 만약 변조기의 출력과 $m(t)$를 함께 알 수 없으면, PM과 FM 변조기의 출력을 구분하는 것은 불가능하다. 다음 절에서 $m(t)$가 정현파인 경우에 중점을 두고 다룰 것이다.

4.1.1 협대역 각 변조

앞 장에서 공부한 AM과 협대역 각 변조는 밀접한 관계를 갖고 있기 때문에 협대역 각 변조의 논의부터 시작한다. 각 변조된 반송파를 식 (4.1)의 지수 형태로 다음과 같이 쓸 수 있다.

$$x_c(t) = \text{Re}(A_c e^{j\phi(t)} e^{j2\pi f_c t}) \tag{4.10}$$

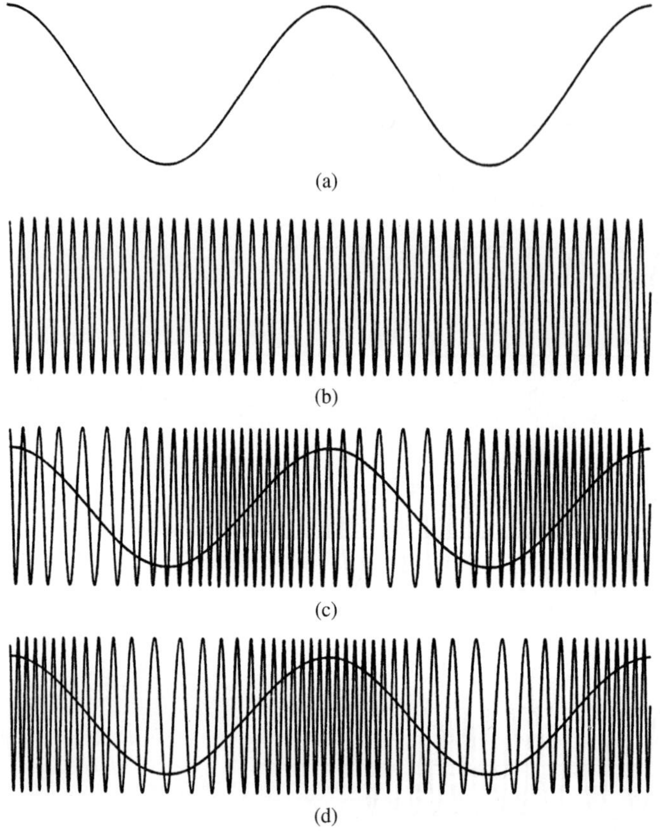

그림 4.2 정현파 메시지 신호의 각 변조. (a) 메시지 신호, (b) 변조되지 않은 반송파, (c) $m(t)$의 위상 변조기의 출력, (d) $m(t)$의 주파수 변조기의 출력

여기서 Re(·)은 주어진 변수의 실수부를 의미한다. $e^{j\phi(t)}$을 무한급수로 전개하면 다음과 같다.

$$x_c(t) = \text{Re}\left\{ A_c \left[1 + j\phi(t) - \frac{\phi^2(t)}{2!} - \cdots \right] e^{j2\pi f_c t} \right\} \tag{4.11}$$

만일 첨두치 위상 편이가 작으면, $|\phi(t)|$의 최댓값이 1보다 많이 작아서, 변조된 반송파는

$$x_c(t) \cong \text{Re}[A_c e^{j2\pi f_c t} + A_c \phi(t) j e^{j2\pi f_c t}]$$

로 근사화될 수 있고, 실수부를 취하면 다음 식이 된다.

$$x_c(t) \cong A_c \cos(2\pi f_c t) - A_c \phi(t) \sin(2\pi f_c t) \tag{4.12}$$

식 (4.12)의 모양은 AM 신호를 연상시킨다. 변조기의 출력은 반송파 성분과 $m(t)$의 함수에

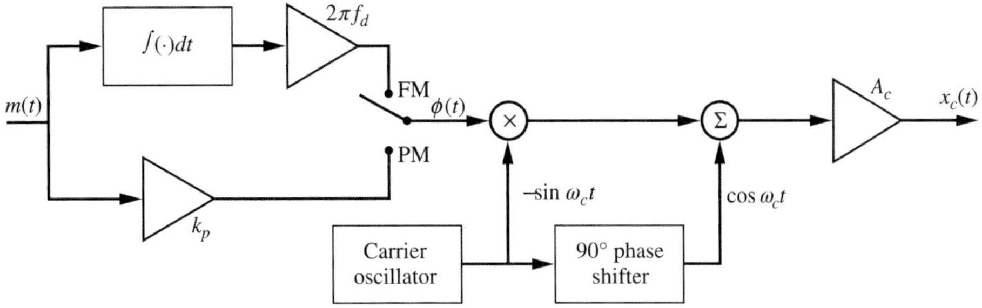

그림 4.3 협대역 각 변조의 생성

90° 위상 천이된 반송파를 곱한 항을 포함하고 있다. 첫 번째 항은 반송파 성분이 된다. 두 번째 항은 측파대 쌍이 발생한다. 그러므로 만약 $\phi(t)$가 대역폭 W를 갖고 있다면, 협대역 각 변조기 출력의 대역폭은 $2W$이다. AM과 각 변조의 중요한 차이점은 메시지를 포함하는 신호 $\phi(t)$와 반송파 성분과 직각의 위상을 갖는 반송파와 곱해서 측파대가 생성되지만 AM은 그렇지 않다는 점이다. 이것이 예제 4.1에 나타난다.

협대역 각 변조의 생성은 그림 4.3에 나타낸 방법을 사용해서 쉽게 할 수 있다. 스위치는 협대역 FM이나 협대역 PM의 발생을 선택하기 위해서 사용된다. 협대역 각 변조가 꼭 협대역일 필요가 없는 일반적인 각 변조 신호를 발생시키는 데 유용하게 사용된다. 이것은 **협대역-광대역 변환**(narrowband-to-wideband conversion)이라 불리는 과정을 통하여 이루어진다.

예제 4.1

메시지 신호가 다음과 같은 FM 시스템을 생각해보자.

$$m(t) = A\cos(2\pi f_m t) \tag{4.13}$$

식 (4.6)으로부터, t_0와 $\phi(t_0)$를 0이라 하면,

$$\phi(t) = k_f \int_0^t A\cos(2\pi f_m \alpha)d\alpha = \frac{Ak_f}{2\pi f_m}\sin(2\pi f_m t) = \frac{Af_d}{f_m}\sin(2\pi f_m t) \tag{4.14}$$

가 되므로

$$x_c(t) = A_c \cos\left[2\pi f_c t + \frac{Af_d}{f_m}\sin(2\pi f_m t)\right] \tag{4.15}$$

이다.

만약 $Af_d/f_m \ll 1$이면, 변조기의 출력은 다음과 같이 근사화될 수 있으며,

$$x_c(t) = A_c\left[\cos(2\pi f_c t) - \frac{Af_d}{f_m}\sin(2\pi f_c t)\sin(2\pi f_m t)\right] \tag{4.16}$$

이것은

$$x_c(t) = A_c \cos(2\pi f_c t) + \frac{A_c}{2}\frac{Af_d}{f_m}\{\cos[2\pi(f_c + f_m)t] - \cos[2\pi(f_c - f_m)t]\} \tag{4.17}$$

이다. 그래서 $x_c(t)$를 다음과 같이 쓸 수 있다.

$$x_c(t) = A_c \operatorname{Re}\left\{\left[1 + \frac{Af_d}{2f_m}\left(e^{j2\pi f_m t} - e^{-j2\pi f_m t}\right)\right] e^{j2\pi f_c t}\right\} \tag{4.18}$$

이 결과와 AM 신호에 대한 똑같은 결과를 비교해보면 흥미롭다. 정현파 변조를 가정했기 때문에 AM 신호는

$$x_c(t) = A_c[1 + a\cos(2\pi f_m t)]\cos(2\pi f_c t) \tag{4.19}$$

이고, 여기서 $a = Af_d/f_m$은 변조 지수이다. 두 코사인 항을 결합하면 다음과 같다.

$$x_c(t) = A_c \cos(2\pi f_c t) + \frac{A_c a}{2}[\cos 2\pi(f_c + f_m)t + \cos 2\pi(f_c - f_m)t] \tag{4.20}$$

이것은 다음과 같이 지수 형태로 쓸 수 있다.

$$x_c(t) = A_c \operatorname{Re}\left\{\left[1 + \frac{a}{2}(e^{j2\pi f_m t} + e^{-j2\pi f_m t})\right] e^{j2\pi f_c t}\right\} \tag{4.21}$$

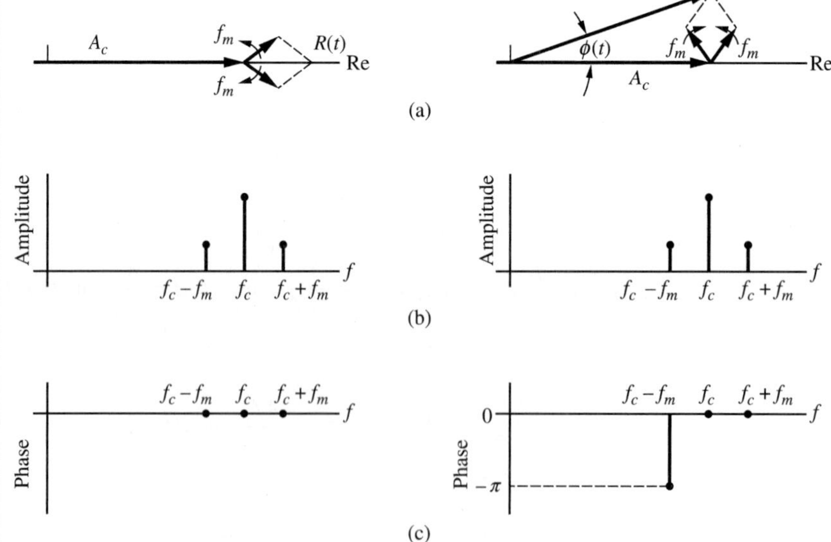

그림 4.4 정현파 메시지 신호의 각 변조. (a) 메시지 신호, (b) 변조되지 않은 반송파, (c) $m(t)$의 위상 변조기의 출력, (d) $m(t)$의 주파수 변조기의 출력

식 (4.18)과 식 (4.21)을 비교해보면 두 신호의 유사성을 알 수 있다. 첫째, 가장 중요한 차이는 하측파대를 나타내는 주파수 $f_c - f_m$ 항의 부호이다. 또 다른 차이는 AM 신호에서 변조 지수 a가 협대역 FM 신호에서는 Af_d/f_m로 대치되었다는 것이다. 다음 절에서 Af_d/f_m가 FM 신호의 변조 지수를 결정하는 것을 보게 된다. 그러므로 이 두 변수는 각자가 변조 지수를 정의하기 때문에 어떤 면에서 동등하다고 볼 수 있다.

두 신호에 대한 페이저 다이어그램과 진폭 및 위상 스펙트럼을 그려봄으로써 또 다른 점을 관찰할 수 있다. 이것들에 대해서 그림 4.4에 나타내었다. 페이저 다이어그램은 반송파 위상을 기준으로 해서 그린다. 정현파 메시지 신호에 대한 AM과 협대역 각 변조 간의 차이는 LSB와 USB로부터 생기는 페이저가 AM에 대해서는 반송파에 더해지지만 각 변조에 대해서는 반송파가 있는 위상의 사분면에 존재한다. 이 차이는 LSB 성분의 (−)부호로부터 생기며, 두 신호의 위상 스펙트럼에서도 분명히 볼 수 있다. 진폭 스펙트럼은 동일하다. ■

4.1.2 각 변조된 신호의 스펙트럼

각 변조 신호의 스펙트럼을 유도하는 것은 일반적으로 매우 어려운 일이다. 하지만 만일 메시지 신호가 정현파이면 변조된 반송파의 순시 위상 편이는 FM과 PM 모두에 대하여 정현파이며 스펙트럼은 쉽게 구할 수 있다. 우리는 이 경우만을 고려한다. 비록 우리가 이처럼 매우 특정한 경우로만 우리의 관심을 제한한다 하더라도, 이 결과를 통해 각 변조의 주파수 영역 움직임에 대한 통찰력을 얻을 수 있다. 정현파 메시지 신호의 각 변조된 신호의 스펙트럼을 계산하기 위해서

$$\phi(t) = \beta \sin(2\pi f_m t) \tag{4.22}$$

를 가정한다. 변수 β를 변조 지수(modulation index)라고 하며, FM과 PM 모두에 대해서 최대 위상 편이이다. 신호

$$x_c(t) = A_c \cos[2\pi f_c t + \beta \sin(2\pi f_m t)] \tag{4.23}$$

는 다음과 같이 표현될 수 있다.

$$x_c(t) = \text{Re}\left[A_c e^{j\beta \sin(2\pi f_m t)} e^{j2\pi f_c t}\right] \tag{4.24}$$

이 표현은 다음과 같은 형태를 한다.

$$x_c(t) = \text{Re}[\tilde{x}_c(t) e^{j2\pi f_c t}] \tag{4.25}$$

여기서

$$\tilde{x}_c(t) = A_c e^{j\beta \sin(2\pi f_m t)} \tag{4.26}$$

은 변조된 반송파 신호의 복소 포락선이다. 복소 포락선은 주파수 f_m에 대하여 주기적이며, 따라서 푸리에 급수로 전개할 수 있다. 푸리에 계수는 다음과 같이 주어진다.

$$f_m \int_{-1/2f_m}^{1/2f_m} e^{j\beta \sin(2\pi f_m t)} e^{-j2\pi n f_m t} dt = \frac{1}{2\pi} \int_{-\pi}^{\pi} e^{-[jnx-\beta \sin(x)]} dx \tag{4.27}$$

이 적분은 하나의 함수로 표현할 수 없다. 하지만 적분은 다양하게 연구되어 표로 마련되어 있다. 이 적분은 n과 β의 함수이며, 차수가 n이고 인수가 β인 1차 베셀 함수(Bessel function)이다. 이것은 $J_n(\beta)$로 표기하며 표 4.1에서 여러 개의 n과 β에 대해서 이 값들을 나열하였다. 표에서 여러 가지 값 중 밑줄 친 것의 중요성은 나중에 설명하기로 한다.

베셀 함수를 이용하여,

$$e^{j\beta \sin(2\pi f_m t)} = J_n(\beta) e^{j2\pi n f_m t} \tag{4.28}$$

이며, 이것은 변조된 반송파를 다음과 같이 쓸 수 있게 한다.

$$x_c(t) = \text{Re}\left[\left(A_c \sum_{n=-\infty}^{\infty} J_n(\beta) e^{j2\pi n f_m t}\right) e^{j2\pi f_c t}\right] \tag{4.29}$$

실수부를 취하면 다음과 같다.

$$x_c(t) = A_c \sum_{n=-\infty}^{\infty} J_n(\beta) \cos[2\pi(f_c + n f_m)t] \tag{4.30}$$

여기서 $x_c(t)$의 스펙트럼을 직관적으로 구할 수 있다. 스펙트럼은 반송파 주파수의 성분을 갖고 있으며, 반송파 주파수로부터 변조 주파수 f_m의 정수배만큼 떨어져 있는 무한개의 측파대를 갖고 있다. 각 스펙트럼 성분의 진폭은 베셀 함숫값의 표를 이용해 구한다. 이러한 표들은 일반적으로 양의 n값에 대해서만 $J_n(\beta)$를 표시하고 있다. 하지만 $J_n(\beta)$의 정의로부터

$$J_{-n}(\beta) = J_n(\beta), \quad n\text{은 짝수} \tag{4.31}$$

이고

$$J_{-n}(\beta) = -J_n(\beta), \quad n\text{은 홀수} \tag{4.32}$$

이다. 이 관계식들은 식 (4.30)의 스펙트럼을 그릴 수 있게 하는데 이것이 그림 4.5에 있다. 편의상 단측 스펙트럼만 그렸다.

n의 여러 가지 값에 대한 $J_n(\beta)$의 값들 사이의 유용한 관계식은 재귀(recursion) 공식으로 다음과 같다.

표 4.1 선택된 베셀 함수의 값들

n	β=0.05	β=0.1	β=0.2	β=0.3	β=0.5	β=0.7	β=1.0	β=2.0	β=3.0	β=5.0	β=7.0	β=8.0	β=10.0
0	0.999	0.998	0.990	0.978	0.938	0.881	0.765	0.224	−0.260	−0.178	0.300	0.172	−0.246
1	0.025	0.050	0.100	0.148	0.242	0.329	0.440	0.577	0.339	−0.328	−0.005	0.235	0.043
2		0.001	0.005	0.011	0.031	0.059	0.115	0.353	0.486	0.047	−0.301	−0.113	0.255
3				0.001	0.003	0.007	0.020	0.129	0.309	0.365	−0.168	−0.291	0.058
4						0.001	0.002	0.034	0.132	0.391	0.158	−0.105	−0.220
5								0.007	0.043	0.261	0.348	0.186	−0.234
6								0.001	0.011	0.131	0.339	0.338	−0.014
7									0.003	0.053	0.234	0.321	0.217
8										0.018	0.128	0.223	0.318
9										0.006	0.059	0.126	0.292
10										0.001	0.024	0.061	0.207
11											0.008	0.026	0.123
12											0.003	0.010	0.063
13											0.001	0.003	0.029
14												0.001	0.012
15													0.005
16													0.002
17													0.001

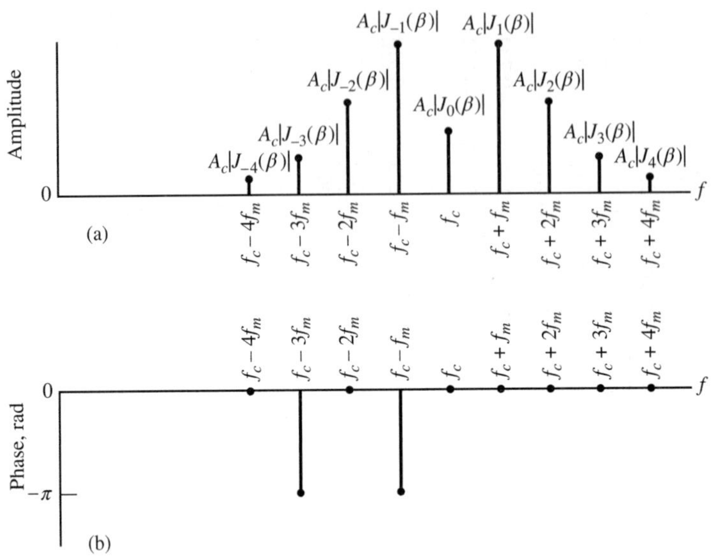

그림 4.5 각 변조된 신호의 스펙트럼. (a) 단측 진폭 스펙트럼, (b) 단측 위상 스펙트럼

$$J_{n+1}(\beta) = \frac{2n}{\beta} J_n(\beta) - J_{n-1}(\beta) \tag{4.33}$$

그러므로 $J_{n+1}(\beta)$는 $J_n(\beta)$와 $J_{n-1}(\beta)$로부터 계산할 수 있다. 이 공식을 이용해서 $J_0(\beta)$와 $J_1(\beta)$로부터 모든 n에 대해서, 표 4.1에 보이는 것처럼, 베셀 함수의 값을 계산할 수 있다.

그림 4.6은 $0 \le \beta \le 9$에서 $n=0, 1, 2, 4, 6$에 대한 푸리에 베셀 계수 $J_n(\beta)$의 특징을 보여주고 있다. 첫째, $\beta \ll 1$에 대해 $J_0(\beta)$가 매우 큰 값을 갖는다는 것이고, 협대역 각 변조가 된다. β가 증가함에 따라 $J_n(\beta)$는 발진을 하지만 발진의 진폭은 감소한다는 것을 볼 수 있다. 또 한 가지 흥미 있는 사실은 $J_n(\beta)$의 최댓값은 n이 증가함에 따라 감소한다는 것이다.

그림 4.6에서 보이는 것처럼, $J_n(\beta)$는 여러 β값에서 0이다. 이들 β의 값을 β_{nk}, $k=0,1,2$로 표시하면, 표 4.2의 결과를 얻게 된다. 예로서, $J_0(\beta)$는 β가 2.4048, 5.5201, 8.6537에서 0이 된다. 물론 임의의 n에서 $J_n(\beta)$가 0이 되는 점들은 무수히 많지만, 그림 4.6에서처럼 오직 $0 \le \beta \le 9$인 범위에 부합하는 것은 표 4.2와 같다. $J_0(\beta)$는 β가 2.4048, 5.5201, 8.6537에서 0이기 때문에 변조기 출력의 스펙트럼은 이 변조 지수값에 해당되는 반송파 주파수 성분을 포함하지 않는다. 이 점들을 **반송파 영점**(carrier null)이라고 한다. 같은 방법으로 $J_1(\beta)$가 0이면 $f=f_c \pm f_m$에서의 성분은 0이다. 이런 조건을 발생시키는 변조 지수의 값은 0, 3.8317, 7.0156이다. 왜 $J_0(\beta)$만 $\beta=0$에서 0이 아닌지는 명백하다. 만일 변조 지수가 0이면, $m(t)$가 0이거나 편이 상수 f_d가 0이다. 양쪽 모든 경우에서 변조기 출력은 변조되지 않은 반송파이며, 이것은 단지 반송파 주파수에 있는 주파수 성분이다. 변조기 출력의 스펙트럼을 계산하는 데 있어 시작점은 다

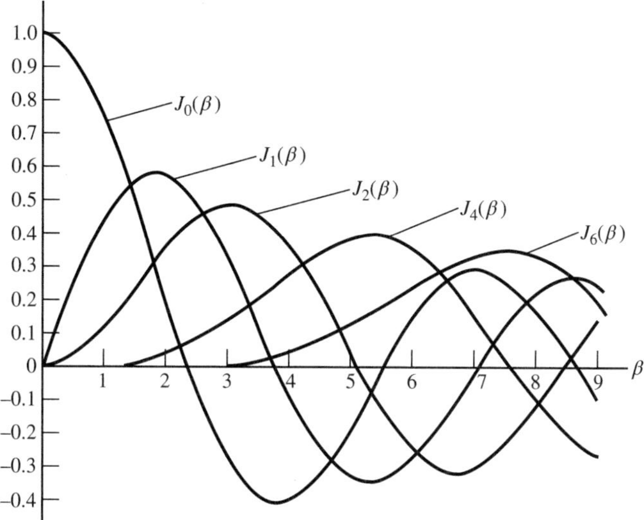

그림 4.6 β 함수로서 $J_n(\beta)$

음과 같은 가정이다.

$$\phi(t) = \beta \sin(2\pi f_m t) \tag{4.34}$$

식 (4.30)으로 정의된 각 변조된 신호의 스펙트럼을 유도할 때, 변조 방식(FM 혹은 PM)은 지정되지 않았다. 식 (4.34)로 정의된 것처럼 가정된 $\phi(t)$는 $m(t)=A\ \sin(\omega_m t)$이고 변조 지수가 $\beta=k_p A$인 PM 변조기의 위상 편이, 또는 $m(t)=A\ \cos(2\pi f_m t)$이고 변조 지수가 다음과 같은 FM 변조기의 위상 편이를 나타낸다.

$$\beta = \frac{f_d A}{f_m} \tag{4.35}$$

식 (4.35)는 FM에 대한 변조 지수는 변조 주파수의 함수라는 것을 보여준다. PM의 경우는 그렇지 않다. Af_d를 상수로 하고 f_m을 감소시켰을 때, FM 신호의 스펙트럼 특성을 그림 4.7에서 보이고 있다. f_m의 큰 값에 대해서는 신호가 협대역 FM이 되는데, 이것은 두 개의 측파대만

표 4.2 $0 \le \beta \le 9$에서 $J_n(\beta)=0$의 β값

n		β_{n0}	β_{n1}	β_{n2}
0	$J_0(\beta)=0$	2.4048	5.5201	8.6537
1	$J_1(\beta)=0$	0.0000	3.8317	7.0156
2	$J_2(\beta)=0$	0.0000	5.1356	8.4172
4	$J_4(\beta)=0$	0.0000	7.5883	–
6	$J_6(\beta)=0$	0.0000	–	–

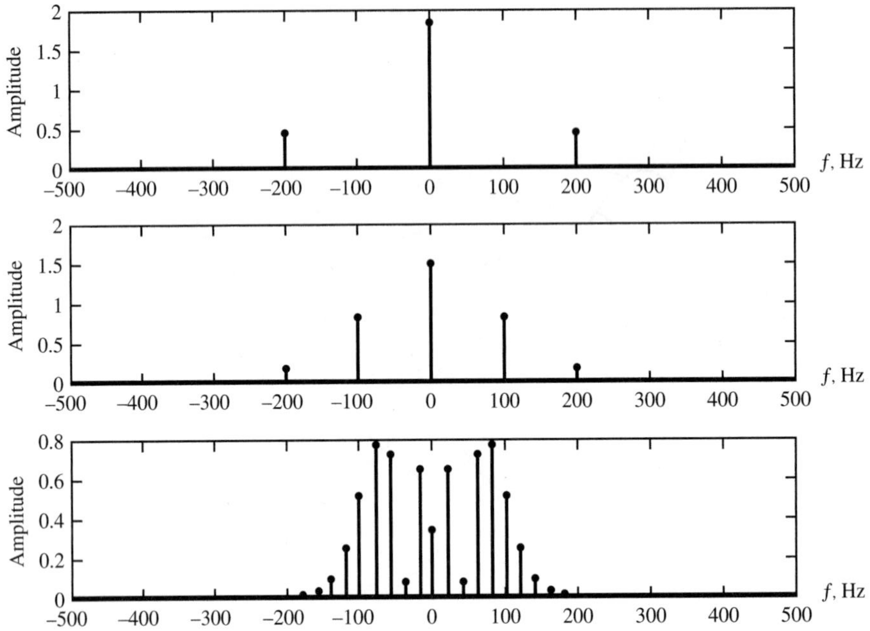

그림 4.7 f_m을 감소시키고 β값을 증가시킬 때 FM 복소 포락선 신호의 진폭 스펙트럼

아주 크기 때문이다. f_m의 작은 값에 대해서는 많은 측파대가 의미 있는 값을 갖는다. 그림 4.7은 다음의 컴퓨터 예제로부터 유도되었다.

컴퓨터 예제 4.1

이 컴퓨터 예제에서 우리는 식 (4.26)으로 주어지는 복소 포락선 신호의 스펙트럼을 구한다. 그다음 컴퓨터 예제에서는 아래와 같은 실수 대역통과 신호로 쓴 복소 포락선으로부터 구한 양측 스펙트럼을 구하고 그림을 그린다.

$$x_c(t) = \frac{1}{2}\widetilde{x}(t)e^{j2\pi f_c t} + \frac{1}{2}\widetilde{x}^*(t)e^{-j2\pi f_c t} \tag{4.36}$$

복소 포락선 신호와 반송파 주파수를 알면 대역통과 신호를 완전히 구할 수 있음을 다시 한 번 상기하자. 이 예제에서 복소 포락선 신호의 스펙트럼은 세 가지 다른 변조 지수값에 대하여 구한다. 스펙트럼을 구하기 위해 FFT를 사용한 MATLAB 프로그램은 다음과 같다.

```
%file c4ce1.m
fs=1000;
delt=1/fs;
t=0:delt:1-delt;
npts=length(t);
fm=[200 100 20];
fd=100;
for k=1:3
```

```
    beta=fd/fm(k);
    cxce=exp(i*beta*sin(2*pi*fm(k)*t));
    as=(1/npts)*abs(fft(cxce));
    evenf=[as(fs/2:fs)as(1:fs/2-1)];
    fn=-fs/2:fs/2-1;
    subplot(3,1,k); stem(fn,2*evenf,'.')
    ylabel('Amplitude')
end
%End of script file.
```

변조 지수는 100Hz로 유지되는 최대 편이를 갖는 정현파 메시지 신호 f_m의 주파수를 변화시켜서 정한다. f_m은 200, 100, 20의 값을 가지므로 해당되는 변조 지수의 값들은 각각 0.5, 1, 5이다. 해당되는 복소 포락선 신호의 스펙트럼은 그림 4.7에 주파수의 함수로 나타나 있다. ■

컴퓨터 예제 4.2

이제 FFT 알고리즘을 이용하여 FM(혹은 PM)의 양측 진폭 스펙트럼을 계산하는 것을 생각해보자. MATLAB 코드로부터 볼 수 있듯이, 변조 지수는 3이라고 가정한다. 진폭 스펙트럼이 양의 주파수 영역과 음의 영역에 분리되는 방법을 주목하자(다음 프로그램의 9번째 행). 여러분은 여러 스펙트럼 성분들이 정확한 주파수들에 맞아떨어지는 것과 그 진폭들이 표 4.1에 주어진 베셀 함수의 값들과 일치하는지 확인해보아야만 한다. MATLAB 프로그램의 출력은 그림 4.8에 나타내었다.

```
%File: c4ce2.m
fs=1000;                          %sampling frequency
delt=1/fs;                        %sampling increment
t=0:delt:1-delt;                  %time vector
npts=length(t);                   %number of points
fn=(0:npts)-(fs/2);               %frequency vector for plot
m=3*cos(2*pi*25*t);               %modulation
xc=sin(2*pi*200*t+m);             %modulated carrier
asxc=(1/npts)*abs(fft(xc));       %amplitude spectrum
```

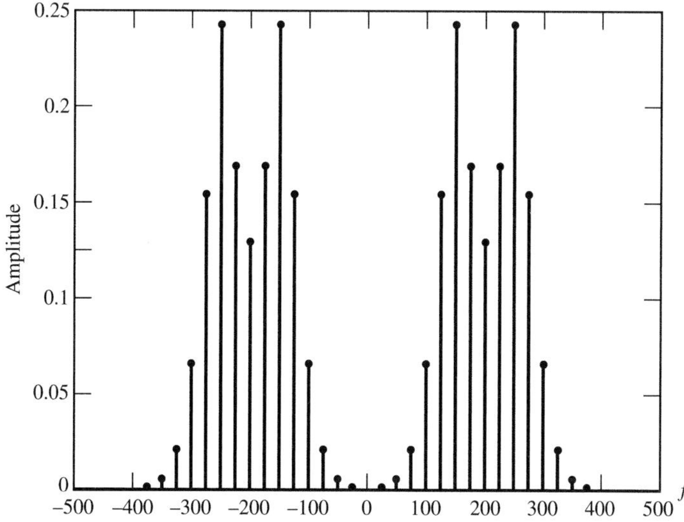

그림 4.8 FFT 알고리즘을 이용하여 계산한 양측 진폭 스펙트럼

```
evenf=[asxc((npts/2):npts)asxc(1:npts/2)];   %even amplitude spectrum
stem(fn,evenf,'.');
xlabel('Frequency-Hz')
ylabel('Amplitude')
%End of script.file.
```

4.1.3 각 변조된 신호의 전력

각 변조된 신호의 전력은 식 (4.1)로부터 쉽게 계산할 수 있다. 식 (4.1)을 제곱하고 시간평균값을 취하면

$$\langle x_c^2(t)\rangle = A_c^2\langle\cos^2[2\pi f_c t + \phi(t)]\rangle \tag{4.37}$$

가 된다. 이것은 다시 다음과 같이 쓸 수 있다.

$$\langle x_c^2(t)\rangle = \frac{1}{2}A_c^2 + \frac{1}{2}A_c^2\langle\cos\{2[2\pi f_c t + \phi(t)]\}\rangle \tag{4.38}$$

만약 반송파 주파수가 커서 $x_c(t)$가 직류 영역에서 무시해도 될 만한 주파수 성분만 있다면, 식 (4.38)의 두 번째 항은 무시될 수 있으므로

$$\langle x_c^2(t)\rangle = \frac{1}{2}A_c^2 \tag{4.39}$$

가 된다.

따라서 각 변조기의 출력에 포함된 전력은 메시지 신호와는 독립적이다. 예를 들어, 비록 주파수가 변한다고 하여도 $x_c(t)$가 정현파이면 결과는 식 (4.39)와 같다. 메시지 신호와는 무관하게 일정한 전송 전력은 각 변조와 선형 변조 사이의 한 가지 중요한 차이점이다.

4.1.4 각 변조된 신호의 대역폭

엄밀히 말해서, 각 변조 신호의 대역폭은 각 변조된 반송파가 무한개의 측파대 성분을 갖고 있기 때문에 무한대이다. 하지만 $J_n(\beta)$(부록 F, 표 F.3)의 급수 전개로부터 n이 클 때, $J_n(\beta)$는 다음과 같이 근사화된다.

$$J_n(\beta) \approx \frac{\beta^n}{2^n n!} \tag{4.40}$$

그러므로 고정된 β에 대해서 다음과 같다.

$$\lim_{n\to\infty} J_n(\beta) = 0 \tag{4.41}$$

이 특징은 표 4.1에 주어진 $J_n(\beta)$의 값들로부터도 역시 볼 수 있다. n이 충분히 크면 $J_n(\beta)$의

값은 무시할 수 있을 정도로 작아지므로, 중요한 전력을 포함하는 스펙트럼만을 고려하여 각 변조된 신호의 대역폭을 정의할 수 있다. 전력비 P_r은 반송파($n=0$) 성분과 반송파의 양쪽에 있는 각 k개의 측파대 성분에 포함된 전력 대 $x_c(t)$의 전체 전력의 비로 정의된다. 그러므로

$$P_r = \frac{\frac{1}{2}A_c^2 \sum_{n=-k}^{k} J_n^2(\beta)}{\frac{1}{2}A_c^2} = \sum_{n=-k}^{k} J_n^2(\beta) \tag{4.42}$$

혹은 간단히 해서

$$P_r = J_0^2(\beta) + 2\sum_{n=1}^{k} J_n^2(\beta) \tag{4.43}$$

이다.

특정한 응용을 위한 대역폭은 먼저 가능한 전력비를 정하고 나서 베셀 함수의 표를 사용하여 요구되는 k값을 구하여 결정하는데, 결과적인 대역폭은 다음과 같다.

$$B = 2kf_m \tag{4.44}$$

수용할 수 있는 전력비의 값은 시스템의 특정한 응용에 의해 결정된다. 두 개의 전력비 $P_r \geq 0.7$, $P_r \geq 0.98$을 표 4.1에 나타내었다. $P_r \geq 0.7$인 경우에 k에 대한 n의 값은 한 번 밑줄 친 것이고, $P_r \geq 0.98$인 경우에 k에 대한 n의 값은 두 번 밑줄 친 것이다. $P_r \geq 0.98$에서 n은 $1+\beta$의 정수부와 같아서

$$B \cong 2(\beta + 1)f_m \tag{4.45}$$

이 되는데, 이것은 다음 단락에서 카슨의 법칙이 논의될 때 더욱 중요한 의미를 가진다.

앞의 표현은 변조 지수 β가 단지 정현파 변조에 대해 정의되었기 때문에 정현파 변조로 가정한다. 편이 비율 D를 다음과 같이 정의하면, 임의의 신호 $m(t)$에 대하여 일반적으로 수용할 수 있는 대역폭의 표현을 얻는다.

$$D = \frac{\text{peak frequency deviation}}{\text{bandwidth of } m(t)} \tag{4.46}$$

즉

$$D = \frac{f_d}{W}(\max|m(t)|) \tag{4.47}$$

정현파 시스템에서 변조 지수가 했던 것과 마찬가지로 정현파가 아닌 변조에서도 이 편이 비율은 똑같은 역할을 한다. 식 (4.45)에서 β를 D로, f_m을 W로 바꾸어 대입하면

$$B = 2(D+1)W \tag{4.48}$$

가 된다.

대역폭에 대한 이런 표현을 일반적으로 카슨의 법칙(Carson's rule)이라 한다. 만약 $D \ll 1$이면, 대역폭은 대략 $2W$이고 신호는 협대역 각 변조된 신호(narrowband angle-modulated signal)가 된다. 역으로 $D \gg 1$이면 대역폭은 대략 $2DW = 2f_d(\max|m(t)|)$이며, 이것은 최대 주파수 편이의 2배이다. 이런 신호를 광대역 각 변조된 신호(wideband angle-modulated signal)라 한다.

예제 4.2

이 예제에서는 출력이 다음과 같은 FM 변조기를 고려한다.

$$x_c(t) = 100\cos[2\pi(1000)t + \phi(t)] \tag{4.49}$$

변조기는 $f_d = 8$로 동작하며 다음의 입력 메시지 신호를 갖는다.

$$m(t) = 5\cos 2\pi(8)t \tag{4.50}$$

변조기 뒤에는 그림 4.9(a)에서 보이는 것처럼 중심 주파수가 1000Hz이고, 56Hz의 대역폭을 갖는 대역통과 필터가 있다. 문제는 필터 출력단의 전력을 구하는 것이다.

최대 편이는 $5f_d$, 즉 40Hz이고, $f_m = 8$Hz이다. 그러므로 변조 지수는 $40/5 = 8$이다. 이것은 그림 4.9(b)에 보이는 단측 진폭 스펙트럼을 만들어낸다. 그림 4.9(c)는 대역통과 필터의 통과대역을 나타낸다. 필터는 반송 주파수 성분과 반송파의 양측에 있는 각 세 개의 성분들을 통과시킨다. 그러므로 전력비는

$$P_r = J_0^2(5) + 2[J_1^2(5) + J_2^2(5) + J_3^2(5)] \tag{4.51}$$

이고,

$$P_r = (0.178)^2 + 2\left[(0.328)^2 + (0.047)^2 + (0.365)^2\right] \tag{4.52}$$

이다. 결국

$$P_r = 0.518 \tag{4.53}$$

이다. 변조기 출력의 전력은

$$\overline{x_c^2} = \frac{1}{2}A_c^2 = \frac{1}{2}(100)^2 = 5000 \text{ W} \tag{4.54}$$

이다. 필터 출력의 전력은 변조기 출력의 전력에 전력비를 곱한 것이다. 따라서 필터 출력의 전력은 다음과 같다.

$$P_r\overline{x_c^2} = 2589 \text{ W} \tag{4.55}$$

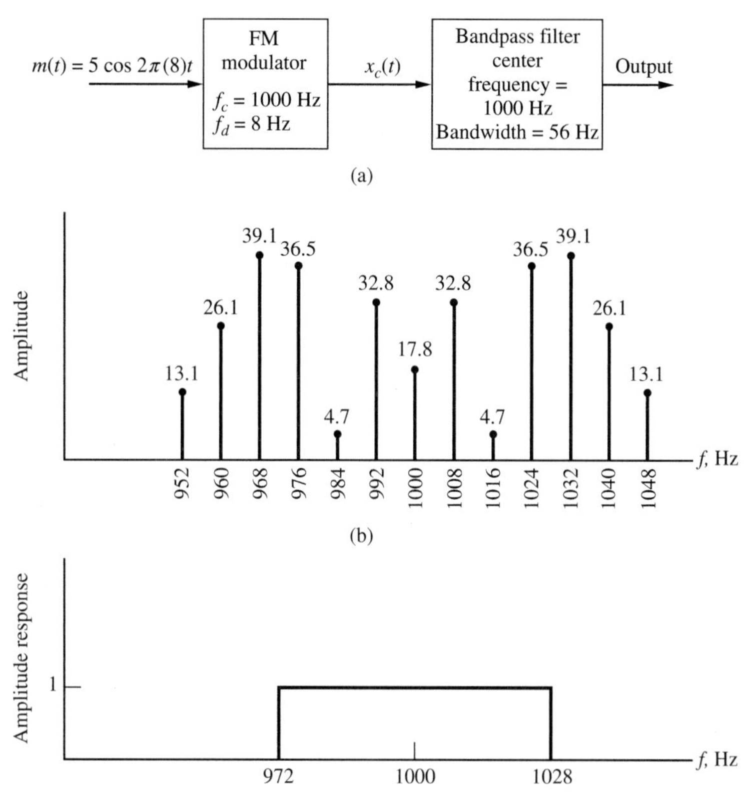

그림 4.9 예제 4.2의 시스템과 스펙트럼. (a) FM 시스템, (b) 변조기 출력의 단측 스펙트럼, (c) 대역통과 필터의 진폭 응답

예제 4.3

각 변조된 신호의 스펙트럼을 구하는 과정에서 메시지 신호는 단일 정현파로 가정했었다. 이제 메시지 신호가 두 정현파의 합인 경우와 같이 더욱 일반적인 문제를 생각해보자. 메시지 신호가

$$m(t) = A\cos(2\pi f_1 t) + B\cos(2\pi f_2 t) \tag{4.56}$$

라 할 때, FM 변조에 대한 위상 편이는

$$\phi(t) = \beta_1 \sin(2\pi f_1 t) + \beta_2 \sin(2\pi f_2 t) \tag{4.57}$$

로 주어진다. 여기서 $\beta_1 = Af_d/f_1 > 1$이고 $\beta_2 = Bf_d/f_2$이다. 이 경우 변조기 출력은

$$x_c(t) = A_c \cos[2\pi f_c t + \beta_1 \sin(2\pi f_1 t) + \beta_2 \sin(2\pi f_2 t)] \tag{4.58}$$

가 되는데, 이것은 다음과 같이 표현되기도 한다.

$$x_c(t) = A_c \text{ Re}\left\{e^{j\beta_1 \sin(2\pi f_1 t)} e^{j\beta_2 \sin(2\pi f_2 t)} e^{j2\pi f_c t}\right\} \tag{4.59}$$

푸리에 계수를 이용하면

$$e^{j\beta_1 \sin(2\pi f_1 t)} = \sum_{n=-\infty}^{\infty} J_n(\beta_1) e^{j2\pi n f_1 t} \tag{4.60}$$

이고

$$e^{j\beta_2 \sin(2\pi f_2 t)} = \sum_{m=-\infty}^{\infty} J_m(\beta_2) e^{j2\pi n f_2 t} \tag{4.61}$$

이다. 따라서 변조기 출력은 다음과 같다.

$$x_c(t) = A_c \text{ Re}\left\{\left[\sum_{n=-\infty}^{\infty} J_n(\beta_1) e^{j2\pi f_1 t} \sum_{m=-\infty}^{\infty} J_m(\beta_2) e^{j2\pi f_2 t}\right] e^{j2\pi f_c t}\right\} \tag{4.62}$$

이 중 실수부를 취하면

$$x_c(t) = A_c \sum_{n=-\infty}^{\infty} \sum_{m=-\infty}^{\infty} J_n(\beta_1) J_m(\beta_2) \cos[2\pi(f_c + nf_1 + mf_2)t] \tag{4.63}$$

로 표현된다. 신호 $x_c(t)$를 조사해보면 f_c+nf_1과 f_c+mf_2의 주파수 성분뿐만 아니라 n과 m의 모든 조합인 $f_c+nf_1+mf_2$의 주파수 성분을 포함한다. 그러므로 두 정현파의 합으로 구성된 메시지 신호의 변조된 출력의 스펙트럼은 각 메시지 성분의 두 스펙트럼이 중첩이 되어 형성된 추가된 스펙트럼을 포함하게 된다. 그러므로 이 예제는 각 변조의 비선형적 성질을 보여준다. 그림 4.10은 $\beta_1=\beta_2$이고 $f_2=12f_1$인 두 정현파의 합으로 구성된 메시지 신호의 스펙트럼이다.

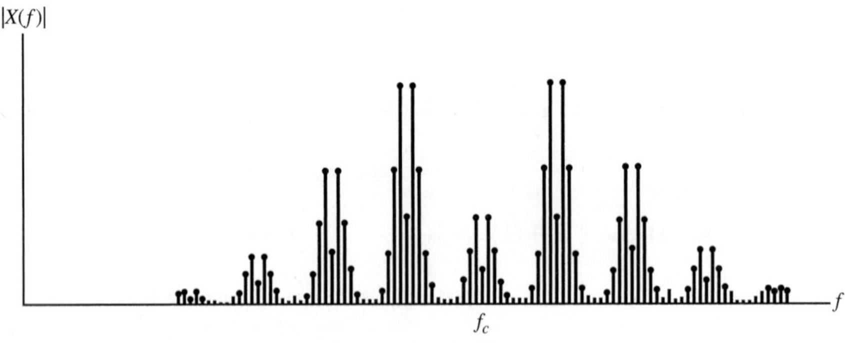

그림 4.10 $\beta_1=\beta_2$이고 $f_2=12f_1$일 때 식 (4.63)의 진폭 스펙트럼

■

컴퓨터 예제 4.3

이 컴퓨터 예제에서 우리는 한 쌍의 정현파로 구성된 메시지 신호를 갖는 FM(혹은 PM) 신호의 진폭 스펙트럼을 계산하는 MATLAB 프로그램을 생각한다. 단측 진폭 스펙트럼이 계산된다(아래의 컴퓨터 프로그램에서 `ampspec1`과 `ampspec2`에 2를 곱한 것을 유의하자). 단측 스펙트럼은 FFT 알고리즘에 의해 발생된 처음 $N/2$개로 나타나는 스펙트럼의 양의 부분만을 이용하여 결정된다. 아래 프로그램에서 N은 변수 `npts`로 나타낸다.

두 개의 그림이 출력으로 발생된다. 그림 4.11(a)는 메시지 신호에 대한 단일 정현파의 스펙트럼을 보여준다. 이 정현파 성분(50Hz)의 주파수가 분명하다. 그림 4.11(b)는 5Hz의 주파수를 가지는 두 번째 성분이 메시지 신호에 더해졌을 때 변조기 출력의 진폭 스펙트럼을 보여준다. 이 문제에서 메시지 신호의 각 성분과 연관된 변조 지수는 스펙트럼이 반드시 반송파 주파수(250Hz)에 정의된 대역폭 안에 놓이도록 주의하여 설정되었다.

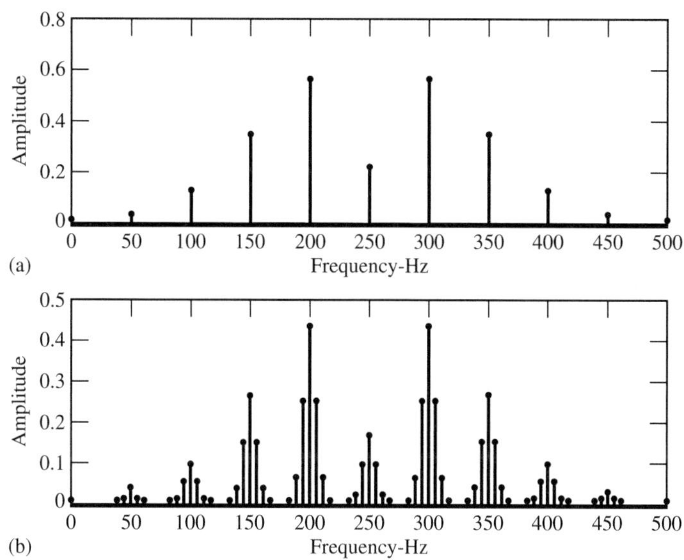

그림 4.11 주파수 변조 스펙트럼. (a) 단일톤 변조 신호, (b) 두 개의 톤 변조 신호

```
%File: c4ce3.m
fs=1000;                          %sampling frequency
delt=1/fs;                         %sampling increment
t=0:delt:1-delt;                  %time vector
npts=length(t);                   %number of points
fn=(0:(npts/2))*(fs/npts);             %frequency vector for plot
m1=2*cos(2*pi*50*t);              %modulation signal 1
m2=2*cos(2*pi*50*t)+1*cos(2*pi*5*t); %modulation signal 2
xc1=sin(2*pi*250*t+m1);           %modulated carrier 1
xc2=sin(2*pi*250*t+m2);           %modulated carrier 2
asxc1=(2/npts)*abs(fft(xc1));        %amplitude spectrum 1
asxc2=(2/npts)*abs(fft(xc2));        %amplitude spectrum 2
ampspec1=asxc1(1:((npts/2)+1));   %positive frequency portion 1
ampspec2=asxc2(1:((npts/2)+1));   %positive frequency portion 2
```

```
subplot(211)
stem(fn,ampspec1,'.k');
xlabel('Frequency-Hz')
ylabel('Amplitude')
subplot(212)
stem(fn,ampspec2,'.k');
xlabel('Frequency-Hz')
ylabel('Amplitude')
subplot(111)
%End of script file.
```

4.1.5 협대역-광대역 변환

그림 4.12는 광대역 FM을 발생시키는 한 가지 기술이다. 협대역 주파수 변조기의 반송파 주파수는 f_{c1}이고 최대 주파수 편이는 f_{d1}이다. 주파수 체배기는 입력 정현파의 각에 n을 곱한다. 다시 말해, 주파수 체배기의 입력이

$$x(t) = A_c \cos[2\pi f_0 t + \phi(t)] \tag{4.64}$$

이면, 주파수 체배기의 출력은

$$y(t) = A_c \cos[2\pi n f_0 t + n\phi(t)] \tag{4.65}$$

이다. 국부 발진기의 출력이

$$e_{\text{LO}}(t) = 2\cos(2\pi f_{\text{LO}} t) \tag{4.66}$$

라 가정하면 체배기 출력은 다음과 같다.

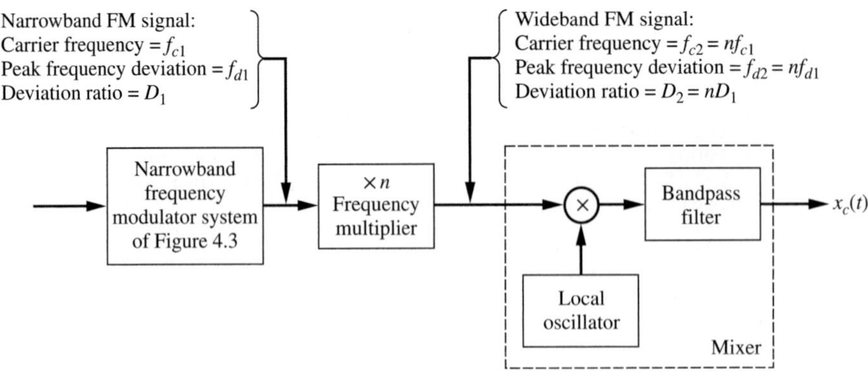

그림 4.12 협대역-광대역 변환을 이용한 주파수 변조

$$e(t) = A_c \cos[2\pi(nf_0 + f_{\text{LO}})t + n\phi(t)] + A_c \cos[2\pi(nf_0 - f_{\text{LO}})t + n\phi(t)] \tag{4.67}$$

이 신호는 다음과 같이 주어지는 중심 주파수가 f_c인 대역통과 필터를 통해 필터링된다.

$$f_c = nf_0 + f_{\text{LO}} \quad \text{또는} \quad f_c = nf_0 - f_{\text{LO}}$$

이로부터 출력은 다음과 같다.

$$x_c(t) = A_c \cos[2\pi f_c t + n\phi(t)] \tag{4.68}$$

대역통과 필터의 대역폭은 식 (4.67)에서 원하는 항만을 통과시키도록 선택된다. 만약 전송된 신호가 $x_c(t)$에 있는 전력의 98%를 포함하고 있다면 카슨의 법칙을 이용해서 대역통과 필터의 대역폭을 구할 수 있다.

협대역-광대역 변환에서 중요한 개념은 주파수 체배기가 n만큼 반송파 주파수와 편이 비율 모두를 바꾸지만, 반면에 혼합기(mixer)는 실질적인 반송파 주파수는 바꾸나 편이 비율에는 영향을 주지 않는다는 것이다. 이러한 방법으로 광대역 주파수 변조를 구현하는 기술을 **간접 주파수 변조**(indirect frequency modulation)라 한다.

예제 4.4

협대역-광대역 변환기는 그림 4.12처럼 구현된다. f_0=100,000Hz인 협대역 주파수 변조기 출력은 식 (4.64)로 주어진다. $\phi(t)$의 최대 주파수 편이는 50Hz이고 $\phi(t)$의 대역폭은 500Hz이다. 광대역 출력 $x_c(t)$는 85MHz의 반송파 주파수와 편이 비율 5를 가진다. 여기서 우리는 주파수 체배기 인수 n, 두 개의 가능한 국부 발진기 주파수, 그리고 대역통과 필터의 중심 주파수 및 대역폭을 구한다.

협대역 FM 변조기의 출력에서 편이 비율은

$$D_1 = \frac{f_{d1}}{W} = \frac{50}{500} = 0.1 \tag{4.69}$$

이다. 그러므로 주파수 체배기 인수는

$$n = \frac{D_2}{D_1} = \frac{5}{0.1} = 50 \tag{4.70}$$

이다. 따라서 협대역 FM 변조기의 출력에서 반송파 주파수는

$$nf_0 = 50(100{,}000) = 5 \text{ MHz} \tag{4.71}$$

이다. 국부 발진기의 두 허용 주파수는

$$85 + 5 = 90 \text{ MHz} \tag{4.72}$$

그리고

$$85 - 5 = 80 \text{ MHz} \tag{4.73}$$

가 된다. 대역통과 필터의 중심 주파수는 광대역 출력의 반송파 주파수와 같아야 한다. 그러므로 대역통과 필터의 중심 주파수는 85MHz이다. 대역통과 필터의 대역폭은 카슨의 법칙을 이용하여 구한다. 식 (4.48)로부터 다음을 얻을 수 있다.

$$B = 2(D+1)W = 2(5+1)(500) \tag{4.74}$$

그러므로 다음과 같다.

$$B = 6000 \text{ Hz} \tag{4.75}$$

■

4.2 각 변조된 신호의 복조

FM 신호의 복조는 출력이 입력의 주파수 편이에 비례하는 회로가 필요하다. 그런 회로를 주파수 변별기(frequency discriminator)라 한다.[1] 만약 이상적인 변별기에 대한 입력이 각 변조된 신호로

$$x_r(t) = A_c \cos[2\pi f_c t + \phi(t)] \tag{4.76}$$

라면 이상적인 판별기의 출력은

$$y_D(t) = \frac{1}{2\pi} K_D \frac{d\phi}{dt} \tag{4.77}$$

이다. FM에서 $\phi(t)$는

$$\phi(t) = 2\pi f_d \int^t m(\alpha)d\alpha \tag{4.78}$$

로 주어지므로, 식 (4.77)은

$$y_D(t) = K_D f_d m(t) \tag{4.79}$$

가 된다. 상수 K_D는 변별기 상수(discriminator constant)라 하며, 헤르츠당 전압을 단위로 갖는

1 주파수 복조기(frequency demodulator)와 주파수 변별기(frequency discriminator)는 같은 의미이다.

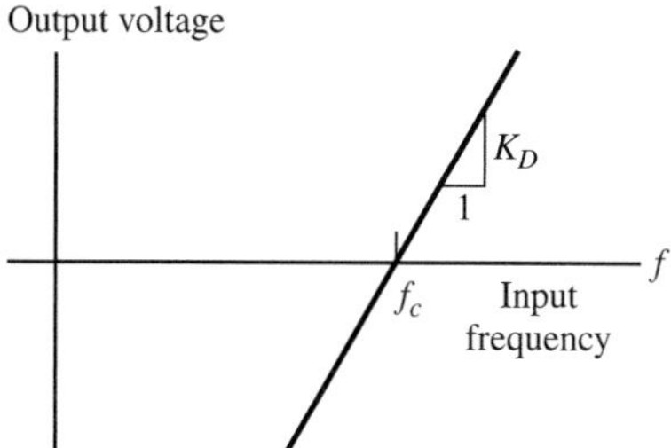

그림 4.13 이상적인 변별기의 특성

다. 이상적인 변별기는 반송파로부터 주파수 편이에 비례하는 출력 신호를 발생시키기 때문에 $f=f_c$에서 0을 통과하는 선형 주파수-전압 전달 함수를 갖는다. 이것이 그림 4.13에 있다.

그림 4.13의 특성을 갖는 시스템은 PM 신호를 복조하는 데도 사용할 수 있다. PM의 경우 $\phi(t)$는 $m(t)$에 비례하기 때문에, 식 (4.77)에서 주어진 $y_D(t)$는 PM 입력에 대해 $m(t)$의 시간 미분에 비례한다. 변별기 출력의 적분은 $m(t)$에 비례하는 신호를 발생시킨다. 그래서 PM에 대한 복조기는 FM 변별기와 적분기로 구현할 수 있다. PM 변별기의 출력을

$$y_D(t) = K_D k_p m(t) \tag{4.80}$$

로 정의한다. $y_D(t)$와 K_D가 FM 시스템을 나타내는 것인지 PM 시스템을 나타내는 것인지는 문맥으로 알 수 있을 것이다.

그림 4.13에 나타낸 것과 같은 특성의 근사치는 그림 4.14에 보이는 것처럼 미분기와 포락선 검출기를 사용하여 얻을 수 있다. 만약 미분기의 입력이

$$x_r(t) = A_c \cos[2\pi f_c t + \phi(t)] \tag{4.81}$$

이면, 미분기의 출력은

$$e(t) = -A_c \left[2\pi f_c + \frac{d\phi}{dt}\right] \sin[2\pi f_c t + \phi(t)] \tag{4.82}$$

이다. 이것은 위상 편이 $\phi(t)$를 제외하고는 AM 신호와 정확히 똑같은 형태이다. 그러므로 미분기를 통과한 후, 메시지 신호를 복원하기 위해 포락선 검출기를 사용할 수 있다. $e(t)$의 포락선은

$$y(t) = A_c \left(2\pi f_c + \frac{d\phi}{dt}\right) \tag{4.83}$$

이고, 만약 모든 t에 대해

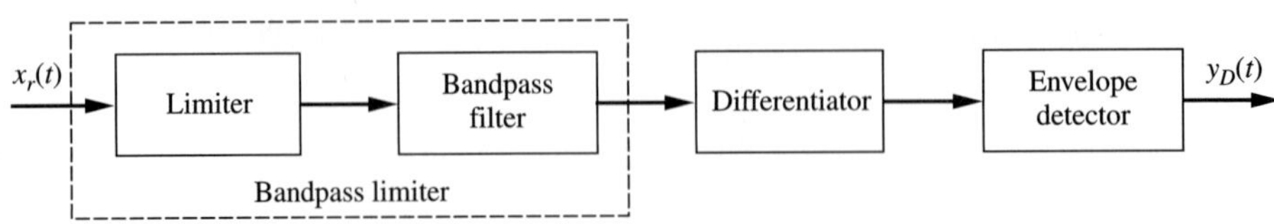

그림 4.14 FM 변별기 구현

$$f_c > -\frac{1}{2\pi}\frac{d\phi}{dt}$$

이면, $y(t)$는 항상 양의 값을 가지는데, 이것은 일반적으로 메시지 신호의 대역폭보다 f_c가 충분히 크기 때문에 대개는 만족된다. 따라서 포락선 검출기의 출력은 다음과 같다.

$$y_D(t) = A_c\frac{d\phi}{dt} = 2\pi A_c f_d m(t) \tag{4.84}$$

여기서 DC 항인 $2\pi A_c f_c$는 제거되었다고 가정한다. 식 (4.84)와 식 (4.79)를 비교하면 이 변별기에 대한 변별기 상수는

$$K_D = 2\pi A_c \tag{4.85}$$

임을 알 수 있다. 간섭과 채널잡음으로 인해서 $x_r(t)$의 진폭 A_c가 왜곡되는 것에 대해 나중에 자세히 다룰 것이다. 미분기 입력에서 진폭이 상수가 되도록 하기 위하여 미분기 앞에 **제한기(limiter)**를 둔다. 제한기의 출력은 구형파 형태의 신호이며, 이것은 $K\ \text{sgn}[x_r(t)]$이다. 그리고 중심 주파수 f_c를 갖는 대역통과 필터가 식 (4.82)로 정의된 응답을 얻기 위하여 미분기에 요구되는 정현파 형태로 되돌리기 위해 제한기 뒷단에 위치한다. 제한기와 대역통과 필터의 직렬 조합을 **대역통과 제한기(bandpass limiter)**라 한다. 변별기 전체를 그림 4.14에 나타내었다.

미분 과정은 그림 4.15에 나타난 것처럼 시간 지연 구현을 이용하여 흔히 실현된다. 포락선 검출기의 입력인 신호 $e(t)$

$$e(t) = x_r(t) - x_r(t-\tau) \tag{4.86}$$

로 주어지고 이는 다시

$$\frac{e(t)}{\tau} = \frac{x_r(t) - x_r(t-\tau)}{\tau} \tag{4.87}$$

로 쓸 수 있다. 정의에 의해서

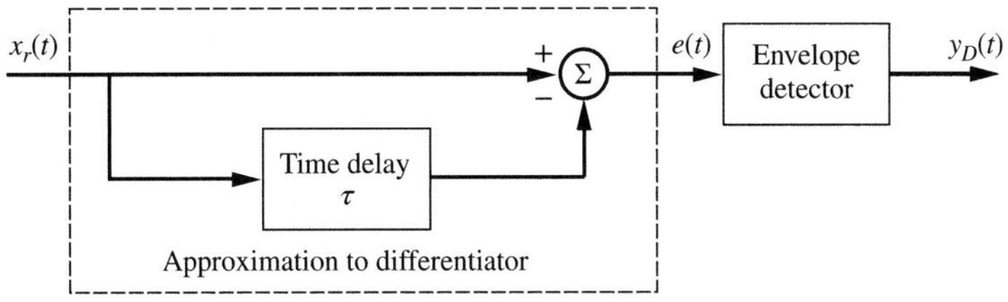

그림 4.15 시간 지연과 포락선 검출을 사용한 변별기 구현

$$\lim_{\tau \to 0} \frac{e(t)}{\tau} = \lim_{\tau \to 0} \frac{x_r(t) - x_r(t-\tau)}{\tau} = \frac{dx_r(t)}{dt} \tag{4.88}$$

이기 때문에, 작은 τ값에 대해서 다음과 같다.

$$e(t) \cong \tau \frac{dx_r(t)}{dt} \tag{4.89}$$

이것은 상수인 인수 τ를 제외하고는 그림 4.15에 있고 식 (4.82)에서 정의된 포락선 검출기의 입력과 동일하다. 그 결과로 판별기 상수 K_D는 $2\pi A_c \tau$이다. 판별기를 구현하는 방법에는 여러 가지 기술이 있다. 이 장의 후반부에서는 특히 매력적이고 일반적인 위상동기 루프(PLL)의 구현에 대해 알아볼 것이다.

예제 4.5

그림 4.16(a)에 보이는 간단한 RC 회로망을 생각하자. 전달 함수는

$$H(f) = \frac{R}{R + 1/j2\pi fC} = \frac{j2\pi fRC}{1 + j2\pi fRC} \tag{4.90}$$

이다. 진폭 응답은 그림 4.16(b)에 있다. 만약 입력에 있는 모든 주파수가 낮아서

$$f \ll \frac{1}{2\pi RC}$$

이라면, 전달 함수는

$$H(f) = j2\pi fRC \tag{4.91}$$

로 근사화될 수 있다. 그러므로 작은 f에 대해서, RC 회로망은 이상적인 판별기가 요구하는 선형 진폭 주파수 특성을 지닌다. 식 (4.91)은 작은 f에 대해서 RC 필터가 이득 RC를 갖는 미분기로 작동하는 것을 보여준다. 그러므로 RC 회로망은

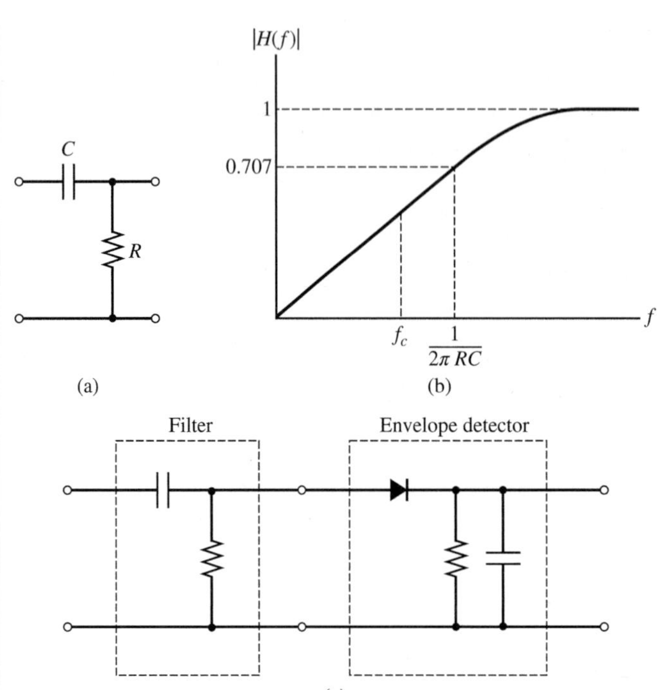

그림 4.16 고역통과 필터에 기반한 간단한 주파수 변별기 구현. (a) RC 회로망, (b) 전달함수, (c) 변별기

$$K_D = 2\pi A_c RC \tag{4.92}$$

를 갖는 판별기를 얻기 위하여 그림 4.14에 있는 미분기로 사용될 수 있다.

이 예제는 주파수 변별기의 핵심적인 부품들인 주파수에 대해 선형적인 진폭 응답을 가지는 회로와 포락선 검출기를 보여준다. 하지만 고역통과 필터는 일반적으로 구현하기가 힘들다. 이것은 K_D를 표현한 수식을 보면 알 수 있다. 분명히 필터의 3dB 주파수 $1/2\pi RC$은 반송파 주파수 f_c를 초과해야 한다. 상업용 FM 방송에 있어서, 판별기 입력에서의 반송파 주파수, 즉 IF 주파수는 10MHz의 단위이다. 결국 판별기 상수 K_D는 사실 매우 작다.

그림 4.17에 있는 것처럼 대역통과 필터를 사용하여 아주 작은 K_D값의 문제를 해결할 수 있다. 하지만 그림 4.17(a)에 보이는 것과 같이 선형 동작 영역이 용납할 수 없을 정도로 매우 작은 경우가 종종 있다. 게다가 대역통과 필터를 쓰면 변별기 출력에 DC 바이어스가 생긴다. 이런 DC 바이어스는 물론 블로킹 커패시터(blocking capacitor)로 제거될 수 있으나 블로킹 커패시터는 FM 본래의 이점(즉 FM이 DC 응답을 가지는 것)을 잃어버릴 수 있다. 이러한 문제들은 그림 4.17(b)에서 보는 것처럼 서로 엇갈린 중심 주파수 f_1과 f_2를 가진 두 개의 필터를 사용해서 해결할 수 있다. 두 개의 필터 다음에 오는 포락선 검출기 출력의 크기는 $|H_1(f)|$와

$|H_2(f)|$에 비례한다. 이들 두 출력을 빼면 전체 특성은 그림 4.17(c)에서 보는 것처럼

$$H(f) = |H_1(f)| - |H_2(f)| \tag{4.93}$$

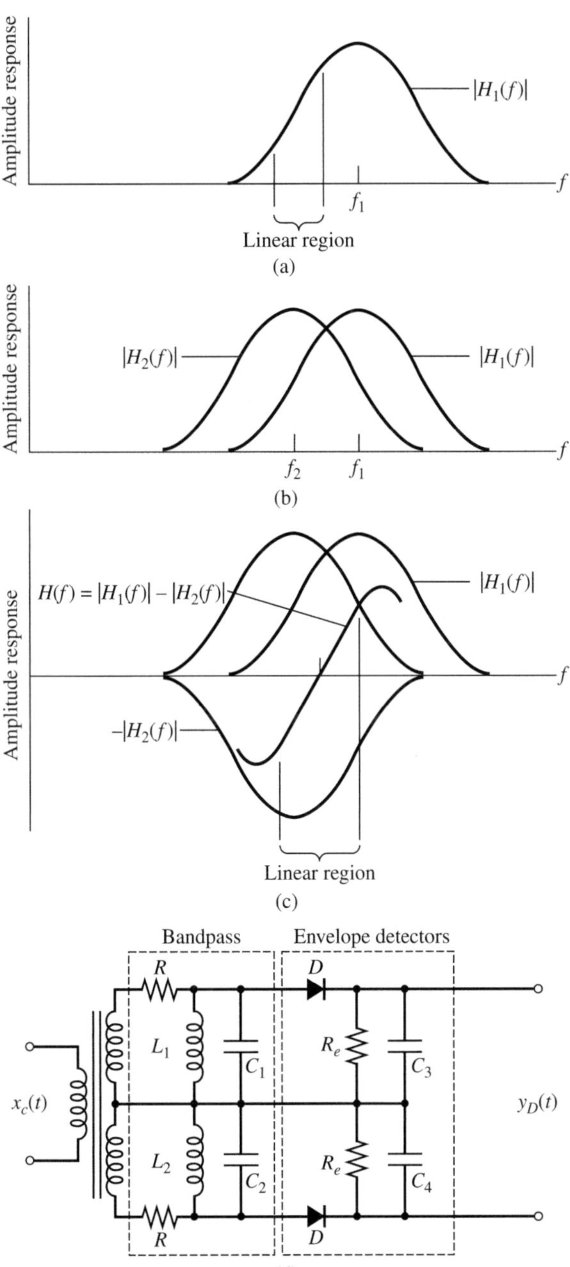

그림 4.17 평형 변별기의 유도. (a) 대역통과 필터, (b) 스태거-동조된 대역통과 필터들, (c) 평형 변별기의 진폭 응답, (d) 전형적인 평형 변별기 구현

가 된다. 두 필터를 결합하면, 두 필터 중 하나만 사용한 경우보다 더 넓은 주파수 영역에 대해서 판별기의 응답이 선형적이고 $H(f_c)=0$으로 만들 수 있다.

그림 4.17(d)에서, 중심이 탭된 변압기는 입력 신호 $x_c(t)$를 두 개의 대역통과 필터에 공급한다. 두 개의 대역통과 필터의 중심 주파수는 $i=1,2$에 대해

$$f_i = \frac{1}{2\pi\sqrt{L_i C_i}} \tag{4.94}$$

로 주어진다. 포락선 검출기는 다이오드와 저항-콘덴서의 조합 $R_e C_e$로 구성된다. 위쪽 포락선 검출기 출력은 $|H_1(f)|$에 비례하며, 아래쪽 포락선 검출기의 출력은 $|H_2(f)|$에 비례한다. 위쪽 포락선 검출기의 출력은 그것의 입력 포락선의 양수 부분이고 아래 포락선 검출기의 출력은 그것의 입력 포락선의 음수 부분이다. 그러므로 $y_D(t)$는 $|H_1(f)|-|H_2(f)|$에 비례한다. 이 시스템은 총응답이 0이 되도록 편이되지 않은 반송파의 응답이 평형을 이루고 있기 때문에 **평형 변별기**(balanced discriminator)라 한다.

4.3 궤환 복조기 : 위상동기 루프

이미 각 변조된 신호를 복조하기 위해서 FM을 AM으로 변환하는 기법을 다루었다. 8장에서는 잡음 환경에서 궤환 복조기를 이용하면 성능을 향상시킬 수 있음을 보게 될 것이다. 이 절의 주제는 위상동기 루프(phase-locked loop, PLL)인데, 이것은 궤환 복조기의 기본적인 형태이다. 위상동기 루프는 오늘날 통신 시스템에서 널리 쓰이고 있는데, 각 변조된 신호의 복조뿐만 아니라 반송파와 심벌 동기를 위해서, 주파수 합성을 위해서, 그리고 다양한 디지털 복조기를 위한 기본적인 구성 요소로서 사용된다. 위상동기 루프는 아주 다양한 응용에서 사용될 수 있도록 아주 유연하면서도 쉽게 구현될 수 있으며, PLL은 많은 다른 기술에서도 월등한 성능을 나타낸다. 그러므로 이것이 현대의 통신 시스템 어디에서나 존재한다는 사실은 놀라운 일이 아니다. 그러므로 PLL에 대하여 자세히 알아볼 필요가 있다.

4.3.1 FM 및 PM 복조를 위한 위상동기 루프

PLL의 블록도가 그림 4.18에 있다. 기본적인 PLL은 네 가지 기본 요소를 갖고 있다. 이들은 다음과 같다.

1. 위상 검출기
2. 루프 필터
3. 루프 증폭기(μ=1로 가정)

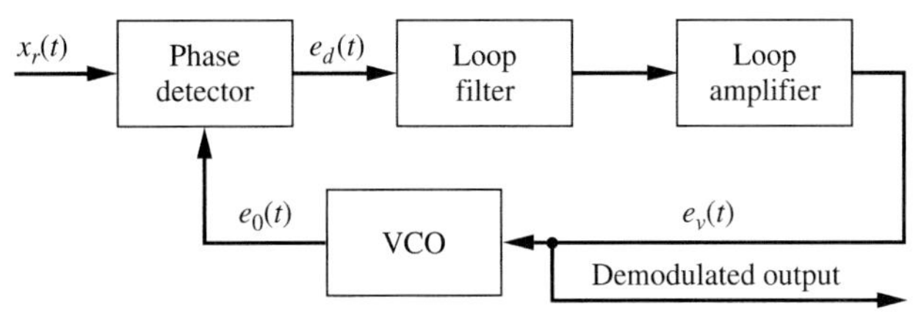

그림 4.18 FM의 복조를 위한 위상동기 루프

4. 전압 제어 발진기(VCO)

위상동기 루프의 작동을 이해하기 위해, 입력 신호를

$$x_r(t) = A_c \cos[2\pi f_c t + \phi(t)] \tag{4.95}$$

로 가정하고, VCO 출력 신호는 다음과 같이 가정한다.

$$e_0(t) = A_v \sin[2\pi f_c t + \theta(t)] \tag{4.96}$$

(이들은 직교 성분임을 유의하자.) 위상 검출기에는 여러 종류가 있고, 제각각 다른 동작 성질을 가지고 있다. 여기서는 반송파의 두 번째 고조파를 제거하기 위하여 위상 검출기는 곱셈기 다음에 저역통과 필터를 둔다고 가정한다. 또한 곱셈에 의한 음의 부호를 제거하기 위해 인버터(inverter)가 있다고 가정한다. 이러한 가정하에 위상 검출기의 출력은 다음과 같다.

$$e_d(t) = \frac{1}{2} A_c A_v K_d \sin[\phi(t) - \theta(t)] = \frac{1}{2} A_c A_v K_d \sin[\psi(t)] \tag{4.97}$$

여기서 K_d는 위상 검출기 상수이며 $\psi(t) = \phi(t) - \theta(t)$는 위상 오차이다. 작은 위상 오차에 대하여 곱셈기의 두 입력은 곱셈의 결과가 위상 오차 $\phi(t) - \theta(t)$의 기함수가 되도록 하기 위하여 대략 직교된다. 이것은 위상 검출기가 양과 음의 위상 오차를 구별하기 위하여 필요한 요구 조건이다. 이는 왜 PLL 입력과 VCO 출력이 직교여야만 하는지를 보여준다.

위상 검출기의 출력은 필터링되고 증폭되어 VCO에 주입된다. VCO란 기본적으로 출력의 주파수 편이 $d\theta/dt$가 VCO 입력 신호에 비례하는 주파수 변조기이다. 즉

$$\frac{d\theta}{dt} = K_v e_v(t) \text{ rad/}s \tag{4.98}$$

다시 쓰면 다음과 같다.

$$\theta(t) = K_v \int^t e_v(\alpha) d\alpha \tag{4.99}$$

K_v는 VCO 상수로서 라디안/초/입력 단위로 측정된다.

PLL의 블록도로부터

$$E_v(s) = F(s)E_d(s) \tag{4.100}$$

이며, 여기서 $F(s)$는 루프 필터의 전달 함수이다. 시간 영역에서 앞의 표현은

$$e_v(\alpha) = \int^t e_d(\lambda)f(\alpha - \lambda)d\lambda \tag{4.101}$$

이고, 이것은 주파수 영역에서 곱셈은 시간 영역에서 컨볼루션이라는 점을 단순히 인식하면 나온다. 식 (4.97)을 식 (4.101)에 대입하면 식 (4.99)의 결과는 다음과 같다.

$$\theta(t) = K_t \int^t \int^\alpha \sin[\phi(\lambda) - \theta(\lambda)]f(\alpha - \lambda)d\lambda d\alpha \tag{4.102}$$

여기서 K_t는 아래와 같이 정의된 전체 루프 이득이다.

$$K_t = \frac{1}{2}A_v A_c K_d K_v \tag{4.103}$$

식 (4.102)는 VCO 위상 $\theta(t)$가 입력 위상 $\phi(t)$에 관련된 일반적인 표현이다. 시스템 설계자는 루프 필터 전달 함수 $F(s)$를 선택해야만 하기 때문에 필터 임펄스 응답 $f(t)$와 루프 이득 K_t를 정의해야만 한다. 식 (4.103)으로부터 루프 이득은 입력 신호 진폭 A_v의 함수임을 알 수 있다. 그러므로 PLL 설계는 입력 신호 수준에 대한 지식을 필요로 하는데, 이것은 대개 알려져 있지 않으며 시간에 대하여 변한다. 이러한 입력 신호 수준에 독립적이지 못한 것은 루프 입력에 강제 제한기(hard limiter)를 달면 일반적으로 제거된다. 만일 제한기가 사용된다면 루프 이득 K_t는 A_v, K_d, K_v를 적절히 골라서 선택되는데, 이것들은 모두 PLL의 인자들이다. 이들 인자의 개별적인 값들은 그들의 곱이 원하는 루프 이득을 내는 한 임의로 할 수 있다. 하지만 이들 인자에 대한 하드웨어적인 고려가 전형적인 제약으로 놓인다.

식 (4.102)는 PLL의 비선형 모델을 정의하는데, 정현파적 비선형성을 갖는다.[2] 이것은 그림 4.19에 보인다. 식 (4.102)는 비선형이기 때문에, 식 (4.102)를 사용하여 PLL의 해석을 하면 어려우며 흔히 여러 근사화와 관련이 된다. 실제로 우리는 추적 모드(tracking mode)나 포착 모드(acquisition mode) 모두에서 PLL의 동작에 관심이 있다. 포착 모드에서 PLL은 입력 신호를 가지는 VCO의 주파수와 위상을 동기화하여 신호를 얻으려고 시도한다. 동작의 포착 모드에

2 많은 비선형성이 가능하며 다양한 용도로 사용된다.

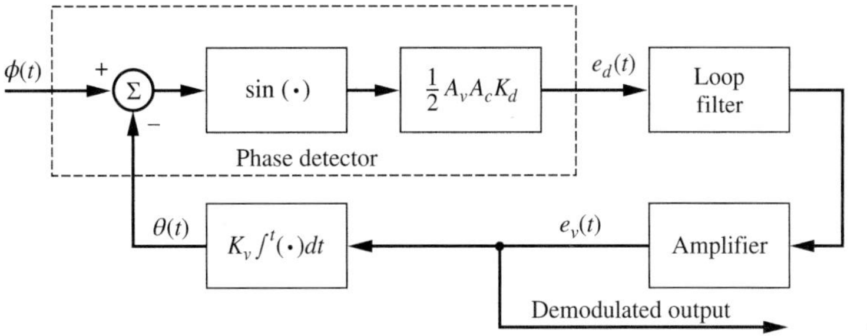

그림 4.19 비선형 PLL 모델

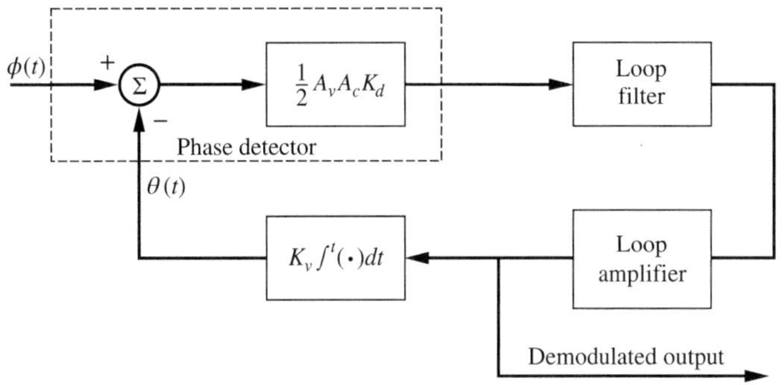

그림 4.20 선형 PLL 모델

서는, 위상 오차는 일반적으로 크고, 비선형 모델이 해석을 위하여 필요하다.

하지만 추적 모드에서는, 위상 오차 $\phi(t)-\theta(t)$는 대개 작으며 추적 모드에서의 PLL 설계와 해석을 위해 선형 모델이 사용될 수 있다. 작은 위상 오차에 대해, 정현파적 비선형성은 무시될 수 있으며 PLL은 선형 궤환 시스템이 된다. 식 (4.102)는 다음과 같이 정의되는 선형 모델로 간단해진다.

$$\theta(t) = K_t \int^t \int^\alpha [\phi(\lambda) - \theta(\lambda)] f(\alpha - \lambda) d\lambda d\alpha \tag{4.104}$$

결과적인 선형 모델이 그림 4.20에 있다. 비선형과 선형 모델 모두 $x_r(t)$와 $e_0(t)$보다는 오히려 $\theta(t)$와 $\phi(t)$와 관련이 있다. 하지만 우리가 f_c를 안다면, 식 (4.95)와 식 (4.96)에서 보는 것처럼 $\theta(t)$와 $\phi(t)$를 알면 $x_r(t)$와 $e_0(t)$를 완전히 알 수 있다. 만일 PLL이 동기가 되면, 즉 $\theta(t) \simeq \phi(t)$이면 FM을 가정할 때,

표 4.3 루프 필터 전달 함수들

PLL order	Loop filter transfer function, $F(s)$
1	1
2	$1+\frac{a}{s}=(s+a)/s$
3	$1+\frac{a}{s}+\frac{b}{s^2}=(s^2+as+b)/s^2$

$$\frac{d\theta(t)}{dt} \cong \frac{d\phi(t)}{dt} = 2\pi f_d m(t) \tag{4.105}$$

이 되고, VCO 주파수 편이는 입력 주파수 편이의 좋은 추정치가 되는데, 이것은 메시지 신호에 비례한다. VCO 주파수 편이는 VCO 입력 $e_v(t)$에 비례하기 때문에, 만일 식 (4.105)가 만족되면 $e_v(t)$는 $m(t)$에 비례한다. 그러므로 VCO 입력 $e_v(t)$는 FM 시스템의 복조된 출력이다.

루프 필터 전달 함수 $F(s)$의 형태는 PLL의 추적과 포착 동작 모두에서 중요한 영향을 미친다. 앞으로 할 작업에서 우리는 1차, 2차, 3차 PLL에 관심을 두고 있다. 이러한 세 가지 경우에 대한 루프 필터 전달 함수가 표 4.3에 주어져 있다. PLL의 차수는 루프 필터의 차수보다 하나 더 많음을 명심하자. 다음 절에서 보는 것처럼 추가적인 적분이 VCO로부터 나온다. 이제 추적 및 포착 모드 모두에서 PLL을 고려한다. 추적 모드 동작이 좀 더 간단하기 때문에 먼저 다루도록 한다.

4.3.2 추적 모드에서 위상동기 루프의 동작 : 선형 모델

앞에서 본 것처럼, 추적 모드에서 위상 오차는 작으며 선형 해석이 PLL 동작을 정의하는 데 사용될 수 있다. PLL 동작에 대한 중요한 통찰력을 여러 입력 신호를 가지는 1차, 2차, 3차 PLL들에 대한 정상 상태 조사를 통하여 얻을 수 있다.

루프 전달 함수와 정상 상태 오차

그림 4.20의 주파수 영역 등가는 그림 4.21에 있다. 그림 4.21과 식 (4.104)로부터

$$\Theta(s) = K_t[\Phi(s) - \Theta(s)]\frac{F(s)}{s} \tag{4.106}$$

이고, 이로부터 VCO 위상이 입력 위상에 관련된 전달 함수는 다음과 같다.

$$H(s) = \frac{\Theta(s)}{\Phi(s)} = \frac{K_t F(s)}{s + K_t F(s)} \tag{4.107}$$

위상 오차의 라플라스 변환은

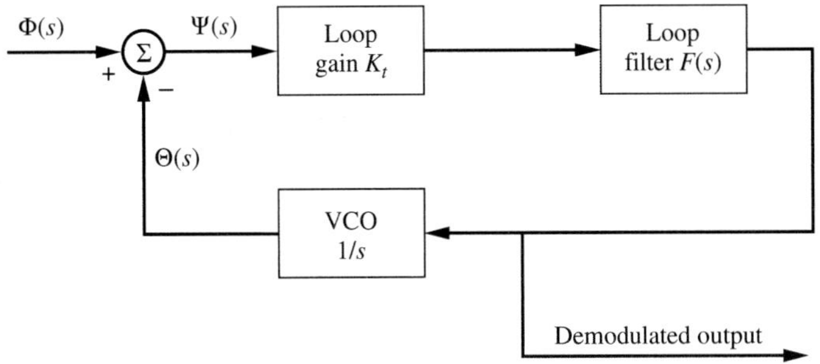

그림 4.21 주파수 영역에서 선형 PLL 모델

$$\Psi(s) = \Phi(s) - \Theta(s) \tag{4.108}$$

이기 때문에, 위상 오차와 입력 위상에 대한 전달 함수를 다음과 같이 쓸 수 있다.

$$G(s) = \frac{\Psi(s)}{\Phi(s)} = \frac{\Phi(s) - \Theta(s)}{\Phi(s)} = 1 - H(s) \tag{4.109}$$

그리고

$$G(s) = \frac{s}{s + K_t F(s)} \tag{4.110}$$

정상 상태 오차는 라플라스 변환 이론으로부터 최종값 정리를 통하여 구할 수 있다. 최종값 정리는 $\lim_{t\to\infty} a(t)$가 $\lim_{s\to 0} sA(s)$와 같음을 말한다. 여기서 $a(t)$와 $A(s)$는 라플라스 변환쌍이다.

여러 가지 루프 차수들에 대한 정상 상태 오차를 구하기 위하여, 위상 편이는 약간 일반적인 모양을 가진다고 가정한다.

$$\phi(t) = \pi R t^2 + 2\pi f_\Delta t + \theta_0, \quad t > 0 \tag{4.111}$$

대응되는 주파수 편이는

$$\frac{1}{2\pi}\frac{d\phi}{dt} = Rt + f_\Delta, \quad t > 0 \tag{4.112}$$

이다. 주파수 편이는 주파수 램프 R Hz/s와 주파수 계단 f_Δ의 합인 것을 알 수 있다. $\phi(t)$의 라플라스 변환은

$$\Phi(s) = \frac{2\pi R}{s^3} + \frac{2\pi f_\Delta}{s^2} + \frac{\theta_0}{s} \tag{4.113}$$

이다. 그러므로 정상 상태 위상 오차는 다음과 같이 주어진다.

표 4.4 정상 상태 오차

PLL order	$\theta_0 \neq 0$ $f_\Delta = 0$ $R = 0$	$\theta_0 \neq 0$ $f_\Delta \neq 0$ $R = 0$	$\theta_0 \neq 0$ $f_\Delta \neq 0$ $R \neq 0$
1 ($a = 0, b = 0$)	0	$2\pi f_\Delta / K_t$	∞
2 ($a \neq 0, b = 0$)	0	0	$2\pi R / K_t$
3 ($a \neq 0, b \neq 0$)	0	0	0

$$\psi_{ss} = \lim_{s \to 0} s \left[\frac{2\pi R}{s^3} + \frac{2\pi f_\Delta}{s^2} + \frac{\theta_0}{s} \right] G(s) \tag{4.114}$$

여기서 $G(s)$는 식 (4.110)으로 주어진다.

일반화하기 위하여, 표 4.4에 정의된 3차 필터 전달 함수를 생각해보자.

$$F(s) = \frac{1}{s^2}(s^2 + as + b) \tag{4.115}$$

만일 $a=0$, $b=0$이면, 1차 PLL에 대한 루프 필터 전달 함수는 $F(s)=1$이다. 만일 $a \neq 0$, $b=0$이면, $F(s)=(s+a)/s$인데, 이것은 2차 PLL의 루프 필터를 정의한다. $a \neq 0$이고 $b \neq 0$을 가지면 3차 PLL이다. 그러므로 식 (4.115)에 정의된 것처럼 a와 b의 적절한 값을 취하여 $F(s)$를 1차, 2차, 3차 PLL의 해석을 위하여 사용할 수 있다.

식 (4.115)를 식 (4.110)에 대입하면

$$G(s) = \frac{s^3}{s^3 + K_t s^2 + K_t a s + K_t b} \tag{4.116}$$

이 된다. 식 (4.114)에서 $G(s)$에 대한 표현을 사용하면 정상 상태 위상 오차 표현을 얻는다.

$$\psi_{ss} = \lim_{s \to 0} \frac{s(\theta_0 s^2 + 2\pi f_\Delta s + 2\pi R)}{s^3 + K_t s^2 + K_t a s + K_t b} \tag{4.117}$$

이제 1차, 2차, 3차 PLL들에 대한 정상 상태 위상 오차를 생각해보자. 여러 입력 신호 조건들인 θ_0, f_Δ, R과 루프 필터 인자들인 a와 b에 대하여, 표 4.4에 주어진 정상 상태 오차들을 구할 수 있다. 1차 PLL은 위상 계단을 0의 정상 상태 오차로 추적할 수 있음을 주목하자. 2차 PLL은 주파수 계단을 0의 정상 상태 오차로 추적할 수 있고, 3차 PLL은 주파수 램프를 0의 정상 상태 오차로 추적할 수 있다.

정상 상태 오차가 0이 아니면서 유한한 표 4.4에 주어진 경우들에 대하여, 정상 상태 오차는 루프 이득 K_t를 증가시켜서 원하는 만큼 작게 만들 수 있다. 하지만 루프 이득을 증가시키면 루프 대역폭도 증가시킨다. 8장에서 잡음의 영향을 생각할 때, 루프 대역폭의 증가는 PLL의 성능을 잡음의 존재에 더욱 민감하게 만든다는 것을 알게 될 것이다. 그러므로 잡음이 존재하는 경우에는 정상 상태 오차와 루프 성능 간에 트레이드-오프가 있음을 알 수 있다.

예제 4.6

이제 식 (4.110)과 식 (4.115)로부터 $a=0$, $b=0$이면 1차 PLL은 다음의 전달 함수를 갖는 것을 생각하자.

$$H(s) = \frac{\Theta(s)}{\Phi(s)} = \frac{K_t}{s + K_t} \tag{4.118}$$

그러므로 루프 임펄스 응답은

$$h(t) = K_t e^{-K_t t} u(t) \tag{4.119}$$

이다. 루프 이득 K_t가 무한대로 가면 $h(t)$의 극한은 델타 함수의 모든 성질을 만족한다. 그러므로

$$\lim_{K_t \to \infty} K_t e^{-K_t t} u(t) = \delta(t) \tag{4.120}$$

이고, 이것은 큰 루프 이득 $\theta(t) \approx \phi(t)$에 대한 것을 나타낸다. 이것은 또한 PLL이 각 변조된 신호를 위한 복조기로 쓰일 수 있음을 보여준다. FM 복조기로 사용된다면, VCO 입력은 VCO 입력 신호가 PLL 입력 신호의 주파수 편이에 비례하기 때문에 복조된 출력이 된다. 위상 편이는 주파수 편이의 적분이기 때문에, PM을 위해서, 복조된 출력을 만들기 위하여 VCO 입력은 단순히 적분을 하면 된다. ■

예제 4.7

앞 예제의 연장으로, FM 변조기의 입력이 $m(t)=Au(t)$라고 가정하자. 이 결과로 변조된 반송파

$$x_c(t) = A_c \cos\left[2\pi f_c t + k_f A \int^t u(\alpha)d\alpha\right] \tag{4.121}$$

는 1차 PLL을 사용하여 복조될 것이다. 복조된 출력이 구해진다.

이 문제는 선형 해석과 라플라스 변환을 사용하여 풀 것이다. 루프 전달 함수 (4.118)은

$$\frac{\Theta(s)}{\Phi(s)} = \frac{K_t}{s + K_t} \tag{4.122}$$

이다. PLL 입력 $\phi(t)$의 위상 편이는

$$\phi(t) = Ak_f \int^t u(\alpha)d\alpha \tag{4.123}$$

이다. $\phi(t)$의 라플라스 변환은

$$\Phi(s) = \frac{Ak_f}{s^2} \tag{4.124}$$

인데,

$$\Theta(s) = \frac{AK_f}{s^2}\frac{K_t}{s+K_t} \tag{4.125}$$

가 된다. VCO를 정의하는 식 (4.99)의 라플라스 변환은

$$E_v(s) = \frac{s}{K_v}\Theta(s) \tag{4.126}$$

이고

$$E_v(s) = \frac{AK_f}{K_v}\frac{K_t}{s(s+K_t)} \tag{4.127}$$

이다. 부분 분수 전개를 하면

$$E_v(s) = \frac{AK_f}{K_v}\left(\frac{1}{s} - \frac{1}{s+K_t}\right) \tag{4.128}$$

그러므로 복조된 출력은 다음과 같다.

$$e_v(t) = \frac{AK_f}{K_v}(1 - e^{-K_t t})u(t) \tag{4.129}$$

$t \gg 1/K_t$이고 $K_f = K_v$인 경우 복조된 출력으로 $e_v(t) = Au(t)$를 갖는다는 점을 주목하자. 천이 시간(transient time)은 전체 루프 이득 K_t에 의해 정해지고, K_f/K_v는 단순히 복조된 출력 신호의 진폭 스케일링이다. ■

이미 언급한 것처럼, 아주 큰 값의 루프 이득은 실제 상황에서는 쉽게 사용될 수 없다. 하지만 루프 필터를 적절히 사용하면 적당한 값의 루프 이득과 대역폭으로 좋은 성능을 얻을 수 있다. 이들 필터는 곧 보게 되겠지만 우리가 다룬 간단한 예보다 더 해석이 복잡하다.

비록 1차 PLL이 각 변조된 신호의 복조와 합성을 위하여 사용될 수 있지만, 1차 PLL은 대부분의 응용에 한계를 가지는 여러 단점들이 있다. 이러한 단점들 중에는 제한된 동기 범위(limited lock range)와 계단 주파수 입력에 대한 0이 아닌 정상 상태 위상 오차가 있다. 이들 두 가지 문제 모두 다음과 같은 형태를 갖는 루프 필터를 사용하여 얻어지는 2차 PLL을 사용하여 해결될 수 있다.

$$F(s) = \frac{s+a}{s} = 1 + \frac{a}{s} \tag{4.130}$$

이 루프 필터의 선택은 일반적으로 완벽한 2차 PLL(perfect second-order PLL)이라고 한다. 식 (4.130)으로 정의된 루프 필터는 앞으로 나올 컴퓨터 예제에서 보이겠지만 하나의 적분기를

사용하여 구현될 수 있음을 주목하자.

2차 PLL : 루프 자연 주파수와 제동 인수

식 (4.130)으로 주어진 $F(s)$를 가지면 전달 함수 (4.107)은 다음과 같이 된다.

$$H(s) = \frac{\Theta(s)}{\Phi(s)} = \frac{K_t(s+a)}{s^2 + K_t s + K_t a} \tag{4.131}$$

또한 위상 오차 $\Psi(s)$와 입력 위상 $\Phi(s)$ 사이의 관계를 쓸 수 있다. 그림 4.21과 식 (4.110)으로부터 다음과 같이 된다.

$$G(s) = \frac{\Psi(s)}{\Phi(s)} = \frac{s^2}{s^2 + K_t as + K_t a} \tag{4.132}$$

선형 2차 시스템의 성능은 자연 주파수(natural frequency)와 제동 인수(damping factor)에 의하여 전형적으로 변수화되기 때문에, 전달 함수를 2차 시스템을 위한 표준 형태로 놓는다. 그 결과는

$$\frac{\Psi(s)}{\Phi(s)} = \frac{s^2}{s^2 + 2\zeta\omega_n s + \omega_n^2} \tag{4.133}$$

인데, 여기서 ζ는 제동 인수이고 ω_n은 자연 주파수이다. 앞의 표현으로부터 자연 주파수는

$$\omega_n = \sqrt{K_t a} \tag{4.134}$$

이고, 제동 인수는

$$\zeta = \frac{1}{2}\sqrt{\frac{K_t}{a}} \tag{4.135}$$

이다. 제동 인수의 전형적인 값은 $1/\sqrt{2} = 0.707$이다. 제동 인수를 이 값으로 선택하면 2차 버터워스 응답이 된다.

2차 PLL을 시뮬레이션하면, 대개 루프 자연 주파수와 제동 인수를 지정하고 루프 성능을 이들 두 기본적인 변수들의 함수로서 결정한다. 하지만 PLL 시뮬레이션 모델은 물리적인 변수 K_t와 a의 함수이다. 식 (4.134)와 식 (4.135)는 K_t와 a를 ω_n과 ζ로 쓸 수 있게 한다. 그 결과는

$$a = \frac{\omega_n}{2\zeta} = \frac{\pi f_n}{\zeta} \tag{4.136}$$

그리고

$$K_t = 4\pi\zeta f_n \tag{4.137}$$

이며, 여기서 $2\pi f_n = \omega_n$이다. 이 마지막 표현들은 컴퓨터 예제 4.4에 주어진 2차 PLL에 대한 시뮬레이션 프로그램 개발에 사용될 것이다.

예제 4.8

이제 간단한 2차 예를 보자. PLL의 입력에 주파수에서 작은 계단 변화가 있다고 가정하자. (주파수에서 계단은 선형 모델이 적용되기 위하여 작아야만 한다. 포착 모드에서의 동작을 생각할 때 PLL 입력 주파수에서 큰 계단 변화를 다룰 것이다.) 순시 위상은 순시 주파수의 적분이고 적분은 s로 나누는 것과 동일하기 때문에, 주파수 크기 Δf의 계단에 의한 입력 위상은

$$\Phi(s) = \frac{2\pi\Delta f}{s^2} \tag{4.138}$$

이다. 식 (4.133)으로부터 위상 오차 $\psi(t)$의 라플라스 변환은

$$\Psi(s) = \frac{\Delta\omega}{s^2 + 2\zeta\omega_n s + \omega_n^2} \tag{4.139}$$

이다. 역변환하고 ω_n을 $2\pi f_n$으로 바꾸면, $\zeta<1$에 대하여,

$$\psi(t) = \frac{\Delta f}{f_n\sqrt{1-\zeta^2}} e^{-2\pi\zeta f_n t}[\sin(2\pi f_n\sqrt{1-\zeta^2}t)]u(t) \tag{4.140}$$

이고, $t\to\infty$에 따라 $\psi(t)\to 0$임을 알 수 있다. 정상 상태 위상 오차는 표 4.4에서 처음 본 것처럼 0인 것을 주목하자.

■

4.3.3 포착 모드에서 위상동기 루프의 동작

포착 모드에서는 PLL이 실제로 위상동기가 되고 위상동기가 되기 위하여 PLL에 요구되는 시간을 결정해야만 한다. 위상 오차 신호가 PLL을 동기 상태로 가도록 하는 것을 보여주기 위하여 루프 필터 전달 함수가 $F(s)=1$, 즉 $f(t)=\delta(t)$인 1차 PLL로 가정하여 해석을 단순화시킨다. 시뮬레이션은 고차 루프를 사용할 것이다. $h(t)=\delta(t)$를 갖는 식 (4.102)로 정의된 일반적인 비선형 모델을 사용하고 델타 함수의 택출성을 적용하면

$$\theta(t) = K_t \int^t \sin[\phi(\alpha) - \theta(\alpha)]d\alpha \tag{4.141}$$

이 된다. $\theta(t)$를 미분하면 다음과 같다.

$$\frac{d\theta}{dt} = K_t \sin[\phi(t) - \theta(t)] \tag{4.142}$$

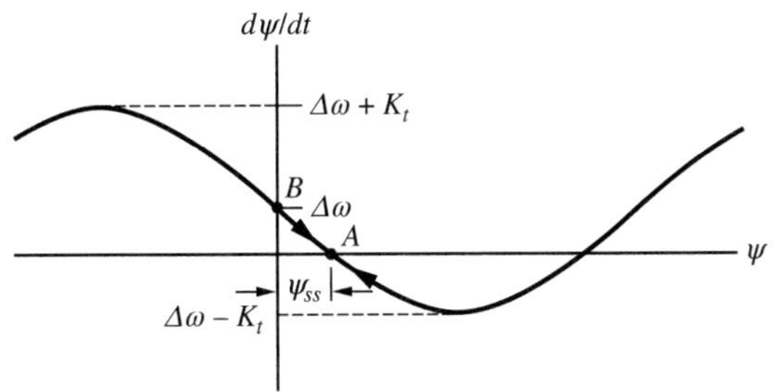

그림 4.22 정현파적 비선형성을 위한 위상 평면 그림

FM 변조기의 입력을 단위 계단 함수로 가정하여 주파수 편이 $d\phi/dt$가 크기 $2\pi\Delta f=\Delta\omega$의 단위 계단 함수가 되도록 한다. 위상 오차 $\phi(t)-\theta(t)$를 $\psi(t)$라 하자. 그러면 이것은

$$\frac{d\theta}{dt}=\frac{d\phi}{dt}-\frac{d\psi}{dt}=\Delta\omega-\frac{d\psi}{dt}=K_t\sin\psi(t),\quad t\geq 0 \tag{4.143}$$

즉

$$\frac{d\psi}{dt}+K_t\sin\psi(t)=\Delta\omega \tag{4.144}$$

가 된다. 이 식은 그림 4.22에 그려져 있다. 이것은 주파수 오차와 위상 오차의 관계를 보여주며 위상 평면이라 한다.

위상 평면은 비선형 시스템의 동작에 대해 많은 것을 말해준다. PLL의 경우 위상 오차 $\psi(t)$와 주파수 오차 $d\psi/dt$가 식 (4.144)와 일치하여 동작하여야 한다. PLL이 동기를 이루는 것을 보이기 위해서, 먼저 주파수 계단 입력이 주어지기 전에는 위상 및 주파수 오차가 0이라고 가정한다. 주파수 계단 입력이 주어지면 주파수 오차는 $\Delta\omega$가 된다. $\Delta\omega>0$의 가정하에 이것이 초기 동작점인 그림 4.22의 B점이 된다. 동작점의 궤적을 구하기 위하여, 우리는 시간 증분인 dt는 항상 양수이므로 $d\psi/dt$가 양수이면 $d\psi$ 역시 양수가 되어야만 한다는 점을 인식할 필요가 있다. 그러므로 위쪽 평면(upper half plane)에선 ψ는 증가한다. 다시 말해, 동작점은 위쪽 평면에선 좌에서 우로 움직인다. 마찬가지로 $d\psi/dt$가 0보다 작은 영역인 아래쪽 평면(lower half plane)에선 동작점은 우에서 좌로 움직인다. 그러므로 동작점은 B에서 A로 움직여야만 한다. 동작점이 A에서 작은 양만큼만 움직이려고 시도할 때는 A로 다시 돌려보내진다. 그러므로 점 A는 안정된 동작점이고 시스템의 정상 상태 동작점이다. 보이는 것처럼 정상 상태 위상 오차는 ψ_{ss}이고 정상 상태 주파수 오차는 0이다.

앞의 해석은 동작점 곡선과 $d\psi/dt=0$축과의 교차점이 존재해야만 루프가 동기 상태로 있게 됨을 설명해준다. 따라서 루프가 동기되기 위해서는 $\Delta\omega$는 K_t보다 작아야 하며, 이러한 연유로 K_t는 1차 PLL의 동기 범위(lock range)라 한다.

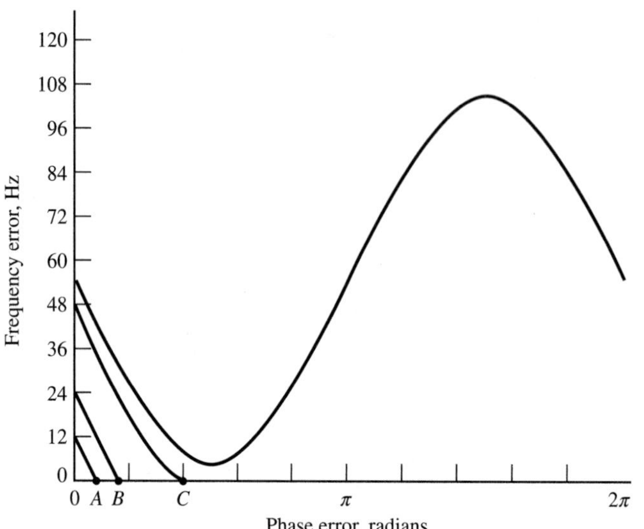

그림 4.23 여러 계단 함수 주파수 오차에 대한 1차 PLL의 위상 평면 그림

주파수 계단 입력을 가지는 1차 PLL의 위상 평면 그림이 그림 4.23에 있다. 루프 이득은 $2\pi(50)$이고 주파수 계단을 위한 네 값은 $\Delta f = 12, 24, 48, 55$Hz이다. 주파수 계단값 12, 24, 48Hz의 정상 상태 위상 오차는 A, B, C로 각각 표시되어 있다. $\Delta f = 55$의 경우에는, 루프는 동기되지 않고 영원히 진동(oscillation)한다.

2차 PLL의 위상 평면 그림의 수학적 전개는 이 책의 수준을 넘어선다. 하지만 위상 평면 그림은 컴퓨터 시뮬레이션을 이용하여 쉽게 구해진다. 보여주는 목적으로, 0.707의 제동인자 ζ와 10Hz의 자연 주파수 f_n을 가진 2차 PLL을 가정한다. 이러한 값들로부터, 루프 이득 K_t는 88.9, 필터변수 a는 44.4이다. PLL의 입력은 시간 $t = t_0$에서 주파수의 계단 변화라고 가정한다. 주파수 $\Delta\omega = 2\pi(\Delta f)$에서 계단 변화를 위하여 네 값이 사용된다. 이들은 $\Delta f = 20, 35, 40, 45$Hz이다.

그 결과가 그림 4.24에 나타나 있다. $\Delta f = 20$Hz의 경우, 동작점은 표 4.4에 있는 경우와 같이 주파수 및 위상 오차가 모두 0인 정상 상태로 돌아간다. $\Delta f = 35$Hz일 때 위상 평면은 약간 더 복잡해진다. 정상 상태 주파수 오차는 0이지만 정상 상태 위상 오차는 2π라디안이다. 이런 경우 우리는 PLL이 한 주기 미끄러졌다고 한다. 정상 상태 오차는 mod(2π)하면 0이다. 이런 주기-미끄러짐 현상은 0이 아닌 정상 상태 위상 오차를 설명해준다. $\Delta f = 40$과 45Hz일 때의 응답은 각각 세 주기와 네 주기가 미끄러졌음을 보여준다. 순시 VCO 주파수가 이들 네 경우에 대하여 그림 4.24에 보인다. 주기-미끄러짐 특성을 확연히 보여준다. 2차 PLL은 실제로 무한한 고정 범위를 가지며, 주기-미끄러짐은 위상 오차가 정상 상태값의 π라디안 이내에 있을 때까지 계속해서 일어난다.

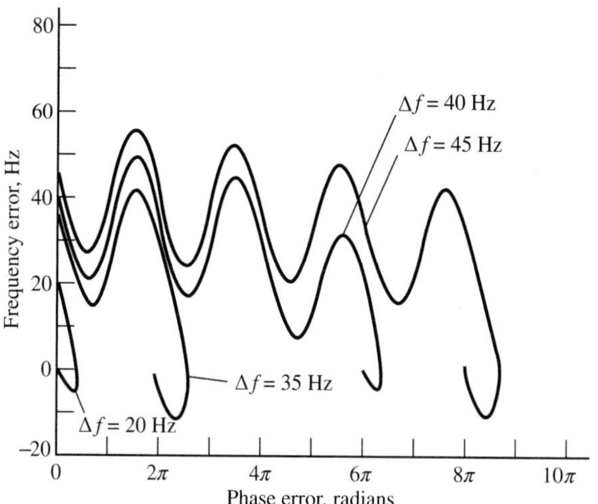

그림 4.24 여러 계단 함수 주파수 오차에 대한 2차 PLL의 위상 평면 그림

컴퓨터 예제 4.4

PLL을 위한 시뮬레이션 프로그램은 쉽게 만들어진다. 우리는 단순하게 연속시간 적분기들을 적절한 이산시간 적분기들로 대체한다. 많은 다른 이산시간 적분기들이 있는데, 모두가 연속시간 적분기들의 근사치이다. 여기서 우리는 단지 사다리꼴 근사(trapesoidal approximation) 방법만 고려한다. 두 개의 적분 루틴이 필요한데, 하나는 루프 필터를 위한 것이고 또 하나는 VCO를 위한 것이다. 사다리꼴 근사식은 다음과 같다.

```
y[n] = y[n-1] + (T/2)[x[n] + x[n-1]]
```

여기서 `y[n]`은 적분기의 현재 출력을, `y[n-1]`은 적분기의 이전 출력을, `x[n]`은 적분기의 현재 입력을, `x[n-1]`은 적분기의 이전 입력을, 그리고 표본화 주파수의 역수인 T는 시뮬레이션 단계 크기를 나타낸다. `y[n-1]`과 `x[n-1]`의 값은 반드시 시뮬레이션 과정에 넣기에 앞서 반드시 초기화해주어야 한다. 적분기 입력과 출력을 초기화하게 되면 대개 천이 응답을 일으킨다. 다음 시뮬레이션 프로그램에서 시뮬레이션 실행 길이의 10%로 설정된 변수 `nsettle`은 루프 입력이 적용되기 전의 값들을 무시하도록 하기 위하여 초기 과도 현상을 감쇠시킨다. 다음의 시뮬레이션 프로그램은 세 부분으로 나뉘어 있다. 사전 과정은 시스템 변수들, 시스템 입력 그리고 표본화 주파수와 같은 시뮬레이션을 실행하는 데 필요한 변수들을 정의한다. 시뮬레이션 루프는 실제적으로 시뮬레이션을 수행한다. 마지막으로, 사후 과정은 시뮬레이션에 의한 결과를 사용자가 쉽게 해석할 수 있도록 편하게 보여주는 과정이다. 여기에서 사용된 사후 과정은 메뉴가 보여지는 대화 방식이고 사용자는 코드 입력 없이 수행할 수 있다. 여기에서 주어진 시뮬레이션 프로그램은 루프 입력에서의 주파수 계단을 가정하고 그림 4.24와 4.25를 생성하는 데 사용될 수 있다.

```
%File: c4ce4.m
%beginning of preprocessor
clear all                          %be safe
fdel = input('Enter frequency step size in Hz > ');
```

```
n = input('Enter the loop natural frequency in Hz > ');
zeta = input('Enter zeta (loop damping factor) > ');
npts = 2000;                        %default number of simulation points
fs = 2000;                          %default sampling frequency
T = 1/fs;
t = (0:(npts-1))/fs;                %time vector
nsettle = fix(npts/10)             %set nsettle time as 0.1*npts
Kt = 4*pi*zeta*fn;                  %loop gain
a = pi*fn/zeta;                     %loop filter parameter
filt_in_last = 0; filt_out_last=0;
vco_in_last = 0; vco_out = 0; vco_out_last=0;
%end of preprocessor

%beginning of simulation loop
for i=1:npts
    if i < nsettle
```

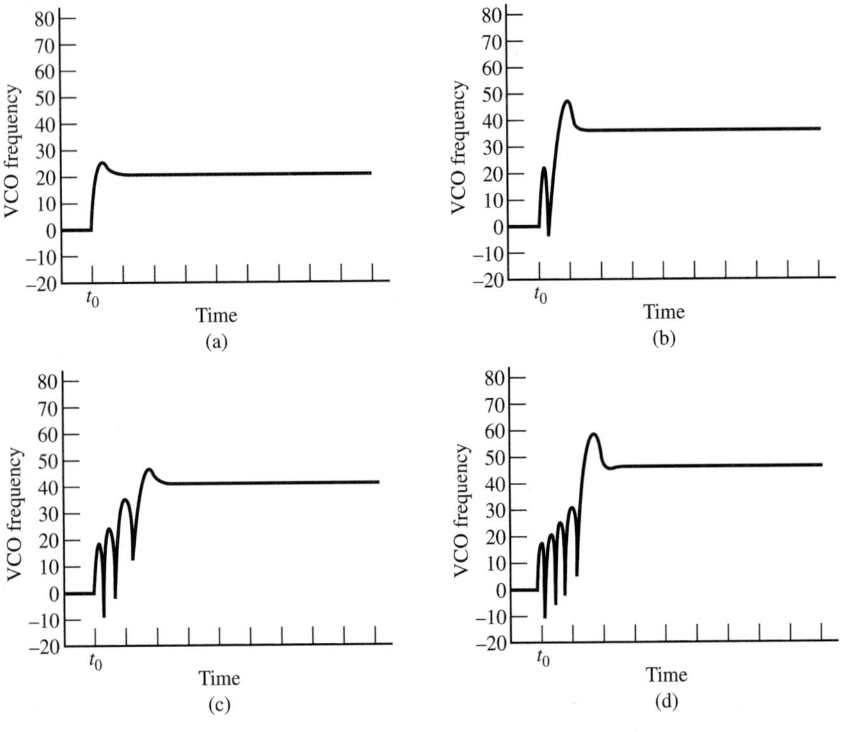

그림 4.25 네 가지 입력 주파수 계단에 대한 전압 제어(voltage-controlled) 주파수. (a) $\Delta f=20$Hz에 대한 VCO 주파수, (b) $\Delta f=35$Hz에 대한 VCO 주파수, (c) $\Delta f=40$Hz에 대한 VCO 주파수, (d) $\Delta f=45$Hz에 대한 VCO 주파수

```
        fin(i) = 0;
        phin = 0;
    else
        fin(i) = fdel;
        phin = 2*pi*fdel*T*(i-nsettle);
    end
    s1=phin - vco_out;
```

```
    s2=sin(s1); %sinusoidal phase detector
    s3=Kt*s2;
    filt_in = a*s3;
    filt_out = filt_out_last + (T/2)*(filt_in + filt_in_last);
    filt_in_last = filt_in;
    filt_out_last = filt_out;
    vco_in = s3 + filt_out;
    vco_out = vco_out_last + (T/2)*(vco_in + vco_in_last);
    vco_in_last = vco_in;
    vco_out_last = vco_out;
    phierror(i)=s1;
    fvco(i)=vco_in/(2*pi);
    freqerror(i) = fin(i)-fvco(i);
end
%end of simulation loop

%beginning of postprocessor
kk = 0;
while kk == 0
    k = menu('Phase Lock Loop Postprocessor',...
    'Input Frequency and VCO Frequency',...
    'Phase Plane Plot',...
    'Exit Program');
    if k == 1
        plot(t,fin,t,fvco)
        title('Input Frequency and VCO Frequency')
        xlabel('Time - Seconds')
        ylabel('Frequency - Hertz')
        pause
    elseif k == 2
        plot(phierror/2/pi,freqerror)
        title('Phase Plane')
        xlabel('Phase Error / pi')
        ylabel('Frequency Error - Hz')
        pause
    elseif k == 3
        kk = 1;
    end
end
%end of postprocessor
```

■

4.3.4 코스타스 PLLs

지금까지 우리는 궤환을 이용한 시스템들이 각 변조된 반송파들을 복조하는 데 쓰일 수 있음을 알아보았다. 궤환 시스템은 DSB 신호의 복조를 위하여 필요한 위상동기 복조 반송파를 만드는 데에도 쓰일 수 있다. 이러한 일을 하는 시스템으로 그림 4.26에 나타낸 코스타스(Costas) PLL이 있다. 루프의 입력을 다음과 같은 DSB 신호로 가정한다.

$$x_r(t) = m(t)\cos(2\pi f_c t) \tag{4.145}$$

루프 내 여러 지점에서의 신호들은 가정한 입력과 VCO 출력으로부터 쉽게 유도될 수 있고 그림 4.26에 표시되어 있다. VCO 앞의 저역통과 필터는 출력이 입력의 DC값인 $K \sin(2\theta)$가 되

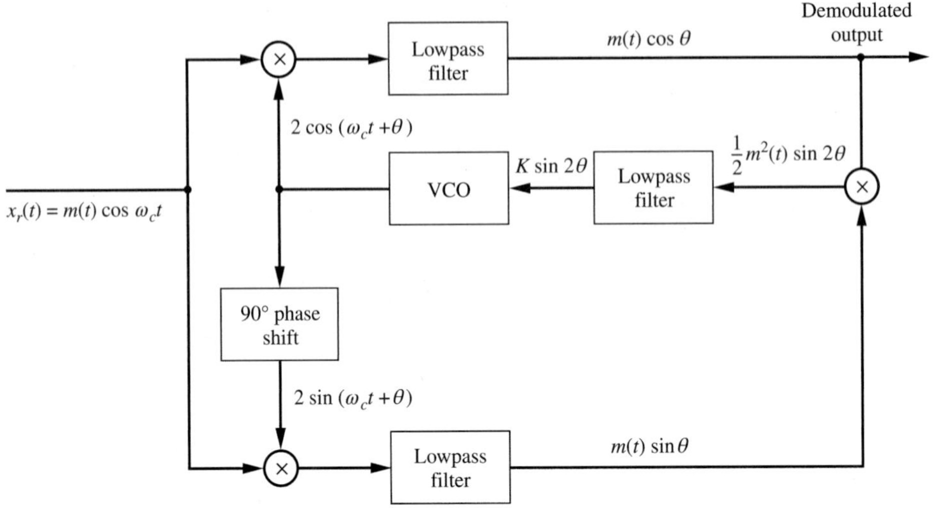

그림 4.26 코스타스 위상동기 루프

도록 충분히 좁다고 가정한다. 이 신호는 θ가 감소되도록 VCO를 구동하며, θ가 충분히 작아지면 상단의 저역통과 필터의 출력이 곧 복조된 출력이 되고, 아래쪽 필터의 출력은 무시할 만하다. 나중에 코스타스 PLL이 디지털 수신기의 구현에 유용한 것을 보게 될 것이다.

4.3.5 주파수 체배와 주파수 분할

위상동기 루프를 이용하면 주파수 체배기와 분배기를 간단히 구현할 수 있다. 구현하는 데는 두 가지 기본 방식이 있다. 첫 번째 방식에서는, 입력의 고조파를 발생시키고 VCO가 고조파들 중에 하나를 추적하도록 한다. 이 방식은 주파수 체배기를 구현할 때 가장 유용하다. 두 번째 방식은 VCO 출력의 고조파를 발생시켜 입력단에서 이들 주파수 성분 중 하나에 위상이 동기 되도록 한다. 이 방식은 주파수 체배기나 분배기 모두에 이용될 수 있다.

그림 4.27에서는 첫 번째 방법을 묘사하고 있다. 제한기는 비선형 장치이므로 입력 주파수의 고조파들을 만든다. 입력이 정현파이면 제한기의 출력은 구형파이므로 홀수 고조파들이 존재한다. 그림의 예에서처럼, VCO 정지 주파수[$e_v(t)$가 0일 때 VCO 출력 주파수 f_c]가 $5f_0$로 맞추어져 있다. 이로 인해 VCO는 입력의 다섯째 고조파 성분에 위상이 동기된다. 따라서 보이는 시스템은 입력 주파수에 5를 곱한다.

그림 4.28은 주파수를 2로 나누는 것을 보여준다. VCO 정지 주파수는 $f_0/2$Hz이나, VCO 출력 파형은 그림과 같은 스펙트럼을 갖는 폭이 좁은 펄스이다. 주파수 f_0의 성분이 입력과 위상이 동기된다. 대역통과 필터로 VCO 출력 스펙트럼에서 원하는 성분을 추출해낸다. 보이는 예

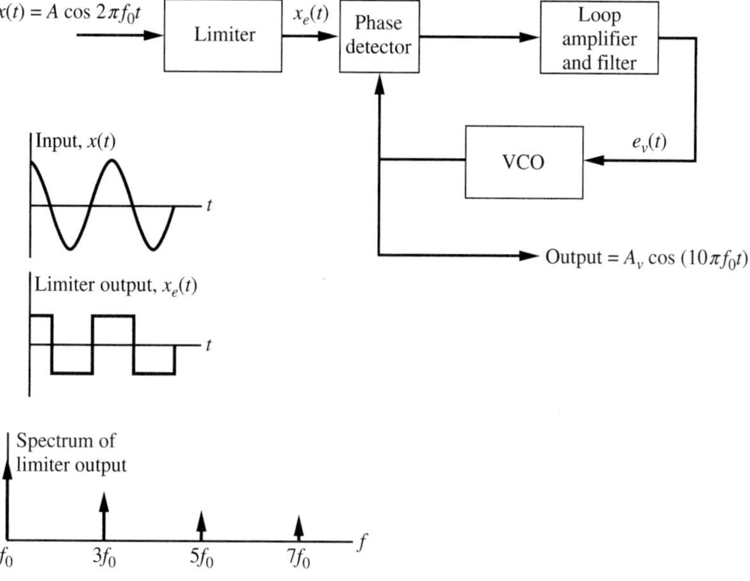

그림 4.27 주파수 체배기로 이용된 위상동기 루프 구현

에서는, 대역통과 필터의 중심 주파수는 $f_0/2$이어야만 한다. 대역통과 필터의 대역폭은 VCO 출력 스펙트럼의 요소들 사이의 간격보다 작아야 하는데, 이 경우에는 간격이 $f_0/2$이다. 그림 4.28의 시스템은 대역통과 필터의 중심 주파수를 $5f_0$에 놓아 입력 주파수에 5를 곱할 수 있게 되어 있다. 그러므로 이 시스템은 첫 번째 예와 같은 ×5 주파수 체배기로 쓰일 수도 있다. 이 기본 방식에 다양한 변형이 가능하다.

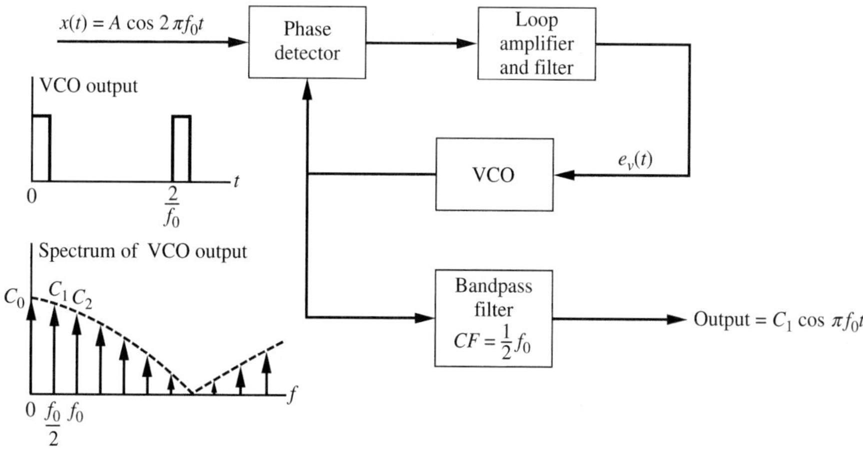

그림 4.28 주파수 분배기로 이용된 위상동기 루프 구현

4.4 각 변조에서의 간섭

이제 각 변조에서의 간섭의 영향을 생각해보자. 각 변조에서의 간섭의 영향은 선형 변조에서 관찰했던 것과는 상당히 다르다는 것을 알게 될 것이다. 또한 FM 시스템에서의 간섭의 영향은 판별기의 출력에 저역통과 필터를 두어서 감소시킬 수 있음을 알 수 있다. 이 결과는 8장에서 다루는 주제인 잡음 환경에서 동작하는 FM 판별기의 행태에서 중요한 통찰력을 제공할 것이기 때문에 이 문제를 매우 상세히 고려할 것이다.

PM 또는 FM의 이상적인 판별기에서의 입력은 복조되지 않은 반송파와 주파수 f_c+f_i에서의 간섭 톤으로 구성되어 있다고 가정한다. 따라서 판별기의 입력은 다음과 같은 형태를 가진다고 가정할 수 있고,

$$x_t(t) = A_c \cos(2\pi f_c t) + A_i \cos[2\pi(f_c + f_i)t] \tag{4.146}$$

이것은 다음과 같이 쓸 수 있다.

$$x_t(t) = A_c \cos(2\pi f_i t) + A_i \cos(2\pi f_i t)\cos(2\pi f_c t) - A_i \sin(2\pi f_i)\sin(2\pi f_c t) \tag{4.147}$$

진폭과 위상 형태에서 앞에서 사용된 표현을 쓰면 다음과 같다.

$$x_r(t) = R(t)\cos[2\pi f_c t + \psi(t)] \tag{4.148}$$

여기서 진폭 $R(t)$는 다음으로 주어진다.

$$R(t) = \sqrt{[A_c + A_i \cos(2\pi f_i t)]^2 + [A_i \sin(2\pi f_i t)]^2} \tag{4.149}$$

그리고 위상 편이 $\psi(t)$는 다음과 같이 주어진다.

$$\psi(t) = \tan^{-1}\left(\frac{A_i \sin(2\pi f_i t)}{A_c + A_i \cos(2\pi f_i t)}\right) \tag{4.150}$$

만일 $A_c \gg A_i$라면, 식 (4.149)와 식 (4.150)은 다음과 같이 근사화될 수 있다.

$$R(t) = A_c + A_i \cos(2\pi f_i t) \tag{4.151}$$

그리고

$$\psi(t) = \frac{A_i}{A_c}\sin(2\pi f_i t) \tag{4.152}$$

따라서 식 (4.148)은 다음과 같이 된다.

$$x_r(t) = A_c\left[1 + \frac{A_i}{A_c}\cos(2\pi f_i t)\right]\cos\left[2\pi f_i t + \frac{A_i}{A_c}\sin(2\pi f_i t)\right] \tag{4.153}$$

순시 위상 편이 $\psi(t)$는 다음과 같이 주어진다.

$$\psi(t) = \frac{A_i}{A_c}\sin(2\pi f_i t) \tag{4.154}$$

그러므로 이상적인 PM 판별기의 출력은

$$y_D(t) = K_D\frac{A_i}{A_c}\sin(2\pi f_i t) \tag{4.155}$$

이고, 이상적인 FM 판별기의 출력은

$$y_D(t) = \frac{1}{2\pi}K_D\frac{d}{dt}\frac{A_i}{A_c}\sin(2\pi f_i t) \tag{4.156}$$

또는

$$y_D(t) = K_D\frac{A_i}{A_c}f_i\cos\left(2\pi f_i t\right) \tag{4.157}$$

이다. 선형 변조에서, 판별기 출력은 주파수 f_i의 정현파이다. 하지만 판별기 출력의 진폭은 FM의 경우 주파수 f_i에 비례한다. 즉 낮은 f_i에 대해서는 간섭 신호가 PM 시스템에 비해 FM 시스템에 영향을 덜 준다는 것을 의미하며, 높은 f_i에 대해서는 그 반대가 성립한다. $m(t)$의 대역폭을 W라 할 때, $f_i > W$인 성분들은 판별기 다음에 있는 저역통과 필터로 제거될 수 있기 때문에 관심을 두지 않아도 된다.

만일 $A_i \ll A_c$의 가정이 더 이상 성립하지 않으면, 판별기는 임계치 위에서 동작하지 않게 되며 해석은 훨씬 더 어렵게 된다. 이 경우에 식 (4.146)을 아래의 형태로 써서 얻어지는 위상 다이어그램으로부터 어느 정도의 통찰력을 얻을 수 있다.

$$x_r(t) = \text{Re}[(A_c + A_i e^{j2\pi f_i t})e^{j2\pi f_c t}] \tag{4.158}$$

괄호 안의 항은 위상을 나타내는데, 이것은 복소 포락선 신호이다. 위상 다이어그램이 그림 4.29(a)에 있다. 반송파 위상은 기준이 되고 간섭 위상은 다음과 같다.

$$\theta(t) = 2\pi f_i t \tag{4.159}$$

결과적인 $\psi(t)$의 위상에 대한 근사식은 위상 다이어그램을 사용해서 결정할 수 있다.

그림 4.29(b)로부터 $\theta(t)$가 0에 가까울 때, 판별기 출력의 크기가 작아지는 것을 알 수 있다.

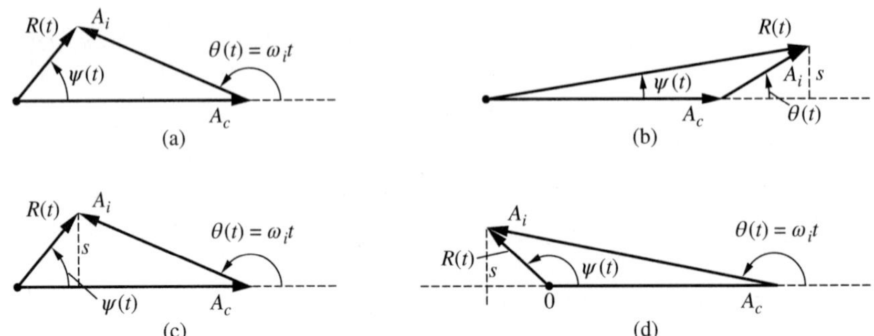

그림 4.29 반송파 더하기 단일 톤 간섭의 페이저 다이어그램. (a) 일반적인 $\theta(t)$의 페이저 다이어그램, (b) $\theta(t)\approx 0$의 페이저 다이어그램, (c) $\theta(t)\approx\pi$이고 $A_i \leq A_c$의 페이저 다이어그램, (d) $\theta(t)\approx\pi$이고 $A_i \geqq A_c$의 페이저 다이어그램

이것은 $\theta(t)$의 값이 0에 가까우면 $\theta(t)$의 주어진 변화량에 대해서 $\psi(t)$는 더 적게 변화하기 때문이다. 길이 s와 각도 θ, 그리고 반지름 r의 관계식인 $s=\theta r$을 사용하면 다음과 같은 식을 얻을 수 있다.

$$s = \theta(t)A_i \approx (A_c + A_i)\psi(t), \quad \theta(t) \approx 0 \tag{4.160}$$

$\psi(t)$에 대하여 풀면 다음과 같다.

$$\psi(t) \approx \frac{A_i}{A_c + A_i}\omega_i t \tag{4.161}$$

판별기 출력은 다음과 같이 정의되므로

$$y_D(t) = \frac{K_D}{2\pi}\frac{d\psi}{dt} \tag{4.162}$$

다음 식을 얻을 수 있다.

$$y_D(t) = K_D \frac{A_i}{A_c - A_i} f_i, \quad \theta(t) \approx 0 \tag{4.163}$$

이것은 $f_i>0$에 대해 양의 값을 가지며, $f_i<0$에 대해서는 음의 값을 가진다.

만일 A_i가 A_c보다 약간 작고($A_i \lesssim A_c$로 표기) $\theta(t)$가 π 근처에 있다면, $\theta(t)$의 조그만 양의 변화도 $\psi(t)$에서 큰 음의 변화를 준다. 따라서 판별기 출력에 음의 스파이크가 나타나게 된다. 그림 4.29(c)로부터

$$s = A_i(\pi - \theta(t)) \approx (A_c - A_i)\psi(t), \quad \theta(t) \approx \pi \tag{4.164}$$

이고, 이것은 다음과 같이 표현될 수 있다.

$$\psi(t) \approx \frac{A_i(\pi - 2\pi f_i t)}{A_c - A_i} \tag{4.165}$$

식 (4.162)를 사용하면 판별기의 출력은 다음과 같다.

$$y_D(t) = -K_D \frac{A_i}{A_c - A_i} f_i, \quad \theta(t) \approx \pi \tag{4.166}$$

이것은 $f_i > 0$에 대해서는 음의 값을 가지며, $f_i < 0$에 대해서는 양의 값을 가진다.

만일 A_i가 A_c보다 약간 크고($A_i \gtrsim A_c$로 표기) $\theta(t)$가 π 근처에 있다면, $\theta(t)$의 조그만 양의 변화도 $\psi(t)$에 큰 양의 변화를 주게 된다. 따라서 판별기 출력에 양의 스파이크가 나타나게 된다. 그림 4.29(d)로부터

$$s = A_i[\pi - \theta(t)] \approx (A_i - A_c)[\pi - \psi(t)], \quad \theta(t) \approx \pi \tag{4.167}$$

이다. $\psi(t)$에 관하여 풀고 미분하면 다음의 판별기 출력을 얻는다.

$$y_D(t) \approx -K_D \frac{A_i}{A_c - A_i} f_i \tag{4.168}$$

이것은 $f_i > 0$에 대해서는 양의 값을 갖고 $f_i < 0$에 대해서는 음의 값을 갖는 것에 주목하자.

위상 편이와 판별기 출력 파형이 그림 4.30에 $A_i = 0.1A_c$, $A_i = 0.9A_c$, $A_i = 1.1A_c$에 대해 그려져 있다. 그림 4.30(a)는 작은 A_i에 대한 위상 편이와 판별기 출력으로, 식 (4.154)와 식 (4.157)에서 주어진 작은 간섭 분석의 결과에서 예상되었듯이 거의 정현파의 형태를 갖는다. $A_i = 0.9A_c$인 경우에, 식 (4.166)에서 예상되었듯이 판별기 출력에서 음의 스파이크가 나타나는 것을 알 수 있다. $A_i = 1.1A_c$이면, 식 (4.168)에서 예상되었듯이 판별기 출력에서 양의 스파이크가 나타난다. $A_i > A_c$이면, 페이저 다이어그램의 원점은 $\theta(t)$가 0에서 2π로 움직이는 것에 따라 같이 일주하게 된다. 다시 말해서, $\theta(t)$가 0에서 2π로 갈 때 $\psi(t)$도 0에서 2π로 움직이게 된다. 만일 $A_i < A_c$라면 원점은 일주하지 않는다. 그래서 적분은 다음과 같다.

$$\int_T \left(\frac{d\psi}{dt}\right) dt = \begin{cases} 2\pi, & A_i > A_c \\ 0, & A_i < A_c \end{cases} \tag{4.169}$$

여기서 T는 $\theta(t)$가 0에서 2π로 이동할 때 필요한 시간이다. 다시 말해, $T = 1/f_i$가 된다. 따라서 판별기 출력 곡선의 아래 면적은 그림 4.30(a)와 (b)에서는 0이고, 그림 4.30(c)에서는 $2\pi K_D$가 된다. 원점 일주 현상은 잡음이 존재하는 환경에서의 FM 신호의 복조가 고찰되는 8장에서 다

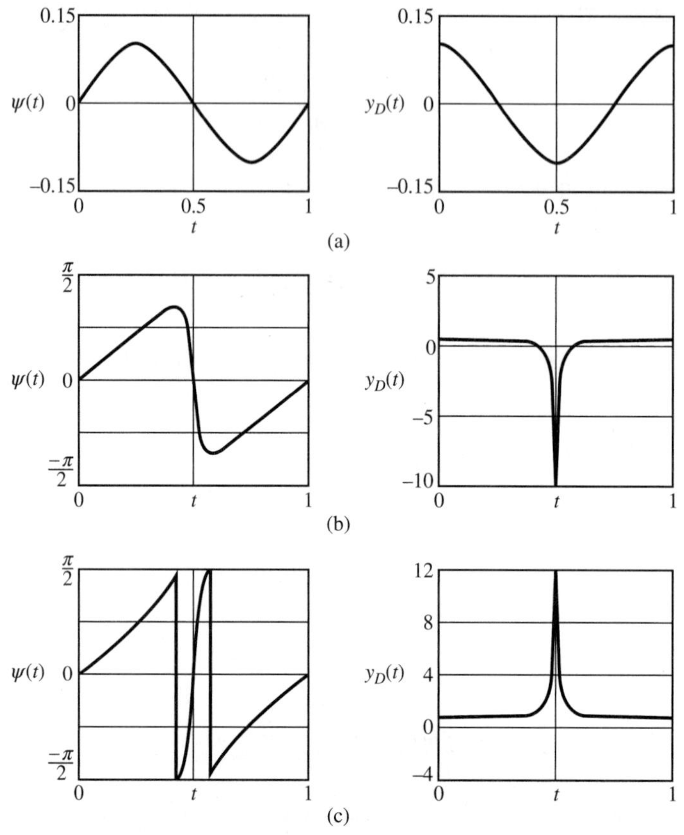

그림 4.30 간섭에 의한 위상 편이 및 판별기 출력. (a) $A_i=0.1A_c$의 위상 편이와 판별기 출력, (b) $A_i=0.9A_c$의 위상 편이와 판별기 출력, (c) $A_i=1.1A_c$의 위상 편이와 판별기 출력

시 다룰 것이다. 여기에 나타난 간섭의 결과를 이해하는 것이 잡음의 영향을 생각할 때 가치 있는 통찰력을 제공할 것이다.

임계치 이상의 $A_i \ll A_c$에서 동작하는 경우, 높은 f_i를 갖는 FM에서 심각한 간섭의 영향은 FM 판별기 출력단에 디엠퍼시스 필터(de-emphasis filter)라고 하는 필터를 위치시켜 감소시킬 수 있다. 이 필터는 변조 대역폭 W에 비해 상당히 작은 3dB 주파수를 갖는 간단한 전형적인 RC 저역통과 필터이다. 디엠퍼시스 필터는 그림 4.31에서 보는 것처럼 높은 f_i의 간섭을 효과적으로 줄인다. 높은 주파수에 대해서 일차 필터의 전달 함수의 크기는 대략 $1/f$이다. FM에서는 간섭의 크기가 f_i에 의해 선형적으로 증가하므로, 출력은 그림 4.31에서 보이는 것처럼 높은 f_i에서 상수이다.

$f_3 < W$이므로, 저역통과 디엠퍼시스 필터는 간섭과 싸울 뿐 아니라 메시지 신호도 왜곡시킨다. 이 왜곡은 메시지 신호를 저역통과 디엠퍼시스 필터 전달 함수의 역수를 갖는 고역통과 프

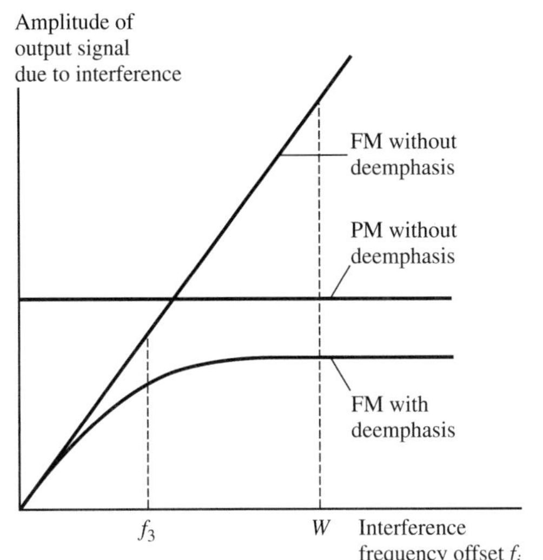

그림 4.31 간섭에 의한 판별기 출력의 진폭

리엠퍼시스 필터(pre-emphasis filter)를 통과시키면 피할 수 있다. 프리엠퍼시스 필터와 디엠퍼시스 필터의 직렬 조합 전달 함수는 1이므로, 변조 신호에는 아무런 영향을 주지 않는다. 이것은 그림 4.32의 시스템을 얻는다.

프리엠퍼시스와 디엠퍼시스의 사용에 의해 제공되는 성능 향상은 대가 없이 얻어지지 않는다. 고역통과 프리엠퍼시스 필터는 저주파 성분보다는 고주파 성분을 증폭시키는데, 이것은 증가된 편이와 대역폭 요건들을 낳을 수 있다. 8장에서 채널잡음의 영향을 다루게 될 때, 프리엠퍼시스와 디엠퍼시스를 사용하면 아주 작은 복잡도의 증가와 구현 비용으로 중대한 시스템 성능의 향상을 얻을 수 있음을 알게 될 것이다.

프리엠퍼시스와 디엠퍼시스 필터링의 생각은 여러 분야에서 응용되고 있다. 예를 들면, LP판에 기록된 신호는 기록되기 전에 고역통과 프리엠퍼시스 필터를 사용하여 필터링된다. 이것은 기록될 신호의 저주파 성분을 감쇠시킨다. 저주파 성분은 전형적으로 큰 진폭을 가지기 때문에, 만일 프리엠퍼시스 필터링이 사용되지 않는다면, 기록되는 홈들 사이의 거리가 이들 큰 진폭 신호들을 수용하기 위해서 증가되어야만 한다. 더 넓은 간격의 기록 홈들의 결과는 기록 시간을 감소시킨다. 재생 장치는 기록 과정에서 사용된 프리엠퍼시스 필터링을 보상해주기 위하여 디엠퍼시스 필터링을 적용한다. LP 녹음의 초기에는 여러 가지 다른 프리엠퍼시스 필터

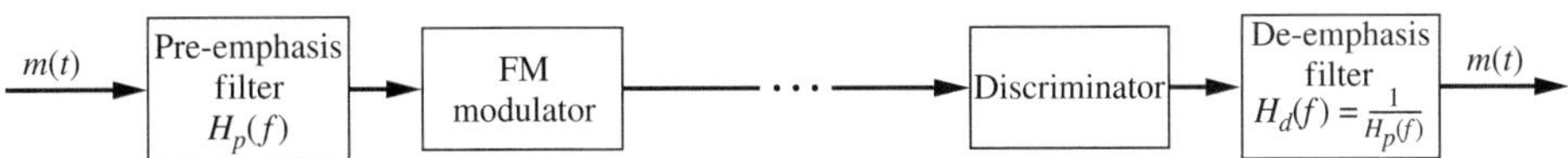

그림 4.32 프리엠퍼시스와 디엠퍼시스가 있는 주파수 변조 시스템

설계들이 다른 녹음 제작자 사이에 사용되었다. 결과적으로 재생 장치는 공동으로 사용하기 위하여 모든 다른 프리엠퍼시스 필터 설계들을 위하여 제공되도록 요구되었다. 이것이 나중에는 표준화되었다. 현대의 디지털 녹음 기술에서는 더 이상 이것은 문젯거리가 되지 않는다.

4.5 아날로그 펄스 변조

앞 장에서 정의된 것처럼, 아날로그 펄스 변조는 펄스의 어떤 속성은 표본화된 값에 일대일로 대응하여 연속적으로 변한다. 진폭, 펄스 폭, 그리고 위치의 세 가지 성질이 쉽게 변할 수 있다. 그림 3.25에서 볼 수 있었던 것같이 이 특성들은 각각 펄스 진폭 변조(PAM), 펄스 폭 변조(PWM), 펄스 위치 변조(PPM)가 된다. 우리는 앞 장에서 PAM을 살펴보았다. 이제 PWM과 PPM을 간단히 살펴본다.

4.5.1 펄스 폭 변조(PWM)

그림 3.25에 나타낸 것같이, PWM 파형은 펄스의 열로 구성되어 있으며, 각 펄스의 폭은 표본화 순간의 메시지 신호값에 비례한다. 만일 표본화 순간에서 메시지가 0이라면, PWM 펄스의 폭은 $\frac{1}{2}T_s$가 된다. 그러므로 $\frac{1}{2}T_s$보다 펄스 폭이 작다면 음수의 표본화값에 대응하고, $\frac{1}{2}T_s$보다 펄스 폭이 크다면 양의 표본화값에 대응한다. 변조 지수 β는 $\beta=1$일 때 PWM 펄스들의 최대 펄스 폭이 정확히 표본화 주기 $1/T_s$이 되도록 정의된다. 펄스 폭 변조는 현대 통신 시스템에서 거의 사용되지 않는다. 펄스 폭 변조는 펄스 폭에 모터의 속도가 비례하는 직류 모터 제어에 널리 사용된다. 펄스들은 동일한 진폭을 갖기 때문에 주어진 펄스에서 에너지는 펄스 폭에 비례한다. 그러므로 표본화값들은 PWM 파형을 저역통과 필터링에 의해서 복원할 수 있다.

컴퓨터 예제 4.5

PWM 신호의 스펙트럼을 결정하기가 복잡함에 따라 스펙트럼을 결정하기 위해 FFT를 사용하여 이용한다. MATLAB 코드는 다음과 같다.

```
%File: c4ce5.m
clear all;                          %be safe
N = 20000;                          %FFT size
N_samp = 200;                       %200 samples per period
f = 1;                              %frequency
beta = 0.7;                         %modulation index
period = N/N_samp;                  %sample period (Ts)
Max_width = beta*N/N_samp;          %maximum width
y = zeros(1,N);                     %initialize
for n=1:N_samp
    x = sin(2*pi*f*(n-1)/N_samp);
    width = (period/2)+round((Max_width/2)*x);
```

```
    for k=1:Max_width
        nn = (n-1)*period+k;
        if k<width
            y(nn) = 1;               %pulse amplitude
        end
    end
end
ymm = y-mean(y);                     %remove mean
z = (1/N)*fft(ymm,N);                %compute FFT
subplot(211)
stem(0:999,abs(z(1:1000)),'.k')
xlabel('Frequency - Hz.')
ylabel('Amplitude')
subplot(212)
stem(180:220,abs(z(181:221)),'.k')
xlabel('Frequency - Hz.')
ylabel('Amplitude')
%End of script file.
```

앞의 프로그램에서 메시지 신호는 1Hz의 주파수를 갖는 정현파이다. 메시지 신호는 주기당 200개로 표본화된다. 즉 200Hz이다. FFT는 파형의 10주기까지 포함할 수 있다. FFT에 의해 결정된 스펙트럼은 그림 4.33(a)와 (b)같이 나타난다. 그림 4.33(a)는 $0 \le f \le 1000$인 범위의 스펙트럼을 보여준다. 각각의 스펙트럼 성분들은 1Hz 단위로 떨어져 있고, 각각 1Hz의 정현파에 해당하기 때문에, 이것들이 명확히 보이지는 않는다. 그림 4.33(b)는 f=200Hz 주변에서의 스펙트럼을 보여준다. 이 영역의 스펙트럼으로부터 한 쌍의 정현파(그림 4.10 참조)에 의해 변

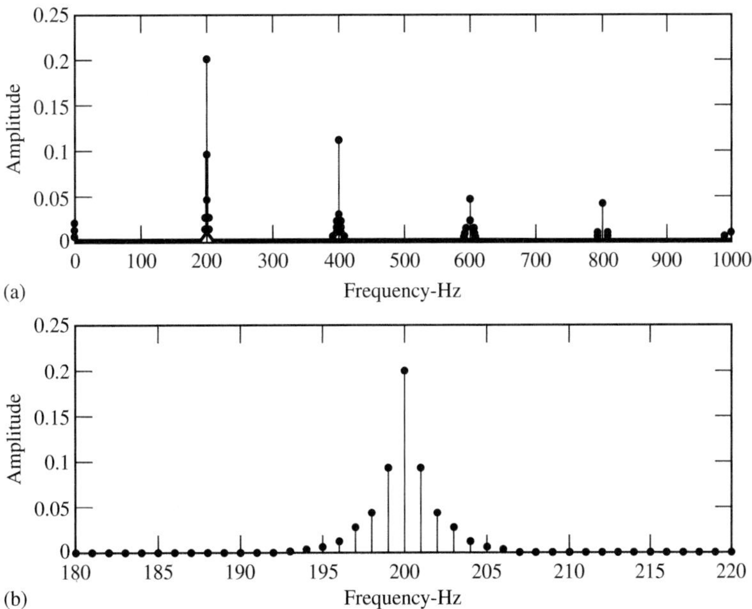

그림 4.33 PWM 신호의 스펙트럼. (a) $0 \le f \le 1000$Hz에 대한 스펙트럼, (b) f=200Hz 주변에서의 스펙트럼

조된 정현파에 대한 푸리에-베셀 스펙트럼을 생각나게 한다. 우리는 PWM이 흡사 각 변조와 같음을 관찰할 수 있다.

4.5.2 펄스 위치 변조(PPM)

PPM 신호는 펄스의 열로 이루어지며, 펄스의 위치는 설정된 기준 시간으로부터 정보를 지닌 신호의 표본값들에 비례해서 이동된다. PPM 신호가 그림 3.25에 나타나 있으며 다음과 같이 표현될 수 있는데

$$x(t) = g(t - t_n) \tag{4.170}$$

여기서 $g(t)$는 각 펄스의 모양을 나타내고, 앞 문단에서 논의된 것처럼 펄스가 발생하는 시간 t_n은 표본화 순간 nT_s에서의 메시지 신호 $m(t)$의 값과 연관된다. PPM 신호의 스펙트럼은 PWM의 경우와 매우 유사하다(이 장 마지막의 컴퓨터 실습문제 참조).

만일 시간축이 표본값들에 대해 주어진 영역이 각 슬롯과 관련되기 위하여 할당된다면, 펄스의 위치는 양자화되고 펄스는 표본값에 따라 주어진 슬롯에 할당된다. 슬롯들은 겹치지 않으며, 그러므로 직교한다. 만일 주어진 표본값이 M개의 슬롯 중 하나에 할당되면, 이것은 M진 직교 통신을 의미하는데, 이것에 대하여 11장에서 자세히 공부할 것이다. 펄스 위치 변조는 초광대역 통신[3] 분야에서 다양한 응용 분야를 찾고 있다. (짧은 길이의 펄스는 전송할 때 큰 대역폭을 필요로 한다.)

4.6 다중화

많은 응용에 있어서, 대다수의 데이터 정보원들은 동일한 지점에 위치해 있으며, 이 신호들을 하나의 통신 채널을 이용해 동시에 전송하는 것이 바람직하다. 이것은 다중화를 사용하여 할 수 있다. 이제 여러 가지의 다른 다중화 기법을 조사하고 각각이 가지는 장점과 단점을 살펴보자.

4.6.1 주파수 분할 다중화(FDM)

주파수 분할 다중화(frequency-division multiplexing, FDM)는 여러 메시지 신호를 변조를 이용해 서로 다른 주파수 위치로 이동시키고 더하여 한 개의 기저대역 신호로 구성하는 기법이다. 기저대역을 구성하는 데 쓰인 반송파들은 대개 **부반송파**(subcarrier)라 불린다. 원하는 경우 이 기저대역 신호는 단일 변조 과정을 거쳐 단일 채널을 통해 전송될 수 있다. 그림 4.34에 보이

3 R. A. Scholtz, "Multiple Access with Time-Hopping Impulse Modulation," *Proceedings of the IEEE 1993 MILCOM Conference*, 1993과 J. H. Reed (2005) 참조.

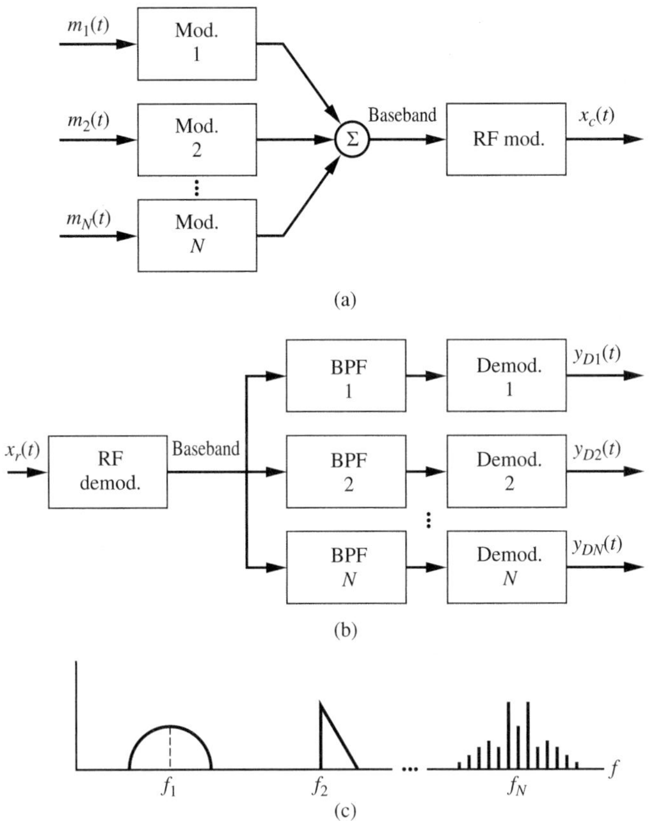

그림 4.34 주파수 분할 다중화. (a) FDM 변조기, (b) FDM 복조기, (c) 가정된 기저대역 스펙트럼

는 것과 같이 기저대역 형성에는 여러 다른 종류의 변조 방식이 사용될 수 있다. 예를 들어 기저대역에 N개의 정보 신호가 있다고 하자. 그림 4.34(c)에 있는 기저대역 스펙트럼을 보면 기저대역 변조기 1은 부반송파 주파수 f_1의 DSB 변조기이다. 변조기 2는 상측파대 SSB 변조기이고, 변조기 N은 각 변조기이다.

FDM 복조기가 그림 4.34(b)에 있다. 복조기 출력은 이상적으로 기저대역 신호이다. 기저대역의 개개의 채널은 대역통과 필터를 사용하여 추출된다. 이 대역통과 필터의 출력은 일반적인 방법으로 복조하면 된다.

기저대역 스펙트럼을 관찰해보면 기저대역 대역폭은 변조된 신호들의 대역폭들과 필터링을 하기 위한 채널 사이의 빈 대역인 보호대역(guardband)의 합과 같음을 보여준다. 이 대역폭의 하한경계는 각 메시지 신호의 대역폭의 합과 같다. 대역폭은 다음과 같다.

$$B = \sum_{i=1}^{N} W_i \tag{4.171}$$

여기서 W_i는 $m_i(t)$의 대역폭인데, 이 대역폭은 모든 기저대역 변조기가 SSB이고 모든 보호대역이 0의 대역폭을 가질 때 달성된다.

4.6.2 주파수 분할 다중화의 예 : 입체음향 FM 방송

FDM의 예로 입체음향 FM 방송을 생각해보자. 입체음향 FM의 초창기 개발에서 형성된 필요조건은 입체음향 FM이 기존 단음향 FM 수신기와 호환될 수 있어야 한다는 것이다. 다시 말해 단음향 FM 수신기의 출력은 입체음향 신호의 좌측과 우측 채널이 섞인 신호가 되어야

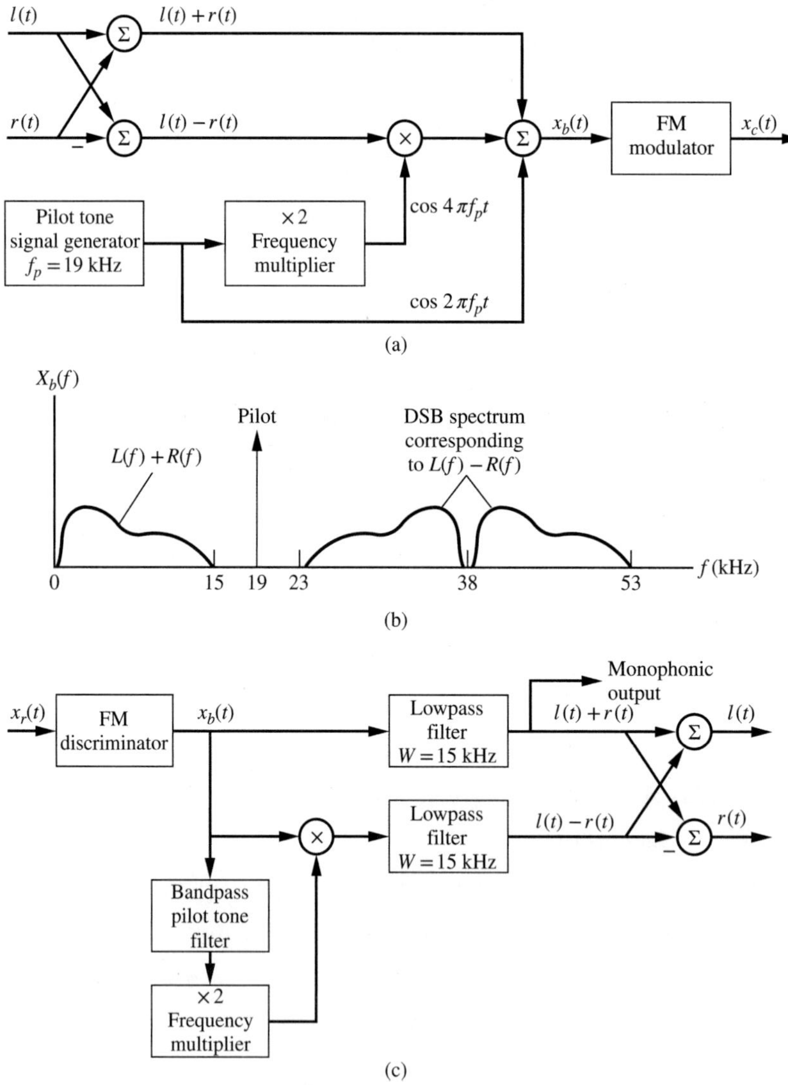

그림 4.35 입체음향 FM 송신기와 수신기. (a) 입체음향 FM 송신기, (b) FM 기저대역 신호의 단측 스펙트럼, (c) 입체음향 FM 수신기

한다.

그림 4.35(a)는 FM 입체음향 방송에 채택된 방식이다. 그림에서 보듯이, 입체 FM 신호 발생의 첫 단계는 좌측과 우측 채널 신호들의 합과 차, $l(t) \pm r(t)$의 생성이다. 차이 신호 $l(t)-r(t)$는 19kHz 발진기로부터 생성한 반송파를 가지고 DSB 변조를 사용하여 38kHz로 이동된다. 주파수 배수기를 사용하여 19kHz 발진기로부터 38kHz 반송파를 만들어낸다. 앞에서 설명한 대로 PLL을 사용하여 주파수 배수기를 구현할 수 있다.

기저대역 신호는 합과 차이 신호, 그리고 19kHz 파일롯 톤을 더하여 구성된다. 이 기저대역 신호의 스펙트럼이 미리 가정한 우측 신호와 좌측 신호를 이용하여 그림 4.35(b)에 나타나 있다. 기저대역 신호는 FM 변조기의 입력이 된다. 만일 대역폭이 15kHz인 단음향 FM 전송기와 메시지 대역폭이 53kHz인 입체음향 FM 전송기 모두 최대 편이에 같은 제약을 가지고 있다면, 입체음향 FM의 편이율 D는 $53/15=3.53$만큼 줄어든다는 것을 유의하는 것이 중요하다. 편이 비율의 감소로 인한 영향은 8장에서 잡음의 영향을 고려할 때 살펴볼 것이다.

그림 4.35(c)는 입체음향 FM 수신기의 구성도이다. FM 판별기의 출력은 기저대역 신호 $x_b(t)$인데, 이것은 이상적인 상태에서 FM 변조기 입력에서의 기저대역 신호와 동일하다. 기저대역 신호의 스펙트럼에서 볼 수 있는 것처럼, 좌측 더하기 우측 채널의 신호는 15kHz의 대역폭을 가지는 저역통과 필터의 기저대역 신호를 필터링하여 얻어낼 수 있다. 이 신호는 단음향 출력임을 명심하자. 좌측 빼기 우측 채널의 신호는 38kHz 복조 반송파를 사용하여 DSB 신호를 위상동기적으로 복조함으로써 얻어진다. 이 위상동기 복조 반송파는 대역통과 필터를 사용하여 19kHz 파일럿을 회복한 뒤, 변조기에서 했듯이 주파수 배수기를 사용하여 얻을 수 있다. 좌 채널 신호와 우 채널 신호를 생성하기 위해 좌측 더하기 우측 채널의 신호와 좌측 빼기 우측 채널의 신호를 그림 4.35(c)에서 보듯이 더하고 뺀다.

4.6.3 직교 다중화(QM)

또 다른 다중화 방법은 주파수 변환을 위하여 직교 반송파를 사용하는 직교 다중화(quadrature multiplexing, QM)이다. 그림 4.36에 보이는 시스템에서 신호

$$x_c(t) = A_c[m_1(t)\cos(2\pi f_c t) + m_2(t)\sin(2\pi f_c t)] \tag{4.172}$$

는 직교 다중화된 신호이다. 만일 $m_1(t)$와 $m_2(t)$의 스펙트럼들이 겹친다면, $x_c(t)$의 스펙트럼을 그려보면 역시 서로 겹침을 확인할 수 있다. 비록 QM에서 주파수 변환이 사용되지만 두 채널이 스펙트럼 영역에서 서로 분할되어 있지 않기 때문에 직교 다중화는 FDM 방식이 아니다. SSB는 $m_1(t)=m(t)$이고 $m_2(t)=\pm\hat{m}(t)$를 가지는 QM 신호이다.

QM 신호는 직교 복조 반송파들을 사용하여 복조된다. 이것을 보이기 위해서 $x_r(t)$에 2cos

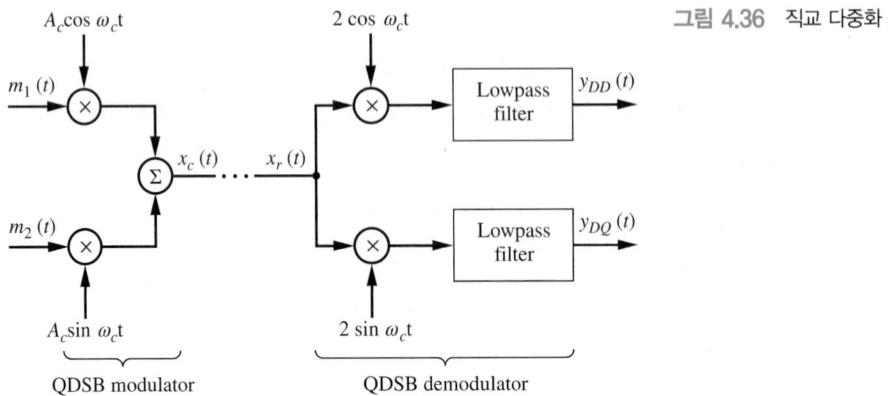

그림 4.36 직교 다중화

$(2\pi f_c t+\theta)$를 곱하면

$$2x_r(t)\cos(2\pi f_c t+\theta) = A_c[m_1(t)\cos\theta - m_2(t)\sin\theta] + A_c[m_1(t)\cos(4\pi f_c t+\theta) + m_2(t)\sin(4\pi f_c t+\theta)] \quad (4.173)$$

를 얻는다. 앞 수식의 두 번째 줄에 있는 항들은 $2f_c$에 관한 스펙트럼 성분을 가지며 저역통과 필터를 통해서 제거될 수 있다. 저역통과 필터의 출력은

$$y_{DD}(t) = A_c[m_1(t)\cos\theta - m_2(t)\sin\theta] \quad (4.174)$$

이고, 이것은 $\theta=0$인 경우에 대해서 원하는 결과인 $m_1(t)$를 얻는다. 직교 채널은 $2\sin(2\pi f_c t)$ 형태의 복조 반송파를 사용하여 복조한다.

앞의 결과는 직교 다중화에서 복조 위상 오차의 영향을 보여준다. 이 위상 오차의 결과는 원하는 신호의 시간에 따라 변하는 원하는 신호의 감쇠와 직교 채널로부터의 혼신의 두 가지이다. $m_1(t)$와 $m_2(t)$를 적절히 정의하면 QM을 이용해서 DSB와 SSB 모두를 나타낼 수 있다. 8장에서 잡음과 복조 위상 오차의 혼합된 영향을 고려할 때 이러한 장점을 취할 것이다.

주파수 분할 다중화는 직교 반송파들을 사용하는 신호의 쌍을 각각의 부반송파 주파수로 변환함으로써 QM으로 사용될 수 있다. 각 채널은 $2W$의 대역폭을 갖고 있고, 각 대역폭이 W인 메시지 신호 두 개를 수용한다. 그러므로 보호대역폭을 0으로 가정하면, 대역폭 NW의 기저대역은 각각 W의 대역폭을 갖는 메시지 신호 N개를 수용하고, $\frac{1}{2}N$개의 분리된 부반송파 주파수가 필요하다.

4.6.4 다중화 방법의 비교

우리는 앞에서 배운 다중화의 세 가지 형태 모두에 대해 기저대역 대역폭이 전체 정보 대역

폭에 의해 하한경계된다는 것을 알았다. 하지만 각각의 다중화 기법은 장점과 단점을 가지고 있다.

FDM의 기본적인 장점은 구현이 용이하다는 것이고, 만일 채널이 선형이라면 단점들은 식별하기가 어렵다. 그러나 많은 채널은 작지만 무시할 수 없는 비선형성들을 갖고 있다. 2장에서 본 바와 같이 비선형성은 상호변조 왜곡을 유도한다. FDM 시스템에서 상호변조 왜곡의 결과는 기저대역에 있는 채널들 사이의 혼신이다.

앞 장에서 논의한 것이지만, TDM 또한 고유한 단점을 가지고 있다. 표본기가 필요하고, 만약에 연속 데이터를 데이터 사용자가 요구한다면 연속 파형은 표본으로부터 복구되어야만 한다. TDM의 가장 큰 어려움 중 하나는 다중화와 역다중화 교환기들 사이의 동기를 유지시키는 것이다. QM의 기본적인 장점은 간단한 DSB 변조를 사용하면서 같은 시간에 기저대역 대역폭을 효율적으로 사용한다는 데에 있다. QM은 또한 SSB와는 달리 DC 응답을 가질 수 있다. QM의 기본적인 문제는 완전한 위상동기 복조 반송파를 사용하지 않았을 때 발생하는 직교 채널 사이의 혼신이다.

FDM, QM, TDM의 다른 장점과 단점은 8장에서 잡음이 존재하는 환경에서의 성능을 다룰 때 명확하게 될 것이다.

참고문헌

위상동기 루프에 관한 내용을 제외하면, 앞 장에서 주어진 참고문헌들이 이 장에서도 똑같이 적용된다. 다시 한 번, 이 내용을 다루는 책들은 다양하게 많으며 3장에서 인용된 책들은 단지 작은 예에 불과하다. PLL을 다루는 책들도 역시 다양하다. 예를 들면, Stephens(1998), Egan (2008), Gardner(2005), 그리고 Tranter, Thamvichi, Bose(2010)가 있다. PLL의 시뮬레이션에 관한 추가적인 내용들은 Tranter, Shanmugan, Rappaport, Kosbar(2004)에서 찾을 수 있다.

요약

1. 각 변조된 신호의 일반적인 표현은

$$x_c(t) = A_c \cos[2\pi f_c t + \phi(t)]$$

이다. PM 신호의 경우, $\phi(t)$는

$$\phi(t) = k_p m(t)$$

이고, FM 신호의 경우

$$\phi(t) = 2\pi f_d \int^t m(\alpha)d\alpha$$

이다. 여기서 k_p와 f_d는 각각 위상 및 주파수 편이 상수이다.

2. 정현파 변조에서 각 변조는 무한한 수의 측파대를 만든다. 만일 한 쌍의 측파대만이 큰 전력을 갖는다면, 협대역 각 변조가 된다. 정현파 메시지를 갖는

협대역 각 변조는 하측파대의 180° 위상 천이를 제외하고는 AM 신호와 거의 같은 스펙트럼을 갖는다.

3. 정현파 메시지 신호를 갖는 각 변조된 반송파는

$$x_c(t) = A_c \sum_n J_n(\beta)\cos[2\pi(f_c + nf_m)t]$$

로 표현된다. $J_n(\beta)$는 인수가 β인, n차 1종 베셀 함수이다. 변수 β는 **변조 지수(modulation index)**라 한다. 만일 $m(t)=A\ \sin\ \omega_m t$ 라면, PM에서는 $\beta=k_p A$이고, FM에서는 $\beta=f_d A/f_m$이다.

4. 만일 반송파 주파수가 변조된 반송파의 대역폭보다 매우 크다면, 각 변조된 반송파에 포함된 전력은 $\langle x_c^2(t)\rangle=\frac{1}{2}A_c^2$이다.

5. 각 변조된 신호의 대역폭은 엄밀히 말해서 무한하다. 하지만 대역폭의 측정은 전력비를 대역폭 $B=2kf_m$ 내에 있는 전력 대 전체 전력 $\frac{1}{2}A_c^2$의 비로 정의된 전력비를 이용해서 대역폭을 정의한다.

$$P_r = J_0^2(\beta) + 2\sum_{n=1}^{k} J_n^2(\beta)$$

0.98의 전력비에서 $B=2(\beta+1)f_m$이 된다.

6. 각 변조된 신호의 편이 비율은

$$D=\frac{\text{최대 주파수 편이}}{m(t)\text{의 대역폭}}$$

이다.

7. 임의의 메시지 신호에 대해 각 변조된 반송파의 대역폭을 측정하는 카슨의 법칙은 $B=2(D+1)W$이다.

8. 협대역-광대역 변환은 협대역 FM 신호로부터 광대역 FM 신호를 만들어내는 기법을 사용한다. 이 시스템은 혼합기와는 달리 반송파 주파수뿐 아니라 편이도 곱하는 주파수 체배기를 사용한다.

9. 각 변조된 신호는 판별기를 사용하여 복조된다. 이 장치는 입력 신호의 주파수 편이에 비례하는 출력 신호를 만들어낸다. 판별기 출력에 적분기를 두면 PM 신호를 복조해낼 수 있다.

10. FM 판별기는 미분기 다음에 포락선 검출기를 사용함으로써 구현될 수 있다. 대역통과 제한기는 진폭 변화를 제거하기 위해 미분기 입력에서 사용된다.

11. PLL은 각 변조된 신호의 복조를 위한 간단하고 실제적인 시스템이다. 이것은 궤환 제어 시스템이며, 그런 식으로 해석된다. 위상동기 루프는 주파수 체배기와 주파수 분배기로 간단히 구현할 수 있다.

12. 기본적인 PLL의 변형인 코스타스 PLL은 DSB 신호의 복조를 위한 시스템이다.

13. 원하지 않는 신호 성분인 **간섭(interference)**은 복조 시에 문제가 될 수 있다. 복조기 입력에서의 간섭은 복조기 출력에서 원하지 않는 성분을 만들어낸다. 만일 간섭이 크고 복조기가 비선형이라면 임계 현상이 발생한다. 이 결과로 신호 성분이 굉장히 많이 손실된다. FM 시스템에서 간섭의 영향은 간섭 톤의 진폭과 주파수의 함수가 된다. PM 시스템에서 간섭의 영향은 간섭 톤의 진폭만의 함수가 된다. FM에서 간섭은 변조 전에 송신단에서 고주파 메시지 성분을 키우고 복조한 후에 수신단에서 역과정을 하는 프리엠퍼시스와 디엠퍼시스를 사용함으로써 감소될 수 있다.

14. 각각의 반송파 펄스의 폭이 각 표본 순간의 메시지 신호값에 비례할 때, 펄스 폭 변조(PWM)라고 한다. PWM의 복조도 저역통과 필터로 수행된다.

15. 고정된 기준으로부터 각 펄스의 변위에 의해 측정된 각각의 반송파 펄스의 위치가 각 표본화 순간의 메시지 신호값에 비례할 때, 펄스 위치 변조라고 한다.

16. 다중화는 단일 시스템을 사용하여 동시에 둘 또는 그 이상의 메시지 신호들을 전송하는 구조이다.

17. 변조를 사용하여 기저대역의 스펙트럼에서 겹치지 않는 위치로 메시지 스펙트럼들을 이동시켜 동시에 전송하는 것을 주파수 분할 다중화라고 한다. 그러면 기저대역의 신호는 임의의 반송파 변조 방법을 사용하여 전송될 수 있다.

18. 두 개의 메시지 신호가 직교 반송파로 선형 변조를 사용하여 스펙트럼에서 같은 위치로 변환될 때 직교 다중화(QM)라고 한다. 복조는 직교 복조 반송파를 사용하여 위상동기 방식을 사용하여 이루어진다. 복조 반송파에서 위상 오차는 복조된 신호에 심각한 왜곡을 가져온다. 이 왜곡은 두 가지 성분을 가진다. 원하는 출력 신호의 시간에 따라 변하는 감쇠와 직교 채널로부터의 혼신이 그것이다.

훈련문제

4.1 다음의 세 메시지 신호에 대하여, 위상 편이 상수 k_p, 반송파 주파수 f_c로 가정하여 각 변조된 신호의 순시 위상을 구하라.

(a) $m_1(t)=10\cos(5\pi t)$

(b) $m_2(t)=10\cos(5\pi t)+2\sin(7\pi t)$

(c) $m_3(t)=10\cos(5\pi t)+2\sin(7\pi t)+3\cos(6.5\pi t)$

4.2 문제 4.1에 있는 세 메시지 신호를 사용하여 순시 주파수를 구하라.

4.3 어느 FM 송신기가 $m(t)$의 단위로 15Hz의 주파수 편이 상수를 갖는다. 메시지 신호를 $m(t)=9\sin(40\pi t)$로 가정하여 $x_c(t)$에 대한 표현을 구하고 최대 위상 편이를 결정하라.

4.4 앞 문제에서 주어진 $m(t)$ 표현과 f_d값을 사용하여 위상 편이에 대한 표현을 구하라.

4.5 협대역 각 변조로 취급되는 한 신호가 변조 지수 $\beta=0.2$를 갖는다. 전송된 신호의 스펙트럼을 묘사하라.

4.6 정현파 $m(t)$를 각 변조한 신호가 변조 지수 $\beta=5$를 갖는다. 반송파의 양쪽으로 각각 다섯 개의 측대파가 전송되었다고 가정하여 반송파 전력 대 측대파 전력의 비를 구하라.

4.7 어느 FM 신호가 협대역-광대역 변환에 의해 만들어진다. 협대역 신호의 최대 주파수 편이는 40Hz이고 메시지 신호의 대역폭은 200Hz이다. (전송된) 광대역 신호는 편이율이 6이고 반송파 주파수는 1MHz이다. 곱하기 인자(multiplying factor) n, 협대역 신호의 반송파 주파수, 그리고 카슨의 법칙을 사용하여 광대역 신호의 추정 대역폭을 구하라.

4.8 어느 1차 PLL이 전체 루프 이득 10을 갖는다. 동기 범위를 구하라.

4.9 추적 모드에서 동작하는 2차 루프 필터가 루프 이득 10과 루프 필터 전달 함수 $(s+a)/s$를 갖는다. 루프 감쇠 인자가 0.8이 되도록 a의 값을 결정하라. a를 이 값으로 하면 루프의 자연 주파수는 얼마인가?

4.10 1차 PLL이 루프 이득 300을 갖는다. 루프의 입력은 40Hz에 의해 주파수를 순시적으로 바꾼다. 이러한 주파수에서의 계단 변화에 의한 정상 상태 위상 오차를 구하라.

4.11 어느 FDM 시스템이 100kHz의 대역폭을 갖는 기저대역 신호를 전송할 수 있다. 한 채널은 변조 없이 ($f=0$에 대하여) 시스템에 입력된다. 모든 메시지 신호들이 2kHz의 대역폭을 가진 저역통과 스펙트럼을 가지며 채널 사이의 보호대역은 1kHz로 가

정한다. 얼마나 많은 채널들이 기저대역으로 형성되도록 함께 다중화될 수 있는가?

4.12 어느 QM 시스템이 아래와 같이 정의된 두 메시지 신호를 갖는다.

$$m_1(t)=5\cos(8\pi t),\ m_2(t)=8\sin(12\pi t)$$

측정 오차 때문에 복조 반송파들이 10°의 위상 오차를 갖는다. 두 복조된 메시지 신호를 구하라.

연습문제

4.1절

4.1 그림 4.1(a)에 보이는 것과 같이, 위상 변조기의 입력이 $m(t)=u(t-t_0)$이고, 변조되지 않은 반송파가 $A_c\cos(2\pi f_c t)$이고 $f_c t_0=n$이라고 가정하자. n은 정수이다. $k_p=\frac{1}{2}\pi$에 대하여 그림 4.1(c)에서 그린 것처럼 $k_p=\pi$와 $-\frac{3}{8}\pi$에 대하여 정확한 위상 변조기 출력을 정확하게 그려라.

4.2 $k_p=-\frac{1}{2}\pi$와 $\frac{3}{8}\pi$에 대하여 연습문제 4.1을 다시 하라.

4.3 $m(t)=A\ \sin\left(2\pi f_m t+\frac{\pi}{6}\right)$로 가정하여 그림 4.4를 다시 그려라.

4.4 우리는 앞에서 다음과 같이 정의된 FM 신호의 스펙트럼을 계산하였다.

$$x_{c1}(t) = A_c\cos[2\pi f_c t + \beta\sin(2\pi f_m t)]$$

이제 다음과 같이 변조 신호가 주어졌다고 가정하자.

$$x_{c2}(t) = A_c\cos[2\pi f_c t + \beta\cos(2\pi f_m t)]$$

$x_{c1}(t)$와 $x_{c2}(t)$의 진폭 스펙트럼이 같음을 보여라. $x_{c2}(t)$의 위상 스펙트럼을 계산하고 $x_{c1}(t)$의 위상 스펙트럼과 비교하라.

4.5 다음 신호들의 단측 진폭과 위상 스펙트럼을 계산하라.

$$x_{c3}(t) = A\sin[2\pi f_c t + \beta\sin(2\pi f_m t)]$$
$$x_{c4}(t) = A_c\sin[2\pi f_c t + \beta\cos(2\pi f_m t)]$$

그림 4.5의 결과와 비교하라.

4.6 변조되지 않은 반송파 신호의 전력이 50W이고, 반송파 주파수는 $f_c=40$Hz이다. 정현파 메시지 신호가 $\beta=10$인 FM 변조기에 적용된다. 정현파 메시지 신호는 5Hz의 주파수를 가진다. $x_c(t)$의 평균값을 결정하라. 적절한 스펙트럼들을 그려봄으로써, 이 분명한 모순을 설명하라.

4.7 $J_0(5)=-0.178$과 $J_1(5)=-0.328$일 때, $J_3(5)$와 $J_4(5)$를 구하라.

4.8 순시 위상 편이가 $\phi(t)=\beta\sin(2\pi f_m t)$로 가정한 각 변조된 신호의 (진폭과 위상) 스펙트럼을 결정하고 그려라. 또한 $\beta=10$, $f_m=30$Hz, $f_c=2000$Hz로 가정한다.

4.9 변조되지 않은 반송파가 $A_c\cos(2\pi f_c t)$이도록 하는 송신기가 1000Hz의 반송파 주파수를 사용한다. 다음의 각 송신기 출력에 대하여 위상 및 주파수 편이를 결정하라.

(a) $x_c(t)=\cos[2\pi(1000)t+40\sin\ (5t^2)]$

(b) $x_c(t)=\cos[2\pi(600)t]$

4.10 다음의 각 송신기 출력에 대하여 연습문제 4.9를 다시 하라.

(a) $x_c(t)=\cos[2\pi(1200)t^2]$

(b) $x_c(t)=\cos[2\pi(900)t+10\sqrt{t}]$

4.11 FM 변조기가

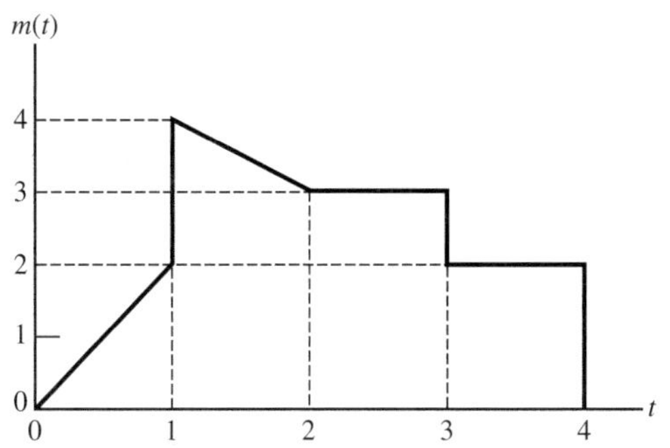

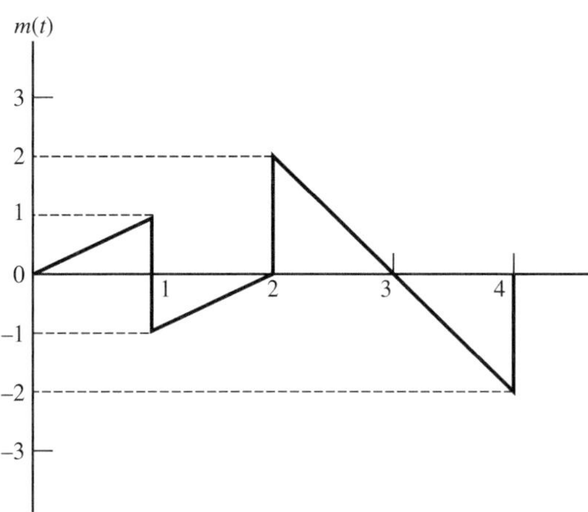

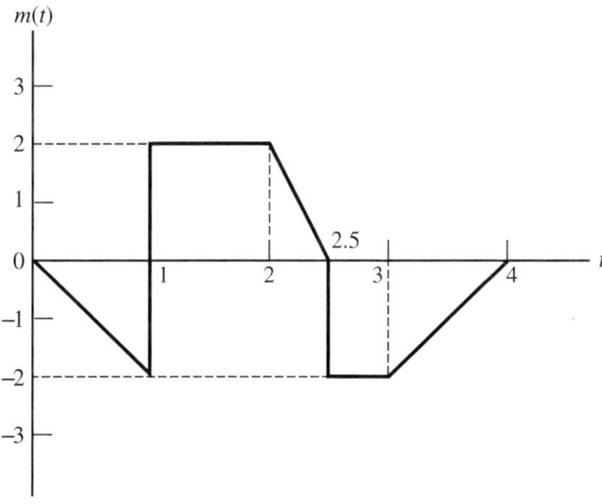

그림 4.37

$$x_c(t) = 100\cos\left[2\pi f_c t + 2\pi f_d \int^{t} m(\alpha)d\alpha\right]$$

의 출력을 가지고 있고, 이때 f_d=20 Hz/V이다. $m(t)$를 구형파 $m(t)=4\Pi\left[\frac{1}{8}(t-4)\right]$라고 가정한다.

(a) 위상 편이를 라디안 단위로 그려라.

(b) 주파수 편이를 헤르츠 단위로 그려라.

(c) 단위가 헤르츠인 최대 주파수 편이를 구하라.

(d) 단위가 라디안인 최대 위상 편이를 구하라.

(e) 변조기 출력의 전력을 구하라.

4.12 앞의 문제를 $m(t)$가 삼각파인 $4\Lambda\left[\frac{1}{3}(t-6)\right]$라고 가정하고 다시 하라.

4.13 f_d=10Hz/V인 FM 변조기가 있다. 그림 4.37에 보이는 세 메시지 신호에 대하여 주파수 편이(Hz 단위)와 위상 편이(라디안 단위)를 그려라.

4.14 FM 변조기가 f_c=2000Hz와 f_d=20Hz/V를 갖는다. 변조기는 입력 $m(t)=5\cos[2\pi(10)t]$를 가진다.

(a) 변조 지수는 얼마인가?

(b) 변조기 출력의 진폭 스펙트럼을 근사하게 그려라. 중요한 모든 주파수 성분을 나타내라.

(c) 이것은 협대역 FM인가? 왜 그렇게 생각하는가?

(d) 만약 같은 $m(t)$가 위상 변조기에 대해 사용된다면 (a)에서 주어진 지수를 만드는 데 k_p는 얼마인가?

4.15 어떤 오디오 신호가 15kHz의 대역폭을 가진다. $|m(t)|$의 최댓값은 10V이다. 이 신호가 반송파를 주파수 변조한다. 변조기의 편이 상숫값이 다음과 같다고 할 때, 변조기 출력의 최대 편이와 대역폭을 예측하라.

(a) 20Hz/V

(b) 200Hz/V

(c) 2kHz/V

(d) 20kHz/V

4.16 식 (4.30)과 식 (4.39)를 사용하여

$$\sum_{n=-\infty}^{\infty} J_n^2(\beta) = 1$$

임을 보여라.

4.17 $J_n(\beta)$가

$$J_n(\beta) = \frac{1}{\pi}\int_0^{\pi} \cos(\beta \sin x - nx)dx$$

로 표현될 수 있다는 것을 증명하고, 이 결과를 이용하여

$$J_{-n}(\beta) = (-1)^n J_n(\beta)$$

임을 보여라.

4.18 FM 변조기가 중심 주파수가 500Hz이고, 대역폭이 70Hz인 이상적인 대역통과 필터에 접속되어 있다. 필터의 이득은 통과대역에서 1이다. 변조되지 않은 반송파는 $10\cos(1000\pi t)$이고, 메시지 신호는 $m(t) = 10\cos(20\pi t)$이다. 송신기 주파수 편이 상수 f_d는 8Hz/V이다.

(a) 단위가 헤르츠인 최대 주파수 편이를 결정하라.
(b) 단위가 라디안인 최대 위상 편이를 결정하라.
(c) 변조 지수를 결정하라.
(d) 필터 입력과 필터 출력에서의 전력을 구하라.
(e) 필터 입력과 필터 출력에서 신호의 단측 스펙트럼을 그려라. 각 스펙트럼 성분에서 진폭과 주파수를 표시하라.

4.19 정현파 메시지 신호가 250Hz의 주파수를 가지고 있다. 이 신호는 지수가 8인 FM 변조기의 입력이다. 0.8의 전력비 P_r이 요구될 때, 변조기 출력의 대역폭을 결정하라. 0.9의 전력비에 대해서도 위의 과정을 반복하라.

4.20 협대역 FM 신호가 110kHz의 반송파 주파수와 0.05의 편이 비율을 가진다. 변조 대역폭은 10kHz이다. 이 신호는 100MHz의 반송파 주파수와 20의 편이 비율을 가진 광대역 신호를 생성하는 데 사용된다. 이것을 달성하기 위한 형태를 그림 4.12에 나타내었다. 필요한 주파수의 곱 n을 구하라. 또한 국부 발진기에 대한 두 가지의 허용 가능한 주파수를 정하여 혼합기를 완전히 정의하고, 요구되는 대역통과 필터를 정의하라(중심 주파수와 대역폭).

4.2절

4.21 그림 4.38에 나타낸 FM 판별기를 고려해보자. 포락선 검출기는 무한한 입력 임피던스를 가지는 이상적인 것으로 생각할 수 있다. 전달 함수 $E(f)/X_r(f)$의 크기를 그려라. 그린 그림으로부터 적절한 반송파 주파수와 판별기 상수 K_D를 결정하고, 입력 신호의 가능한 최대 주파수 편이를 계산하라.

4.22 그림 4.38에서 R, L, C값을 조정하여, 최대 주파수 편이를 4MHz로 가정하고 반송파 주파수가 100MHz인 판별기를 설계하라. 설계에서 판별기 상수 K_D는 얼마인가?

4.3절

4.23 식 (4.117)로부터 시작하여 표 4.4에 주어진

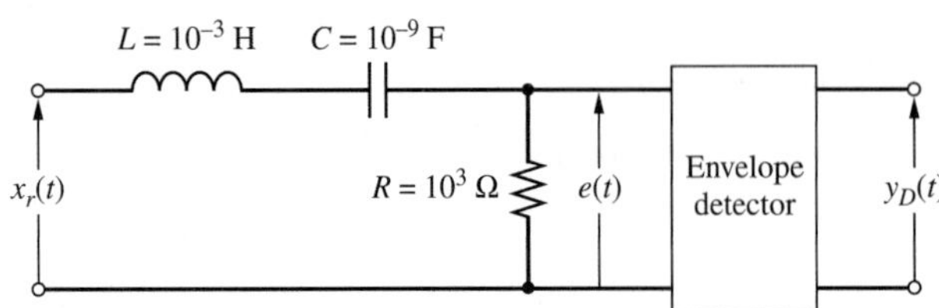

그림 4.38

정상 상태 오차를 증명하라.

4.24 코스타스 PLL의 입력과 VCO 출력으로 $x_r(t) = m(t)\cos(2\pi f_c t)$와 $e_0(t) = 2\cos(2\pi f_c t + \theta)$를 각각 사용하여, 그림 4.26의 여러 점들에서 표시된 모든 신호가 정확함을 증명하라. $e_v(t)$가 VCO의 입력이고 K_v가 양의 상수일 때 VCO의 주파수 편이가 $d\theta/dt = -K_v e_v(t)$로 정의된다고 가정하여, 위상 평면(phase-plane)을 유도하라. 이 위상 평면을 사용하여 루프가 동기된 것을 검증하라.

4.25 단일 PLL을 사용하여 f_0가 입력 주파수일 때, 출력 주파수가 $\frac{7}{3}f_0$인 시스템을 설계하라. 설계한 시스템에 대하여 VCO의 출력을 그려서 완전하게 설명하라. VCO 출력에서와 설계한 시스템에서 동작을 설명하는 데 필요한 어떤 다른 위치에서의 스펙트럼을 그려라. 설계한 시스템에서 사용된 모든 필터의 중심 주파수와 적절한 대역폭을 정의하여 설명하라.

4.26 크기가 $\Delta\omega$인 계단 주파수가 입력되었을 때, 1차 PLL은 주파수와 위상 오차가 0이 되도록 동작하고 있다. 루프 이득 K_t는 $2\pi(100)$이다. $\Delta\omega = 2\pi(30)$, $2\pi(50)$, $2\pi(80)$, 그리고 $-2\pi(80)$ rad/s에 대해 정상 상태 위상 오차를 각도로 구하라. 만일 $\Delta\omega = 2\pi(120)$ rad/s이면 어떻게 되겠는가?

4.27 $K_t \to \infty$일 때, $K_t e^{-K_t t}u(t)$가 임펄스 함수의 모든 성질을 만족하는 것을 보임으로써 식 (4.120)을 증명하라.

4.28 불완전한 2차 PLL은 다음과 같은 루프 필터를 갖는 PLL로 정의된다.

$$F(s) = \frac{s + a}{s + \lambda a}$$

여기서 λ는 원점으로부터 영점 위치까지의 상대적인 차이(offset)이다. 실제 구현상에서 λ는 작지만 대개는 무시될 수 없다. PLL의 선형 모델을 사용하여 $\Theta(s)/\Phi(s)$에 대한 전달 함수를 유도하라. ω_n과 ζ에 대한 표현을 K_t, a 그리고 λ로 나타내라.

4.29 앞의 문제에서 기술된 불완전한 2차 PLL을 위하여 루프 필터 모델을 가정하여, 표 4.4에 주어진 θ_0, f_Δ 그리고 R의 세 조건에서 정상 상태 위상 오차를 유도하라.

4.30 코스타스 PLL이 $\sin\psi \approx \psi$이고 $\cos\psi \approx 1$이 되도록 작은 위상 오차로 동작하고 있다. VCO 앞에 있는 저역통과 필터를 $a/(s+a)$로 모델링한다고 가정하여 $m(t) = u(t - t_0)$의 응답을 구하라. 단, a는 임의의 상수이다.

4.31 이 문제에서 코스타스 PLL을 위한 기저대역(저역통과와 등가인 모델)을 개발하기를 원한다. 루프 입력은 복소 포락선 신호인

$$\tilde{x}(t) = A_c m(t) e^{j\phi(t)}$$

이고 VCO 출력은 $e^{j\theta(t)}$로 가정한다. 모델의 각 지점에서의 신호를 구하고 그려라.

4.4절

4.32 FM 복조기가 정현파 간섭이 존재하는 상황에서 동작한다고 가정하자. $A_i = A_c$, $A_i = -A_c$ 그리고 $A_i \gg A_c$인 경우에 대해 각각 판별기의 출력이 0이 아닌 상수임을 보여라. 그리고 이들 세 가지의 경우에 대한 FM 복조기 출력을 각각 구하라.

4.5절

4.33 연속 데이터 신호가 PCM 시스템을 사용하여 양자화되어 전송된다. 만약에 시스템의 수신단에서 각각의 데이터 표본이 실제 peak-to-peak 값의 ±0.20% 안에 있어야 한다면, 각각의 전송되는 디지털

워드 안에 몇 개의 이진 심벌이 있어야 하는가? 메시지 신호는 음성이고, 5kHz의 대역폭을 가진다고 가정한다. 결과적인 PCM 신호의 대역폭을 계산하라(k를 정하라).

4.6절

4.34 FDM 통신 시스템에서 전송된 기저대역 신호가 다음과 같다.

$$x(t) = m_1(t)\cos(2\pi f_1 t) + m_2(t)\cos(2\pi f_2 t)$$

이 시스템은 송신기 출력과 수신기 입력 사이에 2차 비선형성을 가지고 있다. 그래서 수신된 기저대역 신호 $y(t)$는

$$y(t) = a_1 x(t) + a_2 x^2(t)$$

로 표현될 수 있다. 두 개의 메시지 신호 $m_1(t)$와 $m_2(t)$가

$$M_1(f) = M_2(f) = \Pi\left(\frac{f}{W}\right)$$

의 스펙트럼을 가진다고 가정할 때, $y(t)$의 스펙트럼을 그려라. 수신된 기저대역 신호를 복조할 때 겪는 어려움을 논하라. 많은 FDM 시스템에서 부반송파 주파수 f_1과 f_2는 서로 고조파 관계에 있다. 이것이 나타내는 어떤 부가적인 문제를 설명하라.

컴퓨터 실습문제

4.1 세 가지 변조 지수(0.5, 1, 5)값이 f_m을 상수로 묶어두면서 최대 주파수 편이를 조정하여 얻어지는 경우들에 대하여 그림 4.7을 다시 그려라.

4.2 구형파 메시지 신호를 가정하여 FM 변조기 출력의 진폭 스펙트럼을 생성하는 컴퓨터 프로그램을 개발하라. 다양한 최대 편이에 대한 출력을 그려라. 결과를 PWM 신호의 스펙트럼과 비교하고 당신의 관찰에 대해서 서술하라.

4.3 그림 4.24와 4.25에 보이는 시뮬레이션 결과를 증명하는 프로그램을 개발하라.

4.4 컴퓨터 예제 4.4를 참조하여, 시뮬레이션 루프에 의해 표현되는 시스템의 블록도를 그려라. 그리고 시뮬레이션 코드에 사용된 이름을 가지고 다양한 루프 요소들의 입출력을 명시하라. 이 블록도를 이용하여 시뮬레이션 프로그램이 정확함을 증명하라. 시뮬레이션 프로그램에서 오류의 원인은 무엇인가? 어떻게 하면 이런 오류들을 완화시킬 수 있을까?

4.5 표본화 주파수가 대화식으로 입력될 수 있도록 컴퓨터 예제 4.4에 주어진 시뮬레이션 프로그램을 수정하라. 표본화 주파수의 범위 안에서 시뮬레이션을 실행시켜 각기 다른 표본화 주파수에 따른 영향을 조사하라. 반드시 매우 낮은 표본화 주파수에서 시작하여 점차적으로 증가시키며, 올바른 시뮬레이션 결과를 얻는 데 필요한 주파수보다 큰 표본화 주파수까지 증가시켜라. 결과를 설명하라. 표본화 주파수가 충분히 큰지를 어떻게 알 수 있는가?

4.6 직사각형 적분기로 사다리꼴 적분기를 대체하여 컴퓨터 예제 4.4에 주어진 시뮬레이션 프로그램을 수정하라. 충분히 큰 표본화 주파수에 대해서 두 PLL은 궁극적으로 동등한 성능을 나타냄을 보여라. 또 아주 작은 표본화 주파수에서는 두 PLL이 동등하지 않은 성능을 나타냄을 보여라. 이것은 당신에게 표본화 주파수를 선택함에 있어서 무엇을 얘기하는가?

4.7 위상 검출기가 그 특성이 다음과 같이 정의되도록 만드는 제한기를 포함하도록 컴퓨터 예제 4.4에 주어진 시뮬레이션 프로그램을 수정하라.

$$e_d(t) = \begin{cases} A, & \sin[\psi(t)] > A \\ \sin[\psi(t)], & -A \le \sin[\psi(t)] \le A \\ -A, & \sin[\psi(t)] < -A \end{cases}$$

여기서 $\psi(t)$는 위상 오차 $\phi(t)-\theta(t)$이고 A는 시뮬레이션 사용자에 의해 조정될 수 있는 변수이다. A의 값을 조정하고 감소하는 A는 몇 주기 미끄러짐이 있는지의 영향과 그렇기 때문에 위상 고정을 이루기 위해 필요한 시간에 대해 논의하라.

4.8 연습문제 4.28의 결과를 이용하여, 불완전한 2차 PLL을 시뮬레이션하기 위하여 컴퓨터 예제 4.4에 주어진 시뮬레이션 프로그램을 수정하라. 컴퓨터 예제 4.4처럼 같은 변수값들을 사용하고 $\lambda=0.1$이라 하자. 위상동기를 얻기 위하여 필요한 시간을 비교하라.

4.9 3차 PLL은 작은 루프 이득에는 불안정하고 큰 이득에는 안정한 비정상적인 특성을 갖는다. MATLAB의 근-궤적 루틴을 사용하고 a와 b값을 적절히 선택하여 이 성질을 보여라.

4.10 MATLAB을 사용하여 f_0가 입력 주파수일 때 루프 출력 주파수가 $\frac{7}{5}f_0$가 되는 위상동기 루프를 시뮬레이션하기 위한 프로그램을 개발하라.

CHAPTER 5

기저대역 디지털 데이터 전송의 원리

지금까지 주로 아날로그 신호의 전송에 대하여 다루었다. 이 장에서는 디지털 데이터 전송에 대한 개념을 소개할 것이다. 여기서 디지털 데이터란 각 전송 구간 동안에 유한한 개수의 값들 중에서만 하나를 가질 수 있는 신호를 의미한다. 이러한 신호는 4장에서 다루어진 펄스 부호 변조의 경우에서와 같이 아날로그 신호를 표본화하고 양자화함으로써 얻을 수 있거나, 데이터나 텍스트 파일과 같은 특성 자체가 이산적인 메시지를 전송해야 하는 필요의 산물일 수 있다. 이 장에서는 디지털 데이터 전송 시스템에 대한 몇 가지 특징에 대하여 논의할 것이다. 랜덤잡음의 영향에 대해서는 이 장에서 다루지 않을 것이며, 8장 이후에서 다루어질 것이다. 또한 반송파를 사용한 변조는 다루지 않을 것이며, 따라서 '기저대역(baseband)'이라는 용어를 사용하고 있다. 그러므로 응용에 따라 다르기는 하지만 다루고자 하는 데이터 전송 시스템의 형태로는 전력이 0Hz에서부터 수 kHz 또는 수 MHz 대역에 집중되는 신호를 이용할 것이며, 대역통과 신호들을 이용하는 디지털 데이터 전송 시스템들에 대해서는 9장 이후에서 다룰 것이다.

5.1 기저대역 디지털 데이터 전송 시스템

기저대역 디지털 데이터 전송 시스템의 블록도가 그림 5.1에 나타나 있으며, 여러 가지 가능한 신호처리 동작들이 포함되어 있다. 각각을 이 장의 이후 절들에서 자세히 다룰 것이며, 이 절에서는 간략히만 언급할 것이다.

이미 언급된 대로 아날로그-디지털 변환기(ADC) 블록은 신호원이 아날로그 메시지를 생성하는 경우에만 존재하며, 표본화와 양자화라는 두 가지 동작으로 구성되어 있다고 생각할 수 있다. 양자화 동작은 표본값을 가장 가까운 양자화 레벨로 반올림하고 이어서 그것을 이진수 표현으로 변환하는[조금 후에 논의되겠지만, 실제 신호 파형 표현은 사용되는 '선 부호(line code)'에 따라 결정된다고 하더라도 0과 1을 사용하여 나타낸다] 두 개의 과정으로 나누어진다고 생각할 수 있다. 표본화 오차를 최소로 하기 위한 요구사항들은 이미 2장에서 다루어졌

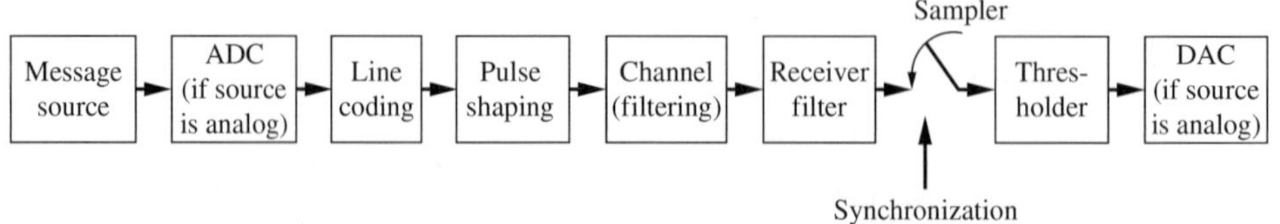

그림 5.1 기저대역 디지털 데이터 전송 시스템의 블록도

다. 다시 말하면, 엘리어싱을 피하기 위하여 신호원은 저역통과, 즉 W Hz 내로 대역 제한되어야 하며, 표본화율은 $f_s > 2W$의 초당 표본 수(sps)를 만족해야 한다. 만약 표본화되는 신호가 엄격히 대역 제한되어 있지 않거나 표본화율이 $2W$ sps보다 낮으면 엘리어싱이 발생한다. 양자화에 의한 오차 특성은 8장에서 다루어질 것이다. 메시지가 아날로그라서 송신기에서 ADC를 사용해야 하는 경우에 수신기 출력에서는 디지털 신호를 다시 아날로그 형태로 변환(디지털-아날로그 변환 또는 DAC)하기 위하여 역동작이 일어나야 한다. 2장에서 보았듯이, 이진 형태에서 양자화 표본으로 변환한 후의 동작은 간단히 저역통과 필터를 사용하거나, 연습문제 2.60에서 해석된 것과 같이 0차 또는 고차 지속 동작을 사용할 수 있다.

다음 블록인 선 부호화는 다음 절에서 다루어질 것이다. 지금으로서는 선 부호화의 목적은 경우에 따라 달라질 수 있으며, 다른 이유들 중에서도 스펙트럼 성형이나 동기화 고려, 대역폭 고려를 위한 것이라고 간단히 말하는 것으로 충분할 것이다.

펄스 성형은 전송 신호 스펙트럼을 이용할 수 있는 전송 채널에 더 잘 수용될 수 있도록 성형하기 위하여 반드시 사용되어야 한다. 사실 필터링의 효과와 이에 대한 주의를 기울이지 않았을 때 전송되는 펄스들이 서로 얼마나 심하게 간섭을 일으키는지에 대하여 논의할 것이다. 이것을 심벌간 간섭(ISI)이라고 하며, 이에 대응하는 조치들이 취해지지 않으면 전반적인 시스템 성능에 매우 심각한 영향을 미칠 수 있다. 대신에 펄스 성형(송신기 필터링)과 수신기 필터링의 조합을 잘 선택한다면 ISI를 완벽하게 소거할 수 있다는 것을 보일 것이다. (채널에서 생기는 필터링은 선택할 수 있도록 되어 있지는 않다고 가정한다.)

수신기 필터 출력에서는 수신된 펄스 위치와 표본화 시점을 일치시키는 동기화가 필요하다. 이어서 0 혹은 1이 보내졌는지를 판정하기 위하여 수신된 펄스의 표본값들이 임계값과 비교된다. (사용된 선 부호에 따라서는 약간의 추가적인 처리과정이 필요할 수 있다.) 만약 데이터 전송 시스템이 신뢰성 있게 동작되고 있다면 이러한 1-0 판정이 옳을 확률이 높으며, 이어지는 DAC 출력에서는 입력 메시지 파형과 매우 흡사한 재생이 가능할 것이다.

지금의 논의가 0과 1이 보내지는 것으로 대변되는 두 개의 가능한 레벨들에만 국한되어 있지만, 두 개보다 많은 레벨들을 이용하는 상황에서도 유용하다고 알려져 있다. 두 개의 레벨들을 사용하는 데이터 형태를 이진(binary)이라고 하며, $M(>2)$레벨들을 사용하는 데이터 형태를 'M진(M-ary)'이라고 부른다. 이진 형태를 사용하는 경우, $0-1$ 심벌을 '비트(bit)'라고 부르며, M진 형태를 사용하는 경우 각 전송을 '심벌(symbol)'이라고 부른다.

5.2 선 부호와 전력 스펙트럼

5.2.1 선 부호에 대한 기술

디지털 변조 신호의 스펙트럼은 디지털 데이터를 표현하는 특정 기저대역 데이터 형태와 전송을 위한 신호를 준비하는 데 사용되는 부가적인 펄스 성형(필터링) 모두에 영향을 받게 된다. 그림 5.2에 몇 가지 보편적으로 사용되는 기저대역 데이터 형태들이 도시되어 있다. 여기서 여러 가지 형태의 이름들을 특정한 파형에 해당하는 각 그림의 수직축에 나타내었다. 그러나 이 이름들이 이것들 중 어떤 경우에는 유일한 이름은 아닐 수 있다. 간략하게 각 신호 구간 동안에 한하여 다음과 같이 기술할 수 있다.

- NRZ(nonreturn-to-zero) 변화 : 1은 양의 레벨 A로 표현되며, 0은 음의 레벨 $-A$로 표현된다.
- NRZ 마크 : 1은 레벨의 변화로 표현되며(즉 이전의 레벨이 A였다면 1을 표현하기 위하여 $-A$를 보내며, 반대의 경우는 반대로 된다), 0은 레벨의 변화가 없도록 표현된다.
- 단극 RZ(return-to-zero) : 1은 1/2-폭 펄스로 표현되며(즉 '0으로 되돌아가는' 펄스임), 0은 펄스가 없는 것으로 표현된다.
- 극성 RZ : 1은 양의 RZ 펄스로 표현되며, 0은 음의 RZ 펄스로 표현된다.
- 양극 RZ : 0은 0레벨로 표현되며, 1은 부호가 번갈아 바뀌는 RZ 펄스들로 표현된다.
- 분할위상(맨체스터) : 1은 1/2-심벌주기에서 A로부터 $-A$로의 스위칭으로 표현되며, 0은 1/2-심벌주기에서 $-A$로부터 A로의 스위칭으로 표현된다.

가장 보편적인 형태들 중 두 개는 NRZ와 분할위상이다. 분할위상은 NRZ 변화에 심벌 구간에 해당하는 주기를 갖는 구형파 클락을 곱하여 얻을 수 있는 것으로 고려될 수 있음에 유의하라.

주어진 응용에 적합한 데이터 형태를 선정하기 위해 필요한 몇 가지 고려사항이 있다. 이것들 중 일부는 다음과 같다.

- 자기동기화 : 동기장치들이 부호로부터 타이밍 클락을 뽑아낼 수 있도록 부호에 내재된 타이밍 정보는 충분한가?
- 이용할 특정 채널에 적합한 전력 스펙트럼 : 예를 들어 채널이 낮은 주파수들을 통과시키지 못한다면 선택된 데이터 형태의 전력 스펙트럼이 0주파수에서 영점을 가지는가?

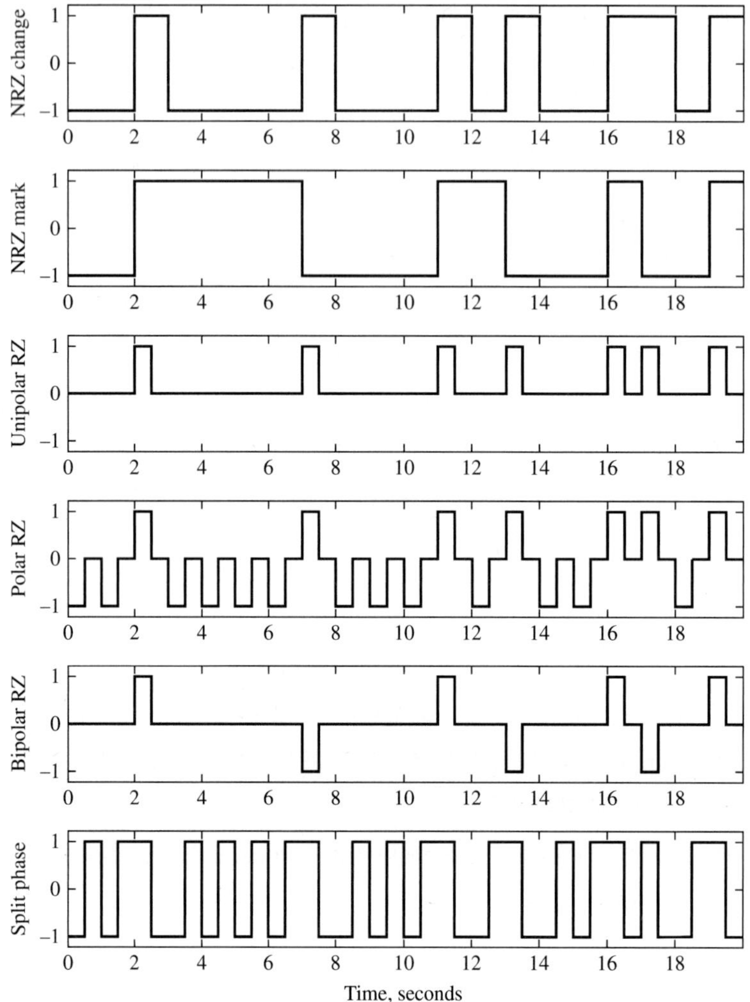

그림 5.2 이진 데이터 형태들의 간략한 목록[1]

- **전송 대역폭** : 종종 있듯이 이용 가능한 전송 대역폭이 부족한 경우, 데이터 형태는 대역폭 요구에 대하여 보수적이어야 한다. 가끔 상충되는 요구사항들 때문에 선택이 어렵게 될 수도 있을 것이다.
- **투명성** : 발생하는 빈도에 상관없이 모든 가능한 데이터 시퀀스는 정확하고 명백하게 수신될 수 있어야 한다.
- **오류 검출 특성** : 순방향 오류 정정 주제에서 오류 정정을 위한 부호들에 대한 설계를 다루겠

1 출처 : J. K. Holmes, *Coherent Spread Spectrum Systems*, New York : John Wiley, 1982.

지만, 주어진 데이터 형태가 갖는 고유의 데이터 정정 특성은 부가적인 보너스일 것이다.

- **우수한 비트 오류 확률 성능** : 데이터 형태로 인하여 최소 오류 확률 수신기 구현을 어렵게 하는 아무런 요인이 없어야 한다.

5.2.2 선 부호 데이터의 전력 스펙트럼

데이터 전송 시스템들에 대한 대역 요구들을 예측하기 위하여 선 부호 데이터의 스펙트럼 점유 특성을 아는 것은 중요하다(역으로는 시스템 대역폭에 대한 사양이 주어질 때 사용되는 선 부호의 최대 데이터율이 어떻게 될 것인지를 암시할 것이다). 데이터 정보원이 1과 0의 랜덤 동전 던지기 시퀀스를 발생시킨다고 하자. 하나의 이진 숫자가 매 T초마다 발생된다. [각 이진 숫자를 '이진 숫자(binary digit)'의 단축형인 '비트(bit)'라고 부른다는 점을 상기하라.]

선 부호 데이터의 전력 스펙트럼 계산을 위해서는 7장 7.3.4절의 펄스 열 형태의 신호들에 대한 자기상관 함수에 대한 결과를 이용할 것이다. 아직 다루지도 않은 결과를 사용하는 것은 교육학적으로 맞지 않을 수도 있으나, 학생들에게 권하고 싶은 것은 지금으로서는 7.3.4절의 결과를 단순히 받아들이고 유도되는 결과들과 이 결과들의 시스템적 함의에 집중하라는 것이다. 특히 7.3.4절에서 다음과 같은 형태의 펄스 열 신호가 고려되고 있다.

$$X(t) = \sum_{k=-\infty}^{\infty} a_k p(t - kT - \Delta) \tag{5.1}$$

여기서 $\cdots a_{-1}, a_0, a_1, \cdots, a_k, \cdots$는 다음과 같은 평균값들을 갖는 랜덤변수들의 시퀀스이다.

$$R_m = \langle a_k a_{k+m} \rangle \qquad m = 0, \ \pm 1, \ \pm 2, \ \cdots \tag{5.2}$$

함수 $p(t)$는 결정적 펄스 모양 파형이며, T는 펄스들 사이의 간격이고, Δ는 a_k값과는 독립이며, $(-T/2, T/2)$ 구간에서 균일하게 분포하는 랜덤변수이다. 이 파형의 자기상관 함수는 다음과 같다.

$$R_X(\tau) = \sum_{m=-\infty}^{\infty} R_m r(\tau - mT) \tag{5.3}$$

여기서

$$r(\tau) = \frac{1}{T} \int_{-\infty}^{\infty} p(t + \tau) p(t) \, dt \tag{5.4}$$

전력 스펙트럼 밀도는 다음과 같이 주어지는 $R_X(\tau)$의 푸리에 변환이다.

$$\begin{aligned} S_X(f) &= \Im\left[R_X(\tau)\right] = \Im\left[\sum_{m=-\infty}^{\infty} R_m r(\tau - mT)\right] \\ &= \sum_{m=-\infty}^{\infty} R_m \Im\left[r(\tau - mT)\right] \\ &= \sum_{m=-\infty}^{\infty} R_m S_r(f) e^{-j2\pi mTf} \\ &= S_r(f) \sum_{m=-\infty}^{\infty} R_m e^{-j2\pi mTf} \end{aligned} \tag{5.5}$$

여기서 $S_r(f)=\Im[r(\tau)]$이다. $r(\tau)=\frac{1}{T}\int_{-\infty}^{\infty} p(t+\tau)p(t)dt=\left(\frac{1}{T}\right)p(-t) * p(t)$를 이용하면, 다음과 같은 결과를 얻는다.

$$S_r(f) = \frac{|P(f)|^2}{T} \tag{5.6}$$

여기서 $P(f)=\Im[p(\tau)]$이다.

예제 5.1

이 예제에서 위의 결과를 이용하여 NRZ의 전력 스펙트럼 밀도를 구할 것이다. NRZ에 대한 펄스 모양 함수는 $p(t)=\Pi(t/T)$이며, 따라서 다음과 같다.

$$P(f) = T \operatorname{sinc}(Tf) \tag{5.7}$$

과

$$S_r(f) = \frac{1}{T}|T \operatorname{sinc}(Tf)|^2 = T \operatorname{sinc}^2(Tf) \tag{5.8}$$

시간평균 $R_m=\langle a_k a_{k+m}\rangle$은 하나의 주어진 펄스에 대하여 진폭이 시간의 반에서는 $+A$이고 시간의 나머지 반에서는 $-A$이며, 두 개의 펄스로 구성되는 하나의 시퀀스에 대해서는 첫째 펄스의 부호가 주어질 때 둘째 펄스는 시간의 반에서는 $+A$이고, 시간의 나머지 반에서는 $-A$라는 사실을 이용하면 이끌어 낼 수 있다. 따라서

$$R_m = \begin{cases} \frac{1}{2}A^2 + \frac{1}{2}(-A)^2 = A^2, & m = 0 \\ \frac{1}{4}A(A) + \frac{1}{4}A(-A) + \frac{1}{4}(-A)A + \frac{1}{4}(-A)(-A) = 0, & m \neq 0 \end{cases} \tag{5.9}$$

그러므로 식 (5.8)과 식 (5.9)로부터 NRZ의 전력 스펙트럼 밀도는 다음과 같다.

$$S_{\text{NRZ}}(f) = A^2 T \operatorname{sinc}^2(Tf) \tag{5.10}$$

이것은 그림 5.3(a)에 나타나 있으며, 전력 스펙트럼 밀도의 첫째 영점 대역폭은 $B_{\text{NRZ}} = 1/T$ Hz라는 것을 알 수 있다. $A = 1$은 시간영역 파형을 제곱하여 평균하면 알 수 있는 것과 같이 단위 전력을 갖게 한다는 데 유의하라.

■

예제 5.2

분할위상에 대한 전력 스펙트럼 밀도의 계산은 계수들 R_m이 NRZ 경우와 동일하기 때문에 NRZ에 대한 과정에서 펄스 모양 함수의 스펙트럼만 다르다. 분할위상을 위한 펄스 모양 함수는 다음과 같이 주어진다.

$$p(t) = \Pi\left(\frac{t + T/4}{T/2}\right) - \Pi\left(\frac{t - T/4}{T/2}\right) \tag{5.11}$$

푸리에 변환의 시간 지연 정리와 중첩 정리를 적용하면 다음을 갖는다.

$$\begin{aligned} P(f) &= \frac{T}{2}\ \operatorname{sinc}\left(\frac{T}{2}f\right)e^{j2\pi(T/4)f} - \frac{T}{2}\ \operatorname{sinc}\left(\frac{T}{2}f\right)e^{-j2\pi(T/4)f} \\ &= \frac{T}{2}\ \operatorname{sinc}\left(\frac{T}{2}f\right)\left(e^{j\pi Tf/2} - e^{-j\pi Tf/2}\right) \\ &= jT\ \operatorname{sinc}\left(\frac{T}{2}f\right)\sin\left(\frac{\pi T}{2}f\right) \end{aligned} \tag{5.12}$$

따라서

$$\begin{aligned} S_r(f) &= \frac{1}{T}\left|jT\ \operatorname{sinc}\left(\frac{T}{2}f\right)\sin\left(\frac{\pi T}{2}f\right)\right|^2 \\ &= T\ \operatorname{sinc}^2\left(\frac{T}{2}f\right)\sin^2\left(\frac{\pi T}{2}f\right) \end{aligned} \tag{5.13}$$

그러므로 분할위상에 대한 전력 스펙트럼 밀도는 다음과 같다.

$$S_{\text{SP}}(f) = A^2T\ \operatorname{sinc}^2\left(\frac{T}{2}f\right)\sin^2\left(\frac{\pi T}{2}f\right) \tag{5.14}$$

이것은 그림 5.3(b)에 나타나 있으며, 전력 스펙트럼 밀도의 첫째 영점 대역폭은 $B_{\text{SP}} = 2/T$ Hz라는 것을 알 수 있다. 그러나 NRZ와는 다르게 분할위상은 $f = 0$에서 영점을 가지는데 이는 전송 채널이 DC를 통과시키지 못하는 경우에는 호의적인 영향을 미치게 될 것이다. 시간 파형을 제곱하고 결과를 평균하면 $A = 1$이 단위 전력을 갖도록 하는 것이 명백함에 유의하라.

■

예제 5.3

이 예제에서 단극 RZ의 전력 스펙트럼을 구할 것이며, 그것은 이산 스펙트럼 선들이라는 부가적인 도전 요소를 제공한다. 단극 RZ에 대하여 데이터 상관 계수들은 다음과 같다.

$$R_m = \begin{cases} \frac{1}{2}A^2 + \frac{1}{2}(0)^2 = \frac{1}{2}A^2, \ m = 0 \\ \frac{1}{4}(A)(A) + \frac{1}{4}(A)(0) + \frac{1}{4}(0)(A) + \frac{1}{4}(0)(0) = \frac{1}{4}A^2, \ m \neq 0 \end{cases} \tag{5.15}$$

펄스 모양 함수는 다음과 같이 주어진다.

$$p(t) = \Pi(2t/T) \tag{5.16}$$

따라서 다음을 갖는다.

$$P(f) = \frac{T}{2} \text{ sinc}\left(\frac{T}{2}f\right) \tag{5.17}$$

그리고

$$\begin{aligned} S_r(f) &= \frac{1}{T}\left|\frac{T}{2} \text{ sinc}\left(\frac{T}{2}f\right)\right|^2 \\ &= \frac{T}{4} \text{ sinc}^2\left(\frac{T}{2}f\right) \end{aligned} \tag{5.18}$$

그러므로 단극 RZ에 대하여 다음을 갖는다.

$$\begin{aligned} S_{\text{URZ}}(f) &= \frac{T}{4} \text{ sinc}^2\left(\frac{T}{2}f\right)\left[\frac{1}{2}A^2 + \frac{1}{4}A^2 \sum_{m=-\infty,\ m\neq 0}^{\infty} e^{-j2\pi mTf}\right] \\ &= \frac{T}{4} \text{ sinc}^2\left(\frac{T}{2}f\right)\left[\frac{1}{4}A^2 + \frac{1}{4}A^2 \sum_{m=-\infty}^{\infty} e^{-j2\pi mTf}\right] \end{aligned} \tag{5.19}$$

여기서 $\frac{1}{2}A^2$은 대괄호 안의 첫 번째 항과 덧셈 항(덧셈 항에서 $m=0$에 해당하는 항을 생성)에 분산되었다. 그러나 식 (2.121)로부터 다음을 갖는다.

$$\sum_{m=-\infty}^{\infty} e^{-j2\pi mTf} = \sum_{m=-\infty}^{\infty} e^{j2\pi mTf} = \frac{1}{T}\sum_{n=-\infty}^{\infty} \delta(f - n/T) \tag{5.20}$$

따라서 $S_{\text{URZ}}(f)$는 다음과 같이 쓸 수 있다.

$$\begin{aligned} S_{\text{URZ}}(f) &= \frac{T}{4} \text{ sinc}^2\left(\frac{T}{2}f\right)\left[\frac{1}{4}A^2 + \frac{1}{4}\frac{A^2}{T}\sum_{n=-\infty}^{\infty} \delta(f - n/T)\right] \\ &= \frac{A^2T}{16} \text{ sinc}^2\left(\frac{T}{2}f\right) + \frac{A^2}{16}\delta(f) + \frac{A^2}{16} \text{ sinc}^2\left(\frac{1}{2}\right)\left[\delta\left(f - \frac{1}{T}\right) + \delta\left(f + \frac{1}{T}\right)\right] \end{aligned}$$

$$+\frac{A^2}{16}\operatorname{sinc}^2\left(\frac{3}{2}\right)\left[\delta\left(f-\frac{3}{T}\right)+\delta\left(f+\frac{3}{T}\right)\right]+\cdots \tag{5.21}$$

여기서 $\operatorname{sinc}^2\left(\frac{T}{2}f\right)\delta(f-n/T)$항들을 간략화하기 위하여 $f=f_n$에서 연속인 $Y(f)$에 대해서는 $Y(f)\delta(f-f_n)=Y(f_n)\delta(f-f_n)$이라는 사실이 사용되었다. [$n$이 짝수인 경우, $\operatorname{sinc}^2\left(\frac{n}{2}\right)=0$임을 상기하라.]

단극 RZ의 전력 스펙트럼은 그림 5.3(c)에 나타나 있으며, 전력 스펙트럼 밀도의 첫째 영점 대역폭은 $B_{\text{URZ}}=2/T$ Hz라는 것을 알 수 있다. 또한 스펙트럼에 임펄스들이 나타나는 이유는 이 파형의 단극 성질로 인하여 DC와 $1/T$ Hz의 고조파 성분들에서 유한한 전력을 가지는 것으로 반영되기 때문이다. 이것은 동기화 목적을 위해서는 유용한 특징일 수 있다.

시간영역 파형의 제곱의 평균이 다음의 식과 같기 때문에 단극 RZ에서의 단위 전력은 $A=2$일 때 얻어진다.

$$\frac{1}{T}\left[\left(\frac{1}{2}A^2\frac{T}{2}+0^2\frac{T}{2}\right)+\frac{1}{2}0^2T\right]=\frac{A^2}{4}$$

■

예제 5.4

극성 RZ의 전력 스펙트럼 밀도는 NRZ에 대한 결과를 기반으로 계산하면 아주 간단하다. 데이터 상관 계수들은 NRZ 경우와 동일하다. 펄스 모양 함수는 $p(t)=\Pi(2t/T)$로 단극 RZ 경우와 동일하다. 그래서 $S_r(f)=\frac{T}{4}\operatorname{sinc}^2\left(\frac{T}{2}f\right)$이다. 따라서

$$S_{\text{PRZ}}(f)=\frac{A^2T}{4}\operatorname{sinc}^2\left(\frac{T}{2}f\right) \tag{5.22}$$

극성 RZ의 전력 스펙트럼은 그림 5.3(d)에 나타나 있으며, 전력 스펙트럼 밀도의 첫째 영점 대역폭은 $B_{\text{PRZ}}=2/T$ Hz라는 것을 알 수 있다. 그러나 단극 RZ와는 다르게 이산 스펙트럼 선들이 없다. 시간 파형을 제곱하고 평균하면 $\frac{1}{T}\left(A^2\frac{T}{2}+0^2\frac{T}{2}\right)=\frac{A^2}{4}$이 된다. 따라서 $A=\sqrt{2}$일 때 단위 전력을 갖는다.

■

예제 5.5

전력 스펙트럼을 계산할 마지막 선 부호는 양극 RZ이다. $m=0$인 경우, 가능한 a_ka_k 곱들은 $AA=(-A)(-A)=A^2$이며, 이들 각각은 시간의 $\frac{1}{4}$에서 생성되며, $(0)(0)=0$은 시간의 $\frac{1}{2}$에서 생성된다. $m=\pm1$인 경우, 가능한 데이터 시퀀스는 (1, 1), (1, 0), (0, 1), (0, 0)이며, 가능한 a_ka_{k+1} 곱들은 각각 $-A^2$, 0, 0, 0이며 각각은 $\frac{1}{4}$의 확률로 생성된다. $m>1$ 인 경우, 가능한 곱들은 A^2과 $-A^2$이며 각각은 시간의 $\frac{1}{8}$에서 생성되고, $\pm A(0)$과 $(0)(0)$ 각각은 $\frac{1}{4}$의 확률로 생성된다. 따라서 데이터 상관 계수들은 다음과 같이 된다.

$$R_m=\begin{cases}\frac{1}{4}A^2+\frac{1}{4}(-A)^2+\frac{1}{2}(0)^2=\frac{1}{2}A^2, & m=0\\ \frac{1}{4}(-A)^2+\frac{1}{4}(A)(0)+\frac{1}{4}(0)(A)+\frac{1}{4}(0)(0)=-\frac{A^2}{4}, & m=\pm1\\ \frac{1}{8}A^2+\frac{1}{8}\left(-A^2\right)+\frac{1}{4}(A)(0)+\frac{1}{4}(-A)(0)+\frac{1}{4}(0)(0)=0, & |m|>1\end{cases} \tag{5.23}$$

펄스 모양 함수는 다음과 같이 주어진다.

$$p(t) = \Pi(2t/T) \tag{5.24}$$

따라서 다음을 갖는다.

$$P(f) = \frac{T}{2} \operatorname{sinc}\left(\frac{T}{2}f\right) \tag{5.25}$$

그리고

$$\begin{aligned} S_r(f) &= \frac{1}{T}\left|\frac{T}{2} \operatorname{sinc}\left(\frac{T}{2}f\right)\right|^2 \\ &= \frac{T}{4} \operatorname{sinc}^2\left(\frac{T}{2}f\right) \end{aligned} \tag{5.26}$$

그러므로 양극 RZ에 대하여 다음을 갖는다.

$$\begin{aligned} S_{\text{BPRZ}}(f) &= S_r(f) \sum_{m=-\infty}^{\infty} R_m e^{-j2\pi mTf} \\ &= \frac{A^2T}{8} \operatorname{sinc}^2\left(\frac{T}{2}f\right)\left(1 - \frac{1}{2}e^{j2\pi Tf} - \frac{1}{2}e^{-j2\pi Tf}\right) \\ &= \frac{A^2T}{8} \operatorname{sinc}^2\left(\frac{T}{2}f\right)[1 - \cos(2\pi Tf)] \\ &= \frac{A^2T}{4} \operatorname{sinc}^2\left(\frac{T}{2}f\right)\sin^2(\pi Tf) \end{aligned} \tag{5.27}$$

이것은 그림 5.3(e)에 나타나 있다.

시간영역 파형을 제곱하고 논리 0이 보내지는 시간 동안에는 0이며, 논리 1이 보내지는 시간의 1/2에 해당하는 시간 동안에도 0이 된다는 사실에 주목하면, 다음과 같은 전력을 얻을 수 있다.

$$\frac{1}{T}\left[\frac{1}{2}\left(\frac{1}{2}A^2\frac{T}{2} + \frac{1}{2}(-A)^2\frac{T}{2} + 0^2\frac{T}{2}\right) + \frac{1}{2}0^2T\right] = \frac{A^2}{4} \tag{5.28}$$

단위 전력은 A=2일 때 얻어진다. ■

그림 5.2에서 보여준 모든 데이터 변조 형태들에 대하여 전형적인 전력 스펙트럼들이 그림 5.3에 그려져 있다. 이 그림에서는 랜덤(동전 던지기) 비트 시퀀스를 가정하였다. 비트율 $1/T$의 배수에서 상당한 주파수 성분을 가지는 전력 스펙트럼을 필요로 하는 데이터 형태들에 대해서 심벌 동기화를 위하여 $1/T$ Hz 또는 그것의 배수들에서 전력을 생성시키기 위하여 비선형 연산들이 필요하게 된다. 분할위상은 비트 구간당 적어도 하나의 영교차를 보장하며 NRZ에 비하여 2배의 대역폭을 필요로 한다는 데 주목하라. 0Hz 주위에서 NRZ는 상당한 전력을 소유한다. 일반적으로 5.2.1절에서 정리되었던 어떤 데이터 형태도 바람직한 특징들을 모두 가지고 있지는 않으며 특정 데이터 형태의 선정은 절충을 필요로 할 것이다.

컴퓨터 예제 5.1

그림 5.3의 전력 스펙트럼을 그리기 위한 MATLAB 스크립트 파일은 다음과 같다.

```
% File: c5ce1.m
%
clf
ANRZ = 1;
T = 1;
f = -40:.005:40;
SNRZ = ANRZ^2*T*(sinc(T*f)).^2;
areaNRZ = trapz(f, SNRZ)     % Area of NRZ spectrum as check
ASP = 1;
SSP = ASP^2*T*(sinc(T*f/2)).^2.*(sin(pi*T*f/2)).^2;
areaSP = trapz(f, SSP)       % Area of split-phase spectrum as check
AURZ = 2;
SURZc = AURZ^2*T/16*(sinc(T*f/2)).^2;
```

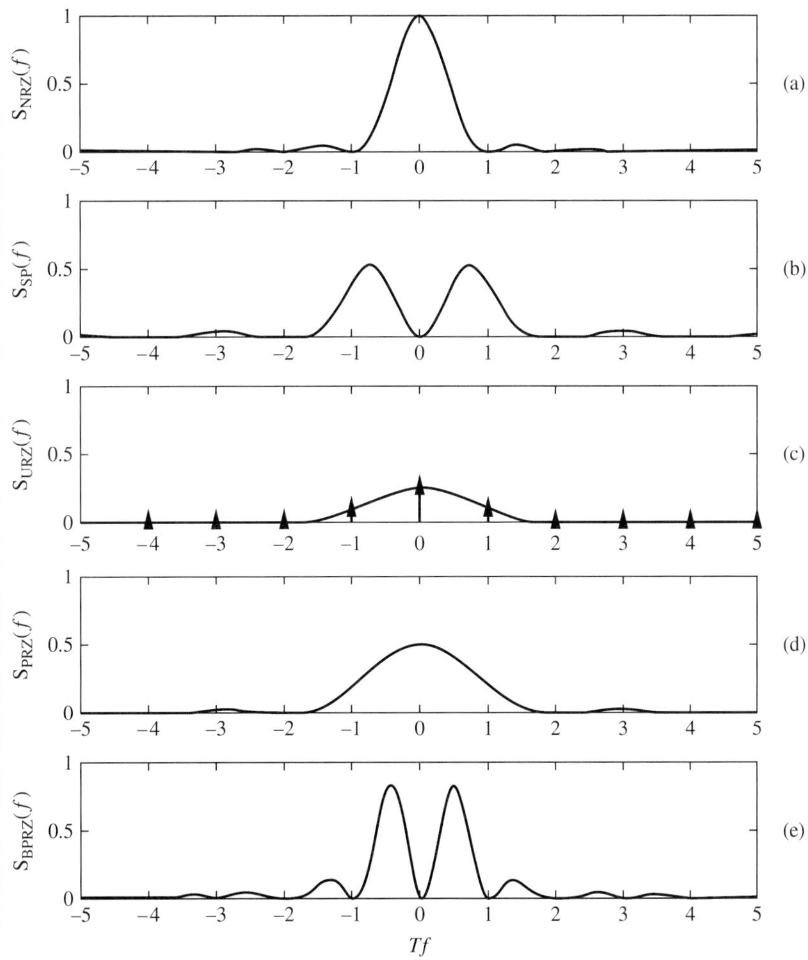

그림 5.3 선 부호 이진 데이터 형태들의 전력 스펙트럼

```
    areaRZc = trapz(f, SURZc)
    fdisc = -40:1:40;
    SURZd = zeros(size(fdisc));
    SURZd = AURZ^2/16*(sinc(fdisc/2)).^2;
    areaRZ = sum(SURZd)+areaRZc % Area of unipolar return-to-zero spect as
check
    APRZ = sqrt(2);
    SPRZ = APRZ^2*T/4*(sinc(T*f/2)).^2;
    areaSPRZ = trapz(f, SPRZ)   % Area of polar return-to-zero spectrum as
check
    ABPRZ = 2;
    SBPRZ = ABPRZ^2*T/4*((sinc(T*f/2)).^2).*(sin(pi*T*f)).^2;
    areaBPRZ = trapz(f, SBPRZ)  % Area of bipolar return-to-zero spectrum
as check
    subplot(5,1,1), plot(f, SNRZ), axis([-5, 5, 0, 1]), ylabel('S_N_R_Z(f)')
    subplot(5,1,2), plot(f, SSP), axis([-5, 5, 0, 1]), ylabel('S_S_P(f)')
    subplot(5,1,3),   plot(f,   SURZc),   axis([-5,   5,   0,   1]),   yla-
bel('S_U_R_Z(f)')
    hold on
    subplot(5,1,3), stem(fdisc, SURZd, '^'), axis([-5, 5, 0, 1])
    subplot(5,1,4), plot(f, SPRZ), axis([-5, 5, 0, 1]), ylabel('S_P_R_Z(f)')
    subplot(5,1,5), plot(f, SBPRZ), axis([-5, 5, 0, 1]),
    xlabel('Tf'), ylabel('S_B_P_R_Z(f)')
    % End of script file
```

■

■ 5.3 디지털 데이터의 필터링 효과 : ISI

디지털 데이터 전송 시스템에서 한 가지 열화 요인은 이미 언급되었던 심벌간 간섭(intersymbol interference) 또는 ISI이다. ISI는 신호 스펙트럼의 중요한 성분들을 통과시키는 데 충분하지 않은 대역폭을 가진 채널을 통하여 신호 펄스들의 시퀀스가 통과되는 경우에 발생한다. 예제 2.20에는 구형 펄스에 대한 저역통과 RC 필터의 응답이 예시되어 있다. 다음의 입력에 대하여

$$x_1(t) = A\Pi\left(\frac{t-T/2}{T}\right) = A\left[u(t) - u(t-T)\right] \tag{5.29}$$

필터 출력이 다음과 같이 구해졌다.

$$y_1(t) = A\left[1 - \exp\left(-\frac{t}{RC}\right)\right]u(t) - A\left[1 - \exp\left(-\frac{t-T}{RC}\right)\right]u(t-T) \tag{5.30}$$

이것은 그림 2.16(a)에 그려져 있으며, T/RC가 작으면 작을수록 더 넓게 퍼져나가는 것을 볼 수 있다[식 (2.182)와는 정확히 같은 형태는 아니지만 사실 두 식은 동일하다]. 사실 다음과 같은 형태의 중첩으로 구성되는 두 펄스의 시퀀스

$$x_2(t) = A\Pi\left(\frac{t - T/2}{T}\right) - A\Pi\left(\frac{t - 3T/2}{T}\right)$$
$$= A\left[u(t) - 2u(t - T) + u(t - 2T)\right] \tag{5.31}$$

는 다음과 같은 응답을 얻게 될 것이다.

$$y_2(t) = A\left[1 - \exp\left(-\frac{t}{RC}\right)\right]u(t) - 2A\left[1 - \exp\left(-\frac{t - T}{RC}\right)\right]u(t - T)$$
$$+A\left[1 - \exp\left(-\frac{t - 2T}{RC}\right)\right]u(t - 2T) \tag{5.32}$$

이것은 간단한 수준에서의 ISI 개념을 설명하는 것이다. 만약 저역통과 RC 필터로 나타내지는 채널 입력에 하나의 펄스만 부과된다면 채널의 과도 응답(transient response)은 아무런 문제가 되지 않는다. 그러나 채널 입력에 두 개 이상의 펄스들이 순차적으로 부과될 때[입력 $x_2(t)$의 경우에는 하나의 양의 펄스와 따라오는 음의 펄스], 첫째 펄스에 의한 과도 응답은 둘째 펄스와 그 후에 이어지는 펄스들에 의한 응답들과 간섭을 일으키게 된다. 이러한 현상은 그림 5.4에 설명되어 있으며, T/RC의 두 개 값들 각각에 대하여 식 (5.32)에 주어진 2-펄스 응답들을 나타내었다. 이 그림으로부터 첫 번째 경우에는 무시할 수 있는 ISI를 보이며, 두 번째 경우에는 출력 펄스 파형의 왜곡과 더불어 상당한 ISI를 보임을 확인할 수 있다. 사실은 필터의 시상수 RC가 펄스 폭 T와 비교하여 커지기 때문에 T/RC가 작으면 작을수록 ISI 효과는 더욱 심각하게 될 것이다.

보다 더 현실적인 예로서 그림 5.2의 선 부호들을 다시 고려해보려고 한다. 그림 5.5와 그림 5.6에는 이 파형들을 각각 필터 3dB 주파수가 $f_3=1/T_{bit}=1/T$과 $f_3=0.5/T$를 갖는 저역통과 2차 버터워스 필터들을 통과시킨 후의 파형들을 보여주고 있다. 이 그림들로부터 ISI 효과는 명백하다. 그림 5.5에서는 폭이 $T/2$인 펄스들을(즉 모든 RZ 펄스들과 분할위상) 사용한 데이터 형태들에 대해서도 비트들을 상당히 잘 분별할 수 있다. 그러나 그림 5.6에서는 NRZ 경우들에서는 상당히 잘 구분 가능한 비트들을 갖지만, RZ와 분할위상 형태들에 대해서는 상당한 ISI를 받게 된다. 그림 5.3과 그 결과들을 얻었던 해석으로부터 알 수 있듯이 RZ와 분할위상 형태들은 주어진 데이터율에 대하여 근본적으로 NRZ 형태들이 갖는 대역폭보다 2배 넓은 대역폭을 차지한다는 것이다.

자연스럽게 ISI에 어떻게 대응할 수 있는가 하는 질문이 생기게 될 것이다. 아마도 하나의 놀라운 해답은 송신기와 수신기 필터들의 적절한 설계를 통하여(채널을 나타내는 필터가 무엇이든지) ISI 효과는 완벽하게 제거할 수 있다는 것이다. 이 문제는 다음 절에서 다루어질 것이다. 또 다른 어느 정도 연관되는 해답으로는 등화(equalization)라고 부르는 수신기에서의 특별한

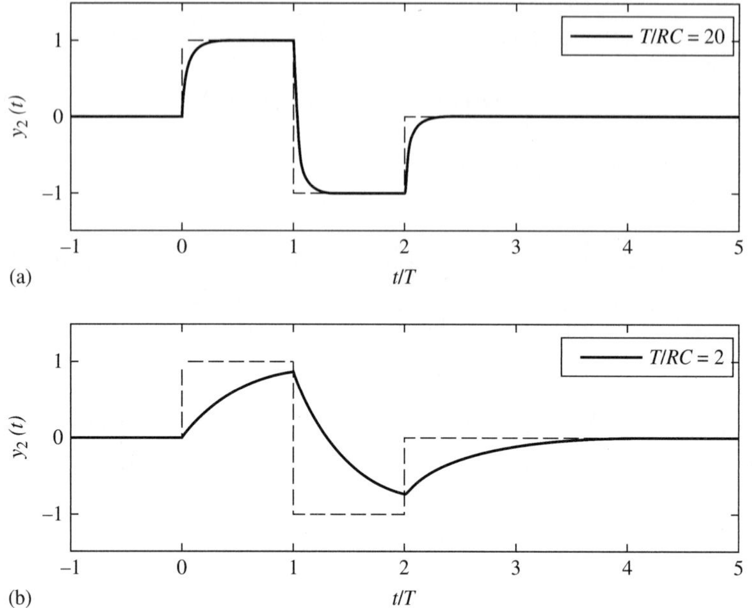

그림 5.4 심벌간 간섭의 개념을 설명하는 양의 사각 펄스에 이어지는 음의 사각 펄스에 대한 저역통과 RC 필터의 응답. (a) $T/RC=20$, (b) $T/RC=2$

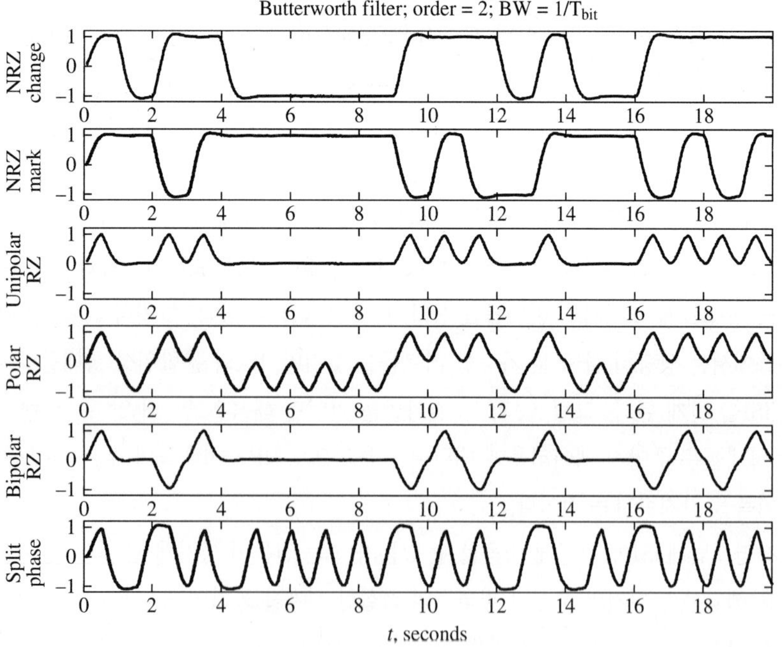

그림 5.5 여러 가지 선 부호 형태들을 이용하여 생성된 데이터 시퀀스들을 1 비트율 대역폭을 가진 2차 버터워스 필터로 표현되는 채널을 통하여 통과시킨 후의 파형들

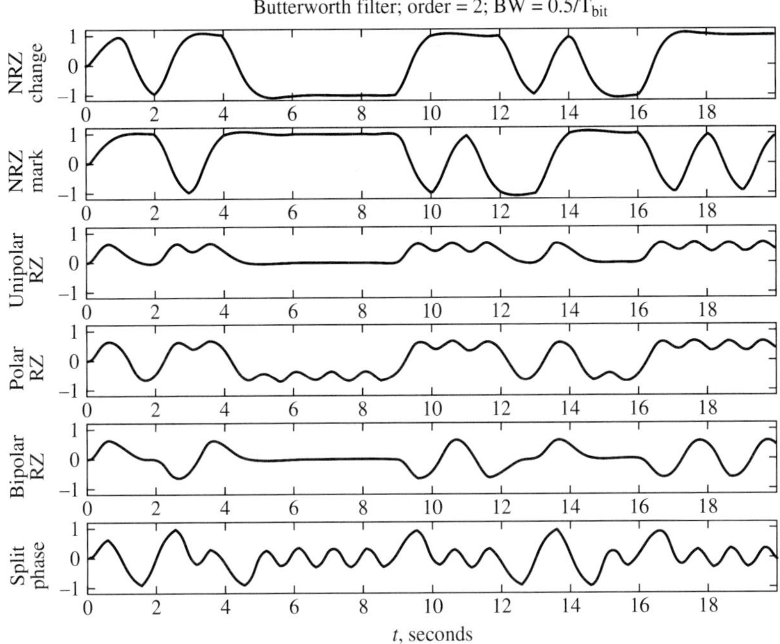

그림 5.6 여러 가지 선 부호 형태들을 이용하여 생성된 데이터 시퀀스들을 1/2 비트율 대역폭을 가진 2차 버터워스 필터로 표현되는 채널을 통하여 통과시킨 후의 파형들

필터링을 사용하는 것이다. 아주 초보적인 수준에서 등화 필터는 채널 필터의 역이나 역에 가까운 근사로 여겨질 수 있다. 5.5절에서 등화 필터링의 한 가지 형태에 대하여 다룰 것이다.

5.4 펄스 성형 : ISI 무발생을 위한 나이퀴스트 기준

이 절에서는 인접한 펄스들 사이의 간섭을 이상적으로 제거하도록 하기 위하여 전체 신호 펄스 모양 함수를 성형하는 송신기와 수신기 필터들의 설계에 대하여 고찰해볼 것이다. 이것은 통례적으로 ISI 무발생을 위한 나이퀴스트(Nyquist) 기준이라고 불리고 있다.

5.4.1 ISI 무발생 성질을 갖는 펄스들

이 방법이 구현 가능할 것인지를 알아보기 위하여 표본화 정리를 상기해보자. 표본화 정리는 원래의 신호가 그것의 표본값들로부터 정확히 재구성될 수 있도록 하기 위하여 이상적인 저역통과 스펙트럼을 가진 신호로부터 취할 수 있는 표본들 사이의 이론적인 최대 간격을 제시한다. 특히 대역폭 W Hz를 갖는 저역통과 신호의 전송을 최소 독립된 $2W$ sps로 보내는 것으로 간주할 수 있다. 만약 $2W$ sps를 독립된 $2W$개 데이터값들이라고 하면, 이러한 전송은 대역폭 W

를 갖는 이상적인 저역통과 필터로 표현되는 채널을 통하여 초당 $2W$개의 펄스들을 보내는 것으로 볼 수 있다. 시간 $t=nT=n/(2W)$에서 채널을 통한 정보의 n번째 값의 전송은 진폭 a_n을 갖는 임펄스를 보냄으로써 달성된다. 입력에서 이 임펄스에 대한 채널의 출력은 다음과 같다.

$$y_n(t) = a_n \text{ sinc } \left[2W\left(t - \frac{n}{2W}\right)\right] \tag{5.33}$$

$T=1/(2W)$만큼의 간격을 갖는 임펄스 열로 구성되는 입력에 대하여 채널 출력은 다음과 같다.

$$y(t) = \sum_n y_n(t) = \sum_n a_n \text{ sinc } \left[2W\left(t - \frac{n}{2W}\right)\right] \tag{5.34}$$

여기서 $\{a_n\}$은 표본값들의 시퀀스이다(즉 정보). 이때 채널 출력이 시간 $t_m=m/2W$에서 표본화된다면 다음과 같은 관계식이 만족하기 때문에 표본값은 a_m이 된다.

$$\text{sinc }(m-n) = \begin{cases} 1, & m = n \\ 0, & m \neq n \end{cases} \tag{5.35}$$

위 식은 식 (5.34)에서 m번째 항을 제외하고는 모든 항이 0이 되도록 한다. 바꾸어 말하면 출력에서의 m번째 표본값은 앞서거나 따라오는 표본값들에 의하여 영향을 받지 않는다고 할 수 있다. 이 값은 해당 시간에서의 독립적인 정보값을 나타낸다.

대역 제한 채널에서는 입력에서 n번째 임펄스에 의한 시간 응답은 길이가 무한하다는 것을 의미하며, 하나의 파형이 동시에 대역 제한되고 시간 제한될 수는 없음에 주목해야 한다. sinc$(2Wt)$ 외에 식 (5.35)의 특성을 갖는 어떤 대역 제한 파형이 있는지 알아보는 데도 관심을 가져보자. 이러한 펄스들의 한 족(family)은 상승 여현 스펙트럼들을 가지는 것들이다. 이들의 시간 응답은 다음과 같이 주어진다.

$$p_{\text{RC}}(t) = \frac{\cos(\pi\beta t/T)}{1-(2\beta t/T)^2} \text{ sinc } \left(\frac{t}{T}\right) \tag{5.36}$$

이들의 스펙트럼은 다음과 같다.

$$P_{\text{RC}}(f) = \begin{cases} T, & |f| \leq \frac{1-\beta}{2T} \\ \frac{T}{2}\left\{1+\cos\left[\frac{\pi T}{\beta}\left(|f| - \frac{1-\beta}{2T}\right)\right]\right\}, & \frac{1-\beta}{2T} < |f| \leq \frac{1+\beta}{2T} \\ 0, & |f| > \frac{1+\beta}{2T} \end{cases} \tag{5.37}$$

여기서 β는 롤오프(roll-off) 인자라고 부른다. 그림 5.7에서 몇 가지 β값에 따른 스펙트럼들과 그들에 해당하는 펄스 응답들의 족을 보여주고 있다. $p_{\text{RC}}(t)$에 대해서는 적어도 매 T마다 영교

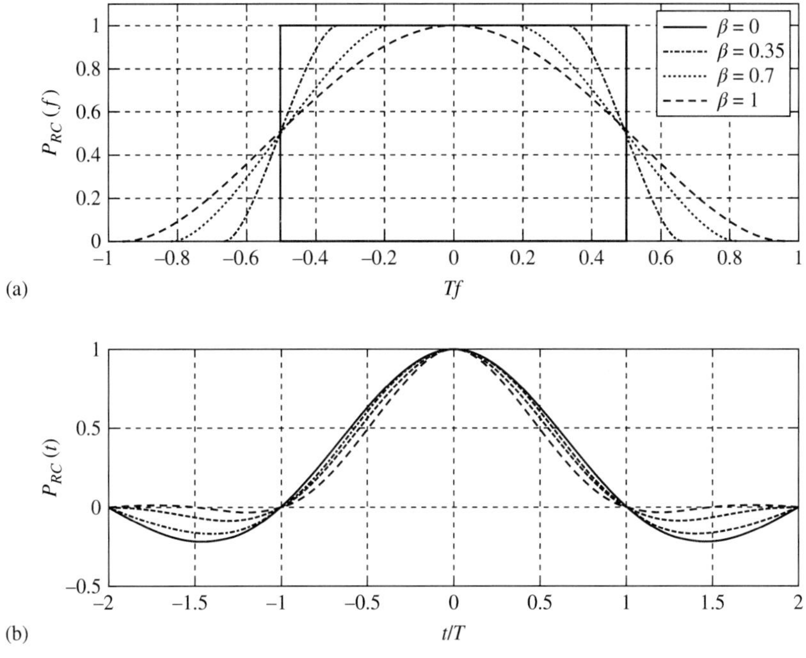

그림 5.7 (a) 상승 여현 스펙트럼, (b) 해당하는 펄스 응답

차가 발생하는 데 주목하라. $\beta=1$인 경우 $P_{RC}(f)$의 단측 대역폭은 $\frac{1}{T}$Hz로서[단순히 식 (5.37)에 $\beta=1$만 대입하라], $\beta=0$인 경우보다 2배이다[sinc(t/T) 펄스]. 송신기 및 수신기에서 실제적인 필터들의 구현을 더욱 쉽게 할 수 있도록 하는 $P_{RC}(f)$에 있어서 늘어난 주파수 대역에 걸친 상승 여현 롤오프의 대가는 늘어난 대역폭이다. 또한 $\beta=1$인 경우 $p_{RC}(t)$는 매우 낮은 부엽(side lobe)들을 가지면서 좁은 주엽(main lobe)을 가진다. 이는 표본화 시점에 약간 오차가 생긴다고 하더라도 인접하는 펄스들과의 간섭은 최소로 할 수 있다는 이점을 가진다. 따라서 상승 여현 스펙트럼을 가진 펄스들이 디지털 통신 시스템들을 설계하는 데 광범위하게 사용되고 있다.

5.4.2 나이퀴스트 펄스 성형 기준

나이퀴스트 펄스 성형 기준은 펄스 모양 함수 $p(t)$의 푸리에 변환 $P(f)$가 다음의 기준을 만족하면

$$\sum_{k=-\infty}^{\infty} P\left(f + \frac{k}{T}\right) = T,\ \ |f| \le \frac{1}{2T} \tag{5.38}$$

펄스 모양 함수 $p(t)$의 표본값들이 아래의 조건을 만족한다는 것을 말하고 있다.

$$p(nT) = \begin{cases} 1, & n = 0 \\ 0, & n \neq 0 \end{cases} \tag{5.39}$$

이 결과에 따르면 수신된 데이터 스트림을 다음과 같이 표현할 수 있으며, 수신기에서의 표본화가 매 T의 정수배 시간마다 펄스 정점들에서 일어난다면, 아무런 인접 펄스 간섭이 생기지 않는다는 것을 알 수 있다.

$$y(t) = \sum_{n=-\infty}^{\infty} a_n p(t - nT) \tag{5.40}$$

예를 들어 10번째 표본을 얻기 위해서는 식 (5.40)에서 간단히 $t=10T$로 설정하면 되며, 얻어지는 표본값은 a_{10}이 된다. 이 결과는 식 (5.39)의 나이퀴스트 펄스 성형 기준의 결과가 성립하는 것임을 입증하는 것이다.

나이퀴스트 펄스 성형 기준에 대한 증명은 다음에서 주어지는 $p(t)$의 푸리에 역변환 표현을 이용함으로써 쉽게 얻어지게 된다.

$$p(t) = \int_{-\infty}^{\infty} P(f)\exp(j2\pi f t)\,df \tag{5.41}$$

n번째 표본값에 대하여 이 표현은 다음과 같이 쓸 수 있다.

$$p(nT) = \sum_{k=-\infty}^{\infty} \int_{-(2k+1)/2T}^{(2k+1)/2T} P(f)\exp(j2\pi f nT)\,df \tag{5.42}$$

여기서 $p(t)$에 대한 푸리에 역변환 적분은 길이 $1/T$ Hz의 이어지는 주파수 구간들에 대한 적분들로 쪼개져 있다. $u=f-k/T$로 변수치환하면, 식 (5.42)는 다음과 같이 된다.

$$\begin{aligned} p(nT) &= \sum_{k=-\infty}^{\infty} \int_{-1/2T}^{1/2T} P\left(u + \frac{k}{T}\right)\exp(j2\pi nTu)du \\ &= \int_{-1/2T}^{1/2T} \sum_{k=-\infty}^{\infty} P\left(u + \frac{k}{T}\right)\exp(j2\pi nTu)du \end{aligned} \tag{5.43}$$

여기서 적분과 덧셈의 순서는 뒤바뀌었다. 적분 구간들 사이에 있는 덧셈에서 다음의 가설을 적용하면

$$\sum_{k=-\infty}^{\infty} P(u + k/T) = T \tag{5.44}$$

식 (5.43)은 다음과 같이 된다.

$$p(nT) = \int_{-1/2T}^{1/2T} T \exp(j2\pi nTu)\, du = \text{sinc}\ (n)$$
$$= \begin{cases} 1, & n = 0 \\ 0, & n \neq 0 \end{cases} \tag{5.45}$$

이 결과는 나이퀴스트 펄스 성형 기준에 대한 증명을 완성하는 것이다.

이 결과를 보면 상승 여현 펄스 족이 결코 유일하지는 않더라도 왜 심벌간 간섭으로부터 자유로운지 분명해진다. $|f|<\frac{1}{T}$ Hz에서 상승 여현 스펙트럼으로부터 제외된 부분은 $|f|>\frac{1}{T}$ Hz로 스펙트럼에서 옮겨진 꼬리 부분으로 채워진다는 것에 유의하라. 예제 5.6에서는 상승 여현 스펙트럼보다 더 비실제적이기는 하지만 더 간단한 스펙트럼에 대하여 이 결과를 설명하고 있다.

예제 5.6

다음과 같은 삼각 스펙트럼을 고려하자.

$$P_\Delta(f) = T\,\Lambda(Tf) \tag{5.46}$$

이것은 그림 5.8(a)에서 보여주고, 그림 5.8(b)에서는 $\sum_{k=-\infty}^{\infty} P_\Delta\left(f+\frac{k}{T}\right)$를 보여주고 있으며, 그 합이 일정하다는 것이 명백하다. 변환쌍 $\Lambda(t/B) \leftrightarrow B\ \text{sinc}^2(Bf)$와 변환쌍 $p_\Delta(t)=\text{sinc}^2(t/T) \leftrightarrow T\Lambda(Tf)=P_\Delta(f)$를 얻기 위한 쌍대성(duality)을 이용하면, $p_\Delta(nT)=\text{sinc}^2(n)=0,\ n\neq 0$, n은 정수가 성립하기 때문에 이 펄스 모양 함수는 정말로 ISI 무발생 성질을 갖는다는 것을 알 수 있다.

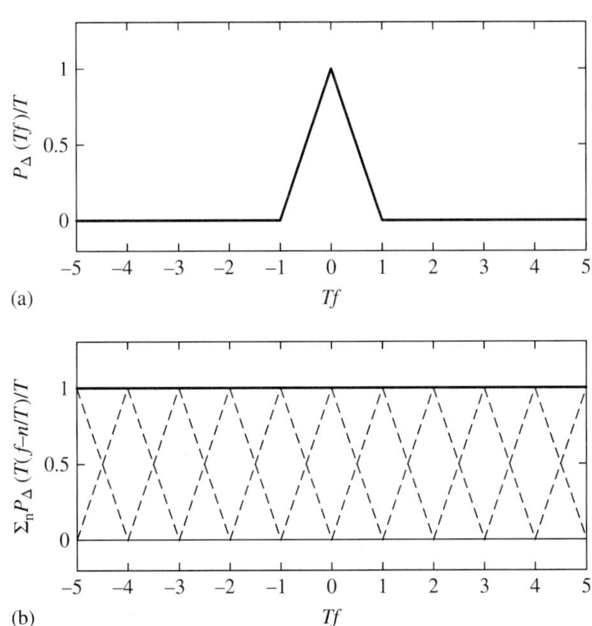

그림 5.8 (a) 삼각 스펙트럼, (b) 나이퀴스트 ISI 무발생 기준을 만족함을 보이는 예시

■

5.4.3 ISI 무발생을 위한 송신기 및 수신기 필터들

그림 5.9와 같은 간략화된 펄스 전송 시스템을 생각해보자. 신호원은 표본값들의 시퀀스 $\{a_n\}$을 생성한다. 이것들은 반드시 양자화되거나 이진 숫자일 필요는 없으나 그럴 수는 있다는 사실에 유의하라. 예를 들면 표본당 두 개의 비트들은 각각 00, 01, 10, 11을 나타내는 4개의 가능한 레벨들을 이용하여 보내질 수 있을 것이다. 여기서 고려하는 간략화된 송신기 모델에서는 k번째 표본값은 시간 kT에서 발생하는 임펄스에 곱해지며, 이러한 가중된 임펄스 열이 임펄스 응답 $h_T(t)$와 해당하는 주파수 응답 $H_T(f)$를 갖는 송신기 필터에 대한 입력으로 부과된다. 이 시점에는 잡음은 0이라고 가정된다(잡음의 효과들은 9장에서 고려될 것이다). 따라서 모든 시간 동안에 대한 임펄스 응답 $h_C(t)$ 와 해당하는 주파수 응답 $H_C(f)$로 나타내지는 전송 채널에 대한 입력 신호는 다음과 같다.

$$\begin{aligned} x(t) &= \sum_{k=-\infty}^{\infty} a_k \delta(t-kT) * h_T(t) \\ &= \sum_{k=-\infty}^{\infty} a_k h_T(t-kT) \end{aligned} \tag{5.47}$$

채널의 출력은 다음과 같다.

$$y(t) = x(t) * h_C(t) \tag{5.48}$$

수신기 필터 출력은 다음과 같다.

$$v(t) = y(t) * h_R(t) \tag{5.49}$$

수신기 필터 출력이 ISI 무발생 특성을 갖기를 원하며, 구체적으로 다음과 같이 설정한다.

$$v(t) = \sum_{k=-\infty}^{\infty} a_k A p_{\mathrm{RC}}\left(t-kT-t_d\right) \tag{5.50}$$

여기서 $p_{\mathrm{RC}}(t)$는 상승 여현 펄스 함수이며, t_d는 필터들의 종속연결에 따라 생긴 지연을 나타내

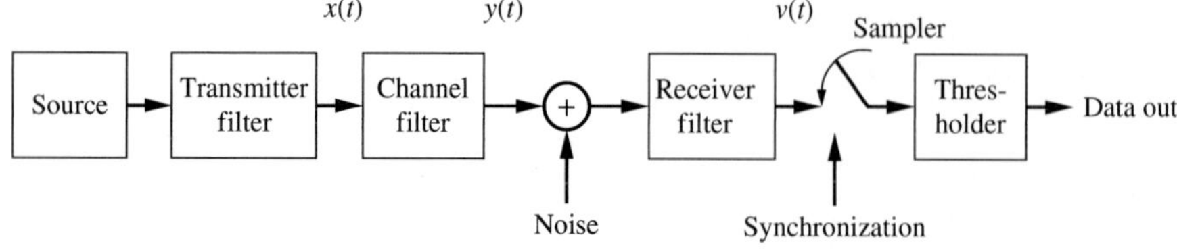

그림 5.9 ISI 무발생 통신 시스템을 구현하기 위한 송신기 및 채널, 수신기 종속연결

고, A는 진폭 비율 인자를 나타낸다. 모든 종속연결을 함께 고려하면 다음을 갖는다.

$$Ap_{\mathrm{RC}}(t - t_d) = h_T(t) * h_C(t) * h_R(t) \tag{5.51}$$

또는 양쪽에 푸리에 변환을 취하면 다음을 갖는다.

$$AP_{\mathrm{RC}}(f)\exp(-j2\pi f t_d) = H_T(f)H_C(f)H_R(f) \tag{5.52}$$

진폭 응답에 대해서는 이것은 다음과 같이 된다.

$$AP_{\mathrm{RC}}(f) = |H_T(f)|\,|H_C(f)|\,|H_R(f)| \tag{5.53}$$

이제는 $|H_C(f)|$가 고정이고(채널이 무엇이든지), $P_{\mathrm{RC}}(f)$가 정해져 있으며, 송신기 및 수신기 필터의 진폭 응답들이 동일하다고 가정하자. 이때, $|H_T(f)| = |H_R(f)|$를 이용하여 식 (5.46)을 풀면 다음을 갖는다.

$$|H_T(f)|^2 = |H_R(f)|^2 = \frac{AP_{\mathrm{RC}}(f)}{|H_C(f)|} \tag{5.54}$$

또는

$$|H_T(f)| = |H_R(f)| = \frac{A^{1/2}P_{\mathrm{RC}}^{1/2}(f)}{|H_C(f)|^{1/2}} \tag{5.55}$$

여러 가지 롤오프 인자들의 상승 여현 스펙트럼들과 채널 필터가 1차 버터워스 진폭 응답을 갖는 경우에 대한 송신기 및 수신기 채널 필터의 진폭 응답이 그림 5.10에 나타나 있다. 부가 잡음의 효과들을 고려하지 않았다. 잡음 스펙트럼이 평평하다면 또 다른 곱해지는 상수가 유일한 변화일 것이다. 이때 상수들은 신호와 잡음 둘 다에 동등하게 곱해지기 때문에 임의로 선정될 수 있다.

5.5 영점 강요 등화

앞 절에서는 어떠한 채널 필터가 주어져 있을 때 ISI 무발생 조건을 만족하는 출력 펄스들을 제공하기 위하여 송신기 및 수신기 필터들의 진폭 응답이 어떻게 선정되어야 하는지를 보여주었다. 이 절에서는 ISI 무발생 조건을 만족하지 않는 채널 출력 펄스 응답을 받아들여 출력으로 편의상 1로 택한 최대 표본값의 어느 쪽이든 N개의 0값을 갖는 표본들을 갖는 펄스를 생성하는 필터를 설계하는 절차를 제시한다. 이 필터를 영점 강요 등화기라고 부른다. 등화 필터가 특별한 형태, 즉 트랜스버설 또는 탭 지연선 필터 형태를 갖는 것에만 논의를 한정한다.

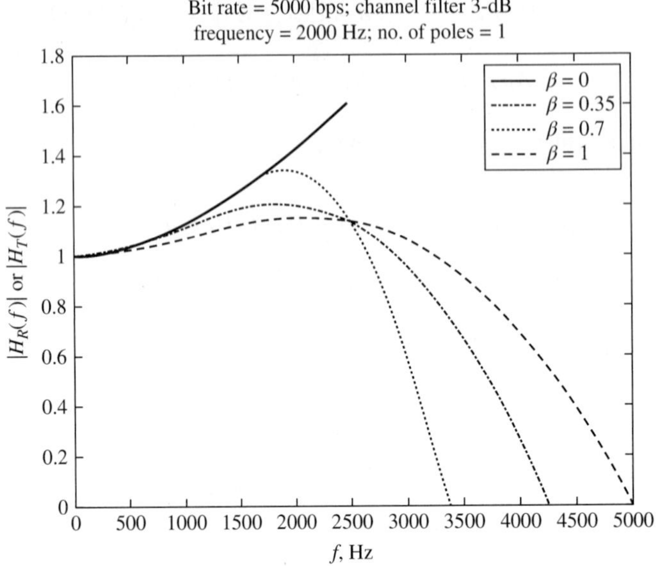

그림 5.10 1차 버터워스 채널 필터와 상승 여현 펄스 모양을 가정하면서 ISI 무발생 조건을 구현하는 송신기 및 수신기 필터의 진폭 응답들

그림 5.11은 이러한 필터의 블록도이다.

등화 목적으로 트랜스버설 구조를 고려하는 데는 두 가지 이유가 있다. 첫째, 해석이 간단하다. 둘째, 높은 주파수에서는 전자적인 수단(즉 전송선 지연소자와 아날로그 곱셈기)으로, 더 낮은 주파수에서는 디지털 신호 처리기를 이용하여 제조가 용이하다.

채널 출력에서의 펄스 응답을 $p_c(t)$라고 놓으면, $p_c(t)$에 대응하는 등화기 출력은 다음과 같다.

$$p_{\text{eq}}(t) = \sum_{n=-N}^{N} \alpha_n p_c(t - n\Delta) \tag{5.56}$$

여기서 Δ는 탭 간격이며 트랜스버설 필터 탭의 총수는 $2N+1$개이다. 이제 $p_{\text{eq}}(t)$가 ISI 무발생 조건인 나이퀴스트 펄스 성형 기준을 만족하도록 할 것이다. 등화기 출력이 매 T초에 표본화되기 때문에 탭 간격을 $\Delta=T$로 설정하는 것이 타당할 것이다. 그러므로 ISI 무발생 조건은 다음과 같이 된다.

$$\begin{aligned} p_{\text{eq}}(mT) &= \sum_{n=-N}^{N} \alpha_n p_c[(m-n)T] \\ &= \begin{cases} 1, & m = 0 \\ 0, & m \neq 0 \end{cases} \qquad m = 0, \pm 1, \pm 2, \ldots, \pm N \end{aligned} \tag{5.57}$$

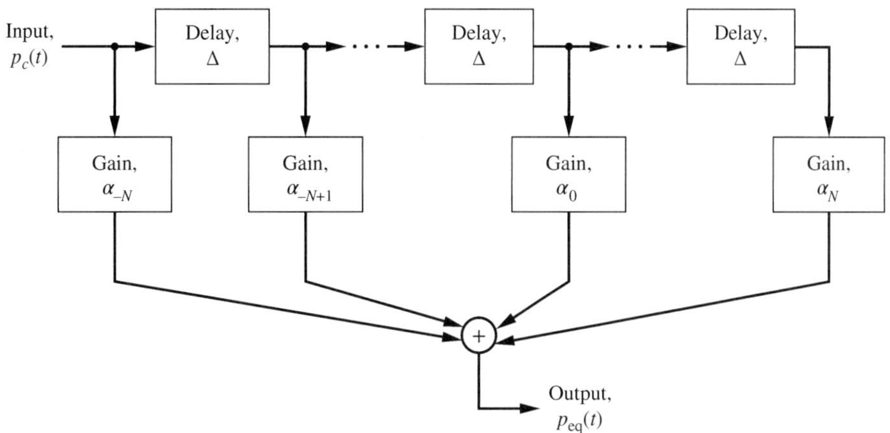

그림 5.11 심벌간 간섭의 등화를 위한 트랜스버설 필터 구현

식 (5.57)에서 $2N+1$개 계수들만이 선정되었으며, $t=0$ 에서의 필터 출력은 1이 되도록 강제되었기 때문에 ISI 무발생 조건은 오로지 $2N$개 시점들에서만 만족될 수 있다는 것에 유의하라. 다음과 같은 행렬들을 정의하자(실제로 처음 두 개는 열행렬 또는 열벡터임).

$$[P_{eq}] = \begin{bmatrix} 0 \\ 0 \\ \vdots \\ 0 \\ 1 \\ 0 \\ 0 \\ \vdots \\ 0 \end{bmatrix} \begin{matrix} \left.\begin{matrix} \\ \\ \\ \\ \end{matrix}\right\} N \text{ zeros} \\ \\ \left.\begin{matrix} \\ \\ \\ \\ \end{matrix}\right\} N \text{ zeros} \end{matrix} \tag{5.58}$$

$$[A] = \begin{bmatrix} \alpha_{-N} \\ \alpha_{-N+1} \\ \vdots \\ \alpha_N \end{bmatrix} \tag{5.59}$$

$$[P_c] = \begin{bmatrix} p_c(0) & p_c(-T) & \cdots & p_c(-2NT) \\ p_c(T) & p_c(0) & \cdots & p_c[(-2N+1)T] \\ \vdots & & & \vdots \\ p_c(2NT) & & & p_c(0) \end{bmatrix} \tag{5.60}$$

이때 식 (5.57)을 다음과 같은 행렬식으로 쓸 수 있다.

$$[P_{\text{eq}}] = [P_c][A] \tag{5.61}$$

이제 영점 강요 계수들에 대한 답을 구하는 방법은 분명하다. $[P_{\text{eq}}]$가 ISI 무발생 조건에 따라 설정된 것이기 때문에, $[P_c]$의 역행렬을 이용하여 곱하면 된다. 이때 원하는 계수 행렬 $[A]$는 $[P_c]^{-1}$의 중간 열에 해당한다. 이 결과는 $[P_c]^{-1}$을 $[P_{\text{eq}}]$와 다음과 같이 곱함으로써 얻어진다.

$$[A] = [P_c]^{-1}[P_{\text{eq}}] = [P_c]^{-1}\begin{bmatrix} 0 \\ 0 \\ \vdots \\ 0 \\ 1 \\ 0 \\ 0 \\ \vdots \\ 0 \end{bmatrix} = \text{ middle column of } [P_c]^{-1} \tag{5.62}$$

예제 5.7

채널 펄스 응답이 다음과 같은 채널을 고려하자.

$$p_c(-3T) = 0.02 \quad p_c(-2T) = -0.05 \quad p_c(-T) = 0.2 \quad p_c(0) = 1.0$$
$$p_c(T) = 0.3 \quad p_c(2T) = -0.07 \quad p_c(3T) = 0.03$$

행렬 $[P_c]$는 다음과 같다.

$$[P_c] = \begin{bmatrix} 1.0 & 0.2 & -0.05 \\ 0.3 & 1.0 & 0.2 \\ -0.07 & 0.3 & 1.0 \end{bmatrix} \tag{5.63}$$

이 행렬의 역은 다음과 같다.

$$[P_c]^{-1} = \begin{bmatrix} 1.0815 & -0.2474 & 0.1035 \\ -0.3613 & 1.1465 & -0.2474 \\ 0.1841 & -0.3613 & 1.0815 \end{bmatrix} \tag{5.64}$$

따라서 식 (5.62)를 이용하여

$$[A] = \begin{bmatrix} 1.0815 & -0.2474 & 0.1035 \\ -0.3613 & 1.1465 & -0.2474 \\ 0.1841 & -0.3613 & 1.0815 \end{bmatrix}\begin{bmatrix} 0 \\ 1 \\ 0 \end{bmatrix} = \begin{bmatrix} -0.2474 \\ 1.1465 \\ -0.3613 \end{bmatrix} \tag{5.65}$$

이 계수들을 사용하면 등화기 출력은 다음과 같다.

$$p_{\mathrm{eq}}(m) = -0.2474p_c[(m+1)T] + 1.1465p_c(mT)$$
$$-0.3613p_c[(m-1)T], \quad m = \ldots, -1,\ 0,\ 1,\ \ldots \tag{5.66}$$

값들을 대입해보면 $p_{\mathrm{eq}}(0)=1$이며, $p_{\mathrm{eq}}(0)$ 양쪽의 하나의 표본들만이 0인 것을 볼 수 있다. 이 예제에서는 중심 표본으로부터 두 개 이상 떨어진 표본들은 반드시 0일 필요는 없다. $p_c(nT)$에 대한 여분의 표본들을 사용하여 계산해보면 $p_c(-2T)=-0.1140$과 $p_c(2T)=-0.1961$을 얻을 수 있다. 그림 5.12는 채널과 등화기 출력들에 대한 표본들을 보여주고 있다.

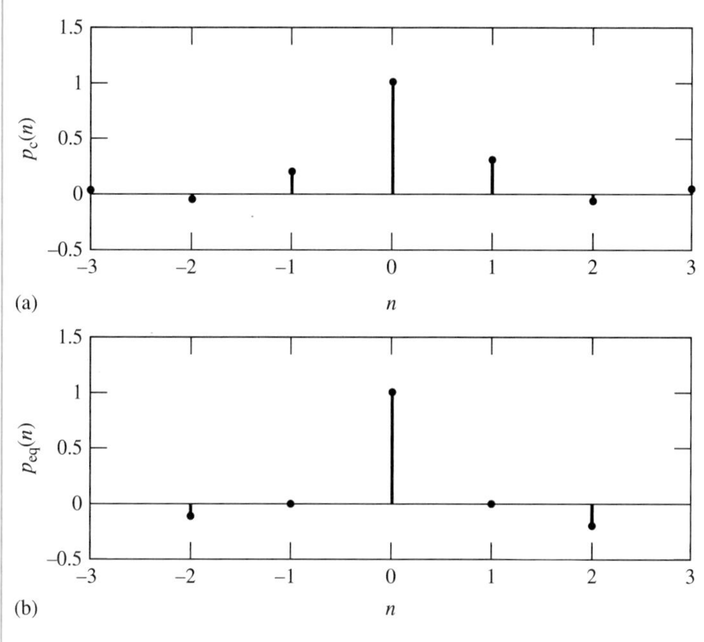

그림 5.12 (a) 가정된 채널 응답, (b) 길이 3인 영점 강요 등화기 출력에 대한 표본들

5.6 눈 다이어그램

이제 정량적인 시스템 성능 척도는 아니지만 구성하기가 쉽고 시스템 성능에 대한 상당한 직관을 제공하는 눈(eye) 다이어그램에 대하여 생각해보자. 눈 다이어그램은 기저대역 신호를 k-심벌 세그먼트 단위로 자르고 이들을 겹치게 그림으로써 얻을 수 있다. 다른 말로 하면 눈 다이어그램은 그림 5.13에서 볼 수 있는 바와 같이 매 $t=nkT_s$시점마다 오실로스코프의 타임 스위프(time sweep)를 시작하도록 제어함으로써 오실로스코프 상에 표시되도록 할 수 있다. 여기서 T_s는 심벌주기이며, kT_s는 눈 주기이고, n은 정수이다. 간단한 예제를 통해 눈 다이어그램

램을 생성하는 과정을 보여줄 것이다.

예제 5.8

대역 제한 디지털 NRZ 기저대역 신호의 눈 다이어그램을 고려하자. 이 예제에서는 신호는 NRZ 신호를 그림 5.13에 도시된 대로 3차 버터워스 필터를 통과시킴으로써 얻는다. 필터 대역폭은 심벌률에 대하여 정규화된다. 다시 말하면 NRZ 파형의 심벌률이 초당 1,000심벌이고 정규화된 필터 대역폭이 B_N =0.6이면 필터 대역폭은 600Hz이다. 정규화된 대역폭 B_N이 각각 0.4, 0.6, 1.0, 2.0일 때, 이에 해당하는 필터 출력 신호의 눈 다이어그램들이 그림 5.14에 도시되어 있다. 네 개의 눈 다이어그램 각각은 $k=$ 4개의 심벌주기를 차지한다. 표본화는 심벌당 20표본으로 이루어졌으며 따라서 표본 지수는 보이는 대로 1부터 80에 이른다. 심벌간 간섭을 야기하는 필터에 따른 대역 제한 효과를 눈 다이어그램 상에서 분명히 볼 수 있다.

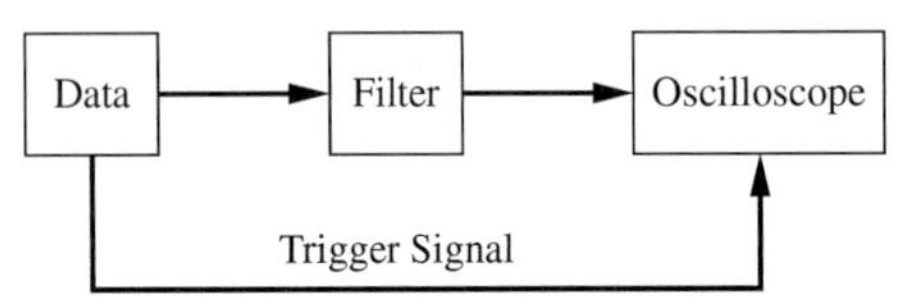

그림 5.13 대역 제한 신호를 위한 눈 다이어그램을 생성하는 간단한 기법

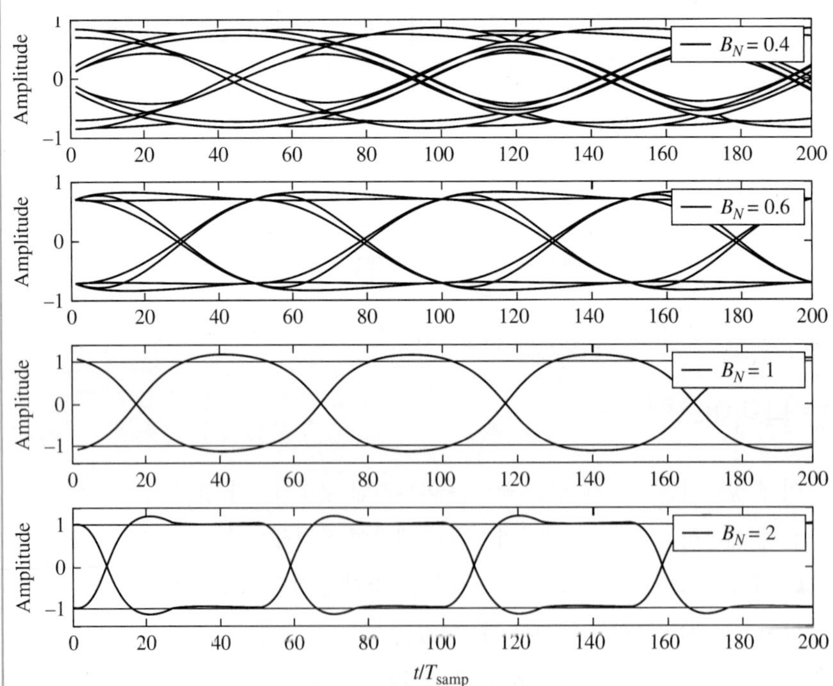

그림 5.14 B_N=0.4, 0.6, 1.0, 2.0인 경우에 대한 눈 다이어그램들

이제부터 눈 다이어그램에 대하여 더 자세히 살펴보려고 한다. 그림 5.15는 그림 5.14의 가장 위의 경우(B_N=0.4)에 해당하며, 네 개 심벌 구간 대신에 두 개 심벌 구간만 그려 놓은 것이다. 그림 5.15를 관찰하면 눈 다이어그램은 두 개의 기본적인 파형들로 구성되어 있다는 연상이 가능하게 한다. 그 두 가지 파형들은 각각 정현파에 가까운 형태를 가지고 있으며, 하나는 두 개 심벌 구간 눈 동안에 두 주기를 통과하고, 다른 하나는 한 주기만 통과한다. 조금만 생각해보면 높은 주파수 파형은 이진 시퀀스 01 또는 10에 해당하는 반면 낮은 주파수 파형은 이진 시퀀스 00 또는 11에 해당한다는 것을 알 수 있다.

또한 그림 5.15에서 최적 표본화 시간을 보여주고 있으며, 이는 눈이 가장 열려 있을 때에 해당한다. 대역 제한이 커지면 심벌간 간섭으로 인하여 눈이 더 닫히게 된다는 것에 주목하라. 이러한 ISI로 인한 눈 열림의 축소를 '진폭지터(amplitude jitter)', A_j라고 부른다. 그림 5.14로 돌아가보면 필터 대역폭을 증가시키면 진폭지터가 줄어든다는 것을 볼 수 있다. 이 책의 나중 장들에서 잡음 효과를 고려할 때에는 수직 눈 열림이 줄어들게 되면 심벌 오류 확률이 증가하게 된다는 것을 알 수 있을 것이다. 또한 ISI는 그림 5.15에서 T_j로 표시된 '타이밍 지터(timing jitter)'를 생기게 하며, 이것은 필터된 신호의 영교차점들이 교란되는 현상을 말한다. 또한 영교차점들에서의 큰 기울기는 눈을 더 크게 열리게 할 것이며, 이 기울기를 증가시키려면 신호 대역폭을 증가시키면 된다는 데 주목하라. 만약 신호 대역폭이 감소하여 심벌간 간섭이 증가하면 T_j는 증가하고 동기화는 더욱 어려워지게 된다. 나중 장들에서 보겠지만 채널의 대역폭을 증가시키면 종종 잡음 레벨이 증가하게 된다. 이렇게 되면 타이밍 지터와 진폭지터 두 가지 모두가 증가하게 된다. 따라서 통신 시스템을 설계하는 데는 많은 절충점들이 존재하게 될 것이며, 이들 중 몇 가지 경우는 이 책의 나중 절들에서 다루어질 것이다.

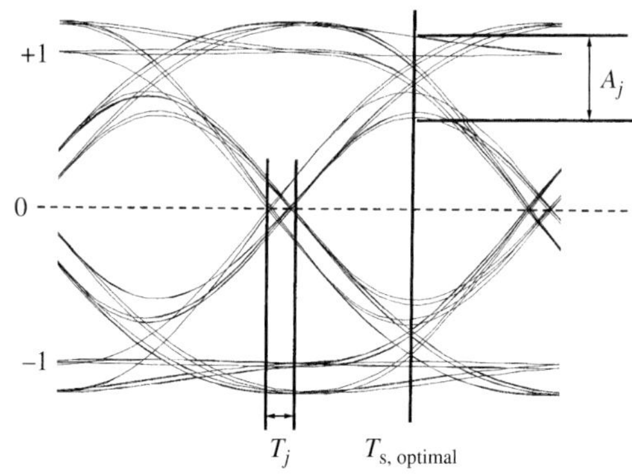

그림 5.15 B_N=0.4인 경우에 대한 2-심벌 눈 다이어그램들

컴퓨터 예제 5.2

그림 5.15에 예시된 눈 다이어그램들은 다음 MATLAB 코드를 사용하여 생성되었다.

```
% File: c5ce2.m
clf
nsym = 1000; nsamp = 50; bw = [0.4 0.6 1 2];
for k = 1:4
    lambda = bw(k);
    [b,a] = butter(3,2*lambda/nsamp);
    l = nsym*nsamp;                        % Total sequence length
    y = zeros(1,l-nsamp+1);               % Initalize output vector
    x = 2*round(rand(1,nsym))-1;          % Components of x = +1 or -1
    for i = 1:nsym                  % Loop to generate info symbols
       kk = (i-1)*nsamp+1;
       y(kk) = x(i);
    end
    datavector = conv(y,ones(1,nsamp));   % Each symbol is nsamp long
    filtout = filter(b, a, datavector);
    datamatrix = reshape(filtout, 4*nsamp, nsym/4);
    datamatrix1 = datamatrix(:, 6:(nsym/4));
    subplot(4,1,k), plot(datamatrix1, 'k'), ylabel('Amplitude'), ...
    axis([0 200 -1.4 1.4]), legend(['{\itB_N} = ', num2str(lambda)])
    if k == 4
       xlabel('{\itt/T}_s_a_m_p')
    end
end
% End of script file.
```

주 : 그림 5.14에서 보여지는 대역폭값들은 그림이 생성된 후에 편집기를 사용하여 추가된 것이다. 그림 5.15는 편집기를 사용하여 그림 5.14의 가장 위 그래프로부터 생성된 것이다. ■

5.7 동기화

이 절에서는 동기화라는 중요한 주제에 대하여 간단히 살펴보려고 한다. 통신 시스템에는 많은 다른 동기화 레벨들이 있다. 앞 장에서 논의되었던 바와 같이 위상동기 복조는 반송파 동기화를 필요로 하며, 코스타스(Costas) PLL이 DSB 신호를 복조하기 위하여 사용될 수 있다는 것을 보았다. 디지털 통신 시스템에서 비트 또는 심벌 동기화는 이산시간 심벌들의 시작 시간과 끝나는 시간들에 대한 정보를 제공해주며, 데이터 복원을 위하여 필수적인 단계이다. 디지털 통신 시스템에서 오류 정정을 위하여 블록 부호화가 사용될 때, 복호를 위해서는 부호어들에서 초기 심벌들에 대한 정보를 식별해야 하며, 이 과정은 워드 동기화(word synchronization)로 알려져 있다. 이들에 더하여 데이터 프레임들을 구성하기 위하여 종종 심벌들을 그룹으로 함께 묶을 수 있으며, 각 데이터 프레임에서 시작과 끝나는 심벌들을 식별하기 위하여 프레임 동기화가 필요하게 된다. 이 절에서는 심벌 동기화에 초점을 맞출 것이며, 동기화의 다른 형태들은 이 책의 나중에 고려될 것이다.

비트 동기화[2]를 확보할 수 있는 세 가지 일반적인 방법이 있다. 이것들은 (1) 일차 또는 이차 표준(예 : 마스터 타이밍 신호원에 종속되어 있는 송신기와 수신기)으로부터 유도, (2) 분리된 동기화 신호(파일럿 클락) 이용, (3) 변조 신호 그 자체로부터 유도, 즉 **자기동기화**이다. 이 절에서는 두 가지 자기동기화 기법을 다룰 것이다.

이 장의 아주 앞부분에서 보았듯이(그림 5.2 참조), 극성 RZ와 분할위상 같은 몇 가지 이진 데이터 형태들은 동기화에 도움이 되도록 매 심벌주기 내에서 레벨 천이를 보장한다. 이러한 데이터 형태들에서는 심벌 주파수에서 이산 스펙트럼 성분이 존재한다. 이때 심벌 타이밍 복원을 위하여 앞 장에서 공부했던 위상동기 루프가 이 성분을 추적하기 위하여 사용될 수 있다. 심벌 주파수에서 이산 스펙트럼 선을 갖지 못하는 데이터 형태들에 대해서는 그러한 스펙트럼 성분을 생성시키기 위하여 비선형 연산이 수행되어야 한다. 이것을 달성하기 위한 많은 기법들이 사용되고 있다. 다음 예제들은 두 가지 기본적인 기법들을 보여주는데, 그 둘 모두는 타이밍 복원을 위하여 PLL을 사용한다. 또한 코스타스 루프와 유사한 형태의 심벌 동기를 획득하는 기법들도 가능하지만 10장에서 다루어질 것이다.[3]

컴퓨터 예제 5.3

첫 번째 방법을 설명하기 위하여 데이터 신호를 대역 제한 NRZ 신호라고 가정할 것이다. 이 대역 제한 NRZ 신호는 어떤 대역 제한 채널을 통하여 NRZ 신호를 통과시킴으로써 생성된다고 가정한다. 이 NRZ 신호를 제곱하면 심벌 주파수에서 어떤 성분이 생성된다. 다음에 이 심벌 주파수에서 생성된 성분은 심벌 동기화를 얻기 위하여 PLL을 사용하여 위상이 추적될 수 있다. 이것들은 다음의 MATLAB 모의실험에서 예를 들어 설명하고 있다.

```
% File: c5ce3.m
nsym = 1000; nsamp = 50; lambda = 0.7;
[b,a] = butter(3,2*lambda/nsamp);
l = nsym*nsamp;               % Total sequence length
y = zeros(1,l-nsamp+1);       % Initalize output vector
x =2*round(rand(1,nsym))-1;   % Components of x = +1 or -1
for i = 1:nsym          % Loop to generate info symbols
    k = (i-1)*nsamp+1;
    y(k) = x(i);
end
datavector1 = conv(y,ones(1,nsamp)); % Each symbol is nsamp long
subplot(3,1,1), plot(datavector1(1,200:799),'k', 'LineWidth', 1.5)
axis([0 600 -1.4 1.4]), ylabel('Amplitude')
filtout = filter(b,a,datavector1);
datavector2 = filtout.*filtout;
subplot(3,1,2), plot(datavector2(1,200:799),'k', 'LineWidth', 1.5)
ylabel('Amplitude')
```

2 확장된 논의를 위해서는 Stiffler(1971), Part II, 혹은 Lindsey and Simon(1973), Chapter 9 참조.

3 Stiffler(1973) 혹은 Lindsey and Simon(1973) 참조.

```
y = fft(datavector2);
yy = abs(y)/(nsym*nsamp);
subplot(3,1,3), stem(yy(1,1:2*nsym),'k')
xlabel('FFT Bin'), ylabel('Spectrum')
% End of script file.
```

앞의 MATLAB 프로그램을 수행한 결과들이 그림 5.16에 도시되어 있다. MATLAB 프로그램에서는 1초 동안에 1,000개의 심벌이 생성되었다. 따라서 심벌률은 초당 1,000심벌이며, NRZ 신호는 심벌당 50개 표본으로 표본화되었기 때문에 표본화 주파수는 초당 50,000표본이다. 그림 5.16(a)는 NRZ 신호의 600개 표본을 보여주고 있다. 이 NRZ 신호를 심벌률의 두 배에 해당하는 대역폭을 갖는 3차 버터워스 필터를 사용하여 필터링하고 이 신호들을 제곱하면 그림 5.16(b)에 보이는 신호가 된다. 그림으로부터 제곱 연산을 통하여 생성된 2차 고조파는 데이터 심벌값들이 번갈아 일어나는 데이터 세그먼트를 통해 분명히 확인할 수 있다. FFT 알고리즘을 사용하여 구한 스펙트럼은 그림 5.16(c)에 나타나 있다. 그림으로부터 두 개의 스펙트럼 성분들을 명백히 볼 수 있다. 하나는 제곱 연산 때문에 생성된 DC(0Hz) 성분이며, 또 다른 하나는 심벌률에서의 성분을 나타내는 1,000Hz에 존재하는 성분이다. 두 번째 성분이 심벌 타이밍을 수립하기 위하여 PLL을 이용하여 추적될 수 있다.

교대로 일어나는 데이터 상태들의 시퀀스, 즉 101010…은 주기적인 구형파 형태의 NRZ 파형이 된다는 것에 주목하는 것은 의미 있는 일이다. 이 구형파의 스펙트럼을 푸리에 급수 전개를 통하여 결정한다면 이 구형파의 주기는 심벌주기의 두 배가 될 것이다. 그러므로 기본 주파수는 심벌률의 반이 될 것이다. 제곱 연산은 이 주파수를 초당 1,000심벌에 해당하는 주파수로 두 배로 높일 것이다.

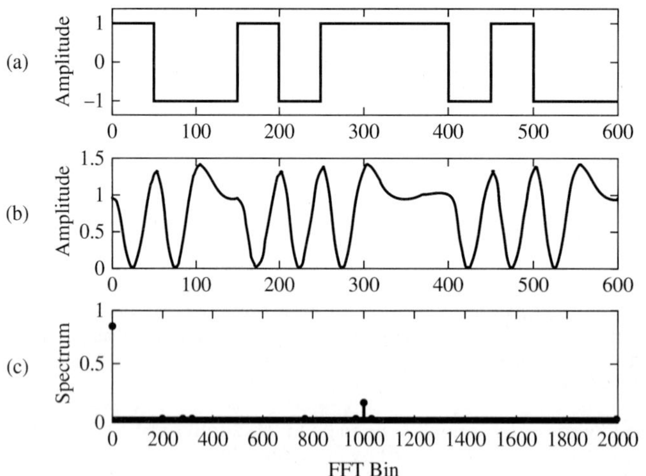

그림 5.16 컴퓨터 예제 5.3에 대한 모의실험 결과. (a) NRZ 파형, (b) 필터링 후 제곱된 NRZ 파형, (c) 제곱된 NRZ 파형의 FFT

컴퓨터 예제 5.4

두 번째 자기동기화 방법을 설명하기 위하여 그림 5.17에 도시된 시스템에 대하여 생각해보자. 지연-곱(delay-and-multiply) 연산이 비선형 연산이기 때문에 심벌 주파수에서 전력이 생기게 된다. 다음 MATLAB 프로그램은 심벌 동기화 장치에 대한 모의실험을 수행한다.

```
% File: c5ce4.m
nsym = 1000; nsamp = 50;           % Make nsamp even
m = nsym*nsamp;
y = zeros(1,m-nsamp+1);            % Initalize output vector
x =2*round(rand(1,nsym))-1;        % Components of x = +1 or -1
for i = 1:nsym                     % Loop to generate info symbols
    k = (i-1)*nsamp+1;
    y(k) = x(i);
end
datavector1 = conv(y,ones(1,nsamp)); % Make symbols nsamp samples long
subplot(3,1,1), plot(datavector1(1,200:10000),'k', 'LineWidth', 1.5)
axis([0 600 -1.4 1.4]), ylabel('Amplitude')
datavector2    =    [datavector1(1,m-nsamp/2+1:m)    datavector1(1,1:m-
nsamp/2)];
datavector3 = datavector1.*datavector2;
subplot(3,1,2), plot(datavector3(1,200:10000),'k', 'LineWidth', 1.5),
axis([0 600 -1.4 1.4]), ylabel('Amplitude')
y = fft(datavector3);
yy = abs(y)/(nsym*nsamp);
subplot(3,1,3), stem(yy(1,1:4*nsym),'k.')
xlabel('FFT Bin'), ylabel('Spectrum')
% End of script file.
```

데이터 파형은 그림 5.18(a)에서 나타나 있으며, 지연된 파형과 곱한 파형은 그림 5.18(b)에 나타나 있다. 그림 5.18(c)에서 보는 것과 같은 1,000Hz에서의 스펙트럼 성분은 심벌률 성분을 나타내며 타이밍 복원을 위하여 PLL을 사용하여 추적될 수 있다.

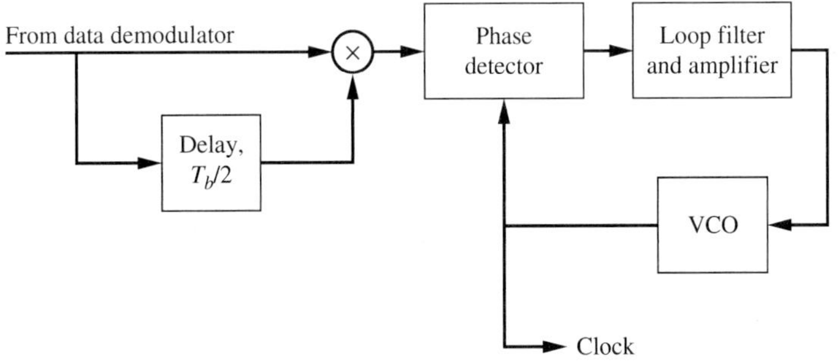

그림 5.17 컴퓨터 예제 5.4의 모의실험에서 사용된 심벌 클락 추출 시스템

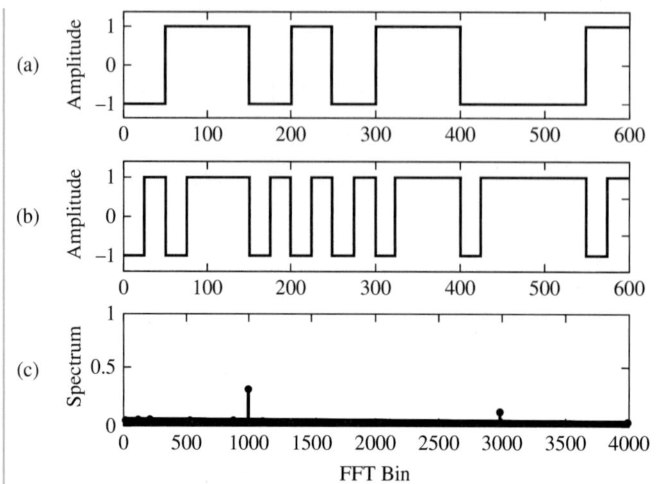

그림 5.18 컴퓨터 예제 5.4에 대한 모의실험 결과. (a) 데이터 파형, (b) 그 자신의 1/2-비트 지연된 파형과 곱한 파형, (c) (b)의 FFT 스펙트럼

■

■ 5.8 기저대역 디지털 신호의 반송파 변조

이 장에서 고려된 기저대역 디지털 신호들은 대체로 RF 반송파 변조를 사용하여 전송된다. 앞 장에서 다루어졌던 아날로그 변조의 경우에서와 같이 기본적인 기법들은 진폭, 위상 또는 주파수 변조에 기반을 둔다. 데이터 비트들이 NRZ 데이터 형태를 갖는 경우에 대하여 그림 5.19에 예시하였다. 데이터 시퀀스 101001에 해당하는 여섯 비트들이 나타나 있다. 진폭 천이 변조(amplitude-shift keying, ASK)로 알려진 디지털 진폭 변조에서는 반송파 진폭이 그 구간을 위한 데이터 비트에 의하여 결정된다. 위상 천이 변조(phase-shift keying, PSK)로 알려진 디지털 위상 변조에서는 반송파의 초과 위상이 데이터 비트에 의해 정해진다. 위상 변화들은 그림 5.19에서 명백히 확인할 수 있다. 주파수 천이 변조(frequency-shift keying, FSK)로 알려진 디지털 주파수 변조에서는 반송파 주파수 편이가 데이터 비트에 의해 정해진다. 3장과 4장에서 공부했던 내용들과 유사성을 보이기 위하여 ASK RF 신호는 다음과 같이 나타낼 수 있다.

$$x_{\text{ASK}}(t) = A_c[1 + d(t)]\cos(2\pi f_c t) \tag{5.67}$$

여기서 $d(t)$는 NRZ 파형이다. 메시지 신호의 정의에 있어서 근본적인 차이 외에는 AM 변조와 동일하다는 데 주목하라. 마찬가지로 PSK와 FSK도 각각 다음과 같이 나타낼 수 있다.

$$x_{\text{PSK}}(t) = A_c \cos\left[2\pi f_c t + \frac{\pi}{2}d(t)\right] \tag{5.68}$$

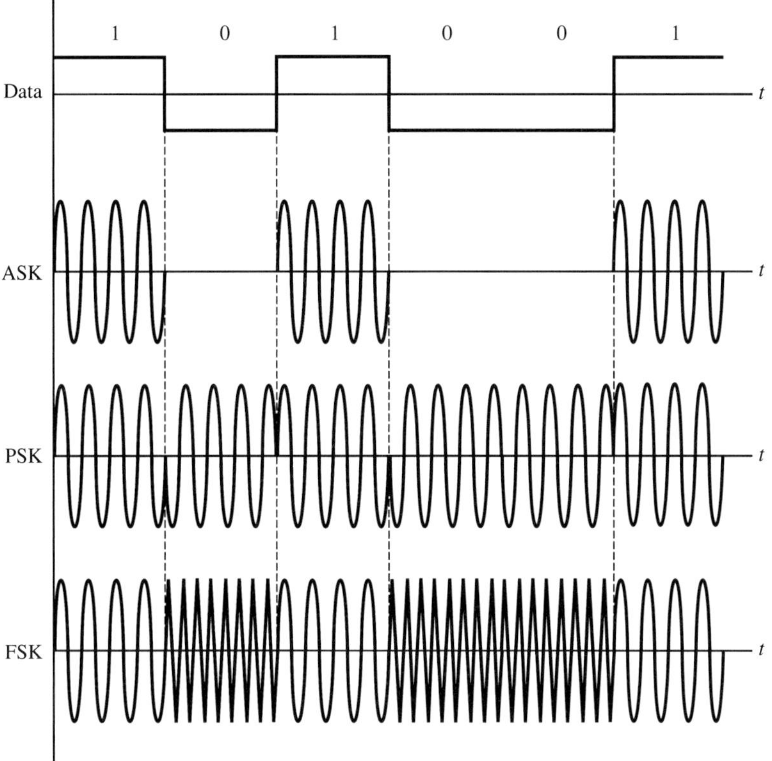

그림 5.19 디지털 변조 방식들에 대한 예제들

그리고

$$x_{\text{FSK}}(t) = A_c \cos\left[2\pi f_c t + k_f \int^t d(\alpha) d\alpha\right] \tag{5.69}$$

그러므로 3장과 4장에서 소개되었던 많은 개념들이 디지털 데이터 시스템들에도 그대로 적용된다는 것을 알 수 있다. 이러한 기법들은 9장과 10장에서 자세히 다루어질 것이다. 채널잡음과 다른 랜덤 방해 요인들이 존재할 때의 시스템 성능은 아날로그와 디지털 통신 시스템들 모두에서 주된 관심사이다. 시스템 성능에 대한 연구 수행에 필요한 도구들을 준비하기 위하여 랜덤변수와 스토캐스틱 과정에 대한 공부를 해야 하므로 잠시 통신 시스템에 대한 논의를 중단할 것이다.

참고문헌

이 장에서의 주제들에 대한 더 많은 논의를 위해서는 Ziemer and Peterson(2001)과 Couch(2013), Proakis and Salehi(2005), Anderson(1998)을 참고하라.

요약

1. 디지털 통신 시스템에 대한 기저대역 모델을 위한 블록 다이어그램은 앞 장들에서 공부한 아날로그 시스템들에서는 존재하지 않는 몇 가지 구성요소를 포함하고 있다. 기본이 되는 메시지 신호는 아날로그이거나 디지털일 수 있을 것이다. 메시지 신호가 아날로그이면 신호를 아날로그 형태로부터 디지털 형태로 변환하기 위하여 아날로그-디지털 변환기가 사용되어야 한다. 이러한 경우에는 통상적으로 수신기 출력에서 디지털 데이터를 다시 아날로그 형태로 변환하기 위하여 디지털-아날로그 변환기가 사용된다. 이 장에서 자세히 다루어진 세 가지 동작은 선 부호화와 펄스 성형, 심벌 동기화이다.

2. 디지털 데이터는 일반적으로 선 부호들이라고 부르는 많은 종류의 형태들을 사용하여 나타낼 수 있다. 선 부호들의 두 가지 기본적인 부류는 각 심벌 주기 내에서 진폭 천이를 갖지 않는 것과 갖는 것이다. 이들 부류의 각각에는 많은 가능한 것들이 존재한다. 가장 많이 사용되는 데이터 형태 중 두 가지는 NRZ(nonreturn to zero)와 분할위상이며, 첫째는 각 심벌 구간 내에 진폭 천이를 갖지 않으며, 둘째는 각 심벌 구간 내에 진폭 천이를 갖는다. 여러 가지 데이터 형태들에 해당하는 전력 스펙트럼 밀도는 전송 대역폭에 미치는 영향 때문에 중요하다. 각 심벌주기 내에 진폭 천이를 갖는 데이터 형태들은 증가된 대역폭의 대가로 심벌 동기화를 수월하게 한다. 따라서 대역폭 대 설계 용이성은 디지털 전송 시스템의 설계에서 가능한 많은 절충점 중 하나이다.

3. 디지털 시스템에서 성능 열화의 주된 요인은 심벌간 간섭 또는 ISI이다. ISI에 의한 왜곡은 채널 대역폭이 채널 입력 신호의 모든 중요한 스펙트럼 성분들을 통과시키기에 충분하지 못할 때 일어난다. 종종 채널 등화는 ISI 효과를 극복하기 위하여 사용된다. 가장 간단한 형태의 등화는 채널의 전달 함수의 역에 해당하는 전달 함수를 갖는 필터를 사용하여 채널 출력을 필터링하는 것으로 간주할 수 있다.

4. 많은 펄스 모양들이 나이퀴스트 펄스 성형 기준을 만족하며, ISI 무발생으로 귀결된다. 하나의 간단한 예로는 $p(t)=\text{sinc}(t/T)$로 정의되는 펄스를 들 수 있다. 여기서 T는 표본화 (심벌) 주기이다. ISI 무발생은 $t=0$에서는 $p(t)=1$이며 $t=nT$, $n\neq0$ 에서는 $p(t)=0$이기 때문에 귀결된다.

5. ISI 무발생 조건들을 구현하는 보편적인 기법은 송신기와 수신기 모두에 동일한 필터들을 사용하는 것이다. 채널의 전달 함수가 알려져 있고 기본이 되는 펄스 모양이 정의되면, 나이퀴스트 ISI 무발생 조건이 만족되도록 하는 송신기/수신기 필터들의 전달 함수는 쉽게 구할 수 있다. 이 기법은 보통은 상승 여현 펄스들을 기반으로 하여 사용된다.

6. 영점 강요 등화기는 채널 출력에서 나이퀴스트 ISI 무발생 조건을 만족하는 표본들의 시퀀스를 생

성하도록 동작하는 디지털 필터이다. 그것은 탭 지연선 또는 트랜스버설 필터의 형태로 구현된다. 탭 가중치들은 채널의 펄스 응답을 정의하는 행렬의 역행렬에 의해 결정된다. 영점 강요 등화기는 구현 용이성과 해석 용이성이라는 속성을 갖는다.

7. 눈 다이어그램은 k 데이터 심벌들을 표현하는 신호의 세그먼트들을 겹쳐 놓음으로써 얻을 수 있다. 눈 다이어그램은 시스템 성능을 위한 정량적인 척도는 아니지만, 시스템 성능을 위한 정성적인 척도로서 역할을 한다. 큰 수직 눈 열림을 가진 신호들은 더 작은 눈 열림을 가진 신호들에 비하여 더 낮은 심벌간 간섭의 레벨을 보인다. 작은 수평 열림을 가진 눈은 높은 레벨의 타이밍 지터를 가지며, 심벌 동기화를 더욱 어렵게 만든다.

8. 디지털 통신 시스템들에서 많은 레벨의 동기화가 필요하다. 이들은 반송파 동기화, 심벌 동기화, 워드 동기화, 프레임 동기화 등이다. 이 장에서는 심벌 동기화만을 다루었다. 심벌 동기화는 보통은 PLL을 사용하여 데이터 신호에 포함된 심벌 주파수 성분을 추적함으로써 이루어진다. 데이터 형태가 심벌률 또는 그 배수들에서 이산 스펙트럼 선들을 갖지 않는 경우에는 심벌률에서 스펙트럼 성분을 생성시키기 위해서는 데이터 신호에 비선형 동작이 부과되어야 한다.

훈련문제

5.1 랜덤 (동전 던지기) 데이터 스트림에 대하여 어떤 데이터 형태들이 (a) 0의 DC 레벨, (b) 오류 점검을 위해 사용될 수 있는 내재 중복도, (c) 전력 스펙트럼에 존재하는 이산 스펙트럼 선들, (d) 0주파수에 스펙트럼 영점, (e) 가장 압축된 전력 스펙트럼(전력 스펙트럼의 첫째 영점 기준으로)을 갖는가?

(i) NRZ 변화

(ii) NRZ 마크

(iii) 단극 RZ

(iv) 극성 RZ

(v) 양극 RZ

(vi) 분할위상

5.2 그림 5.2에 나타낸 어떤 디지털 데이터 형태들이 다음의 성질들을 만족하는지 말하라. 단, 랜덤(공정한 동전 던지기) 데이터라고 가정하라.

(a) 0의 DC 레벨

(b) 각 데이터 비트 동안 영점 교차

(c) 이진 0 데이터 비트의 0V 레벨 전송과 0이 아닌 DC 레벨을 갖는 파형

(d) 이진 0 데이터 비트의 0V 레벨 전송과 0의 DC 레벨을 갖는 파형

(e) 0주파수($f = 0\text{Hz}$)에서 영점을 갖는 스펙트럼

(f) 0주파수($f = 0\text{Hz}$)에서 이산 스펙트럼 선을 갖는 스펙트럼

5.3 선 부호화된 데이터 시퀀스가 심하게 대역 제한된 채널을 통과하면 어떤 현상이 발생하는지 설명하라.

5.4 ISI 무발생 성질을 갖는 파형은 무엇을 의미하며, 이 성질을 갖기 위해서 펄스 스펙트럼에 대해서는 무엇이 사실이어야 하는가?

5.5 다음 펄스 스펙트럼 중 어떤 것이 ISI 무발생 성질을 만족하는 푸리에 역변환을 갖는가?

(a) $P_1(f) = \Pi(Tf)$ 여기서 T는 펄스 구간이다.

(b) $P_2(f) = \Lambda(Tf/2)$

(c) $P_3(f)=\Pi(2Tf)$

(d) $P_4(f)=\Pi(Tf)+\Pi(2Tf)$

5.6 참 또는 거짓 : ISI 무발생 성질은 상승 여현 스펙트럼을 갖는 펄스들에만 있다.

5.7 영점 강요 등화기에서 중간 표본의 양쪽을 각각 다음에 주어진 개수만큼의 0으로 만들기 위하여 입력 신호의 얼마나 많은 총표본들이 필요한가?

(a) 1, (b) 3, (c) 4, (d) 7, (e) 8, (f) 10

5.8 옳은 형용사를 고르라. 더 넓은 대역폭의 채널은 더 (많은)(적은) 타이밍 지터를 시사한다.

5.9 옳은 형용사를 고르라. 더 좁은 대역폭의 채널은 더 (많은)(적은) 진폭지터를 시사한다.

5.10 그림 5.16과 그림 5.18의 결과들로 판단할 때, 데이터 클락 주파수에서 스펙트럼 성분을 생성하기 위한 제곱기와 지연-곱 회로 중 어떤 것이 더 높은 전력을 갖는 성분을 생성하는가?

5.11 그림 5.19에 제시된 반송파 변조 방법들의 장점과 단점들을 제시하라.

연습문제

5.1절

5.1 아래의 채널 특징 또는 목표가 주어져 있다. 각 부분에 대하여 어떤 선 부호(들)이 가장 좋은 선택(들)인지를 말하라.

(a) $f=0$Hz에서 채널 주파수 응답이 영점을 갖는다.

(b) 채널이 0에서 10kHz까지의 통과대역을 가지며, 그것을 통해 10,000bps(비트/초)의 데이터를 보내기를 원한다.

(c) 동기화 목적으로 비트당 적어도 하나의 영점 교차를 원한다.

(d) 오류 검사 목적으로 내재된 중복도를 원한다.

(e) 검출 단순성을 위해 1에는 구분되는 양의 펄스, 0에는 구분되는 음의 펄스의 할당을 원한다.

(f) 비트율에서 클락을 이끌어내기 위하여 비트율에서의 이산 스펙트럼 선을 원한다.

5.2 그림 5.2의 ±1-진폭 파형들에 대하여 평균 전력이 다음과 같음을 증명하라.

(a) NRZ 변화 : $P_{\text{ave}}=1\text{W}$

(b) NRZ 마크 : $P_{\text{ave}}=1\text{W}$

(c) 단극 RZ : $P_{\text{ave}}=\frac{1}{4}\text{W}$

(d) 극성 RZ : $P_{\text{ave}}=\frac{1}{2}\text{W}$

(e) 양극 RZ : $P_{\text{ave}}=\frac{1}{4}\text{W}$

(f) 분할위상 : $P_{\text{ave}}=1\text{W}$

5.3

(a) 랜덤 이진 데이터 시퀀스 0 1 1 0 0 0 1 0 1 1이 있다. (i) NRZ 변화와 (ii) 분할위상을 위한 파형을 스케치하라.

(b) 분할위상 파형은 NRZ 파형에 ±1값을 갖는 주기 T의 클락 신호를 곱함으로써 NRZ 파형으로부터 얻을 수 있음을 납득할 수 있도록 입증하라.

5.4 연습문제 5.3의 데이터 시퀀스에 대하여, NRZ 마크 파형을 스케치하라.

5.5 연습문제 5.3의 데이터 시퀀스에 대하여, 다음의 파형을 스케치하라.

(a) 단극 RZ

(b) 극성 RZ

(c) 양극 RZ

5.6 대역폭이 4kHz인 채널이 있다. 다음의 선 부호에 대하여 수용 가능한 데이터율을 구하라(첫째 스펙트럼 영점 대역폭을 가정하라).

(a) NRZ 변화

(b) 분할위상

(c) 단극 RZ와 극성 RZ

(d) 양극 RZ

5.2절

5.7 연습문제 2.65c에서와 같은 2차 버터워스 필터에 대한 계단 응답이 주어진다. 선형 시불변 시스템의 중첩 특성과 시불변 특성을 이용하여, 입력 $x(t)=u(t)-2u(t-T)+u(t-2T)$에 대한 필터 응답을 구하고 [$u(t)$는 단위 계단], (a) $f_3T=20$, (b) $f_3T=2$ 조건에서 t/T의 함수로 필터 응답을 그려라.

5.8 RC 필터의 중첩 특성과 시불변 특성을 이용하여 식 (5.32)는 식 (5.31)에 대한 저역통과 RC 필터의 응답임을 증명하라. 단위 계단 함수에 대한 필터 응답은 $[1-\exp(-t/RC)]u(t)$이다.

5.3절

5.9 $\beta=0$인 경우, 식 (5.37)은 이상적인 사각형 스펙트럼임을 증명하고, 해당하는 펄스 모양 함수를 구하라.

5.10 식 (5.36)과 식 (5.37)은 푸리에 변환쌍임을 증명하라.

5.11 다음의 스펙트럼들을 스케치하고 어느 것이 나이퀴스트 펄스 성형 기준을 만족하는지 말하라. 문제를 풀기 위하여 적당한 표본 구간 T를 W에 대하여 구하라. 해당하는 펄스 모양 함수 $p(t)$를 구하라. [$\Pi\left(\frac{f}{A}\right)$는 $-\frac{A}{2}$에서 $\frac{A}{2}$까지 이르는 단위-높이 사각 펄스이며, $\Lambda\left(\frac{f}{B}\right)$는 $-B$에서 B까지 이르는 단위-높이 삼각이다.]

(a) $P_1(f)=\Pi\left(\frac{f}{2W}\right)+\Pi\left(\frac{f}{W}\right)$

(b) $P_2(f)=\Lambda\left(\frac{f}{2W}\right)+\Pi\left(\frac{f}{W}\right)$

(c) $P_3(f)=\Pi\left(\frac{f}{4W}\right)-\Lambda\left(\frac{f}{W}\right)$

(d) $P_4(f)=\Pi\left(\frac{f-W}{W}\right)+\Pi\left(\frac{f+W}{W}\right)$

(e) $P_5(f)=\Lambda\left(\frac{f}{2W}\right)-\Lambda\left(\frac{f}{W}\right)$

5.12 $|H_C(f)|=[1+(f/5000)^2]-^{1/2}$이다. 펄스 스펙트럼이 $\frac{1}{T}=5{,}000\text{Hz}$인 $P_{RC}(f)$라고 가정할 때, 다음 조건에서 $|H_T(f)|=|H_R(f)|$에 대한 그림을 그려라.

(a) $\beta=1$

(b) $\beta=\frac{1}{2}$

5.13 대역폭 7kHz인 채널을 통하여 상승 여현 펄스들을 사용하여 9kbps로 데이터를 전송하기 원한다. 사용 가능한 롤오프 인자 β의 최댓값은 얼마인가?

5.14

(a) 적절한 스케치를 통하여 아래 주어진 사다리꼴 스펙트럼이 나이퀴스트 펄스 성형 기준을 만족함을 증명하라.

$$P(f)=2\Lambda(f/2W)-\Lambda(f/W)$$

(b) 이 스펙트럼에 해당하는 펄스 모양 함수를 구하라.

5.4절

5.15 다음과 같은 채널 펄스 응답 표본이 주어진다.

$p_c(-3T)=0.001$ $p_c(-2T)=-0.01$ $p_c(-T)=0.1$ $p_c(0)=1.0$
$p_c(T)=0.2$ $p_c(2T)=-0.02$ $p_c(3T)=0.005$

(a) 3-탭 영점 강요 등화기를 위한 탭 계수들을 구하라.

(b) $mT=-2T,\ -T,\ 0,\ T,\ 2T$에 대한 출력 표본들을 구하라.

5.16 5-탭 영점 강요 등화기에 대하여 연습문제 5.15를 반복하라.

5.17 다중경로 통신 채널을 위한 간단한 모델이 그림 5.20(a)에 나타나 있다.

(a) 이 채널에 대한 $H_c(f)=Y(f)/X(f)$를 구하고,

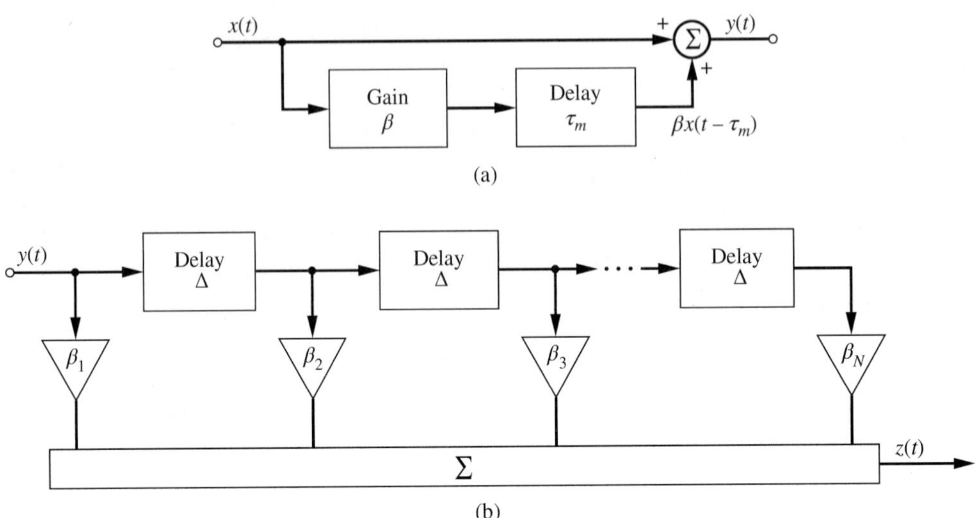

그림 5.20

$\beta=1$과 0.5일 때 $|H_c(f)|$를 그려라.

(b) 채널 유발 왜곡을 등화하거나 되돌리기 위하여 등화 필터가 사용된다. 잡음 효과를 무시하고 채널에 의해 야기된 왜곡만을 고려하면 이상적으로는 등화 필터의 전달 함수는 $H_{eq}(f)=\frac{1}{H_c(f)}$이어야 한다. $H_{eq}(f)$를 근사하기 위하여, 일반적으로 그림 5.20(b)에 나타낸 탭 지연선 또는 트랜스버설 필터가 사용된다. $H'_{eq}(f)=Z(f)/Y(f)$에 대한 급수 표현을 적어라.

(c) $(1+x)^{-1}=1-x+x^2-x^3+\cdots$, $|x|<1$ 을 사용하여 $1/H_c(f)$에 대한 급수 표현을 구하라. 이 표현을 (b)에서 구한 $H_{eq}(f)$와 같게 놓음으로써 β_1, β_2, $\cdots$, β_N에 대한 값들을 구하라. ($\tau_m=\Delta$이라고 가정하라.)

5.18 다음과 같은 채널 펄스 응답이 주어진다.

$$p_c(-4T)=-0.01;\ p_c(-3T)=0.02;\ p_c(-2T)=-0.05;\ p_c(-T)=0.07;\ p_c(0)=1;$$
$$p_c(T)=-0.1;\ p_c(2T)=0.07;\ p_c(3T)=-0.05;\ p_c(4T)=0.03;$$

(a) 3-탭 영점 강요 등화기에 대한 탭 가중치들을 찾아라.

(b) $mT=-2T,\ -T,\ 0,\ T,\ 2T$에 대한 출력 표본들을 구하라.

5.19 5-탭 영점 강요 등화기에 대하여 연습문제 5.18을 반복하라.

5.5절

5.20 디지털 데이터 전송 시스템에서, 타이밍 지터의 함수로 비트 오류 확률은 다음과 같이 주어진다.

$$P_E=\frac{1}{4}\exp(-z)+\frac{1}{4}\exp\left[-z\left(1-2\frac{|\Delta T|}{T}\right)\right]$$

여기서 z는 신호 대 잡음비이며, $|\Delta T|$는 타이밍 지터이고, T는 비트 주기이다. 이 시스템에 대한 눈 다이어그램에 대한 관찰을 통하여, $|\Delta T|/T=0.05$ (5%)를 얻었다.

(a) 타이밍 지터가 0인 경우 10^{-6}의 오류 확률을 나타내는 신호 대 잡음비 z_0의 값을 구하라.

(b) 5%의 지터에 대하여 10^{-6}의 오류 확률을 유지하기 위하여 필요한 신호 대 잡음비 z_1은 얼마인가? 비 z_1/z_0을 dB 단위, $[z_1/z_0]_{dB}=10\log_{10}(z_1/z_0)$로 표현하라. 이것을 지터에 대한 열화라고 부른다.

(c) 10^{-4}의 오류 확률에 대하여 (a)와 (b)를 다시 계산하라. 10^{-6}의 오류 확률에 대한 경우와 비교하여 지터의 의한 열화가 더 좋아지는가, 아니면 더 나빠지는가?

5.21

(a) 선형 시불변 시스템의 중첩 성질과 시불변 성질을 이용하여 아래의 입력 $x(t)$에 대한 저역통과 RC 필터의 응답을 구하라.

$$x(t) = u(t) - 2u(t-T) + 2u(t-2T) - u(t-3T)$$

분리된 축들에 $T/RC=0.4$, 0.6, 1, 2 각각의 경우에 대한 출력들을 그려라. 이를 위하여 MATLAB을 사용하라.

(b) $-x(t)$에 대하여 (a)를 반복하고, (a)와 동일한 축들에 네 가지 경우들에 대한 출력들을 그려라.

(c) $x(t)=u(t)$에 대하여 반복하라.

(d) $x(t)=-u(t)$에 대하여 반복하라.

5.22 상승 여현 스펙트럼을 가진 펄스들을 사용하여 데이터를 ISI 없이 10kbps로 전송하기 원한다. 대역폭이 5kHz인 이상적인 저역통과 특성으로 제한된 채널이 있다면, 이를 위한 가능한 롤오프 인자 β는 얼마인가?

5.23

(a) 상승 여현 스펙트럼을 가진 펄스들을 사용한 ISI 없는 시그널링을 위한 롤오프 인자 β와 데이터율 $R=1/T$의 관계, 채널 대역폭 f_{max}의 관계를 구하라. (이상적인 저역통과로 가정하라.)

(b) 실현 가능한 상승 여현 스펙트럼 펄스들을 위해서는 R과 f_{max}가 어떤 관계를 가져야 하는가?

5.6절

5.24 절댓값 형태의 비선형성에 대하여 컴퓨터 예제 5.3의 MATLAB 프로그램을 다시 작성하라. 제곱법 형태의 비선형성에 비하여 비트율에서의 스펙트럼 선이 더 강해지는가, 아니면 더 약해지는가?

5.25 컴퓨터 예제 5.3에서 비트 주기가 $T=1$초이다. 이것은 프로그램에서 nsamp = 10이기 때문에 표본화율 $f_s=10$sps라는 것을 의미한다. 그림 5.16을 생성하기 위하여 $N_{FFT}=5000$-점 FFT가 사용되었으며, 5,000번째 점은 f_s에 해당한다고 가정하자. 이 경우 500번째 점이 $1/T=1$bps(비트/초)의 비트율에 해당한다는 것을 증명하라.

5.7절

5.26 식 (5.68)을 참고하면 종종 수신기에서 반송파 동기화 목적으로 PSK 변조 파형에 잔류 반송파 성분을 남기는 것이 바람직할 것이다. 따라서 식 (5.68) 대신에 다음 식을 사용할 것이다.

$$x_{PSK}(t) = A_c \cos\left[2\pi f_c t + \alpha\frac{\pi}{2}d(t)\right],\quad 0<\alpha<1$$

$x_{PSK}(t)$ 전력의 10%가 반송파 (변조되지 않은) 성분에 할당되는 α를 구하라.

(힌트 : $x_{PSK}(t)$를 두 항들, $d(t)$를 포함하는 항과 $d(t)$에 무관한 항으로 나타내기 위하여 $\cos(u+v)$를 사용하라. $d(t)=\pm1$이며, 여현은 우함수이고, 정현은 기함수라는 사실들을 이용하라.)

5.27 식 (5.69)를 참고하고 T초 구간에서 $d(t)=\pm1$이라는 사실을 이용하여, 비트율이 1,000bps(비트/초)인 경우 $x_{FSK}(t)$의 최대 주파수 편이가 10,000Hz가 되는 k_f를 구하라.

컴퓨터 실습문제

5.1 랜덤 이진 데이터 시퀀스를 가정하여 그림 5.2에 나타난 것들과 같은 그림들을 생성할 수 있는 MATLAB 프로그램을 작성하라. 선택사항으로 극점들의 개수와 대역폭(비트율에 대한)을 입력으로 줄 수 있는 버터워스 채널을 포함하라.

5.2 그림 5.10에 나타난 것들과 같은 그림들을 생성할 수 있는 MATLAB 프로그램을 작성하라. 버터워스 채널 필터 극점들과 3dB 주파수, 롤오프 인자 β는 입력으로 주어질 수 있어야 한다.

5.3 주어진 입력 펄스 표본 시퀀스에 대한 트랜스버설 필터 형태의 영점 강요 등화기 가중치들을 구하는 MATLAB 프로그램을 작성하라.

5.4 심벌 동기화기가 제곱기 대신에 네 제곱장치를 사용한다. 이에 따른 컴퓨터 예제 5.3의 MATLAB 프로그램을 수정하라. 네 제곱장치 출력에서 유용한 스펙트럼 성분이 생성되는 것을 보여라. 제곱법, 네 제곱장치 및 1/2-비트 주기의 지연을 갖는 지연-곱 중에서 선택이 가능하도록 프로그램을 다시 작성하라. DC에서 선 대비 비트율에서 스펙트럼 선의 상대적인 세기를 비교하라. 이 기준으로 하였을 때 가장 좋은 비트 동기는 어느 것인가?

CHAPTER 6

확률 및 랜덤변수 개관

이 장에서는 랜덤 신호를 수학적으로 기술하기 위한 배경지식으로 확률 이론을 살펴보려고 한다. 통신 시스템의 분석과 설계를 위해서는 랜덤 신호와 잡음 또는 7장에서 다루게 되는 랜덤 과정에 대한 수학적인 모델 개발이 필요하다.

6.1 확률이란?

두 가지 직관적인 확률 개념들은 동일 우도 결과 방법 및 상대 도수 방법일 것이다.

6.1.1 동일 우도 결과

동일 우도 결과 방법에서는 확률을 다음과 같이 정의한다. 랜덤 또는 우연 실험에서 동일한 우도를 가지면서 상호 배타적인 N개의 결과들이(즉 하나의 결과가 발생하면 또 다른 어떠한 결과도 발생할 수 없다) 발생 가능하고, 이들 중에서 N_A개가 원하는 사건 A에 해당한다면, 사건 A의 확률 또는 $P(A)$는 다음과 같다.

$$P(A) = \frac{N_A}{N} \tag{6.1}$$

위의 확률 정의를 적용하는 데 여러 가지 어려운 점들이 있다. 이 정의를 사용하려면, 우연 실험이 두 개 또는 그 이상의 동일한 우도를 갖는 결과들을 가져야 하지만, 이는 항상 가능하지는 않다. 카드 게임이나 주사위, 동전 던지기와 같은 실험에서는 이런 조건들이 가장 잘 충족된다. 개념적으로 이 정의는 동일한 확률을 가진다는 '동일 우도(equally likely)'라는 단어를 사용함으로써 '확률을 정의함에 있어서 확률을 사용'하게 되는 모순을 가진다.

이러한 동일 우도 확률 정의가 적용하기에 다소 어려운 점도 있으나 동일한 우도를 가지는

N개의 상호 배타적인 결과들을 열거할 수 있는 공학적인 문제들을 해석하는 데는 매우 유용하다. 다음 예제는 이 방법이 적용 가능한 경우, 이 방법의 유용성을 보여준다.

예제 6.1

52장짜리 카드 한 벌에서,
(a) 에이스 스페이드를 뽑을 확률은?
(b) 스페이드를 뽑을 확률은?

풀이

(a) 동일우도 법칙을 이용하면, 52개 가능한 결과들 중에서 원하는 결과는 하나이므로, P(에이스 스페이드)$=\frac{1}{52}$이다. (b) 이 경우에도 동일우도 법칙을 사용하면, 52개 중에서 스페이드가 13개이므로 P(스페이드)$=\frac{13}{52}=\frac{1}{4}$이다. ■

6.1.2 상대 도수

태아가 남자아이일 확률을 계산해보기로 하자. 외형적으로 보기에는 동일한 확률을 갖는 것으로 보이는 상호 배타적인 두 개의 결과들을 갖기 때문에, 고전적 정의를 이용하여 확률이 $\frac{1}{2}$이라고 예측할 수 있다. 그러나 미국의 연간 출생 통계에 따르면 전체 출생아 중 남아 출생률은 일관되게 약 0.51을 보이고 있다. 이것이 확률을 정의하는 상대 도수 방법의 한 예이다.

상대 도수 방법에서는 하나의 랜덤 실험에 대하여 모든 가능한 결과들을 나열하고, 실험을 반복적으로 수행하여 전체 시도 횟수 N에 대한 원하는 사건 A에 속하는 결과들의 수 N_A의 비를 구한다. 다음과 같이, $N\to\infty$ 경우 A의 상대 도수 N_A/N의 극한치를 A의 근사적 확률 $P(A)$로 정의한다.

$$P(A) \triangleq \lim_{N\to\infty} \frac{N_A}{N} \tag{6.2}$$

이 확률 정의는 $P(A)$를 추정하는 데 사용될 수 있다. 그러나 식 (6.2)에서 요구되는 무한 실험은 수행이 불가하므로, $P(A)$의 근사치만 구할 수 있다. 따라서 상대 도수 확률 개념은 확률을 추정하는 데 유용하지만 확률을 위한 수학적인 토대로서는 적절하지 못하다.

다음 예제는 위의 지적들에 대한 이해를 제공할 것이며, 이 장 후반부에서도 다루어지게 될 것이다.

두'라는 사건을 $A \cup B$ 또는 때로 $A+B$로 나타내고, 'A, B 모두'라는 사건을 $A \cap B$ 또는 때로 (A, B) 또는 AB(A, B의 결합 사건)로 나타낸다. 'A 아님' 사건은 $\overline{A}$로 나타낸다. $A \cup B$와 같이 두 개 또는 그 이상의 사건으로 구성되는 사건을 '복합 사건'이라고 칭한다. 상호 배타적인 사건들을 집합 이론을 다루는 용어로는 '배타적 집합(disjoint sets)'이라 한다. A와 B가 상호 배타적이면 $A \cap B = \phi$이다.

공리적 접근법에서는 표본 공간의 각 사건마다 어떤 방식으로든 **확률**이라고 부르는 **척도**를 할당하게 되는데,[1] 이 척도는 확률의 성질들을 가지고 있어야 한다. 이러한 확률 척도의 성질들 또는 공리들을 선정함에 있어서, 이론으로부터 얻은 결과들이 실험으로 나타나는 현상들에 잘 부합될 수 있는 만족스러운 이론을 얻을 수 있어야 한다. 이러한 일련의 공리들은 다음과 같다.

공리 1. 표본 공간 S에서 정의되는 각 사건 A에 대하여 $P(A) \geq 0$이다.
공리 2. 가능한 모든 사건들로 구성되는 집합의 확률은 1, $P(S)=1$이다.
공리 3. A가 발생하면 B가 발생되지 않고, 반대 경우도 성립되면(즉 A와 B가 상호 배타적이면), $P(A \cup B) = P(A) + P(B)$이다.[2]

위의 접근방법이 숫자 $P(A)$를 제공하지는 않으므로 다른 방법으로 구해야 한다.

6.1.4 벤 다이어그램

벤(Venn) 다이어그램을 사용하면 우연 실험의 여러 사건들 사이의 관계를 쉽게 나타낼 수 있다. 이러한 다이어그램에서 표본 공간은 직사각형으로 표시되고, 여러 사건들은 원 또는 타원을 사용하여 표시된다. 이러한 다이어그램의 한 가지는 그림 6.1(a)와 정확히 같다. 이 경우 사건 B와 C는 그들 사이에 중복되는 부분이 있어서 상호 배타적이 아니며, 반면에 사건 A는 사건 B, C와는 상호 배타적이다.

6.1.5 유용한 확률 관계식들

$A \cup \overline{A} = S$와 A와 $\overline{A}$가 상호 배타적인 사실이 참이므로, 공리 2와 공리 3에 따라서 $P(A) + P(\overline{A}) = P(S) = 1$ 또는

---

1 예를 들어, 상대 도수 방법이나 동일 우도 방법에 따라

2 이 공리는 A, B, C가 상호 배타적인 경우에 $P(A \cup B \cup C) = P(A) + P(B) + P(C)$ 형태로 일반화될 수 있다. 이 결과는 공리 3에서 $B_1 = B \cup C$로 놓고 공리 3을 두 번 적용하면 얻어진다. 즉, $P(A \cup B_1) = P(A) + P(B_1) = P(A) + P(B) + P(C)$이다. 같은 방법으로 이 결과를 임의의 유한한 개수로 구성되는 상호 배타적인 사건들로 일반화할 수 있음은 명백하다.

$$P\left(\overline{A}\right) = 1 - P(A) \tag{6.3}$$

공리 3의 상호 배타적이지 않는 사건들로의 일반화는 $A \cup B = A \cup \left(B \cap \overline{A}\right)$를 주목함으로써 가능하다. 여기서 A와 $B \cap \overline{A}$가 배타적이다(벤 다이어그램을 이용하여 가장 쉽게 보여줄 수 있다). 그러므로 공리 3을 이용하여 다음의 관계를 얻을 수 있다.

$$P(A \cup B) = P(A) + P(B \cap \overline{A}) \tag{6.4}$$

마찬가지로 벤 다이어그램을 이용하면 사건 $A \cap B$와 사건 $A \cap \overline{B}$는 배타적이며, $(A \cap B) \cup \left(B \cap \overline{A}\right) = B$라는 사실을 알 수 있다. 그래서

$$P(A \cap B) + P(B \cap \overline{A}) = P(B) \tag{6.5}$$

식 (6.5)에서 $P(B \cap \overline{A})$에 대하여 풀어 식 (6.4)에 대입하면 $P(A \cup B)$는 다음과 같다.

$$P(A \cup B) = P(A) + P(B) - P(A \cap B) \tag{6.6}$$

이 식은 공리 3의 원하는 형태의 일반식이다.

각각의 확률 $P(A) > 0$와 $P(B) > 0$이며, 결합 사건 확률이 $P(A \cap B)$인 두 사건 A와 B가 있다. 사건 B의 발생이 주어진 경우 사건 A가 발생할 **조건 확률**은 다음과 같다.

$$P(A|B) = \frac{P(A \cap B)}{P(B)} \tag{6.7}$$

마찬가지로 사건 A의 발생이 주어진 경우 사건 B가 발생할 조건 확률은 다음과 같다.

$$P(B|A) = \frac{P(A \cap B)}{P(A)} \tag{6.8}$$

식 (6.7)과 식 (6.8)을 합치면 다음을 얻는다.

$$P(A|B)\,P(B) = P(B|A)\,P(A) \tag{6.9}$$

또는

$$P(B|A) = \frac{P(A \cap B)}{P(A)} \tag{6.10}$$

이 식은 **베이즈 규칙**(Bayes' rule)의 특별한 경우이다.

마지막으로 B의 발생 유무가 A의 발생 유무에 아무런 영향을 주지 않는 경우를 생각해보자.

이런 경우에 A와 B는 **통계적으로 독립**이라고 한다. 따라서 B가 주어지는 경우에도 A의 발생에 대해서 말할 수 있는 것이 아무것도 없다. 그러므로 $P(A|B)=P(A)$이다. 마찬가지로 $P(B|A)=P(B)$이다. A와 B가 통계적으로 독립인 경우, 식 (6.7)과 식 (6.8)로부터 다음을 얻는다.

$$P(A \cap B) = P(A)P(B) \tag{6.11}$$

식 (6.11)은 통계적으로 독립인 사건들의 정의로 이용될 것이다.

예제 6.3

예제 6.2에서와 같이 사건 A는 앞면이 최소 한 개는 나오는 경우이고, 사건 B는 두 개가 같은 면이 발생하는 경우이다. 표본 공간은 그림 6.1(b)와 같다. 여러 가지 방법으로 $P(A)$와 $P(B)$를 구하라.

풀이

첫 번째 방법으로 동일 우도 방법을 사용하면, 사건 A에 포함되는 결과들은 네 가지 가능한 결과들 중 세 가지 (HH, HT, TH)이므로, $P(A)=\frac{3}{4}$이 된다. 사건 B의 경우는 네 가지 가능한 결과들 중 두 개이므로, $P(B)=\frac{1}{2}$이 된다.

두 번째 방법으로 각각의 동전들이 서로 영향을 주지 않는다면, 각 동전의 결과들은 $P(H)=P(T)=\frac{1}{2}$을 가지며 통계적으로 독립이라는 데 주목해야 한다. 또한 사건 A는 상호 배타적인 결과 HH, HT, TH로 구성되어 있어서 식 (6.11)과 공리 3으로부터

$$P(A) = \left(\frac{1}{2} \cdot \frac{1}{2}\right) + \left(\frac{1}{2} \cdot \frac{1}{2}\right) + \left(\frac{1}{2} \cdot \frac{1}{2}\right) = \frac{3}{4} \tag{6.12}$$

이 된다. 마찬가지로 B는 상호 배타적인 결과 HH와 TT로 구성되기 때문에, 다시 식 (6.11)과 공리 3을 통하여

$$P(B) = \left(\frac{1}{2} \cdot \frac{1}{2}\right) + \left(\frac{1}{2} \cdot \frac{1}{2}\right) = \frac{1}{2} \tag{6.13}$$

이 된다. 또한 $P(A \cap B)=P$(앞면이 최소 한 개이고 같은 면)$=P(\text{HH})=\frac{1}{4}$이 된다.

다음으로, 두 개가 동일한 면이면서 앞면이 최소 한 개인 확률 $P(A|B)$는 베이즈 규칙을 이용하여

$$P(A|B) = \frac{P(A \cap B)}{P(B)} = \frac{\frac{1}{4}}{\frac{1}{2}} = \frac{1}{2} \tag{6.14}$$

을 구할 수 있다. 사건 B가 주어지는 경우 가능한 결과는 HH, TT뿐이며, 이들 중에서 사건 A에 해당되는 것은 한 개뿐이기 때문에 위의 결과는 타당하다고 할 수 있다. 다음으로 적어도 동전 중 한 개는 앞면이 나온 경우, 같은 면이 나올 확률 $P(B|A)$를 다음과 같이 구한다.

$$P(B|A) = \frac{P(A \cap B)}{P(A)} = \frac{\frac{1}{4}}{\frac{3}{4}} = \frac{1}{3} \tag{6.15}$$

동일 우도 법칙을 이용하여 위의 결과를 검토해 보면 세 가지 사건 (HH, HT, TH) 중에서 적합한 것은 한 가지가 있고 그 확률은 $\frac{1}{3}$이 된다. 그러므로

$$P(A \cap B) \neq P(A)P(B) \tag{6.16}$$

각 동전의 H와 T가 나타나는 사건은 독립적이라 할지라도 두 사건 A와 B는 통계적으로는 독립이 아니다.

마지막으로 결합 확률 $P(A \cup B)$를 살펴보자. 식 (6.6)을 이용하여

$$P(A \cup B) = \frac{3}{4} + \frac{1}{2} - \frac{1}{4} = 1 \tag{6.17}$$

을 구할 수 있다. $P(A \cup B)$는 앞면이 최소 한 개 또는 두 면이 같은 경우 또는 두 가지 경우 모두인 확률이며, 이것은 모든 가능한 결과들을 포함한다는 것을 알 수 있다. 따라서 위의 결과는 타당하다고 할 수 있다.

■

예제 6.4

이 예제는 두 사건이 독립인지를 결정할 때 사용하는 추론에 대해서 다룬다. 카드 한 벌에서 한 장을 무작위로 뽑는다. 다음 사건들 중 어떤 쌍이 서로 독립인가? (a) 카드가 클럽이면서 검은색이다. (b) 카드가 킹이면서 검은색이다.

풀이

관계 $P(A \cap B) = P(A|B)P(B)$(항상 성립)를 사용하여 먼저 구하고, 관계 $P(A \cap B) = P(A)P(B)$(독립 사건들 경우에만 성립)를 사용하여 점검한다. (a)에서 카드가 클럽일 사건을 A로 두고, 검은색일 사건을 B로 두자. 보통의 카드 한 벌은 검은색이 26장이 있고, 그중에 클럽이 13장 있으므로, 조건부 확률 $P(A|B)$는 $\frac{13}{26}$(검은색 카드만 생각할 때 클럽일 결과는 13카드이다). 카드가 검은색일 확률은 52장의 카드 중에서 절반이 검은색이므로 $\frac{26}{52}$이다. 반면에 클럽(사건 A)일 확률은 $\frac{13}{52}$(52 카드 중에 13카드가 클럽이다)이다. 따라서 다음의 결과는 사건 A와 B는 독립이 아님을 보여준다.

$$P(A|B)P(B) = \frac{13}{26}\frac{26}{52} \neq P(A)P(B) = \frac{13}{52}\frac{26}{52} \tag{6.18}$$

(b)에서는 카드가 킹일 사건을 A라 두고, 검은색일 사건을 B라 두자. 이 경우, 카드가 검은색일 때 카드가 킹일 확률은 $\frac{2}{26}$(26장의 검은색 카드 중 킹은 2장이다)이다. 킹일 확률은 단순히 $\frac{4}{52}$(52장 중 킹은 4장이다)이고, 검은색일 확률은 $\frac{26}{52}$이다. 따라서

$$P(A|B)P(B) = \frac{2}{26}\frac{26}{52} = P(A)P(B) = \frac{4}{52}\frac{26}{52} \tag{6.19}$$

이것은 킹인 사건과 검은색인 사건이 통계적으로 독립임을 보여준다.

■

예제 6.5

통신과 더욱 밀접한 한 가지 예로, 컴퓨터 네트워크에서 볼 수 있는 것처럼 채널을 통한 이진 숫자의 전송을 생각해보자. 관례적으로 두 개의 가능한 심벌은 0과 1로 나타낸다. 0을 송신했을 때 0을 수신할 확률 $P(0r|0s)$와 1을 송신했을 때 1을 수신할 확률 $P(1r|1s)$가 다음과 같다고 하자.

$$P(0r|0s) = P(1r|1s) = 0.9 \tag{6.20}$$

그러므로 확률 $P(1r|0s)$와 확률 $P(0r|1s)$ 각각은 다음과 같이 구할 수 있다.

$$P(1r|0s) = 1 - P(0r|0s) = 0.1 \tag{6.21}$$

그리고

$$P(0r|1s) = 1 - P(1r|1s) = 0.1 \tag{6.22}$$

이 확률들은 채널을 특징짓는 것이며, 실험을 통한 측정이나 분석을 통해 얻을 수 있다. 특별한 환경에서 이러한 값들을 계산하는 방법들을 9장과 10장에서 다룰 것이다.

이런 확률뿐만 아니라 실험을 통하여 0을 송신할 확률이

$$P(0s) = 0.8 \tag{6.23}$$

이고, 그러므로 1을 송신할 확률은

$$P(1s) = 1 - P(0s) = 0.2 \tag{6.24}$$

이다. 일단 $P(0r|0s)$, $P(1r|1s)$, $P(0s)$가 정해지면, 나머지 확률들은 공리 2와 공리 3을 이용하여 구할 수 있음에 주목하라.

다음 질문은 "1을 수신했을 때 1이 송신되었을 확률 $P(1s|1r)$은 얼마인가?"이다. 베이즈 규칙을 적용하면 다음과 같다.

$$P(1s|1r) = \frac{P(1r|1s)P(1s)}{P(1r)} \tag{6.25}$$

$P(1r)$을 구하기 위해서 다음의 두 값을 구하도록 하자.

$$P(1r, 1s) = P(1r|1s)P(1s) = 0.18 \tag{6.26}$$

그리고

$$P(1r, 0s) = P(1r|0s)P(0s) = 0.08 \tag{6.27}$$

따라서 다음과 같은 결과를 얻을 수 있다.

$$P(1r) = P(1r, 1s) + P(1r, 0s) = 0.18 + 0.08 = 0.26 \tag{6.28}$$

그리고

$$P(1s|1r) = \frac{(0.9)(0.2)}{0.26} = 0.69 \tag{6.29}$$

마찬가지로 $P(0s|1r)=0.31$, $P(0s|0r)=0.97$, $P(1s|0r)=0.03$이 된다. 연습 삼아 이 결과들을 구해보기 바란다.

■

6.1.6 나무 다이어그램

복합 사건 확률을 결정할 때, 특히 복합 사건이 시간에 따라 차례로 발생하는 형태를 가진다면, 나무 다이어그램을 이용하면 편리하다. 이 방법을 다음 예제를 통하여 설명한다.

예제 6.6

보통의 52장짜리 카드 한 벌에서 다섯 장의 카드를 뽑는다고 하자. 이때 한 번 뽑은 카드는 다시 넣지 않는다. 같은 숫자 카드가 세 장이 나올 확률은?

풀이

그림 6.2는 이 우연 실험의 나무 다이어그램이다. 첫 번째 뽑기에서는 X라고 표시된 숫자의 특별한 카드만 고려한다. 이 카드는 뽑힐 수도 있고 아닐 수도 있다. 두 번째 뽑기에서는 다음과 같은 네 가지 사건이 발생할 수 있다. 첫 번째에 X를 가진 카드가 뽑힌 경우, 첫 번째 카드와 같은 숫자의 카드를 뽑을 확률은 $\frac{3}{51}$이며, 다른 숫자가 뽑힐 확률은 $\frac{48}{51}$이다. 만약 첫 번째에 X가 아닌 다른 카드가 뽑혔다면, 두 번째 뽑기에서 X가 나올 확률은 $\frac{4}{51}$이다(그림 6.2의 아래쪽 반). 이제 50장의 카드가 남는다. 첫 번째에 X를 가진 카드가 뽑힌 경우, 첫 번째 카드와 같은 카드가 뽑힌 경우에 해당하는 위쪽 가지를 따라가 보면, 다시 두 가지 사건이 일어날 수 있다. 세 번째 뽑기에서 트리플인 경우로 또 하나의 같은 카드가 뽑힐 확률은 $\frac{2}{50}$이며, 첫 두 카드와 다른 카드가 뽑힐 경우의 확률은 $\frac{48}{50}$이다. 두 번째 뽑기에서 X와 다른 카드가 뽑힐 경우, 첫 번째 카드가 X였다면 세 번째 카드가 X일 확률은 $\frac{3}{50}$이고, 그렇지 않다면 세 번째 카드가 X일 확률은 $\frac{4}{50}$이다. 남은 가지들도 마찬가지로 채울 수 있다. 나무를 따른 각 경로는 성공 또는 실패로 나누어질 것이고, 특정 경로에 해당하는 확률은 각 경로를 따라 구해진 개별 확률들의 곱이 된다. 성공 사건에 해당하는 카드들의 특정 시퀀스는 또 다른 성공 사건에 해당하는 시퀀스들과는 상호 배타적이기 때문에 성공 사건을 구성하는 요소에 해당하는 경로를 따른 확률들의 곱을 모든 경로들에 대하여 단순히 합하면 된다. 특정 숫자를 가진 카드 X에 해당하는 이런 시퀀스뿐 아니라, X와 다른 숫자를 가지는 12가지 종류가 더 있으며, 각기 세 장이 연속적으로 나올 수 있다. 따라서 그림 6.2를 이용하여 얻은 결과에 13을 곱하면 된다. 그러므로 순서에는 관계없이 같은 숫자의 세 카드를 뽑을 확률은 다음과 같다.

$$\begin{aligned} P(\text{3 of a kind}) &= 13\frac{(10)(4)(3)(2)(48)(47)}{(52)(51)(50)(49)(48)} \\ &= 0.02257 \end{aligned} \tag{6.30}$$

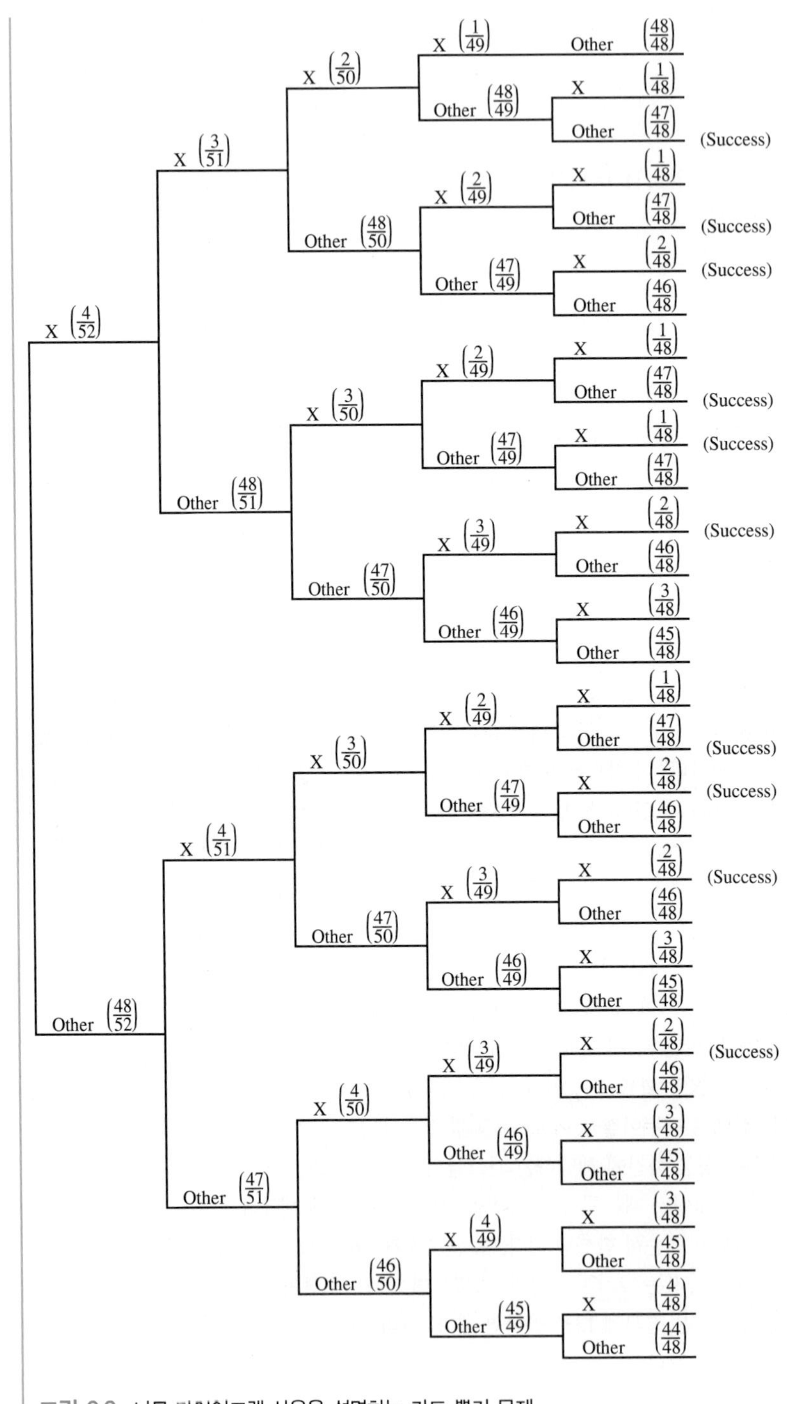

그림 6.2 나무 다이어그램 사용을 설명하는 카드 뽑기 문제

예제 6.7

나무 다이어그램 해법에 잘 맞는 문제 중에는 신뢰성 문제가 있다. 신뢰성 문제는 시스템이 여러 개의 부품들로 구성되어 있고, 각 부품의 고장 확률이 p인 경우, 시스템의 전체 고장률을 다루는 경우에 해당한다. 한 예가 그림 6.3에 나타나 있는데, 하나의 건전지가 직렬-병렬 릴레이 스위치를 거쳐서 부하에 연결되어 있으며, 각각의 고장 확률은 p(또는 정상 확률은 $q=1-p$)이다. 이제 문제는 부하에 전류가 흐를 확률을 찾는 것이다. 다이어그램을 보면, S1이나 S2가 닫히고 S3이 닫히면 회로는 정상이다. 따라서 다음과 같다.

$$\begin{aligned} P(\text{success}) &= P(\text{Sl or S2 and S3 closed}) \\ &= P(\text{S1 or S2 or both closed})P(\text{S3 closed}) \\ &= [1 - P(\text{both switches open})]P(\text{S3 closed}) \\ &= \left(1 - p^2\right) q \end{aligned} \tag{6.31}$$

여기서 각각의 스위치 동작은 통계적으로 독립이라고 가정하였다.

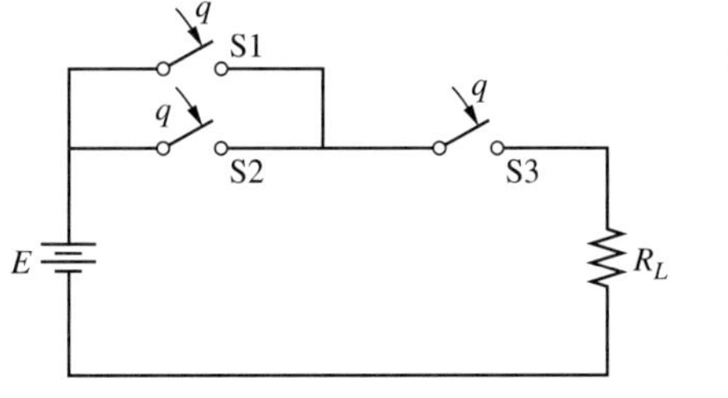

그림 6.3 신뢰도 계산을 설명하는 회로

■

6.1.7 일반적인 관계식들

이 절에서는 위에서 다루어진 내용들보다 더 일반적인 경우에 해당하는 몇 가지 유용한 공식들을 살펴볼 것이다. 상호 배타적인 복합 사건들 (A_i, B_j)로 구성되는 실험을 생각해보자. $i=1, 2, \cdots, M$, $j=1, 2, \cdots, N$에 이르는 모든 가능한 복합 사건들 전체가 표본 공간을 구성한다(즉 사건들이 '모두 포함되었다' 또는 '표본 공간의 분할 중 하나에 해당한다'라고 한다). 예를 들어, 실험이 (A_i, B_j)=(주사위 1에서 점의 개수, 주사위 2에서 점의 개수)를 복합 사건으로 가지는 주사위 한 쌍을 굴리는 것으로 구성될 수 있다.

결합 사건 (A_i, B_j)의 확률을 $P(A_i, B_j)$라고 하자. 각각의 복합 사건을 단순 사건으로 보고, 이러한 상호 배타적이며 전체의 표본 공간을 구성하는 사건들의 확률을 모두 합하면 모든 가능한 결과들의 확률이 포함되기 때문에 확률은 1이 된다. 즉

$$\sum_{i=1}^{M} \sum_{j=1}^{N} P(A_i, B_j) = 1 \tag{6.32}$$

이제 특정 사건 B_j에 대하여 생각해보자. 이 특정 사건에는 상호 배타적이지만 가능한 모든 결과들을 포함하지는 못하는 M개의 가능한 결과들 $(A_1, B_j), (A_2, B_j), \cdots, (A_M, B_j)$로 구성된다. 이때 해당 확률들의 합을 구하면, A에 대한 결과와는 상관없는 확률 B_j를 구할 수 있다.

$$P(B_j) = \sum_{i=1}^{M} P(A_i, B_j) \tag{6.33}$$

마찬가지 논리로

$$P(A_i) = \sum_{j=1}^{N} P(A_i, B_j) \tag{6.34}$$

$P(A_i)$와 $P(B_j)$를 **부분 확률**(marginal probability)이라고 한다.

A_n이 주어지고 B_m이 일어날 조건부 확률 $P(B_m|A_n)$을 구해보자. 조건부 확률을 결합 확률 $P(A_i, B_j)$를 사용하여 나타내면

$$P(B_m|A_n) = \frac{P(A_n, B_m)}{\sum_{j=1}^{N} P(A_n, B_j)} \tag{6.35}$$

이며, 이 식은 식 (6.10)보다 조금 더 일반화된 형태의 베이즈 규칙이다.

예제 6.8

표 6.1에 어떤 실험의 결합 확률과 부분 확률들이 나타나 있다. 누락된 확률들을 구하라.

풀이

$P(B_1) = P(A_1, B_1) + P(A_2, B_1)$을 이용하면 $P(B_1) = 0.1 + 0.1 = 0.2$를 구할 수 있다. 또 $P(B_1) + P(B_2) + P(B_3) = 1$이기 때문에 $P(B_3) = 1 - 0.2 - 0.5 = 0.3$이 된다. 마지막으로 $P(A_1, B_3) + P(A_2, B_3) = P(B_3)$을 이용하면 $P(A_1, B_3) = 0.3 - 0.1 = 0.2$가 되며, 그러므로 $P(A_1) = 0.1 + 0.4 + 0.2 = 0.7$이 된다.

표 6.1 $P(A_i, B_j)$

B_j / A_i	B_1	B_2	B_3	$P(A_i)$
A_1	0.1	0.4	?	?
A_2	0.1	0.1	0.1	0.3
$P(B_j)$	?	0.5	?	1

■

6.2 랜덤변수와 관련 함수

6.2.1 랜덤변수

확률의 응용에 있어서, 비수치적인 결과들(예를 들어, 부품의 고장)보다는 수치적인 결과들(예를 들어, 디지털 데이터 메시지에서의 오류의 개수)을 이용하는 것이 편리할 때가 종종 있다. 이런 이유로 우연 실험 각각의 결과에 수치값을 부여하는 규칙에 해당하는 **랜덤변수**라는 개념을 도입한다(**랜덤변수**는 부적절한 명칭이다. 실제로 랜덤변수는 함수이다. 왜냐하면 한 집합의 구성 원소들을 또 다른 집합의 요소들에 할당하는 규칙이기 때문이다).

한 예로 하나의 동전 던지기를 생각해보자. 표 6.2는 랜덤변수들의 가능한 할당 예들이다. 이는 **이산 랜덤변수**의 예이고, 그림 6.4(a)에 설명되어 있다.

연속 랜덤변수의 한 예로 아이들의 놀이에서 흔히 볼 수 있는 포인터 돌리기를 생각해보자. 한 가지 가능한 랜덤변수는 포인터가 정지했을 때 포인터가 수직 방향에 대하여 이루는 라디안 단위의 각 Θ_1이 될 수 있을 것이다. 이렇게 정의된 Θ_1은 포인터가 회전함에 따라 연속적으로 증가하는 값을 갖는다. 두 번째로 가능한 랜덤변수는 Θ_2인데, 이것은 Θ_1에서 2π 라디안의 정수 배를 뺀 값으로 $0 \le \Theta_2 < 2\pi$이며, 보통 Θ_1 모듈로(modulo) 2π로 표시한다. 위의 두 가지 랜덤변수들이 그림 6.4(b)에 도시되어 있다.

이쯤에서 이 책의 대부분에서 따르게 될 관례들을 정할 것이다. 대문자(X, Θ 등)는 랜덤변수를 나타내고, 상응하는 소문자(x, θ 등)는 **랜덤변수가 갖는 값 또는 운전값**을 나타낸다.

6.2.2 확률 (누적) 분포 함수

이산 랜덤변수 및 연속 랜덤변수에 대하여 동일하게 적용이 가능하도록 랜덤변수를 확률적으로 기술하는 어떤 방법이 필요하다. 이를 위한 한 가지 방법이 **누적 분포 함수**(cumulative distribution function, cdf)를 이용하는 것이다.

랜덤변수 X가 정의되는 우연 실험에 대해서 생각해보자. cdf $F_X(x)$는 다음과 같이 정의된다.

$$F_X(x) = \text{probability that } X \le x = P(X \le x) \tag{6.36}$$

$F_X(x)$는 x의 함수이지, 랜덤변수 X의 함수가 아니라는 것에 유의해야 한다. 그러나 $F_X(x)$ 또한

표 6.2 가능한 랜덤변수들

Outcome : S_i	R.V. No. 1 : $X_1(S_i)$	R.V. No. 2 : $X_2(S_i)$
S_1 = heads	$X_1(S_1) = 1$	$X_2(S_1) = \pi$
S_2 = tails	$X_1(S_2) = -1$	$X_2(S_2) = \sqrt{2}$

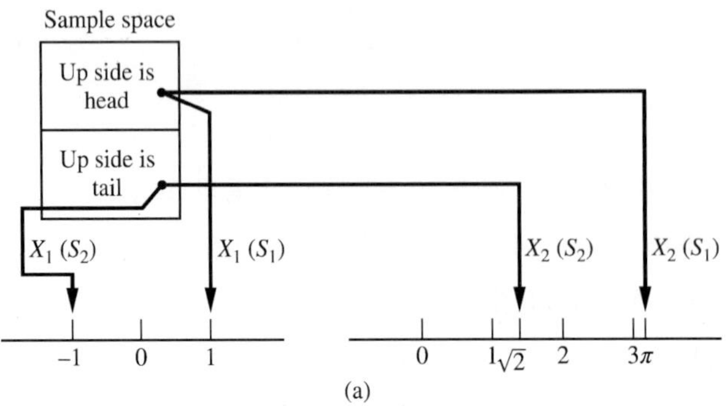

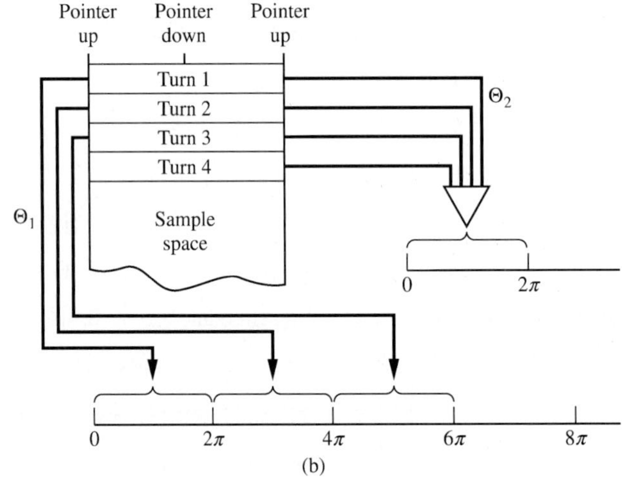

그림 6.4 표본 공간과 랜덤변수의 도식적 표현. (a) 동전 던지기 실험, (b) 포인터 돌리기 실험

아랫첨자로 표시된 랜덤변수 X의 할당에 따라 달라진다.

cdf는 다음과 같은 특성을 갖는다.

성질 1. $0 \le F_X(x) \le 1$, $F_X(-\infty)=0$이고 $F_X(\infty)=1$이다.

성질 2. $F_X(x)$는 우측에서 연속이다. 즉 $\lim_{x \to x_{0^+}} F_X(x)=F_X(x_0)$.

성질 3. $F_X(x)$는 x의 비감소 함수이다. 즉 $x_1<x_2$이면 $F_X(x_1) \le F_X(x_2)$이다.

위의 성질들에 대한 타당성은 다음에서 입증될 것이다.

$F_X(x)$는 확률이기 때문에 앞서 다루었던 공리들을 이용하면 0과 1을 포함하여 그 사이의 값들을 가져야 한다. $X=-\infty$는 실험의 모든 가능한 결과들을 배제하기 때문에 $F_X(-\infty)=0$이고, $X=\infty$에서는 실험의 모든 가능한 결과들을 포함하기 때문에 $F_X(\infty)=1$이 된다. 이러한 사실은 성질 1을 입증한다.

$x_1<x_2$인 경우에 사건 $X \le x_1$과 사건 $x_1<X \le x_2$는 상호 배타적이며, $X \le x_2$이면 $X \le x_1$과 $x_1<X \le x_2$의 논리합이 된다. 그러므로 공리 3에 의해서

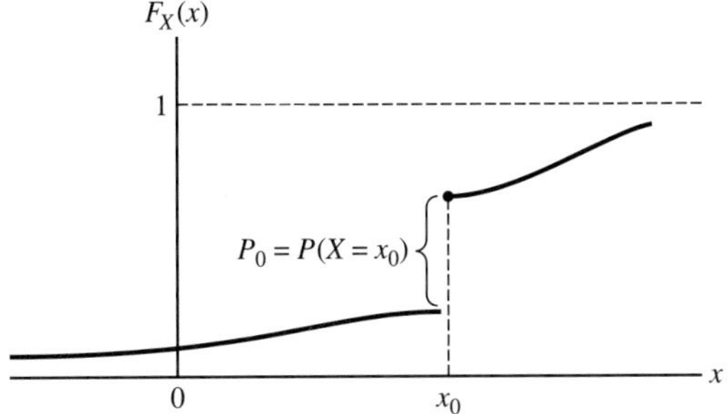

그림 6.5 $F_X(x)$의 도약 성질에 대한 설명

$$P\left(X \le x_2\right) = P\left(X \le x_1\right) + P\left(x_1 < X \le x_2\right)$$

또는

$$P\left(x_1 < X \le x_2\right) = F_X\left(x_2\right) - F_X(x_1) \tag{6.37}$$

확률은 음이 아니기 때문에 식 (6.37)의 왼쪽 항은 음이 아니다. 그러므로 성질 3이 성립됨을 알 수 있다.

우연속 특성의 타당성은 다음과 같다. 랜덤변수 X의 확률 P_0를 갖는 값 x_0가 있다고 하고, $P(X \le x)$에 대하여 살펴보자. 만일 $x < x_0$이면 x가 x_0에 아주 근접한다 할지라도 사건 $X = x_0$는 포함되지 않는다. $x = x_0$일 때는 확률 P_0로 발생하는 사건 $X = x_0$를 포함한다. 사건 $X \le x < x_0$와 사건 $X = x_0$는 상호 배타적이기 때문에 $P(X \le x)$는 그림 6.5에서와 같이 $x = x_0$일 때, P_0만큼 도약해야 한다. 그러므로 $F_X(x) = P(X \le x)$는 우측에서 연속이다. 이것은 그림 6.5에 도약한 우측의 곡선상에 점으로 표시되어 있다. 더욱 유용한 것은 x_0에서 $F_X(x)$의 도약의 크기가 $X = x_0$에 해당하는 확률이라는 사실이다.

6.2.3 확률 밀도 함수

식 (6.37)로부터 랜덤변수의 cdf가 확률을 계산하는 데 완전하고 유용하다는 사실을 알았다. 그러나 통계적 평균을 계산하는 데는 랜덤변수 X의 확률 밀도 함수(pdf) $f_X(x)$가 더 편리하다. 랜덤변수 X의 pdf는 X의 cdf를 이용하여 다음과 같이 정의된다.

$$f_X(x) = \frac{dF_X(x)}{dx} \tag{6.38}$$

이산 랜덤변수의 누적 분포 함수는 불연속이기 때문에, 수학적으로 불연속점들에서 pdf는 존재하지 않는다. 불연속점에서 도약 불연속 함수의 도함수를 도약의 크기와 같은 델타 함수로 나타냄으로써, 이산 랜덤변수에 대한 pdf를 정의할 수 있다. 어떤 책들에서는 **확률 질량 함수**

(probability mass function)를 정의함으로써 이 문제를 피하였고, 여기서 확률 질량 함수는 랜덤변수가 가질 수 있는 값들에 해당되는 확률 값들과 같은 크기를 갖는 선들로 구성된다.

$F_X(-\infty)=0$이라는 것을 상기하면 식 (6.38)에서 다음을 알 수 있다.

$$F_X(x) = \int_{-\infty}^{x} f_X(\eta)\, d\eta \tag{6.39}$$

즉 $-\infty$에서 x까지 구간에서 pdf 아래의 면적은 랜덤변수가 x와 같거나 작은 값을 갖는 확률과 같다.

식 (6.38), 식 (6.39), $F_X(x)$에 대한 성질로부터 pdf는 다음과 같은 성질을 갖는 것을 알 수 있다.

$$f_X(x) = \frac{d F_X(x)}{dx} \geq 0 \tag{6.40}$$

$$\int_{-\infty}^{\infty} f_X(x)\, dx = 1 \tag{6.41}$$

$$P\left(x_1 < X \leq x_2\right) = F_X(x_2) - F_X(x_1) = \int_{x_1}^{x_2} f_X(x)\, dx \tag{6.42}$$

$f_X(x)$에 대해서 분명하고 유용한 또 하나의 해석을 하기 위해서 식 (6.42)에서 $x_1=x-dx$와 $x_2=x$인 경우를 고려해보자. 적분은 $f_X(x)dx$가 되며 다음과 같다.

$$f_X(x)\, dx = P(x - dx < X \leq x) \tag{6.43}$$

즉 $f_X(x)$가 x에서 연속인 경우에 어떤 점 x에 해당되는 pdf 값에 dx를 곱한 것은 랜덤변수 X가 x 주변에서 극소 범위 내에 있는 확률을 나타낸다.

다음의 두 예제들은 각각 이산인 경우와 연속인 경우의 cdf와 pdf를 설명하고 있다.

예제 6.9

두 개의 공정한 동전을 던진다고 가정하고 X는 앞면이 나오는 개 하자. 가능한 결과들, 즉 해당하는 X 값들과 각각의 확률들이 표 6.3에 정리되어 있다. 그림 6.6은 이 실험의 cdf와 pdf, 그리고 랜덤변수 정의를 나타내고 있으며, 이 그림을 자세히 관찰하면 이산 랜덤변수의 cdf와 pdf 성질들이 만족되고 있음을 볼 수 있다. 한 가지 강조할 점은 랜덤변수의 정의나 부여되는 확률 값들이 달라지면 cdf와 pdf도 달라진다는 것이다.

표 6.3 결과들과 확률들

Outcome	X	$P(X=x_j)$
TT	$x_1=0$	$\frac{1}{4}$
TH, HT	$x_2=1$	$\frac{1}{2}$
HH	$x_3=2$	$\frac{1}{4}$

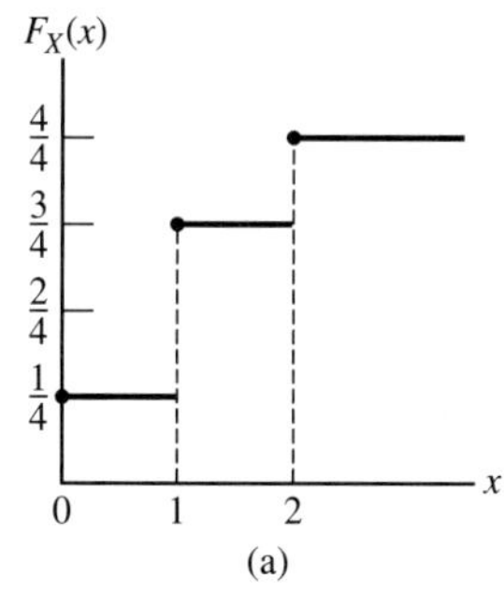

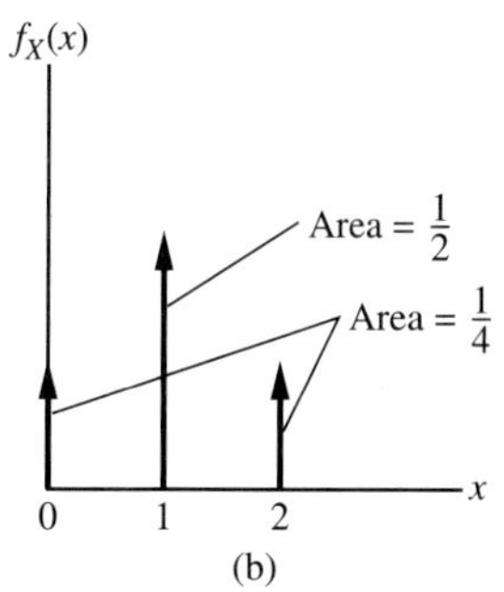

그림 6.6 동전 던지기 실험의 (a) cdf, (b) pdf

예제 6.10

앞에서 나왔던 포인터 돌리기 실험에서, 모든 정지점들은 일어날 가능성이 동일하고, 랜덤변수 Θ는 포인터가 수직 방향과 이루는 각을 모듈로 2π 연산을 취한 값으로 정의하자. 따라서 Θ는 $[0, 2\pi)$ 범위로 한정되어 있으며, $[0, 2\pi)$ 범위 내의 임의의 두 각 θ_1, θ_2에 대하여 다음 식이 만족한다.

$$P(\theta_1 - \Delta\theta < \Theta \leq \theta_1) = P(\theta_2 - \Delta\theta < \Theta \leq \theta_2) \tag{6.44}$$

이 결과는 포인터가 $[0, 2\pi)$ 범위 내의 어느 각에서나 멈출 수 있는 우도가 동일하다는 가정에서 비롯된 것이다. 식 (6.43)을 이용해서 pdf $f_\Theta(\theta)$를 나타내면 다음과 같이 쓸 수 있다.

$$f_\Theta(\theta_1) = f_\Theta(\theta_2),\ 0 \leq \theta_1,\ \theta_2 < 2\pi \tag{6.45}$$

따라서 $f_\Theta(\theta)$는 구간 $[0, 2\pi)$에서는 일정한 값으로 유지되고, 구간 $[0, 2\pi)$ 밖에서는 $f_\Theta(\theta)$는 모듈로 2π 연산의 결과로 인하여 0이 된다(이는 각이 0 미만이거나 2π 이상일 수 없다는 것을 의미한다). 식 (6.41)에 따라 pdf는 다음과 같다.

$$f_\Theta(\theta) = \begin{cases} \frac{1}{2\pi}, & 0 \leq \theta < 2\pi \\ 0, & \text{otherwise} \end{cases} \tag{6.46}$$

pdf $f_\Theta(\theta)$를 그림 6.7(a)에 그래프로 나타내었다. cdf $F_\Theta(\theta)$는 그림 6.7(b)에서 보는 바와 같이, $f_\Theta(\theta)$를 그래프 상으로 적분함으로써 쉽게 구해질 수 있다.

이들 그래프들을 이용하는 방법을 설명하기 위하여, 바늘이 구간 $[\frac{1}{2}\pi, \pi]$ 내의 임의의 지점에 멈추게

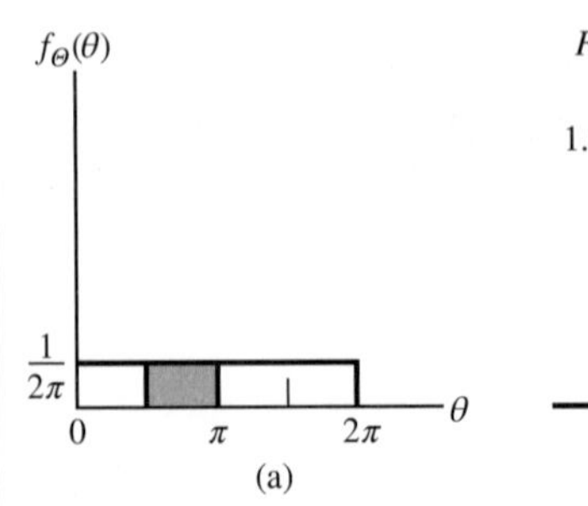

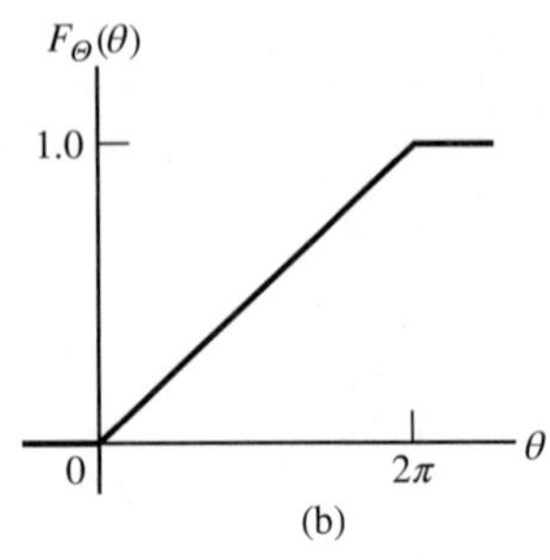

그림 6.7 포인터 돌리기 실험에 대한 (a) pdf, (b) cdf

될 확률을 구하고자 한다. 원하는 확률은 그림 6.7(a)에서 그늘진 부분, 즉 $\frac{1}{2}\pi$에서 π까지의 pdf 곡선 아래 부분의 면적을 구하거나, cdf 커브로부터 $\theta=\pi$에 해당하는 세로 값에서 $\theta=\frac{1}{2}\pi$에 해당하는 세로 값을 뺌으로써 구할 수 있다. 그렇지만 바늘이 정확히 $\frac{1}{2}\pi$에 멈출 확률은 0이 된다. ■

6.2.4 결합 cdf와 결합 pdf

어떤 우연 실험들은 두 개 또는 그 이상의 랜덤변수들을 이용하여 특성을 나타내야 한다. cdf 또는 pdf 개념은 이러한 경우에도 쉽게 확장될 수 있다. 간단히 랜덤변수가 두 개인 경우만 다루기로 하자.

한 가지 예로 그림 6.8에 도식되어 있는 바와 같이 다트를 과녁을 향해 반복해서 던지는 우연 실험에 대해서 생각해 보자. 다트가 과녁에 맞는 지점은 두 개의 수로 나타내어야 한다. 이 예에서는 충격지점을 두 개의 랜덤변수 X와 Y로 나타내고, 각각의 값들은 과녁의 중심을 원점으로 설정하는 경우에 다트가 꽂히는 지점의 xy좌표지점에 해당한다.

X와 Y의 결합 cdf는 다음과 같이 정의된다.

$$F_{XY}(x, y) = P(X \le x, Y \le y) \tag{6.47}$$

여기서 콤마는 '논리곱(and)'을 의미한다. X와 Y의 결합 pdf는 다음과 같다.

$$f_{XY}(x, y) = \frac{\partial^2 F_{XY}(x, y)}{\partial x \, \partial y} \tag{6.48}$$

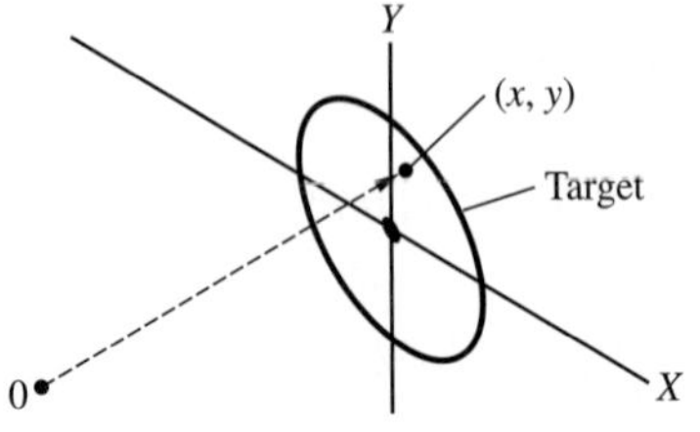

그림 6.8 다트 던지기 실험

단일 랜덤변수 경우에서와 마찬가지로 다음과 같이 주어짐을 보일 것이며,

$$P(x_1 < X < x_2, y_1 < Y \leq y_2) = \int_{y_1}^{y_2} \int_{x_1}^{x_2} f_{XY}(x, y)\, dx\, dy \tag{6.49}$$

이는 식 (6.42)의 2차원 등가식이다. 위 식에서 $x_1 = y_1 = -\infty$와 $x_2 = y_2 = \infty$로 놓으면, 전체 표본 공간을 포함하게 되므로 다음의 관계를 얻을 수 있다.

$$F_{XY}(\infty, \infty) = \int_{-\infty}^{\infty} \int_{-\infty}^{\infty} f_{XY}(x, y)\, dx\, dy = 1 \tag{6.50}$$

또한 식 (6.49)에서 $x_1 = x - dx$, $x_2 = x$, $y_1 = y - dy$, $y_2 = y$로 놓으면, 다음과 같은 특별한 관계를 얻을 수 있다.

$$f_{XY}(x, y)\, dx\, dy = P(x - dx < X \leq x, y - dy < Y \leq y) \tag{6.51}$$

따라서 연속 pdf라고 가정하면, x 주변의 극소 구간 내에 X가 있고 동시에 y 주변의 극소 구간 내에 Y가 있을 확률은 $f_{XY}(x, y)dxdy$이다.

결합 cdf 또는 결합 pdf가 주어지면, 랜덤변수들 중 어느 하나의 cdf 또는 pdf를 다음과 같이 구할 수 있다. Y 값과 무관한 X의 cdf는 다음과 같이 간단히 주어진다.

$$\begin{aligned} F_X(x) &= P(X \leq x, -\infty < Y < \infty) \\ &= F_{XY}(x, \infty) \end{aligned} \tag{6.52}$$

마찬가지 논리로 Y만의 cdf는 다음과 같다.

$$F_Y(y) = F_{XY}(\infty, y) \tag{6.53}$$

여기서 $F_X(x)$와 $F_Y(y)$를 부분 cdf라고 한다. 식 (6.49)와 식 (6.50)를 이용하면 식 (6.52)와 식 (6.53)은 각각

$$F_X(x) = \int_{-\infty}^{\infty} \int_{-\infty}^{x} f_{XY}(x', y')\, dx'\, dy' \tag{6.54}$$

그리고

$$F_Y(y) = \int_{-\infty}^{y} \int_{-\infty}^{\infty} f_{XY}(x', y')\, dx'\, dy' \tag{6.55}$$

와 같이 나타낼 수 있다.

$$f_X(x) = \frac{dF_X(x)}{dx}, \quad f_Y(y) = \frac{dF_Y(y)}{dy} \tag{6.56}$$

이기 때문에, 식 (6.54)와 식 (6.55)로부터 각각

$$f_X(x) = \int_{-\infty}^{\infty} f_{XY}(x, y')\, dy' \tag{6.57}$$

그리고

$$f_Y(y) = \int_{-\infty}^{\infty} f_{XY}(x', y)\, dx' \tag{6.58}$$

을 구할 수 있다. 따라서 결합 pdf $f_{XY}(x, y)$로부터 부분 pdf들 $f_X(x)$와 $f_Y(y)$를 구하기 위해서는 원하지 않는 변수(혹은 세 개 이상의 랜덤변수가 있는 경우에는 원하지 않는 모든 랜덤변수들)에 대해서는 간단히 적분하여 없앤다. 그래서 결합 cdf 또는 pdf는 결합 랜덤변수들 X와 Y에 대한 모든 가능한 정보를 가지고 있다. 세 개 이상의 변수에 대해서도 마찬가지 결과들을 얻을 수 있다.

만일 하나의 랜덤변수의 값들이 다른 랜덤변수의 값들에 영향을 주지 않으면, 두 개의 랜덤변수들이 통계적 독립(또는 간단히 독립)이라고 한다. 따라서 어떤 x와 y에 대해서도 다음 식은 항상 성립해야 한다.

$$P(X \le x, Y \le y) = P(X \le x)P(Y \le y) \tag{6.59}$$

또한 cdf에 대해서는 다음을 만족해야 한다.

$$F_{XY}(x, y) = F_X(x)F_Y(y) \tag{6.60}$$

즉 독립 랜덤변수들의 결합 cdf는 개별적인 부분 cdf들의 곱으로 인수분해된다. 식 (6.59)의 양변을 처음에는 x에 대해서 이어서 y에 대해서 미분하고, pdf 정의를 사용하면

$$f_{XY}(x, y) = f_X(x)f_Y(y) \tag{6.61}$$

을 얻을 수 있으며, 독립 랜덤변수들의 결합 pdf 또한 인수분해 되는 것을 보여 준다. 두 개의 랜덤변수들이 독립이 아닌 경우, 결합 pdf는 두 개의 조건부 pdf들 $f_{X|Y}(x|y)$와 $f_{Y|X}(y|x)$을 사용하여 표현할 수 있다.

$$\begin{aligned} f_{XY}(x, y) &= f_X(x)\, f_{Y|X}(y|x) \\ &= f_Y(y)\, f_{X|Y}(x|y) \end{aligned} \tag{6.62}$$

이 관계식들이 두 개의 랜덤변수들의 조건부 pdf들을 정의한다. $f_{X|Y}(x|y)$을 직관적으로 해석해 보면 다음과 같다.

$$f_{X|Y}(x|y)dx = P(x - dx < X \leq x \text{ given } Y = y) \tag{6.63}$$

$f_{Y|X}(y|x)$에 대해서도 마찬가지로 생각할 수 있다. X와 Y가 종속이면 Y 값에 따라 X의 확률 분포가 영향을 받게 되므로 식 (6.62)는 타당하다. 그러나 X와 Y가 독립이면 랜덤변수들 중 하나에 대한 정보로부터 다른 랜덤변수에 대해서는 아무것도 알 수가 없다. 그러므로 독립 랜덤변수들에 대해서는 다음의 관계가 성립한다.

$$f_{X|Y}(x|y) = f_X(x) \text{ and } f_{Y|X}(y|x) = f_Y(y), \text{ independent random variables} \tag{6.64}$$

이 관계는 통계적 독립에 대한 또 다른 정의로서 사용될 수 있다. 다음 예제에서 앞서 소개된 개념들에 대하여 설명할 것이다.

예제 6.11

두 개의 랜덤변수들 X와 Y의 결합 pdf는 다음과 같다.

$$f_{XY}(x, y) = \begin{cases} Ae^{-(2x+y)}, & x, y \geq 0 \\ 0, & \text{otherwise} \end{cases} \tag{6.65}$$

여기서 A는 상수이며, 다음 관계를 이용하여 계산할 수 있다.

$$\int_{-\infty}^{\infty}\int_{-\infty}^{\infty} f_{XY}(x, y)\,dx\,dy = 1 \tag{6.66}$$

$$\int_{0}^{\infty}\int_{0}^{\infty} e^{-(2x+y)}\,dx\,dy = \frac{1}{2} \tag{6.67}$$

이기 때문에 $A=2$가 된다. 식 (6.57)과 식 (6.58)로부터 부분 pdf들을 구하면 다음과 같다.

$$\begin{aligned} f_X(x) &= \int_{-\infty}^{\infty} f_{XY}(x, y)\,dy = \begin{cases} \int_0^\infty 2e^{-(2x+y)}dy, & x \geq 0 \\ 0, & x < 0 \end{cases} \\ &= \begin{cases} 2e^{-2x}, & x \geq 0 \\ 0, & x < 0 \end{cases} \end{aligned} \tag{6.68}$$

$$f_Y(y) = \begin{cases} e^{-y}, & y \geq 0 \\ 0, & y < 0 \end{cases} \tag{6.69}$$

이들 결합 pdf와 부분 pdf들은 그림 6.9에 나타나 있다. 이 결과들로부터 $f_{XY}(x, y)=f_X(x)f_Y(y)$이기 때문

예제 6.2

공정한 동전 두 개를 동시에 던지는 실험에서, 한 가지 예로 HT는 첫째 동전은 앞면이고 둘째 동전은 뒷면이 나오는 경우를 나타낸다고 하자. 따라서 한 번의 시도에서 나올 수 있는 결과들은 HH, HT, TH, TT이다. (동전에 숫자를 적어 두 개의 동전을 구별하는 것이 가능하다고 하자.) 이 실험에서 매 시도에서 두 개의 앞면이 나올 확률은?

풀이

각각의 동전을 구별할 수 있다면, 동일 우도 방법을 이용하면 정답은 $\frac{1}{4}$이 된다. 같은 방법으로, $P(\text{HT}) = P(\text{TH}) = P(\text{TT}) = \frac{1}{4}$이 된다. ■

6.1.3 표본 공간과 확률 공리들

앞선 두 가지 확률 정의들에 대하여 언급된 문제점들 때문에, 수학자들은 공리를 토대로 확률에 접근하는 것을 선호한다. 이 절에서는 동일 우도 정의 및 상대 도수 정의를 모두 아우르기에 충분한 일반적인 공리적 접근법을 간략히 다룰 것이다.

우연 실험은 가능한 실험 결과들을 '표본 공간 S'라고 부르는 공간의 원소들로 표현함으로써 기하학적으로 나타낼 수 있다. 결과들의 집합을 사건이라고 정의하며, 아무런 결과들을 포함하지 않는 집합을 공사건, ϕ이라고 한다. 그림 6.1(a)는 하나의 표본 공간을 나타낸 것이다. 전체 표본 공간을 포함하지 않는 세 개의 사건 A, B, C가 있다.

구체적인 예로 전원 공급기 출력단에서 직류 (DC) 전압을 측정하는 우연 실험을 구성해볼 수 있다. 이 실험에서 표본 공간은 전압의 모든 발생 가능한 수치적인 값들의 집합일 것이다. 반면 예제 6.2와 같이 두 개의 동전을 동시에 던지는 실험에서는 표본 공간은 이미 나열되었던 네 가지 결과 HH, HT, TH, TT로 구성될 것이다. 그림 6.1(b)에는 이 실험에 해당하는 표본 공간 표현이며, 관심 있는 두 개의 사건 A와 B도 나타나 있다. 사건 A는 최소 한 개가 앞면인 경우이고, 사건 B는 두 개가 동일한 면을 보이는 경우이다. 사건 A와 B는 이 특정한 예의 모든 가능한 결과들을 포함하는 것에 주목하라.

더 진행하기에 앞서, 집합 이론의 유용한 개념들을 정리해 보기로 하자. 'A 또는 B 또는 모

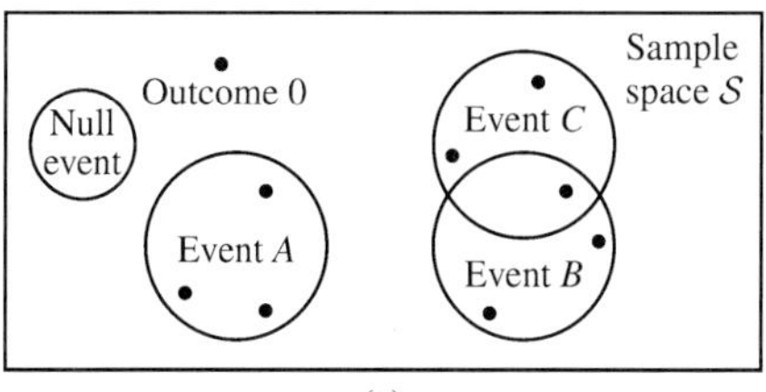

(a)

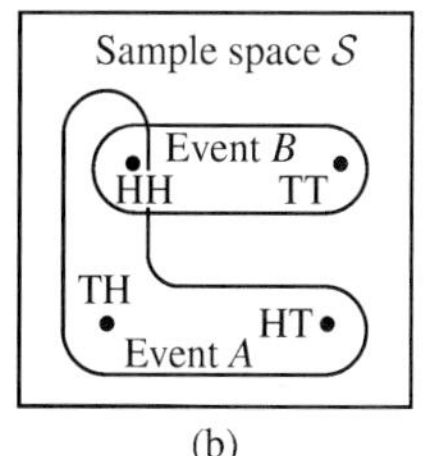

(b)

그림 6.1 표본 공간. (a) 임의의 표본 공간에 대한 도식적 표현. 점은 결과를 나타내고 원은 사건을 나타낸다. (b) 두 개의 동전을 던지는 실험에 대한 표본 공간 표현

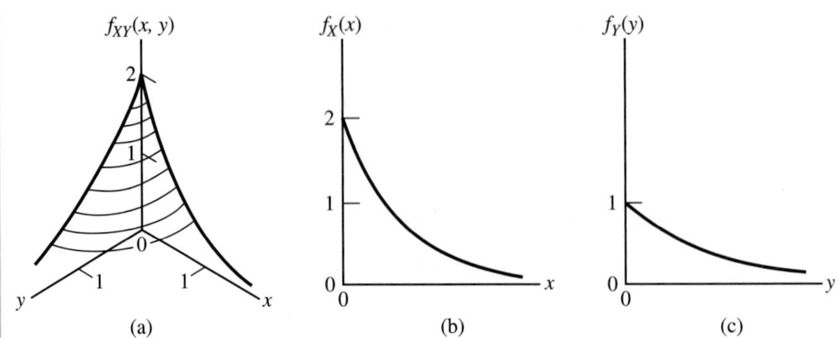

그림 6.9 두 개의 랜덤변수들에 대한 결합 pdf 및 부분 pdf들. (a) 결합 pdf, (b) X에 대한 부분 pdf, (c) Y에 대한 부분 pdf

에 X와 Y는 통계적으로 독립이라고 할 수 있다.

식 (6.49)와 식 (6.47)을 이용하면 결합 cdf는 두 개의 변수들에 대해서 결합 pdf를 적분함으로써 다음과 같이 구할 수 있다.

$$F_{XY}(x, y) = \int_{-\infty}^{y}\int_{-\infty}^{x} f_{XY}(x', y')\, dx', dy' = \begin{cases} (1 - e^{-2x})(1 - e^{-y}), & x, y \geq 0 \\ 0, & \text{otherwise} \end{cases} \tag{6.70}$$

혼동을 피하기 위하여 적분에는 매개변수을 사용하고 있으며, $F_{XY}(-\infty, -\infty)=0$은 일어날 수 없는 사건에 대한 확률에 해당하고, $F_{XY}(\infty, \infty)=1$은 모든 가능한 결과들을 포함하는 경우에 해당하는 것에 주목해야 한다. 또한 $F_{XY}(x, y)$에 대한 결과를 사용하여

$$F_X(x) = F_{XY}(x, \infty) = \begin{cases} (1 - e^{-2x}), & x \geq 0 \\ 0, & \text{otherwise} \end{cases} \tag{6.71}$$

그리고

$$F_Y(y) = F_{XY}(\infty, y) = \begin{cases} (1 - e^{-y}), & y \geq 0 \\ 0, & \text{otherwise} \end{cases} \tag{6.72}$$

를 구할 수 있다. 통계적으로 독립인 랜덤변수에 대하여 그래야 하는 것같이 결합 cdf가 부분 cdf들의 곱으로 분해됨을 알 수 있다.

조건부 pdf들은 다음과 같다.

$$f_{X|Y}(x|y) = \frac{f_{XY}(x, y)}{f_Y(y)} = \begin{cases} 2e^{-2x,} & x \geq 0 \\ 0, & x < 0 \end{cases} \tag{6.73}$$

그리고

$$f_{Y|X}(y|x) = \frac{f_{XY}(x, y)}{f_X(x)} = \begin{cases} e^{-y}, & y \geq 0 \\ 0, & y < 0 \end{cases} \tag{6.74}$$

독립 랜덤변수의 경우에서와 같이 이 조건부 pdf들이 각각의 부분 pdf들과 같다.

■

예제 6.12

결합 pdf들을 정규화하며, 결합 pdf들로부터 부분 pdf들을 구하고, 해당 랜덤변수들이 통계적으로 독립인지를 알아보는 일련의 과정들을 예를 들어 설명하기 위하여, 다음의 결합 pdf를 사용해보자.

$$f_{XY}(x, y) = \begin{cases} \beta xy, \ 0 \leq x \leq y, \ 0 \leq y \leq 4 \\ 0, \quad \text{otherwise} \end{cases} \tag{6.75}$$

독립이 되기 위해서는 결합 pdf가 부분 pdf들의 곱이 되어야 한다.

풀이

이 예제는 랜덤변수들에 대한 범위들 때문에 다소 까다로우며, 그림 6.10에는 pdf가 그려져 있다. 먼저 x와 y의 모든 범위에 대해서 $f_{XY}(x, y)$를 적분하여 pdf 아래의 체적이 1로 정규화되도록 상수 β를 구한다.

$$\begin{aligned} \beta \int_0^4 y \left[\int_0^y x \, dx \right] dy &= \beta \int_0^4 y \frac{y^2}{2} \, dy \\ &= \beta \left. \frac{y^4}{2 \times 4} \right|_0^4 \\ &= 32\beta = 1 \end{aligned}$$

따라서 $\beta = \frac{1}{32}$이다.

다음으로 부분 pdf들을 구해 보자. 그림 6.10을 보고 적분범위들을 적절하게 설정하여 먼저 x에 대하여 적분하면

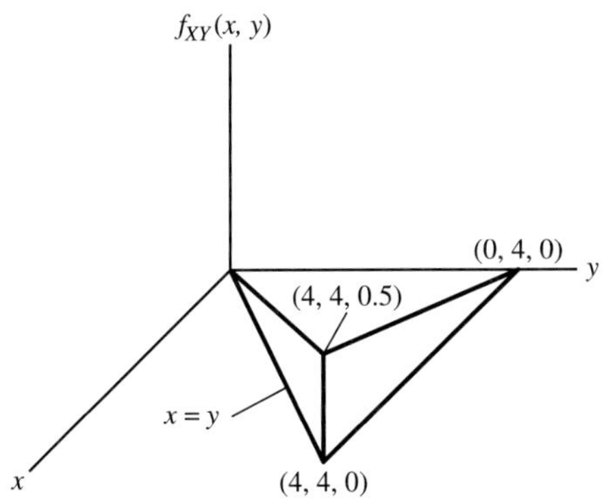

그림 6.10 예제 6.12에 대한 확률 밀도 함수

$$f_Y(y) = \int_0^y \frac{xy}{32}\,dx, \quad 0 \le y \le 4$$
$$= \begin{cases} y^3/64, & 0 \le y \le 4 \\ 0, & \text{otherwise} \end{cases} \tag{6.76}$$

을 얻는다. 마찬가지 방법으로 X에 대한 pdf도 다음과 같이 구할 수 있다.

$$f_X(x) = \int_x^4 \frac{xy}{32}\,dy, \quad 0 \le y \le 4$$
$$= \begin{cases} (x/4)\left[1-(x/4)^2\right] & 0 \le x \le 4 \\ 0, & \text{otherwise} \end{cases} \tag{6.77}$$

두 개의 부분 pdf들을 적분하면 1이 되는 것을 보이는 것은 어렵지 않다.

두 개의 부분 pdf들의 곱이 결합 pdf와 같지 않기 때문에 랜덤변수들 X와 Y는 통계적으로 독립이 아니다.

■

6.2.5 랜덤변수의 변환

랜덤변수 X의 pdf(또는 cdf)를 알고 있을 때, 아래 식에서 예를 든 것 같은 X의 함수로 정의되는 두 번째 랜덤변수 Y의 pdf를 구해야 하는 경우를 종종 만나게 된다.

$$Y = g(X) \tag{6.78}$$

처음에는 $g(X)$가 인수의 단조 함수인 경우(예를 들면, $-\infty$에서 ∞까지의 독립변수 범위에서 Y가 감소하지 않거나 증가하지 않는 경우)를 다루지만, 이런 제한은 곧 없어질 것이다.

그림 6.11은 전형적인 단조 함수를 나타낸다. 이때 $y=g(x)$이므로 X가 $(x-dx,\ x)$ 범위에 있을 확률은 Y가 $(y-dy,\ y)$ 범위에 있을 확률과 같다. 그러므로 $g(x)$가 단조 증가이면, 식 (6.43)을 사용하여

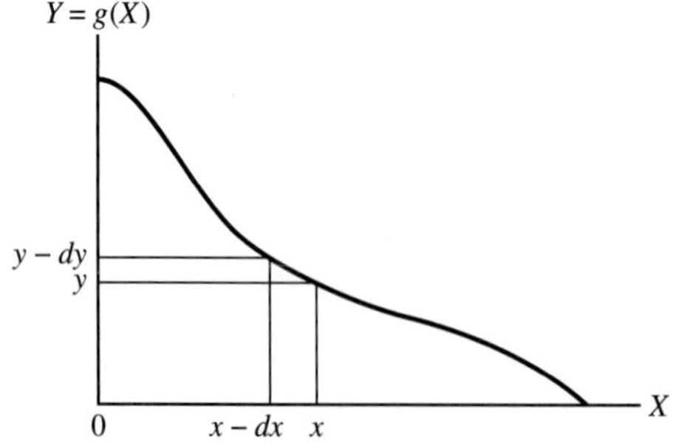

그림 6.11 랜덤변수의 전형적인 단조 변환

$$f_X(x)\,dx = f_Y(y)\,dy \tag{6.79}$$

를 얻을 수 있고, $g(X)$가 단조 감소이면 x의 증가는 y의 감소로 나타나므로

$$f_X(x)\,dx = -f_Y(y)\,dy \tag{6.80}$$

를 구할 수 있다. 다음과 같이 표현하면, 두 경우 모두를 아우를 수 있다.

$$f_Y(y) = f_X(x)\left|\frac{dx}{dy}\right|_{x=g^{-1}(y)} \tag{6.81}$$

여기서 $x=g^{-1}(y)$는 식 (6.78)의 역으로 x를 y에 대하여 나타낸 것이다.

예제 6.13

식 (6.81)의 사용 예를 들기 위하여 예제 6.10에서의 pdf를 사용해보자. 즉

$$f_\Theta(\theta) = \begin{cases} \frac{1}{2\pi} & 0 \le \theta \le 2\pi \\ 0, & \text{otherwise} \end{cases} \tag{6.82}$$

랜덤변수 Θ는 다음 관계에 따라 랜덤변수 Y로 변환된다고 가정한다.

$$Y = -\left(\frac{1}{\pi}\right)\Theta + 1 \tag{6.83}$$

$\theta=-\pi y+\pi$이고 $\frac{d\theta}{dy}=-\pi$이기 때문에, 식 (6.81)에 따라 Y의 pdf는 다음과 같다.

$$f_Y(y) = f_\Theta(\theta = -\pi y + \pi)\,|-\pi| = \begin{cases} \frac{1}{2} & -1 \le y \le 1 \\ 0, & \text{otherwise} \end{cases} \tag{6.84}$$

식 (6.83)으로부터 $\Theta=2\pi$일 때, $Y=-1$이며, $\Theta=0$일 때, $Y=1$이므로 Y의 pdf는 구간 $[-1, 1)$에서만 0이 아닌 값을 가지며, 더군다나 변환 함수가 선형이므로 Y의 pdf가 균일 분포를 갖는 것은 놀라운 일이 아니다.

■

다음으로 그림 6.12에 예시된 바와 같이 $g(x)$가 비단조인 경우를 생각해보자. 그림에서 보이는 대로 극소 구간 $(y-dy, y)$은 x축 상의 세 개의 극소 구간들, (x_1-dx_1, x_1), (x_2-dx_2, x_2), (x_3-dx_3, x_3)에 대응된다. 따라서 X가 이 구간들 중 어느 하나에 있을 확률은 Y가 구간 $(y-dy, y)$에 있을 확률과 같게 된다. 이 결과를 N개의 배타적인 구간들의 경우로 일반화하면 다음과 같다.

$$P(y-dy, y) = \sum_{i=1}^{N} P\left(x_i - dx_i, x_i\right) \tag{6.85}$$

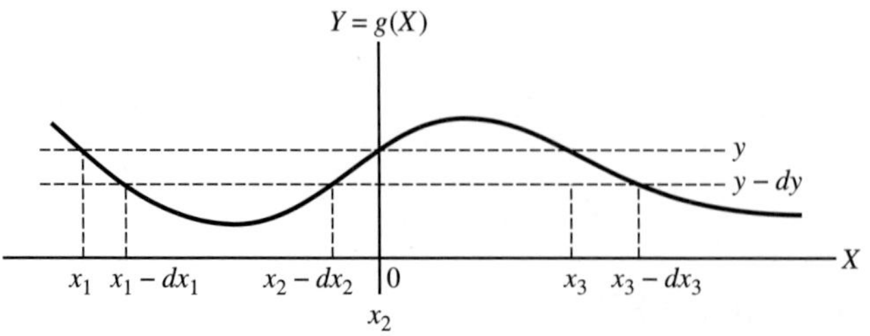

그림 6.12 랜덤변수의 비단조 변환

이 결과는 Y축의 구간 $(y-dy, y)$에 대응되는 X축의 N개 구간들에 대하여 적용한 것이다.

$$P(y - dy, y) = f_Y(y)\ |dy| \tag{6.86}$$

그리고

$$P\left(x_i - dx_i, x_i\right) = f_X(x_i)\ \left|dx_i\right| \tag{6.87}$$

이기 때문에 다음 식을 얻는다.

$$f_Y(y) = \sum_{i=1}^{N} f_X(x_i) \left|\frac{dx_i}{dy}\right|_{x_i=g_i^{-1}(y)} \tag{6.88}$$

절댓값 기호들은 확률이 양수여야 하므로 사용되었고, $x_i = g_i^{-1}(y)$는 $g(y)=x$의 i번째 해를 나타낸다.

예제 6.14

다음 변환을 고려하자.

$$y = x^2 \tag{6.89}$$

$f_X(x) = 0.5\exp(-|x|)$일 때, $f_Y(y)$를 구하라.

풀이

$x^2 = y$에 대한 두 개의 해들이 존재하며, 다음과 같이 주어진다.

$$x_1 = \sqrt{y} \quad \text{for} \quad x_1 \geq 0 \quad \text{and} \quad x_2 = -\sqrt{y} \quad \text{for} \quad x_2 < 0,\ y \geq 0 \tag{6.90}$$

미분값들은 다음과 같다.

$$\frac{dx_1}{dy} = \frac{1}{2\sqrt{y}} \quad \text{for } x_1 \geq 0 \quad \text{and} \quad \frac{dx_2}{dy} = -\frac{1}{2\sqrt{y}} \quad \text{for} \quad x_2 < 0,\ y > 0 \tag{6.91}$$

이 결과들을 식 (6.88)에 적용하면 다음과 같은 $f_Y(y)$를 얻는다.

$$f_Y(y) = \frac{1}{2}e^{-\sqrt{y}}\left|-\frac{1}{2\sqrt{y}}\right| + \frac{1}{2}e^{-\sqrt{y}}\left|\frac{1}{2\sqrt{y}}\right| = \frac{e^{-\sqrt{y}}}{2\sqrt{y}}, \quad y > 0 \tag{6.92}$$

Y는 음수일 수 없으므로, $f_Y(y)=0$, $y<0$이 된다.

■

두 개 이상의 랜덤변수들에 대해서는 일대일 변환과 극소 면적 (또는 세 개 이상의 랜덤변수들의 경우에는 극소 체적) 내에 랜덤변수들의 공동 발생 확률만을 고려한다. 따라서 두 개의 새로운 랜덤변수 U와 V는 두 개의 이전 결합 랜덤변수 X와 Y에 대하여 다음과 같이 정의된다고 가정하자.

$$U = g_1(X, Y) \quad \text{and} \quad V = g_2(X, Y) \tag{6.93}$$

식 (6.51)을 이용하면, 다음과 같이 새로운 pdf $f_{UV}(u, v)$는 이전 pdf $f_{XY}(x, y)$로부터 얻을 수 있다.

$$P(u - du < U \le u, v - dv < V \le v) = P(x - dx < X \le x, y - dy < Y \le y)$$

또는

$$f_{UV}(u, v)\, dA_{UV} = f_{XY}(x, y) dA_{XY} \tag{6.94}$$

여기서 dA_{UV}는 식 (6.93)의 변환을 통하여 결정되는 xy평면에서 극소 면적 dA_{XY}에 대응되는 uv 평면에서의 극소 면적이다.

dA_{UV}에 대한 dA_{XY}의 비는 다음과 같이 야코비안(Jacobian)으로 주어진다.

$$\frac{\partial(x, y)}{\partial(u, v)} = \begin{vmatrix} \frac{\partial x}{\partial u} & \frac{\partial x}{\partial v} \\ \frac{\partial y}{\partial u} & \frac{\partial y}{\partial v} \end{vmatrix} \tag{6.95}$$

따라서 다음과 같은 관계를 얻을 수 있다.

$$f_{UV}(u, v) = f_{XY}(x, y) \left|\frac{\partial(x, y)}{\partial(u, v)}\right|_{\substack{x=g_1^{-1}(u,v) \\ y=g_2^{-1}(u,v)}} \tag{6.96}$$

여기서 식 (6.93)의 변환들을 일대일이라고 가정하기 때문에 역함수 $g_1^{-1}(u, v)$와 $g_2^{-1}(u, v)$는 반드시 존재한다. 다음 예제는 앞선 논의를 명백히 하는 데 도움을 줄 것이다.

예제 6.15

결합 cdf와 결합 pdf와 관련하여 앞서 다루었던 다트 던지기 게임을 고려해 보자. 충격지점의 직교 좌표들에 대한 결합 pdf는 다음과 같다고 가정한다.

$$f_{XY}(x, y) = \frac{\exp\left[-\left(x^2 + y^2\right)/2\sigma^2\right]}{2\pi\sigma^2}, \quad -\infty < x,\ y < \infty \tag{6.97}$$

σ^2은 상수이다. 이것은 결합 가우시안 pdf의 특별한 경우이며 곧 자세히 논의될 것이다.

이제 직교 좌표들 대신에 다음과 같이 정의되는 극 좌표들 R, Θ을 사용하고자 한다.

$$R = \sqrt{X^2 + Y^2} \tag{6.98}$$

그리고

$$\Theta = \tan^{-1}\left(\frac{Y}{X}\right) \tag{6.99}$$

따라서

$$X = R\cos\Theta = g_1^{-1}(R, \Theta) \tag{6.100}$$

그리고

$$Y = R\sin\Theta = g_2^{-1}(R, \Theta) \tag{6.101}$$

여기서 전체 평면을 포함하기 위하여 $0 \le \Theta < 2\pi$, $0 \le R < \infty$이다.

이 변환 하에서 다음에 주어지는 야코비안을 이용하면, xy평면에서의 극소 면적 $dxdy$를 $r\theta$평면의 극소 면적 $rdrd\theta$으로 변환할 수 있다.

$$\frac{\partial(x, y)}{\partial(r, \theta)} = \begin{vmatrix} \frac{\partial x}{\partial r} & \frac{\partial x}{\partial \theta} \\ \frac{\partial y}{\partial r} & \frac{\partial y}{\partial \theta} \end{vmatrix} = \begin{vmatrix} \cos\theta & -r\ \sin\theta \\ \sin\theta & r\ \cos\theta \end{vmatrix} = r \tag{6.102}$$

따라서 R과 Θ의 결합 pdf는 다음과 같다.

$$f_{R\Theta}(r, \theta) = \frac{re^{-r^2/2\sigma^2}}{2\pi\sigma^2}, \quad \begin{matrix} 0 \le \theta < 2\pi \\ 0 \le r < \infty \end{matrix} \tag{6.103}$$

이 결과는 다음과 같은 형태를 갖는 식 (6.96)의 계산을 통하여 얻어진다.

$$f_{R\Theta}(r, \theta) = r f_{XY}(x, y)\Big|_{\substack{x = r\cos\theta \\ y = r\sin\theta}} \tag{6.104}$$

R의 pdf는 θ의 모든 범위에 대하여 $f_{R\Theta}(r, \theta)$를 적분함으로써 구할 수 있다.

$$f_R(r) = \frac{r}{\sigma^2}e^{-r^2/2\sigma^2}, \quad 0 \le r < \infty \tag{6.105}$$

이는 레일리 pdf로 불린다. 다트가 과녁 중심으로부터 반지름 r에 위치하는 두께 dr을 갖는 링 내부에 떨어질 확률은 $f_R(r)dr$이다. 그림 6.13의 레일리 pdf 그림으로부터 다트가 떨어질 확률이 가장 높은 과녁 중심으로부터 거리는 $R=\sigma$임을 알 수 있다. 또한 식 (6.103)을 r의 모든 범위에 대하여 적분하여 얻을 수 있는 Θ의 pdf는 $[0, 2\pi)$ 구간에서 균일함을 보일 수 있다.

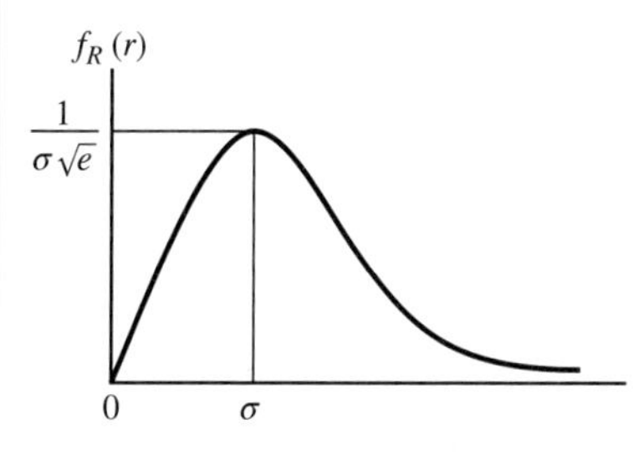

그림 6.13 레일리 pdf

6.3 통계적 평균

앞에서 논의되었던 확률 함수들(cdf와 pdf)은 랜덤변수 또는 랜덤변수 집합에 대한 모든 가능한 정보를 제공한다. 하지만 종종 pdf나 cdf를 통한 완벽한 기술이 필요하지 않기도 하며, 많은 경우에는 cdf 또는 pdf를 구할 수조차 없다. 이런 경우에는 랜덤변수 또는 랜덤변수 집합에 대한 다양한 통계적 평균들 또는 평균값들을 이용한 부분적 기술을 사용하기도 한다.

6.3.1 이산 랜덤변수의 평균

$x_1, x_2, \cdots, x_M$ 값들을 가지며 각각의 확률이 $P_1, P_2, \cdots, P_M$인 이산 랜덤변수 X의 통계적 평균 또는 기댓값은 다음과 같이 정의된다.

$$\bar{X} = E[X] = \sum_{j=1}^{M} x_j P_j \tag{6.106}$$

상대 도수를 조사함으로써 이 정의의 타당성을 입증해 보일 것이다. 기본이 되는 우연 실험을 N번 반복하여 $X=x_1$이 n_1번, $X=x_2$이 n_2번 등으로 관측된 경우, 관측된 값들의 산술 평균은 다음과 같다.

$$\frac{n_1 x_1 + n_2 x_2 + \cdots + n_M x_M}{N} = \sum_{j=1}^{M} x_j \frac{n_j}{N} \tag{6.107}$$

식 (6.2)의 확률에 대한 상대 도수 해석에 따르면, N이 커짐에 따라 n_j/N은 사건 $X=x_j$의 확률

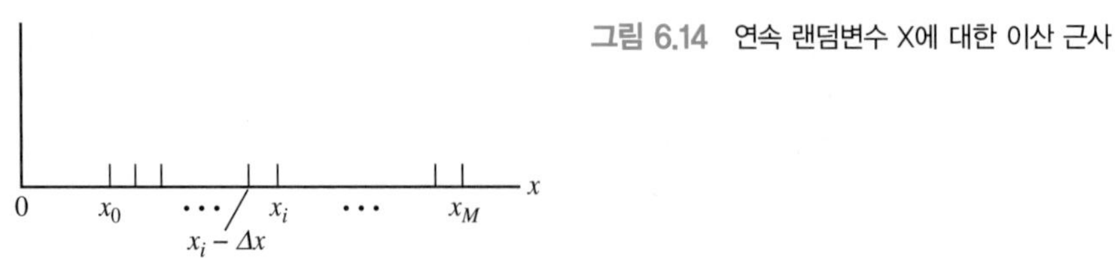

그림 6.14 연속 랜덤변수 X에 대한 이산 근사

P_j, $j=1, 2, \cdots, M$에 접근한다. 따라서 N이 무한대로 커짐에 따라 식 (6.107)은 식 (6.106)으로 수렴된다.

6.3.2 연속 랜덤변수의 평균

pdf $f_X(x)$를 갖는 연속 랜덤변수 X에 대하여, 그림 6.14에서와 같이 x_0에서 x_M까지에 이르는 X 값의 범위를 길이가 Δx인 여러 개의 작은 구간들로 나누어 보자.

이를 이용하여 이산 근사 방법으로 연속 랜덤변수 X의 기댓값을 구해 보자. 식 (6.43)으로부터 Δx가 매우 작으면 X가 $x_i - \Delta x$와 x_i 사이에 놓일 확률은 다음과 같다.

$$P(x_i - \Delta x < X \le x_i) \cong f_X(x_i)\,\Delta x,\ i = 1, 2, \ldots, M \tag{6.108}$$

따라서 X를 $x_0, x_1, \cdots, x_M$의 값들을 가지며 각각의 확률이 $f_X(x_0)\Delta x, \cdots, f_X(x_M)\Delta x$인 이산 랜덤변수로 근사화하였다. 식 (6.106)을 사용하면 이 근사화된 랜덤변수에 대한 기댓값은 다음과 같다.

$$E[X] \cong \sum_{i=0}^{M} x_i f_X(x_i)\,\Delta x \tag{6.109}$$

이 식은 $\Delta x \to 0$에 따라 점점 더 좋은 $E[X]$의 근삿값이 된다. $\Delta x \to dx$인 극한에서는 위 식의 합이 적분이 되므로, X의 기댓값은 다음과 같다.

$$E[X] = \int_{-\infty}^{\infty} x f_X(x)\,dx \tag{6.110}$$

6.3.3 랜덤변수 함수의 평균

X의 평균값 또는 1차 모멘트인 $E[X]$뿐만 아니라 X의 함수의 통계적 평균 또한 관심의 대상이다. $Y=g(X)$이면 새로운 랜덤변수 Y의 통계적 평균이나 기댓값을 다음과 같이 구할 수 있다.

$$E[Y] = \int_{-\infty}^{\infty} y f_Y(y)\,dy \tag{6.111}$$

여기서 $f_Y(y)$는 Y의 pdf이고, 식 (6.81)을 이용하여 $f_X(x)$로부터 구할 수도 있다. 그러나 다음과 같이 간단히 함수 $g(X)$의 기댓값을 구하는 것이 더 편리할 때가 있다.

$$\overline{g(X)} \triangleq E[g(X)] = \int_{-\infty}^{\infty} g(x) f_X(x)\, dx \tag{6.112}$$

이 식은 식 (6.111)에 주어진 $E[Y]$와 동일하다. 다음의 두 예제들은 식 (6.111)과 식 (6.112)을 적용하는 예들이다.

예제 6.16

랜덤변수 Θ가 다음과 같은 pdf를 가지고 있다.

$$f_\Theta(\theta) = \begin{cases} \frac{1}{2\pi}, & |\theta| \le \pi \\ 0, & \text{otherwise} \end{cases} \tag{6.113}$$

이때 $E[\Theta^n]$을 Θ의 n차 모멘트라 하고 다음과 같이 정의한다.

$$E[\Theta^n] = \int_{-\infty}^{\infty} \theta^n f_\Theta(\theta)\, d\theta = \int_{-\pi}^{\pi} \theta^n \frac{d\theta}{2\pi} \tag{6.114}$$

n이 홀수이면 피적분 함수가 기함수이므로 홀수 n에 대해서는 $E[\Theta^n]=0$이 되고, 짝수 n에 대해서는 그 값이 다음과 같다.

$$E[\Theta^n] = \frac{1}{\pi}\int_0^{\pi} \theta^n\, d\theta = \frac{1}{\pi}\frac{\theta^{n+1}}{n+1}\bigg|_0^{\pi} = \frac{\pi^n}{n+1} \tag{6.115}$$

Θ의 1차 모멘트 또는 평균, $E[\Theta]$는 $f_\Theta(\theta)$의 위치에 대한 척도(즉 질량의 중심)이며, $f_\Theta(\theta)$가 $\theta=0$에 대하여 대칭이기 때문에 $E[\Theta]=0$은 놀라운 일이 아니다. ■

예제 6.17

나중에, 구간 $[-\pi, \pi)$에서 균일한 pdf를 갖는 랜덤 위상각을 갖는 정현파로 모델링되는 랜덤 파형을 다룰 것이다. 이 예제에서는 예제 6.16에서 주어진 균일 랜덤변수 Θ의 함수로 정의된 하나의 랜덤변수 X를 고려한다.

$$X = \cos\Theta \tag{6.116}$$

X의 밀도 함수 $f_X(x)$를 다음과 같이 구할 수 있다. 첫째로 $-1 \le \cos\theta \le 1$이므로 $|x|>1$에서 $f_X(x)=0$이다. 둘째로 이 변환은 일대일이 아니며, $\cos\theta = \cos(-\theta)$이기 때문에 X의 각 값에 대하여 두 개의 Θ 값이 존재한다. 그러나 양의 각과 음의 각이 동일한 확률을 갖는 것에 주목하면 여전히 식 (6.81)을 적용할

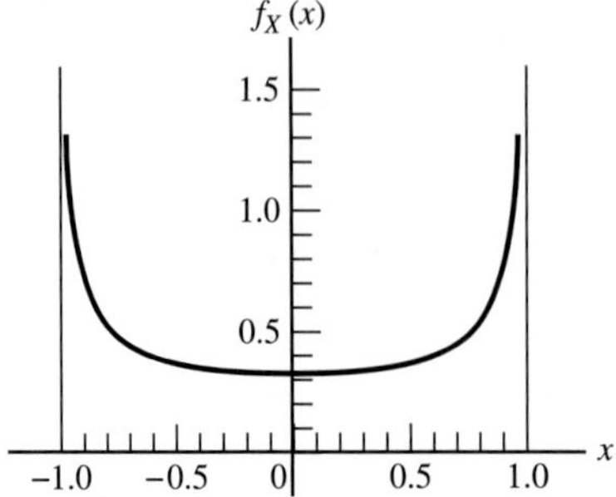

그림 6.15 균일 랜덤 위상을 갖는 정현파의 확률 밀도 함수

수 있어서 다음과 같이 쓸 수 있다.

$$f_X(x) = 2f_\Theta(\theta)\left|\frac{d\theta}{dx}\right|, \ |x| < 1 \tag{6.117}$$

이제 $\theta = \cos^{-1} x$이고, $|d\theta/dx| = (1-x^2)^{-1/2}$이므로, 다음 결과를 얻는다.

$$f_X(x) = \begin{cases} \frac{1}{\pi\sqrt{1-x^2}} & |x| < 1 \\ 0, & |x| > 1 \end{cases} \tag{6.118}$$

이 pdf는 그림 6.15에 나타나 있다. X의 평균과 2차 모멘트는 식 (6.111) 또는 식 (6.112)를 이용하여 계산할 수 있다. 식 (6.111)을 이용하면 피적분 함수가 기함수이므로 평균은 다음과 같다.

$$\overline{X} = \int_{-1}^{1} \frac{x}{\pi\sqrt{1-x^2}}\, dx = 0 \tag{6.119}$$

적분표를 이용하면 2차 모멘트는 다음과 같다.

$$\overline{X^2} = \int_{-1}^{1} \frac{x^2\, dx}{\pi\sqrt{1-x^2}}\, dx = \frac{1}{2} \tag{6.120}$$

식 (6.112)를 이용하여 $E[X]$와 $E[X^2]$의 직접 계산을 통하여 다음과 같이 구할 수 있다.

$$\overline{X} = \int_{-\pi}^{\pi} \cos\theta \frac{d\theta}{2\pi} = 0 \tag{6.121}$$

그리고

$$\overline{X^2} = \int_{-\pi}^{\pi} \cos^2\theta \frac{d\theta}{2\pi} = \int_{-\pi}^{\pi} \frac{1}{2}(1+\cos 2\theta)\frac{d\theta}{2\pi} = \frac{1}{2} \tag{6.122}$$

■

6.3.4 두 개 이상 랜덤변수들의 함수의 평균

두 개의 랜덤변수 X와 Y의 함수 $g(X, Y)$의 기댓값도 단일 랜덤변수의 경우와 유사한 방법으로 정의된다. 만일 $f_{XY}(x, y)$가 X와 Y의 결합 pdf라면 $g(X, Y)$에 대한 기댓값은 다음과 같다.

$$E[g(X,Y)] = \int_{-\infty}^{\infty}\int_{-\infty}^{\infty} g(x,y) f_{XY}(x,y)\,dx\,dy \tag{6.123}$$

세 개 이상의 랜덤변수들에 대해서도 일반화될 수 있음은 분명하다.

식 (6.123)과 세 개 이상 랜덤변수들에 대한 일반화 결과는 단일 랜덤변수에 대한 경우도 포함한다. 예를 들면 $g(X, Y)$가 X만의 함수로 대치되는 경우, 즉 $h(X)$로 대치되면, 식 (6.57)을 이용하여 식 (6.123)으로부터 다음을 구할 수 있다.

$$\begin{aligned} E[h(X)] &= \int_{-\infty}^{\infty}\int_{-\infty}^{\infty} h(x) f_{XY}(x,y)\,dx\,dy \\ &= \int_{-\infty}^{\infty} h(x)\, f_X(x)\,dx \end{aligned} \tag{6.124}$$

위 식에서 $\int_{-\infty}^{\infty} f_{XY}(x, y)dy = f_X(x)$라는 사실을 이용하였다.

예제 6.18

예제 6.11의 결합 pdf를 이용하여 $g(X, Y) = XY$의 기댓값을 구해보자. 식 (6.123)을 이용하면 기댓값은 다음과 같다.

$$\begin{aligned} E[XY] &= \int_{-\infty}^{\infty}\int_{-\infty}^{\infty} xy f_{XY}(x,y)\,dx\,dy \\ &= \int_{0}^{\infty}\int_{0}^{\infty} 2xye^{-(2x+y)}\,dx\,dy \\ &= 2\int_{0}^{\infty} xe^{-2x}dx \int_{0}^{\infty} ye^{-y}\,dy = \frac{1}{2} \end{aligned} \tag{6.125}$$

■

예제 6.11에서 X와 Y가 통계적으로 독립인 사실을 상기하면서, $E[XY]$에 대한 위 식의 마지막 줄을 다음과 같이 표현할 수 있음을 알 수 있다.

$$E[XY] = E[X]E[Y] \tag{6.126}$$

이 결과는 통계적으로 독립인 랜덤변수들에 일반적으로 만족한다. 사실 통계적으로 독립인 랜덤변수들에 대하여 $h(X)$와 $g(Y)$가 각각 X와 Y의 함수인 경우 쉽게 다음과 같은 결과를 얻을 수 있다.

$$E[h(X)g(Y)] = E[h(X)]E[g(Y)], \; X \text{ and } Y \text{ statistically independent} \tag{6.127}$$

$h(X)=X^m$이고 $g(Y)=Y^n$이며 X와 Y가 일반적으로 통계적으로 독립이 아닌 특별한 경우에 대한 기댓값 $E[X^m Y^n]$을 X와 Y의 $(m+n)$차 결합 모멘트라 부른다. 식 (6.127)에 따르면 **통계적으로 독립인 랜덤변수들의 결합 모멘트는 해당하는 부분 모멘트들의 곱으로 인수분해된다.**

두 개 이상의 랜덤변수들의 함수의 기댓값을 구하고자 할 때는 조건부 기댓값을 이용하면 훨씬 쉬울 것이다. 예를 들어 결합 pdf $f_{XY}(x, y)$를 갖는 두 개의 랜덤변수 X와 Y의 함수 $g(X, Y)$를 생각해보자. 이때 $g(X, Y)$에 대한 기댓값은 다음과 같다.

$$\begin{aligned} E[g(X,Y)] &= \int_{-\infty}^{\infty}\int_{-\infty}^{\infty} g(x,y) f_{XY}(x,y)\,dx\,dy \\ &= \int_{-\infty}^{\infty}\left[\int_{-\infty}^{\infty} g(x,y)\, f_{X|Y}(x|y)\,dx\right] f_Y(y)\,dy \\ &= E\{E[g(X,Y)|Y]\} \end{aligned} \tag{6.128}$$

여기서 $f_{X|Y}(x|y)$는 Y가 주어진 X의 조건부 pdf이며, $E[g(X, Y)|Y] = \int_{-\infty}^{\infty} g(x,y) f_{X|Y}(x|y)dx$를 Y가 주어진 $g(X, Y)$의 조건부 기댓값이라고 부른다.

예제 6.19

조건부 기댓값의 구체적 적용 예로 표적을 향해 탄환을 발사하는 경우를 생각해보자. 표적을 첫 번째로 맞출 때까지 탄환을 계속 발사하고 그 후에 멈춘다. 하나의 탄환이 표적을 맞출 확률은 p이고 발사는 하나씩 독립이라고 가정하자. 표적을 향해 발사된 탄환들의 평균수는 얼마인가?

풀이

문제를 풀기 위하여 표적을 향해 발사되는 탄환의 수를 나타내는 랜덤변수를 N이라고 하자. 첫 번째 탄환이 표적을 맞추면 랜덤변수 H는 1이고 그렇지 않으면 0이다. 조건부 기댓값의 개념을 이용하면 N의 평균값은 다음과 같다.

$$\begin{aligned} E[N] &= E\{E[N|H]\} = pE[N|H=1] + (1-p)E[N|H=0] \\ &= p \times 1 + (1-p)(1 + E[N]) \end{aligned} \tag{6.129}$$

여기서 $E[N|H=0]=1+E[N]$인데, 이는 첫 번째 발사에서 놓치면 $N \geq 1$이기 때문이다. $E[N]$에 대한 위의 마지막 표현식을 풀면 다음을 얻는다.

$$E[N] = \frac{1}{p} \tag{6.130}$$

$E[N]$을 직접 계산하려면 다음의 급수를 계산해야 한다.

$$E[N] = 1 \times p + 2 \times (1-p)p + 3 \times (1-p)^2 p + \ldots \tag{6.131}$$

이 경우에는 계산이 그다지 어렵지 않지만,[3] 조건부 기댓값 방법이 내용을 따라가기에 매우 편리하다.

6.3.5 랜덤변수의 분산

다음의 통계적 평균

$$\sigma_x^2 \stackrel{\Delta}{=} E\left\{[X - E(X)]^2\right\} \tag{6.132}$$

을 랜덤변수 X의 분산이라고 한다. σ_x는 X의 표준편차라고 하며, X의 pdf 또는 $f_X(x)$의 평균을 중심으로 한 집중도이다. 종종 σ_x^2는 $\mathrm{var}\{X\}$라고 표기되기도 한다. σ_x^2를 구하기 위한 다음과 같은 유용한 관계식이 있다.

$$\sigma_x^2 = E[X^2] - E^2[X] \tag{6.133}$$

즉 X의 분산은 단순히 2차 모멘트에서 제곱 평균을 뺀 것이다. 식 (6.133)을 증명하기 위하여 $E[X] = m_x$라고 표기하고, 다음과 같이 증명한다.

$$\begin{aligned} \sigma_x^2 &= \int_{-\infty}^{\infty} (x - m_x)^2 f_X(x)\, dx = \int_{-\infty}^{\infty} (x^2 - 2xm_x + m_x^2) f_X(x) dx \\ &= E[X^2] - 2m_x^2 + m_x^2 = E[X^2] - E^2[X] \end{aligned} \tag{6.134}$$

이 결과는 $\int_{-\infty}^{\infty} x f_X(x) dx = m_x$이기 때문에 성립한다.

3 $E(N) = p(1 + 2q + 3q^2 + 4q^4 + \cdots)$이며, $q = 1 - p$이다. $1 + 2q + 3q^2 + 4q^4 + \cdots$의 합을 구하기 위해 합 $S = 1 + q + q^2 + q^3 + \cdots = \frac{1}{1-q}$을 이용할 것이다. 이를 q에 대하여 미분하면, $\frac{dS}{dq} = 1 + 2q + 3q^2 + 4q^3 + \cdots = \frac{d}{dq}\frac{1}{1-q} = \frac{1}{(1-q)^2}$이 된다. 따라서 $E(N) = p\frac{1}{(1-q)^2} = \frac{1}{p}$이다.

예제 6.20

X가 다음의 균일 pdf를 갖는다고 하자.

$$f_X(x) = \begin{cases} \frac{1}{b-a}, & a \le x \le b \\ 0, & \text{otherwise} \end{cases} \tag{6.135}$$

간단한 계산을 통하여 다음을 구할 수 있다.

$$E[X] = \int_a^b x \frac{dx}{b-a} = \frac{1}{2}(a+b) \tag{6.136}$$

그리고

$$E[X^2] = \int_a^b x^2 \frac{dx}{b-a} = \frac{1}{3}\left(b^2 + ab + a^2\right) \tag{6.137}$$

따라서 분산은 다음과 같다.

$$\sigma_x^2 = \frac{1}{3}\left(b^2 + ab + a^2\right) - \frac{1}{4}\left(a^2 + 2ab + b^2\right) = \frac{1}{12}(a-b)^2 \tag{6.138}$$

다음의 특별한 경우들을 고려해보자.

1. $a=1$이고 $b=2$일 때, $\sigma_x^2=\frac{1}{12}$
2. $a=0$이고 $b=1$일 때, $\sigma_x^2=\frac{1}{12}$
3. $a=0$이고 $b=2$일 때, $\sigma_x^2=\frac{1}{3}$

경우 1과 경우 2에 대해서는 X의 pdf는 폭은 같지만 각기 다른 평균을 가지고 있으며, 두 경우 모두 분산은 동일하다. 경우 3에서는 pdf가 경우 1과 경우 2보다는 넓은 폭을 가지므로 더 큰 분산을 갖는 것은 당연한 결과이다.

■

6.3.6 *N*개 랜덤변수들의 선형 조합의 평균

랜덤변수들의 임의의 선형 조합에 대한 기댓값 또는 평균은 랜덤변수들 각각의 평균들을 선형 조합한 값과 같음은 쉽게 확인할 수 있다. 즉 다음과 같다.

$$E\left[\sum_{i=1}^{N} a_i X_i\right] = \sum_{i=1}^{N} a_i E[X_i] \tag{6.139}$$

여기서 $X_1, X_2, \cdots, X_N$은 랜덤변수들이고, $a_1, a_2, \cdots, a_N$은 임의의 상수들이다. 여기서는 $N=2$인

특별한 경우에만 식 (6.139)가 성립함을 증명할 것이며, $N>2$인 경우로의 일반화는 어렵지 않지만 표기가 복잡하여 다루기가 힘들 뿐이다(귀납법적 증명이 사용될 수도 있다).

$f_{X_1X_2}(x_1, x_2)$를 X_1과 X_2의 결합 pdf라고 하자. 이때 식 (6.123)에서의 두 랜덤변수들의 함수에 대한 기댓값의 정의를 이용하여 다음을 구할 수 있다.

$$E[a_1X_1 + a_2X_2] \stackrel{\Delta}{=} \int_{-\infty}^{\infty}\int_{-\infty}^{\infty}(a_1x_1 + a_2x_2) f_{X_1X_2}(x_1, x_2)\, dx_1\, dx_2$$

$$= a_1 \int_{-\infty}^{\infty}\int_{-\infty}^{\infty} x_1 f_{X_1X_2}(x_1, x_2)\, dx_1\, dx_2$$
$$+a_2 \int_{-\infty}^{\infty}\int_{-\infty}^{\infty} x_2 f_{X_1X_2}(x_1, x_2)\, dx_1\, dx_2 \qquad (6.140)$$

첫 번째 이중적분에 대해 식 (6.57)($x_1=x$와 $x_2=y$)과 식 (6.110)을 사용하면 다음과 같은 결과를 얻는다.

$$\int_{-\infty}^{\infty}\int_{-\infty}^{\infty} x_1 f_{X\ X_2}(x_1, x_2)\, dx_1\, dx_2 = \int_{-\infty}^{\infty} x_1 \left\{\int_{-\infty}^{\infty} f_{X_1X_2}(x_1, x_2)\, dx_2\right\} dx_1$$
$$= \int_{-\infty}^{\infty} x_1 f_{X_1}(x_1)\, dx_1$$
$$= E[X_1] \qquad (6.141)$$

마찬가지 방법으로 구하면, 두 번째 이중적분은 $E[X_2]$가 된다는 것을 보일 수 있다. 따라서 $N=2$인 경우 식 (6.139)에 대한 증명은 마무리되었다. 여기서 식 (6.139)는 X_i항들이 독립이든지 상관없이 성립한다는 데 주목하라. 또한 유사한 결과는 N개의 랜덤변수의 함수들의 선형 조합에 대해서도 성립한다는 것도 유의해야 한다.

6.3.7 독립 랜덤변수들의 선형 조합의 분산

$X_1, X_2, \cdots, X_N$이 통계적으로 독립인 랜덤변수들일 때 분산은 다음과 같다.

$$\mathrm{var}\left[\sum_{i=1}^{N} a_i X_i\right] = \sum_{i=1}^{N} a_i^2 \mathrm{var}\{X_i\} \qquad (6.142)$$

여기서 $a_1, a_2, \cdots, a_N$은 임의의 상수들이며 $\mathrm{var}[X_i] \stackrel{\Delta}{=} E[(X_i-\bar{X}_i)^2]$이다. 이 관계식도 $N=2$인 경우에 대해서만 증명해보일 것이다. $Z=a_1X_1+a_2X_2$이며 $f_{X_i}(x_i)$는 X_i의 부분 pdf라고 하자. 이때 통계적 독립이라는 가정에 따라 X_1과 X_2의 결합 pdf는 $f_{X_1}(x_1)f_{X_2}(x_2)$가 된다. 또한 식 (6.139)

를 이용하면 $E[Z]=a_1E[X_1]+a_2E[X_2]\triangleq a_1\bar{X}_1+a_2\bar{X}_2$가 되며, $\mathrm{var}[Z]=E[(Z-\bar{Z})^2]$이다. 그러나 $Z=a_1X_1+a_2X_2$이므로 var[Z]는 다음과 같이 쓸 수 있다.

$$\begin{aligned}\mathrm{var}[Z] &= E\left\{\left[(a_1X_1+a_2X_2)-(a_1\bar{X}_1+a_2\bar{X}_2)\right]^2\right\}\\ &= E\left\{\left[a_1(X_1-\bar{X}_1)+a_2(X_2-\bar{X}_2)\right]^2\right\}\\ &= a_1^2E\left[(X_1-\bar{X}_1)^2\right]+2a_1a_2E\left[(X_1-\bar{X}_1)(X_2-\bar{X}_2)\right]\\ &\quad +a_2^2E[(X_2-\bar{X}_2)^2]\end{aligned} \tag{6.143}$$

위 식에서 첫째 항과 마지막 항은 각각 $a_1^2\,\mathrm{var}[X_1]$과 $a_2^2\,\mathrm{var}[X_2]$가 된다. 하지만 중간 항은 0이 되는데,

$$\begin{aligned}&E\left[(X_1-\bar{X}_1)(X_2-\bar{X}_2)\right]\\ &=\int_{-\infty}^{\infty}\int_{-\infty}^{\infty}(x_1-\bar{X}_1)(x_2-\bar{X}_2)f_{X_1}(x_1)f_{X_2}(x_2)\,dx_1\,dx_2\\ &=\int_{-\infty}^{\infty}(x_1-\bar{X}_1)f_{X_1}(x_1)\,dx_1\int_{-\infty}^{\infty}(x_2-\bar{X}_2)f_{X_2}(x_2)\,dx_2\\ &=\left(\bar{X}_1-\bar{X}_1\right)\left(\bar{X}_2-\bar{X}_2\right)=0\end{aligned} \tag{6.144}$$

이기 때문이다. 위에서 중간 항이 0이 되는 것을 보이기 위하여 **통계적 독립**이라는 가정을 사용하였다는 데 주목하라(충분조건이기는 하지만 필요조건은 아니다).

6.3.8 기타 특별한 평균 특성 함수

식 (6.112)에서 $g(X)=e^{jvX}$이면, 이 평균을 X의 특성 함수 또는 $M_X(jv)$라고 하며, 다음과 같이 정의한다.

$$M_X(jv)\triangleq E[e^{jvX}]=\int_{-\infty}^{\infty}f_X(x)e^{jvx}\,dx \tag{6.145}$$

2장의 푸리에 변환 정의에서 지수부에 +부호 대신 −부호가 사용된다면, $M_X(jv)$는 $f_X(x)$의 푸리에 변환이 되는 것을 알 수 있다. 따라서 푸리에 변환표에서 $j\omega$를 $-jv$로 대체하면, 이들 변환표를 pdf에 해당되는 특성 함수를 구하는 데 사용할 수 있다(종종 jv 대신에 변수 s로 대체하여 사용하는 것이 편리할 수 있으며, 이때 얻어지는 함수를 **모멘트 생성 함수**라고 한다).

이때 pdf는 다음과 같이 해당 특성 함수를 역변환하여 얻는다.

$$f_X(x) = \frac{1}{2\pi}\int_{-\infty}^{\infty} M_X(jv)e^{-jvx}\,dv \tag{6.146}$$

이것은 특성 함수의 하나의 용도이며, 때때로 pdf보다 특성 함수를 얻는 것이 쉬울 경우에는 특성 함수를 푸리에 역변환을 통하여 pdf를 구할 수 있다. 역변환을 구하기 위하여 수치적 방법이나 해석적 방법 어떤 것도 사용할 수 있다.

특성 함수의 또 다른 용도는 랜덤변수의 모멘트를 구하기 위한 것이다. 식 (6.145)를 v에 대해서 미분하면 다음의 결과를 얻는다.

$$\frac{\partial M_X(jv)}{\partial v} = j\int_{-\infty}^{\infty} x\, f_X(x)e^{jvx}\,dx \tag{6.147}$$

미분 후에 $v=0$을 대입하고 j로 나누면 다음을 얻는다.

$$E[X] = (-j)\left.\frac{\partial M_X(jv)}{\partial v}\right|_{v=0} \tag{6.148}$$

n차 모멘트는 다음과 같은 관계를 통하여 얻을 수 있다.

$$E[X^n] = (-j)^n \left.\frac{\partial^n M_X(jv)}{\partial v^n}\right|_{v=0} \tag{6.149}$$

이는 반복 미분을 통하여 증명할 수 있다.

예제 6.21

푸리에 변환표를 이용하여, 다음과 같은 단측 지수 pdf

$$f_X(x) = \exp(-x)u(x) \tag{6.150}$$

는 다음의 특성 함수를 갖는다.

$$M_X(jv) = \int_0^{\infty} e^{-x}e^{jvx}dx = \frac{1}{1-jv} \tag{6.151}$$

반복 미분을 사용하거나 또는 특성 함수를 jv에 대한 멱급수로 전개하면, 식 (6.149)로부터 $E\{X^n\}=n!$이 된다. ■

6.3.9 두 독립 랜덤변수의 합의 pdf

각각의 알려진 pdf가 $f_X(x)$와 $f_Y(y)$인 **통계적으로 독립**인 두 개의 랜덤변수 X와 Y가 주어질 때,

두 개의 랜덤변수들의 합 $Z=X+Y$의 pdf를 구하는 것이 필요할 수 있다. Z의 pdf $f_Z(z)$를 직접 구할 수도 있지만 특성 함수를 사용하여 구해 보도록 하자.

Z의 특성 함수의 정의에 따라 다음과 같이 쓸 수 있다.

$$\begin{aligned} M_Z(jv) &= E\left[e^{jvZ}\right] = E\left[e^{jv(X+Y)}\right] \\ &= \int_{-\infty}^{\infty}\int_{-\infty}^{\infty} e^{jv(x+y)} f_X(x) f_Y(y)\, dx\, dy \end{aligned} \tag{6.152}$$

이는 X와 Y가 통계적 독립인 가정에 따라 X와 Y의 결합 pdf는 $f_X(x)f_Y(y)$이기 때문이다. $e^{jv(x+y)} = e^{jvx}e^{jvy}$이기 때문에 식 (6.152)를 다음과 같이 두 적분들의 곱으로 쓸 수 있다.

$$\begin{aligned} M_Z(jv) &= \int_{-\infty}^{\infty} f_X(x) e^{jvx}\, dx \int_{-\infty}^{\infty} f_Y(y) e^{jvy}\, dy \\ &= E[e^{jvX}]E[e^{jvY}] \end{aligned} \tag{6.153}$$

식 (6.145)에서 주어진 특성 함수 정의로부터 다음과 같은 관계를 얻을 수 있다.

$$M_Z(jv) = M_X(jv)\, M_Y(jv) \tag{6.154}$$

여기서 $M_X(jv)$와 $M_Y(jv)$는 각각 X와 Y의 특성 함수이다. 특성 함수는 pdf의 푸리에 변환이고 주파수 영역에서 곱이 시간 영역에서 컨벌루션에 해당한다는 사실을 이용하면, 위 식으로부터 Z의 pdf는 다음과 같이 주어진다.

$$f_Z(z) = f_X(x) * f_Y(y) = \int_{-\infty}^{\infty} f_X(z-u) f_Y(u)\, du \tag{6.155}$$

다음의 예제는 식 (6.155)를 이용하는 예이다.

예제 6.22

동일한 분포를 가지며 독립인 네 개의 랜덤변수들의 합에 대하여 고려해보자.

$$Z = X_1 + X_2 + X_3 + X_4 \tag{6.156}$$

여기서 X_i의 pdf는 다음과 같다.

$$f_{X_i}(x_i) = \Pi(x_i) = \begin{cases} 1, & |x_i| \le \frac{1}{2} \\ 0, & \text{otherwise}, \ i = 1, 2, 3, 4 \end{cases} \tag{6.157}$$

여기서 $\Pi(x_i)$는 2장에서 정의된 단위 구형 펄스 함수이다. 이제 식 (6.155)를 두 번 적용함으로써 $f_Z(z)$를 구할 수 있다. 먼저 다음과 같은 관계들을 설정하자.

$$Z_1 = X_1 + X_2, \quad Z_2 = X_3 + X_4 \tag{6.158}$$

위의 경우, Z_1과 Z_2의 pdf들은 동일하며, 두 개의 pdf들 모두는 균일 pdf를 자기 자신과 컨벌루션한 것들이다. 표 2.2를 이용하여 바로 다음의 결과를 얻을 수 있다.

$$f_{Z_i}(z_i) = \Lambda(z_i) = \begin{cases} 1 - |z_i|, & |z_i| \le 1 \\ 0, & \text{otherwise} \end{cases} \tag{6.159}$$

여기서 $f_{Z_i}(z_i)$는 $Z_i (i=1,\ 2)$의 pdf이다. $f_Z(z)$를 구하기 위해서는 단순히 $f_{Z_i}(z_i)$를 자기 자신과 컨벌루션하면 된다.

$$f_Z(z) = \int_{-\infty}^{\infty} f_{Z_i}(z-u) f_{Z_i}(u)\, du \tag{6.160}$$

그림 6.16(a)에 피적분 인자들이 그림으로 나타나 있다. 분명히 $z<-2$ 또는 $z>2$에서 $f_Z(z)=0$이며, $f_{Z_i}(z_i)$는 우함수이기 때문에 $f_Z(z)$ 또한 우함수이다. 따라서 $z<0$ 인 경우에 $f_Z(z)$를 구할 필요가 없다. 그림 6.16(a)로부터 $1 \le z \le 2$인 경우에 다음을

$$f_Z(z) = \int_{z-1}^{1} (1-u)(1+u-z)\, du = \frac{1}{6}(2-z)^3 \tag{6.161}$$

을 얻고, $0 \le z \le 1$인 경우에 다음을 얻는다.

$$\begin{aligned} f_Z(z) &= \int_{z-1}^{0} (1+u)(1+u-z)\, du + \int_{0}^{z} (1-u)(1+u-z)\, du \\ &\quad + \int_{z}^{1} (1-u)(1-u+z)\, du \\ &= (1-z) - \frac{1}{3}(1-z)^3 + \frac{1}{6}z^3 \end{aligned} \tag{6.162}$$

그림 6.16(b)에는 $f_Z(z)$에 대한 그래프와 다음 함수의 그래프가 함께 그려져 있다.

$$\frac{\exp\left(-\frac{3}{2}z^2\right)}{\sqrt{\frac{2}{3}\pi}} \tag{6.163}$$

위 식은 평균이 0이고 $Z=X_1+X_2+X_3+X_4$와 같은 분산인 $\frac{1}{3}$의 분산값을 갖는 부분 가우시안 pdf를 나타낸다[예제 6.20의 결과와 식 (6.142)의 결과가 Z의 분산을 구하는 데 사용될 수 있다]. 가우시안 pdf에 대해서는 나중에 더 충분히 다룰 것이다.

그림 6.16(b)에서 보여준 두 가지 pdf들이 현저하게 유사한 이유는 6.4.5절에서 중심 극한 정리를 배우게 되면 더욱 분명해질 것이다.

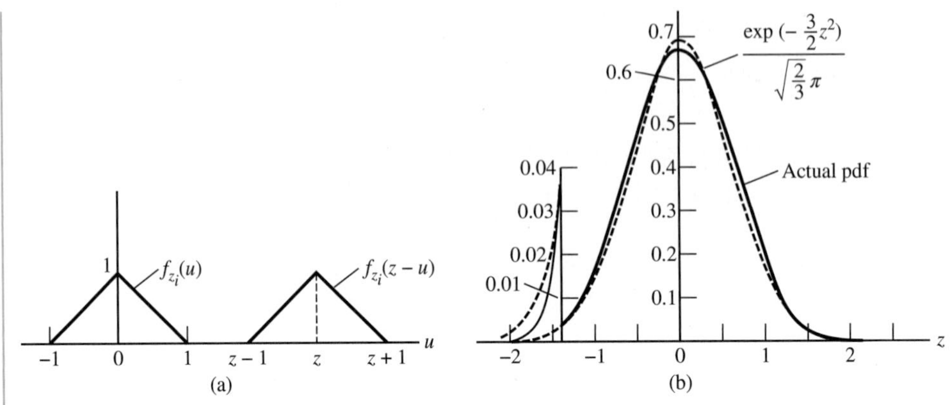

그림 6.16 동일한 균일 분포를 가지며 독립인 네 개의 랜덤변수들의 합의 pdf. (a) 두 개의 삼각형 pdf들의 컨벌루션, (b) 실제 pdf와 가우시안 pdf의 비교

6.3.10 공분산과 상관 계수

한 쌍의 랜덤변수들 X와 Y에 대하여 정의할 수 있는 두 개의 유용한 결합 평균들에는 공분산(covariance) μ_{XY}

$$\mu_{XY} = E[(X - \bar{X})(Y - \bar{Y})] = E[XY] - E[X]E[Y] \tag{6.164}$$

과 다음과 같이 공분산에 대하여 나타낼 수 있는 상관 계수 ρ_{XY}가 있다.

$$\rho_{XY} = \frac{\mu_{XY}}{\sigma_X \sigma_Y} \tag{6.165}$$

위의 두 식들을 정리하면, 다음과 같은 관계를 얻을 수 있다.

$$E[XY] = \sigma_X \sigma_Y \rho_{XY} + E[X]E[Y] \tag{6.166}$$

μ_{XY}와 ρ_{XY}는 모두 X와 Y에 대한 상호 종속도들이다. 상관 계수는 $-1 \le \rho_{XY} \le 1$로 정규화되어 있기 때문에 사용하기에 더 편리하다. $\rho_{XY}=0$이면, X와 Y를 상관되지 않다라고 정의한다.

랜덤변수들이 통계적으로 독립일 때, $\rho_{XY}=0$임을 보이는 것은 쉽다. X와 Y가 독립이면 결합 pdf $f_{XY}(x, y)$는 각각 부분 pdf들의 곱, 즉 $f_{XY}(x, y) = f_X(x)f_Y(y)$이다. 따라서

$$\begin{aligned}\mu_{XY} &= \int_{-\infty}^{\infty}\int_{-\infty}^{\infty} \left(x - \bar{X}\right)\left(y - \bar{Y}\right) f_X(x) f_Y(y)\, dx\, dy \\ &= \int_{-\infty}^{\infty} \left(x - \bar{X}\right) f_X(x)\, dx \int_{-\infty}^{\infty} \left(y - \bar{Y}\right) f_Y(y)\, dy\end{aligned}$$

$$= \left(\bar{X} - \bar{X}\right)\left(\bar{Y} - \bar{Y}\right) = 0 \tag{6.167}$$

다음으로, 양의 상수 α에 대해서 $X = \pm\alpha Y$(따라서 $\bar{X} = \pm\alpha\bar{Y}$)인 관계를 고려해보면, 다음과 같은 결과를 얻는다.

$$\begin{aligned}\mu_{XY} &= \int_{-\infty}^{\infty}\int_{-\infty}^{\infty}(\pm\alpha y \mp \alpha\bar{Y})(y-\bar{Y})f_{XY}(x,y)\,dx\,dy \\ &= \pm\alpha\int_{-\infty}^{\infty}\int_{-\infty}^{\infty}(y-\bar{Y})^2 f_{XY}(x,y)\,dx\,dy \\ &= \pm\alpha\sigma_Y^2\end{aligned} \tag{6.168}$$

$N=1$인 경우, 식 (6.142)을 사용하면, X의 분산은 $\sigma_X^2 = \alpha^2\sigma_Y^2$이 된다. 따라서 상관 계수는 $X = +\alpha Y$일 때 $\rho_{XY} = +1$, 그리고 $X = -\alpha Y$일 때 $\rho_{XY} = -1$이다.

정리하면 두 개의 독립인 랜덤변수들의 상관 계수는 0이며, 두 개의 랜덤변수들이 선형적인 관계를 가지면 하나의 랜덤변수가 또 다른 랜덤변수의 양수배 또는 음수배가 되므로 각각의 경우 두 개의 랜덤변수들의 상관 계수는 +1 또는 −1이 된다.

6.4 유용한 pdf들

앞선 예제들에서 이미 종종 사용되는 몇 가지 확률 분포들을 다루었다.[4] 이들에는 레일리 pdf(예제 6.15), 랜덤 위상을 갖는 정현파의 pdf(예제 6.17), 균일 pdf(예제 6.20)가 포함된다. 여기서는 앞으로 유용하게 사용될 다른 몇 가지 pdf들을 다루고 있다.

6.4.1 이항 분포

이항 분포는 시스템 해석에 확률을 응용함에 있어서 가장 보편적으로 접하게 되는 이산 분포들 중 하나이다. 두 개의 상호 배타적이며 총망라한 결과들인 A와 $\bar{A}$가 있으며, 각각의 확률이 $P(A) = p$, $P(\bar{A}) = q = 1 - p$인 우연 실험을 고려하자. 여기서 $\bar{A}$는 A의 여집합을 나타낸다. 이때 우연 실험을 n번 시행하여 사건 A가 일어나는 횟수와 동일한 숫자를 이산 랜덤변수 K로 정의하고, 실험을 n번 반복할 때 사건 A가 정확히 $k(\le n)$번 일어나는 확률을 구한다고 하자. (따라서 실제의 우연 실험은 기본실험을 n번 반복하는 것으로 구성된다.) 이때 얻어지는 분포를 **이항 분포**라고 한다.

이항 분포의 특정한 예들은 다음과 같다. 하나의 동전을 n번 던졌을 때, 앞면이 $k(\le n)$번 나

4 유용한 확률 분포들은 이 장의 마지막에 있는 표 6.4에 정리되어 있다.

올 확률은 얼마인가? 어떤 채널을 통하여 n개의 메시지를 전송할 때 $k(\le n)$개의 오류가 발생하는 확률은 얼마인가? 모든 경우에 해당 사건이 적어도 k번 발생하는 경우가 아니라 그 사건이 정확히 k번 일어나는 경우만이 관심의 대상이며, 정확히 k번 발생할 확률을 알면 적어도 k번 발생할 확률도 구할 수 있음에 유의하라.

다루는 문제는 매우 일반적이지만 동전 던지기 실험을 통해서 위의 문제를 전개해 나갈 것이다. 한 번 던질 때 앞면이 나올 확률이 p이고 뒷면이 나올 확률이 $1-p=q$인 하나의 동전을 n번 던졌을 때 앞면이 k번 나올 확률을 구해보자. n번 던져서 앞면이 k번 나올 수 있는 가능한 시퀀스들 중 하나는 다음과 같다.

$$\underbrace{H\,H\,\cdots\,H}_{k\text{ heads}}\;\underbrace{T\,T\,\cdots\,T}_{n-k\text{ tails}}$$

이 동전 던지기는 매 시도가 독립이므로 이 특정한 시퀀스가 나타날 확률은 다음과 같다.

$$\underbrace{p\cdot p\cdot p\cdots p}_{k\text{ factors}}\cdot\underbrace{q\cdot q\cdot q\cdots q}_{n-k\text{ factors}}=p^k q^{n-k} \tag{6.169}$$

그러나 n번 시도하여 앞면이 k번 나오는 위의 시퀀스는 총 가능한 시퀀스들

$$\binom{n}{k}\triangleq\frac{n!}{k!\,(n-k)!} \tag{6.170}$$

중에서 한 가지에 해당할 뿐이다. 여기서 $\binom{n}{k}$는 이항 계수이다. 이것을 증명하기 위해 각각을 식별할 수 있는 k개의 앞면이 n개 슬롯에 정렬될 수 있는 방법의 수를 고려해보자. 첫 번째 앞면은 n개 슬롯 중 어떤 곳에든 떨어질 수 있으며, 두 번째는 $n-1$개 슬롯 중 어떤 곳에든 떨어질 수 있으며(첫 번째 앞면이 이미 한 개의 슬롯을 차지하고 있다), 세 번째는 $n-2$개 슬롯 중 어떤 한 곳에 떨어지게 된다. 이와 같은 식으로 계속하면, 앞면으로 식별이 가능한 k개 동전을 n 슬롯에 배열할 수 있는 전체 가능한 수는 다음과 같다.

$$(n-1)(n-2)\cdots(n-k+1)=\frac{n!}{(n-k)!} \tag{6.171}$$

그러나 이 문제에서는 어느 동전이 어느 슬롯을 채우고 있는지는 관심이 없다. 각 구별되는 정렬에 대하여, 같은 슬롯들을 차지하면서도 앞면의 자리를 바꿀 수 있는 $k!$개의 서로 다른 정렬들이 가능하다. 따라서 특정한 앞면이 어느 슬롯을 채우고 있는지를 구분하지 않는다면 정렬의 총 수는 다음과 같다.

$$\frac{n(n-1)\cdots(n-k+1)}{k!} = \frac{n!}{k!\,(n-k)!} = \binom{n}{k} \tag{6.172}$$

이 $\binom{n}{k}$개의 가능한 정렬들 중 어느 하나가 발생하게 되면 다른 배열들은 발생될 수 없고[즉 이 실험의 $\binom{n}{k}$개 결과들은 상호 배타적이다], 각각의 발생 확률이 $p^k q^{n-k}$이기 때문에, n번 시도하여 어떤 순서이든 정확하게 k개의 앞면이 나올 확률은 다음과 같다.

$$P(K=k) \stackrel{\Delta}{=} P_n(k) = \binom{n}{k} p^k q^{n-k},\ \ k=0,1,\ldots,n \tag{6.173}$$

이항 확률 분포(pdf나 cdf가 아님에 유의하라)라고 알려진 식 (6.173)이 여섯 가지 다른 p와 n의 값들에 대하여 그림 6.17(a)에서 (f)까지에 그려져 있다.

이항 분포 랜덤변수 K의 평균은 식 (6.109)에 의하여 다음과 같이 주어진다.

$$E[K] = \sum_{k=0}^{n} k \frac{n!}{k!\,(n-k)!} p^k q^{n-k} \tag{6.174}$$

첫째 항이 0이어서 합산이 $k=1$에서부터 시작될 수 있으므로 다음과 같이 쓸 수 있다.

$$E[K] = \sum_{k=1}^{n} \frac{n!}{(k-1)!\,(n-k)!} p^k q^{n-k} \tag{6.175}$$

여기서 $k!=k(k-1)!$가 사용되었다. $m=k-1$이라 놓으면 합은 다음과 같다.

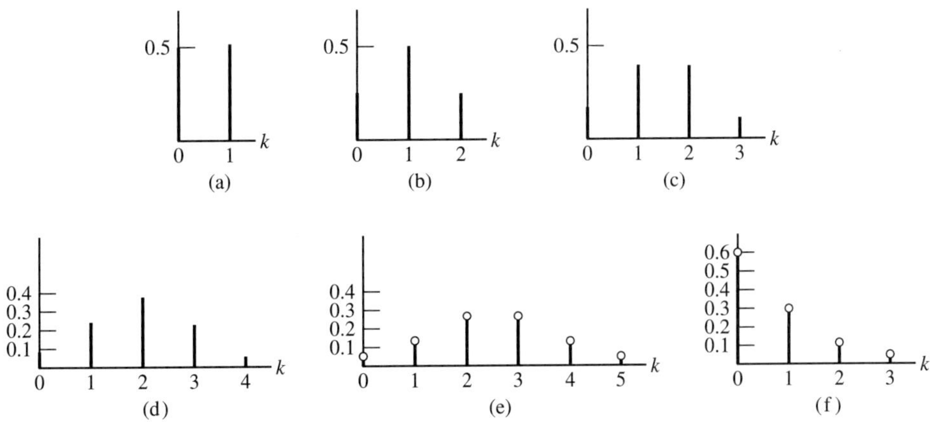

그림 6.17 이항 분포와 라플라스 근사 및 포아송 근사와의 비교. (a) $n=1$, $\rho=0.5$, (b) $n=2$, $\rho=0.5$, (c) $n=3$, $\rho=0.5$, (d) $n=4$, $\rho=0.5$, (e) $n=5$, $\rho=0.5$, 원은 라플라스근사이다, (f) $n=5$, $\rho=\frac{1}{10}$, 원은 포아송 근사이다.

$$E[K] = \sum_{m=0}^{n-1} \frac{n!}{m!\,(n-m-1)!} p^{m+1} q^{n-m-1}$$

$$= np \sum_{m=0}^{n-1} \frac{(n-1)!}{m!\,(n-m-1)!} p^{m} q^{n-m-1} \tag{6.176}$$

끝으로 $\ell = n-1$이라 놓고 이항 정리에 의하여 다음의 관계

$$(x+y)^{\ell} = \sum_{m=0}^{\ell} \binom{\ell}{m} x^m y^{\ell-m} \tag{6.177}$$

가 성립한다는 것을 상기하면, $p+q=1$이기 때문에 다음 관계를 얻을 수 있다.

$$\overline{K} = E[K] = np(p+q)^{\ell} = np \tag{6.178}$$

공정한 동전($p=q=\frac{1}{2}$) 하나를 n번 던지는 긴 시퀀스에서는 약 $np=\frac{1}{2}n$번의 앞면을 기대할 수 있기 때문에 위의 결과는 타당하다고 할 수 있다.

일련의 유사한 연산 과정들을 통하여 $E[K^2]=np(np+q)$를 얻을 수 있으며, 이 결과를 이용하여 이항 분포 랜덤변수의 분산을 구하면 다음과 같다.

$$\sigma_K^2 = E[K^2] - E^2[K] = npq = \overline{K}(1-p) \tag{6.179}$$

예제 6.23

네 아이 가정에서, 매번 한 명씩만 출생하며 남아와 여아 각각의 출생률이 동일하다고 가정할 때, 식 (6.173)을 이용하면 여아가 두 명일 확률은 다음과 같다.

$$P_4(2) = \binom{4}{2}\left(\frac{1}{2}\right)^4 = \frac{3}{8} \tag{6.180}$$

마찬가지로 0과 1, 3, 4명의 여아가 있을 확률은 각각 $\frac{1}{16}$과 $\frac{1}{4}$, $\frac{1}{4}$, $\frac{1}{16}$임을 알 수 있다. 0과 1, 2, 3, 4명의 여아(또는 남아)가 있을 확률의 합이 1인 점에 주목하라.

■

6.4.2 이항 분포에 대한 라플라스 근사

n이 큰 경우에 식 (6.173)의 계산은 다룰 수 없게 된다. $n \to \infty$인 극한에서는 $|k-np| \le \sqrt{npq}$인 조건하에서 다음이 만족함을 증명할 수 있다.

$$P_n(k) \cong \frac{1}{\sqrt{2\pi npq}} \exp\left[-\frac{(k-np)^2}{2npq}\right] \tag{6.181}$$

이것을 이항 분포에 대한 라플라스 근사라고 부른다. 실제 이항 분포와 라플라스 근사에 대한 비교가 그림 6.17(e)에 주어져 있다.

6.4.3 포아송 분포와 이항 분포에 대한 포아송 근사

매우 작은 시간 구간 ΔT에서 사건이 발생할 확률이 $P=\alpha\Delta T$(단, α는 비례상수)인 우연 실험을 생각해보자. 연이은 발생들이 통계적으로 독립이면 시간 T에서 사건이 k번 발생할 확률은 다음과 같다.

$$P_T(k) = \frac{(\alpha T)^k}{k!} e^{-\alpha T} \tag{6.182}$$

예를 들어, 뜨거운 금속 표면에서 방출되는 전자의 수는 이 법칙을 따르는데, 이것을 **포아송 분포**라고 한다.

시도 횟수 n이 크고 각 사건의 확률 p가 작으며 곱 $np \cong npq$이면, 포아송 분포를 이항 분포의 근사화에 사용할 수 있다. 이때 포아송 분포의 근사는 다음과 같다.

$$P_n(k) \cong \frac{\left(\bar{K}\right)^k}{k!} e^{-\bar{K}} \tag{6.183}$$

여기서 앞에서 계산되었던 바와 같이 $q=1-p\cong 1$인 경우에 $\bar{K}=E[K]=np$와 $\sigma_k^2=E[K]q=npq \cong E[K]$이다. 이 근사는 그림 6.17(f)에서 이항 분포와 비교하여 나타나 있다.

예제 6.24

디지털 통신 시스템에서 한 번 전송에서 오류의 확률이 $P_E=10^{-4}$이다. 1,000번 전송에서 네 개 이상의 오류가 발생할 확률은 얼마인가?

풀이

식 (6.183)에서 오류가 세 개 이하로 발생할 확률을 구하면 다음과 같다.

$$P(K \le 3) = \sum_{k=0}^{3} \frac{\left(\bar{K}\right)^k}{k!} e^{-\bar{K}} \tag{6.184}$$

여기서 $\bar{K}=(10^{-4})(1000)=0.1$이다. 따라서

$$P(K \le 3) = e^{-0.1}\left[\frac{(0.1)^0}{0!} + \frac{(0.1)^1}{1!} + \frac{(0.1)^2}{2!} + \frac{(0.1)^3}{3!}\right] \cong 0.999996 \quad (6.185)$$

그러므로 $P(K>3)=1-P(K\le 3)\cong 4\times 10^{-6}$이다.

■

컴퓨터 예제 6.1

다음에 주어진 MATLAB 프로그램은 위의 예에서 다룬 디지털 통신 시스템에 대한 몬테 카를로(Monte Carlo) 모의실험을 수행하는 것이다.

```
% file: c6ce1
% Simulation of errors in a digital communication system
%
N_sim = input('Enter number of trials ');
N = input('Bit block size for simulation ');
N_errors = input('Simulate the probability of more than _ errors occurring ');
PE = input('Error probability on each bit ');
count = 0;
for n = 1:N_sim
   U = rand(1, N);
   Error = (-sign(U-PE)+1)/2;   % Error array - elements are 1 where errors occur
   if sum(Error) > N_errors
      count = count + 1;
   end
end
P_greater = count/N_sim
% End of script file
```

대체적인 실행 내역은 다음과 같다. 모의실험 시간을 줄이기 위하여 10^{-3}의 비트 오류 확률로 1,000 비트 단위의 블록들에 대하여 모의실험을 수행하였다. $\bar{K}=(10^{-3})(1000)=1$이 1보다 아주 작지 않게 때문에, 이 경우 포아송 근사는 만족할 수 없음에 유의하라. 따라서 분석적인 방법으로 결과를 점검하기 위하여 이항 분포를 사용해야만 한다. 계산을 통하여 $P(0\text{ errors})=0.3677$와 $P(1\text{ error})=0.3681$, $P(2\text{ error})=0.1840$, $P(3\text{ errors})=0.0613$을 얻을 수 있고, 결과적으로 $P(>3\text{ errors})=1-0.3677-0.3681-0.1840-0.0613=0.0189$가 된다. 이 결과는 소수점 아래 두 자리에서 반올림한다면 모의실험 결과와 일치한다.

```
error_sim
Enter number of trials 10000
Bit block size for simulation 1000
Simulate the probability of more than _ errors occurring 3
Error probability on each bit .001
P_greater = 0.0199
```

■

6.4.4 기하 분포

연속적인 동전 던지기에서 k번째에서 처음으로 앞면이 나올 확률 또는 디지털 신호 전송의 긴 열에서 k번째 전송에서 처음으로 오류가 발생할 확률이 필요하다고 하자. 이러한 실험들을 나타내는 분포를 기하 분포라 하며, 다음과 같이 주어진다.

$$P(k) = pq^{k-1}, \quad 1 \le k < \infty \tag{6.186}$$

여기서 p는 관심 대상의 사건(즉 앞면, 오류 등)이 발생할 확률이고, q는 그 사건이 발생하지 않을 확률이다.

예제 6.25

오류 확률이 $p=10^{-6}$인 디지털 데이터 전송 시스템에서 1,000번째 전송에서 처음으로 오류가 발생할 확률은 다음과 같다.

$$P(1000) = 10^{-6}(1 - 10^{-6})^{999} = 9.99 \times 10^{-7} \cong 10^{-6}$$

■

6.4.5 가우시안 분포

가우시안 pdf는 앞으로 반복적으로 자주 사용될 것인데, 적어도 두 가지 이유가 있다. 첫째는 랜덤 현상에 대해서 가우시안 통계 특성을 가정하면, 종종 풀 수 없었던 문제를 풀리는 문제로 바꿀 수 있다는 것이다. 다른 하나, 즉 보다 근본적인 이유는 **중심 극한 정리**로 요약되는 특이한 현상 때문인데, 잡음 또는 측정 오차와 같은 자연에서 일어나는 많은 랜덤한 양들이 가우시안 분포를 갖는다는 것이다. 다음은 중심 극한 정리에 관한 설명이다.

중심 극한 정리

$X_1, X_2, \cdots$ 가 독립이고 동일한 분포를 갖는 랜덤변수들이며, 각각이 유한한 평균 m과 유한한 분산 σ^2을 갖는다고 하자. Z_n을 다음과 같이 정의되는 분산이 1이고 평균이 0인 랜덤변수들의 시퀀스라고 하자.

$$Z_n \triangleq \frac{\sum_{i=1}^{n} X_i - nm}{\sigma\sqrt{n}} \tag{6.187}$$

이때

$$\lim_{n\to\infty} P(Z_n \le z) = \int_{-\infty}^{z} \frac{e^{-t^2/2}}{\sqrt{2\pi}}\, dt \tag{6.188}$$

다른 말로 하면, 구성 랜덤변수들의 분포가 어떠하든 정규화된 합인 식 (6.187)의 cdf는 가우시안 cdf에 근접해 간다는 것이다. 유일한 제약으로는 각각의 랜덤변수들이 독립이고 동일한 분포이며 평균과 분산이 유한해야 한다는 것이다. 어떤 경우에는 독립성과 동일 분포에 대한 가정이 완화될 수도 있다. 그러나 이 경우 구성 랜덤변수들 중 하나 또는 유한한 조합도 합을 좌우해서는 안 된다.

중심 극한 정리에 대한 증명은 하지 않을 것이며, 나중에 이 정리를 사용하지도 않을 것이다. 지금부터 가우시안 통계적 가정을 거의 전적으로 사용할 수 있는 어느 정도의 정당성을 부여하기 위한 근거로 사용될 것이다. 예를 들어, 전기적인 잡음은 수많은 전하 캐리어 때문에 발생하는 전압들이 중첩되어 생긴다. 비행체 표면의 난류에 따른 경계층 압력의 등락들은 무수히 많은 소용돌이들로 인해 미세한 압력들의 중첩으로 인해 발생한다. 실험 측정을 하는 데 있어서 랜덤 오차는 많은 불규칙한 등락 요인들로 인해 발생한다. 이런 모든 경우에 있어서 등락하는 양에 대한 가우시안 근사는 유용하고 유효하다. 예제 6.23에서는 구성 pdf들이 가우시안과는 아주 다르다고 하더라도 가우시안처럼 보이는 pdf를 얻는데 놀라울 정도로 아주 작은 수의 항들이 합해지는 것을 필요로 한다는 것을 보여주고 있다.

예제 6.15에서 처음 소개된 결합 가우시안 pdf의 일반식은 다음과 같다.

$$f_{XY}(x, y) = \frac{1}{2\pi\sigma_x\sigma_y\sqrt{1-\rho^2}} \exp\left\{-\frac{\left(\frac{x-m_x}{\sigma_x}\right)^2 - 2\rho\left(\frac{x-m_x}{\sigma_x}\right)\left(\frac{y-m_y}{\sigma_y}\right) + \left(\frac{y-m_y}{\sigma_y}\right)^2}{2\left(1-\rho^2\right)}\right\} \tag{6.189}$$

여기서 쉽지만 지루한 적분들을 반복 수행하여 다음과 같은 값들을 얻을 수 있다.

$$m_x = E[X], \quad m_y = E[Y] \tag{6.190}$$

$$\sigma_x^2 = \text{var}\{X\} \tag{6.191}$$

$$\sigma_y^2 = \text{var}\{Y\} \tag{6.192}$$

그리고

$$\rho = \frac{E[(X-m_x)(Y-m_y)]}{\sigma_x\sigma_y} \tag{6.193}$$

$N>2$인 가우시안 랜덤변수들의 결합 pdf는 행렬 표현을 사용하면 간략한 형태로 나타낼 수 있으며, 일반형은 부록 B에 나와 있다.

그림 6.18은 다섯 개 파라미터들, 즉 m_x, m_y, σ_x^2, σ_y^2, ρ의 변화에 따른 2-변수 가우시안 pdf들과 대응되는 등고선 그래프들이다. 등고선 그래프들은 pdf의 3차원 그림을 하나의 조망 점에서 볼 때 분명하게 볼 수 없는 pdf의 모양과 방위각에 대한 정보를 제공한다. 그림 6.18(a)는 X와 Y가 평균이 0이며, 분산이 1이고, 상관성이 없는 경우에 해당하는 2-변수 가우시안 pdf를 나타내며, X와 Y의 분산이 같으며, X와 Y가 상관성이 없으므로 등고선은 XY평면에서 원형을 유지하게 된다. 이 그림은 두 개의 개별 성분이 동일한 분산을 가지며 서로 상관성이 없는 2차원 가우시안 잡음이 어떻게 해서 원대칭성을 갖는지를 보여준다. 그림 6.18(b)는 X와 Y가 상관성은 없으나 $m_x=1$, $m_y=-2$, $\sigma_x^2=2$, $\sigma_y^2=1$인 경우에 해당한다. 등고선 그래프로부터 평균들이 서로 다르다는 것과 $\sigma_x^2>\sigma_y^2$으로 인하여 X방향에서의 pdf 확산이 Y방향에서보다 더 크다는 것을 알 수 있다. 그림 6.18(c)에서는 X와 Y의 평균들이 둘 다 0이지만 상관 계수가 0.9이므로 밀도 함수의 상수 값들에 해당하는 등고선들이 XY평면에서 $X=Y$를 따르는 선에 대하여 대칭이 되는 것을 볼 수 있다. 이러한 결과는 상관 계수가 X와 Y 사이의 선형 관계를 나타내는 척도이기 때문에 당연한 것이다. 이 외에도 그림 6.18(a)와 (b)에 나타난 pdf들은 X와 Y가 두 가지 경우 모두 상관성이 없기 때문에 두 개의 부분 pdf들의 곱으로 인수분해될 수 있음을 알 수 있다.

X(또는 Y)의 부분 pdf는 식 (6.189)를 y(또는 x)의 모든 범위에 대해 적분함으로써 구할 수 있으나 이 적분 또한 매우 지루하다. X의 부분 pdf는 다음과 같다.

$$n(m_x, \sigma_x) = \frac{1}{\sqrt{2\pi\sigma_x^2}} \exp\left[-(x-m_x)^2/2\sigma_x^2\right] \tag{6.194}$$

여기서 $n(m_x,\ \sigma_x)$라는 표기는 평균 m_x이고 표준편차 σ_x인 가우시안 pdf를 나타내기 위하여 사용된 것이다. 파라미터들을 적절히 변경하면 Y의 pdf에 대해서도 유사한 표현이 만족한다. 이 함수는 그림 6.19에 나타나 있다.

앞으로는 종종 식 (6.189)과 식 (6.194)에서 $m_x=m_y=0$이라고 가정할 것이며, 만일 평균들이 0이 아니면 새로운 랜덤변수 X'와 Y', 즉 $X'=X-m_x$와 $Y'=Y-m_y$로 정의하여 평균을 0으로 만들 수 있기 때문에, 평균이 0이라고 가정한다고 일반성을 잃지는 않는다.

$\rho=0$인 경우, 즉 X와 Y가 상관성이 없는 경우, 식 (6.189)의 지수부에서 교차 항이 0이 되므로, $m_x=m_y=0$이면 $f_{XY}(x, y)$는 다음과 같이 쓸 수 있다.

$$f_{XY}(x,y) = \frac{\exp\left(-x^2/2\sigma_x^2\right)}{\sqrt{2\pi\sigma_x^2}} \frac{\exp\left(-y^2/2\sigma_y^2\right)}{\sqrt{2\pi\sigma_y^2}} = f_X(x)f_Y(y) \tag{6.195}$$

따라서 상관성이 없는 가우시안 랜덤변수들은 또한 통계적으로 독립이 된다. 그러나 이것은 모든

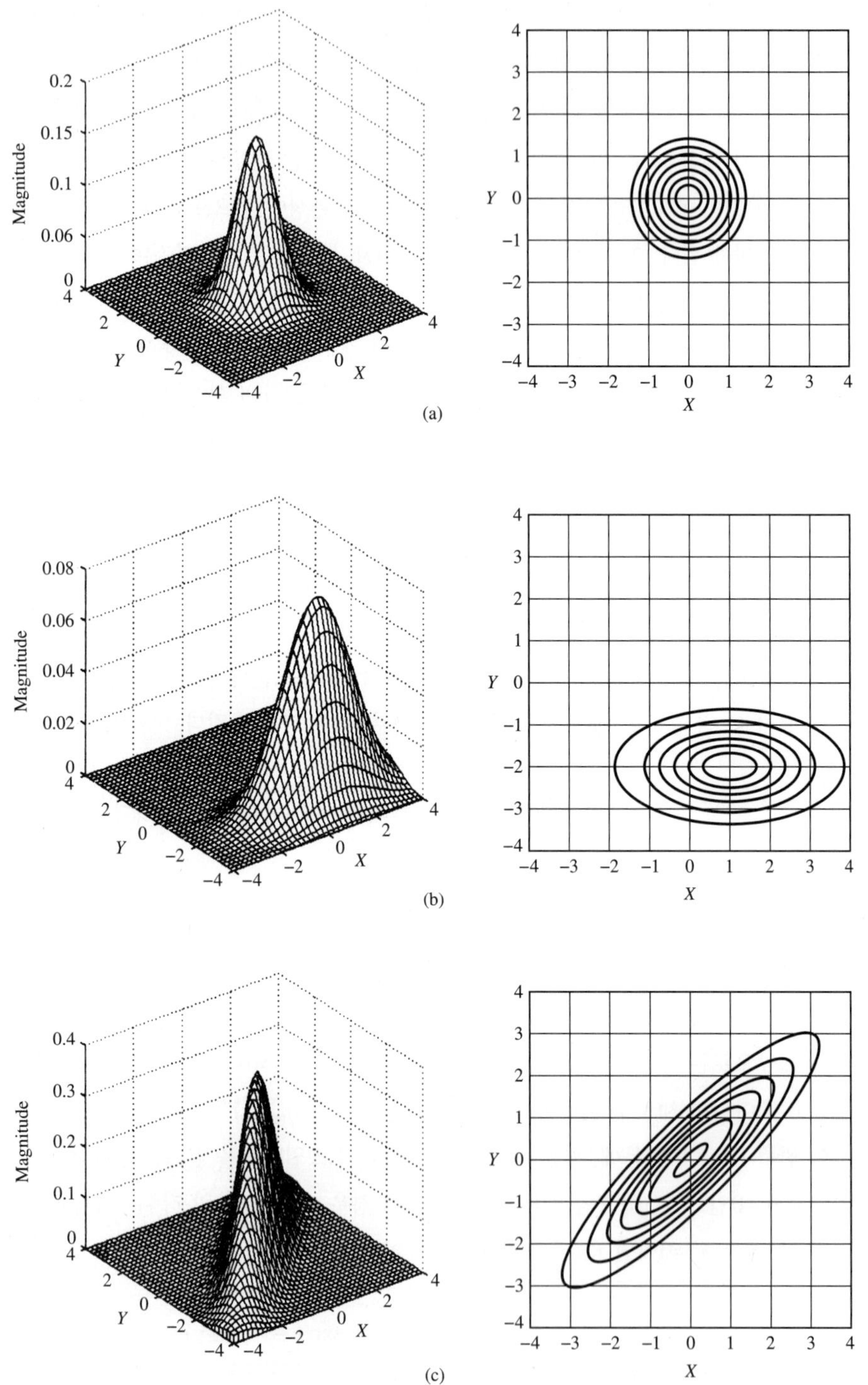

그림 6.18 2-변수 가우시안 pdf와 대응되는 등고선 그래프들. (a) $m_x=0$, $m_y=0$, $\sigma_x^2=1$, $\sigma_y^2=1$, $\rho=0$, (b) $m_x=1$, $m_y=-2$, $\sigma_x^2=2$, $\sigma_y^2=1$, $\rho=0$, (c) $m_x=0$, $m_y=0$, $\sigma_x^2=1$, $\sigma_y^2=1$, $\rho=0.9$

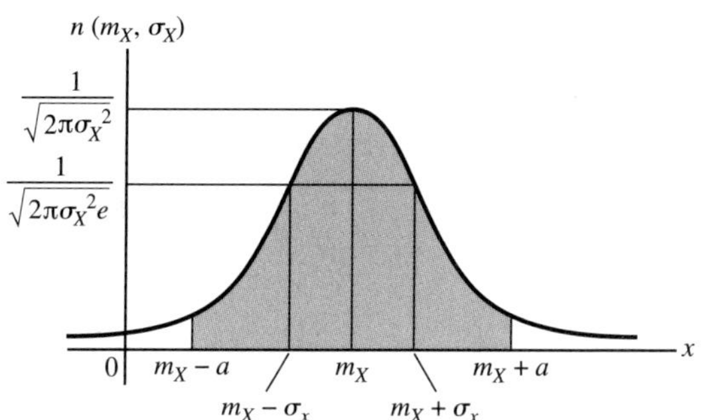

그림 6.19 평균 m_x와 분산 σ_x^2을 갖는 가우시안 pdf

pdf들에 대하여 성립되지는 않는다는 것도 강조되어야 한다.

임의의 개수의 가우시안 랜덤변수들의 합은 그들이 독립이든 아니든 가우시안이 된다는 것을 보일 수 있다. 두 개의 독립인 가우시안 랜덤변수들의 합이 가우시안이 된다는 것을 쉽게 증명할 수 있다. $Z=X_1+X_2$이며, X_i의 pdf는 $n(m_i, \sigma_i)$이다. 푸리에 변환표를 이용하거나 또는 제곱하고 적분하면 X_i의 특성 함수는 다음과 같이 주어진다.

$$M_{X_i}(jv) = \int_{-\infty}^{\infty} (2\pi\sigma_i^2)^{-1/2} \exp\left[\frac{-\left(x_i - m_i\right)^2}{2\sigma_i^2}\right] \exp\left(jvx_i\right)\, dx_i$$

$$= \exp\left(jm_i v - \frac{\sigma_i^2 v^2}{2}\right) \tag{6.196}$$

따라서 Z의 특성 함수는 다음과 같다.

$$M_Z(jv) = M_{X_1}(iv) M_{X_2}(jv) = \exp\left[j\left(m_1 + m_2\right)v - \frac{\left(\sigma_1^2 + \sigma_2^2\right)v^2}{2}\right] \tag{6.197}$$

이것은 평균 m_1+m_2와 분산 $\sigma_1^2+\sigma_2^2$인 식 (6.196)의 가우시안 랜덤변수의 특성 함수임을 알 수 있다.

6.4.6 가우시안 Q 함수

그림 6.19에서 나타낸 $n(m_x, \sigma_x)$는 구간$(-\infty, \infty)$에서 임의의 값을 취할 수 있는 연속 랜덤변수이다. 하지만 $X=m_x$ 부근에서 발생 가능성이 가장 크다는 것을 알 수 있다. $n(m_x, \sigma_x)$는 $x=m_x$ 중심으로 우대칭이기 때문에 $P(X \le m_x) = P(X \ge m_x) = \frac{1}{2}$이라는 결론을 얻는다.

X가 구간 $[m_x - a, m_x + a]$에 놓일 확률을 구한다고 가정하자. 식 (6.42)를 이용하면 이 확률은 다음과 같이 쓸 수 있다.

$$P\left[m_x - a \le X \le m_x + a\right] = \int_{m_x - a}^{m_x + a} \frac{\exp\left[-\left(x - m_x\right)^2 / 2\sigma_x^2\right]}{\sqrt{2\pi\sigma_x^2}}\, dx \tag{6.198}$$

이것은 그림 6.19에서 그늘진 영역에 해당한다. $y = (x - m_x)/\sigma_x$로 변수를 치환함으로써 다음의 관계를 얻을 수 있다.

$$\begin{aligned} P\left[m_x - a \le X \le m_x + a\right] &= \int_{-a/\sigma_x}^{a/\sigma_x} \frac{e^{-y^2/2}}{\sqrt{2\pi}}\, dy \\ &= 2\int_0^{a/\sigma_x} \frac{e^{-y^2/2}}{\sqrt{2\pi}}\, dy \end{aligned} \tag{6.199}$$

여기서 마지막 적분은 피적분식이 우함수이기 때문에 나온 결과이다. 안타깝게도 이 적분을 닫힌 형태 수식으로 계산할 수는 없다.

가우시안 Q 함수 또는 단순히 Q 함수는 다음과 같이 정의된다.[5]

$$Q(u) = \int_u^{\infty} \frac{e^{-y^2/2}}{\sqrt{2\pi}}\, dy \tag{6.200}$$

이것은 수치적으로 계산되고 있으며, 인수 값들이 중간 정도이거나 큰 경우에는 각각 유리 함수와 점근적 근사 함수를 이용하여 계산하는 것이 가능하다.[6] 이러한 초월 함수 정의를 사용하여, 식 (6.199)를 다음과 같이 다시 쓸 수 있다.

$$\begin{aligned} P[m_x - a \le X \le m_x + a] &= 2\left[\frac{1}{2} - \int_{a/\sigma_x}^{\infty} \frac{e^{-y^2/2}}{\sqrt{2\pi}}\, dy\right] \\ &= 1 - 2Q\left(\frac{a}{\sigma_x}\right) \end{aligned} \tag{6.201}$$

인수가 큰 경우에 대한 Q 함수의 유용한 근사는 다음과 같다.

$$Q(u) \cong \frac{e^{-u^2/2}}{u\sqrt{2\pi}},\ u \gg 1 \tag{6.202}$$

---

5 Q 함수에 대한 유한 한계치들을 이용한 표현은 $Q(x) = \frac{1}{\pi}\int_0^{\pi/2} \exp\left(-\frac{x^2}{2\sin^2\phi}\right) d\phi$이다.

6 이것들은 M. Abramowitz and I. Stegun (eds), *Handbook of Mathematical Functions with Formulas, Graphs, and Mathematical Tables*. National Bureau of Standards, Applied Mathematics Series No. 55, Issued June 1964 (pp. 931ff)에서 제공된다. 또한 New York: Dover, 1972.

식 (6.200)과 식 (6.202)의 수치적인 비교를 통하여 $u \geq 3$일 때 위의 근사를 사용하면 6%보다 작은 오차를 보임을 알 수 있다. 이러한 결과와 Q 함수에 대한 다른 결과들은 부록 F에 정리되어 있다(F.1절 참조).

관련된 적분들로는 오차 함수와 상보 오차 함수가 있는데, 각각 다음과 같이 정의된다.

$$\begin{aligned} \text{erf}\ (u) &= \frac{2}{\sqrt{\pi}} \int_0^u e^{-y^2}\, dy \\ \text{erfc}\,(u) &= 1 - \text{erf}\ (u) = \frac{2}{\sqrt{\pi}} \int_u^\infty e^{-y^2}\, dy \end{aligned} \tag{6.203}$$

상보 오차 함수와 Q 함수는 다음과 같은 관계가 있음을 알 수 있다.

$$Q\,(u) = \frac{1}{2}\,\text{erfc}\left(\frac{u}{\sqrt{2}}\right) \text{또는 } \text{erfc}\,(v) = 2Q\left(\sqrt{2}v\right) \tag{6.204}$$

MATLAB은 erf와 erfc를 위한 함수 프로그램들을 내장하고 있으며, 오차 함수 및 상보 오차 함수 각각에 대한 역함수들 erfinv와 erfcinv도 내장하고 있다.

6.4.7 체비셰프 부등식

위에서 식 (6.198)을 계산하는 데 부딪치는 어려움들과 그러한 가능성으로 인하여 원하는 확률을 구하기 위해 근사식을 만들게 된다. 체비셰프 부등식은 2차 모멘트가 유한하다면 해당 pdf의 특정한 형태에 상관없이 하한을 얻을 수 있게 해 준다. 랜덤변수 X가 평균에 대해 $\pm k$배 표준편차 범위 내에 있을 확률은 체비셰프 부등식을 이용하면 최소한 $1-1/k^2$이다. 즉

$$P\left[|X - m_x| \leq k\sigma_x\right] \geq 1 - \frac{1}{k^2},\ k > 0 \tag{6.205}$$

k = 3을 고려하면 다음과 같다.

$$P\left[|X - m_x| \leq 3\sigma_x\right] \geq \frac{8}{9} \cong 0.889 \tag{6.206}$$

X를 가우시안이라 가정하고 Q 함수를 사용하면, 확률은 정확히 0.9973으로 계산된다. 다른 말로 하면 임의의 랜덤변수가 평균으로부터 ±3배 표준편차 범위 이상으로 벗어날 확률은 해당 랜덤변수의 pdf에 상관없이 0.111보다 크지 않다는 것이다. (2차 모멘트가 유한해야 한다는 제약은 있다.) 이 예에서 하한이 정확한 값에 매우 가깝지는 않음에 유의하라.

6.4.8 확률 함수의 모음과 그것들의 평균과 분산

앞에서 다루었던 확률 함수들(pdf들과 확률 분포들)을 때때로 사용될 몇 가지 추가적인 함수들과 함께 표 6.4에 모아 두었다. 또한 해당 랜덤 변수들의 평균들과 분산들도 주어져 있다.

표 6.4 몇 가지 랜덤변수들의 확률 분포와 평균과 분산

Probability-density or mass function	Mean	Variance
Uniform:		
$f_X(x) = \begin{Bmatrix} \frac{1}{b-a}, & a \le x \le b \\ 0, & \text{otherwise} \end{Bmatrix}$	$\frac{1}{2}(a+b)$	$\frac{1}{12}(b-a)^2$
Gaussian:		
$f_X(x) = \frac{1}{\sqrt{2\pi\sigma^2}} \exp\left[-(x-m)^2/2\sigma^2\right]$	m	σ^2
Rayleigh:		
$f_R(r) = \frac{r}{\sigma^2} \exp\left(-r^2/2\sigma^2\right),\ r \ge 0$	$\sqrt{\frac{\pi}{2}}\sigma$	$\frac{1}{2}(4-\pi)\sigma^2$
Laplacian:		
$f_X(x) = \frac{\alpha}{2} \exp(-\alpha\lvert x\rvert),\ \alpha > 0$	0	$2/\alpha^2$
One-sided exponential:		
$f_X(x) = \alpha \exp(-\alpha x)\, u(x)$	$1/\alpha$	$1/\alpha^2$
Hyperbolic:		
$f_X(x) = \frac{(m-1)\,h^{m-1}}{2(\lvert x\rvert + h)^m},\ m > 3,\ h > 0$	0	$\frac{2h^2}{(m-3)(m-2)}$
Nakagami-m:		
$f_X(x) = \frac{2m^m}{\Gamma(m)} x^{2m-1} \exp\left(-mx^2\right),\ x \ge 0$	$\frac{1 \times 3 \times \cdots \times (2m-1)}{2^m \Gamma(m)}$	$\frac{\Gamma(m+1)}{\Gamma(m)\sqrt{m}}$
Central Chi-square (n = degrees of freedom)[1]:		
$f_X(x) = \frac{x^{n/2-1}}{\sigma^n 2^{n/2} \Gamma(n/2)} \exp\left(-x/2\sigma^2\right)$	$n\sigma^2$	$2n\sigma^4$
Lognormal[2]:		
$f_X(x) = \frac{1}{x\sqrt{2\pi\sigma_y^2}} \exp\left[-\left(\ln x - m_y\right)^2/2\sigma_y^2\right]$	$\exp\left(m_y + 2\sigma_y^2\right)$	$\exp\left(2m_y + \sigma_y^2\right) \times \left[\exp\left(\sigma_y^2\right) - 1\right]$
Binomial:		
$P_n(k) = \binom{n}{k} p^k q^{n-k},\ k = 0, 1, 2, \cdots, n,\ p + q = 1$	np	npq
Poisson:		
$P(k) = \frac{\lambda^k}{k!} \exp(-\lambda),\ k = 0, 1, 2, \cdots$	λ	λ
Geometric:		
$P(k) = pq^{k-1},\ k = 1, 2, \cdots$	$1/p$	q/p^2

1 $\Gamma(m)$은 감마 함수이고, m이 정수인 경우에는 $(m-1)!$이 된다.
2 대수정규 랜덤변수는 평균이 m_y이고 분산이 σ_y^2인 가우시안 랜덤변수 Y를 $Y=\ln X$로 변환함으로써 얻을 수 있다.

참고문헌

공학자들을 위한 확률 이론을 다루는 몇 권의 책들은 Leon-Garcia(1994), Ross (2002), 그리고 Walpole, Meyers, Meyers, Ye(2007)이다. 많은 예제들을 포함하는 개관으로 좋은 책은 Ash(1992)이며, Simon(2002)은 가우시안 분포를 포함하는 많은 관계들의 개략을 정리해 두고 있다.

요약

1. 확률 이론에서는 우연 실험의 결과들에 **확률**이라고 부르는 0과 1 사이의 실수를 배정하는 것이 하나의 목적이다. 우연 실험이란 **결과들**이 원인들에 의해서 유일하게 정해지는 것이 아니라 우연하게 일어나는 것을 말한다. 또 다른 목적은 결과들의 조합으로 정의되는 사건들에 해당하는 확률들끼리 서로 관계를 맺어주는 것이다.

2. 두 개의 사건들 중 하나가 발생하면 다른 하나는 발생할 수 없는 경우, 두 개의 사건들은 **상호 배타**적이라고 한다. 우연 실험을 수행하는 데 사건들의 집합에 포함된 사건들 중에서 반드시 하나는 일어나도록 구성되어 있는 사건들의 집합을 **전체를 총망라**한다고 한다. 공사건은 우연 실험에서 일어날 확률이 0인 사건을 말하고, 전사건은 확률 1로 발생하는 사건을 말한다

3. 사건 A의 확률 $P(A)$의 동일 우도 정의에서는 우연 실험에서 상호 배타적이고 동일한 우도를 갖는 N개의 결과들이 발생할 경우, $P(A)$는 전체 수에 대한 사건 A에 해당하는 결과들의 수 N_A의 비율로 정의한다. 이것은 확률을 정의함에 있어서 확률을 사용하는 순환 정의이기는 하지만 그럼에도 잘 섞인 카드들로부터 카드 뽑기와 같은 다양한 상황에서 유용하게 사용되고 있다.

4. 사건 A의 확률의 상대 도수 정의에서는 우연 실험을 아주 많은 N번 반복하고 이때 사건 A의 확률은 다음과 같다고 가정한다.

$$P(A) = \lim_{N \to \infty} \frac{N_A}{N}$$

여기서 N_A는 A가 발생하는 횟수이다.

5. 공리적 접근법은 사건 A의 확률 $P(A)$를 다음 공리들을 만족하는 하나의 실수로 정의한다.

(a) $P(A) \geq 0$

(b) $P(\text{전사건}) = 1$

(c) A와 B가 상호 배타적인 사건들이면,

$$P(A \cup B) = P(A) + P(B)$$

공리적 접근법은 동일 우도 정의와 상대 도수 정의를 모두 포함한다.

6. 두 개의 사건 A와 B에 대해서 복합 사건 'A 또는 B 또는 모두'는 $A \cup B$로 표기하고, 'A와 B 모두'는 $(A \cap B)$ 또는 (AB)로 표기한다. 사건 'A 아님'은 $\overline{A}$로 표현한다. A와 B가 반드시 상호 배타적이지 않은 경우에는 $P(A \cup B) = P(A) + P(B) - P(A \cap B)$임을 확률 공리들을 이용함으로써 증명할 수 있다. $P(A|B)$는 B가 일어났을 때 A가 발생할 확률을 나타내고, $P(B|A)$는 A가 일어났을 때 B가 발생할 확률이며, 이 두 가지 확률들은 각각 다음과 같이 정의된다.

$$P(A|B) = \frac{P(AB)}{P(B)} \text{ 및 } P(B|A) = \frac{P(AB)}{P(A)}$$

베이즈 규칙의 특별한 형태는 위 두 정의들을 함께 놓음으로써 얻을 수 있다.

$$P(B|A) = \frac{P(A|B)P(B)}{P(A)}$$

통계적으로 독립인 사건들은 $P(AB)=P(A)P(B)$를 만족하는 사건들이다.

7. 랜덤변수는 우연 실험의 결과들에 실수들을 부여하는 하나의 규칙이다. 예를 들면, 동전을 던질 때 앞면이 나올 때 $X=+1$을 할당하고, 뒷면이 나올 때 $X=-1$을 할당하면 이산 값을 갖는 하나의 랜덤변수가 된다.

8. 랜덤변수 X의 누적 분포 함수 (cdf) $F_X(x)$는 $X \leq x$인 사건의 확률로서 정의되며, x는 실행 변수이다. $F_X(x)$는 0과 1 사이에 있고, $F_X(-\infty)=0$이며 $F_X(\infty)=1$이다. 이 $F_X(x)$는 우측에서 연속이고 인수에 따른 비감소 함수이다. 이산 랜덤변수는 계단-불연속 cdf를 가지며 연속 랜덤변수는 연속적인 cdf를 갖는다.

9. 랜덤변수 X의 확률 밀도 함수 (pdf) $f_X(x)$는 cdf의 미분으로 정의되며 다음과 같다.

$$F_X(x) = \int_{-\infty}^{x} f_X(\eta)\, d\eta$$

pdf는 음수가 아니며 x의 모든 범위에 걸쳐 적분하면 1이다. pdf를 이용하면 $f_X(x)dx$는 랜덤변수 X가 x 주위로 극소 범위 dx 내의 놓일 확률로 해석할 수 있다.

10. 두 개의 랜덤변수들 X와 Y의 결합 cdf $F_{XY}(x, y)$는 $X \leq x$이고 동시에 $Y \leq y$인 확률로서 정의되며, x와 y는 X와 Y의 특정한 값들이다. 그에 해당하는 결합 pdf $f_{XY}(x, y)$는 cdf의 2차 편미분으로서 먼저 x에 대해 미분하고, 다음에 y에 대해서 미분한 것이다. X (Y)만의 cdf(즉 부분 cdf)는 F_{XY}의 인수 중에서 y (x)를 무한대로 설정하여 얻을 수 있으며, X (Y)만의 pdf(즉 부분 pdf)는 모든 범위의 y (x)에 대해 f_{XY}를 적분함으로써 구할 수 있다.

11. 두 개의 통계적으로 독립인 랜덤변수들의 결합 cdf와 결합 pdf는 각각의 해당 부분 cdf들의 곱와 해당 부분 pdf들의 곱으로 인수분해될 수 있다.

12. Y가 주어질 때 X의 조건부 pdf는 다음과 같이 정의된다.

$$f_{X|Y}(x|y) = \frac{f_{XY}(x, y)}{f_Y(y)}$$

$f_{Y|X}(y|x)$에 대해서도 마찬가지이다. $f_{X|Y}(x|y)dx$는 $Y=y$일 때 $x-dx<X\leq x$인 확률이라고 해석할 수 있다.

13. $g(X)$가 단조 함수이고 $Y=g(X)$와 같이 주어지면

$$f_Y(y) = f_X(x)\left|\frac{dx}{dy}\right|_{x=g^{-1}(y)}$$

여기서 $g^{-1}(y)$는 $y=g(x)$의 역함수이다. 두 개 이상의 랜덤변수들의 함수들의 결합 pdf들도 마찬가지 방법으로 변환될 수 있다.

14. 6장에서 정의된 중요한 확률 함수들은 레일리 pdf [식 (6.105)], 랜덤 위상 정현파의 pdf (예제 6.17), 균일 pdf [예제 6.20, 식 (6.135)], 이항 확률 분포 [식 (6.173)], 이항 분포에 대한 라플라스 근사와 포아송 근사 [식 (6.181)과 식 (6.183)] 및 가우시안 pdf [식 (6.189)와 식 (6.194)]이다.

15. pdf $f_X(x)$를 갖는 랜덤변수 X의 함수 $g(X)$에 대한 통계적 평균 또는 기댓값은 다음과 같이 정의된다.

$$E[g(X)] = \overline{g(X)} = \int_{-\infty}^{\infty} g(x) f_X(x)\, dx$$

$g(X)=X^n$의 평균은 X의 n차 모멘트라고 부른다. 1차 모멘트는 X의 **평균**이다. 다중 랜덤변수 함수들의 평균들은 해당 함수와 결합 pdf의 곱을 모든 인수들의 범위에 대하여 적분함으로써 구할 수 있다. 평균들

$\overline{g(X,Y)} = \overline{X^nY^n} \triangleq E[X^nY^m]$은 $(m+n)$차 결합 모멘트라고 부른다. 랜덤변수 X의 분산은 평균 $\overline{\left(X-\overline{X}\right)^2} = \overline{X^2} - \bar{X}^2$이다.

16. 평균 $E[\sum a_iX_i]$은 $\sum a_iE[X_i]$이다. 즉 합산과 평균의 순서는 서로 바뀔 수 있다. 랜덤변수들이 통계적으로 독립이면 랜덤변수들의 합의 분산은 각각의 분산들의 합이 된다.

17. pdf $f_X(x)$를 갖는 랜덤변수 X의 특성 함수 $M_X(jv)$는 $\exp(jvX)$에 대한 기댓값 또는 등가적으로 푸리에 변환 적분에서 지수부의 부호를 $+$로 바꾼 상태에서 $f_X(x)$의 푸리에 변환에 해당한다. 따라서 pdf는 특성 함수의 푸리에 역변환(지수부 부호를 $-$에서 $+$로 바꾼 상태에서)이 된다.

18. X의 n차 모멘트는 $M_X(jv)$를 v에 대하여 n번 미분하고 $(-j)^n$를 곱하고 $v=0$을 대입함으로써 구할 수 있다. X와 Y가 독립인 경우, $Z=X+Y$의 특성 함수는 X와 Y의 각각의 특성 함수들의 곱이다. 따라서 푸리에 변환의 컨벌루션 정리에 따라 Z의 pdf는 X와 Y의 pdf들의 컨벌루션이다.

19. 두 개의 랜덤변수 X와 Y에 대한 공분산 μ_{XY}는 평균

$$\mu_{XY} = E[(X-\bar{X})(Y-\bar{Y})] = E[XY] - E[X]E[Y]$$

이고, 상관 계수 ρ_{XY}는

$$\rho_{XY} = \frac{\mu_{XY}}{\sigma_X\sigma_Y}$$

이다. 이 두 가지는 X와 Y의 선형적 상호 의존도를 나타낸다. 그러나 ρ_{XY}가 ±1로 제한되어 있어서 더 편리하다. $\rho_{XY}=0$이면 랜덤변수들이 상관성이 없다고 한다.

20. 중심 극한 정리에서는 적절한 제한 조건들 하에서 각각이 유한한 분산 값들을 가진(반드시 동일한 pdf들을 가질 필요는 없음) 많은 수 N개의 독립적인 랜덤변수들의 합은 N이 커짐에 따라 가우시안 pdf로 근접해 간다는 것을 말하고 있다.

21. Q 함수는 가우시안 랜덤변수가 어떤 범위의 값을 가질 확률을 계산하는 데 사용될 수 있다. Q 함수는 부록 F.1에 표로 정리되어 있으며, 이 함수 값을 계산하기 위한 유리 함수와 점근적 근사가 주어져 있다. 또한 식 (6.204)에서는 Q 함수와 오차 함수와의 관계가 주어져 있다.

22. 체비셰프 부등식은 랜덤변수의 pdf에 관계없이 (2차 모멘트가 유한해야만 한다) 평균으로부터 k배 표준편차 안에 있는 확률의 하한은 $1-\frac{1}{k^2}$임을 제시한다.

23. 표 6.4에는 몇 가지의 유용한 확률 분포들에 대하여 그들의 평균과 분산과 함께 요약해 두었다.

훈련문제

6.1 공정한 동전 하나와 공정한 주사위(6면) 하나를 동시에 던진다고 하자. 이때 하나의 결과는 다른 것의 결과에 영향을 주지 않는다. 동일 우도 원리를 사용하여 다음 사건들의 확률들을 구하라.

(a) 앞면과 6

(b) 뒷면과 1 또는 2

(c) 뒷면 또는 앞면과 4

(d) 앞면과 5보다 작은 수

(e) 뒷면 또는 앞면과 4보다 큰 수

(f) 뒷면과 6보다 큰 수

6.2 공정한 6면 주사위를 던짐에 있어 두 개의 사건 A={2 또는 4 또는 6}과 B={1 또는 3 또는 5 또는 6}을 정의한다. 동일 우도 방법과 확률의 공리들을 사용하여 다음을 구하라.

(a) $P(A)$

(b) $P(B)$

(c) $P(A \cup B)$

(d) $P(A \cap B)$

(e) $P(A|B)$

(f) $P(B|A)$

6.3 하나의 공정한 6면 주사위를 던짐에 있어 사건 A={1 또는 2}, 사건 B={2 또는 3 또는 4}, 사건 C={4 또는 5 또는 6}이 있다. 다음 확률들을 구하라.

(a) $P(A)$

(b) $P(B)$

(c) $P(C)$

(d) $P(A \cup B)$

(e) $P(A \cup C)$

(f) $P(B \cup C)$

(g) $P(A \cap B)$

(h) $P(A \cap C)$

(i) $P(B \cap C)$

(j) $P(A \cap (B \cap C))$

(k) $P(A \cup (B \cup C))$

6.4 훈련문제 6.2를 참고하여 다음을 구하라.

(a) $P(A|B)$

(b) $P(B|A)$

6.5 훈련문제 6.3을 참고하여 다음을 구하라.

(a) $P(A|B)$

(b) $P(B|A)$

(c) $P(A|C)$

(d) $P(C|A)$

(e) $P(B|C)$

(f) $P(C|B)$

6.6

(a) 52개 카드의 데크로부터 하나의 카드를 뽑을 때 '에이스'가 뽑힐 확률은 얼마인가?

(b) 52개 카드의 데크로부터 하나의 카드를 뽑을 때 '에이스-스페이드'가 뽑힐 확률은 얼마인가?

(c) 52개 카드의 데크로부터 하나의 카드를 뽑을 때, 뽑힌 카드가 검은색이라고 주어진다면 '에이스-스페이드'일 확률은 얼마인가?

6.7 pdf $f_X(x) = A\exp(-\alpha x)u(x-1)$이 주어진다. 여기서 $u(x)$는 단위 계단 함수이며, A와 α는 양의 상수들이다. 다음을 수행하라.

(a) A와 α 사이의 관계를 찾아라.

(b) cdf를 구하라.

(c) $2 < X \leq 4$의 확률을 구하라.

(d) X의 평균

(e) X의 평균 제곱을 구하라. (X^2의 평균)

(f) X의 분산을 구하라.

6.8 다음과 같은 결합 pdf가 주어져 있다.

$$f_{XY}(x, y) = \begin{cases} 1, & 0 \leq x \leq 1,\ 0 \leq y \leq 1 \\ 0, & \text{otherwise} \end{cases}$$

다음을 구하라.

(a) $f_X(x)$

(b) $f_Y(y)$

(c) $E[X]$, $E[Y]$, $E[X^2]$, $E[Y^2]$, σ_X^2, σ_Y^2

(d) $E[XY]$

(e) μ_{XY}

6.9

(a) 하나의 공정한 동전을 열 번 던질 때 앞면이 두 번 이하로 나올 확률은 얼마인가?

(b) 하나의 공정한 동전을 열 번 던질 때 앞면이 정

확히 다섯 번 나올 확률은 얼마인가?

6.10 랜덤변수 Z는 $Z=X+Y$로 정의된다. 여기서 X와 Y는 다음과 같은 통계치들을 가지는 가우시안 랜덤변수들이다.

1. $E[X]=2$, $E[Y]=-3$
2. $\sigma_X=2$, $\sigma_Y=3$
3. $\mu_{XY}=0.5$

Z의 pdf를 구하라.

6.11 랜덤변수 Z는 세 개의 독립 랜덤변수들에 대하여 $Z=2X_1+4X_2+3X_3$와 같이 정의된다. 여기서 X_1, X_2, X_3 각각의 평균은 -1, 5, -2이고, 각각의 분산은 4, 7, 1이다. 다음을 구하라.

(a) Z의 평균
(b) Z의 분산
(c) Z의 표준편차
(d) X_1, X_2와 X_3가 가우시안 랜덤변수들인 경우, Z의 pdf

6.12 랜덤변수 X의 특성 함수는 $M_X(jv)=(1+v^2)^{-1}$이다. 다음을 구하라.

(a) X의 평균
(b) X의 분산
(c) X의 pdf

6.13 열 개의 독립 랜덤변수들의 합으로 정의되는 하나의 새로운 랜덤변수가 있다. 모든 랜덤변수들은 $[-0.5, 0.5]$의 범위에서 균일하게 분포한다.

(a) 중심 극한 정리에 따른 합 $Z=\sum_{i=1}^{10} X_i$의 pdf에 대한 근사식을 적어보라.
(b) $z=\pm 5.1$에서 pdf를 근사화하는 값은 얼마인가? z의 이 값에 대하여 실제 새로운 합 랜덤변수의 pdf의 값은 얼마인가?

6.14 하나의 공정한 동전을 100번 던질 때 라플라스 근사에 따른 다음의 확률은 얼마인가? (a) 50개의 앞면, (b) 51개의 앞면, (c) 52개의 앞면, (d) 라플라스 근사는 이러한 계산들에 있어서 유효한가?

6.15 디지털 통신 시스템에서 한 번 전송에서 오류 확률이 $P_E=10^{-3}$이다. (a) 100번 전송에서 0개의 오류가 발생할 확률은 얼마인가? (b) 100번 중에서 한 개의 오류 확률은? (c) 100번 중에서 두 개의 오류 확률은? (d) 100번 중에서 두 개 이하의 오류 확률은?

연습문제

6.1절

6.1 하나의 원이 21등분되고, 포인터를 돌려 1부터 21까지 적힌 부분들 중 하나에서 멈추도록 한다. 표본 공간을 기술하고, 동일 우도의 결과들을 가정할 때 다음을 구하라.

(a) P(짝수)
(b) P(숫자 21)
(c) P(숫자 4, 5 또는 9)
(d) P(10보다 큰 수)

6.2 통상의 카드 데크에서 뽑은 카드를 다시 넣지 않고 다섯 장의 카드를 뽑을 때 다음 확률은 얼마인가?

(a) 세 장의 킹과 두 장의 에이스
(b) 같은 종류 네 장
(c) 모두 같은 모양
(d) 같은 모양이면서 에이스, 킹, 퀸, 잭, 10
(e) 에이스, 킹, 퀸, 잭, 10이 뽑혔다면 다음 카드로 퀸이 뽑힐 확률은 얼마인가? (모두 같은 모양은 아님)

6.3 세 개의 사건들 A, B, C가 독립이기 위해서는 어떤 식들이 만족해야 하는가?

(힌트 : 모든 쌍들에 대해서는 독립이 만족해야 하지만, 그것만으로 충분하지는 않다.)

6.4 두 개의 사건 A와 B가 각각의 부분 확률로 $P(A)=0.2$와 $P(B)=0.5$이며, 결합 확률 $P(A\cap B)=0.4$이다.

(a) 통계적으로 독립인가? 왜 그런가? 왜 그렇지 않은가?

(b) 'A 또는 B 또는 두 개 모두'인 사건이 일어날 확률은 얼마인가?

(c) 일반적으로 두 개의 사건들이 통계적으로 독립이면서 동시에 상호 배타적이기 위해서는 무엇을 만족해야 하는가?

6.5 그림 6.20은 통신 네트워크를 표현하는 그래프이다. 그림에서 노드들은 수신기-중계기 박스들이고, 가장자리들(또는 링크들)은 그것들이 연결된 경우에는 메시지를 완벽하게 전달하게 되는 통신 채널을 나타낸다. 그러나 하나의 링크가 고장날 확률이 p이고, 완전할 확률이 $q=1-p$이다. (힌트 : 그림 6.2에서와 같은 나무 다이어그램을 사용하라.)

(a) 노드 A와 B 사이에 적어도 하나의 정상적인 경로가 있을 확률은 얼마인가?

(b) 링크 4가 제거된 경우, 노드 A와 B 사이에 적어도 하나의 정상적인 경로가 있을 확률은 얼마인가?

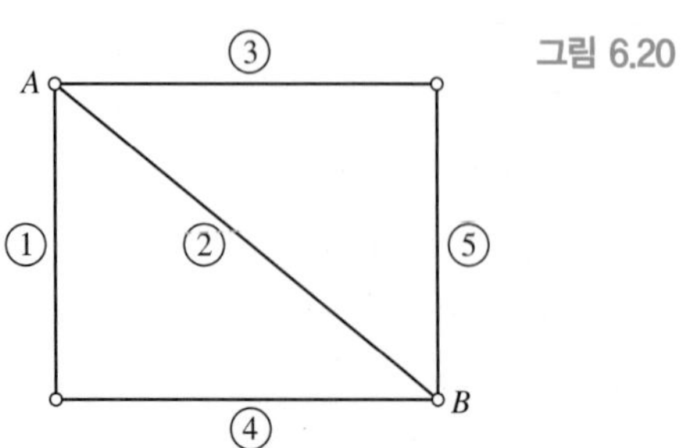

그림 6.20

(c) 링크 2가 제거된 경우, 노드 A와 B 사이에 적어도 하나의 정상적인 경로가 있을 확률은 얼마인가?

(d) 링크 4 또는 링크 2의 제거 중에서 어느 경우가 더 심각한 상황인가? 이유는?

6.6 $A=$입력, $B=$출력인 이진 통신 채널이 있다. $P(A)=0.45$, $P(B|A)=0.95$, $P(\overline{B}|\overline{A})=0.65$이다. $P(A|B)$와 $P(A|\overline{B})$를 구하라.

6.7 표 6.5에 결합 확률들이 주어져 있다.

표 6.5 문제 6.7을 위한 확률들의 표

	B_1	B_2	B_3	$P(A_i)$
A_1	0.05		0.45	0.55
A_2		0.15	0.10	
A_2	0.05	0.05		0.15
$P(B_j)$				1.0

(a) 표 6.5에 빠진 나머지 확률들을 구하라.

(b) 확률들 $P(A_3|B_3)$, $P(B_2|A_1)$, $P(B_3|A_2)$를 구하라.

6.2절

6.8 두 개의 주사위를 던질 때

(a) X_1은 두 개의 주사위 윗면에 보이는 점들의 총 개수를 값으로 갖는 랜덤변수이다. 이 랜덤변수를 정의하는 표를 작성하라.

(b) X_2는 두 개의 주사위 윗면의 점들의 개수의 합이 짝수이면 1을, 홀수이면 0을 부여하는 랜덤변수이다. 이 경우에 대하여 (a)를 반복하라.

6.9 상호 작용이 없는 세 개의 공정한 동전들을 동시에 던질 때, 앞면의 개수가 짝수이면 랜덤변수 $X=1$이고, 아니면 $X=0$이다. 이 랜덤변수에 해당하는 누적 분포 함수와 확률 밀도 함수를 그림으로 나다내라.

6.10 어떤 연속 랜덤변수는 다음과 같은 누적 분포 함수를 가진다.

$$F_X(x)=\begin{cases}0, & x<0\\ Ax^4, & 0\le x\le 12\\ B, & x>12\end{cases}$$

(a) A, B 값을 구하라.

(b) pdf $f_X(x)$를 구하고 그림으로 나타내라.

(c) $P(X>5)$를 계산하라.

(d) $P(4\le X<6)$를 계산하라.

6.11 다음 함수들은 상수들이 적절히 선택된다면 pdf들이 될 수 있다. 함수들 각각이 pdf가 되도록 하는 상수들에 대한 적절한 조건들을 구하라. [A, B, C, D, α, β, γ, τ는 양의 상수들이고, $u(x)$는 단위 계단 함수이다.]

(a) $f(x)=Ae^{-\alpha x}u(x)$

(b) $f(x)=Be^{\beta x}u(-x)$

(c) $f(x)=Ce^{-\gamma x}u(x-1)$

(d) $f(x)=C[u(x)-u(x-\tau)]$

6.12 X와 Y가 독립인지 여부를 점검하고, 결과들을 증명하라.

(a) $f_{XY}(x,\ y)=Ae^{-|x|-2|y|}$

(b) $f_{XY}(x,\ y)=C(1-x-y)$, $0\le x\le 1-y$와 $0\le y\le 1$

6.13 두 개의 랜덤변수들의 결합 pdf가 다음과 같다.

$$f_{XY}(x,\ y)=\begin{cases}C(1+xy),\ 0\le x\le 4,\ 0\le y\le 2\\ 0,\ \text{otherwise}\end{cases}$$

다음을 구하라.

(a) 상수 C

(b) $f_{XY}(1,\ 1.5)$

(c) $f_{XY}(x,\ 3)$

(d) $f_{X|Y}(x|3)$

6.14 랜덤변수들 X와 Y의 결합 pdf가 다음과 같다. $f_{XY}(x,\ y)=Axye^{-(x+y)}$, $x\ge 0$, $y\ge 0$이다.

(a) 상수 A를 구하라.

(b) X와 Y의 부분 pdf들 $f_X(x)$와 $f_Y(y)$를 구하라.

(c) X와 Y는 통계적으로 독립인가? 답을 입증하라.

6.15

(a) $\alpha>0$가 얼마일 때 다음 함수가 확률 밀도 함수가 되는가?

$f(x)=\alpha x^{-2}u(x-\alpha)$

타당성을 보이기 위하여 그림을 그리고, pdf를 적분하면 1이 된다는 것을 이용하라. [$u(x)$는 단위 계단 함수이다.]

(b) 해당하는 누적 분포 함수를 구하라.

(c) $P(X\ge 10)$을 계산하라.

6.16 pdf $f_X(x)=\dfrac{e^{-x^2/2\sigma^2}}{\sqrt{2\pi}\sigma}$인 가우시안 랜덤변수가 있다. 여기서 $\sigma>0$은 표준편차이다. $Y=X^2$일 때, Y의 pdf를 구하라.

(힌트 : $Y=X^2$은 $X=0$을 중심으로 대칭이고, Y는 0보다 작을 수 없다는 데 주목하라.)

6.17 입력 X와 출력 Y를 가지는 비선형 시스템이 있다. 입력의 pdf는 연습문제 6.16에서 주어진 것과 같은 가우시안이다. 비선형 시스템이 다음과 같은 입력-출력 관계를 가진다고 가정할 때, 출력의 pdf를 결정하라.

(a) $Y=\begin{cases}aX,\ X\ge 0\\ 0,\ X<0\end{cases}$

(힌트 : $X<0$일 때 Y는 얼마인가? 이것이 Y에 대한 pdf를 구할 때 어떻게 이용될 것인가?)

(b) $Y=|X|$

(c) $Y=X-X^3/3$

6.3절

6.18 모든 x에 대하여 $f_X(x)=A\exp(-bx)u(x-2)$이며, A와 b가 양의 상수이다.

(a) 이 함수가 pdf가 되도록 하기 위한 A와 b 사이의 관계를 구하라.

(b) 이 랜덤변수의 $E[X]$를 구하라.

(c) 이 랜덤변수의 $E[X^2]$를 구하라.

(d) 이 랜덤변수의 분산은 얼마인가?

6.19

(a) 0과 2 사이에서 균일하게 분포하는 랜덤변수가 있을 때, $E[X^2]>E^2[X]$임을 보여라.

(b) 0과 4 사이에서 균일하게 분포하는 랜덤변수가 있을 때, $E[X^2]>E^2[X]$임을 보여라.

(c) 랜덤변수가 거의 항상 0이 아니라면 일반적으로 임의의 랜덤변수에 대해서도 $E[X^2]>E^2[X]$가 성립한다는 것을 증명할 수 있는가?

(힌트 : $E\{[X-E(X)]^2 \geq 0\}$를 전개하고, 확률 1을 가지고 $X=0$인 경우에만 0이 만족한다는 점에 유의하라.)

6.20 다음의 확률 분포들에 대하여 표 6.4에서의 평균값들과 분산값들을 구하라.

(a) 레일리

(b) 단측 지수 함수

(c) 쌍곡선

(d) 포아송

(e) 기하

6.21 랜덤변수 X의 pdf는 다음과 같다.

$$f_X(x)=Ae^{-bx}[u(x)-u(x-B)]$$

여기서 $u(x)$는 단위 계단 함수이고 A, B, b는 양의 상수들이다.

(a) 상수 A, b, B 사이의 적절한 관계를 구하라. b를 A와 B에 대하여 나타내라.

(b) cdf를 구하고 그림으로 나타내라.

(c) $E[X]$를 계산하라.

(d) $E[X^2]$을 구하라.

(e) X의 분산은 얼마인가?

6.22 $f_X(x)=(2\pi\sigma^2)^{-1/2}\exp\left(-\dfrac{x^2}{2\sigma^2}\right)$일 때, 다음이 성립함을 보여라.

(a) $n=1, 2, \cdots$에 대해 $E[X^{2n}]=1\times3\times5\times\cdots(2n-1)\sigma^{2n}$

(b) $n=1, 2, \cdots$에 대해 $E[X^{2n-1}]=0$

6.23 랜덤변수의 pdf는 다음과 같다.

$$f_X(x)=\frac{1}{2}\delta(x-5)+\frac{1}{8}[u(x-4)-u(x-8)]$$

여기서 $u(x)$는 단위 계단 함수이다. 이렇게 정의된 랜덤변수의 평균과 분산을 구하라.

6.24 두 개의 랜덤변수들 X와 Y는 아래에 주어진 평균들과 분산들을 갖는다.

$$m_x=1,\ \sigma_x^2=4,\ m_y=3,\ \sigma_y^2=7$$

새로운 랜덤변수 Z가 다음과 같이 정의된다.

$$Z=3X-4Y$$

랜덤변수 X와 Y 사이의 상관 계수가 다음과 같은 각각의 경우에 대하여 Z의 평균과 분산을 구하라.

(a) $\rho_{XY}=0$

(b) $\rho_{XY}=0.2$

(c) $\rho_{XY}=0.7$

(d) $\rho_{XY}=1.0$

6.25 상관 계수가 ρ이고, 평균 0과 분산 σ^2인 두 개의 가우시안 랜덤변수들 X와 Y는

$$f(x,y)=\frac{1}{2\pi\sigma^2\sqrt{1-\rho^2}}\exp\left[-\frac{x^2-2\rho xy+y^2}{2\sigma^2(1-\rho^2)}\right]$$

으로 주어진 결합 확률 밀도 함수를 갖는다.

Y의 부분 pdf가 다음과 같음을 보여라.

$$f_Y(y)=\frac{\exp\left(-y^2/\left(2\sigma^2\right)\right)}{\sqrt{2\pi\sigma^2}}$$

조건부 pdf $f_{X|Y}(x|y)$를 구하라.

6.26 식 (6.62)에서 주어진 조건부 pdf와 부분 가우시안 pdf들, 결합 가우시안 pdf의 표현들을 사용하여, 두 개의 결합 가우시안 랜덤변수들 X와 Y에 대하여 Y가 주어졌을 때 X의 조건부 pdf는 다음과 같은 각각 조건부 평균과 조건부 분산을 가진 가우시안 밀도의 형태를 취한다는 것을 보여라.

$$E[X|Y] = m_x + \frac{\rho\sigma_x}{\sigma_y}(Y - m_y)$$

그리고

$$\text{var}(X|Y) = \sigma_x^2(1 - \rho^2)$$

6.27 랜덤변수 X는 $0 \le x \le 2$ 범위에서 균일하고, 그 외에서는 0인 확률 밀도 함수를 가진다. 독립인 랜덤변수 Y는 $1 \le y \le 5$ 범위에서 균일한 밀도를 가지고, 그 이외에서는 0이다. $Z = X + Y$의 밀도를 구하고 그림으로 나타내라.

6.28 랜덤변수 X의 pdf가 다음과 같이 정의된다.

$$f_X(x) = 4e^{-8|x|}$$

랜덤변수 Y는 $Y = 4 + 5X$로 X와 관련된다.

(a) $E[X]$, $E[X^2]$, σ_x^2을 구하라.

(b) $f_Y(y)$를 구하라.

(c) $E[Y]$, $E[Y^2]$, σ_y^2을 구하라.

(힌트 : (b)항의 결과가 사용될 수는 있을 수 있지만, 이 항의 문제를 푸는 데 반드시 필요하지는 않다.)

(d) (c)항에서 $f_Y(y)$를 사용했다면, $f_X(x)$만을 사용하여 (c)항을 반복하라.

6.29 랜덤변수 X가 다음과 같은 확률 밀도 함수를 가진다.

$$f_X(x) = \begin{cases} ae^{-ax} & x \ge 0 \\ 0, & x < 0 \end{cases}$$

여기서 a는 임의의 양의 상수이다.

(a) 특성 함수 $M_X(jv)$를 구하라.

(b) 특성 함수를 이용하여 $E[X]$와 $E[X^2]$을 구하라.

(c) 결과들을 다음 식에 적용하여 $n = 1$, 2에 계산함으로써 검산하라.

$$\int_{-\infty}^{\infty} x^n f_X(x)\,dx$$

(d) σ_x^2를 계산하라.

6.4절

6.30 다음에 대하여 이항 분포, 라플라스 분포, 포아송 분포를 비교하라.

(a) $n = 3$과 $p = \frac{1}{5}$

(b) $n = 3$과 $p = \frac{1}{10}$

(c) $n = 10$과 $p = \frac{1}{5}$

(d) $n = 10$과 $p = \frac{1}{10}$

6.31 하나의 공정한 동전을 열 번 던질 때

(a) 앞면이 다섯 번 또는 여섯 번 나올 확률을 구하라.

(b) 다섯 번째 던짐에서 처음으로 앞면이 나올 확률을 구하라.

(c) 100번 던질 때, (a)와 (b)를 반복하라. 또한 앞면이 50번 내지 60번 일어날 확률도 구하고, 50번째 던짐에서 처음으로 앞면이 나올 확률도 구하라.

6.32 컴퓨터를 설치할 때 암호는 $X_1X_2X_3X_4$의 형태를 취하고 있다. 여기에서 각 문자 X_i는 26개의 알파벳 중 하나이다. 다음 두 개의 각 조건에 대하여 최대로 할당할 수 있는 서로 다른 암호의 수를 구하라.

(a) 하나의 암호에서 주어진 알파벳 문자는 한 번만 사용될 수 있다.

(b) 문자들은 필요하다면 반복될 수 있다. 따라서 각 X_i는 임의의 문자를 가질 수 있다.

(c) 주어진 암호를 맞추기 위하여 문자들을 완전히

랜덤하게 선택한다고 하는 경우에, (a) 방식과 (b) 방식에 따라 설정된 각각의 암호들을 가진 컴퓨터에 참가자가 단 한 번의 시도로 접근할 수 있는 확률은 얼마인가?

6.33 20개의 공정한 동전을 던진다고 가정하자.

(a) 이항 분포를 이용하여 세 개보다 작은 개수의 앞면이 나올 확률을 구하라.

(b) 라플라스 근사를 이용하여 같은 계산을 반복하라.

(c) 라플라스 근사의 퍼센트 오차를 계산함으로써 (a)와 (b)의 결과들을 비교하라.

6.34 디지털 데이터 전송 시스템이 숫자당 10^{-5}의 오류 확률을 갖는다.

(a) 10^5개 숫자들 중에서 정확히 한 개의 오류의 확률을 구하라.

(b) 10^5개 숫자들 중에서 정확히 두 개의 오류의 확률을 구하라.

(c) 10^5개 숫자들 중에서 여섯 개 이상의 오류의 확률을 구하라.

6.35 $m_x=m_y=1$, $\sigma_x^2=\sigma_y^2=4$, $\rho=0.4$인 두 개의 랜덤변수들 X와 Y가 결합 가우시안이다.

(a) 식 (6.194)를 이용하여 X와 Y 각각의 부분 pdf들에 대한 표현식들을 구하라.

(b) 식 (6.189)로부터 $f_{XY}(x, y)$에 대한 표현식과 (a)의 결과를 이용하여 조건부 pdf인 $f_{X|Y}(x|y)$에 대한 표현식을 구하라. x와 y를 치환함으로써 $f_{Y|X}(y|x)$를 추론하라.

(c) $f_{X|Y}(x|y)$를 부분 가우시안 함수의 형태로 바꾼다고 할 때, 평균과 분산은 어떻게 되는가? (평균이 y의 함수일 것이다.)

6.36 다음과 같은 코시(Cauchy) 밀도 함수를 고려하자.

$$f_X(x) = \frac{K}{1+x^2}, \quad -\infty \le x \le \infty$$

(a) K를 구하라.

(b) var[X]가 유한하지 않다는 것을 보여라.

(c) 코시 랜덤변수의 특성 함수가 $M_X(jv)=\pi K e^{-|v|}$인 것을 보여라.

(d) $Z=X_1+\cdots+X_N$인 새로운 랜덤변수를 정의하자. X_i들이 독립 코시 랜덤변수들일 때, 이것의 특성 함수는 다음과 같다.

$$M_Z(jv)=(\pi K)^N \exp(-N|v|)$$

이때 $f_Z(z)$가 코시인 것을 보여라. (참고 : $f_Z(z)$는 var[X_i]가 유한하지 않으며, 따라서 중심 극한 정리의 조건에 위배되기 때문에 $N\to\infty$인 경우에도 가우시안이 아니다.)

6.37 (카이제곱 pdf) X_i가 pdf $n(0, \sigma)$를 가지는 독립 가우시안 랜덤변수일 때 새로운 랜덤변수 $Y=\sum_{i=1}^N X_i^2$를 정의한다.

(a) X_i^2의 특성 함수가 다음과 같음을 보여라.

$$M_{X_i^2}(jv) = \left(1-2jv\sigma^2\right)^{-1/2}$$

(b) Y의 pdf가 다음과 같음을 보여라.

$$f_Y(y) = \begin{cases} \frac{y^{N/2-1}e^{-y/2\sigma^2}}{2^{N/2}\sigma^N\Gamma(N/2)}, & y \ge 0 \\ 0, & y < 0 \end{cases}$$

여기서 $\Gamma(x)$는 감마 함수이며, $x=n$인 정수에 대하여 $\Gamma(n)=(n-1)!$이다. 이 pdf는 자유도 N인 χ^2(카이제곱) pdf라고 알려져 있다. (힌트 : 아래의 푸리에 변환쌍을 사용하라.)

$$\frac{y^{N/2-1}e^{-y/\alpha}}{\alpha^{N/2}\Gamma(N/2)} \leftrightarrow (1-j\alpha v)^{-N/2}$$

(c) N이 큰 경우에 χ^2 pdf는 다음과 같이 근사될 수 있음을 보여라.

$$f_Y(y) = \frac{\exp\left[-\frac{1}{2}\left(\frac{y-N\sigma^2}{\sqrt{4N\sigma^4}}\right)^2\right]}{\sqrt{4N\pi\sigma^4}}, \quad N \gg 1$$

(힌트 : 중심 극한 정리를 사용하라. x_i가 독립이기 때문에

$$\bar{Y} = \sum_{i=1}^{N} \overline{X_i^2} = N\sigma^2 \text{이고}$$

$$\text{var}(Y) = \sum_{i=1}^{N} \text{var}(X_i^2) = N\text{var}(X_i^2)\text{이다.)}$$

(d) $N=2, 4, 8$에 대하여 $f_Y(y)$와 (c)에서 구한 근사를 비교하라.

(e) $R^2=Y$일 때, $N=2$에 대한 R의 pdf는 레일리임을 보여라.

6.38 큰 인수 값들에 대하여 Q 함수와 식 (6.202)에 주어진 근사를 로그-로그 그래프 상에 두 가지를 동시에 그려서 비교하라. (주의 : MATLAB은 이 문제에 유용할 것이다.)

6.39 평균이 m이고 분산이 σ^2인 가우시안 랜덤변수에 대한 cdf를 구하고 Q 함수를 이용하여 나타내라. $m=0$이고 각각 $\sigma=0.5, 1, 2$에 대해 cdf를 그림으로 나타내라.

6.40 Q 함수는 다음과 같이 나타낼 수도 있음을 증명하라.

$$Q(x) = \frac{1}{\pi}\int_0^{\pi/2} \exp\left(-\frac{x^2}{2\sin^2\phi}\right) d\phi$$

6.41 랜덤변수 X가 다음의 확률 밀도 함수를 가진다.

$$f_X(x) = \frac{e^{-(x-10)^2/50}}{\sqrt{50\pi}}$$

다음의 확률들을 Q 함수에 대하여 표시하고, 각각의 수치값들을 계산하라.

(a) $P(|X| \le 15)$

(b) $P(10 < X \le 20)$

(c) $P(5 < X \le 25)$

(d) $P(20 < X \le 30)$

6.42

(a) 체비셰프 부등식을 증명하라.

(힌트 : $Y=(X-m_x)/\sigma_x$로 놓고, k에 대하여 $P(|Y|<k)$의 한계를 구하라.)

(b) X는 $|x| \le 1$ 범위에서 균일 분포를 갖는다. $P(|X| < k\sigma_x)$ 대 k의 그래프를 그리고, 체비셰프 부등식에 의해 주어진 해당하는 한계를 나타내라.

6.43 랜덤변수 X가 평균이 0이고 분산이 σ^2인 가우시안일 때, 다음의 확률들에 대한 수치적인 값을 구하라.

(a) $P(|X| > \sigma)$

(b) $P(|X| > 2\sigma)$

(c) $P(|X| > 3\sigma)$

6.44 음성은 종종 라플라시안 진폭 pdf를 가지는 것으로 모델링될 수 있다. 즉 진폭 pdf가 다음을 따른다.

$$f_X(x) = \left(\frac{a}{2}\right)\exp(-a|x|)$$

(a) X의 분산 σ^2을 a에 대하여 나타내라. 표 6.4에 주어진 결과를 바로 적지 말고 유도 과정을 보이라.

(b) 다음의 확률들을 계산하라.

$P(|X| > \sigma)$, $P(|X| > 2\sigma)$, $P(|X| > 3\sigma)$

6.45 평균이 0인 두 개의 결합 가우시안 랜덤변수들 X와 Y는 각각 3과 4의 분산값들과 상관 계수 $\rho_{XY} = -0.4$를 갖는다. 새로운 랜덤변수 $Z=X+2Y$를 정의할 때, Z의 pdf에 대한 표현식을 구하라.

6.46 두 개의 결합 가우시안 랜덤변수들 X와 Y는 각각 1과 2의 평균값들과 각각 3과 2의 분산값들을 가지며, 상관 계수 $\rho_{XY}=0.2$이다. 새로운 랜덤변수 $Z=3X+Y$를 정의할 때, Z의 pdf에 대한 표현식을 구하라.

6.47 두 개의 가우시안 랜덤변수들 X와 Y는 독립이

며, 각각의 평균은 5와 3이며, 각각의 분산은 1과 2 이다.

(a) 부분 pdf들에 대한 표현식들을 구하라.

(b) 결합 pdf에 대한 표현식을 구하라.

(c) $Z_1=X+Y$와 $Z_2=X-Y$의 각각의 평균값들은 얼마인가?

(d) $Z_1=X+Y$와 $Z_2=X-Y$의 각각의 분산값들은 얼마인가?

(e) $Z_1=X+Y$에 대한 pdf 표현식을 구하라.

(f) $Z_2=X-Y$에 대한 pdf 표현식을 구하라.

6.48 두 개의 가우시안 랜덤변수들 X와 Y는 독립이며, 각각의 평균은 4와 2이며, 각각의 분산은 3과 5 이다.

(a) 부분 pdf들에 대한 표현식들을 구하라.

(b) 결합 pdf에 대한 표현식을 구하라.

(c) $Z_1=3X+Y$와 $Z_2=3X-Y$의 각각의 평균값들은 얼마인가?

(d) $Z_1=3X+Y$와 $Z_2=3X-Y$의 각각의 분산값들은 얼마인가?

(e) $Z_1=3X+Y$에 대한 pdf 표현식을 구하라.

(f) $Z_2=3X-Y$에 대한 pdf 표현식을 구하라.

6.49 표 6.4에 주어진 pdf들을 갖는 다음의 랜덤변수들이 각각의 평균값들을 초과할 확률들을 구하라. 즉 각 경우에 X를 랜덤변수, m_X를 해당하는 평균이라고 할 때 $X \geq m_X$인 확률을 구하라.

(a) 균일

(b) 레일리

(c) 단측 지수 함수

컴퓨터 실습문제

6.1 이 실습문제에서 주어진 pdf를 가지는 표본들의 집합을 생성시킬 수 있는 유용한 기법에 대하여 살펴볼 것이다.

(a) 첫째, 다음 정리를 증명하라. X가 cdf $F_X(x)$를 갖는 연속 랜덤변수이면, 랜덤변수 $Y=F_X(x)$는 구간 (0,1)에서 균일하게 분포하는 랜덤변수이다.

(b) 이 정리를 사용하여, 다음과 같은 지수 분포 pdf를 가지는 랜덤변수의 시퀀스를 생성시키는 랜덤 숫자 발생기를 설계하라.

$$f_X(x)=\alpha e^{-\alpha x}u(x)$$

여기서 $u(x)$는 단위 계단 함수이다. 설계한 랜덤 숫자 발생기의 유효성을 분석하기 위하여 발생된 랜덤 숫자들을 바탕으로 히스토그램을 그려라.

6.2 두 개의 독립적인 균일 분포를 갖는 랜덤변수들로부터 가우시안 랜덤변수를 발생시키는 알고리즘은 쉽게 유도될 수 있다.

(a) U와 V는 [0, 1]에서 균일하게 분포하는 통계적으로 독립인 랜덤 숫자들이다. 다음 변환을 통하여 평균이 0이고, 분산 1인 통계적으로 독립인 두 개의 가우시안 랜덤 숫자들을 발생시킬 수 있음을 증명하라.

$$X=R\cos(2\pi U)$$

$$Y=R\sin(2\pi U)$$

여기서

$$R=\sqrt{-2\ln V}\text{이다.}$$

(힌트 : 우선 R이 레일리임을 보여라.)

(b) 위의 알고리즘에 따라 1000 랜덤변수 쌍을 생성

시켜라. 각 집합(즉 X와 Y)에 대하여 히스토그램을 그리고, 히스토그램을 적당하게 조절하여(즉 히스토그램이 확률 밀도 함수를 잘 근사할 수 있도록 각 셀을 총 개수와 셀 폭을 곱한 값으로 나누어라) 가우시안 pdf들과 비교하라. (힌트 : MATLAB의 'hist' 함수를 사용하라.)

6.3 연습문제 6.26의 결과와 컴퓨터 실습문제 6.2에서 설계한 가우시안 랜덤 숫자 발생기를 사용하여 인접한 표본들 사이에 특정 상관값을 갖도록 하는 가우시안 랜덤 숫자 발생기를 설계하라. 상관 계수는 다음의 식을 따른다.

$$P(\tau)=e^{-\alpha|\tau|}$$

α를 여러 가지 다른 값으로 바꾸어 가면서 가우시안 랜덤 숫자 시퀀스들을 그림으로 나타내라. 인접한 표본들 간에 얼마나 강한 상관값이 표본마다의 변화에 영향을 미치는지 보여라. (주의 : 바로 인접한 표본들보다 큰 메모리를 갖도록 하기 위하여 독립 가우시안 표본들을 입력으로 하여 디지털 필터를 사용해야 한다.)

6.4 구간 $(-0.5,\ 0.5)$에서 균일하게 분포된 n개의 독립된 랜덤변수들을 반복적으로 생성하여 이들을 식 (6.187)에 따라 합을 취하고, 히스토그램을 그림으로써 중심 극한 정리의 유용성을 점검하라. $n=5$, 10, 20에 대해 이것을 수행하라. 합이 가우시안 랜덤 숫자들로 수렴해 가는 것에 대하여 정성적으로 그리고 정량적으로 설명하라. 지수 분포된 랜덤변수들에 반복하라. (먼저 컴퓨터 실습문제 6.1을 수행하라.) 가우시안 랜덤변수들을 생성하기 위하여 균일 분포된 랜덤변수들을 합하여 구하는 방법의 단점은 무엇인가? (힌트 : 균일 분포된 랜덤변수들의 합이 $0.5N$보다 크거나 $-0.5N$보다 작을 확률이 어떻게 되는지 생각해보라. 또한 가우시안 랜덤변수의 동일한 경우에 대한 확률은 얼마인지 생각해보라.)

CHAPTER 7

랜덤 신호 및 잡음

6장에서 다루었던 확률 이론에 대한 수학적인 배경은 랜덤 파형들을 통계적으로 기술하는 기초를 이루게 된다. 1장에서 이미 지적했듯이, 이러한 파형들을 다루는 것은 통신 시스템에서의 잡음이 전도 소재들에 흐르는 전하들의 랜덤 운동 및 다른 원하지 않는 신호원과 같은 예측할 수 없는 현상으로 인해 발생한다는 사실 때문에 매우 중요한 의미를 가진다.

확률을 구하는 상대 도수 방법에서는 근간이 되는 우연 실험을 여러 번 반복하는 것으로 생각했으며, 이는 반복하는 과정이 시간에 따라 순차적으로 이루어졌다는 것을 내포하고 있다. 그러나 랜덤 파형을 다루는 데 있어서는 근간이 되는 우연 실험의 결과들은 랜덤변수 경우에서와 같이 숫자들보다는 시간의 함수들 또는 파형들로 매핑된다. 우연 실험을 하기 전에는 랜덤변수의 특정값을 예측할 수 없었던 것처럼 실험에 앞서 어떠한 특정한 파형을 미리 예측할 수는 없다. 이제 실험의 결과들이 파형들로 표현되는 우연 실험을 통계적으로 기술하는 방법을 다룰 것이다. 이것이 어떻게 가능할 수 있는지 보이기 위하여 다시 상대 도수에 대하여 생각해 볼 것이다.

7.1 랜덤 과정의 상대 도수 표현

단순화를 위해, 그림 7.1에서와 같이 T_0초마다 출력이 $+1$과 -1 사이를 랜덤하게 전환되는 이진 디지털 파형 생성기를 생각해보자. i번째 생성기의 출력에 해당하는 랜덤 파형을 $X(t, \zeta_i)$라고 표기하고, 특정 시간에 모든 생성기들의 출력들을 조사함으로써 상대 도수를 이용하여 $P(X = +1)$을 추정하려고 한다. 출력들이 시간의 함수이므로 상대 도수를 나타낼 때도 시간을 명기해야 한다. 다음 표는 각 시간 구간에서 생성기 출력들을 조사함으로써 만들어질 수 있다.

Time Interval:	(0,1)	(1,2)	(2,3)	(3,4)	(4,5)	(5,6)	(6,7)	(7,8)	(8,9)	(9,10)
Relative Frequency:	$\frac{5}{10}$	$\frac{6}{10}$	$\frac{8}{10}$	$\frac{6}{10}$	$\frac{7}{10}$	$\frac{8}{10}$	$\frac{8}{10}$	$\frac{8}{10}$	$\frac{8}{10}$	$\frac{9}{10}$

이 표로부터 상대 도수 값들이 시간 구간에 따라 변한다는 사실을 알 수 있다. 상대 도수에서의 이런 변화가 **통계적 불규칙성** 때문일 수도 있으나, 시간이 지남에 따라 $X=+1$이 발생할 가능성이 더 높아지는 어떤 현상이 지배하고 있다는 강한 의심도 들게 한다. 통계적 불규칙성이 주범일 가능성을 줄이기 위해서 100개 또는 1,000개의 생성기들을 사용하여 실험을 반복

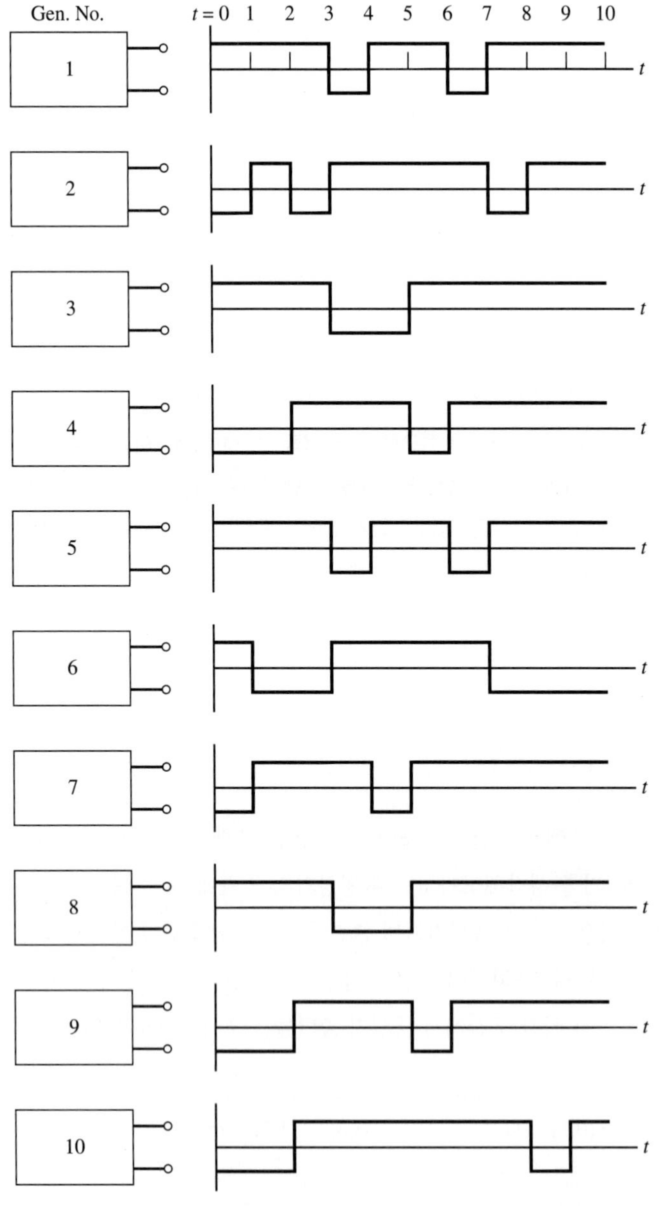

그림 7.1 전형적인 출력들을 갖는 통계적으로 동일한 이진 파형 생성기들의 집합

할 수 있을 것이다. 이 방법을 위해서는 동일한 발생기들의 집합을 확보하는 것과 이들을 모두 동일한 조건하에서 사용하도록 준비하는 것이 매우 어렵다는 고민에 빠지게 한다.

7.2 랜덤 과정의 용어들

7.2.1 표본 함수와 앙상블

그림 7.1에 보인 것과 같은 방식으로 어떤 우연 실험을 동시에 여러 번 수행한다고 생각해보자. 예를 들어 관심 있는 랜덤 수량이 하나의 잡음 생성기 단자들의 전압일 때, 랜덤변수 X_1은 시간 t_1에서의 전압의 가능한 값들을 나타내고, X_2는 t_2에서의 전압의 가능한 값들을 나타내도록 할당할 수 있을 것이다. 디지털 파형 발생기 예제에서와 같이, 동일한 특성을 가지는 여러 개의 잡음 생성기들을 (만들 수 있다고 가정하고) 같은 조건하에서 구동시키는 경우를 생각해보자. 그림 7.2(a)는 이러한 실험에서 생성된 전형적인 파형들을 나타낸다. 이 경우 각 파형 $X(t, \zeta_i)$를 표본 함수라고 부르며, 여기서 ζ_i는 표본 공간 S의 구성 원소이고, 전체 표본 함수들

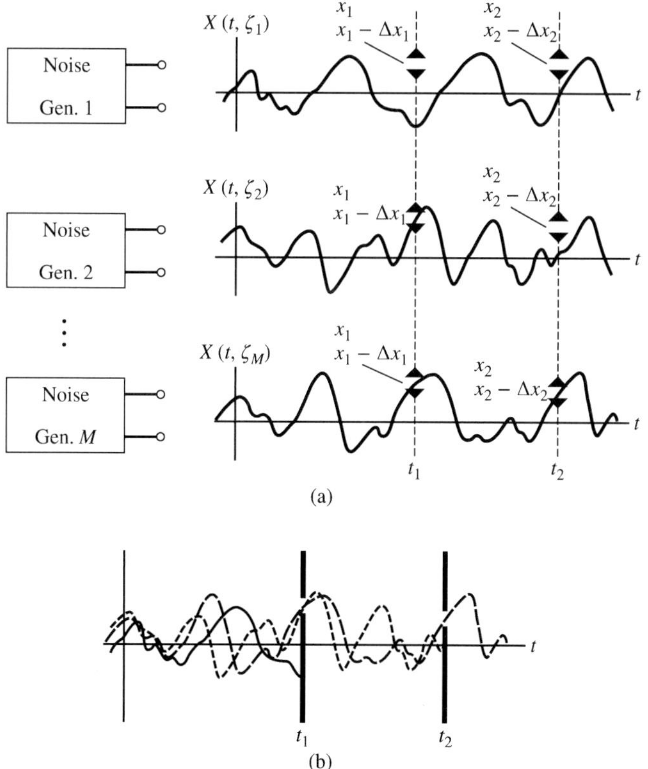

그림 7.2 랜덤 과정의 전형적인 표본 함수들 및 결합 pdf의 상대 도수 해석에 대한 예시. (a) 표본 함수들의 앙상블, (b) (a)에 있는 표본 함수들의 중첩

의 집합을 **앙상블**이라고 부른다. 표본 함수들의 앙상블을 만드는 근간이 되는 우연 실험을 **랜덤 과정** 또는 **확률 과정**이라고 부른다. 따라서 특정한 규칙에 따라서 각각의 결과 ζ에 시간 함수 $X(t, \zeta)$를 할당한다. 특정한 ζ, 즉 ζ_i에 대한 $X(t, \zeta_i)$는 단일 시간 함수를 의미하고, 특정 시간 t_j에 대한 $X(t_j, \zeta)$는 랜덤변수를 나타내며, 고정된 $t=t_j$와 고정된 $\zeta=\zeta_i$에 대한 $X(t_j, \zeta_i)$는 하나의 숫자가 된다. 앞으로 ζ는 종종 생략될 것이다.

정리하면, 랜덤변수와 랜덤 과정 사이의 차이는 랜덤변수는 표본 공간의 결과가 하나의 숫자로 매핑되며, 반면 랜덤 과정은 시간 함수로 매핑되는 데 있다.

7.2.2 결합 PDF들에 대한 랜덤 과정의 기술

랜덤 과정 $\{X(t, \zeta)\}$를 완벽하게 기술하는 수단은 하나의 표본 함수가 가질 수 있는 N개의 시간들 $t_N > t_{N-1} > \cdots > t_1$에서의 값들을 확률적으로 기술하는 N차(N-fold) 결합 pdf이다. 여기서, N은 임의의 값을 갖는다. $N=1$일 때, 결합 pdf $f_{X_1}(x_1, t_1)$은 다음과 같이 해석될 수 있다.

$$f_{X_1}(x_1, t_1)dx_1 = P(x_1 - dx_1 < X_1 \le x_1 \text{ at time } t_1) \tag{7.1}$$

여기서 X_1은 $X(t_1, \zeta)$이다. 마찬가지로, $N=2$일 때, 결합 pdf $f_{X_1X_2}(x_1, t_1; x_2, t_2)$는 다음과 같이 해석될 수 있다.

$$\begin{aligned} &f_{X_1X_2}(x_1, t_1; x_2, t_2)dx_1dx_2 = \\ &\qquad P(x_1 - dx_1 < X_1 \le x_1 \text{ at time } t_1, \text{ and } x_2 - dx_2 < X_2 \le x_2 \text{ at time } t_2) \end{aligned} \tag{7.2}$$

여기서 $X_2 = X(t_2, \zeta)$이다.

식 (7.2)의 이해를 돕기 위하여 그림 7.2(b)에는 그림 7.2(a)의 3개의 표본 함수들을 중첩시켰으며, $t=t_1$과 $t=t_2$에 장벽들이 놓여 있다. 상대 도수 해석법에 따르면, 식 (7.2)에 주어진 결합 확률은 전체 표본 함수들의 개수 M이 제한 없이 매우 커지게 될 때, 두 장벽들에 있는 슬릿들을 통과하는 표본 함수들의 수를 M으로 나눈 값이다.

7.2.3 정상성

$f_{X_1X_2}$의 인수에 t_1과 t_2를 포함시켜 $f_{X_1X_2}$의 t_1과 t_2에 대한 가능한 종속성을 표시하였다. 예를 들어 $\{X(t)\}$가 가우시안 랜덤 과정이라면, 시간 t_1, t_2에서의 값들은 식 (6.189)와 같이 기술될 수 있다. 여기서 m_x, m_y, σ_x^2, σ_y^2과 ρ는 일반적으로 t_1, t_2에 종속되어 있을 것이다.[1] 랜덤 과정 $\{X(t)\}$를

1 정상 과정에 있어서, 모든 결합 모멘트들이 시간 원점에 독립이다. 그러나 일차적으로 공분산에만 관심이 있다.

완전히 기술하기 위해서는 일반적인 N차 pdf가 필요하다는 것을 상기하자. 일반적으로 그러한 pdf는 N개의 시간 순간들 $t_1, t_2, \cdots, t_N$에 종속되지만, 어떤 경우에는 결합 pdf가 단지 t_2-t_1, $t_3-t_1, \cdots, t_N-t_1$과 같은 시간 차이에만 영향을 받는다. 다시 말해서, 이러한 랜덤 과정에 있어서는 시간 원점을 선택하는 것은 중요하지 않다. 그러한 랜덤 과정을 엄격한 의미의 통계적 정상 또는 간단히 정상이라고 한다.

정상 과정들에 대해서는 평균들과 분산들은 시간에 독립적이고, 상관 계수(또는 공분산)는 시간차 t_2-t_1만의 함수이다.[2] 그림 7.3은 정상 과정과 비정상 과정의 표본 함수들을 대비하고

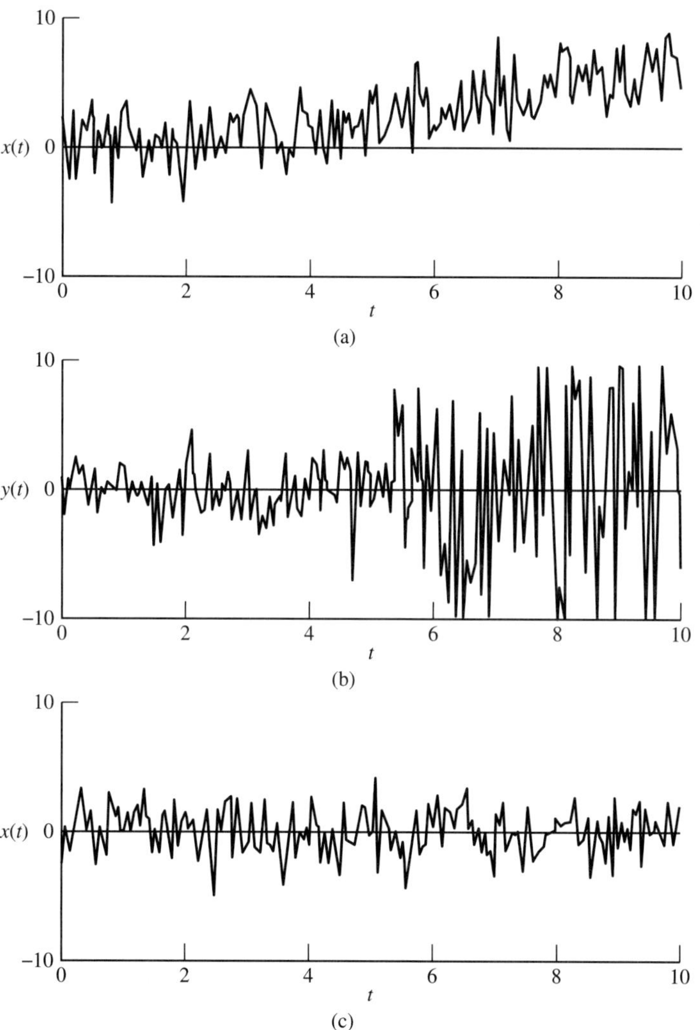

그림 7.3 정상 과정의 표본 함수와 대조되는 비정상 과정의 표본 함수. (a) 시변 평균, (b) 시변 분산, (c) 정상

2 N개의 시간 순간들에서 값들은 부록 B의 식 (B.2)에 의하여 기술될 수 있을 것이다.

있다. 어떤 경우에는 랜덤 과정의 평균과 분산은 시간에 독립적이고 공분산은 시간차만의 함수이나, N차 결합 pdf는 시간 원점에 종속되는 경우가 있을 수 있다. 이러한 랜덤 과정을 엄격한 의미의 정상 과정(즉 N차 결합 pdf가 시간 원점에 독립적인 랜덤 과정)과 구별하기 위하여 **광의의 정상 과정**이라고 부른다. 엄격한 의미의 정상성은 광의의 정상성을 포함하지만 그 반대의 경우가 반드시 성립되지는 않는다. 광의의 정상성이 엄격한 의미의 정상성을 포함하는 예외적인 경우는 랜덤 과정이 가우시안 랜덤 과정일 때인데, 결합 가우시안 pdf가 $X(t_1)$, $X(t_2)$, $\cdots$, $X(t_N)$의 평균들과 분산들, 공분산들을 사용하여 완전하게 표현될 수 있기 때문이다.

7.2.4 랜덤 과정의 부분적 기술 : 에르고딕성

랜덤변수 경우에서와 같이, 랜덤 과정의 완벽한 통계적 기술을 필요로 하지 않을 수도 있으며, 원한다고 하더라도 N차 결합 pdf를 얻을 수 없는 경우도 존재할 수 있다. 그러한 경우, 선택에 따라서든 필요에 의해서든 여러 종류의 모멘트들을 사용하게 될 것이다. 그중에서도 가장 중요한 평균값들은 평균

$$m_X(t) = E[X(t)] = \overline{X(t)} \tag{7.3}$$

분산

$$\sigma_X^2(t) = E\left\{[X(t) - \overline{X(t)}]^2\right\} = \overline{X^2(t)} - \overline{X(t)}^2 \tag{7.4}$$

그리고 다음과 같은 공분산이 있다.

$$\begin{aligned}\mu_X(t, t+\tau) &= E\left\{[X(t) - \overline{X(t)}][X(t+\tau) - \overline{X(t+\tau)}]\right\} \\ &= E[X(t)X(t+\tau)] - \overline{X(t)}\ \overline{X(t+\tau)}\end{aligned} \tag{7.5}$$

식 (7.5)에서, $t=t_1$, $t+\tau=t_2$라고 놓자. 우변 첫째 항은 **통계적 또는 앙상블 평균으로 계산되는 자기상관 함수**이다(즉 t와 $t+\tau$의 각 시점에서 표본 함수들을 대상으로 취한 평균이다). 랜덤 과정의 결합 pdf를 이용하면, 자기상관 함수는 다음과 같다.

$$R_X(t_1, t_2) = \int_{-\infty}^{\infty}\int_{-\infty}^{\infty} x_1 x_2 f_{X_1X_2}(x_1, t_1; x_2, t_2)\, dx_1\, dx_2 \tag{7.6}$$

여기서 $X_1=X(t_1)$, $X_2=X(t_2)$이다. 랜덤 과정이 광의의 정상성을 가지면 $f_{X_1X_2}$는 시간 t의 함수가 아니라 시간차 $\tau=t_2-t_1$의 함수이다. 따라서 $R_X(t_1, t_2)=R_X(\tau)$는 τ만의 함수이다. 중요한 질문 하나가 있는데, 그것은 2장에서의 시간평균 정의를 이용하여 구한 자기상관 함수와 식 (7.6)에

주어진 통계적 평균과 같은 결과를 가질 것인가 하는 것이다. 에르고딕(ergodic)이라고 부르는 많은 랜덤 과정에 대해서 그 답은 긍정적이다. 왜냐하면 에르고딕 과정들은 시간평균과 앙상블 평균을 교환할 수 있는 과정들이기 때문이다. 따라서 $X(t)$가 에르고딕 과정이면, 모든 시간평균들과 해당하는 앙상블 평균들은 교환이 가능하다. 특히,

$$m_X = E[X(t)] = \langle X(t) \rangle \tag{7.7}$$

$$\sigma_X^2 = E\left\{[X(t) - \overline{X(t)}]^2\right\} = \left\langle \left[X(t) - \langle X(t) \rangle\right]^2 \right\rangle \tag{7.8}$$

그리고

$$R_X(\tau) = E[X(t)\ X(t+\tau)] = \langle X(t)\ X(t+\tau) \rangle \tag{7.9}$$

여기서

$$\langle v(t) \rangle \triangleq \lim_{T\to\infty} \frac{1}{2T} \int_{-T}^{T} v(t)\, dt \tag{7.10}$$

이며, 2장에서 정의되었다. 강조할 점은 에르고딕 과정들에 대해서는 평균과 분산, 자기상관 함수뿐만 아니라 모든 시간평균들과 해당하는 앙상블 평균들이 교환 가능하다는 것이다.

예제 7.1

다음과 같은 표본 함수를 가진 랜덤 과정을 고려해보자.[3]

$$n(t) = A\cos(2\pi f_0 t + \Theta)$$

여기서 f_0는 상수이며 Θ는 다음과 같은 pdf를 갖는 랜덤변수이다.

$$f_\Theta(\theta) = \begin{cases} \frac{1}{2\pi}, & |\theta| \le \pi \\ 0, & \text{otherwise} \end{cases} \tag{7.11}$$

통계적 평균으로 계산하면, 1차 모멘트와 2차 모멘트는 각각 다음과 같다.

$$\begin{aligned} \overline{n(t)} &= \int_{-\infty}^{\infty} A\cos(2\pi f_0 t + \theta) f_\Theta(\theta)\ d\theta \\ &= \int_{-\pi}^{\pi} A\cos(2\pi f_0 t + \theta)\, \frac{d\theta}{2\pi} = 0 \end{aligned} \tag{7.12}$$

3 이 예에서 지금까지의 관례를 깨고 표본 함수를 대문자로 나타내지 않았다. 혼동되지 않는다면 아주 가끔씩 이런 표현을 쓸 것이다.

그리고

$$\overline{n^2(t)} = \int_{-\pi}^{\pi} A^2 \cos^2(2\pi f_0 t + \theta) \frac{d\theta}{2\pi} = \frac{A^2}{4\pi} \int_{-\pi}^{\pi} \left[1 + \cos\left(4\pi f_0 t + 2\theta\right)\right] d\theta = \frac{A^2}{2} \tag{7.13}$$

여기서 평균이 0이므로 분산은 2차 모멘트와 같게 된다.

시간평균으로 계산하면, 1차 모멘트와 2차 모멘트는 각각 다음과 같다.

$$\langle n(t) \rangle = \lim_{T\to\infty} \frac{1}{2T} \int_{-T}^{T} A \cos(2\pi f_0 t + \Theta)\, dt = 0 \tag{7.14}$$

그리고

$$\langle n^2(t) \rangle = \lim_{T\to\infty} \frac{1}{2T} \int_{-T}^{T} A^2 \cos^2(2\pi f_0 t + \Theta)\, dt = \frac{A^2}{2} \tag{7.15}$$

일반적으로 랜덤 과정의 하나의 앙상블 멤버의 함수의 시간평균은 랜덤변수이다. 이 예에서 $\langle n(t) \rangle$와 $\langle n^2(t) \rangle$는 상수이다! 위의 결과들이 입증하는 것은 아니지만 이 랜덤 과정이 정상이며 에르고딕이라고 짐작해 볼 수 있다. 이것이 사실인지는 곧 판명될 것이다.

예제를 계속해 나가기 위하여 다음의 pdf를 고려해보자.

$$f_\Theta(\theta) = \begin{cases} \frac{2}{\pi}, & |\theta| \le \frac{1}{4}\pi \\ 0, & \text{otherwise} \end{cases} \tag{7.16}$$

이 경우에 임의의 시간 t에서의 랜덤 과정의 기댓값 또는 평균은 다음과 같다.

$$\begin{aligned} \overline{n(t)} &= \int_{-\pi/4}^{\pi/4} A \cos(2\pi f_0 t + \theta) \frac{2}{\pi}\, d\theta \\ &= \frac{2}{\pi} A \sin(2\pi f_0 t + \theta)\Big|_{-\pi/4}^{\pi/4} = \frac{2\sqrt{2}A}{\pi} \cos \omega_0 t \end{aligned} \tag{7.17}$$

통계적 평균으로 계산된 2차 모멘트는 다음과 같다.

$$\begin{aligned} \overline{n^2(t)} &= \int_{-\pi/4}^{\pi/4} A^2 \cos^2(2\pi f_0 t + \theta) \frac{2}{\pi}\, d\theta \\ &= \int_{-\pi/4}^{\pi/4} \frac{A^2}{\pi} \left[1 + \cos(4\pi f_0 t + 2\theta)\right] d\theta \\ &= \frac{A^2}{2} + \frac{A^2}{\pi} \cos 4\pi f_0 t \end{aligned} \tag{7.18}$$

랜덤 과정의 정상성은 모든 모멘트들이 시간 원점에 독립인 것을 의미하기 때문에 앞의 결과에서 이 랜덤 과정은 정상이 아님을 알 수 있다. 이에 대한 물리적 이유를 알아보기 위하여 일부의 전형적인 표본 함수들을 그려 보이야 할 것이다. 또한, 에르고딕성은 정상성을 기반으로 하기 때문에, 이 과정은 에르고딕일 수도 없다. 사실 시간평균으로 계산된 1차 모멘트와 2차 모멘트는 각각 $\langle n(t) \rangle = 0$과 $\langle n^2(t) \rangle = \frac{1}{2}A^2$이다. 따라서, 두 개의 시간평균값들과 해당하는 통계적 평균값들이 같지 않다는 것을 입증해 보였다. ■

7.2.5 에르고딕 과정에 관한 여러 가지 평균들의 의미

이쯤에서 잠시 멈추고 에르고딕 과정에 대하여 여러 가지 평균들이 주는 의미를 요약해 보자.

1. 평균 $\overline{X(t)} = \langle X(t) \rangle$는 DC 성분이다.
2. $\overline{X(t)}^2 = \langle X(t) \rangle^2$은 DC 전력이다.
3. $\overline{X^2(t)} = \left\langle X^2(t) \right\rangle$는 총전력이다.
4. $\sigma_X^2 = \overline{X^2(t)} - \overline{X(t)}^2 = \left\langle X^2(t) \right\rangle - \langle X(t) \rangle^2$은 교류(AC, 시간에 따라 변하는) 성분 전력이다.
5. 총전력은 $\overline{X^2(t)} = \sigma_X^2 + \overline{X(t)}^2$ AC 전력과 DC 전력의 합이다.

따라서 에르고딕 과정의 경우에 이러한 모멘트들은, 이들이 시간평균으로 대체될 수 있으며 이러한 시간평균들에 대한 유한 시간 근사치들은 실험실에서 측정될 수 있다는 관점에서, 측정 가능한 성분들이다.

예제 7.2

위에서 주어진 상관 함수들에 대한 정의들의 일부를 설명하기 위하여, 그림 7.4에 있는 랜덤 전신파형 $X(t)$를 고려해보자. 이 랜덤 과정의 표본 함수들은 다음과 같은 성질들을 갖는다.

1. 어떤 시점 t_0에서 값을 취하면 동일한 확률로 $X(t_0)=A$ 또는 $X(t_0)=-A$를 얻는다.
2. 어떤 시간 구간 T 내에서의 스위칭 시점들의 개수 k는 식 (6.182)에서 정의된 포아송 분포를 따른다. 이 분포를 가지게 하는 데 필요한 가정들은 만족해야 한다. (즉 극소 시간 구간 dt에서 두 번 이상 스위칭이 일어날 확률은 0이고, dt 시간 구간에서 정확히 한 번 스위칭이 일어날 확률은 αdt이다. 여기서 α는 상수이다. 마지막으로 순차적인 스위칭들은 독립이다.)

τ가 어떤 양의 시간 증가량이라고 하면, 위의 성질들에 따라 정의된 랜덤 과정의 자기상관 함수는 다음과 같이 계산될 수 있다.

$$\begin{aligned} R_X(\tau) &= E[X(t)\ X(t+\tau)] \\ &= A^2 P[X(t) \text{ and } X(t+\tau) \text{ have the same sign}] \\ &\quad +(-A^2)P[X(t) \text{ and } X(t+\tau) \text{ have different signs}] \end{aligned}$$

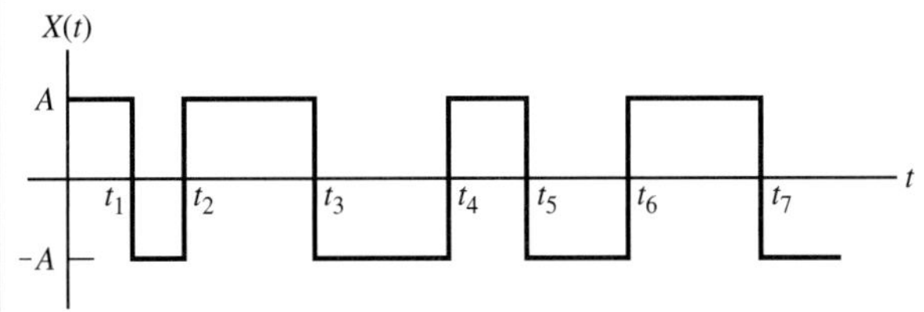

그림 7.4 랜덤 전신파형의 표본 함수

$$= A^2 P\,[\text{even number of switching instants in } (t, t+\tau)]$$
$$-A^2 P\,[\text{odd number of switching instants in } (t, t+\tau)]$$
$$= A^2 \sum_{\substack{k=0 \\ k \text{ even}}}^{\infty} \frac{(\alpha\tau)^k}{k!}\exp(-\alpha\tau) - A^2 \sum_{\substack{k=0 \\ k \text{ odd}}}^{\infty} \frac{(\alpha\tau)^k}{k!}\exp(-\alpha\tau)$$
$$= A^2 \exp(-\alpha\tau) \sum_{k=0}^{\infty} \frac{(-\alpha\tau)^k}{k!}$$
$$= A^2 \exp(-\alpha\tau)\exp(-\alpha\tau) = A^2 \exp(-2\alpha\tau) \tag{7.19}$$

앞의 전개는 τ가 양수라는 가정 아래 이루어졌다. τ가 음수인 경우에도 마찬가지로 전개하면 다음과 같은 식을 얻을 수 있다.

$$R_X(\tau) = E[X(t)\,X(t-|\tau|)] = E[X(t-|\tau|)X(t)] = A^2 \exp(-2\alpha\,|\tau|) \tag{7.20}$$

이 결과는 모든 τ값에 대하여 성립된다. 다시 말해서, $R_X(\tau)$는 τ의 우함수이고, 이를 간단히 증명할 수 있을 것이다.

■

7.3 상관과 전력 스펙트럼 밀도

통계적 평균으로 계산된 자기상관 함수가 식 (7.6)에 정의되어 있다. 랜덤 과정이 에르고딕이면, 2장에서 처음으로 정의된 시간평균으로 계산된 자기상관 함수는 식 (7.6)의 통계적 평균과 같게 된다. 2장에서는 자기상관 함수 $R(\tau)$의 푸리에 변환으로 전력 스펙트럼 밀도 $S(f)$를 정의하였다. 위너-킨친(Wiener-Khinchin) 정리는 $R(t_1, t_2)=R(t_2-t_1)=R(\tau)$인 정상 랜덤 과정들에 대한 이 결과를 표현하는 공식적인 도구이다. 광의의 정상 과정들에 대해서는 전력 스펙트럼 밀도와 자기상관 함수는 푸리에 변환쌍을 이룬다.

$$S(f) \overset{\mathfrak{F}}{\longleftrightarrow} R(\tau) \tag{7.21}$$

과정이 에르고딕이라면 $R(\tau)$는 시간평균이나 앙상블 평균 중 어떤 것으로도 구할 수 있다.

$R_X(0)=\overline{X^2(t)}$는 과정에 포함된 평균 전력이므로, 다음과 같이 $S_X(f)$의 푸리에 역변환을 통해서도 구할 수 있다.

$$\text{Average power} = R_X(0) = \int_{-\infty}^{\infty} S_X(f)\,df \tag{7.22}$$

$S_X(f)$의 정의가 주파수에 대한 전력 밀도이므로 이 결과는 타당하다.

7.3.1 전력 스펙트럼 밀도

직관적으로 타당하고 어떤 경우에는 계산상 유용한 정상 랜덤 과정의 전력 스펙트럼 밀도의 표현식은 다음과 같은 접근방식을 통해 구할 수 있다. 정상 랜덤 과정의 특정한 표본 함수 $n(t, \zeta_i)$가 있다. 푸리에 변환을 이용하여 주파수 대 전력 밀도의 관계를 가지는 하나의 함수를 유도하기 위하여 다음과 같이 절단된 형태의 $n_T(t, \zeta_i)$를 정의한다.[4]

$$n_T(t, \zeta_i) = \begin{cases} n(t, \zeta_i) & |t| < \frac{1}{2}T \\ 0, & \text{otherwise} \end{cases} \tag{7.23}$$

정상 랜덤 과정의 표본 함수들은 전력 신호이기 때문에 $n(t, \zeta_i)$의 푸리에 변환은 존재하지 않기 때문에 $n_T(t, \zeta_i)$를 정의하는 것이 필요하다. 단절된 표본 함수의 푸리에 변환은 다음과 같다.

$$N_T(f, \zeta_i) = \int_{-T/2}^{T/2} n(t, \zeta_i) e^{-j2\pi f t}\, dt \tag{7.24}$$

식 (2.90)에 따르면 에너지 스펙트럼 밀도는 $|N_T(f, \zeta_i)|^2$이다. 이 표본 함수에 대하여 $\left[-\frac{1}{2}T, \frac{1}{2}T\right]$ 구간에서 시간평균 전력 밀도는 $|N_T(f, \zeta_i)|^2/T$이다. 시간평균 전력 밀도는 선택된 표본 함수에 따라 달라지므로, 앙상블 평균을 취하고 $T \to \infty$로 하여 극한을 취함으로써 주파수에 따른 전력 밀도의 분포를 구할 것이다. 따라서 전력 스펙트럼 밀도 $S_n(f)$는 다음과 같이 정의된다.

$$S_n(f) = \lim_{T \to \infty} \frac{\overline{|N_T(f, \zeta_i)|^2}}{T} \tag{7.25}$$

식 (7.25)에서 앙상블 평균 연산과 극한 연산은 서로 바꿀 수 없다는 데 유의하라.

예제 7.3

식 (7.25)를 이용하여 예제 7.1에서 고려되었던 랜덤 과정의 전력 스펙트럼 밀도를 구해 보자. 이 경우

$$n_T(t, \Theta) = A\Pi\left(\frac{t}{T}\right)\cos\left[2\pi f_0 \left(t + \frac{\Theta}{2\pi f_0}\right)\right] \tag{7.26}$$

푸리에 변환의 시간 지연 정리와 다음의 변환쌍을 이용하면

$$\cos 2\pi f_0 t \longleftrightarrow \frac{1}{2}\delta(f - f_0) + \frac{1}{2}\delta(f + f_0) \tag{7.27}$$

---

4 $n(t)$의 푸리에 변환을 대문자로 나타내야 하는 간단한 이유로 인하여 다시 한 번 랜덤 과정을 소문자를 사용하여 표현하였다.

다음을 얻을 수 있다.

$$\Im[\cos(2\pi f_0 t + \Theta)] = \frac{1}{2}\delta\left(f - f_0\right)e^{j\Theta} + \frac{1}{2}\delta\left(f + f_0\right)e^{-j\Theta} \tag{7.28}$$

2장(예제 2.8)로부터 $\Pi(t/T) \leftrightarrow T\operatorname{sinc}Tf$인 것을 이용하고 푸리에 변환의 곱셈 정리를 적용하면, 다음과 같다.

$$\begin{aligned} N_T(f,\Theta) &= (AT\operatorname{sinc}Tf) * \left[\frac{1}{2}\delta\left(f - f_0\right)e^{j\Theta} + \frac{1}{2}\delta\left(f + f_0\right)e^{-j\Theta}\right] \\ &= \frac{1}{2}AT\left[e^{j\Theta}\operatorname{sinc}\left(f - f_0\right)T + e^{-j\Theta}\operatorname{sinc}\left(f + f_0\right)T\right] \end{aligned} \tag{7.29}$$

그러므로 절단된 표본 함수의 에너지 스펙트럼 밀도는 다음과 같다.

$$\begin{aligned} \left|N_T(f,\Theta)\right|^2 = \left(\frac{1}{2}AT\right)^2 \{&\operatorname{sinc}^2T\left(f - f_0\right) + e^{2j\Theta}\operatorname{sinc}T\left(f - f_0\right)\operatorname{sinc}T\left(f + f_0\right) \\ &+ e^{-2j\Theta}\operatorname{sinc}T\left(f - f_0\right)\operatorname{sinc}T\left(f + f_0\right) + \operatorname{sinc}^2T\left(f + f_0\right)\} \end{aligned} \tag{7.30}$$

$\overline{\left[\left|N_T(f,\Theta)\right|^2\right]}$ 을 구하는 데 있어서, 다음 관계에 주목하면

$$\overline{\exp\left(\pm j2\Theta\right)} = \int_{-\pi}^{\pi} e^{\pm j2\Theta}\frac{d\theta}{2\pi} = \int_{-\pi}^{\pi}(\cos 2\theta \pm j\sin 2\theta)\frac{d\theta}{2\pi} = 0 \tag{7.31}$$

다음을 구할 수 있다.

$$\overline{\left|N_T(f,\Theta)\right|^2} = \left(\frac{1}{2}AT\right)^2\left[\operatorname{sinc}^2T\left(f - f_0\right) + \operatorname{sinc}^2T\left(f + f_0\right)\right] \tag{7.32}$$

전력 스펙트럼 밀도는 다음과 같다.

$$S_n(f) = \lim_{T\to\infty}\frac{1}{4}A^2\left[T\operatorname{sinc}^2T\left(f - f_0\right) + T\operatorname{sinc}^2T\left(f + f_0\right)\right] \tag{7.33}$$

그러나 델타 함수를 $\lim_{T\to\infty} T\operatorname{sinc}^2 Tu = \delta(u)$로 표현할 수 있다[그림 2.4(b) 참조]. 따라서 전력 스펙트럼 밀도는 다음과 같다.

$$S_n(f) = \frac{1}{4}A^2\delta\left(f - f_0\right) + \frac{1}{4}A^2\delta\left(f + f_0\right) \tag{7.34}$$

평균 전력은 $\int_{-\infty}^{\infty} S_n(f)df = \frac{1}{2}A^2$으로 예제 7.1에서 얻었던 결과와 같다. ■

7.3.2 위너-킨친 정리

위너-킨친 정리는 정상 랜덤 과정의 자기상관 함수와 전력 스펙트럼 밀도가 푸리에 변환쌍임을 말한다. 이 주장을 증명해 보이는 것이 이 절의 목적이다.

위너-킨친 정리를 증명하는 데 있어서 표현을 단순화하기 위하여, 식 (7.25)를 다음과 같이 다시 쓰자.

$$S_n(f) = \lim_{T\to\infty} \frac{E\left\{\left|\mathfrak{F}\left[n_{2T}(t)\right]\right|^2\right\}}{2T} \tag{7.35}$$

여기서 편의상 $2T$초 구간에 걸쳐 절단했으며, $n_{2T}(t)$의 독립변수에서 ζ를 생략하였다. 다음의 관계에 주목하라.

$$\begin{aligned}\left|\mathfrak{F}\left[n_{2T}(t)\right]\right|^2 &= \left|\int_{-T}^{T} n(t)\, e^{-j\omega t}\, dt\right|^2, \quad \omega = 2\pi f \\ &= \int_{-T}^{T}\int_{-T}^{T} n(t)\, n(\sigma)\, e^{-j\omega(t-\sigma)}\, dt\, d\sigma \end{aligned} \tag{7.36}$$

여기서 두 적분의 곱이 적분을 반복하는 것으로 표현되었다. 위의 식에 앙상블 평균을 취하고 평균과 적분의 순서를 서로 바꾸면 자기상관 함수의 정의에 의해 다음을 구할 수 있다.

$$\begin{aligned}E\left\{\left|\mathfrak{F}\left[n_{2T}(t)\right]\right|^2\right\} &= \int_{-T}^{T}\int_{-T}^{T} E\left\{n(t)\, n(\sigma)\right\} e^{-j\omega(t-\sigma)}\, dt\, d\sigma \\ &= \int_{-T}^{T}\int_{-T}^{T} R_n(t-\sigma)\, e^{-j\omega(t-\sigma)}\, dt\, d\sigma \end{aligned} \tag{7.37}$$

그림 7.5의 도움으로 $u=t-\sigma$와 $v=t$로 변수들이 치환되었다. uv-평면에서 먼저 v에 대해 적분을 하고 다음으로 u가 양인 경우와 u가 음인 경우 각각에 대하여 적분을 두 개의 적분으로 나누어 u에 대하여 적분을 한다. 따라서

$$\begin{aligned}&E\left\{\left|\mathfrak{F}\left[n_{2T}(t)\right]\right|^2\right\} \\ &= \int_{u=-2T}^{0} R_n(u)\, e^{-j\omega u}\left(\int_{-T}^{u+T} dv\right) du + \int_{u=0}^{2T} R_n(u)\, e^{-j\omega u}\left(\int_{u-T}^{T} dv\right) du \\ &= \int_{-2T}^{0} (2T+u)\, R_n(u)\, e^{-j\omega u} + \int_{0}^{2T} (2T-u)\, R_n(u)\, e^{-j\omega u}\, du \\ &= 2T\int_{-2T}^{2T}\left(1-\frac{|u|}{2T}\right) R_n(u)\, e^{-j\omega u}\, du \end{aligned} \tag{7.38}$$

식 (7.35)에 의하면 전력 스펙트럼 밀도는 다음과 같다.

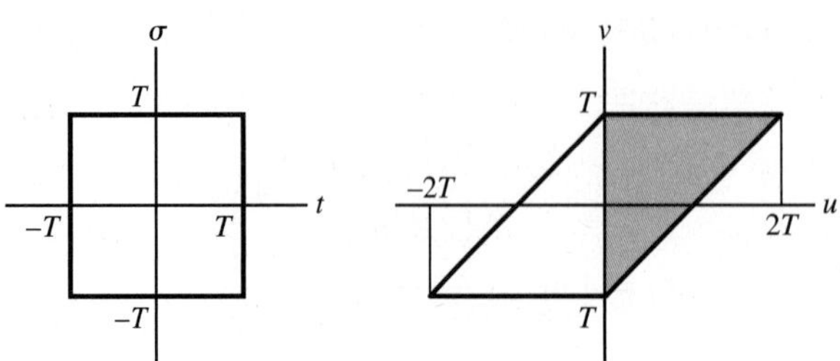

그림 7.5 식 (7.37)에 대한 적분 영역들

$$S_n(f) = \lim_{T\to\infty} \int_{-2T}^{2T} \left(1 - \frac{|u|}{2T}\right) R_n(u)\, e^{-j\omega u}\, du \tag{7.39}$$

$T\to\infty$로 보내어 극한을 취하면 위의 식은 식 (7.21)과 같아진다.

예제 7.4

전력 스펙트럼 밀도와 자기상관 함수는 변환쌍이기 때문에 예제 7.1에서 정의되었던 랜덤 과정의 자기상관 함수는 예제 7.3의 결과로부터 다음과 같이 주어진다.

$$\begin{aligned} R_n(\tau) &= \mathfrak{F}^{-1}\left[\frac{1}{4}A^2\delta(f-f_0) + \frac{1}{4}A^2\delta(f+f_0)\right] \\ &= \frac{1}{2}A^2 \cos\left(2\pi f_0 \tau\right) \end{aligned} \tag{7.40}$$

앙상블 평균으로 $R_n(\tau)$를 계산하면 다음 결과를 얻을 수 있다.

$$\begin{aligned} R_n(\tau) &= E\{n(t)n(t+\tau)\} \\ &= \int_{-\pi}^{\pi} A^2 \cos(2\pi f_0 t + \theta)\cos[2\pi f_0(t+\tau)+\theta]\,\frac{d\theta}{2\pi} \\ &= \frac{A^2}{4\pi}\int_{-\pi}^{\pi} \left\{\cos 2\pi f_0\tau + \cos[2\pi f_0(2t+\tau)+2\theta)]\right\} d\theta \\ &= \frac{1}{2}A^2\cos\left(2\pi f_0\tau\right) \end{aligned} \tag{7.41}$$

이것은 위너-킨친 정리를 이용하여 구한 것과 같은 결과이다. ■

7.3.3 자기상관 함수의 성질

정상 랜덤 과정 $X(t)$에 대한 자기상관 함수의 성질들은 2장, 2.6절의 끝부분에서 설명되었으며, 여기서 모든 시간평균들이 통계적 평균들로 대체될 수 있을 것이다. 이 성질들은 쉽게 증명될 수 있다.

성질 1 : 모든 τ에 대해서 $|R(\tau)| \le R(0)$이다. 이것을 증명하기 위하여, 음이 아닌 다음의 관계를 생각해보자.

$$[X(t) \pm X(t+\tau)]^2 \ge 0 \tag{7.42}$$

여기서 $\{X(t)\}$는 정상 랜덤 과정이다. 이 식에서 제곱을 전개하고 항별로 평균을 취하면, 다음을 얻을 수 있다.

$$\overline{X^2(t)} \pm 2\overline{X(t)\,X(t+\tau)} + \overline{X^2(t+\tau)} \ge 0 \tag{7.43}$$

이것은 다음과 같이 축약될 수 있다.

$$2R(0) \pm 2R(\tau) \ge 0 \quad \text{또는} \; -R(0) \le R(\tau) \le R(0) \tag{7.44}$$

이 결과는 $\{X(t)\}$의 정상성에 따른 $\overline{X^2(t)} = \overline{X^2(t+\tau)} = R(0)$의 관계를 이용하였다.

성질 2 : $R(-\tau)=R(\tau)$이다. 이것은 다음의 관계를 알면 쉽게 증명할 수 있다.

$$R(\tau) \triangleq \overline{X(t)\,X(t+\tau)} = \overline{X(t'-\tau)\,X(t')} = \overline{X(t')\,X(t'-\tau)} \triangleq R(-\tau) \tag{7.45}$$

여기서 $t'=t+\tau$로 변수 치환이 있었다.

성질 3 : 만일 $\{X(t)\}$가 주기적인 성분을 포함하지 않는다면 $\lim_{|\tau|\to\infty} R(\tau)=\overline{X(t)}^2$이 된다. 이것을 증명하기 위하여 다음 관계에 주목할 것이다.

$$\begin{aligned} \lim_{|\tau|\to\infty} R(\tau) &\triangleq \lim_{|\tau|\to\infty} \overline{X(t)\,X(t+\tau)} \\ &\cong \overline{X(t)}\;\overline{X(t+\tau)}, \text{ where } |\tau| \text{ is large} \\ &= \overline{X(t)}^2 \end{aligned} \tag{7.46}$$

여기서 (만일 주기적인 성분이 존재하지 않으면) $|\tau| \to \infty$임에 따라 $X(t)$와 $X(t+\tau)$의 상호의존성은 점점 작아지기 때문에 두 번째 단계는 직관적으로 얻을 수 있는 결과이며, 마지막 단계는 $\{X(t)\}$의 정상성으로부터 얻어진다.

성질 4 : 만일 $\{X(t)\}$가 주기적이라면 $R(\tau)$도 주기적이다. 이는 피적분 함수가 주기적이면 $R(\tau)$도 주기적이어야 하는 자기상관 함수의 시간평균 정의, 식 (2.144) 이하의 식을 이용함으로써 증명될 수 있다.

성질 5 : $\Im[R(\tau)]$는 음수가 아니다. 이것은 전력 스펙트럼 밀도가 음수가 아니어야 한다는 사실에 기초한 위너-킨친 정리 식 (7.21)과 식 (7.25)의 직접적인 결론이다.

예제 7.5

다음과 같은 랜덤 과정들을 일반적으로 대역 제한 백색잡음이라고 한다.

$$S(f) = \begin{cases} \frac{1}{2}N_0, & |f| \le B \\ 0, & \text{otherwise} \end{cases} \tag{7.47}$$

여기서 N_0는 상수이며, 이 경우 $B \to \infty$이면 모든 주파수들이 존재하므로 이러한 과정을 간단히 백색이라고 부른다. N_0는 대역 제한되지 않은 과정의 단측 전력 스펙트럼 밀도이다. 대역 제한 백색잡음 과정의 경우에 다음을 얻을 수 있다.

$$\begin{aligned} R(\tau) &= \int_{-B}^{B} \frac{1}{2} N_0 \exp(j2\pi f\tau)\, df \\ &= \frac{N_0}{2} \left.\frac{\exp(j2\pi f\tau)}{j2\pi\tau}\right|_{-B}^{B} = BN_0 \frac{\sin(2\pi B\tau)}{2\pi B\tau} \\ &= BN_0 \operatorname{sinc} 2B\tau \end{aligned} \tag{7.48}$$

$B \to \infty$일 때, $R(\tau) \to \frac{1}{2}N_0\delta(\tau)$가 된다. 즉, 아무리 근접하게 표본값을 취한다고 해도 백색잡음 과정의 표본들 간의 상관성은 0이 된다. 또한 가우시안 과정에 대해서는 이 표본들이 독립이다. 마지막으로 백색잡음은 무한대 전력을 가지므로 수학적으로는 매우 이상적인 형태이다. 그럼에도 시스템을 해석하는 데는 유용하다.

■

7.3.4 랜덤 펄스 열에 대한 자기상관 함수

자기상관 함수를 계산하는 또 다른 예로서 다음과 같이 표현되는 표본 함수를 갖는 랜덤 과정을 생각해보자.

$$X(t) = \sum_{k=-\infty}^{\infty} a_k p(t - kT - \Delta) \tag{7.49}$$

여기서 $\cdots a_{-1}, a_0, a_1, \cdots, a_k \cdots$은 다음과 같은 자기상관 시퀀스를 가지는 랜덤변수들의 양방향으로 무한한 시퀀스이다.

$$E[a_k a_{k+m}] = R_m \tag{7.50}$$

함수 $p(t)$는 펄스 간 분리간격이 T인 결정 펄스형 파형이며, Δ는 a_k의 값과는 독립이고 구간 $(-T/2, T/2)$에서 균일하게 분포하는 랜덤변수이다.[5] 이 파형의 자기상관 함수는 다음과 같다.

5 랜덤 과정의 표본 함수를 정의하는 데 랜덤변수 Δ를 포함함으로써 광의의 정상성을 보장한다. 만약 포함하지 않으면 $X(t)$는 주기적 정상성(cyclostationary) 랜덤 과정이라고 한다.

$$R_X(\tau) = E[X(t)X(t+\tau)]$$
$$= E\left\{\sum_{k=-\infty}^{\infty}\sum_{m=-\infty}^{\infty} a_k a_{k+m} p(t-kT-\Delta)\, p[t+\tau-(k+m)T-\Delta]\right\} \tag{7.51}$$

이중 합 내부의 기댓값을 구하고 시퀀스 $\{a_k a_{k+m}\}$의 독립성과 지연변수 Δ를 사용함으로써 다음을 얻는다.

$$R_X(\tau) = \sum_{k=-\infty}^{\infty}\sum_{m=-\infty}^{\infty} E\left[a_k a_{k+m}\right] E\left\{p(t-kT-\Delta)\, p[t+\tau-(k+m)T-\Delta]\right\}$$
$$= \sum_{m=-\infty}^{\infty} R_m \sum_{k=-\infty}^{\infty} \int_{-T/2}^{T/2} p(t-kT-\Delta)\, p[t+\tau-(k+m)T-\Delta]\, \frac{d\Delta}{T} \tag{7.52}$$

적분 내부의 변수를 $u=t-kT-\Delta$로 치환하면 다음을 얻을 수 있다.

$$R_X(\tau) = \sum_{m=-\infty}^{\infty} R_m \sum_{k=-\infty}^{\infty} \int_{t-(k+1/2)T}^{t-(k-1/2)T} p(u)\, p(u+\tau-mT)\, \frac{du}{T}$$
$$= \sum_{m=-\infty}^{\infty} R_m \left[\frac{1}{T}\int_{-\infty}^{\infty} p(u+\tau-mT)\, p(u)\, du\right] \tag{7.53}$$

마지막으로 다음과 같은 결과를 얻을 수 있다.

$$R_X(\tau) = \sum_{m=-\infty}^{\infty} R_m\, r(\tau-mT) \tag{7.54}$$

여기서

$$r(\tau) \triangleq \frac{1}{T}\int_{-\infty}^{\infty} p(t+\tau)\, p(t)\, dt \tag{7.55}$$

는 펄스상관 함수이다. 한 가지 예시로서 다음 예제를 고려해보자.

예제 7.6

이 예에서는 다음과 같은 관계를 통하여 메모리를 가지는 시퀀스 $\{a_k\}$에 대하여 생각해보자.

$$a_k = g_0 A_k + g_1 A_{k-1} \tag{7.56}$$

여기서 g_0와 g_1은 상수이고, A_k는 $A_k = \pm A$의 값을 갖는 랜덤변수이며, 부호는 모든 k에 대해 랜덤한 동전 던지기 결과에 따라 펄스마다 독립적으로 결정된다(g_1이 0이면 메모리가 없다는 것에 유의하라).

다음과 같은 결과를 보일 수 있다.

$$E[a_k a_{k+m}] = \begin{cases} \left(g_0^2 + g_1^2\right) A^2, & m = 0 \\ g_0 g_1 A^2, & m = \pm 1 \\ 0, & \text{otherwise} \end{cases} \tag{7.57}$$

가정된 펄스 모양이 $p(t)=\Pi\left(\frac{t}{T}\right)$라고 하면, 펄스상관 함수는 다음과 같다.

$$\begin{aligned} r(\tau) &= \frac{1}{T}\int_{-\infty}^{\infty} \Pi\left(\frac{t+\tau}{T}\right)\Pi\left(\frac{t}{T}\right) dt \\ &= \frac{1}{T}\int_{-T/2}^{T/2} \Pi\left(\frac{t+\tau}{T}\right) dt = \Lambda\left(\frac{\tau}{T}\right) \end{aligned} \tag{7.58}$$

여기서, 2장으로부터 $\Lambda\left(\frac{t}{T}\right)$는 폭이 $2T$이며 $t=0$을 중심으로 대칭인 단위 높이 삼각 펄스이다. 그러므로 자기상관 함수 식 (7.54)는 다음과 같이 된다.

$$R_X(\tau) = A^2\left\{\left[g_0^2 + g_1^2\right]\Lambda\left(\frac{\tau}{T}\right) + g_0 g_1\left[\Lambda\left(\frac{\tau+T}{T}\right) + \Lambda\left(\frac{\tau-T}{T}\right)\right]\right\} \tag{7.59}$$

위너-킨친 정리를 적용하면 $X(t)$의 전력 스펙트럼 밀도는 다음과 같이 구해진다.

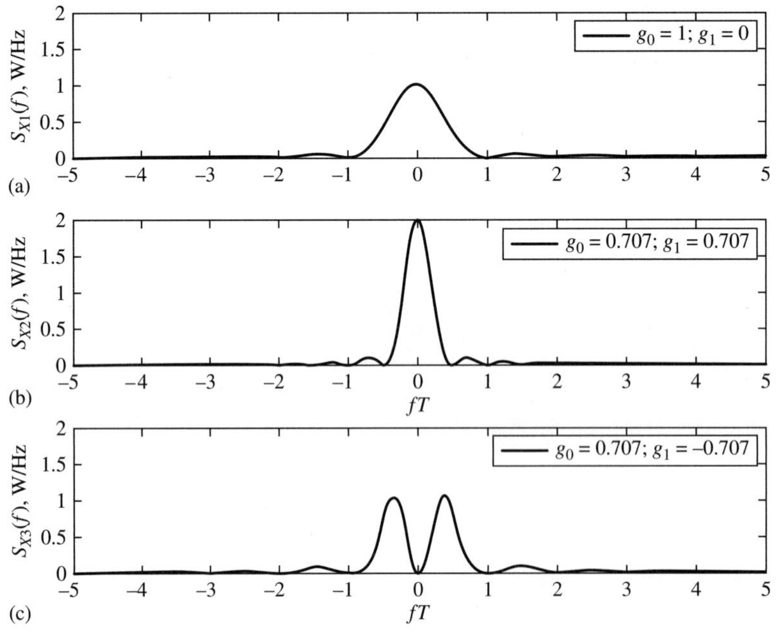

그림 7.6 이진값 파형들의 전력 스펙트럼들. (a) 메모리가 없는 경우, (b) 인접한 펄스 간에 메모리가 있는 경우, (c) 인접한 펄스 간에 메모리가 대척인 경우

$$S_X(f) = \Im\left[R_X(\tau)\right] = A^2 T \operatorname{sinc}^2(fT)\left[g_0^2 + g_1^2 + 2g_0 g_1 \cos(2\pi fT)\right] \quad (7.60)$$

그림 7.6에서는 다음의 두 가지 경우들에 대한 전력 스펙트럼 밀도들을 비교하고 있다. (1) $g_0=1$과 $g_1=0$(즉, 메모리 없음) 경우와 (2) $g_0=g_1=1/\sqrt{2}$(인접펄스 간에 메모리를 생기게 함) 경우. 경우 (1)에 대해서 전력 스펙트럼 밀도는 다음과 같다.

$$S_X(f) = A^2 T \operatorname{sinc}^2(fT) \quad (7.61)$$

반면, 경우 (2)에서는

$$S_X(f) = 2A^2 T \operatorname{sinc}^2(fT)\cos^2(\pi fT) \quad (7.62)$$

두 경우에 g_0와 g_1은 총전력이 1W가 되도록 설정하였고, 수치적인 적분을 취함으로써 그림으로부터 증명될 수 있다. 경우 (2)에서 메모리는 메모리가 없는 경우와 비교할 때 전력 스펙트럼의 폭을 더 줄어들게 한다는 것에 유의하라. 또 한 가지 $g_0=-g_1=1/\sqrt{2}$인 경우 (3)에 해당하는 그림이 마지막에 나타나 있다. 이 경우 스펙트럼 폭은 경우 (2)에서 보다 두 배로 되었지만 $f=0$에서 스펙트럼 영점을 나타낸다.

g_0와 g_1의 다른 값들도 가정해 볼 수 있으며, 바로 인접한 것보다 더 큰 메모리를 가진 경우도 생각해 볼 수 있다.

■

7.3.5 교차상관 함수와 교차전력 스펙트럼 밀도

두 개의 잡음 전압 $X(t)$와 $Y(t)$의 합에 대한 전력을 구하려고 한다. 이 경우 단순히 개별적인 전력들을 합하면 되는지에 대해 질문해 볼 수 있을 것이다. 그 답은 일반적으로는 "아니다."이다. 왜 그런지 보기 위해 다음을 고려해보자.

$$n(t) = X(t) + Y(t) \quad (7.63)$$

여기서 $X(t)$와 $Y(t)$는 서로 관련되어 있을 수 있는 두 개의 정상 랜덤전압들이다(즉 반드시 통계적으로 독립이지 않다는 의미이다). 합의 전력은 다음과 같다.

$$\begin{aligned} E[n^2(t)] &= E\left\{[X(t)+Y(t)]^2\right\} \\ &= E[X^2(t)] + 2E[X(t)Y(t)] + E[Y^2(t)] \\ &= P_X + 2P_{XY} + P_Y \end{aligned} \quad (7.64)$$

여기서 P_X와 P_Y는 각각 $X(t)$와 $Y(t)$의 전력들이고, P_{XY}는 교차전력이다. 좀 더 일반적으로는 다음과 같이 교차상관 함수를 정의한다.

$$R_{XY}(\tau) = E\{X(t)Y(t+\tau)\} \quad (7.65)$$

교차상관 함수를 이용하면 $P_{XY}=R_{XY}(0)$이다. 총전력이 단순히 개별적인 전력들의 합이 될 수 있도록 하기 위해 필요한 P_{XY}가 0가 되기 위한 충분조건은 다음과 같다.

$$R_{XY}(0) = 0, \text{ for all } \tau \tag{7.66}$$

이와 같은 과정들을 "직교한다."라고 말한다. 두 개의 랜덤 과정들이 통계적으로 독립이고 그 중에서 적어도 하나의 평균이 0이면, 이러한 랜덤 과정들은 직교한다. 그러나 직교한 과정들이 반드시 통계적으로 독립이지는 않다.

비정상 과정에 대해서도 교차상관 함수를 정의할 수 있는데, 이 경우에는 두 개의 독립변수의 함수가 된다. 이러한 경우가 일반적으로 고려되지는 않을 것이다.

결합 정상 과정들에 대한 교차상관 함수의 유용한 대칭성은 다음과 같다.

$$R_{XY}(\tau) = R_{YX}(-\tau) \tag{7.67}$$

이 관계는 다음에서 증명될 것이다. 정의에 의해서 다음이 만족한다.

$$R_{XY}(\tau) = E[X(t)Y(t+\tau)] \tag{7.68}$$

$t'=t+\tau$로 정의하면, 다음을 얻을 수 있다.

$$R_{XY}(\tau) = E[Y(t')X(t'-\tau)] \triangleq R_{YX}(-\tau) \tag{7.69}$$

이 결과는 정상 과정에서는 시간원점의 선택이 중요하지 않기 때문에 비롯되었다.

두 개의 정상 랜덤 과정들의 교차전력 스펙트럼 밀도는 다음과 같이 교차상관 함수의 푸리에 변환으로 정의된다.

$$S_{XY}(f) = \mathfrak{I}[R_{XY}(\tau)] \tag{7.70}$$

이 결과는 랜덤 과정들에 대하여 주파수 영역에서도 교차상관 함수가 하는 것과 동일한 정보를 제공한다.

7.4 선형 시스템과 랜덤 과정

7.4.1 입력-출력 관계

고정 선형 시스템을 통한 정상 랜덤 파형의 전송을 고려하는 경우, 기본적인 도구는 다음과 같이 주어지는 입력 전력 스펙트럼 밀도에 대한 출력 전력 스펙트럼 밀도의 관계이다.

$$S_y(f) = |H(f)|^2 S_x(f) \tag{7.71}$$

출력의 자기상관 함수는 $S_y(f)$의 푸리에 역변환이다.[6]

$$R_y(\tau) = \mathfrak{F}^{-1}[S_y(f)] = \int_{-\infty}^{\infty} |H(f)|^2 S_x(f) e^{j2\pi f \tau}\, df \tag{7.72}$$

여기서 $H(f)$는 시스템의 주파수 응답 함수이고, $S_x(f)$는 입력 $x(t)$의 전력 스펙트럼 밀도, $S_y(f)$는 출력 $y(t)$의 전력 스펙트럼 밀도, $R_y(\tau)$는 출력의 자기상관 함수이다. 에너지 신호들에 대한 유사한 결과는 2장 [식 (2.183)]에서 증명되었으며, 전력 신호들에 대한 결과도 간단히 다루어졌다.

식 (7.71)에 대한 증명을 식 (7.25)를 이용하여 수행할 수 있다. 여기서는 조금 더 긴 경로를 따름으로써 몇 가지 유용한 중간 결과들을 얻도록 할 것이다. 또한, 이 증명을 통하여 컨벌루션과 기댓값을 다루는 실습이 진행될 것이다.

다음과 같이 정의된 입력과 출력 사이의 교차상관 함수 $R_{XY}(\tau)$를 구하는 것으로 시작해보자.

$$R_{xy}(\tau) = E[x(t)y(t+\tau)] \tag{7.73}$$

중첩 적분을 사용하여 다음을 얻는다.

$$y(t) = \int_{-\infty}^{\infty} h(u)x(t-u)\, du \tag{7.74}$$

여기서 $h(t)$는 시스템의 임펄스 응답이다. 식 (7.74)는 입력 과정의 각 표본 함수에 대한 출력 과정의 표본 함수의 관계를 정의하는 식이므로, 식 (7.73)을 다음과 같이 쓸 수 있다.

$$R_{xy}(\tau) = E\left\{ x(t) \int_{-\infty}^{\infty} h(u)x(t+\tau-u)\, du \right\} \tag{7.75}$$

이 적분은 t에 무관하므로 $x(t)$를 적분기호 안으로 넣고 기댓값 연산과 컨벌루션 연산의 순서를 서로 바꿀 수 있다. (두 가지 연산들 모두 다른 변수들에 대한 적분들이다.) $h(u)$는 랜덤하지 않기 때문에 식 (7.75)는 다음과 같이 된다.

$$R_{xy}(\tau) = \int_{-\infty}^{\infty} h(u) E\{x(t)x(t+\tau-u)\}\, du \tag{7.76}$$

6 이 장의 나머지에서 2장의 표현법에 따라 입력 및 출력 랜덤 과정 신호들을 나타내기 위하여 소문자 x와 y를 사용할 것이다.

$x(t)$의 자기상관 함수의 정의에 의해서

$$E[x(t)x(t+\tau-u)] = R_x(\tau-u) \tag{7.77}$$

따라서 식 (7.76)은 다음과 같이 쓸 수 있다.

$$R_{xy}(\tau) = \int_{-\infty}^{\infty} h(u)R_x(\tau-u)\,du \triangleq h(\tau) * R_x(\tau) \tag{7.78}$$

다시 말해서, 입력과 출력의 교차상관 함수는 입력의 자기상관 함수와 시스템 임펄스 응답을 컨벌루션 취한 것이며, 기억하기 쉬울 것이다. 식 (7.78)이 컨벌루션 연산이기 때문에 $R_{xy}(\tau)$의 푸리에 변환, 즉 $x(t)$와 $y(t)$의 교차전력 스펙트럼 밀도는 다음과 같다.

$$S_{xy}(f) = H(f)S_x(f) \tag{7.79}$$

표 F.6의 시간 반전 정리로부터 교차전력 스펙트럼 밀도 $S_{yx}(f)$는 다음과 같다.

$$S_{yx}(f) = \Im[R_{yx}(\tau)] = \Im[R_{xy}(-\tau)] = S_{xy}^*(f) \tag{7.80}$$

식 (7.79)를 적용하고, 관계들 $H^*(f)=H(-f)$와 $S^*_x(f)=S_x(f)$[여기서 $S_x(f)$는 실수]를 이용하면, 다음을 구할 수 있다.

$$S_{yx}(f) = H(-f)S_x(f) = H^*(f)S_x(f) \tag{7.81}$$

위 식에서 아래첨자들의 순서는 중요하다. 표 F.6의 컨벌루션 정리의 도움으로 식 (7.81)의 푸리에 역변환을 구하고 다시 시간 반전 정리를 이용하면, 다음을 얻을 수 있다.

$$R_{yx}(\tau) = h(-\tau) * R_x(\tau) \tag{7.82}$$

잠시 멈추어서 구한 결과에 대하여 더 생각해보자. 정의에 의해 $R_{xy}(\tau)$는 다음과 같이 쓸 수 있다.

$$R_{xy}(\tau) \triangleq E\{x(t)\underbrace{[h(t) * x(t+\tau)]}_{y(t+\tau)}\} \tag{7.83}$$

이것을 식 (7.78)과 결합하면 다음 식을 얻는다.

$$E\{x(t)[h(t) * x(t+\tau)]\} = h(\tau) * R_x(\tau) \triangleq h(\tau) * E[x(t)x(t+\tau)] \tag{7.84}$$

마찬가지로 식 (7.82)는 다음과 같이 될 것이다.

$$R_{yx}(\tau) \triangleq E\{\underbrace{[h(t) * x(t)]}_{y(t)}x(t+\tau)\} = h(-\tau) * R_x(\tau)$$
$$\triangleq h(-\tau) * E[x(t)x(t+\tau)] \quad (7.85)$$

따라서 컨벌루션 연산을 기댓값 연산 밖으로 뽑아낼 때 기댓값 연산 안에 $h(t) * x(t+\tau)$가 있으면 자기상관 함수와 $h(\tau)$의 컨벌루션이 되고, 기댓값 연산 안에 $h(t) * x(t)$가 있으면 자기상관 함수와 $h(-\tau)$의 컨벌루션이 된다.

이런 결과들을 결합하면 다음과 같이 선형 시스템의 출력 자기상관 함수를 입력 자기상관 함수로부터 구할 수 있다.

$$R_y(\tau) \triangleq E\{y(t)y(t+\tau)\} = E\{y(t)[h(t) * x(t+\tau)]\} \quad (7.86)$$

이것은 $y(t+\tau)=h(t) * x(t+\tau)$에 따른 결과이다. 식 (7.84)에서 $x(t)$를 $y(t)$로 대체하면 다음을 얻는다.

$$\begin{aligned} R_y(\tau) &= h(\tau) * E[y(t)x(t+\tau)] \\ &= h(\tau) * R_{yx}(\tau) \\ &= h(\tau) * \{h(-\tau) * R_x(\tau)\} \end{aligned} \quad (7.87)$$

여기서 마지막 줄은 식 (7.82)를 대입하여 구하였다. 식 (7.87)을 적분형으로 쓰면 다음과 같다.

$$R_y(\tau) = \int_{-\infty}^{\infty}\int_{-\infty}^{\infty} h(u)\,h(v)\,R_x(\tau+v-u)\,dv\,du \quad (7.88)$$

식 (7.87)의 푸리에 변환은 출력 전력 스펙트럼 밀도이며, 다음과 같이 쉽게 구할 수 있다.

$$\begin{aligned} S_y(f) &\triangleq \mathfrak{F}[R_y(\tau)] = \mathfrak{F}[h(\tau) * R_{yx}(\tau)] \\ &= H(f)S_{yx}(f) \\ &= |H(f)|^2 S_x(f) \end{aligned} \quad (7.89)$$

여기서 마지막 줄은 식 (7.81)을 대입하여 구하였다.

예제 7.7

임펄스 응답이 $h(t)$이고 전달 함수가 $H(f)$인 여파기 입력에 다음과 같은 전력 스펙트럼 밀도를 갖는 백색잡음 과정이 부과된다.

$$S_x(f) = \frac{1}{2}N_0, \quad -\infty < f < \infty \quad (7.90)$$

입력과 출력 사이의 교차전력 스펙트럼 밀도는 다음과 같으며,

$$S_{xy}(f) = \frac{1}{2}N_0 H(f) \tag{7.91}$$

교차상관 함수는 다음과 같다.

$$R_{xy}(\tau) = \frac{1}{2}N_0 h(\tau) \tag{7.92}$$

따라서 백색잡음으로 필터를 구동시키고 출력과 입력의 교차상관 함수를 구함으로써 필터의 임펄스 응답을 측정할 수 있다. 이 결과를 시스템 식별과 채널 측정에 응용할 수 있다. ■

7.4.2 필터링된 가우시안 과정

선형 시스템에 대한 입력이 정상 랜덤 과정일 때, 출력의 통계적 특성에 대하여 어떻게 말할 수 있는가? 일반적인 입력들과 일반적인 시스템들의 경우에는 통상적으로 답하기 어려운 질문이다. 그러나 선형 시스템에 대한 입력이 가우시안이라면 출력도 또한 가우시안이다.

이 결론을 다음과 같이 느슨하게 입증해 볼 것이다. 두 개의 독립 가우시안 랜덤변수들의 합이 가우시안이라는 것을 이미 증명한 바 있다. 이 결과를 반복 적용함으로써 임의의 개수의 독립 가우시안 랜덤변수들의 합 또한 가우시안임을 알 수 있다.[7] 고정 선형 시스템의 경우, 출력 $y(t)$를 입력 $x(t)$에 대하여 나타내면 다음과 같다.

$$\begin{aligned} y(t) &= \int_{-\infty}^{\infty} x(\tau)h(t-\tau)dt \\ &= \lim_{\Delta\tau\to 0} \sum_{k=-\infty}^{\infty} x(k\,\Delta\tau)h(t-k\Delta\tau)\,\Delta\tau \end{aligned} \tag{7.93}$$

여기서 $h(t)$는 임펄스 응답이다. 적분을 합으로 표현함으로써 $x(t)$가 백색 가우시안 과정이면 출력도 역시 가우시안(그러나 백색은 아님)임을 입증하였다. 왜냐하면, 어떤 시간 t에서 식 (7.93)의 우변은 단순히 독립 가우시안 랜덤변수들의 선형 결합이기 때문이다(예제 7.5에서 백색잡음의 자기상관 함수가 임펄스 함수라는 것을 입증한 사실과 상관성이 없는 가우시안 랜덤변수들은 독립이라는 사실을 상기하자).

입력이 백색이 아닌 경우에도 그림 7.7에 나타낸 종속 연결된 두 개의 선형 시스템들을 고려함으로써 여전히 출력이 가우시안임을 보일 수 있다. 문제의 시스템은 여전히 임펄스 응답 $h(t)$를 갖는다. 이 출력이 가우시안임을 보이기 위해서는 $h_1(t)$와 $h(t)$의 종속 연결이 다음과 같

7 이는 부록 B, (B.13)에 따른다.

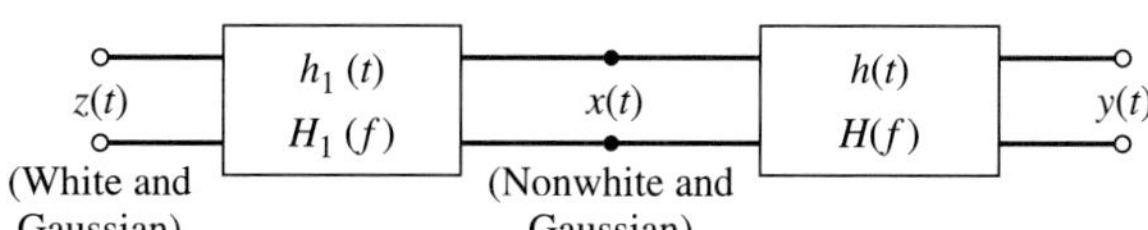

그림 7.7 가우시안 입력 부과에 따른 두 개의 선형 시스템들의 종속 연결

은 임펄스 응답을 갖는 새로운 선형 시스템으로 볼 수 있다는 데 유의하여야 한다.

$$h_2(t) = h_1(t) * h(t) \tag{7.94}$$

이 시스템의 입력 $z(t)$는 가우시안이며 백색이다. 그러므로 $y(t)$는 방금 증명한 정리를 적용하면 역시 가우시안이다. 그러나 동일한 정리를 적용하면 임펄스 응답 $h_1(t)$를 갖는 시스템 출력도 가우시안이지만, 백색은 아니다. 따라서 비백색 가우시안 입력에 따른 선형 시스템의 출력은 가우시안이다.

예제 7.8

그림 7.8에 내타낸 저역통과 RC 필터에 대한 입력이 전력 스펙트럼 밀도 $S_{n_i}(f)=\frac{1}{2}N_0$, $-\infty<f<\infty$인 백색 가우시안 잡음이다. 출력 전력 스펙트럼 밀도는 다음과 같다.

$$S_{n_0}(f) = S_{n_i}(f)\,|H(f)|^2 = \frac{\frac{1}{2}N_0}{1+\left(f/f_3\right)^2} \tag{7.95}$$

여기서 $f_3=(2\pi RC)^{-1}$은 필터의 3dB 차단 주파수이다. $S_{n_0}(f)$를 푸리에 역변환하여 출력 자기상관 함수 $R_{n_0}(\tau)$를 구하면 다음과 같다.

$$R_{n_0}(\tau) = \frac{\pi f_3 N_0}{2} e^{-2\pi f_3|\tau|} = \frac{N_0}{4RC} e^{-|\tau|/RC}, \quad \frac{1}{RC} = 2\pi f_3 \tag{7.96}$$

$n_0(t)$의 평균의 제곱은 다음과 같으며,

$$\overline{n_0(t)}^2 = \lim_{|\tau|\to\infty} R_{n_0}(\tau) = 0 \tag{7.97}$$

평균이 0이기 때문에 분산과도 같아지는 평균 제곱값은 다음과 같다.

$$\overline{n_0^2(t)} = \sigma_{n_0}^2 = R_{n_0}(0) = \frac{N_0}{4RC} \tag{7.98}$$

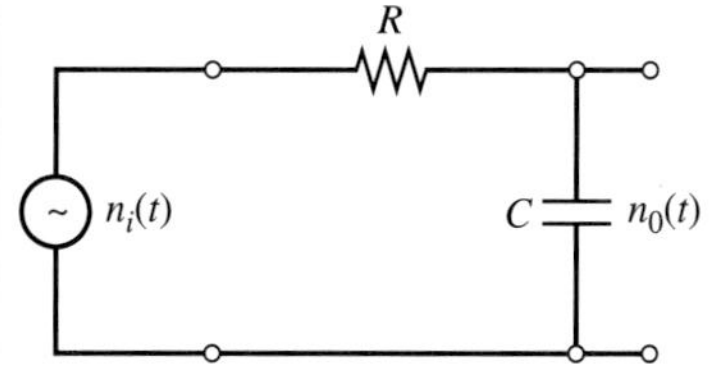

그림 7.8 백색잡음 입력을 가진 저역통과 RC 필터

또 다른 방법으로는 $n_0(t)$의 전력 스펙트럼 밀도를 적분함으로써 필터 출력에서의 평균 전력을 구할 수 있다. 다음과 같이 위와 동일한 결과를 얻는다.

$$\overline{n_0^2(t)} = \int_{-\infty}^{\infty} \frac{\frac{1}{2}N_0}{1+\left(f/f_3\right)^2}\,df = \frac{N_0}{2\pi RC}\int_0^{\infty}\frac{dx}{1+x^2} = \frac{N_0}{4RC} \tag{7.99}$$

입력이 가우시안이기 때문에 출력 역시 가우시안이다. 식 (6.194)를 적용하면, 1차 pdf는 다음과 같다.

$$f_{n_0}(y,t) = f_{n_0}(y) = \frac{e^{-2RCy^2/N_0}}{\sqrt{\pi N_0/2RC}} \tag{7.100}$$

시간 t와 $t+\tau$에서의 2차 pdf는 식 (6.189)에 대입하여 구할 수 있다. 시간 t에서 취한 출력값들을 나타내는 랜덤변수를 X라 놓고, 시간 $t+\tau$에서 취한 출력값들을 나타내는 랜덤변수를 Y라고 놓으면 위의 결과들로부터 다음을 얻는다.

$$m_x = m_y = 0 \tag{7.101}$$

$$\sigma_x^2 = \sigma_y^2 = \frac{N_0}{4RC} \tag{7.102}$$

그리고 상관 계수는 다음과 같다.

$$\rho(\tau) = \frac{R_{n_0}(\tau)}{R_{n_0}(0)} = e^{-|\tau|/RC} \tag{7.103}$$

예제 7.2를 참조하면, 랜덤 전신 파형은 예제 7.8의 저역통과 RC 필터의 출력과 동일한 자기상관 함수를 갖는다는 것을 알 수 있다(상수들이 적절히 선택될 때). 이것은 랜덤 과정들이 서로 현격히 다른 표본 함수들을 가지고 있어도 동일한 2차 평균값들을 가질 수 있다는 것을 증명하는 것이다. ■

7.4.3 잡음-등가 대역폭

주파수 응답 함수 $H(f)$를 갖는 필터를 통하여 백색잡음을 통과시키면, 출력 평균 전력은 식 (7.72)에 따라 다음과 같이 된다.

$$P_{n_0} = \int_{-\infty}^{\infty}\frac{1}{2}N_0\,|H(f)|^2\,df = N_0\int_0^{\infty}|H(f)|^2\,df \tag{7.104}$$

여기서 $\frac{1}{2}N_0$는 입력의 양측 전력 스펙트럼 밀도이다. 그림 7.9에서와 같이 대역폭이 B_N이고 중간대역(최대) 이득이[8] H_0인 이상적인 필터가 있다면, 출력잡음 전력은 다음과 같을 것이다.

8 유한하다고 가정한다.

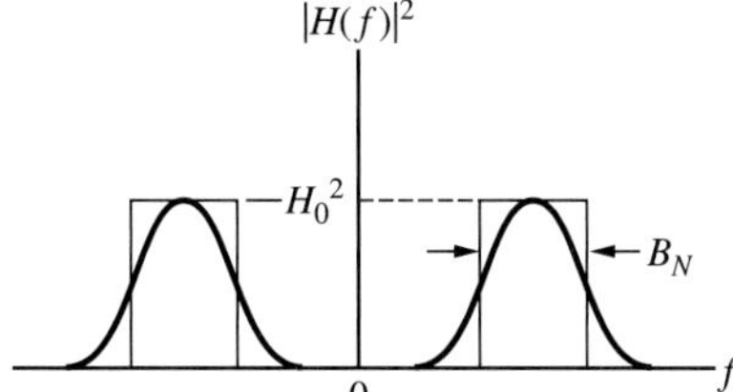

그림 7.9 $|H(f)|^2$과 이상적 근사 사이의 비교

$$P_{n_0} = H_0^2\left(\frac{1}{2}N_0\right)(2B_N) = N_0 B_N H_0^2 \tag{7.105}$$

제기하는 문제는 다음과 같다. $H(f)$와 동일한 중간대역 이득을 가지면서 동일한 잡음 전력을 통과시키는 이상적인 가상 필터의 대역폭은 얼마인가? $H(f)$의 중간대역 이득이 H_0라고 하면, 위의 두 식들을 같다고 놓음으로써 답을 얻을 수 있다. 따라서

$$B_N = \frac{1}{H_0^2}\int_0^{\infty} |H(f)|^2\, df \tag{7.106}$$

이것은 가상 필터의 단측 대역폭이다. 이때 B_N을 $H(f)$의 **잡음-등가 대역폭**이라고 한다.

종종 시간 영역 적분을 사용함으로써 시스템의 잡음-등가 대역폭을 구하는 것이 유용할 때가 있다. 단순화하기 위하여 $f=0$에서 최대 이득을 갖는 저역통과 시스템을 가정해보자. 레일리의 에너지 정리[식 (2.72) 참조]를 이용하면 다음을 얻는다.

$$\int_{-\infty}^{\infty} |H(f)|^2\, df = \int_{-\infty}^{\infty} |h(t)|^2\, dt \tag{7.107}$$

따라서 식 (7.106)은 다음과 같이 쓸 수 있다.

$$B_N = \frac{1}{2H_0^2}\int_{-\infty}^{\infty} |h(t)|^2\, dt = \frac{\int_{-\infty}^{\infty} |h(t)|^2\, dt}{2\left[\int_{-\infty}^{\infty} h(t)\, dt\right]^2} \tag{7.108}$$

여기서 다음 관계에 유의해야 한다.

$$H_0 = H(f)|_{f=0} = \int_{-\infty}^{\infty} h(t)\, e^{-j2\pi ft}\Big|_{f=0} = \int_{-\infty}^{\infty} h(t)\, dt \tag{7.109}$$

어떤 시스템에 대해서는 식 (7.108)이 식 (7.106)보다 계산하기가 더 쉽다.

예제 7.9

그림 7.10(a)에서 주어진 진폭 응답 함수를 갖는 필터를 가정하자. 가정된 필터는 비인과적임에 유의하라. 이 문제의 목적은 간단한 필터에 대해 B_N을 계산하는 예시를 보여주는 것이다. 첫 번째 단계는 그림 7.10(b)에서와 같이 $|H(f)|$를 제곱하여 $|H(f)|^2$을 구하는 것이다. 간단한 기하학적 구조에 따라 음이 아닌 주파수들에 대한 $|H(f)|^2$의 면적은 다음과 같다.

$$A = \int_0^\infty |H(f)|^2\, df = 50 \tag{7.110}$$

실제 필터의 최대 이득은 $H_0=2$임에 주목하라. 15Hz에 중심을 두고 단축 대역폭 B_N이고 대역통과 이득이 H_0 인 이상적인 대역통과 필터의 진폭 응답 함수를 $H_e(f)$라고 할 때,

$$\int_0^\infty |H(f)|^2\, df = H_0^2 B_N \tag{7.111}$$

또는

$$50 = 2^2 B_N \tag{7.112}$$

의 관계가 만족하도록 하면, 다음과 같은 결과를 얻을 수 있다.

$$B_N = 12.5 \text{ Hz} \tag{7.113}$$

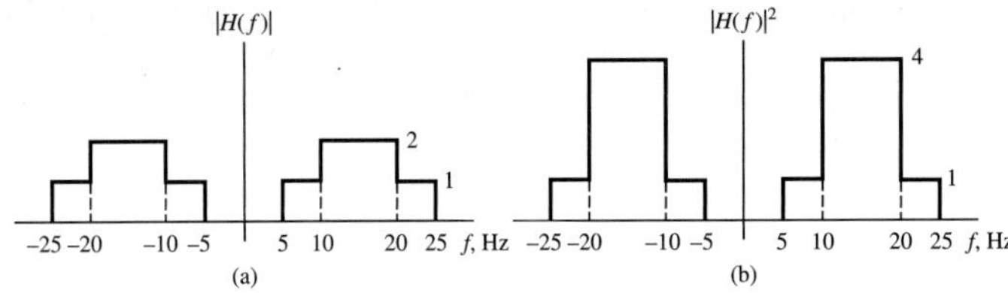

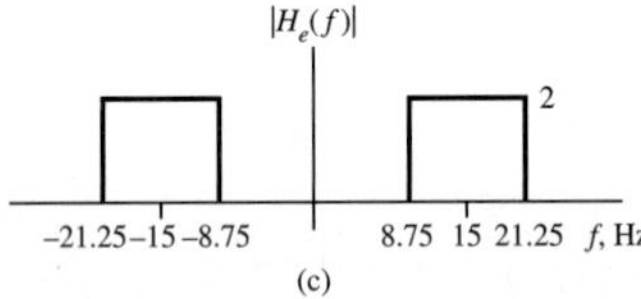

그림 7.10 예제 7.9에 대한 예시들

■

예제 7.10

다음과 같은 n차 버터워스 필터

$$|H_n(f)|^2 = \frac{1}{1 + \left(f/f_3\right)^{2n}} \tag{7.114}$$

에 대하여 잡음-등가 대역폭은 다음과 같다.

$$B_N(n) = \int_0^\infty \frac{1}{1+\left(f/f_3\right)^{2n}}\,df = f_3\int_0^\infty \frac{1}{1+x^{2n}}\,dx$$
$$= \frac{\pi f_3/2n}{\sin(\pi/2n)},\quad n=1,2,\cdots \tag{7.115}$$

여기서 f_3는 필터의 3dB 주파수이다. $n=1$인 경우에 식 (7.115)는 $B_N(1)=\frac{\pi}{2}f_3$인 저역통과 RC 필터에 대한 결과가 된다. n이 무한대로 접근함에 따라, $H_n(f)$는 단측 대역폭이 f_3인 이상적인 저역통과 필터의 주파수 응답 함수에 가까워진다. 정의에 의해 만족되어야 하는 것과 같이 잡음-등가 대역폭은 다음과 같다.

$$\lim_{n\to\infty} B_N(n) = f_3 \tag{7.116}$$

필터의 차단이 더 급격해질수록 잡음-등가 대역폭은 3dB 대역폭에 근접해간다. ■

예제 7.11

식 (7.108)을 적용하는 예를 들기 위하여, 시간 영역에서 1차 버터워스 필터의 잡음-등가 대역폭에 대한 계산을 고려해보자. 임펄스 응답은 다음과 같다.

$$h(t) = \mathfrak{F}^{-1}\left[\frac{1}{1+jf/f_3}\right] = 2\pi f_3 e^{-2\pi f_3 t}\,u(t) \tag{7.117}$$

식 (7.108)에 따라 이 필터의 잡음-등가 대역폭은 다음과 같이 된다.

$$B_N = \frac{\int_0^\infty \left(2\pi f_3\right)^2 e^{-4\pi f_3 t}\,dt}{2\left[\int_0^\infty 2\pi f_3 e^{-2\pi f_3 t}\,dt\right]^2} = \frac{2\pi f_3}{2}\,\frac{\int_0^\infty e^{-v}\,dv}{2\left(\int_0^\infty e^{-u}\,du\right)^2} = \frac{\pi f_3}{2} \tag{7.118}$$

$n=1$일 때, 식 (7.115)의 결과와 일치하는 것을 확인할 수 있다. ■

컴퓨터 예제 7.1

식 (7.106)은 잡음-등가 대역폭에 대한 고정된 값을 제공한다. 그러나 필터 전달 함수가 알려지지 않거나 쉽게 적분이 되지 않을 수 있다면, 잡음-등가 대역폭은 백색잡음의 유한 길이 세그먼트를 필터의 입력에 부과하고 입력 분산과 출력 분산을 측정함으로써 추정이 가능하다는 결론에 도달할 수 있다. 이때 잡음-등가 대역폭의 추정치는 출력 분산과 입력 분산의 비이다. 다음의 MATLAB 프로그램은 이 과정에 대한 모의실험을 수행한다. 식 (7.106)과 달리, 이제 잡음-등가 대역폭은 랜덤변수라는 사실에 유의하라. 추정치의 분산은 잡음 세그먼트의 길이를 증가함에 따라 감소할 수 있을 것이다.

```
% File: c7ce1.m
clear all
npts = 500000;                      % number of points generated
fs = 2000;                          % sampling frequency
f3 = 20;                            % 3-dB break frequency
N = 4;                              % filter order
Wn = f3/(fs/2);                     % scaled 3-dB frequency
in = randn(1,npts);                 % vector of noise samples
[B,A] = butter(N,Wn);               % filter parameters
out=filter(B,A,in);                % filtered noise samples
vin=var(in);                        % variance of input noise samples
vout=var(out);                      % input noise samples
Bnexp=(vout/vin)*(fs/2);            % estimated noise-equivalent bandwidth
Bntheor=(pi*f3/2/N)/sin(pi/2/N);    % true noise-equivalent bandwidth
a = ['The experimental estimate of Bn is ',num2str(Bnexp),' Hz.'];
b = ['The theoretical value of Bn is ',num2str(Bntheor),' Hz.'];
disp(a)
disp(b)
% End of script file.
```

Executing the program gives

```
» c7ce1
The experimental estimate of Bn is 20.5449 Hz.
The theoretical value of Bn is 20.5234 Hz.
```

■

7.5 협대역 잡음

7.5.1 직교 성분과 포락선 위상 표현

반송파 주파수 f_0에서 동작하는 대부분의 통신 시스템들에서는 채널 대역폭 B가 f_0에 비교하여 작다. 이런 상황에서는 잡음을 다음과 같이 직교 성분들(quadrature components)에 대하여 나타내는 것이 편리하다.

$$n(t) = n_c(t)\cos(2\pi f_0 t + \theta) - n_s(t)\sin(2\pi f_0 t + \theta) \tag{7.119}$$

여기서 $\omega_0 = 2\pi f_0$이고 θ는 임의의 위상각이다. 포락선 성분과 위상 성분에 대하여 $n(t)$를 다음과 같이 쓸 수 있다.

$$n(t) = R(t)\cos[2\pi f_0 t + \phi(t) + \theta] \tag{7.120}$$

여기서 $R(t)$와 $\phi(t)$는 다음과 같다.

$$R(t) = \sqrt{n_c^2(t) + n_s^2(t)} \tag{7.121}$$

$$\phi(t) = \tan^{-1}\left[\frac{n_s(t)}{n_c(t)}\right] \tag{7.122}$$

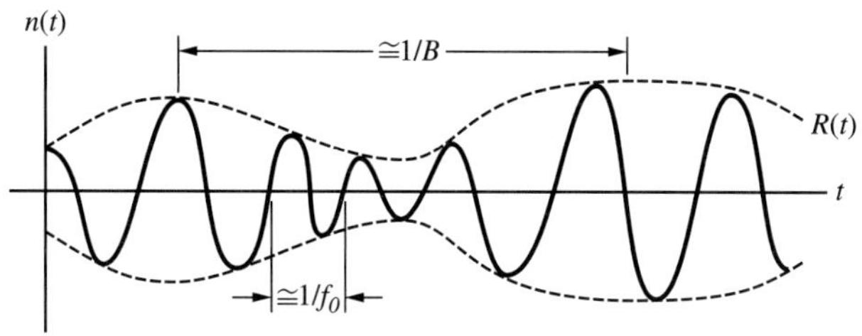

그림 7.11 전형적인 협대역 잡음 파형

사실은 어떤 랜덤 과정도 위의 두 가지 형태들 중 어느 하나로 나타낼 수 있지만, 과정이 협대역이면 그림 7.11에 그려진 것처럼 $R(t)$와 $\phi(t)$를 각각 느리게 변하는 포락선과 위상으로 해석할 수 있다.

그림 7.12는 $n_c(t)$와 $n_s(t)$를 생성하는 시스템의 블록도를 보여주고 있다. 여기서 θ는 아직은 임의의 위상각이다. $n_c(t)$와 $n_s(t)$의 생성에 사용되는 복합 연산들은 선형 시스템으로 구성된다는 데 주목하라(입력과 출력 사이에 중첩이 성립한다). 따라서 $n(t)$가 가우시안 과정이면 $n_c(t)$와 $n_s(t)$도 가우시안이 된다(그림 7.12의 시스템은 하나의 입력 표본 함수에 하나의 출력 표본 함수 형태로 입력 과정과 출력 과정을 연관시키는 것으로 볼 수 있다).

$n_c(t)$와 $n_s(t)$의 몇 가지 성질들을 증명할 것이다. 물론 가장 중요한 것은 식 (7.119)에서 등호가 정말로 성립하는지, 어떤 의미에서 그러한지이다. 부록 C에서 다음 결과를 보여주고 있다.

$$E\left\{\left[n(t) - [n_c(t)\cos(2\pi f_0 t + \theta) - n_s(t)\sin(2\pi f_0 t + \theta)]\right]^2\right\} = 0 \qquad (7.123)$$

다시 말해 실제 잡음 과정의 표본 함수와 식 (7.119)의 우변 사이의 평균 제곱 오차는 0이다(표본 함수의 앙상블에 대해서 평균할 때).

그러나 다음의 성질들을 보이는 데 있어서는 식 (7.119)에서의 표현식을 이용하는 것이 더욱 유용할 것이다.

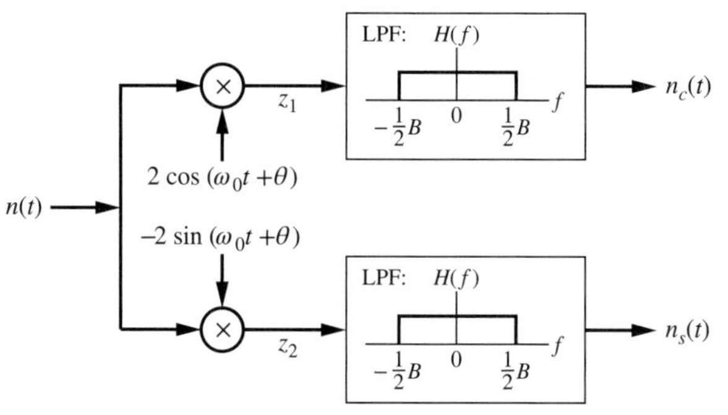

그림 7.12 $n_c(t)$와 $n_s(t)$ 생성과 관련된 연산들

평균

$$\overline{n(t)} = \overline{n_c(t)} = \overline{n_s(t)} = 0 \tag{7.124}$$

분산

$$\overline{n^2(t)} = \overline{n_c^2(t)} = \overline{n_s^2(t)} \triangleq N \tag{7.125}$$

전력 스펙트럼 밀도

$$S_{n_c}(f) = S_{n_s}(f) = \text{Lp}\left[S_n\left(f - f_0\right) + S_n\left(f + f_0\right)\right] \tag{7.126}$$

교차전력 스펙트럼 밀도

$$S_{n_c n_s}(f) = j\text{Lp}\left[S_n\left(f - f_0\right) - S_n\left(f + f_0\right)\right] \tag{7.127}$$

여기서 Lp[ ]는 대괄호 내의 성분의 저역통과 성분을 나타낸다. $S_n(f)$, $S_{n_c}(f)$, $S_{n_s}(f)$는 각각 $n(t)$, $n_c(t)$, $n_s(t)$의 전력 스펙트럼 밀도들을 나타낸다. 그리고 $S_{n_c n_s}(f)$는 $n_c(t)$와 $n_s(t)$의 교차전력 스펙트럼 밀도이다. 식 (7.127)로부터 다음이 만족함을 알 수 있다.

$$R_{n_c n_s}(\tau) \equiv 0 \quad \text{for all } \tau, \text{ if } \quad \text{Lp}[S_n(f - f_0) - S_n\left(f + f_0\right)] = 0 \tag{7.128}$$

이것은 $n(t)$의 전력 스펙트럼 밀도가 $f>0$인 영역에서 $f=f_0$에 대하여 대칭이면, $n_c(t)$와 $n_s(t)$는 서로 상관성이 없다는 것을 말하는 데 있어서 특별히 유용한 성질이다. 또한, $n(t)$가 가우시안이면, $n_c(t)$와 $n_s(t)$는 상관성이 없으므로 독립 가우시안 과정들이 되며, 어떤 지연 τ에 대해 $n_c(t)$와 $n_s(t+\tau)$의 결합 pdf는 간단히 다음의 형태일 것이다.

$$f\left(n_c, t; n_s, t + \tau\right) = \frac{1}{2\pi N} e^{-(n_c^2+n_s^2)/2N} \tag{7.129}$$

$f>0$인 영역에서 $S_n(f)$가 $f=f_0$에 대하여 대칭이 아닌 경우, 식 (7.129)는 $\tau=0$ 또는 $R_{n_c n_s}(\tau)=0$인 τ값들에 대해서만 성립된다.

예제 6.15의 결과를 이용하면, 식 (7.120)의 포락선 함수와 위상 함수는 다음과 같은 결합 pdf를 갖는다.

$$f(r, \phi) = \frac{r}{2\pi N} e^{-r^2/2N}, \text{ for } r > 0 \text{ and } |\phi| \le \pi \tag{7.130}$$

위의 식은 식 (7.129)의 경우에서와 같은 조건들에서 성립한다.

7.5.2 $n_c(t)$와 $n_s(t)$의 전력 스펙트럼 밀도 함수

식 (7.126)을 증명하기 위하여 우선 그림 7.12에 정의된 $z_1(t)$의 전력 스펙트럼 밀도를 구할 것이다. 이는 자기상관 함수를 계산하고 차례로 푸리에 변환을 계산함으로써 얻을 수 있다. 유도를 단순화하기 위하여, θ는 $[0, 2\pi)$ 구간에서 균등한 분포를 갖는 랜덤변수이고, $n(t)$와는 통계적으로 독립[9]이라고 가정할 것이다.

$z_1(t)=2n(t)\cos(\omega_0 t+\theta)$의 자기상관 함수는 다음과 같다.

$$\begin{aligned} R_{z_1}(\tau) &= E\{4n(t)n(t+\tau)\cos(2\pi f_0 t+\theta)\cos[2\pi f_0(t+\tau)+\theta]\} \\ &= 2E[n(t)n(t+\tau)]\cos 2\pi f_0\tau \\ &\quad +2E[n(t)n(t+\tau)\cos(4\pi f_0 t+2\pi f_0\tau+2\theta)] \\ &= 2R_n(\tau)\cos 2\pi f_0\tau \end{aligned} \tag{7.131}$$

여기서 $R_n(\tau)$는 $n(t)$의 자기상관 함수이며, 그림 7.12에서 $\omega_0=2\pi f_0$이다. 식 (7.131)을 구하는 데 있어서 $n(t)$와 θ의 독립성과 더불어 적절한 삼각 항등식들을 이용하였다. 따라서 푸리에 급수의 곱셈 정리에 따라 $z_1(t)$의 전력 스펙트럼 밀도는 다음과 같다.

$$\begin{aligned} S_{z_1}(f) &= S_n(f) * \left[\delta(f-f_0)+\delta(f+f_0)\right] \\ &= S_n\left(f-f_0\right)+S_n\left(f+f_0\right) \end{aligned} \tag{7.132}$$

이것은 $H(f)$에 의해 저역통과 성분만이 통과된 것이다. 따라서 식 (7.126)으로 주어지는 $S_{n_c}(f)$에 대한 결과를 증명하는 것이며, $S_{n_s}(f)$에 대해서도 마찬가지로 증명할 수 있다. 식 (7.125)는 식 (7.126)을 모든 f에 대해서 적분함으로써 구할 수 있다.

다음으로 식 (7.127)을 증명하기 위하여 필요한 $z_1(t)$와 $z_2(t)$의 교차상관 함수 $R_{z_1z_2}(\tau)$는 다음과 같다.

$$\begin{aligned} R_{z_1 z_2}(\tau) &= E\left\{z_1(t)z_2(t+\tau)\right\} \\ &= E\{4n(t)\,n(t+\tau)\cos(2\pi f_0 t+\theta)\sin[2\pi f_0(t+\tau)+\theta]\} \\ &= 2R_n(\tau)\sin 2\pi f_0 t \end{aligned} \tag{7.133}$$

여기서 다시 적절한 삼각 항등식들과 $n(t)$와 θ의 독립성을 이용하였다. 그림 7.12에서 저역통과 필터들의 임펄스 응답을 $h(t)$라 하고 식 (7.84)와 식 (7.85)를 이용하면, $n_c(t)$와 $n_s(t)$의 교차상관 함수를 다음과 같이 쓸 수 있다.

---

9 이것은 위상이 완전히 랜덤하게 보일 수 있는 잡음을 모델링하는 데는 만족스러울 수 있을 것이다. 위상에 대한 정보로부터 위의 가정이 적절하지 못하다고 판단되는 다른 상황들에서는 주기적 정상성 모델이 더 적합할 수 있다.

$$\begin{aligned} R_{n_c n_s}(\tau) &\triangleq E[n_c(t)\, n_s(t+\tau)] = E\{[h(t) * z_1(t)] n_s(t+\tau)\} \\ &= h(-\tau) * E\left\{z_1(t) n_s(t+\tau)\right\} \\ &= h(-\tau) * E\{z_1(t)\,[h(t) * z_2(t+\tau)]\} \\ &= h(-\tau) * h(\tau) * E[z_1(t)\, z_2(t+\tau)] \\ &= h(-\tau) * [h(\tau) * R_{z_1 z_2}(\tau)] \end{aligned} \tag{7.134}$$

$R_{n_c n_s}(\tau)$의 푸리에 변환은 교차전력 스펙트럼 밀도 $S_{n_c n_s}(f)$이며, 컨벌루션 정리에 따라 다음과 같이 주어진다.

$$\begin{aligned} S_{n_c n_s}(f) &= H(f)\mathfrak{F}[h(-\tau) * R_{z_1 z_2}(\tau)] \\ &= H(f) H^*(f) S_{z_1 z_2}(f) \\ &= |H(f)|^2\, S_{z_1 z_2}(f) \end{aligned} \tag{7.135}$$

식 (7.133)과 주파수 이전 정리에 따라 다음이 만족한다.

$$\begin{aligned} S_{z_1 z_2}(f) &= \mathfrak{F}\left[j R_n(\tau)\left(e^{j2\pi f_0 \tau} - e^{-j2\pi f_0 \tau}\right)\right] \\ &= j\left[S_n\left(f - f_0\right) - S_n\left(f + f_0\right)\right] \end{aligned} \tag{7.136}$$

따라서, 식 (7.135)로부터

$$\begin{aligned} S_{n_c n_s}(f) &= j\,|H(f)|^2\left[S_n\left(f - f_0\right) - S_n\left(f + f_0\right)\right] \\ &= j\mathrm{Lp}\left[S_n\left(f - f_0\right) - S_n\left(f + f_0\right)\right] \end{aligned} \tag{7.137}$$

이므로 식 (7.127)을 증명한다. 교차전력 스펙트럼 밀도 $S_{n_c n_s}(f)$가 허수이기 때문에 교차상관 함수 $R_{n_c n_s}(\tau)$는 기대칭 임에 유의하라. 따라서 교차상관 함수가 $\tau=0$에서 연속이면 $R_{n_c n_s}(0)$은 0이 되고, 이것은 대역 제한 신호들에 해당한다.

예제 7.12

그림 7.13(a)에 나타낸 전력 스펙트럼 밀도를 갖는 대역통과 랜덤 과정이 있다. 중심 주파수를 $f_0=7\text{Hz}$로 선택하여 $n_c(t)$와 $n_s(t)$가 상관성이 없도록 하였다. 그림 7.13(b)에는 $f_0=7\text{Hz}$인 경우에 $S_{z_1}(f)$[또는 $S_{z_2}(f)$]가 나타나 있으며, 그늘진 부분에는 $S_{z_1}(f)$[또는 $S_{z_2}(f)$]의 저역통과 성분인 $S_{n_c}(f)$[또는 $S_{n_s}(f)$]도 함께 나타나 있다. $S_n(f)$의 적분은 2(6)(2)=24W이며, 그림 7.13(b)의 그늘진 부분을 적분하여 얻은 결과와 같다.

이제 f_0를 5Hz로 선택한다고 가정하자. 그림 7.13(c)에는 $S_{z_1}(f)$와 $S_{z_1}(f)$와 그늘진 부분에는 $S_{n_c}(f)$를 함께 나타내었다. 식 (7.127)에 따르면 $-jS_{n_c n_s}(f)$는 그림 7.13(d)의 그늘진 부분에 해당한다. f_0의 선택

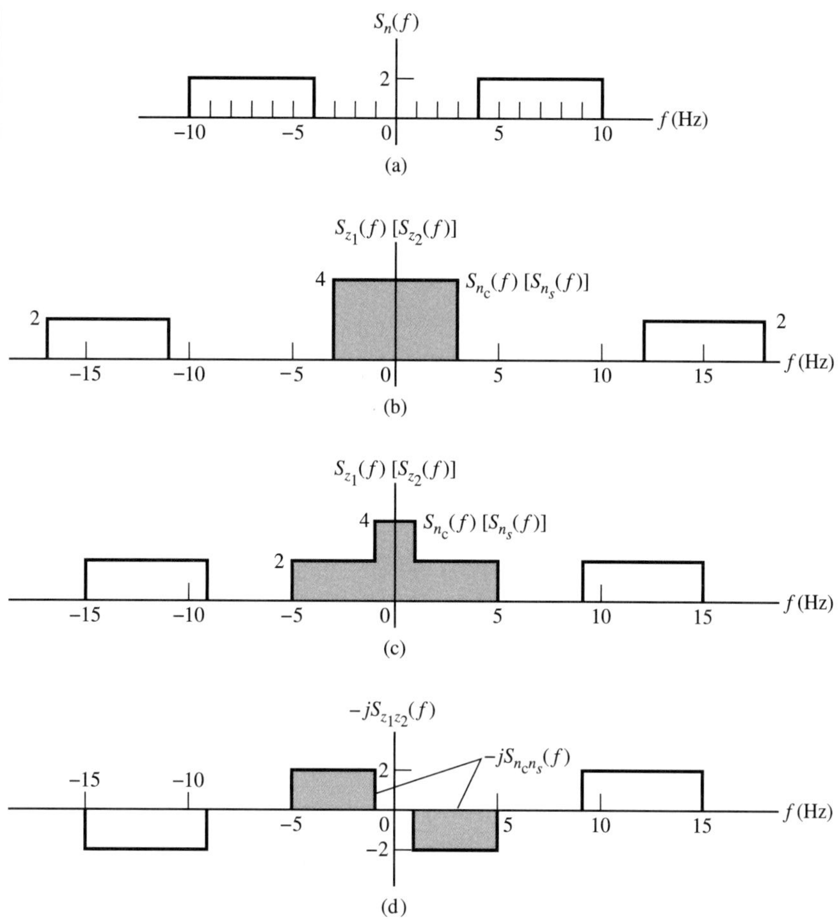

그림 7.13 예제 7.12에 대한 스펙트럼들. (a) 대역통과 스펙트럼, (b) f_0=7Hz에 대한 저역통과 스펙트럼들, (c) f_0=5Hz에 대한 저역통과 스펙트럼들, (d) f_0=5Hz에 대한 교차 스펙트럼들

에 따른 스펙트럼 비대칭성 때문에 $n_c(t)$와 $n_s(t)$는 상관성이 없지는 않다. 다음의 변환쌍을 이용하고

$$2AW\,\text{sinc}2W\tau \longleftrightarrow A\Pi\left(\frac{f}{2W}\right) \tag{7.138}$$

주파수 이전 정리를 이용하면 관심의 대상인 $R_{n_cn_s}(\tau)$를 쉽게 계산할 수 있다. 그림 7.13(d)로부터, 다음을 얻을 수 있다.

$$S_{n_cn_s}(f) = 2j\left\{-\Pi\left[\frac{1}{4}(f-3)\right] + \Pi\left[\frac{1}{4}(f+3)\right]\right\} \tag{7.139}$$

따라서 교차상관 함수는 다음과 같다.

$$\begin{aligned} R_{n_cn_s}(\tau) &= 2j\left(-4\text{sinc}4\tau e^{j6\pi\tau} + 4\text{sinc}4\tau e^{-j6\pi\tau}\right) \\ &= 16\,\text{sinc}\,(4\tau)\sin(6\pi\tau) \end{aligned} \tag{7.140}$$

그림 7.14는 교차상관 함수를 나타낸다. $n_c(t)$와 $n_s(t)$가 상관성이 없지는 않더라도 $R_{n_cn_s}(\tau)=0$을 만족하는 τ를 선택할 수 있음을 알 수 있다. 예를 들면, $\tau=0,\ \pm 1/6,\ \pm 1/3 \cdots$ 이다.

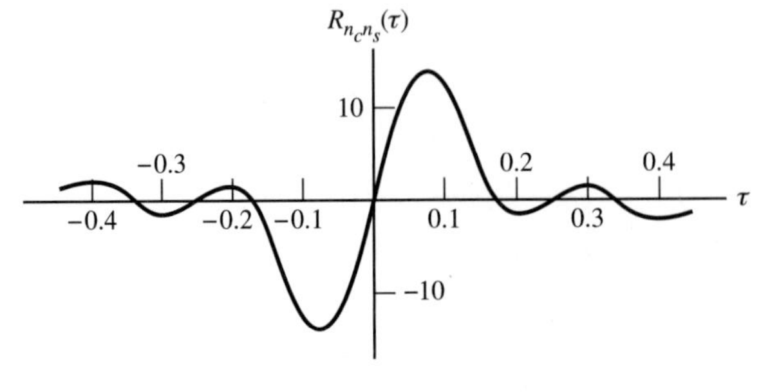

그림 7.14 예제 7.12에 대한 $n_c(t)$와 $n_s(t)$의 교차상관 함수

7.5.3 라이시안 확률 밀도 함수

예를 들어 신호 페이딩과 같은 많은 응용들에 유용한 하나의 랜덤 과정 모델은 랜덤 위상을 가진 정현파와 대역 제한 가우시안 랜덤잡음의 합이다. 따라서 이러한 과정에 해당하는 아래에 표현된 것과 같은 표본 함수를 고려해보자.

$$z(t) = A\cos\left(\omega_0 t + \theta\right) + n_c(t)\cos\left(\omega_0 t\right) - n_s(t)\sin\left(\omega_0 t\right) \tag{7.141}$$

여기서 $n_c(t)$와 $n_s(t)$는 각각 대역 제한 정상 가우시안 랜덤 과정 $n_c(t)\cos(\omega_0 t) - n_s(t)\sin(\omega_0 t)$의 가우시안 직교 성분들이고, A는 상수 진폭이며, θ는 $[0, 2\pi)$ 구간에서 균일하게 분포된 랜덤변수이다. 임의의 시간 t에서 이 정상 랜덤 과정의 포락선의 pdf는 라이시안(Ricean)이라고 말한다. 이는 창시자 S. O. Rice의 이름에서 온 것이다. 첫째 항은 종종 반사 성분이라고 하고, 나중의 두 항들은 산란 성분을 구성한다. 이것은 식 (7.141)이 변조되지 않은 정현파 신호를 분산 채널을 통하여 전송함으로써 일어나는 개념과 일치한다. 이 경우 반사 성분은 신호를 직접 수신한 성분을, 산란 성분은 송신 신호가 다수의 독립적인 반사들로 인하여 생기는 성분이다(확률의 중심 극한 정리를 이용하면 산란 성분의 직교 성분들이 가우시안 랜덤 과정들이 된다는 것을 입증할 수 있다). 만약 $A=0$이면, 식 (7.141)의 포락선의 pdf는 레일리임에 유의하라.

라이시안 pdf를 유도하기 위하여 식 (7.141)의 첫째 항을, 두 각의 합의 여현에 대한 삼각 항등식을 이용하여 전개함으로써 다음과 같이 다시 쓸 것이다.

$$\begin{aligned} z(t) &= A\cos\theta\cos\left(2\pi f_0 t\right) - A\sin\theta\sin\left(2\pi f_0 t\right) + n_c(t)\cos\left(2\pi f_0 t\right) - n_s(t)\sin\left(2\pi f_0 t\right) \\ &= \left[A\cos\theta + n_c(t)\right]\cos\left(2\pi f_0 t\right) - \left[A\sin\theta + n_s(t)\right]\sin\left(2\pi f_0 t\right) \\ &= X(t)\cos\left(2\pi f_0 t\right) - Y(t)\sin\left(2\pi f_0 t\right) \end{aligned} \tag{7.142}$$

여기서

$$X(t) = A\cos\theta + n_c(t), \quad Y(t) = A\sin\theta + n_s(t) \tag{7.143}$$

θ가 주어진 경우 분산 σ^2을 갖는 독립 가우시안 랜덤 과정들이며, 평균들은 각각 $E[X(t)] = A\cos\theta$와 $E[Y(t)] = A\sin\theta$이다. 이제 다음 식의 pdf를 찾는 것이 목표이다.

$$R(t) = \sqrt{X^2(t) + Y^2(t)} \tag{7.144}$$

θ가 주어진 경우 $X(t)$와 $Y(t)$의 결합 pdf는 두 과정들이 독립이기 때문에 각각의 부분 pdf들의 곱이다. 위에서 주어진 평균들과 분산들을 이용하면 이 식은 다음과 같이 된다.

$$\begin{aligned} f_{XY}(x, y) &= \frac{\exp\left[-(x - A\cos\theta)^2/2\sigma^2\right]}{\sqrt{2\pi\sigma^2}} \frac{\exp\left[-(y - A\sin\theta)^2/2\sigma^2\right]}{\sqrt{2\pi\sigma^2}} \\ &= \frac{\exp\left\{-\left[x^2 + y^2 - 2A(\cos\theta + \sin\theta) + A^2\right]/2\sigma^2\right\}}{2\pi\sigma^2} \end{aligned} \tag{7.145}$$

이제 다음과 같이 변수 치환을 해보자.

$$\left.\begin{aligned} x &= r\cos\phi \\ y &= r\sin\phi \end{aligned}\right\}, \; r \geq 0 \quad \text{그리고} \quad 0 \leq \phi < 2 \tag{7.146}$$

결합 pdf의 변환은(이 경우에는 r) 변환의 야코비안(Jacobian)에 의한 곱을 필요로 한다는 것을 회상하라. 따라서 랜덤변수들 R과 Φ의 결합 pdf는 다음과 같다.

$$\begin{aligned} f_{R\Phi}(r, \phi) &= \frac{r\exp\left\{-\left[r^2 + A^2 - 2rA(\cos\theta\cos\phi + \sin\theta\sin\phi)\right]/2\sigma^2\right\}}{2\pi\sigma^2} \\ &= \frac{r}{2\pi\sigma^2}\exp\left\{-\left[r^2 + A^2 - 2rA\cos(\theta - \phi)\right]/2\sigma^2\right\} \end{aligned} \tag{7.147}$$

R만의 pdf는 아래 정의의 도움으로 모든 ϕ 범위에 대하여 적분하여 얻을 수 있을 것이다.

$$I_0(u) = \frac{1}{2\pi}\int_0^{2\pi} \exp(u\cos\alpha)\, d\alpha \tag{7.148}$$

여기서 $I_0(u)$는 0차 수정된 베셀(Bessel) 함수라고 한다. 식 (7.148)의 피적분 함수가 주기 2π를 가진 주기적인 함수이므로 적분은 임의의 2π 범위에서 가능하다. 식 (7.147)을 ϕ에 대하여 적분하면 다음과 같은 결과를 얻는다.

$$f_R(r) = \frac{r}{\sigma^2} \exp\left\{-\left[r^2 + A^2\right]/2\sigma^2\right\} I_0\left(\frac{Ar}{\sigma^2}\right), \; r \geq 0 \tag{7.149}$$

이 결과는 ϕ에 무관하기 때문에 이것은 R만의 부분 pdf이다. 식 (7.148)에서 $A=0$이라 놓으면, $I_0(0)=1$이 되고, 당연한 결과이지만 식 (7.149)는 레일리 pdf가 된다.

종종 식 (7.149)를 정상 성분[식 (7.141) 첫째 항]의 전력과 랜덤 가우시안 성분[식 (7.141) 둘째 항과 셋째 항]의 전력의 비율인 매개변수 $K=\frac{A^2}{2\sigma^2}$에 대하여 표현할 수 있다. 이렇게 된다면 식 (7.149)는 다음과 같이 된다.

$$f_R(r) = \frac{r}{\sigma^2} \exp\left\{-\left[\frac{r^2}{2\sigma^2} + K\right]\right\} I_0\left(\sqrt{2K}\frac{r}{\sigma}\right), \; r \geq 0 \tag{7.150}$$

K가 커짐에 따라 식 (7.150)은 가우시안 pdf에 근접해 간다. 매개변수 K는 종종 라이시안 K 인자라고 불린다.

식 (7.144)로부터 다음을 얻을 수 있다.

$$\begin{aligned}
E\left[R^2\right] &= E\left[X^2\right] + E\left[Y^2\right] \\
&= E\left\{\left[A\cos\theta + n_c(t)\right]^2 + \left[A\sin\theta + n_s(t)\right]^2\right\} \\
&= E\left[A^2\cos^2\theta + A^2\sin^2\theta\right] + 2AE\left[n_c(t)\cos\theta + n_s(t)\sin\theta\right] + E\left[n_c^2(t)\right] \\
&\quad + E\left[n_s^2(t)\right] \\
&= A^2 + 2\sigma^2 \\
&= 2\sigma^2(1+K)
\end{aligned} \tag{7.151}$$

라이시안 랜덤변수의 다른 모멘트들은 합류초기하함수들(confluent hypergeometric functions)[10]에 대하여 표현해야 한다.

참고문헌

랜덤 과정에 대한 책으로는 Papoulis(1991)를 추천한다. 이 장의 주제들에 대한 보충 자료로는 6장에 주어진 문헌들을 참고하라.

10 예를 들어, J. Proakis, *Digital Communications*, 4th ed, New York: McGraw Hill, 2001 참조.

요약

1. 랜덤 과정은 임의의 시간들 $t_1, t_2, \cdots, t_N$에서 그것의 진폭들에 대한 N차 결합 pdf를 사용하여 완전히 기술된다. 이 pdf가 시간원점의 이동하에서 불변일 때, 이러한 과정을 엄격한 의미의 통계적 정상이라고 한다.

2. 랜덤 과정의 통계적 평균으로 계산되는 자기상관 함수는 다음과 같이 정의된다.

$$R\left(t_1, t_2\right) = \int_{-\infty}^{\infty} \int_{-\infty}^{\infty} x_1 x_2 f_{X_1 X_2}(x_1, t_1; x_2, t_2)\, dx_1\, dx_2$$

여기서 $f_{X_1X_2}(x_1, t_1; x_2, t_2)$는 시간 t_1과 t_2에서의 랜덤 과정의 결합 진폭 pdf이다. 이 과정이 정상이면, 다음과 같다.

$$R(t_1, t_2) = R(t_2 - t_1) = R(\tau)$$

여기서 $\tau \triangleq t_2 - t_1$이다.

3. 통계적 평균과 통계적 분산은 시간에 독립이고 자기상관 함수가 $t_2 - t_1 = \tau$만의 함수인 랜덤 과정을 광의의 정상이라고 한다. 엄격한 의미의 정상 과정은 또한 광의의 정상 과정이다. 그러나 그 역은 특별한 경우들에 대해서만 성립하는데, 한 예로 가우시안 과정에 대한 광의의 정상성은 엄격한 의미의 정상성을 보장한다.

4. 통계적 평균과 시간평균이 같은 랜덤 과정을 에르고딕이라고 부른다. 에르고딕성은 정상성을 의미하지만 그 역이 반드시 성립하지는 않는다.

5. 위너-킨친 정리는 정상 랜덤 과정의 자기상관 함수와 전력 스펙트럼 밀도는 푸리에 변환쌍을 이룬다는 것을 말한다. 종종 유용하게 사용될 수 있는 랜덤 과정의 전력 스펙트럼 밀도에 대한 표현식은 다음과 같다.

$$S_n(f) = \lim_{T \to \infty} \frac{1}{T} E\left\{ \left| \Im\left[n_T(t)\right] \right|^2 \right\}$$

여기서 $n_T(t)$는 $t=0$을 중심으로 T초 범위에서 절단된 표본 함수이다.

6. 랜덤 과정의 자기상관 함수는 $\tau=0$에서 절대 최댓값을 가지는 지연변수 τ에 대한 실수 우함수이다. 주기적인 랜덤 과정의 경우에는 자기상관 함수도 주기적이며, 푸리에 변환은 모든 주파수에 대하여 음이 아닌 값을 갖는다. 랜덤 과정이 주기적이지 않다면, $\tau \to \pm\infty$임에 따라 자기상관 함수는 랜덤 과정의 평균의 제곱에 근접하게 된다. $R(0)$는 랜덤 과정의 총평균 전력이 된다.

7. 백색잡음은 모든 주파수 f에 대해 일정한 양측 전력 스펙트럼 밀도 $\frac{1}{2}N_0$를 가지며, 자기상관 함수는 $\frac{1}{2}N_0\delta(\tau)$이다. 이런 이유로 인하여 때때로 델타상관 잡음이라고 한다. 이것은 또한 무한대의 전력을 가지며, 그러므로 수학적인 이상화이다. 그럼에도 많은 경우에 대한 유용한 근사 형태이다.

8. 두 개의 정상 랜덤 과정 $X(t)$와 $Y(t)$의 교차상관 함수는 다음과 같이 정의된다.

$$R_{XY}(\tau) = E[X(t)Y(t+\tau)]$$

이것의 교차전력 스펙트럼 밀도는 다음과 같다.

$$S_{XY}(f) = \Im[R_{XY}(\tau)]$$

위 식이 모든 τ에 대하여 $R_{XY}(\tau)=0$이면 직교한다고 말한다.

9. 임펄스 응답이 $h(t)$이며 주파수 응답 함수가 $H(f)$인 선형 시스템이 있으며, 랜덤 입력이 $x(t)$이며 랜덤 출력이 $y(t)$일 때 다음이 성립한다.

$$S_Y(f) = |H(f)|^2 S_X(f)$$

$$R_Y(\tau) = \Im^{-1}\left[S_Y(f)\right] = \int_{-\infty}^{\infty} |H(f)|^2 S_X(f) e^{j2\pi f\tau}\, df$$

$$R_{XY}(\tau) = h(\tau) * R_X(\tau)$$
$$S_{XY}(f) = H(f)S_X(f)$$
$$R_{YX}(\tau) = h(-\tau) * R_X(\tau)$$
$$S_{YX}(f) = H^*(f)S_X(f)$$

여기서 $S(f)$는 스펙트럼 밀도이며, $R(\tau)$는 자기상관 함수를 나타내고, 별표는 컨벌루션을 나타내며, 위첨자 별표는 켤레를 나타낸다.

10. 선형 시스템의 입력이 가우시안이면 출력도 가우시안이다.

11. 주파수 응답 함수가 $H(f)$인 선형 시스템의 잡음-등가 대역폭은 다음과 같이 정의된다.

$$B_N = \frac{1}{H_0^2}\int_0^\infty |H(f)|^2\,df$$

여기서 H_0는 $|H(f)|$의 최댓값을 나타낸다. 입력이 단측 전력 스펙트럼 밀도 N_0를 갖는 백색잡음이라면 출력 전력은 다음과 같다.

$$P_0 = H_0^2 N_0 B_N$$

필터의 임펄스 응답에 대하여 나타낸 잡음-등가 대역폭에 대한 등가 표현은 다음과 같다.

$$B_N = \frac{\int_{-\infty}^{\infty} |h(t)|^2\,dt}{2\left[\int_{-\infty}^{\infty} h(t)\,dt\right]^2}$$

12. 대역 제한 랜덤 과정 $n(t)$의 직교 성분 표현은 다음과 같다.

$$n(t) = n_c(t)\cos(2\pi f_0 t + \theta) - n_s(t)\sin(2\pi f_0 t + \theta)$$

여기서 θ는 임의의 위상각이다. 포락선 위상 표현은 다음과 같다.

$$n(t) = R(t)\cos(2\pi f_0 t + \phi(t) + \theta)$$

여기서 $R^2(t) = n_c^2(t) + n_s^2(t)$이고, $\tan[\phi(t)] = n_s(t)/n_c(t)$이다. 만약 과정이 협대역이면 n_c, n_s, R, ϕ는 $\cos 2\pi f_0 t$ 그리고 $\sin 2\pi f_0 t$와 비교하여 느리게 변한다. $n(t)$의 전력 스펙트럼 밀도가 $S_n(f)$이면, $n_c(t)$와 $n_s(t)$의 전력 스펙트럼 밀도는 다음과 같다.

$$S_{n_c}(f) = S_{n_s}(f) = \mathrm{Lp}[S_n(f - f_0) + S_n(f + f_0)]$$

여기서 Lp[ ]는 대괄호 내의 성분의 저주파 성분을 나타낸다. 만약 $\mathrm{Lp}[S_n(f + f_0) - S_n(f - f_0)] = 0$이면, $n_c(t)$와 $n_s(t)$는 직교한다. $n_c(t)$, $n_s(t)$, $n(t)$의 평균 전력들은 모두 동일하다. 랜덤 과정들 $n_c(t)$와 $n_s(t)$는 다음과 같이 주어진다.

$$n_c(t) = \mathrm{Lp}\ [2n(t)\cos(2\pi f_0 t + \theta)]$$

그리고

$$n_s(t) = -\mathrm{Lp}\ [2n(t)\sin(2\pi f_0 t + \theta)]$$

이러한 연산들이 선형이므로 $n(t)$가 가우시안이면 $n_c(t)$와 $n_s(t)$는 가우시안일 것이다. 따라서 $n(t)$의 전력 스펙트럼 밀도가 $f>0$ 영역에서 $f=f_0$에 대해서 대칭이며 평균이 0인 가우시안이면, $n_c(t)$와 $n_s(t)$는 독립이다.

13. 라이시안 pdf는 $[0,2\pi)$에서 균일하게 분포된 위상을 가진 정현파와 대역 제한 가우시안 잡음의 합으로 가정되는 포락선 값에 대한 분포를 나타내도록 한다. 이것은 페이딩 채널을 모델링하는 다양한 응용에서 편리하다.

(a) 정상 성분 전력 대 랜덤 성분 전력의 비, K
(b) 총수신 전력
(c) 포락선 과정의 pdf
(d) 포락선이 10V를 초과할 확률(수치 적분을 필요로 함)

연습문제

7.1절

7.1 하나의 공정한 주사위가 던져진다. 윗면에 나타난 점의 개수에 따라 다음과 같은 랜덤 과정이 생성된다. 각각의 경우에 대하여 표본 함수의 몇 가지 예들을 스케치하라.

(a) $X(t,\zeta)=\begin{cases} 2A, & \text{1 또는 2가 윗면에 오는 경우} \\ 0, & \text{3 또는 4가 윗면에 오는 경우} \\ -2A, & \text{5 또는 6이 윗면에 오는 경우} \end{cases}$

(b) $X(t,\zeta)=\begin{cases} 3A, & \text{1이 윗면에 오는 경우} \\ 2A, & \text{2가 윗면에 오는 경우} \\ A, & \text{3이 윗면에 오는 경우} \\ -A, & \text{4가 윗면에 오는 경우} \\ -2A, & \text{5가 윗면에 오는경우} \\ -3A, & \text{6이 윗면에 오는 경우} \end{cases}$

(c) $X(t,\zeta)=\begin{cases} 4A, & \text{1이 윗면에 오는 경우} \\ 2A, & \text{2가 윗면에 오는 경우} \\ At, & \text{3이 윗면에 오는 경우} \\ -At, & \text{4가 윗면에 오는 경우} \\ -2A, & \text{5가 윗면에 오는 경우} \\ -4A, & \text{6이 윗면에 오는 경우} \end{cases}$

7.2절

7.2 연습문제 7.1을 참고하여 각각의 경우에 대한 다음의 확률값들을 구하라.

(a) $F_X(X\leq 2A,\ t=4)$
(b) $F_X(X\leq 0,\ t=4)$
(c) $F_X(X\leq 2A,\ t=2)$

7.3 그림 7.15에 그려진 바와 같이, 각각이 일정한 진폭 A, 주기 T_0, 랜덤 지연 τ를 가진 구형파들인 표본 함수들로 구성되는 랜덤 과정이 있다. τ의 pdf는 다음과 같다.

$$f(\tau)=\begin{cases} 1/T_0, & |\tau|\leq T_0/2 \\ 0, & \text{otherwise} \end{cases}$$

(a) 몇 가지 전형적인 표본 함수들을 스케치하라.
(b) 어떤 임의의 시간 t_0에서 이 랜덤 과정에 대한 1차 pdf를 적어라. (힌트 : 랜덤 지연 τ 때문에 pdf는 t_0와는 무관하다. 또한, 먼저 cdf를 구하고 그것을 미분하여 pdf를 구하는 것이 더 쉬울 것이다.)

7.4 랜덤 과정의 표본 함수들이 다음과 같이 주어

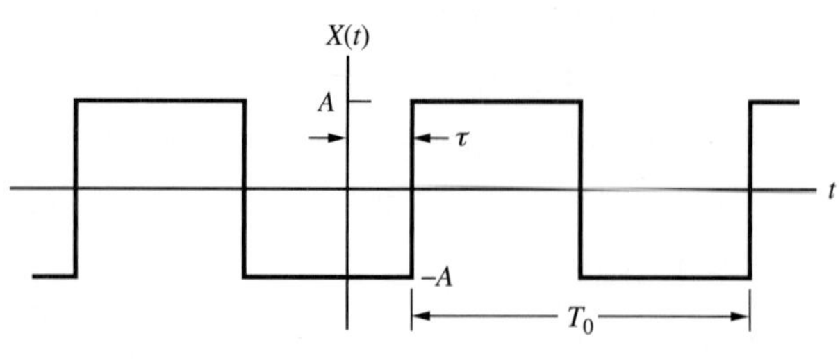

그림 7.15

진다.

$$X(t) = A\cos 2\pi f_0 t$$

여기서 f_0는 상수이고, A는 다음과 같은 pdf를 갖는다.

$$f_A(a) = \frac{e^{-\alpha^2/2\sigma_a^2}}{\sqrt{2\pi}\sigma_a}$$

이 랜덤 과정을 이상적인 적분기를 통과시켜 랜덤 과정 $Y(t)$를 생성한다.

(a) 출력 과정 $Y(t)$의 표본 함수들에 대한 표현식을 구하라.

(b) 시간 t_0에서 $Y(t)$의 pdf에 대한 표현식을 적어라.

(힌트 : $\sin 2\pi f_0 t_0$는 상수라는 사실에 유의하라.)

(c) $Y(t)$는 정상인가? 에르고딕인가?

7.5 연습문제 7.3에 정의된 랜덤 과정을 고려하자.

(a) 시간평균을 이용하여 평균과 자기상관 함수를 구하라.

(b) 앙상블 평균을 이용하여 평균과 자기상관 함수를 구하라.

(c) 이 랜덤 과정은 광의의 정상인가? 왜 그런가? 왜 그렇지 않은가?

7.6 θ에 대한 pdf가 다음과 같이 주어질 때, 예제 7.1의 랜덤 과정을 고려하자.

$$p(\theta) = \begin{cases} 2/\pi, & \pi/2 \le \theta \le \pi \\ 0, & \text{otherwise} \end{cases}$$

(a) 통계적 평균과 시간평균으로 각각 평균과 분산을 구하라.

(b) 통계적 평균과 시간평균으로 각각 자기상관 함수를 구하라.

(c) 이 랜덤 과정은 에르고딕인가?

7.7 연습문제 7.4의 랜덤 과정을 고려하자.

(a) 시간평균을 이용하여 평균과 자기상관 함수를 구하라.

(b) 앙상블 평균을 이용하여 평균과 자기상관 함수를 구하라.

(c) 이 랜덤 과정은 광의의 정상인가? 왜 그런가? 왜 그렇지 않은가?

7.8 통계적인 특성이 가우시안 정상 과정에 가깝다고 알려진 잡음 발생기 출력에서의 전압을 DC 전압 측정기와 AC-결합된 실제 RMS(root-mean square) 전압측정기를 사용하여 측정한다. DC 미터기가 6V를 가리키고, RMS 미터기가 7V를 가리킨다. 어떤 시간 $t = t_0$에서의 전압의 1차 pdf에 대한 표현식을 적어라. pdf를 스케치하고 수치들을 표시하라.

7.3절

7.9 다음 함수들 중에서 어떤 것들이 자기상관 함수로 적절한가? 왜 그런가? 또는 왜 그렇지 않은가? (ω_0, τ_0, τ_1, A, B, C, f_0는 양의 상수들이다.)

(a) $A\cos\omega_0\tau$

(b) $A\Lambda(\tau/\tau_0)$, 여기서 $\Lambda(x)$는 2장에서 정의된 단위 면적 삼각 함수이다.

(c) $A\Pi(\tau/\tau_0)$, 여기서 $\Pi(x)$는 2장에서 정의된 단위 면적 펄스 함수이다.

(d) $A\exp(-\tau/\tau_0)u(\tau)$, 여기서 $u(x)$는 단위 계단 함수이다.

(e) $A\exp(-|\tau|/\tau_0)$

(f) $A\mathrm{sinc}(f_0\tau) = A\frac{\sin(\pi f_0 \tau)}{\pi f_0 \tau}$

7.10 $|f| \le 1\text{kHz}$ 주파수 범위에서 $2\times 10^{-5}\text{W/Hz}$의 양측 전력 스펙트럼 밀도를 갖는 대역 제한 백색 잡음 과정이 있다. 잡음 과정의 자기상관 함수를 구하라. 구해진 자기상관 함수를 스케치하고 수치들을 완전하게 표시하라.

7.11 예제 7.6에서 분석한 랜덤 이진 펄스 파형을

고려하자. 그러나 대신에 $p(t)=\cos(2\pi t/2T)\Pi(t/T)$로 주어지는 반여현(half-cosine) 펄스들을 사용한다. 예제 7.6에서 고려되었던 두 가지 경우들에 대해서 자기상관 함수를 구하고 스케치하라.

(a) 모든 k에 대해서 $a_k=\pm A$이며, $m=0$일 때 $R_m=A^2$이고, 나머지 경우는 $R_m=0$이다. 여기서 A는 상수이다.

(b) $a_k=A_k+A_{k-1}$이고 $A_k=\pm A$이며, $m=0$일 때 $E[A_kA_{k+m}]=A^2$이고, 나머지 경우는 0이다.

(c) 위의 각 경우에 대해서 전력 스펙트럼 밀도를 구하고 스케치하라.

7.12 두 개의 랜덤 과정들이 다음과 같이 주어진다.

$$X(t) = n(t) + A\cos(2\pi f_0 t + \theta)$$

그리고

$$Y(t) = n(t) + A\sin(2\pi f_0 t + \theta)$$

여기서 A와 f_0는 상수들이고, θ는 $[-\pi, \pi)$에서 균일하게 분포된 랜덤변수이다. 첫째 항 $n(t)$는 자기상관 함수가 $R_n(\tau)=B\Lambda(\tau/\tau_0)$인 정상 랜덤잡음 과정을 나타내며, B와 τ_0는 음이 아닌 상수이다.

(a) 이 두 개의 랜덤 과정들의 각각의 자기상관 함수를 구하고 스케치하라. 다양한 상숫값들을 가정하라.

(b) 이 두 개의 랜덤 과정들의 교차상관 함수를 구하고 스케치하라.

7.13 두 개의 독립이고 광의의 정상 랜덤 과정들 $X(t)$, $Y(t)$가 각각 자기상관 함수 $R_X(\tau)$와 $R_Y(\tau)$를 갖는다.

(a) 그들의 곱 $Z(t)=X(t)Y(t)$의 자기상관 함수 $R_Z(\tau)$가 다음과 같이 주어짐을 보여라.

$$R_Z(\tau)=R_X(\tau)R_Y(\tau)$$

(b) $Z(t)$의 전력 스펙트럼 밀도를 각각 $X(t)$와 $Y(t)$의 전력 스펙트럼 밀도들 $S_X(f)$와 $S_Y(f)$에 대하여 표현하라.

(c) $X(t)$는 전력 스펙트럼 밀도가 $S_X(f)=10\,\Pi(f/200)$인 대역 제한 정상 잡음 과정이며, $Y(t)$는 다음의 형태를 갖는 표본 함수들에 의해서 정의되는 랜덤 과정이다.

$$Y(t)=5\cos(50\pi t+\theta)$$

여기서 θ는 $(0, 2\pi)$구간에서 균일하게 분포된 랜덤변수이다. (a)와 (b)에서 유도된 결과들을 이용하여, $Z(t)=X(t)Y(t)$의 자기상관 함수와 전력 스펙트럼 밀도를 구하라.

7.14 다음과 같은 자기상관 함수를 갖는 랜덤 신호가 있다.

$$R(\tau)=9+3\Lambda(\tau/5)$$

여기서 $\Lambda(x)$는 2장에서 정의된 단위 면적 삼각 함수이다. 다음을 구하라.

(a) AC 전력을 구하라.

(b) DC 전력을 구하라.

(c) 총전력을 구하라.

(d) 전력 스펙트럼 밀도를 구하라. 그것을 스케치하고, 조심스럽게 수치들을 표기하라.

7.15 $Y(t)=X(t)+X(t-T)$로 정의되는 랜덤 과정이 있다. 여기서 $X(t)$는 자기상관 함수가 $R_X(T)$이고 전력 스펙트럼 밀도가 $S_X(f)$인 광의의 정상 랜덤 과정이다.

(a) $R_Y(\tau)=2R_X(\tau)+R_X(\tau+T)+R_X(\tau-T)$임을 보여라.

(b) $S_Y(f)=4S_X(f)\cos^2(\pi fT)$임을 보여라.

(c) $X(t)$의 자기상관 함수가 $R_X(\tau)=5\Lambda(\tau)$일 때(여기서 $\Lambda(\tau)$는 단위 면적 삼각 함수이고 $T=0.5$이다), 문제에서 정의된 $Y(t)$의 전력 스펙트럼 밀도를 구하고 스케치하라.

7.16 다음과 같은 전력 스펙트럼 밀도를 갖는 광의

의 정상 랜덤 과정이 있다.

$$S_X(f) = 10\delta(f) + 25\text{sinc}^2(5f) + 5\delta(f-10) + 5\delta(f+10)$$

(a) 이 전력 스펙트럼 밀도 함수를 스케치하고 수치들을 완벽하게 표시하라.

(b) 랜덤 과정의 DC 성분 전력을 구하라.

(c) 총전력을 구하라.

(d) 싱크 제곱(sinc-squared) 함수의 주엽 아래의 면적이 전체 면적의 대략 0.9로 주어져 있다. 여기서 함수가 단위 진폭을 갖는다면 전체 면적은 1이다. 이 랜덤 과정의 총전력 중 0에서 0.2Hz 사이의 주파수 범위에 포함되는 전력을 구하라.

7.17 τ에 대한 다음의 함수들이 주어져 있다.

$$R_{X_1}(\tau) = 4\exp(-\alpha|\tau|)\cos 2\pi\tau$$
$$R_{X_2}(\tau) = 2\exp(-\alpha|\tau|) + 4\cos 2\pi b\tau$$
$$R_{X_3}(f) = 5\exp(-4\tau^2)$$

(a) 각 함수를 스케치하고 수치들을 완벽하게 표시하라.

(b) 각각의 푸리에 변환을 구하고 스케치하라. (a)문항의 정보와 푸리에 변환을 이용하여, 각각이 자기상관 함수로 적합하다는 것을 입증하라.

(c) 각각에 대해서 DC 전력이 존재한다면 그 값을 결정하라.

(d) 각각에 대해서 총전력을 결정하라.

(e) 각각에 대해서 주기적인 부분이 존재한다면 그 주파수를 결정하라.

7.4절

7.18 정상 랜덤 과정 $n(t)$는 $-\infty < f < \infty$에서 10^{-6} W/Hz의 전력 스펙트럼 밀도를 갖는다. 이것을 주파수 응답 함수 $H(f) = \Pi(f/500\text{kHz})$인 이상적인 저역 통과 필터를 통과시킨다. 여기서 $\Pi(x)$는 2장에서 정의된 단위 면적 펄스 함수이다.

(a) 출력의 전력 스펙트럼 밀도를 구하고 스케치하라.

(b) 출력의 자기상관 함수를 구하고 스케치하라.

(c) 출력 랜덤 과정의 전력은 얼마인가? 두 가지의 다른 방법들로 구하라.

7.19 이상적인 무한 시간 적분기의 입출력 간의 관계의 특징이 다음과 같다.

$$Y(t) = \frac{1}{T}\int_{t-T}^{t} X(\alpha)\, d\alpha$$

(a) 임펄스 응답이 $h(t) = \frac{1}{T}[u(t) - u(t-T)]$임을 입증하라.

(b) 주파수 응답 함수를 구하고 스케치하라.

(c) 입력이 양측 전력 스펙트럼 밀도가 $N_0/2$인 백색잡음이다. 필터 출력의 전력 스펙트럼 밀도를 구하라.

(d) 출력의 자기상관 함수가 다음과 같음을 보여라.

$$R_0(\tau) = \frac{N_0}{2T}\Lambda(\tau/\mathrm{T})$$

여기서 $\Lambda(x)$는 2장에서 정의된 단위 면적 삼각 함수이다.

(e) 적분기의 잡음-등가 대역폭은 얼마인가?

(f) (e)에서 구한 잡음-등가 대역폭을 이용하여 구한 출력잡음 전력에 대한 결과와 (d)에서 구한 출력의 자기상관 함수로부터 얻은 결과가 일치함을 보여라.

7.20 양측 전력 스펙트럼 밀도가 $N_0/2$인 백색잡음이 주파수 응답 함수의 크기 특성이 다음과 같은 2차 버터워스 필터를 구동한다.

$$|H_{2\text{bu}}(f)| = \frac{1}{\sqrt{1 + (f/f_3)^4}}$$

여기서 f_3는 3dB 차단 주파수이다.

(a) 필터 출력의 전력 스펙트럼 밀도는 무엇인가?

(b) 출력의 자기상관 함수가 다음과 같음을 증명하고, $f_3\tau$의 함수로 그려라.

$$R_0(r) = \frac{\pi f_3 N_0}{2} \exp\left(-\sqrt{2}\pi f_3|\tau|\right)$$
$$\cos\left[\sqrt{2}\pi f_3|\tau| - \pi/4\right]$$

(힌트 : 아래의 적분을 이용하라.)

$$\int_0^\infty \frac{\cos(ax)}{b^4+x^4}dx = \frac{\sqrt{2}\pi}{4b^3}\exp\left(-ab/\sqrt{2}\right)$$
$$\left[\cos\left(ab/\sqrt{2}\right) + \sin\left(ab/\sqrt{2}\right),\ a, b > 0\right]$$

(c) $\lim_{\tau\to 0} R_0(\tau)$를 취하여 구한 출력 전력이 식 (7.115)에서 주어진 버터워스 필터에 대한 잡음-등가 대역폭을 이용하여 구한 값과 일치하는가?

7.21 전력 스펙트럼 밀도가 다음과 같이 되기를 바란다.

$$S_Y(f) = \frac{f^2}{f^4+100}$$

양측 전력 스펙트럼 밀도가 1W/Hz인 백색잡음 신호원이 이용 가능하다. 원하는 전력 스펙트럼 밀도를 얻기 위하여 잡음 신호원의 출력에 붙여야 하는 필터의 주파수 응답 함수는 무엇인가?

7.22 입력 자기상관 함수 또는 전력 스펙트럼 밀도가 다음과 같이 주어질 때, 다음 시스템의 출력 자기상관 함수와 전력 스펙트럼 밀도를 구하라.

(a) 전달 함수

$$H(f) = \Pi(f/2B)$$

입력 자기상관 함수

$$R_X(\tau) = \frac{N_0}{2}\delta(\tau)$$

N_0와 B는 양의 상수들이다.

(b) 임펄스 응답

$$h(t) = A\exp(-\alpha t)u(t)$$

입력 전력 스펙트럼 밀도

$$S_X(f) = \frac{B}{1+(2\pi\beta f)^2}$$

A, α, B, β는 양의 상수들이다.

7.23 임펄스 응답이 $h(t) = \exp(-10t)u(t)$인 저역통과 필터의 입력으로 단측 전력 스펙트럼 밀도가 2 W/Hz인 백색 가우시안 잡음이 부과된다. 다음을 구하라.

(a) 출력의 평균

(b) 출력의 전력 스펙트럼 밀도

(c) 출력의 자기상관 함수

(d) 임의의 시간 t_1에서 출력의 확률 밀도 함수

(e) 시간들 t_1과 $t_1+0.03s$에서 출력의 결합 확률 밀도 함수

7.24 다음의 1차 및 2차 저역통과 필터들에 대한 잡음-등가 대역폭들을 각각의 3dB 대역폭들에 대하여 구하라. 각각의 전달 함수들의 크기를 구하기 위하여 2장을 참고하라.

(a) 체비셰프

(b) 버터워스

7.25 3dB 대역폭이 500Hz인 2차 버터워스 필터가 있다. 이 필터의 단위 임펄스 응답을 결정하고, 그것을 이용하여 필터의 잡음-등가 대역폭을 결정하라. 그 결과를 예제 7.10의 적합한 경우와 비교하여 확인하라.

7.26 아래에 주어진 전달 함수들을 갖는 4개의 필터들에 대한 잡음-등가 대역폭들을 결정하라.

(a) $H_a(f) = \Pi(f/4) + \Pi(f/2)$

(b) $H_b(f) = 2\Lambda(f/50)$

(c) $H_c(f) = \dfrac{10}{10+j2\pi f}$

(d) $H_d(f)=\Pi(f/10)+\Lambda(f/5)$

7.27 다음과 같은 주파수 응답 함수를 갖는 필터가 있다.

$$H(f)=H_0(f-500)+H_0(f+500)$$

여기서

$$H_0(f)=2\Lambda(f/100)$$

필터의 잡음-등가 대역폭을 구하라.

7.28 다음과 같은 전달 함수들을 갖는 시스템들의 잡음-등가 대역폭들을 결정하라. (힌트 : 시간 영역 방법을 사용하라.)

(a) $H_a(f)=\dfrac{10}{(j2\pi f+2)(j2\pi f+25)}$

(b) $H_b(f)=\dfrac{100}{(j2\pi f+10)^2}$

7.5절

7.29 잡음 $n(t)$가 그림 7.16과 같은 전력 스펙트럼 밀도를 가진다.

$$n(t)=n_c(t)\cos(2\pi f_0 t+\theta)-n_s(t)\sin(2\pi f_0 t+\theta)$$

다음에 주어진 각각의 경우에 대해 $n_c(t)$와 $n_s(t)$의 전력 스펙트럼 밀도 함수를 그려라.

(a) $f_0=f_1$

(b) $f_0=f_2$

(c) $f_0=\frac{1}{2}(f_2+f_1)$

(d) 위의 경우들 중 어느 경우에 $n_c(t)$와 $n_s(t)$가 상관성이 없는가?

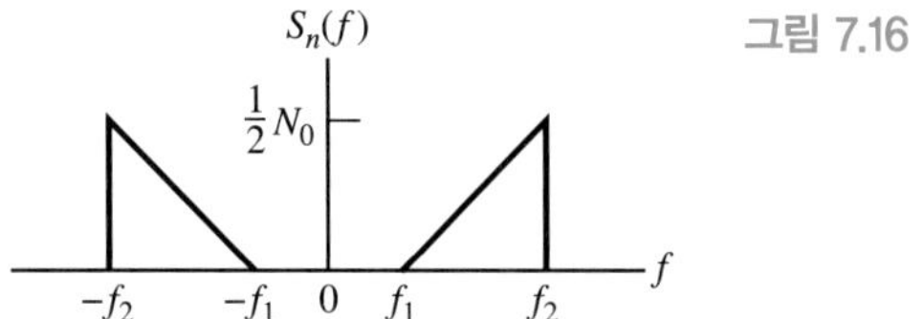

그림 7.16

7.30

(a) $S_n(f)=\alpha^2/(\alpha^2+4\pi^2f^2)$이면, $R_n(\tau)=Ke^{-\alpha|\tau|}$임을 보이고 K를 구하라.

(b) $S_n(f)=\dfrac{\frac{1}{2}\alpha^2}{\alpha^2+4\pi^2(f-f_0)^2}+\dfrac{\frac{1}{2}\alpha^2}{\alpha^2+4\pi^2(f+f_0)^2}$ 일때, $R_n(\tau)$를 구하라.

(c) $n(t)=n_c(t)\cos(2\pi f_0 t+\theta)-n_s(t)\sin(2\pi f_0 t+\theta)$일 때, $S_{n_c}(f)$와 $S_{n_c n_s}(f)$를 구하고, 각 스펙트럼 밀도를 스케치하라. 여기서, (b)문항에서 주어진 $S_n(f)$를 사용하라.

7.31 잡음 $n(t)$의 양측 전력 스펙트럼 밀도가 그림 7.17에 나타나 있다. $n(t)=n_c(t)\cos(2\pi f_0 t+\theta)-n_s(t)\sin(2\pi f_0 t+\theta)$일 때, 다음의 각 경우에 대하여 $S_{n_c}(f)$, $S_{n_s}(f)$, $S_{n_c n_s}(f)$를 구하고 그림으로 나타내라.

(a) $f_0=\frac{1}{2}(f_1+f_2)$

(b) $f_0=f_1$

(c) $f_0=f_2$

(d) $R_{n_c n_s}(\tau)$가 0이 아닌 각 경우에 $S_{n_c n_s}(f)$를 구하고 그림으로 나타내라.

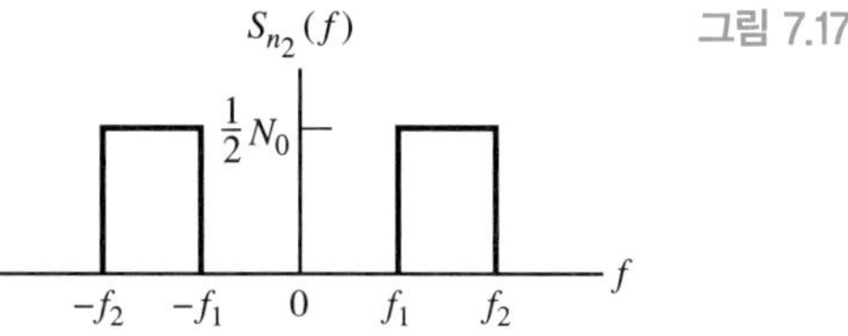

그림 7.17

7.32 잡음 파형 $n_1(t)$가 그림 7.18에 나타낸 대역 제한 전력 스펙트럼 밀도를 갖는다. $n_2(t)=n_1(t)\cos(\omega_0 t+\theta)-n_1(t)\sin(\omega_0 t+\theta)$의 전력 스펙트럼 밀도를 구하고 그림으로 나타내라. 여기서 θ는 구간 $(0, 2\pi)$에서 균일하게 분포하는 랜덤변수이다.

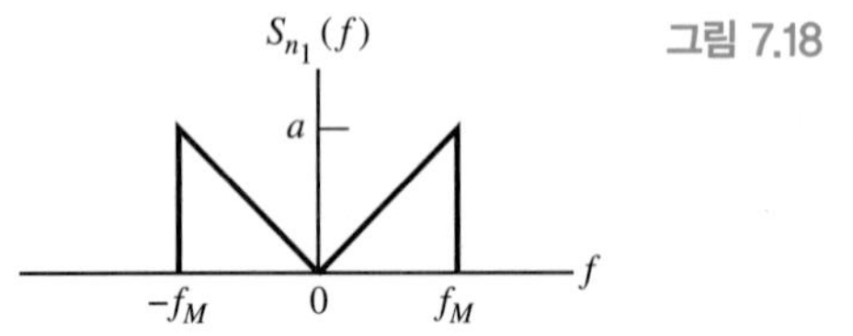

그림 7.18

7.6절

7.33 다음과 같은 형태를 갖는 신호와 잡음의 합으로 구성되는 과정을 고려해보자.

$$z(t)=A\cos 2\pi(f_0+f_d)t+n(t)$$

여기서 $\omega_0=2\pi f_0$이며,

$$n(t)=n_c(t)\cos\omega_0 t-n_s(t)\sin\omega_0 t$$

는 $f_0-\frac{B}{2}\le|f|\le f_0+\frac{B}{2}$에서는 $\frac{1}{2}N_0$, 나머지에서는 0의 양측 전력 스펙트럼 밀도를 갖는 이상적인 대역 제한 백색잡음 과정이다. $z(t)$를 다음과 같이 쓰자.
$z(t)=A\cos[2\pi(f_0+f_d)t]+n_c'(t)\cos[2\pi(f_0+f_d)t]-n_s'(t)\sin[2\pi(f_0+f_d)t]$

(a) $n_c'(t)$와 $n_s'(t)$를 $n_c(t)$와 $n_s(t)$에 대하여 나타내라. 7.5절에서 개발된 기법들을 이용하여 각각 $n_c'(t)$와 $n_s'(t)$의 전력 스펙트럼 밀도들인 $S_{n_c'}(f)$와 $S_{n_s'}(f)$를 구하라.

(b) $n'_c(t)$와 $n'_s(t)$의 교차전력 스펙트럼 밀도 $S_{n_c'n_s'}(f)$와 교차상관 함수 $R_{n_c'n_s'}(\tau)$를 구하라. $n_c'(t)$와 $n_s'(t)$가 상관성이 있는가? 같은 시점에 동시에 표본화된 $n_c'(t)$와 $n_s'(t)$는 독립인가?

교재 범위 확장 문제

7.34 다음과 같은 형태의 표본 함수들로 구성된 랜덤 과정이 있다.

$$x(t)=n(t)\sum_{k=-\infty}^{\infty}\delta(t-kT_s)=\sum_{k=-\infty}^{\infty}n_k\delta(t-kT_s)$$

여기서 $n(t)$는 자기상관 함수 $R_n(\tau)$를 가지는 광의의 정상 랜덤 과정이며, $n_k=n(kT_s)$이다.

(a) T_s가 표본들 $n_k=n(kT_s)$가 직교하는 다음 조건을 만족하도록 선택된다.

$$R_n(kT_s)=0,\ \ k=1,\ 2,\ \cdots$$

식 (7.35)를 사용하여 $x(t)$의 전력 스펙트럼 밀도가 다음과 같음을 증명하라.

$$S_x(f)=\frac{R_n(0)}{T_s}=f_sR_n(0)=f_s\overline{n^2(t)},\ \ -\infty<f<\infty$$

(b) $x(t)$를 임펄스 응답 $h(t)$와 주파수 응답 함수 $H(f)$를 갖는 필터에 통과시킨다고 할 때, 출력 랜덤 과정 $y(t)$의 전력 스펙트럼 밀도 함수가 다음과 같음을 증명하라.

$$S_y(f)=f_s\overline{n^2(t)}\,|H(f)|^2,\ \ -\infty<f<\infty \quad (7.152)$$

7.35 $x(t)$가 정상일 경우에 $R_x(\tau)$를 근사적으로 측정하는 수단으로 그림 7.19에 나타낸 시스템을 고려하자.

(a) $E[y]=R_x(\tau)$임을 보여라.

(b) $x(t)$가 평균이 0인 가우시안일 때, σ_y^2에 대한 표현식을 구하라. (힌트 : x_1, x_2, x_3, x_4가 평균이 0인 가우시안이라고 하면, 다음이 만족함을 보일 수 있다.)

$$E[x_1x_2x_3x_4]=E[x_1x_2]E[x_3x_4]+E[x_1x_3]E[x_2x_4]$$

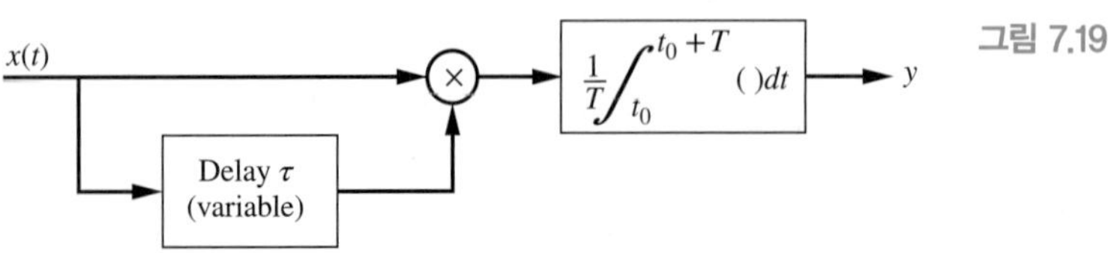

그림 7.19

$$+E[x_1 x_4]E[x_2 x_3]$$

7.36 FM 복조시 잡음을 고려하는 경우 유용한 평균값은 다음과 같은 교차상관 함수이다.

$$R_{y\dot{y}}(\tau) \triangleq E\left\{y(t)\frac{dy(t+\tau)}{dt}\right\}$$

여기서 $y(t)$는 정상이라고 가정한다.

(a) 다음을 보여라.

$$R_{y\dot{y}}(\tau) = \frac{dR_y(\tau)}{d\tau}$$

여기서 $R_y(\tau)$는 $y(t)$의 자기상관 함수이다. (힌트 : 미분기의 주파수 응답 함수는 $H(f)=j2\pi f$이다.)

(b) $y(t)$가 가우시안일 때, 어떤 시간 t에서 다음 두 가지들의 결합 pdf를 구하라. 답을 N_0와 B에 대하여 나타내라.

$$Y \triangleq y(t),\ Z \triangleq \frac{dy(t)}{dt}$$

이상적인 저역통과 전력 스펙트럼 밀도는 다음과 같다고 가정하라.

$$S_y(f) = \frac{1}{2}N_0\Pi\left(\frac{f}{2B}\right)$$

(c) $y(t)$가 백색잡음을 저역통과 RC 필터를 통과시켜 얻은 랜덤 과정이라고 하면, $y(t)$와 $\frac{dy(t)}{dt}$의 결합 pdf를 구할 수 있는가? 왜 그런가? 왜 그렇지 않은가?

컴퓨터 실습문제

7.1 이 컴퓨터 실습문제에서는 예제 7.1에 대하여 다시 살펴보고자 한다. 다음과 같이 정의되는 랜덤 과정 $X(t)=A\cos(2\pi f_0 t+\theta)$가 있다. 랜덤 숫자 생성기 프로그램을 이용하여 $0 \le \theta < 2\pi$ 범위에서 균일하게 분포하는 20개의 θ값들을 생성하라. θ의 20개의 값들을 이용하여 과정 $X(t)$의 20개의 표본 함수들을 생성하라. 이 20개의 표본 함수들을 이용하여 다음을 수행하라.

(a) 단일 축 집합에 대하여 표본 함수들을 그려라.

(b) 시간평균으로 $E\{X(t)\}$와 $E\{X^2(t)\}$를 구하라.

(c) 앙상블 평균으로 $E\{X(t)\}$와 $E\{X^2(t)\}$를 구하라.

(d) 위의 결과들을 예제 7.1에서 구한 결과들과 비교하라.

7.2 $-\frac{\pi}{4} \le \theta < \frac{\pi}{4}$ 범위에서 균일하게 분포하는 20개의 θ 값들을 사용하여 위의 컴퓨터 실습문제를 반복하라.

7.3 컴퓨터 실습문제 6.2의 랜덤 숫자 생성기를 이용하여 생성된 랜덤변수들 X와 Y 사이의 상관을 구하라. 이 문제에서 상관 계수를 구하기 위하여 다음의 정의에 따라 1,000쌍의 표본값들로부터 표본상관 계수를 계산하라.

$$\rho(X,Y) = \frac{1}{(N-1)\hat{\sigma}_1\hat{\sigma}_2}\sum_{n=1}^{N}\left(X_n-\hat{\mu}_X\right)\left(Y_n-\hat{\mu}_Y\right)$$

여기서

$$\hat{\mu}_X = \frac{1}{N}\sum_{n=1}^{N}X_n$$

$$\hat{\mu}_Y = \frac{1}{N}\sum_{n=1}^{N}Y_n$$

$$\hat{\sigma}_X^2 = \frac{1}{N-1}\sum_{n=1}^{N}\left(X_n-\hat{\mu}_X\right)^2$$

그리고

$$\hat{\sigma}_Y^2 = \frac{1}{N-1}\sum_{n=1}^{N}\left(Y_n-\hat{\mu}_X\right)^2$$

7.4 라이시안 pdf를 그리기 위하여 MATLAB 프로

그램을 작성하라. 식 (7.150)의 형태를 이용하고, 같은 좌표축에 $K=1$, 10, 100인 각 경우에 대한 그림들을 그려라. 독립변수로서 r/σ를 사용하여 $\sigma^2 f(r)$을 그려라.

CHAPTER 8

변조 시스템에서의 잡음

6장과 7장에서는 확률 및 랜덤 프로세스의 주제를 다루었다. 이들 개념은 잡음이 존재할 때 동작하는 기본적인 아날로그 통신 시스템을 분석하거나 디지털 통신 시스템의 기초적인 설명을 위해서 사용된다. 디지털 통신 시스템은 8장 이후에서 자세히 다루게 될 것이며, 이번 8장에서는 주로 서로 다른 시스템과 변조기술들에 관계된 많은 기본적인 예제 문제를 다룬다.

잡음은 모든 전기적 시스템에서 다양한 형태로 존재한다. 이러한 잡음은 때때로 작아서 신호 레벨이 큰 시스템의 경우에는 무시될 수 있다. 그러나 신호 레벨이 작은 시스템에서는 비록 잡음이 작아도 그 영향이 전체 시스템의 성능을 심각하게 저하시킬 수가 있다. 잡음원에 따라 잡음은 여러 가지 형태를 가질 수 있지만, 가장 일반적인 형태는 전하 캐리어의 불규칙한 움직임에 기인한다. 부록 A에서 자세하게 언급한 것과 같이 도체의 온도가 0K보다 높아지게 되면 전하 캐리어의 불규칙한 움직임에 의해 **열잡음**이 발생하게 된다. 케이블과 같은 저항 요소에 의해 생성되어 대역폭 B에서 측정되는 열잡음의 분산은

$$\sigma_n^2 = 4kTRB \tag{8.1}$$

과 같이 주어지는데, 여기서 k는 볼츠만 상수(1.38×10^{-23}J/K)이고, T는 캘빈온도이며, R은 저항값을 각각 나타낸다. 식에서 보면, 잡음의 분산은 온도에 직접 비례함을 알 수 있다. 이는 전파 천문학과 같은 신호 레벨이 낮은 환경에서 왜 초냉각 증폭기들을 사용하는지를 잘 설명하고 있다. 또한, 잡음의 분산은 주파수와는 무관한데, 이는 잡음 전력 스펙트럼 밀도가 일정하거나 혹은 백색잡음으로 취급될 수 있음을 의미한다. 열잡음을 백색잡음으로 가정할 수 있는 대역폭(B)은 온도의 함수로 주어진다. 그러나 대략 3K 이상의 온도에서는 10GHz 이하의 대역폭에서만 열잡음을 백색잡음으로 가정할 수 있다. 온도가 증가함에 따라, 백색잡음이라고 가정할 수 있는 유효 대역폭의 범위도 증가하게 된다. 즉 표준온도(290K)에서 열잡음은 1,000GHz를 초과하는 대역폭까지도 백색잡음으로 가정할 수 있다. 그러나 매우 높은 주파수에서는 양자잡음과 같은 다른 잡음원들이 커지게 되어 백색잡음이라는 가정은 더 이상 유효하지 않게 된다. 이러한 개념들은 부록 A에 자세하게 설명되어 있다.

열잡음은(가우시안 진폭 확률 밀도 함수를 갖는) 가우시안 잡음으로 가정한다. 왜냐하면 열잡음은 수많은 전하 캐리어들의 불규칙한 움직임에 기인하게 되는데, 이때 전하 캐리어 하나하나가 전체 잡음의

생성에 기여하게 되므로, 중심 극한 정리(central-limit theorem)에 의하여 가우시안 분포로 가정할 수 있게 된다. 따라서 만약 우리가 관심을 가지는 잡음이 열잡음이고 대역폭이 10에서 1,000GHz(온도에 따라서) 이하이면, AWGN 모델을 매우 유용하며 유효한 잡음 모델로써 8장에서 사용할 것이다.

1장에서 지적했듯이 시스템 잡음은 외부 시스템뿐만 아니라 내부 시스템에 의해서도 발생한다. 실제 시스템에서 잡음은 불가피한 것이기 때문에 고성능 통신을 하기 위해서는 시스템 성능에서 잡음의 영향을 최소화하는 기술을 사용해야 한다. 이 장에서도 시스템 평가에 대한 적절한 성능 기준에 대해서 알아볼 것이다. 그 이후에는 시스템 동작에 미치는 잡음의 영향을 알아보기 위하여 여러 가지 시스템을 해석할 것이다. 선형과 비선형 시스템 간의 차이를 아는 것이 특히 중요하다. 주파수 변조와 같은 비선형 변조는 **전송 대역폭을 증가시켜 성능 향상을 얻는다**. 이러한 트레이드-오프는 선형 변조에서는 존재하지 않는다.

8.1 신호 대 잡음비

3장에서는 변조와 복조 동작에 대해서 알아보았다. 이 절에서는 잡음 존재 시 선형 복조기의 성능을 고찰하는 데까지 확대하여 다룰 것이다. 신호 대 잡음비는 시스템의 성능 지수를 쉽고 유용하게 결정하기 때문에, 신호 대 잡음비를 계산하는 것에 중점을 둔다.

8.1.1 기저대역 시스템

시스템 성능을 비교하는 기준을 잡기 위해, 변조와 복조를 포함하지 않는 기저대역 시스템의 출력에서 신호 대 잡음비를 측정해보자. 이를 위해 그림 8.1(a)의 기저대역 시스템을 고려한다. 즉 그림 8.1(b)와 같이, 신호 전력이 $P_T W$로 한정된 값을 갖는다고 가정하고, 신호에 더해진 잡음이 W보다 큰 대역폭 B의 범위에서 양측 전력 스펙트럼 밀도 $\frac{1}{2}N_0$ W/Hz를 갖는다고 가

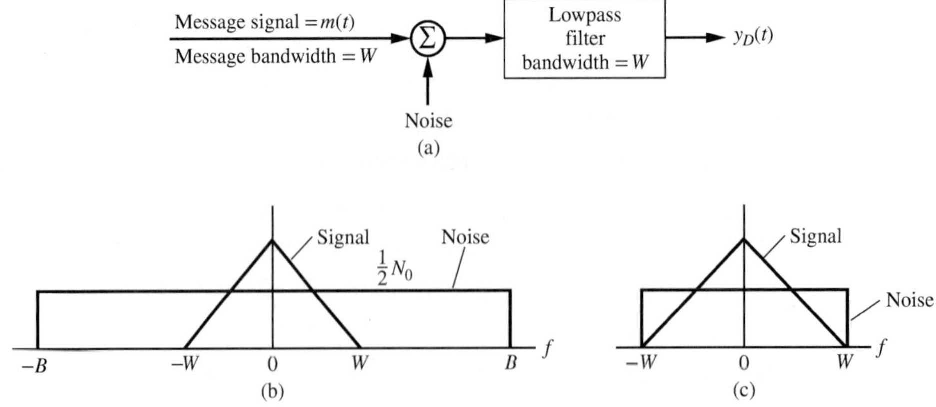

그림 8.1 기저대역 시스템. (a) 블록 다이어그램, (b) 필터 입력에서의 스펙트럼, (c) 필터 출력에서의 스펙트럼

정한다.

대역폭 B에서 총잡음 전력은 다음과 같으며

$$\int_{-B}^{B} \frac{1}{2} N_0 df = N_0 B \tag{8.2}$$

따라서 필터의 입력에서 신호 대 잡음비는 다음과 같이 된다.

$$(\text{SNR})_i = \frac{P_T}{N_0 B} \tag{8.3}$$

메시지 신호 $m(t)$가 대역폭 W로 대역 제한되어 있다고 가정하기 때문에, 간단한 저역통과 필터가 신호 대 잡음비를 향상시키는 데 이용될 수 있다. 이 필터는 왜곡 없이 신호 성분을 통과시킬 뿐만 아니라, 그림 8.1(c)에 도시된 것과 같이 대역폭 밖의 잡음을 제거하게 된다. 대역폭이 W인 이상적인 필터를 가정하면, 신호는 왜곡 없이 통과된다. 그러므로 저역통과 필터의 출력 신호 전력은, 필터 입력에서의 신호 전력과 같은 P_T가 된다. 필터 출력잡음은

$$\int_{-W}^{W} \frac{1}{2} N_0 df = N_0 W \tag{8.4}$$

이며, $W<B$이기 때문에 N_0B보다 작다. 그러므로 필터 출력에서 신호 대 잡음비는 다음과 같이 된다.

$$(\text{SNR})_o = \frac{P_T}{N_0 W} \tag{8.5}$$

그러므로 필터는 다음과 같은 비율로 신호 대 잡음비를 향상시킨다.

$$\frac{(\text{SNR})_o}{(\text{SNR})_i} = \frac{P_T}{N_0 W} \frac{N_0 B}{P_T} = \frac{B}{W} \tag{8.6}$$

식 (8.5)는 대역폭 밖의 모든 잡음이 필터에 의해 제거된 간단한 기저대역 시스템에서 구해진 신호 대 잡음비를 나타낸 것이기 때문에, 시스템 성능을 비교하는 합리적인 기준이 된다. 이러한 관계식 P_T/N_0W는, 이어지는 다양한 기본적인 시스템에 대한 출력의 신호 대 잡음비를 구하는 데 폭넓게 이용될 것이다.

8.1.2 양측파대 시스템

첫 번째 예로, 3장에서 처음으로 언급한 위상동기 양측파대(coherent double-side band,

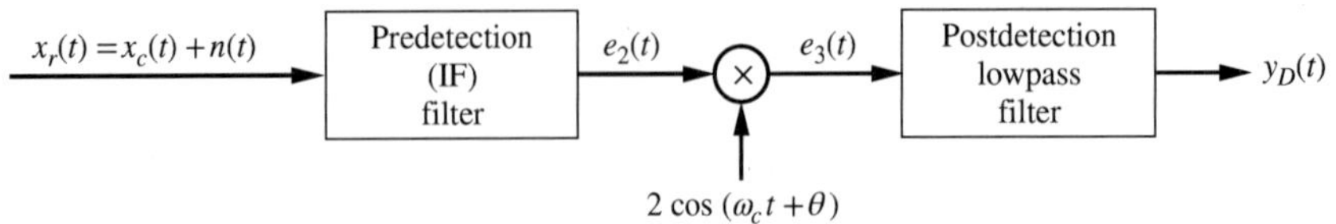

그림 8.2 양측파대 복조기

coherent DSB) 복조기의 잡음 성능을 계산한다. 그림 8.2와 같이 검출전(predetection) 필터에 의해 처리되는 위상동기 복조기의 블록도를 고려해보자. 전형적으로 검출전 필터는 3장에서 논의된 중간 주파수 필터이다. 변조 신호와 양측파대 전력 스펙트럼 밀도가 $\frac{1}{2}N_0$ W/Hz인 백색 가우시안 잡음을 더한 것이 이 필터의 입력이다.

송신 신호 $x_c(t)$가 양측파대 변조 신호라고 가정하였으므로, 수신 신호 $x_r(t)$는

$$x_r(t) = A_c m(t)\cos(2\pi f_c t + \theta) + n(t) \tag{8.7}$$

로 나타낼 수 있으며, 여기서 $m(t)$는 메시지, θ는 반송파 위상, 등가적으로는 시간 원점의 불확실도를 나타낸다. 이 모델을 사용함에 있어, 백색잡음의 전력이 무한대이기 때문에 검출전 필터 입력에서의 신호 대 잡음비는 0임을 주목해야 한다. 검출전 필터의 대역폭이(이상적으로) $2W$라면, 양측파대 변조 신호는 필터를 온전하게 통과하게 된다. 7장에서 전개했던 방법을 사용하여, 검출전 필터 출력에서의 잡음을 직접(direct) 성분과 직교(quadrature) 성분으로 다음과 같이 전개할 수 있는데,

$$\begin{aligned} e_2(t) &= A_c m(t)\cos(2\pi f_c t + \theta) \\ &\quad + n_c(t)\cos(2\pi f_c t + \theta) - n_s(t)\sin(2\pi f_c t + \theta) \end{aligned} \tag{8.8}$$

여기서 총잡음 전력은 $\overline{n_0^2(t)} = \frac{1}{2}\overline{n_c^2(t)} = \frac{1}{2}\overline{n_s^2(t)}$로 이것은 $2N_0W$가 된다.

곱셈기의 입력에서 측정된 검출전 신호 대 잡음비는 쉽게 구해진다. 그림 8.3(a)와 같이 잡음 전력은 $2N_0W$이며, 신호 전력은 $\frac{1}{2}A_c^2\overline{m^2}$인데, 여기서 m은 t의 함수이다. 이로부터 검출전 신호 대 잡음비를 다음과 같이 구할 수 있다.

$$(\text{SNR})_T = \frac{A_c^2\overline{m^2}}{4WN_0} \tag{8.9}$$

검출후(postdetection) 신호 대 잡음비를 계산하기 위해서는 먼저 $e_3(t)$를 계산해야 한다. 이것은 다음 식과 같이 된다.

$$\begin{aligned} e_3(t) &= A_c m(t) + n_c(t) + A_c m(t)\cos[2(2\pi f_c t + \theta)] \\ &\quad + n_c(t)\cos[2(2\pi f_c t + \theta)] - n_s(t)\sin[2(2\pi f_c t + \theta)] \end{aligned} \tag{8.10}$$

$2f_c$ 근처에 있는 2배 주파수 항은 검출후 필터에 의해 제거되고, 다음과 같은 기저대역(복조된) 신호를 얻게 된다.

$$y_D(t) = A_c m(t) + n_c(t) \tag{8.11}$$

복조기 입력에서 가산성 잡음은 복조기 출력에서 가산성 잡음을 유발함을 주목하라. 이것은 선형성의 특성이다.

검출후 신호 전력은 $A_c^2\overline{m^2}$이며, 그림 8.3(b)와 같이 검출후 잡음 전력은 $\overline{n_c^2}$, 즉 $2N_0W$이다. 따라서 검출후 신호 대 잡음비는 다음과 같다.

$$(\text{SNR})_D = \frac{A_c^2\overline{m^2}}{2N_0W} \tag{8.12}$$

신호 전력이 $\frac{1}{2}A_c^2\overline{m^2} = P_T$이므로, 검출후 신호 대 잡음비는 다음과 같이 나타낼 수 있는데

$$(\text{SNR})_D = \frac{P_T}{N_0W} \tag{8.13}$$

이것은 이상적인 기저대역 시스템의 결과와 같다.

$(\text{SNR})_D$ 대 $(\text{SNR})_T$의 비를 검출 이득이라고 하는데, 이것은 복조기에 대한 성능 척도로 종종 활용된다. 그러므로 동기 양측파대 복조기에서 검출 이득은 다음과 같다.

$$\frac{(\text{SNR})_D}{(\text{SNR})_T} = \frac{A_c^2\overline{m^2}}{2N_0W}\frac{4N_0W}{A_c^2\overline{m^2}} = 2 \tag{8.14}$$

언뜻 보기에 위의 결과는 3dB 이득을 얻은 것으로 보이기 때문에, 다소 오해의 소지가 있다. 직교잡음 성분이 억제되기 때문에, 복조기에 대해서는 타당한 결과이다. 그러나 시스템 출력에서의 신호 대 잡음비에 관계되는 것에 있어서는, 기저대역 시스템과 비교했을 때 얻어지는 이득은 전혀 없다. 양측파대 변조가 사용되면 검출전 필터 대역폭이 $2W$가 되어야 한다. 이것

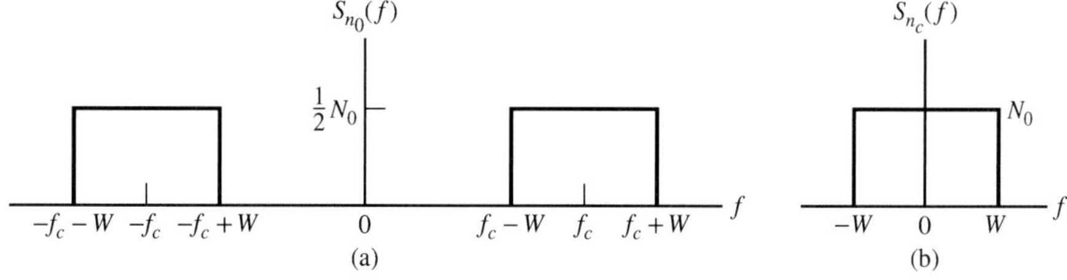

그림 8.3 양측파대 복조에 대한 (a) 검출전, (b) 검출후 필터의 출력잡음 스펙트럼

은 검출전 필터 출력에서 잡음 대역폭도 2배가 되게 하며, 결과적으로 잡음 전력이 2배로 증가하게 된다. 3dB 검출 이득은 이러한 효과를 정확히 상쇄시키며, 식 (8.5)로 주어진 기저대역 기준식과 동일한 전체 성능을 제공한다. 이러한 이상적인 성능을 얻으려면, 대역폭 밖의 모든 잡음이 제거되고, 복조 반송파는 변조기에서 사용된 원래의 반송파에 대하여 완벽하게 위상 동기가 이루어져야만 한다.

실제로는, 4장에서 배웠던 위상동기 루프(PLL)를 사용하여 복조기에서 반송파를 복원한다. 만약 루프 대역폭에서 잡음이 존재하게 되면 위상 지터가 나타나게 된다. 8장 후반부에서 복조 위상 오차와 가산성 잡음의 결합으로 나타나는 복조기의 성능 효과를 다룰 것이다.

8.1.3 단측파대 시스템

단측파대 시스템에 대해서도 유사한 방법으로 수식을 전개할 수 있다. 이 경우 검출전 필터 입력은 다음과 같이 나타낼 수 있는데

$$x_r(t) = A_c[m(t)\cos(2\pi f_c t + \theta) \pm \hat{m}(t)\sin(2\pi f_c t + \theta)] + n(t) \tag{8.15}$$

여기서 $\hat{m}(t)$는 $m(t)$의 힐버트 변환을 나타낸다. 3장에서 언급했듯이 양의 부호는 하측파대, 음의 부호는 상측파대를 나타낸다. 검출전 대역통과 필터의 최소 대역폭이 단측파대에서는 W이기 때문에 검출전 필터의 중심 주파수는 $f_x = f_c \pm \frac{1}{2}W$이며, 여기서 부호는 측파대의 선택에 달려 있다.

7장에서 보았듯이, 우리가 원하는 어떠한 주파수로도 잡음을 확장시킬 수 있으므로 중심 주파수 $f_x = f_c \pm \frac{1}{2}W$로 잡음을 확장할 수 있다. 그러나 반송파 주파수 f_c로 잡음을 확장하는 것이 조금 더 편리하다. 이 경우에 검출전 필터 출력은 다음과 같이 나타낼 수 있는데

$$\begin{aligned} e_2(t) &= A_c[m(t)\cos(2\pi f_c t + \theta) \pm \hat{m}(t)\sin(2\pi f_c t + \theta)] \\ &\quad + n_c(t)\cos(2\pi f_c t + \theta) - n_s(t)\sin(2\pi f_c t + \theta) \end{aligned} \tag{8.16}$$

여기서 그림 8.4(a)에서 볼 수 있듯이

$$N_T = \overline{n^2} = \overline{n_c^2} = \overline{n_s^2} = N_0 W \tag{8.17}$$

이다.

식 (8.16)은 다음과 같이 나타낼 수 있다.

$$\begin{aligned} e_2(t) &= [A_c m(t) + n_c(t)]\cos(2\pi f_c t + \theta) \\ &\quad + [A_c \hat{m}(t) \mp n_s(t)]\sin(2\pi f_c t + \theta) \end{aligned} \tag{8.18}$$

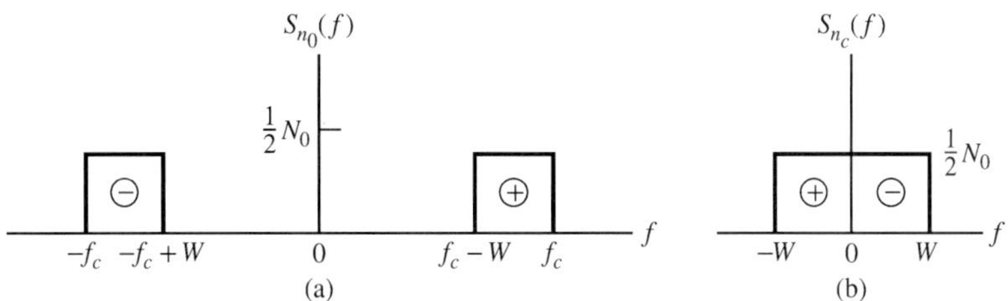

그림 8.4 하측파대 단측파대 변조의 복조에 대한 (a) 검출전, (b) 검출후 필터 출력 스펙트럼(+, −부호는 복조로 인한 $S_{n_0}(f)$의 양수 및 음수 부분의 스펙트럼 천이를 각각 나타냄)

3장에서 논의했듯이, 복조 반송파 $2\cos(2\pi f_c t+\theta)$와 $e_2(t)$를 곱한 후, 저역통과 필터를 통과시켜 복조한다. 그림 8.2에 나타낸 위상동기 복조기는 단측파대 복조에도 역시 적용할 수 있다. 이 경우 다음 식을 얻게 된다.

$$y_D(t) = A_c m(t) + n_c(t) \tag{8.19}$$

위상동기 복조는 직교잡음 성분인 $n_s(t)$뿐만 아니라 $\hat{m}(t)$도 제거한다. 하측파대 신호의 경우에 대해서 $n_c(t)$의 전력 스펙트럼 밀도를 그림 8.4(b)에 나타내었다. 검출후 필터는 $n_c(t)$만 통과시키므로, 검출후 잡음 전력은 다음과 같다.

$$N_D = \overline{n_c^2} = N_0 W \tag{8.20}$$

식 (8.19)로부터 검출후 신호 전력은 다음과 같다.

$$S_D = A_c^2 \overline{m^2} \tag{8.21}$$

이제 검출전 항들을 살펴보도록 하자.

검출전 신호 전력은

$$S_T = \overline{\{A_c[m(t)\cos(2\pi f_c t+\theta) \pm \hat{m}(t)\sin(2\pi f_c t+\theta)]\}^2} \tag{8.22}$$

이다. 2장에서 어떤 함수와 그 함수의 힐버트 변환은 직교(orthogonal)라는 것을 살펴보았다. $\overline{m(t)}=0$이라면 $\overline{m(t)\hat{m}(t)} = E\{m(t)\}\,E\{\hat{m}(t)\} = 0$이 된다. 따라서 앞 식은 다음과 같이 된다.

$$S_T = A_c^2\left[\frac{1}{2}\overline{m^2(t)} + \frac{1}{2}\overline{\hat{m}^2(t)}\right] \tag{8.23}$$

또한, 2장에서 살펴보았듯이 어떤 함수와 그 함수의 힐버트 변환은 같은 전력을 갖는다. 이를 식 (8.23)에 적용하면

$$S_T = A_c^2 \overline{m^2} \tag{8.24}$$

가 된다. 검출전과 검출후의 대역폭이 각각 W이기 때문에 모두 같은 전력을 갖게 된다. 따라서

$$N_T = N_D = N_0 W \tag{8.25}$$

가 되며, 검출 이득은 다음과 같이 된다.

$$\frac{(\mathrm{SNR})_D}{(\mathrm{SNR})_T} = \frac{A_c^2\overline{m^2}}{N_0 W}\frac{N_0 W}{A_c^2\overline{m^2}} = 1 \tag{8.26}$$

단측파대(single-side band, SSB) 변조 시스템은 양측파대 변조 시스템에 비해 검출 이득이 3dB 작다. 그러나 검출전 필터가 최소 대역폭을 갖는다면, 단측파대 변조 시스템의 검출전 잡음 전력은 양측파대 변조 시스템의 잡음 전력보다 3dB 작게 된다. 결과적으로는 다음과 같이 동일한 성능을 나타내게 된다.

$$(\mathrm{SNR})_D = \frac{A_c^2\overline{m^2}}{N_0 W} = \frac{P_T}{N_0 W} \tag{8.27}$$

따라서 양측파대 변조와 단측파대 변조의 위상동기 복조는 기저대역과 동등한 성능을 나타내게 된다.

8.1.4 진폭 변조 시스템

진폭 변조를 사용하는 가장 주된 이유는 수신기에서 아주 간단한 포락선 복조(또는 검출)를 사용할 수 있다는 것이다. 많은 응용에서 이러한 수신기의 단순한 구조는 3장에서 보았던 복조 효율 손실을 보상하고도 남는다. 따라서 위상동기 복조기는 진폭 변조에서는 거의 사용되지 않는다. 그럼에도 불구하고 잡음이 존재하는 상황에서 복조기의 성능을 효과적으로 분석할 수 있기 때문에 위상동기 복조를 간략히 설명하고자 한다.

진폭 변조 신호에서의 위상동기 복조

3장에서 보았듯이 진폭 변조 신호는 다음과 같이 정의되는데

$$x_c(t) = A_c[1 + am_n(t)]\cos(2\pi f_c t + \theta) \tag{8.28}$$

여기서 $m_n(t)$는 $|m_n(t)|$의 최댓값이 단위 진폭이 되도록 정규화된 변조 신호이고[$m(t)$는 0을 중심으로 대칭적인 확률 분포를 갖는다고 가정한다.], a는 변조 지수이다. 위상동기 복조의 경우, 양측파대 변조 시스템과 같은 방법으로 전개하면, 잡음이 있을 때 복조된 출력은 다음과 같다.

$$y_D(t) = A_c am_n(t) + n_c(t) \tag{8.29}$$

$x_c(t)$에 복조 반송파가 곱해져서 생기는 직류 항은 두 가지 이유에서 식 (8.29)에 나타나 있지 않다. 첫 번째 이유는, 이 항은 정보를 담고 있지 않기 때문에 신호 부분에서 고려되지 않았다. [$\overline{m(t)}=0$이라고 가정했던 것을 상기하라.] 두 번째 이유는, 대부분의 실제 진폭 변조 복조기는 직류-결합이 아니므로 직류 항은 실제 시스템의 출력에 나타나지 않는다. 또한, 직류 항은 자동 이득 조절(automatic gain control, AGC)을 위해 빈번히 사용되고 있으며, 송신기에서 일정하게 유지된다.

식 (8.29)로부터 $y_D(t)$의 신호 전력은 다음과 같이 되며

$$S_D = A_c^2 a^2 \overline{m_n^2} \tag{8.30}$$

송신 신호의 대역폭이 $2W$이기 때문에, 잡음 전력은

$$N_D = \overline{n_c^2} = 2N_0 W \tag{8.31}$$

가 된다. 검출전의 경우 신호 전력은

$$S_T = P_T = \frac{1}{2}A_c^2(1 + a^2\overline{m_n^2}) \tag{8.32}$$

이고, 검출전 잡음 전력은

$$N_T = 2N_0 W \tag{8.33}$$

이다. 따라서 검출 이득은

$$\frac{(\mathrm{SNR})_D}{(\mathrm{SNR})_T} = \frac{A_c^2 a^2 \overline{m_n^2}/2N_0 W}{(A_c^2 + A_c^2 a^2 \overline{m_n^2})/4N_0 W} = \frac{2a^2\overline{m_n^2}}{1 + a^2\overline{m_n^2}} \tag{8.34}$$

이고, 이 값은 변조 지수에 따라 변하게 된다.

진폭 변조 전송 시스템의 효율은 전송된 신호 $x_c(t)$에서 전체 전력에 대한 측파대 전력의 비라는 것을 3장에서 공부하였다. 따라서 효율 E_{ff}는

$$E_{ff} = \frac{a^2\overline{m_n^2}}{1 + a^2\overline{m_n^2}} \tag{8.35}$$

로 표현될 수 있는데, 여기서 3장에서 쓰인 시간 평균 표시 $\langle \cdot \rangle$를 통계적 평균을 나타내는 기호 위에 그은 선으로 대치하였다. 식 (8.34)와 식 (8.35)로부터 검출 이득은 다음과 같이 나타낼 수 있다.

$$\frac{(\text{SNR})_D}{(\text{SNR})_T} = 2E_{ff} \tag{8.36}$$

검출전 신호 대 잡음비는 다음과 같이 나타낼 수 있으므로

$$(\text{SNR})_T = \frac{S_T}{2N_0W} = \frac{P_T}{2N_0W} \tag{8.37}$$

복조기 출력에서 신호 대 잡음비는

$$(\text{SNR})_D = E_{ff}\frac{P_T}{N_0W} \tag{8.38}$$

가 된다. 3장에서와 언급한 것과 같이 진폭 변조 시스템의 효율은 전체 전력에 대한 측파대 전력의 비로 정의된다. 앞의 표현식은 시스템의 효율을 살펴볼 수 있는 또 다른, 아마도 더욱 좋은 관점을 제시해준다.

즉 효율이 1이 될 수 있다면, 진폭 변조도 이상적인 양측파대 변조, 단측파대 변조 시스템과 같은 검출후 신호 대 잡음비를 가지게 될 것이다. 물론 3장에서와 같이 진폭 변조의 효율은 1에 훨씬 못 미치고, 그에 따라 검출후 신호 대 잡음비도 낮아지게 된다. 즉 효율이 1이 되려면, 변조되지 않은 반송파의 전력이 전체 전송 전력과 비교하여 무시할 정도가 되도록, 변조 지수 a가 무한대가 되어야 한다. 그러나 $a>1$이면, 포락선 복조기를 사용할 수 없고, 따라서 진폭 변조는 그 장점을 잃게 된다.

예제 8.1

진폭 변조 시스템이 변조 지수 0.5로 동작하며, 정규화된 메시지 신호의 전력이 0.1W이다. 효율은

$$E_{ff} = \frac{(0.5)^2(0.1)}{1+(0.5)^2(0.1)} = 0.0244 \tag{8.39}$$

이고, 검출후 신호 대 잡음비는

$$(\text{SNR})_D = 0.0244\frac{P_T}{N_0W} \tag{8.40}$$

이다. 검출 이득은 다음과 같다.

$$\frac{(\text{SNR})_D}{(\text{SNR})_T} = 2E_{ff} = 0.0488 \tag{8.41}$$

이것은 같은 대역폭을 필요로 하는 이상적인 시스템보다 16dB 이상 더 낮은 값이다. 그러나 진폭 변조를 사용하는 주된 이유는 잡음 성능 때문이기보다는, 복조 시 간단한 포락선 검출기를 쓸 수 있기 때문임을 기억해야 한다. 물론 진폭 변조의 효율이 좋지 않은 이유는, 메시지 신호의 함수가 아니기 때문에 정보를 전달하지 않는, 반송파 성분에 전체 전송 전력의 대부분이 존재하기 때문이다. ■

진폭 변조 신호의 포락선 복조기

포락선 검출은 진폭 변조 신호 복조에 쓰이는 일반적인 방법이기 때문에 잡음이 존재할 때 동기 복조와 포락선 검출이 어떻게 다른가를 이해하는 것은 중요하다. 포락선 검출기의 입력단에서, 수신된 신호는 $x_c(t)$와 협대역 잡음이 더해진 것으로 가정된다. 그러므로

$$\begin{aligned} x_r(t) &= A_c[1 + am_n(t)]\cos(2\pi f_c t + \theta) \\ &\quad + n_c(t)\cos(2\pi f_c t + \theta) - n_s(t)\sin(2\pi f_c t + \theta) \end{aligned} \tag{8.42}$$

가 되며, 여기서 앞의 경우와 마찬가지로 $\overline{n_c^2} = \overline{n_s^2} = 2N_0W$이다. 신호 $x_r(t)$는 진폭과 위상의 항으로 다음과 같이 쓸 수 있으며

$$x_r(t) = r(t)\cos[2\pi f_c t + \theta + \phi(t)] \tag{8.43}$$

여기서

$$r(t) = \sqrt{\{A_c[1 + am_n(t)] + n_c(t)\}^2 + n_s^2(t)} \tag{8.44}$$

이고,

$$\phi(t) = \tan^{-1}\left(\frac{n_s(t)}{A_c[1 + am_n(t)] + n_c(t)}\right) \tag{8.45}$$

이다. 이상적인 포락선 검출기의 출력은 입력의 위상 변화에 관계가 없기 때문에 $\phi(t)$보다는 $r(t)$에 대해서 살펴보도록 하자. 포락선 검출기가 교류-결합되었다고 가정하면

$$y_D(t) = r(t) - \overline{r(t)} \tag{8.46}$$

이 되며, 여기서 $\overline{r(t)}$는 포락선 진폭의 평균값이다. 식 (8.46)은 두 가지 경우에 대해 계산될 수 있다. 첫 번째로, $(\mathrm{SNR})_T$가 큰 경우를 살펴보고, 그다음 $(\mathrm{SNR})_T$가 작은 경우에 대해 간략하게 살펴본다.

포락선 복조 : $(\mathrm{SNR})_T$가 큰 경우 $(\mathrm{SNR})_T$가 충분히 큰 경우 그 해답은 간단하다. 식 (8.44)로부터 만일

$$|A_c[1 + am_n(t)] + n_c(t)| \gg |n_s(t)| \tag{8.47}$$

이면, 대부분의 시간에서

$$r(t) \cong A_c[1 + am_n(t)] + n_c(t) \tag{8.48}$$

가 되고, 직류 성분이 제거되면

$$y_D(t) \cong A_c a m_n(t) + n_c(t) \tag{8.49}$$

가 된다. 이것은 신호 대 잡음비가 큰 경우에 대한 결과이다.

식 (8.49)와 식 (8.29)를 비교해보면 포락선 검출기의 출력은 $(\mathrm{SNR})_T$가 큰 경우에 위상동기 검출기의 출력과 같다는 것을 알 수 있다. 그러므로 이 경우 검출 이득은 식 (8.34)와 같이 주어진다.

포락선 복조 : $(\mathrm{SNR})_T$가 작은 경우 $(\mathrm{SNR})_T$가 작을 경우 분석은 좀 더 복잡해진다. 이 경우를 분석하기 위해 7장에서 살펴본 바와 같이 $n_c(t)\cos(2\pi f_c t+\theta)-n_c(t)\sin(2\pi f_c t+\theta)$는 포락선과 위상의 항으로 나타낼 수 있고, 이 경우 포락선 검출기의 입력은 다음과 같이 나타낼 수 있다.

$$\begin{aligned} e(t) = {} & A_c[1 + a m_n(t)]\cos(2\pi f_c t + \theta) \\ & + r_n(t)\cos[2\pi f_c t + \theta + \phi_n(t)] \end{aligned} \tag{8.50}$$

$(\mathrm{SNR})_T \ll 1$인 경우에, 진폭 $A_c[1+am_n(t)]$는 $r_n(t)$보다 훨씬 작아진다. 그림 8.5에 나타낸 것과 같이 위상도를 살펴보면 $r_n(t)$가 $A_c[1+am_n(t)]$보다 더 크다는 것을 알 수 있다. 따라서 $r(t)$는 다음과 같이 근사화될 수 있으며

$$r(t) \cong r_n(t) + A_c[1 + a m_n(t)]\cos[\phi_n(t)] \tag{8.51}$$

그 결과 다음 식을 얻을 수 있게 된다.

$$y_D(t) \cong r_n(t) + A_c[1 + a m_n(t)]\cos[\phi_n(t)] - \overline{r(t)} \tag{8.52}$$

$y_D(t)$의 주요 성분은 레일리 분포의 잡음 포락선이고, $y_D(t)$의 어떤 성분도 신호에 비례하지 않는다. $n_c(t)$와 $n_s(t)$가 랜덤이므로 $\cos\phi_n(t)$도 역시 랜덤이 된다. 따라서 신호 $m_n(t)$에 랜덤한 크기가 곱해지게 된다. 이렇게 신호에 잡음의 함수가 곱해지는 것은 가산성 잡음에 의한 것보다 훨씬 심각한 감쇠 효과를 가져오게 된다.

낮은 입력 신호 대 잡음비에서 이러한 심한 신호의 손실을 임계 효과(threshold effect)라고 하

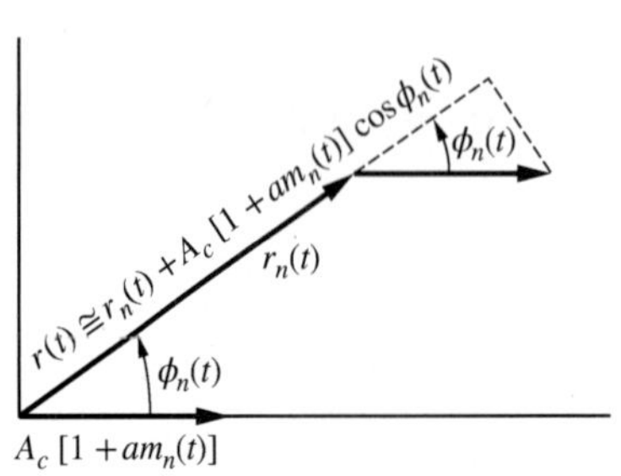

그림 8.5 $(\mathrm{SNR})_T \ll 1$일 때 진폭 변조에 대한 위상도($\theta=0$일 때)

는데, 이것은 포락선 검출기의 비선형 동작에서 기인하는 것이다. 선형인 위상동기 검출기에서, 검출기 입력에서 신호와 잡음이 서로 더해지면 검출기 출력에서도 더해지게 된다. 결과적으로, 입력 신호 대 잡음비가 낮을지라도 신호는 그 특성이 유지된다. 이것은 비선형 복조기에서는 성립되지 않음을 살펴보았다. 이러한 이유에서 잡음이 클 때는 주로 위상동기 검출이 선호된다.

진폭 변조 신호의 제곱 복조

비선형 시스템의 출력단에서 신호 대 잡음비를 결정하는 것은 종종 매우 어려운 일이다. 그러나 **제곱 검출기**(square-law detector)는 그렇지 않은 시스템 중의 하나이다. 이 절에서는 비선형 시스템의 특징인 임계 효과 현상을 간단한 해석법으로 살펴보기로 한다.

이 해석에 있어서 검출후 대역폭은 메시지 대역폭 W의 2배라고 가정한다. 이것은 필수적인 가정은 아니지만, 임계 효과에 영향은 주지 않고 해석은 간단히 할 수 있게 한다. 또한 제곱 검출기에서는 고조파 왜곡이 문제가 되고, 그것들이 제곱 검출기 사용에 방해가 된다. 또한, 제곱 검출기를 사용하는 것에 방해 요인이 될 수 있는, 제곱 검출기의 고조파 및 상호변조 왜곡 문제도 알아본다.

제곱 복조기는 제곱기와 저역통과 필터로 구성된다. 진폭 변조 신호에 대한 제곱 복조기의 응답은 $r^2(t)$이며, 여기서 r(t)는 식 (8.44)로 정의된다. 따라서 제곱 장치의 출력은 다음과 같이 나타낼 수 있다.

$$r^2(t) = \{A_c[l + am_n(t)] + n_c(t)\}^2 + n_s^2(t) \tag{8.53}$$

이제 출력 신호 대 잡음비를 구해보자. 제곱 연산을 하면

$$\begin{aligned} r^2(t) = {} & A_c^2 + 2A_c^2 am_n(t) + A_c^2 a^2 m_n^2(t) \\ & +2A_c n_c(t) + 2A_c a n_c(t) m_n(t) + n_c^2(t) + n_s^2(t) \end{aligned} \tag{8.54}$$

를 얻게 된다. 첫째로, 앞 식의 첫 번째 줄을 보면, A_c^2은 직류 성분으로 무시할 수 있다. 이것은 신호의 함수도 아니고 잡음의 함수도 아니다. 또한 대부분 실제 경우에, 검출기 출력은 교류-결합을 가정하므로 직류 성분은 차단된다. 두 번째 항은 메시지 신호에 비례하며, 원하는 출력을 나타낸다. 세 번째 항은 신호에 의해 유도된 왜곡(고조파와 상호 변조)으로 신호와 분리해서 고려될 것이다. 식 (8.54)의 두 번째 줄에 있는 4개의 항은 잡음을 나타낸다. 이제 $(\mathrm{SNR})_D$를 계산해보자.

출력의 신호 성분은

$$s_D(t) = 2A_c^2 am_n(t) \tag{8.55}$$

로, 잡음 성분은

$$n_D(t) = 2A_c n_c(t) + 2A_c a n_c(t) m_n(t) + n_c^2(t) + n_s^2(t) \tag{8.56}$$

로 각각 나타낼 수 있다. 신호 성분의 전력은

$$S_D = 4A_c^4 a^2 \overline{m_n^2} \tag{8.57}$$

이고, 잡음 전력은 다음과 같다.

$$N_D = 4A_c^2 \overline{n_c^2} + 4A_c^2 a^2 \overline{n_c^2 m_n^2} + \sigma^2_{n_c^2+n_s^2} \tag{8.58}$$

마지막 항은

$$\sigma^2_{n_c^2+n_s^2} = E\left\{[n_c^2(t) + n_s^2(t)]^2\right\} - E^2[n_c^2(t) + n_s^2(t)] = 4\sigma_n^2 \tag{8.59}$$

이며, 여기서 항상 $\sigma_n^2 = \overline{n_c^2} = \overline{n_s^2}$를 만족한다. 그러므로,

$$N_D = 4A_c^2 \sigma_n^2 + 4A_c^2 a^2 \overline{m_n^2(t)} \sigma_n^2 + 4\sigma_n^4 \tag{8.60}$$

이다. 따라서 신호 대 잡음비는

$$(\text{SNR})_D = \frac{a^2 \overline{m_n^2} (A_c^2/\sigma_n^2)}{\left(1 + a^2 \overline{m_n^2}\right) + (\sigma_n^2/A_c^2)} \tag{8.61}$$

이 된다. $P_T = \frac{1}{2} A_c^2 (1 + a^2 \overline{m_n^2})$이고 $\sigma_n^2 = 2N_0W$이므로, A_c^2/σ_n^2은

$$\frac{A_c^2}{\sigma_n^2} = \frac{P_T}{\left[1 + a^2 \overline{m_n^2(t)}\right] N_0 W} \tag{8.62}$$

로 나타낼 수 있다. 식 (8.61)에 대입하면

$$(\text{SNR})_D = \frac{a^2 \overline{m_n^2}}{\left(1 + a^2 \overline{m_n^2}\right)^2} \frac{P_T/N_0W}{1 + N_0W/P_T} \tag{8.63}$$

를 얻을 수 있다. 높은 신호 대 잡음비 동작의 경우 $P_T \gg N_0W$가 되고 분모에 있는 마지막 항은 무시할 수 있다.

$$(\text{SNR})_D = \frac{a^2 \overline{m_n^2}}{\left(1 + a^2 \overline{m_n^2}\right)^2} \frac{P_T}{N_0 W}, \quad P_T \gg N_0 W \tag{8.64}$$

반면에, 낮은 신호 대 잡음비 동작에 대해서는 $N_0W \gg P_T$가 되어

$$(\text{SNR})_D = \frac{a^2\overline{m_n^2}}{\left(1 + a^2\overline{m_n^2}\right)^2}\left(\frac{P_T}{N_0W}\right)^2, \quad N_0W \gg P_T \tag{8.65}$$

가 된다. 그림 8.6에는 정현파 변조를 가정하여 여러 변조 지수(a) 값들에 대한 식 (8.63)의 신호 대 잡음비를 나타내었다. 로그(dB) 스케일로 보면, 임계치 아래 검출 이득 특성 곡선의 기울기는 임계치 위의 기울기의 2배가 됨을 알 수 있다. 따라서 임계 효과가 명백함을 알 수 있다.

식 (8.63)과 이어지는 식 (8.64), (8.65)를 유도할 때, 신호에서 야기된 왜곡을 나타내는 식 (8.54)의 세 번째 항을 무시하였다. 식 (8.54)와 식 (8.57)로부터 왜곡 대 신호 전력비인 D_D/S_D를 구하면 다음과 같다.

$$\frac{D_D}{S_D} = \frac{A_c^4 a^4 \overline{m_n^4}}{4A_c^4 a^2 \overline{m_n^2}} = \frac{a^2}{4}\frac{\overline{m_n^4}}{\overline{m_n^2}} \tag{8.66}$$

만약 메시지 신호가 σ_m^2의 분산을 갖는 가우시안 분포를 갖는다면, 앞의 식은

$$\frac{D_D}{S_D} = \frac{3}{4}a^2\sigma_m^2 \tag{8.67}$$

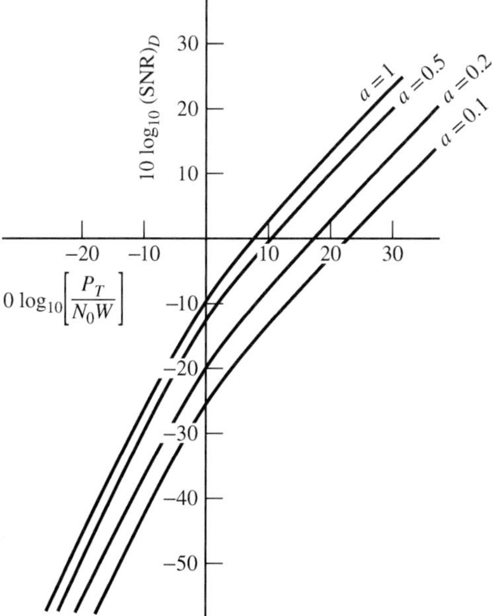

그림 8.6 정현파 변조에서의 제곱 검출기의 성능

이 된다. 신호에서 야기된 왜곡은 변조 지수를 낮춤으로써 줄일 수 있다. 그러나 그림 8.6에서 보인 바와 같이 변조 지수를 낮추면 또한 출력 신호 대 잡음비도 감소하게 된다. 이 왜곡이 신호일지 잡음일지는 다음 장에서 다룬다.

식 (8.44)에 정의된 **선형 포락선 검출기**는 제곱근으로 인해, 넓은 신호 대 잡음비 영역에 걸쳐서 해석하는 것이 훨씬 어렵다. 그러나 첫 번째 근사식에 대하여, 선형 포락선 검출기와 제곱 포락선 검출기의 성능은 서로 같아진다. 고조파 왜곡은 선형 포락선 검출기에서도 존재하지만 왜곡 성분의 진폭은 제곱 검출기의 경우보다 훨씬 작다. 또한 신호 대 잡음비가 높고 변조 지수가 1인 경우에는, 선형 포락선 검출기의 성능이 제곱 검출기의 성능보다 대략 1.8dB 정도 더 좋다(연습문제 8.13 참조).

8.1.5 신호 대 잡음비에 대한 추정기

앞 절에서 출력은 신호, 잡음, 그리고 왜곡 성분으로 구성되어 있다는 것을 살펴보았다. 이때 '왜곡 성분은 신호의 일부분일까 아니면 잡음의 일부분일까?'라는 중요한 문제가 발생한다. 왜곡이 신호에 의해 발생된다는 것은 명백하다. 해답은 왜곡 성분의 특성에 있다. 이러한 문제를 살펴보기 위한 타당한 방법은 왜곡 성분을 신호에 직교하는 성분으로 나누는 것이다. 직교하는 성분은 잡음으로 취급되는 반면, 신호와 같은 위상을 가지는 또 다른 동상 성분은 신호로 취급된다.

신호 $x(t)$가 시스템의 입력이고 이 신호의 출력을 $y(t)$라고 가정하자. 만약, $y(t)$의 파형이 $x(t)$의 파형과 다른 점이 진폭의 크기와 시간 지연뿐이라면 $y(t)$를 $x(t)$의 '완전한' 형태라고 한다. 2장에서 이러한 특성을 가지는 시스템을 무왜곡 시스템이라고 정의하였다. 또한 $y(t)$는 무잡음이어야 한다. 이때 출력은

$$y(t) = Ax(t - \tau) \tag{8.68}$$

이며, 여기서 A는 시스템의 이득, τ는 시스템의 시간 지연이다. $x(t)$에 관한 $y(t)$의 신호 대 잡음비는 무한대이다. $y(t)$가 잡음과 왜곡을 모두 포함하고 있다고 가정하면

$$y(t) \neq Ax(t - \tau) \tag{8.69}$$

이다. 잡음 전력은 평균 제곱 오차라 가정할 수 있으며

$$\overline{\epsilon^2(A, \tau)} = E\left\{[y(t) - Ax(t - \tau)]^2\right\} \tag{8.70}$$

여기서, $E\{\bullet\}$는 통계적 평균을 나타낸다. 식 (8.70)을 풀어 쓰면

$$\overline{\epsilon^2(A, \tau)} = E\left\{y^2(t)\right\} + A^2 E\left\{x^2(t - \tau)\right\} - 2AE\left\{y(t)x(t - \tau)\right\} \tag{8.71}$$

가 된다. 정의에 따라 식 (8.71)의 첫 번째 항은 관측된(측정된) 신호 $y(t)$의 전력으로 P_y로 표시하자. A는 상수이기 때문에 두 번째 항은 A^2P_x가 되며, 여기서 P_x는 $x(t)$의 전력이다. 신호를 시간 이동시키는 것은 신호 전력을 변화시키지 않기 때문에 마지막 항은

$$2AE\{y(t)x(t-\tau)\} = 2AE\{x(t)y(t+\tau)\} = 2AR_{XY}(\tau) \tag{8.72}$$

가 된다. 정상성을 가정하면 평균 제곱 오차는 최종적으로 다음과 같이 된다.

$$\overline{\epsilon^2(A,\tau)} = P_y + A^2P_x - 2AR_{XY}(\tau) \tag{8.73}$$

이제, 평균 제곱 오차를 최소화하는 A와 τ 값을 구해보자.

시스템 이득 A가, 아직 무슨 값인지 알 수는 없지만, 고정된 양의 상수이기 때문에 상호 상관 $R_{XY}(\tau)$를 최대화하는 τ 값을 구해보자. 이를 $R_{XY}(\tau_m)$으로 표시하면, $R_{XY}(\tau_m)$은 시스템 지연의 표준 정의가 된다.

평균 제곱 오차를 최소화하는 A의 값을 A_m이라 하면, A_m은 다음 식으로 구해지는데

$$\frac{d}{dA}\left\{P_y + A^2P_x - 2AR_{XY}(\tau_m)\right\} = 0 \tag{8.74}$$

이를 구하면

$$A_m = \frac{R_{XY}(\tau_m)}{P_x} \tag{8.75}$$

이 된다. 식 (8.73)에 식 (8.75)를 대입하면

$$\overline{\epsilon^2(A_m,\tau_m)} = P_y - \frac{R_{XY}^2(\tau_m)}{P_x} \tag{8.76}$$

이 되고, 이는 잡음 전력이다. 신호 전력은 A^2P_x이기 때문에 신호 대 잡음비는

$$\mathrm{SNR} = \frac{\left[\frac{R_{XY}(\tau_m)}{P_x}\right]^2 P_x}{P_y - \frac{R_{XY}^2(\tau_m)}{P_x}} \tag{8.77}$$

가 된다. P_x를 곱하면 신호 대 잡음비는 다음과 같이 된다.

$$\mathrm{SNR} = \frac{R_{XY}^2(\tau_m)}{P_xP_y - R_{XY}^2(\tau_m)} \tag{8.78}$$

이득(A), 지연(τ_m), P_x, P_y, 그리고 $R_{XY}(\tau_m)$과 같은 다른 주요 변수와 함께 신호 대 잡음비에 대한 MATLAB 코드는 다음과 같다.

```
% File: snrest.m
function [gain,delay,px,py,rxy,rho,snrdb] = snrest(x,y)
ln = length(x);              % Set length of the reference (x) vector
fx = fft(x,ln);              % FFT the reference (x) vector
fy = fft(y,ln);              % FFT the measurement (y) vector
fxconj = conj(fx);           % Conjugate the FFT of the reference vector
sxy = fy .* fxconj;          % Determine the cross PSD
rxy = ifft(sxy,ln);          % Determine the cross-correlation function
rxy = real(rxy)/ln;          % Take the real part and scale
px = x*x'/ln;                % Determine power in reference vector
py = y*y'/ln;                % Determine power in measurement vector
[rxymax,j] = max(rxy);       % Find the max of the cross correlation
gain = rxymax/px;            % Estimate of the Gain
delay = j-1;                 % Estimate of the Delay
rxy2 = rxymax*rxymax;        % Square rxymax for later use
rho = rxymax/sqrt(px*py);    % Estimate of the correlation coefficient
snr = rxy2/(px*py-rxy2);     % Estimate of the SNR
snrdb = 10*log10(snr);       % SNR estimate in db
% End of script file.
```

다음 세 가지 예제는 이러한 기법을 설명하고 있다.

컴퓨터 예제 8.1

이 예제에서는 간단한 간섭 문제를 고려한다. 신호가 다음과 같다고 가정하면

$$x(t) = 2\sin(2\pi f t) \tag{8.79}$$

측정된 신호는 다음과 같다.

$$y(t) = 10\sin(2\pi f t + \pi) + 0.1\sin(20\pi f t) \tag{8.80}$$

이득, 지연, 신호 전력과 신호 대 잡음비를 구하기 위해 다음의 프로그램을 실행한다.

```
% File: c8ce1.m
t = 1:6400;
fs = 1/32;
x = 2*sin(2*pi*fs*t);
y = 10*sin(2*pi*fs*t+pi)+0.1*sin(2*pi*fs*10*t);
[gain,delay,px,py,rxymax,rho,snr,snrdb] = snrest(x,y);
format long e
a = ['The gain estimate is ',num2str(gain),'.'];
b = ['The delay estimate is ',num2str(delay),' samples.'];
c = ['The estimate of px is ',num2str(px),'.'];
d = ['The estimate of py is ',num2str(py),'.'];
e = ['The snr estimate is ',num2str(snr),'.'];
f = ['The snr estimate is ',num2str(snrdb),' db.'];
disp(a); disp(b); disp(c); disp(d); disp(e); disp(f)
% End of script file.
```

이 프로그램을 실행하면 다음과 같은 결과를 얻게 된다.

```
The gain estimate is 5.
The delay estimate is 16 samples.
The estimate of px is 2.
The estimate of py is 50.005.
The snr estimate is 10000.
The snr estimate is 40 db.
```

이것은 타당한 결과인가? $x(t)$와 $y(t)$를 살펴보면 신호 이득은 $\frac{10}{2}=5$인 것을 알 수 있다. 신호 주기당 표본 개수는 32개이다. 지연이 π 또는 반주기이므로 신호 지연은 16 표본 주기가 된다. 신호 $x(t)$의 전력이 2인 것은 명백하다. 측정된 신호의 전력은

$$P_y = \frac{1}{2}\left[(10)^2 + (0.1)^2\right] = 50.005$$

이고, 따라서 P_y도 올바른 결과이다. 신호 대 잡음비는

$$\text{SNR} = \frac{(10)^2/2}{(0.1)^2/2} = 10{,}000 \tag{8.81}$$

이고, 모든 파라미터가 올바르게 추정된 것을 알 수 있다.

컴퓨터 예제 8.2

이 예제에서는 간섭과 잡음이 더해진 경우를 고려한다. 신호는

$$x(t) = 2\sin(2\pi f t) \tag{8.82}$$

로 가정하며, 측정된 신호는

$$y(t) = 10\sin(2\pi f t + \pi) + 0.1\sin(20\pi f t) + n(t) \tag{8.83}$$

와 같다. 이득, 지연, 신호 전력과 신호 대 잡음비를 구하기 위해 작성된 MATLAB 스크립트는 다음과 같다.

```
% File: c8ce2.m
t = 1:6400;
fs = 1/32;
x = 2*sin(2*pi*fs*t);
y = 10*sin(2*pi*fs*t+pi)+0.1*sin(2*pi*fs*10*t);
A = 0.1/sqrt(2);
y = y+A*randn(1,6400);
[gain,delay,px,py,rxymax,rho,snr,snrdb] = snrest(x,y);
format long e
a = ['The gain estimate is ',num2str(gain),'.'];
b = ['The delay estimate is ',num2str(delay),' samples.'];
c = ['The estimate of px is ',num2str(px),'.'];
d = ['The estimate of py is ',num2str(py),'.'];
e = ['The snr estimate is ',num2str(snr),'.'];
```

```
f = ['The snr estimate is ',num2str(snrdb),' db.'];
disp(a); disp(b); disp(c); disp(d); disp(e); disp(f)
%End of script file.
```

이 프로그램을 실행하면 다음과 같은 결과를 얻을 수 있다.

```
The gain estimate is 5.0001.
The delay estimate is 16 samples.
The estimate of px is 2.
The estimate of py is 50.0113.
The snr estimate is 5063.4892.
The snr estimate is 37.0445 db.
```

이것은 타당한 결과인가? 이 결과를 이 전의 컴퓨터 예제와 비교하면 신호 대 잡음비가 약 2배 감소한 것을 알 수 있다. 파라미터 A가 잡음의 표준 편차이므로 이것은 타당하며, 따라서 잡음의 분산은 다음과 같다.

$$\sigma_n^2 = A^2 = \left(\frac{0.1}{\sqrt{2}}\right)^2 = \frac{(0.1)^2}{2} \tag{8.84}$$

앞의 컴퓨터 예제를 통해 '프로그래밍된' 잡음 분산이 간섭 전력과 똑같다는 점에 주목하라. 잡음이 더해진 간섭의 전력이 간섭만 작용했을 경우 전력의 2배이므로 따라서 신호 대 잡음비는 3dB 감소해야 한다. 그러나 앞의 컴퓨터 예제와 비교했을 때, 신호 대 잡음비는 3dB보다 약간 덜 감소하는 것에 주목하라. 그 이유는 7장으로부터 명백하게 알 수 있다. 프로그램이 실행될 때 생성된 잡음은, 잡음 과정에서 유한한 길이의 표본 함수이다. 그러므로 유한한 길이의 표본 함수의 분산은 랜덤변수가 된다. 잡음을 에르고딕이라 가정하면 잡음 분산의 추정치는 상수가 되며, 이는 잡음 표본수 N이 증가함에 따라 추정치의 분산은 감소하는 것을 의미한다. ■

컴퓨터 예제 8.3

이 예제에서는 신호 대 잡음비에 미치는 비선형성의 영향을 살펴보는데, 이는 앞 장에서의 왜곡 성분이 신호와 잡음에 할당되는 것에 대한 이해를 제공한다. 이 예제를 위해 신호는 다음과 같이 정의하고,

$$x(t) = 2\cos(2\pi f t) \tag{8.85}$$

측정된 신호는 다음과 같이 가정한다.

$$y(t) = 1 - \cos^3(2\pi f t + \pi) \tag{8.86}$$

신호 대 잡음비를 구하기 위해 다음과 같은 MATLAB 스크립트를 실행한다.

```
% File: c8ce3.m
t = 1:6400;
fs = 1/32;
x = 2*cos(2*pi*fs*t);
y = 10*((cos(2*pi*fs*t+pi)).^3);
[gain,delay,px,py,rxymax,rho,snr,snrdb] = snrest(x,y);
```

```
format long e
a = ['The gain estimate is ',num2str(gain),'.'];
b = ['The delay estimate is ',num2str(delay),' samples.'];
c = ['The estimate of px is ',num2str(px),'.'];
d = ['The estimate of py is ',num2str(py),'.'];
e = ['The snr estimate is ',num2str(snr),'.'];
f = ['The snr estimate is ',num2str(snrdb),' db.'];
disp(a); disp(b); disp(c); disp(d); disp(e); disp(f)
%End of script file.
```

이 프로그램을 실행하면 다음과 같은 결과를 얻게 된다.

```
The gain estimate is 3.75.
The delay estimate is 16 samples.
The estimate of px is 2.
The estimate of py is 31.25.
The snr estimate is 9.
The snr estimate is 9.5424 db.
```

주기당 32개의 표본을 취하며, 지연은 반주기이므로, 지연 추정이 16 표본이 되는 것은 기준 신호 전력이 P_x가 되는 것처럼 매우 명확한 결과이다. 다른 결과들을 확인하는 것은 그렇게 명확하지는 않다. 측정 신호는 다음과 같이 나타낼 수 있고

$$y(t) = 10\left(\frac{1}{2}\right)[1 + \cos(4\pi f t)][\cos(2\pi f t)] \tag{8.87}$$

이것은 다음 식이 된다.

$$y(t) = 7.5\cos(2\pi f t) + 2.5\cos(6\pi f t) \tag{8.88}$$

그러므로 측정 신호의 전력은

$$P_y = \frac{1}{2}\left[(7.5)^2 + (2.5)^2\right] = 31.25 \tag{8.89}$$

이고, 신호 대 잡음비는

$$\text{SNR} = \frac{(7.5)^2/2}{(2.5)^2/2} = 9 \tag{8.90}$$

이다. 이 결과는 앞 장에서의 왜곡 전력을 신호 전력과 잡음 전력에 할당하는 것에 대한 이해를 제공한다. 신호에 직교하는 잡음 전력의 부분은 잡음으로 분류되고, 신호와 상관관계에 있거나 같은 위상을 가지는 왜곡의 부분은 신호로 분류된다. ■

8.2 위상동기 시스템에서의 잡음과 위상 오차

앞 절에서 여러 가지 형태의 복조기의 성능을 살펴보았는데, 검출 이득과 복조된 출력의 신호 대 잡음비의 계산이 주요 관심 내용이었다. 위상동기 복조가 이루어진 경우에, 복조 반송파는

변조에 사용되었던 반송파와 완벽하게 위상동기가 이루어졌다고 가정하였다. 간략하게 살펴본 바와 같이, 실제 시스템에서는 반송파 복구 시스템의 잡음이 완벽한 반송파 위상의 추정을 방해한다. 따라서 가산성 잡음과 복조 위상 오차가 같이 존재하는 상태에서의 시스템 성능에 관심을 가져보자.

그림 8.7에는 복조기 모델을 나타내었다. $e(t)$의 신호 부분을 다음과 같이 직교 양측파대(QDSB) 변조 신호라고 가정하자.

$$m_1(t)\cos(2\pi f_c t+\theta) - m_2(t)\sin(2\pi f_c t+\theta)$$

여기서 상수 A_c는 표기의 간단화를 위해 $m_1(t)$와 $m_2(t)$에 포함시켰다. 이 모델을 사용하여 복조 신호 $y_D(t)$에서 오류에 대해 일반화된 표현을 구할 수가 있다. $m_1(t) = \mathrm{m(t)}$, $m_2(t) = 0$으로 두면 양측파대 변조 결과를 얻을 수 있다. 단측파대 변조 결과는 $m_1(t) = m(t)$, $m_2(t) = \pm\hat{m}(t)$로 두어 얻을 수 있는데, 여기서 부호는 해당되는 측파대에 따라 결정된다. 직교 양측파대 변조 시스템에 대한 $y_D(t)$는 동위상 채널에서 복조된 출력이다. 직교 채널은 $2\sin[2\pi f_c t+\theta+\phi(t)]$ 형태의 복조 반송파를 사용해서 복조될 수 있다. $e(t)$의 잡음 부분은 협대역 모델을 사용하여

$$n_c(t)\cos(2\pi f_c t+\theta) - n_s(t)\sin(2\pi f_c t+\theta)$$

로 나타낼 수 있으며, 여기서

$$\overline{n_c^2} = \overline{n_s^2} = N_0 B_T = \overline{n_2} = \sigma_n^2 \tag{8.91}$$

이며, B_T는 검출전 필터의 대역폭이고, $\frac{1}{2}N_0$는 필터 입력에서 잡음의 양측파대 전력 스펙트럼 밀도이며, σ_n^2은 검출전 필터의 출력에서 잡음 분산(전력)이다. 복조 반송파의 위상 오차는 분산이 σ_ϕ^2이고 평균이 0인 가우시안 과정의 표본 함수로 가정한다. 앞에서와 같이 메시지 신호의 평균은 0이라고 가정한다.

모델을 정의하고, 가정을 기술하면서 해석을 계속한다. 복조 출력인 $y_D(t)$에서의 평균 제곱 오차를 성능 기준으로 가정하고, 양측파대, 단측파대, 직교 양측파대 변조에 대하여 계산해

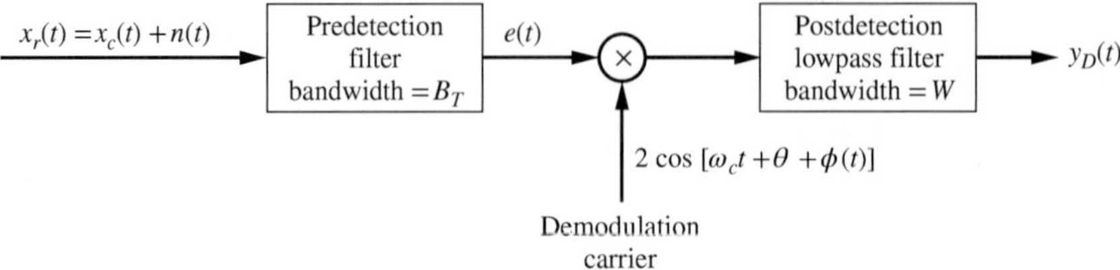

그림 8.7 위상 오차를 갖는 위상동기 복조기

보자.

$$\overline{\epsilon^2} = \overline{\{m_1(t) - y_D(t)\}^2} \tag{8.92}$$

그림 8.7에서 곱셈기의 입력 신호 $e(t)$는

$$\begin{aligned} e(t) &= m_1(t)\cos(2\pi f_c t + \theta) + m_2(t)\sin(2\pi f_c t + \theta) \\ &\quad + n_c(t)\cos(2\pi f_c t + \theta) - n_s(t)\sin(2\pi f_c t + \theta) \end{aligned} \tag{8.93}$$

이다. $2\cos[2\pi f_c t + \theta + \phi(t)]$를 곱하고 저역통과 필터를 거치면 출력은

$$y_D(t) = [m_1(t) + n_c(t)]\cos\phi(t) - [m_2(t) - n_s(t)]\sin\phi(t) \tag{8.94}$$

가 된다. 오류 $m_1(t) - y_D(t)$는 다음과 같이 나타낼 수 있으며

$$\epsilon = m_1 - (m_1 + n_c)\cos\phi + (m_2 - n_s)\sin\phi \tag{8.95}$$

여기서 ϵ, m_1, m_2, n_c, n_s, ϕ는 모두 시간의 함수이다. 평균 제곱 오차는

$$\begin{aligned} \overline{\epsilon^2} = \overline{m_1^2} &- \overline{2m_1(m_1 + n_c)\cos\phi} \\ &+ 2\overline{m_1(m_2 + n_s)\sin\phi} \\ &+ \overline{(m_1 + n_c)^2\cos^2\phi} \\ &- 2\overline{(m_1 + n_c)(m_2 - n_s)\sin\phi\cos\phi} \\ &+ \overline{(m_2 - n_s)^2\sin^2\phi} \end{aligned} \tag{8.96}$$

가 된다. 변수 m_1, m_2, n_c, n_s, ϕ는 모두 비상관이라고 가정한다. 단측파대 변조의 경우 $n_c(t)$와 $n_s(t)$의 전력 스펙트럼은 f_c에 대해서 대칭되지 않는다. 그러나 7.5절에서 살펴본 바와 같이, 시간 변위(time displacement)가 없으므로 $n_c(t)$와 $n_s(t)$는 비상관이다. 그러므로 평균 제곱 오차는

$$\overline{\epsilon^2} = \overline{m_1^2} - \overline{2m_1^2\cos\phi} + \overline{m_1^2\cos^2\phi} + \overline{n^2} \tag{8.97}$$

와 같이 주어지는데, 여기서 특별한 경우를 고려해보자.

먼저, 각각의 변조 신호가 동일한 전력을 갖는 직교 양측파대 변조 시스템을 가정한다. 이 경우, $\overline{m_1^2} = \overline{m_2^2} = \sigma_m^2$이고, 평균 제곱 오차는 다음과 같다.

$$\overline{\epsilon_Q^2} = 2\sigma_m^2 - 2\sigma_m^2\overline{\cos\phi} + 2\sigma_n^2 \tag{8.98}$$

이 식은 $|\phi(t)| \ll 1$인 최댓값의 경우 쉽게 계산할 수 있다. 따라서 $\phi(t)$는 전력 급수 전개에서

의 첫 번째 두 항으로 표현할 수 있다. 다음 근사관계를 사용하여

$$\overline{\cos\phi} \cong \overline{1 - \frac{1}{2}\phi^2} = 1 - \frac{1}{2}\sigma_\phi^2 \tag{8.99}$$

다음 식을 얻을 수 있다.

$$\overline{\epsilon_Q^2} = \sigma_m^2\sigma_\phi^2 + \sigma_n^2 \tag{8.100}$$

시스템 성능 기준을 쉽게 해석하기 위해 평균 제곱 오차를 보통 σ_m^2으로 정규화하면 다음과 같다.

$$\overline{\epsilon_{NQ}^2} = \sigma_\phi^2 + \frac{\sigma_n^2}{\sigma_m^2} \tag{8.101}$$

첫 번째 항은 위상 오차 분산이고 두 번째 항은 신호 대 잡음비의 역수이다. 높은 신호 대 잡음비에서는 위상 오차가 더 영향력이 큰 오류 요인임을 주목하기 바란다. 단측파대 변조 신호는 동위상 및 직교 성분에 동일한 전력을 갖는 직교 양측파대 변조 신호이므로, 위의 식은 단측파대 변조의 경우에도 성립된다. 그러나 단측파대 변조의 검출전 필터 대역폭은 직교 양측파대 변조의 검출전 필터 대역폭의 반 정도만 필요로 하기 때문에, σ_n^2은 단측파대 변조와 직교 양측파대 변조의 경우 서로 다를 수 있다. 식 (8.101)의 몇 가지 결과를 그림 8.8에 나타내었다.

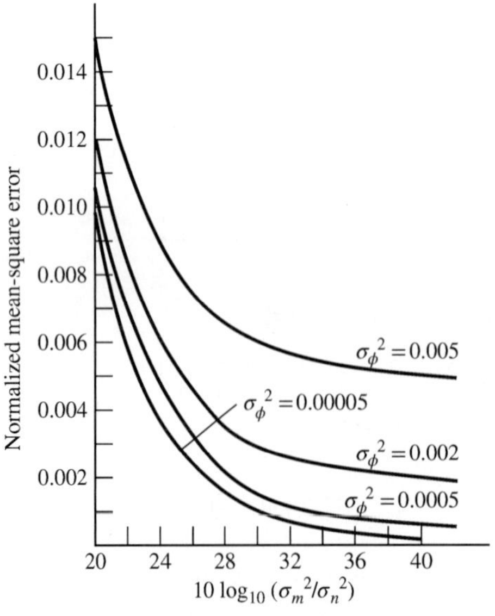

그림 8.8 직교 양측파대 변조 시스템에서 신호 대 잡음비에 대한 평균 제곱 오차

양측파대 변조 시스템의 평균 제곱 오차를 계산하기 위해 식 (8.97)에서 간단히 $m_2=0$, $m_1=m$으로 두면,

$$\overline{\epsilon_D^2} = \overline{m^2} - 2\overline{m^2}\,\overline{\cos\phi} + \overline{m^2\cos^2\phi} + \overline{n^2} \tag{8.102}$$

또는

$$\overline{\epsilon_D^2} = \sigma_m^2\overline{(1-\cos\phi)^2} + \overline{n^2} \tag{8.103}$$

같이 된다. 작은 ϕ에 대해서는

$$\overline{\epsilon_D^2} \cong \sigma_m^2\left(\frac{1}{4}\right)\overline{\phi^4} + \overline{n^2} \tag{8.104}$$

로 근사화시킬 수 있다.

만약 ϕ가 평균이 0이고 분산이 σ_ϕ^2인 가우시안 분포를 가지면

$$\overline{\phi^4} = \overline{(\phi^2)^2} = 3\sigma_\phi^4 \tag{8.105}$$

이 된다. 따라서

$$\overline{\epsilon_D^2} \cong \frac{3}{4}\sigma_m^2\sigma_\phi^4 + \sigma_n^2 \tag{8.106}$$

이 되며, 정규화된 평균 제곱 오차는 다음과 같이 된다.

$$\overline{\epsilon_{ND}^2} = \frac{3}{4}\sigma_\phi^4 + \frac{\sigma_n^2}{\sigma_m^2} \tag{8.107}$$

식 (8.107)과 식 (8.101)을 비교하면 몇 가지 흥미로운 결과를 얻는다. 첫째, $\sigma_\phi^2=0$인 경우 출력 신호 대 잡음비와 정규화된 평균 제곱 오차가 같다는 것이다. 출력에서 잡음이 가산적이므로 이는 쉽게 이해된다. $y_D(t)$에 대한 일반적인 식은 $y_D(t)=m(t)+n(t)$이다. 오류는 $n(t)$이고, 정규화된 평균 제곱 오차는 σ_n^2/σ_m^2이다. 또한, 양측파대 변조 시스템이 단측파대나 직교 양측파대 변조 시스템보다 복조 위상 오차에 훨씬 덜 민감함을 알 수 있다. 이것은 해석할 때 기본 가정이었던 $\phi \ll 1$이라는 조건하에서는, $\sigma_\phi^4 \ll \sigma_\phi^2$이 되는 사실로부터 유추된다.

예제 8.2

위상동기 복조기의 복조 위상 오차 분산을 $\sigma_\phi^2 = 0.01$이라고 가정하자. 신호 대 잡음비 σ_m^2/σ_n^2은 20dB이다. 만약 양측파대 변조 시스템이 사용되었다면, 정규화된 평균 제곱 오차는

$$\overline{\epsilon_{ND}^2} = \frac{3}{4}(0.01)^2 + 10^{-20/10} = 0.000075 \qquad \text{(DSB)} \tag{8.108}$$

이고, 반면 단측파대 변조의 경우, 정규화된 평균 제곱 오차는 다음과 같다.

$$\overline{\epsilon_{ND}^2} = (0.01) + 10^{-20/10} = 0.02 \qquad \text{(SSB)} \tag{8.109}$$

단측파대 변조의 경우 위상 오차가 복조된 출력에서의 오류를 더욱 심각하게 만든다는 점에 주목해야 한다. 이전에 언급했듯이 직교 양측파대 변조 시스템에서의 복조 위상 오차는 결과적으로 동위상 및 직교 메시지 신호 간의 혼신(crosstalk)을 초래한다. 단측파대에서 복조 위상 오차는 결과적으로 신호 $m(t)$에 대해 복조된 출력에서 나타나는 $\hat{m}(t)$의 한 부분으로 존재한다. $m(t)$와 $\hat{m}(t)$는 서로 독립적이므로, 만일 복조 위상 오차가 매우 작지 않는 한, 이러한 혼신은 성능 저하에 심각한 영향을 미칠 수 있다. ■

8.3 각 변조에서의 잡음

지금까지 선형 변조 시스템에서의 잡음 영향을 살펴보았다. 이제 각 변조에 대해서 살펴보자. 잡음의 영향을 고려하면 각 변조와 선형 변조 간에는 많은 차이가 있으며, 또한 위상 변조와 주파수 변조 간에도 많은 차이가 있다는 것을 살펴볼 것이다. 마지막으로, 잡음이 존재하는 환경에서 주파수 변조는 선형 변조나 위상 변조 시스템에 비해 성능 향상을 제공할 수 있으나, 이러한 성능 향상은 전송 대역폭의 증대를 감수해야 한다는 것을 살펴볼 것이다.

8.3.1 수신기 입력단에서 잡음의 영향

그림 8.9에 나타낸 시스템을 고려하자. 검출전 필터의 대역폭은 B_T이며, 보통 카슨의 법칙으로 구해진다. 4장에서 나온 것과 같이 B_T는 근사적으로 $2(D+1)W$ Hz이며, 여기서 W는 메시지 신호의 대역폭이고, D는 첨두 주파수 편이(peak frequency deviation)를 W로 나눈 편이율이다.

검출전 필터 입력은 다음과 같은 변조된 반송파에

$$x_c(t) = A_c \cos[2\pi f_c t + \theta + \phi(t)] \tag{8.110}$$

양측 전력 스펙트럼 밀도가 $\frac{1}{2}N_0$ W/Hz인 가산성 백색잡음이 더해진 것으로 가정한다. 각 변조 위상 편이 $\phi(t)$는 메시지 신호 $m(t)$의 함수이다. 검출전 필터의 출력은 다음과 같이 나타낼 수 있고

훈련문제

7.1 표본 함수들 $X_i(t) = A_i t + B_i$에 따라 정의되는 랜덤 과정이 있다. 여기서 t는 초 단위 시간이고, A_i들은 독립 랜덤변수들이며 각 i에 해당하는 랜덤변수는 평균이 0이고 분산이 1인 가우시안이며, B_i들도 독립 랜덤변수들이며 각 i에 해당하는 랜덤변수는 $[-0.5, 0.5]$ 범위에서 균일하게 분포한다.

(a) 몇 가지 전형적인 표본 함수들을 스케치하라.

(b) 랜덤 과정이 정상인가?

(c) 랜덤 과정이 에르고딕인가?

(d) 임의의 시간 t에서 평균에 대한 표현식을 적어라.

(e) 임의의 시간 t에서 평균 제곱값에 대한 표현식을 적어라.

(f) 임의의 시간 t에서 분산에 대한 표현식을 적어라.

7.2 양측 전력 스펙트럼 밀도가 1W/Hz인 백색 가우시안 잡음을 주파수 응답 함수 $H(f) = (1 + j2\pi f)^{-1}$을 갖는 필터에 통과시킨다.

(a) 출력 과정의 전력 스펙트럼 밀도 $S_Y(f)$는 무엇인가?

(b) 출력 과정의 자기상관 함수 $R_Y(\tau)$는 무엇인가?

(c) 출력 과정의 평균은 얼마인가?

(d) 출력 과정의 분산은 얼마인가?

(e) 출력 과정은 정상인가?

(f) 출력 과정의 1차 pdf는 무엇인가?

(g) 출력 과정과 예제 7.2에서 고려된 랜덤 과정의 유사성과 차이점에 대한 의견을 제시하라.

7.3 아래에 주어진 각 경우에 대하여, 주어진 함수가 자기상관 함수의 조건들을 만족하는지 여부를 말하고, 만족하지 않는 경우 그 이유를 기술하라.

(a) $R_a(\tau) = \Pi(\tau/\tau_0)$, 여기서 τ_0는 상수

(b) $R_b(\tau) = \Lambda(\tau/\tau_0)$, 여기서 τ_0는 상수

(c) $R_c(\tau) = A\cos(2\pi f_0 \tau)$, 여기서 A와 f_0는 상수

(d) $R_d(\tau) = A + B\cos(2\pi f_0 \tau)$, 여기서 A, B와 f_0는 상수

(e) $R_e(\tau) = A\sin(2\pi f_0 \tau)$, 여기서 A와 f_0는 상수

(f) $R_f(\tau) = A\sin^2(2\pi f_0 \tau)$, 여기서 A와 f_0는 상수

7.4 주파수 응답 함수 $H(f) = (1 + j2\pi f)^{-1}$을 갖는 필터에 양측 전력 스펙트럼 밀도가 1W/Hz인 백색 잡음 과정을 부과한다.

(a) 입력과 출력의 교차전력 스펙트럼 밀도는 무엇인가?

(b) 입력과 출력의 교차상관 함수는 무엇인가?

(c) 출력의 전력 스펙트럼 밀도는 무엇인가?

(d) 출력의 자기상관 함수는 무엇인가?

7.5 전력 스펙트럼 밀도가 $S(f) = \Pi\left(\frac{f-10}{4}\right) + \Pi\left(\frac{f+10}{4}\right)$인 대역통과 랜덤 과정이 있다.

(a) 자기상관 함수를 구하라.

(b) 동위상 직교성분 형태 $x(t) = n_c(t)\cos(2\pi f_0 t + \theta) - n_s(t)\sin(2\pi f_0 t + \theta)$로 표현한다. f_0를 10Hz로 선정할 때, 교차 스펙트럼 밀도 $S_{n_c n_s}(f)$는 무엇인가?

(c) f_0를 8Hz로 선정할 때, 교차 스펙트럼 밀도 $S_{n_c n_s}(f)$는 무엇인가?

(d) f_0를 12Hz로 선정할 때, 교차 스펙트럼 밀도 $S_{n_c n_s}(f)$는 무엇인가?

(e) (c) 문항에 해당하는 교차상관 함수는 무엇인가?

(f) (d) 문항에 해당하는 교차상관 함수는 무엇인가?

7.6 주파수 응답 함수가 $H(f) = \Lambda(f/2)$인 필터가 있다. 잡음-등가 대역폭은 얼마인가?

7.7 10W의 전력을 가진 정상 정현파 성분과 5W의 전력으로 정상 성분을 중심으로 하여 분포하는 협대역 가우시안 성분으로 구성되는 대역 제한 신호가 있다. 다음을 구하라.

만약, $e_1(t)$를

$$e_1(t) = R(t)\cos[2\pi f_c t + \theta + \psi(t)] \tag{8.118}$$

로 나타내면 신호와 잡음이 섞여 있기 때문에 변별기 입력의 위상 편이는 다음과 같다.

$$\psi(t) = \phi(t) + \phi_e(t) \tag{8.119}$$

여기서 $\phi_e(t)$는 잡음에 의한 위상 오차를 나타낸다. 복조된 출력은 위상 변조의 경우 $\psi(t)$에 비례하고 주파수 변조의 경우 $d\psi/dt$에 비례하기 때문에 위상 변조와 주파수 변조에 대하여 각각 $(\text{SNR})_T$를 정의해야 한다. 이들 내용은 다음 절에서 다룬다.

검출전 신호 대 잡음비 $(\text{SNR})_T$가 크다면, 대부분의 시간에서 $A_c \gg r_n(t)$이다. 이 경우에 식 (8.117)은

$$\phi_e(t) = \frac{r_n(t)}{A_c}\sin[\phi_n(t) - \phi(t)] \tag{8.120}$$

가 되고, $\psi(t)$는

$$\psi(t) = \phi(t) + \frac{r_n(t)}{A_c}\sin[\phi_n(t) - \phi(t)] \tag{8.121}$$

가 된다. 전송된 신호의 진폭 A_c가 증가하면 $r_n(t)$의 잡음 효과가 줄어든다는 점을 주목하라. 따라서 임계치 이상에서 동작할 때에도 출력잡음은 전송 신호 진폭에 의해 영향을 받는다.

식 (8.121)에서, 주어진 t값에 대하여 $\phi_n(t)$는 2π 범위에서 균일하게 분포한다. 또한, 주어진 t에 대하여 $\phi(t)$는 $\phi_n(t)$의 바이어스가 되는 상수이고, $\phi_n(t) - \phi(t)$는 $\text{mod}(2\pi)$의 같은 범위에 분포하게 된다. 따라서 식 (8.121)에서 $\phi(t)$를 무시하고 식 $\phi(t)$를 다시 나타내면

$$\psi(t) = \phi(t) + \frac{n_s(t)}{A_c} \tag{8.122}$$

와 같이 되며, 여기서 $n_s(t)$는 수신기 입력에서의 직교잡음 성분이다.

8.3.2 PM 복조

위상 변조의 경우, 위상 편이는 메시지 신호에 비례하기 때문에

$$\phi(t) = k_p m_n(t) \tag{8.123}$$

와 같이 되고 여기서 k_p는 위상 편이 상수로 단위 $m_n(t)$당 라디안으로 주어지며, $m_n(t)$는 $|m_n(t)|$의 최댓값이 1이 되게 정규화된 메시지 신호를 나타낸다. 위상 변조의 경우 복조된 출력 $y_D(t)$

는 아래와 같다.

$$y_D(t) = K_D \psi(t) \tag{8.124}$$

여기서, $\psi(t)$는 신호와 잡음이 결합된 효과 때문에 나타나는 수신기 입력의 위상 편이를 나타낸다. 식 (8.122)를 이용하면

$$y_{DP}(t) = K_D k_p m_n(t) + K_D \frac{n_s(t)}{A_c} \tag{8.125}$$

가 되고 위상 변조의 경우 출력 신호 전력은 아래와 같이 주어진다.

$$S_{DP}(t) = K_D^2 k_p^2 \overline{m_n^2} \tag{8.126}$$

검출전 잡음 전력 스펙트럼 밀도는 N_0이고 검출전 잡음의 대역폭은 B_T인데 이는 카슨의 법칙에 의한 $2W$를 초과한다. 그러므로 대역폭 W를 갖는 저역통과 필터와 함께 변별기를 사용하여 신호 대역 밖의 잡음을 제거한다. 이 필터는 신호에는 영향을 미치지 않지만 출력잡음 전력을 다음과 같이 줄이게 된다.

$$N_{DP} = \frac{K_D^2}{A_c^2} \int_{-W}^{W} N_0 df = 2\frac{K_D^2}{A_c^2} N_0 W \tag{8.127}$$

따라서 위상 변별기 출력의 신호 대 잡음비는

$$(\text{SNR})_D = \frac{S_{DP}}{N_{DP}} = \frac{K_D^2 k_p^2 m_n^2}{A(2K_D^2/A_c^2)N_0 W} \tag{8.128}$$

인데, 전송 신호 전력 P_T는 $A_c^2/2$이므로 아래와 같이 된다.

$$(\text{SNR})_D = k_p^2 \overline{m_n^2} \frac{P_T}{N_0 W} \tag{8.129}$$

선형 변조에 대해 위상 변조 시스템 성능의 개선 정도는 변조 신호의 위상 편이 상수와 전력에 의존한다는 것을 위의 식에서 볼 수 있다. 만일 위상 변조 신호의 위상 편이가 π라디안을 초과하게 되면, $m_n(t)$에 의한 위상 편이가 연속이 되도록 하는 적절한 신호처리가 사용되지 않는다면 위상 복조가 불가능해진다. 그러나 $|k_p m_n(t)|$의 최댓값이 π라고 가정한다면 $k_p^2\ \overline{m_n^2}$의 최댓값은 π^2이다. 이는 기저대역에 비해서 최대 약 10dB 정도의 향상을 가져온다. 실제로는 k_p^2 $\overline{m_n^2}$의 값이 최댓값 π^2보다 훨씬 작기 때문에 성능의 향상도 훨씬 적게 된다. 위상 복조기의 출력이 연속이라는 제약 조건하에서는 $|k_p m_n(t)|$가 π를 초과하는 것이 가능하다.

8.3.3 FM 복조 : 임계치 이상에서의 동작

주파수 변조의 경우 메시지 신호에 의한 위상 편이는

$$\phi(t) = 2\pi f_d \int^t m_n(\alpha) d\alpha \tag{8.130}$$

이고, 여기서 f_d는 메시지 신호의 단위 진폭당 Hz로 주어지는 편이 상수를 나타낸다. 대부분의 경우에 해당되지만, 만일 $|m(t)|$의 최댓값이 1이 아니면, $m(t)=Km_n(t)$로 정의되는 비례 상수 K는 k_p 또는 f_d에 포함된다. 주파수 변조의 변별기 출력 $y_D(t)$는 다음 식으로 주어지는데

$$y_D(t) = \frac{1}{2\pi} K_D \frac{d\psi}{dt} \tag{8.131}$$

여기서 K_D는 변별기 상수이다. 식 (8.122)를 식 (8.131)에 대입하고 $\phi(t)$에 대한 식 (8.130)을 사용하면

$$y_{DF}(t) = K_D f_d m_n(t) + \frac{K_D}{2\pi A_c} \frac{dn_s(t)}{dt} \tag{8.132}$$

를 얻을 수 있다. 주파수 변조 복조기의 출력에서 출력 신호 전력은 다음과 같다.

$$S_{DF} = K_D^2 f_d^2 \overline{m_n^2} \tag{8.133}$$

잡음 전력을 계산하기 전에 출력잡음의 전력 스펙트럼 밀도를 먼저 구해야 한다.

주파수 변조 복조기 출력에서의 잡음 성분은 식 (8.132)로부터 아래와 같이 주어진다.

$$n_F(t) = \frac{K_D}{2\pi A_c} \frac{dn_s(t)}{dt} \tag{8.134}$$

7장에서 $y(t)=dx/dt$이면 $S_y(f)=(2\pi f)^2 S_x(f)$임을 보였다. 이 결과를 식 (8.134)에 적용하면 $|f| < \frac{1}{2} B_T$인 경우

$$S_{nF}(f) = \frac{K_D^2}{(2\pi)^2 A_c^2} (2\pi f)^2 N_0 = \frac{K_D^2}{A_c^2} N_0 f^2 \tag{8.135}$$

을 구할 수 있고, 그 외에는 0이 된다. 그림 8.10(a)에 이 스펙트럼을 나타내었다. 주파수 변조 변별기의 미분 작용으로 잡음 스펙트럼은 포물선(parabolic)형으로 되고, 이는 잡음 존재하에 동작하는 주파수 변조 시스템의 성능에 지대한 영향을 미친다. 그림 8.10(b)로부터 저주파 메

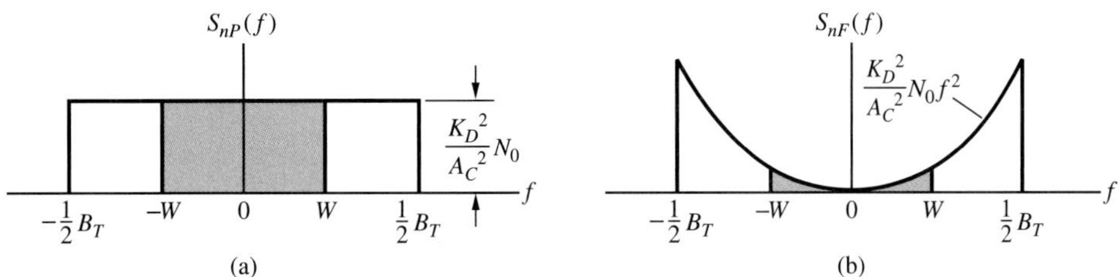

그림 8.10 (a) 빗금 친 $|f|<W$에 대한 위상 변조 변별기 출력에서의 전력 스펙트럼 밀도, (b) 빗금 친 $|f|<W$에 대한 주파수 변조 변별기 출력에서의 전력 스펙트럼 밀도

시지 신호 성분이 고주파 성분보다 잡음 영향을 적게 받는다는 것을 명백히 알 수 있다. 변별기 다음에, 메시지만을 통과시키는 데 충분한 대역폭을 가진 저역통과 필터가 있다고 가정하면, 출력잡음 전력은 다음과 같다.

$$N_{DF} = \frac{K_D^2}{A_c^2} N_0 \int_{-W}^{W} f^2 df = \frac{2}{3} \frac{K_D^2}{A_c^2} N_0 W^3 \tag{8.136}$$

이 계산 결과는 그림 8.10(b)의 빗금 친 부분을 나타낸다.

보통 식 (8.136)을 P_T/N_0W의 항으로 나타내면 편리하다. $P_T = A_c^2/2$이므로 다음 식을 얻을 수 있으며

$$\frac{P_T}{N_0 W} = \frac{A_c^2}{2N_0 W} \tag{8.137}$$

식 (8.136)으로부터 주파수 변조에 대한 변별기 출력에서의 잡음 전력은 다음과 같다.

$$N_{DF} = \frac{1}{3} K_D^2 W^2 \left(\frac{P_T}{N_0 W} \right)^{-1} \tag{8.138}$$

위상 변조와 주파수 변조 모두 변별기 출력에서의 잡음 전력은 P_T/N_0W에 반비례함을 주목하기 바란다.

주파수 변조 복조기 출력에서 신호 대 잡음비는 이제 쉽게 구할 수 있다. 식 (8.133)으로 정의된 신호 전력을 식 (8.138)로 정의된 잡음 전력으로 나누면 다음과 같이 되며

$$(\text{SNR})_{DF} = \frac{K_D^2 f_d^2 \overline{m_n^2}}{\frac{1}{3} K_D^2 W^2 \left(\frac{P_T}{N_0 W} \right)^{-1}} \tag{8.139}$$

이는 다시

$$(\text{SNR})_{DF} = 3\left(\frac{f_d}{W}\right)^2 \overline{m_n^2}\frac{P_T}{N_0 W} \tag{8.140}$$

로 나타낼 수 있다. 여기서 P_T는 송신된 신호 전력 $\frac{1}{2}A_c^2$이다. W에 대한 첨두 편이 비율이 편이율 D이므로 출력 신호 대 잡음비는 다음과 같이 표현되며

$$(\text{SNR})_{DF} = 3D^2\overline{m_n^2}\frac{P_T}{N_0 W} \tag{8.141}$$

여기서 $|m_n(t)|$의 최댓값은 1이다. f_d, W와 $m(t)$의 최댓값으로 D가 결정된다.

처음 언뜻 보기에는 D를 제한 없이 증가시킬 수 있으므로 출력 신호 대 잡음비도 임의의 큰 값으로 증가시킬 수 있는 것처럼 보일 수 있다. 이러한 신호 대 잡음비의 증가를 위해서는 전송 대역폭을 매우 크게 해야 하는 대가가 따른다. $D \gg 1$인 경우 요구되는 대역폭 B_T는 근사적으로 $2DW$이며, 이것은 다음과 같은 결과를 얻게 된다.

$$(\text{SNR})_{DF} = \frac{3}{4}\left(\frac{B_T}{W}\right)^2 \overline{m_n^2}\left(\frac{P_T}{N_0 W}\right) \tag{8.142}$$

위의 식은 대역폭과 출력 신호 대 잡음비 사이의 트레이드-오프를 나타내고 있다. 하지만 변별기의 입력 신호 대 잡음비가 임계치 이상에서 동작하도록 충분히 클 때만 식 (8.142)가 타당하다. 단순히 편이율을 증가시켜 전송 대역폭을 증가시킴으로써 출력 신호 대 잡음비를 임의의 값으로 증가시킬 수는 없다. 이 효과에 대해서는 이어지는 절에서 자세히 다루기로 한다. 그전에 우선 출력 신호 대 잡음비를 부가적으로 향상시키는 간단한 방법에 대해 알아보기로 하자.

8.3.4 디엠퍼시스를 이용한 성능 향상

4장에서 간섭의 영향을 부분적으로 없애는 데 프리엠퍼시스와 디엠퍼시스가 사용될 수 있음을 살펴보았다. 이 기술들은 잡음 존재하의 각 변조 시스템에서도 매우 유용하게 사용될 수 있다.

4장에서 보았듯이, 디엠퍼시스 필터는 변별기 출력에 직접 연결된 일차 저역통과 RC 필터이다. 변조에 앞서서 신호는, 디엠퍼시스와 프리엠퍼시스 필터의 결합이 결과적으로 메시지 신호에 영향을 미치지 않도록 하는 전달 함수를 갖는 고역통과 프리엠퍼시스 필터를 통과한다. 대역 외 잡음을 없애는 대역폭 W의 이상적인 저역통과 필터가 디엠퍼시스 필터의 뒤에 놓인다. 디엠퍼시스 필터가 진폭 응답

$$|H_{DE}(f)| = \frac{1}{\sqrt{1+(f/f_3)^2}} \tag{8.143}$$

을 갖는다고 가정하자. 여기서 f_3는 3dB 주파수 $1/(2\pi RC)$Hz이다. 디엠퍼시스가 있는 경우 전체 출력잡음 전력은

$$N_{DF} = \int_{-W}^{W} |H_{DE}(f)|^2 S_{nF}(f)df \tag{8.144}$$

이다. 식 (8.135)의 $S_{nF}(f)$, 식 (8.143)의 $|H_{DE}(f)|$를 위의 식에 대입하면

$$N_{DF} = 2\frac{K_D^2}{A_c^2}N_0 f_3^2 \int_0^W \frac{f^2}{f_3^2+f^2}df \tag{8.145}$$

또는

$$N_{DF} = 2\frac{K_D^2}{A_c^2}N_0 f_3^3\left(\frac{W}{f_3} - \tan^{-1}\frac{W}{f_3}\right) \tag{8.146}$$

또는

$$N_{DF} = K_D^2\frac{N_0 W}{P_T}f_3^2\left(1 - \frac{f_3}{W}\tan^{-1}\frac{W}{f_3}\right) \tag{8.147}$$

가 된다. 일반적인 경우에서는 $f_3 \ll W$이므로, 위의 식에서 두 번째 항은 무시할 수 있다. 이 경우,

$$N_{DF} = K_D^2 f_3^2\frac{N_0 W}{P_T} \tag{8.148}$$

이고 출력 신호 대 잡음비는 다음과 같다.

$$(\mathrm{SNR})_{DF} = \left(\frac{f_d}{f_3}\right)^2 \overline{m_n^2}\frac{P_T}{N_0 W} \tag{8.149}$$

$f_3 \ll W$인 경우 식 (8.149)와 식 (8.140)을 비교하면, 프리엠퍼시스와 디엠퍼시스의 사용을 통하여 대략 $(W/f_3)^2$만큼의 성능 향상이 이루어졌음을 알 수 있는데, 이는 잡음 환경에서는 매우 특별한 의미가 될 수 있다.

예제 8.3

상업용 주파수 변조는 $f_d = 75$kHz, $W = 15$kHz, $D = 5$, $f_3 = 2.1$kHz의 표준값으로 동작한다. $\overline{m_n^2} = 0.1$로 가정하면, 프리엠퍼시스와 디엠퍼시스가 없는 주파수 변조의 경우는

$$(\mathrm{SNR})_{DF} = 7.5\frac{P_T}{N_0 W} \tag{8.150}$$

가 되고, 프리엠퍼시스와 디엠퍼시스가 있는 경우는 다음과 같이 된다.

$$(\text{SNR})_{DF,pe} = 127.5\frac{P_T}{N_0 W} \tag{8.151}$$

선택한 값들에 대해 디엠퍼시스가 없는 경우의 주파수 변조는 기저대역에 비해 8.75dB만큼 좋고, 디엠퍼시스가 있는 주파수 변조는 기저대역에 대해 21.06dB만큼 좋다. 따라서 프리엠퍼시스와 디엠퍼시스의 사용으로 전송 전력을 상당히 감소할 수 있는데, 이것은 프리엠퍼시스와 디엠퍼시스를 사용하는 것에 대한 타당성을 보여주는 것이다.

■

4장에서 언급했듯이 프리엠퍼시스를 사용함으로써 신호 대 잡음비를 향상시킨 것만큼 손해도 있다. 프리엠퍼시스 필터의 작용은 메시지 신호의 저주파 성분에 비해 상대적으로 메시지 신호의 고주파 부분을 강화하는 것이다. 그러므로 프리엠퍼시스는 송신기 편이를 증가시켜서 결과적으로는 신호 송신에 필요한 대역폭을 증가시킨다. 다행스럽게도 실제로 쓰이는 많은 메시지 신호는 스펙트럼의 고주파 부분에서 상대적으로 에너지가 작으므로 이 영향은 중요하지 않게 된다.

■ 8.4 FM 복조에서의 임계 효과

각 변조는 비선형 과정이기 때문에 각 변조된 신호의 복조는 임계 효과를 나타낸다. 주파수 변조(FM) 복조기 또는 등가적인 변별기에 중점을 두고 이러한 임계 효과를 자세히 살펴보고자 한다.

8.4.1 FM 복조기에서의 임계 효과

임계 효과가 발생하는 과정에 대한 이해는 비교적 간단한 실험으로 알 수 있다. 무변조된 정현파에, 정현파 주파수에 대칭인 전력 스펙트럼 밀도를 갖는 대역 제한된 가산성 백색잡음이 더해져서 주파수 변조 변별기에 입력된다고 가정하자. 변별기 입력에서 신호 대 잡음비가 높을 때, 오실로스코프상에서 변별기 출력을 계속 관찰하는 동안 잡음 전력은 점차 증가한다. 처음에 변별기 출력은 대역 제한된 백색잡음과 비슷하다. 잡음 전력 스펙트럼 밀도가 증가함에 따라 입력 신호 대 잡음비가 감소하게 되고, 변별기 출력에 스파이크나 임펄스가 나타나는 지점이 나오게 된다. 이러한 초기 스파이크들이 나타나는 것은 변별기가 임계 영역에서 동작하고 있음을 나타낸다.

이 스파이크에 대한 통계는 부록 D에서 살펴본다. 이 절에서는 주파수 변조 복조기에 대한 구체적인 응용을 통하여 스파이크 잡음의 현상에 대해 고찰하고자 한다. 고려하는 시스템을 그림 8.9에 나타내었다. 이 경우에 다음 식과 같이 되고,

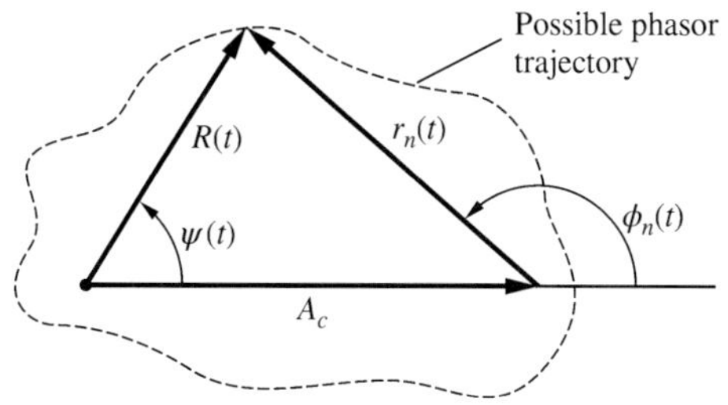

그림 8.11 스파이크 출력이 발생하는 임계치 근처에서의 위상 다이어그램(θ=0일 때)

$$e_1(t) = A_c \cos(2\pi f_c t + \theta) + n_c(t)\cos(2\pi f_c t + \theta) - n_s(t)\sin(2\pi f_c t + \theta) \quad (8.152)$$

이것은

$$e_1(t) = A_c \cos(2\pi f_c t + \theta) + r_n(t)\cos[2\pi f_c t + \theta + \phi_n(t)] \quad (8.153)$$

또는

$$e_1(t) = R(t)\cos[2\pi f_c t + \theta + \psi(t)] \quad (8.154)$$

가 된다.

그림 8.11에는 이 신호의 위상 다이어그램을 나타내었다. 이는 부록 D의 그림 D.2와 같이 스파이크가 발생하는 과정을 나타내고 있다. 반송파가 무변조되었다고 가정하였으므로 신호 진폭은 A_c이고, 각은 θ, 잡음 진폭은 $r_n(t)$가 된다. 신호와 잡음 사이의 각도 차이는 $\phi_n(t)$이다. 임계치에 접근함에 따라 적어도 $|r_n(t)| > A_c$일 때까지 잡음 진폭은 증가한다. 또한 $\phi_n(t)$가 균일 분포이기 때문에 잡음의 위상은 때로는 $-\pi$ 영역에 있기도 한다. 그러므로 합성 페이저 $R(t)$는 경우에 따라서 원점을 둘러싸기도 한다. $R(t)$가 원점의 영역에 있을 때는, 잡음 위상의 비교적 작은 변화가 $\psi(t)$에서는 급격한 변화를 초래한다. 변별기의 출력이 $\psi(t)$의 시간 변화율에 비례하기 때문에 변별기 출력은 원점에 둘러싸일 때 매우 커진다. 이것은 4장에서 간섭이 존재할 때 주파수 변조 변별기의 동작 특성에서 살펴본 것과 같은 효과임을 알 수 있다.

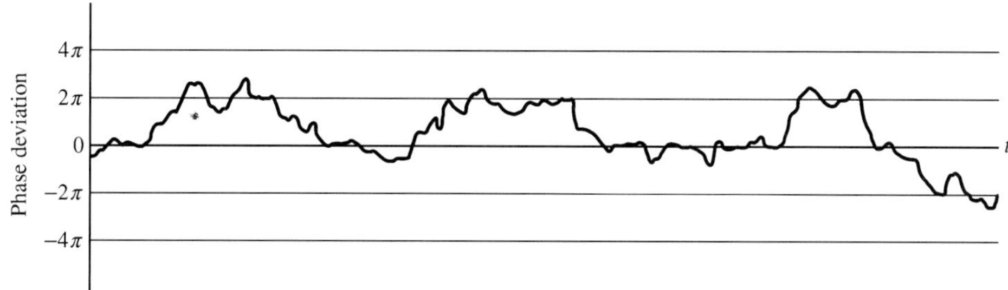

그림 8.12 검출전 신호 대 잡음비가 −4.0dB일 때의 위상 편이

입력 신호 대 잡음비가 −4.0dB인 경우, 위상 편이 $\psi(t)$를 그림 8.12에 나타내었다. $\psi(t)$가 2π만큼 뛴 것으로 원점 일주가 관찰된다. 몇 가지 검출전 신호 대 잡음비에 대한 주파수 변조 변별기의 출력을 그림 8.13에 나타내었다. 신호 대 잡음비가 증가함에 따라 스파이크 잡음이 감소하는 것을 명확히 알 수 있다.

부록 D에서 스파이크 잡음의 전력 스펙트럼 밀도는

$$S_{d\psi/dt}(f) = (2\pi)^2(\nu + \overline{\delta\nu}) \tag{8.155}$$

로 주어졌었고, 여기서 ν는 무변조된 반송파와 잡음이 더해진 것으로 인한 초당 평균 임펄스 개수, $\overline{\delta\nu}$는 변조에 의한 스파이크율의 최종 증가분이다. 변별기 출력이

$$y_D(t) = \frac{1}{2\pi} K_D \frac{d\psi}{dt} \tag{8.156}$$

이기 때문에 변별기 출력에서 스파이크 잡음으로 인한 전력 스펙트럼 밀도는

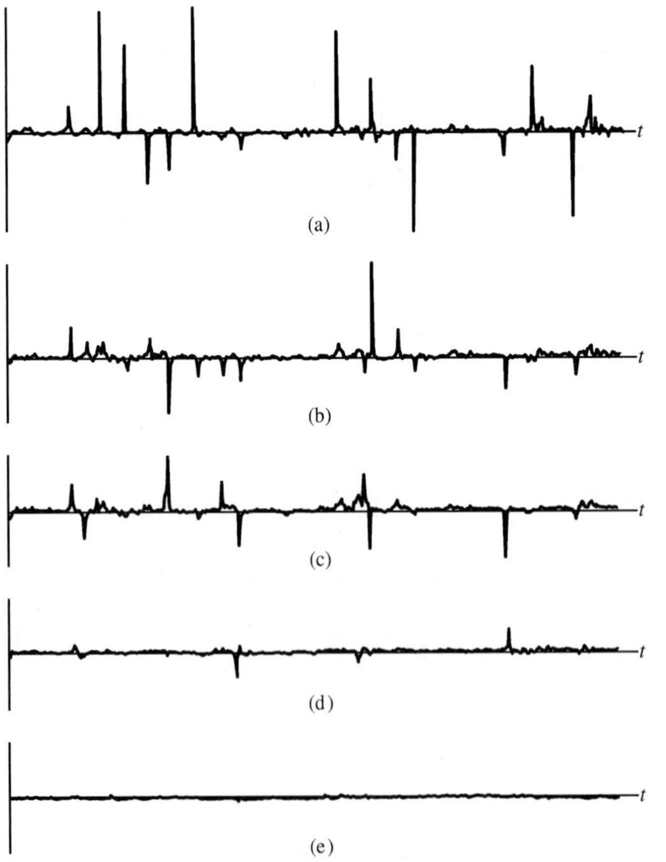

그림 8.13 여러 검출전 신호 대 잡음비에 대하여 입력잡음으로 인한 주파수 변조 변별기의 출력. (a) 검출전 신호 대 잡음비 = −10dB, (b) 검출전 신호 대 잡음비 = −4dB, (c) 검출전 신호 대 잡음비 = −0dB, (d) 검출전 신호 대 잡음비 = 6dB, (e) 검출전 신호 대 잡음비 = 10dB

$$N_{D\delta} = K_D^2 \nu + K_D^2 \overline{\delta\nu} \tag{8.157}$$

이다. ν에 대하여 부록 D의 식 (D.23)을 이용하면 다음과 같이 된다.

$$K_D^2 \nu = K_D^2 \frac{B_T}{\sqrt{3}} Q\left(\sqrt{\frac{A_c^2}{N_0 B_T}}\right) \tag{8.158}$$

여기서 $Q(x)$는 6장에 정의되어 있는 가우시안 Q 함수이다. $\overline{\delta\nu}$에 대해 식 (D.28)을 이용하면 다음과 같이 된다.

$$K_D^2 \delta\nu = K_D^2 |\overline{\delta f}| \exp\left(\frac{-A_c^2}{2N_0 B_T}\right) \tag{8.159}$$

변별기 출력에서 스파이크 잡음은 백색이기 때문에 변별기 출력에서 스파이크 잡음 전력은 양측파대 검출후 대역폭 $2W$에 전력 스펙트럼 밀도를 곱함으로써 구할 수 있다. 식 (8.157)에 식 (8.158)과 식 (8.159)를 대입하고 $2W$를 곱하면 스파이크 잡음 전력을 다음과 같이 구할 수 있다.

$$N_{D\delta} = K_D^2 \frac{2B_T W}{\sqrt{3}} Q\left(\sqrt{\frac{A_c^2}{N_0 B_T}}\right) + K_D^2 (2W) |\overline{\delta f}| \exp\left(\frac{-A_c^2}{2N_0 B_T}\right) \tag{8.160}$$

이제 스파이크 잡음 전력을 알고 있으므로 변별기 출력에서 전체 잡음 전력을 구할 수 있다. 이것이 이루어지면 변별기 출력에서 출력 신호 대 잡음비가 쉽게 구해진다.

변별기 출력에서 전체 잡음 전력은 가우시안 잡음 전력과 스파이크 잡음 전력의 합이다. 전체 잡음 전력은 식 (8.160)과 식 (8.138)을 더해서 얻을 수 있다. 이것은 다음과 같다.

$$\begin{aligned} N_D = \frac{1}{3} K_D^2 W^2 \left(\frac{P_T}{N_0 W}\right)^{-1} &+ K_D^2 \frac{2B_T W}{\sqrt{3}} Q\left(\sqrt{\frac{A_c^2}{N_0 B_T}}\right) \\ &+ K_D^2 (2W) |\overline{\delta f}| \exp\left(\frac{-A_c^2}{2N_0 B_T}\right) \end{aligned} \tag{8.161}$$

변별기 출력에서 신호 전력은 식 (8.133)으로 구해진다. K_D 항을 소거한 후, 이 신호 전력을 위에서 구한 잡음 전력으로 나누면

$$(\text{SNR})_D = \frac{f_d^2 \overline{m_n^2}}{\frac{1}{3} W^2 (P_T / N_0 W)^{-1} + (2B_T W / \sqrt{3}) Q\left(\sqrt{A_c^2 / N_0 B_T}\right) + 2W |\overline{\delta f}| \exp(-A_c^2 / 2N_0 B_T)} \tag{8.162}$$

가 된다. 이 결과는 분모의 첫째 항을 1로 만들어서 표준형으로 나타낼 수 있다. 최종 결과는 다음과 같다.

$$(\mathrm{SNR})_D = \frac{3(f_d/W)^2\overline{m_n^2}z}{1+2\sqrt{3}(B_T/W)zQ\left(\sqrt{A_c^2/N_0B_T}\right)+6(\overline{|\delta f|}/W)z\exp(-A_c^2/2N_0B_T)} \tag{8.163}$$

여기서 $z=P_T/N_0W$이다.

스파이크 잡음이 무시될 수 있는 입력 신호 대 잡음비의 영역인 임계치 이상에서의 동작에서는, 위 식의 분모의 마지막 두 항이 1보다 훨씬 작으므로 무시될 수 있다. 이 경우 검출후 신호 대 잡음비는 식 (8.140)에 의해 주어진 임계치 이상에서의 결과와 동일하다. 스파이크 잡음 항에서 나타난 $A_c^2/(2N_0B_T)$은 검출전 신호 대 잡음비라는 것을 주지하기 바란다. 메시지 신호는 검출전 신호 대 잡음비에 대한 식에서 두 항, $\overline{m_n^2}$와 $\overline{|\delta f|}$에 분명히 영향을 미친다. 따라서 $(\mathrm{SNR})_D$를 결정하기 전에 메시지 신호는 반드시 가정되어야 한다. 다음 예제에서 이것을 다룬다.

예제 8.4

이 예제에서 정현파 메시지 신호를 다음과 같이 가정하고 주파수 변조 변별기의 검출 이득을 구해보자.

$$m_n(t)=\sin(2\pi Wt) \tag{8.164}$$

순시 주파수 편이는

$$f_dm_n(t)=f_d\sin(2\pi Wt) \tag{8.165}$$

로 주어지고, 주파수 편이의 절댓값의 평균은

$$\overline{|\delta f|}=2W\int_0^{1/2W}f_d\sin(2\pi Wt)dt \tag{8.166}$$

이다. 적분을 하면

$$\overline{|\delta f|}=\frac{2}{\pi}f_d \tag{8.167}$$

가 된다. f_d는 변조 지수 β의 정의에 의해, βW인 최대 주파수 편이이다.[$m(t)$가 정현파 신호이기 때문에 변이율 D 대신 변조 지수 β를 사용한다.] 따라서 식 (8.168)이 된다.

$$\overline{|\delta f|}=\frac{2}{\pi}\beta W \tag{8.168}$$

카슨의 법칙에 의해서

$$\frac{B_T}{W}=2(\beta+1) \tag{8.169}$$

을 구할 수 있다. 메시지 신호가 정현파이므로, $\beta = f_d/W$이고 $\overline{m_n^2} = 1/2$ 이다. 따라서

$$\left(\frac{f_d}{W}\right)^2 \overline{m_n^2} = \frac{1}{2}\beta^2 \tag{8.170}$$

가 된다. 마지막으로 검출전 신호 대 잡음비는

$$\frac{A_c^2}{2N_0 B_T} = \frac{1}{2(\beta+1)} \frac{P_T}{N_0 W} \tag{8.171}$$

가 된다. 식 (8.163)에 식 (8.170)과 식 (8.171)을 대입하면 다음과 같이 되는데

$$(\text{SNR})_D = \frac{1.5\beta^2 z}{1 + (4/\sqrt{3})(\beta+1)zQ\left[\sqrt{z/(\beta+1)}\right] + (12/\pi)\beta z \exp\{[-z/[2(\beta+1)]\}} \tag{8.172}$$

여기서 $z = P_T/N_0W$는 검출후 신호 대 잡음비이다. 그림 8.14에는 $z = P_T/N_0W$의 함수로 검출후 신호 대 잡음비를 도시하였다. P_T/N_0W의 임계치는, 임계치 이상의 분석에서 구한 검출후 신호 대 잡음비에 비해 3dB 낮은 검출후 신호 대 잡음비인 곳에서의 P_T/N_0W 값으로 정의된다. 다시 말하면 P_T/N_0W의 임계치는 식 (8.172)의 분모가 2가 되는 P_T/N_0W 값이다. 그림 8.14로부터, P_T/N_0W의 임계치는 변조 지수 β가 증가함에 따라 증가함을 알 수 있다. 이 효과에 대해서는 이 장 마지막의 컴퓨터 실습문제에서 다룰 것이다.

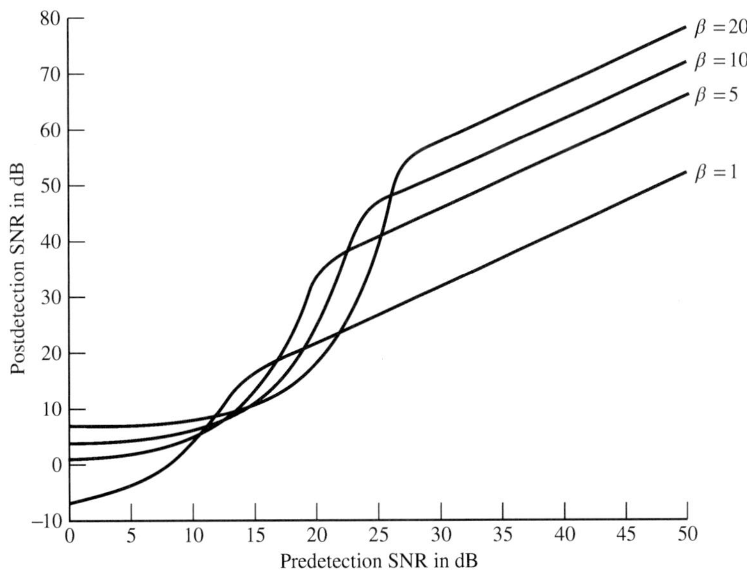

그림 8.14 정현파 변조에 대한 주파수 변조 시스템 성능

주파수 변조 시스템의 만족스러운 동작은 동작이 임계치 이상에서 유지되는 것을 요구한다. 그림 8.14는 식 (8.140)을 변조 지수의 항으로 나타낼 수 있도록 사용되는 식 (8.170)을 가지고, 식 (8.140)으로 표현된 임계치 이상에서의 분석 결과에 빠르게 접근함을 보여준다. 또한 그림 8.14는 동작점이 임계치 이하 영역으로 갈수록 시스템 성능의 빠른 저하가 일어남을 보여준다. ■

컴퓨터 예제 8.4

그림 8.14에서 보여준 성능 곡선을 보이기 위한 MATLAB 프로그램은 다음과 같다.

```
%File: c8ce4.m
zdB = 0:50;                          %predetection SNR in dB
z = 10.^(zdB/10);                    %predetection SNR
beta = [1 5 10 20];                  %modulation index vector
hold on %hold for plots
for j=1:length(beta)
    bta = beta(j);                   %current index
    a1 = exp(-(0.5/(bta+1)*z)); %temporary constant
    a2 = qfn(sqrt(z/(bta+1)));  %temporary constant
    num = (1.5*bta*bta)*z;
    den = 1+(4*sqrt(3)*(bta+1))*(z.*a2)+(12/pi)*bta*(z.*a1);
    result = num./den;
    resultdB = 10*log10(result);
    plot(zdB,resultdB,'k')
end
hold off
xlabel('Predetection SNR in dB')
ylabel('Postdetection SNR in dB')
%End of script file.
```

■

예제 8.5

식 (8.172)는 변조와 가산성 잡음 모두를 고려하는 주파수 변조 복조기의 성능을 제공한다. 변조와 잡음의 상대적인 효과를 결정하는 것이 중요하다. 이를 위하여 식 (8.172)를 다음과 같이 나타낼 수 있다.

$$(\mathrm{SNR})_D = \frac{1.5\beta^2 z}{1 + D_2(\beta, z) + D_3(\beta, z)} \tag{8.173}$$

여기서 $z = P_T/N_0W$이고 $D_2(\beta, z)$와 $D_2(\beta, z)$는 식 (8.172)에서 두 번째(잡음으로 인한)와 세 번째(변조로 인한) 항을 나타낸다. $D_2(\beta, z)$에 대한 $D_3(\beta, z)$의 비율은 다음과 같다.

$$\frac{D_3(\beta, z)}{D_2(\beta, z)} = \frac{\sqrt{3}}{\pi}\frac{\beta}{\beta+1}\frac{\exp[-z/2(\beta+1)]}{Q[z/(\beta+1)]} \tag{8.174}$$

이 비율을 그림 8.15에 나타내었다. $z > 10$에 대하여, 식 (8.172)의 분모에서 변조의 효과가 잡음의 효과보다 상당히 크다는 것을 알 수 있다. 그러나 $D_2(\beta, z)$와 $D_3(\beta, z)$ 모두 임계치 이상에서는 1보다 상당히 작다. 이것을 그림 8.16에서 확인할 수 있다. 임계치 이상에서의 동작은 다음 식을 만족해야 한다.

$$D_2(\beta, z) + D_3(\beta, z) \ll 1 \tag{8.175}$$

그러므로 변조의 효과는 임계치 이상에서의 동작에 필요한 검출전 신호 대 잡음비 값을 증가시키는 것이다.

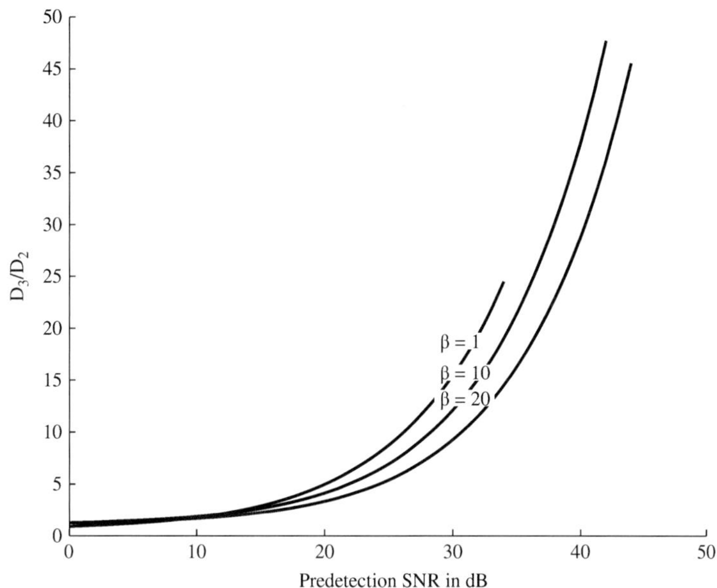

그림 8.15 $D_2(\beta, z)$에 대한 $D_3(\beta, z)$의 비율

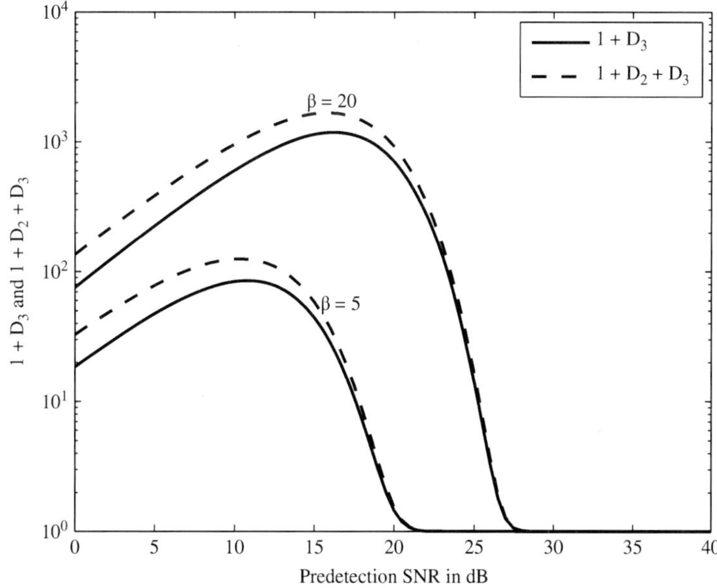

그림 8.16 $1+D_3(\beta, z)$와 $1+D_2(\beta, z)+D_3(\beta, z)$

컴퓨터 예제 8.5

다음의 MATLAB 프로그램은 그림 8.15를 생성한다.

```
% File: c8ce5a.m
% Plotting of Fig. 8.15
% User defined subprogram qfn( ) called
%
clf
zdB = 0:50;
z = 10.^(zdB/10);
beta = [1 10 20];
hold on
for j = 1:length(beta)
    K = (sqrt(3)/pi)*(beta(j)/(beta(j)+1));
    a1 = exp(-0.5/(beta(j)+1)*z);
    a2 = qfn(sqrt(z/(beta(j)+1)));
    result = K*a1./a2;
    plot(zdB, result)
    text(zdB(30), result(30)+5, ['\beta =', num2str(beta(j))])
end
hold off
xlabel('Predetection SNR in dB')
ylabel('D_3/D_2')
% End of script file.
```

또한 다음의 MATLAB 프로그램은 그림 8.16을 생성한다.

```
% File: c8ce5b.m
% Plotting of Fig. 8.16
% User-defined subprogram qfn( ) called
%
clf
zdB = 0:0.5:40;
z = 10.^(zdB/10);
beta = [5 20];
for j = 1:length(beta)
    a2 = exp(-(0.5/(beta(j)+1)*z));
    a1 = qfn(sqrt((1/(beta(j)+1))*z));
    r1 = 1+((12/pi)*beta(j)*z.*a2);
    r2 = r1+(4*sqrt(3)*(beta(j)+1)*z.*a1);
    num = (1.5*beta(j)^2)*z;
    den = 1 + (4*sqrt(3)*(beta(j)+1))*(z.*a2) + (12/pi)*beta(j)*(z.*a1);
    snrd = num./den;
    semilogy(zdB, r1, zdB, r2, '--')
    text(zdB(30), r1(30)+1.4^beta(j), ['\beta = ', num2str(beta(j))])
    if j == 1
        hold on
    end
end
xlabel('Predetection SNR in dB')
ylabel('1 + D_3 and 1 + D_2 + D_3')
legend('1 + D_3', '1 + D_2 + D_3')
% End of script file.
```

■

위상동기 루프에 의해 제공되는 임계치 확장은 다소 분석이 어렵지만, 이에 대해 많은 결과들이 출간되어 있으므로[1] 여기서는 다루지 않겠다. 위상동기 루프로 얻을 수 있는 임계치 확장은 방금 살펴본 복조기에 비해 보통 2~3dB 정도가 된다. 비록 이것은 그다지 큰 확장은 아니지만 높은 잡음 환경에서는 많은 경우에 있어서 중요하다.

8.5 펄스 부호 변조에서의 잡음

펄스 부호 변조(PCM)는 3장에서 간단히 알아보았다. 이번에는 간단한 성능 분석을 고려해 보자. 펄스 부호 변조에는 두 가지의 주된 오류 원인이 있다. 그 첫째는 신호의 양자화로부터 기인되고, 나머지 하나는 채널잡음에 기인한다. 3장에서 알아본 바와 같이 양자화는 각각의 입력 표본을 q개의 양자화 레벨 중 하나로 나타낸 것이다. 각 양자화 레벨은 각각의 양자화 레벨을 유일하게 나타내는 심벌의 이진 시퀀스로 전송된다.

8.5.1 검출후 SNR

표본화되고 양자화된 메시지 파형은 다음과 같이 나타낼 수 있다.

$$m_{\delta q}(t) = \sum m(t)\delta(t - iT_s) + \sum \epsilon(t)\delta(t - iT_s) \tag{8.176}$$

위 식의 첫째 항은 표본화 과정을 나타내고, 둘째 항은 양자화 과정을 나타낸다. $m_{\delta q}(t)$의 i번째 표본은

$$m_{\delta q}(t_i) = m(t_i) + \epsilon_q(t_i) \tag{8.177}$$

로 나타낼 수 있으며, 여기서 $t_i = iT_s$이다. 그러므로 정상성을 가정했을 때 양자화로 인한 신호대 잡음비는 다음과 같다.

$$(\mathrm{SNR})_Q = \frac{\overline{m^2(t_i)}}{\overline{\epsilon_q^2(t_i)}} = \frac{\overline{m^2}}{\overline{\epsilon_q^2}} \tag{8.178}$$

양자화 오류는 양자화 레벨이 균일한 간격 S를 갖는 경우에 쉽게 구할 수 있다. 균일한 간격에 대해서 양자화 오류는 $\pm\frac{1}{2}S$로 제한된다. 그러므로 $\epsilon_q(t)$가 다음의 범위에서 균일하게 분포되어 있다고 가정할 때,

$$-\frac{1}{2}S \le \epsilon_q \le \frac{1}{2}S$$

1 입문 과정으로 Taub와 Schilling(1986)의 pp. 419-422 참조.

양자화로 인한 평균 제곱 오차는

$$\overline{\epsilon_q^2} = \frac{1}{S}\int_{-S/2}^{S/2} x^2 dx = \frac{1}{12}S^2 \tag{8.179}$$

이 되어 다음과 같이 된다.

$$(\text{SNR})_Q = 12\frac{\overline{m^2}}{S^2} \tag{8.180}$$

다음 단계는 $\overline{m^2}$를 q와 S의 항으로 표현하는 것이다. 각각의 폭이 S인 q개의 양자화 레벨이 있다면, 신호의 동작 영역인 $m(t)$의 첨두 대 첨두값은 qS가 된다. $m(t)$가 이 범위에서 균일하게 분포되어 있다고 가정하면

$$\overline{m^2} = \frac{1}{qS}\int_{-qS/2}^{qS/2} x^2 dx = \frac{1}{12}q^2 S^2 \tag{8.181}$$

이 된다. 식 (8.181)을 식 (8.180)에 대입하면

$$(\text{SNR})_Q = q^2 = 2^{2n} \tag{8.182}$$

이 되는데, 여기서 n은 각각의 양자화 레벨을 표현하는 데 사용되는 이진 심벌의 개수를 나타낸다. 이진 양자화의 경우 $q=2^n$이 됨을 이용하였다.

채널에서 가산성 잡음이 충분히 작다면, 시스템의 성능은 양자화 잡음에 의해 제한된다. 이 경우 식 (8.182)는 검출후 신호 대 잡음비가 되며, P_T/N_0W와는 무관해진다. 만일 양자화가 유일한 오류원이 아니라면 검출후 신호 대 잡음비는 P_T/N_0W 및 양자화 잡음에 좌우된다. 결국, 양자화 잡음은 신호 기법에 좌우된다.

펄스 부호 변조의 근사적 분석은 특정한 신호 기법을 가정하고 9장에서 얻은 결과를 이용하여 쉽게 수행할 수 있다. 각 표본값은 n개 펄스들로 이뤄진 그룹으로 전송되고, 채널의 잡음 때문에, 이들 n개의 펄스들 중 어떤 것은 수신기 출력에서 오류가 될 수 있다. n개의 펄스들로 이뤄진 그룹은 디지털 워드라고 불리며, 양자화 레벨을 정의한다. 각각의 펄스는 디지털 심벌, 또는 이진 시스템의 경우 비트가 된다. 다음 장에서 다루어지겠지만, 비트 오류 확률 P_b를 알고 있다고 가정하자. 표본값을 표현하는 디지털 워드에서 각각의 n비트가 정확하게 수신될 확률은 $1-P_b$이다. 오류가 독립적으로 일어난다는 것을 가정하면 디지털 워드를 표현하는 모든 n비트가 정확히 수신될 확률은 $(1-P_b)^n$이다. 따라서 워드 오류 확률 P_w는 다음과 같다.

$$P_w = 1 - (1 - P_b)^n \tag{8.183}$$

워드 오류의 영향은 디지털 워드의 어느 비트가 오류인가에 따른다. 비트 오류는 최상위 비트(최악의 경우)라고 가정하자. 이는 $\frac{1}{2}qS$의 진폭 오류의 결과로 나타난다. 그러므로 워드 오류의 영향은 다음 범위에서의 진폭 오류가 된다.

$$-\frac{1}{2}qS \leq \epsilon_w \leq \frac{1}{2}qS$$

간단하게, ϵ_w가 위의 범위에서 균일하게 분포되어 있다고 가정하면 평균 제곱 워드 오류는

$$\overline{\epsilon_w^2} = \frac{1}{12}q^2S^2 \tag{8.184}$$

이 되고, 이것은 신호 전력과 같다.

펄스 부호 변조 시스템의 출력에서 총잡음 전력은 다음과 같다.

$$N_D = \overline{\epsilon_q^2}(1 - P_w) + \overline{\epsilon_w^2}P_w \tag{8.185}$$

식 (8.185)의 우변 첫째 항은, 한 워드의 모든 비트가 정확하게 수신될 확률이 식 (8.179)에 가중치로 곱해진 양자화 오류로 인한 N_D의 원인이 된다. 둘째 항은 워드 오류 확률이 가중치로 곱해진 워드 오류로 인한 N_D의 원인이 된다. 잡음 전력에 대한 식 (8.185)와 신호 전력에 대한 식 (8.181)을 이용하여 신호 대 잡음비를 구하면

$$(\text{SNR})_D = \frac{\frac{1}{12}q^2S^2}{\frac{1}{12}S^2(1 - P_w) + \frac{1}{12}q^2S^2P_w} \tag{8.186}$$

이고, 이것은 다음과 같이 나타낼 수 있다.

$$(\text{SNR})_D = \frac{1}{q^{-2}(1 - P_w) + P_w} \tag{8.187}$$

식 (8.182)를 사용하여 워드길이 n의 함수로 이전 식을 정리하면

$$(\text{SNR})_D = \frac{1}{2^{-2n} + P_w(1 - 2^{-2n})} \tag{8.188}$$

과 같다. 위 식에서 2^{-2n} 항은 워드길이 n으로 간단히 결정되는 반면에, 워드 오류 확률 P_w는 신호 대 잡음비, P_T/N_0W와 워드길이 n의 함수로 주어진다.

만약 워드 오류 확률 P_w를 무시한다면, 수신기 입력에서 충분히 큰 신호 대 잡음비에 대한 경우는 다음 식과 같이 되며

$$(\text{SNR})_D = 2^{2n} \tag{8.189}$$

이를 데시벨로 표현하면 다음 식과 같이 된다.

$$10 \log_{10}(\text{SNR})_D = 6.02n \tag{8.190}$$

따라서 양자화기 워드길이에 더해지는 모든 비트에 대해 신호 대 잡음비에서 6dB을 약간 상회하는 이득을 얻게 된다. P_w가 무시되고 시스템 성능이 양자화 오류에 의해 제한되는 동작 영역을 임계치 이상 영역이라 한다.

컴퓨터 예제 8.6

이 예제의 목적은 펄스 부호 변조 시스템의 검출후 신호 대 잡음비를 알아보는 것이다. 검출후 신호 대 잡음비 $(\text{SNR})_D$를 수치적으로 계산하기 전에 워드 오류 확률 P_w를 알아야 한다. 식 (8.183)에서 보았듯이 워드 오류 확률은 비트 오류 확률에 달려 있다. 9장에서의 결과를 빌려 펄스 부호 변조의 임계 효과를 설명할 수 있다. 여기서 주파수 천이 변조를 사용한다고 가정하고 한 주파수를 사용하는 전송은 이진수 0으로, 두 번째 주파수를 사용하는 전송은 이진수 1로 표현한다. 비동기 수신기를 사용한다고 가정하면 비트 오류의 확률은 다음과 같이 주어진다.

$$P_b = \frac{1}{2} \exp\left(-\frac{P_T}{2N_0 B_T}\right) \tag{8.191}$$

위의 식에서 B_T는 비트율(bit rate) 대역폭이고, 이것은 n-심벌 펄스 부호 변조 디지털 워드에서 단일 비트의 전송에 필요한 시간의 역수이다. P_T/N_0B_T는 검출전 신호 대 잡음비를 나타낸다. 식 (8.183)에 식 (8.191)을 대입하고, 그 결과를 식 (8.188)에 대입하면 검출후 신호 대 잡음비$(\text{SNR})_D$를 구할 수 있다. 이 결과를 그림 8.17에 나타내었는데, 임계 효과를 쉽게 볼 수 있다. 다음의 MATLAB 프로그램을 통해 그림 8.17을 도시할 수 있다.

```
%File c8ce6.m
n=[4 8 12]; %wordlengths
snrtdB=0:0.1:30;            %predetection snr in dB
snrt=10.^(snrtdB/10);       %predetection snr
Pb=0.5*exp(-snrt/2);        %bit-error probability
hold on                     %hold for multiple plots
for k=1:length(n)
    Pw=1-(1-Pb).^n(k);       %current value of Pw
    a=2^(-2*n(k));           %temporary constant
    snrd=1./(a+Pw*(1-a));    %postdetection snr
    snrddB=10*log10(snrd);   %postdetection snr in dB
    plot(snrtdB,snrddB)
end
hold off %release
xlabel('Predetection SNR in dB')
ylabel('Postdetection SNR in dB')
%End of script file.
```

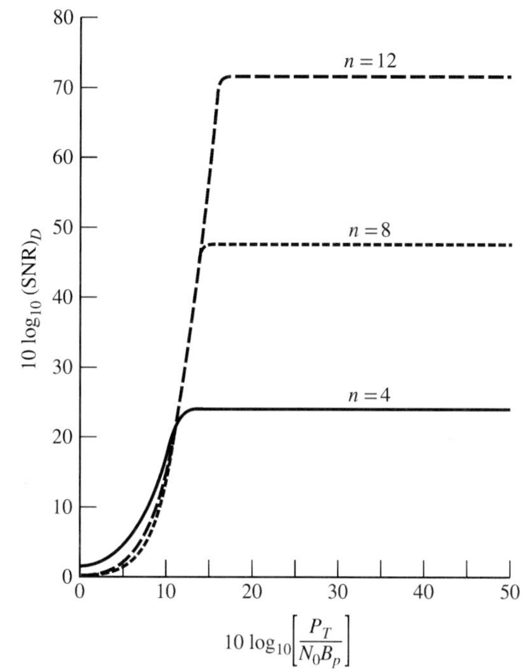

그림 8.17 펄스 부호 변조 시스템의 출력에서 신호 대 잡음비(비동기 수신기를 사용한 주파수 천이 변조)

더 긴 디지털 워드는 감소된 양자화 오류 때문에 임계치 이상에서 더 높은 $(SNR)_D$ 값을 제공한다는 점에 주목하기 바란다. 그러나 디지털 워드가 더 길수록 원래의 시간 영역 신호 $m(t)$로부터 취해진 각 표본에 대해 더 많은 비트가 전송되어야 한다. 이것은 시스템이 요구하는 대역폭을 증가시킨다. 그러므로 신호 대 잡음비의 향상은 더 높은 비트율 또는 시스템 대역폭에서의 손해를 요구한다. 다시 한 번 비선형 시스템에서 발생하는 임계 효과와 신호 대 잡음비와 전송 대역폭 간의 결과적인 트레이드-오프를 확인할 수 있다.

■

8.5.2 압신

3장에서 살펴보았듯이, 펄스 부호 변조 신호는 아날로그 신호를 표본화, 양자화, 그리고 부호화하여 만들어진다. 이 세 과정을 묶어서 **아날로그-디지털 변환**이라고 한다. 디지털 신호로부터 아날로그 신호를 만드는 역과정을 **디지털-아날로그 변환**이라고 한다.

앞 절에서 어떤 특정한 응용에서 워드길이 n이 너무 작게 선택되면 양자화 과정에서 중요한 오류가 일어날 수 있다는 것을 알아보았다. 이 오류의 결과는 식 (8.182)에 있는 신호 대 양자화 잡음비로 나타난다. 식 (8.182)는 균일하게 분포된 신호의 경우에 전개된 식이라는 것을 기억해야 한다.

식 (8.179)에서와 같이 주어진 표본에 더해진 양자화 잡음 레벨은 신호 진폭에 독립적이고, 진폭이 작은 신호는 큰 신호보다 양자화 효과로 인한 손해를 더 많이 본다. 이것은 식 (8.180)

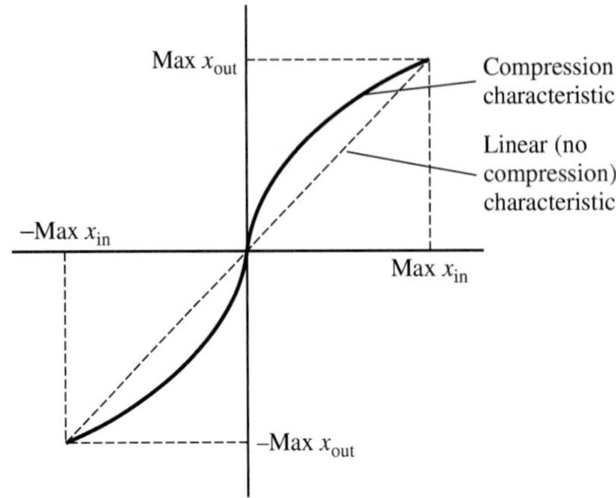

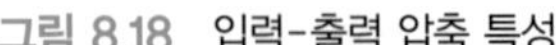
그림 8.18 입력-출력 압축 특성

으로부터 알 수 있다. 양자화 단계를 진폭이 작은 신호에 대해서는 작게 하고, 진폭이 큰 신호에 대해서는 크게 만들 수 있다.

이 절의 관심사 중 하나인 두 번째 방법은 아날로그 신호를 표본화 과정 전에 비선형 증폭기에 통과시키는 것이다. 증폭기의 입력-출력 특성의 예를 그림 8.18에 나타내었다. 작은 입력값 x_{in}에 대해서 입력-출력 특성 곡선의 기울기가 크다. 진폭이 작은 신호에서의 변화는 진폭이 큰 신호에서의 똑같은 변화보다 더 많은 양자화 레벨을 요구한다. 진폭이 작은 신호에 대해서는 작은 양자화 단계 크기가 주어지므로 양자화 오류가 줄어든다. 이것은 본질적으로 진폭이 작은 신호에 대한 더 작은 단계 크기를 만들어 내고, 따라서 진폭이 작은 신호에 대한 양자화 오류는 감소한다. 그림 8.18에서 볼 수 있듯이 입력 신호의 첨두값은 압축되어 있다. 이러한 이유로 그림 8.18에서 보이는 특성은 **압축기**(compressor)로 알려져 있다.

신호가 아날로그 형태로 다시 변환될 때 압축기의 영향이 보상되어야만 한다. 이것은 디지털-아날로그 변환기 출력에 두 번째 비선형 증폭기를 둠으로써 해결할 수 있다. 이 두 번째 증폭기는 **신장기**(expander)로 알려져 있으며, 압축기와 신장기의 직렬 연결이, 그림 8.18의 점선으로 나타낸 바와 같이 선형적 특성을 보이도록 신장기를 구성한다. 압축기와 신장기의 조합을 **압신기**(compander)라 하며, 이 압신 시스템은 그림 8.19에 나타내었다.

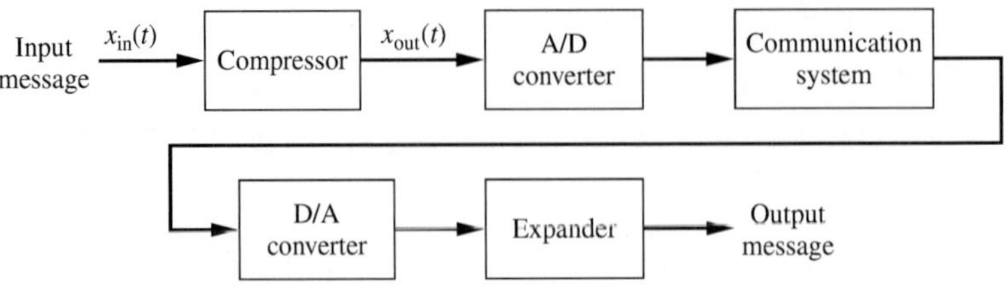

그림 8.19 압신의 예

잡음이 존재하는 환경에서 더 나은 성능을 얻기 위해 메시지 신호를 사전 왜곡(predistorting)하고 그 사전 왜곡 효과를 없애는 개념은, 주파수 변조 시스템 구현에 있어서의 프리엠퍼시스와 디엠퍼시스 필터의 사용을 상기시킴을 주지하기 바란다.[2]

참고문헌

3장의 끝부분에 인용된 모든 책은 이 장에서 배운 시스템의 잡음 효과에 관한 내용을 담고 있다. Lathi, Ding(2009) 그리고 Haykin, Moher(2006)의 책은 완성도 면에서 특별히 권장한다. Taub, Schilling(1986)의 책은 비록 오래된 책일지라도 펄스 부호 변조 시스템과 주파수 변조 시스템에서의 임계 효과에 관한 부분이 우수한 책이다. Tranter 등(2004)의 모의실험 책은 양자화와 신호 대 잡음비 추정에 대한 내용을 이 책보다 더 깊게 다루고 있다.

요약

1. AWGN 모델은 통신 시스템의 분석에서 흔히 사용된다. 그러나 AWGN이라는 가정은 오직 특정 대역폭 내에서만 유효하며 이러한 대역폭은 온도에 따라 변하게 된다. 3K의 온도에서는 이 대역폭은 대략 10GHz 정도가 된다. 온도가 증가하면, 백색잡음이라는 가정이 유효한 대역폭의 범위도 증가하게 된다. 표준온도(290K)에서는 백색잡음이라는 가정이 1,000GHz를 넘는 대역폭까지 유효하다. 열잡음은 수많은 전하 캐리어들의 영향이 결합되어 발생하므로, 중심 극한 정리에 따라 가우시안 분포를 갖는 것으로 가정한다.

2. 가산성 가우시안 잡음 환경에서 동작하는 기저대역 통신 시스템의 출력에서 신호 대 잡음비는 P_T/N_0W이다. 여기서 P_T는 신호 전력, N_0는 잡음의 단측파대 전력 스펙트럼 밀도이고($\frac{1}{2}N_0$는 양측파대 전력 스펙트럼 밀도) W는 신호 대역폭이다.

3. 복조 반송파의 완벽한 위상동기와 잡음 대역폭 W를 가정하면, 양측파대 변조 시스템에서의 출력 신호 대 잡음비는 P_T/N_0W이다.

4. 복조 반송파의 완벽한 위상동기와 대역폭 W를 가정하면, 단측파대 변조 시스템에서의 출력 신호 대 잡음비는 P_T/N_0W이다. 그러므로 이상적인 조건하에서는 단측파대 변조와 양측파대 변조 모두 기저대역 시스템과 동일한 성능을 나타낸다.

5. 위상동기 복조 시 진폭 변조 시스템의 출력 신호 대 잡음비는 $E_{ff}P_T/N_0W$이다. 여기서 E_{ff}는 시스템의 효율이다. 높은 신호 대 잡음비에 대해서, 포락선 검출을 하는 진폭 변조 시스템은 위상동기 복조를 하는 진폭 변조 시스템과 같은 출력 신호 대 잡음비를 갖는다. 검출전 신호 대 잡음비가 작으면, 복조기

2 두 가지 널리 쓰이는 압신 시스템은 μ-law와 A-law 압축 알고리즘에 기반하고 있다. 이에 대한 예제들이 모의실험 코드와 함께 MATLAB communications toolbox에 포함되어 있다. tanh 함수에 기반한 매우 간단한 압신 루틴이 이 장 마지막의 컴퓨터 실습문제에 주어져 있다.

출력에서의 신호와 잡음은 서로 더해지는 형태 보다는 서로 곱해지는(multiplicative) 형태가 된다. 입력 신호 대 잡음비에서의 작은 감소가 출력에서는 신호에 심각한 손실을 유발한다. 이것을 **임계 효과**라고 한다.

6. 제곱 검출기는 P_T/N_0W의 모든 값에 대해서 분석이 가능한 비선형 시스템이다. 제곱 검출기는 비선형이기 때문에 임계 효과가 나타난다.

7. 어느 지점에서 신호가 기준 신호의 진폭 스케일링 및 시간 지연 형태로 나타나는 '완벽한' 신호라고 가정할 때, 시스템의 한 지점에서 신호 대 잡음비를 결정하는 간단한 알고리즘이 존재한다. 즉 완벽한 신호(SNR = ∞)는 기준 신호의 무왜곡 형태이다.

8. 직교 양측파대 신호 모델을 사용하면, 통신 시스템에서 가산성 잡음과 복조 위상 오차가 결합된 영향을 알아보는 일반화된 분석이 쉽게 이루어진다. 결론은 두 직교 양측파대 변조 신호들의 전력이 같다면 단측파대 변조와 직교 양측파대 변조는 복조 위상 오차에 똑같이 민감하다는 것이다. 단측파대 변조와 직교 양측파대 변조는 0이 아닌 복조 위상 오차에 대해 직교 채널들 사이에서 혼신이 있기 때문에, 양측파대 변조는 단측파대 변조나 직교 양측파대 변조보다 복조 위상 오차에 덜 민감하다.

9. 각 변조 시스템에 대한 분석을 통해, 임계치 이상에서의 시스템 동작에서는 신호 반송파 진폭이 증가함에 따라 출력잡음이 억압된다는 것을 알 수 있다. 그러므로 복조잡음 전력 출력은 입력 신호 전력의 함수이다.

10. 복조기 출력 전력 스펙트럼 밀도는 위상 변조의 경우 $|f| > W$의 범위에서 일정하고, 주파수 변조의 경우 $|f| < W$의 범위에서 포물선의 모양을 보인다. 주파수 변조 시스템에 대한 포물선 모양의 전력 스펙트럼 밀도는 주파수 변조의 복조가 미분 과정을 필요로 한다는 사실에 기인한다.

11. 위상 변조의 경우 복조된 출력 신호 대 잡음비는 k_p^2에 비례하는데, 여기서 k_p는 위상 편이 상수이다. 주파수 변조의 경우 출력 신호 대 잡음비는 D^2에 비례하며, 여기서 D는 편이율이다. 편이율이 증가하면 전송 신호의 대역폭 또한 증가하게 되므로 각 변조의 사용은 대역폭의 증가라는 대가를 통해 시스템 성능의 개선을 얻을 수가 있다.

12. 프리엠퍼시스와 디엠퍼시스의 사용은 주파수 변조 시스템의 잡음 성능을 크게 향상시킨다. 일반적으로 복조된 출력의 신호 대 잡음비에서 10dB 이상의 향상된 결과를 보인다.

13. 주파수 변조 시스템의 입력 신호 대 잡음비가 감소하면, 스파이크 잡음이 나타난다. 스파이크는 총잡음 페이저의 원점 일주로 인해 생긴다. 스파이크의 범위는 2π이고, 전력 스펙트럼 밀도는 스파이크 주파수에 비례한다. 변조 지수가 증가함에 따라 검출전 대역폭도 증가해야만 하고 따라서 검출전 신호 대 잡음비는 감소하기 때문에, 변조 지수가 증가함에 따라 P_T/N_0W의 임계치는 증가한다.

14. 양자화로 인한 비선형 변조 과정인 펄스 부호 변조를 분석해 보면 주파수 변조와 같이 대역폭과 출력 신호 대 잡음비 사이에 트레이드-오프가 존재한다. 즉 임계치 이상에서는 펄스 부호 변조 시스템의 성능이 워드길이 또는 양자화 오차의 영향을 많이 받게 되고, 임계치 이하에서는 채널잡음의 영향을 많이 받게 된다.

15. 이 장에서 가장 중요한 결과는 여러 변조 방법에 대한 검출후 신호 대 잡음비이다. 표 8.1에 이러한 결과들을 요약하여 나타내었다. 이 표에는 각각의 변조 방식에 대한 검출후 신호 대 잡음비와 요구

표 8.1 잡음 성능 특성

System	Postdetection SNR	Transmission bandwidth
Baseband	$\frac{P_T}{N_0W}$	W
DSB with coherent demodulation	$\frac{P_T}{N_0W}$	$2W$
SSB with coherent demodulation	$\frac{P_T}{N_0W}$	W
AM with envelope detection (above threshold) or AM with coherent demodulation. *Note*: E is efficiency	$\frac{EP_T}{N_0W}$	$2W$
AM with square-law detection	$2\left(\frac{a^2}{2+a^2}\right)^2 \frac{P_T/N_0W}{1+(N_0W/P_T)}$	$2W$
PM above threshold	$K_p^2\overline{m_n^2}\frac{P_T}{N_0W}$	$2(D+1)W$
FM above threshold (without preemphasis)	$3D^2\overline{m_n^2}\frac{P_T}{N_0W}$	$2(D+1)W$
FM above threshold (with preemphasis)	$\left(\frac{f_d}{f_3}\right)^2\overline{m_n^2}\frac{P_T}{N_0W}$	$2(D+1)W$

되는 전송 대역폭이 정리되어 있다. 비선형 시스템의 경우 검출후 신호 대 잡음비와 전송 대역폭 사이의 트레이드-오프가 명확하다.

훈련문제

8.1 10,000Ω의 저항기가 290K의 온도에서 작동한다. 1,000,000Hz의 대역폭에서 발생하는 잡음의 분산을 구하라.

8.2 이전 문제의 파라미터를 이용하고 온도가 10K로 감소하였다고 가정한다. 새로운 잡음의 분산을 구하라.

8.3 수신기의 입력은 전력 스펙트럼 밀도 $S_s(f) = 5\Lambda(\frac{f}{7})$의 신호 성분을 갖는다. 잡음 성분이 $(10^{-4})\Pi(\frac{f}{20})$일 때, 데시벨 단위의 신호 대 잡음비를 구하라.

8.4 간단한 시스템에서 신호를 $5\cos[2\pi(6)t]$로 정의한다. $0.2\sin[2\pi(8)t]$로 정의된 단일 톤 간섭이 신호에 더해진다. 신호 대 간섭비를 구하라. 8.1.5절에서 다뤄진 기법을 사용하여 R_{xy}의 최댓값, P_x, P_y, R_{xy}를 계산하고 앞에서 구한 결과를 검증하라.

8.5 단측파대 변조 시스템이 20dB의 신호 대 잡음비에서 동작한다. 복조 위상 오차 표준 편차는 5도이다. 원래의 메시지 신호와 복조된 메시지 신호 사이의 평균 제곱 오차를 구하라.

8.6 위상 변조 시스템이 10kW의 송신 파워와 10 kHz의 메시지 신호 대역폭에서 동작한다. 위상 변조 상수는 단위 입력당 π라디안이다. 정규화된 메시지 신호는 0.4의 표준 편차를 갖는다. 검출후 신호 대 잡음비가 30dB일 때 채널잡음 전력 스펙트럼 밀도를 구하라.

8.7 주파수 변조 시스템이 편이율이 5인 것을 제외하고는, 훈련문제 8.6과 같은 파라미터를 가지고 동작한다. 검출후 신호 대 잡음비가 30dB일 때 채널 잡음 전력 스펙트럼 밀도를 구하라.

8.8 주파수 변조 시스템이 식 (8.149)에서 정의된 프리엠퍼시스와 디엠퍼시스를 사용한 검출후 신호 대 잡음비에서 동작한다. f_3와 W의 함수인 프리엠퍼시스와 디엠퍼시스를 사용하여 얻은 신호 대 잡음비 이득에 대한 표현식을 구하라. 구한 식을 이용하여 예제 8.3의 결과를 확인하라.

8.9 $f_3 \ll W$라는 가정을 하지 말고, 훈련문제 8.8을 반복하라. 예제 8.3에서 주어진 값을 이용하여 $f_3 \ll W$의 가정이 없을 때 이전 문제의 결과가 어떻게 변하는지 풀이하라.

8.10 펄스 부호 변조 시스템의 성능은 양자화 오차에 의해 제한된다. 적어도 35dB의 출력 신호 대 잡음비를 보장하기 위해 요구되는 워드길이를 구하라.

8.11 압축기는 1차 버터워스 고역통과 필터의 진폭 압축 특성을 갖는다. 입력 신호가 $f \leq f_1$에 대하여는 무시할 만한 성분을 갖는다고 가정한다. 여기서 $f_1 \ll f_3$이고, f_3는 고역통과 필터의 3dB 차단 주파수이다. 신장기의 진폭 응답 특성을 정의하라.

연습문제

8.1절

8.1 이 장의 시작 부분에서 열잡음을 논의할 때, 표준온도(290K)에서 1,000GHz를 넘는 대역폭까지 백색잡음이라고 가정할 수 있다고 했다. 만약 온도가 5K로 내려간다면 잡음 분산은 감소하지만 백색잡음이라는 가정이 유효한 대역폭은 대략 10GHz로 줄어들게 된다. 이런 기준온도(5K와 290K)를 화씨로 나타내라.

8.2 기저대역 시스템 입력에서의 파형이 신호 전력 P_T와 단측파대 전력 스펙트럼 밀도 N_0의 백색잡음을 갖는다. 이 신호의 대역폭은 W이다. 심각한 왜곡 없이 신호를 통과시키기 위해서 입력 파형이 n차 버터워스 필터를 사용하여 대역폭 $B=2W$로 대역 제한되었다고 가정한다. $n=1, 3, 5, 10$의 경우에 대해서 필터 출력에서의 신호 대 잡음비를 P_T/N_0W의 함수로 구하고, $n \rightarrow \infty$일 때 신호 대 잡음비를 구하라. 또한 그 결과를 분석하라.

8.3 신호가 다음과 같이 주어지며

$$x(t) = 5\cos\,[2\pi\,(5)t]$$

잡음 전력 스펙트럼 밀도는 다음과 같이 주어진다.

$$S_n(f) = \frac{1}{2}N_0, \qquad |f| \leq 8$$

신호 대 잡음비가 30dB 이상이 되는 N_0의 최대 허용값을 구하라.

8.4 $f_x = f_c \pm \frac{1}{2}W$ 주파수를 중심으로 잡음이 확장된다고 가정할 때, 단측파대 변조 시스템에 대한 $y_D(t)$의 식을 유도하라. 검출 이득과 $(\text{SNR})_D$를 유도하라. $S_{n_c}(f)$와 $S_{n_s}(f)$를 구한 후 도시하라.

8.5 8.1.3절에서 f_c를 중심으로 잡음 성분을 확장했다. 그러나 단측파대 변조에 대한 잡음 성분은 측파대 선택에 따라 $f_c \pm \frac{1}{2}W$를 중심으로 확장될 수 있음을 살펴보았다. 이 두 경우에 대한 전력 스펙트럼 밀도를 도시하고, 각 경우에 대해서 식 (8.16)과 식 (8.17)에 해당하는 표현식을 기술하라.

8.6 진폭 변조 시스템이 변조 지수 0.5로 동작하며, 메시지 신호가 $10\cos(8\pi t)$라고 가정하자. 효율, 데시

벨 단위의 검출 이득, 기저대역 성능 P_T/N_0W와 관계된 데시벨 단위의 출력 신호 대 잡음비를 계산하라. 변조 지수가 0.5에서 0.8로 증가했을 때 그에 따른 출력 신호 대 잡음비에서의 성능 향상(데시벨 단위)을 구하라.

8.7 진폭 변조 시스템에서 메시지 신호가 평균이 0인 가우시안 진폭 분포를 갖는다. $m(t)$의 첨두값은 시간의 1.0%를 초과하는 $|m(t)|$ 값으로 구한다. 변조 지수가 0.8이라면 검출 이득은 얼마인가?

8.8 포락선 검출기에 대한 임계 레벨은 때때로 0.99의 확률로 $A_c > r_n$인 $(\text{SNR})_T$의 값으로서 정의된다. $a^2\overline{m_n^2} \cong 1$이라고 가정할 때 임계치에서 데시벨로 표현되는 신호 대 잡음비를 구하라.

8.9 포락선 검출기가 임계치 이상에서 동작하고, 변조 신호는 정현파이다. 변조 지수 0.3, 0.5, 0.6, 0.8에 대해서 P_T/N_0W의 함수로서 데시벨 단위의 $(\text{SNR})_D$를 도시하라.

8.10 진폭 변조에 대한 제곱 검출기를 그림 8.20에 나타내었다. $x_c(t) = A_c[1 + am_n(t)]\cos(2\pi f_c t)$ 그리고 $m(t) = \cos(2\pi f_m t) + \cos(4\pi f_m t)$로 가정할 때, $y_D(t)$에서 나타나는 각 항의 스펙트럼을 도시하라. $2W$의 대역폭을 갖는 대역 제한된 백색잡음으로 가정한 잡음을 무시하지 말고, 도시한 스펙트럼에서 원하는 신호 성분, 신호에서 유발된 왜곡, 그리고 잡음을 설명하라.

8.11 식 (8.59)가 맞는지 틀리는지 확인하라.

8.12 평균이 0인 메시지 신호 $m(t)$가 가우시안 확률 밀도 함수를 가지며, 정규화된 메시지 신호를 $m_n(t)$로 나타내기 위하여 $m(t)$의 최댓값이 $k\sigma_m$이라고 가정하자. 여기서 k는 매개변수이고 σ_m은 메시지 신호의 표준 편차이다. $a = 0.5$이고 $k = 1, 3, 5$일 때, $(\text{SNR})_D$를 P_T/N_0W의 함수로 도시하라. 어떤 결론을 얻었는지 설명하라.

8.13 변조 지수가 1이고 높은 검출전 신호 대 잡음비를 가정할 때, 선형 포락선 검출기에 대하여 P_T/N_0W의 함수로서 $(\text{SNR})_D$를 계산하라. 이 결과를 제곱 검출기와 비교하고, 제곱 검출기가 대략 1.8dB 정도 성능이 좋지 않음을 보여라. 만약 필요하다면 정현파 변조를 가정하라.

8.14 그림 8.21에 나타낸 것과 같이, RC 고역통과 필터 다음에 대역폭이 W인 이상적인 저역통과 필터로 구성되는 시스템을 고려하자. $f_c < W$인 조건의 $A\cos(2\pi f_c t)$에 양측파대 전력 스펙트럼 밀도가 $\frac{1}{2}N_0$인 백색잡음이 더해져서 시스템에 입력된다고 가정하자. 이상적인 저역통과 필터 출력에서의 신호 대 잡음비를 N_0, A, R, C, W, f_c의 항으로 구하라. $W \to \infty$라면, 신호 대 잡음비는 어떻게 되는가?

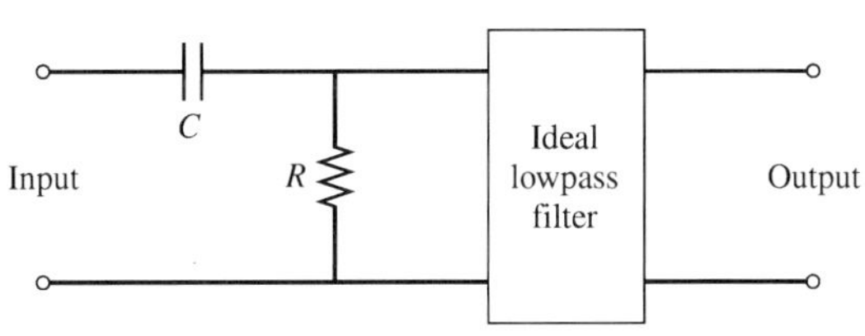

그림 8.21

8.15 통신 수신기 입력이

$$r(t) = 5\sin(20\pi t + \frac{4}{7}\pi) + i(t) + n(t)$$

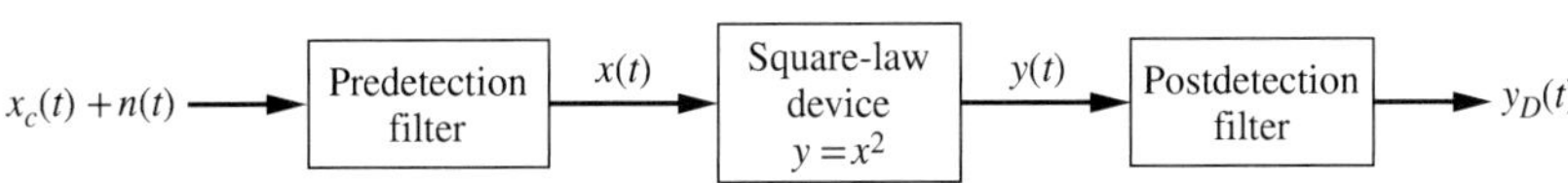

그림 8.20

이다. 여기서

$$i(t)=0.2\cos(60\pi t)$$

이고, $n(t)$는 표준 편차 $\sigma_n=0.1$을 갖는 잡음이다. 수신 신호는 $10\cos(20\pi t)$이다. 수신기 입력에서 신호 대 잡음비와 송신 신호로부터 수신기 입력까지의 지연을 구하라.

8.2절

8.16 단측파대 변조 시스템이 0.06 이하의 정규화된 평균 제곱 오차를 가지고 동작한다. 정규화된 평균 제곱 오차가 0.4%인 경우에 대해서 출력 신호 대 잡음비와 복조 위상 오차 분산의 비를 도시하여, 시스템 성능을 만족하는 영역을 보여라. 양측파대 변조 시스템에 대해서도 반복하라. 두 곡선을 같은 축상에 그려라.

8.17 정규화된 평균 제곱 오차가 0.1 이하의 경우에 대해서 앞의 연습문제 8.16을 반복하라.

8.3절

8.18 $R(t)$, A_c, 그리고 $r_n(t)$ 간의 관계도를 이용하여, $(\mathrm{SNR})_T \gg 1$일 때 각 변조 신호에 대한 페이저 다이어그램을 도시하라. 이 페이저 다이어그램상에서 $\psi(t)$, $\phi(t)$ 그리고 $\phi_n(t)$의 관계를 보여라. 이 페이저 다이어그램을 이용하여 $(\mathrm{SNR})_T \gg 1$일 때 아래와 같은 근사식이 성립됨을 보여라.

$$\psi(t) \approx \phi(t) + \frac{r_n(t)}{A_c}\sin[\phi_n(t)-\phi(t)]$$

$(\mathrm{SNR})_T \ll 1$인 경우에 대해서 두 번째 페이저 다이어그램을 도시하고

$$\psi(t) \approx \phi_n(t) + \frac{A_c}{r_n(t)}\sin[\phi_n(t)-\phi(t)]$$

가 됨을 보여라. 이로부터 얻을 수 있는 결론을 서술하라.

8.19 스테레오 방송의 과정이 4장에서 다뤄졌다. $l(t)-r(t)$ 채널에서의 잡음과 $l(t)+r(t)$ 채널에서의 잡음을 비교하여 스테레오 방송이 스테레오가 아닌 방송보다 잡음에 더 민감한 이유를 설명하라.

8.20 주파수 분할 다중화 통신 시스템은 기저대역을 구성하기 위하여 양측파대 변조를 사용하고, 구성된 기저대역 전송을 위해서는 주파수 변조를 사용한다. 8개의 채널을 가정하며, 8개의 메시지 신호가 모두 동일한 전력 P_0와 동일한 대역폭 W를 갖는다고 가정하자. 하나의 채널은 부반송파 변조를 하지 않고, 나머지 채널들은 다음과 같은 부반송파를 사용한다.

$$A_k\cos(2\pi k f_1 t), \quad 1 \le k \le 7$$

보호대역의 폭은 $3W$이다. 신호 성분과 잡음 성분을 보이는 수신된 기저대역 신호의 전력 스펙트럼을 도시하라. 채널이 같은 신호 대 잡음비를 갖는다고 할 때 A_k의 값들 사이의 관계를 계산하라.

8.21 식 (8.146)을 이용해서 디엠퍼시스가 있는 $y_D(t)$와 디엠퍼시스가 없는 $y_D(t)$에서의 잡음 전력의 비에 대한 식을 유도하라. 이 비율을 W/f_3의 함수로 도시하라. $f_3=2.1\text{kHz}$, $W=15\text{kHz}$인 표준값에 대해서 위의 비율을 계산하고, 그 결과를 이용하여 디엠퍼시스를 사용함으로써 얻어지는 데시벨 단위의 성능 향상을 구하라. 이 결과를 예제 8.3에서 구한 것과 비교하라.

8.22 양측 전력 스펙트럼 밀도가 $\frac{1}{2}$인 백색잡음이 그림 8.22에 나타낸 전력 스펙트럼 밀도를 가진 신호에 더해진다. 신호와 잡음의 합이 통과대역 이득이 1이고, 대역폭이 $B>W$인 이상적인 저역통과 필

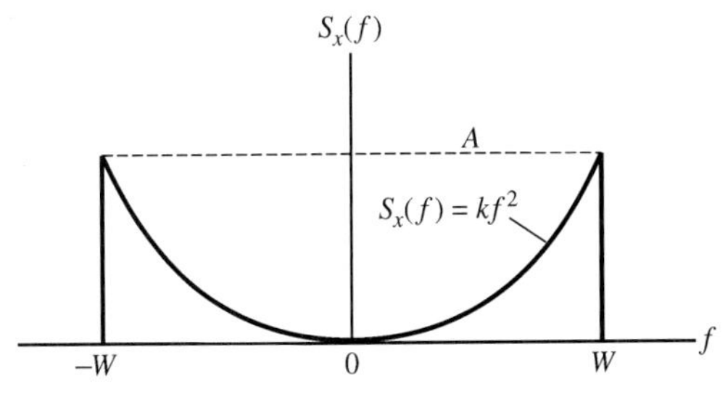

그림 8.22

터로 필터링된다. 필터 출력에서 신호 대 잡음비를 구하라. B가 W로 감소되면 어떤 요인에 의해 신호 대 잡음비가 증가하는가?

8.23 그림 8.23에 나타낸 시스템을 고려하자. 신호 $x(t)$는 다음과 같이 정의된다.

$$x(t) = A\cos(2\pi f_c t)$$

저역통과 필터는 통과대역에서 이득이 1이고 $f_c < W$인 조건의 대역폭 W를 갖는다. 잡음 $n(t)$는 양측 전력 스펙트럼 밀도가 $\frac{1}{2}N_0$인 백색잡음이다. $y(t)$의 신호 성분은 주파수 f_c에서의 성분으로 정의된다. $y(t)$의 신호 대 잡음비를 구하라.

8.24 그림 8.24에 나타낸 시스템을 고려하자. 잡음은 양측 전력 스펙트럼 밀도 $\frac{1}{2}N_0$인 백색잡음이다. 신호의 전력 스펙트럼 밀도는 다음과 같다.

$$S_x(f) = \frac{A}{1 + (f/f_3)^2}, \quad -\infty < f < \infty$$

매개변수 f_3는 신호의 3dB 대역폭이다. 이상적인 저역통과 필터의 대역폭은 W이다. $y(t)$의 신호 대 잡음비를 계산하고, W/f_3의 함수로서 신호 대 잡음비를 도시하라.

8.4절

8.25 메시지 신호가 가우시안 진폭 확률 밀도 함수를 가지는 랜덤인 경우에 대하여 주파수 변조 변별기 출력의 출력 신호 대 잡음비에 대한 식을 식 (8.172)와 비슷하게 유도하라. 메시지 신호의 평균은 0이며 분산은 σ_m^2이다.

8.26 무변조 정현파와 대역 제한된 AWGN이 더해져 완벽한 2차 위상동기 루프에 입력된다고 가정하자. 다시 말해 위상동기 루프 입력은 다음과 같이 나타낼 수 있다.

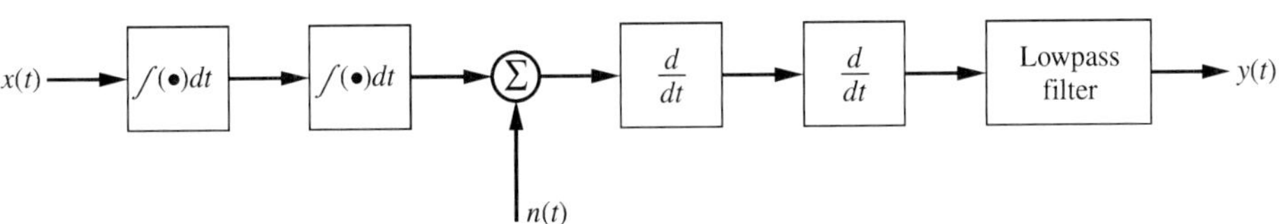

그림 8.23

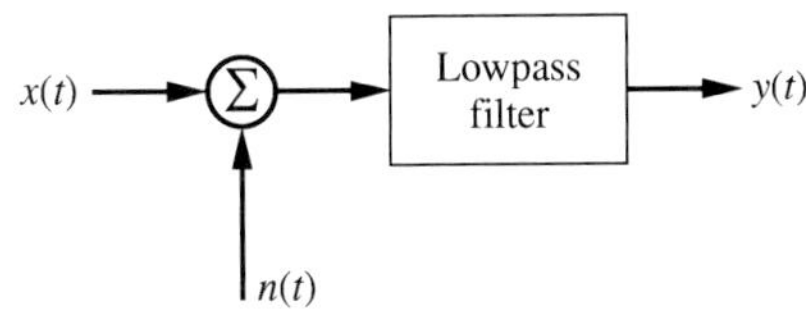

그림 8.24

$$X_c(t) = A_c \cos(2\pi f_c t + \theta) + n_c(t)\cos(2\pi f_c t + \theta) - n_s(t)\sin(2\pi f_c t + \theta)$$

또한, 루프 입력에서의 신호 대 잡음비가 커서 선형 위상동기 루프 모델의 사용이 가능할 정도로 위상 지터(오차)가 충분히 작다고 가정하자. 선형 모델을 이용하여 잡음으로 인한 루프 위상 오차의 분산에 대한 표현식을 4장에서 정의된 표준 위상동기 루프 매개변수의 항으로 유도하라. 위상 오차의 확률 밀도 함수는 가우시안이고, 위상 오차의 분산은 루프 입력에서 신호 대 잡음비에 반비례함을 보여라.

8.5절

8.27 펄스 위치 변조 시스템이 나이퀴스트 비율로 표본화되고, 주어진 펄스 구간에서 최소 채널 대역폭이 사용된다고 가정하자. 검출후 신호 대 잡음비가 다음과 같음을 보이고 K를 계산하라.

$$(\text{SNR})_D = K\left(\frac{B_T}{W}\right)^2 \frac{P_T}{N_0 W}$$

8.28 아날로그-디지털 변환기 입력에서의 메시지 신호는 첨두-첨두 전압이 15V인 정현파 신호이다. 아날로그-디지털 변환기의 워드길이에 대한 함수로서 신호 대 양자화 잡음 전력비를 계산하라. 그에 대해 어떤 가정을 했는지 서술하라.

컴퓨터 실습문제

8.1 위상 오차 분산의 함수로서 위상동기 복조기의 성능을 나타낸 그림 8.8에 도시된 것과 유사하게, 성능 곡선들을 전개하라. 신호 대 잡음비를 매개변수로 하여, 데시벨 단위의 신호 대 잡음비를 표현하라. 그림 8.8에서와 같이 직교 양측파대 변조 시스템을 가정하라. 양측파대 변조 시스템에 대해서도 이 실습문제를 반복하라.

8.2 그림 8.14에 묘사된 주파수 변조 변별기 성능 특성 곡선을 생성하기 위해 사용되는 컴퓨터 프로그램을 실행하라. $\beta=1$, 5, 10, 20일 때에 더하여 $\beta=0.1$일 경우의 성능 곡선을 도시하라. 임계 효과가 거의 명백한지, 또한 왜 그런지 설명하라.

8.3 임계치에서 입력 신호 대 잡음비는 식 (8.172)의 분모가 2가 되는 P_T/N_0W의 값으로 정의된다. 이 값은, 임계치 이상에서의 (선형) 분석으로 추정된 $(\text{SNR})_D$의 값에 3dB 이하인 검출후 신호 대 잡음비, $(\text{SNR})_D$에 해당한다. 이러한 임계정의를 이용하여 P_T/N_0W의 임계치(데시벨 단위)를 β의 함수로 도시하라. 이로부터 얻은 결론은 무엇인가?

8.4 잡음 존재 시 동작하는 주파수 변조 변별기의 성능 분석에 있어서, 검출후 신호 대 잡음비$(\text{SNR})_D$는 종종 $(\text{SNR})_D$ 상의 변조 효과가 무시된다고 근사하여 구할 수 있다. 즉, $|\overline{\delta f}|$를 0으로 둔다. 정현파 변조를 가정하고, 이러한 근사 방법을 사용함으로써 생기는 오류를 살펴보라. 무시되는 변조 효과와 함께 그림 8.14에서 보여준 곡선을 계산하고 도시하기 위한 컴퓨터 프로그램을 작성하라.

8.5 컴퓨터 실습문제 8.4에서 포착 모드에서의 위상동기 루프 동작에 대해서 살펴보았다. 여기서는 동기 추적 모드에서의 성능을 알아보고자 한다. 무변조된 정현파에 잡음이 더해진 것을 동기 추적하는 위상동기 루프 컴퓨터 모의실험을 수행하라. 위상동기 루프가 동기를 놓치지 않도록 하기 위해 검출전 신호 대 잡음비를 충분히 크게 두도록 하자.

MATLAB과 히스토그램 루틴을 이용하여 전압 제어 발진기 출력에서 확률 밀도 함수의 추정치를 도시하고, 그 결과에 대해서 논의하라.

8.6 그림 8.17에 나타낸 성능 곡선을 검증하기 위한 컴퓨터 프로그램을 작성하라. 변조 지수가 1일 때 위상동기 주파수 천이 변조와 위상동기 위상 천이 변조의 성능과 위상비동기 주파수 천이 변조의 성능을 비교하라. 다음 장에서 살펴보겠지만 위상동기 주파수 천이 변조에 대한 비트 오류 확률은

$$P_b = Q\left(\sqrt{\frac{P_T}{N_0 B_T}}\right)$$

이고, 변조 지수가 1인 위상동기 이진 위상 천이 변조에 대한 비트 오류 확률은 다음과 같다.

$$P_b = Q\left(\sqrt{\frac{2P_T}{N_0 B_T}}\right)$$

여기서 B_T는 시스템 비트율 대역폭이다. $n=8$, $n=16$인 경우에 대하여 이 예제에서 다루어진 세 가지 시스템의 결과를 비교하라.

8.7 8.2절에서 우리는 기준신호가 주어진 시스템의 한 지점에서의 이득, 지연 및 신호 대 잡음비를 추정하는 기법을 설명하였다. 이 기술을 적용하는데 있어서 가장 주된 오류원은 무엇인가? 이러한 오류원을 어떻게 줄일 수 있고 그와 연관된 비용은 무엇인가? 이 오류를 입증하기 위한 시험 신호와 표본화 전략을 기술하라.

8.8 3비트 아날로그-디지털 변환기(8 양자화 준위)를 가정하자. 압축기와 신장기로 구성되는 압신 시스템을 설계하고자 한다. 입력 신호를 정현파로 가정하고 정현파가 동일한 확률로 각각의 양자화 레벨에 위치하게 되는 압축기를 설계하라. MATLAB 프로그램을 이용하여 압축기를 구현하고 압축기 설계를 검증하라. 압축기와 신장기를 직렬로 연결하여 원하는 선형 특성을 갖는 신장기를 설계하고 압신기를 완성하라. MATLAB 프로그램을 이용하여 전체 설계를 검증하라.

8.9 압축기는 종종 다음과 같이 모델링된다.

$$x_{out}(t) = A\ tanh[ax_{in}(t)]$$

압축기의 입력이 Hz 단위로 측정되는 $20 \le f \le 15{,}000$범위의 주파수 요소를 갖는 오디오 신호로 가정하자. 압축기가 20Hz에서 6dB의 진폭 감쇠를 갖도록 하는 a 값을 구하라. 이 값을 기준값 a_r로 나타내라. $A=1$이라 하고, $a=0.5a$, $0.75a$, $1.0a$, $1.25a$, $1.5a$일 때 압축 특성을 나타내는 곡선들을 도시하라. $f \le 15$Hz에서 입력 신호의 주파수 성분은 무시할 수 있다는 것을 염두에 두고, 적절한 신장기 특성을 구하라.

CHAPTER 9

잡음에서의 디지털 데이터 전송의 원리

8장에서 잡음이 아날로그 통신 시스템에 미치는 영향에 대해 공부하였다. 이제 잡음이 있는 상황에서 디지털 데이터 변조 시스템의 성능을 살펴보자. 연속적인 시간과 연속적인 메시지 신호 레벨을 고려하는 대신, 이산적인 심벌들을 만들어내는 정보원으로부터 나온 정보의 전송에 관심을 둔다. 즉 그림 1.1의 전송 블록으로 들어가는 입력 신호가 오직 이산적인 값을 갖는다고 가정되는 신호이다. 5장에서 잡음의 효과를 고려하지 않고 디지털 데이터 전송 시스템을 논의했던 것을 상기하자.

이 장의 목적은 디지털 데이터의 전송에 대한 여러 가지 시스템과 그것들의 상대적인 성능을 살펴보는 것이다. 시작하기 전에 그림 1.1보다 좀 더 자세한 그림 9.1에 나와 있는 디지털 데이터 전송 시스템의 블록도를 고려하자. 우리가 관심을 가지는 부분은 **부호기** 및 **복호기**로 명명된 블록 사이의 시스템 부분이다. 디지털 데이터 전송의 전체적인 문제에 대해 보다 나은 관점을 얻기 위해 점선으로 되어 있는 블록들에 의해 수행되는 동작들을 간단히 살펴볼 것이다.

이전의 4장 및 5장에서 논의되었듯이, 컴퓨터와 같이 정보원이 메시지 신호를 원래부터 디지털로 내보내는 것도 있는 반면, 앞 장에서 논의된 것처럼, 전송을 위해 아날로그 신호를 디지털 신호 형태로 나타내고(아날로그-디지털 변환이라고 함), 수신 후 다시 아날로그 형태로 바꾸는 것(디지털-아날로그 변환이라고 함)이 종종 이득이 된다. 4장에서 소개한 펄스 부호 변조(PCM)가 아날로그 메시지를 디지털 형태로 전송하는 데 사용될 수 있는 변조 기법 중의 한 가지 예이다. 8장에서 나타내었듯이, 펄스 부호 변조 시스템의 신호 대 잡음비 성능 특성은 대역폭을 늘림으로써 신호 대 잡음비를 향상시킬 수 있다는 이점을 보여주고 있다.[1]

이번 장 대부분에서 정보원 심벌은 동일한 확률로 발생한다고 가정한다. 많은 이산적(discrete-time) 정보원들은 자연스럽게 동일한 확률로 심벌들을 만들어낸다. 예를 들어, 채널을 통해 전송되는 이진 컴퓨터 파일은 매번 거의 같은 개수의 1과 0을 포함한다. 만약 정보원

1 음성 신호를 아날로그에서 디지털로 그리고 디지털에서 아날로그로 바꾸는 장치를 보코더라고 한다.

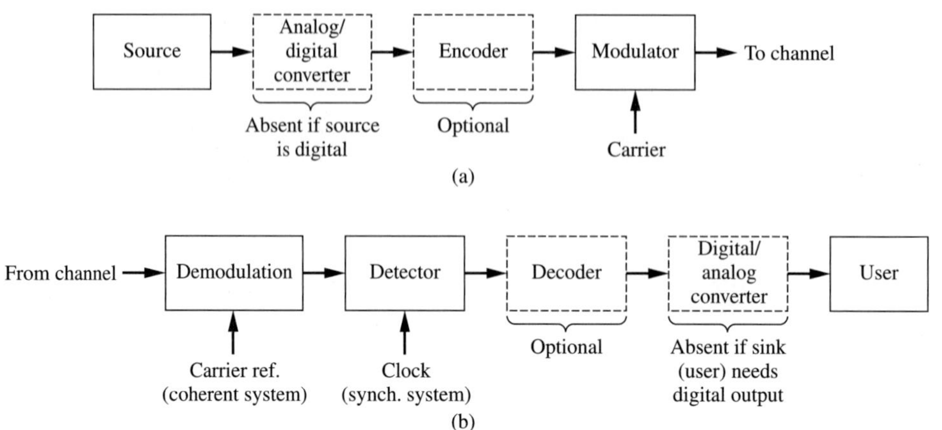

그림 9.1 디지털 데이터 전송 시스템의 블록도. (a) 송신기, (b) 수신기

심벌들이 거의 같은 확률로 발생하지 않는다면, 12장에서 공부하게 되겠지만 정보원 부호화(압축)라 불리는 과정을 통해 이진 상태인 1과 0이 동일한 확률, 또는 거의 같은 확률로 발생하는 새로운 정보원 심벌 집합이 만들어지게 된다. 정보원 심벌의 본래 집합에서 새로운 집합으로의 매핑은 정해져 있기 때문에 본래의 정보원 심벌들은 수신기의 출력 데이터로부터 복원될 수 있다. 정보원 부호화의 사용은 이진 정보원에만 국한되지는 않는다. 12장에서 배우겠지만 동일 빈도로 나타나는 심벌들의 전송은 각 정보원 심벌에서 전송되는 정보량이 최대가 되게 하고, 그에 따라 채널도 효율적으로 사용된다. 정보원 부호화의 과정을 이해하기 위해서는 정보의 정확한 정의가 필요하고 이는 12장에서 다루게 될 것이다.

정보원이 원래 디지털이거나 디지털로 변환시킨 아날로그 정보원이라는 것과는 상관없이, 디지털 신호에 잉여 디지트를 더하거나 제거할 수 있는 장점이 있다. 순방향 오류 정정 부호화라고 불리는 이러한 과정은 그림 9.1에 나와 있는 부호기-복호기 블록에서 수행되고 12장에서 살펴볼 것이다.

그림 9.1에 실선으로 표시된 블록으로 나타나 있는 기본적인 시스템에 대해 고려해보자. 만약에 복조기 입력에서의 디지털 신호가 두 가지 가능한 값 중 하나만을 갖는다고 하면, 이러한 통신 시스템을 이진 시스템이라고 한다. 만약에 가능한 $M>2$인 값들 중 하나를 취한다고 하면, 이 시스템은 M진 시스템이라고 한다. 원거리 전송을 위해서는, 정보원에서 나온 이러한 디지털 기저대역 신호들이 5장에서 요약된 것처럼 전송되기 전에 반송파로 변조될 수가 있다. 만약에 기저대역 신호에 따라 변화하는 것이 진폭, 위상 또는 주파수라면 각각, 진폭 천이 변조(ASK), 위상 천이 변조(PSK), 주파수 천이 변조(FSK)라고 불린다. 중요한 M진 변조 기법인 4위상 천이 변조(QPSK)는 종종 대역폭 효율이 고려되는 상황에서 사용된다. 4위상 천이 변조와

관계된 다른 기법으로는 오프셋 4위상 천이 변조(OQPSK) 및 최소 천이 변조(MSK)가 있다. 이러한 기법들은 10장에서 다룬다.

복조 시 전송된 반송파(전송 지연으로 인한 고정된 위상 천이를 갖는)와 위상을 일치시키는 국부 기준위상이 이용 가능하면, 디지털 통신 시스템이 **위상동기**(coherent)되었다라고 한다. 그렇지 않은 경우를 **위상비동기**(noncoherent)라 한다. 이와 유사하게 전송된 디지털 신호의 시퀀스와 시간동기가 이루어진 주기적 신호(클락이라 함)가 수신기에서 이용 가능하면, 이러한 시스템은 **동기**(synchronous)(즉, 송신기와 수신기에서 데이터 스트림이 완벽히 맞춰져 있는)되었다라고 하며, 이러한 클락이 필요하지 않은 경우(예 : 5장에서 언급된 위상 분할의 예로 타이밍 표시가 데이터 블록에서 구성될 수 있다.)의 신호처리 기법이 채용되면, 이러한 시스템을 **비동기**(asynchronous)라 한다.

디지털 데이터 통신 시스템에 있어서 시스템 성능의 중요한 척도는 오류 확률 P_E이다. 이 장에서는 여러 형태의 디지털 통신 시스템에 대한 P_E의 표현식을 구할 것이다. 또한, 주어진 조건에 대해 최소의 P_E를 갖는 수신기 구조에 대해서도 살펴볼 것이다. 백색 가우시안 잡음 환경에서 동기 검출은, 고정된 신호와 잡음 조건에서 최소의 P_E를 제공하는 **상관** 또는 **정합 필터**를 필요로 한다.

9.1절에서는 **적분-덤프 검출기**라고 알려진 정합 필터의 특별한 형태를 이용한 간단한 동기 기저대역 시스템의 분석을 통해 디지털 데이터 전송 시스템을 살펴본다. 이 분석은 9.2절에 나와 있는 정합 필터 수신기로 일반화될 수 있고, 여러 위상동기 신호처리 기법을 다루는 데 특화되어 이용된다. 9.3절에서는 복조를 위한 위상동기 기준이 필요 없는 두 기법에 대해 알아보고, 9.4절에서는 M진 변조 기법의 한 예인 디지털 펄스 변조에 대해 고찰한다. 또한 P_E 성능에 대한 대역폭의 트레이드-오프를 살펴본다. 9.5절에서는 전력과 대역폭을 기반으로 디지털 변조 기법들을 비교해본다. 무한의 대역폭이 가능하다는 관점의 이상적인 환경에서 동작하는 변조 기법을 분석한 후에, 9.6절에서는 대역폭이 제한된 기저대역 채널을 통한 ISI 무발생 신호에 대해 알아본다. 9.7절과 9.8절에서는 데이터 전송에서 다중경로 간섭과 신호 페이딩에 대한 영향 분석, 9.9절에서는 채널의 왜곡에 의한 영향을 완화시키기 위한 등화 필터 사용을 살펴본다.

9.1 백색 가우시안 잡음하의 기저대역 데이터 전송

그림 9.2(a)에 나와 있는 송신 신호가 T초 동안 A 또는 $-A$ 단위의 일정한 진폭 펄스의 시퀀스로 되어 있는 이진 디지털 데이터 통신 시스템을 고려해보자. 전형적인 전송 시퀀스를 그림 9.2(b)에 나타내었다. 데이터 원으로부터 나온 양의 펄스와 음의 펄스는 각각 논리 1과 논리 0

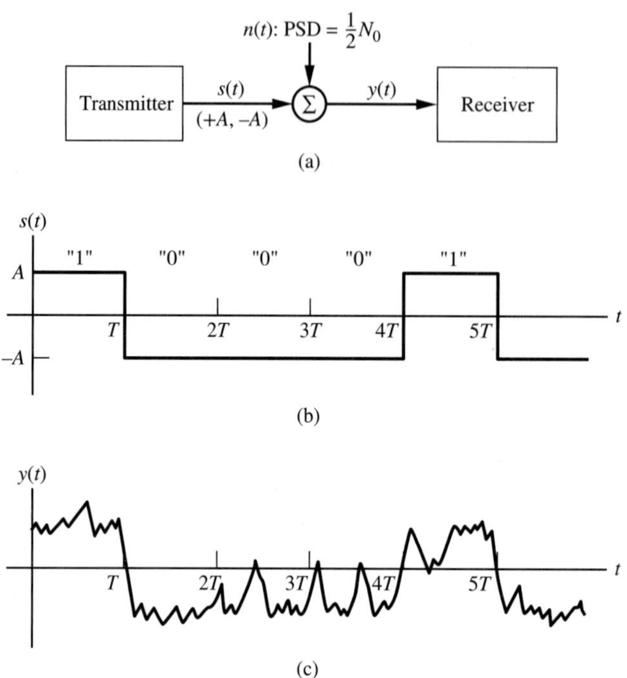

그림 9.2 동기 기저대역 디지털 데이터 시스템에 대한 시스템 모델과 파형. (a) 기저대역 디지털 데이터 통신 시스템, (b) 전형적인 송신 시퀀스, (c) 잡음이 더해진 수신 시퀀스

이라고 생각할 수 있다. 각각의 T초인 펄스를 이진 디지트라는 뜻의 **비니트**(binit), 또는 더 간단히 줄여 비트라고 부른다. (12장에서는 비트라는 용어가 더 자세한 의미에서 다뤄질 것이다.)

8장에서와 같이 채널은 간단하게 신호에 양측 전력 스펙트럼 밀도 $\frac{1}{2}N_0$ W/Hz를 갖는 백색 가우시안 잡음이 더해진다고 가정한다. 수신된 신호와 잡음이 더해진 전형적인 표본 함수를 그림 9.2(c)에 나타내었다. 비록 나중에 수신기의 성능을 분석할 때는 백색잡음으로 모델링을 하겠지만, 그림에 나타내기 위해 우선 잡음은 대역 제한이 되어 있다고 가정한다. 수신기는 각 수신 신호의 시작과 끝 시간을 알고 있다고 가정한다. **동기화**(synchronization)로 불리는 이러한 정보를 알아내는 문제는 지금은 다루지 않겠다.

수신기의 기능은 전송된 신호가 각 비트 주기 동안에 A인지 $-A$인지를 결정하는 것이다. 이 기능을 수행하는 직접적인 방법은 신호와 잡음이 더해진 것을 저역통과 검출전 필터를 통과시켜 각 T초 간격 내에서 얼마 동안 출력의 표본을 취하여 이 표본의 부호를 구하는 것이다. 만약 표본이 0보다 크면, $+A$가 전송된 것으로 결정하고, 0보다 작으면 $-A$가 전송된 것으로 결정한다. 그러나 이러한 수신기 구조를 갖고서는 신호에 대해 알려진 모든 것들을 이용하지는 못한다. 시작 시간과 끝 시간이 알려져 있으므로, 각 신호 구간의 끝 시간에 수신된 데이터를 T초 신호 구간 동안 적분하여, 각 수신된 신호와 잡음이 더해진 파형의 면적을 구해 0과 비

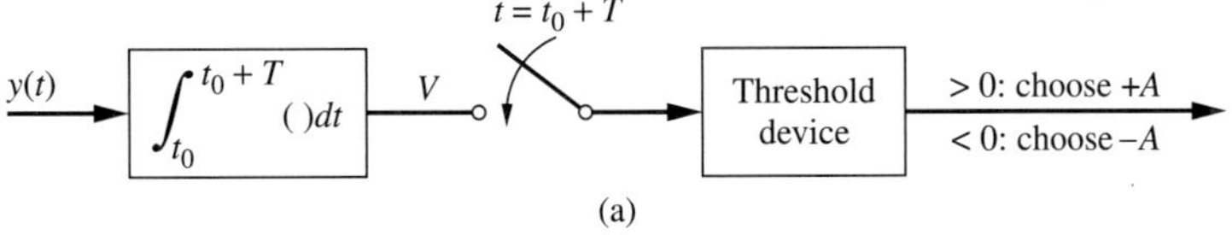

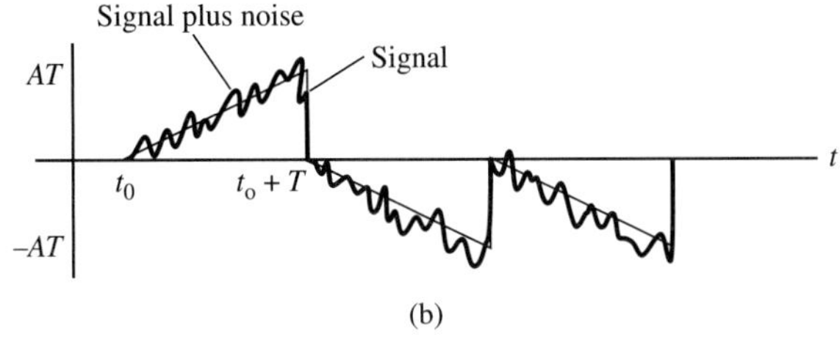

그림 9.3 수신기 구조와 적분기 출력. (a) 적분-덤프 수신기, (b) 적분기 출력

교하는 것이 더 좋은 기법이다. 물론, 잡음 성분은 적분기의 출력에도 존재하지만, 입력잡음의 평균이 0이므로, 잡음은 같은 확률로 양이나 음의 값을 갖는다. 따라서 출력잡음 성분의 평균은 0이 된다. 제안된 수신기의 구조와 전형적인 적분기의 출력 파형을 그림 9.3에 나타내었는데, 여기서 t_0는 임의의 신호 간격의 시작 시간이다. 각각의 적분 후에 전하가 폐기(dump) 되기 때문에, 이러한 명백한 이유로 이 수신기를 적분-덤프 검출기라고 한다.

해결해야 할 문제가 있다. 이 수신기는 어떻게 동작할 것이며, 수신기의 성능은 어떠한 파라미터에 의해 좌우되는가? 앞에서 언급하였듯이 오류 확률이 유용한 성능의 척도이며, 이제부터 이를 계산할 것이다. 신호 구간의 끝 시점에서 적분기의 출력은 다음과 같다.

$$V = \int_{t_0}^{t_0+T} [s(t) + n(t)]\, dt = \begin{cases} +AT + N & \text{if } +A \text{ is sent} \\ -AT + N & \text{if } -A \text{ is sent} \end{cases} \tag{9.1}$$

여기서 N은 다음과 같이 정의되는 랜덤변수이다.

$$N = \int_{t_0}^{t_0+T} n(t)\, dt \tag{9.2}$$

N은 가우시안 과정 표본 함수의 선형 연산에 의한 것이므로, 가우시안 랜덤변수가 된다. $n(t)$의 평균이 0이므로 N의 평균은 다음과 같이 된다.

$$E\{N\} = E\left\{\int_{t_0}^{t_0+T} n(t)\, dt\right\} = \int_{t_0}^{t_0+T} E\{n(t)\}\, dt = 0 \tag{9.3}$$

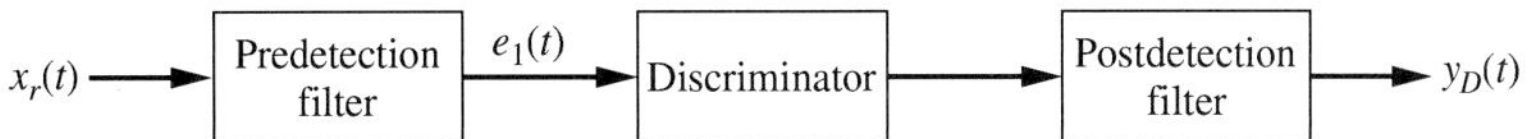

그림 8.9 각 복조 시스템

$$e_1(t) = A_c \cos[2\pi f_c t + \theta + \phi(t)] \\ + n_c(t)\cos(2\pi f_c t + \theta) - n_s(t)\sin(2\pi f_c t + \theta) \tag{8.111}$$

여기서

$$\overline{n_c^2} = \overline{n_s^2} = N_0 B_T \tag{8.112}$$

이다. 식 (8.111)은 다음과 같이 되며

$$e_1(t) = A_c \cos[2\pi f_c t + \theta + \phi(t)] + r_n(t)\cos[2\pi f_c t + \theta + \phi_n(t)] \tag{8.113}$$

여기서 $r_n(t)$는 레일리 분포의 잡음 포락선이고, $\phi_n(t)$는 균일하게 분포된 위상이다. $2\pi f_c t+\phi_n(t)$를 $2\pi f_c t+\phi(t)+\phi_n(t)-\phi(t)$로 대치하면 식 (8.113)은

$$e_1(t) = A_c \cos[2\pi f_c t + \theta + \phi(t)] \\ + r_n(t)\cos[\phi_n(t) - \phi(t)]\cos[2\pi f_c t + \theta + \phi(t)] \\ - r_n(t)\sin[\phi_n(t) - \phi(t)]\sin[2\pi f_c t + \theta + \phi(t)] \tag{8.114}$$

가 되며, 이것은 다음과 같이 된다.

$$e_1(t) = \{A_c + r_n(t)\cos[\phi_n(t) - \phi(t)]\}\cos[2\pi f_c t + \theta + \phi(t)] \\ - r_n(t)\sin[\phi_n(t) - \phi(t)]\sin[2\pi f_c t + \theta + \phi(t)] \tag{8.115}$$

수신기의 목적은 위상을 복구하는 것이기 때문에 위 식을

$$e_1(t) = R(t)\cos[2\pi f_c t + \theta + \phi(t) + \phi_e(t)] \tag{8.116}$$

와 같이 쓸 수 있는데, 여기서 $\phi_e(t)$는 잡음으로 인한 위상 편이 오차로 다음과 같이 주어진다.

$$\phi_e(t) = \tan^{-1}\left\{\frac{r_n(t)\sin[\phi_n(t) - \phi(t)]}{A_c + r_n(t)\cos[\phi_n(t) - \phi(t)]}\right\} \tag{8.117}$$

메시지 신호를 전달하는 $\phi(t)$에 $\phi_e(t)$가 더해지기 때문에 이것은 관심을 가져야 하는 잡음 성분이다.

따라서 이것의 분산은

$$\begin{aligned}\text{var}\{N\} = E\left\{N^2\right\} &= E\left\{\left[\int_{t_0}^{t_0+T} n(t)\,dt\right]^2\right\} \\ &= \int_{t_0}^{t_0+T}\int_{t_0}^{t_0+T} E\{n(t)n(\sigma)\}\,dt\,d\sigma \\ &= \int_{t_0}^{t_0+T}\int_{t_0}^{t_0+T} \frac{1}{2}N_0\delta(t-\sigma)\,dt\,d\sigma \end{aligned} \tag{9.4}$$

이고, 여기서 $E\{n(t)n(\sigma)\}=\frac{1}{2}N_0\delta(t-\sigma)$를 대입하였다. 델타 함수의 천이 특성을 이용하면 다음 식을 얻을 수 있다.

$$\begin{aligned}\text{var}\{N\} &= \int_{t_0}^{t_0+T} \frac{1}{2}N_0\,d\sigma \\ &= \frac{1}{2}N_0T \end{aligned} \tag{9.5}$$

따라서 N의 확률 밀도 함수는

$$f_N(\eta) = \frac{e^{-\eta^2/N_0T}}{\sqrt{\pi N_0T}} \tag{9.6}$$

이고, 여기서 η는 $n(t)$와의 혼동을 피하기 위해 N에 대한 변수로 사용된다.

오류가 생기는 이유는 두 가지이다. 만약 $+A$가 전송되었을 때, $AT+N<0$이면, 즉, $N<-AT$이면 오류가 발생한다. 식 (9.6)으로부터 이 사건에 대한 확률은

$$P(\text{error}|A\text{ sent}) = P(E|A) = \int_{-\infty}^{-AT}\frac{e^{-\eta^2/N_0T}}{\sqrt{\pi N_0T}}\,d\eta \tag{9.7}$$

이고, 이것은 그림 9.4에서 $\eta=-AT$의 왼쪽 부분에 대한 면적이다. $u=\sqrt{2/N_0T}\,\eta$로 놓고 피적분 함수의 대칭성을 이용하면, 다음과 같은 식으로 나타낼 수 있다.

$$P(E|A) = \int_{\sqrt{2A^2T/N_0}}^{\infty}\frac{e^{-u^2/2}}{\sqrt{2\pi}}\,du \triangleq Q\left(\sqrt{\frac{2A^2T}{N_0}}\right) \tag{9.8}$$

여기서 $Q(\cdot)$는 Q 함수이다.[2] 오류가 일어날 수 있는 또 다른 경우는 $-A$가 전송되었을 때,

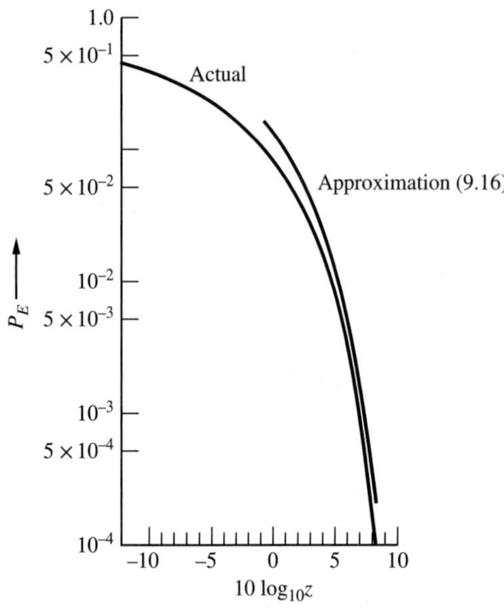

그림 9.5 대척 기저대역 디지털 신호에 대한 P_E

트럼 $AT\,\mathrm{sinc}(Tf)$를갖고, $B_p = 1/T$이 대략적인 대역폭이라는 것을 상기하면, 다음 식은 신호 대역폭에서의 신호 전력 대 잡음 전력의 비라고 할 수 있다.

$$\frac{E_b}{N_0} = \frac{A^2}{N_0(1/T)} = \frac{A^2}{N_0 B_p} \tag{9.14}$$

대역폭 B_p는 비트율 대역폭이라고도 한다. 앞으로 신호 대 잡음비를 z라 할 것이다. 디지털 통신 산업에서 이 신호 대 잡음비로 종종 쓰이는 기준은 'e-b-over-n-naught'이다.[3]

z에 따른 P_E의 변화를 그림 9.5에 나타내었는데, 여기서 z의 단위는 데시벨이다. 또한 Q 함수에 대한 점근적 전개(asymptotic expansion)를 이용한 P_E에 대한 근사는 다음 식과 같다.

$$Q(u) \cong \frac{e^{-u^2/2}}{u\sqrt{2\pi}}, \quad u \gg 1 \tag{9.15}$$

이 근사식을 이용하여 다음 식을 얻을 수 있다.

$$P_E \cong \frac{e^{-z}}{2\sqrt{\pi z}}, \quad z \gg 1 \tag{9.16}$$

3 'ebno'를 사용하는 것은 다소 어색하다.

여기서 z가 증가함에 따라 P_E는 지수 함수적으로 감소함을 알 수 있다. 그림 9.5에서 식 (9.16)에 의한 근사가 $z \gtrsim 3\text{dB}$인 경우에는 식 (9.11)의 실제 결과에 근접함을 알 수 있다.

예제 9.1

$N_0 = 10^{-7}\text{W/Hz}$이고, 수신된 신호의 진폭이 $A = 20\text{mV}$인 기저대역 시스템을 통해 디지털 데이터가 전송되고 있다. (a) 초당 10^3개의 비트가 전송된다면, P_E는 얼마인가? (b) 초당 10^4개의 비트가 전송된다면, (a)와 같은 P_E를 가지려면 A 값은 얼마로 조정되어야 하는가?

풀이

(a)를 풀기 위해서 다음 식을 살펴보자.

$$z = \frac{A^2 T}{N_0} = \frac{(0.02)^2(10^{-3})}{10^{-7}} = 4 \tag{9.17}$$

식 (9.16)을 이용하면, $P_E \cong e^{-4}/2\sqrt{4\pi} = 2.58 \times 10^{-3}$이다. (b) 문제에서는 $A^2(10^{-4})/(10^{-7}) = 4$가 성립하는 A를 찾아 답을 구할 수 있는데, $A = 63.2\text{mV}$이 된다.

■

예제 9.2

잡음 전력 스펙트럼 밀도는 위의 예제와 같지만, 사용 가능한 대역폭이 5,000Hz이다. (a) 채널에서 수용할 수 있는 최대 데이터율은 얼마인가? (b) (a) 문제에서 구한 데이터율을 가지고 오류 확률을 10^{-6}을 얻으려면 얼마의 전송 전력이 필요한가?

풀이

(a) 구형파 펄스의 푸리에 변환이 다음과 같으므로

$$\Pi(t/T) \leftrightarrow T\,\text{sinc}(fT)$$

싱크 함수에서 첫 번째로 0이 되는 지점을 신호의 대역폭으로 잡는다. $1/T = 5{,}000\text{Hz}$이므로, 최대의 데이터율은 $R = 5{,}000\text{bps}$이다. (b) $P_E = 10^{-6}$을 갖는 전송 전력을 구하기 위해서 다음을 풀어보자.

$$10^{-6} = Q\left[\sqrt{2A^2T/N_0}\right] = Q\left[\sqrt{2z}\right] \tag{9.18}$$

오류 함수에 대한 식 (9.15)의 근사식를 이용하여, 다음 식을 반복하여 풀 필요가 있다.

$$10^{-6} = \frac{e^{-z}}{2\sqrt{\pi z}}$$

이 식의 해는 다음과 같다.

$$z \cong 10.53 \text{ dB} = 11.31 \text{ (ratio)}$$

따라서 $A^2T/N_0 = 11.31$ 또는 다음과 같다.

$$A^2 = (11.31)N_0/T = (11.31)\left(10^{-7}\right)(5000) = 5.655 \text{ mW} \quad \text{(actually V}^2 \times 10^{-3}\text{)}$$

이 결과는 신호 진폭이 약 75.2mV임을 뜻한다. ■

9.2 임의의 신호 모양을 가진 이진 동기 데이터 전송

9.1절에서는 간단한 기저대역 디지털 통신 시스템에 대해 분석했다. 아날로그의 전송과 마찬가지로 채널을 통한 전송에 적합하도록 하기 위해 디지털 메시지 신호에 조건을 주어 변조에 적합하도록 하는 것이 종종 요구된다. 따라서 9.1절에서 논의된 것처럼 일정한 레벨의 신호 대신에 $s_1(t)$를 논리 1로 표현하고, $s_2(t)$를 논리 0으로 표현한다. $s_1(t)$와 $s_2(t)$에 대한 한 가지 제한 조건은 T초 동안에 한정된 에너지를 갖는다는 것이다. $s_1(t)$와 $s_2(t)$의 에너지는 각각 다음과 같다.

$$E_1 \triangleq \int_{-\infty}^{\infty} s_1^2(t)\, dt \tag{9.19}$$

$$E_2 \triangleq \int_{-\infty}^{\infty} s_2^2(t)\, dt \tag{9.20}$$

표 9.1에는 $s_1(t)$와 $s_2(t)$에 대하여 일반적으로 사용되는 몇 가지 신호를 나타내었다.

9.2.1 수신기 구조와 오류 확률

AWGN에서 $s_1(t)$와 $s_2(t)$를 검출할 수 있는 수신기의 구조를 그림 9.6에 나타내었다. 주어진 신호가 T초 구간 동안 평균이 0이기 때문에(표 9.1의 예 참조) 일정한 진폭의 신호의 경우처럼 임계 장치 앞에 적분기를 더 이상 사용할 필요가 없다. 적분기 대신에 아직까지는 정해지지 않은 임펄스 응답 $h(t)$와 그에 따르는 전달 함수 $H(f)$를 갖는 필터를 사용한다. 수신된 신호와 잡음이 더해진 것은

$$y(t) = s_1(t) + n(t) \tag{9.21}$$

또는

$$y(t) = s_2(t) + n(t) \tag{9.22}$$

표 9.1 이진 디지털 신호에 대한 가능한 신호 선택

Case	$s_1(t)$	$s_2(t)$	Type of signaling
1	0	$A\cos(\omega_c t)\,\Pi\left(\frac{t-T/2}{T}\right)$	Amplitude-shift keying
2	$A\sin(\omega_c t+\cos^{-1}m)\Pi\left(\frac{t-T/2}{T}\right)$	$A\sin(\omega_c t-\cos^{-1}m)\Pi\left(\frac{t-T/2}{T}\right)$	Phase-shift keying with carrier ($\cos^{-1}m \triangleq$ modulation index)
3	$A\cos(\omega_c t)\,\Pi\left(\frac{t-T/2}{T}\right)$	$A\cos\left[(\omega_c+\Delta\omega)\,t\right]\Pi\left(\frac{t-T/2}{T}\right)$	Frequency-shift keying

이다. 여기서 잡음은 앞에서와 같이 양측파대 전력 스펙트럼 밀도가 $\frac{1}{2}N_0$인 백색잡음이다.

일반성을 잃지 않으면서, 고려하고 있는 신호 구간을 $0\le t\le T$로 가정할 수 있다. ($t=0$에서 필터의 초기 상태는 0으로 설정한다.)

P_E를 구하기 위해서 두 가지 경우 중 하나로 오류가 발생할 수 있다는 점을 주목하기 바란다. $s_{01}(t)$와 $s_{02}(t)$를 각각 입력 $s_1(t)$와 $s_2(t)$에 의한 필터의 출력이라 하면, $s_{01}(t)<s_{02}(t)$가 되도록 $s_1(t)$와 $s_2(t)$를 선택한다고 가정하자. 만약 반대의 경우라면, 이러한 과정에 대하여 입력에서 $s_1(t)$와 $s_2(t)$의 역할을 서로 바꾸면 된다. 그림 9.6을 참조하여, 임계치 k에 대해서 $v(T)>k$이면, $s_2(t)$가 보내졌다고 결정하고, $v(T)<k$이면, $s_1(t)$가 보내졌다고 결정한다. $n_0(t)$를 필터 출력에서의 잡음 성분이라고 하면, $s_1(t)$가 보내졌다고 가정했을 때 $v(T)=s_{01}(t)+n_0(t)>k$이면 오류가 발생한다. $s_2(t)$가 보내졌을 경우는 $v(T)=s_{02}(t)+n_0(t)<k$일 때 오류가 발생한다. $n_0(t)$는 백색 가우시안 잡음이 고정된 선형 필터를 통과한 결과이기 때문에 가우시안 과정이 된다. 이것의 전력 스펙트럼 밀도는 다음과 같다.

$$S_{n_0}(f)=\frac{1}{2}N_0\,|H(f)|^2 \tag{9.23}$$

필터가 고정적이기 때문에 $n_0(t)$는 평균이 0이고 다음의 분산을 갖는 정상 가우시안 랜덤 과정이다.

$$\sigma_0^2=\int_{-\infty}^{\infty}\frac{1}{2}N_0\,|H(f)|^2\,df \tag{9.24}$$

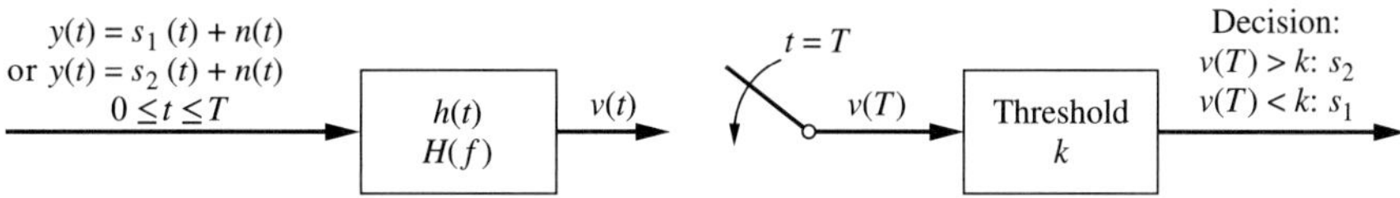

그림 9.6 백색 가우시안 잡음에서 이진 신호 검출을 위한 가능한 수신기 구조

$n_0(t)$가 정상(stationary)이므로, $N=n_0(T)$는 평균이 0이고, 분산이 σ_0^2인 랜덤변수로, 확률 밀도 함수는 다음과 같다.

$$f_N(\eta) = \frac{e^{-\eta^2/2\sigma_0^2}}{\sqrt{2\pi\sigma_0^2}} \tag{9.25}$$

$s_1(t)$가 전송되었다면, 표본기의 출력은

$$V \triangleq v(T) = s_{01}(T) + N \tag{9.26}$$

이 되고, $s_2(t)$가 전송되었다면, 표본기의 출력은 다음과 같이 된다.

$$V \triangleq v(T) = s_{02}(T) + N \tag{9.27}$$

이들은 가우시안 랜덤변수들의 선형 연산에 의한 결과이기 때문에 역시 가우시안 랜덤변수가 된다. 이들의 평균은 각각 $s_{01}(t)$와 $s_{02}(t)$이며, 분산은 N_0, 즉 σ_0^2으로 같다. 따라서 $s_1(t)$와 $s_2(t)$가 보내졌을 때의 V에 대한 조건부 확률 밀도 함수 $f_V(v\,|\,s_1(t))$와 $f_V(v\,|\,s_2(t))$는 그림 9.7과 같다. 또한 결정 임계치 k도 도시되어 있다.

그림 9.7로부터 $s_1(t)$가 전송되었을 때의 오류 확률은

$$\begin{aligned} P(E\,|\,s_1(t)) &= \int_k^\infty f_V(v|s_1(t))\,dv \\ &= \int_k^\infty \frac{e^{-[v-s_{01}(T)]^2/2\sigma_0^2}}{\sqrt{2\pi\sigma_0^2}}\,dv \end{aligned} \tag{9.28}$$

이고, 이것은 $f_V(v\,|\,s_1(t))$에서 $v=k$의 오른쪽 부분의 면적이다. 마찬가지로 $s_2(t)$가 전송되었을 때의 오류 확률은 $f_V(v\,|\,s_2(t))$에서 $v=k$의 왼쪽 부분의 면적과 같고 다음과 같이 주어진다.

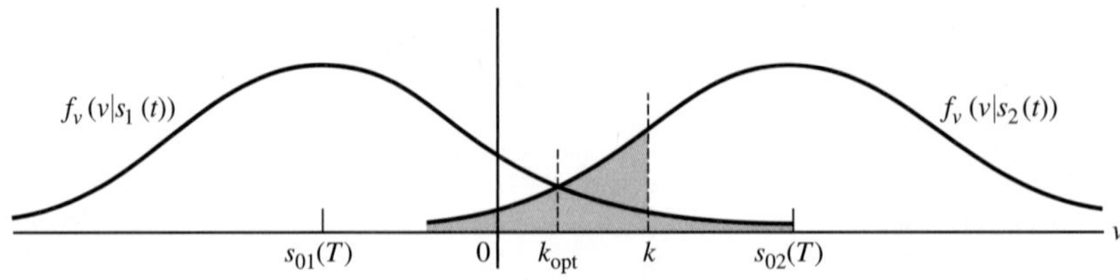

그림 9.7 $t=T$일 때 필터 출력의 조건부 확률 밀도 함수

$$P\left(E|s_2(t)\right) = \int_{-\infty}^{k} \frac{e^{-[v-s_{02}(T)]^2/2\sigma_0^2}}{\sqrt{2\pi\sigma_0^2}}\,dv \tag{9.29}$$

$s_1(t)$와 $s_2(t)$가 같은 사전 확률[4]을 가진다고 가정하면, 평균 오류 확률은 다음과 같다.

$$P_E = \frac{1}{2}P[E|s_1(t)] + \frac{1}{2}P[E|s_2(t)] \tag{9.30}$$

이제 해야 할 일은 임계치 k와 임펄스 응답 $h(t)$를 적절히 조절하여 오류 확률을 최소화하는 것이다.

$s_1(t)$와 $s_2(t)$의 사전 확률이 같고 $f_V(v\,|\,s_1(t))$와 $f_V(v\,|\,s_2(t))$가 대칭적인 모양을 가지므로, 다음과 같이 조건부 확률 밀도 함수들의 교점을 최적의 k로 선택하는 것이 타당하다.

$$k_{\text{opt}} = \frac{1}{2}[s_{01}(T) + s_{02}(T)] \tag{9.31}$$

최적 임계치를 그림 9.7에 나타내었는데, 식 (9.28)과 식 (9.29)를 식 (9.30)에 대입한 후 k에 대해 미분하여 얻을 수 있다. 확률 밀도 함수의 대칭성 때문에 식 (9.28) 및 식 (9.29)의 두 가지 형태의 오류에 대한 확률은 위의 k를 선택하면 같아지게 된다.

이러한 k를 선택하면, 식 (9.30)에 주어져 있는 오류 확률은

$$P_E = Q\left[\frac{s_{02}(T) - s_{01}(T)}{2\sigma_0}\right] \tag{9.32}$$

와 같이 된다. 따라서 P_E는 $t=T$에서의 두 출력 신호의 차에 의한 함수임을 알 수 있다. Q 함수는 인수가 증가함에 따라 단조 감소함을 상기해보면, 두 출력 신호의 거리가 증가할수록 P_E가 감소한다는 타당한 결론을 얻을 수 있다. 10장과 11장에서 신호 공간에 대한 개념을 논의할 때 이러한 결론이 다시 나오게 된다.

이제 $h(t)$를 적절히 선택하여 P_E를 최소화하는 것을 고려하자. 이것은 정합 필터로 귀결된다.

9.2.2 정합 필터

Q 함수는 인수가 증가함에 따라 단조 감소하므로, $s_1(t)$와 $s_2(t)$가 주어졌을 때 다음 식을 최대화하는 $H(f)$ 또는, 등가적으로는 식 (9.32)의 $h(t)$를 구하려 한다.

---

4 동일하지 않은 사전 확률일 경우에 대해서는 연습문제 9.10 참조.

$$\zeta = \frac{s_{02}(T) - s_{01}(T)}{\sigma_0} \tag{9.33}$$

$g(t)=s_2(t)-s_1(t)$로 두면 이 문제는 $\zeta=g_0(T)/\sigma_0$를 최대화하는 $H(f)$를 찾는 것이고, 여기서 $g_0(t)$는 입력 $g(t)$로 인한 출력의 신호 부분이다.[5] 이러한 상황이 그림 9.8에 나와 있다.

위 문제는 다음 식을 최대화하는 것으로 고려할 수도 있다.

$$\zeta^2 = \frac{g_0^2(T)}{\sigma_0^2} = \left.\frac{g_0^2(t)}{E\left\{n_0^2(t)\right\}}\right|_{t=T} \tag{9.34}$$

입력잡음이 정상 과정이므로 다음과 같이 된다.

$$E\left\{n_0^2(t)\right\} = E\left\{n_0^2(T)\right\} = \frac{N_0}{2}\int_{-\infty}^{\infty} |H(f)|^2\, df \tag{9.35}$$

$g_0(t)$는 다음 식과 같이 $H(f)$와 $g(t)$의 푸리에 변환, $G(f)$의 항으로 나타낼 수 있다.

$$g_0(t) = \mathfrak{F}^{-1}[G(f)H(f)] = \int_{-\infty}^{\infty} H(f)\,G(f)\,e^{j2\pi ft}\,df \tag{9.36}$$

식 (9.36)에서 $t=T$로 놓고, 식 (9.35) 및 위의 결과를 식 (9.34)에서 이용하면 다음 식을 얻을 수 있다.

$$\zeta^2 = \frac{\left|\int_{-\infty}^{\infty} H(f)\,G(f)\,e^{j2\pi fT}\,df\right|^2}{\frac{1}{2}N_0\int_{-\infty}^{\infty}|H(f)|^2\,df} \tag{9.37}$$

이 식을 $H(f)$에 대하여 최대화하기 위해, 슈바르츠의 부등식을 적용한다. 슈바르츠의 부등식은 다음의 부등식을 일반화한 것이다.

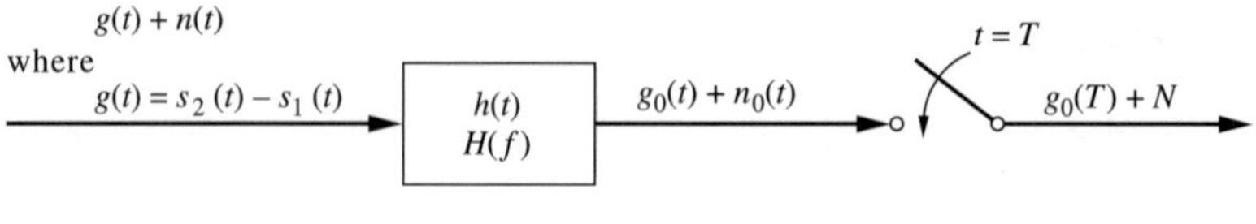

그림 9.8 P_E를 최소화하는 $H(f)$의 선택

5 $g(t)$는 그림 9.8의 수신기에서 그 차이 $s_{02}(T)-s_{01}(T)$가 구체적으로 나타나 있지 않은 가상의 신호이다. 이 신호가 디지털 신호들의 검출에 어떻게 관련되어 있는가는 이후에 명백해진다.

$$|\mathbf{A}\cdot\mathbf{B}| = |AB\cos\theta| \leq |\mathbf{A}|\,|\mathbf{B}| \tag{9.38}$$

여기서 **A**와 **B**는 일반적인 벡터이고, θ는 이 두 벡터 사이의 각도이다 여기서 $\mathbf{A}\cdot\mathbf{B}$는 두 벡터의 내적 또는 도트적을 나타낸다. $|\cos\theta|$는 θ가 0이거나 π의 정수배일 때만 1이기 때문에 등호는 **A**가 $\alpha\mathbf{B}$일 때만 성립하는데, 여기서 α는 상수($\alpha>0$은 $\theta=0$일 때 해당하고, $\alpha<0$는 $\theta=\pi$일 때 해당)이다. 두 개의 복소 함수 $X(f)$와 $Y(f)$의 경우를 고려하고, 내적을 다음과 같이 정의하면

$$\int_{-\infty}^{\infty} X(f)Y^*(f)\,df$$

슈바르츠의 부등식은 다음과 같은 형태가 된다.[6]

$$\left|\int_{-\infty}^{\infty} X(f)Y^*(f)\,df\right| \leq \sqrt{\int_{-\infty}^{\infty}|X(f)|^2\,df}\sqrt{\int_{-\infty}^{\infty}|Y(f)|^2\,df} \tag{9.39}$$

등호는 $X(f)=\alpha Y(f)$일 때만 성립하며 여기서 α는 일반적으로 복소수 상수이다. 11장에서 신호 공간 표기법을 이용하여 슈바르츠의 부등식을 증명할 것이다.

이제 식 (9.37)을 최대화하는 $H(f)$를 구하는 원래의 문제로 돌아와 보자. 식 (9.39)에서 $X(f)$ 대신에 $H(f)$를 대입하고, $Y^*(f)$ 대신에 $G(f)e^{j2\pi Tf}$를 대입하면 다음과 같다.

$$\zeta^2 = \frac{2}{N_0}\frac{\left|\int_{-\infty}^{\infty} X(f)Y^*(f)\,df\right|^2}{\int_{-\infty}^{\infty}|H(f)|^2\,df} \leq \frac{2}{N_0}\frac{\int_{-\infty}^{\infty}|H(f)|^2\,df\int_{-\infty}^{\infty}|G(f)|^2\,df}{\int_{-\infty}^{\infty}|H(f)|^2\,df} \tag{9.40}$$

분모와 분자에 있는 $|H(f)^2|$에 대한 적분을 소거하면, ζ^2의 최댓값은

$$\zeta_{\max}^2 = \frac{2}{N_0}\int_{-\infty}^{\infty}|G(f)|^2\,df = \frac{2E_g}{N_0} \tag{9.41}$$

이 되고, 여기서 $E_g=\int_{-\infty}^{\infty}|G(f)|^2df$는 레일리의 에너지 이론에 따라 $g(t)$에 포함되어 있는 에너지이다. 식 (9.40)에서 등호는 다음의 경우에만 성립한다.

$$H(f) = \alpha G^*(f)e^{-j2\pi Tf} \tag{9.42}$$

여기서 α는 임의의 상수이다. α는 단지 필터의 고정된 이득이므로(신호와 잡음은 동일하게 증

---

6 주어진 응용에 대해서 좀 더 편리하다고 생각되면 슈바르츠의 부등식을 제곱해 써도 동일하게 잘 적용된다.

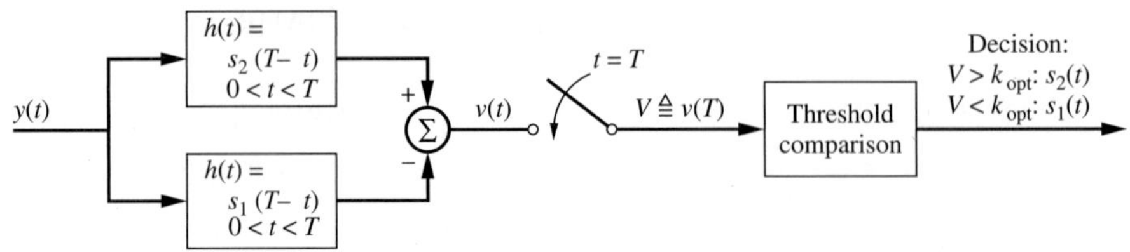

그림 9.9 백색 가우시안 잡음에서 이진 신호에 대한 정합 필터 수신기

폭된다.), 1로 설정할 수 있다. 따라서 $H(f)$의 최적의 선택, $H_0(f)$는 다음과 같다.

$$H_0(f) = G^*(f)e^{-j2\pi Tf} \tag{9.43}$$

이러한 $H_0(f)$의 선택에 해당하는 임펄스 응답은

$$\begin{aligned} h_0(t) &= \mathfrak{F}^{-1}[H_0(f)] \\ &= \int_{-\infty}^{\infty} G^*(f)\, e^{-j2\pi Tf} e^{j2\pi ft}\, df \\ &= \int_{-\infty}^{\infty} G(-f)\, e^{-j2\pi f(T-t)}\, df \\ &= \int_{-\infty}^{\infty} G\left(f'\right) e^{j2\pi f'(T-t)}\, df' \end{aligned} \tag{9.44}$$

이고, 여기서 세 번째 적분의 피적분 함수에 $f' = -f$로 대치하면, 네 번째 적분을 얻게 된다. 이 식은 t를 $T-t$로 대체한 $g(t)$의 푸리에 역변환임을 인지하면, 다음 식을 얻을 수 있다.

$$h_0(t) = g(T-t) = s_2(T-t) - s_1(T-t) \tag{9.45}$$

따라서 원래의 신호 관점으로 보면, 최적 수신기는 수신된 신호와 잡음을 임펄스 응답이 각각 $s_1(t)$와 $s_2(t)$의 시간 반전인 두 개의 병렬 필터에 통과시킨 후, 시간 T일 때 두 출력의 차이를 식 (9.31)에 주어진 임계치와 비교하게 된다. 이러한 동작은 그림 9.9에 나와 있다.

예제 9.3

펄스 신호가 다음과 같다.

$$s(t) = \begin{cases} A, & 0 \le t \le T \\ 0, & \text{otherwise} \end{cases} \tag{9.46}$$

이 신호와 정합된 필터의 임펄스 응답은

$$h_0(t) = s(t_0 - t) = \begin{cases} A, & 0 \le t_0 - t \le T \text{ or } t_0 - T \le t \le t_0 \\ 0, & \text{otherwise} \end{cases} \tag{9.47}$$

이고, 여기서 파라미터 t_0는 나중에 정해지게 될 것이다. $t_0 < T$일 경우에는 필터는 실현이 불가능하다. 왜냐하면 $t < 0$일 경우에도 0이 아닌 임펄스 응답을 가지기 때문이다. $s(t)$에 대한 필터의 응답은 다음과 같다.

$$y(t) = h_0(t) * s(t) = \int_{-\infty}^{\infty} h_0(\tau) s(t - \tau)\, d\tau \tag{9.48}$$

피적분 함수의 인자가 그림 9.10(a)에 나와 있다. 적분 결과는 이전의 선형 시스템에서 고려되었던 것과 유사하며, 필터의 출력은 그림 9.10(b)와 같이 쉽게 구해진다. 출력 신호의 첨두값은 $t = t_0$에서 나타난다는 것에 주목하기 바란다. 잡음이 정상 프로세스이기 때문에 이 시간에서 첨두 신호 대 제곱평균-제곱근 잡음비가 나타난다.

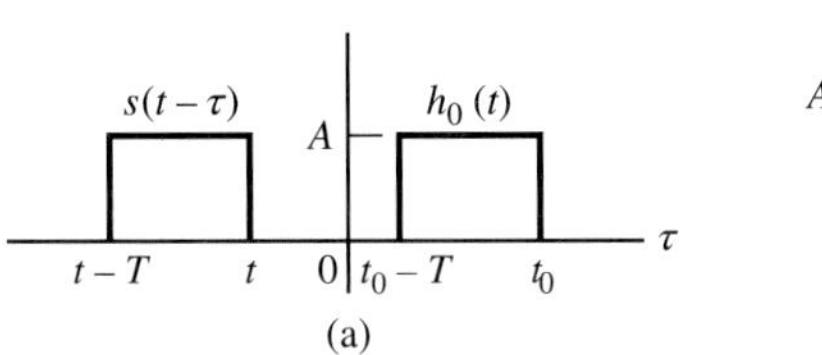

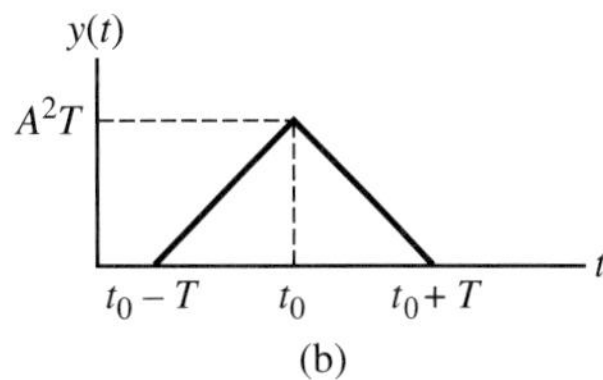

그림 9.10 예제 9.3의 정합 필터 응답을 구하는 데 관련된 신호

예제 9.4

주어진 N_0 값에 대해 다음 두 펄스

$$g_1(t) = A\Pi\left(\frac{t - t_0}{T}\right) \tag{9.49}$$

그리고

$$g_2(t) = B\cos\left[\frac{2\pi(t - t_0)}{T}\right]\Pi\left(\frac{t - t_0}{T}\right) \tag{9.50}$$

에 대한 정합 필터의 출력에서 첨두 제곱 신호 대 평균 제곱 잡음비를 고려해보자. 두 펄스가 정합 필터의 출력에서 같은 신호 대 잡음비를 갖도록 하는 A와 B의 관계를 구하라.

풀이

정합 필터의 출력에서 첨두 제곱 신호 대 평균 제곱 잡음비는 $2E_g/N_0$이고, N_0는 두 경우에서 같기 때문에 각각의 펄스에 대한 에너지를 계산하여 두 신호의 에너지가 같다고 놓음으로써 같은 신호 대 잡음비를 얻을 수 있다. 그 결과는

$$E_{g_1} = \int_{t_0-T/2}^{t_0+T/2} A^2\, dt = A^2 T \tag{9.51}$$

그리고

$$E_{g_2} = \int_{t_0-T/2}^{t_0+T/2} B^2 \cos^2\left[\frac{2\pi\left(t-t_0\right)}{T}\right] dt = \frac{B^2 T}{2} \tag{9.52}$$

와 같다. 이 두 식을 같게 놓으면, 같은 신호 대 잡음비를 갖게 되는 $A = B/\sqrt{2}$를 얻게 된다. 식 (9.41)로부터 첨두 제곱 신호 대 평균 제곱 잡음비는 다음과 같다.

$$\zeta_{\max}^2 = \frac{2E_g}{N_0} = \frac{2A^2 T}{N_0} = \frac{B^2 T}{N_0} \tag{9.53}$$

■

9.2.3 정합 필터 수신기의 오류 확률

식 (9.33)을 이용하여 식 (9.32)에 대입하면 그림 9.9에 나와 있는 정합 필터 수신기의 오류 확률은 다음과 같이 구할 수 있다.

$$P_E = Q\left(\frac{\zeta}{2}\right) \tag{9.54}$$

여기서 ζ는 식 (9.41)에 주어진 것처럼 다음과 같은 최댓값을 갖는다.

$$\zeta_{\max} = \left[\frac{2}{N_0}\int_{-\infty}^{\infty} |G(f)|^2\, df\right]^{1/2} = \left[\frac{2}{N_0}\int_{-\infty}^{\infty} \left|S_2(f) - S_1(f)\right|^2 df\right]^{1/2} \tag{9.55}$$

파시발(Parseval)의 정리를 이용하여, $g(t) = s_2(t) - s_1(t)$의 항으로 $\zeta_{\max}^2$을 다음과 같이 나타낼 수 있다.

$$\begin{aligned}\zeta_{\max}^2 &= \frac{2}{N_0}\int_{-\infty}^{\infty} \left[s_2(t) - s_1(t)\right]^2 dt \\ &= \frac{2}{N_0}\left\{\int_{-\infty}^{\infty} s_2^2(t)\, dt + \int_{-\infty}^{\infty} s_1^2(t)\, dt - 2\int_{-\infty}^{\infty} s_1(t)\, s_2(t)\, dt\right\}\end{aligned} \tag{9.56}$$

여기서 $s_1(t)$와 $s_2(t)$는 실수라고 가정한다. 식 (9.19)와 식 (9.20)으로부터 중괄호 안의 처음 두 개의 항은 각각 $s_1(t)$와 $s_2(t)$의 에너지인 E_1과 E_2임을 알 수 있다. $s_1(t)$와 $s_2(t)$의 상관 계수를 다음과 같이 정의한다.

$$\rho_{12} = \frac{1}{\sqrt{E_1 E_2}} \int_{-\infty}^{\infty} s_1(t) s_2(t)\, dt \tag{9.57}$$

랜덤변수에 대한 것과 같이 ρ_{12}는 $s_1(t)$와 $s_2(t)$ 사이의 유사성에 대한 척도를 나타내며, $-1 \le \rho_{12} \le 1$을 만족하도록 정규화되어 있다. ($s_1(t) = \pm k s_2(t)$일 때 ρ_{12}는 ± 1이 되며, 여기서 k는 임의의 양의 상수이다.) 따라서

$$\zeta_{\max}^2 = \frac{2}{N_0}\left(E_1 + E_2 - 2\sqrt{E_1 E_2}\rho_{12}\right) \tag{9.58}$$

이고, 오류 확률은 다음과 같다.

$$\begin{aligned} P_E &= Q\left[\left(\frac{E_1 + E_2 - 2\sqrt{E_1 E_2}\rho_{12}}{2N_0}\right)^{1/2}\right] \\ &= Q\left[\left(\frac{\frac{1}{2}(E_1 + E_2) - \sqrt{E_1 E_2}\rho_{12}}{N_0}\right)^{1/2}\right] \\ &= Q\left[\left(\frac{E_b}{N_0}\left(1 - \frac{\sqrt{E_1 E_2}}{E}\rho_{12}\right)\right)^{1/2}\right] \end{aligned} \tag{9.59}$$

여기서 $s_1(t)$와 $s_2(t)$는 같은 사전 확률로 발생하여 전송되기 때문에 평균 수신 신호 에너지는 $E = \frac{1}{2}(E_1 + E_2)$이다. 식 (9.59)로부터, P_E는 일정한 크기의 신호에서와 같이 신호의 에너지에 좌우될 뿐만 아니라, ρ_{12}를 통한 신호의 유사성에도 좌우된다는 것을 알 수 있다. 식 (9.58)에서 $\rho_{12} = -1$일 경우 최댓값 $(2/N_0)(\sqrt{E_1} + \sqrt{E_2})^2$을 갖게 되므로, $s_1(t)$와 $s_2(t)$의 선택을 통해 P_E가 최소가 되게 할 수 있음을 주목하기 바란다. 전송된 신호가 가능한 다를수록 이것이 더 타당해진다. 최종적으로 식 (9.59)를

$$P_E = Q\left[\sqrt{\left(1 - R_{12}\right)\frac{E_b}{N_0}}\right] \tag{9.60}$$

으로 나타낼 수 있고, 여기서 $z = E_b/N_0$는 기저대역 시스템에서와 같이, 비트당 평균 에너지를 잡음 전력 스펙트럼 밀도로 나눈 것이다. 파라미터 R_{12}는

$$R_{12} = \frac{2\sqrt{E_1 E_2}}{E_1 + E_2}\rho_{12} = \frac{\sqrt{E_1 E_2}}{E_b}\rho_{12} \tag{9.61}$$

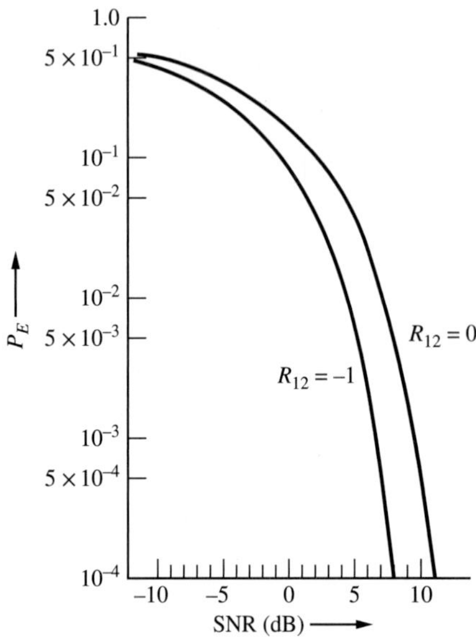

그림 9.11 $R_{12}=0$과 $R_{12}=-1$을 갖는 임의의 파형에 대한 오류 확률

와 같이 정의되고, 상관 계수와 관련된 편리한 파라미터이지만, 상관 함수와 혼동해서는 안 된다. $E_1=E_2$이고 $\rho_{12}=-1$일 경우, R_{12}의 최솟값 -1이 얻어진다. R_{12}의 최솟값에 대하여

$$P_E = Q\left(\sqrt{\frac{2E_b}{N_0}}\right) \tag{9.62}$$

이 되는데, 이것은 기저대역 대척 시스템에 대한 결과식 식 (9.11)과 동일하다.

$R_{12}=0$(직교 신호)과 $R_{12}=-1$(대척 신호)에 대하여 신호 대 잡음비에 따른 오류 확률을 그림 9.11에 나타내었다.

컴퓨터 예제 9.1

상관 계수 R_{12}의 몇 가지 값에 대한 오류 확률 계산을 위한 MATLAB 프로그램이 아래에 주어져 있다. 첫 번째 질문에 대한 답변에 벡터 [−1 0] 을 입력하여 그림 9.11의 곡선을 다시 나타낸다. MATLAB에 erfc(u)에 대한 함수는 내장되어 있지만, $Q(u)=\frac{1}{2}\text{erfc}(u/\sqrt{2})$는 내장되어 있지 않기 때문에, 사용자 정의 함수 qfn(·)이 사용된다는 것을 주목하기 바란다.

```
% file: c9ce1
% Bit error probability for binary signaling;
% vector of correlation coefficients allowed
%
clf
R12 = input('Enter vector of desired R_1_2 values; <= 3 values ');
```

```
A = char('-','-.',':','--');
LR = length(R12);
z_dB = 0:.3:15;              % Vector of desired values of Eb/N0 in dB
z = 10.^(z_dB/10);           % Convert dB to ratios
for k = 1:LR                 % Loop for various desired values of R12
   P_E=qfn(sqrt(z*(1-R12(k)))); % Probability of error for vector of
                                  z-values
                             % Plot probability of error versus Eb/N0 in dB
   semilogy(z_dB,P_E,A(k,:)),axis([0 15 10^(-6) 1]),xlabel('E_b/N_0,
     dB'),ylabel('P_E'),...
   if k==1
     hold on; grid          % Hold plot for plots for other values of R12
   end
end
if LR == 1                   % Plot legends for R12 values
   legend(['R_1_2 = ',num2str(R12(1))],1)
elseif LR == 2
   legend(['R_1_2 = ',num2str(R12(1))],['R_1_2 = ',num2str(R12(2))],1)
elseif LR == 3
   legend(['R_1_2 = ',num2str(R12(1))],['R_1_2 = ',num2str(R12(2))],
          ['R_1_2 = ',num2str(R12(3))],1)
    end
    % This function computes the Gaussian Q-function
    %
    function Q=qfn(x)
    Q = 0.5*erfc(x/sqrt(2));
    % End of script file
```

■

9.2.4 정합 필터 수신기의 상관기 구현

그림 9.9에서 최적 수신기는 검출되는 각각의 신호를 시간 반전시킨 임펄스 응답을 가지는 두 개의 필터를 포함하고 있다. 그림 9.12(a)의 정합 필터는 그림 9.12(b)에 나타낸 것처럼 곱셈기-적분기를 직렬로 연결한 것으로 대치하여, 다른 형태의 수신기 구조를 얻을 수 있다. 이러한 일련의 동작을 상관 검출이라 한다.

그림 9.12에 나와 있는 동작들이 서로 등가라는 것을 보이려면 그림 9.12(a)의 $v(T)$와 그림 9.12(b)의 $v'(T)$가 같다는 것을 보이면 된다. 그림 9.12(a)에 있는 정합 필터의 출력은, $h(t)$가 $0 \le t < T$ 일 때 $h(t) = s(T-t)$이며, 나머지 구간에서는 0이므로, 다음과 같이 된다.

$$v(t) = h(t) * y(t) = \int_0^T s(T-\tau)y(t-\tau)\,d\tau \tag{9.63}$$

$t=T$로 놓고 피적분 함수의 변수를 $\alpha = T-\tau$로 바꾸면

$$v(T) = \int_0^T s(\alpha)\,y(\alpha)\,d\alpha \tag{9.64}$$

를 얻을 수 있다.

이제 그림 9.12(b)에 있는 상관기 구조의 출력을 살펴보면 다음과 같이 되는데

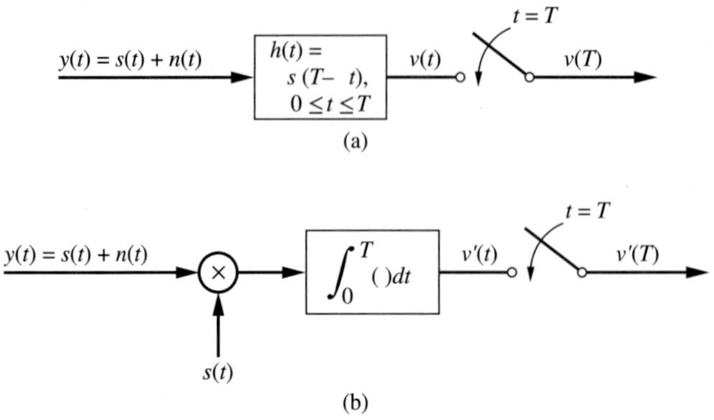

그림 9.12 정합 필터와 상관 수신기에 대한 등가. (a) 정합 필터 표본기, (b) 상관 표본기

$$v'(T) = \int_0^T y(t)\, s(t)\, dt \tag{9.65}$$

이것은 식 (9.64)와 동일하다. 따라서 그림 9.9에서 $s_1(t)$와 $s_2(t)$에 대한 정합 필터는 각각 $s_1(t)$와 $s_2(t)$에 대한 상관 연산으로 대체될 수 있고, 수신기의 운용에는 변화가 없다. 9.1절의 일정한 크기의 신호에 대한 적분-덤프 수신기는 실제로 상관 수신기 또는 등가적인 정합 필터 수신기와 같다는 것을 주목하기 바란다.

9.2.5 최적 임계치

이진 신호 검출에 대한 최적 임계치가 식 (9.31)에 나와 있다. 여기서 $s_{01}(t)$와 $s_{02}(t)$는 각각 입력 신호 $s_1(t)$와 $s_2(t)$에 의한, 시간 T에서의 그림 9.6에 있는 검출 필터 출력이다. 최적 검출 필터는 입력 신호들의 차에 정합되는 정합 필터이며, 식 (9.45)로 주어진 임펄스 응답을 갖는다는 것을 알고 있다. 중첩 적분으로부터 다음 식을 얻을 수 있다.

$$\begin{aligned} s_{01}(T) &= \int_{-\infty}^{\infty} h(\lambda) s_1(T-\lambda)\, d\lambda \\ &= \int_{-\infty}^{\infty} \left[s_2(T-\lambda) - s_1(T-\lambda)\right] s_1(T-\lambda)\, d\lambda \\ &= \int_{-\infty}^{\infty} s_2(u)\, s_1(u)\, du - \int_{-\infty}^{\infty} \left[s_1(u)\right]^2 du \\ &= \sqrt{E_1 E_2}\, \rho_{12} - E_1 \end{aligned} \tag{9.66}$$

여기서 두 번째 식에서 세 번째 식으로 전개하기 위하여 $u = T - \tau$로 치환하였으며, 신호 에너지 정의와 최종식을 구하는데 식 (9.57)의 상관 계수의 정의를 사용하였다. 마찬가지로, 다음 식을 얻을 수 있다.

$$\begin{aligned} s_{02}(T) &= \int_{-\infty}^{\infty} \left[s_2(T-\lambda) - s_1(T-\lambda)\right] s_2(T-\lambda)\, d\lambda \\ &= \int_{-\infty}^{\infty} \left[s_2(u)\right]^2 du - \int_{-\infty}^{\infty} s_2(u)\, s_1(u)\, du \\ &= E_2 - \sqrt{E_1 E_2}\, \rho_{12} \end{aligned} \tag{9.67}$$

식 (9.66)과 식 (9.67)을 식 (9.31)에 대입하여 다음과 같은 최적 임계치를 구할 수 있다.

$$k_{\text{opt}} = \frac{1}{2}\left(E_2 - E_1\right) \tag{9.68}$$

여기서 주목할 점은 같은 에너지를 갖는 신호는 최적 임계치로 항상 0을 갖는다는 것이다. 또한 상관 계수에서 알아본 것처럼, 신호의 파형은 최적 임계치에 아무런 영향을 미치지 않는다는 점도 주목하기 바란다. 신호의 에너지만이 최적 임계치에 영향을 미친다.

9.2.6 유색잡음 배경

비백색(nonwhite)잡음 배경에서의 최적 수신기에 대한 의문이 자연스럽게 생기게 된다. 보통 수신기에서 잡음은 주로 시작-끝 단에서 발생하고, 전기적 성분 중에서(부록 A 참조) 전자의 열 운동에 의해 생긴다. 이런 유형의 잡음은 백색으로 잘 근사화될 수 있다. 만약 대역 제한된 채널이 백색잡음 도입부 앞에 있다면, 변형된 전송 신호에 대한 작업만 수행하면 된다. 만약 어떠한 이유로, 대역 제한된 필터가 백색잡음 도입부 다음에 온다면(예 : 헤테로다인 수신기에서 대부분의 잡음이 발생되는 라디오 주파수 증폭기와 혼합기의 뒤에 있는 중간 주파수 증폭기), 정합 필터 수신기로 근사화하는 간단한 술책을 사용한다. 유색잡음과 신호가 더해진 것을 잡음 스펙트럼 밀도의 제곱근의 역을 주파수 응답 함수로 갖는 '백색화 필터'에 통과시킨다. 따라서 백색화 필터의 출력은 백색화 필터에 의해 변환된 신호 성분과 백색잡음의 합이 된다. 그러고 나서 백색화된 신호들의 시간 반전의 차가 임펄스 응답인 정합 필터 수신기를 구성한다. 백색화 필터와 정합 필터(백색화된 신호에 정합된)를 직렬 연결시킨 형태를 **백색화 정합 필터**라고 한다. 이러한 조합은 두 가지 이유에서 근사화된 최적 수신기를 제공한다. 백색화 필터는 T초의 신호 구간 이후에 수신된 신호를 확산시키기 때문에, 두 가지 형태의 성능저하를 유발한다. (1) 고려되는 구간 이후로 확산된 신호 에너지는 신호결정을 하는 데 있어서 정합 필터에 사용되지 않는다. (2) 백색화 필터에 의해 확산된 이전의 신호는 결정이 진행되고 있는 현재 신호에 대한 정합 필터링 동작에 간섭을 일으킨다. 후자를 5장에서 처음 살펴보았던 **심벌 간 간섭**(intersymbol interference)이라 하는데, 9.7절과 9.9절에서 더 살펴볼 것이다. 이러한 영향에 의한 성능저하는, 펄스화된 레이더 시스템에서와 같이, 신호 지속기간이 T에 비해 짧으면 최소화되는 것이 명백하다. 마지막으로 결정 과정에서 사용되고 있는 신호 구간과 인접한 신호 구간들은, 잡음 상관에 기초하여 결정하는 것과 관계가 되는 정보를 내포하고 있다. 간략히 말해서 만약 신호 구간이 백색화 필터의 대역폭의 역수와 비교하여 크다면 백색화 정합 필터는 거의 최적이 된다. 대역 제한된 채널과 비백색 배경잡음에 대한 문제는 9.6절에서 더 살펴볼 것이다.

9.2.7 수신기 구현의 불완전성

이 절에서는 수신기에서 신호를 **정확하게** 알고 있다고 가정하고 이론을 전개한다. 물론 이것은 이상적인 상황이다. 이 가정에서 어긋날 수 있는 두 가지 문제는 다음과 같다. (1) 수신기에서 복제된 전송 신호의 위상이 오차일 수 있다. (2) 수신된 신호의 바로 그 도착 시간이 오차일 수 있다. 이것을 **동기 오차**라고 부른다. 첫 번째 경우는 이 절에서 다루어지고, 두 번째 경우는 연습문제에서 다루어진다. 동기의 기법은 10장에서 논의될 것이다.

9.2.8 위상동기 이진 신호의 오류 확률

이제 널리 사용되고 있는 몇 개의 위상동기 이진 신호 기법의 성능을 비교해보자. 그런 후에 위상비동기 시스템에 대해 살펴보겠다. 위상동기 시스템에 대한 오류 확률을 구하기 위해 9.2절에서 나온 결과들을 직접 적용한다. 이 절에서 고려되는 세 가지 형태의 위상동기 시스템은 진폭 천이 변조(ASK), 위상 천이 변조(PSK), 주파수 천이 변조(FSK)이다. 이러한 세 가지 디지털 변조 형태에 대한 일반적인 송신 파형을 그림 9.13에 나타내었다. 또한 위상동기 위상 천이 변조 시스템의 성능에 미치는 불완전한 위상 기준의 영향을 살펴본다. 이러한 시스템은 종종 부분적으로 위상동기되었다고 말한다.

진폭 천이 변조(ASK)

표 9.1에 진폭 천이 변조에 대하여 $s_1(t)$와 $s_2(t)$를 0과 $A\cos(\omega_c t)\,\Pi[(t-T/2)/T]$로 나타내었는데 여기서, $f_c=\omega_c/2\pi$는 반송 주파수이다. 이러한 시스템에 대한 송신기는 간단하게 온(on), 오프(off) 연결시키는 발진기로 구성된다. 이러한 이유로 하나의 진폭을 0으로 설정하는 이진 진폭 천이 변조를 종종 **온-오프 변조**라고 한다. 온-오프 연결이 수행될 때, 발진기가 연속적으로 동작한다는 것을 주지하는 것이 중요하다.

최적 수신기에 대한 상관기 구현은 수신된 신호와 잡음의 합을 $A\cos\omega_c t$로 곱하고, $(0,\ T)$ 사이에서 적분한 후, 적분기 출력을 식 (9.68)에서 계산된 임계치 $\frac{1}{4}A^2T$와 비교하는 것으로 구성된다.

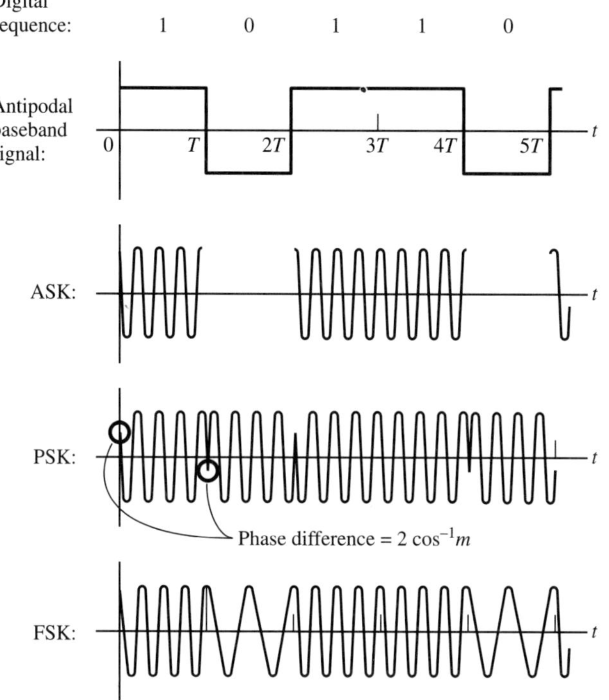

그림 9.13 진폭 천이 변조, 위상 천이 변조, 주파수 천이 변조에 대한 파형

식 (9.57)과 식 (9.61)로부터, $R_{12}=\rho_{12}=0$이고, 식 (9.60)으로부터 오류 확률은 다음과 같이 된다.

$$P_E = Q\left(\sqrt{\frac{E_b}{N_0}}\right) \tag{9.69}$$

진폭 천이 변조는 Q 함수의 인자에서 $\sqrt{2}$만큼의 인수가 부족하기 때문에 신호 대 잡음비 측면에서 대척 기저대역 신호보다 3dB 나빠진다. 신호 대 잡음비의 변화에 따른 오류 확률은 그림 9.11에서 $R_{12}=0$의 곡선에 해당한다.

위상 천이 변조(PSK)

표 9.1에서 위상 천이 변조 신호는 다음과 같다.

$$s_k(t) = A\sin[\omega_c t - (-1)^k \cos^{-1} m], \quad 0 \le t \le T, k = 1, 2 \tag{9.70}$$

여기서 변조 지수는 앞으로의 편리함을 위해 $\cos^{-1}m$으로 나타낸다. 간단히 하기 위해, $\omega_c = 2\pi n/T$으로 가정하는데, 여기서 n은 정수이다. $\sin(-x) = -\sin x$와 $\cos(-x) = \cos(x)$를 이용하여

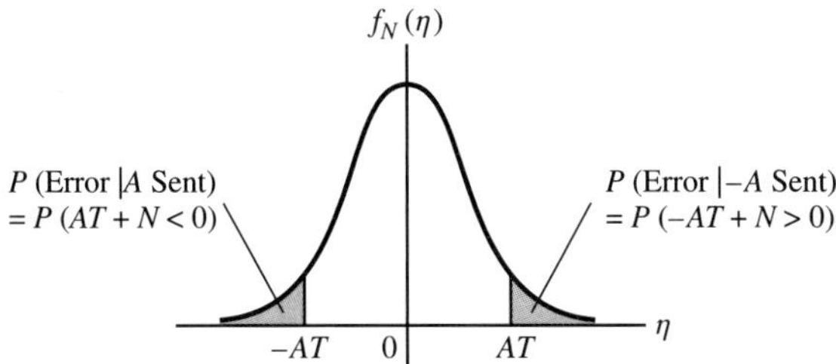

그림 9.4 이진 신호에 대한 오류 확률의 개략도

$-AT+N>0$일 때이다. 이 사건의 확률은 $N>AT$일 확률과 같고, 다음과 같이 나타낼 수 있는데

$$P(E|-A) = \int_{AT}^{\infty} \frac{e^{-\eta^2/N_0T}}{\sqrt{\pi N_0 T}}\, d\eta \triangleq Q\left(\sqrt{\frac{2A^2T}{N_0}}\right) \tag{9.9}$$

이것은 그림 9.4에서 $\eta=AT$의 오른쪽 부분에 대한 면적이다. 평균 오류 확률은

$$P_E = P(E|+A)P(+A) + P(E|-A)P(-A) \tag{9.10}$$

이다. $P(A)$를 $+A$가 전송되었을 때의 확률이라 하면, $P(+A)+P(-A)=1$이 된다. 이를 이용하여, 식 (9.8)과 식 (9.9)를 식 (9.10)에 대입하면 다음과 같은 식을 얻는다.

$$P_E = Q\left(\sqrt{\frac{2A^2T}{N_0}}\right) \tag{9.11}$$

따라서 중요한 파라미터는 A^2T/N_0이다. 이 비율을 두 가지로 해석할 수 있다. 첫 번째로 각 신호 펄스의 에너지는 다음과 같기 때문에

$$E_b = \int_{t_0}^{t_0+T} A^2\, dt = A^2T \tag{9.12}$$

펄스당 신호 에너지 대 잡음 전력 스펙트럼 밀도의 비는

$$z = \frac{A^2T}{N_0} = \frac{E_b}{N_0} \tag{9.13}$$

이다. 여기서 각 신호 펄스($+A$ 또는 $-A$)는 한 개의 정보 비트를 운반하기 때문에 E_b를 비트당 에너지(energy per bit)라고 부른다. 두 번째로, T초의 지속 시간을 갖는 구형파는 진폭 스펙

---

2 Q 함수에 대해서는 부록 F.1 참조.

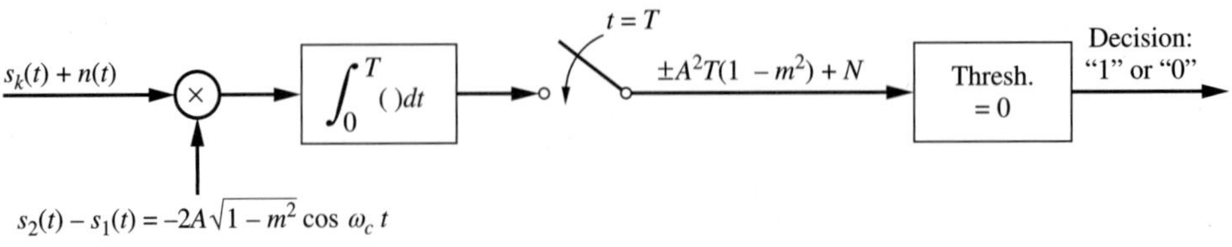

그림 9.14 위상 천이 변조에 대한 최적 수신기의 상관기 구현

식 (9.70)은 다음과 같이 나타낼 수 있는데

$$s_k(t) = Am\sin\left(\omega_c t\right) - (-1)^k A\sqrt{1-m^2}\cos\left(\omega_c t\right),\ 0 < t \le T,\ k = 1, 2 \qquad (9.71)$$

여기서 $\cos(\cos^{-1}m) = m$이고 $\sin(\cos^{-1}m) = \sqrt{1-m^2}$이다.

식 (9.71)의 오른쪽 첫 항은 (최적 수신기의 상관 수행을 위해 요구되는) 복조 과정에서 필요한 수신기에서의 국부 반송파 기준을 생성하기 위한 몇몇 시스템에 포함된 반송파 성분을 나타낸다. 만약 반송파 성분이 없다면($m=0$), 3장에서 살펴본 것과 같은, 코스타스 루프를 구현하여 복조 과정을 수행할 수 있다. 반송파 성분에 송신 신호 전력의 일부를 할당할 것인지, 아닌지는 복잡한 문제이기 때문에 여기서는 다루지는 않을 것이다.[7]

반송파 성분의 전력은 $\frac{1}{2}(Am)^2$이고, 변조 성분의 전력은 $\frac{1}{2}A^2(1-m^2)$이다. 따라서 m^2은 반송파 성분에 있어서 총전력의 비율이다. 상관 수신기를 그림 9.14에 나타내었는데, 여기서 두 개의 상관기 대신에 $s_2(t)-s_1(t)$의 하나의 상관기가 사용된다. 식 (9.68)로 계산된 임계치는 0 이다. $s_k(t)$의 반송파 성분은 비트 지속시간 동안 변조 성분과 직교를 이루기 때문에 상관 동작에서는 중요하지 않다. 위상 천이 변조에 대해 $E_1 = E_2 = \frac{1}{2}A^2T$이고

$$\begin{aligned}\sqrt{E_1E_2}\rho_{12} &= \int_0^T s_1(t)\, s_2(t)\, dt \\ &= \int_0^T (Am\sin\omega_c t + A\sqrt{1-m^2}\cos\omega_c t) \\ &\quad\times (Am\sin\omega_c t - A\sqrt{1-m^2}\cos\omega_c t)\, dt \\ &= \frac{1}{2}A^2Tm^2 - \frac{1}{2}A^2T(1-m^2) \\ &= \frac{1}{2}A^2T(2m^2-1)\end{aligned} \qquad (9.72)$$

이다. 따라서 R_{12}는, 식 (9.61)로부터

7 R.L.Didday and W.C. Lindsey, Subcarrier tracking methods and communication design. *IEEE Trans. on Commun.Tech.* **COM-16**, 541-550, August 1968 참조.

$$R_{12} = \frac{2\sqrt{E_1 E_2}}{E_1 + E_2}\rho_{12} = 2m^2 - 1 \tag{9.73}$$

이고, 식 (9.60)으로부터 위상 천이 변조에 대한 오류 확률은 다음과 같다.

$$P_E = Q[\sqrt{2(1 - m^2)z}] \tag{9.74}$$

반송파 성분에 전체 전송 전력의 m^2 비율을 할당하는 것에 대한 영향은 그림 9.11의 $R_{12} = -1$일 때의 이상적인 곡선에서 $10 \log_{10}(1 - m^2)$ 데시벨만큼의 P_E의 성능저하를 가져오게 된다.

$m = 0$에 대한 결과적인 오류 확률은 진폭 천이 변조보다 3dB이 좋으며, 그림 9.11에 있는 $R_{12} = -1$인 곡선에 해당한다. $m \neq 0$인 경우와의 혼동을 피하기 위해 $m = 0$인 경우를 이진 위상 천이 변조(BPSK)라고 한다.

예제 9.5

$m = 1/\sqrt{2}$인 위상 천이 변조를 고려하자. (a) 이진 데이터가 바뀔 때마다 변조된 반송파의 위상 천이는 얼마가 되는가? (b) 총전력의 몇 퍼센트가 반송파에 실리는가? 또한, 변조 성분에는 총전력의 몇 퍼센트가 실리는가? (c) $P_E = 10^{-6}$이 되기 위해 필요한 $z = E_b/N_0$의 값은 얼마인가?

풀이

(a) 위상의 변화는 $-\cos^{-1}m$에서 $\cos^{-1}m$까지이므로 위상이 바뀔 때마다 변조된 반송파의 위상 변화는 다음과 같다.

$$2\cos^{-1} m = 2\cos^{-1}(1/\sqrt{2}) = 2(45°) = 90° \tag{9.75}$$

(b) 반송파와 변조 성분은 각각

$$\text{carrier} = Am\sin(\omega_c t) \tag{9.76}$$

그리고

$$\text{modulation} = \pm A\sqrt{1 - m^2}\cos(\omega_c t) \tag{9.77}$$

이다. 따라서 반송파 성분의 전력은

$$P_c = \frac{A^2 m^2}{2} \tag{9.78}$$

이고, 변조 성분의 전력은

$$P_m = \frac{A^2\left(1 - m^2\right)}{2} \tag{9.79}$$

이다. 전체 전력이 $A^2/2$이므로, 각 성분들의 퍼센트 전력은 각각

$$\%P_c = m^2 \times 100 = 100\left(\frac{1}{\sqrt{2}}\right)^2 = 50\%$$

그리고

$$\%P_m = (1 - m^2) \times 100 = 100\left(1 - \frac{1}{2}\right) = 50\%$$

가 된다.

(c) 오류 확률에 대한 식은 다음과 같다.

$$P_E = Q\left[\sqrt{2(1 - m^2)z}\right] \cong \frac{e^{-(1-m^2)z}}{2\sqrt{\pi\left(1 - m^2\right)z}} = 10^{-6} \tag{9.80}$$

이 식을 반복하여 풀어 보면 $m^2=0.5$일 때, $z=22.6$ 또는 $E_b/N_0=13.54$dB을 얻게 된다. 사실 오류 확률 관계를 반복적으로 다시 풀 필요는 없다. 예제 9.2로부터 이진 위상 천이 변조(대척 신호 기법)에 대하여 $z=10.53$dB일 때 $P_E=10^{-6}$이 된다는 것을 이미 알고 있다. 이 예제에서는 단지 이진 위상 천이 변조보다 2배의 전력이 더 요구된다는 것에 주목하기 바란다. 이것은 예제 9.2에서 요구되었던 10.53dB에 3.01dB을 더한 것과 같다.

■

불완전한 위상 기준을 갖는 이진 위상 천이 변조

위상 천이 변조에 대해 앞에서 얻은 결과는 수신기에서 완벽한 반송파 기준을 갖는 경우이다. 만약 $m=0$이면, $\pm A\cos(\omega_c t+\theta)+n(t)$ 형태의 입력과 $A\cos(\omega_c t+\hat{\theta})$ 형태의 기준으로 표현하여, 수신기에서 불완전한 기준의 경우를 고려하는 것이 간단하다. 여기서 θ는 알려지지 않은 반송파의 위상이고, $\hat{\theta}$은 수신기에서 위상의 추정치이다.

그림 9.15에는 이 수신기에 대한 상관기 구현을 나타내었다. 적절한 삼각 항등식을 이용하면, 표본화 순간에 상관기 출력의 신호 성분은 $\pm AT\cos\phi$인 것을 알 수 있고, 여기서 $\phi=\theta-\hat{\theta}$은 위상 오차이다. 주어진 위상 오차 ϕ에 대한 오류 확률은 다음과 같다.

$$P_E(\phi) = Q(\sqrt{2z\cos^2\phi}) \tag{9.81}$$

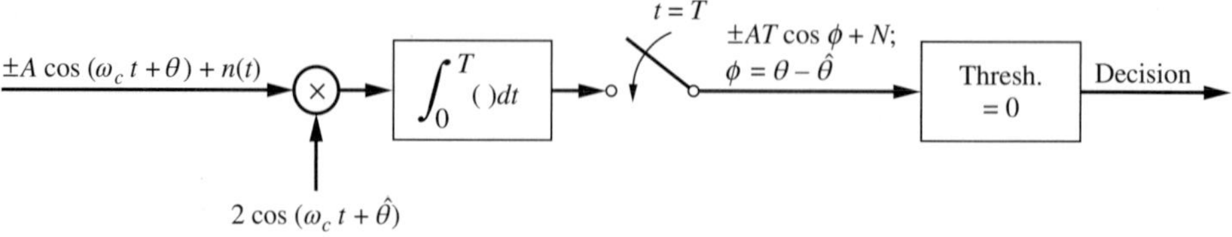

그림 9.15 이진 위상 천이 변조의 상관 검출에 대한 기준 신호에 있어서 위상 오차의 영향

완벽한 기준의 경우에 비해 $20 \log_{10} \cos \phi$ 데시벨만큼 성능이 감소함을 주목하기 바란다.

만약 ϕ가 어떤 최대치에 고정되어 있다고 가정하면, 기준에서의 위상 오차에 의한 P_E의 상한을 구할 수 있다. 그러나 ϕ를 다음과 같은 확률 밀도 함수를 갖는 가우시안 랜덤변수로 근사화하여 보다 정확한 모델을 제공할 수 있다.[8]

$$p(\phi) = \frac{e^{-\phi^2/2\sigma_\phi^2}}{\sqrt{2\pi\sigma_\phi^2}}, \quad |\phi| \le \pi \tag{9.82}$$

수신기에서의 위상 기준이 입력에서 높은 신호 대 잡음비로 동작하는 위상동기 루프에 의하여 주어지면 이것은 꽤 적절한 모델이 된다. 만일 이 경우라면 위상동기 루프이거나 대역통과 필터-제한기 조합이거나 간에, σ_θ^2은 위상 추정 장치 입력에서의 신호 대 잡음비와 관계된다.

모든 가능한 위상 오차에 대한 평균 오류 확률을 구하기 위해서, 간단하게 위상 오차 확률 밀도 함수 $p(\phi)$에 대해 식 (9.81)에서 주어진 $P(E \mid \phi) = P_E(\phi)$의 기댓값을 구해보면 다음과 같다.

$$P_E = \int_{-\pi}^{\pi} P_E(\phi)\, p(\phi)\, d\phi \tag{9.83}$$

대표적인 위상 오차 확률 밀도 함수에 대한 적분 결과는 수치적으로 계산되어야 한다.[9] 가우시안 $p(\phi)$에 대한 대표적인 결과를 표 9.2에 나타내었다.

주파수 천이 변조(FSK)

표 9.1에서 주파수 천이 변조에 대한 신호들은 다음과 같다.

$$\left.\begin{aligned} s_1(t) &= A\cos\omega_c t \\ s_2(t) &= A\cos\left(\omega_c + \Delta\omega\right) t \end{aligned}\right\} \quad 0 \le t \le T \tag{9.84}$$

간단히 하기 위해

$$\omega_c = \frac{2\pi n}{T} \tag{9.85}$$

그리고

---

8 이것은 1차 위상동기 루프에 있어서의 위상 오차에 대한 실제 확률 밀도 함수에 대한 근사로, Tikonov로 알려져 있는데, $|\phi| \le \pi$일 때 $p(\phi) = \frac{\exp(z_{\text{loop}} \cos\phi)}{2\pi I_0(z_{\text{loop}})}$이고 그 외의 조건에서는 0으로 주어진다. z_{loop}는 루프 통과 대역 내에서의 신호 대 잡음비이고, $I_0(u)$는 1종 0차 변형 베셀 함수이다. 식 (9.82)는 면적이 1이 되도록 재정규화되어야 하는데, σ_θ^2이 작아질 때, 즉, z가 커질 때 오차는 작아짐을 주목하기 바란다.

9 Van Trees(1968), Chapter 4 참조.

표 9.2 이진 위상 천이 변조의 검출에 있어서 가우시안 위상 기준 지터의 영향

E_b/N_0, dB	P_E, σ_ϕ^2=0.01 rad^2	P_E, σ_ϕ^2=0.05 rad^2	P_E, σ_ϕ^2=0.1 rad^2
9	3.68×10^{-5}	6.54×10^{-5}	2.42×10^{-4}
10	4.55×10^{-6}	1.08×10^{-5}	8.96×10^{-5}
11	3.18×10^{-7}	1.36×10^{-6}	3.76×10^{-5}
12	1.02×10^{-8}	1.61×10^{-7}	1.83×10^{-5}

$$\Delta\omega = \frac{2\pi m}{T} \tag{9.86}$$

을 가정한다. 여기서 m과 n은 $m \neq n$인 정수이다. 이것은 $s_1(t)$와 $s_2(t)$가 T초 동안 반드시 정수 주기를 갖는다는 것을 나타낸다. 그 결과

$$\begin{aligned}\sqrt{E_1 E_2}\rho_{12} &= \int_0^T A^2 \cos\left(\omega_c t\right)\cos(\omega_c + \Delta\omega)t\,dt \\ &= \frac{1}{2}A^2\int_0^T [\cos(\Delta\omega t) + \cos(2\omega_c + \Delta\omega)t]\,dt \\ &= 0\end{aligned} \tag{9.87}$$

이고, 식 (9.60)에서 $R_{12}=0$이 된다. 그러므로 신호 집합은 직교하며

$$P_E = Q\left(\sqrt{\frac{E_b}{N_0}}\right) \tag{9.88}$$

이고, 이것은 진폭 천이 변조와 같다. 따라서 신호 대 잡음비에 따른 오류 확률은 그림 9.11의 $R_{12}=0$의 곡선에 해당한다.

진폭 천이 변조와 주파수 천이 변조가 신호 대 잡음비에 따라 같은 P_E 특성을 갖는 이유는 평균 신호 전력을 기반으로 비교하기 때문이다. 만일 첨두 신호 전력이 같다고 제한하면, 진폭 천이 변조는 주파수 천이 변조보다 3dB 안 좋은 결과가 나온다.

방금 고려된 세 가지 기법을 위상동기 이진 진폭 천이 변조, 이진 위상 천이 변조, 이진 주파수 천이 변조로 표현한 것은 이 기법들이 이진이라는 사실을 보여주기 위해서이다.

예제 9.6

$P_E=10^{-6}$을 얻기 위해 요구되는 E_b/N_0와, 일정한 데이터율을 위한 전송 대역폭을 기반으로 이진 진폭 천이 변조, 위상 천이 변조, 주파수 천이 변조를 비교하라. 요구되는 대역폭은 반송파 변조된 구형 펄스의 영대영(null-to-null) 대역폭으로 하라. 이진 주파수 천이 변조에 대해서는 가능한 가장 작은 대역폭으로 가정하라.

풀이

앞에서 $P_{E,\,BPSK}=10^{-6}$을 얻기 위해 요구되는 E_b/N_0가 10.53dB라는 것을 알았다. 평균 신호 대 잡음비 관점에서, 진폭 천이 변조와 주파수 천이 변조는 $P_E=10^{-6}$을 얻기 위해 이진 위상 천이 변조보다 E_b/N_0가 3.01dB 더 필요하여, 13.54dB이 요구된다.

반송파 변조된 구형 펄스의 푸리에 변환은 다음과 같다.

$$\Pi(t/T)\cos(2\pi f_c t) \leftrightarrow (T/2)\{\text{sinc}[T(f-f_c)]+\text{sinc}[T(f+f_c)]\}$$

이 스펙트럼의 영대영 대역폭은

$$B_{\text{RF}} = \frac{2}{T}\ \text{Hz} \tag{9.89}$$

이다. 이진 진폭 천이 변조와 위상 천이 변조에 대해 요구되는 대역폭은 다음과 같다.

$$B_{\text{PSK}} = B_{\text{ASK}} = \frac{2}{T} = 2R\ \text{Hz} \tag{9.90}$$

여기서 R은 초당 비트의 데이터율이다. 주파수 천이 변조에 대해서

$$s_1(t) = A\cos\left(\omega_c t\right),\quad 0 \le t \le T,\quad \omega_c = 2\pi f_c$$

그리고

$$s_2(t) = A\cos(\omega_c t + \Delta\omega)t,\quad 0 \le t \le T,\quad \Delta\omega = 2\pi\Delta f$$

주엽 반 대역폭 (mainlobe half bandwidth)이 $1/2T$ 헤르츠인 코사인 펄스가 주어졌을 때, 주파수 천이 변조에 대해 요구되는 대역폭은 대략 다음과 같이 될 수 있다.

$$B_{\text{CFSK}} = \underbrace{\frac{1}{T}+\frac{1}{2T}}_{f_c\ \text{burst}}+\frac{1}{T} = \frac{2.5}{T} = 2.5R\ \text{Hz} \tag{9.91}$$

(위 식에서 $\frac{1}{2T}+\frac{1}{T}$ 부분: $f_c+\Delta f$ burst)

헤르츠당 초당 비트 수의 항으로 종종 대역폭 효율 R/B을 규정한다. 이진 동기 주파수 천이 변조의 대역폭 효율은 0.4bits/s/Hz인 반면, 이진 진폭 천이 변조와 위상 천이 변조의 대역폭 효율은 0.5bits/s/H이다.

9.3 위상동기 기준이 필요 없는 변조 기법

수신 반송파와의 위상동기에서 국부 기준 신호의 획득을 필요로 하지 않는 두 가지 변조 기법을 고려해보자. 첫 번째 고려될 기법은 차동 위상 천이 변조(DPSK)로, 9.3절에서 살펴본 이진

표 9.3 차동 부호화의 예

Message sequence:		1	0	0	1	1	1	0	0	0
Encoded sequence:	1	1	0	1	1	1	1	0	1	0
Reference digit:	↑									
Transmitted phase:	0	0	π	0	0	0	0	π	0	π

위상 천이 변조의 위상비동기 형태라고 생각할 수 있다.

또한 이 절에서는 위상비동기 이진 주파수 천이 변조에 대해서도 살펴볼 것이다(위상비동기 이진 진폭 천이 변조는 연습문제 9.30에서 살펴본다).

9.3.1 차동 위상 천이 변조(DPSK)

이진 위상 천이 변조의 복조를 위한 위상 기준을 구하는 한 가지 방법은 이전 신호 구간의 반송파 위상을 이용하는 것이다. 이 기법 구현의 두 가지 전제조건은 다음과 같다. (1) 신호에 대한 미지의 위상 변화를 유발하는 메커니즘이 매우 느리게 변화하여 위상이 한 신호 구간에서 다음까지 반드시 일정하게 유지된다. (2) 주어진 신호 구간의 위상은 이전 신호 구간의 위상에 대해 알려진 관계를 제공한다. 전자는 송신기 발진기의 안정성과 채널의 시간에 대한 변화 등에 의해 결정된다. 후자의 요구사항은 송신기에서 메시지 시퀀스에 차동 부호화를 수행하여 충족시킬 수 있다.

표 9.3에는 메시지 시퀀스의 차동 부호화를 나타내었다. 임의의 기준 이진 숫자를 부호화된 시퀀스의 초기 숫자로 가정한다. 표 9.3에서의 예제에서는 1이 선택됐다. 부호화된 시퀀스의 각 숫자에 대하여, 시퀀스에서 현재의 숫자가 다음 숫자에 대한 기준으로 사용된다. 메시지 시퀀스에서 0은, 부호화된 메세지 시퀀스의 기준 숫자 상태로 부터 반대 상태로 천이하여 부호화 된다. 1은 상태의 변화 없이 부호화된다. 이 예제에서 보면, 메시지 시퀀스의 첫 번째 숫자가 1이기 때문에 부호화된 시퀀스에서 상태의 변화가 생기지 않으며, 부호화된 시퀀스의 다음 숫자에 1이 나타나게 된다. 이것은 부호화될 다음 숫자의 기준이 된다. 메시지 시퀀스에서 나타나는 다음 숫자가 0이므로, 다음 부호화되는 숫자는 기준 숫자의 반대, 즉 0이 된다. 부호화된 메시지 시퀀스는 표에 나타낸 바와 같이 반송파 위상을 0과 π로 하여 위상 천이 변조된다.

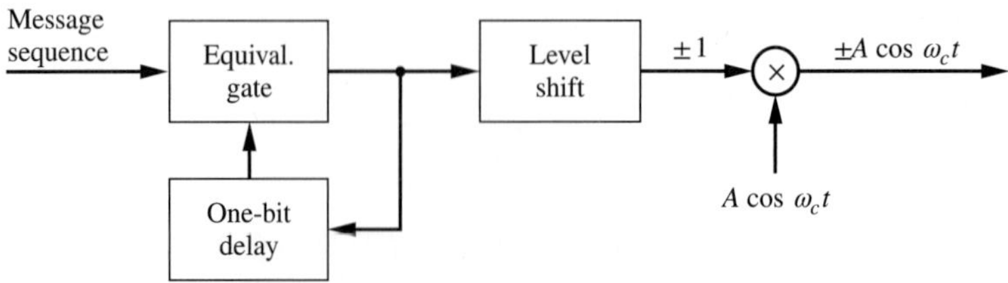

그림 9.16 차동 위상 천이 변조의 변조기 블록도

표 9.4 등가 연산의 진리표

Input 1(Message)	Input 2(Reference)	Output
0	0	1
0	1	0
1	0	0
1	1	1

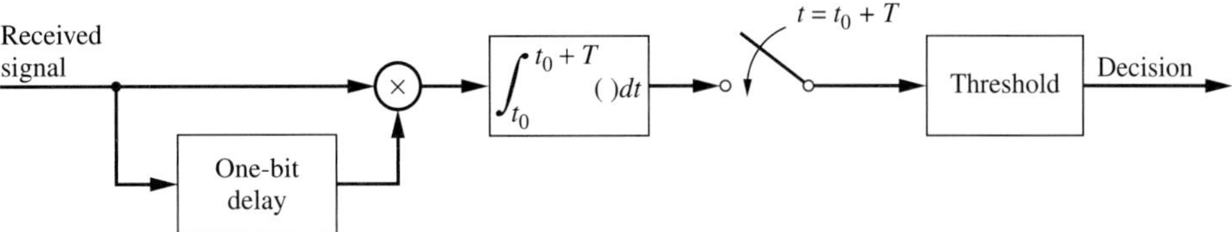

그림 9.17 차동 위상 천이 변조의 복조

그림 9.16의 블록도는 차동 위상 천이 변조 발생을 나타낸 것이다. 등가 게이트는 배타적 논리합(XOR)의 반대로, 표 9.4에 제시된 연산을 수행하는 논리회로이다. 부호화된 메시지가 양극(bipolar)이 되도록 논리회로의 출력단에서 간단한 레벨 천이를 하고, 반송파를 곱해 양측파대 변조의 차동 위상 천이 변조 신호를 생성한다.

차동 위상 천이 변조에 대해 차동 위상동기 복조기 구조를 그림 9.17에 나타내었다. 잡음이 더해진 수신 신호는 먼저 반송파 주파수를 중심으로 하는 대역통과 필터를 통과한 후, 1 비트 지연된[10] 잡음이 더해진 신호와 비트 단위로 상관된다. 상관기의 출력은 최종적으로 0으로 설정된 임계치와 비교되고 상관기 출력이 양인지 음인지에 따라 각각 1 또는 0으로 결정된다.

수신된 시퀀스가 옳바르게 복조되는가를 설명하기 위해, 잡음이 없다고 가정하고 표 9.3에 나와 있는 예를 고려해보자. 처음 두 비트(기준 비트와 처음 부호화된 비트)가 수신된 후, 상관기에 대한 신호 입력은 $S_1 = A\cos\omega_c t$이고, 기준 또는 지연된 입력은 $R_1 = A\cos\omega_c t$이다. 상관기의 출력은

$$v_1 = \int_0^T A^2\cos^2\left(\omega_c t\right)\,dt = \frac{1}{2}A^2T \tag{9.92}$$

가 되고, 1이 전송되었다고 판정된다. 다음 비트 구간에 대하여, 입력은 $S_2 = -A\cos\omega_c t$와 $R_2 = S_1 = A\cos(\omega_c t + \pi) = -A\cos\omega_c t$가 되어, 상관기 출력의 결과는

10 T는 채널 변화에 의해 변하지 않고, 수신기에서 정확하게 알 수 있다고 가정한다. 예를 들어, 일반적으로 반송파 주파수에서 도플러 천이에 의한 채널 변화가 더 심각한 문제가 된다. 만약 반송파 주파수의 천이가 크다면, 수신기에서 몇 가지 형태의 주파수 추정이 필요하다.

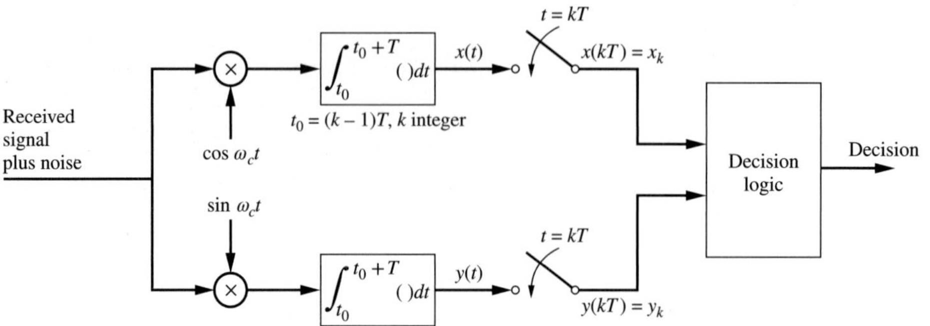

그림 9.18 이진 차동 위상 천이 변조에 대한 최적 수신기

$$v_2 = -\int_0^T A^2 \cos^2(\omega_c t)\ dt = -\frac{1}{2}A^2 T \tag{9.93}$$

가 되고, 0이 전송되었다고 판정된다. 입력에 잡음이 없다면, 이런 식으로 계속하여 원래의 메시지 시퀀스를 얻을 수 있다.

이러한 검출기는 구현은 쉽지만 사실 최적은 아니다. 이진 차동 위상 천이 변조에 대한 최적 검출기를 그림 9.18에 나타내었다. 이 검출기에 대한 검정통계량은 다음과 같다.

$$\ell = x_k x_{k-1} + y_k y_{k-1} \tag{9.94}$$

만약 $\ell>0$이면, 수신기는 다음의 신호 시퀀스가 전송되었다고 선택한다.

$$s_1(t) = \begin{cases} A\cos(\omega_c t+\theta), & -T \le t < 0 \\ A\cos(\omega_c t+\theta), & 0 \le t < T \end{cases} \tag{9.95}$$

만약 $\ell<0$이면, 수신기는 다음의 신호 시퀀스가 전송되었다고 선택한다.[11]

$$s_2(t) = \begin{cases} A\cos(\omega_c t+\theta), & -T \le t < 0 \\ -A\cos(\omega_c t+\theta), & 0 \le t < T \end{cases} \tag{9.96}$$

일반성을 잃지 않으면서, $\theta=0$으로 선택할 수 있다(그림 9.18의 사인과 코사인 혼합기에 대하여 잡음과 신호에 대한 방향은 완전하게 랜덤하다). 오류 확률은 $P_E=\Pr(x_k x_{k-1}+y_k y_{k-1} <0)|s_1,\ \theta=0)$로 계산될 수 있다($s_1$과 s_2는 같은 발생 확률을 가진다고 가정한다). $\omega_c T$를 2π의 정수배가 된다고 가정하면, $t=0$에서의 적분기 출력은 다음과 같다.

11 다시, 만약 반송파 주파수의 천이가 크다면 수신기에서 몇 가지 형태의 주파수 추정이 필요하다. 편의를 위해 여기서 채널을 통과한 반송파 주파수는 안정적으로 유지된다고 가정한다.

$$x_0 = \frac{AT}{2} + n_1, \quad y_0 = n_3 \tag{9.97}$$

여기서

$$n_1 = \int_{-T}^{0} n(t)\cos(\omega_c t)\,dt \tag{9.98}$$

이고

$$n_3 = \int_{-T}^{0} n(t)\sin(\omega_c t)\,dt \tag{9.99}$$

이다. 마찬가지로 $t=T$ 시간에서의 출력은 다음과 같다.

$$x_1 = \frac{AT}{2} + n_2, \quad y_1 = n_4 \tag{9.100}$$

여기서

$$n_2 = \int_{0}^{T} n(t)\cos(\omega_c t)\,dt \tag{9.101}$$

이고

$$n_4 = \int_{0}^{T} n(t)\sin(\omega_c t)\,dt \tag{9.102}$$

이다.

n_1, n_2, n_3와 n_4는 상관되지 않은 평균이 0이며, 분산이 $N_0T/4$인 가우시안 랜덤변수이다. 이들은 상관되지 않았기 때문에, 서로 독립적이며 P_E에 대한 표현식은 다음과 같이 된다.

$$P_E = \Pr\left[\left(\frac{AT}{2} + n_1\right)\left(\frac{AT}{2} + n_2\right) + n_3 n_4 < 0\right] \tag{9.103}$$

이 식은 다음과 같이 다시 쓸 수 있다.

$$P_E = \Pr\left[\begin{array}{l}\left(\frac{AT}{2} + \frac{n_1}{2} + \frac{n_2}{2}\right)^2 - \left(\frac{n_1}{2} - \frac{n_2}{2}\right)^2 \\ + \left(\frac{n_3}{2} + \frac{n_4}{2}\right)^2 - \left(\frac{n_3}{2} - \frac{n_4}{2}\right)^2 < 0\end{array}\right] \tag{9.104}$$

[위의 식을 확인하려면 간단하게 식 (9.104)의 인자에 있는 각 항들을 제곱해서, 다시 정리하

고, 식 (9.103)과 비교해 본다.] 다음과 같이 새로운 가우시안 랜덤변수를 정의하면

$$\begin{aligned} w_1 &= \frac{n_1}{2} + \frac{n_2}{2} \\ w_2 &= \frac{n_1}{2} - \frac{n_2}{2} \\ w_3 &= \frac{n_3}{2} + \frac{n_4}{2} \\ w_4 &= \frac{n_3}{2} - \frac{n_4}{2} \end{aligned} \tag{9.105}$$

오류 확률은 다음과 같이 나타낼 수 있다.

$$P_E = \Pr\left[\left(\frac{AT}{2} + w_1\right)^2 + w_3^2 < w_2^2 + w_4^2\right] \tag{9.106}$$

괄호 안 부등호의 양측에 있는 항들은 그 자체의 항을 비교해도 되고, 양의 제곱근을 취해 비교해도 된다. w_1, w_2, w_3와 w_4의 정의로부터 이들은 서로 상관되지 않으며, 모두 평균이 0이고 분산이 $N_0T/8$가 됨을 보일 수 있다. 이들이 상관되지 않은 가우시안이므로 서로 독립적이 되고 따라서,

$$R_1 = \sqrt{\left(\frac{AT}{2} + w_1\right)^2 + w_3^2} \tag{9.107}$$

이 되며, 이것은 라이시안 랜덤변수가 된다(7.5.3절 참조). 또한 다음 식이 성립하며

$$R_2 = \sqrt{w_2^2 + w_4^2} \tag{9.108}$$

이것은 레일리 랜덤변수가 된다. 따라서 오류 확률은 이중 적분으로 나타낼 수 있다.

$$P_E = \int_0^\infty \left[\int_{r_1}^\infty f_{R_2}(r_2)\, dr_2\right] f_{R_1}(r_1)\, dr_1 \tag{9.109}$$

여기서 $f_{R_1}(r_1)$은 라이시안 확률 밀도 함수이고, $f_{R_2}(r_2)$는 레일리 확률 밀도 함수이다. $\sigma^2 = N_0T/8$, 그리고 $B = AT/2$로 하고, 표 6.4와 식 (7.149)의 레일리 및 라이시안 확률 밀도 함수를 이용하면, 이중 적분은 다음과 같이 된다.

$$P_E = \int_0^\infty \left[\int_{r_1}^\infty \frac{r_2}{\sigma^2} \exp\left(-\frac{r_2^2}{2\sigma^2}\right) dr_2\right] \frac{r_1}{\sigma^2} \exp\left(-\frac{r_1^2 + B^2}{2\sigma^2}\right) I_0\left(\frac{Br_1}{\sigma^2}\right) dr_1$$

$$= \int_0^\infty \left[\exp\left(-\frac{r_1^2}{2\sigma^2}\right)\right] \frac{r_1}{\sigma^2} \exp\left(-\frac{r_1^2 + B^2}{2\sigma^2}\right) I_0\left(\frac{Br_1}{\sigma^2}\right) dr_1$$

$$= \exp\left(-\frac{B^2}{2\sigma^2}\right) \int_0^\infty \frac{r_1}{\sigma^2} \exp\left(-\frac{r_1^2}{\sigma^2}\right) I_0\left(\frac{Br_1}{\sigma^2}\right) dr_1$$

$$= \frac{1}{2} \exp\left(-\frac{B^2}{2\sigma^2}\right) \exp\left(\frac{C^2}{2\sigma_0^2}\right) \int_0^\infty \frac{r_1}{\sigma_0^2} \exp\left(-\frac{r_1^2 + C^2}{2\sigma_0^2}\right) I_0\left(\frac{Cr_1}{2\sigma_0^2}\right) dr_1 \qquad (9.110)$$

여기서 $C=B/2$이고, $\sigma^2=2\sigma_0^2$이다. 라이시안 확률 밀도 함수에 대해 적분했으므로, 다음 결과를 얻게 된다(확률 밀도 함수의 전체 영역을 적분하면 1임을 상기 바람).

$$P_E = \frac{1}{2} \exp\left(-\frac{B^2}{2\sigma^2}\right) \exp\left(\frac{C^2}{2\sigma_0^2}\right)$$
$$= \frac{1}{2} \exp\left(-\frac{B^2}{4\sigma^2}\right) = \frac{1}{2} \exp\left(-\frac{A^2T}{2N_0}\right) \qquad (9.111)$$

그림 9.18의 최적 차동 위상 천이 변조 수신기에 대해 비트 에너지 E_b를 $A^2T/2$로 정의하면

$$P_E = \frac{1}{2} \exp\left(-\frac{E_b}{N_0}\right) \qquad (9.112)$$

를 얻는다.

$B=2/T$의 입력 필터 대역폭을 갖는 그림 9.17의 준최적 적분-덤프 검출기는 큰 E_b/N_0 값에서 다음과 같은 근사적인 오류 확률을 갖는 것을 문헌[12]에서 알 수 있다.

$$P_E \cong Q\left[\sqrt{E_b/N_0}\right] = Q\left[\sqrt{z}\right] \qquad (9.113)$$

특정한 오류 확률에 대한 신호 대 잡음비에 있어서, 최적 검출기의 경우보다 약 1.5dB 감쇠된 결과를 갖는다. 직관적으로 보면 성능은 입력 필터 대역폭에 좌우된다. 넓은 대역폭은 더 많은 잡음이 검출기로 들어오므로, 과도한 성능저하를 야기하며(지연되지 않은 신호와 지연된 신호의 곱으로부터 곱해지는 잡음이 존재한다는 것을 주지하기 바람), 한편 지나치게 좁은 대역폭은 필터링에 의해 야기되는 심벌간 간섭으로 검출기 성능을 저하시킨다.

식 (9.74)에서 $m=0$일 때의 이진 위상 천이 변조에 대한 결과와 점근적 근사식 $Q(u)\cong e^{-u^2/2}/[(2\pi)^{1/2}u]$을 이용하여, 큰 E_b/N_0 대해서 유효한 이진 위상 천이 변조의 결과식을 다음과 같이

12 J.H. Park, On binary DPSK reception, *IEEE Trans. on Commun.*, **COM-26**, 484-486, April 1978.

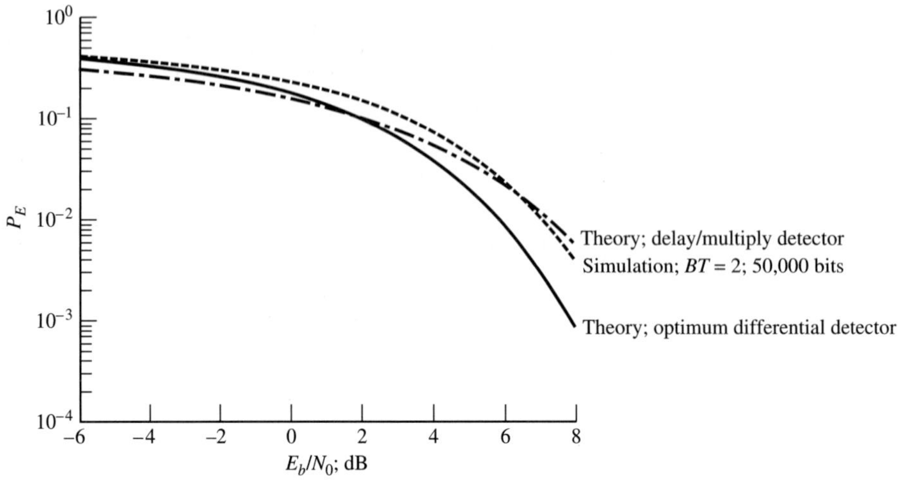

그림 9.19 근사식에 의한 이론적인 결과와 지연-곱 차동 위상 천이 변조 검출기 모의 실험 결과의 성능 비교

얻을 수 있다.

$$P_E \cong \frac{e^{-E_b/N_0}}{2\sqrt{\pi E_b/N_0}} \quad (\text{BPSK};\ E_b/N_0 \gg 1) \tag{9.114}$$

식 (9.112)와 식 (9.114)를 비교하면, 큰 E_b/N_0에 대해 차동 위상 천이 변조와 이진 위상 천이 변조는 $(\pi E_b/N_0)^{1/2}$의 인수밖에 차이가 나지 않으며, 낮은 오류 확률에서 차동 위상 천이 변조는 이진 위상 천이 변조에 비하여 신호 대 잡음비 면에서 대략 1dB 정도의 감쇠를 갖는다. 이런 이유로 차동 위상 천이 변조는 이진 위상 천이 변조의 복조에 필요한 반송파 기준을 얻는 문제에 대한 매우 매력적인 해결책이 된다. 차동 위상 천이 변조의 커다란 단점은 송신기와 수신기에서의 지연 요소에 의해 정해지는 특정 값으로 신호 속도가 맞춰진다는 것과 차동 부호화 과정에 의해 연속되는 비트들 간에 겹쳐진 상관으로 인해 두 개의 그룹에서 오류가 발생한다는 것이다(후자가 높은 신호 대 잡음비에서 차동 위상 천이 변조가 이진 위상 천이 변조보다 성능면에서 1dB 정도 손실이 오는 주요 이유이다).

지연-곱 차동 위상 천이 변조 검출기의 MATLAB 몬테카를로 모의실험이 컴퓨터 예제 9.9에서 고려된다. 원하는 E_b/N_0를 정하고, 검출기를 통과한 잡음이 더해진 긴 비트 문자열을 모의실험하여, 입력과 출력 비트를 비교한 후, 오류 개수를 계산하여 추정된 비트 오류 확률을 도시할 수 있다. 이러한 그래프를 그림 9.19에 나타내었는데, 그림 9.17에 나타낸 준최적 지연-곱 검출기에 대한 식 (9.113)의 점근적 근사식 결과뿐 아니라, 식 (9.110)의 최적 섬출기에 대한 이론적인 곡선과도 비교하고 있다.

9.3.2 데이터의 차동 부호화 및 복호화

만약 데이터 스트림이 송신기에서 차동 부호화되고, 수신기에서 차동 복호화된다면, 위상동기 복조기의 의도치 않은 위상 반전에 대하여 대응할 수 있는 부가적인 이점을 얻을 수 있다. 차동 부호화된 비트 스트림과 그것의 1 비트 지연된 것과의 배타적 논리합(XOR)을 구한 후, 그 결과의 반전을 취하여 차동 부호화에 대한 역과정을 수행한다. 즉 만약 A가 차동 부호화된 비트 스트림이면, 이 과정은 다음과 같으며

$$B = \overline{\mathrm{XOR}(A, D^{-1}(A))} \tag{9.115}$$

여기서 $D^{-1}(A)$는 A의 1 비트 지연된 형태이고 위의 바(overbar)는 반전을 나타낸다(즉 0은 1로 바뀌고, 1은 0으로 바뀐다).

컴퓨터 예제 9.2

이 컴퓨터 예제는 위에서 언급한 내용을 보여주기 위해 비트 스트림을 차동 부호화와 복호화하는 MATLAB 함수를 사용한다. 비트 스트림을 차동 부호화 및 복호화하기 위한 함수들의 실행 예는 아래와 같다.

```
%c9ce2a; diff_enc(input); function to differentially encode a bit
 stream vector
%
function output = diff_enc(input)
L_in = length(input);
output = [];
for k = 1:L_in
 if k == 1
 output(k) = not(bitxor(input(k),1));
 else
 output(k) = not(bitxor(input(k),output(k-1)));
 end
end
output = [1 output];
% End of script file
```

```
%c9ce2b; diff_dec(input); function to differentially decode a bit
 stream vector
%
function output = diff_dec(input)
L_in = length(input);
A = input;
B = A(2:L_in);
C = A(1:L_in-1);
output = not(xor(B, C));
% End of script file
```

이 절의 시작 부분에서 고려하였던 비트 스트림에 차동 부호화 함수를 적용하면 다음과 같다.

```
>> A = diff_enc([1 0 0 1 1 1 0 0 0])
A =
 1 1 0 1 1 1 1 0 1 0
```

차동 부호화된 비트 스트림에 차동 복호화 함수를 적용하면 원래의 비트 스트림을 얻는다.

```
>> D = diff_dec(A)
D =
 1 0 0 1 1 1 0 0 0
```

차동 부호화된 비트 스트림을 반전시키면(아마도 반송파 포착 회로에서 위상을 180도 어긋나게 하기 때문에) 다음과 같이 된다.

```
>> A_bar = [0 0 1 0 0 0 0 1 0 1];
```

이렇게 반전된 비트 스트림을 차동 복호화하면 원래의 부호화된 비트 스트림을 얻는다.

```
>> E = diff_dec(A_bar)
E =
 1 0 0 1 1 1 0 0 0
```

그러므로 비트 스트림의 차동 부호화 및 복호화는, 위상동기 모뎀이 채널 변화에 의한 의도치 않은 180도 위상 반전에 대응할 수 있음을 보여준다. 이렇게 할 때 E_b/N_0의 손실은 1dB보다 작다. ■

9.3.3 위상비동기 FSK

위상비동기 시스템에서 오류 확률에 대한 계산은 동기 시스템에서보다 다소 어렵다. 위상비동기 시스템보다는 위상동기 시스템에서의 수신 신호에 대해 더 많이 알려져 있기 때문에, 위상비동기 시스템이 위상동기 시스템보다 성능이 좋지 않다는 것은 놀라운 일이 아니다. 성능에 손실이 있음에도 불구하고 구현의 간편성이 뚜렷하게 고려될 경우, 위상비동기 시스템이 종종 사용된다. 여기서는 비동기 주파수 천이 변조만 다룰 것이다.[13] 실제로 위상비동기 위상 천이 변조 시스템은 존재하지 않지만, 차동 위상 천이 변조 시스템이 비동기 시스템으로 간주될 수 있다.

주파수 천이 변조에 대해 전송된 신호는

$$s_1(t) = A\cos(\omega_c t + \theta), 0 \le t \le T \tag{9.116}$$

그리고

$$s_2(t) = A\cos[(\omega_c + \Delta\omega)t + \theta], 0 \le t \le T \tag{9.117}$$

13 위상비동기 진폭 천이 변조에 대한 P_E의 유도는 연습문제 9.30 참조.

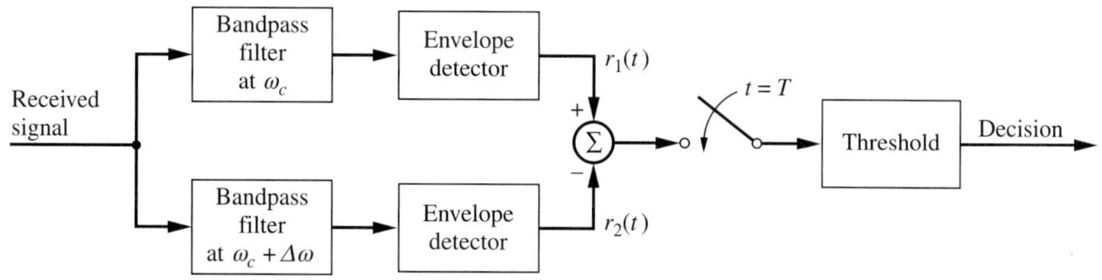

그림 9.20 비동기 주파수 천이 변조에 대한 수신기

가 된다. 여기서 $\Delta\omega$는 $s_1(t)$와 $s_2(t)$가 서로 다른 스펙트럼 영역을 차지하도록 충분히 크다고 본다. 주파수 천이 변조에 대한 수신기를 그림 9.20에 나타내었다. 이것은 두 개의 위상비동기 진폭 천이 변조 수신기를 병렬로 구성한 것이란 점을 주목하기 바란다. 신호 대 잡음비에 따라 바뀌어야 되는 임계치의 딜레마에 직면하지는 않지만, 주파수 천이 변조에 대한 오류 확률의 계산은 진폭 천이 변조의 방식과 매우 유사한 과정이다. 게다가 대칭성이 있으므로 P_E에 대한 정확한 결과를 얻을 수 있다. $s_1(t)$가 전송되었다고 가정하면, 시간 T에서 위쪽 검출기의 출력 $R_1 \triangleq r_1(T)$는 다음과 같이 라이시안 확률 밀도 함수를 가진다.

$$f_{R_1}(r_1) = \frac{r_1}{N} e^{-\left(r_1^2 + A^2\right)/2N} I_0\left(\frac{Ar_1}{N}\right), \quad r_1 \geq 0 \tag{9.118}$$

여기서 $I_0(\cdot)$은 1종 0차 변형 베셀 함수이고 7.5.3절에서 다루어졌다. 잡음 전력은 $N = N_0 B_T$이다. 시간 T에서 아래쪽 필터의 출력 $R_2 \triangleq r_2(T)$는 잡음에만 의한 것이며, 확률 밀도 함수는 레일리가 된다.

$$f_{R_2}(r_2) = \frac{r_2}{N} e^{-r_2^2/2N}, \quad r_2 \geq 0 \tag{9.119}$$

만약에 $R_2 > R_1$이면 오류가 발생하고, 이 확률은 다음과 같이 나타낼 수 있다.

$$P\left(E|s_1(t)\right) = \int_0^\infty f_{R_1}(r_1) \left[\int_{r_1}^\infty f_{R_2}(r_2)\, dr_2\right] dr_1 \tag{9.120}$$

대칭에 의해 $P(E|s_1(t)) = P(E|s_2(t))$가 되며, 따라서 식 (9.120)은 평균 오류 확률이다. 식 (9.120)에서 안쪽의 적분은 $\exp(-r_1^2/2N)$으로 적분되며, 그 결과는 다음과 같다.

$$P_E = e^{-z} \int_0^\infty \frac{r_1}{N} I_0\left(\frac{Ar_1}{N}\right) e^{-r_1^2/N}\, dr_1 \tag{9.121}$$

여기서 $z = A^2/2N$이다. 적분 테이블(부록 F.4.2 참조)을 이용하면, 식 (9.121)은 다음과 같이 간략히 나타낼 수 있다.

$$P = \frac{1}{2}\exp(-z/2) \tag{9.122}$$

신호 대 잡음비가 클 때, 위상동기 이진 주파수 천이 변조에 대한 오류 확률은, Q 함수의 점근적 전개를 이용하여, 다음과 같이 구할 수 있다.

$$P_E \cong \exp(-z/2)\,/\sqrt{2\pi z} \quad \text{for } z \gg 1$$

위 식은 식 (9.122)와 $\sqrt{2/\pi z}$ 인수만큼만 다르므로, 이것은 신호 대 잡음비가 클 때 위상비동기 검출에 대한 전력 마진은 중요치 않다는 것을 나타낸다. 그러므로 비동기 주파수 천이 변조의 비교할 만한 성능과 구조의 간단함 때문에 실제로 위상동기 주파수 천이 변조 대신에 거의 독점적으로 위상비동기 주파수 천이 변조가 쓰인다.

대역폭의 경우 신호 버스트가 위상동기 주파수 천이 변조와 같이 일관되게 직교성을 유지할 수 없기 때문에, 위상비동기 주파수 천이 변조의 경우 주파수 간 최소 주파수 분리는 2/T Hz 정도 되어야 되는데, 이는 아래와 같이 최소 영대영 무선주파수 대역폭으로 주어지게 되고

$$B_{\text{NCFSK}} = \frac{1}{T} + \frac{2}{T} + \frac{1}{T} = 4R \tag{9.123}$$

결과적으로 대역폭 효율은 0.25 bits/s/Hz가 된다.

9.4 *M*진 펄스 진폭 변조(PAM)

M진 변조 방식은 다음 장에서 다루어지겠지만, 변조 수행이 간단하고 이러한 기법들이 왜 고려되는지를 보여주고자, 이 장에서는 그러한 기법 중 하나인 기저대역 M진 펄스 진폭 변조[14]를 고려한다.

다음과 같은 신호 집합을 고려해보자.

$$s_i(t) = A_i p(t),\ t_0 \le t \le t_0 + T,\ i = 1, 2, \ldots, M \tag{9.124}$$

여기서 $p(t)$는 기본 펄스 형태로 다음 식과 같은 에너지를 가지며 $[t_0, t_0+T]$ 구간 밖에서 0이 된다. 또한 A_i는 i번째 전송 가능한 신호의 진폭이며, $A_1 < A_2 < \cdots < A_M$이다.

---

14 왜 이 변조 기법을 M진 진폭 천이 변조라고 하지 않는지에 대한 의문이 있을 수 있다. 주요한 이유는 진폭 천이 변조는 전송 파형으로 정현파 버스트를 사용하는 반면 펄스 형태 $p(t)$는 임의의 유한한 에너지를 가지는 파형이기 때문이다.

$$E_p = \int_{t_0}^{t_0+T} p^2(t)\,dt = 1 \tag{9.125}$$

$p(t)$는 단위 에너지를 갖는다고 가정하였으므로, $s_i(t)$의 에너지는 A_i^2이 된다. 비트들의 정수 숫자를 각각의 펄스 진폭과 연관 짓기 위해 M을 2의 정수배로 제한한다. 예를 들어 만약 $M=2^3=8$이면 펄스 진폭들을 000, 001, 010, 011, 100, 101, 110, 그리고 111로 나타낼 수 있는데, 이를 통해 전송된 펄스마다 3 비트의 정보를 전달하게 된다(그레이 부호화라 불리는 부호화 기법은 이후에 소개된다).

신호 구간 $[t_0, t_0+T]$에서 AWGN이 더해져 수신된 신호는

$$y(t) = s_i(t) + n(t) = A_i p(t) + n(t),\ t_0 \le t \le t_0 + T \tag{9.126}$$

로 주어지는데, 여기서 편의상 $t_0=0$으로 설정한다. 하나의 타당한 수신기 구조는 잡음이 더해진 수신 신호에 복제된 $p(t)$ 신호를 상관시키고, $t=T$에서 상관기 출력을 취하는 것이다. 이 결과는 다음과 같으며

$$Y = \int_0^T \left[s_i(t) + n(t)\right] p(t)\,dt = A_i + N \tag{9.127}$$

여기서

$$N = \int_0^T n(t)\,p(t)\,dt \tag{9.128}$$

는 평균이 0이고, 분산이 $\sigma_N^2=N_0/2$인 가우시안 랜덤변수이다[유도는 식 (9.4)와 유사하다]. 상관 연산이 이루어진 후 표본값은 $(A_1+A_2)/2$, $(A_2+A_3)/2$, $\cdots$, $(A_{M-1}+A_M)/2$으로 설정된 일련의 임계치들과 비교된다. 가능한 판정은 다음과 같다.

$$\begin{aligned}
&\text{If } Y \le \frac{A_1+A_2}{2} \text{ decide that } A_1 p(t) \text{ was sent}\\
&\text{If } \frac{A_1+A_2}{2} < Y \le \frac{A_2+A_3}{2} \text{ decide that } A_2 p(t) \text{ was sent}\\
&\text{If } \frac{A_2+A_3}{2} < Y \le \frac{A_3+A_4}{2} \text{ decide that } A_3 p(t) \text{ was sent}\\
&\cdots\\
&\text{If } Y > \frac{A_{M-1}+A_M}{2} \text{ decide that } A_M p(t) \text{ was sent}
\end{aligned} \tag{9.129}$$

상관 연산은 결국 잡음과 같이 수신된 신호를 그림 9.21과 같은 신호 판정 과정을 보여주는

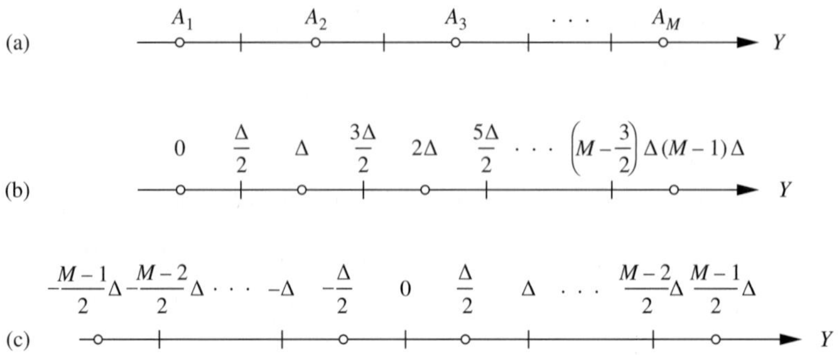

(a) A_1 A_2 A_3 $\cdots$ A_M Y

(b) 0 $\frac{\Delta}{2}$ Δ $\frac{3\Delta}{2}$ 2Δ $\frac{5\Delta}{2}$ $\cdots$ $\left(M-\frac{3}{2}\right)\Delta$ $(M-1)\Delta$ Y

(c) $-\frac{M-1}{2}\Delta$ $-\frac{M-2}{2}\Delta$ $\cdots$ $-\Delta$ $-\frac{\Delta}{2}$ 0 $\frac{\Delta}{2}$ Δ $\cdots$ $\frac{M-2}{2}\Delta$ $\frac{M-1}{2}\Delta$ Y

그림 9.21 (a) 펄스 진폭 변조의 진폭과 임계치, (b) 동일한 간격의 양의 진폭, (c) 동일한 간격의 대척 진폭

일반화된 1차원 벡터 공간으로 투영하는 것으로 생각할 수 있다. 여기서 판정 오류 확률은 하나의 펄스 진폭 A_j가 전송된 후 수신 측에서 다른 진폭으로 판정될 확률로, 가능한 모든 펄스 진폭에 대해서 평균한 확률로 주어진다.

또는, 이것은 A_j가 전송되었을 때 이 신호가 A_j로 판정될 확률을 1에서 뺀 값으로도 계산될 수 있는데, 이는

$$P\left(E \mid A_j \text{ sent}\right)=\begin{cases} 1-\Pr\left[\left(A_{j-1}+A_j\right)/2<Y\leq\left(A_j+A_{j+1}\right)/2\right],\ j=2,\ 3,\ \ldots,\ M-1 \\ 1-\Pr\left[Y\leq\left(A_1+A_2\right)/2\right],\ j=1 \\ 1-\Pr\left[Y>\left(A_{M-1}+A_M\right)/2\right],\ j=M \end{cases}$$

과 같이 주어진다. 문제를 간단히 하기 위해 $A_j=(j-1)\,\Delta(j=1,\,2,\,\cdots,\,M)$이라고 가정하자. 그러면

$$P\left(E \mid A_j \text{ sent}\right)=\begin{cases} 1-\Pr\left[N<\frac{\Delta}{2}\right],\ j=1 \\ 1-\Pr\left[\frac{\Delta}{2}<\Delta+N\leq\frac{3\Delta}{2}\right]=1-\Pr\left[-\frac{\Delta}{2}<N\leq\frac{\Delta}{2}\right],\ j=2 \\ 1-\Pr\left[\frac{3\Delta}{2}<2\Delta+N\leq\frac{5\Delta}{2}\right]=1-\Pr\left[-\frac{\Delta}{2}<N\leq\frac{\Delta}{2}\right],\ j=3 \\ \cdots \\ 1-\Pr\left[\frac{(2M-3)\Delta}{2}\leq(M-1)\,\Delta+N\right]=1-\Pr\left[N>-\frac{\Delta}{2}\right],\ j=M \end{cases}$$

과 같이 주어지고, 이 식은 다시

$$P\left(E \mid A_j \text{ sent}\right)=1-\int_{-\infty}^{\Delta/2}\frac{\exp\left(-\eta^2/N_0\right)}{\sqrt{\pi N_0}}d\eta$$

$$= \int_{\Delta/2}^{\infty} \frac{\exp\left(-\eta^2/N_0\right)}{\sqrt{\pi N_0}} d\eta = Q\left(\frac{\Delta}{\sqrt{2N_0}}\right), \ j = 1, \ M \tag{9.130}$$

그리고

$$\begin{aligned} P\left(E \mid A_j \text{ sent}\right) &= 1 - \int_{-\Delta/2}^{\Delta/2} \frac{\exp\left(-\eta^2/N_0\right)}{\sqrt{\pi N_0}} d\eta \\ &= 2\int_{\Delta/2}^{\infty} \frac{\exp\left(-\eta^2/N_0\right)}{\sqrt{\pi N_0}} d\eta \\ &= 2Q\left(\frac{\Delta}{\sqrt{2N_0}}\right), \ j = 2, \ \ldots, \ M-1 \end{aligned} \tag{9.131}$$

로 간략화된다. 만약 가능한 모든 신호들이 동일한 빈도로 발생한다면, 평균 오류 확률은 아래와 같이 주어진다.

$$\begin{aligned} P_E &= \frac{1}{M}\sum_{j=1}^{M} P\left(E \mid A_j \text{ sent}\right) \\ &= \frac{2(M-1)}{M} Q\left(\frac{\Delta}{\sqrt{2N_0}}\right) \end{aligned} \tag{9.132}$$

한편 평균 신호 에너지는

$$\begin{aligned} E_{\text{ave}} &= \frac{1}{M}\sum_{j=1}^{M} E_j = \frac{1}{M}\sum_{j=1}^{M} A_j^2 = \frac{1}{M}\sum_{j=1}^{M} (j-1)^2 \Delta^2 \\ &= \frac{\Delta^2}{M}\sum_{k=1}^{M-1} k^2 = \frac{\Delta^2}{M}\frac{(M-1)M(2M-1)}{6} \\ &= \frac{(M-1)(2M-1)\Delta^2}{6} \end{aligned} \tag{9.133}$$

이고, 여기서 합산 공식인

$$\sum_{k=1}^{M-1} k^2 = \frac{(M-1)M(2M-1)}{6} \tag{9.134}$$

이 사용되었다. 따라서

$$\Delta^2 = \frac{6E_{\text{ave}}}{(M-1)(2M-1)}, \ M\text{-ary PAM} \tag{9.135}$$

이고 결과적으로 다음과 같이 된다.

$$\begin{aligned} P_E &= \frac{2(M-1)}{M} Q\left(\sqrt{\frac{\Delta^2}{2N_0}}\right) \\ &= \frac{2(M-1)}{M} Q\left(\sqrt{\frac{3E_{\text{ave}}}{(M-1)(2M-1)N_0}}\right), \ M\text{-ary PAM} \end{aligned} \tag{9.136}$$

만약 신호 진폭들이 원점대칭이면

$$A_j = (j-1)\Delta - \frac{M-1}{2}\Delta \text{ for } j = 1, 2, \ldots, M, \tag{9.137}$$

이고 평균 신호 에너지는[15]

$$E_{\text{ave}} = \frac{\left(M^2-1\right)\Delta^2}{12}, \ M\text{-ary antipodal PAM} \tag{9.138}$$

으로 주어지게 된다. 따라서

$$\begin{aligned} P_E &= \frac{2(M-1)}{M} Q\left(\sqrt{\frac{\Delta^2}{2N_0}}\right) \\ &= \frac{2(M-1)}{M} Q\left(\sqrt{\frac{6E_{\text{ave}}}{\left(M^2-1\right)N_0}}\right), \ M\text{-ary antipodal PAM} \end{aligned} \tag{9.139}$$

이다. 이진 대척 펄스 진폭 변조가 이진 펄스 진폭 변조보다 3dB 정도 이득이 개선된다. (두 Q 함수 인자에서 인수 2의 차이가 있다.) 또한 $M=2$인 경우, M진 대척 펄스 진폭 변조에 대한 식 (9.139)는 식 (9.11)로 주어진 이진 대척 신호에 대한 오류 확률식이 된다.

대척 펄스 진폭 변조를 이 장에 고려하고 있는 다른 이진 변조 기법들과 비교하기 위해서 두 가지 일이 필요하다. 첫 번째로 평균 신호 에너지 E_{ave}를 비트당 에너지 항으로 표현하는 것이다. $M=2^m(m=\log_2 M)$은 비트들의 정수 개수라고 가정되기 때문에, 이는 $E_b=E_{ave}/m=E_{ave}/\log_2 M$ 또는 $E_{ave}=E_b\log_2 M$과 같이 설정함으로써 얻을 수 있다. 두 번째는 위에서 구한 오류 확

15 식 (9.137)을 $E_{\text{ave}} = \frac{1}{M}\sum_{j=1}^{M} A_j^2$에 대입하고 합을 수행함으로써(그것들 중 세 개가 있음) 얻는다. 이 경우 편리한 합의 공식인 $\sum_{k=1}^{M-1} k = \frac{M(M-1)}{2}$이 있다.

률인 심벌 오류 확률들을 비트 오류 확률들로 변환하는 것이다. 이는 10장에서 두 가지 경우로 논의될 것이다. 첫 번째는 가능한 모든 심벌이 동일한 확률로 발생하는 상황에서의 복조 과정에서 정확한 심벌을 다른 심벌로 잘못 선택하는 경우다. 두 번째는 여기서 관심이 있는 경우로서, 인접한 심벌 오류가 인접하지 않은 심벌 오류들보다 발생 가능성이 더 있어서, 이 경우 부호화 기법을 사용하여 주어진 한 심벌에서 인접한 다른 심벌로 갈 때(즉 펄스 진폭 변조에서 주어진 한 진폭에서 다른 인접한 진폭으로 가는 것) 단지 한 비트만 변하도록 한다. 이는 심벌 진폭들과 연관된 비트들의 그레이 부호화를 이용하여 보장할 수 있다(그레이 부호화는 연습문제 9.32에서 다루어진다). 만약 이 두 조건이 모두 충족되면, 비트 오류 확률은 근사적으로 $P_b \cong \frac{1}{(\log_2 M)} P_{symbol}$이 된다. 따라서

$$P_{b,\ \mathrm{PAM}} \cong \frac{2(M-1)}{M \log_2 M} Q\left(\sqrt{\frac{3(\log_2 M) E_b}{(M-1)(2M-1) N_0}}\right), \ M\text{-ary PAM; Gray encoding} \quad (9.140)$$

그리고

$$P_{b,\ \mathrm{antip.\ PAM}} \cong \frac{2(M-1)}{M \log_2 M} Q\left(\sqrt{\frac{6(\log_2 M) E_b}{(M^2-1) N_0}}\right), \ M\text{-ary antipodal PAM; Gray encoding} \quad (9.141)$$

으로 주어진다.

펄스 진폭 변조의 대역폭은 펄스폭이 $T=(\log_2 M)T_{bit}$인 이상적인 구형 펄스들을 고려함으로써 추론할 수 있다. 따라서 그것의 기저대역 스펙트럼은 $S_k(f)=A_k \operatorname{sinc}(Tf)$가 되고, 여기서 0부터 첫 번째 널까지의 대역폭은

$$B_{\mathrm{bb}} = \frac{1}{T} = \frac{1}{(\log_2 M) T_b} \text{ hertz} \quad (9.142)$$

이다. 만약 반송파로 변조되었다면, 영대영 대역폭이 아래와 같이 기저대역 대역폭의 2배가 된다.

$$B_{\mathrm{PAM}} = \frac{2}{(\log_2 M) T_b} = \frac{2R}{\log_2 M} \text{ hertz} \quad (9.143)$$

반면에 이진 위상 천이 변조, 차동 위상 천이 변조와 이진 펄스 진폭 변조는 $B_{RF}=\frac{2}{T_b}=2R$ Hz의 대역폭을 갖는다. 이는 고정된 비트율에서 펄스 진폭 변조는 M이 커짐에 따라 보다 더 작

은 대역폭을 요구한다는 것을 보여준다. 실제 M진 펄스 진폭 변조의 대역폭 효율은 $0.5\ \log_2 M$ bit/s/Hz이다.

9.5 디지털 변조 시스템의 비교

이 장에서 고려하고 있는 변조 기법들에 대한 비트 오류 확률을 그림 9.22에서 비교하였다. 대척 이진 펄스 진폭 변조에 대한 비트 오류 확률 곡선은 이진 위상 천이 변조의 경우와 같다는 것을 알 수 있다. 또한 M이 커질수록 대척 펄스 진폭 변조의 비트 오류 확률이 나빠짐을 확인할 수 있다(즉 M이 커질수록 곡선이 오른쪽으로 이동한다).

그러나 M이 커질수록 심벌당 더 많은 비트가 전송된다. 충분한 신호 전력을 갖는 대역 제한된 채널에서 심벌당 더 많은 비트를 전송하려면 신호 전력을 증가시켜야 하는 대가가 따른다. 위상비동기 이진 주파수 천이 변조와 $M=4$인 대척 펄스 진폭 변조는 높은 신호 대 잡음비에서 거의 동일한 성능을 가진다. 또한 위상동기 주파수 천이 변조와 위상비동기 주파수 천이 변

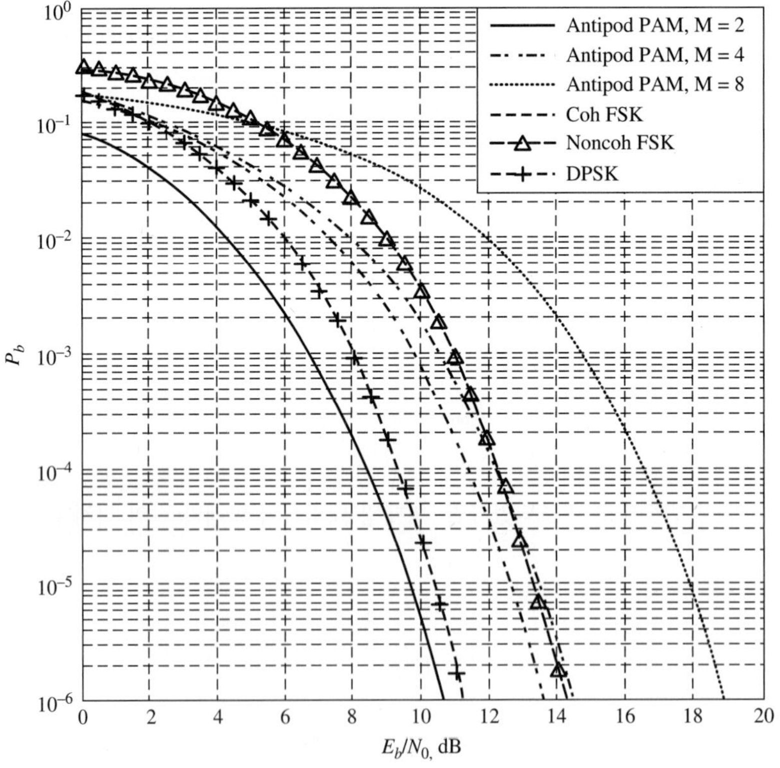

그림 9.22 여러 가지 이진 디지털 신호 기법에 대한 오류 확률

조 간에 다소 큰 성능 차이가 있다는 것과 이진 위상 천이 변조와 차동 위상 천이 변조 간에는 작은 성능 차이가 있다는 것을 알 수 있다.

여러 시스템 중에서 한 가지 형태의 디지털 데이터 시스템을 선택하는 데는, 구현 비용과 복잡도뿐만 아니라 많은 다른 고려사항들이 존재한다. 채널 이득이나 위상 특성이(또는 두 가지 모두가) 불규칙하게 변화하는 전파 환경에 의해서 교란되는 채널들에서는, 수신기에서 위상 동기 기준을 설정하는 것이 거의 불가능하기 때문에 이러한 조건에서는 위상비동기 시스템이 사용될 수 있다. 이러한 채널을 페이딩(fading)이라고 한다. 페이딩 채널이 데이터 전송에 미치는 영향은 9.8절에서 다룬다.

다음 예제에서는 이 장에서 고려되고 있는 디지털 변조 기법들에 대한 대표적인 E_b/N_0 및 데이터율 계산을 다룬다.

예제 9.7

$P_b=10^{-6}$이 요구되는 디지털 데이터 전송 시스템을 가정하자. (a) 이진 위상 천이 변조, 차동 위상 천이 변조, 그리고 $M=2$, 4, 8일 때의 대척 펄스 진폭 변조에 필요한 E_b/N_0를 비교하라. (b) 20kHz의 RF 대역폭에 대한 최대 비트율을 비교하라.

풀이

(a)에 대하여 시행 착오를 통해 $Q(4.753)\cong 10^{-6}$을 구한다. 이진 위상 천이 변조와 $M=2$인 대척 펄스 진폭 변조는 같은 비트 오류 확률을 갖는다. 즉

$$P_b = Q\left(\sqrt{2E_b/N_0}\right) = 10^{-6}$$

으로 주어진다. 따라서 $\sqrt{2E_b/N_0}=4.753$ 또는 $E_b/N_0=(4.753)2/2=11.3=10.53\text{dB}$이다. $M=4$일 때, 식 (9.141)은

$$\frac{2(4-1)}{4\log_2(4)}Q\left(\sqrt{\frac{6\log_2(4)}{4^2-1}\frac{E_b}{N_0}}\right) = 10^{-6}$$

$$Q\left(\sqrt{0.8\frac{E_b}{N_0}}\right) = 1.333\times 10^{-6}$$

이 된다.

다른 시행착오를 통해 $Q(4.695)\cong 1.333\times 10^{-6}$을 얻는다. 따라서 $\sqrt{0.8E_b/N_0}=4.695$ 또는 $E_b/N_0=(4.695)^2/(0.8)=27.55=14.4\text{dB}$이 된다. $M=8$일 때 식 (9.141)은 다음과 같이 된다.

$$\frac{2(8-1)}{8\log_2(8)}Q\left(\sqrt{\frac{6\log_2(8)}{8^2-1}\frac{E_b}{N_0}}\right)=10^{-6}$$

$$Q\left(\sqrt{0.286\frac{E_b}{N_0}}\right)=1.714\times10^{-6}$$

또 다른 시행착오를 통해 $Q(4.643)\cong1.714\times10^{-6}$을 얻는다. 따라서 $\sqrt{0.286E_b/N_0}=4.643$ 또는 $E_b/N_0=(4.643)^2/(0.286)=75.38=18.77\text{dB}$이 된다.

차동 위상 천이 변조의 경우

$$\frac{1}{2}\exp(-E_b/N_0)=10^{-6}$$
$$\exp(-E_b/N_0)=2\times10^{-6}$$

을 얻을 수 있으며, 이를 통해

$$E_b/N_0=-\ln(2\times10^{-6})=13.12=11.18\text{ dB}$$

을 구할 수 있다.

위상동기 주파수 천이 변조에 대해서는

$$P_b=Q\left(\sqrt{E_b/N_0}\right)=10^{-6}$$

이고

$$\sqrt{E_b/N_0}=4.753\text{ or }E_b/N_0=(4.753)^2=22.59=13.54\text{ dB}$$

가 된다. 위상비동기 주파수 천이 변조의 경우는

$$\frac{1}{2}\exp(-0.5E_b/N_0)=10^{-6}$$
$$\exp(-0.5E_b/N_0)=2\times10^{-6}$$

표 9.5 $P_E=10^{-6}$에서 이진 변조 기법의 비교

Modulation method	Required E_bN_0 for $P_b=10^{-6}$ (dB)	R for $B_{RF}=20$ kHz (kbps)
BPSK	10.5	10
DPSK	11.2	10
Antipodal 4-PAM	14.4	20
Antipodal 8-PAM	18.8	30
Coherent FSK, ASK	13.5	8
Noncoherent FSK	14.2	5

이고, 결과적으로

$$E_b/N_0 = -2\ln\left(2\times 10^{-6}\right) = 26.24 = 14.18\ \text{dB}$$

이다. (b)에 대하여, 식 (9.90), (9.91), (9.123) 그리고 식 (9.143)으로 앞에서 주어진 대역폭 식을 사용하자. 그 결과는 표 9.5의 세 번째 열에 나타내었다.

표 9.5의 결과들은, M진 펄스 진폭 변조가 전력 효율(원하던 비트 오류 확률을 위해 요구되는 E_b/N_0 항으로)과 대역폭 효율(고정된 대역폭 채널에 대한 최대 데이터율 항으로) 사이의 트레이드-오프를 볼 수 있는 변조 기법임을 보여주고 있다. 다른 M진 디지털 변조 기법의 전력-대역폭 효율 트레이드-오프는 10장에서 더 살펴볼 것이다.

9.6 ISI 무발생 디지털 데이터 전송 시스템의 잡음 성능

예제 9.7에서 고정된 채널 대역폭이 가정되었지만, 5장 5.3절의 결과에서 알 수 있듯이 일반적으로 대역 제한은 심벌간 간섭(ISI)을 야기하며 이는 심각한 성능의 감쇠를 초래한다. 심벌간 간섭을 피하기 위한 펄스 성형의 사용은 5장에 소개되었고, 나이퀴스트 펄스 성형 기준도 5.4.2절에서 증명되었다. ISI 무발생 송신 방법을 위한 송신기 및 수신기 필터의 주파수 응답 특성은 5.4.3절에서 검토하였고, 식 (5.48)에 결과를 나타내었다. 이 절에서는 ISI 무발생 데이터 전송 시스템의 비트 오류 확률에 대한 수식을 유도하고 이에 대한 논의를 계속한다. 비트 오류 확률에 대한 수식 유도를 시작하기에 앞서, 5장에서 지적했듯이 일단 이진의 경우로 제한한다. M진 펄스 진폭 변조도 고려될 수 있지만 편의를 위해 이진 신호만을 고려하는 것으로 제한한다.

그림 9.23에 다시 그려진 그림 5.9의 시스템을 고려하자. 여기서 전력 스펙트럼 밀도 $G_n(f)$를 갖는 가우시안 잡음을 명시하고 있는 점을 제외한다면 모든 것이 동일하다. 전송된 신호는 다음과 같다.

$$\begin{aligned} x(t) &= \sum_{k=-\infty}^{\infty} a_k \delta(t-kT) * h_T(t) \\ &= \sum_{k=-\infty}^{\infty} a_k h_T(t-kT) \end{aligned} \tag{9.144}$$

여기서 $h_T(t)$는 주파수 응답 함수가 $H_T(f)=\Im[h_T(t)]$인 전송 필터의 임펄스 응답이다. 이 신호가 대역 제한 채널 필터를 통과하게 되고, 전력 스펙트럼 밀도 $G_n(f)$를 가지는 가우시안 잡음이 더해져서 다음과 같은 수신 신호가 된다.

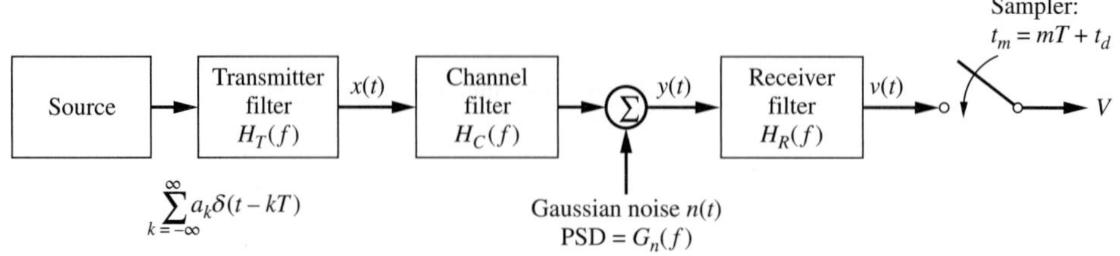

그림 9.23 대역 제한된 채널을 통과한 신호에 대한 기저대역 시스템

$$y(t) = x(t) * h_C(t) + n(t) \tag{9.145}$$

여기서 $h_C(t) = \Im^{-1}[H_C(t)]$는 채널의 임펄스 응답이다. 수신기에서 검출은 $y(t)$가 임펄스 응답 $h_R(t)$인 필터를 통과한 후에 T초(비트 주기) 간격으로 표본화됨으로써 이루어진다. 만약 송신기, 채널 그리고 수신기 필터의 직렬 연결이 나이퀴스트 펄스 성형 기준을 만족해야 한다면, 출력은 시간 $t=t_d$에서 표본화되어야 한다. 여기서 t_d는 채널과 수신기 필터들에 의해 발생한 지연이다.

$$\begin{aligned} V &= Aa_0 p(0) + N \\ &= Aa_0 + N, \end{aligned} \tag{9.146}$$

여기서

$$Ap(t - t_d) = h_T(t) * h_C(t) * h_R(t) \tag{9.147}$$

또는 양방향 푸리에 변환에 의해서 다음 식이 된다.

$$AP(f)\exp(-j2\pi f t_d) = H_T(f)H_C(f)H_R(f) \tag{9.148}$$

식 (9.147)에서 A는 비율 인자이고, t_d는 시스템에서의 모든 지연을 고려한 시간 지연이며

$$N = n(t) * h_R(t)\big|_{t=t_d} \tag{9.149}$$

는 시간 $t=t_d$일 때 검출 필터 출력에서의 가우시안 잡음 성분이다.

위에서 언급한 바와 같이, 편의상 이진 신호($a_m = +1$ 또는 -1)를 가정했기 때문에 평균 오류 확률은 다음과 같다.

$$P_E = \begin{array}{l} \mathrm{P}(a_m = 1)\mathrm{P}(Aa_m + N \leq 0 \text{ given } a_m = 1) \\ + \mathrm{P}(a_m = -1)\mathrm{P}(Aa_m + N \geq 0 \text{ given } a_m = -1) \end{array}$$
$$= \mathrm{P}(Aa_m + N < 0 \text{ given } a_m = 1)$$
$$= \mathrm{P}(Aa_m + N > 0 \text{ given } a_m = -1) \tag{9.150}$$

여기서 $a_m=1$ 그리고 $a_m=-1$이라고 가정하여 나온 결과인 후자의 두 식은 동일한 빈도를 가지며, 잡음 확률 밀도 함수의 대칭성을 야기한다. 식 (9.150)의 마지막 식을 가지고 다음 식을 나타낼 수 있다.

$$P_E = \mathrm{P}(N \geq A) = \int_A^\infty \frac{\exp(-u^2/2\sigma^2)}{\sqrt{2\pi\sigma^2}}\, du = Q\left(\frac{A}{\sigma}\right) \tag{9.151}$$

여기서

$$\sigma^2 = \mathrm{var}(N) = \int_{-\infty}^{\infty} G_n(f)\left|H_R(f)\right|^2 df \tag{9.152}$$

이다. Q 함수는 인수에 대하여 단조 감수 함수이기 때문에, 평균 오류 확률은 A/σ가 최대가 되거나 σ^2/A^2이 최소가 되도록 $H_T(f)$와 $H_R(f)$[$H_C(f)$는 고정되었다고 가정한다.]를 적절히 선택함으로써 최소화할 수 있다. 식 (9.148)의 제한 조건하에, 슈바르츠의 부등식을 적용하여 최소화를 수행할 수 있고 결과는 다음과 같다.

$$\left|H_R(f)\right|_{\mathrm{opt}} = \frac{K^{1/2}P^{1/2}(f)}{G_n^{1/4}(f)\left|H_C(f)\right|^{1/2}} \tag{9.153}$$

그리고

$$\left|H_T(f)\right|_{\mathrm{opt}} = \frac{AP^{1/2}(f)\,G_n^{1/4}(f)}{K^{1/2}\left|H_C(f)\right|^{1/2}} \tag{9.154}$$

여기서 K는 임의의 상수이며, 어떠한 적절한 위상 응답도 사용될 수 있다. [$G_n(f)$는 전력 스펙트럼 밀도이기 때문에 음이 아닌 실수임을 상기하라.] $P(f)$는 식 (5.33)의 ISI 무발생 특성을 가지며, 음이 아닌 실수라고 가정한다. 직렬 연결된 송신기, 채널 그리고 수신기 필터는 식 (9.148)에 따라 전구역 ISI 무발생인 펄스 스펙트럼을 만든다.

최적 송신기 및 수신기 필터에 대하여 위의 선택에 해당하는 오류 확률에 대한 최솟값은 다음과 같다.

$$P_{E,\min} = Q\left\{\sqrt{E_b}\left[\int_{-\infty}^{\infty}\frac{G_n^{1/2}(f)\,P(f)}{|H_C(f)|}df\right]^{-1}\right\} \tag{9.155}$$

여기서

$$E_b = E\left\{a_m^2\right\}\int_{-\infty}^{\infty}|h_T(t)|^2\,dt = \int_{-\infty}^{\infty}|H_T(f)|^2\,df \tag{9.156}$$

는 전송 신호(비트) 에너지이고 마지막 적분은 레일리 에너지 정리를 따른다. 또한 $a_m=1$, 또는 $a_m=-1$은 같은 확률을 갖기 때문에 $E\{a_m^2\}=1$이다.

다음에서 볼 수 있듯이, 식 (9.155)는 최소 오류 확률이다. 식 (9.148)의 크기를 취하고, $|H_T(f)|$에 대하여 풀어, 식 (9.156)에 대입하면 전송된 신호 에너지는 다음과 같다.

$$E_b = A^2\int_{-\infty}^{\infty}\frac{P^2(f)\,df}{|H_C(f)|^2\,|H_R(f)|^2} \tag{9.157}$$

식 (9.157)을 $1/A^2$에 관하여 풀고, 식 (9.152)에서 $\text{var}(N)=\sigma^2$임을 이용하면 다음과 같다.

$$\frac{\sigma^2}{A^2} = \frac{1}{E_b}\int_{-\infty}^{\infty}G_n(f)\,|H_R(f)|^2\,df\int_{-\infty}^{\infty}\frac{P^2(f)\,df}{|H_C(f)|^2\,|H_R(f)|^2} \tag{9.158}$$

식 (9.39) 슈바르츠의 부등식을 적용하면 σ^2/A^2의 최솟값은

$$\left(\frac{\sigma}{A}\right)_{\min}^2 = \frac{1}{E_b}\left[\int_{-\infty}^{\infty}\frac{G_n^{1/2}(f)\,P(f)}{|H_C(f)|}df\right]^2 \tag{9.159}$$

이며, 이것은 식 (9.153)과 식 (9.154)에서 주어진 $|H_R(f)|_{\text{opt}}$과 $|H_T(f)|_{\text{opt}}$으로부터 얻어진다. 식 (9.159)의 역의 제곱근은 식 (9.151) 오류 확률을 최소로 하는 A/σ의 최댓값이다. 이 경우에 슈바르츠의 부등식은 $|X(f)|=G_n^{1/2}(f)|H_R(f)|$와 $|Y(f)|=P(f)[|H_C(f)||H_R(f)|]$에 역으로 적용된다. 이 두 식이 같을 조건[즉 식 (9.39)가 최소인 경우]은 $X(f)=KY(f)$(K는 임의의 상수), 또는

$$G_n^{1/2}(f)\,|H_R(f)|_{\text{opt}} = K\frac{P(f)}{|H_C(f)|\,|H_R(f)|_{\text{opt}}} \tag{9.160}$$

이다. 위 식은 $|H_R(f)|_{\text{opt}}$에 대해 풀 수 있으며, $|H_T(f)|_{\text{opt}}$은 식 (9.148)의 크기를 취하고

$|H_R(f)|_{\text{opt}}$을 대입해서 얻어진다.

특별히 관심이 되는 경우는 다음과 같을 때 발생한다.

$$G_n(f) = \frac{N_0}{2}, \text{ all } f \text{ (white noise)} \tag{9.161}$$

그리고

$$H_C(f) = 1, |f| \leq \frac{1}{T} \tag{9.162}$$

이면

$$|H_T(f)|_{\text{opt}} = |H_R(f)|_{\text{opt}} = K' P^{1/2}(f) \tag{9.163}$$

가 되고, 여기서 K'은 임의의 상수이다. 만약 $P(f)$가 상승 여현 스펙트럼인 경우, 송신 및 수신 필터들은 '제곱근 상승 여현 필터(square-root raised-cosine filters)'라고 불린다(응용에서, 제곱근 상승 여현 펄스 형태는, 표본화에 의하여 디지털적으로 구성된다). 최소 오류 확률은 다음과 같이 단순화된다.

$$P_{E,\min} = Q\left\{\sqrt{E_b}\left[\frac{N_0}{2}\int_{-1/T}^{1/T} P(f)\,df\right]^{-1}\right\} = Q\left(\sqrt{2E_b/N_0}\right) \tag{9.164}$$

여기서

$$p(0) = \int_{-1/T}^{1/T} P(f)\,df = 1 \tag{9.165}$$

이 된다. 왜냐하면 ISI 무발생 특성은 식 (5.34)와 같이 표현되기 때문이다. 이 결과는 앞서 얻어진 무한 대역폭 기저대역 채널에서의 이진 대척 신호에 대한 결과와 동일하다.

M진 전송의 경우 평균 신호 에너지를 계산함에 있어 다소 더 복잡하게 풀릴 수 있다는 것을 주목하기 바란다. 평균 오류 확률은 인수를 적절히 조정함에 따라 식 (9.139)와 같아진다.

예제 9.8

만약 잡음 전력 스펙트럼 밀도가 다음 같이 주어졌을 때 식 (9.155)로부터 식 (9.164)가 됨을 보여라.

$$G_n(f) = \frac{N_0}{2}\left|H_C(f)\right|^2 \tag{9.166}$$

즉 잡음은 채널 필터에 의한 스펙트럼 형태를 가진 유색잡음이다.

풀이

식 (9.155)의 인수에 직접 대입한 결과는 다음과 같다.

$$\begin{aligned}\sqrt{E_b}\left[\int_{-\infty}^{\infty}\frac{G_n^{1/2}(f)P(f)}{|H_C(f)|}df\right]^{-1} &= \sqrt{E_b}\left[\int_{-\infty}^{\infty}\frac{\sqrt{N_0/2}\,|H_C(f)|\,P(f)}{|H_C(f)|}df\right]^{-1}\\ &= \sqrt{E_b}\left[\sqrt{N_0/2}\int_{-\infty}^{\infty}P(f)\,df\right]^{-1}\\ &= \sqrt{\frac{2E_b}{N_0}}\end{aligned} \tag{9.167}$$

여기서 식 (9.165)가 사용되었다.

■

예제 9.9

$G_n(f)=N_0/2$이고 채널 필터가 임의로 고정되었다고 가정하자. 펄스 성형과 채널 필터링 때문에 생긴 식 (9.155)의 오류 확률에서 무한 대역폭 백색 잡음 채널에 대한 E_b/N_0에서의 감쇠 요인을 찾아라.

풀이

식 (9.155)의 인수는 다음과 같다.

$$\begin{aligned}\sqrt{E_b}\left[\int_{-\infty}^{\infty}\frac{G_n^{1/2}(f)P(f)}{|H_C(f)|}df\right]^{-1} &= \sqrt{E_b}\left[\int_{-\infty}^{\infty}\frac{\sqrt{N_0/2}P(f)}{|H_C(f)|}df\right]^{-1}\\ &= \sqrt{\frac{2E_b}{N_0}}\left[\int_{-\infty}^{\infty}\frac{P(f)}{|H_C(f)|}df\right]^{-1}\\ &= \sqrt{2\left[\int_{-\infty}^{\infty}\frac{P(f)}{|H_C(f)|}df\right]^{-2}\frac{E_b}{N_0}}\\ &= \sqrt{\frac{2}{F}\frac{E_b}{N_0}}\end{aligned} \tag{9.168}$$

여기서

$$F = \left[\int_{-\infty}^{\infty} \frac{P(f)}{|H_C(f)|} df\right]^2 = \left[2\int_{0}^{\infty} \frac{P(f)}{|H_C(f)|} df\right]^2 \tag{9.169}$$

■

컴퓨터 예제 9.3

식 (9.169)의 F를 계산하기 위한 MATLAB 프로그램에서 상승 여현 펄스 스펙트럼을 가정하며, 버터워스 채널 주파수 응답은 아래에 주어져 있다. 1/2 데이터율의 채널 필터 3dB 차단 주파수에 대하여 롤-오프 인자에 대한 감쇠를 그림 9.24에 데시벨 단위로 나타내었다. 무한 대역폭 백색 가우시안 잡음 채널에서와 같은 비트 오류 확률을 유지하는 데 필요한 E_T/N_0에서의 데시벨 증가에 해당하는 감쇠는 4-pole의 경우 0.5에서 3dB 범위이고, 상승 여현 스펙트럼 너비 범위는 $f_3(\beta=0)$에서 $2f_3(\beta=1)$이다.

```
% file: c9ce3.m
% Computation of degradation for raised-cosine signaling
% through a channel modeled as Butterworth
%
clf
T = 1;
f3 = 0.5/T;
for np = 1:4;
   beta = 0.001:.01:1;
   Lb = length(beta);
   for k = 1:Lb
      beta0 = beta(k);
      f1 = (1-beta0)/(2*T);
      f2 = (1+beta0)/(2*T);
      fmax = 1/T;
      f = 0:.001:fmax;
      I1 = find(f>=0 & f<f1);
      I2 = find(f>=f1 & f<f2);
      I3 = find(f>=f2 & f<=fmax);
      Prc = zeros(size(f));
      Prc(I1) = T;
      Prc(I2) = (T/2)*(1+cos((pi*T/beta0)*(f(I2)-(1-beta0)/(2*T))));
      Prc(I3) = 0;
      integrand = Prc.*sqrt(1+(f./f3).^(2*np));
      F(k) = (2*trapz(f, integrand)).^2;
   end
   FdB = 10*log10(F);
   subplot(2,2,np), plot(beta, FdB), xlabel('\beta'),...
   ylabel('Degr. in E_T /N_0, dB'), ...
   legend(['H_C(f): no. poles: ', num2str(np)]), axis([0 1 0 3])
   if np == 1
      title(['f_3/R = ', num2str(f3*T)])
   end
end
% End of script file
```

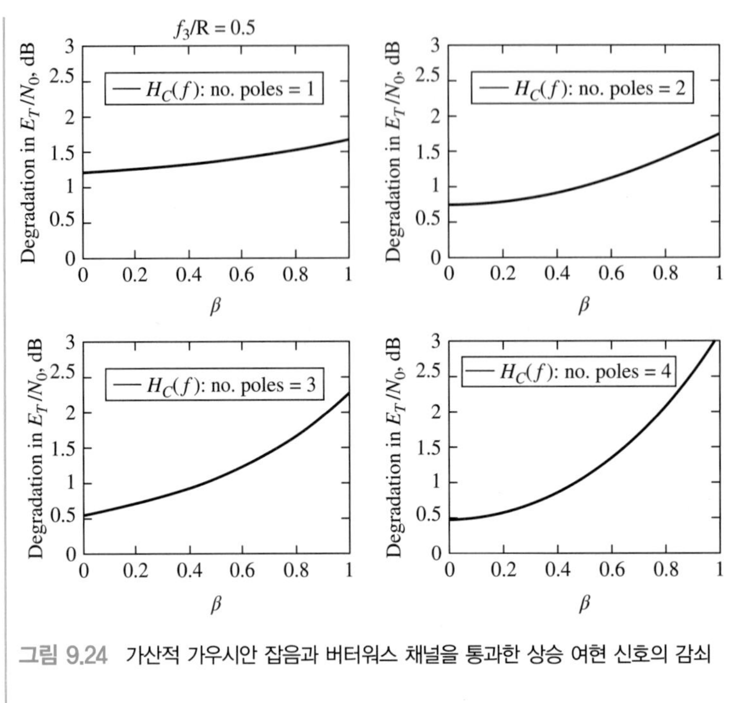

그림 9.24 가산적 가우시안 잡음과 버터워스 채널을 통과한 상승 여현 신호의 감쇠

9.7 다중경로 간섭

지금까지 가정한 채널 모델은 가산적 가우시안 잡음으로 인한 신호의 왜곡만을 고려한 것이어서 다소 이상적이었다. 그러나 많은 실제 상황에서는 가산적 가우시안 채널 모델로는 많은 전송 현상을 정확하게 나타내지 못한다. 많은 디지털 데이터 시스템에서 감쇠의 주요 원인은 앞 절에서 살펴본 것과 같이 채널에 의한 신호의 대역 제한, 번개 방전이나 스위칭에 의한 임펄스 잡음과 같은 비가우시안 잡음, 다른 송신기에 의한 무선 주파수 간섭, 그리고 전파 신호를 반사 또는 산란시키는 전송 매체나 물체에서의 계층화로 인한 다중경로 전송이다.

이 절에서는 꽤 공통적인 전송 왜곡이고, 가장 간단한 형태에서 디지털 데이터 전송에 대한 영향이 직접적인 방식으로 분석될 수 있는 다중경로 전송의 영향에 대해서 살펴보고자 한다.

우선 그림 9.25에 묘사된 것과 같이 2선 다중경로 모델을 고려한다. 다중경로 전송뿐만 아니라, 양측파대 전력 스펙트럼 밀도가 $\frac{1}{2}N_0$인 백색 가우시안 잡음에 의해 신호가 채널에서 왜곡된다. 따라서 잡음이 더해진 수신 신호는 다음과 같이 나타낼 수 있다.

$$y(t) = s_d(t) + \beta s_d(t - \tau_m) + n(t) \tag{9.170}$$

여기서 $s_d(t)$는 직접 경로에 의해 수신된 신호이고, β는 다중경로 성분에 의한 감쇠, τ_m은 지연

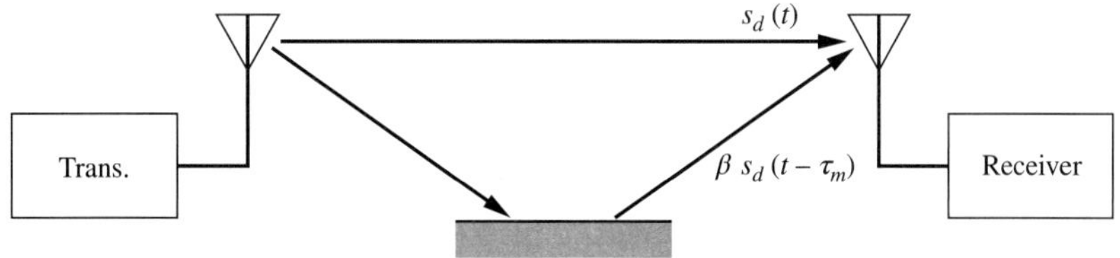

그림 9.25 다중경로 전송에 대한 채널 모델

을 나타낸다. 편의상 이진 위상 천이 변조에 대한 채널의 효과를 고려하자. 직접 경로 신호는 다음과 같이 나타낼 수 있다.

$$s_d(t) = Ad(t)\cos\omega_c t \tag{9.171}$$

여기서 데이터 스트림 $d(t)$는 T초의 지속시간에서 양의 1이나 음의 1의 값을 가지면서 연속되는 사각 펄스 시퀀스이다. 다중경로 성분 때문에 수신기 입력에서는 비트 시퀀스들을 고려해야만 한다. 그림 9.26과 같이 상관 수신기에 미치는 다중경로 성분과 잡음에 의한 영향을 분석할 것이다. 가우시안 잡음만 존재할 경우에 이 수신기는 최소 오류 확률을 가지면서 데이터를 검출하게 됨을 상기하기 바란다. 잡음을 $n_c(t)$와 $n_s(t)$의 직교 성분으로 나타내고, 주파수가 2배가 된 항을 무시하면 적분기의 입력은 다음과 같다.

$$\begin{aligned} x(t) &= \text{Lp}\left\{2y(t)\cos\omega_c t\right\} \\ &= Ad(t) + \beta Ad(t-\tau_m)\cos\omega_c\tau_m + n_c(t) \end{aligned} \tag{9.172}$$

여기서 Lp{ · }은 괄호 안 항의 저역통과 부분을 나타낸다.

식 (9.172)의 두 번째 항은 다중경로에 의한 간섭을 나타낸다. 다음 두 가지의 유용하고 특별한 경우를 고려한다.

1. $\tau_m/T \cong 0$이면 $d(t-\tau_m) \cong d(t)$이다. 이 경우 보통 $\omega_0\tau_m$이 $(-\pi, \pi)$에서 균일하게 분포되어 있는 랜덤변수이고, 랜덤한 진폭과 위상을 가지는 다른 많은 다중경로 성분들이 존재한다고 가정한다. 성분의 개수가 많아진다는 조건에서는 동위상 및 직각 성분으로 구성되는 합의 과정이 가우시안 진폭을 가지게 된다. 따라서 수신된 신호의 포락선은 일정한 신호 성분이

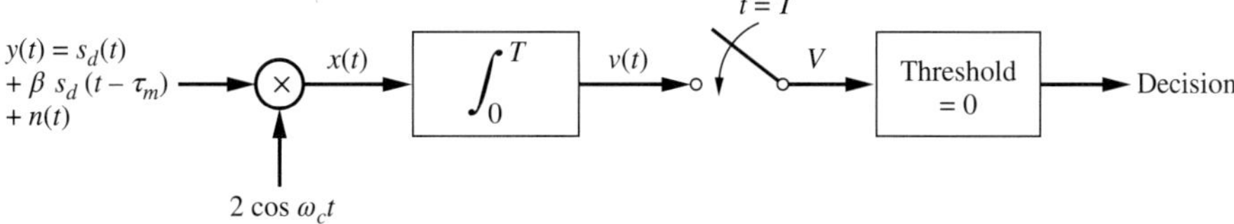

그림 9.26 입력 신호에 다중경로가 더해진 이진 위상 천이 변조에 대한 상관 수신기

존재하느냐 존재하지 않느냐에 따라 레일리 또는 라이시안(7.3.3절 참조)이 된다. 레일리의 경우는 다음 절에서 분석할 것이다.

2. $0<\tau_m/T\leq 1$이면 $d(t)$와 $d(t-\tau_m)$의 연속되는 비트들이 중첩된다. 다시 말해 심벌간 간섭이 일어난다. 이러한 경우에 분석할 때 $\delta=\beta\cos\omega_c\tau_m$을 파라미터로 둔다.

심벌간 간섭의 영향에 대해서는 무시할 수가 없기 때문에, 지금부터 두 번째 경우에 대한 수신기의 성능을 분석한다. 표기의 편의를 위해

$$\delta = \beta \cos\left(\omega_c \tau_m\right) \tag{9.173}$$

라고 두면, 식 (9.172)는 다음과 같이 된다.

$$x(t) = Ad(t) + A\delta d(t - \tau_m) + n_c(t) \tag{9.174}$$

만약 $\tau_m/T\leq 1$이면 $Ad(t)$와 $A\delta d(t-\tau_m)$의 인접 비트들만이 중첩될 것이다. 따라서 그림 9.27에 나와 있는 네 가지 경우의 조합을 고려하여, 그림 9.26에 나와 있는 적분기 출력의 신호 성분을 계산할 수 있다. 1과 0이 같은 확률로 발생한다고 가정하면, 그림 9.27에 나와 있는 네 가지 조합도 $\frac{1}{4}$의 같은 확률로 발생한다. 따라서 평균 오류 확률은 다음과 같다.

$$P_E = \frac{1}{4}[P(E\mid ++) + P(E\mid -+) + P(E\mid +-) + P(E\mid --)] \tag{9.175}$$

여기서 $P(E|++)$는 두 개의 1이 보내졌을 때의 오류가 발생할 확률이고, 나머지도 이런 방식으로 생각하면 된다. 즉 같은 적분기 출력의 잡음 성분은

$$N = \int_0^T 2n(t)\cos\left(\omega_c t\right)\, dt \tag{9.176}$$

로 평균이 0이고 분산이 다음 식과 같은 가우시안이다.

$$\begin{aligned}
\sigma_n^2 &= E\left\{4\int_0^T \int_0^T n(t)\, n(\sigma)\cos\left(\omega_c t\right)\cos\left(\omega_c \sigma\right)\, dt\, d\sigma\right\} \\
&= 4\int_0^T \int_0^T \frac{N_0}{2}\delta(t-\sigma)\cos\left(\omega_c t\right)\cos\left(\omega_c \sigma\right)\, d\sigma\, dt \\
&= 2N_0\int_0^T \cos^2\left(\omega_c t\right)\, dt \\
&= N_0 T \quad (\omega_c T \text{ an integer multiple of } 2\pi)
\end{aligned} \tag{9.177}$$

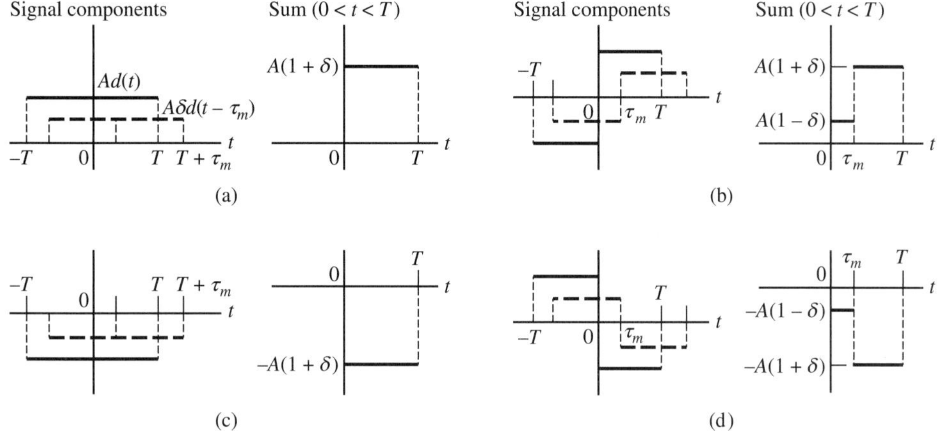

그림 9.27 다중경로 전송에서 여러 가지 가능한 심벌간 간섭의 경우

그림 9.27에서 나타나 있는 신호의 대칭성과 잡음의 대칭성 때문에 다음 식이 성립된다.

$$P(E|++) = P(E|--) \text{ and } P(E|-+) = P(E|+-) \tag{9.178}$$

따라서 네 가지 대신 단지 두 가지의 오류 확률을 계산하면 된다. 그림 9.27로부터, 1, 1이 전송되었다고 하면, 적분기 출력의 신호 성분은 다음과 같으며

$$V_{++} = AT(1+\delta) \tag{9.179}$$

만약 −1, 1이 전송되었다고 하면 다음과 같이 된다.

$$\begin{aligned} V_{-+} &= AT(1+\delta) - 2A\delta\tau_m \\ &= AT\left[(1+\delta) - \frac{2\delta\tau_m}{T}\right] \end{aligned} \tag{9.180}$$

따라서 조건부 오류 확률 $P(E|++)$는 다음과 같다.

$$\begin{aligned} P(E|++) = \Pr[AT(1+\delta)+N<0] &= \int_{-\infty}^{-AT(1+\delta)} \frac{e^{-u^2/2N_0T}}{\sqrt{2\pi N_0 T}}\,du \\ &= Q\left[\sqrt{\frac{2E_b}{N_0}}(1+\delta)\right] \end{aligned} \tag{9.181}$$

여기서 $E=\frac{1}{2}A^2T$는 직접 경로 신호 성분의 에너지이다. 같은 방법으로 $P(E|-+)$는 다음과 같다.

$$
\begin{aligned}
P(E|-+) &= \Pr\left\{AT\left[(1+\delta) - \frac{2\delta\tau_m}{T}\right] + N < 0\right\} \\
&= \int_{-\infty}^{-AT(1+\delta)+2\delta\tau_m/T} \frac{e^{-u^2/2N_0T}}{\sqrt{2\pi N_0 T}}\,du \\
&= Q\left\{\sqrt{\frac{2E_b}{N_0}}\left[(1+\delta) - \frac{2\delta\tau_m}{T}\right]\right\}
\end{aligned}
\tag{9.182}
$$

이러한 결과들을 식 (9.175)에 대입하고, 다른 조건부 확률들에 대한 대칭성을 이용하면 평균 오류 확률은 다음과 같다.

$$
P_E = \frac{1}{2}Q\left[\sqrt{2z_0}(1+\delta)\right] + \frac{1}{2}Q\left\{\sqrt{2z_0}[(1+\delta) - 2\delta\tau_m/T]\right\} \tag{9.183}
$$

여기서 앞에서와 같이 $z_0 \triangleq E_b/N_0 = A^2T/2N_0$이다.

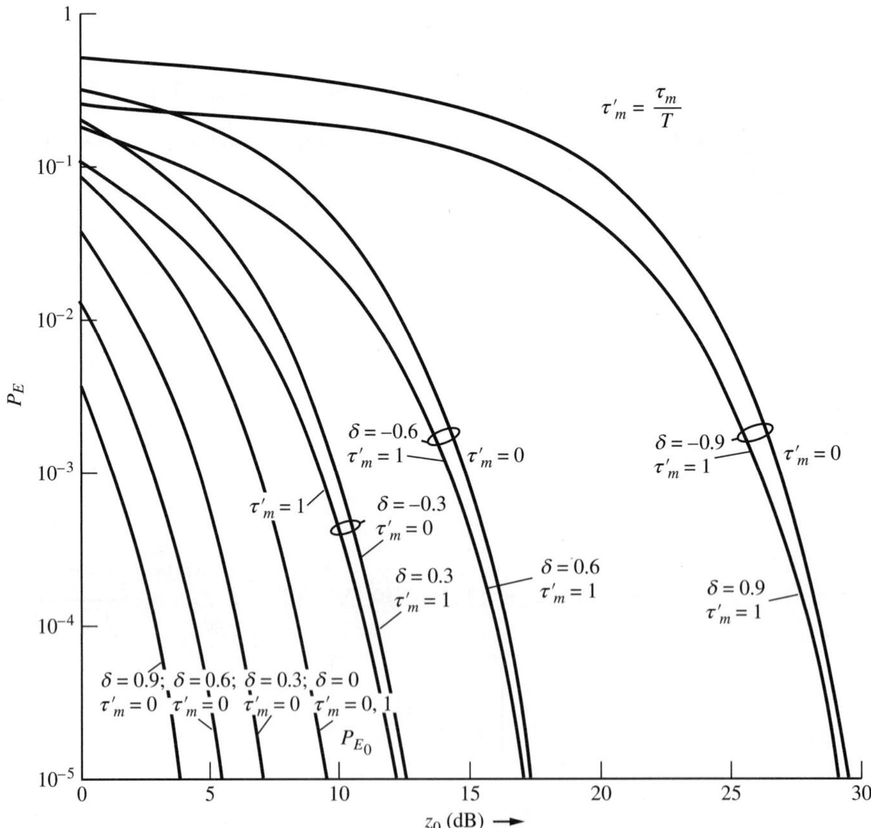

그림 9.28 다중경로에 의한 심벌간 간섭과 여러 페이딩 조건에 대한 z_0에 따른 P_E

그림 9.28에서 나타냈듯이, δ와 τ_m/T의 여러 가지 값에 대한 z_0에 따른 P_E의 그래프는 신호 전송에 미치는 다중경로의 영향을 나타낸다. 여기에서 그림 9.28의 어떠한 곡선이 비교의 기준으로 사용되어야 하는지에 대한 질문이 떠오를 수 있다. $\delta=\tau_m/T=0$일 때가 페이딩이 없는 채널에서 이진 위상 천이 변조 신호에 대한 오류 확률에 해당한다. 그러나 만일 간접 경로 성분을 포함하는 전체 유효 수신 신호 에너지가 사용된다면, 다음 식이 신호 대 잡음비가 된다는 것을 유념하기 바란다.

$$z_m = \frac{E_b(1+\delta)^2}{N_0} = z_0(1+\delta)^2 \tag{9.184}$$

사실 이것은 식 (9.183)에서, 주어진 δ값에 대하여 $\tau_m/T=0$에 대한 곡선이다. 따라서 각 δ에 대해 0이 아닌 τ_m/T을 갖는 P_E에 대한 비교의 기준으로 이 곡선을 이용한다면, 심벌간 간섭 자체만으로 인한 P_E의 증가를 구할 수 있게 된다. 그러나 이것은 오히려 신호 대 잡음비에서 감쇠를 목적으로 하는 시스템 디자인에 더 유용하다. 즉 다중경로가 존재할 때, $\tau_m=0$인 채널에 비하여, 주어진 P_E를 유지시키기 위해 필요한 신호 대 잡음비(또는 신호 에너지)를 증가시켜야 한다. 그림 9.29는 $P_E=10^{-4}$에 대한 전형적인 결과를 보여준다.

$\delta<0$에 대하여 감쇠는 실제로 음의 값이다. 즉 만약 간접 수신 신호가 직접 성분에 대하여 위상이 어긋난 것을 사라지게 하기만 한다면, 심벌간 간섭이 없는 것보다 있는 경우가 성능이 더 좋아진다는 것을 주목해야 한다. 이러한 외관상 모순되는 결과는, 그림 9.27을 염두에 두고 설명할 수 있다. $\delta<0$에 내포된 것 같이, 위상이 어긋난 직접 및 간접 수신 신호 성분은, $\tau_m/T=0$일 때 수신되는 것에 비해, $\tau_m/T>0$인 (b)와 (d)의 경우에 대하여 수신되면서, 결과적으로

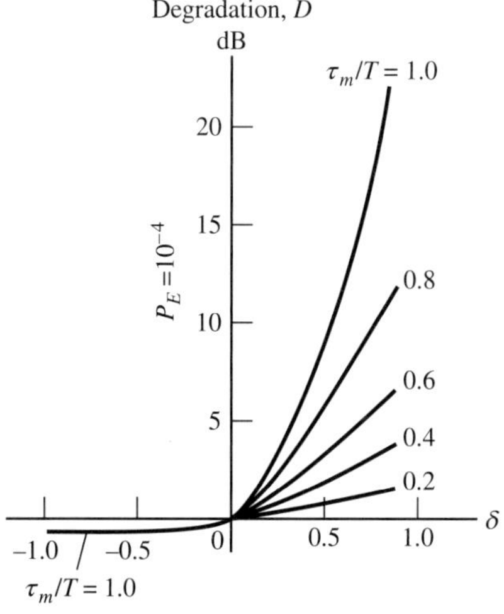

그림 9.29 $P_E=10^{-4}$의 반사 다중경로에서 이진 위상 천이 변조의 상관 검출에 대한 δ에 따른 감쇠

추가적인 신호 에너지가 된다. 반면에 (a)와 (c)의 경우에서 수신된 신호 에너지는 τ_m/T에 대해 독립적이다.

그림 9.29로부터 두 가지의 흥미로운 결론을 이끌어 낼 수 있다. 첫 번째로 $\delta<0$일 때는, τ_m/T의 변화가 감쇠에 큰 영향을 미치지 못하기 때문에, 심벌간 간섭에 의한 영향을 무시할 수 있다는 것이다. 직접 신호와 간접 신호 성분의 위상차로 인한 부정적인 간섭에 의한 신호의 진폭의 감소가 감쇠의 주원인이 된다. 두 번째로 $\delta>0$일 때는, 감쇠가 τ_m/T과 밀접한 관련이 있게 되는데, 이것은 심벌간 간섭이 감쇠의 주원인이 된다는 것을 나타낸다.

다중경로로 인한 심벌간 간섭의 역효과는 수신된 데이터 검출에 앞서 **등화 필터**를 이용하여 없앨 수 있다.[16] 이러한 필터의 기본 개념을 설명하기 위해, $n_c(t)=0$으로 놓고 식 (9.174)를 푸리에 변환하여, 채널의 주파수 응답 함수 $H_c(f)$를 구한다.

$$H_C(f) = \frac{\mathfrak{F}[y(t)]}{\mathfrak{F}\left[s_d(t)\right]} \tag{9.185}$$

만약 β와 τ_m을 알 수 있다면, 다중경로에 의한 신호 왜곡을 완전히 보상하기 위해, 다음과 같은 주파수 응답 함수를 갖는 등화기라고 불리는 필터를, 그림 9.26의 상관 수신기 앞에 위치시킬 수 있다.

$$H_{\text{eq}}(t) = \frac{1}{H_C(f)} = \frac{1}{1+\beta e^{-j2\pi\tau_m f}} \tag{9.186}$$

β와 τ_m은 정확히 알 수 없거나 시간에 의해 변할 수 있기 때문에, 등화 필터 파라미터를 조절하는 것에 대한 대책이 이루어져야 한다. 잡음은 비록 중요하지만 편의상 무시한다.

9.8 페이딩 채널

9.8.1 기본 채널 모델

평탄 페이딩 채널의 통계적 특성과 오류 확률을 살펴보기에 앞서, 페이딩 채널 모델을 고찰하고 하나의 예로 간단한 2선 다중경로 채널을 이용하여 평탄 페이딩을 정의한다. 채널에만 주안점을 두어 식 (9.170)에서 잡음 성분을 무시하고 식 (9.170)을 약간 변형하면 다음과 같이 나타낼 수 있다.

$$y(t) = a(t)s_d(t) + b(t)s_d[t-\tau(t)] \tag{9.187}$$

16 예를 들어, 5장에서 언급한 필터링으로 인한 심벌간 간섭이 문제가 될 때 등화는 성능을 향상시키기 위해 사용될 수 있다.

위의 식에서 $a(t)$와 $b(t)$는 각각 직접 경로와 다중경로 성분의 감쇠를 나타낸다. a와 b 그리고 상대 지연 τ는 시간에 따라 변한다고 가정하였다. 이것은 a와 b 그리고 τ의 시변 특성이 전형적으로 송신기와 수신기의 상대적인 움직임에 기인한 동적 채널 모델이다.

만약 다중경로 성분의 지연을 무시하면, 다음과 같은 모델을 갖는다.

$$y(t) = [a(t) + b(t)]s_d(t) \tag{9.188}$$

이 모델은 주파수에 독립적이다. 따라서 이 채널은 평탄(주파수 독립적) 페이딩이 된다. 비록 채널 응답이 평탄하지만 시간에 따라 변화하기 때문에 시변 평탄 페이딩 채널 모델로 알려져 있다.

이 절에서는 적어도 상당히 긴 비트 전송 시퀀스에 걸쳐서, a와 b 그리고 τ가 상수이거나 랜덤변수인 정적 페이딩 채널만을 고려한다. 이 경우 식 (9.187)은 다음과 같이 된다.

$$y(t) = as_d(t) + bs_d[t - \tau] \tag{9.189}$$

식 (9.189)를 푸리에 변환하면 각 항은 다음과 같이 되고

$$Y(f) = aS_d(f) + bS_d(f)\exp(-2\pi f\tau) \tag{9.190}$$

이를 이용하여 채널 전달 함수를 구하면 다음과 같다.

$$H_C(f) = \frac{Y(f)}{S_d(f)} = a + b\exp(-j2\pi f\tau) \tag{9.191}$$

이 채널은 보통 주파수 선택적이 된다. 그러나 만약 특별한 경우에 $2\pi f\tau$를 무시할 수 있다면, 채널 전달 함수는 더 이상 주파수 선택적이 아니며 전달 함수는 다음과 같이 된다.

$$H_C(f) = a + b \tag{9.192}$$

보통 이것은 랜덤 또는 특별한 경우 상수이다. 즉 채널은 평탄 페이딩이고 시불변이다.

예제 9.10

이중경로 채널은 하나의 직접 경로와 다른 하나의 지연 경로로 구성된다. 지연 경로는 3마이크로초의 지연을 갖는다. 만약 지연 경로로 인한 위상 천이가 5도이거나 그 이하라면, 채널은 평탄 페이딩으로 생각될 수 있다. 평탄 페이딩으로 가정할 수 있는 채널의 최대 대역폭을 구하라.

풀이

5도의 위상 천이는 $5(\pi/180)$ 라디안과 같다. 대역폭이 B인 대역통과 채널을 가정하자. 기저대역 모델에서 가장 높은 주파수는 $B/2$가 된다. 따라서 다음 식을 만족하는 B의 최댓값을 구한다.

$$2\pi\left(\frac{B}{2}\right)(3\times10^{-6}) \le 5\left(\frac{\pi}{180}\right) \tag{9.193}$$

따라서 B의 최댓값은 다음과 같다.

$$B = \frac{5}{180(3\times10^{-6})} = 9.26\ \text{kHz} \tag{9.194}$$

■

9.8.2 평탄 페이딩 채널 통계와 오류 확률

식 (9.170)으로 돌아가서, 랜덤한 진폭과 위상을 갖는 몇몇의 지연된 다중경로 성분들이 있다고 가정하자.[17] 중심 극한 정리를 적용하면, 수신 신호의 동상 및 직교 성분들은 산란된 성분들의 총합인 가우시안이 된다. 어떤 경우에는 송신기와 수신기 사이에 직접 통신 경로(direct line of sight)로 인한 하나의 주된 성분이 존재할 수 있다. 7.5.3절의 결과를 적용하면, 수신 신호의 포락선은 다음과 같이 주어지는 라이시안 확률 밀도 함수를 따르게 된다.

$$f_R(r) = \left(\frac{r}{\sigma^2}\right)\exp\left[-\frac{(r^2+A^2)}{2\sigma^2}\right] I_0\left(\frac{rA}{\sigma^2}\right),\ r \ge 0 \tag{9.195}$$

여기서 A는 반사 성분의 진폭, σ^2은 각각의 직교 산란 성분의 분산, 그리고 $I_0(u)$는 1종 0차 변형 베셀 함수이다. 만약 $A=0$이면 라이시안 확률 밀도 함수는 레일리 확률 밀도 함수가 되는 것을 주목하기 바란다. 일반적인 라이시안의 경우가 분석하기가 더 어려우므로 이 특별한 경우를 고려한다.

지금 논의하고 있는 이러한 채널 모델은, 수신된 신호의 포락선이 비트 지속시간보다 천천히 변화한다는 것을 전제로 하고 있다. 이것은 저속 페이딩 채널이라고 알려져 있다. 만약 수신 신호의 포락선(그리고 위상) 그리고/또는 위상이 비트 지속시간에서 무시하지 못할 정도로 변화한다면, 그러한 채널은 고속 페이딩이리고 한다. 이것은 저속 페이딩 경우보다 분석하기가 더 어려운 경우로, 여기서는 고려하지 않는다. 저속 페이딩의 경우 수신 신호의 포락선에 대한 일반적인 모델은 레일리 랜덤변수이며, 이것은 또한 해석하기가 가장 간단한 경우가 된다.

다음과 같이 레일리 저속 페이딩 채널로부터 수신된 이진 위상 천이 변조 신호에 대해 알아보자. 복조된 신호를 다음과 같이 가장 간단한 형태로 나타내자.

$$x(t) = R\,d(t) + n_c(t) \tag{9.196}$$

---

17 통계적 모델, 부호 설계 그리고 등화기 등을 포함하는 페이딩 채널의 모든 측면에 대한 뛰어난 리뷰를 보려면, 다음 논문을 참조 : E.Biglieri, J.Proakis, and S.Shamai, "Fading Channels: Information-Theoretic and Communications Aspects," *IEEE Transactions on Information Theory*, Vol. **44**, pp. 2619-2692, October 1998.

여기서 R은 식 (9.195)에서 $A=0$으로 주어진 확률 밀도 함수를 갖는 레일리 랜덤변수이다. 만약 R이 상수이면 오류 확률은 식 (9.74)에서 $m=0$인 것으로 주어진다. 다시 말해 주어진 R에 대한 오류 확률은 다음과 같다.

$$P_E(R) = Q\left(\sqrt{2Z}\right) \tag{9.197}$$

여기서 Z는 랜덤변수로 간주되었기 때문에 대문자가 사용되었다. 포락선 R에 대한 평균 오류 확률을 구하기 위해서는, 이 경우에 레일리라고 가정된 R의 확률 밀도 함수로, 식 (9.197)을 평균 취하면 된다. 그러나 R은 Z에 묻혀 있기 때문에, 식 (9.197)에서는 명확히 나타나 있지 않다.

$$Z = \frac{R^2 T}{2N_0} \tag{9.198}$$

여기서 R이 레일리 분포이면, R^2은 랜덤변수 변환으로 구할 수 있고, 따라서 Z는 지수적 분포를 갖게 된다. 그러므로 식 (9.197)의 평균은[18]

$$\overline{P}_E = \int_0^\infty Q\left(\sqrt{2z}\right) \frac{1}{\overline{Z}} e^{-z/\overline{Z}}\, dz \tag{9.199}$$

가 된다. 여기서 $\overline{Z}$는 평균 신호 대 잡음비이다. 다음 관계식을 이용하여 부분적분을 수행한다.

$$u = Q\left(\sqrt{2z}\right) = \int_{\sqrt{2z}}^\infty \frac{\exp(-t^2/2)}{\sqrt{2\pi}}\, dt \text{ and } dv = \frac{\exp\left(-z/\overline{Z}\right)}{\overline{Z}}\, dz \tag{9.200}$$

첫 번째 표현을 미분하고, 두 번째 표현을 적분하면 다음과 같다.

$$du = -\frac{\exp(-z)}{\sqrt{2\pi}} \frac{dz}{\sqrt{2z}} \text{ and } v = -\exp\left(-z/\overline{Z}\right) \tag{9.201}$$

이를 부분적분 공식 $\int u\,dv = uv - \int v\,du$에 대입하면 다음과 같다.

18 실제와는 다소 다른 점에 주목하기 바란다. 포락선에 대한 레일리 모델은 $(0, 2\pi)$의 균일한 랜덤 위상 분포를 갖는다(새로운 위상과 포락선 랜덤변수는 각각의 비트 지속시간에 대해 그려졌다고 가정한다). 이진 위상천이 변조 수신기는 여전히 위상동기 기준을 요구한다. 이러한 위상동기 위상 기준을 충족시키기 위한 한 방법은 데이터 변조된 신호와 함께 파일럿 신호를 보내는 것이다. 모의실험은 레일리 페이딩 신호 자체로부터, 가령 코스타스 위상동기 루프에 의해 직접 위상동기 위상 기준을 만들어내는 것이 매우 어렵다는 것을 보여준다.

$$\overline{P}_E = -Q\left(\sqrt{2z}\right)\exp\left(-z/\overline{Z}\right)\Big|_0^\infty - \int_0^\infty \frac{\exp(-z)\exp\left(-z/\overline{Z}\right)}{\sqrt{4\pi z}}\,dz$$

$$= \frac{1}{2} - \frac{1}{2\sqrt{\pi}}\int_0^\infty \frac{\exp\left[-z\left(1+1/\overline{Z}\right)\right]}{\sqrt{z}}\,dz \tag{9.202}$$

마지막 적분에서 $w=\sqrt{z}$ 로 놓으면, $dw=\frac{dz}{2\sqrt{z}}$가 되고, 따라서

$$\overline{P}_E = \frac{1}{2} - \frac{1}{\sqrt{\pi}}\int_0^\infty \exp\left[-w^2\left(1+1/\overline{Z}\right)\right]dw \tag{9.203}$$

가 된다. 가우시안 확률 밀도 함수의 반에 대한 적분이기 때문에 다음 식을 얻을 수 있다.

$$\int_0^\infty \frac{\exp\left(-w^2/2\sigma_w^2\right)}{\sqrt{2\pi\sigma_w^2}}\,dw = \frac{1}{2} \tag{9.204}$$

식 (9.203)에서 $\sigma_w^2=\frac{1}{2(1+2/\overline{Z})}$이라고 놓고, 식 (9.204)의 적분을 이용하면 최종적으로

$$P_E = \frac{1}{2}\left[1-\sqrt{\frac{\overline{Z}}{1+\overline{Z}}}\right],\quad \text{BPSK} \tag{9.205}$$

와 같이 잘 알려진 결과를 얻는다.[19] 이진 위상동기 주파수 천이 변조에 대하여 유사한 분석을 수행하면 다음과 같은 식을 얻는다.

$$\overline{P}_E = \frac{1}{2}\left[1-\sqrt{\frac{\overline{Z}}{2+\overline{Z}}}\right],\quad \text{coherent FSK} \tag{9.206}$$

유사한 방법이 고려될 수 있으며, 이진 위상 천이 변조 또는 위상동기 주파수 천이 변조보다 더 수월하게 적분되는 다른 변조 기법들로는, 차동 위상 천이 변조나 위상비동기 주파수 천이 변조가 있다. 이러한 변조 기법들에 대한 평균 오류 확률 표현식은 각각 다음과 같다.

$$\overline{P}_E = \int_0^\infty \frac{1}{2}e^{-z}\frac{1}{\overline{Z}}e^{-z/\overline{Z}}\,dz = \frac{1}{2(1+\overline{Z})},\quad \text{DPSK} \tag{9.207}$$

19 J. G .Proakis, *Digital Communications*(fourth ed.), New Your: McGraw Hill, 2001의 14장 참조.

$$\overline{P}_E = \int_0^{\infty} \frac{1}{2} e^{-z/2} \frac{1}{\overline{Z}} e^{-z/\overline{Z}}\, dz = \frac{1}{2+\overline{Z}}, \text{ noncoherent FSK} \tag{9.208}$$

유도 과정은 연습문제로 남겨놓겠다. 그림 9.30에는 이 결과들을 나타내었고, 페이딩이 없는 채널들에 대한 결과와 비교하였다. 페이딩에 의해 심한 성능 감쇠가 발생함을 주지하기 바란다.

이러한 페이딩의 좋지 않은 영향에 어떻게 대처해야 하나? 페이딩에 의한 성능 저하는 랜덤 포락선 R로 반영되어, 어떤 비트들에서 페이딩이 없는 채널에서의 경우보다 수신 신호의 포락선이 훨씬 작아지기 때문에 일어난다. 만약 전송된 신호 전력이 서로 독립적으로 감쇠되는 두 개 이상의 부채널로 나누어진다면, 주어진 비트에 대하여 모든 부채널에서 동시에 성능이 심하게 저하되지는 않을 것이다. 만약 이러한 부채널의 출력이 적절한 방법으로 재결합된다면,

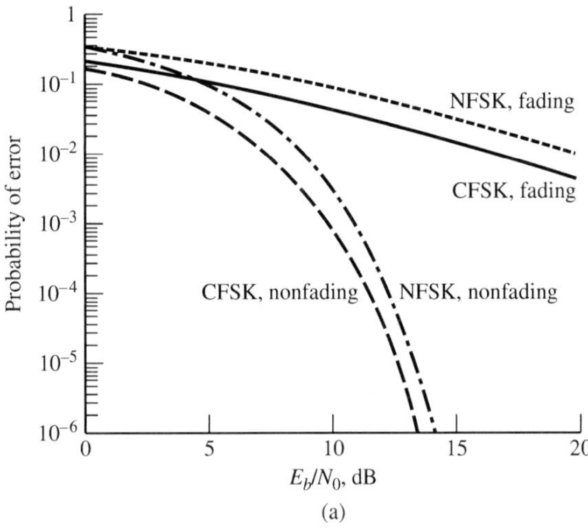

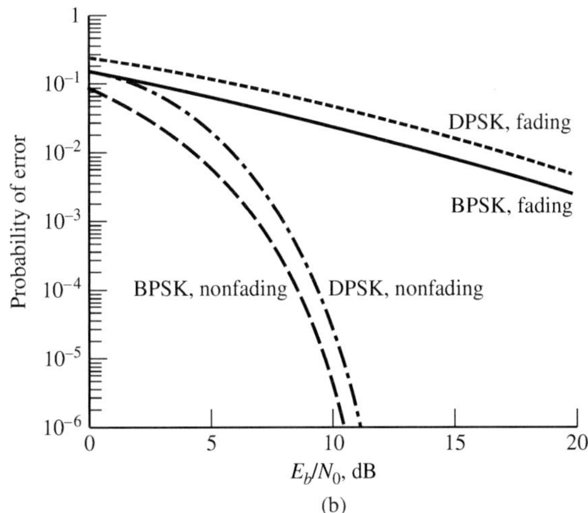

그림 9.30 평탄 레일리 페이딩 채널에서 여러 가지 변조 기법에 대한 오류 확률. (a) 위상동기 및 위상비동기 주파수 천이 변조, (b) 이진 위상 천이 변조 및 차동 위상 천이 변조

하나의 전송 경로를 사용할 때보다 더 좋은 성능을 얻을 수 있을 것이다. 페이딩에 대처하기 위해 이러한 다중 전송 경로를 이용하는 것을 다이버시티 전송이라 하며, 11장에서 간단히 다룬다. 독립적인 전송 경로를 얻는 방법은 여러 가지가 있다. 주된 방법들로는 공간상의 다른 경로(공간 다이버시티), 다른 시간(종종 부호화로 구현되는 시간 다이버시티), 다른 반송파 주파수(주파수 다이버시티), 또는 전파되는 파형에 대한 다른 편파(편파 다이버시티)로 전송하는 방법 등이 있다.

한편, 재결합은 다양한 방식으로 구현될 수 있다. 첫째, 수신기의 무선 주파수 경로(검출전 결합)에서, 또는 경판정하기 전 검출기 다음(검출후 결합)에서 재결합될 수 있다. 여러 부채널 출력을 단순히 더하거나(동이득 결합), 다양한 부채널 성분에 각각의 신호 대 잡음비에 비례하는 가중치를 주거나(최대비 결합), 또는 가장 큰 크기의 부채널 성분을 선택하여 단지 그것에만 기초하여 판정(선택 결합)하는 방법 등으로 결합을 수행할 수 있다.

특별히 어떤 경우에 있어서 만약 결합 기법이 비선형이라면, 예를 들어 선택 결합의 경우 최대의 성능 향상을 가져다주는 최적의 부경로 개수가 존재한다. 사용된 부경로 개수 L을 다이버시티 차수라고 한다.

어떤 경우에서 최적의 L 값이 존재한다는 것은 다음을 통해 설명될 수 있다. L을 증가시키면 추가적인 다이버시티를 얻게 되고, 대부분의 부채널 출력이 심하게 감쇠될 확률이 감소한다. 한편, 전체 신호 에너지를 고정시키고 L을 증가시키면, 각 부채널당 평균 신호 대 잡음비가 감소하게 되고, 이것은 부채널당 오류 확률이 더 커지는 결과를 가져온다. 따라서 이러한 두 가지의 상황에 맞는 타협점을 찾아야 한다. 페이딩에 관한 문제는 11장(11.3 절)에서 다시 다루어지고, L에 대한 최적의 선택은 연습문제 11.27에서 다루어진다.

마지막으로 페이딩 채널에서 성능 분석에 관한 일반화된 접근 방법은 Simon과 Alouini의 책(2000)을 참조하기 바란다.

컴퓨터 예제 9.4

페이딩이 없는 환경과 페이딩이 있는 환경에 대해 이진 위상 천이 변조, 위상동기 이진 주파수 천이 변조, 차동 위상 천이 변조, 그리고 위상비동기 이진 주파수 천이 변조의 비트 오류 확률을 계산하고, 페이딩이 없는 경우와 페이딩이 있는 경우의 성능을 비교하는 그래프를 제공하는 MATLAB 프로그램은 다음과 같다.

```
% file: c9ce4.m
% Bit error probabilities for binary BPSK, CFSK, DPSK, NFSK in Rayleigh
  fading
% compared with same in nonfading
%
clf
mod_type = input('Enter mod. type: 1=BPSK; 2=DPSK; 3=CFSK; 4=NFSK: ');
```

```
z_dB = 0:.3:30;
z = 10.^(z_dB/10);
if mod_type == 1
    P_E_nf = qfn(sqrt(2*z));
    P_E_f = 0.5*(1-sqrt(z./(1+z)));
elseif mod_type == 2
    P_E_nf = 0.5*exp(-z);
    P_E_f = 0.5./(1+z);
elseif mod_type == 3
    P_E_nf = qfn(sqrt(z));
    P_E_f = 0.5*(1-sqrt(z./(2+z)));
elseif mod_type == 4
    P_E_nf = 0.5*exp(-z/2);
    P_E_f = 1./(2+z);
end
semilogy(z_dB,P_E_nf,'-'),axis([0   30   10^(-6)   1]),xlabel('E_b/N_0,
  dB'),ylabel('P_E'),...
hold on
grid
semilogy(z_dB,P_E_f,'--')
if mod_type == 1
    title('BPSK')
elseif mod_type == 2
    title('DPSK')
elseif mod_type == 3
    title('Coherent BFSK')
elseif mod_type == 4
    title('Noncoherent BFSK')
end
legend('No fading','Rayleigh Fading',1)
%
%  This function computes the Gaussian Q-function
%
function Q=qfn(x)
Q = 0.5*erfc(x/sqrt(2));
% End of script file
```

9.9 등화

9.7절에서 살펴보았듯이 등화 필터는 필터로 인한 대역 제한이나 다중경로 전송과 같은 동요 요인으로 인해 야기되는 채널-유발 왜곡에 대처하는 데 사용될 수 있다. 식 (9.186)에 따라, 등화 개념에 대한 간단한 접근법은 역 필터의 개념이다. 5장에서와 같이, 그림 9.31에 다시 그려진 트랜스버설(transversal) 또는 탭 지연선(tapped-delay-line) 필터 블록도 같은 특별한 형태의 등화 필터에 대해 고찰한다.[20]

주어진 채널 상태에 대하여, 그림 9.31의 탭 가중치 $\alpha_{-N}, \cdots, \alpha_0, \cdots, \alpha_N$을 결정하는 데 두 가지 접근 방법이 있다. 하나는 **영점 강요**(zero forcing)이고, 다른 하나는 **최소 평균 제곱 오차**

---

20 등화에 대하여 잘 정리된 개요는 S. Quereshi, "Adaptive Equalization", *Proc. of the IEEE*, **73**, 1349–1387, September 1985 참조.

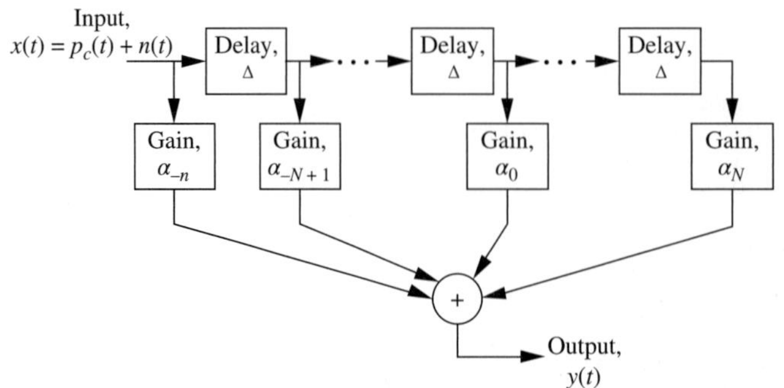

그림 9.31 심벌간 간섭 등화를 위한 트랜스버설 필터 구현

(minimum mean-square-error, MMSE)이다. 잡음 효과(noise effects)에 대한 고려를 포함하여 첫 번째 방법에 대하여 간략히 살펴보고, 그 후 두 번째 방법을 살펴본다.

9.9.1 영점 강요 등화

채널 출력의 펄스 응답 $p_c(t)$가, $(2N+1)$-탭 트랜스버설 필터의 탭 가중치를 적절히 선택하여, 최댓값 양편에 N개의 0 값 표본을 가지고 원하는 표본 추출 시간에서 어떻게 강제로 최댓값 1을 갖도록 할 수 있는지를 5장에서 보였었다. 아래와 같은 표본화 시간에서 원하는 등화기 출력에 대하여,

$$p_{\text{eq}}(mT) = \sum_{n=-N}^{N} \alpha_n p_c[(m-n)T] = \begin{cases} 1, & m=0 \\ 0, & m \neq 0 \end{cases} \quad m = 0, \pm 1, \pm 2, \ldots, \pm N \tag{9.209}$$

해법은 채널 응답 행렬 $[P_c]$의 역행렬의 중간 열을 구하는 것이었다.

$$[P_{\text{eq}}] = [P_c][A] \tag{9.210}$$

여기서 행렬들은 다음과 같이 정의된다.

$$[P_{\text{eq}}] = \begin{bmatrix} 0 \\ 0 \\ \vdots \\ 0 \\ 1 \\ 0 \\ 0 \\ \vdots \\ 0 \end{bmatrix} \begin{matrix} \left.\begin{matrix} \\ \\ \\ \\ \end{matrix}\right\} N \text{ zeros} \\ \\ \left.\begin{matrix} \\ \\ \\ \\ \end{matrix}\right\} N \text{ zeros} \end{matrix} \tag{9.211}$$

$$[A] = \begin{bmatrix} \alpha_{-N} \\ \alpha_{-N+1} \\ \vdots \\ \alpha_N \end{bmatrix} \tag{9.212}$$

그리고

$$[P_c] = \begin{bmatrix} p_c(0) & p_c(-T) & \cdots & p_c(-2NT) \\ p_c(T) & p_c(0) & \cdots & p_c(-2N+1)T \\ \vdots & & & \vdots \\ p_c(2NT) & & & p_c(0) \end{bmatrix} \tag{9.213}$$

즉 등화기 계수 행렬은 다음과 같이 주어진다.

$$[A]_{\text{opt}} = [P_c]^{-1}[P_{\text{eq}}] = \text{middle column of } [P_c]^{-1} \tag{9.214}$$

$-NT$ 이하 또는 NT 이상의 지연에 대한 등화기 응답은 반드시 0이 될 필요는 없다. 영점 강요 등화 과정은 잡음은 무시하고 수신 펄스 표본값만을 이용하기 때문에, 어떤 채널에서는 그것의 잡음 성능이 열악할 수 있다는 것은 놀라운 일은 아니다. 사실 어떤 경우에 잡음 스펙트럼은, 그에 대한 주파수 응답 그래프에 나타나 있는 것처럼 영점 강요 등화기에 의해 특정 주파수대에서 현저하게 증가하게 된다.

$$H_{\text{eq}}(f) = \sum_{n=-N}^{N} \alpha_n \exp(-j2\pi nfT) \tag{9.215}$$

잡음 효과를 살펴보기 위하여, 신호와 $G_n(f) = \frac{N_0}{2}\Pi\left(\frac{f}{2B}\right)$의 전력 스펙트럼 밀도를 갖는 가우시안 잡음이 더해져서 입력되는 트랜스버설 필터에 대한 입출력 관계를 고려하자. 출력은 다음과 같이 나타낼 수 있다.

$$\begin{aligned} y(mT) &= \sum_{l=-N}^{N} \alpha_l \left\{ p_c[(m-l)T] + n[(m-l)T] \right\} \\ &= \sum_{l=-N}^{N} \alpha_l p_c[(m-l)T] + \sum_{l=-N}^{N} \alpha_l n[(m-l)T] \\ &= p_{\text{eq}}(mT) + N_m, \ m = \cdots, -2, -1, 0, 1, 2, \cdots \end{aligned} \tag{9.216}$$

랜덤변수 $\{N_m\}$들은 평균이 0이고, 분산이 다음과 같은 가우시안이며

$$\begin{aligned}\sigma_N^2 &= E\left\{N_k^2\right\} \\ &= E\left\{\sum_{j=-N}^{N} \alpha_j n[(k-j)T] \sum_{l=-N}^{N} \alpha_l n[(k-l)T]\right\} \\ &= E\left\{\sum_{j=-N}^{N} \sum_{l=-N}^{N} \alpha_j \alpha_l n[(k-j)T]\, n[(k-l)T]\right\} \\ &= \sum_{j=-N}^{N} \sum_{l=-N}^{N} \alpha_j \alpha_l E\{n[(k-j)T]\, n[(k-l)T]\} \\ &= \sum_{j=-N}^{N} \sum_{l=-N}^{N} \alpha_j \alpha_l R_n[(j-l)T] \end{aligned} \tag{9.217}$$

여기서

$$R_n(\tau) = \mathfrak{F}^{-1}[G_n(f)] = \mathfrak{F}^{-1}\left[\frac{N_0}{2}\Pi\left(\frac{f}{2B}\right)\right] = N_0 B \operatorname{sinc}(2B\tau) \tag{9.218}$$

이다. 만약 $2BT=1$(표본화 정리와 일치)이라고 가정하면,

$$R_n[(j-l)T] = N_0 B \operatorname{sinc}(j-l) = \frac{N_0}{2T}\operatorname{sinc}(j-l) = \left\{\begin{array}{ll} \frac{N_0}{2T}, & j=l \\ 0, & j \neq l \end{array}\right\} \tag{9.219}$$

이 되고, 식 (9.217)은 다음과 같이 된다.

$$\sigma_N^2 = \frac{N_0}{2T}\sum_{j=-N}^{N} \alpha_j^2 \tag{9.220}$$

충분히 긴 등화기에 대하여 이진 전송을 가정하면, 출력의 신호 성분은 동일한 확률로 ± 1 값을 가지게 된다. 그러면 오류 확률은

$$\begin{aligned} P_E &= \frac{1}{2}\Pr\left(-1+N_m>0\right) + \frac{1}{2}\Pr\left(1+N_m<0\right) \\ &= \Pr\left(N_m>1\right) = \Pr\left(N_m<-1\right) \quad \text{(by symmetry of the noise pdf)} \\ &= \int_1^{\infty} \frac{\exp\left(-\eta^2/\left(2\sigma_N^2\right)\right)}{\sqrt{2\pi\sigma_N^2}}\, d\eta = Q\left(\frac{1}{\sigma_N}\right) \\ &= Q\left(\frac{1}{\sqrt{\frac{N_0}{2T}\sum_j \alpha_j^2}}\right) = Q\left(\sqrt{\frac{2\times 1^2 \times T}{N_0 \sum_j \alpha_j^2}}\right) = Q\left(\sqrt{\frac{1}{\sum_j \alpha_j^2}\frac{2E_b}{N_0}}\right) \end{aligned} \tag{9.221}$$

이다. 식 (9.221)로부터, 출력잡음을 직접적으로 증가시키는 양인 $\sum_{j=-N}^{N}\alpha_j^2$에 비례하여 성능이 저하되는 것을 알 수 있다.

예제 9.11

채널 출력에서 다음과 같은 펄스 표본을 고려해보자.

$$\{p_c(n)\} = \{-0.01\ \ 0.05\ \ 0.004\ \ -0.1\ \ 0.2\ \ -0.5\ \ 1.0\ \ 0.3\ \ -0.4\ \ 0.04\ \ -0.02\ \ 0.01\ \ 0.001\}$$

5-탭 영점 강요 등화기 계수를 구하고, 등화기의 주파수 응답의 크기를 도시하라. 잡음 증가로 인하여 신호 대 잡음비는 어떤 비율만큼 나빠지는가?

풀이

식 (9.213)로부터 행렬 $[P_c]$는 다음과 같다.

$$[P_c] = \begin{bmatrix} 1 & -0.5 & 0.2 & -0.1 & 0.004 \\ 0.3 & 1 & -0.5 & 0.2 & -0.1 \\ -0.4 & 0.3 & 1 & -0.5 & 0.2 \\ 0.04 & -0.4 & 0.3 & 1 & -0.5 \\ -0.02 & 0.04 & -0.4 & 0.3 & 1 \end{bmatrix} \tag{9.222}$$

등화기 계수들은 $[P_c]^{-1}$의 중간 열로 다음과 같다.

$$[P_c]^{-1} = \begin{bmatrix} 0.889 & 0.435 & 0.050 & 0.016 & 0.038 \\ -0.081 & 0.843 & 0.433 & 0.035 & 0.016 \\ 0.308 & 0.067 & 0.862 & 0.433 & 0.050 \\ -0.077 & 0.261 & 0.067 & 0.843 & 0.435 \\ 0.167 & -0.077 & 0.308 & -0.081 & 0.890 \end{bmatrix} \tag{9.223}$$

따라서 계수 벡터는 다음과 같다.

$$[A]_{\text{opt}} = [P_c]^{-1}[P_{\text{eq}}] = \begin{bmatrix} 0.050 \\ 0.433 \\ 0.862 \\ 0.067 \\ 0.308 \end{bmatrix} \tag{9.224}$$

입출력 시퀀스는 각각 그림 9.32(a) 및 (b)에 주어졌고, 등화기 주파수 응답 크기는 그림 9.32(c)에 나타나 있다. 주파수 응답에서 명백히 알 수 있듯이, 저주파수대에서 출력잡음 스펙트럼이 상당히 증가되어 있다.

수신 펄스의 모양에 따라 다른 경우에는 잡음 증가가 좀 더 높은 주파수대에서 나타날 수 있다. 이 예제에서 잡음 증가 또는 열화되는 비율은 아래와 같으며,

$$\sum_{j=-4}^{4} \alpha_j^2 = 1.0324 = 0.14 \text{ dB} \tag{9.225}$$

이 경우에 그리 심한 편은 아니다.

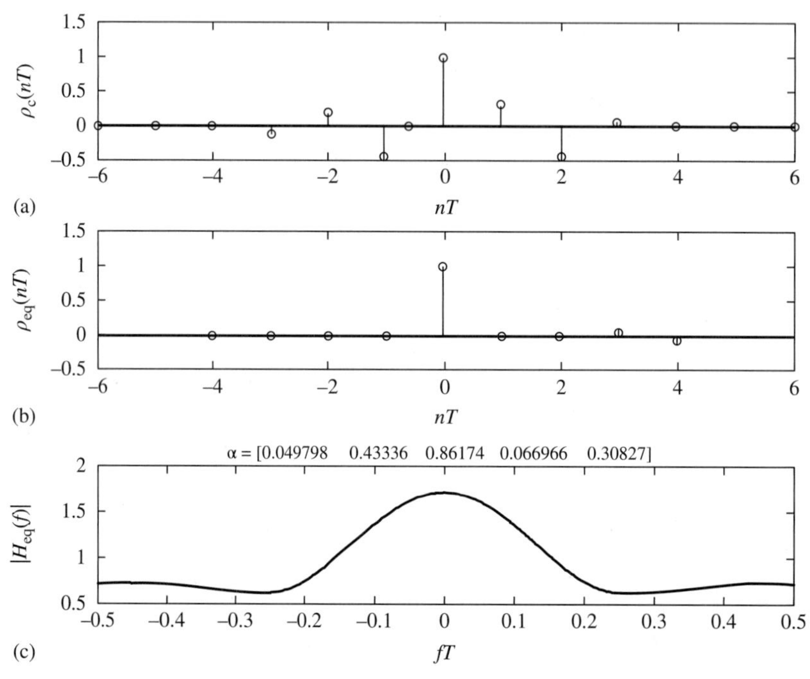

그림 9.32 5-탭 영점 강요 등화기에 대한 (a) 입력, (b) 출력 표본 시퀀스, (c) 등화기 주파수 응답

9.9.2 MMSE 등화

그림 9.31의 트랜스버설 필터 등화기에서 원하는 출력을 $d(t)$라고 가정하자. 최소 평균 제곱 오차(MMSE) 판정 기준은 등화기에서 원하는 출력과 실제 출력 사이에서의 평균 제곱 오차를 최소화하는 탭 가중치를 구하는 것이다. 이 출력은 잡음을 포함하기 때문에 등화기의 펄스 응답과 이것을 구분하기 위해 $z(t)$로 나타낸다. 따라서 최소 평균 제곱 오차의 판정 기준은 다음과 같이 나타낼 수 있다.

$$\mathcal{E} = E\left\{[z(t) - d(t)]^2\right\} = \text{minimum} \tag{9.226}$$

여기서 $y(t)$를 잡음을 포함한 등화기 입력이라 하면, 등화기 출력은

$$z(t) = \sum_{n=-N}^{N} \alpha_n y(t - n\Delta) \tag{9.227}$$

이다. $\mathcal{E}\{\cdot\}$은 탭 가중치의 오목 함수(사발 모양)이므로, 탭 가중치를 최소화하기 위한 충분조건 집합은 다음과 같다.

$$\frac{\partial \mathcal{E}}{\partial \alpha_m} = 0 = 2E\left\{[z(t) - d(t)]\frac{\partial z(t)}{\partial \alpha_m}\right\}, \quad m = 0, \pm 1, \ldots, \pm N \tag{9.228}$$

식 (9.227)을 식 (9.228)에 대입하고, 미분하면 다음과 같은 조건을 구할 수 있다.

$$E\{[z(t) - d(t)]y(t - m\Delta)\} = 0, \ m = 0, \pm 1, \pm 2, \ldots, \pm N \tag{9.229}$$

또는

$$R_{yz}(m\Delta) = R_{yd}(m\Delta) = 0, \ m = 0, \pm 1, \pm 2, \ldots, \pm N \tag{9.230}$$

여기서

$$R_{yz}(\tau) = E[y(t)z(t + \tau)] \tag{9.231}$$

그리고

$$R_{yd}(\tau) = E[y(t)d(t + \tau)] \tag{9.232}$$

이며, 각각 등화기 출력과 데이터에 대한 수신 신호의 상호 상관을 나타낸다.

식 (9.230)에서 $z(t)$에 대한 식 (9.227)을 이용하면, 이 조건들은 다음과 같은 행렬식으로 나타낼 수 있다.[21]

$$[R_{yy}][A]_{\text{opt}} = [R_{yd}] \tag{9.233}$$

여기서

$$[R_{yy}] = \begin{bmatrix} R_{yy}(0) & R_{yy}(\Delta) & \cdots & R_{yy}(2N\Delta) \\ R_{yy}(-\Delta) & R_{yy}(0) & \cdots & R_{yy}[2(N-1)\Delta] \\ \vdots & & & \vdots \\ R_{yy}(-2N\Delta) & & \cdots & R_{yy}(0) \end{bmatrix} \tag{9.234}$$

그리고

---

21 이것은 위너-호프(Wiener-Hopf) 방정식으로 알려져 있다. S. Haykin, *Adaptive Filter Theory*, 3rd ed., Upper Saddle River, NJ: Prentice Hall, 1996 참조.

$$[R_{yd}] = \begin{bmatrix} R_{yd}(-N\Delta) \\ R_{yd}[-(N-1)\Delta] \\ \vdots \\ R_{yd}(N\Delta) \end{bmatrix} \tag{9.235}$$

이고, [A]는 식 (9.212)로 정의된다. 최소 평균 제곱 오차 판정 기준을 이용한 최적의 탭 가중치에 대한 이런 조건들은 펄스 응답 표본 대신에 상관 함수 표본을 사용하는 것만 제외하고는 영점 강요 가중치들에 대한 조건과 유사하다.

식 (9.233)의 해는 다음과 같으며

$$[A]_{\text{opt}} = [R_{yy}]^{-1}[R_{yd}] \tag{9.236}$$

이것은 상관 행렬에 대한 지식을 필요로 한다. 평균 제곱 오차는 다음과 같으며

$$\begin{aligned}
\mathcal{E} &= E\left\{\left[\sum_{n=-N}^{N} \alpha_n y(t-n\Delta) - d(t)\right]^2\right\} \\
&= E\left\{d^2(t) - 2d(t)\sum_{n=-N}^{N} \alpha_n y(t-n\Delta) + \sum_{m=-N}^{N}\sum_{n=-N}^{N} \alpha_m\alpha_n y(t-m\Delta)\,y(t-n\Delta)\right\} \\
&= E\left\{d^2(t)\right\} - 2\sum_{n=-N}^{N} \alpha_n E\{d(t)\,y(t-n\Delta)\} \\
&\quad + \sum_{m=-N}^{N}\sum_{n=-N}^{N} \alpha_m\alpha_n E\{y(t-m\Delta)\,y(t-n\Delta)\} \\
&= \sigma_d^2 - 2\sum_{n=-N}^{N} \alpha_n R_{yd}(n\Delta) + \sum_{m=-N}^{N}\sum_{n=-N}^{N} \alpha_m\alpha_n R_{yy}[(m-n)\Delta] \\
&= \sigma_d^2 - 2[A]^T\left[R_{yd}\right] + [A]^T\left[R_{yy}\right][A]
\end{aligned} \tag{9.237}$$

여기서 윗첨자 T는 전치 행렬을 의미하며, $\sigma_d^2 = E[d^2(t)]$이다. 최적 가중치 식 (9.236)에 대하여 이것은 다음과 같이 된다.

$$\begin{aligned}
\mathcal{E}_{\min} &= \sigma_d^2 - 2\left\{[R_{yy}]^{-1}[R_{yd}]\right\}^T\left[R_{yd}\right] + \left\{[R_{yy}]^{-1}[R_{yd}]\right\}^T\left[R_{yy}\right]\left\{[R_{yy}]^{-1}[R_{yd}]\right\} \\
&= \sigma_d^2 - 2\left\{[R_{yd}]^T[R_{yy}]^{-1}\right\}\left[R_{yd}\right] + [R_{yd}]^T[R_{yy}]^{-1}\left[R_{yy}\right]\left\{[R_{yy}]^{-1}[R_{yd}]\right\} \\
&= \sigma_d^2 - 2[R_{yd}]^T[A]_{\text{opt}} + [R_{yd}]^T[A]_{\text{opt}} \\
&= \sigma_d^2 - [R_{yd}]^T[A]_{\text{opt}}
\end{aligned} \tag{9.238}$$

여기서 행렬 관계 $(\mathbf{AB})^T = \mathbf{B}^T\mathbf{A}^T$는 자기상관 행렬이 대칭이라는 사실과 함께 사용되어 왔다.

인접한 탭들 간의 시간 지연 Δ에 대한 선택의 문제가 남아 있다. 만일 채널 왜곡이 비트 주기의 일부분과 같은 강한 성분의 지연을 갖는 **다중 전송 경로**(다중경로) 때문이라면, 그러한 비트 주기의 예상되는 일부분에 해당하는 Δ 값을 설정하는 것이 유리할 수 있다[**부분 간격 등화기**(fractionally spaced equalizer)라고 함].[22] 반면에 만약 가장 짧은 다중경로 지연이 비트 주기의 몇 배가 되는 경우는 $\Delta = T$로 설정하는 것이 타당하다.

예제 9.12

하나의 직접 경로, 하나의 단일 간접 경로, 그리고 가산적 가우시안 잡음으로 구성되는 채널을 고려하자. 이 경우 채널의 출력은

$$y(t) = A_0 d(t) + \beta A_0 d\left(t - \tau_m\right) + n(t) \tag{9.239}$$

가 된다. 여기서 반송파 복조가 이루어져, T초의 비트 주기에서 $d(t) = \pm 1$은 가정된 자기상관 함수 $R_{dd}(\tau) = \Lambda(\tau/T)$를 갖는 데이터라고 가정한다(즉 랜덤 동전 던지기 시퀀스). A_0는 신호의 진폭이다. 직접 성분에 대한 다중경로 성분의 세기는 β이고, 상대적인 지연은 τ_m이다. 전력 스펙트럼 밀도 $S_n(f) = \frac{N_0}{2}\Pi\left(\frac{f}{2B}\right)$W/Hz인 잡음 $n(t)$가 대역 제한되었다고 가정하면, 자기상관 함수는 $R_{nn}(\tau) = N_0 B\,\mathrm{sinc}(2B\tau)$가 되는데, 여기서, $2BT = 1$이라고 가정하였다. 탭 간격 $\Delta = T$인 최소 평균 제곱 오차 3-탭 등화기의 계수를 구하라.

풀이

$y(t)$의 자기상관 함수는 다음과 같다.

$$\begin{aligned} R_{yy}(\tau) &= E\{y(t)\,y(t+\tau)\} \\ &= E\left\{\left[A_0 d(t) + \beta A_0 d\left(t - \tau_m\right) + n(t)\right]\left[A_0 d(t+\tau) + \beta A_0 d\left(t + \tau - \tau_m\right) + n(t+\tau)\right]\right\} \\ &= \left(1 + \beta^2\right) A_0^2 R_{dd}(\tau) + R_{nn}(\tau) + \beta A_0^2\left[R_{dd}(\tau - T) + R_{dd}(\tau + T)\right] \end{aligned} \tag{9.240}$$

유사한 방식으로 다음 식을 구할 수 있다.

$$\begin{aligned} R_{yd}(\tau) &= E\left[y(t)\,d(t+\tau)\right] \\ &= A_0 R_{dd}(\tau) + \beta A_0 R_{dd}(\tau + T) \end{aligned} \tag{9.241}$$

식 (9.234)에서 $N=3$, $\Delta = T$, 그리고 $2BT = 1$을 이용하여

$$\left[R_{yy}\right] = \begin{bmatrix} \left(1+\beta^2\right) A_0^2 + N_0 B & \beta A_0^2 & 0 \\ \beta A_0^2 & \left(1+\beta^2\right) A_0^2 + N_0 B & \beta A_0^2 \\ 0 & \beta A_0^2 & \left(1+\beta^2\right) A_0^2 + N_0 B \end{bmatrix} \tag{9.242}$$

---

22 J. R. Treichler, I. Fijalkow, and C. R. Johnson, Jr., "Fractionally Spaced Equalizers", *IEEE Signal Proc. Mag.*, 65–81, May 1996 참조.

그리고

$$[R_{yd}] = \begin{bmatrix} R_{yd}(-T) \\ R_{yd}(0) \\ R_{yd}(T) \end{bmatrix} = \begin{bmatrix} \beta A_0 \\ A_0 \\ 0 \end{bmatrix} \tag{9.243}$$

을 구할 수 있다. 최적 가중치를 위한 조건 식 (9.233)은

$$\begin{bmatrix} (1+\beta^2)A_0^2 + N_0 B & \beta A_0^2 & 0 \\ \beta A_0^2 & (1+\beta^2)A_0^2 + N_0 B & \beta A_0^2 \\ 0 & \beta A_0^2 & (1+\beta^2)A_0^2 + N_0 B \end{bmatrix} \begin{bmatrix} \alpha_{-1} \\ \alpha_0 \\ \alpha_1 \end{bmatrix} = \begin{bmatrix} \beta A_0 \\ A_0 \\ 0 \end{bmatrix} \tag{9.244}$$

가 된다. N_0B를 제외하고(가정에 의하여 $2BT=1$임을 상기하라.) 새로운 가중치 $c_i = A_0\alpha_i$를 정의하면, 이들 방정식을 다음과 같이 무차원으로 만들 수 있다.

$$\begin{bmatrix} (1+\beta^2)\frac{2E_b}{N_0}+1 & 2\beta\frac{E_b}{N_0} & 0 \\ 2\beta\frac{E_b}{N_0} & (1+\beta^2)\frac{2E_b}{N_0}+1 & 2\beta\frac{E_b}{N_0} \\ 0 & 2\beta\frac{E_b}{N_0} & (1+\beta^2)\frac{2E_b}{N_0}+1 \end{bmatrix} \begin{bmatrix} c_{-1} \\ c_0 \\ c_1 \end{bmatrix} = \begin{bmatrix} 2\beta\frac{E_b}{N_0} \\ 2\frac{E_b}{N_0} \\ 0 \end{bmatrix} \tag{9.245}$$

여기서 $\frac{E_b}{N_0} \doteq \frac{A_0^2 T}{N_0}$이다. 수치적 값들을 보기 위해, $\frac{E_b}{N_0}=10$, $\beta=0.5$라고 가정하면, 다음과 같이 된다.

$$\begin{bmatrix} 26 & 10 & 0 \\ 10 & 26 & 10 \\ 0 & 10 & 26 \end{bmatrix} \begin{bmatrix} c_{-1} \\ c_0 \\ c_1 \end{bmatrix} = \begin{bmatrix} 10 \\ 20 \\ 0 \end{bmatrix} \tag{9.246}$$

또는, MATLAB을 이용하여 변형된 R_{yy} 행렬의 역행렬을 구하면 다음과 같이 되어,

$$\begin{bmatrix} c_{-1} \\ c_0 \\ c_1 \end{bmatrix} = \begin{bmatrix} 0.0465 & -0.0210 & 0.0081 \\ -0.0210 & 0.0546 & -0.0210 \\ 0.0081 & -0.0210 & 0.0465 \end{bmatrix} \begin{bmatrix} 10 \\ 20 \\ 0 \end{bmatrix} \tag{9.247}$$

최종적으로는

$$\begin{bmatrix} c_{-1} \\ c_0 \\ c_1 \end{bmatrix} = \begin{bmatrix} 0.045 \\ 0.882 \\ -0.339 \end{bmatrix} \tag{9.248}$$

로 주어진다. 식 (9.238)로 최소 평균 제곱 오차를 구할 수 있다. 식 (9.248)로 주어진 최적 가중치와 식 (9.243)으로 주어진 상호 상관 함수가 필요하다. $A_0=1$로 가정하면, $\alpha_j = \frac{1}{A_0}c_j = c_j$가 된다. 또한 $d(t) = \pm 1$로 가정하면, $\sigma_d^2=1$이 된다. 따라서 최소 평균 제곱 오차는 다음과 같이 된다.

$$\begin{aligned}\epsilon_{\min} &= \sigma_d^2 - [R_{yd}]^T [A]_{\text{opt}} \\ &= 1 - \begin{bmatrix} \beta A_0 & A_0 & 0 \end{bmatrix} \begin{bmatrix} \alpha_{-1} \\ \alpha_0 \\ \alpha_1 \end{bmatrix} \\ &= 1 - \begin{bmatrix} 0.5 & 1 & 0 \end{bmatrix} \begin{bmatrix} 0.045 \\ 0.882 \\ -0.339 \end{bmatrix} = 0.095 \end{aligned} \tag{9.249}$$

비트 오류 확률의 항목으로 등화기 성능을 계산하려면 모의실험이 요구된다. 몇몇 결과를 표 9.6에 나타내었는데, 이 경우 등화기가 상당한 성능 개선을 가져옴을 확인할 수 있다.

표 9.6 다중경로에서 최소 평균 제곱 오차 등화기의 비트 오류 성능

E_b/N_o, dB	No. of bits	P_b, no equal.	P_b, equal.	P_b, Gauss noise only
10	200, 000	5.7×10^{-3}	4.4×10^{-4}	3.9×10^{-6}
11	300, 000	2.7×10^{-3}	1.4×10^{-4}	2.6×10^{-7}
12	300, 000	1.2×10^{-3}	4.3×10^{-5}	9.0×10^{-9}

■

9.9.3 탭 가중치 조정

탭 가중치를 설정하는 것과 관련하여 두 가지 질문이 남는다. 첫 번째는 원하는 응답 $d(t)$로 무엇이 사용되어야 하는 것인가이다. 디지털 신호의 경우 두 가지 선택이 존재한다.

1. 알고 있는 데이터 시퀀스를 주기적으로 송신하고, 탭 가중치 조정에 활용한다.
2. 만일 모뎀 성능이 적절히 양호하다면 검출된 데이터를 활용할 수 있는데, 왜냐하면 예를 들어 10^{-2}의 오류 확률은 $d(t)$가 100 비트 중에서 99 비트는 정확하다는 것을 의미하기 때문이다. 검출된 데이터를 원하는 출력 $d(t)$로 활용하는 알고리즘을 **결정 지향형**(decision-directed)이라고 부른다. 종종 등화기의 탭 가중치는 알려진 시퀀스를 이용하여 초기 조정을 하며, 최적에 가깝게 설정된 뒤에는 조정 알고리즘이 결정 지향 모드로 전환된다.

두 번째 질문은 만일 영점 강요 기준에 필요한 펄스의 표본값 또는 최소 평균 제곱 오차 기준에 필요한 상관 함수의 표본들을 얻을 수 없을 때는 어떤 절차가 이루어져야 하는가 하는 것이다. 그러한 경우에 따를 수 있는 유용한 전략들은 **적응 등화**(adaptive equalization)라는 기법으로 귀결된다.

그러한 절차를 어떻게 구현하는지 알아보기 위하여 평균 제곱 오차 식 (9.237)이 최적 가중치로, 식 (9.229)로 주어진 최솟값을 가지는 탭 가중치의 2차 함수라는 것에 주목하기 바란다.

따라서 최대 급경사 하강법(method of steepest descent)이 적용될 수 있다. 이 절차에 있어서 가중치들에 대한 초기값들이, 즉 $[A]^{(0)}$가 선택되고, 그 후의 값들은 다음 식에 따라 계산된다.[23]

$$[A]^{(k+1)} = [A]^{(k)} + \frac{1}{2}\mu\left[-\nabla\mathcal{E}^{(k)}\right],\ \ k = 0,\ 1,\ 2,\ \ldots \tag{9.250}$$

여기서 윗첨자 k는 k번째 계산 시간을, $\nabla\mathcal{E}$은 오차 표면의 기울기 또는 '경사도'를 나타낸다. 초기 추정 가중치 벡터를 가지고 시작했을 때, 다음번 가장 가까운 추정치는 음의 기울기의 방향에 있다는 것이 아이디어이다.

다음과 같이 서로 반대되는 두 가지 중 하나가 발생할 수 있기 때문에, 최소의 $\mathcal{E}$을 구하기 위한 이러한 단계적 접근 방법에서 매개변수 $\mu/2$가 중요하다는 것은 명백하다. (1) μ를 매우 작게 선택하면, 최소 $\mathcal{E}$에 아주 느리게 수렴하게 된다. (2) μ를 너무 크게 선택하면, 최솟값을 중심으로 감쇠 진동하거나, 심지어는 최솟값으로부터 발산하게 되는 결과로 $\mathcal{E}$의 최솟값에서 벗어나게 된다.[24] 수렴을 보장하기 위해 조정 매개변수 μ는 다음 관계를 만족해야 한다.

$$0 < \mu < 2/\lambda_{\max} \tag{9.251}$$

여기서 $\lambda_{\max}$는, Haykin에 의하면, 행렬 $[R_{yy}]$의 가장 큰 고유치이다. μ를 선택하는 데 있어서 또 다른 경험적인 방법은 다음과 같다.[25]

$$0 < \mu < 1/\left[(L+1)\times(\text{signal power})\right] \tag{9.252}$$

여기서 $L=2N+1$이다. 이것은 자기상관 행렬 계산을 필요로 하지 않는다(제한된 데이터로는 어려운 문제임).

최대 급경사 하강 알고리즘을 사용하여도 최적 가중치 계산의 두 가지 단점을 없애주지는 못한다. (1) 상관 행렬 $[R_{yd}]$ 및 $[R_{yy}]$를 아는지 여부에 달려 있고, (2) 새로운 가중치를 추정할 때마다 다시 계산을 하여야 하므로, $\mathcal{E}$의 기울기를 다음과 같이 나타내기 위해서는, 행렬 곱셈이 여전히 필요(비록 역행렬 계산은 필요 없지만)한 점에서 계산이 방대해진다.

$$\begin{aligned}\nabla\mathcal{E} &= \nabla\left\{\sigma_d^2 - 2[A]^T\left[R_{yd}\right] + [A]^T\left[R_{yy}\right][A]\right\}\\ &= -2\left[R_{yd}\right] + 2\left[R_{yy}\right][A]\end{aligned} \tag{9.253}$$

23 완전한 전개는 Haykin, 1996, 8.2절 참조.

24 탭 가중치 조정에 있어서 오차의 두 가지 원인은, 입력잡음 자체와 탭 가중치 조정 알고리즘의 조정잡음으로부터 기인된다.

25 Windrow and Stearns, 1985.

식 (9.253)을 식 (9.250)에 대입하면 다음과 같이 된다.

$$[A]^{(k+1)} = [A]^{(k)} + \mu \left[\left[R_{yd} \right] - \left[R_{yy} \right] [A]^{(k)} \right], \quad k = 0,\ 1,\ 2,\ \ldots \tag{9.254}$$

최소 평균 제곱(least-mean-square) 알고리즘으로 알려진 또 다른 대안책은, 행렬 $[R_{yd}]$ 및 $[R_{yy}]$를 추정치에 근거한 순시 데이터로 대체하여 이러한 두 가지 단점을 피할 수 있게 된다. α_m에 대한 초기 추정은 k 단계에서 $k+1$ 단계에서 재귀적 관계(recursive relationship)에 의하여 수정된다.

$$\alpha_m^{(k+1)} = \alpha_m^{(k)} - \mu y \left[(k-m)\,\Delta \right] \,\epsilon\,(k\Delta)\,, \quad m = 0,\ \pm 1,\ \ldots,\ \pm N \tag{9.255}$$

여기서 오차는 $\epsilon(k\Delta) = y_{eq}(k\Delta) - d(k\Delta)$이고 $y_{eq}(k\Delta)$는 등화기 출력, 그리고 $d(k\Delta)$는 데이터 시퀀스(만약 탭 가중치가 충분히 적응되었다면 훈련 시퀀스 또는 검출 데이터 중 하나)이다. 검출 데이터를 등화기 출력에 정렬할 때 어느 정도의 지연이 있을 수 있다는 점을 주지하기 바란다.

예제 9.13

$E_b/N_0 = 10$dB 그리고 $\beta = 0.5$일 때 자기상관 행렬 식 (9.244)의 최대 고유치는 40.14이고(MATLAB 프로그램 `eig`의 도움을 얻어 구함) 이때 $0 < \mu < 0.5$가 된다. $E_b/N_0 = 12$dB일 때 최대 고유치는 63.04이고, 이

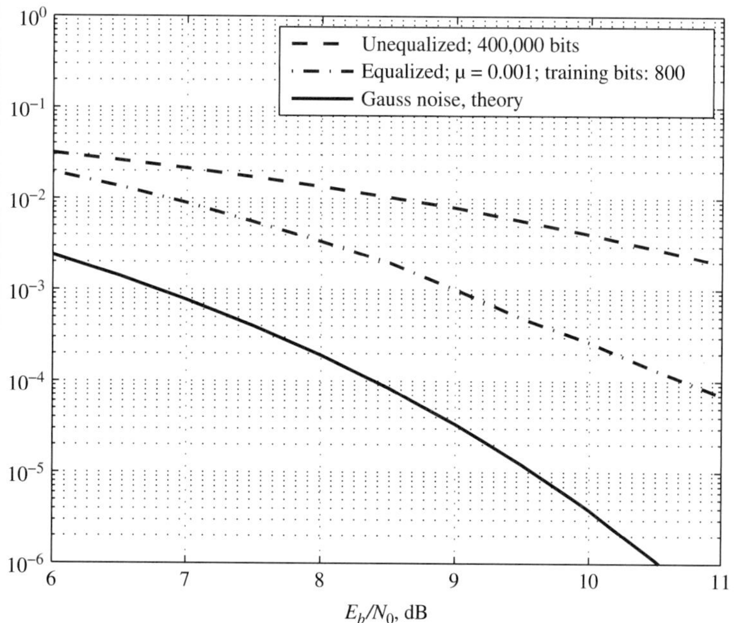

그림 9.33 (a) 적응 최소 평균 제곱 오차 등화기의 비트 오류 확률, (b) 가중치의 오류 및 적응

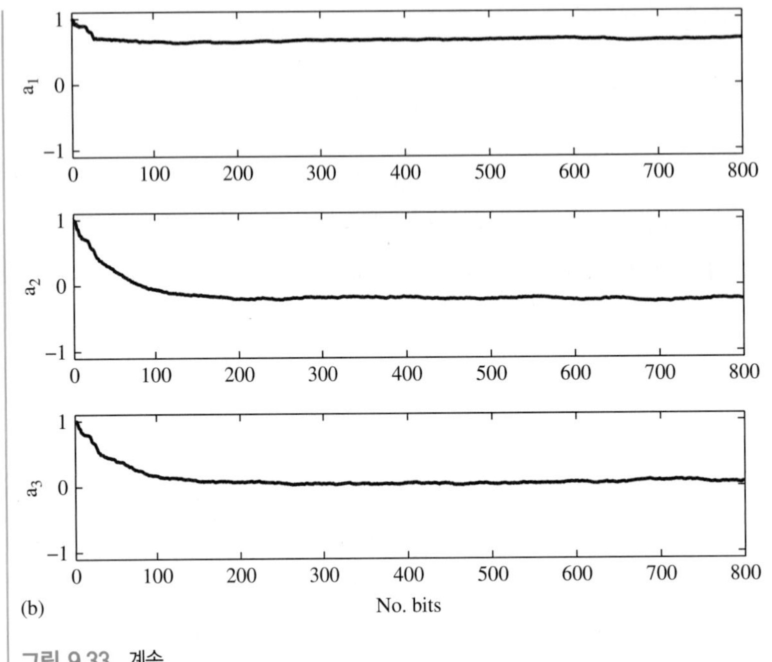

그림 9.33 계속

때 $0<\mu<0.032$가 된다. 그림 9.33에 적응 가중치를 가지는 3-탭 등화기의 E_b/N_0에 대한 비트 오류 확률이 등화하지 않은 경우와 비교되어 있다. 등화하지 않은 경우에 비해 등화에 의해 얻은 이득은 E_b/N_0에서 2.5dB 이상임을 주지하기 바란다. ■

등화에 관련해서 더 많은 주제가 있는데 두세 가지 예를 들면 결정 궤환, 최대 우도 시퀀스 그리고 칼만 등화기 등이 있다.[26]

참고문헌

3장에 열거한 몇 권의 책에서는 대체로 이 장에서 다루는 수준과 거의 같은 수준에서 디지털 통신을 다루는 장들이 있다. 디지털 통신에 대한 권위 있는 참고문헌을 보려면 Proakis(2001)을 참조하라.

26 Proakis, 2001, 11장 참조.

요약

1. AWGN 상황에서, $\pm A$의 일정한 진폭과 지속시간 T를 가지며 발생 빈도가 같은 신호의 이진 기저대역 데이터 전송의 평균 오류 확률은 다음과 같다.

$$P_E = Q\left(\sqrt{\frac{2A^2T}{N_0}}\right)$$

여기서 N_0는 잡음의 단측 전력 스펙트럼 밀도이다. 여기서 가정된 수신기는 적분-덤프 수신기로 오류 확률을 최소로 하는 관점에서 최적 수신기가 된다.

2. 이진 데이터 전송에 있어서 중요한 파라미터는, 비트당 에너지를 잡음 전력 스펙트럼 밀도(단측)로 나눈, $z=E_b/N_0$이다. 이진 기저대역 신호에 있어서 이것은 다음과 같은 등가적인 형태로 나타낼 수 있다.

$$z = \frac{E_b}{N_0} = \frac{A^2T}{N_0} = \frac{A^2}{N_0(1/T)} = \frac{A^2}{N_0 B_p}$$

여기서 B_p는 '펄스' 대역폭, 또는 기저대역 펄스를 통과시키는 데 요구되는 대역폭이다. 후자의 표현은 z는 펄스 혹은 비트율, 대역폭으로서 신호 전력을 잡음 전력으로 나눈 것, 또는 비트율 대역폭이라는 해석을 가능하게 해준다.

3. 임의의 신호 형태(유한한 에너지), $s_1(t)$와 $s_2(t)$의 이진 데이터 전송에서, 동일한 확률로 발생하는 신호의 오류 확률은 다음과 같았다.

$$P_E = Q\left(\frac{\zeta_{\max}}{2}\right)$$

여기서

$$\zeta_{\max}^2 = \frac{2}{N_0}\int_{-\infty}^{\infty} |S_2(f) - S_1(f)|^2\, df = \frac{2}{N_0}\int_{-\infty}^{\infty} |s_2(t) - s_1(t)|^2\, dt$$

이고 $S_1(f)$, $S_2(f)$는 각각 $s_1(t)$, $s_2(t)$의 푸리에 변환이다. 이 표현식은 선형 필터/임계 비교 형태 수신기를 가정했을 때, 평균 오류 확률을 최소화하는 것에 대한 결과이다. 수신기는 정합 필터 개념과 관계된다. 이런 필터는 특정한 신호 펄스에 정합되고, 출력에서 첨두 신호를 실효치 잡음으로 나눈 비율을 최대화시킨다. 이진 신호에 대한 정합 필터 수신기에서는, 1과 0을 나타내는 두 신호 중 하나에 각각 정합된 두 개의 정합 필터가 병렬로 사용되며, 출력은 각 신호 구간의 마지막에서 비교된다. 또한 정합 필터는 상관기로도 이루어질 수 있다.

4. 정합 필터 수신기의 오류 확률을 다음과 같이 나타낼 수도 있다.

$$P_E = Q\left\{[z(1 - R_{12})]^{1/2}\right\}$$

여기서 $z=E_b/N_0$이고 E_b는 $E_b=\frac{1}{2}(E_1+E_2)$로 주어지는 평균 신호 에너지이다. R_{12}는 두 신호의 유사성에 대한 척도로 다음과 같이 주어진다.

$$R_{12} = \frac{2}{E_1 + E_2}\int_{-\infty}^{\infty} s_1(t)\, s_2(t)\, dt$$

만약 $R_{12}=-1$이면 신호는 대척 관계이며, 반면 $R_{12}=0$이면 신호는 직교한다.

5. 반송파 주파수가 ω_c rad/s일 때 위상동기(즉 수신기에서 신호 도착 시간과 반송파 위상을 알고 있는 경우) 신호 기법의 예는 다음과 같다.

위상 천이 변조

$s_k(t)=A\sin[\omega_c t-(-1)^k\cos^{-1}m]$,

$nt_0\le t\le nt_0+T$, $\quad k=1, 2, \cdots$

($\cos^{-1}m$은 변조 지수를 나타냄)

진폭 천이 변조

$s_1(t)=0$, $\qquad nt_0\le t\le nt_0+T$

$s_2(t)=A\cos(\omega_c t)$, $\qquad nt_0\le t\le nt_0+T$

주파수 천이 변조

$$s_1(t) = A\cos(\omega_c t), \qquad nt_0 \le t \le nt_0 + T$$
$$s_2(t) = A\cos(\omega_c + \Delta\omega)t, \qquad nt_0 \le t \le nt_0 + T$$

주파수 천이 변조의 경우 만일 $\Delta\omega = 2\pi\ell/\mathrm{T}$(여기서 ℓ은 정수)라면, 이것은 직교 신호 기법의 예가 된다. 위상 천이 변조의 경우 $m=0$이면 대척 신호 기법의 예가 된다. $m=0$인 위상 천이 변조의 경우 10^{-6}의 오류 확률을 얻기 위해서는 대략 10.53dB 정도의 E_b/N_0가 필요하다. 진폭 천이 변조와 주파수 천이 변조의 경우에, 동일한 오류 확률을 얻기 위해서 위상 천이 변조에 비해 3dB 정도가 더 요구된다.

6. 수신기에서 위상동기 반송파 기준이 요구되지 않는 신호 기법의 예로는 차동 위상 천이 변조(DPSK)와 위상비동기 주파수 천이 변조가 있다. 이상적인 최소 오류 확률 수신기를 사용했을 때 차동 위상 천이 변조의 오류 확률은

$$P_E = \frac{1}{2}\exp(-E_b/N_0)$$

이고, 반면에 위상비동기 주파수 천이 변조의 오류 확률은 다음과 같다.

$$P_E = \frac{1}{2}\exp(-E_b/N_0)$$

위상비동기 진폭 천이 변조는 위상비동기 주파수 천이 변조와 같은 오류 확률 성능을 가진 또 다른 가능한 신호 기법이다.

7. 한 가지 M진 변조 기법, 즉 M-레벨 펄스 진폭 변조가 이 장에시 다루어졌다. 이 기법은 진력 효율(원하는 비트 오류 확률에 대하여 요구되는 E_b/N_0 값의 관점)에 대한 대역폭 효율(헤르츠당 초당 비트수 관점)의 트레이드-오프를 확인 가능하게 한다.

8. 일반적으로 신호의 시퀀스가 대역 제한된 채널을 통해서 전송되면, 채널의 과도 응답에 의해 인접 신호 펄스들이 서로 간에 영향을 미치게 된다. 신호들 간의 이러한 간섭을 심벌간 간섭이라 한다. 적절한 송신 및 수신 필터를 선택하여, 대역 제한된 채널에서 신호의 심벌간 간섭을 제거하는 것이 가능하다. 이러한 신호 기법이 나이퀴스트 펄스 성형 기준과 슈바르츠 부등식을 사용해서 고찰되었다. 이러한 형태의 신호 기법에 대하여 상승 여현 스펙트럼을 갖는 유용한 펄스 형태의 군이 있다.

9. 채널 왜곡의 한 가지 형태가 다중경로 간섭이다. 이진 데이터 전송에 있어서 간단한 2선 다중경로 채널의 영향을 살펴보았다. 시간의 반 동안은 수신 신호 펄스들이 상쇄(destructively) 간섭을 하고, 나머지 시간 동안은 보강(constructively) 간섭을 한다. 간섭은 직접 경로 성분과 위상이 어긋나게 수신되는 다중경로 성분의 반송파로 인한 소거와 신호 펄스들의 심벌간 간섭으로 나누어질 수 있다.

10. 통신 매체를 통해 다중 전송 경로(다중경로)를 야기하는, 전파 불규칙에 의한 채널 변동에 의해 페이딩이 발생한다. 만약 다중경로 성분의 시차 지연이 심벌 주기에 비해 짧지만, 전파되는 신호의 파장보다 상당히 길면 페이딩이 발생한다. 페이딩 채널에 사용되는 일반적인 모델은 수신 신호의 포락선이 레일리 확률 밀도 함수를 갖는 것이다. 이 경우 수신 신호의 전력이나 심벌 에너지가 지수 확률 밀도 함수를 갖는 것으로 모형화할 수 있으며, 오류 확률은 앞에서 구한 페이딩 없는 채널에서의 오류 확률 표현을 가정한 에너지의 지수 확률 밀도 함수에 대하여 신호 에너지를 평균함으로써 구할 수 있다. 그림 9.30에서는 여러 변조 기법에 대해서, 페이딩의 경우와 페이딩이 없는 경우에 대한 오류 확률을 비교하였다. 페이딩은 주어진 변조 기법에 대하여 심각한 성능저하를 야기한다. 페이딩에 대처하는 하나의

방법은 다이버시티를 사용하는 것이다.

11. 심벌간 간섭은 하나의 심벌 주기 또는 여러 심벌 주기의 상당 부분에 해당하는, 다중경로 성분의 시차 지연을 갖는 다중경로 채널을 야기한다. 등화는 다중경로 또는 채널 필터링에 의한 심벌간 간섭의 많은 부분을 제거하는 데 사용될 수 있다. 영점 강요 및 최소 평균 제곱 오차와 관계된 두 가지 기법이 간단히 고찰되었다. 둘 다 탭 지연선 필터에 의해 실현될 수 있다. 전자 기법에 있어서는, 심벌간 간섭 무발생이 심벌 주기의 배수로 나눠지는 표본 추출 시점에서 시행된다. 만약 탭 지연선의 길이가 $(2N+1)T$라면, N개의 0이 원하는 펄스 양편에서 나오게 된다. 여기서 T는 심벌 주기이다. 최소 평균 제곱 오차 등화기의 경우에는, 실체 출력과 등화기로부터의 원하는 출력 간의 최소 평균 제곱 오차를 제공하는 탭 가중치를 찾게 된다. 두 가지 경우에 있어서 가중치의 결과는 미리 계산될 수도 있고, 미리 주어질 수도 있으며, 또는 적응 회로가 자동적으로 가중치를 조정하도록 구현될 수도 있다. 후자의 기법에서는 채널을 통해서 주기적으로 전송되는 훈련 시퀀스를 사용하거나, 조정 최소화를 수행하기 위해, 오류 확률이 상당히 좋다는 가정하에, 수신된 데이터 그 자체를 이용할 수 있다.

훈련문제

9.1 $z=11.31$에 대해 $Q(\sqrt{2z})=10^{-6}$이라고 주어졌을 때 다음을 구하라.

(a) $N_0=10^{-7}$ W/Hz이고 데이터율이 1kbps인 채널에서 $P_E=10^{-6}$을 만족시키는 대척 기저대역 신호의 신호 진폭(구형 펄스를 가정)

(b) (a)와 같으나, 데이터율이 10kbps

(c) (a)와 같으나, 데이터율이 100kbps

(d) $N_0=10^{-5}$ W/Hz이고 데이터율이 1kbps인 채널에서 $P_E=10^{-6}$을 만족시키는 대척 기저대역 신호의 신호 진폭

(e) (d)와 같으나, 데이터율이 10kbps

(f) (d)와 같으나, 데이터율이 100kbps

9.2 1과 0(1은 양의 값, 0은 음의 값)을 나타내는 구형 펄스의 첫 번째 0점을, 요구되는 채널 대역폭이라고 할 때, 0으로 복귀하지 않는 부호화(nonreturn-to-zero)를 사용하는 기저대역 전송 시스템에서 다음의 데이터율들에 대한 대역폭을 구하라.

(a) 100kbps

(b) 1Mbps

(c) 1Gbps

(d) 분할 위상 부호화된 100kbps

(e) 10MHz의 반송파 주파수로 옮겨진, 0으로 복귀하지 않는 부호화를 사용하는 100bps

9.3 반송파 성분에서 전송된 신호 전력이 10%인 위상 천이 변조를 고려하라.

(a) 전송된 신호에서 m의 값은 얼마인가?

(b) 데이터가 바뀔 때마다 위상(도)의 변화는 얼마인가?

(c) 만약 총 $E_b/N_0=10$dB(반송파의 전력 포함)이라면, P_E는 얼마인가?

(d) 만약 총 10dB의 E_b/N_0를 사용할 수 있다면, P_E는 얼마인가?

9.4

(a) $P_E=10^{-6}$을 얻기 위해 요구되는 E_b/N_0의 관점에

서 다음의 이진 변조 기법들을 가장 좋은 것부터 가장 나쁜 것까지 나열하라(요구되는 E_b/N_0가 가장 낮은 것이 가장 좋은 시스템). 위상 천이 변조, 위상동기 주파수 천이 변조, 차동 위상 천이 변조, 위상동기 진폭 천이 변조, 위상비동기 주파수 천이 변조

(b) 대역폭 효율에 대해서도 같은 방법으로 나열하라.

9.5 정합 필터의 입력 신호가 다음과 같다.

$$g(t)=\begin{cases} 2, & 0 \le t < 1 \\ 1, & 1 \le t < 2 \\ 0, & \text{otherwise} \end{cases}$$

잡음은 단측 전력 스펙트럼 밀도 $N_0=10^{-1}$ W/Hz 인 백색잡음이다. 출력에서 첨두 신호 제곱 대 평균 제곱 잡음의 비는 얼마인가?

9.6 AWGN 환경에서 대척 기저대역 펄스 진폭 변조가 대역폭이 10kHz인 저역통과 채널을 통해 데이터를 전송하는 데 사용된다. 다음의 데이터율에 대하여 요구되는, 2 다음으로 높은 거듭제곱, M을 구하라.

(a) 20kbps

(b) 30kbps

(c) 50kbps

(d) 100kbps

(e) 150kbps

(f) 가장 큰 실제적인 M 값을 제한하는 것은 무엇인가?

9.7 $f_3/R=0.5$인 그림 9.24에서, 만약 $f_3/R=0.1$이라면 곡선이 어떻게 그려질 것인가? 왜 그렇게 되는가?

9.8 채널이 크게 감쇠될 때 평탄 페이딩 채널에서 효과적인 통신 기법은 무엇인가? 이 기법의 단점은 무엇인가? (힌트 : 만약 전송기가 꺼지거나 켜지면, 또한 그러한 순간들이 수신기에 전달된다면 무슨 일이 발생하는가?)

9.9 이중 경로 채널이 하나의 직접 경로와 하나의 지연 경로로 이루어져 있다. 지연 경로는 5마이크로초의 지연을 가지고 있다. 만약 지연 경로에 의한 위상 천이가 10도이거나 그보다 작으면 채널은 평탄 페이딩이라고 간주된다. 평탄 페이딩이라는 가정하에서 채널의 최대 대역폭을 구하라.

9.10 두 개의 다중경로 성분과 하나의 주 경로를 가지는 채널을 등화하기 위해 요구되는 최소 탭 수는 얼마인가? 즉 채널의 입출력 관계는 다음과 같다.

$$y(t)=Ad(t)+\beta_1 Ad(t-\tau_1)+\beta_2 Ad(t-\tau_2)+n(t)$$

9.11 등화기에 대한 탭 가중치 조정 알고리즘의 수렴에 영향을 미치는 잡음의 두 가지 요소는 무엇인가?

연습문제

9.1절

9.1 기저대역 디지털 송신 시스템에서 채널을 통해서 오류 확률 10^{-6}을 얻기 위해 20,000bps로 $\pm A$의 값을 가지는 구형 펄스가 보내진다. 만약 잡음 전력 스펙트럼 밀도가 $N_0=10^{-6}$ W/Hz라면, 요구되는 A의 값은 얼마인가? 요구되는 대역폭의 대략적인 추정치는 얼마인가?

9.2 잡음 레벨이 $N_0=10^{-3}$ W/Hz인 대척 기저대역 디지털 전송 시스템을 고려하자. 신호 대역폭은 신호 스펙트럼의 주엽을 통과시키는 데 요구되는 대역폭으로 정의한다. 주어진 오류 확률/데이터율 조합을 얻기 위해 요구되는 신호 전력과 대역폭을 다음

표의 빈칸에 기입하라.

요구되는 신호 전력 A^2 및 대역폭

R, bps	$P_E=10^{-3}$	$P_E=10^{-4}$	$P_E=10^{-5}$	$P_E=10^{-6}$
1,000				
10,000				
100,000				

9.3 $N_0=10^{-6}$ W/Hz, 기저대역 데이터 대역폭은 $B=R=1/T$ Hz로 가정한다. 다음의 대역폭에 대해 허용되는 데이터율에 따른 10^{-4}의 비트 오류 확률을 얻기 위해 요구되는 신호 전력 A^2을 구하라.

(a) 5kHz

(b) 10kHz

(c) 100kHz

(d) 1MHz

9.4 기저대역 디지털 데이터에 대한 수신기의 임계치가 0 대신 ϵ으로 설정되어 있다. 이것을 고려하여 식 (9.8), (9.9), 그리고 (9.11)을 다시 유도하라. 만약 $P(+A)=P(-A)=\frac{1}{2}$이라면 $P_E=10^{-6}$을 얻기 위해 $0\le\epsilon/\sigma\le 1$에서 ϵ의 함수로 데시벨 단위의 E_b/N_0 값을 구하라. 여기서 σ^2은 N의 분산이다.

9.5 $N_0=10^{-5}$ W/Hz이고 $A=40$mV인 기저대역 데이터 전송 시스템에서 P_E가 10^{-4} 또는 이보다 작은 값, 10^{-5}, 10^{-6}이 되게 하는 최대 데이터율은 얼마인가? (펄스 스펙트럼의 영대영 대역폭을 사용하라.)

9.6 진폭 불균형을 가지는 대척 신호를 고려하자. 즉 논리 1은 진폭이 A_1이고 구간이 T인 구형 펄스로, 논리 0은 진폭이 A_2인 구형 펄스로 전송된다. 여기서 $A_1\ge A_2\ge 0$이다. 수신기의 임계치는 여전히 0이다. 비율 $\rho=A_2/A_1$로 정의하고, 동일한 발생 확률을 가지는 1과 0에 대한 평균 신호 에너지는 다음과 같다.

$$E=\frac{A_1^2+A_2^2}{2}T=\frac{A_1^2T}{2}\left(1+\rho^2\right)$$

(a) 진폭 불균형을 가지는 오류 확률이 다음과 같음을 보여라.

$$\begin{aligned}P_E&=\frac{1}{2}\Pr\left(\text{error}\,|A_1\text{ sent}\right)+\frac{1}{2}\Pr\left(\text{error}\,|A_2\text{ sent}\right)\\&=\frac{1}{2}Q\left(\sqrt{\frac{2}{1+\rho^2}\frac{2E}{N_0}}\right)+\frac{1}{2}Q\left(\sqrt{\frac{2\rho^2}{1+\rho^2}\frac{2E}{N_0}}\right)\\&=\frac{1}{2}Q\left(\sqrt{\frac{4z}{1+\rho^2}}\right)+\frac{1}{2}Q\left(\sqrt{\frac{2\rho^2\,(2z)}{1+\rho^2}}\right)\end{aligned}$$

(b) $\rho^2=1$, 0.8, 0.6, 0.4에 대하여 z에 대한 P_E를 데시벨 단위로 각각 도시하라. $P_E=10^{-6}$에서 이러한 ρ^2 값에 대해서 진폭 불균형으로 인한 성능 저하의 데시벨 값을 추정하라.

9.7 디지털 기저대역 시스템에서 수신 신호는 T 초의 연속적인 구간에서 동일한 발생 빈도의 $+A$ 또는 $-A$이다. 그러나 수신기에서 시간 기준이 꺼져 있어, ΔT초 늦게(양) 또는 빠르게(음) 적분이 시작된다. 시간 오류가 하나의 신호 구간보다 작다고 가정한다. 임계치를 0이라 가정하고, 두 개의 연속구간 [즉 (+A, +A), (+A, −A), (−A, +A), 그리고 (−A, −A)]을 고려하여 ΔT의 함수로서 오류 확률을 표현하는 식을 얻을 수 있다. 그것이 다음과 같음을 보여라.

$$P_E=\frac{1}{2}Q\left(\sqrt{\frac{2E_b}{N_0}}\right)+\frac{1}{2}Q\left[\sqrt{\frac{2E_b}{N_0}}\left(1-\frac{2\,|\Delta T|}{T}\right)\right]$$

$\Delta T/T=0$, 0.1, 0.2, 0.3(네 가지 곡선)에 대하여 데시벨 단위의 E_b/N_0에 대한 P_E를 도시하라. 시간 정렬 오차에 의한, $P_E=10^{-4}$에서 성능 저하를 데시벨 단위의 E_b/N_0 값으로 추정하라.

9.8 T초 동안 가능한 전송 신호가 0 또는 A인 경우에 대하여 9.1절의 유도를 다시 하라. 임계치를 $AT/2$

로 설정하라. 동일한 확률로 발생하는 두 신호의 가능성에 대하여 평균을 취한 신호 에너지 관점에서 결과를 나타내라. 즉 $E_{\text{ave}}=\frac{1}{2}(0)+\frac{1}{2}A^2T=\frac{A^2T}{2}$이다.

9.2절

9.9 그림 9.3(a)의 적분-덤프 검출기에 대한 근사로서 주파수 응답 함수가 다음과 같은 저역통과 RC 필터로 적분기를 대체한다.

$$H(f)=\frac{1}{1+j(f/f_3)}$$

여기서 f_3는 3dB 차단 주파수이다.

(a) $s_{02}(T)/E\{n_0^2(t)\}$를 구하라. 여기서 $s_{02}(T)$는 $t=0$일 때 주어진 $+A$에 의한 $t=T$에서의 출력 신호의 값이며, $n_0(t)$는 출력잡음이다(필터 초기 조건은 0이라고 가정).

(b) (a)에서 구한 신호 대 잡음비를 최대로 하는 T와 f_3 사이의 관계를 구하라(수치해법이 필요).

9.10 신호 $s_1(t)$와 $s_2(t)$를 보내는 확률이 같지 않고, 각각 p와 $q=1-p$가 주어진다고 가정하자. 이를 고려하여 식 (9.32)를 대체할 P_E에 대한 표현식을 유도하라. 임계치를 다음과 같이 선택함으로써 오류 확률이 최소가 됨을 보여라.

$$k_{\text{opt}}=\frac{\sigma_0^2}{s_{0_1}(T)-s_{0_2}(T)}\ln(q/p)+\frac{s_{0_1}(T)+s_{0_2}(T)}{2}$$

9.11 정합 필터의 일반적인 정의는 미리 정해진 어떤 시간 t_0에서 첨두 신호 대 잡음의 실효치(rms)를 최대화하는 필터이다.

(a) 입력에서 백색잡음을 가정하고, 슈바르츠 부등식을 이용하여 정합 필터의 주파수 응답 함수가 다음과 같이 됨을 보여라.

$$H_m(f)=S^*(f)\exp(-j2\pi f t_0)$$

여기서 $S(f)=\Im[s(t)]$이고 $s(t)$는 필터에 정합된 신호이다.

(b) (a)에서 구한 정합 필터 주파수 응답 함수의 임펄스 응답이 다음과 같음을 보여라.

$$h_m(t)=s(t_0-t)$$

(c) 만약 $t>t_0$인 경우 $s(t)$가 0이 아니면, 정합 필터 임펄스 응답이 $t<0$에서 0이 아니다. 즉 필터는 신호가 적용되기 전에 응답하므로, 비인과적이고 물리적으로 실현될 수 없다. 만약 필터를 실현하려면 다음과 같은 식을 사용한다.

$$h_{mr}(t)=\begin{cases} s(t_0-t), & t\ge 0 \\ 0, & t<0 \end{cases}$$

다음의 신호에 부합하여 실현 가능한 정합 필터 임펄스 응답을 구하라. $t_0=0,\ T/2,\ T,\ 2T$이다.

$$s(t)=A\Pi[(t-T/2)/T]$$

(d) (c)에서의 모든 경우에 대한 최대 출력 신호를 구하라. t_0에 대해 그래프를 도시하라. t_0와 인과성 조건 사이의 관계에 대해서 어떤 결론을 내릴 수 있는가?

9.12 정합 필터의 일반적인 정의에 대한 연습문제 9.11을 참조하여, 두 신호의 관계가 그림 9.34와 같을 때 다음을 구하라.

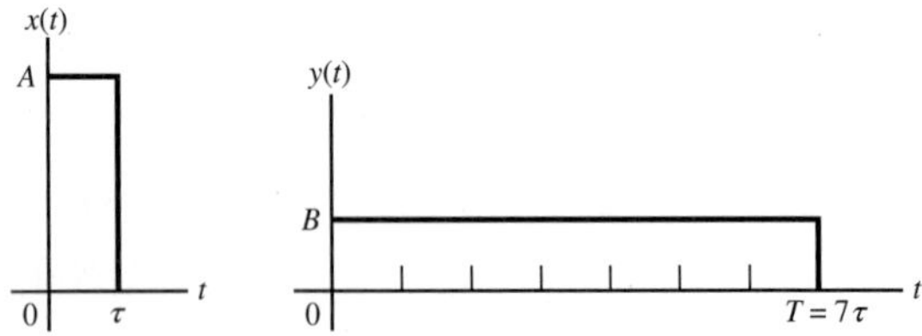

그림 9.34

(a) 인과적인 정합 필터 임펄스 응답을 구하고 도시하라.

(b) 정합 필터의 출력에서 두 경우 모두에서 동일한 첨두 신호 대 실효값 잡음비가 주어지도록 하기

위한 상수 A와 B의 관계를 구하라.

(c) 입력에 신호만 있을 때, 시간에 대한 함수로 정합 필터 출력을 도시하라.

(d) 이런 신호들에 대하여 정확한 시간 지연 측정을 제공하는 두 정합 필터의 역량을 논하라. 각각의 경우에서 어떻게 최대 오차를 추정하겠는가?

(e) 만약 첨두 송신 전력을 고려한다면 어떤 파형(그리고 정합 필터)을 선택하여야 하는가?

9.13

(a) 그림 9.35의 $s_1(t)$와 $s_2(t)$에 대해 식 (9.45)로 주어진 최적(정합) 필터 임펄스 응답 $h_0(t)$를 구하라.

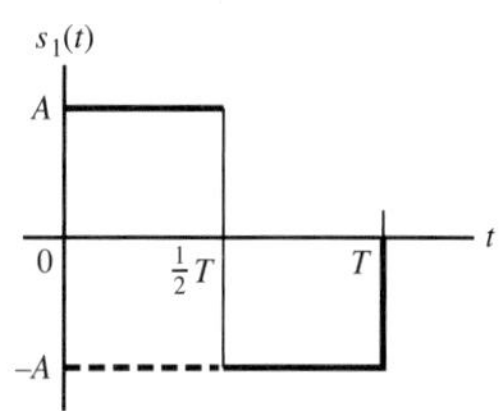

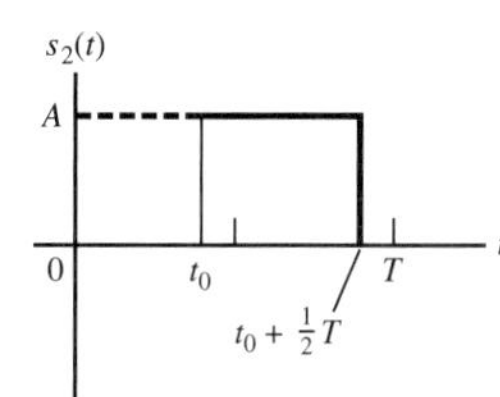

그림 9.35

(b) 식 (9.56)으로 주어진 ζ^2을 구하라. t_0에 대하여 ζ^2을 도시하라.

(c) 오류 확률이 최소가 되는 t_0에 대한 최선의 선정 값은 얼마인가?

(d) 식 (9.33)을 따를 때 사용할 t_0의 함수로서의 임계치 k는 얼마인가?

(e) 이런 신호에 대한 상관 수신기 구조를 도시하라.

9.14 A와 T의 항으로 주어진 신호들이 다음과 같을 때 각각의 경우에 대해서 정합 필터 출력의 첨두 신호 제곱 대 제곱 평균 잡음의 비를 구하라. 잡음 스펙트럼 밀도(단측)는 N_0이다. 각 신호를 도시하라.

(a) $s_1(t) = A\Pi\left[\frac{(t-T/2)}{T}\right]$

(b) $s_2(t) = \frac{A}{2}\left\{1+\cos\left[\frac{2\pi(t-T/2)}{T}\right]\right\}\Pi\left[\frac{(t-T/2)}{T}\right]$

(c) $s_3(t) = A\cos\left[\frac{\pi(t-T/2)}{T}\right]\Pi\left[\frac{(t-T/2)}{T}\right]$

(d) $s_4(t) = A\Lambda\left[\frac{2(t-T/2)}{T}\right]$

신호 $\Pi(t)$와 $\Lambda(t)$는 2장에서 정의된 단위 구형 함수와 단위 삼각 함수이다.

9.15 신호들이 다음과 같이 주어진다.

$$s_A(t) = A\Pi\left[\frac{(t-T/2)}{T}\right]$$

$$s_B(t) = B\cos\left[\frac{\pi(t-T/2)}{T}\right]\Pi\left[\frac{(t-T/2)}{T}\right]$$

$$s_C(t) = \frac{C}{2}\left\{1+\cos\left[\frac{2\pi(t-T/2)}{T}\right]\right\}\Pi\left[\frac{(t-T/2)}{T}\right]$$

이 신호들은 다음과 같은 조합에 의해 이진 디지털 데이터 전송 시스템에 사용된다고 가정하자. B와 C를, 에너지가 같도록, A의 항으로 나타내라. 각각을 도시하고, 각 경우에 있어서 식 (9.61)의 R_{12}를 A와 T의 항으로 계산하라. 식 (9.60)에 따른 P_E의 식을 나타내라. 각각의 경우에 있어서 최적 임계치는 얼마인가?

(a) $s_1(t)=s_A(t)$, $s_2(t)=s_B(t)$

(b) $s_1(t)=s_A(t)$, $s_2(t)=s_C(t)$

(c) $s_1(t)=s_B(t)$, $s_2(t)=s_C(t)$

(d) $s_1(t)=s_B(t)$, $s_2(t)=-s_B(t)$

(e) $s_1(t)=s_C(t)$, $s_2(t)=-s_C(t)$

9.16 아래 세 개의 신호가 주어진 조건에서

$$s_A(t) = A\Pi\left[\frac{(t-T/2)}{T}\right]$$

$$s_B(t) = A\Pi\left[\frac{2(t-T/4)}{T}\right] - A\Pi\left[\frac{2(t-3T/4)}{T}\right]$$

$$s_C(t) = A\Pi\left[\frac{4(t-T/8)}{T}\right] - A\Pi\left[\frac{4(t-3T/8)}{T}\right] + A\Pi\left[\frac{4(t-5T/8)}{T}\right] - A\Pi\left[\frac{4(t-7T/8)}{T}\right]$$

(a) 각각을 도시하고, 각각의 신호가 A^2T의 에너지를 가짐을 보여라.

(b) (A, B), (B, C), 그리고 (A, C) 각각의 조합에 대하여 $R_{12}=0$임을 보여라. 이들 각각의 신호 조합에 대한 최적 임계치는 얼마인가?

(c) (A, B), (B, C), 그리고 (A, C) 각각의 신호 조합에 대한 P_E 값은 얼마인가?

9.17 단측 잡음 전력 스펙트럼 밀도 10^{-7}W/Hz를 가지는 대역폭이 10kHz인 채널을 사용할 수 있다. $P_E \leq 10^{-6}$을 만족시키기 위해서는, 이 채널을 통한 데이터율은 적어도 4kbps가 요구된다. 이 데이터율을 얻을 수는 있지만 수신기에서 위상동기 기준의 획득을 요구하지 않는 적어도 두 가지의 데이터 전송 시스템을 설계하라. 즉 이러한 요구 조건을 만족시키는 변조 기법을 명시하고, 요구되는 수신기 신호 전력을 구하라. 간결화가 중요한 필수 조건이다.

9.18 반대수(semilog) 축상에 그려진 P_E를 가지고, 데시벨 단위의 $z=E_b/N_0$에 대하여 표 9.2에 주어진 P_E에 대한 결과를 도시하라. 위상 오류가 없는 경우에 대해서 $P_E=10^{-5}$일 때 추가적인 E_b/N_0의 값을 추정하라. 이 결과를 같은 크기(상수 위상 오류 ϕ는 가우시안 위상 오류의 경우 σ_ϕ와 같음)의, 식 (9.81)에 주어진, 상수 위상 오류에 대한 결과와 비교하라.

9.19 $P_E=10^{-5}$을 얻기 위해 다음과 같은 위상동기 디지털 변조 기법에서 요구되는 $z=E_b/N_0$를 구하라. (a) 이진 진폭 천이 변조, (b) 이진 위상 천이 변조, (c) 이진 주파수 천이 변조, (d) 복조기에서 5도의 위상 오류를 갖는 반송파 성분이 없는 이진 위상 천이 변조, (e) $m=1/\sqrt{2}$이고, 복조 시 위상 오류가 없는 위상 천이 변조, (f) $m=1/\sqrt{2}$이고, 복조기에서 5도의 위상 오류를 갖는 위상 천이 변조

9.20 위상비동기 주파수 천이 변조 수신기는 수신된 신호의 주파수 불확실도(예 : 도플러 편이에 의한)를 수용하기 위해 입력 필터에서 추가적인 대역폭을 가지도록 설계되어야 한다.

(a) 주파수 불확실도로 생긴 오류 확률이 다음과 같음을 보여라.

$$P_{E,\,|\Delta f|} = \frac{1}{2}\exp\left(-\frac{z}{2}\frac{1}{1+|\Delta f|/B_T}\right),\quad z=\frac{A^2}{2N_0B_T}$$

(b) $|\Delta f|/B_T=0,\ 0.1,\ 0.2,\ 0.3,\ 0.4$에 대하여 데시벨 단위의 z에 대한 $P_{E,\,|\Delta f|}$를 도시하라.

(c) 성능저하에 대한 수학적 표현식을 구하고 (b)에서 추정한 결과와 비교하라.

9.21 9.2.8절에서 반송파 성분을 가지는 이진 위상천이 변조된 신호는 다음과 같았다.

$$S_{\text{PSK}}(t)=A\sin[\omega_c t+\cos^{-1}md(t)+\theta]$$

여기서 $0 \leq m \leq 1$은 변조 지수이고 $d(t)$는 데이터이다. 이는 다음과 같이 전개된다.

$$S_{\text{PSK}}(t)=Am\sin(\omega_c t+\theta)+A\sqrt{1-m^2}\,d(t)\cos(\omega_c t+\theta)$$

첫 번째 항은 변조되지 않은 반송파 성분이고, 두 번째 항은 변조된 성분이다. $100m^2$은 전체 전력에 대한 반송파 성분의 퍼센트이고, $100(1-m^2)$은 전체 전력에 대한 변조 성분의 퍼센트이다. $z=10.5$, 10, 9.5, 9, 8.5dB에 대하여 변조 성분에서 퍼센트 전력에 대한 오류 확률을 도시하라. 여기서 z는 전체 E_b/N_0(즉 반송파와 변조 성분 모두를 포함)이다. 그림으로부터 위에 나열된 각각의 z 값에 대해 10^{-4}의 오류 확률을 초래하는 변조 성분에서의 퍼센트 전력을 추정하라.

9.22

(a) 전송속도 $R=50$kbps이고 오류 확률 $P_E=10^{-6}$인 디지털 데이터 전송을 고려하자. 주엽 대역폭을 대역폭 척도로 이용해서 다음과 같은 위상동기 변조 방식에서 요구되는 전송 대역폭과 데시벨

단위의 E_b/N_0를 추정하라. (i) 이진 진폭 천이 변조, (ii) 이진 위상 천이 변조, (iii) 이진 위상동기 주파수 천이 변조(논리 1을 나타내는 신호와 논리 0을 나타내는 신호 간에 가능한 최소 간격을 취함)

(b) $R=500$kbps이고 $P_E=10^{-5}$일 때 (a)에서와 같은 질문에 대해 반복하라.

9.23 두 신호 사이의 상관 계수가 최소가 되도록, 두 전송 신호의 주파수 분리가 선택되었을 때 이진 위상동기 주파수 천이 변조에 대한 P_E의 식을 유도하라. 즉, 아래 식을

$$\sqrt{E_1 E_2}\rho_{12} = \int_0^T A^2 \cos\left(\omega_c t\right) \cos(\omega_c + \Delta\omega)t\, dt$$

$\Delta\omega$의 함수로 계산하고, R_{12}의 최솟값을 구하라. 직교 신호 경우에 대한 데시벨 단위 E_b/N_0의 성능 개선은 얼마인가? (힌트 : 합 주파수 항을 적분하면 0이 된다고 가정한다.)

9.3절

9.24 다음과 같은 이진 시퀀스를 차동 부호화하라. 기준 비트로 임의의 1을 선택해서 부호화를 수행하라(덧셈의 명료성을 위해 공간을 두었음).

(a) 111 110 001 100
(b) 101 011 101 011
(c) 111 111 111 111
(d) 000 000 000 000
(e) 111 111 000 000
(f) 110 111 101 001
(g) 101 010 101 010
(h) 101 110 011 100

9.25

(a) 011 101 010 111 시퀀스를 고려하자. 이것을 차동 부호화하고, 부호화된 시퀀스는 임의의 위상 정현 반송파로서 이진 위상 변조된다고 가정한다. 그림 9.17의 복조기가 원래의 시퀀스로 적절히 복원시킴을 보여라.

(b) 이제 이 시퀀스를 반전시키자(즉 1과 0을 서로 바꿈). 이 경우 그림 9.17의 복조기는 어떤 결과를 주게 되는가?

9.26

(a) 차동 위상 천이 변조의 최적 검출기에 대한 분석에서, 랜덤변수 n_1, n_2, n_3, n_4의 평균이 0이고 분산이 $N_0T/4$임을 보여라.

(b) w_1, w_2, w_3, w_4는 평균이 0이고 분산이 $N_0T/8$임을 보여라.

9.27 그림 9.17에 나와 있는 차동 위상 천이 변조의 지연-곱 수신기는 식 (9.113)으로 주어진 점근적 오류 확률을 얻기 위해 입력 필터 대역폭이 $B=2/T=2R$ Hz이어야 한다. 만약 수신 신호가 Δf의 주파수 오류(예 : 도플러 편이에 의한)를 가진다면, 입력 필터는 주파수 오류를 수용하기 위해 $2R+|\Delta f|$의 대역폭을 가져야 한다.

(a) 이 주파수 오류에 대한 결과로 오류 확률이 다음과 같음을 보여라.

$$P_{E,\,|\Delta f|} = Q\left(\sqrt{\frac{E_b}{N_0}\frac{1}{1+|\Delta f|/2R}}\right) = Q\left(\sqrt{\frac{z}{1+|\Delta f|/2R}}\right)$$

(b) $|\Delta f|/2R=0$, 0.1, 0.2, 0.3, 0.4에 대하여, 데시벨 단위의 z에 대한 $P_{E,\,|\Delta f|}$를 도시하라. 오류 확률이 10^{-6}일 때 성능저하를 데시벨 단위로 추정하라.

(c) 성능저하에 대한 수학적 표현식을 구하고, (b)에서 추정한 결과와 비교하라.

9.28 그림 9.17에 나와 있는 차동 위상 천이 변조의 지연-곱 수신기에서의 지연에 $|\Delta T|$의 오류가 있다고 가정하자.

(a) 점근적 비트 오류 확률이 다음과 같음을 보여라.

$$P_{E,|\Delta T|} = \frac{1}{2}Q\left(\sqrt{\frac{E_b}{N_0}}\right) + \frac{1}{2}Q\left(\sqrt{\frac{E_b}{N_0}\left(1-\frac{|\Delta T|}{T}\right)}\right) = \frac{1}{2}Q\left(\sqrt{z}\right) + \frac{1}{2}Q\left(\sqrt{z(1-|\Delta T|R)}\right)$$

(힌트 : 가능한 데이터 시퀀스는 11, 00, 10, 01임을 고려하고, 이에 따른 적분기 출력에서 신호 성분에 성능 저하가 있는 경우와 없는 경우를 간주한다.)

(b) $|\Delta T|/R=0$, 0.1, 0.2, 0.3, 0.4에 대하여 데시벨 단위의 z에 대한 $P_{E,|\Delta T|}$를 도시하라. 오류 확률이 10^{-6}일 때 성능저하의 데시벨 값을 추정하라.

9.29 이용할 수 있는 채널 대역폭이 100kHz이다. 영대영 무선 주파수 대역폭을 사용하여 다음의 변조 방식으로 지원되는 데이터율을 구하라.

(a) 이진 위상 천이 변조

(b) 위상동기 주파수 천이 변조(톤 간격=$1/2T$)

(c) 차동 위상 천이 변조

(d) 위상비동기 주파수 천이 변조(톤 간격=$2/T$)

9.30 다음과 같이 주어지는 신호를 위상비동기 진폭 천이 변조했을 때 오류 확률을 구하라.

$$s_i(t)=\begin{cases} 0, & 0\le t\le T,\ i=1 \\ A\cos(2\pi f_c t+\theta), & 0\le t\le T,\ i=2 \end{cases}$$

여기서 θ는 $[0, 2\pi)$ 범위에서 균일하게 분포된 랜덤 변수이다. 채널에서 양측 전력 스펙트럼 밀도 $N_0/2$를 가지는 백색 가우시안 잡음이 이 신호에 더해진다. 수신기는 중심 주파수가 f_c이고 대역폭 $2/T$ Hz인 대역통과 필터이고, 그 뒤에 표본화기와 임계치 비교기로 입력되는 포락선 검출기가 위치한다. 신호가 존재할 경우 신호는 왜곡 없이 필터를 통과한다고 가정하고, 필터 출력의 잡음 분산은 $\sigma_N^2=N_0B_T=2N_0/T$라고 하자.

신호 1(즉 0인 신호)에 대한 포락선 검출기의 출력은 레일리 분포를 따르고, 신호 2에 대한 포락선 검출기의 출력은 라이시안 분포를 따름을 보여라. 임계치가 $A/2$로 정해져 있다고 가정하고, 오류 확률의 표현식을 구하라. 이 표현식은 적분되지 않지만 다음과 같은 근사식를 이용해서

$$I_0(\nu) \approx \frac{e^{\nu}}{\sqrt{2\pi\nu}},\ \nu \gg 1$$

신호 대 잡음비가 클 때 표본기 출력의 확률 밀도 함수를 가우시안으로 근사화할 수 있고, 오류 확률을 Q 함수로 표현할 수 있을 것이다. (힌트 : 위 근사식에서 $\nu^{-1/2}$을 무시한다.)

신호 대 잡음비가 큰 경우에 대하여 오류 확률을 다음과 같이 근사화할 수 있음을 보여라.

$$P_E = \frac{1}{2}P(E\mid S+N) + \frac{1}{2}P(E\mid 0) \approx \frac{e^{-z}}{\sqrt{4\pi z}} + \frac{1}{2}e^{-z/2},\ z=\frac{A^2}{4\sigma_N^2} \gg 1$$

$z=\dfrac{A^2}{4\sigma_N^2}$은 평균 신호 전력(시간의 절반에서 신호는 0) 대 잡음 분산의 비임을 주지하자. 신호 대 잡음비에 대한 오류 확률을 도시하고, 차동 위상 천이 변조와 위상비동기 주파수 천이 변조의 경우와 비교하라.

9.31 라이시안 확률 분포 형태를 피적분 함수로 하여 식 (9.121)을 적분하는데, 그것의 적분이 1이 됨을 이용하라. 식 (9.112)를 유도한 단계와 유사하게, 몇몇 파라미터를 재정의하고 $\exp(A^2/2N)$을 곱하고 나누어야 할 것이다. 결과는 식 (9.122)가 되어야 한다.

9.4절

9.32 십진수를 그레이 부호화하면, 십진수가 1 단위 바뀔 때 단지 하나의 비트만 바뀌게 된다. $b_1b_2b_3 \cdots b_n$은 임의의 십진수를 일반적인 이진수로 표현한 것으로 가정한다. 여기서 b_1은 최상위 비트이다. 이

에 해당하는 그레이 부호 비트를 $g_1g_2g_3 \cdots g_n$이라고 하자. 그러면 그레이 부호 표현은 다음의 알고리즘으로 구해진다.

$$g_1 = b_1$$
$$g_n = b_n \oplus b_{n-1}$$

여기서 $\oplus$는 모듈로−2 덧셈을 나타낸다(즉 $0 \oplus 0 = 0$, $0 \oplus 1 = 1$, $1 \oplus 0 = 1$, $1 \oplus 1 = 0$). 0에서 32까지의 십진수에 대한 그레이 부호 표현을 구하라.

9.33 식 (9.138)이 M진 대척 펄스 진폭 변조에 대한 평균 에너지를 Δ로 표현한 것임을 보여라.

9.34 채널 대역폭이 5kHz이고 원하는 데이터율이 20kbps인 기저대역 대척 펄스 진폭 변조 시스템을 고려하자. (a) 요구되는 M 값은 얼마인가? (b) 비트 오류 확률이 10^{-5}과 10^{-6}이 되는 데시벨 단위의 E_b/N_0 값은 얼마인가?

9.35 100kHz의 채널이 이용 가능하다. 다음의 데이터율로 이 채널을 통해 통신하는 데 사용할 수 있는 무선 주파수 변조 기법은 무엇인가?

(a) 50kbps
(b) 100kbps
(c) 150kbps
(d) 200kbps
(e) 250kbps

각각의 변조 기법에 대하여 비트 오류 확률 10^{-6}을 얻기 위한 신호 대 잡음비 $z = E_b/N_0$를 계산하라.

9.5절

9.36 10^{-4}의 비트 오류 확률과 100kHz의 무선 주파수 대역폭에 대하여 표 9.5의 항목들을 다시 계산하라.

9.6절

9.37 $\beta = 0.2$인 상승 여현 펄스와 다음과 같은 전력 스펙트럼 밀도를 갖는 가산적 잡음과

$$G_n(f) = \frac{\sigma_n^2 / f_3}{1 + (f/f_3)^2}$$

다음과 같은 전달 함수 제곱 크기를 갖는 채널 필터를 가정하자.

$$|H_C(f)|^2 = \frac{1}{1 + (f/f_C)^2}$$

다음과 같은 경우에 대해 이진 신호에서 최적 송신기와 수신기 필터 진폭 응답을 구하고 도시하라.

(a) $f_3 = f_C = \frac{1}{2T}$
(b) $f_C = 2f_3 = \frac{1}{T}$
(c) $f_3 = 2f_C = \frac{1}{T}$

9.38

(a) $a = 1$과 $b = 2$에 대하여 사다리꼴 스펙트럼 $P(f) = \frac{b}{b-a}\Lambda(f/b) - \frac{a}{b-a}\Lambda(f/a)$, $b > a > 0$을 도시하라.

(b) 적절히 도시하여 그것이 나이퀴스트 펄스 성형 기준을 충족함을 보여라.

9.39 대역 제한된 채널을 통해 $R = 1/T = 9{,}600$bps의 속도로 데이터가 전송된다. 채널 필터는 다음과 같은 주파수 응답 함수를 가진다.

$$H_C(f) = \frac{1}{1 + j(f/4800)}$$

백색잡음의 전력 스펙트럼 밀도는 다음과 같다.

$$\frac{N_0}{2} = 10^{-11} \text{ W/Hz}$$

β가 다음과 같은 식 (9.128)로 주어진 상승 여현 스펙트럼을 갖는 수신 펄스를 가정하자.

$$\beta = \frac{1}{2T} = 4800 \text{ Hz}$$

(a) 심벌간 간섭이 0이며 최적 검출을 제공하는 송신 및 수신 필터 전송 함수의 크기를 구하라.

(b) Q 함수에 대한 점근적인 근사식이나 테이블을 이용해서, $P_{E,\ \min}=10^{-4}$을 제공하는 데 요구되는 A/σ 값을 구하라.

(c) N_0, $G_n(f)$, $P(f)$, $H_C(f)$가 위와 같이 주어질 때, 위와 같은 A/σ 값을 제공하기 위한 E_b를 구하라(수치적인 적분이 필요).

9.7절

9.40 $\delta=0.5$이고 $\tau_m/\mathrm{T}=0.2,\ 0.6,\ 1.0$일 때 식 (9.183)으로부터 z_0에 대한 P_E를 도시하라. 곡선을 도시하기 위한 MATLAB 프로그램을 개발하라.

9.41 $P_E=10^{-5}$에 대하여 그림 9.29를 다시 도시하라. 다양한 값의 δ와 τ_m/T에 대하여 성능저하 값을 구하기 위해 find 함수를 이용하여 MATLAB 프로그램을 작성하라.

9.8절

9.42 페이딩 마진은, 페이딩이 없는 채널에서 동일한 변조 기법을 사용해서 얻을 수 있는 어떤 원하는 오류 확률을, 페이딩 채널에서 제공하기 위해 요구되는 데시벨 단위의 E_b/N_0 증가분으로 정의된다. 비트 오류 확률이 10^{-4}으로 규정되어 있다고 가정하자. 다음의 경우에 대하여 요구되는 페이딩 마진을 구하라. (a) 이진 위상 천이 변조, (b) 차동 위상 천이 변조, (c) 위상동기 주파수 천이 변조, (d) 위상비동기 주파수 천이 변조

9.43 식 (9.203)에 $\sigma_\omega^2=\dfrac{1}{2(1+1/\bar{Z})}$을 대입하고 적분하면, 식 (9.205)가 되는 상세한 과정을 보여라.

9.44 신호 대 잡음비 확률 밀도 함수가 $f_Z(z)=\dfrac{1}{\bar{Z}}e^{-z/\bar{Z}}$, $z>0$으로 주어질 때, 식 (9.206)[견본으로 식 (9.205) 이용], 식 (9.207), 그리고 식 (9.208)을 얻기 위한 적분 과정을 수행하라.

9.9절

9.45 펄스 응답 표본들이 다음과 같이 주어진다.

$$\begin{gathered} p_c(-4T)=0,\ p_c(-3T)=-1/9, \\ p_c(-2T)=1/2,\ p_c(-T)=-1, \\ p_c(0)=1/2,\ p_c(T)=-1, \\ p_c(2T)=1/2,\ p_c(3T)=-1/9, \\ p_c(4T)=0 \end{gathered}$$

(a) 3-탭 영점 강요 등화기에 대하여 탭 가중치를 구하라. 등화기의 입력과 출력 표본들을 도시하라.

(b) 5-탭 영점 강요 등화기에 대하여 탭 가중치를 구하라. 등화기의 입력과 출력 표본들을 도시하라. 잡음 증가 계수를 데시벨 단위로 계산하라. 이 등화기의 주파수 응답 함수를 도시하라.

9.46 펄스 응답 표본들이 다음과 같이 주어진다.

$$\begin{gathered} p_c(-4T)=0,\ p_c(-3T)=-1/9, \\ p_c(-2T)=1/12,\ p_c(-T)=-1, \\ p_c(0)=1/2,\ p_c(T)=-1, \\ p_c(2T)=1/2,\ p_c(3T)=-1/9, \\ p_c(4T)=0 \end{gathered}$$

(a) 3-탭 영점 강요 등화기에 대하여 탭 가중치를 구하라. 등화기의 입력과 출력 표본들을 도시하라.

(b) 5-탭 영점 강요 등화기에 대하여 탭 가중치를 구하라. 등화기의 입력과 출력 표본들을 도시하라. 잡음 증가 계수를 데시벨 단위로 계산하라. 이 등화기의 주파수 응답 함수를 도시하라.

9.47

(a) 출력이 다음과 같은 형태로 주어지는 다중경로 채널에 대하여 최소 평균 제곱 오차 등화기 설계

를 고려하자.

$$y(t) = Ad(t) + bAd(t - T_m) + n(t)$$

여기서 두 번째 항은 다중경로 성분이고, 세 번째 항은 데이터 $d(t)$에 무관한 잡음이다. $d(t)$는 자기상관 함수가 $R_{dd}(\tau) = \Lambda(\tau/T)$인 랜덤 (동전 던지기) 이진 시퀀스라고 가정한다. 잡음은 3-데시벨 차단 주파수가 $f_3 = 1/T$인 저역통과 RC 필터 스펙트럼을 갖는다고 하면, 이때 잡음 전력 스펙트럼 밀도는 다음과 같이 된다.

$$S_{nn}(f) = \frac{N_0/2}{1 + (f/f_3)^2}$$

여기서 $N_0/2$는 저역통과 필터 입력에서의 양측 전력 스펙트럼 밀도이다. 탭 간격을 $\Delta = T_m = T$로 놓자. 신호 대 잡음비 $E_b/N_0 = A^2T/N_0$의 항으로 행렬 $[R_{yy}]$를 나타내라.

(b) 신호 대 잡음비가 10dB일 때 3-탭 최소 평균 제곱 오차 등화기에 대한 탭 가중치를 구하라.

(c) 최소 평균 제곱 오차에 대한 표현식을 구하라.

9.48 예제 9.12의 수치적인 자기 및 상호 상관 행렬들에 대하여, 최대 급경사 하강 탭 가중치 조정 알고리즘 식 (9.254)에 대한 명확한 표현식을 구하라(각각의 가중치에 대한 식을 작성). $\mu = 0.01$이라고 하자. λ_i가 $[R_{yy}]$의 고유치일 때 $0 < \mu < 2/\max(\lambda_i)$ 기준을 이용하여 이것이 적절한 값임을 보여라.

9.49 $[R_{yy}]$와 $[R_{yd}]$의 모든 요소들이 10으로 나누어진 식 (9.246)을 고려하자. (a) 가중치들은 그대로 유지되는가? (b) λ_i가 $[R_{yy}]$의 고유치일 때 $0 < \mu < 2/\max(\lambda_i)$ 기준을 이용한 적응 최소 평균 제곱 오차 가중치 조정 알고리즘(최대 급경사 하강)에 대하여 μ의 허용 가능한 범위는 얼마인가?

9.50 $\frac{E_b}{N_0} = 20$과 $\beta = 0.1$에 대하여 예제 9.12를 다시 구하라. 즉 $[R_{yy}]$와 $[R_{yd}]$ 행렬을 다시 계산하고, 등화기 계수와 최소 평균 제곱 오차를 구하라. 예제 9.12와의 차이에 대해 설명하라.

컴퓨터 실습문제

9.1 식 (9.1)에 근거하여 대척 기저대역 신호에 대한 적분-덤프 검출기의 컴퓨터 모의실험을 수행하라. [0, 1]의 균일 랜덤 숫자를 도시하고, 1/2과 비교하여 AT 또는 $-AT$를 랜덤하게 생성하라. 평균이 0이고 분산이 식 (9.5)로 주어진 가우시안 랜덤변수를 이것에 더하라. 임계치 0과 비교하고, 만약 오류가 발생하면 오류 검출 개수를 하나씩 증가시켜라. 이런 과정을 여러 번 반복한 후, 오류의 개수 대 모의실험된 전체 비트의 개수의 비로 오류 확률을 추정하라. 예를 들어, 10^{-3}의 비트 오류 확률을 추정하기 원한다면, 최소한 $10 \times 1{,}000 = 10{,}000$비트 만큼 모의실험을 해야 한다. E_b/N_0에 대한 비트 오류 확률 곡선을 대략적으로 그리기 위해서 여러 신호 대 잡음비에 대해 반복하고, 그림 9.5에 주어진 이론값과 비교하라.

9.2 연습문제 9.7에서 논의된 것처럼, 요구되는 오류 확률에서 비트 타이밍 오차에 의한 성능저하를 계산하기 위한 컴퓨터 프로그램을 작성하라.

9.3 표 9.2에 나와 있는 데이터와 관련되어 논의된 것처럼, 원하는 오류 확률에서의 가우시안 위상 지터에 의한 성능 저하를 계산하기 위한 컴퓨터 프로그램을 작성하라. 수치적인 적분이 요구될 것이다.

9.4 다양한 디지털 변조 기법을 평가하기 위한 컴퓨터 프로그램을 작성하라.

(a) 정해진 데이터율과 오류 확률에 대해 요구되는 대역폭과 데시벨 단위의 E_b/N_0를 구하라. 데이터율과 요구되는 E_b/N_0에 상응하도록, $N_0=1$ W/Hz일 때 요구되는 수신 신호 전력을 구하라.

(b) 정해진 대역폭과 오류 확률에 대해 허용 가능한 데이터율과 요구되는 데시벨 단위의 E_b/N_0를 구하라. 데이터율과 요구되는 E_b/N_0에 상응하도록, $N_0=1$ W/Hz일 때 요구되는 수신 신호 전력을 구하라.

9.5 차동 위상 천이 변조에 대한 최적 수신기에 관계하여, 작동 성능 저하를 보여주기 위해, AWGN에서의 지연-곱 차동 위상 천이 변조 수신기 작동의 몬테카를로 모의실험을 설계하라. 모의실험에서 조정 가능한 파라미터 중 하나는 데이터율에 관계되는 입력 필터의 대역폭이어야 한다.

9.6 그림 9.28과 9.29를 검증하기 위한 컴퓨터 프로그램을 작성하라.

9.7 정해진 오류 확률에서 평탄 레일리 페이딩에 의한 성능저하를 계산하기 위한 컴퓨터 프로그램을 작성하라. 위상 천이 변조, 주파수 천이 변조, 차동 위상 천이 변조, 그리고 위상비동기 주파수 천이 변조를 포함하라.

9.8 다음과 같은 채널 조건에서 등화기를 설계하기 위한 컴퓨터 프로그램을 작성하라.

(a) 영점 강요 기준

(b) 최소 평균 제곱 오차 기준

9.9 최소 평균 제곱 탭 가중치 조정을 사용하는 최소 평균 제곱 오차 등화기의 비트 오류율 성능을 계산하기 위한 컴퓨터 모의실험 프로그램을 작성하고, 그림 9.33의 결과를 검증하라.

CHAPTER 10

고급 데이터 통신 주제

이 장에서는 9장에서 논의된 기본적인 기술보다 좀 더 복잡한 데이터 송신 기술에 대해 논의할 것이다. 첫 번째로 $M>2$인 M진 디지털 변조 시스템을 다루고 다음으로는 그것들을 비트 오류 확률(전력 효율)에 기초하여 비교하는 방법을 발전시켜나갈 것이다. 다음으로 대역폭 효율에 기초해 비교하기 위한 데이터 전송 시스템의 대역폭 조건에 대해 다룰 것이다. 어떠한 통신 시스템에서도 중요하게 고려되어야 하는 반송파, 심벌, 워드 등을 포함한 동기화는 그 후에 논의될 것이다. 다음으로는 데이터 변조 그 자체에 요구되는 것보다 더 많은 대역폭을 이용하는 변조 기법, 즉 확산 대역 시스템에 대해 알아볼 것이다. 확산 대역 변조 이후에는 다중반송파 변조 방식에 대하여 알아보고(특수한 예로 잘 알려진 직교 주파수 분할 다중화 방식이 있다) 이것의 지연 확산 채널에 대한 응용에 대해 논의한다. 여기서 응용 분야는 무선 통신, 디지털 가입자 라인, 디지털 음성 방송, 디지털 영상 방송을 포함한다. 마지막으로 셀룰러 무선 통신 시스템의 기초를 간략히 알아본다. 이 논제에서는 9장과 10장에서 논의된 디지털 통신 기술의 응용에 관한 특정한 예를 제공할 것이다.

10.1 M진 데이터 통신 시스템

이제까지는 각각의 신호 구간 동안 두 개의 가능한 신호 중 하나만 전송되는 이진 디지털 통신 시스템이 논의되었다(9장에서의 M진 PAM을 제외하고). M진 시스템에서는 각각의 T_s의 신호 구간 동안 M개의 가능한 신호 중 하나가 전송된다. 여기서 M은 $M\geq 2$이다(이제부터 신호 구간 T의 아래쪽에 쓰여 있는 문자 s는 '심벌'을 나타내고, T의 아래쪽에 쓰여 있는 문자 b는 $M=2$일 때의 '비트'를 나타낸다). 따라서 이진 데이터 전송은 M진 전송의 특별한 경우이다. M진 메시지 시퀀스에 대해 각각 가능한 전송 신호를 심벌이라 한다.

10.1.1 직교 다중화에 기반한 M진 구조

4.6절에서는 직교 다중화로 같은 채널을 통해 보내질 수 있는 두 개의 다른 메시지에 대해 설

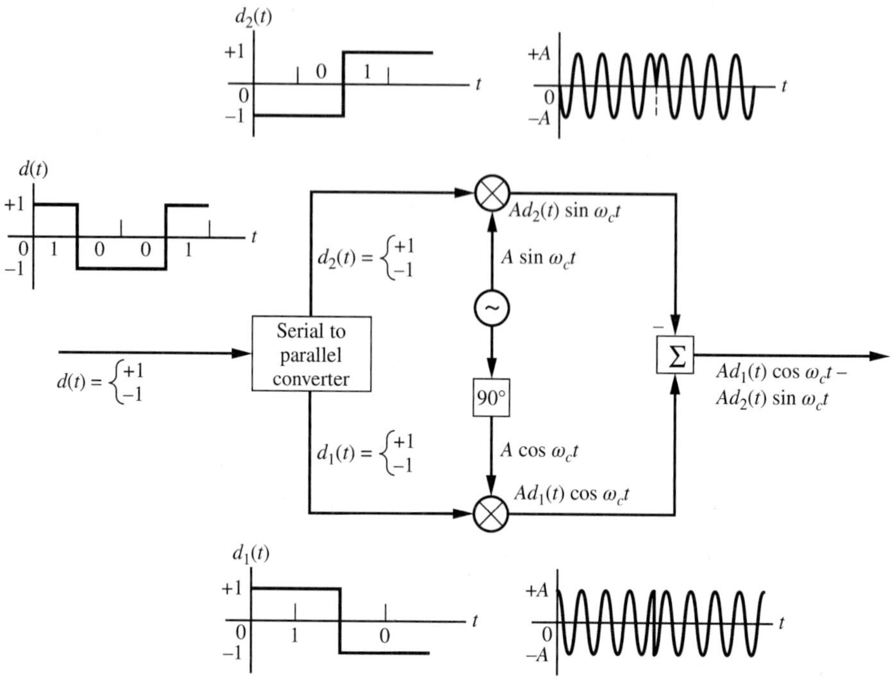

그림 10.1 QPSK 변조기와 일반적인 파형

명하였다. 직교 다중화된 시스템에서 메시지 $m_1(t)$와 $m_2(t)$는 위상직교에 있는 주파수 f_c를 갖는 두 개의 신호를 양측파대 변조하는 데 이용되고 다음과 같은 변조된 신호를 만든다.

$$\begin{aligned} x_c(t) &= A[m_1(t)\cos 2\pi f_c t + m_2(t)\sin 2\pi f_c t] \\ &\triangleq R(t)\cos[2\pi f_c t + \theta_i(t)] \end{aligned} \tag{10.1}$$

수신기에서 복조는 직교 반송파와 위상 또는 주파수가 동기된 두 개의 기준 정현파를 위상동기 복조함으로써 수행될 수 있다. 이와 같은 원리가 디지털 데이터 전송에 적용될 수 있으며 결과적으로 여러 개의 변조 방식이 나올 수 있는데 여기서는 이것들 중 세 가지 (1) 직교위상 천이 변조(QPSK), (2) 오프셋 직교위상 천이 변조(OQPSK), (3) 최소 천이 변조(MSK)가 다루어질 것이다.

이 시스템을 분석하는 데 있어서 위상동기 복조는 직교혼합기의 출력에서 이상적으로 $m_1(t)$와 $m_2(t)$로 분리된 두 개의 메시지가 생긴다는 사실을 이용한다. 따라서 이러한 직교 다중화 방식은 병렬로 동작하는 두 개의 분리된 디지털 복조 방식으로 생각할 수 있다.

QPSK 송신기를 전형적인 파형과 함께 병렬로 구현한 블록도를 그림 10.1에 나타내었다. QPSK의 경우 $m_1(t) = d_1(t)$, $m_2(t) = -d_2(t)$로 둘 수 있는데, 여기서 d_1, d_2는 각 T_s 동안 가능한 천이를 가지는 ±1 값을 가지는 파형이다. 심벌의 천이 순간은 보통 $d_1(t)$와 $d_2(t)$에 부합한다.[1] 직교 반송파를 변조하는 심벌의 열인 $d_1(t)$와 d_2(t)를 생각해보자. 이때 이 신호들은 동시에 2비트를 갖는 $d_1(t)$와 $d_2(t)$ 심벌 구간의 1/2의 비트 구간을 갖는 이진 신호 $d(t)$의 비트를 그룹핑하여 얻는다. 또는 두 개의 완전히 다른 신호원으로부터 발생되는 $d_1(t)$와 $d_2(t)$를 생각해보자. 삼각 함수 등식을 식 (10.1)에 적용하면 신호의 위상은 다음과 같이 나타난다.

$$\theta_i = -\tan^{-1}\left[\frac{m_2(t)}{m_1(t)}\right] = \tan^{-1}\left[\frac{d_2(t)}{d_1(t)}\right] \tag{10.2}$$

여기서 θ_i는 ±45°와 ±135°의 네 가지 가능한 값을 갖는다는 것을 알 수 있다. 결국 QPSK 송신기는 선택적으로 직렬의 형태 또는 병렬의 형태로 구현될 수 있고, 여기서 $d_1(t)$, $d_2(t)$는 반송파에 90°의 정수배인 위상 천이를 부여한다.

QPSK 시스템에 대한 전송 신호가 그림 10.1에 나타난 것과 같이 두 개의 합쳐진 이진 PSK 신호로 볼 수 있기 때문에 복조와 검출은 각 직교 반송파에 대해서 병렬로 된 두 개의 이진수신기를 포함한다. 이러한 시스템의 블록도가 그림 10.2에 나타나 있다. $d_1(t)$와 $d_2(t)$에 있는 심벌들이 정확할 때 $d(t)$에 있는 심벌이 정확해진다. 따라서 각 심벌에 대한 정확한 수신 확률 P_c는 다음과 같다.

$$P_c = (1 - P_{E_1})(1 - P_{E_2}) \tag{10.3}$$

여기서 P_{E_1}과 P_{E_2}는 직교 채널에 대한 오류 확률이다. 식 (10.3)은 직교 채널에서 오류는 독립이라고 가정하였다. 이러한 가정에 대해 간단히 논의해보자.

이제 P_{E_1}과 P_{E_2}를 계산해보면 대칭성 때문에 $P_{E_1}=P_{E_2}$가 된다. 수신기에 대한 입력이 다음과 같이 신호에 양측 전력 스펙트럼 밀도가 $N_0/2$인 가우시안 잡음을 합친 것이라고 가정하면

$$\begin{aligned} y(t) &= x_c(t) + n(t) \\ &= Ad_1(t)\cos\left(2\pi f_c t\right) - Ad_2(t)\sin\left(2\pi f_c t\right) + n(t) \end{aligned} \tag{10.4}$$

그림 10.2에서 신호 구간 T_s의 끝에서 위쪽 상관기의 출력은 다음과 같다.

$$V_1 = \int_0^{T_s} y(t)\cos\left(2\pi f_c t\right)dt = \pm\frac{1}{2}AT_s + N_1 \tag{10.5}$$

1 두 데이터 열은 정보원으로부터 분리되지만 반드시 같은 데이터율을 가져야 할 필요는 없다. 여기서 우리는 같은 데이터율을 가진다고 가정한다.

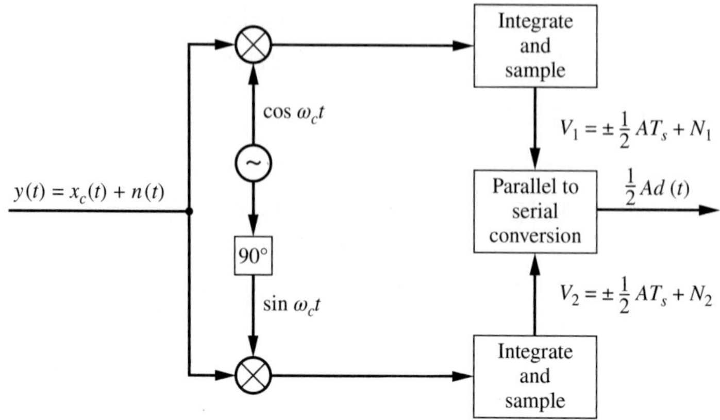

그림 10.2 QPSK 복조기

여기서

$$N_1 = \int_0^{T_s} n(t)\cos\left(2\pi f_c t\right)\, dt \tag{10.6}$$

마찬가지로 $t = T_s$에서 아래쪽 상관기 출력은

$$V_2 = \int_0^{T_s} y(t)\sin\left(2\pi f_c t\right)\, dt = \pm\frac{1}{2}AT_s + N_2 \tag{10.7}$$

이고, 여기서

$$N_2 = \int_0^{T_s} n(t)\sin\left(2\pi f_c t\right)\, dt \tag{10.8}$$

V_1과 V_2가 독립이라면 각각의 상관기 출력에서의 오류는 독립이 될 것이다. 이것은 N_1과 N_2가 독립이어야 한다는 것을 요구한다. N_1과 N_2가 무상관(연습문제 10.4)이라는 것은 이것이 가우시안이기 때문에(왜 그럴까?) 독립이라는 것을 알 수 있다.

P_{E_1}을 계산하는 문제는 대척 기저대역의 경우와 유사하다. 따라서 N_1의 평균은 0이고, 이것의 분산은(f_cT_s는 정수라고 일반적으로 가정한다.)

$$\begin{aligned}\sigma_1^2 = E\left\{N_1^2\right\} &= E\left\{\left[\int_0^{T_s} n(t)\cos\left(2\pi f_c t\right)\, dt\right]^2\right\} \\ &= \int_0^{T_s}\int_0^{T_s} E\left\{n(t)n(\alpha)\right\}\cos\left(2\pi f_c t\right)\cos\left(2\pi f_c \alpha\right)\, dt\end{aligned}$$

$$= \int_0^{T_s} \int_0^{T_s} \frac{N_0}{2} \delta(t-\alpha) \cos\left(2\pi f_c t\right) \cos\left(2\pi f_c \alpha\right) \, d\alpha \, dt$$
$$= \frac{N_0}{2} \int_0^{T_s} \cos^2\left(2\pi f_c t\right) \, dt$$
$$= \frac{N_0 T_s}{4} \tag{10.9}$$

이므로 따라서 이진 대척 신호의 경우와 유사한 단계를 따라가면 다음 식을 얻는다.

$$\begin{aligned} P_{E_1} &= \Pr(d_1 = +1) \Pr(E_1 | d_1 = +1) + \Pr(d_1 = -1) \Pr(E_1 | d_1 = -1) \\ &= \Pr(E_1 | d_1 = +1) = \Pr(E_1 | d_1 = -1) \end{aligned} \tag{10.10}$$

여기서 뒷부분 식은 V_1의 전력 스펙트럼 밀도가 대칭성이 있다는 것을 이용해서 나온 것이다. 그러나

$$\begin{aligned} \Pr(E | d_1 = +1) &= \Pr\left(\frac{1}{2} A T_s + N_1 < 0\right) = \Pr\left(N_1 < -\frac{1}{2} A T_s\right) \\ &= \int_{-\infty}^{-AT_s/2} \frac{e^{-n_1^2/2\sigma_1^2}}{\sqrt{2\pi\sigma_1^2}} \, dn_1 = Q\left(\sqrt{\frac{A^2 T_s}{N_0}}\right) \end{aligned} \tag{10.11}$$

이므로 그림 10.2의 위쪽 채널에 대한 오류 확률은 다음과 같다.

$$P_{E_1} = Q\left(\sqrt{\frac{A^2 T_s}{N_0}}\right) \tag{10.12}$$

P_{E_2}의 경우도 마찬가지이다. $\frac{1}{2}A^2 T_s$가 하나의 직교 채널에 대한 평균 에너지라는 것에 주목하면, 식 (10.12)는 이진 PSK와 동일하다는 것을 알 수 있다. 따라서 채널당 기준을 고려하면 QPSK는 이진 PSK와 동일하다.

그러나 QPSK 시스템의 단일위상에 대한 오류 확률을 고려하면 식 (10.3)으로부터 식 (10.13)을 얻을 수 있다.

$$\begin{aligned} P_E &= 1 - P_c = 1 - \left(1 - P_{E_1}\right)^2 \\ &\cong 2P_{E_1}, \ P_{E_1} \ll 1 \end{aligned} \tag{10.13}$$

$$= 2Q\left(\sqrt{\frac{A^2 T_s}{N_0}}\right) \tag{10.14}$$

직교위상 신호의 심벌당 에너지는 $A^2T_s \triangleq E_s$이므로 식 (10.14)를 다음과 같이 쓸 수 있다.

$$P_E = 2Q\left(\sqrt{\frac{E_s}{N_0}}\right) \tag{10.15}$$

심벌당 평균 에너지 대 잡음 스펙트럼 밀도비를 토대로 QPSK와 BPSK를 직접 비교하면 QPSK가 이진 PSK에 비해 대략 3dB 정도 나쁘다. 그렇지만 T_s가 같다고 가정하면 QPSK가 BPSK와 비교하여 신호 간격당 2배의 비트를 전송할 수 있기 때문에 이것은 적절한 비교라고 할 수 없다. 나중에 보게 되겠지만 시스템의 초당 비트(QPSK 위상당 2비트)가 같은 수로 전송되는 시스템을 토대로 QPSK와 이진 PSK를 비교하면 성능이 같다는 것을 알 수 있다. 이진 PSK와 QPSK를 오류 확률과 신호 대 잡음비 $z = E_s/N_0$에 대해서 비교한 것이 그림 10.3에 나타나 있다. 여기서 E_s는 심벌당 평균 에너지이다. SNR이 0($-\infty$ dB)에 접근함에 따라 QPSK곡선은 $\frac{3}{4}$에 접근한다. 이것은 입력으로 잡음만 존재한다면 수신기가 평균적으로 매번 네 개의 신호 간격 동안에 단지 한 번만 결정(네 개의 가능한 위상 중 한 개)하기 때문에 타당하다.

10.1.2 OQPSK 시스템

직교데이터 열 $d_1(t)$와 $d_2(t)$는 QPSK 시스템에서 부호가 동시에 바뀌기 때문에 변조된 신호의 데이터 전달위상 θ_i는 때때로 180°로 바뀐다. 변조된 신호가 필터링되면 실제적인 시스템에서

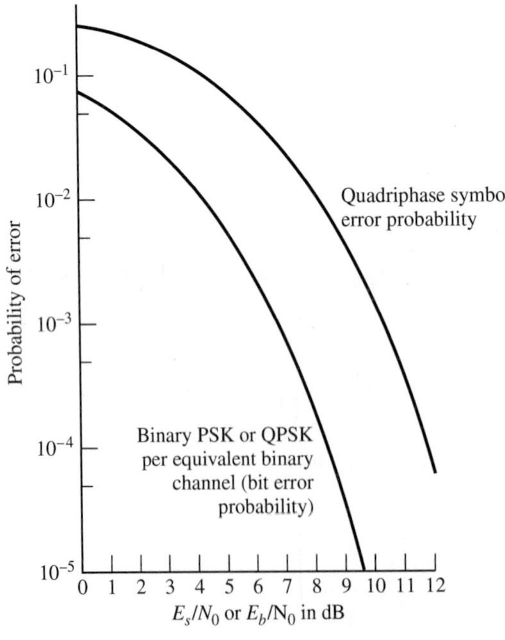

그림 10.3 BPSK와 비교한 QPSK의 심벌 오류 확률

는 불변적인 경우 포락선 편이로 인해 바람직하지 않은 영향이 생길 수도 있다. 180°위상이 변하는 가능성을 피하기 위해 직교위상 시스템의 직교 채널 데이터 신호 $d_1(t)$와 $d_2(t)$의 스위칭 순간을 각기 상대적으로 $T_s/2$로 오프셋할 수 있다. 여기서 T_s는 각 채널에서의 신호 간격을 나타낸다. 이와 같은 변조 방식을 오프셋 *QPSK*, 줄여서 OQPSK라 한다. 때로는 엇갈린 *QPSK*라고도 한다. 직교데이터 열을 $T_s/2$만큼 시차를 두거나 혹은 어긋나게 배치함으로써 전송반송파의 데이터 변조로 인한 최대 위상 변화는 90°이다. 이론적으로 OQPSK와 QPSK의 오류 확률은 같다. OQPSK 시스템의 한 가지 제약은 데이터 열 $d_1(t)$와 $d_2(t)$가 똑같은 심벌 지속시간을 가져야 한다는 것이다. 반면에 QPSK에서는 그럴 필요가 없다.

10.1.3 MSK 시스템

Type I과 Type II MSK

식 (10.1)에서 메시지 $m_1(t)$는

$$m_1(t) = d_1(t)\cos 2\pi f_1 t \tag{10.16}$$

이고, 메시지 $m_2(t)$는

$$m_2(t) = -d_2(t)\sin 2\pi f_1 t \tag{10.17}$$

와 같은 형태를 갖는다고 가정하자. 여기서 $d_1(t)$와 $d_2(t)$는 T_b의 엇갈림 교환 시간을 갖고 길이가 $T_s = 2T_b$인 심벌 구간에서 +1이나 −1을 갖는 이진 데이터 신호이며, f_1은 나중에 자세히 설명할 가중 함수(weighting function), $\cos 2\pi f_1 t$와 $\sin 2\pi f_1 t$의 주파수이다. QPSK의 경우와 같이 데이터 신호는 $d_1(t)$를 생성시키는 짝수 지시비트와 $d_2(t)$를 생성시키는 홀수 지시비트 또는 그 반대의 경우를 갖게 되고, 그 비트가 T_b마다 발생하는 직렬 이진 데이터 열로부터 유도된 것으로 볼 수 있다. 이런 이진 데이터 열은 그림 10.4에 나타낸 것처럼 코사인이나 사인 파형으로 가중치를 나타낸다. 식 (10.16)와 식 (10.17)을 식 (10.1)에 대입하고 $d_1(t)$와 $d_2(t)$가 +1혹은 −1인 것에 유의하면 적절한 삼각 항등식을 사용해서 변조 신호를 다음과 같이 나타낼 수 있다.

$$x_c(t) = A\cos[2\pi f_c t + \theta_i(t)] \tag{10.18}$$

여기서

$$\theta_i(t) = \tan^{-1}\left\{\left[\frac{d_2(t)}{d_1(t)}\right]\tan(2\pi f_1 t)\right\} \tag{10.19}$$

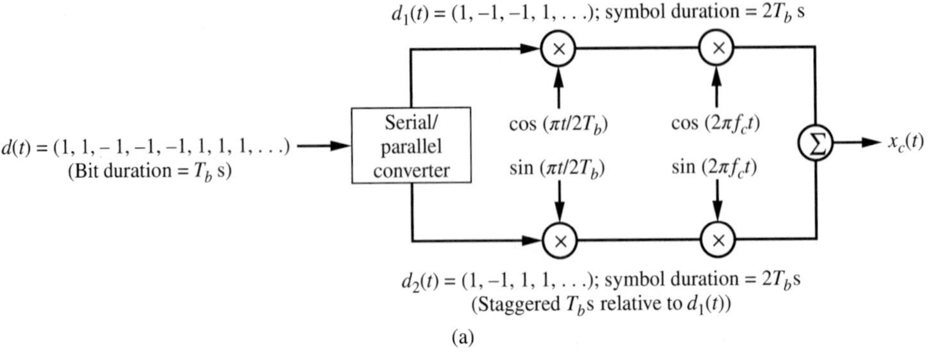

(a)

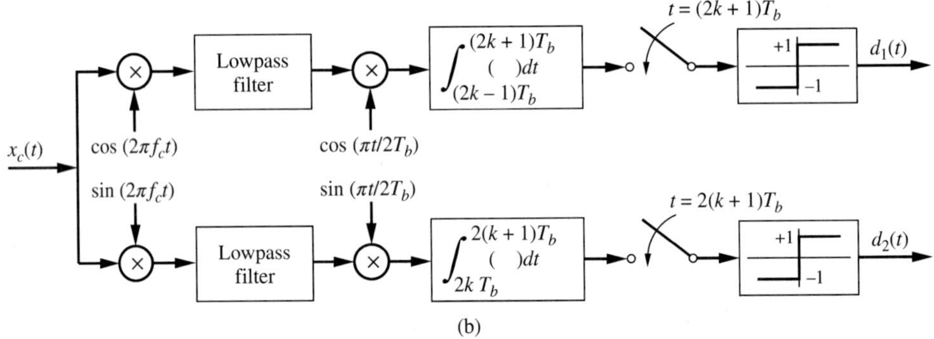

(b)

그림 10.4 병렬 MSK type I 변조기와 복조기의 블록도. (a) 변조기, (b) 복조기

이고, 만일 $d_2(t)=d_1(t)$(즉 직렬데이터 열에서 연속비트가 같은 경우 모두 1 혹은 −1)라면

$$\theta_i(t) = 2\pi f_1 t \tag{10.20}$$

가 되고, 반면에 $d_2(t)=-d_1(t)$(즉 직렬데이터 열에서 연속비트가 반대인 경우)라면 다음과 같다.

$$\theta_i(t) = -2\pi f_1 t \tag{10.21}$$

$f_1=\frac{1}{2T_s}=\frac{1}{4T_b}$Hz이면 최소 천이 변조(MSK)의 한 형태가 생긴다. 이 경우 그림 10.5(a)에 나타난 것처럼 데이터 신호 $d_1(t)$의 각 심벌은 코사인 파형의 1/2사이클로 곱해지거나 가중치가 부여되고, 데이터 신호 혹은 $d_2(t)$의 각 심벌은 사인 파형의 1/2사이클로 가중치가 부여된다. 각 심벌에 대한 가중 함수가 코사인이나 사인 파형의 반주기로 교대로 변하는 이런 형태의 MSK를 *MSK Type I*이라 한다. 그림 10.4에서 가중치가 항상 양의 반 코사인곡선 또는 반 사인곡선이 된다면 이것을 *MSK Type II* 변조라 한다. 이때 가중치는 그림에서 위의 경로인가 또는 아래의 경로인가에 따라 달라진다. 이런 형태의 MSK 변조는 그림 10.5(b)에 설명되어 있으며, 이것은 MSK Type I보다 OQPSK와 더욱 밀접한 관계가 있다.

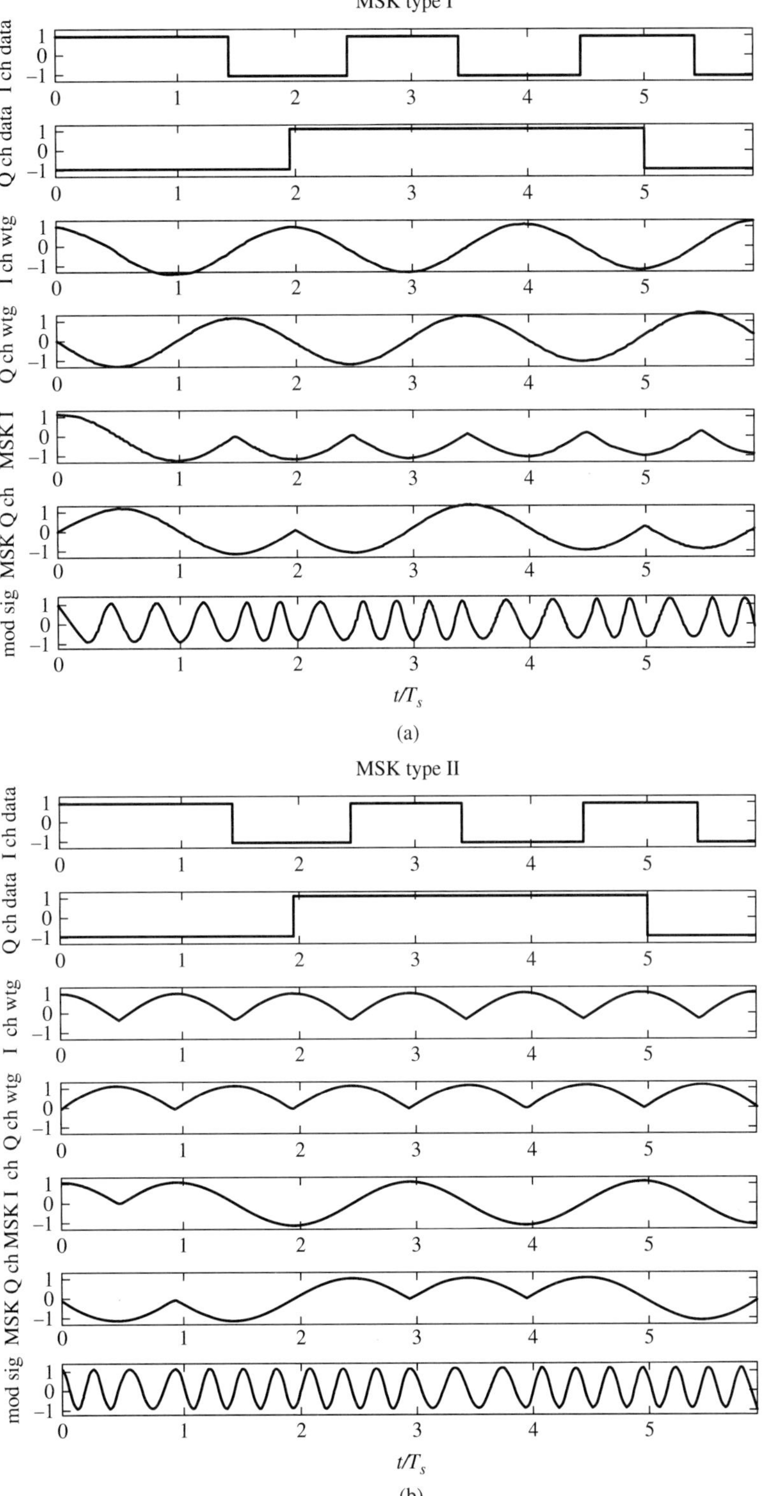

그림 10.5 동위상과 직교위상 파형. (a) MSK type I 변조, (b) MSK type II 변조

식 (10.19)에서 $f_1 = \frac{1}{4T_b}$을 이용해서 그 결과를 식 (10.18)에 대입하면 변조된 신호는 다음과 같다.

$$x_c(t) = A\cos\left[2\pi\left(f_c \pm \frac{1}{4T_b}\right)t + u_k\right] \tag{10.22}$$

여기서 d_2/d_1이 +1 또는 −1이냐에 따라 모듈로 2π 연산에 의해 $u_k=0$ 혹은 $u_k=k\pi$가 된다. MSK 변조 신호의 이러한 형태로부터 MSK는 순시 주파수에서 전송 톤[2][반송파는 실제로 전송되지 않기 때문에 때로는 f_c를 **피상반송파**(apparent carrier)라고 한다]이 반송파 f_c보다 1/4데이터율[$1/(4T_b)$] 이상이거나 1/4데이터율 이하인 주파수 변조이다. 톤 간의 간격은 $\Delta f = 1/(2T_b)$인 것에 유의하자. 이것은 톤이 동기적으로 직교가 되기 위해 필요한 최소 주파수 간격이다.

MSK Type I도 MSK Type II도 아닌 변조형에도 직렬데이터 열의 데이터 비트와 전송 신호의 순시 주파수 간에는 일대일 대응관계가 있다. **빠른 주파수 천이 변조**(FFSK)로 일컬어지는 이와 같은 변조 형태는 MSK Type I 변조기로 변조하기 전에 직렬 비트 열을 차동 부호화해서 얻을 수 있다.

식 (10.22)를 위상 변조 신호로 본다면 코사인의 인수는 하나는 반송파 주파수 $2\pi f_c t$로 인한 것, 다른 하나는 변조 $\pm\pi(t/2T_b)+u_k$로 인한 것의 두 가지 위상 항으로 분리할 수 있다. 후자의 항을 **초과위상**(excess phase)이라 하고, 그림 10.6(a)에서와 같이 위상 격자 다이어그램으로 편리하게 표현할 수 있다. 만약 위상에 모듈러 2π를 취하면 위상 격자 다이어그램은 그림 10.6(b)와 같이 된다. 초과위상은 정확하게 매 T_b마다 $\pi/2$ 라디안씩 변하고, 시간의 연속함수이다. 이것은 필터링되었을 때 OQPSK보다 훨씬 좋은 포락선 편이 특성을 만든다. 그림 10.6(a)의 초과위상 격자 다이어그램에서 음의 기울기를 갖는 직선은 직렬데이터 시퀀스에서 '1'과 '−1'이 교대로('1'과 '0'의 교대) 나타나고, 양의 기울기를 갖는 직선은 직렬데이터 시퀀스에서 모두 '1'이거나 모두 '−1'을(모두 '1' 또는 '0') 나타낸다.

MSK 신호에 대한 검출기는 그림 10.2에서와 같이 두 개의 데이터 신호 $d_1(t)$와 $d_2(t)$에 대한 최적 상관검출기를 구현하기 위해서 위쪽 경로에서 필요한 $\cos(\pi t/2T_b)$를 곱하고 아래쪽 경로에서 필요한 $\sin(\pi t/2T_b)$를 곱하는 것을 제외하고는 QPSK, OQPSK와 유사한 형식의 병렬 형태로 구현될 수 있다. QPSK(OQPSK)에서와 같이 위쪽 경로와 아래쪽 경로의 적분기 출력에서 잡음 성분은 비상관이라는 것을 알 수 있다. Scaling 인자가 다른 것을 제외하고는(이것은 신호 성분과 잡음 성분에 동등하게 영향을 준다) MSK에 대한 오류 확률을 해석하는 것은 QPSK에 대해 해석하는 것과 동일하기 때문에 MSK의 오류 확률 성능은 QPSK 혹은 OQPSK

---

2 이것으로부터 $f_c \pm 1/(4T_b)$의 주파수에서 임펄스로 구성된 전송 신호의 스펙트럼을 추론해서는 안 된다.

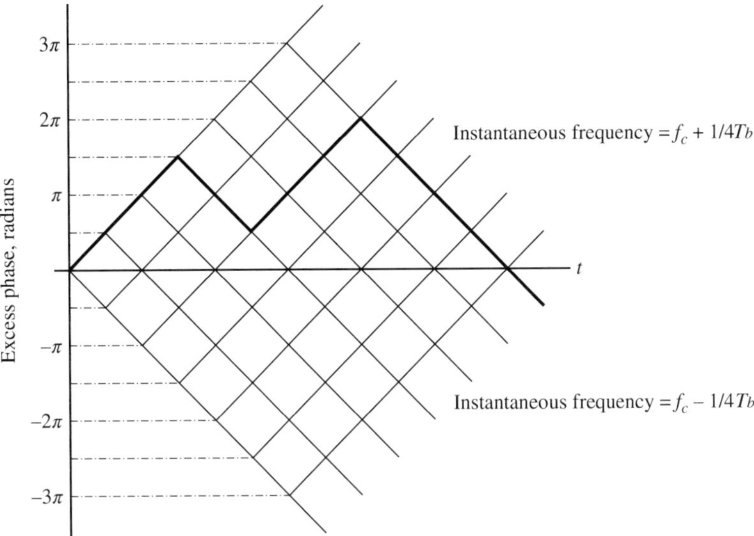

(a) Tree diagram showing the phase transitions for the data sequence 111011110101 as the heavy line.

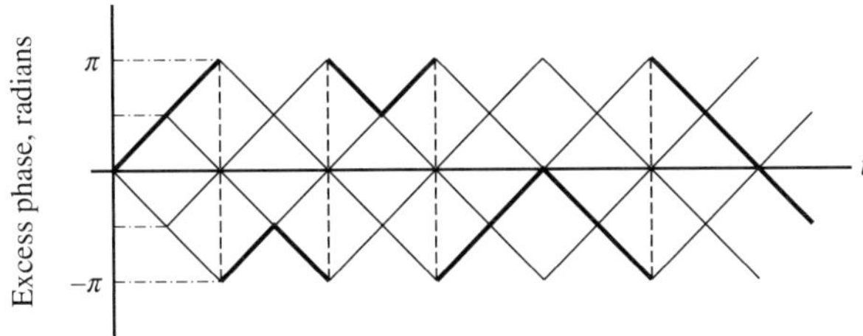

(b) Trellis diagram showing the same sequence as in (a) modulo 2π.

그림 10.6 (a) 최소 천이 변조 위상 나무, (b) 위상 격자 다이어그램

와 동일하다.

직렬 MSK

지금까지 MSK에 대한 논의에서 QPSK에 대하여 그림 10.1과 그림 10.2에 나타낸 것처럼 병렬구조로서의 변조와 검출 과정을 보았다. MSK가 직렬 형식으로도 처리될 수 있다는 것은 확실하다. 직렬 변조 구조는 출력부에 식 (10.23)과 같은 주파수 응답 함수를 갖는 변환 필터를 사용한 BPSK 변조기로 구성되어 있다.

$$G(f) = \{\text{sinc}[(f - f_c)T_b - 0.25] + \text{sinc}[(f + f_c)T_b + 0.25]\}e^{-j2\pi f t_0} \qquad (10.23)$$

여기서 t_0는 임의의 필터 지연이고, f_c는 MSK 신호의 피상반송파 주파수이다. 변환 필터의 주

파수 응답 첨두치는 피상반송파보다 1/4데이터율만큼 높게 오프셋되어 있다. 반면에 BPSK 신호는 MSK 신호의 원하는 피상반송파보다 1/4데이터율만큼 낮게 오프셋되어 있다. 이것의 전력 스펙트럼은 다음과 같다.

$$S_{\mathrm{BPSK}}(f) = (A^2T_b/2)\{\mathrm{sinc}^2[(f - f_c)T_b + 0.25] + \mathrm{sinc}^2[(f + f_c)T_b - 0.25]\} \quad (10.24)$$

$|G(f)|^2$와 $S_{\mathrm{BPSK}}(f)$의 곱은 변환 필터 출력의 전력 스펙트럼을 나타내는데 이것을 간략화한 후 다시 쓰면

$$S_{\mathrm{MSK}}(f) = \frac{32A^2T_b}{\pi^4}\left\{\frac{\cos^2 2\pi T_b(f - f_c)}{\left[1 - 16T_b^2(f - f_c)^2\right]^2} + \frac{\cos^2 2\pi T_b(f + f_c)}{\left[1 - 16T_b^2(f + f_c)^2\right]^2}\right\} \quad (10.25)$$

이다. 이것은 MSK 변조된 신호의 양측 전력 스펙트럼이며, 주파수 영역에서 MSK를 만드는 것에 대한 타당성을 나타낸다. 따라서 병렬 변조기 구조는 직렬 변조기 구조로 대치할 수 있는데, 이것은 병렬 구조에서 진폭 정합 위상직교 신호를 만들어내는 어려운 작업이 BPSK 신호를 만들고 변환 필터를 합성하여 훨씬 쉬운 작업으로 대체될 수 있다는 것을 의미한다.

수신기에서는 직렬 변조에 대하여 송신기에서 행했던 신호처리 과정의 역순으로 동작한다. 수신된 신호는 주파수 응답이 MSK 스펙트럼의 제곱근에 비례하는 필터를 통과한다. 여기서는 자세히 다루지 않겠지만[3] 각 심벌은 적절한 표본화 순간에 독립적으로 이전이나 이후의 것이 표본된다.

가우시안 MSK

비록 MSK가 QPSK나 OQPSK보다 대역 바깥에서 더 낮은 전력 특징을 보이지만 위성 통신과 셀룰러 통신과 같은 실제 시스템에 적용하기에는 적합하지 않다. MSK에 있어서 변조된 신호 스펙트럼의 더 좋은 부엽 억압 효과를 위해 그림 10.6에 보인 직선 특징보다는 더욱더 부드러운 위상 천이를 유도함으로써 획득될 수 있다. 이것의 의미는 식 (10.26)에 주어진 가우시안 주파수 응답 특성을 갖는 저역통과 필터를 통해 NRZ로 표현된 데이터를 전달하는 것이다.[4]

---

3 F.Amoroso and J. A. Kivett, "Simplified MSK Signaling Technique," *IEEE Transactions on Communications*, COM-25: 433-441, April 1977 참조.

4 K. Morota and K. Haride, "GMSK Modulation for Digital Mobile Radio Telephony," *IEEE Transactions on Communications*, COM-29: 1044-1050, July 1981.

$$H(f) = \exp\left[-\frac{\ln 2}{2}\left(\frac{f}{B}\right)^2\right] \tag{10.26}$$

여기서 B는 필터의 양측 3dB 대역폭이다. 필터 출력은 비트 -1에서 비트 $+1$로 변하는 $\pi/2$ 라디안의 과도위상 편차 상수를 생성하는 f_d를 갖는 주파수 변조기로 입력된다. 어려운 점은 식 (10.26)에 주어진 주파수 응답을 갖는 필터를 어떻게 구현하는가에 있다. 가우시안 임펄스 응답을 갖는 필터는 다음과 같다(표 F.5).

$$h(t) = \sqrt{\frac{2\pi}{\ln 2}} B \exp\left(-\frac{2\pi^2 B^2}{\ln 2} t^2\right) \tag{10.27}$$

식 (10.27)은 보통 t의 유한한 범위의 가우시안 임펄스 응답을 갖는 디지털 필터로 구현된다. 이 필터의 계단 응답은 임펄스 응답의 적분이다.

$$y_s(t) = \int_{-\infty}^{t} h(\tau)\, d\tau \tag{10.28}$$

따라서 구형 펄스에 대한 응답 $\Pi(t/T_b)$는

$$\begin{aligned} g(t) &= \int_{-\infty}^{t+T_b/2} h(\tau)\, d\tau - \int_{-\infty}^{t-T_b/2} h(\tau)\, d\tau \\ &= \frac{1}{2}\left[\text{erf}\left(\sqrt{\frac{2}{\ln 2}}\pi B T_b\left(\frac{t}{T_b} + \frac{1}{2}\right)\right) - \text{erf}\left(\sqrt{\frac{2}{\ln 2}}\pi B T_b\left(\frac{t}{T_b} - \frac{1}{2}\right)\right)\right] \\ &= \frac{1}{2}\left[\text{erf}\left(\sqrt{\frac{2}{\ln 2}}\pi B T_b\left(\frac{t}{T_b} + \frac{1}{2}\right)\right) + \text{erf}\left(-\sqrt{\frac{2}{\ln 2}}\pi B T_b\left(\frac{t}{T_b} - \frac{1}{2}\right)\right)\right] \end{aligned} \tag{10.29}$$

여기서 T_b는 비트 주기이다. 그리고 $\text{erf}(u) = \frac{2}{\sqrt{\pi}}\int_0^u \exp(-t^2)dt$는 오류 함수이다. 변조된 파형은 NRZ로 표현된 데이터 열을 가우시안 필터를 통해 전달한 후 필터의 출력을 사용해 반송파를 주파수 변조하여 만들어진다. FM 변조된 반송파의 과도위상은

$$\phi(t) = 2\pi f_d \sum_{n=-\infty}^{\infty} \alpha_n \int_{-\infty}^{t} g\left(\lambda - nT_b\right) d\lambda \tag{10.30}$$

이다.

여기서 α_n은 n번째 비트의 부호(sign)이고 f_d는 $\pi/2$라디안의 위상 천이를 가지게 하는 편차 상수이다. 가우시안 MSK(GMSK)라고 불리우는 변조 방식은 BT_b의 곱(BT_b가 작아질 때 더 많

표 10.1 GMSK의 90% 전력 억제 대역폭과 E_b/N_0의 감쇠

BT_b	90% containment BW, bit rates*	Degradation from MSK, dB
0.2	0.52	1.3
0.25	0.57	0.7
0.5	0.69	0.3
∞ (MSK)	0.78	0

*Double these for RF bandwidths.

은 심벌간 간섭을 겪게 된다)에 따라 결정되는 매우 낮은 부엽을 가지는 스펙트럼으로 보여질 수 있다. 나중에 언급하겠지만 GMSK는 현재 유럽 셀룰러 통신의 2세대 표준으로 사용된다. Murota와 Hirade의 결과에서 90%의 전력 억제 대역폭을 보이며(즉 변조된 신호 전력의 90%를 포함하는 대역폭) 이상적인 MSK와 BT_b에 대한 E_b/N_0의 감쇠는 표 10.1에 주어졌다.

10.1.4 신호 공간 관점에서의 M진 데이터 전송

M진 데이터 전송 시스템을 논의하는 데 편리한 구조는 그것의 신호 공간이다. 수신기 구조를 정립화하는 데 여기서 사용된 접근법은 경험적인 것으로서 이것은 11장에서 이론적인 토대가 되고 있으며, 11장에서 최적 신호 검출 원리가 논의될 것이다.[5]

다음과 같은 형태를 신호 집합으로 가지는 위상동기 통신 시스템을 고려해보자.

$$s_i(t) = \sum_{j=1}^{K} a_{ij}\phi_j(t),\ 0 \le t \le T_s,\ K \le M,\ i = 1, 2, \ldots, M \tag{10.31}$$

여기서 함수 $\phi_j(t)$는 심벌 구간에서 직교정규 함수이다. 즉 다음과 같다.

$$\int_0^{T_s} \phi_m(t)\,\phi_n(t)\,dt = \begin{cases} 1, & m = n \\ 0, & m \ne n \end{cases} \tag{10.32}$$

식 (10.31)을 기초로 가능한 전송 신호를 $\phi_1(t)$, $\phi_2(t)$, $\phi_3(t)$, ⋯ , $\phi_K(t)$를 좌표축의 한 공간상에서 점으로 나타낼 수 있다.

채널의 출력에서는 다음과 같이 신호에 가산적 백색 가우시안 잡음이 더해진 것이 수신된

5 Kotelnilov(1947)는 Wozencraft and Jacobs(1965) 이후 처음으로 신호 공간 표현을 통신 시스템 특성화에 사용하였다. 신호 공간 표현을 사용하는 몇몇의 M진 디지털 변조 기법을 분석하기 위해 다음의 논문을 참조하라. E. Arthurs and H.Dym, "On the Optimum Detection of Digital Signals in the Presence of White Gaussian Noise—A Geometric Interpretation and a Study of Three Basic Data Transmission Systems," *IRE Transactions on Communications Systems*, **CS-10**: 336-372, December 1962.

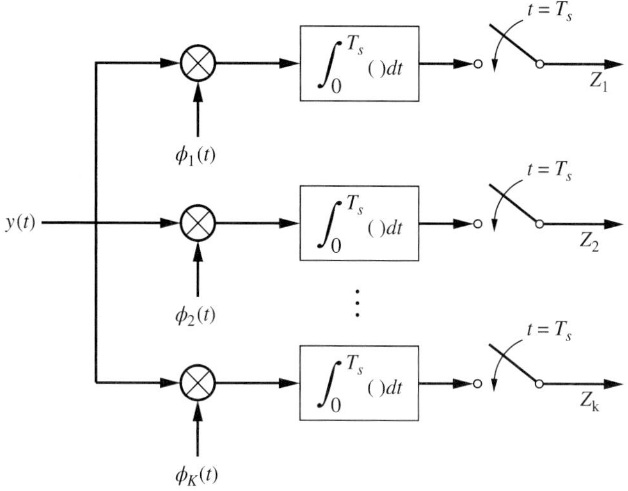

Note: $y(t) = s_i(t) + n(t)$ where $n(t)$ is white Gaussian noise.

그림 10.7 신호 공간 좌표의 계산

것으로 가정한다.

$$y(t) = s_i(t) + n(t),\ t_0 \le t \le t_0 + T_s,\ i = 1, \ldots, M \tag{10.33}$$

여기서 t_0는 T_s를 정수배한 시간과 동일한 임의의 출발시간이다. 그림 10.7에 나타난 것처럼 수신기는 K개 상관기의 열로 구성되어 있으며, 각각은 직교정규 함수이다. j번째 상관기의 출력은 다음과 같다.

$$Z_j = a_{ij} + N_j,\ j = 1,\ 2, \ldots,\ K,\ \ i = 1,\ 2, \ldots,\ M \tag{10.34}$$

여기서 잡음 성분 N_j는 다음과 같이 주어진다(표시의 편의를 위해 $t_0 = 0$으로 한다).

$$N_j = \int_0^{T_s} n(t)\phi_j(t)\, dt \tag{10.35}$$

$n(t)$는 가우시안이고 백색이므로, 랜덤변수 N_1, N_2, $\cdots$, N_K는 독립이고, 평균이 0, 분산이 $N_0/2$ 인 가우시안 랜덤변수이다. 이것은 잡음의 양측 스펙트럼 밀도이다. 이러한 경우를 다음의 증명으로 보일 수 있다.

$$\begin{aligned} E[N_j N_k] &= E\left[\int_0^{T_s} n(t)\phi_j(t)\,dt \int_0^{T_s} n(\lambda)\phi_k(\lambda)\,d\lambda\right] \\ &= E\left[\int_0^{T_s}\int_0^{T_s} n(t)n(\lambda)\phi_j(t)\phi_k(\lambda)\,d\lambda dt\right] \\ &= \int_0^{T_s}\int_0^{T_s} E[n(t)n(\lambda)]\,\phi_j(t)\phi_k(\lambda)\,d\lambda dt \\ &= \int_0^{T_s}\int_0^{T_s} \frac{N_0}{2}\delta(t-\lambda)\,\phi_j(t)\phi_k(\lambda)\,d\lambda dt \\ &= \frac{N_0}{2}\int_0^{T_s} \phi_j(t)\phi_k(t)\,dt \\ &= \begin{cases} N_0/2, & j=k \\ 0, & j \neq k \end{cases} \end{aligned} \tag{10.36}$$

마지막 줄에서 $\phi_j(t)$의 직교성을 따르게 된다. $n(t)$의 평균이 0이므로 $N_1, N_2, \cdots, N_K$도 평균이 0이 된다. 식 (10.36)의 증명은 서로 비상관이라는 것을 보여주며 가우시안(각각은 가우시안 랜덤 과정 내에서 선형 연산이다)이기 때문에 서로 독립이다.

이 신호 공간 표현은 어떤 신호가 전송되었는가에 관한 최소 오류 확률 결정을 하기 위해 요구되는 모든 정보를 보존한다. 수신기에서 다음 동작은 다음의 기능을 수행하는 결정박스이다.

> 수신된 잡음이 더해진 신호의 좌표를 저장된 신호 좌표 a_{ij}와 비교한다. 잡음이 더해져서 수신된 신호점이 유클리드(Euclidean) 의미로 측정된 거리에서 가장 가까운 전송 신호를 선택한다. 즉 하나의 a_{ij}에서 식 (10.37)이 최소가 되는 전송 신호를 선택한다.
>
> $$d_i^2 = \sum_{j=1}^{K} \left[Z_j - a_{ij}\right]^2 \tag{10.37}$$
>
> 이 결정 과정은 11장에서 소개될 것이며, 결국 신호 집합에 대하여 최소 오류 확률을 가능하게 한다.

예제 10.1

BPSK를 고려해보자. 이 경우에는 오직 하나의 직교정규 함수가 요구되며 이것은 다음과 같다.

$$\phi(t) = \sqrt{\frac{2}{T_b}}\cos 2\pi f_c t,\quad 0 \le t \le T_b \tag{10.38}$$

가능한 전송 신호는 다음과 같이 표현된다.

$$s_1(t) = \sqrt{E_b}\phi(t) \quad \text{and} \quad s_2(t) = -\sqrt{E_b}\phi(t) \tag{10.39}$$

여기서 E_b는 비트 에너지이다. 따라서 $\alpha_{11}=\sqrt{E_b}$이고 $\alpha_{21}=-\sqrt{E_b}$이다. 예를 들어 $Z_1=-1$이고 $E_b=4$인 상관기의 출력에 대해 식 (10.37)은 다음과 같이 된다.

$$d_1^2 = \left(-1 - \sqrt{4}\right)^2 = 9$$

$$d_2^2 = \left(-1 + \sqrt{4}\right)^2 = 1$$

그러므로 $s_2(t)$가 보내졌다고 판단하게 된다 ■

10.1.5 신호 공간 관점에서의 QPSK

그림 10.7과 그림 10.2로부터 QPSK 수신기는 두 상관기의 열로서 구성되어 있음을 알 수 있다. 따라서 수신된 데이터는 그림 10.8에 나타난 것처럼 2차원 신호 공간으로 표현될 수 있다. 전송된 신호는 다음과 같이 두 개의 직교정규 함수 $\phi_1(t)$와 $\phi_2(t)$에 의해 표현될 수 있다.

$$x_c(t) = s_i(t) = \sqrt{E_s}\left[d_1(t)\phi_1(t) - d_2(t)\phi_2(t)\right] = \sqrt{E_s}\left[\pm\phi_1(t) \pm \phi_2(t)\right] \tag{10.40}$$

여기서

$$\phi_1(t) = \sqrt{\frac{2}{T_s}}\cos 2\pi f_c t,\ 0 \le t \le T_s \tag{10.41}$$

그리고

$$\phi_2(t) = \sqrt{\frac{2}{T_s}}\sin 2\pi f_c t,\ 0 \le t \le T_s \tag{10.42}$$

E_s는 하나의 심벌 구간에 포함된 에너지이다. 가능한 신호점에 대한 수신 데이터점에 관련된 결과 영역이 그림 10.8에 나타나 있다. 이 그림은 좌표축에 수신 데이터점에 관련된 신호점을 결정하는 영역에 관해서 경계치를 제공하는 것을 보여준다. 예를 들면, 수신 데이터점이 첫 번째 사분면(R_1 영역)에 있으면, $d_1(t)=1$, $d_2(t)=1$이 된다(이것은 신호 공간에서의 신호점 S_1으로 표시된다). 원형 대칭은 선택한 신호점의 독립적인 오류의 조건부 확률과 다음의 식 (10.43)으로 만든다는 것을 상기하면 심벌 오류 확률에 관한 간단한 경계를 얻게 될 수 있다.

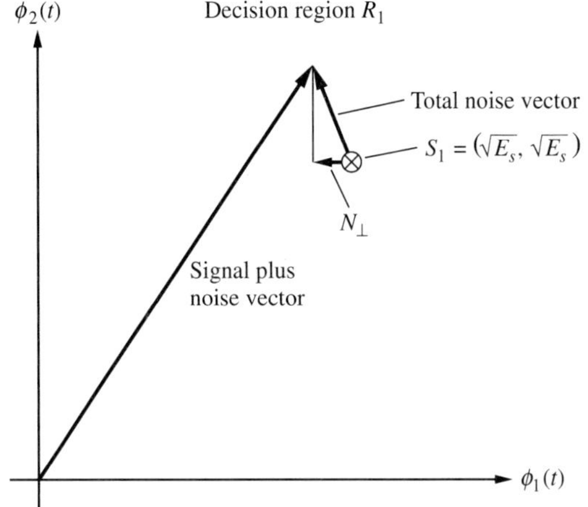

그림 10.9 신호 공간에서 신호와 잡음의 표현, 잡음 성분 $N_\perp$가 수신된 데이터 벡터를 R_2 방향으로 이동시킴

같다.

$$s_i(t) = \sqrt{\frac{2E_s}{T_s}} \cos\left[2\pi f_c t + \frac{2\pi(i-1)}{M}\right], \ 0 \le t \le T_s, \ i = 1, 2, \ldots, M \tag{10.47}$$

삼각 함수 항등식을 이용해서 이것은 다음과 같이 확장될 수 있다.

$$\begin{aligned} s_i(t) &= \sqrt{E_s}\left[\cos\left(\frac{2\pi(i-1)}{M}\right)\sqrt{\frac{2}{T_s}}\cos 2\pi f_c t - \sin\left(\frac{2\pi(i-1)}{M}\right)\sqrt{\frac{2}{T_s}}\sin 2\pi f_c t\right] \\ &= \sqrt{E_s}\left[\cos\left(\frac{2\pi(i-1)}{M}\right)\phi_1(t) - \sin\left(\frac{2\pi(i-1)}{M}\right)\phi_2(t)\right] \end{aligned} \tag{10.48}$$

여기서 $\phi_1(t)$와 $\phi_2(t)$는 식 (10.41)과 식 (10.42)에 의해서 정의되는 직교정규 함수이다.

최적결정 영역에 따른 신호점 S_i, $i=1, 2, \cdots, M$에 대한 표현이 그림 10.10(a)에 나타나 있다. 오류 확률은 2개의 반평면 D_1과 D_2로 나타낸 전체 영역이 그림 10.10(b)의 전체 어두운 영역보다 클 때 그림 10.10(b)에서 보이듯이 경계치를 벗어나게 된다. 따라서 심벌 오류 확률은 수신데이터점 Z_j가 양쪽 어느 평면에 놓이느냐 하는 확률에 의해서 경계치를 벗어나게 된다. 잡음분포의 원형 대칭성 때문에 두 확률은 같다. 하나의 신호점에 따른 하나의 반쪽 평면에 대해 고려해보면 반쪽 평면의 경계로부터 다음과 같은 최소 거리를 가지게 된다.

$$d = \sqrt{E_s}\sin(\pi/M) \tag{10.49}$$

그림 10.9에서 잡음 성분 $N_\perp$를 고려해보자. 이것은 반쪽 평면의 경계와 수직이다. 이것은 수신 데이터점이 결정경계의 틀린 부분에 놓일 수 있는 잡음 성분만을 나타낸다. 평균이 0이고

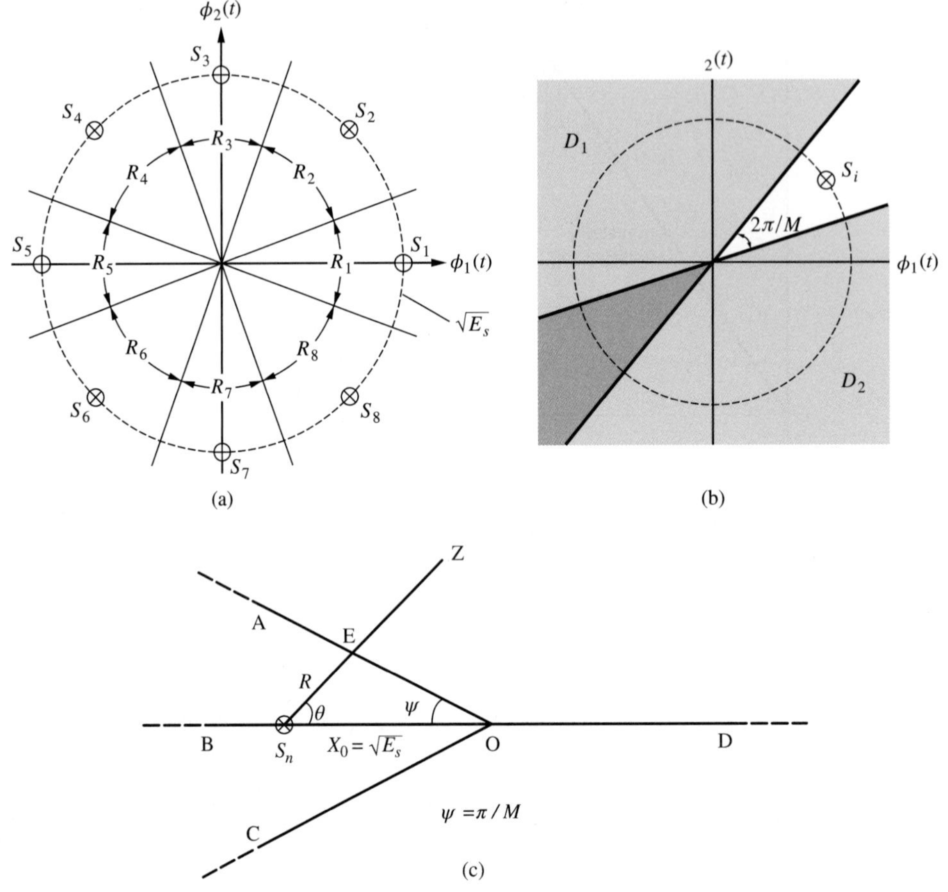

그림 10.10 (a) $M=8$인 M진 PSK 신호 공간, (b) P_E의 경계치를 벗어나는 데 사용되는 두 개의 반 평면을 나타내는 M진 PSK 신호 공간, (c) P_E에 대한 Craig의 정확한 적분을 얻기 위한 좌표 설정

분산은 $N_0/2$이다. 이와 같은 논의와 그림 10.10(b)의 언급으로부터 오류 확률은 다음 식에 의해서 경계치를 벗어나게 된다.

$$\begin{aligned} P_E &< \Pr(Z \in D_1 \text{ or } D_2) = 2\Pr(Z \in D_1) \\ &= 2\Pr(d + N_\perp < 0) = 2\Pr(N_\perp < -d) \\ &= 2\int_{-\infty}^{-d} \frac{e^{-u^2/N_0}}{\sqrt{\pi N_0}}\,du = 2Q\left(\sqrt{\frac{2E_s}{N_0}}\sin(\pi/M)\right) \end{aligned} \tag{10.50}$$

그림 10.10(b)로부터 M이 커짐에 따라(M이 증가함에 따라 D_1과 D_2가 겹치는 부분이 작아지기 때문에) 경계가 엄격하게 된다.

심벌 오류 확률의 정확한 표현은 다음과 같다.[6]

$$P_E = \frac{1}{\pi} \int_0^{\pi - \pi/M} \exp\left[-\frac{(E_s/N_0)\sin^2(\pi/M)}{\sin^2 \phi} \right] d\phi \tag{10.51}$$

그림 10.10(c)를 참고한 증명 과정은 하단에 적혀 있는 Craig의 논문을 따른다. 그림 10.10(c)는 신호점 S_n에 대한 n번째 결정 영역을 보여준다(원형 대칭 때문에 우리는 어떤 편리한 위치로 이 결정 영역을 회전시킬 수 있다는 것을 상기하라). 심벌 오류 확률은 수신 데이터에서의 잡음 때문에 생기는 확률이다. 예를 들면 Z점과 같이 잡음으로 인해 수신 데이터의 점은 AO와 CO의 반무한(semi-infinite) 경계선인 V자 꼴 영역의 바깥쪽에 위치하게 된다. 그리고 Z가 경계면 AOD에 있을 확률은 2배가 될 것으로 보인다. 이것은 다음과 같이 표현할 수 있다.

$$P_E = 2 \int_0^{\pi - \pi/M} \int_R^{\infty} f_{R\Theta}(r, \theta)\, dr d\theta \tag{10.52}$$

여기서 R은 신호점과 경계선까지의 거리이고, $f_{R\Theta}(r, \theta)$는 극 좌표계에서의 잡음 성분들의 결합 확률 분포로 표현된다. 이것은 다음과 같다.

$$f_{R\Theta}(r, \theta) = \frac{r}{\pi N_0} \exp\left(-\frac{r^2}{N_0} \right), \quad r \geq 0, \ -\pi < \theta \leq \pi \tag{10.53}$$

(잡음 성분의 분산값은 $N_0/2$임을 상기하라.) 식 (10.53)을 식 (10.52)에 대입 후 r에 대해 적분을 하면 다음 식을 얻을 수 있다.

$$P_E = \frac{1}{\pi} \int_0^{\pi - \pi/M} \exp\left(-\frac{R^2}{N_0} \right) d\theta \tag{10.54}$$

이제 그림 10.10(c)에 대해 사인 법칙을 적용하면

$$\frac{R}{\sin\psi} = \frac{X_0}{\sin(\pi - \theta - \psi)} = \frac{X_0}{\sin(\theta + \psi)}$$

또는

$$R = \frac{X_0 \sin\psi}{\sin(\theta + \psi)} = \frac{\sqrt{E_s}\sin(\pi/M)}{\sin(\theta + \pi/M)} \tag{10.55}$$

6 J. W. Craig, "A new, Simple and Exact Result for Calculating the Probability of Error for Two-Dimensional Signal Constellations," *IEEE Milcom'91 Proceedings*, 571-575, October 1991 참조.

을 얻을 수 있다.

R로 표현된 식을 식 (10.54)에 대입하면

$$P_E = \frac{1}{\pi}\int_0^{\pi-\pi/M} \exp\left(-\frac{E_s \sin^2(\pi/M)}{N_0 \sin^2(\theta+\pi/M)}\right)d\theta \tag{10.56}$$

여기서 $\phi = \pi - (\theta + \pi/M)$를 대입하면 식 (10.51)을 얻을 수 있다. 식 (10.51)에서 계산된 성능 곡선은 이후에 심벌 오류에서 비트 오류 확률로 환산된 다음 표시된다.

10.1.7 직교 진폭 변조(QAM)

또 다른 신호방식은 직교반송파를 이용해서 다중 신호를 전송하는 **직교 진폭 변조**(QAM)라고 하고, 송신 신호는 다음과 같이 표현된다.

$$s_i(t) = \sqrt{\frac{2}{T_s}}(A_i \cos 2\pi f_c t + B_i \sin 2\pi f_c t), \quad 0 < t \le T_s \tag{10.57}$$

여기서 A_i와 B_i는 동일한 확률로서 $\pm a,\ \pm 3a,\ \cdots,\ \pm\left(\sqrt{M}-1\right)a$의 가능한 값을 가지게 되고 여기서 M은 4의 정수 제곱이다. 파라미터 a는 심벌 평균 에너지 E_s와 관계가 있다(연습문제 10.16 참조).

$$a = \sqrt{\frac{3E_s}{2(M-1)}} \tag{10.58}$$

16-QAM의 신호 공간은 그림 10.11(a)에 나타나 있으며, 수신기 구조는 그림 10.11(b)와 같다. M-QAM의 심벌 오류 확률은 다음과 같다.

$$P_E = 1 - \frac{1}{M}\left[\left(\sqrt{M}-2\right)^2 P(C\mid \mathrm{I}) + 4\left(\sqrt{M}-2\right)P(C\mid \mathrm{II}) + 4P(C\mid \mathrm{III})\right] \tag{10.59}$$

여기서 조건부 확률 $P(C|\mathrm{I})$, $P(C|\mathrm{II})$, $P(C|\mathrm{III})$는 다음과 같이 주어진다.

$$P(C\mid \mathrm{I}) = \left[\int_{-a}^{a} \frac{\exp\left(-u^2/N_0\right)}{\sqrt{\pi N_0}}du\right]^2 = \left[1 - 2Q\left(\sqrt{\frac{2a^2}{N_0}}\right)\right]^2 \tag{10.60}$$

$$P(C\mid \mathrm{II}) = \int_{-a}^{a} \frac{\exp\left(-u^2/N_0\right)}{\sqrt{\pi N_0}}du \int_{-a}^{\infty} \frac{\exp\left(-u^2/N_0\right)}{\sqrt{\pi N_0}}du$$

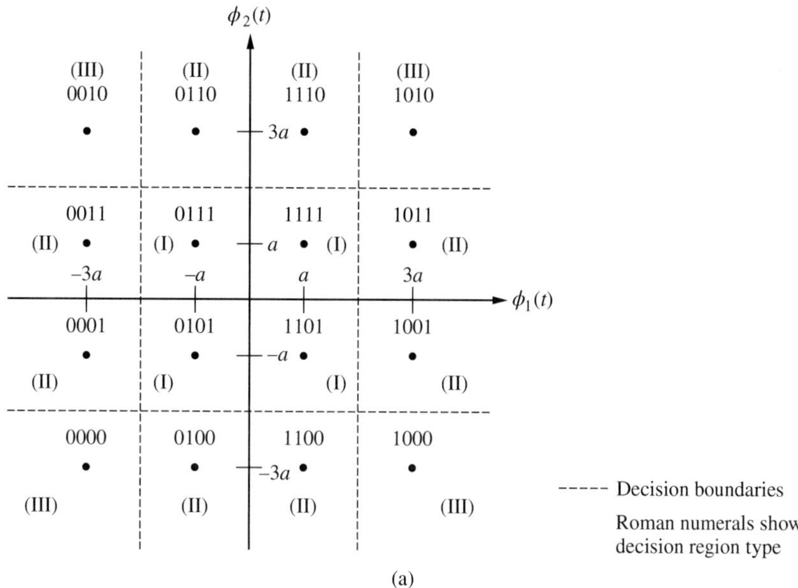

(a)

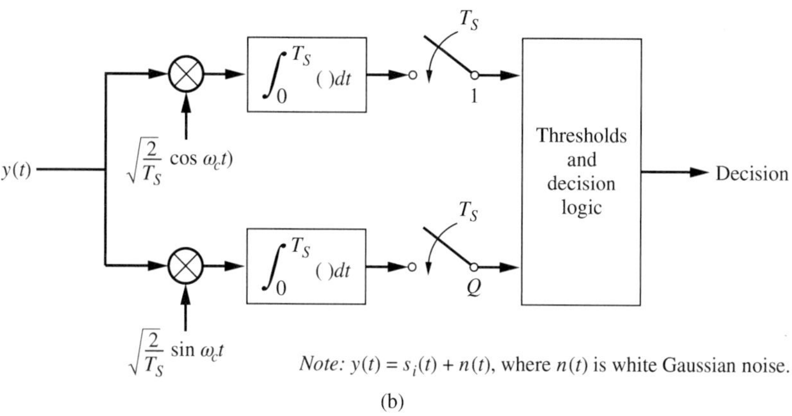

(b)

그림 10.11 16-QAM의 신호 공간과 검출기 구조. (a) 16-QAM의 신호배치와 결정 영역, (b) M-QAM 검출기 구조 (신호점의 이진 표현은 그레이 부호화되어 있다.)

$$= \left[1 - 2Q\left(\sqrt{\frac{2a^2}{N_0}}\right)\right]\left[1 - Q\left(\sqrt{\frac{2a^2}{N_0}}\right)\right] \tag{10.61}$$

$$P(C \mid \text{III}) = \left[\int_{-a}^{\infty} \frac{\exp\left(-u^2/N_0\right)}{\sqrt{\pi N_0}} du\right]^2 = \left[1 - Q\left(\sqrt{\frac{2a^2}{N_0}}\right)\right]^2 \tag{10.62}$$

기호 I, II, III는 그림 10.11(a)에 나타낸 결정 영역의 세 가지 형태에 대해 올바르게 수신할 확률을 나타내는 특정한 확률을 표시한다. 일반적으로 $(\sqrt{M}-2)^2$ 가짓수의 타입 I 결정 영역(16-QAM의 경우 네 가지), $4(\sqrt{M}-2)$가짓수의 타입 II 결정 영역(16-QAM의 경우 여덟 가지), 그리고 네 가지 타입 III 결정 영역(각 모서리)이 있다. 그러므로 가능한 심벌들이 등가능성이라고 가정하면 결정 영역의 주어진 타입의 확률은 식 (10.59) 뒤에 이론적 해석을 보여주는 숫자들에 $1/M$만큼 곱한 것이다.

컴퓨터 프로그램은 식 (10.59)부터 식 (10.62)를 이용하여 심벌 오류 확률 계산을 하는 데 유용하다. E_s/N_0값이 클 경우 Q 함수의 제곱값은 Q 함수 자체와 비교하여 무시될 수 있고, 결과는 다음과 같이 근사화된다.

$$P_s \cong 4\left(1-\frac{1}{\sqrt{M}}\right)Q\left(\sqrt{\frac{2a^2}{N_0}}\right),\ \ E_s/N_0 \gg 1 \tag{10.63}$$

M진 PSK와 QAM 오류 확률은 이 장 뒷부분에서 비교될 것이다.

10.1.8 위상동기 FSK

M진 FSK의 오류 확률은 11장에서 구할 것이다. 전송된 신호는 다음과 같은 형태를 가진다.

$$s_i(t) = \sqrt{\frac{2E_s}{T_s}}\cos\left\{2\pi\left[f_c+(i-1)\Delta f\right]t\right\},\ 0 \le t \le T_s,\ i = 1, 2, \ldots, M \tag{10.64}$$

여기서 Δf는 식 (10.64)에 의해 위상동기 직교되는 신호를 만들기 위해 충분히 큰 주파수 차이다(최소 분리는 $\Delta f = 1/2T_s$이다). M개의 전송된 신호 각각은 나머지에 대해 직교이므로 신호 공간은 M차원이 되고, 여기서 함수의 직교 집합은 다음과 같다.

$$\phi_i(t) = \sqrt{\frac{2}{T_s}}\cos\left\{2\pi\left[f_c+(i-1)\Delta f\right]t\right\},\ 0 \le t \le T_s,\ i = 1, 2, \ldots, M \tag{10.65}$$

그래서 i번째 신호는 다음과 같이 표현된다.

$$s_i(t) = \sqrt{E_s}\phi_i(t) \tag{10.66}$$

신호 공간의 예로 그림 10.12는 $M=3$(표현하기 쉬운 비현실적인 예제를 선택하였다)인 경우를 표현하였다. 오류 확률의 상한은 M이 커질수록 견고하게 되고, 다음과 같다.[7]

---

7 이것은 확률 결합 경계를 이용하여 유도되었다. 이것을 수식으로 표현하면 사건들 K의 어떤 집합도 서로소이다. $\Pr(A_1 \cup A_2 \cup \cdots \cup A_k) \le \Pr(A_1) + \Pr(A_2) + \cdots + \Pr(A_k)$.

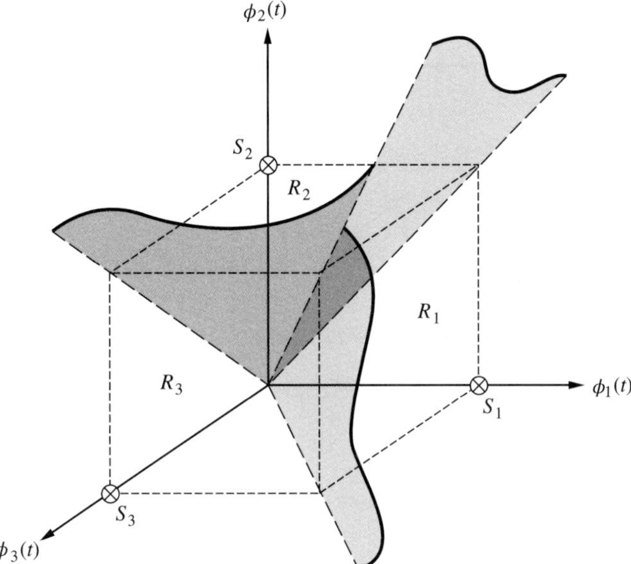

그림 10.12 3진 위상동기 FSK의 결정 영역을 나타내는 신호 공간

$$P_E \le (M-1)\,Q\left(\sqrt{\frac{E_s}{N_0}}\right) \tag{10.67}$$

이것에 따르면 오류가 발생했을 때 수신된 데이터 벡터가 원래의 송신 신호점보다 다른 신호점 $M-1$ 중 어떤 하나에 더 가까워야 한다. 이 부정확한 사건들 중 어떤 하나의 확률은 $Q\left(\sqrt{E_s/N_0}\right)$이다.

10.1.9 위상비동기 FSK

위상비동기 M진 FSK는 위상동기 FSK와 동일한 신호 집합을 가지며 위상동기 반송파 획득이 필요 없는 수신기 구조가 사용된다. 적절한 수신기 구조의 블록도가 그림 10.13에 나타나 있다. 심벌 오류 확률은 다음과 같다.

$$P_E = \sum_{k=1}^{M-1} \binom{M-1}{k} \frac{(-1)^{k+1}}{k+1} \exp\left(-\frac{k}{k+1}\frac{E_s}{N_0}\right) \tag{10.68}$$

다음과 같이 심벌 오류 확률을 유도하였다. 그림 10.13에 따르면 수신 신호의 형태는 다음과 같이 고려된다.

$$y_i(t) = \sqrt{\frac{2E_s}{T_s}}\cos\left(2\pi f_i t + \alpha\right),\ 0 \le t \le T_s,\ i = 1,\ 2, \ldots,\ M \tag{10.69}$$

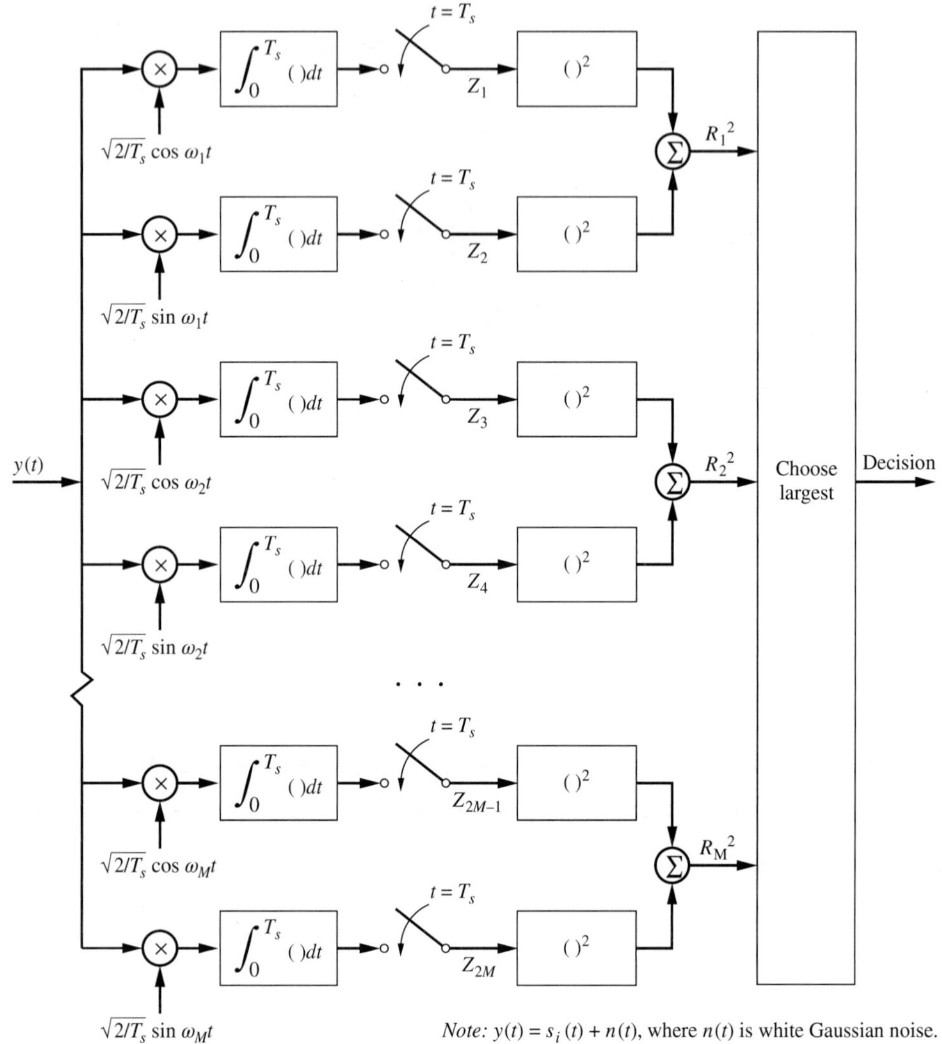

그림 10.13 위상비동기 FSK 수신기

여기서 $|f_{i\pm1} - f_i| \geq 1/T_s$이고 α는 알 수 없는 위상각이다. j번째 상관기 쌍의 직교 기저 함수는 다음과 같다.

$$\phi_{2j-1}(t) = \sqrt{\frac{2}{T_s}}\cos(2\pi f_j t), \quad 0 \leq t \leq T_s$$

$$\phi_{2j}(t) = \sqrt{\frac{2}{T_s}}\sin(2\pi f_j t), \quad 0 \leq t \leq T_s, \quad j = 1, 2, \ldots, M \tag{10.70}$$

$s_i(t)$가 보내졌을 때 수신된 데이터 벡터의 좌표, $\mathbf{Z} = (Z_1, Z_2, Z_3, \cdots, Z_{2M-1}, Z_{2M})$은 다음과 같다.

$$Z_{2j-1} = \begin{cases} N_{2j-1}, & j \neq i \\ \sqrt{E_s}\cos\alpha + N_{2j-1}, & j = i \end{cases} \tag{10.71}$$

그리고

$$Z_{2j} = \begin{cases} N_{2j}, & j \neq i \\ -\sqrt{E_s}\sin\alpha + N_{2j}, & j = i \end{cases} \tag{10.72}$$

여기서 $j=1, 2, \cdots, M$이다. 잡음 성분은 다음과 같이 주어지며

$$N_{2j-1} = \sqrt{\frac{2}{T_s}} \int_0^{T_s} n(t)\cos\left(2\pi f_j t\right) dt$$

$$N_{2j} = \sqrt{\frac{2}{T_s}} \int_0^{T_s} n(t)\sin\left(2\pi f_j t\right) dt \tag{10.73}$$

평균값이 0이고 분산값이 $N_0/2$인 무상관 가우시안 랜덤변수이다. $s_i(t)$가 보내졌을 때 다음의 식을 만족한다면 올바른 수신이 이루어진다.

$$Z_{2j-1}^2 + Z_{2j}^2 < Z_{2i-1}^2 + Z_{2i}^2, \quad \text{all } j \neq i$$

또는 동등하게

$$\sqrt{Z_{2j-1}^2 + Z_{2j}^2} < \sqrt{Z_{2i-1}^2 + Z_{2i}^2}, \quad \text{all } j \neq i \tag{10.74}$$

심벌 오류 확률을 계산하기 위해서 확률변수 $R_j = \sqrt{Z_{2j-1}^2 + Z_{2j}^2}$, $j=1, 2, \cdots, M$의 결합 확률 밀도 함수가 필요하다. $j=i$이고 α가 주어졌을 때, 식 (10.71)의 Z_{2j-1}은 평균이 $\sqrt{E_s}\cos\alpha$이고 분산이 $N_0/2$인 가우시안 랜덤변수이다. 마찬가지로 $j=i$이고 α가 주어졌을 때 식 (10.72)의 Z_{2j}는 평균이 $-\sqrt{E_s}\sin\alpha$이고 분산이 $N_0/2$인 가우시안 랜덤변수이다. 그러므로, α가 주어졌을 때 Z_{2j}와 Z_{2j-1}의 결합 확률 밀도 함수는 다음과 같다(x와 y는 확률 밀도 함수를 위한 임시 변수이다).

$$f_{Z_{2j-1},\, Z_{2j}}(x,\ y \mid \alpha)=\begin{cases}\dfrac{1}{\pi N_0}\exp\left\{-\dfrac{1}{N_0}\left[\left(x-\sqrt{E_s}\cos\alpha\right)^2+\left(y+\sqrt{E_s}\sin\alpha\right)^2\right]\right\}, & j=i\\ \dfrac{1}{\pi N_0}\exp\left\{-\dfrac{1}{N_0}\left[x^2+y^2\right]\right\} & j\neq i\end{cases} \tag{10.75}$$

전개의 편의성을 위해 극좌표로 바꾸면 다음과 같이 정의된다.

$$\left.\begin{aligned} x &= \sqrt{\frac{N_0}{2}}r\sin\phi \\ y &= \sqrt{\frac{N_0}{2}}r\cos\phi \end{aligned}\right\},\ r\geq 0,\ 0\leq\phi<2\pi \tag{10.76}$$

변수들의 변화에 의해 식 (10.75)의 첫 번째 방정식의 음의 지수는 다음과 같이 된다.

$$\begin{aligned}
&\frac{1}{N_0}\left[\left(\sqrt{\frac{N_0}{2}}r\sin\phi-\sqrt{E_s}\cos\alpha\right)^2+\left(\sqrt{\frac{N_0}{2}}r\cos\phi+\sqrt{E_s}\sin\alpha\right)^2\right]\\
&\quad=\frac{1}{N_0}\left[\frac{N_0r^2}{2}\sin^2\phi-\sqrt{2E_sN_0}r\sin\phi\cos\alpha+E_s\cos^2\alpha+\frac{N_0r^2}{2}\cos^2\phi\right.\\
&\quad\quad\left.+\sqrt{2E_sN_0}r\cos\phi\sin\alpha+E_s\sin^2\alpha\right]\\
&\quad=\frac{r^2}{2}-\sqrt{\frac{2E_s}{N_0}}r(\sin\phi\cos\alpha-\cos\phi\sin\alpha)+\frac{E_s}{N_0}\\
&\quad=\frac{r^2}{2}+\frac{E_s}{N_0}-\sqrt{\frac{2E_s}{N_0}}r\sin(\phi-\alpha)
\end{aligned} \tag{10.77}$$

이것을 식 (10.75)에 치환하면 다음과 같은 결과를 얻는다($dxdy\rightarrow\frac{N_0}{2}rdrd\phi$인 것에 주의하라).

$$\begin{aligned}
f_{R_j\Phi_j|\alpha}(r,\ \phi\mid\alpha)&=\frac{r}{2\pi}\exp\left\{-\left[\frac{r^2}{2}+\frac{E_s}{N_0}-\sqrt{\frac{2E_s}{N_0}}r\sin(\phi-\alpha)\right]\right\},\ j=i,\ r\geq 0,\ 0\leq\phi<2\pi\\
&=\frac{r}{2\pi}\exp\left[-\left(\frac{r^2}{2}+\frac{E_s}{N_0}\right)\right]\exp\left[\sqrt{\frac{2E_s}{N_0}}r\sin(\phi-\alpha)\right]
\end{aligned} \tag{10.78}$$

$j \neq i$일 때의 결과는 $E_s=0$으로 했을 때 얻을 수 있다. 비조건부 확률 분포 함수는 어떤 2π 범위 안에서 균일한 α의 확률 분포 함수의 평균을 기초로 계산된다. 그러므로

$$f_{R_j \Phi_j}(r, \phi) = \frac{r}{2\pi} \exp\left[-\frac{1}{2}\left(r^2 + \frac{2E_s}{N_0}\right)\right] \int_{\phi}^{2\pi-\phi} \exp\left[\sqrt{\frac{2E_s}{N_0}} r \sin(\phi - \alpha)\right] \frac{d\alpha}{2\pi}$$

$$= \frac{r}{2\pi} \exp\left[-\frac{1}{2}\left(r^2 + \frac{2E_s}{N_0}\right)\right] I_0\left(\sqrt{\frac{2E_s}{N_0}} r\right), \quad \begin{matrix} j = i, \\ r \geq 0,\ 0 \leq \phi < 2\pi \end{matrix} \tag{10.79}$$

여기서 $I_0(\cdot)$은 수정된 0차 일종 베셀 함수이다. R_j에 대한 부분 확률 밀도 함수는 ϕ에 대해 적분하여 얻을 수 있으며 다음 식과 같다.

$$f_{R_j}(r) = r \exp\left[-\frac{1}{2}\left(r^2 + \frac{2E_s}{N_0}\right)\right] I_0\left(\sqrt{\frac{2E_s}{N_0}} r\right),\ j = i,\ r \geq 0 \tag{10.80}$$

이것은 라이시안 확률 분포 함수이다. 우리는 $E_s=0$으로 하여 $j \neq i$인 경우에 대해 다음과 같은 결과를 얻을 수 있다.

$$f_{R_j}(r) = r \exp\left(-\frac{r^2}{2}\right),\ j \neq i,\ r \geq 0 \tag{10.81}$$

이것은 레일리 확률 분포 함수이다.

랜덤변수들 R_j, $j=1, 2, \cdots, M$ 관점에서 검출 기준은 다음과 같다.

$$R_j < R_i,\ \text{all}\ j \neq i \tag{10.82}$$

R_j들이 통계적 독립 랜덤변수들이므로, 이 복합 사건의 확률은 다음과 같다.

$$\Pr\left(R_j < R_i,\ \text{all}\ j \neq i \mid R_i\right) = \Pi_{j=1,\ j \neq i}^{M} \Pr\left(R_j < R_i \mid R_i\right) \tag{10.83}$$

그러나

$$\Pr\left(R_j < R_i \mid R_i\right) = \int_0^{R_i} r \exp\left(-r^2/2\right) dr = 1 - \exp\left(-R_i^2/2\right) \tag{10.84}$$

$s_i(t)$가 송신됐을 때 올바르게 수신할 확률은 식 (10.84)를 R_i에 대해 평균한 값이며, 여기서 R_i는 식 (10.80)에 의해 주어진 라이시안 확률 분포 함수이다. 이것은 식 (10.84)와 식 (10.80)을

이용하여 다음과 같은 적분으로 쓸 수 있다.

$$P_s(C|s_i \text{ sent}) = \int_0^\infty \left[1-\exp(-r^2/2)\right]^{M-1} r\exp\left[-\frac{1}{2}\left(r^2+\frac{2E_s}{N_0}\right)\right] I_0\left(\sqrt{\frac{2E_s}{N_0}}r\right)dr \quad (10.85)$$

이항 정리에 의해

$$\left[1-\exp(-r^2/2)\right]^{M-1} = \sum_{k=0}^{M-1}\binom{M-1}{k}(-1)^k\exp(-kr^2/2) \quad (10.86)$$

그러므로 차수 적분과 요약을 번갈아 하면 식 (10.85)는 다음과 같이 쓸 수 있다.

$$\begin{aligned} P_s(C|s_i \text{ sent}) &= \sum_{k=0}^{M-1}\binom{M-1}{k}(-1)^k\int_0^\infty r\exp\left\{-\frac{1}{2}\left[(k+1)r^2+\frac{2E_s}{N_0}\right]\right\} I_0\left(\sqrt{\frac{2E_s}{N_0}}r\right)dr \\ &= \exp(-E_s/N_0)\sum_{k=0}^{M-1}\binom{M-1}{k}\frac{(-1)^k}{k+1}\exp\left[\frac{E_s}{(k+1)N_0}\right] \end{aligned} \quad (10.87)$$

여기서 정적분은 다음과 같다.

$$\int_0^\infty x\exp(-ax^2)\, I_0(bx)\,dx = \frac{1}{2a}\exp\left(\frac{b^2}{4a}\right),\ a,b>0 \quad (10.88)$$

식 (10.87)은 송신 신호와 독립적이기 때문에 M개의 가능한 모든 신호에 대해서 적용되며 그 결과 올바르게 수신될 확률은 특정한 신호 $s_i(t)$와 독립적이다. 그러므로 심벌 오류 확률은 다음과 같이 주어진다.

$$\begin{aligned} P_E &= 1-P_s(C \mid s_i \text{ sent}) \\ &= 1-\exp(-E_s/N_0)\sum_{k=0}^{M-1}\binom{M-1}{k}\frac{(-1)^k}{k+1}\exp\left[\frac{E_s}{(k+1)N_0}\right] \end{aligned} \quad (10.89)$$

이것은 식 (10.68)과 동일하다.

10.1.10 차동 위상동기 PSK

이진 차동 위상동기 천이 변조(DPSK)는 9장에서 차동 부호화에 의한 위상 차로 전달되는 정보를 지니고 이전 비트 간격이 현재 비트 간격을 위해 참조되는 변조 방법으로 소개되었다. 낮은 비트 오류 확률에서 이진 위상동기 PSK와 비교하여 E_b/N_0 손실은 대략 0.8dB임을 상기해

라. 이진 DPSK의 기본이 되는 착안점은 쉽게 M진 경우로 확장되며, 여기서 정보는 하나의 심벌에서 다음 심벌의 위상 차를 통해 전송된다. 상대적인 위상 차이를 추정하기 위해서 수신기는 연속으로 수신된 신호의 위상들을 비교한다. 연속적으로 송신된 신호들을 표현하면 다음과 같다.

$$\begin{aligned} s_1(t) &= \sqrt{\frac{2E_s}{T_s}} \cos(2\pi f_c t), \quad 0 \le t < T_s \\ s_i(t) &= \sqrt{\frac{2E_s}{T_s}} \cos\left(2\pi f_c t + \frac{2\pi(i-1)}{M}\right), \quad T_s \le t < 2T_s \end{aligned} \tag{10.90}$$

이때 채널에서 유도된 위상 천이 α가 연속적인 2개의 신호 간격 동안 일정하다고 가정하면 잡음이 더해진 수신 신호는 다음과 같이 표현된다.

$$\begin{aligned} y_1(t) &= \sqrt{\frac{2E_s}{T_s}} \cos(2\pi f_c t + \alpha) + n(t), \quad 0 \le t < T_s \\ y_i(t) &= \sqrt{\frac{2E_s}{T_s}} \cos\left(2\pi f_c t + \alpha + \frac{2\pi(i-1)}{M}\right) + n(t), \quad T_s \le t < 2T_s \end{aligned} \tag{10.91}$$

그리고 수신기에서는 하나의 신호와 다음 신호와의 $2\pi/M$ 단위로 된 위상 차 정도에 의해 수신 신호가 결정된다.

수년에 걸쳐 M진 DPSK(M-DPSK)의 심벌 오류 확률 근사식과 경계식들이 유도되었다.[8] M-PSK의 경우와 마찬가지로 M-DPSK의 심벌 오류 확률의 정확한 표현식은 Q 함수로 나타낸 Craig 표현식을 이용하여 나타냈다. 여기서 Q 함수는 부록 F에 주어져 있다.[9] 결과식은 다음과 같다.

$$P_E = \frac{1}{\pi} \int_0^{\pi - \pi/M} \exp\left[-\frac{(E_s/N_0)\sin^2(\pi/M)}{1 + \cos(\pi/M)\cos\phi} d\phi\right] \tag{10.92}$$

식 (10.92)에 의해 계산된 비트 오류 확률의 결과는 심벌 오류 확률을 비트 오류 확률로 전

---

8 V. K. Prabhu, "Error Rate Performance for Differential PSK," *IEEE Transactions on Communications*, **COM-30**: 2547–2550, December 1982.

R. Pawula, "Asymptotics and Error Rate Bounds for M-ary DPSK," *IEEE Transactions on Communications*, **COM-32**: 93–94, January 1984.

9 R. F. Pawula, "A New Formula MDPSK Symbol Error Probability," *IEEE Communications*, *Letters*, **2**: 271–272, October 1998.

환한 후에 논의가 이루어질 것이다.

10.1.11 심벌 오류 확률로부터의 비트 오류 확률

M개의 가능한 심벌 중 하나가 전송된다면 이 심벌을 나타내기 위해 요구되는 비트 수는 $\log_2 M$이다. 이진 부호를 사용해서 신호점들을 열거하는 것이 가능한데, 신호점으로부터 인접한 신호점까지 오직 하나의 비트만 변하게 된다. 이러한 부호를 9장에서 소개했듯이 그레이 부호라고 하며, $M=8$인 경우가 표 10.2에 나타나 있다.

주어진 신호점에 대해 인접한 신호점의 오류가 가장 발생하기 쉬우므로, 인접하지 않은 오류들은 무시하고 그레이 부호화가 되었다고 가정하면 심벌 오류는 하나의 비트 오류와 일치한다(예를 들면, M진 PSK와 같이 발생한다). 그렇다면 M진 통신 시스템에서 심벌 오류 확률로 나타낸 비트 오류 확률은 앞의 가정하에서 다음과 같이 유효하게 된다.

$$P_{E,\,\text{bit}} = \frac{P_{E,\,\text{symbol}}}{\log_2 M} \tag{10.93}$$

인접하지 않은 심벌들의 심벌 오류 확률들을 무시했기 때문에 식 (10.93)은 비트 오류 확률의 하한을 제공한다.

비트 오류 확률을 심벌 오류 확률과 관계시키는 두 번째 방법은 다음과 같다. $M=2^n$, n은 정수인 M진 변조 방식을 생각해보자. 그러면 각 신호(M진 신호)들은 n비트 이진수, 예를 들면 신호의 지수(index) 빼기 1의 이진수에 의해서 표현될 수 있다. $M=8$일 때 이와 같은 표현이 표 10.3에 나타나 있다.

마지막 열이 굵은 선 안에 포함되어 있다. 이 열에서는 $M/2$는 0이고 $M/2$는 1이다. 만일 심벌(M진 신호)이 오류로 수신되면, 어떤 주어진 이진 표현의 비트 위치(이 예제에서는 가장 오

표 10.2 $M=8$일 경우의 그레이부호

Digit	Binary code	Gray code
0	000	000
1	001	001
2	010	011
3	011	010
4	100	110
5	101	111
6	110	101
7	111	100

Note: The encoding algorithm is given in Problem 9.32.

표 10.3 직교 신호 비트 오류 확률 계산

M-ary signal	Bin. repres.	
1 (0)	0 0	0
2 (1)	0 0	1
3 (2)	0 1	0
4 (3)	0 1	1
5 (4)	1 0	0
6 (5)	1 0	1
7 (6)	1 1	0
8 (7)	1 1	1

른쪽 비트이다)에서 가능한 $M-1$ 방법에서 $M/2$개의 선택된 비트가 오류일 수 있다(M개의 전체 확률 중 하나가 정확하다). 따라서 신호(심벌)가 오류로 수신될 때 주어진 데이터 비트가 오류일 확률은 다음과 같다.

$$P(B|S) = \frac{M/2}{M-1} \tag{10.94}$$

이진 표현의 비트가 오류이면 심벌이 오류가 되므로 주어진 비트 오류에서 심벌 오류 확률 $P(S|B)$는 1이 된다. 베이즈 규칙을 적용하면 M진 시스템의 등가적인 비트 오류 확률은 다음과 같이 근사화될 수 있다.

$$P_{E,\,\text{bit}} = \frac{P(B|S)P_{E,\,\text{symbol}}}{P(S|B)} = \frac{M}{2(M-1)}P_{E,\,\text{symbol}} \tag{10.95}$$

이 결과는 특히 FSK와 같이 올바른 송신 신호점을 다른 신호점 $M-1$개 중 어느 하나로 오인할 확률이 각 신호점마다 같은 직교 신호 방식에 유용하다.

마지막으로 동등한 기준에서 다른 개수들의 심벌들을 이용한 두 통신 시스템 간의 비교를 위해서 에너지는 동일한 기준에 있어야 한다. 이것은 각 시스템에서 비트당 에너지 E_b의 관점에서 심벌당 에너지 E_s를 나타낼 때 다음과 같은 관계를 가진다.

$$E_s = \left(\log_2 M\right) E_b \tag{10.96}$$

이것은 심벌당 $\log_2 M$개의 비트가 있기 때문이다.

10.1.12 비트 오류 확률에 근거한 M진 통신 시스템의 비교

그림 10.14에 비트 오류 확률 대 E_b/N_0를 토대로 한 위상동기 및 차동 위상동기 M진 PSK 시스템과 QAM이 비교되어 있다. 그림 10.14는 이러한 시스템들의 비트 오류 확률이 M이 커짐에 따라 증가함을 보여준다. 이는 M이 커짐에 따라 2차원 신호 공간에서 신호점들이 서로 가까이 군집되기 때문이다. 게다가 M진 DPSK는 몇몇 dB에서 위상동기 PSK보다 열약한 성능을 가지는데, 이는 이전에 수신기에서 발생한 위상잡음 때문이다. 직교 진폭 변조(QAM)는 신호 공간을 좀 더 효율적으로 사용하기 때문에 PSK보다 상당히 나은 성능을 가진다(진폭을 바꾸고 추가적으로 위상을 바꾸기 때문에 전송된 파형은 일정하지 않은 포락선을 가지고 있고 이는 전력효율 증폭 관점에서는 불리하다).

모든 M진 디지털 변조 방식에서 M이 증가함에 따라 비트 오류 확률이 증가하는 바람직하지 않은 현상이 생기는 것은 아니다. 이미 우리는 M진 FSK는 신호 공간의 차수가 M에 비례해서 증가하는 신호 방식임을 알고 있다. 이것은 M이 증가함에 따라 위상동기 그리고 위상비동기 M진 FSK의 비트 오류 확률들이 감소한다는 것을 의미하는데, 차원이 증가하는 것은, 예를 들면 신호 공간이 M($M=2$일 경우 제외)값과 관계없이 2차원인 M진 PSK처럼 신호점들이 서로 군집되지 않는 것을 의미하기 때문이다. 이것은 그림 10.15에 나타나 있고 다양한 M값들

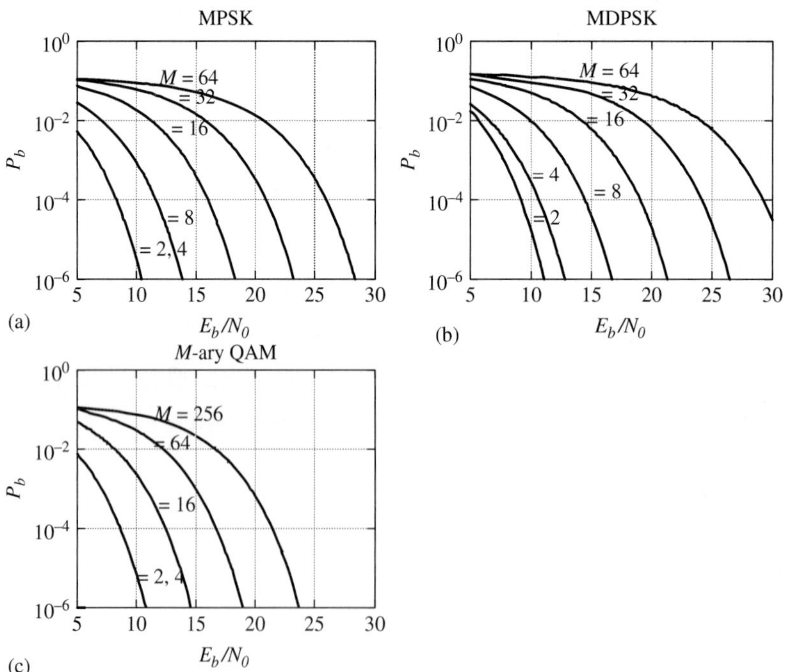

그림 10.14 M진의 비트 오류 확률 대 E_b/N_0. (a) PSK, (b) 차동 위상동기 PSK, (c) QAM

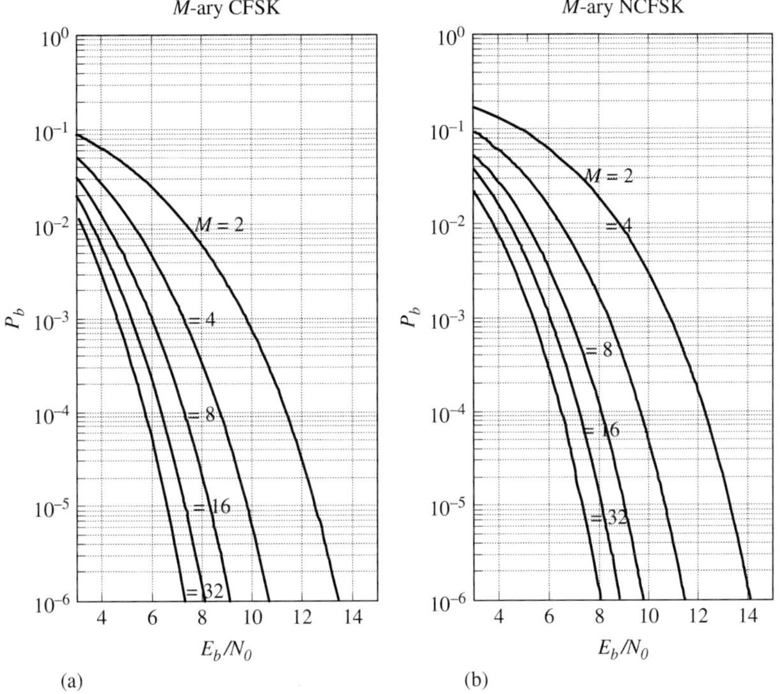

그림 10.15 *M*진의 비트 오류 확률 대 E_b/N_0. (a) 위상동기, (b) 위상비동기 *M*진 FSK

에 대한 위상동기 그리고 위상비동기 FSK의 비트 오류 확률들이 비교되어 있다. 불행하게도 *M*진 FSK(위상동기 또는 위상비동기)에 요구되는 대역폭은 *M*에 비례해서 증가하는데, *M*진 PSK의 경우에는 해당되지 않는다. 그러므로 공정한 비교를 위해 통신 시스템들의 양쪽 비트 오류 확률 특성과 그들의 상대 대역폭을 기초로 하여 *M*진 통신 시스템을 비교해야 한다. 위상동기 FSK에 대한 위상비동기 성능 열화가 예상했던 만큼 심하지 않다는 것에 주목해라.

예제 10.2

*M*의 다양한 값들에 대해 비트 오류 확률 10^{-6}을 제공하기 위해 요구되는 E_b/N_0를 토대로 해서 위상비동기와 위상동기 FSK의 성능을 비교하라.

풀이

식 (10.67), 식 (10.68), 식 (10.95), 식 (10.96)을 사용해서 MATLAB에 의해 표 10.4 같은 결과가 나온다. 위상비동기에 의한 성능 손실은 놀랄 만큼 작다는 것에 주목하라.

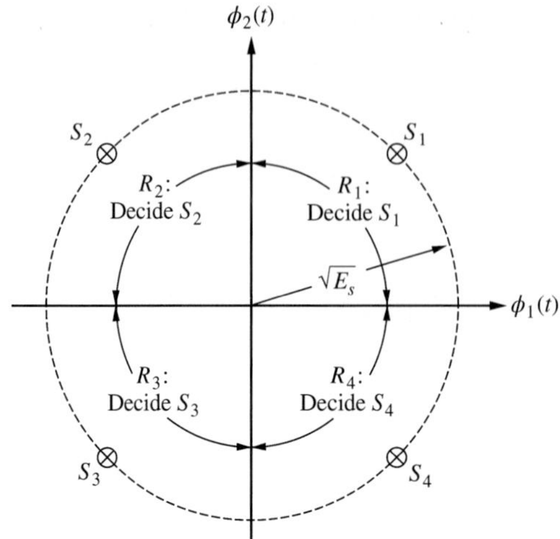

그림 10.8 QPSK 신호 공간

$$\begin{aligned} P_E &= \Pr(Z \in R_2 \text{ or } R_3 \text{ or } R_4 | S_1 \text{ sent}) \\ &< \Pr(Z \in R_2 \text{ or } R_3 | S_1 \text{ sent}) + \Pr(Z \in R_3 \text{ or } R_4 | S_1 \text{ sent}) \end{aligned} \tag{10.43}$$

식 (10.43) 오른편의 두 확률은 동일한 것으로 볼 수 있다. 따라서

$$\begin{aligned} P_E &< 2\Pr(Z \in R_2 \text{ or } R_3) = 2\Pr\left(\sqrt{E_s/2} + N_\perp < 0\right) \\ &= 2\Pr\left(N_\perp < -\sqrt{E_s/2}\right) \end{aligned} \tag{10.44}$$

이고, 여기서 $N_\perp$는 그림 10.9에 나타난 것처럼 R_1과 R_2 사이의 결정경계에 수직인 잡음 성분이다. 평균이 0이고 분산이 $N_0/2$이므로

$$P_E < 2\int_{-\infty}^{-\sqrt{E_s/2}} \frac{e^{-u^2/N_0}}{\sqrt{\pi N_0}}\, du = 2\int_{\sqrt{E_s/2}}^{\infty} \frac{e^{-u^2/N_0}}{\sqrt{\pi N_0}}\, du \tag{10.45}$$

이고, 변수 $\mu = v/\sqrt{N_0/2}$로 변환시켜서 이 식을 다음과 같이 줄일 수 있다.

$$P_E < 2Q\left(\sqrt{E_s/N_0}\right) \tag{10.46}$$

이것은 식 (10.15)와 동일한데, 식 (10.14)에서 P_{E_1}의 제곱을 무시한 결과이다.

10.1.6 *M*진 PSK

QPSK의 신호 집합은 위상 등의 임의의 수로 일반화될 수 있다. 변조된 신호의 형태는 다음과

표 10.4 위상비동기 및 동기 FSK에 대한 전력 효율

	E_b/N_0 in dB for $P_{E,\text{ bit}} = 10^{-6}$	
M	Noncoherent	Coherent
2	14.20	13.54
4	11.40	10.78
8	9.86	9.26
16	8.80	8.22
32	8.02	7.48

컴퓨터 예제 10.1

*M*PSK와 차동 *M*PSK에서 식 (10.51)과 식 (10.92)에 기초를 둔 비트 오류 확률의 그림에 대한 것과 식 (10.93)에 의해 주어진 비트 오류 확률에 대한 심벌의 변환에 대한 MATLAB 프로그램이 다음에 주어져 있다.

```
% file: c9ce1.m
% BEP for MPSK and MDPSK using Craig's integral
clf; clear all
M_max = input('Enter max value for M (power of 2) =>');
rhobdB_max = input('Enter maximum Eb/N0 in dB =>');
rhobdB = 5:0.5:rhobdB_max;
Lrho = length(rhobdB);
for k = 1:log2(M_max)
    M = 2^k;
    rhob = 10.^(rhobdB/10);
    rhos = k*rhob;
    up_lim = pi*(1-1/M);
    phi = 0:pi/1000:up_lim;
    PsMPSK = zeros(size(rhobdB));
    PsMDPSK = zeros(size(rhobdB));
    for m = 1:Lrho
       arg_exp_PSK = rhos(m)*sin(pi/M)^2./(sin(phi)).^2;
       Y_PSK = exp(-arg_exp_PSK)/pi;
       PsMPSK(m) = trapz(phi, Y_PSK);
       arg_exp_DPSK = rhos(m)*sin(pi/M)^2./(1+cos(pi/M)*cos(phi));
       Y_DPSK = exp(-arg_exp_DPSK)/pi;
       PsMDPSK(m) = trapz(phi, Y_DPSK);
    end
    PbMPSK = PsMPSK/k;
    PbMDPSK = PsMDPSK/k;
    if k == 1
       I = 4;
    elseif k == 2
       I = 5;
    elseif k == 3
       I = 10;
    elseif k == 4
       I = 19;
    elseif k == 5
       I = 28;
```

```
    end
    subplot(1,2,1), semilogy(rhobdB, PbMPSK), ...
      axis([min(rhobdB) max(rhobdB) 1e-6 1]), ...
       title('MPSK'), ylabel('{\itP_b}'), xlabel('{\itE_b/N}_0'), ...
       text(rhobdB(I)+.3, PbMPSK(I), ['{\itM} = ', num2str(M)])
    if k == 1
       hold on
       grid on
    end
    subplot(1,2,2), semilogy(rhobdB, PbMDPSK), ...
      axis([min(rhobdB) max(rhobdB) 1e-6 1]), ...
       title('MDPSK'), ylabel('{\itP_b}'), xlabel('{\itE_b/N}_0'), ...
       text(rhobdB(I+2)+.3, PbMPSK(I+2), ['{\itM} = ', num2str(M)])
    if k == 1
       hold on
       grid on
    end
end
% End of script file
```

이 프로그램을 사용하여 계산된 결과는 그림 10.14와 일치한다.

■

10.1.13 대역폭 효율에 근거한 M진 통신 시스템의 비교

신호 스펙트럼의 주엽(null to null)을 통과시키는 데 필요한 M진 변조 방식에서 요구되는 대역폭을 고려하면 다양한 M진 방식의 **대역폭 효율**은 표 10.5에 주어진 것과 같다. 이것은 9장에서 사용된 이진 경우에서의 증명이 확장된 것이다. 예를 들면, 위상동기 이진 FSK의 식 (10.91)과 유사하게 $M-2$ 톤 버스트 스펙트럼(tone burst spectra)의 사이에서 각기 $1/2T_s$ Hz로 이루어진 $M-1$ 스펙트럼 널(spectral null) 양 끝에 $1/T_s$ Hz를 가지며($1/2T_s$ Hz 넓이의 공간 $M-1$), 총 대역폭은 다음과 같이 주어진다.

$$
\begin{aligned}
B &= \frac{1}{T_s} + \frac{M-1}{2T_s} + \frac{1}{T_s} = \frac{M+3}{2T_s} \\
&= \frac{M+3}{2\left(\log_2 M\right) T_b} = \frac{(M+3)\,R_b}{2\log_2 M} \text{ hertz}
\end{aligned}
\tag{10.97}
$$

여기서 R_b/B의 결과는 표 10.5에 주어져 있다.

위상비동기 FSK의 증명도 톤 버스트 스펙트럼이 공간 $2/T_s$ Hz[10]로 추정되어 총대역폭이 다음과 같은 것을 제외하면 유사하다.

10 위상동기 FSK에 비교해서 증가된 톤 공간은 주파수가 동기 시스템에서 필요한 정도의 정확도로 비동기 시스템에서 추정되지 않는다는 추정하에 만들어졌다. 여기서 검출은 가능한 송신 주파수들을 가지고 상관기에서 수행된다.

표 10.5 다양한 M진 디지털 변조 방식들의 대역폭 효율 비교

M-ary scheme	Bandwidth efficiency (bits/s/Hz)
PSK, DPSK, QAM	$\frac{1}{2}\log_2 M$
Coherent FSK	$\frac{2\log_2 M}{M+3}$ (tone burst spacing of $1/2T_s$ Hz)
Noncoherent FSK	$\frac{\log_2 M}{2M}$ (tone burst spacing of $2/T_s$ Hz)

$$B = \frac{1}{T_s} + \frac{2(M-1)}{T_s} + \frac{1}{T_s} = \frac{2M}{T_s}$$
$$= \frac{2M}{(\log_2 M)T_b} = \frac{2MR_b}{(\log_2 M)} \text{ hertz} \quad (10.98)$$

PSK(차동 위상동기 포함)와 QAM은 하나의 톤 버스트 스펙트럼(다양한 위상의 PSK와 위상/진폭의 QAM)이 전체 영대영(null to null) 대역폭을 이루고 있다.

$$B = \frac{2}{T_s} = \frac{2}{(\log_2 M)T_b} = \frac{2R_b}{(\log_2 M)} \text{ hertz} \quad (10.99)$$

예제 10.3

다양한 M값에 대해 PSK, QAM, FSK에 관한 주엽 스펙트럼 기준의 대역폭 효율을 비교하라.

풀이

다양한 M값에 대한 대역폭 효율이 bps/Hz 단위로 표 10.6에 주어져 있다. QAM에서 M은 4의 거듭제곱으로 가정됨을 주의하라. 또한 M진 PSK의 대역폭 효율은 M이 증가함에 따라 증가하지만 FSK의 경우에는 감소함을 유의하라.

표 10.6 예제 10.3의 대역폭 효율(bps/Hz)

M	QAM	PSK	Coh.FSK	NONCOH.FSK
2		0.5	0.4	0.25
4	1	1	0.57	0.25
8		1.5	0.55	0.19
16	2	2	0.42	0.13
32		2.5	0.29	0.08
64	3	3	0.18	0.05

■

10.2 디지털 변조에 대한 전력 스펙트럼

10.2.1 직교 변조 기법

지금까지 고려한 여러 가지 변조 방식에 대한 성능을 나타내는 척도는 오류 확률과 대역폭 점유율이었다. 후반부에는 변조된 신호의 스펙트럼의 영대영(null-to-null)점을 계산하여 대역폭으로 하였다. 이번 절에서는 직교 변조된 신호의 전력 스펙트럼의 표현을 다룬다. 이것은 QPSK, OQPSK, MSK 그리고 QAM과 같은 직교 변조 기법에 필요한 대역폭에 대한 보다 정확한 척도를 얻기 위해 사용될 수 있다. 여기서 왜 M진 FSK와 같은 신호 집합은 포함되지 않았는가 하는 질문이 있을 수 있다. 이것에 대한 대답으로는 유도 과정이 복잡한 것과 적용하기 어려운 것이 있다(아날로그 FM에 대한 스펙트럼 유도 과정의 어려움을 상기하라). 이 문제를 다룬 많은 양의 문헌들이 있고 그중 하나의 문헌을 아래에 소개하였다.[11]

디지털 변조된 신호의 전력 스펙트럼에 대한 해석적인 표현을 사용하여 대역폭을 정의할 수 있다. 즉 필요로 하는 대역폭에 대한 정의는 어떤 특정한 대역폭 내에서 신호의 부분적 전력에 대한 기준을 근거로 한 것이다. $S(f)$가 주어진 변조 형태의 양측 전력 스펙트럼이라면, 대역폭 B에서의 전체 전력비는 다음과 같다.

$$\Delta P_{\text{IB}} = \frac{2}{P_T} \int_{f_c - B/2}^{f_c + B/2} S(f)\, df \tag{10.100}$$

여기서 인수 2는 양의 주파수에 대해서만 적분하기 때문에 사용되었다.

$$P_T = \int_{-\infty}^{\infty} S(f)\, df \tag{10.101}$$

위의 식은 전체 전력이고, f_c는 스펙트럼의 '중심' 주파수(일반적으로는 반송파 주파수로 사용하지만 여기서는 그렇지 않다)이다. 대역외 퍼센트 전력 ΔP_{OB}는 다음과 같이 정의된다.

$$\Delta P_{\text{OB}} = (1 - \Delta P_{\text{IB}}) \times 100\% \tag{10.102}$$

변조 신호의 대역폭에 대한 정의는 ΔP_{OB}를 어떤 수용값이 0.01% 혹은 1%와 같다고 놓고 이에 상응하는 대역폭에 대해 계산함으로써 편리하게 나타낼 수 있다. 대역외 전력곡선이 −20dB의 값을 갖는 대역폭에 상응하는 대역외 전력 기준이 1%이기 때문에 ΔP_{OB} 곡선은 이 과정을 수행하는 데 편리한 수단이다. 나중에 이 과정을 설명하는 몇 가지 예제를 보기로 하

---

11 H. E. Rowe and V. K. Prabhu, "Power Spectrum of a Digital, Frequency Modulation Signal," *The Bell System Technical Journal*, **54**: 1095–1125, July–August 1975.

고, 먼저 지금까지 논의한 여러 가지 기저대역 형태와 디지털 변조 방식에 대한 스펙트럼에 대하여 논의할 것이다.

5장에서 다룬 것과 같이 디지털로 변조된 신호의 스펙트럼은 디지털 데이터를 나타내는 데 사용한 특별한 기저대역 데이터 형태와 전송을 위한 신호를 만드는 데 사용한 변조 방식의 유형에 의해서 영향을 받는다. 여기서부터 nonreturn-to-zero(NRZ)의 데이터 형태를 사용한다고 가정한다.

식 (10.1)로 주어진 형태의 직교 변조 파형을 고려하여 진행해보자. 여기서 $m_1(t)=d_1(t)$, $m_2(t)=-d_2(t)$는 다음과 같은 형태를 갖는 랜덤(동전 던지기) 파형이고 다음과 같이 나타낼 수 있다.

$$d_1(t) = \sum_{k=-\infty}^{\infty} a_k p(t - kT_s - \Delta_1) \tag{10.103}$$

그리고

$$d_2(t) = \sum_{k=-\infty}^{\infty} b_k q(t - kT_s - \Delta_2) \tag{10.104}$$

여기서 $\{a_k\}$와 $\{b_k\}$는 독립적이고 동일한 분포(iid)인 시퀀스이다.

$$E\{a_k\} = E\{b_k\} = 0,\ E\{a_k a_l\} = A^2\delta_{kl},\ E\{b_k b_l\} = B^2\delta_{kl} \tag{10.105}$$

식 (10.105)에서 δ_{kl}은 $k=l$일 때 1이고 그 외의 경우에는 0인 크로네커 델타(Kronecker delta) 함수이다. 각 데이터 열은 시간 원점에 대한 일반화를 위해 T_s보다 적은 임의의 시간 변화인 Δ_1과 Δ_2를 포함한다.

식 (10.103)과 식 (10.104)에서 펄스형 함수 $p(t)$와 $q(t)$는 같거나 둘 중 하나는 0이다. 식 (10.1)에 식 (10.103)과 식 (10.104)를 대입하면 이것의 양측 스펙트럼은 다음과 같이 된다.

$$S(f) = G(f - f_c) + G(f + f_c) \tag{10.106}$$

여기서

$$G(f) = \frac{A^2\,|P(f)|^2 + B^2\,|Q(f)|^2}{T_s} \tag{10.107}$$

$P(f)$와 $Q(f)$는 각각 $p(t)$와 $q(t)$의 푸리에 변환이다. 이 결과는 식 (7.25)를 적용하여 유도할 수 있다. 처음으로 변조된 신호의 복소 포락선 형태로 표현하면 다음과 같이 된다.

$$x_c(t) = \mathrm{Re}\left\{z(t)\exp\left(j2\pi f_c t\right)\right\} \tag{10.108}$$

여기서

$$z(t) = d_1(t) + jd_2(t) \tag{10.109}$$

식 (7.25)를 따르면 $z(t)$의 전력 스펙트럼은

$$G(f) = \lim_{T\to\infty} \frac{E\left\{\left|\Im\left[z_{2T}(t)\right]\right|^2\right\}}{2T} = \lim_{T\to\infty} \frac{E\left\{\left|D_{1,\,2T}(f)\right|^2 + \left|D_{2,\,2T}(f)\right|^2\right\}}{2T} \tag{10.110}$$

여기서 $z_{2T}(t)$는 $z(t)$가 $[-T, T]$ 구간 외에서 0으로 잘려지는 것이고 이것은 $-N$부터 N까지 식 (10.103)과 식 (10.104)의 합을 잘라내는 것과 같이 볼 수 있다. 푸리에 변환의 중첩과 시간 지연 정리에 의해 다음 식을 얻는다.

$$\begin{aligned} D_{1,\,2T}(f) &= \Im\left[d_{1,\,2T}(t)\right] = \sum_{k=-N}^{N} a_k P(f)\, e^{-j2\pi\left(kT_s+\Delta_1\right)} \\ D_{2,\,2T}(f) &= \Im\left[d_{2,\,2T}(t)\right] = \sum_{k=-N}^{N} b_k P(f)\, e^{-j2\pi\left(kT_s+\Delta_2\right)} \end{aligned} \tag{10.111}$$

식 (10.111)을 사용하여 다음 식을 얻을 수 있다.

$$\begin{aligned} E\left\{\left|D_{1,\,2T}(f)\right|^2\right\} &= E\left\{\sum_{k=-N}^{N} a_k P(f)\, e^{-j2\pi\left(kT_s+\Delta_1\right)} \sum_{l=-N}^{N} a_l P^*(f)\, e^{j2\pi\left(lT_s+\Delta_1\right)}\right\} \\ &= |P(f)|^2\, E\left\{\sum_{k=-N}^{N}\sum_{l=-N}^{N} a_k a_l e^{-j2\pi(k-l)T_s}\right\} \\ &= |P(f)|^2 \sum_{k=-N}^{N}\sum_{l=-N}^{N} E\left[a_k a_l\right] e^{-j2\pi(k-l)T_s} \\ &= |P(f)|^2 \sum_{k=-N}^{N}\sum_{l=-N}^{N} A^2 \delta_{kl} e^{-j2\pi(k-l)T_s} \\ &= |P(f)|^2 \sum_{k=-N}^{N} A^2 = (2N+1)\,|P(f)|^2 A^2 \end{aligned} \tag{10.112}$$

유사하게 다음 식을 얻을 수 있다.

$$E\left\{\left|D_{2,\,2T}(f)\right|^2\right\} = (2N+1)\,|Q(f)|^2 B^2 \tag{10.113}$$

$2T=(2N+1)T_s+\Delta t$라고 놓으면 여기서 $\Delta t<T_s$는 단말 효과(end effect)를 설명하고 식 (10.110)에 식 (10.112)와 식 (10.113)을 대입하면 제한적으로 식 (10.107)이 된다.

이 결과를 BPSK에 적용할 수 있다. 예를 들어 $q(t)=0$, $p(t)=\Pi(t/T_b)$로 놓으면 결과적으로 생기는 기저대역 스펙트럼은 다음과 같다.

$$G_{\text{BPSK}}(f) = A^2 T_b \operatorname{sinc}^2(T_b f) \tag{10.114}$$

QPSK에 대한 스펙트럼의 경우 $P(f)=Q(f)=\sqrt{2}T_b\ \operatorname{sinc}(2T_b f)$를 얻기 위해 $A^2=B^2$, $T_s=2T_b$ 그리고 식 (10.115)와 같이 놓는다.

$$p(t) = q(t) = \frac{1}{\sqrt{2}}\Pi\left(\frac{t}{2T_b}\right) \tag{10.115}$$

결과적으로 생기는 기저대역 스펙트럼은 식 (10.116)과 같다.

$$G_{\text{QPSK}}(f) = \frac{2A^2\,|P(f)|^2}{2T_b} = 2A^2 T_b \operatorname{sinc}^2(2T_b f) \tag{10.116}$$

이 결과는 OQPSK에 대해서도 마찬가지로 타당한 것이 되는데, 그 이유는 진폭 스펙트럼 $|Q(f)|$(이것의 크기는 1)상에서 펄스 성형 함수 $q(t)$와 $p(t)$는 오직 시간 천이에 의해 생성된 $\exp(-j2\pi T_b f)$의 인자만 다르기 때문이다.

M진 QAM에 대해서 $P(f)=Q(f)=\sqrt{\log_2 M}\,T_b\ \operatorname{sinc}[(\log_2 M)T_b f)]$를 얻기 위해 $A^2=B^2$(이것은 I와 Q채널에서 진폭의 평균 제곱값이다), $T_s=(\log_2 M)T_b$ 그리고 식 (10.117)을 사용한다.

$$p(t) = q(t) = \frac{1}{\sqrt{\log_2 M}}\Pi\left(\frac{t}{(\log_2 M)\,T_b}\right) \tag{10.117}$$

이것으로 얻은 기저대역 스펙트럼은 식 (10.118)과 같다.

$$G_{\text{MQAM}}(f) = \frac{2A^2\,|P(f)|^2}{(\log_2 M)\,T_b} = 2A^2 T_b \operatorname{sinc}^2\left[(\log_2 M)\,T_b f\right] \tag{10.118}$$

MSK에 대한 기저대역 스펙트럼은 식 (10.119)의 펄스 성형 함수를 선택하고, $A^2=B^2$ 하면 얻을 수 있다.

$$p(t) = q(t-T_b) = \cos\left(\frac{\pi t}{2T_b}\right)\Pi\left(\frac{t}{2T_b}\right) \tag{10.119}$$

다음 식을 얻을 수 있다(연습문제 10.25 참조).

$$\mathfrak{F}\left\{\cos\left(\frac{\pi t}{2T_b}\right)\Pi\left(\frac{t}{2T_b}\right)\right\} = \frac{4T_b\cos(2\pi T_b f)}{\pi\left[1-(4T_b f)^2\right]} \tag{10.120}$$

이것으로 얻은 MSK의 기저대역 스펙트럼은 식 (10.121)과 같다.

$$G_{\text{MSK}}(f) = \frac{16A^2 T_b\cos^2(2\pi T_b f)}{\pi^2\left[1-(4T_b f)^2\right]^2} \tag{10.121}$$

대역외 퍼센트 전력의 정의에서 BPSK, QPSK(혹은 OQPSK), MSK의 기저대역 스펙트럼에 대한 결과를 이용하면 식 (10.102)는 그림 10.16에 나타낸 것과 같은 부분적인 대역외 전력에 대한 결과를 얻을 수 있다. 이러한 곡선들은 식 (10.114), (10.116) 그리고 (10.121)의 전력 스펙트럼의 수치적 적분으로 얻어진다. 그림 10.16으로부터 각각의 변조 형태에서 전력의 90%를 담고 있는 RF 대역폭은 근사적으로 다음과 같다.

$$B_{90\%} \cong \frac{1}{T_b}\ \text{Hz (QPSK, OQPSK, MSK)}$$

$$B_{90\%} \cong \frac{2}{T_b}\ \text{Hz (BPSK)} \tag{10.122}$$

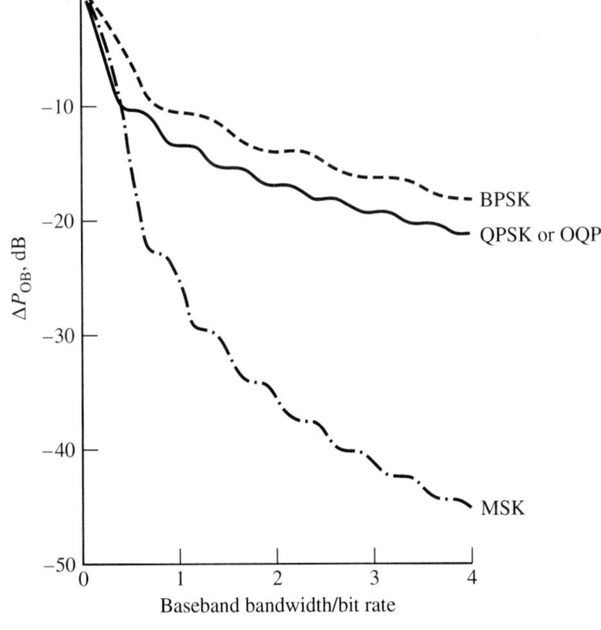

그림 10.16 BPSK, QPSK 또는 OQPSK, MSK의 부분적인 대역외 전력

이 그림은 기저대역 대역폭에 대해서 그린 것이기 때문에 $\Delta P_{OB} = -10\text{dB}$에 해당하는 대역폭에 주안을 두고 이 값을 2배로 하여 구현하였다.

MSK의 대역외 전력곡선은 BPSK와 QPSK에 대한 곡선보다도 훨씬 더 빠른 속도로 롤오프(roll off)되기 때문에 99%와 같은 좀 더 엄격한 대역내 전력사양에서는 BPSK나 QPSK보다 MSK가 보다 작은 대역폭을 갖게 된다. 전력 99%를 담고 있는 대역폭은 대략 다음과 같다.

$$B_{99\%} \cong \frac{1.2}{T_b} \quad \text{(MSK)}$$
$$B_{99\%} \cong \frac{8}{T_b} \quad \text{(QPSK or OQPSK; BPSK off the plot)} \qquad (10.123)$$

10.2.2 FSK 변조

위상동기식과 위상비동기식 FSK 전력 스펙트럼을 분석하고 표현하는 것은 어려운 일이다. 따라서 모의실험을 이용한 접근은 권장할 만한 방법이다. 다음의 컴퓨터 예제를 통해 해보도록 하자.

컴퓨터 예제 10.2

다음의 MATLAB 프로그래밍은 그림 10.17에서 보인 스펙트럼을 계산하고 그림을 그린 것이다. 스펙트럼에서 추정된 대역폭은 표 10.5의 결과와 밀접한지 확인해야 한다. 예를 들면, 그림 10.17에서 $M = 8$일 경우 그림에서 위상동기식 FSK 변조일 때 주엽의 대역폭은 약 $B_C = 5.1\text{Hz}$이고 위상비동기식 변조의 경우에는 $B_{NC} = 16\text{Hz}$이다. 식 (10.97)에서 $T_S = 1\text{s}$일 때 대역폭은 $B_C = \frac{M+3}{2T_s} = 5.5\text{Hz}$로 계산되고 식 (10.98)에서 $B_{NC} = \frac{2M}{T_s} = 16\text{Hz}$로 계산된다. 시뮬레이션을 통해서 얻어진 값과 얼마나 밀접한지 비교해보자.

```
% file: c10ce2
% Plot of FSK power spectra
%
clear all; clf
N = 3000; % Number of symbols in the simulation
Nsps = 500; % Number of samples per symbol
for CNC = 0:1 % CNC is 0 for coherent FSK; 1 for noncoherent
 M = 2;
 for I = 1:4
 if CNC == 0
    II = I;
 elseif CNC == 1
    II = I+4;
 end
 M = 2*M
 sig = [];
 Ts = 1;
 fc = 10;
 if CNC == 0
```

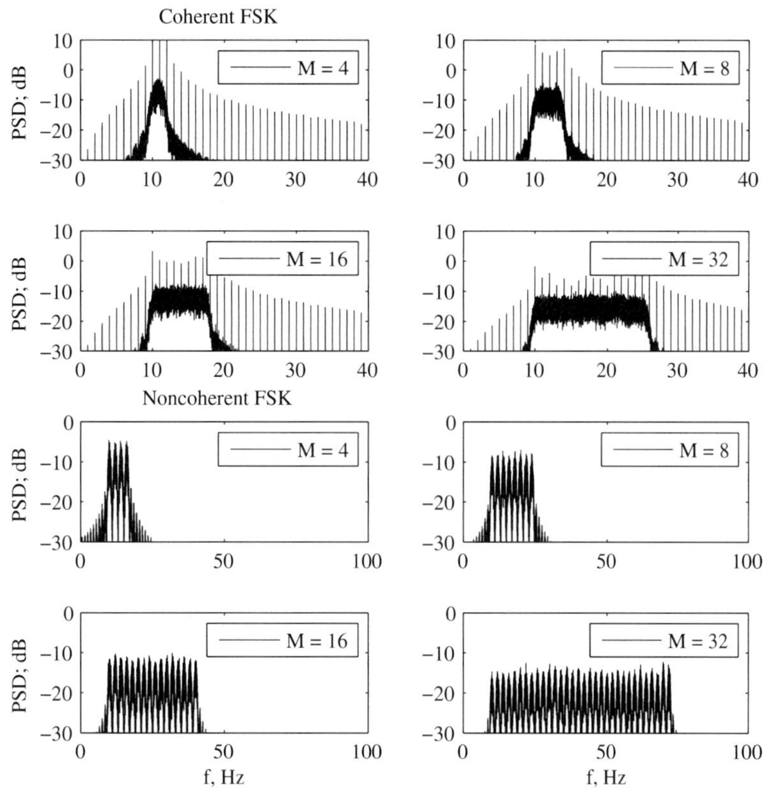

그림 10.17 위상동기식과 위상비동기식 FSK의 전력 밀도(f_c=10 Hz, T_s=1s)

```
      delf = 1/(2*Ts);
   else
      delf = 2/(Ts);
   end
   delt = Ts/Nsps;
   fs = 1/delt;
   for n = 1:N
      ii = floor(M*rand)+1;
      alpha = CNC*2*pi*rand;
      for nn = 1:Nsps
        % Construct one symbol of FSK samples
         sigTs(nn) = cos(2*pi*(fc + (ii - 1)*delf)*nn*delt + alpha);
      end
      sig = [sig sigTs];   % Build total signal of N samples
   end
  % Use built-in MATLAB function to estimate PSD
    [Z, W] = pwelch(sig, [], [], [], fs);
   NW = length(W);
   if CNC ==0
      NN = floor(.4*NW);
   else
      NN = floor(.7*NW);
   end
   subplot(4,2,II), plot(W(1:NN), 10*log10(Z(1:NN)))
   if II == 1 & CNC == 0
```

```
      title('Coherent FSK')
   elseif II == 5 & CNC == 1
      title('Noncoherent FSK')
   end
   if II == 7 | II == 8
      xlabel('f, Hz')
   end
   if II == 1 | II == 3 | II == 5 | II == 7
      ylabel('PSD; dB')
   end
   if CNC == 0
      axis([0 40 -30 10])
   elseif CNC == 1
      axis([0 100 -30 0])
   end
   legend(['M = ', num2str(M)])
   PP = trapz(Z) % Check total power
   end
  end
 % End of script file
```

10.2.3 요약

디지털 변조된 신호가 주파수 대역을 얼마나 차지하는가 하는 것을 결정할 때 이전의 방법들은 대역폭을 변조 방식을 결정하는 한 가지 기준으로 보았다. 어찌되었든 이것만이 유일한 방법은 아니다. 또 다른 중요한 기준으로 인접 채널 간섭이 있다. 즉 사용 중인 채널과 인접한 채널 때문에 변조 기법에 영향을 주는 열화는 무엇인가? 일반적으로는 이것은 어려운 문제이다. 한 가지 접근 방법으로 독자들에게 혼선의 개념을 다룬 논문들을 참고하는 것을 권장한다.[12]

■ 10.3 동기화

위상동기 통신 시스템에서는 적어도 두 가지 레벨의 동기가 필요하다는 것을 알고 있다. 9.2절에서 고려된 수신기가 신호의 파형을 미리 알고 있을 경우 펄스의 시작과 끝나는 시간을 알아야 한다. 특히 위상동기식 ASK, PSK, 또는 위상동기식 FSK의 경우에 있어서는 비트 타이밍뿐만 아니라 반송파 위상도 알아야 한다. 게다가 비트들이 워드나 블록 단위로 묶여 있다면 워드의 시작과 끝 시간도 알아야 한다. 이 절에서는 이런 세 가지 레벨에서 동기화를 이루는 방법을 알아볼 것이다. (1) 반송파 동기화, (2) 비트 동기화(이미 5.7절에서 간략하게 살펴보았다), (3) 워드 동기화에 대해 순서대로 알아본다. 어떤 통신 시스템에는 다른 레벨의 동기화도 있지만 여기서는 고려되지 않는다.

12 I. Kalet, "A Look at Crosstalk in Quadrature-Carrier Modulation Systems," *IEEE Transactions on Communications*, Com-25: 884–892, September 1977 참조.

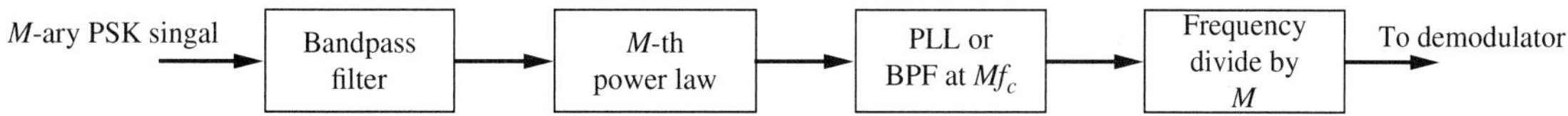

그림 10.18 M진 PSK의 반송파 동기화를 위한 M-거듭제곱 법칙(power law) 시스템

10.3.1 반송파 동기화

주로 논의되었던 디지털 변조 형태는 ASK, PSK, FSK, PAM과 QAM이다. ASK와 FSK는 위상비동기식으로 변조될 수 있으며, PSK는 수신단에서 위상동기식 참조 신호가 필요하지 않게 차동 변조를 할 수 있다(물론 위상비동기식으로 변조된 신호를 검출하는 것은 위상동기식으로 변조된 신호를 검출하는 것보다 E_b/N_0의 감소를 일으킨다). 위상동기식 ASK 경우 반송파 주파수에서의 이산 주파수 성분들이 위상동기식 복조를 위한 위상동기 루프(PLL) 회로에 의해 탐지될 수 있는 수신된 신호 내에 존재한다(이것은 데이터를 검출하기 위한 맨 처음 단계이다). FSK 경우에는 FSK 톤과 연관된 이산 주파수 성분들이 변조 파라미터에 따르는 수신된 신호 성분 내에 있다. MPSK 경우 변조 때문에 모든 위상의 발생 가능성이 동일하다고 가정하면 반송파 성분은 수신된 신호에 존재하지 않는다. 만일 반송파 성분이 존재하지 않는다면 수신단에서 참조 반송파를 생성하는 데 용이하게 하는 변조된 신호(파일럿 반송파라 부른다)를 주기적으로 삽입한다. 물론 파일럿 반송파의 삽입은 통신링크에서 요구하는 전력 버짓에서 신호의 데이터 변조된 부분이 차지하는 전력을 줄어들게 만든다.

이제 PSK에 대해 살펴보자. 양측파대(DSB) 변조 방식으로 고려되었던 BPSK와 DSB의 위상동기식 복조를 위한 두 가지 대안인 제곱 위상동기 루프 정렬 방식과 코스타스 루프 방식이 4장에서 논의되었다. 그러나 BPSK의 디지털 데이터 복조가 사용될 때 이 순환 메커니즘은 아날로그 메시지 신호를 복조할 때는 없는 문제가 발생한다. 어느 루프 방식이든(제곱 혹은 코스타스 방식) $d(t)\cos\omega_c t$나 $-d(t)\cos\omega_c t$가 입력으로 들어간다면 동기화가 될 것이다(즉 데이터 변조된 반송파가 예상과는 다르게 갑작스럽게 반전될 수 있다). 어떤 방법은 복조기 출력에서의 이런 신호의 모호성을 해결하기 위해 항상 요구된다. 이러한 하나의 방법은 변조 전에 데이터 스트림을 차동 부호화하고 비록 9장에서 중점적으로 본 신호 대 잡음비에서 약간의 손실은 있지만 이것을 검출기 출력에서 차동 복호화하는 것이다. 이것을 차동 부호화된 BPSK의 위상동기 검출이라하며 BPSK의 차동 위상동기 검출과는 다른 것이다.

M진 PSK를 위한 코스타스와 제곱 루프와 유사한 회로가 구성될 수 있다. 예를 들면, 그림 10.18의 블록 다이어그램에서 볼 수 있는 메커니즘은 M진 PSK를 위한 위상동기식 참조 반송파를 다음과 같이 생성할 수 있다.[13] PSK 신호의 Mth 거듭제곱을 취할 때 다음과 같은 식을 얻

13 BPSK의 코스타스 또는 제곱 루프 복조에 이진 위상 모호함이 있는 것처럼 M-거듭제곱 기법을 사용함으

을 수 있다.

$$
\begin{aligned}
y(t) &= [s_i(t)]^M = \left\{ \sqrt{\frac{2E_s}{T_s}} \cos\left[\omega_c t + \frac{2\pi(i-1)}{M}\right] \right\}^M \\
&= A^M \left\{ \frac{1}{2}\exp\left[j\omega_c t + j\frac{2\pi(i-1)}{M}\right] + \frac{1}{2}\exp\left[-j\omega_c t - j\frac{2\pi(i-1)}{M}\right] \right\}^M \\
&= \left(\frac{A}{2}\right)^M \left\{ \sum_{m=0}^{M} \binom{M}{m} \exp\left[j(M-m)\omega_c t + j\frac{2\pi(M-m)(i-1)}{M}\right] \right. \\
&\quad \left. \times \exp\left[-jm\omega_c t - j\frac{2\pi m(i-1)}{M}\right] \right\} \\
&= \left(\frac{A}{2}\right)^M \left\{ \sum_{m=0}^{M} \binom{M}{m} \exp\left[j(M-2m)\omega_c t + j\frac{2\pi(M-2m)(i-1)}{M}\right] \right\} \\
&= \left(\frac{A}{2}\right)^M \left\{ \exp[jM\omega_c t + j2\pi(i-1)] + \exp[-jM\omega_c t - j2\pi(i-1)] + \cdots \right\} \\
&= \left(\frac{A}{2}\right)^M \left\{ 2\cos[M\omega_c t + 2\pi(i-1)] + \cdots \right\} = \left(\frac{A}{2}\right)^M \left\{ 2\cos(M\omega_c t) + \cdots \right\}
\end{aligned}
\tag{10.124}
$$

여기서 편의를 위해 $A=\sqrt{2E_S/T_S}$라 하였으며 M번째 거듭제곱의 확장을 위해 이항 공식(부록 F.3 참조)을 사용하였다. 식 (10.124)의 네 번째 줄에서 첫 번째와 마지막 요소의 합만(나머지 값들은 세 점을 통해 나타내었다)이 위상동기 루프를 통해서 위상을 명확히 찾아줄 수 있는, $2\cos[M\omega_c t+2\pi(i-1)]=2\cos(2\pi M f_c t)$로 표현되며, 반송파 주파수에서의 위상동기식 참조 신호가 주파수 분할기로 인해 생성된다. 이 방식으로 인해 발생할 수 있는 손실은 요구되는 주파수가 M번 추적되어야 한다는 것이다. 하지만 일반적으로 이것은 반송파 주파수에서 수행되는 것이 아니라 IF(중간 주파수)에서 행해진다. $M>2$일 때 반송파의 주파수를 추적하는 코스타스 루프는 문서상에 많은 소개와 분석이 이루어지고 있으므로 여기서는 다루지 않겠다. 독자들에게 참조할 만한 것으로 두 권으로 된 Meyr와 Ascheid(1990)가 저술한 논문이 있다.[14]

이러한 위상 추적 장치에서 잡음의 영향에 관해 알아보자. 위상 오차, 즉 입력 신호 위상과

로써 M-PSK에서 위상동기 반송파 참조를 확립하는 데 M진 모호함이 존재한다.

14 B. T. Kopp and W. P. Osborne, "Phase Jitter in MPSK Carrier Tracking Loops: Analytical, Simulation and Laboratory Results," *IEEE Transactions on Communications*, **COM-45**: 1385-1388, November 1997.

S. Hinedi and W. C. Lindsey, "On the Self-Noise in QASK Decision-Feedback Carrier Tracking Loops," *IEEE Transactions on Communications*, **COM-37**: 387-392, April 1989.

표 10.7 추적 루프 오류 분산

Type of modulation	Tracking loop error variance, σ_ϕ^2
None (PLL)	$N_0 B_L / P_c$
BPSK (squaring or Costas loop)	$L^{-1}\left(1/z + 0.5/z^2\right)$
QPSK (quadrupling or data estimation loop)	$L^{-1}\left(1/z + 4.5/z^2 + 6/z^3 + 1.5/z^4\right)$

VCO 위상과의 차이는 루프 입력에서 신호 대 잡음비가 크면 평균이 0인 가우시안으로 근사화될 수 있다. 이런 여러 가지 경우에 대한 위상 오차의 분산을 표 10.7에 나타내었다.[15] 식 (9.83)과 같은 식이 사용될 때 이러한 결과는 불완전한 위상기준에 의한 평균 성능저하의 척도가 된다. 모든 경우 σ_ϕ^2는 정수의 거듭제곱(integer power)까지 올라가는 신호 대 잡음비에 반비례하고 위상 추정을 할 때 루프에 의해 기억되는 심벌의 유효 수에 반비례한다(연습문제 10.28 참조).

다음은 비트 동기화 방법에 대해 알아보자. 표 10.7에 사용된 단어는 다음과 같이 정의된다.

T_s=심벌 지속시간

B_L=단측 루프 대역폭

N_0=단축 잡음 스펙트럼 밀도

L=위상 추정에 사용된 심벌의 유효 수

P_c=신호 전력(추적된 성분만)

E_s=심벌 에너지

$z=E_S/N_0$

$L=1/(B_L T_S)$

예제 10.4

두 BPSK 시스템의 추적 오류 표준편차를 비교하라. (a) 반송파에 총송신 전력의 10%가 포함되는 BPSK 신호에서 PLL 추적을 사용하는 경우, (b) 반송파 없는 BPSK 신호를 추적하는 코스타스 루프를 사용하는 경우이다. 여기서 데이터율은 R_b=10kbps이며, 수신된 E_b/N_0는 10dB이다. PLL과 코스타스 루프 방식 모두 루프의 대역폭은 50Hz이다. (c) 같은 파라미터값을 적용했을 때 QPSK 추적 루프의 경우 추적 오류의 분산은 얼마인가?

풀이

(a)의 경우 표 10.7 첫 번째 줄에서 PLL 추적 오류 분산과 표준편차는

15 Stiffler(1971), Equation(8.3.13)

$$\sigma^2_{\phi,\,\mathrm{PLL}} = \frac{N_0 B_L}{P_c} = \frac{N_0\,(T_b B_L)}{P_c T_b} = \frac{N_0}{0.1E_b}\frac{B_L}{R_b}$$

$$= \frac{1}{0.1\times 10}\frac{50}{10^4} = 5\times 10^{-3}\ \mathrm{rad}^2$$

$$\sigma_{\phi,\,\mathrm{PLL}} = 0.0707\ \mathrm{rad}$$

(b)의 경우 표 10.7 두 번째 줄에서 코스타스 PLL 추적 오류 분산과 표준편차는

$$\sigma^2_{\phi,\,\mathrm{Costas}} = B_L T_b\left(\frac{1}{z} + \frac{1}{2z^2}\right)$$

$$= \frac{50}{10^4}\left(\frac{1}{10} + \frac{1}{200}\right) = 5.25\times 10^{-4}\ \mathrm{rad}^2$$

$$\sigma_{\phi,\,\mathrm{Costas}} = 0.0229\ \mathrm{rad}$$

첫 번째 경우는 수신된 전력의 10%만이 루프 추적에 사용되는 불리함이 있다. 이뿐만 아니라 코스타스 루프보다 더 적은 전력으로 PLL 추적을 한다면 신호 검출에도 더 적은 전력이 할당되거나(두 경우의 총송신 전력이 같다고 한다면) 송신 전력이 첫 번째 경우가 두 번째 경우보다 10% 높아야 한다.

(c)의 경우 표 10.7 세 번째 줄에서 QPSK 데이터 추적 루프의 추적 오류 분산과 표준편차는 다음과 같다($T_s = 2T_b$).

$$\sigma^2_{\phi,\,\mathrm{QPSK\ data\ est}} = 2B_L T_b\left(\frac{1}{z} + \frac{4.5}{z^2} + \frac{6}{z^3} + \frac{1.5}{z^4}\right)$$

$$= \frac{100}{10^4}\left(\frac{1}{10} + \frac{4.5}{100} + \frac{6}{1{,}000} + \frac{1.5}{10{,}000}\right)$$

$$= 1.5\times 10^{-3}\ \mathrm{rad}^2$$

$$\sigma_{\phi,\,\mathrm{QPSK\ data\ est}} = 0.0389\ \mathrm{rad}$$

■

10.3.2 심벌 동기화

심벌 동기화를 위한 일반적인 세 가지 방식[16]은 (1) 1차 또는 2차 표준형부터 유도(예 : 전송기와 수신기는 전파 전달로 인한 지연과 함께 주 시간 공급원(master timing source)에 종속 장치로 사용됨), (2) 분리된 동기화 신호 이용[파일럿 시계(clock)를 이용하거나 심벌률의 스펙트럼 선(line)을 갖는 선 부호(line code)를 이용 — 예를 들면, 그림 5.3에서 단극(unipolar) RZ 스펙트럼 참조], (3) 5장에 언급(그림 5.16과 설명 참조)했던 자체동기화라고 할 수 있는 변조 자체로부터 유도하는 방법이다.

코스타스 루프와 유사한 형태로 비트 동기화를 얻는 루프 구성들도 가능하다.[17] 이러한 구성

16 Stiffler(1971)나 Lindsey와 Simon(1973)에 의해 좀 더 자세히 논의되었다.

17 L. E. Franks, "Carrier and Bit Synchronization in Data Communication — A Tutorial Review," *IEEE*

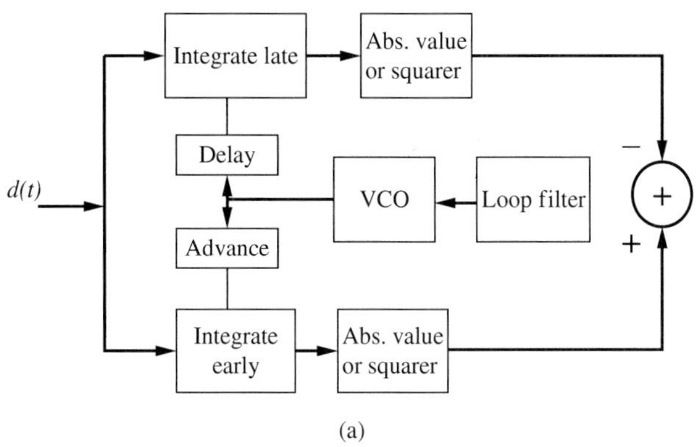

(a)

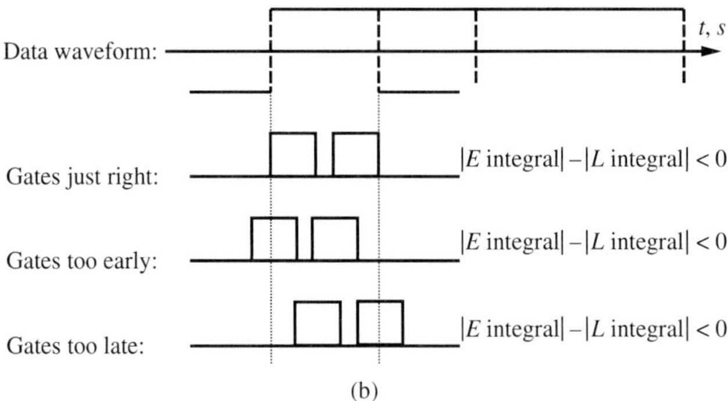

(b)

그림 10.19 (a) 조만게이트식 비트 동기화기, (b) 동작에 적절한 파형

들 중 하나인 조만게이트(early-late gate) 동기화 루프를 그림 10.19(a)에 단순한 형태로 나타내었다. 이진 NRZ 데이터 파형이 그림 10.19(b)와 같다고 가정한다. 적분기 게이트의 시작과 끝과 데이터 1비트(혹은 −1비트) 같은 비트 펄스의 시작과 끝이 동일하다고 가정하면, 루프 필터의 조작 전압은 0이 된 것처럼 보일 것이며, VCO는 동일 주파수에서 타이밍 펄스를 출력할 것이다. 반면에 만일 게이트가 너무 빠른 상태에서 VCO의 타이밍 펄스가 행해진다면 VCO의 조작 전압은 음극을 갖게 될 것이며, 이것은 VCO 주파수를 감소시켜 VCO 타이밍 펄스가 게이트 타이밍을 지연시킬 것이다. 이와 유사하게 게이트가 너무 늦은 상태에서 VCO의 타이밍 펄스가 행해진다면 VCO 전압은 양극을 갖게 되며, 이것은 VCO의 주파수를 증가시켜 VCO 타이밍 펄스가 게이트 타이밍을 앞서서 발생시킬 것이다. 피드포워드(feedfoward) 경로에서의 비선형성은 어떤 짝수 지수를 갖는 비선형성이 될 수 있다. 절댓값의 비선형성에 대해 비트 지속시간에 의해 정규화되는 타이밍 지터의 분산은 다음과 같이 표현된다.[18]

Transactions on Communications, **Com-28**: 1107-1121, August 1980 참조. 또한 C. Georghiades and E. Serpedin, "Synchronization," Chapter 11 in Gibson, 2013 참조.

18 M. K. Simon, "Nonlinear Analysis of an Absolute Value Type of an Early-Late Gate Bit Synchronizer,"

$$\sigma^2_{\epsilon,\ \mathrm{AV}} \approxeq \frac{B_L T_b}{8\left(E_b/N_0\right)} \tag{10.125}$$

여기서 B_L은 루프 대역폭이고 단위는 hertz이며, T_b는 비트 지속시간이고 단위는 초이다.

비선형성 제곱법칙을 갖는 루프에 대한 타이밍 지터 분산은

$$\sigma^2_{\epsilon,\ \mathrm{SL}} \approxeq \frac{5B_L T_b}{32\left(E_b/N_0\right)} \tag{10.126}$$

와 같으며 절댓값 비선형성의 경우와 거의 차이가 없다.

Wintz와 Luecke가 저술한 논문[19]인 최적과 준최적 동기화기의 성능에 대한 시뮬레이션 결과는 이 주제와 관련해서 상당히 흥미롭다.

10.3.3 워드 동기화

비트 동기화에서 사용되었던 같은 원리가 워드 동기화에도 적용될 수 있다. 이러한 방법들은 (1) 1차 또는 2차 표준형으로부터 유도, (2) 분리된 동기화 신호 이용, (3) 자기동기화이다. 여기서는 두 번째 방법만 논의할 것이다. 세 번째 방법은 자기동기화 부호의 사용을 포함한다. 이러한 부호들은 2진의 경우 논리 1과 0의 시퀀스로 구성되며, 부호어(code word)의 임의의 시퀀스를 천이해도 다른 부호어를 생성하지 않아야 한다. 만약에 그런 경우에는 수신한 디지털 시퀀스의 모든 가능한 시간 천이와 부호사전(수신기에서 이용 가능하다고 가정)에 있는 모든 부호어를 간단히 비교하고 최대 상관값을 갖는 천이와 부호어를 선택하여 수신기에서 부호어들을 적절히 정렬할 수 있다. 긴 부호의 경우에는 시간이 많이 소모될 수 있다. 뿐만 아니라 좋은 부호어의 생성은 단순한 작업이 아니며 때때로 컴퓨터를 활용하는 과정이 필요하다.[20]

분리된 동기화 부호가 적용된다면 이 부호는 데이터 전송을 위한 채널과는 다른 채널을 통해서 전송되거나 데이터 워드 사이에 동기화 부호(마커 부호라 불리는)를 미리 삽입하여 데이터 채널 위에서 전송된다. 이러한 마커 부호(maker code)는 랜덤 데이터에 대해 낮은 크기의 0이 아닌 지연된(nonzero-delay) 자기상관값과 낮은 크기의 상호상관값을 가져야 한다. 컴퓨터의 활용을 통해 얻어진 마커 부호의 0이 아닌 지연된 최대 상관값을 표 10.8에 나타내었다.[21]

IEEE Transactions on Communications Technology, **Com-18**: 589-596, October 1970.

19 P. A. Wintz and E. J. Luecke, "Performance of Optimum and Suboptimum Synchronizers," *IEEE Transactions on Communication Technology*, **Com-17**: 380-389, June 1969.

20 Stiffler(1971) 혹은 Lindsey and Simon(1973) 참조.

21 R. A. Scholtz, "Frame Synchronization Techniques," *IEEE Transactions on Communications*, **COM-28**: 1204-1213, August 1980.

표 10.8 0이 아닌 지연된 최대 상관값을 갖는 마커 부호

Code	Binary representation	Magnitude: peak correl.*
C7	1 0 1 1 0 0 0	1
C8	1 0 1 1 1 0 0 0	3
C9	1 0 1 1 1 0 0 0 0	2
C10	1 1 0 1 1 1 0 0 0 0	3
C11	1 0 1 1 0 1 1 1 0 0 0	1
C12	1 1 0 1 0 1 1 0 0 0 0 0	2
C13	1 1 1 0 1 0 1 1 0 0 0 0 0	3
C14	1 1 1 0 0 1 0 1 1 0 0 0 0 0	3
C15	1 1 1 1 1 0 0 1 1 0 1 0 1 1 0	3

* Zero-delay correlation = length of code.

연속적인 마커 부호와 데이터 시퀀스는 하나의 프레임을 형성한다.

결론적으로 국지적으로 저장되어 있는 마커 부호의 상관값은 수신된 데이터 프레임과 입력되는 마커 부호 내의 채널 오류에 대해 상대적으로 거의 영향을 받지 않는다. Scholtz는 프레임 동기화에 대한 one-pass(즉 마커 시퀀스 상관값) 획득 확률의 범위를 제시했다. M개의 마커 비트와 D개의 데이터 비트가 존재할 때

$$P_{\text{one-pass}} \geq \left[1 - (D + M - 1)\, P_{\text{FAD}}\right] P_{\text{TAM}} \tag{10.127}$$

이고 여기서 P_{FAD}는 데이터에 대해서만 포착을 실패할 확률(probability of false acquisition)이며, P_{TAM}은 마커 부호의 올바른 포착 확률(probability of true acquisition)이다. 이것은 각각 다음과 같이 주어진다.

$$P_{\text{FAD}} = \left(\frac{1}{2}\right)^{M} \sum_{k=0}^{h} \binom{M}{k} \tag{10.128}$$

그리고

$$P_{\text{TAM}} = \sum_{l=0}^{h} \binom{M}{l} \left(1 - P_e\right)^{M-l} P_e^{l} \tag{10.129}$$

여기서 h는 수신된 프레임 내에서 마커 부호와 가장 가까운 시퀀스와의 사이에서 허용되는 불일치이며, P_e는 채널잡음 때문에 발생하는 비트 오류 확률이다.

수신된 프레임 내에서 마커 시퀀스를 찾는 수행(잡음 때문에 발생하는 오류를 고려하면서)을 표현하기 위해 다음과 같은 프레임 시퀀스가 수신되었다고 가정하자.

표 10.9 마커 부호를 이용한 워드 동기화의 표현

1	1	0	1	0	0	0	1	0	1	1	0	0	1	1	0	1	1	1	1	(delay, Ham. dist.)
1	0	1	1	0	0	0														(0, 2)
	1	0	1	1	0	0	0													(1, 2)
		1	0	1	1	0	0	0												(2, 5)
			1	0	1	1	0	0	0											(3, 4)
				1	0	1	1	0	0	0										(4, 4)
					1	0	1	1	0	0	0									(5, 4)
						1	0	1	1	0	0	0								(6, 4)
							1	0	1	1	0	0	0							(7, 1)
								1	0	1	1	0	0	0						(8, 5)
									1	0	1	1	0	0	0					(9, 5)
										1	0	1	1	0	0	0				(10, 3)
											1	0	1	1	0	0	0			(11, 3)
												1	0	1	1	0	0	0		(12, 6)
													1	0	1	1	0	0	0	(13, 5)

$$1\,1\,0\,1\,0\,0\,0\,1\,0\,1\,1\,0\,0\,1\,1\,0\,1\,1\,1\,1$$

$h=1$ 그리고 1011000의 7비트의 마커 시퀀스와 가장 가까운(1비트 이내) 시퀀스를 찾으려 한다고 가정한다. 마커 시퀀스와 프레임의 7비트 블록 사이의 불일치의 정도인 해밍 거리를 계산한 것을 표 10.9에 나타내었다.

1비트 이내로 상응하는 경우가 한 가지 있으므로 검사는 성공적이다. 사실 한 프레임 내에서 마커 시퀀스의 상관 과정은 매번 네 가지 중 한 가지 경우가 발생한다. 프레임 시퀀스 $\mathbf{d}_i$의 i번째 7비트(이 경우에 한해서)와 마커 부호 $\mathbf{m}$ 사이의 해밍 거리를 ham($\mathbf{m}$, $\mathbf{d}_i$)이라 하자. 발생 가능한 네 가지 경우는

(1) ham($\mathbf{m}$, $\mathbf{d}_i$) $\leq h$를 만족하는 경우가 오직 한 가지만 존재하며, 동기화가 올바르게 이루어졌을 때(동기화가 이루어짐)

(2) ham($\mathbf{m}$, $\mathbf{d}_i$) $\leq h$를 만족하는 경우가 오직 한 가지만 존재하며, 동기화가 잘못 이루어졌을 때(동기화에 오류가 발생)

(3) ham($\mathbf{m}$, $\mathbf{d}_i$) $\leq h$를 만족하는 경우가 두 가지 혹은 그 이상이 존재할 때(동기화가 이루어지지 못함)

(4) ham($\mathbf{m}$, $\mathbf{d}_i$) $\leq h$를 만족하는 경우가 없을 때(동기화가 이루어지지 못함)

이 과정을 비트 오류 확률 P_e를 고려하면서 반복하면 $P_{\text{one-pass}}$는 대략적으로 전체의 시도 중 동기화가 올바르게 될 비율이다. 물론 실제 시스템에서 동기화가 성공적으로 이루어졌는지

아닌지의 검증은 데이터가 적절하게 복호화되었는지를 통해 알 수 있다.

식 (10.127)에 의해 계산된 one-pass 확률이 0.93, 0.95, 0.97, 0.99인 마커 비트의 개수가 다양한 비트 오류 확률의 데이터 비트의 개수와 대비하여 그림 10.20과 같이 표현되었다. 여기서 허용하는 불일치는 $h=1$이다. 필요로 하는 마커 비트 개수는 상대적으로 P_e에 굉장히 둔감한 것을 기억하자. 또한 데이터 패킷의 길이가 증가할수록 주어진 값에서 $P_{\text{one-pass}}$를 유지하기 위한 마커 비트의 개수는 증가하지만 이는 중요한 요소가 아니다. 결론적으로 필요로 하는 마커 비트의 개수가 증가할수록 $P_{\text{one-pass}}$는 증가하게 된다.

10.3.4 의사잡음(PN) 시퀀스

의사잡음(PN) 부호는 이진값을 가지는 잡음과 비슷한 시퀀스이다. 이 시퀀스들은 1은 앞면을 나타내고 0은 뒷면을 나타내는 동전 던지기 시퀀스와 비슷하다. 그러나 그것들의 주요 장점은 결정적이기 때문에 궤환 시프트 레지스터 회로로 쉽게 생성되며, 지연이 0인 경우 가장 높은 값을 가지고 그 외에는 거의 0에 가까운 값을 갖는 부호의 주기적인 확장 버전의 자기상관 함수를 가진다는 것이다. 따라서 먼 위치에 있는 파형의 동기화에 적용된다. 이것은 7장(예제 7.7)에서 논의되었던 것처럼 워드 동기화뿐만 아니라 두 점 간의 영역을 결정하고 출력에 대

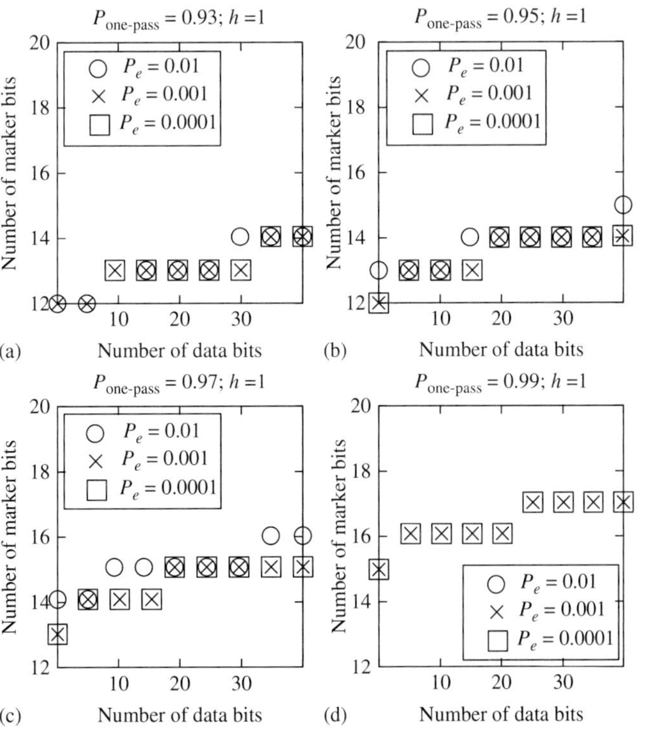

그림 10.20 워드 획득의 다양한 one-pass 확률을 위한 마커 비트의 개수
(a) one-pass 획득 확률이 0.93, (b) one-pass 획득 확률이 0.95, (c) one-pass 획득 확률이 0.97, (d) one-pass 획득 확률이 0.99

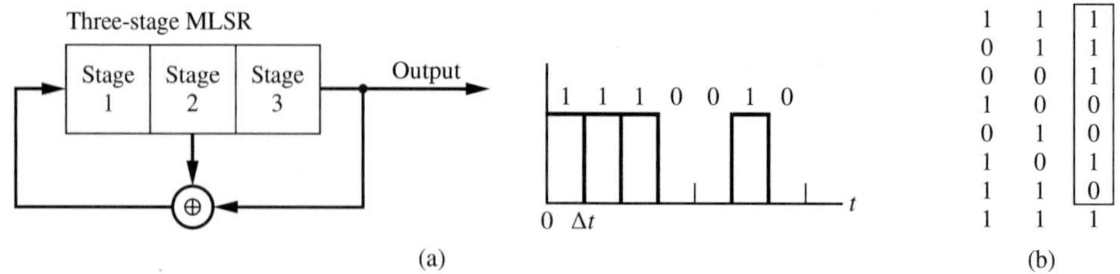

그림 10.21 7비트 PN 시퀀스 생성. (a) 생성, (b) 시프트 레지스터 내용

한 입력의 교차상관으로 시스템의 임펄스 응답을 측정하는 데 쓰인다. 그리고 10.4절의 확산 대역통신 시스템에서 논의되어 있다.

그림 10.21은 길이가 $2^3-1=7$ 인 PN 부호의 생성을 나타내고 있으며 이것은 길이가 3단인 시프트 레지스터를 사용하여 만들 수 있다. 시프트 레지스터의 내용을 오른쪽으로 시프트한 후 두 번째와 세 번째 단의 내용은 EXCLUSIVE-OR(XOR) 연산(캐리가 없는 이진가산)을 통하여 첫 번째 단의 입력을 생성하는 데 사용된다. XOR 회로에 의해 실행되는 논리적 연산이 표 10.10에 주어져 있다. 그림 10.21(b)의 첫 번째 열에 나타난 것처럼 시프트 레지스터의 초기 상태(initial state)가 1 1 1이라면 7번의 연속적인 시프트에 대한 값들이 이 표의 나머지 열에 주어진다. 그 결과 시프트 레지스터는 $2^3-1=7$ 번 시프트 후에 1 1 1단계로 돌아온다. 이것은 또한 반복하기 전에 3단 시프트 레지스터의 출력 시퀀스의 길이이다. 적절하게 궤환 연결을 한 n단 시프트 레지스터를 이용하여 길이가 2^n-1인 PN 시퀀스를 만들 수 있다. 시프트 레지스터의 총상태 개수는 2^n이기 때문에 PN 시퀀스의 최대 가능한 길이는 2^n-1이다. 하지만 이들 중에 하나는 모든 값이 0인 상태가 있으며, 이때는 궤환 시프트 레지스터가 더 이상 시퀀스를 생성하지 못할 것이다. 따라서 적절하게 시프트 레지스터를 궤환 연결을 해서 모두 0인 상태를 제외한 모든 상태가 만들어질 수 있다. 그러므로 허용되는 상태의 총개수는 2^n-1이 되는 것이다. 몇 개의 n값에 대한 적절한 궤환 연결들이 표 10.11에 나타나 있다.

그림 10.21(a)의 시프트 레지스터를 무한히 동작시켜 얻을 수 있는 주기적 파형의 자기상관 함수(최곳값을 1로 정규화)를 고려하면 출력 펄스폭 $\Delta=n\Delta t$의 정수배에 대한 값은 다음과

표 10.10 XOR 연산에 대한 진리표

Input 1	Input 2	Output
1	1	0
1	0	1
0	1	1
0	0	0

표 10.11 PN 부호 생성을 위한 궤환 연결[22]

n	Sequence length	Sequence(Initial State: All Ones)	Feedback digit
2	3	110	$x_1 \oplus x_2$
3	7	11100 10	$x_2 \oplus x_3$
4	15	11110 00100 11010	$x_3 \oplus x_4$
5	31	11111 00011 01110 10100 00100 10110 0	$x_2 \oplus x_5$
6	63	11111 10000 01000 01100 01010 01111 01000 11100 10010 11011 10110 01101 010	$x_5 \oplus x_6$

같다.

$$R(\Delta) = \frac{N_A - N_U}{\text{sequence length}} \tag{10.130}$$

여기서 N_A는 시퀀스와 n개의 펄스만큼 시프트된 시퀀스에서 서로 같은 값을 가지는 디지트의 수이고, N_U는 시퀀스와 n개의 펄스만큼 시프트된 시퀀스에서 서로 다른 값을 가지는 디지트의 수이다. 이 식은 2장에서 주어진 주기적 파형의 자기상관 함수의 정의에 대한 직접적인 결과이고, 시프트 레지스터의 출력은 이진값이 된다. 그림 10.22(a)는 그림 10.21(a)에 있는 궤환 시프트 레지스터에 의해 생성된 시퀀스의 자기상관 함수를 나타낸다. 자기상관 함수의 정의를 적용하면 그림 10.22(a)에 나타난 것처럼 지연이 정수가 아닌 값에 대한 형태를 쉽게 알 수 있다.

일반적으로 길이 N을 가지는 시퀀스에 대해서 최소 상관값은 $-1/N$이다. 길이가 $N=2^n-1$인 PN 시퀀스의 한 주기 자기상관 함수는

$$R_C(\tau) = \left(1 + \frac{1}{N}\right)\Lambda\left(\frac{\tau}{\Delta t}\right) - \frac{1}{N}, \quad |\tau| \le \frac{N\Delta t}{2} \tag{10.131}$$

로 나타낼 수 있다.

여기서 $|x| \le 1$일 때 $\Lambda(x) = 1 - |x|$이고, 그 밖의 구간에서는 0이다. 이 함수는 2장에서 정의된 단위 삼각 함수(unit-triangular function)이다.

22 Peterson, Ziemer and Borth (1995) for additional sequences and proper feedback connections 참조.

시퀀스의 전력 스펙트럼은 식 (2.133)을 적용해서 얻을 수 있는 자기상관 함수의 푸리에 변환이다. 오직 식 (10.131)의 첫 번째 항만을 고려한 푸리에 변환은

$$\mathfrak{F}\left[\left(1+\frac{1}{N}\right)\Lambda\left(\frac{\tau}{\Delta t}\right)\right]=\left(1+\frac{1}{N}\right)\Delta t\,\text{sinc}^2\,(\Delta t f)$$

이다.

식 (2.133)에 따르면 $f_s=1/(N\Delta t)$는 식 (10.131)의 주기적인 상관 함수에 대한 푸리에 변환의 가중치 곱셈기이다. 푸리에 변환값은 $f_s=1/(N\Delta t)$ 간격의 임펄스들로 구성되어 있고, $1/N$ 때문에 음의 값을 발생시킨다. 그래서

$$\begin{aligned}S_C(f) &= \sum_{n=-\infty}^{\infty}\frac{1}{N}\left(1+\frac{1}{N}\right)\text{sinc}^2\left[\Delta t\left(\frac{n}{N\Delta t}\right)\right]\delta\left(f-\frac{n}{N\Delta t}\right)-\frac{1}{N}\delta(f)\\ &= \sum_{n=-\infty,\ n\neq 0}^{\infty}\frac{N+1}{N^2}\text{sinc}^2\left(\frac{n}{N}\right)\delta\left(f-\frac{n}{N\Delta t}\right)+\frac{1}{N^2}\delta(f)\end{aligned} \tag{10.132}$$

이 된다.

이렇게 PN 시퀀스의 스펙트럼 성분을 보여주는 임펄스들은 $1/(N\Delta t)$ Hz만큼의 간격을 가지고 있고, $f=0$일 때 $1/N^2$의 가중치를 가질 때를 제외하고 $\frac{N+1}{N^2}\text{sinc}^2\left(\frac{n}{N}\right)$에 의해 가중된다. $1/N^2$의 DC 전력에 일치하는 $-1/N$인 PN 부호의 DC레벨을 이용하여 검사한다는 것을 명심해라. 그림 10.21(a)의 회로에서 생성된 7칩 시퀀스의 전력 스펙트럼은 그림 10.22(b)에서 보여준다.

PN 시퀀스의 상관 함수는 지연이 0인 곳에서 좁은 삼각형을 이루고 다른 곳에서는 반드시 0의 값으로 구성되므로 대역폭이 역펄스 폭과 비교하여 작은 어떤 시스템을 구동하기 위해 사용될 때 백색잡음과 유사하게 된다. 이것이 '의사잡음'이라 불리는 이유이다.

먼 위치에 있는 PN 파형의 동기화는 반송파 복조 후에 그림 10.19의 조만게이트 비트 동기 장치와 유사한 궤환 루프에 의해 달성될 수 있다. 긴 PN 시퀀스를 사용하면 두 지점 사이의 거리에서 전자기파를 전파하는 데 걸리는 시간을 측정할 수 있다. 송신단과 수신단이 같은 위치에 있고, 멀리 떨어진 위치에 있는 트랜스폰더(transponder)가 무엇을 수신하든지 단순히 재전송하거나 또는 송신 신호가 레이더 시스템에서처럼 먼 대상으로부터 반사된다면 두 점들 사이의 범위를 측정하는 데 사용될 수 있다는 것을 쉽게 알 수 있다.

또 다른 가능성은 송신기와 수신기 둘 다 매우 정확한 클락 정보를 이용하고, 송신 PN 시퀀스의 시점은 클락 시간에 관해 정확히 알고 있다는 것이다. 그다음에 국부적으로 생성된 부호와 관련 있는 수신 부호의 지연을 알고 나서 수신기는 한쪽 방향만의 전송 지연을 결정할 수 있다. 실제로 이 기술은 위성 위치 확인 시스템(GPS)에 사용된다. 여기서 위치를 정확히 알 수

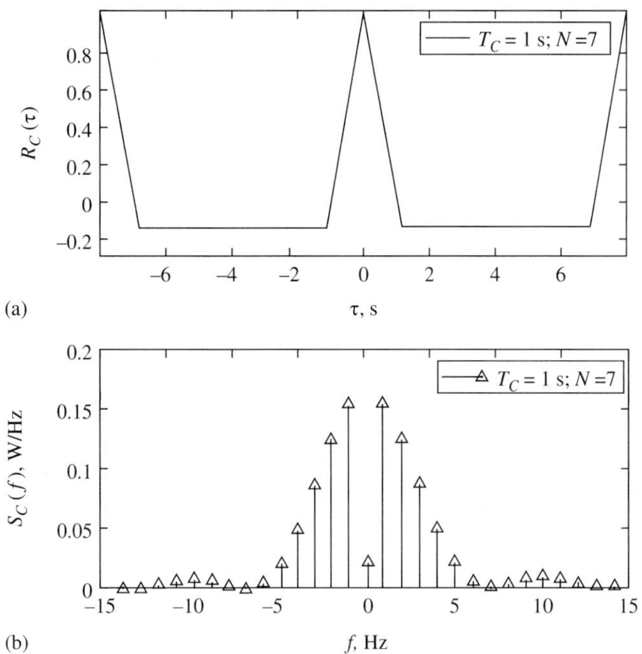

그림 10.22 (a) 7칩 PN 부호의 상관 함수, (b) 같은 시퀀스의 전력 스펙트럼

있는 적어도 네 개 이상의 위성으로부터의 전송 지연은 지구 주변의 어떤 지점에서든지 GPS 수신기에서 위도, 경도, 고도의 기준 방향을 결정하기 위해 측정된다. 현재 이러한 24개의 위성으로 GPS는 배치되어 있다. 각자의 위성은 대략 12,000마일의 고도를 유지하며 24시간 안에 두 개의 궤도를 만든다. 그래서 수신기는 위치에 상관없이 최소한 네 개의 위성과 연결될 수 있을 가능성이 매우 크다. 현대식 GPS 수신기는 12개까지의 위성과 연결할 수 있다.

PN 시퀀스의 자기상관 함수가 매우 이상적이지만 때때로 주기적인 값을 갖는 것이 아닌 시퀀스를 옆으로 이동시켜서 얻게 되는 비주기 상관 함수가 더 중요할 때가 있다. 지연이 있을 때 자기상관값의 최대치(peak)가 낮은, 좋은 비주기 함수 상관 특성을 가지는 시퀀스는 바커 부호이다. 이 바커 부호는 지연이 있을 때 시퀀스 길이의 역수에 의해 제한을 받는 비주기 상관 함수를 가진다.[23] 불행히도 알려진 바커 부호 중 길이가 가장 긴 것이 13이다. 표 10.12는 알려진 모든 바커 시퀀스를 나타낸다(연습문제 10.33 참조). 상관 특성이 좋은 다른 디지털 시퀀스는 적절하게 선택된 PN 시퀀스의 조합으로부터 만들어질 수 있다(Gold 부호라고 불린다).[24]

---

23 Skolink(1970), chapter 20 참조.

24 Peterson, Ziemer and Borth(1995) 참조.

표 10.12 바커 시퀀스

1	0											
1	1	0										
1	1	0	1									
1	1	1	0	1								
1	1	1	0	0	1	0						
1	1	1	0	0	0	1	0	0	1	0		
1	1	1	1	1	0	0	1	1	0	1	0	1

■ 10.4 확산 대역 통신 시스템

이제 **확산 대역(spread-sprectrum) 변조**라 불리는 특별한 변조 기술을 고려해보자. 일반적으로 확산 대역 변조는 변조된 신호의 대역폭이 변조하는 신호의 대역폭 이상으로 확산되는 변조 기술을 말한다. 확산 대역 변조를 사용하는 이유는 다음과 같다.[25]

1. 또 다른 송신단에 의한 고의적 재밍을 방지한다.
2. 배경잡음 속에 전송된 신호를 은닉하는 수단을 제공하고 도청을 방지한다.
3. 다중경로 전송에 의한 감쇠 효과를 방지한다.
4. 하나의 전송 채널을 한 사람 이상이 사용할 수 있게 한다.
5. 거리측정 능력을 제공한다.

효과적인 확산 대역 통신 기술에는 **직접시퀀스**(direct sequence, DS) 방식과 **주파수도약**(frequency hopping, FH) 방식이라는 두 가지의 가장 일반적인 기술이 있다. 그림 10.23과 그림 10.24는 이러한 일반적인 시스템의 블록도이다. 또한 이런 두 개의 기본적인 시스템의 변화와 조합이 적용되기도 한다.

10.4.1 직접시퀀스 확산 대역

직접시퀀스 확산 대역(DSSS) 통신 시스템에서 변조 형식은 비록 BPSK, QPSK, MSK가 가장 일반적이지만 앞에서 논의되었던 동기 디지털 기술 중 하나가 사용될 수도 있다. 그림 10.23은 BPSK 변조 방식을 사용한 것을 나타낸다. 대역확산은 데이터 $d(t)$에 확산 부호 $c(t)$가 곱해진 것에 영향을 받는다. 이 경우 두 신호 모두 $+1$과 -1의 값을 가지는 이진 시퀀스라고 가정한다. 데이터 심벌의 주기는 T_b이고 칩 주기라고 불리는 확산 부호 심벌의 주기는 T_c이다. 일

25 일찍이 Robert A. Scholtz가 작성한 확산 대역 통신의 기원에 대한 훌륭한 논문이 있다. "The Origins of Spread-Spectrum Communications," *IEEE Transactions on Communications*, **COM-30**: 822–854, May 1982.

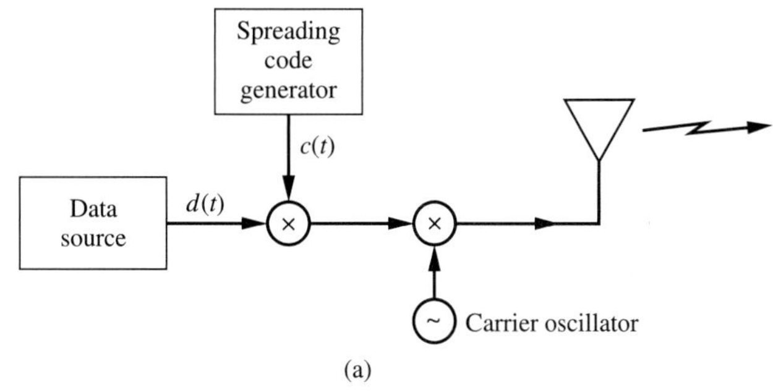

(a)

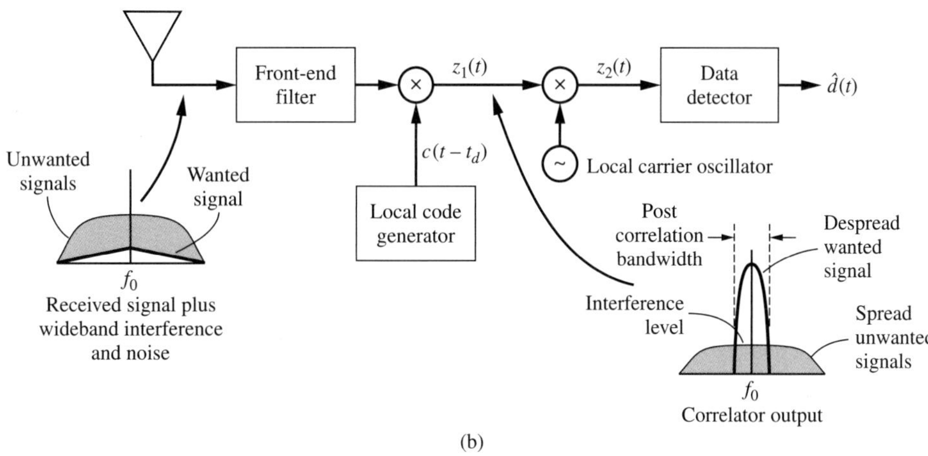

(b)

그림 10.23 DS 확산 대역 통신의 블록도. (a) 송신기, (b) 수신기

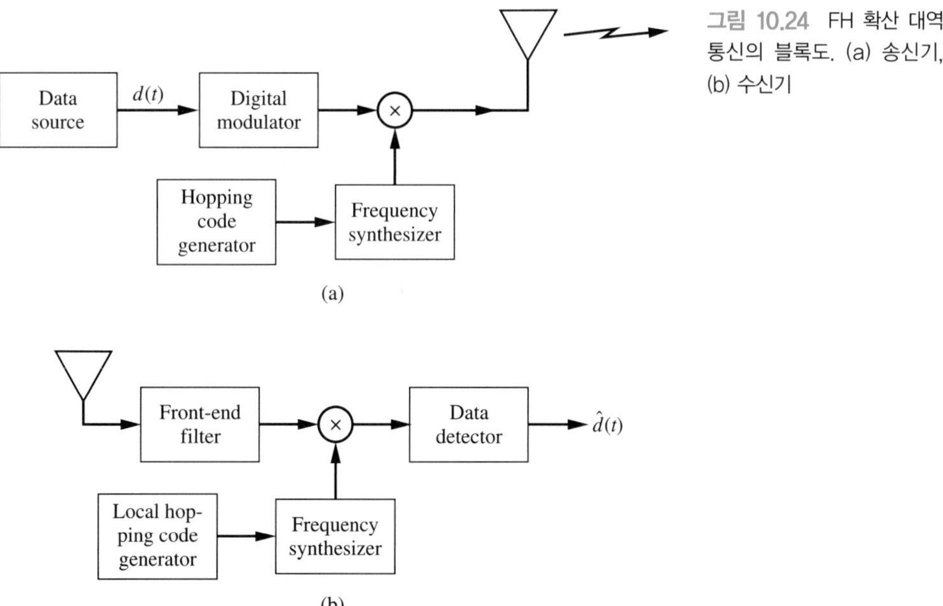

그림 10.24 FH 확산 대역 통신의 블록도. (a) 송신기, (b) 수신기

반적으로 데이터 한 비트당 많은 칩들이 들어가므로 $T_c \ll T_b$이다. 이러한 경우 변조된 신호의 대역폭은 반드시 칩 주기의 역수에만 관련된다. 확산 부호는 랜덤 이진 시퀀스의 특성을 갖도록 선택되므로 앞 절에서 설명된 PN 시퀀스가 자주 사용된다. 그러나 때때로 보안성을 이유로 비선형 궤환 생성 기술이 사용되기도 한다. 보안성의 관점에서 보면 데이터의 부호와 확산 부호의 부호 변화를 일치시키기 위해 데이터와 확산 부호에 같은 클락을 사용하는 것 또한 이점이 있다. 그러나 이것은 시스템의 적절한 동작 면에서 반드시 필요한 것은 아니다.

그림 10.23에 설명된 시스템의 전형적인 스펙트럼들이 해당 블록들 아래에 직접 나타나 있다. 수신기에서는 확산 부호의 재생산이 가능하고 그것은 수신되는 확산 부호와 시간 동기화되었다고 가정한다. 이 동기화 과정은 **포착**(acquisition)과 **추적**(tracking)이라 불리는 두 과정으로 이루어진다. 포착 방법에 대해서는 매우 간단한 논의가 뒤에 주어질 것이다. 두 과정에 대한 더 자세한 논의와 분석은 Peterson, Ziemer, Borth(1995)에 다루어져 있다.

변조된 확산 반송파를 다음과 같이 나타냄으로써 BPSK 데이터 변조를 적용한 DSSS 신호의 스펙트럼에 대해 근사적으로 알 수 있다.

$$x_c(t) = Ad(t)\,c(t)\cos(\omega_c t + \theta) \tag{10.133}$$

여기서 θ는 $[0, 2\pi)$ 사이에 균일하게 분포하는 랜덤 위상이라 가정한다. 그리고 $d(t)$와 $c(t)$는 서로 독립이고 ± 1 값을 가지는 랜덤 이진 시퀀스라 가정한다[동일한 클락에서 유도되었다면 $d(t)$와 $c(t)$가 서로 독립이라는 가정은 엄밀히 말해 유효하지 않다]. 이러한 가정하에서 $x_c(t)$의 자기상관 함수는 다음과 같다.

$$R_{x_c}(\tau) = \frac{A^2}{2} R_d(\tau) R_c(\tau)\cos(\omega_c \tau) \tag{10.134}$$

여기서 $R_d(\tau)$와 $R_c(\tau)$는 각각 데이터와 확산 부호의 자기상관 함수이다. 예제 7.6에서 고려되고 그림 7.6(a)에서 설명된 랜덤한 '동전 던지기' 시퀀스를 이용한다면 그들의 자기상관 함수는 각각

$$R_d(\tau) = \Lambda(\tau/T_b) \tag{10.135}$$

그리고[26]

$$R_c(\tau) = \Lambda(\tau/T_c) \tag{10.136}$$

---

26 확산 부호가 반복되기 때문에 자기상관 함수는 주기적이다. 그래서 그것의 전력 스펙트럼은 sinc 제곱의 포락선을 가지는 이산적 임펄스로 구성됨을 주목하라. 여기서 사용된 분석은 간단한 것이다. 이것에 관한 완전한 논의는 Peterson, Ziemer and Borth(1995)를 참고하라.

이고, 전력 스펙트럼 밀도는

$$S_d(t) = T_b \text{sinc}^2(T_b f) \tag{10.137}$$

그리고

$$S_c(t) = T_c \text{sinc}^2(T_c f) \tag{10.138}$$

이다. 여기서 식 (10.137)의 주엽의 단측 주파수 폭은 T_b^{-1} 이고, 식 (10.138)의 주엽의 단측 주파수 폭은 T_c^{-1} 이다.

$x_c(t)$의 전력 스펙트럼 밀도는 식 (10.134)를 푸리에 변환함으로써 얻을 수 있다.

$$S_{x_c}(f) = \frac{A^2}{2} S_d(f) * S_c(f) * \mathfrak{F}[\cos(\omega_c \tau)] \tag{10.139}$$

여기서 $*$는 컨벌루션을 의미한다. $S_d(f)$의 스펙트럼 폭이 $S_c(f)$보다 훨씬 작기 때문에 두 스펙트럼의 컨벌루션은 근사적으로 $S_c(f)$이다.[27] 따라서 DSSS 변조된 신호의 스펙트럼은 다음과 같이 매우 근사화된다.

$$\begin{aligned} S_{x_c}(f) &= \frac{A^2}{4}[S_c(f - f_c) + S_c(f + f_c)] \\ &= \frac{A^2 T_c}{4}\left\{\text{sinc}^2[T_c(f - f_c)] + \text{sinc}^2[T_c(f + f_c)]\right\} \end{aligned} \tag{10.140}$$

이전에 서술된 것처럼 스펙트럼은 데이터의 스펙트럼과는 거의 무관하며 반송파 주위로 $2/T_c$Hz의 영대영 대역폭을 가진다.

다음으로 오류 확률 성능을 알아보자. 먼저 수신기에서 DSSS 신호와 가산적 백색 가우시안 잡음이 더해져서 수신된다고 가정한다. 전파 지연을 무시하면 그림 10.23의 수신기에서 국부 부호 곱셈기의 출력은

$$z_1(t) = Ad(t)c(t)c(t - \Delta)\cos(\omega_c t + \theta) + n(t)c(t - \Delta) \tag{10.141}$$

이고, 여기서 Δ는 수신된 신호에서의 부호와 비교하여 수신기에서 생성된 부호에서 불일치하는 부분이다. 완전한 부호 동기($\Delta=0$)를 가정한다면 위상동기 복조기의 출력은

$$z_2(t) = Ad(t) + n'(t) + \text{double frequency terms} \tag{10.142}$$

---

27 $\int_{-\infty}^{\infty} S_d(f)df = 1$이며, $S_c(f)$에 관련된 $S_d(f)$는 $\frac{1}{T_b} \ll \frac{1}{T_c}$일수록 점점 더 델타 함수의 특징을 갖는 것을 상기하라.

이다. 여기서 국부 혼합된 신호는 $2\cos(\omega_c t+\theta)$로 가정한다. 그리고

$$n'(t) = 2n(t)c(t)\cos(\omega_c t + \theta) \tag{10.143}$$

는 평균이 0인 새로운 가우시안 랜덤 과정이다. $z_2(t)$가 적분-덤프(integrate-and-dump) 회로를 지난 후 출력에서의 신호 성분은 다음과 같다.

$$V_0 = \pm AT_b \tag{10.144}$$

여기서 부호는 입력에서의 데이터 비트의 부호에 달려 있다. 적분기 출력의 잡음 성분은

$$N_g = \int_0^{T_b} 2n(t)c(t)\cos(\omega_c t + \theta)dt \tag{10.145}$$

이다. $n(t)$의 평균이 0이므로 N_g의 평균은 0이다. N_g의 분산은 2차 모멘트(2nd moment)와 같고, 적분을 제곱(반복된 적분으로 표현)하고, 이중 적분 안에서 평균을 함으로써 얻을 수 있다. 이 과정은 이 장과 앞 장에서 여러 번 사용되었던 과정이다. 그 결과는 다음과 같다.

$$\text{var}\,(N_g) = E(N_g^2) = N_0 T_b \tag{10.146}$$

여기서 N_0는 입력잡음의 단측 전력 스펙트럼 밀도이다. 우리는 이것을 적분기 출력의 신호성분과 함께 9.1절에서 분석된 기저대역 수신기에 대해 얻은 것과 유사한 표현으로 나타낼 수 있다(유일한 차이점은 여기서 전력이 $A^2/2$인데 반해 9.1절에 고려된 기저대역 신호의 전력은 A^2이다). 오류 확률의 결과는

$$P_E = Q\left(\sqrt{A^2 T_b/N_0}\right) = Q\left(\sqrt{2E_b/N_0}\right) \tag{10.147}$$

이다. 단지 가우시안 잡음만 고려했을 경우 DSSS 성능은 확산 대역 변조가 없는 BPSK 변조와 같은 성능을 가진다.

10.4.2 연속파 CW 환경에서의 DSSS 성능

다음은 $x_I(t)=A_I\cos[(\omega_c+\Delta\omega)t+\phi]$ 형태의 CW 간섭 성분을 고려해보자. 이중 주파수를 포함하는 적분-덤프 검출기의 입력은

$$z_2'(t) = Ad\,(t) + n'(t) + A_I\cos(\Delta\omega t + \theta - \phi) \tag{10.148}$$

이다. 여기서 A_I는 간섭 성분의 크기, ϕ는 상대적인 위상이며, $\Delta\omega$는 단위시간당 라디안(rad/s)인 반송파 주파수와의 오프셋 주파수이다. 그것은 $\Delta\omega < 2\pi/T_c$라고 가정한다. 적분-덤프 검

출기의 출력은

$$V_0' = \pm AT_b + N_g + N_I \tag{10.149}$$

으로 첫 번째 두 부분은 앞에서 얻은 것과 동일하다. 마지막 부분은 간섭의 결과이며 다음과 같이 주어진다.

$$N_I = \int_0^{T_b} A_I c(t)\cos(\Delta\omega t + \theta - \phi)\, dt \tag{10.150}$$

광대역 확산 부호 $c(t)$가 곱해지고 나서 다음에 적분을 하기 때문에 이 부분을 가우시안 랜덤변수로 근사화한다(적분은 확산 부호 칩 때문에 생긴 부분을 포함하고 있는 많은 랜덤변수들의 합이다). N_I의 평균은 0이고 $\Delta\omega \ll 2\pi/T_c$의 경우 분산은 다음과 같다.

$$\text{var}\,(N_I) = \frac{T_c T_b A_I^2}{2} \tag{10.151}$$

N_I를 근사적인 가우시안이라고 할 때 다음과 같은 오류 확률을 얻을 수 있다.

$$P_E = Q\left(\sqrt{\frac{A^2 T_b^2}{\sigma_T^2}}\right) \tag{10.152}$$

여기서

$$\sigma_T^2 = N_0 T_b + \frac{T_c T_b A_I^2}{2} \tag{10.153}$$

은 적분기 출력단에서 잡음과 간섭 성분이 더해진 항의 전체 분산이다(잡음과 간섭은 통계적으로 독립이기 때문에 무방하다). 제곱근 안의 값은 다음과 같이 더 계산될 수 있다.

$$\begin{aligned}\frac{A^2 T_b^2}{2\sigma_T^2} &= \frac{A^2/2}{N_0/T_b + \left(T_c/T_b\right)\left(A_I^2/2\right)} \\ &= \frac{P_s}{P_n + P_I/G_p}\end{aligned} \tag{10.154}$$

여기서

$P_s = A^2/2$는 입력단에서 신호 전력

$P_n = N_0/T_b$는 비트율 대역폭 안에서 가우시안 잡음 전력

$P_I = A_I^2/2$는 입력단에서 간섭 성분의 전력

$G_p = T_b/T_c$는 DSSS 시스템의 처리 이득

간섭 성분의 영향은 처리 이득 G_p에 의해 감소되는 것을 볼 수 있다. 식 (10.154)는 다음과 같이 다시 쓸 수 있다.

$$\frac{A^2T_b^2}{2\sigma_T^2} = \frac{\text{SNR}}{1 + (\text{SNR})(\text{JSR})/G_p} \tag{10.155}$$

여기서

$\text{SNR} = P_s/P_n = A^2T_b/(2N_0) = E_b/N_0$은 신호 대 잡음 전력이다.

$\text{JSR} = P_I/P_s$는 재밍 대 신호 전력비이다.

그림 10.25는 몇 개의 JSR값에 대해 SNR에 대한 오류 확률 P_E를 나타낸 그림이다. 여기서 SNR이 충분히 클 때 곡선은 수평 점근선에 접근하며, JSR/G_p가 감소하면 점근선은 감소한다.

10.4.3 다수 사용자 환경에서 확산 대역의 성능

확산 대역 시스템의 중요한 응용 분야는 다중접속 통신이다. 이것은 여러 사용자가 다른 사용자들과 통신하기 위해 동일한 통신 자원에 접근할 수 있음을 의미한다. 만약 여러 사용자가 다른 동일 위치의 다수 사용자와 같은 위치에서 통신하고 있다면 다중화라는 용어를 사용한다(3~4장에서 논의되었던 주파수/시분할 다중화를 상기하라). 여기서의 논의는 사용자가 다른 사용자와 같은 위치에 있지 않다고 가정하기 때문에 **다중접속**이라는 용어가 사용된다. 주파수, 시간 그리고 부호를 이용하여 다중접속 통신을 가능하게 하는 다양한 방법이 있다.

주파수 분할 다중접속(FDMA)에서 채널 자원은 주파수에 따라 나누어진다. 그리고 각각의 활성화된 사용자는 주파수 자원의 부대역을 할당받는다. 시분할 다중접속(TDMA)에서 통신 자원은 직렬 슬롯으로 구성되는 인접한 프레임의 시간에 따라 나누어진다. 그리고 각각의 사용자는 슬롯을 할당받는다. FDMA나 TDMA에서 모든 부대역이나 시간 슬롯이 각각 사용자에게 할당되었을 때 더 이상의 어떤 사용자도 시스템의 자원을 할당받을 수 없다. 이런 관점에서 FDMA나 TDMA는 고정된 용량 제한(hard capacity limit)을 가졌다고 말한다.

앞에서 언급된 것 중에서 남아 있는 접근 시스템은 부호 분할 다중접속(CDMA)이다. 이 시스템에서 각각의 사용자는 고유한 확산 부호를 할당받고, 모든 활성화된 사용자는 같은 주파수 대역을 이용하여 동시에 전송할 수 있다. 주어진 사용자로부터 정보를 수신받고자 하는 다른 사용자는 모든 수신받은 정보의 합을 통신을 원하는 송신자의 확산 부호와 상관시킨다. 그리고 수신기-송신기 쌍이 서로가 적절하게 동기화되었다고 가정하고 송신된 신호를 수신한다. 만약 사용자에게 할당된 부호의 집합이 직교성을 유지하지 않는다면, 혹은 만약 직교성을 유지할지라도 다중경로로 인해 주어진 수신쪽 사용자에게 다중의 지연 요소가 있다면, 특정 수신 사용자의 검파기에서 다른 사용자의 부분적인 상관은 잡음으로 보일 것이다. 이러한 부

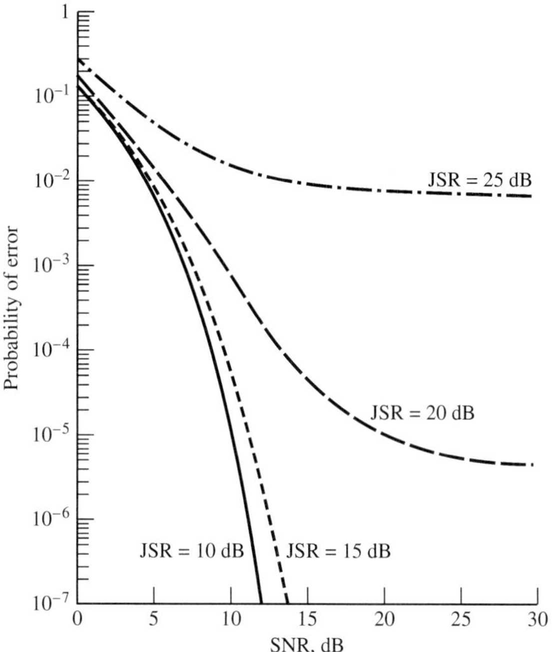

그림 10.25 다양한 재밍 대 신호비에 대한 G_p=30dB인 직접시퀀스 확산 대역의 P_E 대 SNR

분적인 상관은 궁극적으로 동시에 시스템에 접근하고자 하는 사용자의 수를 제한할 것이다. 그러나 최대 사용자 수는 FDMA나 TDMA의 경우처럼 고정된 것은 아니다. 그것은 다양한 시스템이나 전파 상태와 같은 채널 매개변수에 따라 달라질 것이다. 이런 관점에서 CDMA는 유연성 있는 용량 제한(soft capacity limit)을 갖는다고 말한다(유연성 있는 용량 제한에 도달되기 전에 모든 이용 가능한 부호들이 사용될 가능성이 있다).

CDMA 수신기의 성능을 계산하는 여러 방법이 지난 몇 십 년간에 걸쳐 여러 논문으로 출판되었다.[28] 여기서는 다중접속 간섭이 가우시안 랜덤 과정으로 충분히 표현된다고 가정하고 꽤 단순화된 접근을 알아본다.[29] 뿐만 아니라 모든 사용자가 신호를 보내면 수신 전력이 동일하게 특정 사용자의 수신기로 들어가는 전력 제어가 사용된다고 가정한다. 이런 조건하에서 수신기 비트 오류 확률은 다음과 같이 근사적으로 표현될 수 있다.

$$P_E = Q\left(\sqrt{\text{SNR}}\right) \tag{10.156}$$

---

28 K. B. Letaief, "Efficient Evaluation of the Error Probabilities of Spread-Spectrum Multiple-Access Communication," *IEEE Transactions on Communications*, **45**: 239–246, February 1997 참조.

29 M. B. Pursley, "Performance Evaluation of Phase-Coded Spread-Spectrum Multiple-Access Communication-Part I: System Analysis," *IEEE Transactions on Communications*, **COM-25**: 795–799, August 1977 참조.

여기서

$$\text{SNR} = \left(\frac{K-1}{3N} + \frac{N_0}{2E_b} \right)^{-1} \tag{10.157}$$

여기서 K는 활성화된 사용자의 수이고, N은 비트당 칩의 수 혹은 처리 이득이다.

그림 10.26은 $N=255$일 때 다양한 사용자에 대한 E_b/N_0 대비 P_E를 보여준다. 그림에서 다른 사용자들로 인한 간섭 때문에 $E_b/N_0 \to \infty$에 오류 마루(error floor)에 있음을 보여준다. 예를 들면, 만약 60명의 사용자 수에 대해 10^{-4}의 P_E는 어떠한 E_b/N_0가 사용될지라도 성취될 수 없다. 이것은 CDMA의 단점 중 하나이며 현재 이 문제에 대해 많은 연구가 진행 중이다. 예를 들면, 다수의 사용자 존재하에서 신호 검출은 다수 가정 검출 문제로서 다루게 된다. 신호 간격의 중첩으로 인해 다중 심벌이 검출되어야 하며, 상당히 많은 사용자에 대한 최적 수신기의 구현은 계산될 수 없다. 현재 최적 수신기에 대한 다양한 접근 방법이 제안 및 연구되고 있다.[30]

만약 사용자에게 수신된 신호들의 전력이 다르다면 상황은 훨씬 더 나빠진다. 이런 경우 가장 강한 전력을 가진 사용자의 신호가 수신기를 포화시키게 되고, 약한 전력을 가진 사용자의 수신 성능은 떨어진다. 이것을 원근문제(near-far problem)라고 부른다.

그림 10.26에서 살펴본 그래프의 정확도에 관한 말은 타당하다. 다중접속 간섭에서 가우시

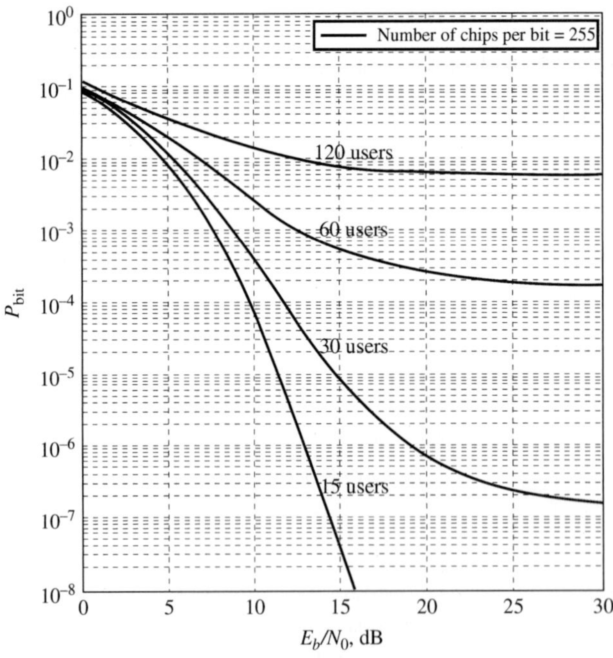

그림 10.26 사용자 수를 매개변수로 하는 DSSS를 사용한 CDMA의 비트 오류 확률 : 비트당 255칩으로 가정

30 S.Verdu(1998) 참조.

안 근사화는 사용자 수가 많을수록, 처리 이득이 클수록 거의 언제나 잘 들어맞는다(이때 중심극한정리 조건은 보다 더 잘 만족한다).

컴퓨터 예제 10.3

다음에 주어진 MATLAB 프로그램은 *K*명의 사용자들이 있을 때 DSSS에 대한 비트 오류 확률을 산출한다. 이 프로그램은 그림 10.26을 그리는 데 사용되었다.

```
% file c9ce3.m
% Bit error probability for DSSS in multi-users
%
N = input('Enter processing gain (chips per bit) ');
K = input('Enter vector of number of users ');
clf
z_dB = 0:.1:30;
z = 10.^(z_dB/10);
LK = length(K);
for n = 1:LK
 KK = K(n);
   SNR_1 = (KK-1)/(3*N)+1./(2*z);
   SNR = 1./SNR_1;
   Pdsss=qfn(sqrt(SNR));
   semilogy(z_dB,Pdsss),axis([min(z_dB) max(z_dB) 10^(-8) 1]),...
      xlabel('{\itE_b/N}_0, dB'),ylabel('{\itP_E}'),...
       text(z_dB(170), 1.1*Pdsss(170), [num2str(KK), ' users'])
       if n == 1
          grid on
          hold on
       end
end
title(['Bit error probability for DSSS; number of chips per bit =
,num2str(N)])
% End of script file


%  This function computes the Gaussian Q-function
%
function Q=qfn(x)
Q = 0.5*erfc(x/sqrt(2));
```

■

10.4.4 주파수도약 확산 대역

주파수도약 확산 대역(FHSS)의 경우 변조된 신호는 도청자가 어떤 주파수 대역에서 도청 또는 방해를 해야 하는지 알지 못하도록 어떤 주파수 집합들 사이에서 의사 랜덤한 형태로 도약한다. 현재 사용되는 FHSS 시스템은 하나의 도약 안에 하나의 데이터 비트가 들어 있는지 아니면 여러 개의 데이터 비트가 들어 있는지에 따라 **빠른 도약**과 **느린 도약**으로 분류된다. 주파수 합성기는 대개 도약 사이에 동기화되지 않기 때문에 데이터 변조기는 FSK 또는 DPSK와 같은 비동기 형태가 사용된다. 많은 비용을 들여 동기 주파수 합성기를 만들었다 하더라도 채널은 합성기 출력의 동기 특성을 유지시키지 않을지도 모른다. 그림 10.24에 보인 수신기에서 재생산된 도약 부호는 수신된 신호의 도약 부호의 시간 동기화에 사용되며 역도약화에 사용된다. 역도약화된 신호의 복조와 검출은 적절한 변조가 이루어진 후 수행된다.

예제 10.5

데이터율이 10Kbps인 이진 데이터와 127칩을 지닌 짧은 부호(즉 부호의 한 주기마다 데이터 1비트) DSSS 통신 시스템이 있다. (1) DSSS/BPSK 송신 신호의 대략적인 대역폭을 계산하라. (2) FHSS/BFSK(비동기식) 시스템이 DSSS/BPSK 시스템과 동일한 송신 대역폭으로 설계되었을 때 얼마나 많은 주파수도약 슬롯이 필요한가?

풀이

(1) BPSK의 대역폭 효율이 0.5이므로, 확산되지 않은 변조된 신호의 대역폭은 20kHz이다. DSSS 시스템의 송신 대역폭은 변조된 신호의 대역폭의 약 127배이므로, 2.54MHz의 대역폭을 갖는다. (2) 동기식 BFSK의 대역폭 효율은 0.25이므로 확산되지 않은 변조된 신호의 대역폭은 40kHz이다. DSSS 시스템과 동일한 대역폭을 갖기 위해서 필요한 주파수도약 슬롯 수는 2,540,000/40,000 = 63.5이다. 소수점을 갖는 도약 슬롯은 없기 때문에 이를 반올림하면 64의 도약 슬롯을 가지며 FHSS의 총대역폭은 2.56 MHz가 된다. ■

10.4.5 부호 동기화

부호의 동기화에 대한 간단한 논의가 여기서 다루어진다. 시스템의 자세한 논의와 분석은 Petersen, Ziemer, Borth(1995)에 나와 있다.[31]

그림 10.27(a)는 DSSS에 대한 직렬 탐색 포착 회로이다. 수신기에서 확산 부호는 재생산되고 입력되는 확산 대역 신호에 곱해진다(그림 10.27에서 단순화를 위해 반송파는 없다고 가정한다). 물론 부호의 구분 시점을 알 수 없으므로, 입력 부호와 관계된 임의의 상대적인 국부 지연이 적용된다. 만약 지연이 옳은 부호 구분 시점의 $\pm\frac{1}{2}$칩 내에 있다면 곱셈기의 출력은 대부분 역확산된 데이터이고, 그것의 스펙트럼은 데이터 대역폭의 차수(order)인 대역통과 필터를 통과하게 된다. 만일 부호 지연이 정확하지 않으면 곱셈기의 출력은 확산된 상태로 남아 있고 아주 적은 전력만이 대역통과 필터를 통과하게 된다. 대역통과 필터 출력의 포락선은 임계값과 비교된다. 이 임계값보다 낮은 값은 곱셈기 출력에서 확산되지 않았다는 것을 나타내고 수신기 입력에서 확산 부호의 지연과 정합되지 않는 지연이 있다는 것을 나타낸다. 반면에 임계값보다 높은 값은 부호가 근사적으로 정렬되었다는 것을 의미한다. 두 번째 조건을 만족하

31 포착 및 추적에 관한 훌륭한 논문으로 S. S. Rappaport and D. M. Grieco, "Spread-Spectrum Signal Acquisition: Methods and Technology," *IEEE Communications Magazine*, **22** : 6-21, June 1984를 참고하라.

면 탐색 제어기(search control)는 부호 찾는 것을 멈추고 추적 모드로 들어간다. 임계값 아래의 조건이 되면 부호는 정렬되지 않은 것으로 간주하고, 탐색 제어는 다음 부호 지연(일반적으로 반칩)으로 넘어가고 이 과정은 반복된다. 그러한 과정이 동기를 달성하는 데 비교적 긴 시간을 요한다는 것은 분명하다. 포착에 걸리는 평균 시간은 다음과 같다.[32]

$$T_{\text{acq}} = (C-1)T_{\text{da}}\left(\frac{2-P_d}{2P_d}\right) + \frac{T_i}{P_d} \tag{10.158}$$

여기서

C=확실하지 않은 부호 영역(찾은 셀의 개수 — 보통 반칩의 개수)

P_d=검출 확률

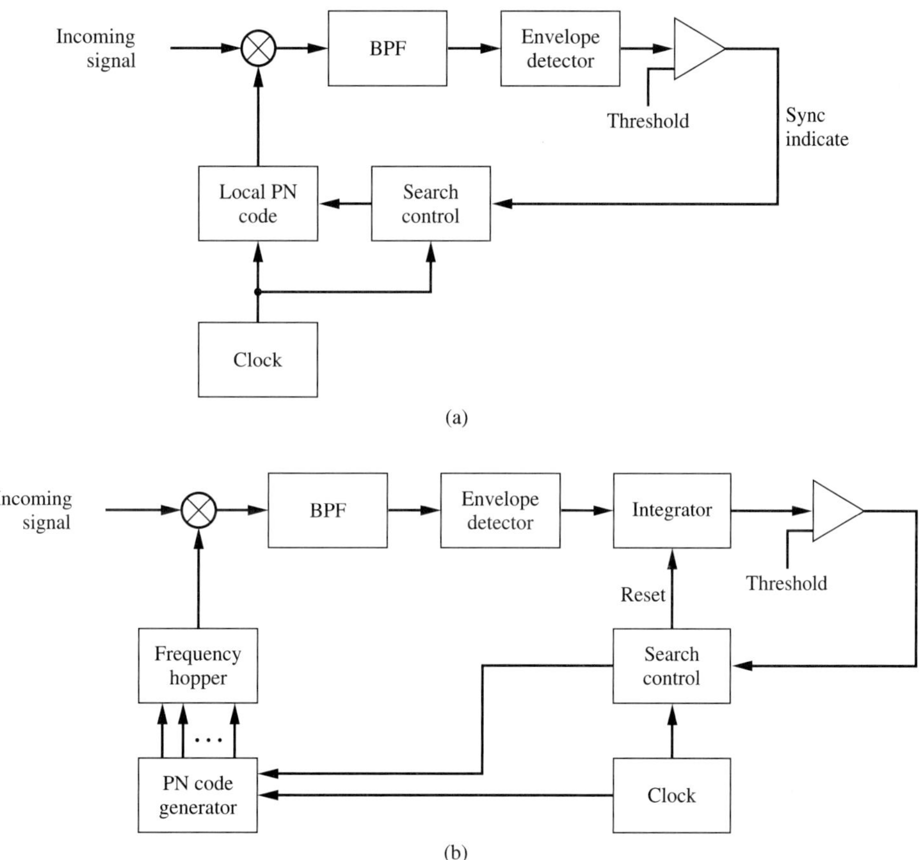

그림 10.27 직렬 탐색을 사용한 (a) DSSS, (b) FHSS에 대한 부호 획득 회로

32 Peterson, Ziemer and Borth, Chapter 5 참조.

P_{fa} = 오경보 확률

T_i = 적분시간(하나의 셀을 평가하기 위한 시간)

$T_{da} = T_i + T_{fa}P_{fa}$

T_{fa} = 잘못된 셀을 거부하는 데 걸리는 시간(일반적으로 표준시간 T_i)

다른 기술들도 포착의 속도를 빠르게 하는 데 이용되지만 좀 더 하드웨어적인 구조나 특별한 부호 구조를 요구한다.

FHSS를 위한 동기 기법이 그림 10.27(b)에 나타나 있다. 그것의 동작에 대한 해설은 역확산을 위한 정확한 주파수 패턴이 추구된다는 것을 제외하고는 DSSS에서의 포착에 대한 것과 비슷하다.

예제 10.6

3MHz의 부호 클락 주파수와 ±1.2ms인 불확실한 전파 지연을 갖는 DSSS 시스템을 고려하자. $T_{fa} = 100T_i$이고, $T_i = 0.42$ms라고 가정한다. (a) $P_d = 0.82$이고, $P_{fa} = 0.004$(임계값 41), (b) $P_d = 0.77$이고, $P_{fa} = 0.002$(임계값 43), (c) $P_d = 0.72$이고, $P_{fa} = 0.0011$(임계값 45)일 때 얻을 수 있는 평균시간을 계산하라.

풀이

전파 지연은 대략 다음 식의 C값에 따라 달라진다(앞의 2는 ±1.2ms 때문이고, 다른 2는 1/2칩 단계 때문이다).

$$C = 2 \times 2\left(1.2 \times 10^{-3}\ \text{s}\right)\left(3 \times 10^{6}\text{chips/s}\right) = 14,400\ \text{half chips}$$

포착의 평균시간은

$$\begin{aligned} T_{\text{acq}} &= 14,399\left(T_i + 100T_iP_{\text{fa}}\right)\left(\frac{2-P_d}{2P_d}\right) + \frac{T_i}{P_d} \\ &= \left[14,399\left(1 + 100P_{\text{fa}}\right)\left(\frac{2-P_d}{2P_d}\right) + \frac{1}{P_d}\right]T_i \end{aligned}$$

이 된다.

$T_i = 0.42$ms 그리고 위에서 주어진 P_d값과 P_{fa}값을 이용하여 다음과 같이 포착 평균시간을 얻을 수 있다. (a) $T_{acq} = 6.09$s, (b) $T_{acq} = 5.80$s, (c) $T_{acq} = 5.97$s. 최적의 임계값 환경을 나타낸다. ■

10.4.6 결론

앞에서 나온 논의들과 블록도를 통해 DS 확산 대역 시스템과 FH 확산 대역 시스템은 가산적 백색 가우시안 잡음 채널에서는 성능 면에서 어떠한 이득도 얻지 못한다는 것이 명백해졌다. 실제로 부가석인 동작이 요구되므로 그러한 시스템의 사용은 기존의 시스템보다 더 많은 감쇠를 야기한다. 다중경로 전송 또는 고의적인 재밍과 같은 디지털 통신에 적대적인 환경에서 확산 대역 시스템의 이점이 있다. 게다가 신호 전력이 일반적인 시스템보다 훨씬 더 넓은 대역폭 위에서 확산되므로 전송된 확산 대역 신호의 평균 전력 밀도는 스펙트럼이 확산되지 않았을 때의 전력 밀도보다 훨씬 더 낮다. 이러한 낮은 전력 밀도는 신호 송신자에게 전송된 신호를 배경잡음 속에 숨길 수 있는 기회를 주므로 어떤 사람이 신호를 엿들을 확률은 더 낮아진다.

마지막으로 만들 가치가 있느냐 하는 것이다. 그것은 수신기가 잡음 속에서 수신된 신호를 끄집어낼 수 있도록 하는 신호체계에 관한 지식이다. 실제로 상관 기술의 사용이 이를 가능하게 한다.

10.5 다중반송파 변조와 직교 주파수 분할 다중화

채널에 내재되어 있는 필터링과 다중경로에 의해 발생하는 ISI에 대한 극복 방안과 채널의 신호 대 잡음비 특성에 관한 적응적 변조 방식은 **다중반송파 변조**(multicarrier modulation, MCM)라 표현된다. MCM의 특별한 경우를 직교 주파수 분할 다중화(OFDM)라고 한다. MCM은 1장에서 언급되었던 '최종단 문제'의 한 해결책으로서 동축(twisted pair) 전화 회선의 전송률을 최대화하는 강력한 중요성 때문에 최근 몇 년간 다시 주목받고 있는, 아주 오래된 기법이다.[33] 가입자 회선(digital subscriber lines, DSL)이라 불리는 이것의 응용 분야에 대한 쉬운 이해를 위해 참고자료들을 소개하였다.[34] 그리고 MCM이 적절하게 적용된 다른 분야는 유럽의 디지털 오디오 방송이다.[35] 또한 무선 통신 분야의 광범위한 설명을 Wang과 Giannakis가 저술한 논문에서 찾을 수 있다.[36] MCM과 OFDM의 성능, 디자인 그리고 응용을 다양하게 다룬 내용을 Bahai가 저술한 서적(2004)에서 볼 수 있다.

OFDM은 WiFi로 알려진 IEEE802.11 표준에 포함된 주된 변조 방법이다(이것의 표준의 일부가 CDMA 변조이다). OFDM은 또한 IEEE802.16 표준에 명시된 변조이다(WiMAX로 지칭한다).[37]

---

33 R. W. Chang and R. A. Gibby, "A Theoretical Study of Performance of an Orthogonal Multiplexing Data Transmission Scheme," *IEEE Transactions on Communication Technology*, **COM-16**: 529-540, August 1968 참조.

34 J. A. C. Bingham, "Multicarrier Modulation for Data Transmission: An Idea Whose Time Has Come," *IEEE Communications Magazine*, **28**: 5-14, May 1990 참조.

35 http://en.wikipedia.org/wiki/Digital_audio_broadcasting.

36 Z. Wang and G. B. Giannakis, "Wireless Multicarrier Communications," *IEEE Signal Processing Magazine*, **17**: 29-48, May 2000 참조.

37 WiFi와 WiMAX는 다른 체제이다. 전자는 local area network(LAN)의 응용이며 (단지 몇 백 미터 정도), 후자는 metropolitan area network(MAN)의 응용이다(50킬로미터 이상).

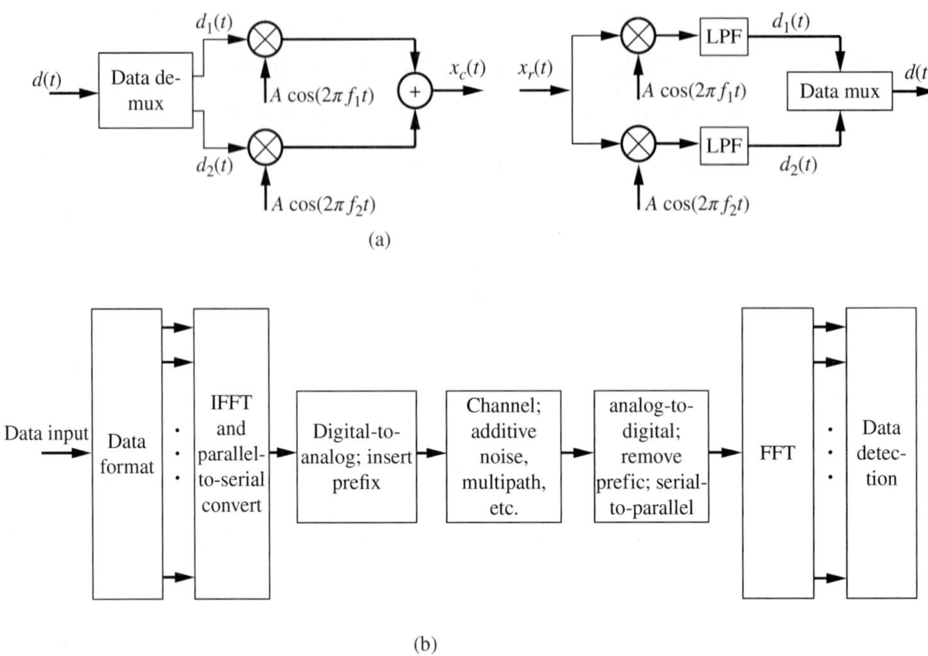

그림 10.28 MCM에 대한 기본 개념. (a) 단순한 2톤 MCM 시스템, (b) MCM의 특정한 방식인 FFT 과정을 갖는 OFDM

ISI, 즉 다중경로 채널 혹은 동축 유선 회로가 사용되는 전화 채널에서 지역 데이터 분산과 같이 엄격하게 대역 제한된 채널의 기본 방식은 다음과 같다. 간단하게 표현하기 위해 그림 10.28(a)와 같이 각각 BPSK로 변조된 하나의 직렬 비트 시퀀스가 주파수 f_1과 f_2의 두 부반송파를 갖는 전송 방식을 채택한 디지털 송신 방식을 고려해보자. 예를 들면, 양극성 포맷에서 직렬 비트 열로부터 짝수 색인(even-indexed) 비트인 d_1는 부반송파 1로, 그리고 홀수 색인(odd-indexed) 비트인 d_2는 부반송파 2로 변조되며 전송된 신호는 n번째 전송 구간에서 다음과 같이 주어진다.

$$x(t) = A\left[d_1(t)\cos\left(2\pi f_1 t\right) + d_2(t)\cos\left(2\pi f_2 t\right)\right],\ 2(n-1)T_b \le t \le 2nT_b \quad (10.159)$$

모든 다른 비트가 주어진 반송파에 할당되기 때문에 채널을 통해 전송된 신호에 대한 심벌 간격은 원래의 직렬 비트 열의 비트 주기에 대해 2배가 된다. 이 경우 부반송파들 사이의 주파수 간격이 $f_2 - f_1 \ge 1/2T$(여기서 $T = 2T_b$)가 된다고 가정한다.[38] 이것은 부반송파가 직교성을 유지하기 위한 최소 주파수 간격이다. 즉 T 간격에 대한 적분 시 그들의 곱은 0으로 주어진다. 수신된

38 최소 주파수 간격이 $1/T$인 MCM은 보통 직교 주파수 분할 다중화(OFDM)라고 일컬어진다.

신호는 수신단에서 각각의 병렬 가지에서 $\cos(2\pi f_1 t)$와 $\cos(2\pi f_2 t)$가 곱해진 후 각각의 BPSK 비트 열은 독립적으로 검출된다. 그리고 분리된 병렬 가지에서 검출된 비트 열은 단일의 직렬 비트 열로 재조합된다. 채널을 통해 전송되는 심벌의 간격이 직렬 비트 열의 원래 비트 간격의 2배가 되기 때문에, 이러한 시스템은 원래의 직렬 비트 열이 단일 반송파인 BPSK 변조된 것보다 채널에서 비롯된 ISI에 더 강하다.

식 (10.159)를 일반화시키기 위해 M진으로 변조된(예 : PSK나 QAM을 사용) N개의 부반송파와 N개의 데이터 열을 고려하자. 그러면 복합적으로 변조된 신호는 다음과 같이 나타난다.

$$\begin{aligned} x(t) &= \sum_{k=-\infty}^{\infty} \sum_{n=0}^{N-1} \left[x_n(t-kT)\cos\left(2\pi f_n t\right) - y_n(t-kT)\sin\left(2\pi f_n t\right) \right] \\ &= \mathrm{Re}\left[\sum_{k=-\infty}^{\infty} \sum_{n=0}^{N-1} d_n(t-kT)\exp\left(j2\pi f_n t\right) \right] \end{aligned} \quad (10.160)$$

예를 들어, 만일 각각의 부반송파가 같은 수의 비트로 QAM 방식으로 변조되면, 식 (10.57)에 논의된 바와 같이 $d_n(t) = (x_{k,n} + jy_{k,n})\Pi[(t-T/2)/T]$, $x_{k,n}$, $y_{k,n} \epsilon \left[\pm a, \pm 3a, \cdots, \pm\left(\sqrt{M}-1\right)a\right]$로 표현할 수 있다. 이와 같이 각각의 부반송파들이 $\log_2 M$개의 정보비트를 포함하며, 이것은 전체의 부반송파들은 매 T초 시간 동안 $N\log_2 M$개의 비트들을 포함하는 것을 의미한다. 만일 각각의 비트들이 T_b의 구간을 갖는 직렬 비트 열로 검출되면, 이것은 T와 T_b가 다음과 같은 관계를 갖는 것을 의미한다.

$$T = NT_s = \left(N \log_2 M\right) T_b \text{ seconds} \quad (10.161)$$

여기서 $T_S = (\log_2 M)T_b$이다. 이처럼 부반송파의 심벌 간격이 원래의 직렬 비트 열의 비트 구간보다 훨씬 길어지게 되며, 이것은 다중 채널(채널의 지연 확산으로 정의되는)의 처음과 마지막으로 도착하는 다중경로 요소들의 시간차보다 충분히 길어지게 된다. 원하는 심벌 간격이 주어진다면 식 (10.161)에서 데이터율은 다음과 같이 얻을 수 있다.

$$R = \frac{1}{T_b} = \frac{N \log_2 M}{T} \text{ bps} \quad (10.162)$$

예제 10.7

다중 채널에 의한 지연 확산이 $10\mu s$이며 요구되는 송신 데이터의 비트율은 1Mbps이다. 만일 송신이 직렬데이터 열로 이뤄진다면 심각한 심벌간 간섭이 발생할 것이다. 심벌 구간이 적어도 지연 확산보다 10배 크게 하여, 다중경로 요소에 의해 확산되는 구간이 검출된 심벌 구간들의 10% 이하로 확산되는 MCM 시스템을 설계하라.

풀이

식 (10.161)에 $T=10\times10\mu$s와 $T_b=1/R_b=1/10^6=10^{-6}$s를 대입하면

$$10\times10\times10^{-6}=\left(N\log_2 M\right)\times10^{-6}$$

이며

$$N\log_2 M=100$$

이다. 부반송파의 개수인 N에 상응하는 몇몇의 M값을 다음과 같이 표기하였다.

M	*N*
2	100
4	50
8	34
16	25
32	20

부반송파의 개수는 정숫값을 갖기 때문에 $M=8$인 경우에 N이 반올림되었다. 일반적으로 M진 *PSK*나 M진 QAM 같은 위상동기 변조 방식이 사용된다. 각 부반송파에 요구되는 동기화는 주파수축에서 간격을 갖고 시간축에서 주기적인 파일럿 신호를 삽입하여 수행된다. ■

부반송파의 전력은 채널의 신호 대 잡음비 특징에 맞추기 위해 조절될 수 있는 것을 유념하자. 채널의 신호 대 잡음비가 낮은 주파수에서 낮은 부반송파 전력이 사용되고, 채널의 신호 대 잡음비가 높은 주파수에서 높은 부반송파 전력이 사용되길 원한다. 즉 더 좋은 전송 대역은 가장 높은 신호 대 잡음비를 가지는 대역이다(전체 전력은 고정되어 있음을 가정한다).[39]

부반송파들이 직교하기 때문에 가산적 백색 가우시안 잡음 배경에서 평균 비트 오류 확률은 각각의 부반송파들의 비트 오류 확률이다. 만약 배경잡음이 백색이 아니면 각각의 부반송파들의 비트 오류 확률은 전체 시스템의 비트 오류 확률을 평균하여 얻을 수 있다.

MCM의 장점으로 이것은 DFT 혹은 더 빠른 방식인 2장에서 소개된 FFT를 활용하여 수행될 수 있다. 식 (10.160)에서 $k=0$인 데이터 블록과 부반송파의 주파수 간격이 $1/T=1/(NT_S)$ Hz일 때를 고려하면 기저대역 복소 변조 신호는 다음과 같다.

39 'water pouring' 과정에 관한 더 많은 정보를 원한다면 잘 알려져 있는 G. David Forney, Jr., "Modulation and Coding for Linear Gaussian Channels," *IEEE Transactions on Information Theory*, **44**: 2384-2415, October 1998 참조.

$$\tilde{x}(t) = \sum_{n=0}^{N-1} d_n(t) \exp\left[j2\pi nt / \left(NT_s\right)\right] \tag{10.163}$$

만일 $t=kT_S$일 때 표본화된다면 식 (10.163)은 다음과 같이 표현된다.

$$\tilde{x}\left[kT_s\right] = \sum_{n=0}^{N-1} d_n \exp\left[j2\pi nk/N\right], \quad k = 0, 1, \ldots, N-1 \tag{10.164}$$

이것은 2장에 언급된 역DFT에 의해 복원된다(여기서 $1/N$ 인자가 빠져 있으나 직접DFT에 포함되어 있다).[40] 식 (10.163) 또는 식 (10.164) 형태에서, MCM은 **직교 주파수 분할 다중화**(OFDM)로 불리며, 그림 10.28(b)에 표현되어 있다. 송신단에서의 신호처리 과정은 다음과 같은 순서를 따른다.

1. 송신단에 들어오는 비트시퀀스(2진 신호로 가정)를 각각 $\log_2 M$비트로 이루어진 N블록으로 나눈다.
2. 각기 나뉜 비트시퀀스를 $d_n = x_n + jy_n$, $n=0, 1, \cdots, N-1$과 같은 복소 변조 형태로 만든다.
3. 심벌들로 이루어진 N블록을 역DFT 또는 FFT 알고리즘에 적용한다.
4. 역DFT의 결과는 순차적으로 출력되며, 이는 매 블록마다 각 반송파에 신호를 변조시키는 것으로 이용된다.

수신단에서는 위 순서의 역순이 수행된다. 이상적인 상황에서 수신단의 DFT는 d_0, d_1, $\cdots$, d_{N-1}의 결과를 갖는 것을 유념하자. 실질적인 채널에서 잡음과 ISI가 존재하기 때문에 여기서 피할 수 없는 오류가 발생한다. 이 ISI에 대처하기 위해 다음과 같은 두 가지의 신호처리 중 하나가 수행된다. (1) 각 OFDM 심벌에 빈 시간 구간을 삽입하여 ISI에 대항할 수 있게 만든다. (2) 삽입된 전치 부호(prefix)가 각각의 심벌 구간 끝에 반복되어 신호 지속시간이 길어진(채널 기억 용량과 같거나 긴 정도) OFDM 신호를 사용한다(순회 전치 부호를 참고하라). 여기서 후자는 OFDM에서 ISI를 거의 완벽히 제거하는 것을 볼 수 있다.

---

40 이 개념은 S. B. Weinstein and Paul M. Ebert, "Data Transmission for Frequency Division Multiplexing Using the Discrete Fourier Transform," *IEEE Transactions on Communications Technology*, **CT19**: 628-634, October 1971에 소개되어 있다.

예제 10.8

여러번 개정이 되어온 IEEE802.16 무선 도시 지역망(WMAN) 표준을 고려해보자. 개정된 802.11e는 변조 방법으로 BPSK와 QAM을 사용하는 OFDM 방식을 채택하고 있다(물리계층의 파라미터는 연습문제 10.41에서 볼 수 있다). QAM에서 사용되는 가장 큰 값인 $M=64$, 부반송파의 가장 큰 개수인 $N=52$, 그리고 가장 짧은 FFT(심벌) 간격인 $T_{\text{FFT}}=3.2\mu s$일 때, 식 (10.162)으로부터 총데이터율은 다음과 같다.

$$R_{\text{gross}} = \frac{52 \log_2 64}{3.2\ \mu\text{s}} = 97.5\ \text{Mbps}$$

그러나 표준값은 54Mbps이다. 이러한 두 개의 율은 52개의 부반송파 중에서 48개가 데이터를 전송하는데 사용될 때 계산이 된다(네 개는 파일럿 부반송파로 사용). 즉 효율적인 심벌 간격이 $4\mu s$이며 보호 구간이 $0.8\mu s$이고, 채널 부호율이 3/4일 때(자세한 내용은 12장 참조) 효율적인 데이터율은 다음과 같다.

$$\begin{aligned} R_{\text{eff}} &= R\left(\frac{48}{52}\right)\left(\frac{3.2}{4}\right)\left(\frac{3}{4}\right) \\ &= (97.5\ \text{Mbps})\left(\frac{12}{13}\right)\left(\frac{4}{5}\right)\left(\frac{3}{4}\right) \\ &= 54\ \text{Mbps} \end{aligned}$$

여기서 이 값은 IEEE802.16 표준에서 요구되고 있다. ■

MCM 또는 OFDM에 대한 사실의 언급은 생각처럼 그렇게 간단하지 않고 여기서 약술하기에는 바람직하지 않다. MCM 또는 OFDM의 매우 간략화한 특징 혹은 단점은 다음과 같다.

1. 앞에서 암시한 바와 같이 심벌간 간섭을 완벽히 막기 위해서는 코딩이 필수적이다. 코딩을 통해서 MCM은 등화기와 코딩을 사용하는 잘 설계된 직렬데이터 전송 시스템과 같은 성능을 나타낼 수 있음을 보였다.[41]
2. 비록 분리된 부반송파가 BPSK와 같은 일정한 포락선 변조를 이용했다 할지라도 여러 개의 병렬 부반송파를 추가하면 포락선이 크게 변화하는 전송된 신호를 얻게 된다. 이것은 송신단에서 최종 전력 증폭기의 구현을 어떻게 해야 하는지에 관한 암시를 준다. 그러한 증폭기는 비선형 모드(클래스 B 또는 C 동작)에서 가장 효율적으로 동작한다. MCM에 대해 최종 전력 증폭기가 낮은 효율의 불이익을 가진 채 선형적으로 동작해야만 하거나 혹은 전송된 신호의 왜곡과 그에 이어 신호 감쇠가 발생할 것이다.

---

41 H. Sari, G. Karam, and I. Jeanclaude, "Transmission Techniques for Digital Terrestrial TV Broadcasting," *IEEE Communications Magazine*, **33**: 100–109, February 1995 참조.

3. N 부반송파에 대한 동기화는 단일 반송파 시스템의 경우보다 좀 더 복잡하다. 일반적으로 부반송파의 전체 개수의 일부분이 동기화와 채널을 추정하는 목적으로 사용된다.
4. 명백히 MCM을 사용하면 데이터 전송 과정이 복잡해진다. 비록 이러한 복잡도가 등화기를 이용하는 직렬 전송 방식에 의해 요구되는 더 빠른 처리속도를 능가하는지 아닌지는 명백하지 않다(물론 총체적인 데이터 전송률은 동일하다).

10.6 셀룰러 라디오 통신 시스템

셀룰러 무선 통신 시스템은 미국에서 Bell Laboratories, Motorola 그리고 다른 회사들에 의해서 1970년대에 개발되었다. 그리고 유럽과 일본에서도 거의 같은 시기에 개발되었다. 시험용 시스템은 1970년대 후반에 미국 워싱턴 D.C와 시카고에 설치되었다. 그리고 첫 번째 상업용 셀룰러 시스템은 1979년 일본에서, 1981년 유럽에서, 그리고 미국에서는 1983년에 운영되었다. 미국에서의 첫 번째 시스템이라 함은 AMPS(Advanced Mobile Phone System)를 지칭하고 이것은 매우 성공적임이 증명되었다. AMPS 시스템은 아날로그 주파수 변조와 33kHz의 채널 간격을 사용하였다. 일본과 유럽에서 사용된 다른 표준도 유사한 기술을 이용했다.

1990년대 초기에 셀룰러 전화에 대해 소위 2세대(2G) 시스템을 개발해서 용량을 증대하려는 많은 요구가 있었으며 첫 번째 2G 시스템은 1990년대 초반에 설치되었다. 모든 2G 시스템은 디지털 전송을 사용한다. 그러나 변조나 접근 방식은 같지 않았다. Global System for Mobile(GSM) 통신으로 불리는 2G 유럽 표준, 일본 시스템, 하나의 미국 표준[U.S Digital Cellular(USDC) 시스템] 모두가 시분할 다중접속(TDMA)을 이용한다. 그러나 서로 다른 대역폭을 사용하며 프레임당 사용자 수는 다르다. 또 다른 미국 2G 표준인 IS-95(현재 cdmaOne)는 부호 분할 다중접속(CDMA)을 사용한다(10.4.3절 '다수 사용자 환경에서 확산 대역의 성능'에서 TDMA, CDMA 그리고 FDMA에 대해 다룬다). 미국에서 2G 시스템 개발의 목표는 1세대로 설치된 거대한 AMPS 하부 구조 때문에 호환성이 있도록 하는 것이었다. 반면 유럽에서는 각 국가들마다 여러 개의 1세대 표준을 가지고 있었기 때문에, 2G의 목표는 모든 나라에 걸쳐 공통의 표준을 가지는 것이었다. 결과적으로 GSM이 유럽뿐만 아니라 세계의 많은 다른 곳에서 광범위하게 채택되었다.

1990년대 중후반부터 3세대(3G) 표준화 작업이 시작되었고 이러한 시스템들은 2000년대 초에 실제 적용되었다. 3G 시스템의 표준화 목표는 만약 가능하다면 2000년대 초까지 전세계 공통의 표준을 가지는 것이다. 그러나 그것을 너무나 이상적임이 증명되었고, 그래서 가능한 편리하게 2세대 시스템으로부터 진화할 수 있게 여러 가지의 표준화가 채택되었다. 예를 들어, 3G에서의 채널 할당은 2G에서 사용된 것의 배수이다.

현재 4세대(4G) 시스템이 개발 및 설치되고 있다. 4G의 가장 큰 특징은 네트워크 기반의 100% 데이터 전송을 목표로 하는 것이다[음성은 인터넷 전화 프로토콜(VOIP)로 다뤄진다]. 최대 데이터율은 이동성이 높은 경우(예 : 기차, 차량)에는 100Mbps 그리고 이동성이 낮은 경우(예 : 보행, 정지)에는 1Gbps이며, 노트북 컴퓨터, 스마트폰, 고화질의 모바일 텔레비전 그리고 초광대역 인터넷 접속기까지 유비쿼터스 통신을 제공할 것으로 예상된다. 3G 시스템에서 사용되는 CDMA 확산 대역 변조는 4G 시스템에서 OFDM으로 대체될 것이다.

우리는 여기서 셀룰러 무선 통신에 대해 완전히 다루지는 않을 것이다. 사실 모든 서적들이 이 주제에 대해 다루고 있다. 그러나 여기서 의도된 것은 독자들이 셀룰러 무선 통신 시스템의 자세한 내용에 익숙해지도록 다른 서적을 참고해서 이러한 시스템을 구현하는 데 필요한 개략적인 원칙을 충분히 주기 위한 것이다.[42]

10.6.1 셀룰러 라디오의 기본 원리

셀룰러 무선 통신의 도입 이전에 무선전화 시스템이 사용되었다. 그러나 무선전화의 용량은 그것이 넓은 지역 — 종종 거대한 대도시 정도의 면적 — 에 서비스를 제공하는 하나의 기지국에서 동작하도록 설계되었기 때문에 제한이 있었다. 셀룰러 전화 시스템은 지리적인 서비스 지역을 셀로 나누고 보통 지리적 중앙에 위치하는, 각각의 셀 이내의 저전력 기지국에서 서비스를 제공하는 개념에 기반하고 있다. 이것은 셀룰러 주파수 사용에 있어서 할당된 주파수 대역은 접근 기법을 사용하는 특정 셀에서 재사용할 수 있도록 허락한다. 예를 들어, 주파수 재사용 거리는 IS-95(cdmaOne)가 한 가지인 반면 AMPS의 경우 세 가지이다. 셀룰러 무선 통신의 성공적인 구현을 위한 또 다른 특징은 주파수와 함께 전송된 전력의 감쇠이다. 자유 공간에 있어서 전력 밀도는 송신기로부터의 거리의 제곱의 역수로 감소한다. 지상 무선 전파의 전파 특징으로 인해 거리에 따른 전력의 감소는 역제곱 법칙(inverse-square low)보다 더 빠르게 일어난다. 전형적으로 삼제곱근의 역수나 사제곱근의 역수 사이의 값을 가진다. 이런 경우가 아니라면 셀룰러 개념은 동작하지 않음을 보일 수도 있다. 물론 모자이크식의 지리적 셀의 영역으로 인해 이동 통신 사용자에게 있어 모바일이 이동함에 따라 한 기지국에서 다른 기지국으로 전송하는 것이 필수적이다. 이러한 과정을 핸드오프(handoff) 혹은 핸드오버(handover)라 한다. 또한 주어진 모바일에 대해 통화를 초기화하기 위한 몇 가지 방법과 모바일이 기지국을 옮겨다님에 따라 추적을 유지하는 방법이 필요함을 주목하라. 이것은 *Mobile Switching Center*(MSC)의 함수이다. MSC는 또한 Public Switched Telephone Network(PSTN)과 연결된다.

---

42 셀룰러 통신을 다루는 서적들에는 Stuber(2001), Rappaport(1996), Mark and Zhuang(2003), Goldsmith(2005), Tse and Viswanath(2005)가 있다. 또한 개요로 권장되는 것은 Gibson(2002, 2013)이다.

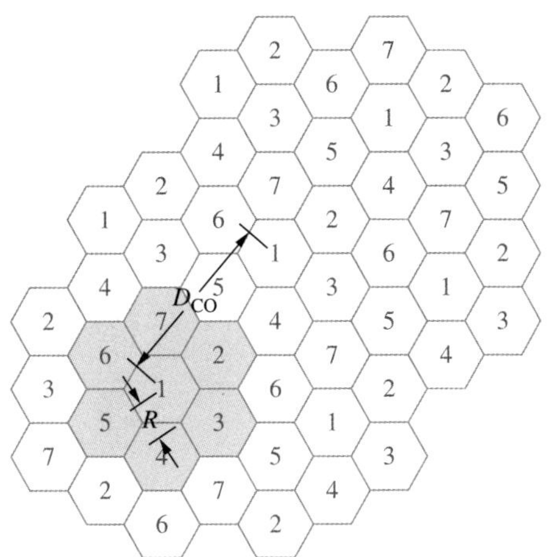

그림 10.29 셀룰러 이동 통신 시스템에서 셀을 표현하는 육각형의 격자 시스템. 7개의 재사용 패턴이 묘사됨

육각형을 사용한 전형적인 셀룰러 모자이크식 격자를 보여주는 그림 10.29를 고려하자. 실제 셀은 결코 육각형이 아님을 강조한다. 사실 어떤 셀은 지리적인 특징이나 송신 안테나에 의한 형식으로 인해 불규칙적인 형태를 가질지도 모른다. 그러나 육각형은 전형적으로 셀룰러 이동 통신의 이론적인 논의에서 사용된다. 왜냐하면 육각형은 모자이크식 평면에 있어서 하나의 기하학적인 형태이고 원과 근사적으로 비슷하기 때문이다. 즉 상대적으로 편평한 환경으로 구성된 송신 전력과 같은 궤적을 추론하는 것이다. 7셀 주파수 재사용 패턴이 각각의 셀에 주어진 정수를 이용하여 그림 10.29에 묘사되어 있다. 즉 셀룰러 시스템에서 할당된 주파수 대역은 재사용 인자(factor)에 의해 나누어지고 다른 부대역(subband)은 재사용 패턴을 사용하는 각 셀(육각형)에서 사용된다.

명백히 재사용 패턴에 사용되는 어떤 정수가 있다. 예를 들면, 1, 7, 12, …이다. 이상적인 육각형의 셀 구조에 있어서 주파수 재사용 패턴을 묘사하기 위한 편리한 방법은 그림 10.30에서 보이는 60도의 각으로 교차하는 U와 V의 직교하지 않는 축을 이용하는 것이다. 하나의 유닛당 표준화된 격자 간격은 인접한 기지국 사이의 거리 혹은 육각형의 중심 사이의 거리를 표현한다. 그러므로 각각의 육각형 중심은 (u, v)점이다. 여기서 u와 v는 정수이다. 이 표준화된 크기를 사용하면 육각형 중앙으로부터 각각의 육각형 꼭지점까지의 거리는 다음과 같다.

$$R = 1/\sqrt{3} \tag{10.165}$$

허용되는 주파수 재사용 패턴을 사용하는 셀의 개수는 다음과 같이 주어진다.

$$N = i^2 + ij + j^2 \tag{10.166}$$

여기서 i와 j는 정숫값이다. $i=1$, $j=2$(혹은 역으로)일 때 그림 10.29에서 확인된 패턴으로부

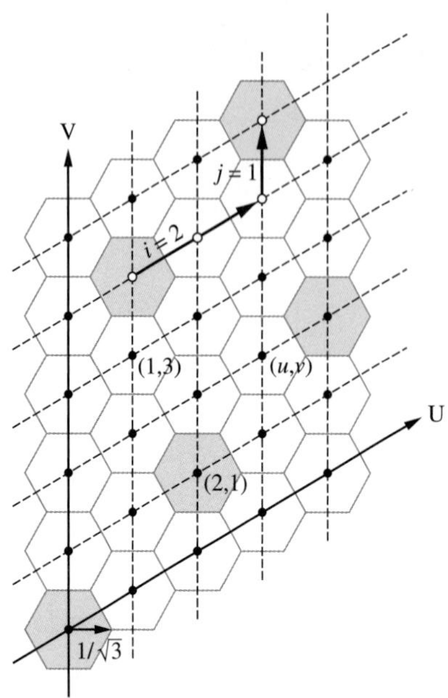

그림 10.30 좌표축의 방향을 보여주는 육각형 격자 배열, 7개의 재사용 패턴이 묘사됨

터 이미 알고 있는 바와 같이 $N=7$이다. 다른 정수를 부여하는 경우 다양한 주파수 재사용 패턴을 사용하는 셀의 개수는 표 10.13에 나타난 것과 같다. 특별한 재사용 패턴은 1(cdmaOne), 7(AMPS) 그리고 12(GSM)이다.

또 다른 유용한 관계를 나타내는 것으로 셀과 같은 중심(like-cell center)들 사이의 거리인 D_{co}가 있다. 이 거리는 다음과 같다.

$$D_{co} = \sqrt{3N}R = \sqrt{N} \tag{10.167}$$

이 식은 동일 채널 간섭을 계산하는 데 있어서 중요한 고려사항이다. 즉 동일 채널 간섭이란 관심 있는 사용자와 같은 주파수를 할당받은 다른 사용자로부터의 간섭을 말한다. 육각형 구조를 사용하는 경우 이런 간섭은 단일의 간섭 사용자로 인해 야기되는 것보다 훨씬 큰 6배가 될 것이다[관심 있는 사용자로부터 $\sqrt{N}$ 의 거리에 있는 모든 셀이 특별한 주파수에서 확성화된 통화(call)를 제공하지는 않는다]. 관심 있는 사용자를 방해할 수 있는 $2\sqrt{N}$ 거리에 있는 셀에서 두 번째 통화음이 울릴 수 있다. 그러나 이것들은 보통 간섭하는 셀에서 울리는 첫 번째 통화음과 비교했을 때 무시될 수 있다(그리고 세 번째 통화 등).

기지국으로부터의 거리 r에 따른 전력의 감쇠는 다음과 같다고 가정한다.

$$P_r(r) = K\left(\frac{r_0}{r}\right)^{\alpha} \text{ watts} \tag{10.168}$$

표 10.13 다양한 재사용 패턴을 사용하는 셀의 개수

Reuse coordinates		Number of cells in reuse pattern	Normalized distance between repeat cells
i	j	N	$\sqrt{N}$
1	0	1	1
1	1	3	1.732
1	2	7	2.646
2	2	12	3.464
1	3	13	3.606
2	3	19	4.359
1	4	21	4.583
2	4	28	5.292
1	5	31	5.568

여기서 r_0는 전력이 K와트가 되는 기준 거리이다. 이전에 언급한 대로 지상 전파의 경우 전력 법칙은 전형적으로 2.5~4의 범위에 있다. 그것은 부분적으로 반사경으로 동작하는 지구 표면 때문이라고 할 수 있다(건물이나 다른 거대한 물체로부터의 분산 같은 다른 요소로, 이 요소가 α의 값을 변화시킨다). 식 (10.168)을 로그 스케일로 다시 표현하면 다음과 같이 된다.

$$P_{r,\,\text{dBW}}(r) = K_{\text{dB}} + 10\alpha \log_{10} r_0 - 10\alpha \log_{10} r \text{ dBW} \tag{10.169}$$

이제 기지국 A로부터 거리가 d_A인 모바일에 의한 수신을 고려하자. 동시에 A로부터 거리가 D_{co}인 동일 채널 기지국 B로부터 방해를 받고 있다고 하자. 간략화를 위해 모바일이 A와 B를 연결하는 라인선상에 있다고 가정한다. 그러므로 식 (10.169)를 사용해서 신호 대 간섭비(SIR)는 데시벨로 다음과 같다.

$$\begin{aligned}\text{SIR}_{\text{dB}} &= K_{\text{dB}} + 10\alpha \log_{10} r_0 - 10\alpha \log_{10} d_A \\ &\quad - \left[K_{\text{dB}} + 10\alpha \log_{10} r_0 - 10\alpha \log_{10}\left(D_{\text{co}} - d_A\right)\right] \\ &= 10\alpha \log_{10}\left(\frac{D_{\text{co}} - d_A}{d_A}\right) \\ &= 10\alpha \log_{10}\left(\frac{D_{\text{co}}}{d_A} - 1\right) \text{ dB}\end{aligned} \tag{10.170}$$

명백히 $d_A \to D_{\text{co}}/2$일수록 로그대수의 인수는 1, 그리고 SIR_{dB}는 0으로 접근한다. $d_A \to R$일 경우에는 모바일이 셀 경계(기지국과 동일 채널을 가지는 타 기지국 사이의 경계선)에 있고, 또 더 멀리 이동하게 되면 인접 셀 기지국으로 전환되기 때문에 SIR_{dB}는 셀 내에서 가장 낮은 값으로 접근한다.

식 (10.170)을 이용하여 어떤 셀 내에 있는 모바일에 대해 최악의 경우에 대한 SIR을 또한 계산할 수 있다. 만약 모바일이 신호원으로 기지국 A를 사용한다면 재사용 패턴을 사용하는 다른 동일 채널 기지국으로부터의 간섭은 B로부터의 간섭보다 더 나쁘지 않다(모바일은 A와 B의 라인선상에 있다고 가정되었다). 그러므로 SIR_{dB}는 다음 식의 결과보다 값이 크다.

$$SIR_{dB,\,min} = 10\alpha \log_{10}\left(\frac{D_{co}}{d_A} - 1\right) - 10\log_{10}(6)\ \text{dB} \tag{10.171}$$

$$= 10\alpha \log_{10}\left(\frac{D_{co}}{d_A} - 1\right) - 7.7815\ \text{dB} \tag{10.172}$$

왜냐하면 최악의 경우 간섭이 6배 증가하기 때문이다(이때 6은 육각형 셀 구조 때문에 생기는 동일 채널 기지국의 수를 나타낸다). 다섯 개의 동일 채널 기지국이 선 AB상에 있는 모바일로부터 멀어지기 때문에 이런 경우 최악의 동일 채널 간섭이 생긴다.

예제 10.9

셀룰러 시스템은 각각의 채널당 25kHz의 채널 간격과 $SIR_{dB,\,min}$=20dB을 요구하는 변조 기법을 사용한다고 가정한다. 기지국에서 모바일로(순방향 링크), 모바일에서 기지국으로(역방향 링크) 둘 다 전체 대역폭은 6MHz라고 가정한다. 또한 채널의 전파 전력 법칙에서의 α=3.5라고 가정한다. 다음을 계산하라. (a) 재사용 패턴을 사용하는 경우 수용할 수 있는 전체 사용자 수, (b) 최소 재사용 인자 N, (c) 셀당 사용자의 최대 수, (d) MHz의 대역폭당 기지국당 음성 회로의 관점에서 효율.

풀이

(a) 사용자 채널 대역폭에 의해 나누어진 전체 대역폭에는 $6\times10^6/25\times10^3$=240채널이 존재한다. 이 채널 수의 반씩 각각 하향링크와 상향링크에서 사용되며 재사용 패턴을 사용하는 경우 총사용자는 240/2=120이 된다. (b) $SIR_{dB,\,min}$ 조건인 식 (10.172)를 이용하면 다음을 얻는다.

$$20 = 10\,(3.5)\log_{10}\left(\frac{D_{co}}{R} - 1\right) - 7.7815\ \text{dB}$$

그리고 식 (10.167)을 이용하면

$$\frac{D_{co}}{R} = 7.2201 = \sqrt{3N}$$

혹은

$$N = 17.38$$

을 얻을 수 있다.

표 10.13을 확인하면 허용될 수 있는 가장 큰 값 $N=19(i=2, j=3)$을 얻는다. (c) 전체 사용자 수를 재사용 패턴을 사용하는 셀의 수로 나누면 셀당 최대 $\lfloor 120/19 \rfloor=6$ 사용자를 얻는다. 여기서 기호 $\lfloor\ \rfloor$는 괄호로 묶인 값을 초과하지 않는 가장 큰 정수를 의미한다. 효율은 다음과 같다.

$$\eta_v = \frac{6 \text{ circuits}}{6 \text{ MHz}} = 1\text{MHz당 기지국당 음성 회로}$$

■

예제 10.10

$\text{SIR}_{\text{dB, min}}=14\text{dB}$일 때 예제 10.9를 반복하라.

풀이

(a) 예제 10.9와 동일하다.

(b) 다음과 같다.

$$14=10(3.5)\log_{10}\left(\frac{D_{co}}{R}-1\right)-7.7815 \text{ dB}$$

그리고

$$\frac{D_{co}}{R} = 5.1908 = \sqrt{3N}$$

혹은

$$N = 8.98$$

표 10.15로부터 $N=12(i=2, j=2)$의 허용된 값으로 바뀐다.

(c) 셀당 최대 사용자 수는 $\lfloor 120/12 \rfloor=10$이다.

(d) 효율은 다음과 같다.

$$\eta_v = \frac{10 \text{ circuits}}{6 \text{ MHz}} = 1.67\text{MHz당 기지국당 음성 회로}$$

■

10.6.2 셀룰러 라디오에서의 채널 혼란

모든 통신 링크에 존재하는 가우시안 잡음과 앞에서 분석한 동일 채널 간섭 외에도 또 다른 중요한 성능저하의 원인은 페이딩이다. 모바일이 움직임에 따라 신호 세기는 다중 전송 경로로 인해 급격하게 변화한다. 이런 페이딩은 모바일의 움직임(그리고 미묘하긴 하지만 바람에 의해 날리는 나뭇가지 또는 운송수단의 움직임 같은 환경의 움직임)에 의해서 결정되는 도플러 스펙트럼으로 특징지을 수 있다. 수신된 페이딩 신호의 또 다른 특징은 다중경로 요소들의 서로 다른 전파 거리 때문에 생기는 지연 확산(delay spread)이다. 신호 속도가 증가할수록, 이것은 더욱 심각한 성능저하의 원인이 된다. 9장에서 언급된 등화기가 그러한 성능저하를 어느 정도 보상해줄 수 있다. 다이버시티 또한 신호의 페이딩을 극복하는 데 사용된다. 2G, 3G 및 4G에서 이러한 부호화 형식을 취한다. CDMA의 경우 모바일이 셀 경계선에 있을 때 다이버시티는 셀 경계 근처의 서로 다른 두 개의 기지국으로부터 동시에 받은 신호가 더해질 수 있다. 다중경로가 강한 환경에서 송신[43]과 수신을 동시에 하는 안이 4G에 제안되고 이는 용량을 크게 증가시킨다. 또한 CDMA에서 사용되는 RAKE라 불리는 방법은 분리된 다중경로 요소를 필수적으로 검출한 후 그것들을 재조합하는 형태로 함께 모은다.

연구를 통해 발전해감에 따라 유해한 채널 효과를 막기 위한 다른 수단들이 차세대 셀룰러 시스템에서 고려될 것이다. 이러한 것들에는 CDMA 시스템에서 다른 사용자로 인한 상호상관 잡음에 대항하기 위한 다중사용자 검출이 있다. 이것은 관심 있는 사용자가 검출되기 전에 먼저 다른 사용자를 신호로부터 검출하고 빼는 신호원으로 취급한다.[44]

셀룰러 시스템의 용량을 증대시키기 위한 현재 활발히 연구되고 있는 의제 중 하나는 스마트 안테나이다. 이것은 안테나의 지향성이 시스템의 용량을 증대시킨다는 데서 의제를 수반한다.[45]

스마트 안테나와 어느 정도 연관되는 분야는 시공간 부호화이다. 이 부호는 공간과 시간 둘 다에 잉여(redundancy)를 제공한다. 시공간 부호화는 두 개의 차원에서 채널 잉여값을 이용한다. 그리고 만약 채널에 메모리 기능이 있지 않거나 또는 단지 하나의 차원만이 사용될 때보다 더 많은 용량을 얻는다.[46]

10.6.3 다중 입력 다중 출력(MIMO) 시스템 — 페이딩에 대한 보호

만일 송신기에서 다수의 안테나가 사용되고 수신기에서 한 개의 안테나가 사용된다면, 이 시스템을 다중 입력 단일 출력(MISO) 시스템이라 한다. 단일 송신 안테나와 다중 수신 안테나의 경우에는 단일 입력 다중 출력(SIMO) 시스템이라 한다. 다중 송신 및 수신 안테나이면 **다중 입력 다중 출력(MIMO) 시스템**이라고 한다. 다중경로 환경에서 다중 안테나 시스템은 다중화와

---

43 S. M. Alamouti, "A Simple Transmit Diversity Technique for Wireless Communications," *IEEE Journal on Selected Areas in Communications*, **16**: 1451-1458, October 1998 또는 Paulraj, Nabar, and Gore(2003)과 Tse and Viswanath(2005)의 서적 참조.

44 Verdu(1988) 참조.

45 Liberti and Rappaport(1999) 참조.

46 A. F. Naguib, V. Tarokh, N. Seshadri, and A. R. Calderbank, "A Space-Time Coding Modem for High-Data-Rate Wireless Communications," *IEEE Journal on Selected Areas in Communications*, **16**: 1459–1478, October 1998.

V. Tarokh, H. Jafarkhani, and A. R. Calderbank, "Space-Time Block Coding for Wireless Communications: Performance Results," *IEEE Journal on Selected Areas in Communications*, **17**: 451–460, March 1999.

다이버시티 사이의 트레이드-오프를 갖는다.

MIMO 시스템으로 어떤 성능 향상을 실현할 수 있는가를 알기 위해서 최초의 문헌에서 기술된 것처럼 두 개 입력 단일 출력 시스템인 알라무티(Alamouti) 접근법[47]으로 간단히 설명하고 특성화한다. 이 방법은 단일 입력 단일 출력 시스템과 비교할 때 속도 면에서 어떠한 손실도 없이 두 개의 다이버시티를 제공한다. 알라무티 접근법은 다음과 같다.

주어진 심벌 주기에서 두 개의 신호는 두 개의 안테나(충분한 간격을 둠으로써 독립적인 채널을 생성한다고 가정한다)로부터 동시에 전송되고 한 개의 안테나로 수신된다. 첫 번째 심벌 주기 동안 안테나 1로부터 전송된 신호는 s_0이고 안테나 2로 전송된 신호는 s_1이다. 다음 심벌 주기에서 $-s_1^*$은 안테나 1에서 전송되고 s_0^*는 안테나 2에서 전송된다(복소 포락선 표기를 사용함으로써 2차원 신호 성상도를 사용할 수 있다). 송신 안테나 1에서 수신 안테나까지의 경로에서는 임의의 이득 h_0(일반적으로 복소수로 가정한다)가 생기고 송신 안테나 2에서 수신 안테나까지의 경로에서는 임의의 이득 h_1가 생긴다. 수신된 신호 r_0과 r_1은 다음과 같다.

$$\begin{aligned} r_0 &= h_0 s_0 + h_1 s_1 + n_0 \\ r_1 &= -h_0 s_1^* + h_1 s_0^* + n_1 \end{aligned} \tag{10.173}$$

여기서 n_0와 n_1은 가우시안 잡음 성분이다. 두 번째 식을 conjugate하면 다음과 같은 행렬 형태의 식을 얻는다.

$$\mathbf{r} = \mathbf{H}_a \mathbf{s} + \mathbf{n} \tag{10.174}$$

여기서 $\mathbf{r} = [r_0 \quad r_1^*]^T$, $\mathbf{s} = [s_0 \quad s_1]^T$, $\mathbf{n} = [n_0 \quad n_1^*]^T$[윗 첨자 T는 transpose이다]이다. 그리고 채널 행렬은

$$\mathbf{H}_a = \begin{bmatrix} h_0 & h_1 \\ h_1^* & -h_0^* \end{bmatrix} \tag{10.175}$$

이며 직교성을 지닌다(즉 $\mathbf{H}_a$ 행렬과 $\mathbf{H}_a$를 conjugate와 transpose한 $\mathbf{H}_a^H$행렬을 곱하면 대각선 행렬이 된다). 수신기에서 첫 번째 처리 과정은 $\mathbf{H}_a^H$를 수신 벡터와 곱하는 것이고 이는 다음과 같다.

$$\hat{\mathbf{s}} = \mathbf{H}_a^H \mathbf{r} = \begin{bmatrix} |h_0|^2 + |h_1|^2 & 0 \\ 0 & |h_0|^2 + |h_1|^2 \end{bmatrix} \mathbf{s} + \mathbf{H}_a^H \mathbf{n} \tag{10.176}$$

---

47 다음 문헌에 자세히 기술되어 있다. H. Bolcskei and A. J. Paulraj, "Multiple-Input Multiple-Output(MIMO) Wireless Systems," Chapter 90 in Gibson(2002).

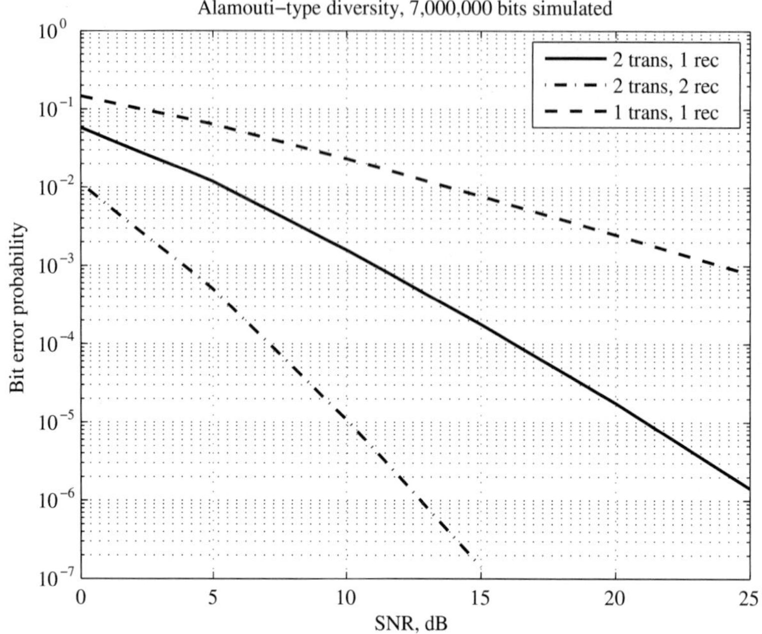

그림 10.31 알리무티 다이버시티 시스템과 다이버시티가 없는 시스템의 비트 오류 성능, 2-송신 2-수신 다이버시티의 성능

따라서 추정된 심벌은 다음과 같다.

$$\hat{s}_0 = \left(|h_0|^2 + |h_1|^2\right) s_0 + \tilde{n}_0$$
$$\hat{s}_1 = \left(|h_0|^2 + |h_1|^2\right) s_1 + \tilde{n}_1 \tag{10.177}$$

여기서 $\tilde{n}_0 = h_0^* n_0 + h_1 n_1^*$이고 $\tilde{n}_1 = h_1^* n_0 - h_0 n_1^*$이다. 마지막 과정은 최소 유클리드 거리 알고리즘을 구현하여 각각의 심벌을 검출하는 것이다(이런 내용은 11장의 최대 우도 검출에서 다룬다).

전형적인 대척 시그널링(예 : BPSK)의 검출 성능은 시뮬레이션에 의해 얻은 그림 10.31에서 볼 수 있다. 또한 MISO를 사용하지 않는 레일리 페이딩 채널에서의 BPSK 성능도 보여준다. 세 번째 곡선은 2-송신 2-수신 다이버시티 성능을 보여준다. 그림 10.31에 있는 비트 오류 확률 곡선은 채널 이득 h_0, h_1이 수신기에서 완벽하게 추정된다고 가정할 때 받아들일 수 있다. 배제 불가능한 추정 오류는 성능을 저하시킬 것이다. 완벽하게 채널을 추정하면 비트 오류 확률이 10^{-3}일 때 SNR은 25dB 이상으로 향상된다.

앞에서 본 모델이 일반적이며 그림 10.31에서 나타난 결과인 BPSK 변조에 한정되지는 않는다. 알라무티 부호화를 적용한 QAM 변조의 OFDM 시스템을 다룬 논문으로 Krondorf와

Fettweis[48]의 논문을 참고하는 것을 추천한다. 수치적으로 그리고 시뮬레이션의 결과를 보면 반송파 주파수 오프셋 및 수신기 I/Q 불균형을 포함하는 수신기의 성능 열화가 나타난다. 열화의 원인으로는 시간 선택적인 채널 특성과 채널 추정 오류로 인한 오래된 채널의 상태 정보의 왜곡이 있다.

10.6.4 1G와 2G 셀룰러 시스템의 특징

공간은 1세대, 2세대(1G, 2G) 셀룰러 이동 통신 시스템의 기술적인 특징에서 피상적인 번득임보다 더 많은 것을 허락하지 않는다. 특히 AMPS, GSM 그리고 CDMA(과거에는 IS-95로 불렸다. 여기서 'IS'라 함은 'Interim Standard'를 의미한다. 그러나 현재 공식적으로 cdmaOne으로 지정되었다). 2008년 2월 18일부로 미국의 통신 사업자들은 AMPS의 지원을 중단하였고 AT&T, Verizon 같은 회사들도 지원을 영원히 중단하였다.

2세대 셀룰러 이동 통신 시스템은 음성 부호화, 변조, 채널 부호화, 다이버시티 기술, 등화기 등을 포함한 통신 이론의 많은 관점에서 가장 성공적이고 실제적으로 응용되었다. 2G 셀룰러에서 사용된 디지털 형식으로 음성과 약간의 데이터(약 20kbps로 제한) 둘 다 다루어졌다. 참고로 GSM에서 사용되는 기술은 TDMA이고, cdmaOne은 CDMA이다. 게다가 두 방식 모두 GSM에서 주파수 간격이 200kHz이고, cdmaOne에서 주파수 간격이 1.25MHz인 FDMA를 사용한다.

완전한 세부사항에 대해 알려면 각각의 표준을 참고하면 된다. 그러나 그렇게 하기 전에 각각의 경우 분량이 수천 페이지에 달하는 것을 알게 될 것이다. 표 10.14는 이러한 세 가지 시스템의 가장 타당한 특징의 일부를 요약하고 있다. 보다 자세한 내용에 대해서는 이전에 언급되었던 참고자료를 보라.

10.6.5 W-CDMA와 cdma2000의 특성

앞서 언급했듯이 1990년대 중반에서 후반까지 3세대(3G) 셀룰러 이동 통신에 대한 연구가 많은 표준단체들에 의해 진행되었다. 3G 셀룰러를 구축하면서 음성과 더 높은 데이터 용량의 경우 2G보다 더 큰 용량을 가지게 되었다. 현재 표준단체들 안에서 3G용으로 주요 쟁점이 되는 표준이 두 개가 있으며 이 두 개 모두 CDMA 접속 방식을 사용한다. 이 방식들은 유럽과 일본(GSM의 특징들과 조화가 되는)에서 제출한 광대역 CDMA(W-CDMA)와 IS-95 원리에 기초를 둔 cdma2000이다.

---

48 M. Krondorf and G. Fettweis, "Numerical Performance Evaluation for Alamouti Space Time Coded OFDM under Receiver Impairments," *IEEE Transactions on Communications*, **8**: 1446-1455, March 2009.

표 10.14 1세대, 2세대 셀룰러 이동 통신 표준의 특징[49]

	AMPS	GSM	IS-95(cdmaOne)
Frequency band (MHz)			
Uplink:	824–849	890–915 (1710–1785)	824–849
Downlink:	869–894	935–960 (1805–1880)	869–894
Gross bit rate	NA	22.8 kbps	Variable: 19.2, 9.6, 4.8, 2.4 kbps
Carrier separation	30 kHz	200 kHz	1.25 MHz
No. channels/carrier	1	8	61 (64 Walsh codes; 3 sync, etc.)
Accessing technique	FDMA	TDMA-FDMA	CDMA-FDMA
Frame duration	NA	4.6 ms with 0.58 ms slots	20 ms
User modulation	FM	GMSK, $BT = 0.3$ Binary, diff. encoded	BPSK, downlink (DL) 64-ary orthog, uplink (UL)
DL/UL pairing	2 channels	2 slots	2 codes
Cell reuse pattern	7	12	1
Cochan. interf. protec.	≤15 dB	≤12 dB	NA(adjacent cells use different segments of long code)
Error correct. coding	NA	Rate-$\frac{1}{2}$ convolutional Constraint length 5	Rate-$\frac{1}{2}$ convol., DL Rate-$\frac{1}{3}$ convol., UL Both constr. length 9
Diversity methods	NA	Freq. hop, 216.7 hops/s Equalization	Wideband signal Interleaving RAKE
Speech repre.	Analog	Residual pulse excited, linear prediction coder	Code-excited vocoder
Speech coder rate	NA	13 kbps	9.6 kbps max

cdma2000

무선 인터페이스 표준의 가장 최초의 버전은 '1 곱하기 무선 전송표준(Radio Transmission Standard)'을 나타내는 1×RTT이다. 채널은 여전히 cdmaOne에서 사용하는 1.25MHz 주파수 대역폭를 이용하지만, 용량 증대를 위해 64~128월시(Walsh) 부호로 사용자 부호를 증가시키고, 순방향 링크(forward link)에서 데이터 변조를 QPSK(cdmaOne에서는 BPSK)로 변화시키고, 역방향 링크(reverse link)에서는 BPSK(cdmaOne에서는 64진 직교)로 변경한다. 확산 변조는 QPSK(하향링크에서 균형(balanced), 상향링크에서 듀얼 채널)이다. 데이터는 미디어, 링크접근제어 프로토콜, 통신서비스품질(QoS) 제어를 통하여 쉽게 수용이 되는 반면 cdmaOne에서는 데이터에 대한 특별한 규정이 없다. 1.8~1036.8kbps까지의 데이터율은 변화하는 순환잉여검사(CRC) 비트, 반복 그리고 삭제(가장 높은 데이터율에서)를 통하여 얻을 수 있다. cdma2000에서 긴 부호(각 셀에 공통으로)를 사용한 동기화는 특정 셀 내에서 긴 부호를 구분하기 위해 GPS로부터 보내지는 시간을 이용하여 수행된다.

---

49 Chapter 79 of Gibson (2002).

더 높은 데이터율을 얻기 위해 세 개의 반송파와 세 개의 1×RTT 채널을 사용한다. 하지만 그럴 필요 없이 주변의 주파수 슬롯을 사용해도 된다. 데이터 변조 외에도 각각의 반송파가 확산하는 것을 제외하고, 이것은 어떤 의미로는 다중반송파 변조이다(10.5절에서 설명한 MCM에서 부반송파들은 오직 데이터 변조만을 한다고 가정되었다).

W-CDMA

광대역 부호분할 다중접속(W-CDMA)은 이름에서 암시하는 바와 같이 CDMA 접속에 기초하고 있다. 이것은 빠른 속도의 무선 전송(Freedom of Mobile Multimedia Access 또는 FOMA라 부른다)을 제공하기 위해 일본 NTT DoComo 사에서 사용하는 전송 프로토콜이다. 그리고 가장 일반적인 광대역 무선 전송 기술은 European Universal Mobile Telecommunications System(UMTS)에서 제공하였다. 무선 채널들은 5MHz 폭을 가지고, 슬롯 프레임 형식을 이용할 때 순방향 링크와 역방향 링크 둘 다에서 QPSK를 사용한다(FOMA의 경우 단위 프레임당 16슬롯, UMTS의 경우 단위 프레임당 15슬롯). cdma2000과 달리 이것은 셀 간에 비동기 방식으로 운용되고, 셀과 셀 사이의 핸드오버는 두 단계 동기화 과정에 의해서 이루어진다. 7.5~5740kbps까지의 데이터율은 확산 계수를 변화시키고 다중 부호들을 할당해서 수용될 수 있다(가장 높은 데이터율에 대해).

10.6.6 4G로의 이동

2010년도 초에 4G 시스템이 배치되었다. 국제전기통신연합(ITU)은 처음에 4G를 100Mbps 이상의 속도를 가지는 시스템으로 정의하였고(2010년 10월), 나중에는 실질적으로 3G 기술을 능가하는 시스템으로 4G를 정의하였다(2010년 12월). 이후에 ITU는 4G에서 정지 시에는 기가비트 속도 이동하는 경우에는 100Mbps 속도로 재정의하였다(2012년 1월).[50] ITU는 새로운 기술에 대한 권고사항을 채택하는 동안 기술의 표준을 개발하지 않고 IEEE, WiMAX Forum, 그리고 3GPP 같은 다른 기관들의 업무에 의존하였다.

최근에 4G에 대한 두 가지 형태가 미국에 설치되고 있다. Long-Term Evolution(LTE) Advanced는 GSM(2G)의 후속 표준화 산업 무역 그룹인 3GPP에서 개발된 4G 무선 광대역 기술이다. LTE는 GSM으로부터 주도되는 Universal Mobile Telecommunications System(UMTS)의 다음 단계의 기술로 대표된다. UMTS는 GSM을 기반으로 하는 3G 기술들을 포함한다. 세계 최초 공개된 LTE 서비스는 2009년도 12월에 스톡홀름과 오슬로에 있는 TeliaSonera에 의해 시작되었다. 다른 회사들 사이에(3GPP2 무역 그룹으로 지정) 경쟁 무선 기술인 Ultra Mobile Broadband(UMB)는 Qualcom에 의해 추진되었으나 2008년 11월 LTE 기술이 선호되면서 개

---

50 "ITU confirms official 'true 4G' standards", 2013년 1월 23일, http://www.rethink-wireless.com.

발을 종료하였다.

4G를 향한 다른 경쟁은 IEEE 802.16 WiMAX 표준을 기반으로 한다. LTE와 WiMAX-based 둘 다 OFDM 변조를 이용하고 MIMO 안테나 기술을 사용한다. 그리고 둘다 2G와 3G에서 사용하는 회로전환 기술이 아닌 인터넷 프로토콜 기술을 사용한다. 다양한 채널 열화는 적응 변조, 부호화 그리고 MIMO 안테나로 해결한다.

LTE는 2011년 2월 미국의 28개 도시에서 Verizen에 의해 설치되었으며 700MHz의 대역을 사용하고 이론적인 최대 속도는 100Mbps 이상이다. WiMAX-based는 2011년 미국의 62개 도시에서 Sprint와 Clearwire에 의해 설치되었으며 2.5GHz 대역을 사용하고 최대 다운로드 속도는 128Mbps이다.[51]

참고문헌

9장에서 소개한 참고문헌 외에 확산 대역에 대해 추가적으로 다루려면 Peterson, Ziemer, Borth(1995)를 참조하라. 디지털 변조에 대한 포괄적인 참조는 Proakis(2001), 확산 대역에 대한 추천해줄 만한 참조는 Simon et al(1994)이 있다.

요약

1. M진 디지털 통신 시스템을 다룰 때 $M \geq 2$인 경우 비트와 심벌이나 캐릭터를 구분하는 것은 중요하다. 하나의 심벌은 $\log_2(M)$비트이다. 또한 비트 오류 확률과 심벌 오류 확률을 구분해야 한다.
2. M진 기술은 직교 위상 천이 변조(QPSK), 오프셋 QPSK(OQPSK), 최소 천이 변조(MSK)를 포함하는 직교 다중화를 바탕으로 한 기술이다. 이 기술들은 사전 부호화가 인접한 위상에 대해 하나의 위상이 잘못됐을 때 단지 하나의 비트만 오류가 발생하도록 한다면 이진 BPSK와 동일한 비트 오류율 성능을 얻을 수 있다.
3. MSK는 직교 변조나 직렬 변조에 의해 생성될 수 있다. 후자의 경우 MSK는 적절히 설계된 변환 필터를 가지고 BPSK를 여파함으로써 만들어진다. 수신기에서 직렬 MSK는 먼저 대역통과 정합여파기로 여파하고 $f_c + 1/4T_b$(반송파와 데이터율의 1/4을 더한 것)에서 반송파로 동기복조함으로써 복구된다. 직렬 MSK는 직교 변조된 MSK와 동일한 성능을 가지며 높은 데이터율에서 좋은 수행 능력을 가진다.
4. 가우시안 MSK(GMSK)는 가우시안 주파수 응답(가우시안 임펄스 응답)을 가지는 여파기를 통과한 ±1 값을 가지는 데이터 스트림(NRZ 형식) 전달에 의해 생성된다. 측정된 $2\pi f_d$, f_d는 단위전압당 헤르츠인 편이 상수이다. FM 변조 반송파의 과도위상

51 http://www.computerworld.com/s/article/9207642/4G_shootout_Verizon_LTE_vs._Sprint_WiMax.

을 생성한다. GMSK 스펙트럼은 심벌간 간섭이 데이터 신호의 여파기로 인해 발생되기 때문에 비트 오류 확률에서 열화를 갖지만 일반적인 MSK보다 낮은 부엽을 가진다. GMSK는 셀룰러 이동 통신을 위한 미국의 2세대 표준에서 사용되었던 것 중에 하나이다.

5. M진 데이터 변조는 신호 공간 측면에서 보면 편리하다. 이런 방법으로 고려될 수 있는 데이터 형식의 예는 M진 PSK, 직교 진폭 변조(QAM), 그리고 M진 FSK이다. 앞에 있는 두 가지 변조 기술은 더 많은 신호가 더해질 때 신호 공간의 차원이 상수로 일정하지만 후자는 더해지는 신호의 수에 따라 직접적으로 증가한다. 상수 차원의 신호 공간은 신호점의 수가 증가함에 따라 신호점들이 더 가까이 밀집한다는 것을 의미한다. 그러므로 오류 확률이 나빠진다. FSK의 경우 더 많은 신호가 더해지면 차원이 증가해 신호점들이 밀집되지 않는다. 그리고 일정한 SNR에 대해 오류 확률이 감소한다. 그러나 신호의 수가 증가함에 따라 대역폭이 증가한다.

6. 통신 시스템은 전력과 대역폭 효율을 근거로 비교해야 할 것이다. 대역폭은 대략적으로 송신되는 신호 스펙트럼 주엽의 영대영(null-to-null)으로 측정한다. M진 PSK, QAM 그리고 DPSK에서 M(즉 M이 증가할수록 정해진 비트 오류 확률을 제공하기 위해서 더 큰 E_b/N_0값이 필요하게 된다)이 증가할수록 전력 효율은 감소하고, 대역폭 효율은 증가한다(즉 M이 더 커질수록 정해진 비트율을 위해 필요한 대역폭이 더 작아진다). M진 FSK(동기식, 비동기식)는 M진 PSK와 반대이다. 이것은 신호의 공간적인 개념의 도움으로 설명될지도 모른다. M진 PSK, QAM, 그리고 DPSK에서 신호 공간은 M($M=2$일 때 1차원)에 따라 2차원 신호 공간이 유지된다. 반면에 M진 FSK에서는 M에 따라 차원이 선형적으로 증가한다. 이와 같이 전자의 경우 전력 효율 관점에서 신호점들은 M이 증가하면서 서로 군집하게 된다. 반면에 후자의 경우는 그렇지 않다.

7. 디지털 변조가 차지하는 대역폭의 편리한 측정 방법은 대역외 전력이나 전력보유 대역폭에 대해서다. 신호 전력의 90%를 포함하는 대역폭의 이상적인 장벽은 QPSK, OQPSK, 그리고 MSK에 대해서는 거의 $1/T_b$ Hz이고 BPSK는 약 $2/T_b$ Hz이다.

8. 디지털 변조 시스템에서 필요로 하는 동기화의 다른 형태는 반송파(단지 위상동기 시스템에 대해서만), 심벌 또는 비트, 그리고 워드이다. 반송파와 심벌 동기화는 협대역 여파기나 PLL에 의한 적당한 비선형성으로 이루어질 수 있다. 또 다른 방법은 적당한 궤환 구조가 사용될 수도 있다.

9. 의사잡음(PN) 시퀀스는 랜덤한 동전 던지기 시퀀스와 비슷하다. 그러나 선형 궤환 시프트 레지스터 회로로 쉽게 만들어진다. 이러한 의사잡음 시퀀스들은 지연이 0인 곳에서 폭이 좁은 가장 큰 상관값을 가지고 0이 아닌 지연에 대해 좁은 부엽을 가진다. 또한 워드 동기화나 범위 측정에 대해 이상적인 특성을 가진다.

10. 확산 대역 통신 시스템은 재밍에 강하고 원하지 않는 간섭자로부터 전송된 신호를 숨기는 수단을 제공한다. 또한 다중경로에 강하고 한 사람 이상이 같은 시간 주파수 할당을 사용하는 수단을 제공하며 범위 측정 능력을 제공한다.

11. 확산 대역 시스템의 두 가지 주된 형태는 직접 시퀀스 확산 대역(DSSS)과 주파수도약 확산 대역(FHSS)이다. 전자는 데이터율보다 훨씬 더 높은 부호율을 가지는 확산 부호를 데이터 시퀀스에 곱하여 스펙트럼을 확산하는 것이다. FHSS에 대해서는 의

사잡음 부호 생성기에 의해 구동된 주파수 합성기가 의사잡음 형태에 따라 도약하는 반송파를 만든다. 또한 혼합 확산 대역이라고 불리는 두 가지 기술의 합성이 가능하다.

12. 확산 대역은 배경잡음이 가산적 백색 가우시안 잡음이고 동기화가 완벽히 이루어진 경우의 확산 대역이 적용되지 않는 데이터 변조와 동일한 성능을 가진다.

13. 간섭이 있을 때 확산 대역 시스템의 성능은 부분적으로 처리 이득에 의해 결정된다. 처리 이득이란 확산 대역 시스템에 있는 것과 같은 데이터 변조가 적용되는 일반적인 시스템의 대역폭에 대한 확산 대역 시스템 대역폭의 비로서 정의된다. DSSS의 경우 처리 이득은 확산 부호 비트(또는 칩) 지속기간에 대한 데이터 비트 지속기간의 비이다.

14. 확산 대역 시스템에서는 부호 동기화로 불리는 부가적인 레벨의 동기화가 요구된다. 직렬 탐색 방법은 하드웨어 측면이나 설명하는 데는 매우 간단하지만 비교적 동기화를 이루는 데 시간이 걸린다.

15. 다중반송파 변조(MCM)는 송신 데이터가 다중화되어 전송하기 전에 합쳐질 각각의 부반송파에 실리는 변조 기법이다. 각 송신 심벌 데이터를 직렬로 단일 반송파에 실어 보내는 경우보다 사용하는 부반송파의 수에 따라 심벌의 길이를 길어지게 하는 요인이다. 둘 다 같은 데이터율이라 가정할 때, 직렬전송 시스템보다 다중경로에서 MCM을 더욱 강하게 만든다.

16. 부반송파들마다 $1/T$만큼의 간격을 가지는 MCM의 특별한 경우를 직교 주파수 분할 다중화(OFDM)라 불린다. 여기서 T는 심벌 지속시간이다. 직교 주파수 분할 다중은 주로 송신단에서 역변환 DFT 그리고 수신단에서는 DFT로 구현된다. 이 방식은 무선 지역 네트워크에서 광범위한 사용이 가능하다.

17. 셀룰러 이동 통신은 대중이 처음으로 기대했던 더 빠르고 더 넓은 지역에 걸쳐 서비스를 제공할 수 있는 통신 기술의 한 예이다. 1세대 시스템은 1980년대 초에 운용되었고, 2세대(2G) 시스템은 1990년대 중반 이래로 사용 중에 있다. 3세대(3G) 시스템의 도입은 2000년대에 시작하였다. 모든 2G, 3G 시스템은 많은 종류의 부호 분할 다중접속을 기반으로 한 디지털 변조를 이용한다. 현재는 4세대(4G) 시스템은 선택된 위치에 설치되고 있다.

훈련문제

10.1 QPSK, OQPSK, MSK를 생각할 수 있는 다양한 방법으로 비교하라.

10.2

(a) M진 PSK와 DPSK를 전력과 대역폭 효율성에 관하여 비교하라.

(b) M진 위상동기 FSK와 위상비동기 FSK를 전력과 대역폭 효율성에 관하여 비교하라.

10.3 통신 시스템에서 요구하는 동기의 세 가지 유형은 무엇인가?

10.4 M진 PSK와 QAM을 전력과 대역폭 효율성을 사용하여 비교하라.

10.5 의사잡음 시퀀스는 거의 모든 길이를 쉽게 생성할 수 있다. 보편적으로 사용되지 않는 몇 가지 단점을 서술하라.

10.6 확산 대역을 사용하는 세 가지 이유를 서술하라.

10.7 JSR이 확산 대역 시스템에서 10dB 향상되었다. 어떤 수단을 방지하기 위해 사용될 수 있는가?

10.8 직렬 검색 부호 포착 시스템에서 어떤 부호를 획득하기 위해서 요구되는 필요로 하는 시간의 양을 무엇으로 결정하는가? 부호 기간의 불확실성이 동기화 시스템을 설계할 때 가정한 것의 2배일 경우 동기 시간이 어떻게 변화하는가?

10.9 OFDM는 주로 어떻게 사용되는가? 장점은 무엇인가?

10.10 OFDM 시스템은 다중경로가 가지는 지연 확산 τ_m을 극복하기 위해 디자인된다. QPSK는 데이터 변조에 사용된다. 만약 지연 확산이 2배일 경우 시스템이 다중경로에 대해 동일한 보호를 받기 위해서 어떻게 다시 디자인되어야 하는지 서술하라.

10.11 전자기파의 자유 공간 전파의 전력 밀도가 신호원으로 부터의 거리에 따라 역제곱 법칙에 의해서 일반적으로 변화할 때 셀룰러 무선의 경우 전력 감소는 어떻게 변화하나? 자유 공간 전파와 왜 차이가 있는지 설명하라.

10.12 일반적으로 셀룰러 무선 시스템에서 발견되는 다중경로의 유형은 크게 두 가지로 어떻게 특성화되는지 서술하라.

10.13 약어 MIMO가 무엇을 나타내는지와 MIMO를 사용함으로써 얻을 수 있는 장점을 서술하라.

10.14 약어 1G, 2G, 3G 그리고 4G가 무엇을 나타내는지와 대략적인 구현 시기를 서술하라.

연습문제

10.1절

10.1 어떤 M진 통신 시스템이 초당 2,000개의 심벌을 전송한다. $M=4$, $M=8$, $M=16$, $M=32$, $M=64$인 경우 초당 비트에 있어서 동일한 비트율은 얼마인가? $\log_2 M$에 대한 비트율의 그림을 그려라.

10.2 신호원으로부터 10kbps 율로 진행하는 직렬 비트스트림이 다음과 같다.

110110 010111 011011

(각 비트마다 정확한 간격)

1로 시작하여 왼쪽에서 오른쪽으로 진행하는 18개의 비트가 있다. 그림 10.1에서처럼 홀수 번째 비트를 $d_1(t)$로 나타내고 짝수 번째 비트를 $d_2(t)$로 나타낸다.

(a) d_1과 d_2의 심벌률은 얼마인가?

(b) QPSK 변조라 가정하고 식 (10.2)에 의해 주어진 θ_i의 연속적인 값은 무엇인가? 어떤 시간 간격에서 θ_i가 변하는가?

(c) OQPSK 변조라 가정하고 식 (10.2)에 의해 주어진 θ_i의 연속적인 값은 무엇인가? 어떤 시간 간격에서 θ_i가 변하는가?

10.3 전력 스펙트럼 밀도 $N_0=10^{-11}\text{V}^2/\text{Hz}$를 갖는 가우시안 잡음이 더해진 채널을 통하여 데이터를 전송하기 위하여 직교 위상 천이 변조가 사용된다. 다음과 같은 데이터율에서 $P_{E,\ \text{symbol}}=10^{-4}$을 얻기 위한 직교 변조된 반송파 진폭은 얼마인가?

(a) 5kbps

(b) 10kbps

(c) 50kbps

(d) 100kbps

(e) 0.5Mbps

(f) 1Mbps

10.4 QPSK에 대해 식 (10.6)과 식 (10.8)에 의해 주어지는 잡음 성분 N_1과 N_2가 서로 비상관임을 보여라. 즉 $E[N_1N_2]=0$임을 보여라. (왜 N_1과 N_2의 평균이 0인지 설명하라.)

10.5 QPSK 변조기에서 다음과 같은 위상 불균형 신호의 형태를 생성한다.

$$x_c(t) = Ad_1(t)\cos\left(2\pi f_c t + \frac{\beta}{2}\right) - Ad_2(t)\sin\left(2\pi f_c t - \frac{\beta}{2}\right)$$

(a) 식 (10.5)와 식 (10.7) 대신에 다음과 같은 식이 주어졌을 때 그림 10.2의 적분기 출력값을 보여라.

$$V_1' = \frac{1}{2}AT_s\left(\pm\cos\frac{\beta}{2} \pm \sin\frac{\beta}{2}\right)$$
$$V_2' = \frac{1}{2}AT_s\left(\pm\sin\frac{\beta}{2} \pm \cos\frac{\beta}{2}\right)$$

여기서 데이터 비트 $d_1(t)$와 $d_2(t)$가 $+1$ 또는 -1인 것에 의해 $\pm$기호가 결정된다.

(b) 직교 채널이 다음과 같을 때 직교 채널에 대한 오류 확률을 보여라.

$$P'_{E,\text{ quad chan}} = \frac{1}{2}Q\left[\sqrt{\frac{2E_b}{N_0}}\left(\cos\frac{\beta}{2} + \sin\frac{\beta}{2}\right)\right] + \frac{1}{2}Q\left[\sqrt{\frac{2E_b}{N_0}}\left(\cos\frac{\beta}{2} - \sin\frac{\beta}{2}\right)\right]$$

(힌트 : 위상 불균형을 없애기 위해 상관기 출력값은 $V_1,\ V_2 = \pm\frac{1}{2}AT_s = \pm AT_b$이고 $E_b = V_1^2/T_b = V_2^2/T_b$와 $P_{E,\text{quad chan}} = Q\left[\sqrt{\frac{2E_b}{N_0}}\right]$가 된다. 위상 불균형이 있을 때 E'_b의 값에 대한 제일 좋은 경우와 가장 나쁜 경우는 다음과 같다.

$$E_b' = E_b\left(\cos\frac{\beta}{2} + \sin\frac{\beta}{2}\right)^2$$

그리고

$$E_b' = E_b\left(\cos\frac{\beta}{2} - \sin\frac{\beta}{2}\right)^2$$

이것들은 똑같은 확률로 발생한다.)

(c) 식 (10.16)에 주어진 P_E, 그리고 $\beta=0$, 2.5, 5, 7.5, 10도일 때 $P'_{E,\text{ quad chan}}$에 대한 위의 결과를 같은 도면상에 그려라. 이들 곡선으로부터 위상 불균형을 고려한 오류 확률 10^{-4}과 10^{-6}에서 데시벨로 표현된 $\frac{E_b}{N_0}$의 감소를 추정하고 그려라.

10.6

(a) BPSK 시스템과 QPSK 시스템이 같은 속도로 전송되도록 만들어졌다면 QPSK 시스템의 각 심벌(위상)에 대해 BPSK 시스템은 두 비트가 전송된다. E_s/N_0에 대한 두 시스템의 심벌 오류 확률을 비교하라(BPSK 시스템에서 E_s가 $2E_b$임을 주의하라).

(b) BPSK 시스템과 QPSK 시스템이 같은 전송 대역폭을 가지도록 만들어졌을 때 SNR에 대한 두 시스템의 심벌 오류 확률을 비교하라(이러한 경우에 양쪽의 심벌 길이가 같아야 함에 주의하라. 즉 $T_{s,\text{ BPSK}} = 2T_b = T_{s,\text{ QPSK}}$이다).

(c) (a)와 (b)를 기초로 했을 때 BPSK와 QPSK의 선택을 결정하는 요소들은 무엇인가?

10.7 직렬데이터 시퀀스가 다음과 같이 주어졌다.

101011 010010 100110 110011

모든 비트들은 그림 10.2와 그림 10.4의 블록도에 있는 상부 데이터 열, 하부 데이터 열과 관련이 있다. 같은 시간 크기로 다음과 같은 데이터 변조 기술에 대한 직교 파형을 그려라. QPSK, OQPSK, MSK type I, MSK type II.

10.8 연습문제 10.7의 각 경우에 대해 위상 나무와 위상 격자 다이어그램을 그려라. 주어진 데이터 시퀀스로 나타난 나무와 격자 다이어그램의 실제 경로를 굵은 선으로 나타내라.

10.9 MSK 신호의 스펙트럼에 대한 식 (10.25)를 식 (10.23)에서 주어진 제곱된 $|G(f)|^2$과 식 (10.24)에서 주어진 $S_{\mathrm{BPSK}}(f)$를 곱하여 유도하라. 즉 스펙트럼 인수의 관점에서 작동하는 직렬 변조 MSK를 증명하라. [힌트 : 식 (10.25)의 첫 번째 항을 얻기 위해 식 (10.23)와 식 (10.24)의 양의 주파수 영역만 고려한다. 유사하게 식 (10.25)의 두 번째 항을 얻기 위해 음의 주파수 영역을 고려한다. 양의 주파수와 음의 주파수 영역의 중복은 무시한다고 가정한다.]

10.10 MSK 시스템이 10MHz의 반송파 주파수를 가지고 50kbps의 데이터율로 전송된다.

(a) 데이터 시퀀스 1 0 1 0 1 0 1 0 1 0 ⋯에 대한 순시 주파수는 얼마인가?

(b) 데이터 시퀀스 0 0 0 0 0 0 0 0 0 0 ⋯에 대한 순시 주파수는 얼마인가?

10.11 식 (10.26)과 식 (10.27)의 푸리에 변환쌍을 보여라.

10.12

(a) 16진 PSK에 대하여 결정 영역을 가지는 신호 공간을 그려라[식 (10.47) 참조].

(b) 심벌 오류 확률 대 E_b/N_0를 쓰고 그리기 위해 식 (10.50)을 이용하라.

(c) 같은 축상에서 비트 오류 확률을 계산하고 그려라.

10.13

(a) $M=8$, 16, 32를 가지는 M진 PSK에 대하여 식 (10.93)과 $P_{E,\,\mathrm{symbol}}$에 대한 적당한 경계를 사용하여 $P_{E,\,\mathrm{bit}}=10^{-4}$을 얻는 데 필요한 E_b/N_0를 구하라.

(b) 식 (10.63)을 이용하여 M이 같을 경우 QAM에 대하여 반복하라.

10.14 M진 QAM에 대하여 식 (10.60)부터 식 (10.62)까지의 세 개의 방정식을 유도하라.

10.15 식 (10.60)부터 식 (10.62)를 식 (10.59)에 대입하여 Q 함수에서 모든 가능한 인자들을 모아라. 그리고 Q 함수의 제곱 항을 무시함으로 인해 16-QAM에 대한 심벌 오류 확률이 식 (10.63)과 같이 됨을 보여라.

10.16 M진 QAM에서 다음을 보여라.

$$a=\sqrt{\frac{3E_s}{2(M-1)}}$$

여기서 E_s는 식 (10.58)처럼 M 신호들의 성좌도에 관한 평균 심벌 에너지이다. 합의 공식

$$\sum_{i=1}^{m} i=\frac{m(m+1)}{2}\text{과 }\sum_{i=1}^{m} i^2=\frac{m(m+1)(2m+1)}{6}$$

이 증명하는 데 유용할 것이다.

10.17

(a) 식 (10.95), 식 (10.96) 그리고 식 (10.67)을 사용하여 M진 동기 FSK에 대하여 $M=2$, 4, 8, 16, 32인 경우에 $P_{E,\,\mathrm{bit}}=10^{-3}$을 얻는 데 필요한 E_b/N_0를 구하라. MATLAB을 사용하여 반복적인 해결법을 실행하기 위한 계산기를 프로그램하라.

(b) 식 (10.95), 식 (10.96) 그리고 식 (10.68)을 사용하여 비동기 M진 FSK에 대하여 $M=2$, 4, 8, 16, 32인 경우를 반복하라.

10.18 식 (10.89)가 식 (10.68)과 동일함을 증명하라.

10.19 $N_0=10^{-9}$W/Hz이고 대역폭이 1MHz인 채널에서 4Mbps의 M진 통신 시스템으로 데이터를 전송하려고 한다.

(a) 어떠한 변조 방식이 후보인가?

(b) 최대 10^{-6}의 비트 오류 확률을 가지기 위해서 후보 방식이 요구하는 수신 신호 전력은 얼마인가?

(c) 어떠한 변조 방식을 선택하는 것이 구현이 간단한가?

10.20 대역폭이 4MHz인 채널에서 1Mbps 데이터율인 통신을 구현하려고 한다.

(a) 전력이 2일 때 가능한 M진 위상동기 FSK에서 가장 큰 M값은 얼마인가?

(b) (a)에서 구한 M값을 이용하는 경우 $P_b = 10^{-4}$을 만족하는 E_b/N_0를 dB로 나타내라.

(c) M진 위상비동기 FSK에 대해 (a)를 반복하라.

(d) (c)에서 구한 M값을 이용하는 경우 $P_b = 10^{-4}$을 만족하는 E_b/N_0를 dB로 나타내라.

(e) 위상비동기 변조를 사용하기 위해서 수신기에서 위상동기 기준을 정할 필요가 없이 간단하게 하기 위해 지불된 대가에 대해서 서술하라.

10.2절

10.21 90% 전력보유 대역폭을 기준으로 다음의 경우에 50kbps의 비트율을 얻는 데 필요한 전송 대역폭을 구하라.

(a) BPSK

(b) QPSK 또는 OQPSK

(c) MSK

(d) 16-QAM

10.22 10.2절에 있는 M진 PSK에 대한 직교 변조 기술의 전력보유 대역폭에 대한 결과를 일반화하라(QAM의 결과와 다른 점이 있는가?). 그림 10.21의 가로좌표에 대한 적당한 재해석과 90% 전력보유 대역폭을 사용하여 다음의 경우에 100kbps의 비트율을 얻는 데 필요한 전송대역폭을 구하라.

(a) 8-PSK

(b) 16-PSK

(c) 32-PSK

10.23 식 (10.116)과 식 (10.122)를 참조하여 QPSK에서 10% 대역외 전력을 갖는 RF 대역폭은

$$B_{10\%\ \mathrm{OOB,QPSK}} = 2\left(\frac{1}{2T_b}\right) = R_b\ \mathrm{Hz}$$

이다. 여기서 $1/2T_b$는 $\mathrm{sinc}\,(2T_b f)$의 첫 번째 0이 되는 지점이다. 식 (10.117)에서 M진 QAM에 대한 결과는 다음과 같다.

$$B_{10\%\ \mathrm{OOB,QAM}} = 2\left(\frac{1}{(\log_2 M)\,T_b}\right) = \frac{2R_b}{\log_2 M}\ \mathrm{Hz}$$

20kHz 대역폭인 채널을 고려할 때 QAM에서 다음의 경우 데이터율을 얼마인가?

(a) $M=4$

(b) $M=16$

(c) $M=64$

(d) $M=256$

10.24 데이터 열 $d(t)$의 길이가 T초이고 $+1$과 -1로 구성 랜덤(동전 던지기) 시퀀스라고 가정한다. 다음 열의 자기상관 함수를 구하라.

$$R_d(\tau) = \begin{cases} 1 - \dfrac{|\tau|}{T}, & \dfrac{|\tau|}{T} \le 1 \\ 0, & \text{otherwise} \end{cases}$$

(a) ASK 변조된 신호가 다음과 같이 주어졌을 때 전력 스펙트럼 밀도를 찾고 그려라.

$$s_{\mathrm{ASK}}(t) = \frac{1}{2}A\,[1 + d\,(t)]\cos(\omega_c t + \theta)$$

여기서 θ는 $(0, 2\pi]$ 안에서 균등 랜덤변수이다.

(b) PSK 변조된 신호가 다음과 같이 주어졌을 때 문제 9.21(a)의 결과를 이용하여 세 가지 경우 $m=$

0, 0.5, 그리고 1일 때의 전력 스펙트럼 밀도를 계산하고 그려라.

$$s_{\mathrm{PSK}}(t) = A\sin\left[\omega_c t + \cos^{-1} m\, d(t) + \theta\right]$$

10.25 식 (10.120)에서 주어진 푸리에 변환쌍을 유도하라.

10.3절

10.26 8-PSK에 대하여 국소 반송파를 동기화하기 위한 M 거듭제곱 회로의 블록도를 도시하라. $f_c=10$ MHz이고 $T_s=0.1$ms라고 가정한다. 모든 블록에 이름을 기입하고 임계 주파수와 대역폭을 나타내라.

10.27 표 10.7에 주어진 다양한 경우에 대하여 σ_ϕ^2 대 z를 그래프로 그려라. 신호 전력의 10%가 PLL의 반송파에 있고 모든 신호 전력이 코스타스와 데이터 추적 루프의 반송파에 존재한다고 가정하고, $L=$ 100, 10, 5라고 가정한다.

10.28 식 (10.125)와 식 (10.126)의 데시벨 차이를 찾아라. 즉 데시벨로 표현된 $\sigma^2_{\epsilon,\,\mathrm{SL}}/\sigma^2_{\epsilon,\,\mathrm{AV}}$의 비를 찾아라.

10.29 표 10.8의 마커 부호 C8을 고려하자. 이것의 모든 가능한 천이와 수신된 시퀀스 10110 10110 00011 101011 (공백은 보기 쉽게 하기 위함) 사이의 해밍 거리를 찾아라. 여기에 $h=1$ 그리고 수신된 시퀀스에서 유니크 정합이 있는가? 만약 그렇다면 어떤 지연에서 발생하는가?

10.30 식 (10.131)로부터 식 (10.132)로 가는 모든 단계를 작성하라.

10.31 m-시퀀스가 10khz의 클락 속도를 갖는 연속적으로 동작하는 궤환 천이 레지스터에 의해 생성된다. 천이 레지스터는 여섯 개의 단을 갖고 최장 길이 시퀀스를 만들기 위한 적절한 궤환 연결을 사용한다. 다음의 질문에 대답하라.

(a) 이것이 반복하기 전에 시퀀스의 길이는 얼마인가?

(b) 생성된 시퀀스의 주기는 몇 ms인가?

(c) 생성된 시퀀스의 자기상관 함수를 그리고 임계 영역을 제시하라.

(d) 이 시퀀스의 전력 스펙트럼에서 스펙트럼 선들 간의 간격은 얼마인가?

(e) 0 주파수에서 스펙트럼선의 높이는 얼마인가? m-시퀀스의 DC레벨과 어떤 관계를 가지는가?

(f) 전력 스펙트럼의 포락선에서 첫 번째 널은 어떤 주파수인가?

10.32 길이가 $2^7-1=127$인 PN 시퀀스의 경우 $x_4 \oplus x_7$과 $x_6 \oplus x_7$ 두 개의 궤환 연결이 가능하다.

(a) 연결 $x_4 \oplus x_7$에 대한 궤환 시프트 레지스터를 블록 다이어그램으로 그려라.

(b) 연결 $x_4 \oplus x_7$에 대응하는 PN 시퀀스를 계산하라.

(c) 연결 $x_6 \oplus x_7$에 대한 궤환 시프트 레지스터를 블록 다이어그램으로 그려라.

(d) 연결 $x_6 \oplus x_7$에 대응하는 PN 시퀀스를 계산하라.

10.33 이진 부호의 비주기 자기상관 함수는 동기화 응용에 중요하다. 이를 계산하는 데 부호 자체가 주기적으로 반복된다고 가정하진 않지만 식 (10.130)은 오직 겹쳐지는 부분에 적용된다. 예를 들어, 표 10.12의 3칩 바커 부호의 계산은 다음과 같다.

						N_A-N_U	$\frac{N_A-N_U}{N}$
Barker code	1	1	0				
Delay = 0	1	1	0			3	1
Delay = 1		1	1	0		0	0
Delay = 2			1	1	0	−1	−1/3

음수 지연들에 대해 자기상관 함수는 짝수임으로 계산할 필요가 없다.

(a) 표 10.12의 주어진 모든 바커 시퀀스들에 대한 비주기 자기상관 함수를 구하라. 지연이 0이 아닌 경우 최대 자기상관 함수의 크기는 얼마인가?

(b) 15비트 PN 시퀀스의 비주기 자기상관 함수를 계산하라. 지연이 0이 아닌 경우 최대 자기상관 함수의 크기는 얼마인가? 표 10.5로부터 이것은 바커 시퀀스가 아니라는 것을 알 수 있다.

10.4절

10.34 식 (10.145)에 의해 주어지는 N_g의 분산이 $N_0 T_b$임을 보여라.

10.35 식 (10.150)에 의해 주어지는 N_I의 분산이 식 (10.151)에 의해 주어지는 결과와 거의 비슷함을 보여라. [힌트 : $T_c^{-1}\Lambda(\tau/T_c)$가 T_c의 값이 작을 경우 거의 델타 함수라는 것을 이용하라.]

10.36 BPSK 데이터 변조를 적용한 DSSS 시스템이 10kbps의 데이터율로 작동한다. 1000(30dB)의 처리 이득이 요구된다.

(a) 얼마의 칩률이 필요한가?

(b) 얼마의 RF 전송 대역폭(null-to-null)이 필요한가?

(c) SNR이 10dB이라고 가정하고 JSR이 다음과 같을 경우 P_E는 얼마인가? 5dB, 10dB, 15dB, 30dB.

10.37 BPSK 데이터 변조를 적용한 DSSS 시스템을 고려하자. $E_b/N_0 \to \infty$에서 $P_E=10^{-5}$이 기대된다. 아래와 같은 JSR에서 어떤 처리 이득 G_P가 주어진 P_E를 만족할 수 있는지 말하라. 만약 만족할 수 없다면 왜 그런지 설명하라.

(a) JSR=30dB

(b) JSR=25dB

(c) JSR=20dB

10.38 $n=255$의 부호 길이를 가지는 다중사용자 DSSS 시스템에서 10^{-3}의 최대 비트 에러 확률을 충족시킬 수 있는 사용자수를 계산하라. [힌트 : $E_b/N_0 \to \infty$로 식 (10.157)의 극한을 취하고 $P_E=10^{-3}$의 결과적인 표현을 적용하라. 그리고 N에 대해서 풀어라.]

10.39 ±1.5ms의 전파 지연 불확실성과 $T_{fa}=100T_i$의 오경보 패널티인 예제 10.6을 다시 계산하라.

10.5절

10.40 500kbps로 신호가 전송되길 원하는 5μs의 지연 확산을 갖는 다중경로 채널을 고려하자. 각 부반송파의 변조 방법이 QPSK일 때 심벌 주기가 적어도 지연 확산보다 10만큼 큰 MCM 시스템을 설계하라.

10.41 IEEE802.16 표준에 다음의 파라미터가 주어져 있다.

Modulation	Coding rate
BPSK	1/2
BPSK	3/4
QPSK	1/2
QPSK	3/4
16-QAM	1/2
16-QAM	3/4
64-QAM	2/3
64-QAM	3/4

Parameter	Value : 20MHz Chan. Spacing	Value : 10MHz Chan. Spacing	Value : 5MHz Chan. Spacing
No. Data Subcarriers	48	48	48
No. Pilot Subcarriers	4	4	4
FFT/IFFT Period: μs	3.2	6.4	12.8
Guard Interval: μs	0.8	1.6	3.2

모든 경우에 대해 유효한 데이터율을 Mbps로 나타내라. 즉 각각의 변조/부호화율에 대해 각각의 채널 간격을 고려하라.

10.6절

10.42 $\alpha=4$의 감쇠 지수에 대해 예제 10.11과 예제 10.12를 다시 계산하라.

10.43 $SIR_{dB,\ min}=10dB$인 예제 10.11을 다시 계산하라.

10.44

(a) 만일 인접 셀의 중심이 한 단위 떨어진 경우 육각형 셀의 중심에서부터 꼭지점까지 거리가 $1/\sqrt{3}$임을 보여라.

(b) 육각형 구조에서 동일 채널 셀의 중심 간의 거리가 $D_{co}=\sqrt{N}$임을 보여라.

컴퓨터 실습문제

10.1 $M=2, 4, 8, 16, 32$에 대한 E_b/N_0에 대한 P_b의 그래프를 그리기 위해 MATLAB을 사용하라.

(a) M진 동기 FSK(실제 오류 확률에 대한 근사로서 하한 표현을 사용하라.)

(b) M진 비동기 FSK

구해진 결과를 그림 10.15(a)와 (b)에 비교하라.

10.2 MATLAB을 이용하여 M진 PSK, QPSK(또는 OQPSK), MSK에 대한 대역외 전력을 그려라. 그림 10.16과 비교하라. **trapz** 함수를 사용하여 요구되는 수치 적분을 수행하라.

10.3 MATLAB을 이용하여 그림 10.25에 나타난 것과 같은 곡선을 그려라. 주어진 JSR과 SNR에 대하여 원하는 비트 오류 확률을 얻기 위해 요구되는 처리 이득을 MATLAB의 **fzeoro** 함수를 사용하여 구하라. 당신의 프로그램을 이용하여 주어진 JSR과 SNR에 대하여 원하는 비트 오류 확률을 얻는 것이 가능한지 확인하라.

10.4 GMSK의 변조 파형을 시뮬레이션할 수 있는 MATLAB 시뮬레이션을 작성하라. 그리고 변조 파형의 전력 스펙트럼 밀도를 계산하고 그려라. 일반적인 MSK의 특별한 경우를 포함하여 몇몇의 BT_B에 대해 GMSK와 MSK의 스펙트럼을 비교하라.

(힌트 : 시뮬레이션된 GMSK와 MSK 파형의 스펙트럼을 측정하고 그리기 위한 전력 스펙트럼 밀도 측정기의 사용법을 찾기 위해 MATLAB에서 'help psd'를 하라.)

10.5 MISO 다이버시티 시스템의 알라무티 형식에 대해 MATLAB 시뮬레이션을 작성하라.

CHAPTER 11

최적 수신기와 신호 공간 개념

이 책은 대부분 통신 시스템의 **분석**에 대한 내용을 다루고 있다. 9장에서 이미 알고 있는 형태의 이진 디지털 신호에 대해 최소의 오류 확률 관점에서 가장 좋은 수신기를 알아보았다. 이 장에서는 **최적화** 문제를 다룬다. 즉 통신 시스템 구현에 대해 모든 가능한 시스템 중 가장 좋은 성능을 가지는 시스템을 찾고자 한다. 이러한 접근을 하면서 세 가지 기본적인 문제를 마주하게 된다.

1. 최적화 기준은 무엇이 사용되는가?
2. 이러한 최적화 기준을 바탕으로 주어진 문제에 대한 최적의 구조는 무엇인가?
3. 최적 수신기의 성능은 어떠한가?

송신기와 채널 구조를 고정시키고 수신기만을 최적화하는 간단한 형태의 문제를 고려할 것이다.

정보 전송 시스템의 연구에서 이러한 주제를 포함하는 데는 두 가지 목적이 있다. 첫째, 1장에서 통계적 최적화 과정과 연관된 확률론적 시스템 해석기법의 응용은 초기의 통신 시스템과는 특성이 다른 통신 시스템에 이르게 했다는 것을 알았다. 이 장에서는 이 진술의 진위를 확인하고, 특히 여기서 고려되는 최적 구조 중 어떤 것은 이전의 장들에서 분석되었던 시스템의 구성 블록임을 알 수 있다. 부가적으로 이 장의 후반부에 고려되는 신호 공간 기술을 이용하면 우리가 지금까지 구하였던 아날로그와 디지털 통신 시스템의 성능 결과를 통합하는 결과를 얻을 수 있다.

11.1 베이즈 최적화

11.1.1 신호 검출 대 추정

9장과 10장에서 고려한 것을 바탕으로 신호 수신 문제를 두 가지 영역으로 나누는 것이 도움이 될 것이다. 첫 번째로 검출이라는 것을 고려하는데, 이는 배경잡음이 있을 때 다른 여러 신호들 중 특별한 신호가 존재하는가를 검출하는 데 관심을 가지는 것이다. 두 번째가 추정이라는 것이다. 이것은 잡음이 있을 때 신호가 존재한다고 가정하고 신호의 여러 가지 특성을 추정하는 것이다. 관심 있는 신호 특성은 일정한(랜덤 또는 비랜덤) 진폭이나 위상 또는 파형 자체(또는 파형의 함수)를 추정(과거, 현재, 또는 미래에 대한)하는 것과 같은 시간에 무관한 파라미터이다. 앞의 문제는 일반적으로 **파라미터 추정**이라 하고 뒤의 것은 **여파**(filtering)라 한다. 이런 형식으로 접근된다면 아날로그 신호(AM, DSB 등등)의 복조는 신호 여파의 문제이다.[1]

검출 또는 추정으로 신호 수신 문제를 분류하는 것이 가끔 도움이 되지만 실질적인 경우 일반적으로 둘 다 존재한다. 예를 들어 위상 천이 변조 신호를 검출하는 경우에 위상동기 복조에 사용하는 신호 위상의 추정이 필요하다. 신호의 위상이 그다지 중요하지 않은 위상비동기 디지털 신호의 경우 이런 두 가지 중 하나를 무시할 수도 있다. 다른 경우 검출과 추정을 서로 분리하는 것이 불가능할 수도 있다. 그러나 이 장에서는 분리된 문제로 신호의 검출과 추정을 취급한다.

11.1.2 최적화 기준

9장에서 이진 신호에 대한 정합 필터 수신기를 찾는 최적화 판별 기준은 최소 **평균 오류 확률**이었다. 이 장에서는 이를 일반화하고 **평균 비용**(cost)을 **최소화하는** 신호 검출기와 추정기를 찾는다. 나중에 분명한 이유가 나오겠지만 이러한 장치를 **베이즈**(Bayes) 수신기라고 한다.

11.1.3 베이즈 검출기

최적 수신기 구조를 찾기 위해 최적화 판별 기준으로 최소 평균 비용을 이용하는 것에 대해서 설명하고자 검출에 대해 먼저 고려하겠다. 예를 들면 가산적 가우시안 잡음 성분 N(예를 들어, 잡음 파형에 하나의 단순한 신호가 더해진)이 있는 곳에서 값이 $k>0$인 일정한 신호의 존재 여부를 알고자 한다. 따라서 관측된 데이터 Z에 대해 다음과 같은 두 가지 가설을 세울 수 있다.

가설 1 (H_1) : $Z=N$(잡음만 존재), $P(H_1$ 참$)=p_0$
가설 2 (H_2) : $Z=k+N$(신호 더하기 잡음), $P(H_2$ 참$)=1-p_0$

평균이 0이고 분산이 σ_n^2인 잡음을 고려한다면, 주어진 가설 H_1과 H_2에 대한 Z의 확률 밀도 함수를 구할 수 있다. 가설 H_1이 주어진다면 Z는 평균이 0이고 분산이 σ_n^2인 가우시안이다. 따라서 다음과 같다.

1 최적 복조에 적용된 필터링 이론에 대해서는 Van Trees(1968), Vol. 1 참조.

$$f_Z(z|H_1) = \frac{e^{-z^2/2\sigma_n^2}}{\sqrt{2\pi\sigma_n^2}} \tag{11.1}$$

가설 H_2가 주어지면 평균이 k이므로, 다음과 같다.

$$f_Z(z|H_2) = \frac{e^{-(z-k)^2/2\sigma_n^2}}{\sqrt{2\pi\sigma_n^2}} \tag{11.2}$$

이러한 조건부 확률 밀도 함수를 그림 11.1에 나타냈다. 이 예제에서 관찰 데이터 Z는 실수측 $-\infty < Z < \infty$ 범위를 가진다. 우리의 목적은 이러한 일차원적 관측 공간을 Z가 R_1에 있으면 가설 H_1이 참이고 Z가 R_2에 있으면 가설 H_2가 참이 되는 두 영역(R_1과 R_2)으로 나누는 것이다. 결정하는 평균 비용이 최소화되는 방법으로 이것을 수행하고자 한다. 어떤 경우에는 R_1이나 R_2 또는 두 가지 모두가 다중구획을 구성하게 되는 수도 있다(연습문제 11.2 참조).

이 문제에 대한 일반적인 접근법을 취하면 네 가지 형태로 결정을 할 수 있기 때문에 요구되는 네 가지 사전 비용을 알아본다. 이 비용은 다음과 같다.

c_{11} : 실제로 H_1이 참일 때 H_1영역을 결정하는 비용
c_{12} : 실제로 H_2가 참일 때 H_1영역을 결정하는 비용
c_{21} : 실제로 H_1이 참일 때 H_2영역을 결정하는 비용
c_{22} : 실제로 H_2가 참일 때 H_2영역을 결정하는 비용

실제로 H_1이 참이라면 결정하는 조건부 평균 비용 $C(D|H_1)$은 다음과 같고,

$$C(D|H_1) = c_{11}P[\text{decide } H_1|H_1 \text{ true}] + c_{21}P[\text{decide } H_2|H_1 \text{ true}] \tag{11.3}$$

H_1이 주어져 Z에 대한 조건부 확률 밀도 함수의 항으로 나타내면 다음과 같다.

$$P[\text{decide } H_1|H_1 \text{ true}] = \int_{R_1} f_Z(z|H_1)\,dz \tag{11.4}$$

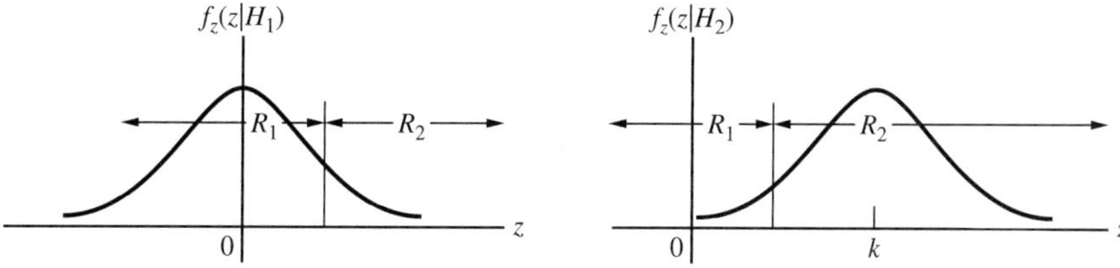

그림 11.1 두 가설의 검출 문제에 대한 조건부 확률 밀도 함수

그리고

$$P[\text{decide } H_2|H_1 \text{ true}] = \int_{R_2} f_Z(z|H_1)\,dz \tag{11.5}$$

여기서 일차원 적분 영역은 아직 정해지지 않았다.

결정을 반드시 해야 하기 때문에 Z는 R_1 또는 R_2에 있어야 한다. 그러므로

$$P[\text{decide } H_1|H_1 \text{ true}] + P[\text{decide } H_2|H_1 \text{ true}] = 1 \tag{11.6}$$

이거나 조건부 확률 밀도 함수 $f_Z(z|H_1)$ 항으로 나타내면 다음과 같다.

$$\int_{R_2} f_Z(z|H_1)\,dz = 1 - \int_{R_1} f_Z(z|H_1)\,dz \tag{11.7}$$

따라서 식 (11.3)에서 식 (11.6)을 합성하면 H_1이 주어졌을 때 조건부 평균 비용 $C(D|H_1)$은 다음과 같다.

$$C(D|H_1) = c_{11}\int_{R_1} f_Z(z \mid H_1)dz + c_{21}\left[1 - \int_{R_1} f_Z(z|H_1)\,dz\right] \tag{11.8}$$

같은 방법으로 H_2가 참이라면 결정하는 조건부 평균 비용 $C(D|H_2)$는 다음과 같다.

$$\begin{aligned} C(D|H_2) &= c_{12}P[\text{decide } H_1|H_2 \text{ true}] + c_{22}P[\text{decide } H_2|H_2 \text{ true}] \\ &= c_{12}\int_{R_1} f_Z(z|H_2)\,dz + c_{22}\int_{R_2} f_Z(z|H_2)\,dz \\ &= c_{12}\int_{R_1} f_Z(z|H_2)\,dz + c_{22}\left[1 - \int_{R_1} f_Z(z|H_2)\,dz\right] \end{aligned} \tag{11.9}$$

어떤 가설이 실제로 참인가에 상관없이 평균 비용을 구하기 위해 가설 H_1과 H_2, 그리고 $p_0 = P[H_1$ 참]과 $q_0 = 1 - p_0 = P[H_2$ 참]의 사전 확률에 대하여 식 (11.8)과 식 (11.9)를 평균해야 한다. 결정하는 평균 비용은 다음과 같다.

$$C(D) = p_0 C(D|H_1) + q_0 C(D|H_2) \tag{11.10}$$

식 (11.10)에 식 (11.8)과 식 (11.9)를 대입하고 항을 묶으면 결정하는 데 따르는 평균 비용, 또는 위험은 다음과 같다.

$$C(D) = p_0 \left\{ c_{11} \int_{R_1} f_Z(z|H_1)\,dz + c_{21} \left[1 - \int_{R_1} f_Z(z|H_1)\,dz \right] \right\}$$
$$+ q_0 \left\{ c_{12} \int_{R_1} f_Z(z|H_2)\,dz + c_{22} \left[1 - \int_{R_1} f_Z(z|H_2)\,dz \right] \right\} \quad (11.11)$$

R_1 영역 위에서 적분을 포함하는 모든 항을 하나로 묶으면 다음과 같다.

$$C(D) = [p_0 c_{21} + q_0 c_{22}] + \int_{R_1} \{[q_0(c_{12} - c_{22}) f_Z(z|H_2)] - [p_0(c_{21} - c_{11}) f_Z(z|H_1)]\}\,dz \quad (11.12)$$

대괄호 안의 첫 번째 항은 p_0, q_0, c_{21}, c_{22}가 정해지면 고정된 비용을 나타낸다. 적분값은 R_1 영역에 할당되는 점들에 의해 결정된다. 잘못된 결정이 올바른 결정보다 더 많은 비용(위험)이 들기 때문에 $c_{12} > c_{22}$, $c_{21} > c_{11}$이란 가정은 합리적이다. q_0, p_0, $f_Z(z|H_2)$ 그리고 $f_Z(z|H_1)$은 확률을 나타낸다. 그러므로 적분 안에 있는 두 개의 대괄호 항은 양의 값을 가진다. 그래서 대괄호 내의 첫째 항보다는 적분 안의 대괄호 내에서의 둘째 항에 큰 값을 주는 z의 모든 값은 R_1에 할당되어야 한다. 왜냐하면 그러한 z의 모든 값은 적분에 대해 음의 값을 만들기 때문이다. 둘째, 항보다는 첫째 대괄호 항에 큰 값을 주는 z값은 R_2에 할당되어야 한다. 이런 식으로 $C(D)$는 최소화되는 것이다. 수학적으로 위에서 논한 것은 다음의 부등식 쌍으로 나타낼 수 있다.

$$q_0(c_{12} - c_{22}) f_Z(Z|H_2) \underset{H_1}{\overset{H_2}{\gtrless}} p_0(c_{21} - c_{11}) f_Z(z|H_1)$$

또는

$$\frac{f_Z(Z|H_2)}{f_Z(z|H_1)} \underset{H_1}{\overset{H_2}{\gtrless}} \frac{p_0(c_{21} - c_{11})}{q_0(c_{12} - c_{22})} \quad (11.13)$$

이 식은 다음과 같이 해석된다. Z에 대해 관측된 값이 확률 밀도 함수의 왼쪽편 비율이 상수인 오른쪽편 비율보다 크면 H_2를 선택하고 그렇지 않으면 H_1을 선택한다. 식 (11.13)의 왼쪽 부분을 $\Lambda(Z)$라 나타내며 우도비(likelihood ratio)라 한다(Λ는 2장에서 사용된 삼각 함수와 다름).

$$\Lambda(Z) \triangleq \frac{f_Z(Z|H_2)}{f_Z(Z|H_1)} \quad (11.14)$$

식 (11.13)의 오른쪽 부분은 다음과 같고, 임계값(threshold)이라 한다.

$$\eta \triangleq \frac{p_0(c_{21} - c_{11})}{q_0(c_{12} - c_{22})} \quad (11.15)$$

따라서 최소 평균 비용에 대한 베이즈의 판별 기준은 우도비에 관한 테스트이다. 이것은 임계값 η에 대한 랜덤변수이다. 이렇게 전개된 식 (11.13)을 구하기 위하여 조건부 확률 밀도 함수의 특별한 형태를 만드는 데 어떠한 기준도 없다는 점이 전개의 일반화이다. 이제 식 (11.1)과 식 (11.2)의 조건부 확률 밀도 함수가 되는 특별한 예제에 대해서 알아보자.

예제 11.1

식 (11.1)과 식 (11.2)의 확률 밀도 함수를 고려하자. 베이즈의 테스트의 비용을 $c_{11}=c_{22}=0$ 그리고 $c_{21}=c_{12}$라 하자.

a. $\Lambda(Z)$를 구하라.
b. $p_0=q_0=\frac{1}{2}$에 대한 우도비 테스트를 써라.
c. $p_0=\frac{1}{4}$과 $q_0=\frac{3}{4}$인 경우에 (b)의 결과와 비교하라.

풀이

a. 우도비는 다음 식과 같다.

$$\Lambda(Z)=\frac{\exp\left[-(Z-k)^2/2\sigma_n^2\right]}{\exp\left(-Z^2/2\sigma_n^2\right)}=\exp\left[\frac{2kZ-k^2}{2\sigma_n}\right] \tag{11.16}$$

b. $\eta=1$인 경우 테스트의 결과는 다음과 같다.

$$\exp\left[\frac{2kZ-k^2}{2\sigma_n^2}\right]\underset{H_1}{\overset{H_2}{\gtrless}}1 \tag{11.17}$$

이 식의 양변에 자연로그를 취하고[이것은 $\ln(x)$가 x에 대한 단조 함수이므로 가능하다] 정리하면 다음과 같다.

$$Z\underset{H_1}{\overset{H_2}{\gtrless}}\frac{k}{2} \tag{11.18}$$

이것은 잡음과 함께 수신된 데이터가 신호 진폭의 반보다 작으면 위험을 최소화하는 결정은 신호가 없다는 것이며 이는 타당하다.

c. $\eta=\frac{1}{3}$인 경우 우도비 테스트는 다음과 같다.

$$\exp\left[(2kZ-k^2)/2\sigma_n^2\right]\underset{H_1}{\overset{H_2}{\gtrless}}\frac{1}{3} \tag{11.19}$$

또는 단순화시키면 다음과 같다.

$$Z\underset{H_1}{\overset{H_2}{\gtrless}}\frac{k}{2}-\frac{\sigma_n^2}{k}\ln 3 \tag{11.20}$$

$k>0$이라고 가정하기 때문에, 오른쪽에 있는 두 번째 항은 양이고, 최적 임계값은 동일한 사전 확률을 갖는 신호를 이용했을 때 얻는 값보다 확실히 줄어든다. 따라서 잡음이 있는 경우 신호의 사전확률이 증가한다면 신호가 존재한다는 가설(H_2)이 더 높은 확률을 가지도록 최적 임계값은 감소한다. ■

11.1.4 베이즈 검출기의 성능

우도비는 랜덤변수의 함수이므로 그것 자체가 랜덤변수이다. 그러므로 임계값이 η를 가지는 우도비 $\Lambda(Z)$를 비교하거나 또는 예제 11.1에서와 같이 수정된 임계값으로 Z를 비교하기 위해 테스트를 간단히 하든지 간에 잘못된 결정을 할 가능성이 있다. 식 (11.12)처럼 주어진 결정을 내리는 평균 비용은 잘못된 결정을 내릴 조건부 확률의 항으로 나타낼 수 있다.[2] 이것은 두 가지가 있는데 다음과 같다.

$$P_F = \int_{R_2} f_Z(z|H_1)\,dz \tag{11.21}$$

그리고

$$\begin{aligned} P_M &= \int_{R_1} f_Z(z|H_2)\,dz \\ &= 1 - \int_{R_2} f_Z\left(z|H_2\right)\,dz = 1 - P_D \end{aligned} \tag{11.22}$$

첨자 F, M, 그리고 D는 각각 'false alarm(오경보)', 'missed detection(미검출)', 그리고 'correct detection(옳은 검출)'을 나타내며, 이것들은 레이더 검출이론의 응용으로부터 나온 용어들이다(이러한 용어들이 사용될 때 가설 H_2는 신호가 존재한다는 가설 그리고 가설 H_1은 잡음만이 존재하거나 신호가 없다는 가설이다). 식 (11.21)과 식 (11.22)를 식 (11.12)에 대입하면 결정당 위험도는 다음과 같다.

$$C(D) = p_0 c_{21} + q_0 c_{22} + q_0(c_{12} - c_{22})P_M - p_0(c_{21} - c_{11})(1 - P_F) \tag{11.23}$$

그러므로 확률 P_F 그리고 P_M(또는 P_D)이 유용하다면 베이즈 위험도는 계산할 수 있다. H_1과 H_2가 주어졌을 때 P_F와 P_M에 대한 또 다른 표현은 우도비의 조건부 확률 밀도 함수의 항으로 나타낼 수 있다. H_2가 참일 경우 식 (11.13)에 따라 H_1영역이 다음과 같다면 잘못된 결정이 일어난다.

$$\Lambda(Z) < \eta \tag{11.24}$$

H_2가 참일 경우 부등식 식 (11.24)가 만족할 확률은 다음과 같다.

$$P_M = \int_0^{\eta} f_\Lambda(\lambda|H_2)\,d\lambda \tag{11.25}$$

2 9장에서 소개된 오류 확률은 P_M과 P_F로 나타낼 수 있다. 따라서 이런 조건부 확률들은 검출기에 대한 완벽한 성능 특성을 보여준다.

여기서 $f_\Lambda(\lambda|H_2)$는 H_2가 참인 경우 $\Lambda(Z)$의 조건부 확률 밀도 함수다. 식 (11.25)의 적분의 하한은 확률 밀도 함수의 비인 $\Lambda(Z)$가 음수가 아니므로 $\eta=0$이다. 마찬가지로 오경보 확률은 다음과 같다.

$$P_F = \int_0^\eta f_\Lambda(\lambda|H_1)\,d\lambda \tag{11.26}$$

왜냐하면 H_1이 주어졌을 때, 다음과 같다면 오류가 일어나기 때문이다[식 (11.13)에 따라 H_2를 결정한다].

$$\Lambda(Z) > \eta \tag{11.27}$$

적어도 이론적으로는 식 (11.14)에 정의된 랜덤변수의 변환에 따라 확률 밀도 함수 $f_Z(z|H_2)$와 $f_Z(z|H_1)$을 변환함으로써 조건부 확률 $f_\Lambda(\lambda|H_2)$와 $f_\Lambda(\lambda|H_1)$을 구할 수 있다. P_M과 P_F를 계산하는 두 가지 방법은 식 (11.21)과 식 (11.22)를 이용하거나 식 (11.25)와 식 (11.26)을 이용하는 방법이다. 하지만 예제 9.2에서는 고려되는 특정한 상황에서는 쉽게 $\Lambda(Z)$의 단조 함수를 이용하여 계산한다.

$P_D=1-P_M$대 P_F의 그래프는 우도비 테스트의 동작 특성 또는 수신기 동작 특성(receiver operating characteristic, ROC)이라고 불린다. 이것은 비용 c_{11}, c_{12}, c_{21}, c_{22}를 안다면 식 (11.23)으로 위험도를 계산하는 데 필요한 모든 정보를 제공한다. ROC에 대한 계산을 설명하기 위해 가우시안 잡음이 있는 상황에서 일정한 신호의 검출을 포함하는 예제를 살펴보자.

예제 11.2

식 (11.1)과 식 (11.2)의 조건부 확률 밀도 함수를 고려하자. 임의의 임계값 η에 대해 양변의 자연대수를 취하면 식 (11.13)의 우도비 테스트는 다음과 같이 표현할 수 있다.

$$\frac{2kZ-k^2}{2\sigma_n^2} \underset{H_1}{\overset{H_2}{\gtrless}} \ln\eta \quad \text{또는} \quad \frac{Z}{\sigma_n} \underset{H_1}{\overset{H_2}{\gtrless}} \left(\frac{\sigma_n}{k}\right)\ln\eta + \frac{k}{2\sigma_n} \tag{11.28}$$

새로운 랜덤변수 $X \triangleq Z/\sigma_n$과 파라미터 $d \triangleq k/\sigma_n$을 정의하면 우도비 테스트를 다음과 같이 더 간단히 할 수 있다.

$$X \underset{H_1}{\overset{H_2}{\gtrless}} d^{-1}\ln\eta + \frac{1}{2}d \tag{11.29}$$

σ_n을 이용하여 일정한 비율로 줄이면 Z로부터 X를 얻을 수 있기 때문에 P_F와 P_M에 대한 표현식은 $f_X(x|H_1)$과 $f_X(x|H_2)$를 알면 구할 수 있다. 식 (11.1)과 식 (11.2)로부터 다음 식을 얻는다.

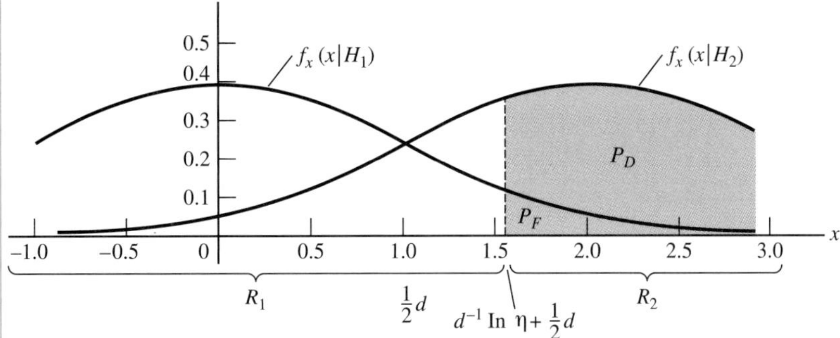

그림 11.2 평균이 0인 가우시안 잡음하에서 상수 신호의 검출 문제에 대한 조건부 확률 밀도 함수와 결정 영역

$$f_X(x|H_1) = \frac{e^{-x^2/2}}{\sqrt{2\pi}} \quad \text{그리고} \quad f_X(x|H_2) = \frac{e^{-(x-d)^2/2}}{\sqrt{2\pi}} \tag{11.30}$$

즉 가설 H_1 또는 가설 H_2 아래서 X는 단위 분산을 가지는 랜덤변수가 된다. 이런 두 가지 조건부 확률 밀도 함수를 그림 11.2에 나타냈다. H_1이 주어졌을 때 오경보는 다음과 같은 경우에 발생한다.

$$X > d^{-1}\ln\eta + \frac{1}{2}d \tag{11.31}$$

오경보가 일어날 확률은 다음과 같다.

$$\begin{aligned} P_F &= \int_{d^{-1}\ln\eta+d/2}^{\infty} f_X(x \mid H_1)\,dx \\ &= \int_{d^{-1}\ln\eta+d/2}^{\infty} \frac{e^{-x^2/2}}{\sqrt{2\pi}}\,dx = Q\left(d^{-1}\ln\eta + d/2\right) \end{aligned} \tag{11.32}$$

이 확률은 그림 11.2에서 $d^{-1}\ln\eta + \frac{1}{2}d$의 오른편의 $f_X(x|H_1)$ 아래의 영역이다. H_2가 주어졌을 때 검출은 다음과 같을 때 일어난다.

$$X > d^{-1}\ln\eta + \frac{1}{2}d \tag{11.33}$$

이것이 일어날 확률은 다음과 같다.

$$\begin{aligned} P_D &= \int_{d^{-1}\ln\eta+d/2}^{\infty} f_X(x|H_2)\,dx \\ &= \int_{d^{-1}\ln\eta+d/2}^{\infty} \frac{e^{-(x-d)^2/2}}{\sqrt{2\pi}}\,dx = Q\left(d^{-1}\ln\eta - d/2\right) \end{aligned} \tag{11.34}$$

그러므로 P_D는 그림 11.2에서 $d^{-1}\ln\eta + \frac{1}{2}d$의 오른편에 있는 $f_X(x|H_2)$ 영역이다. $\eta=0$인 경우, $\ln\eta = -\infty$이고 검출기는 항상 $H_2(P_F=1)$을 선택한다. $\eta=\infty$인 경우, $\ln\eta=\infty$이고 검출기는 항상 $H_1(P_D=P_F=0)$을 선택한다. ■

컴퓨터 예제 11.1

d값에 따른 P_D대 P_F를 그려서 그림 11.3과 같은 ROC를 구한다. 0에서 ∞까지의 다양한 η값에 따라 곡선이 그려진다. 이것은 다음과 같은 간단한 MATLAB 코드로 쉽게 구할 수 있다.

```
% file: c11ce1
clear all;
d = [0 0.3 0.6 1 2 3];              % vector of d values
eta = logspace(-2,2);               % values of eta
lend = length(d);                   % number of d values
hold on                             % hold for multiple plots
for j=1:lend                        % begin loop
    dj = d(j);                      % select jth value of d
    af = log(eta)/dj + dj/2;        % argument of Q for Pf
    ad = log(eta)/dj - dj/2;        % argument of Q for Pd
    pf = qfn(af);                   % compute Pf
    pd = qfn(ad);                   % compute Pd
    plot(pf,pd)                     % plot curve
end
hold off                            % plots completed
axis square                         % proper aspect ratio
xlabel('Probability of False Alarm')
ylabel('Probability of Detection')
% End of script file
```

위의 프로그램에서 가우시안 Q 함수는 다음 MATLAB 함수를 이용하여 계산된다.

```
function out=qfn(x)
% Gaussian Q-Function
%
out=0.5*erfc(x/sqrt(2));
```

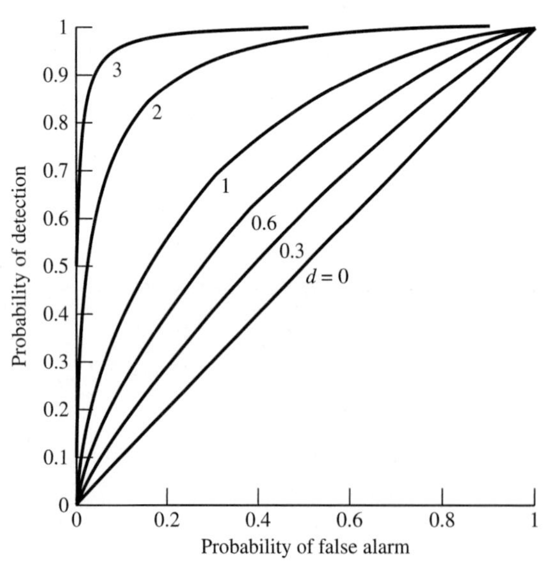

그림 11.3 평균이 0인 가우시안 잡음하에서 상수 신호의 검출 문제에 대한 수신기 동작 특성

■

11.1.5 노이만-피어슨 검출기

베이즈 검출기를 설계하기 위해서는 비용과 사전 확률에 대한 지식이 필요하다. 만약 이러한 것들이 없다면 P_F를 어떤 허용 레벨 α에 고정시키고 $P_F \leq \alpha$라는 조건에 맞게 P_D를 최대화(또는 P_M을 최소화)하여 단순한 최적화 과정을 시행할 수 있다. 이러한 검출기를 **노이만-피어슨 검출기**(Neyman-Pearson detector)라 부른다. 노이만-피어슨 판별 기준은 임계값 η가 허용된 오경보 α의 확률값에 의해 결정된다는 점을 제외하고는 식 (11.13)과 동일한 우도비 테스트가 됨을 알 수 있다. η값은 주어진 P_F에 대한 ROC로부터 얻어진다. 왜냐하면 특정한 점에서의 ROC 곡선의 기울기는 그 점에서 P_D와 P_F를 성취하기 위해 요구되는 임계값 η의 값과 같기 때문이다.[3]

11.1.6 최소 오류 확률 검출기

식 (11.12)로부터 $c_{11}=c_{22}=0$(올바른 결정에 대한 비용은 0이다)이고 $c_{12}=c_{21}=1$(잘못된 결정의 어느 형태든지 같은 비용을 가진다)이라면 위험도는 다음과 같다.

$$\begin{aligned} C(D) &= \left[1 - \int_{R_1} f_Z(z|H_1)\,dz\right] + q_0 \int_{R_1} f_Z(z|H_2)\,dz \\ &= p_0 \int_{R_2} f_Z(z|H_1)\,dz + q_0 \int_{R_1} f_Z(z|H_2)\,dz \\ &= p_0 P_F + q_0 P_M \end{aligned} \tag{11.35}$$

여기서는 식 (11.7), 식 (11.21), 식 (11.22)를 사용하였다. 그러나 식 (11.35)는 두 가설에 대해 평균을 취한 잘못된 결정을 할 확률이다. 이것은 9장에서 최적화 판별 기준으로 사용된 오류 확률과 같은 것이다. 따라서 이런 특별한 비용을 할당하는 베이즈 수신기를 최소 오류 확률 수신기(minimum-probability-of-error receivers)라 한다.

11.1.7 최대 사후 검출기

식 (11.13)에서 $c_{11}=c_{22}=0$ 그리고 $c_{21}=c_{12}$라 하면 방정식을 다음과 같이 다시 배열할 수 있다.

$$\frac{f_Z(Z|H_2)P(H_2)}{f_Z(Z)} \underset{H_1}{\overset{H_2}{\gtrless}} \frac{f_Z(Z|H_1)P(H_1)}{f_Z(Z)} \tag{11.36}$$

여기서 p_0와 q_0의 정의가 대체되었고 식 (11.13)의 양변에 $P(H_2)$를 곱하였다. 그리고 양변을 다음으로 나누었다.

$$f_Z(Z) \triangleq f_Z(z|H_1)P(H_1) + f_Z(z|H_2)P(H_2) \tag{11.37}$$

---

3 Van Trees(1968), Vol. 1 참조.

베이즈의 규칙을 이용하고, 식 (6.10)이 주어지면 식 (11.36)은 다음과 같다.

$$P(H_2|Z) \underset{H_1}{\overset{H_2}{\gtrless}} P(H_1|Z) \quad (c_{11} = c_{22} = 0; \quad c_{12} = c_{21}) \tag{11.38}$$

식 (11.38)은 어떤 특정 관측 Z가 주어졌을 때 위험도를 최소화하기 위해 가장 확률이 높은 가설이 선택되어야 함을 나타낸다. 이것은 특정한 비용이 할당되었다면 오류 확률과 같다. 확률 $P(H_1|Z)$와 $P(H_2|Z)$를 사후 확률이라 한다. 이것은 $P(H_1|Z)$와 $P(H_2|Z)$가 Z에 대한 관측 후의 특별한 가설에 대한 확률을 나타내는 반면, $P(H_1)$과 $P(H_2)$는 Z 관측 전에 동일한 사건에 대한 확률을 나타내기 때문이다. 최대 사후 확률에 해당하는 가설이 선택되기 때문에 그러한 검출기를 최대 사후 검출기(maximum a posteriori detector, MAP detector)라 한다. 그러므로 최소 오류 확률 검출기와 MAP 검출기는 동일하다.

11.1.8 최대 최소 검출기

베이즈 결정 규칙에 해당하는 최대 최소 검출기 규칙은 베이즈 위험도가 최대가 되도록 사전 확률을 선택한다. 이 결정 규칙에 대한 더 자세한 논의는 van Trees(1968)를 참고하라.

11.1.9 *M*진 가설의 경우

$M(M>2)$개의 가설에 대한 베이즈 판별 기준의 일반화는 직접적이지만 다루기가 쉽지 않다. M진의 경우 M^2의 비용과 M가지 사전 확률이 주어져야 한다. 사실상 M가지 우도비 테스트가 결정을 하는 데 실행되어야 한다. 만일 MAP 검출기를 구하기 위해 사용된 비용 할당이 이진인 경우로만 제한된다면(옳은 결정은 비용이 0이 되며, 잘못된 결정은 비용이 동일하다) MAP 결정 규칙은 M 가설 경우에 대해 쉽게 가시화될 수 있다. 식 (11.38)으로부터 일반화하면 M 가설 경우에 대한 MAP 결정 규칙을 얻을 수 있다. M개의 사후 확률 $P(H_i|Z)$, $i=1, 2, \cdots, M$을 계산하고 가장 큰 사후 확률에 해당하는 가설을 옳은 가설로 선택을 한다. M진 신호 검출을 고려할 때 이 결정 판별 기준이 사용될 것이다.

11.1.10 벡터 관측에 근거한 결정

하나의 Z를 관측하는 대신에 N가지 관측 $Z \triangleq (Z_1, Z_2, \cdots, Z_N)$을 고려한다면 H_1과 H_2가 주어졌을 때, Z에 대한 N개의 결합 확률 밀도 함수가 사용된다는 것만을 제외하면 앞의 결과들은 모두 유효하다. 만일 $Z_1, Z_2, \cdots, Z_N$이 조건부 독립이라면 이러한 결합 확률 밀도 함수는 H_1과 H_2가 주어졌을 때 단순히 $Z_1, Z_2, \cdots, Z_N$에 대한 N개의 주변(marginal) 확률 밀도 함수의 곱이므로 쉽게 나타낼 수 있다. 백색 가우시안 잡음이 있는 상황에서 임의의 유한한 에너지를 가지는 신호를 검출할 때 이러한 일반화를 사용할 것이다. 가능한 송신된 신호를 유한 차원 **신호 공간**에서 분석하여 이런 문제에 대한 최적 베이즈 검출기를 구할 것이다. 다음 절에서는 신호의 벡터 공간 표현식에 대해서 알아보자.

11.2 신호의 벡터 공간 표현

3차원 공간에 있는 어떤 벡터는 세 개의 선형 독립인 벡터들의 선형 결합으로 나타낼 수 있다고 했다. 이러한 경우 3차원 벡터 공간이 세 개의 선형 독립인 벡터의 집합을 이용하여 만들 수 있다고 하며, 이 집합을 그 공간에 대한 **기저 벡터 집합**(basis-vector set)이라고 한다. 상호 수직이면서 단위 크기를 가지는 기저 집합을 **직교정규 기저 집합**(orthonormal basis set)이라고 한다.

벡터와 관련된 두 개의 기하학적 개념은 벡터의 크기와 두 벡터 사이의 각도이다. 이 두 가지는 다음과 같이 정의되는 크기가 A와 B인 두 벡터 $\mathbf{A}$와 $\mathbf{B}$의 스칼라적(혹은 벡터적)으로 잘 설명될 것이다.

$$\mathbf{A} \cdot \mathbf{B} = AB \cos\theta \tag{11.39}$$

여기서 θ는 $\mathbf{A}$와 $\mathbf{B}$ 사이의 각도이다. 따라서 다음과 같다.

$$A = \sqrt{\mathbf{A} \cdot \mathbf{A}}, \quad \cos\theta = \frac{\mathbf{A} \cdot \mathbf{B}}{AB} \tag{11.40}$$

신호에 대해 이러한 개념을 일반화하여 구간 (t_0, t_0+T)에서 유한한 에너지를 가지는 신호 $x(t)$를 직교정규 기본 함수의 완전 집합[4] $\phi_1(t), \phi_2(t), \cdots$의 항으로 다음과 같은 급수로 나타낼 수 있다.

$$x(t) = \sum_{n=1}^{\infty} X_n \phi_n(t) \tag{11.41}$$

여기서

$$X_n = \int_{t_0}^{t_0+T} x(t)\phi_n^*(t)\, dt \tag{11.42}$$

그리고

---

4 함수들의 완전한 집합이란 고려하는 영역 내에 포함된 어떤 함수를 나타내는 데 충분히 큰 집합을 말한다. 예를 들어, 주기 함수가 있고 푸리에 급수로 이 함수를 표현한다고 할 때 기준 주파수의 고조파(harmonics) 주파수를 갖는 사인과 코사인으로 구성된 집합이 충분히 크다고 할 수 있다. 그러나 만일 이 집합에서 하나의 구성요소가 포함되지 않는다면(예 : 상수), 임의의 주기 함수를 더 이상 표현할 수 없다(예 : 0이 아닌 DC값).

$$\int_{t_0}^{t_0+T} \phi_m(t)\,\phi_n^*(t)\,dt = \begin{cases} 1, & n = m \\ 0, & n \neq m \end{cases} \quad \text{(the orthonormality condition)} \tag{11.43}$$

이 표현식은 무한차원 벡터 $(X_1, X_2, \cdots)$로서 $x(t)$에 대한 또 다른 표현식이다.

신호 공간이라 불리는 이러한 벡터 공간에서 기하학적 구조를 형성하기 위해 우선 공간의 수와 그것들 사이의 연산을 포함하는 일관된 특성 집합을 열거하여 공간의 선형성을 확립해야 한다. 둘째로 스칼라적의 개념을 일반화하고, 크기와 각도에 대한 개념을 일반화하여 공간의 기하학적 구조를 확립해야 한다.

11.2.1 신호 공간의 구조

첫 번째 단계로, 만일 신호 공간 S에서 신호 $x(t)$와 $y(t)$의 어떤 쌍에 대하여, 두 개 신호의 합(교환과 결합)과 스칼라를 신호에 곱하는 것이 다음과 같은 원리에 의해 정의되고 따른다면 신호의 모임은 선형 신호 공간 S를 구성한다.

공리 1. 어떤 두 개의 스칼라 α_1과 α_2에 대하여 신호 $\alpha_1 x(t) + \alpha_2 y(t)$는 그 공간에 있다($S$는 선형이다).

공리 2. 어떤 스칼라 α에 대하여 $\alpha[x(t) + y(t)] = \alpha x(t) + \alpha y(t)$.

공리 3. $\alpha_1[\alpha_2 x(t)] = (\alpha_1 \alpha_2)\ x(t)$.

공리 4. $x(t)$와 1의 곱은 $x(t)$이다.

공리 5. 그 공간은 $x(t) + 0 = x(t)$를 만족하는 유일한 0 원소를 가진다.

공리 6. 각 $x(t)$에 대하여 $x(t) + [-x(t)] = 0$을 만족하는 유일한 원소 $-x(t)$가 있다.

앞에서 언급한 관계식에서 독립변수 t를 나타내지 않는 것이 편리하므로, 앞으로 나타내지 않고 사용할 것이다.

11.2.2 스칼라적

두 번째로, 기하학적 구조를 형성하는 것은 두 개의 신호 $x(t)$와 $y(t)$(일반적으로 복소수)를 가지고 스칼라값을 가진 함수, (x, y)로 표현되는 스칼라적을 정의함으로써 달성된다. 스칼라적은 다음과 같은 성질이 있다.

성질 1. $(x, y) = (y, x)^*$

성질 2. $(\alpha x, y) = \alpha(x, y)$

성질 3. $(x + y, z) = (x, z) + (y, z)$

성질 4. $x \equiv 0$[이 경우 $(x, x) = 0$이다]이 아니라면 $(x, x) > 0$

스칼라적에 사용된 특별한 정의는 포함된 신호의 응용과 형태에 의존한다. 앞으로 고려하는 데 있어서 에너지와 전력 신호 모두를 포함하고자 하기 때문에 최소한 두 개의 스칼라적 정의가 필요하다. 만일 $x(t)$와 $y(t)$가 모두 같은 종류의 신호라면 다음과 같다. 에너지 신호에 대하여 스칼라적은 다음과 같다.

$$(x, y) = \lim_{T' \to \infty} \int_{-T'}^{T'} x(y)\, y^*(t)\; dt \tag{11.44}$$

전력 신호에 대하여 스칼라적은 다음과 같다.

$$(x, y) = \lim_{T' \to \infty} \frac{1}{2T'} \int_{-T'}^{T'} x(y)\, y^*(t)\; dt \tag{11.45}$$

식 (11.44)와 식 (11.45)에서 T'은 신호 관측 기간 T와의 혼란을 막기 위해 사용되었다. 특히, $x(t)=y(t)$인 경우 식 (11.44)는 $x(t)$에 포함된 전체 에너지이고, 식 (11.45)는 평균 전력에 해당한다. 식 (11.41)에 있는 급수의 계수는 다음과 같다.

$$X_n = \left(x, \phi_n\right) \tag{11.46}$$

일반적인 두 벡터의 벡터적이 0일 때 두 벡터는 서로 '직교한다'고 한 것처럼 두 신호 $x(t)$와 $y(t)$의 스칼라적이 0이라면, 두 신호는 서로 '직교한다'고 말한다.

11.2.3 놈

선형 신호 공간의 구조를 확립하는 다음 순서는 어떤 신호의 길이 또는 놈(Norm) $\|x\|$를 정의하는 것이다. 앞선 논의의 관점에서 알맞은 정의는 다음과 같다.

$$\|x\| = (x, x)^{1/2} \tag{11.47}$$

더 일반적으로 어떤 신호의 놈은 다음의 성질을 만족하는 음이 아닌 실수이다.

성질 1. $x \equiv 0$일 때만 $\|x\| = 0$이다.
성질 2. $\|x+y\| \le \|x\| + \|y\|$(삼각형 부등식)
성질 3. $\|\alpha x\| = |\alpha|\,\|x\|$, 여기서 α는 스칼라이다.

분명히, $\|x\| = (x, x)^{1/2}$은 이러한 성질들을 만족한다. 이제부터 이 정의를 사용한다. 두 신호 x와 y 사이의 거리 또는 차이의 측정은 $\|x-y\|$로 얻을 수 있다.

11.2.4 슈바르츠 부등식

두 신호의 스칼라적과 놈 사이의 중요한 관계는 9장에서 증명 없이 사용된 슈바르츠(Schwarz) 부등식을 들 수 있다. 두 신호 $x(t)$, $y(t)$에 대해서 다음 식이 성립한다.

$$|(x, y)| \leq \|x\| \; \|y\| \tag{11.48}$$

단지, x 또는 y가 0이거나 $x(t)=\alpha y(t)$일 때 등식이 성립한다(단, α는 스칼라).

식 (11.48)을 증명하기 위해서 음의 값이 아닌 $\|x+\alpha y\|^2$을 생각할 수 있다(단 α는 정해지지 않은 상수). 스칼라적의 특성을 이용하여 전개하면 다음과 같다.

$$\begin{aligned}\|x + \alpha y\|^2 &= (x + \alpha y, x + \alpha y)\\ &= (x, x) + \alpha^*(x, y) + \alpha(x, y)^* + |\alpha|^2 (y, y)\\ &= \|x\|^2 + \alpha^*(x, y) + \alpha(x, y)^* + |\alpha|^2 \|y\|^2\end{aligned} \tag{11.49}$$

α는 임의의 값이므로 $\alpha=-(x,\ y)/\|y\|^2$으로 두면 식 (11.49)의 마지막 두 항이 없어지므로 다음과 같다.

$$\|x + \alpha y\|^2 = \|x\|^2 - \frac{|(x, y)|^2}{\|y\|^2} \tag{11.50}$$

$\|x+\alpha y\|^2$은 음이 아니므로 식 (11.50)을 재정리하여 슈바르츠 부등식을 얻는다. 또한 $x+\alpha y=0$이면 $\|x+\alpha y\|=0$이므로 식 (11.48)에서 등식이 성립한다. 물론 하나 또는 두 개의 신호가 동일하게 0이면 등식은 성립한다.

예제 11.3

위 성질을 만족하는 2차 벡터 공간에 대해 알아보자. 실수 성분을 가진 두 벡터를 고려하자.

$$\mathbf{A}_1 = a_1\hat{i} + b_1\hat{j} \text{ and } \mathbf{A}_2 = a_2\hat{i} + b_2\hat{j} \tag{11.51}$$

$\hat{i}, \hat{j}$는 일반적인 직교단위벡터이다. 스칼라적은 벡터 도트적으로 취한다.

$$(\mathbf{A}_1, \mathbf{A}_2) = a_1 a_2 + b_1 b_2 = \mathbf{A}_1 \cdot \mathbf{A}_2 \tag{11.52}$$

그리고 놈은 다음과 같다.

$$\|\mathbf{A}_1\| = (\mathbf{A}_1, \mathbf{A}_1)^{1/2} = \sqrt{a_1^2 + b_1^2} \tag{11.53}$$

이것은 단지 벡터의 길이이다. 가산은 벡터 가산으로 정의된다.

$$\mathbf{A}_1 + \mathbf{A}_2 = (a_1 + a_2)\hat{i} + (b_1 + b_2)\hat{j} \tag{11.54}$$

이것은 교환법칙과 결합법칙이 성립한다. α_1과 α_2가 실상수인 벡터 $\mathbf{C} \triangleq \alpha_1\mathbf{A}_1 + \alpha_2\mathbf{A}_2$ 또한 두 공간에서의 벡터이다(공리 1). 나머지 공리 또한 만족하고 $0\hat{i}+0\hat{j}$인 0성분을 가진다.

스칼라적의 특성은 벡터 도트적에 의해 만족된다. 놈의 특성은 다음과 같은 형태의 성질 2도 만족한다.

$$\sqrt{(a_1 + a_2)^2 + (b_1 + b_2)^2} \le \sqrt{a_1^2 + b_1^2} + \sqrt{a_2^2 + b_2^2} \tag{11.55}$$

이것은 삼각형의 한 변의 길이가 다른 두 변의 길이를 합한 것보다 작음을 의미한다. 그러므로 **삼각형 부등식**이라고 한다. 슈바르츠 부등식의 제곱은 다음과 같다.

$$\left(a_1 a_2 + b_1 b_2\right)^2 \le \left(a_1^2 + b_1^2\right)\left(a_2^2 + b_2^2\right) \tag{11.56}$$

이것은 $|\mathbf{A}_1 \cdot \mathbf{A}_2|^2$이 $\mathbf{A}_1$제곱의 길이와 $\mathbf{A}_2$제곱의 길이의 곱보다 작거나 같다는 것을 의미한다. ■

11.2.5 푸리에 계수 관점에서의 두 신호의 스칼라적

식 (11.41)에 주어진 형태로 두 에너지 또는 전력 신호 $x(t)$와 $y(t)$를 표현하면 다음과 같다.

$$(x, y) = \sum_{m=1}^{\infty} X_m Y_m^* \tag{11.57}$$

파시발 정리에서 $y=x$로 두면 다음과 같다.

$$\|x\|^2 = \sum_{n=1}^{\infty} |X_m|^2 \tag{11.58}$$

간편한 벡터 표기법의 유용성을 나타내기 위해 벡터를 이용하여 식 (11.57)과 식 (11.58)을 증명하기로 한다. $x(t)$와 $y(t)$를 각각 직교정규 확장법의 항으로 쓰도록 하자.

$$x(t) = \sum_{m=1}^{\infty} X_m \phi_m(t), \quad y(t) = \sum_{n=1}^{\infty} Y_n \phi_n(t) \tag{11.59}$$

다음과 같은 스칼라적의 항을 이용하면,

$$X_m = (x, \phi_m), \quad Y_n = (y, \phi_n) \tag{11.60}$$

스칼라적의 성질 2와 3에 의하여 다음과 같다.

$$(x, y) = \left(\sum_m X_m \phi_m, \sum_n Y_n \phi_n\right) = \sum_m X_m \left(\phi_m, \sum_n Y_n \phi_n\right) \tag{11.61}$$

성질 1을 적용하면 다음 식을 얻을 수 있다.

$$(x, y) = \sum_m X_m \left(\sum_n Y_n \phi_n, \phi_m \right)^* = \sum_m X_m \left[\sum_n Y_n^* \left(\phi_n, \phi_m\right)^* \right] \tag{11.62}$$

마지막 단계는 성질 2와 3을 적용하여 얻는다. 그러나 ϕ_n은 서로 직교정규이기에 $(\phi_n, \phi_m) = \delta_{nm} = \begin{cases} 1, & m = n \\ 0, & m \neq n \end{cases}$ 이다. δ_{nm}은 크로네커 델타(Kronecker delta) 함수이다. 그러므로 다음과 같이 식 (11.57)을 증명할 수 있다. 식 (11.58)은 식 (11.57)에서 $y = x$라고 놓으면 구할 수 있다.

$$(x, y) = \sum_m X_m \left[\sum_n Y_n^* \delta_{nm} \right] = \sum_m X_m Y_m^* \tag{11.63}$$

예제 11.4

신호 $x(t) = \sin \pi t,\ 0 \le t \le 2$와 이것의 구형파 근사치 $x_a(t) = \frac{2}{\pi}\Pi(t) - \frac{2}{\pi}\Pi(t-1) = \frac{2}{\pi}\phi_1(t) - \frac{2}{\pi}\phi_2(t)$에 대해 고려하자. 여기서 $\phi_1(t) = \Pi(t)$이고 $\phi_2(t) = \Pi(t-1)$이라고 정의한다[참고로 $\phi_1(t)$와 $\phi_2(t)$는 직교정규이다]. 그러면 $(x, \phi_1) = \frac{2}{\pi}$와 $(x, \phi_2) = -\frac{2}{\pi}$로 쉽게 나타낼 수 있다.

x와 x_a 모두 신호 공간에서 유한 에너지 신호를 구성한다. 신호 공간에 대해 모든 가산과 승산 특성이 x와 x_a에 적용된다. 우리는 유한 에너지 신호에 대해 고려하므로 식 (11.44)에 의해 정의된 스칼라적을 적용한다. x와 x_a의 스칼라적은 다음과 같다.

$$\begin{aligned}(x, x_a) &= \int_0^2 \sin \pi t \left[\frac{2}{\pi}\phi_1(t) - \frac{2}{\pi}\phi_2(t) \right] dt \\ &= \left(\frac{2}{\pi}\right)^2 - \left(\frac{2}{\pi}\right)\left(-\frac{2}{\pi}\right) = 2\left(\frac{2}{\pi}\right)^2\end{aligned} \tag{11.64}$$

그들의 차를 제곱한 것의 놈은 다음과 같다.

$$\begin{aligned}\|x - x_a\|^2 &= (x - x_a, x - x_a) \\ &= \int_0^2 \left[\sin \pi t - \frac{2}{\pi}\phi_1(t) + \frac{2}{\pi}\phi_2(t) \right]^2 dt \\ &= 1 - \frac{8}{\pi^2}\end{aligned} \tag{11.65}$$

이것이 바로 x와 x_a 사이의 최소 적분 제곱 오차이다.

x를 제곱한 것의 놈은 다음과 같다.

$$\|x\|^2 = \int_0^2 \sin^2 \pi t \, dt = 1 \tag{11.66}$$

x_a를 제곱한 것의 놈은 다음과 같다.

$$\|x_a\|^2 = \int_0^2 \left[\frac{2}{\pi}\phi_1(t) - \frac{2}{\pi}\phi_2(t)\right]^2 dt = 2\left(\frac{2}{\pi}\right)^2 \tag{11.67}$$

이것은 적분 구간 동안 $\phi_1(t)$와 $\phi_2(t)$의 직교정규 특성에 기인한다. 그러므로 이러한 경우에 슈바르츠 부등식은 다음과 같고,

$$\left|(x, x_a)\right| \le \|x\|^{1/2}\|x_a\|^{1/2} \Rightarrow 2\left(\frac{2}{\pi}\right)^2 < 1 \cdot \sqrt{2}\left(\frac{2}{\pi}\right) \tag{11.68}$$

다음 식과 등가이다.

$$\sqrt{2} < \frac{1}{2}\pi \tag{11.69}$$

x와 x_a 사이의 스칼라 배수가 아니므로 부등식이 엄격하게 성립한다. ■

11.2.6 기저 함수 집합의 선택 : 그램-슈미트 절차

어떻게 하면 적절한 기저 집합을 얻을 수 있는가 하는 문제가 자연스레 제기될 수 있다. 어떤 제한이 없는 에너지 또는 전력 신호에 대해서는 무한한 함수의 집합이 필요하다. 특별한 문제와 관심이 있는 구간에 대해 적절한 선택을 할 수 있는 방법은 많다. 이는 사인이나 코사인 또는 복소 지수 함수뿐만 아니라 르장드르(Legendre) 함수, 에르미트(Hermite) 함수, 베셀(Bessel) 함수를 포함하고 있다. 이 모든 것들은 완전한 함수들의 집합이다.

그램-슈미트 절차(Gram-Schmidt procedure)라는 기법은 특히 M진 신호 검출을 고려함에 있어서 기저 집합을 얻는 데 종종 이용된다. 이 과정에 대해 알아보도록 하자.

어떤 구간 (t_0, t_0+T)에서 정의된 유한 신호 집합 $s_1(t)$, $s_2(t)$, $\cdots$, $s_M(t)$가 주어진 상황을 고려하자. 그리고 관심사는 이 신호들의 선형 조합으로 나타낼 수 있는 모든 신호들에 있다.

$$x(t) = \sum_{n=1}^{M} X_n s_n(t),\ t_0 \le t \le t_0 + T \tag{11.70}$$

$s_n(t)$ 신호들이 선형적으로 독립이라면, 이 신호의 집합의 M차원 신호 공간의 모든 신호를 표현할 수 있다[$s_n(t)$는 나머지의 선형 조합으로 쓰일 수 없게 된다]. 만약 $s_n(t)$ 신호들이 선형적으로 독립하지 않는다면 신호의 차원은 M보다 적다. 공간에 대한 직교정규 기저 집합은 다음과 같은 단계로 구성된 그램-슈미트 절차를 이용하여 얻을 수 있다.

1. $v_1(t)=s_1(t)$와 $\phi_1(t)=v_1(t)/\|v_1\|$로 놓는다.
2. $v_2(t)=s_2(t)-(s_2,\ \phi_1)\phi_1$과 $\phi_2(t)=v_2(t)/\|v_2\|$로 놓는다[$v_2(t)$는 $s_1(t)$와 선형적으로 독립인 $s_2(t)$의

성분이다].

3. $v_3(t)=s_3(t)-(s_3,\ \phi_2)\phi_2(t)-(s_3,\ \phi_1)\phi_1(t)$와 $\phi_3(t)=v_3(t)/\|v_3\|$로 놓는다[$v_3(t)$는 $s_1(t)$와 $s_2(t)$에 선형적으로 독립인 $s_3(t)$의 성분이다].
4. 모든 $s_n(t)$ 신호들이 사용될 때까지 계속한다. 만약, $s_n(t)$ 신호들이 선형적으로 독립하지 않는다면 하나 또는 더 많은 단계로 $\|v_n\|=0$인 $v_n(t)$ 신호들을 구할 수 있다. 이런 신호들은 발생할 때마다 생략되어 결국 $K\leq M$인 K개의 직교정규 함수 집합을 구하게 된다.

결과적으로 각각의 과정에서 얻은 신호의 집합은 공간에 대해서 다음의 식을 만족하므로 직교정규 기저 집합을 형성한다.

$$\left(\phi_n, \phi_m\right) = \delta_{nm} \tag{11.71}$$

여기서 δ_{nm}은 식 (11.63)에서 정의한 크로네커 델타이고, 직교정규 집합을 형성하는 데 모든 신호를 이용한다.

예제 11.5

다음 세 개의 유한 에너지 신호 집합을 고려하자.

$$\begin{aligned} s_1(t) &= 1, & 0 \leq t \leq 1 \\ s_2(t) &= \cos 2\pi t, & 0 \leq t \leq 1 \\ s_3(t) &= \cos^2 \pi t, & 0 \leq t \leq 1 \end{aligned} \tag{11.72}$$

이 세 신호에 의해 만들어진 신호 공간에 대해 직교정규 기저 집합을 구하도록 하자.

풀이

$v_1(t)=s_1(t)$라 놓고 다음을 계산한다.

$$\phi_1(t) = \frac{v_1(t)}{\|v_1\|} = 1, \quad 0 \leq t \leq 1 \tag{11.73}$$

다음에는

$$\left(s_2, \phi_1\right) = \int_0^1 1 \cos 2\pi t \, dt = 0 \tag{11.74}$$

을 계산하고

$$v_2(t) = s_2(t) - (s_2, \phi_1)\phi_1 = \cos 2\pi t, \quad 0 \leq t \leq 1 \tag{11.75}$$

로 놓는다. 두 번째 직교정규 함수는 다음 식으로 구할 수 있다.

$$\phi_2(t) = \frac{v_2}{\|v_2\|} = \sqrt{2}\cos 2\pi t,\ 0 \le t \le 1 \tag{11.76}$$

다른 직교정규 함수를 검토하기 위해서 스칼라적이 필요하다.

$$(s_3, \phi_2) = \int_0^1 \sqrt{2}\cos 2\pi t\ \cos^2 \pi t\, dt = \frac{1}{4}\sqrt{2} \tag{11.77}$$

그리고

$$(s_3, \phi_1) = \int_0^1 \cos^2 \pi t\, dt = \frac{1}{2} \tag{11.78}$$

이다. 그러므로 다음과 같이 신호 공간이 이차원이 된다.

$$\begin{aligned} v_3(t) &= s_3(t) - (s_3, \phi_2)\phi_2 - (s_3, \phi_1)\phi_1 \\ &= \cos^2 \pi t - \left(\frac{1}{4}\sqrt{2}\right)\sqrt{2}\cos 2\pi t - \frac{1}{2} = 0 \end{aligned} \tag{11.79}$$

■

11.2.7 신호 길이의 함수로서의 신호 차원

2장에서 증명한 표본화 정리는 무한 기저 함수 집합 $\text{sinc}(f_s t-n)$, $n=0, \pm1, \pm2, \cdots$을 이용해 대역폭 W를 가진 대역 제한된 신호를 엄격히 표현하는 수단으로 쓰인다. $\text{sinc}(f_s t-n)$은 시간 제한이 아니므로 엄격한 대역 제한 신호 또한 유한 지속(즉, 시간 제한)하다고 볼 수 없다. 그러나 실제적으로 시간대역폭 차원은 대역 제한의 정의가 완화된 신호와 연관을 지을 수 있다. 증명 없이 주어진 다음의 정리는 시간 제한과 대역폭 제한된 신호의 차원에 대한 상한을 제시한다.[5]

차원 정리

다음의 필요조건을 만족하는 $\{\phi_k(t)\}$를 직교 파형의 집합이라고 하자.

1. 이것은 예를 들어, $|t| \le \frac{1}{2}T$인 지속 시간 T의 시간 구간 밖에서 동일하게 0이다.
2. $-W<f<W$인 주파수 구간 밖에서 어느 것도 이것의 에너지의 $\frac{1}{12}$ 이상을 가질 수 없다.

그러면 집합 $\{\phi_k(t)\}$에서의 파형 개수는 TW가 클 때 $2.4TW$만큼 한계를 넘는다.

5 이 이론은 Wozencraft and Jacobs(1965), p. 294로부터 증명 없이 가져왔다. 그러나 Shannon이나 Landau와 Pollak에 의해 원래의 이론들에 대한 이들 이론의 동등성에 관한 논의도 역시 나와 있다.

예제 11.6

다음 파형의 직교 집합에 대해 고려하자.

$$\phi_k(t) = \Pi\left[\frac{t - k\tau}{\tau}\right]$$
$$= \begin{cases} 1, & \frac{1}{2}(2k-1)\tau \le t \le \frac{1}{2}(2k+1)\tau, \ k = 0, \pm 1, \pm 2, \pm K \\ 0, & \text{otherwise} \end{cases}$$

여기서 $(2K+1)\tau = T$이다. $\phi_k(t)$의 푸리에 변환은

$$\Phi_k(f) = \tau \operatorname{sinc}(\tau f)\, e^{-j2\pi k\tau f} \tag{11.80}$$

이다. $\phi_k(t)$에서 전체 에너지는 τ이고, $|f| \le W$에 대한 에너지는 다음과 같다.

$$E_W = \int_{-W}^{W} \tau^2 \operatorname{sinc}^2(\tau f)\, df$$
$$= 2\tau \int_0^{\tau W} \operatorname{sinc}^2(v)\, dv \tag{11.81}$$

적분에서 $v=\tau f$로 치환하고, 피적분자가 우수이므로 v값에 대해 양수의 값만 적분을 한다. 총 펄스 에너지는 $E=\tau$이다. 그래서 총에너지에 대역폭 W에서의 에너지 비율은 다음과 같다.

$$\frac{E_W}{E} = 2\int_0^{\tau W} \operatorname{sinc}^2(v)\, dv \tag{11.82}$$

이 적분은 수치적으로 적분될 수 없다. 그래서 아래와 같은 MATLAB 프로그램을 이용하여 수치적으로 적분을 한다.[6]

```
% ex11_6
%
for tau_W = 1:.1:1.5
   v = 0:0.01:tau_W;
   y = (sinc(v)).^2;
   EW_E = 2*trapz(v, y);
   disp([tau_W, EW_E])
end
```

τW에 대한 E_W/E의 결과는 다음과 같다.

τW	E_W/E
1.0	0.9028
1.1	0.9034
1.2	0.9066
1.3	0.9130
1.4	0.9218
1.5	0.9311

6 적분은 표로 작성된 사인 함수 항으로 나타낼 수 있다. Abramowitz and Stegun(1972) 참조.

$E_W/E \geq \frac{11}{12} = 0.9167$인 τW를 선택하고자 한다. 따라서 $\tau W = 1.4$는 주파수 구간 $-W < f < W$ 밖에서 $\phi_k(t)$ 중 어느 것도 이 에너지의 $\frac{1}{12}$ 이상 가지지 못한다는 확신을 가지게 한다.

$N = 2K+1 = [T/\tau]$인 직교 파형 함수는 구간 $\left(-\frac{1}{2}T, \frac{1}{2}T\right)$를 점유한다. 여기서 [ ]는 T/τ의 정수 부분을 의미한다. $\tau = 1.4W^{-1}$로 놓으면 다음과 같다.

$$N = \left[\frac{TW}{1.4}\right] = [0.714TW] \tag{11.83}$$

이것은 정리에 의해 주어진 한계를 만족한다. ■

11.3 디지털 데이터 전송의 최대 사후 확률(MAP) 수신기

이제 검출 이론과 신호 공간 개념을 디지털 데이터 송신에 적용하도록 한다. 위상동기와 위상 비동기 시스템의 예에 대해 고려할 것이다.

11.3.1 신호 공간에서의 동기 시스템에 대한 결정 기준

10장의 QPSK 시스템 분석에 있어서 잡음이 더해진 수신된 신호는 수신기를 구성하는 상관기에 의해 두 개의 성분으로 나누어졌다. 이것은 오류 확률 계산을 간단하게 한다. QPSK 수신기는 신호 공간에서 잡음이 더해진 수신된 신호의 좌표를 계산한다. 이 신호 공간의 기저 함수는 $0 \leq t \leq T$에서

$$(x_1, x_2) = \int_0^T x_1(t) x_2(t)\, dt \tag{11.84}$$

로 정의되는 스칼라적을 갖는 $\cos \omega_c t$와 $\sin \omega_c t$이다. 위 식은 식 (11.44)의 특별한 경우이다. 만

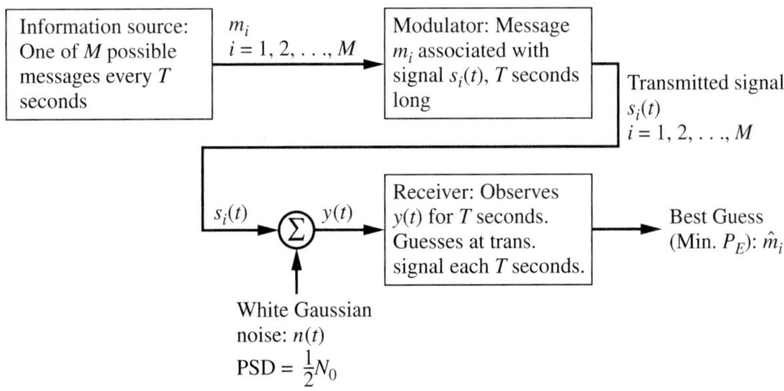

그림 11.4 M진 통신 시스템

약 $\omega_c T$가 2π의 정수배라면 이 기저 함수는 정규화는 아니지만 직교이다.

그램-슈미트 절차를 상기해보면, 이러한 관점이 유한한 에너지를 갖지만, 그 외에는 임의의 값을 갖는 M개의 신호 $s_1(t)$, $s_2(t)$, $\cdots$, $s_M(t)$로 일반화됨을 알 수 있다. 그림 11.4의 M진 통신 시스템을 생각해보자. 메시지 m_i와 관계된 이미 알고 있는 M개의 가능한 신호 중 하나인 $s_j(t)$가 매 T초마다 송신된다. 송신된 메시지를 결정하는 데 있어서, 오류 확률이 최소화되도록 수신기를 구성한다. 즉, 이것이 MAP 수신기이다. 간단히 하기 위해 메시지는 동일한 사전 확률을 갖는 정보원으로부터 생성된다고 가정한다.

잡음을 무시한다면 i번째 신호는 다음과 같이 표시된다.

$$s_i(t) = \sum_{j=1}^{K} A_{ij}\phi_j(t),\ i = 1, 2, \ldots, M,\ K \le M \tag{11.85}$$

$\phi_j(t)$는 그램-슈미트 절차에 따라 선택한 직교정규 기저 함수이다. 그러므로 다음과 같다.

$$A_{ij} = \int_0^T s_i(t)\phi_j(t)\,dt = (s_i, \phi_j) \tag{11.86}$$

상관기 열로 구성된 그림 11.5에 나타낸 수신기 구조는 $s_i(t)$에 대한 일반화된 푸리에 계수를 계산하는 데 이용될 수 있다. 그러므로 각각의 가능한 신호를 좌표가 $(A_{i1}, A_{i2}, \cdots , A_{iK})$, $i=1, 2, \cdots , M$인 K차원 신호 공간의 한 점으로 표시 가능하다.

$s_i(t)$의 좌표는 식 (11.85)에 유일하게 주어지므로, 이 좌표를 아는 것이 $s_i(t)$를 아는 것만큼 중요하다. 물론, 잡음 존재하에서 신호를 수신하는 것은 어렵다. 그러므로 수신기는 실제 신호 좌표 대신에 잡음이 있는 좌표 $(A_{i1}+N_1, A_{i2}+N_2, \cdots, A_{iK}+N_K)$를 제공한다. 여기서

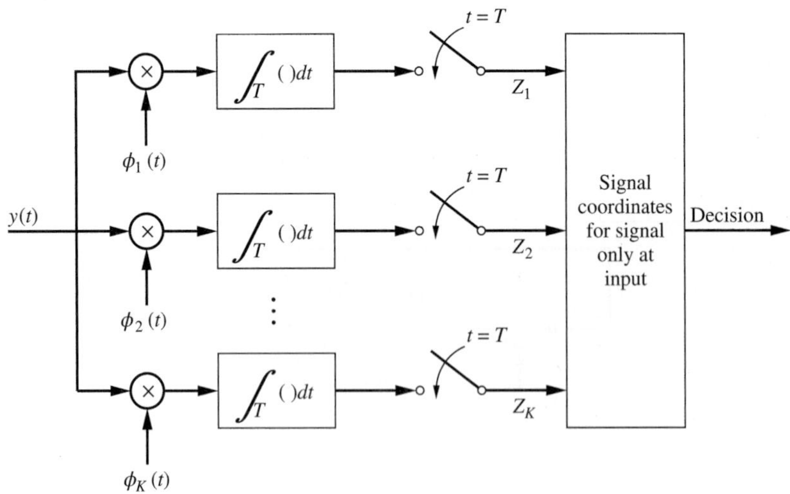

그림 11.5 K차원 신호 공간으로 신호를 분해하기 위한 수신기 구조

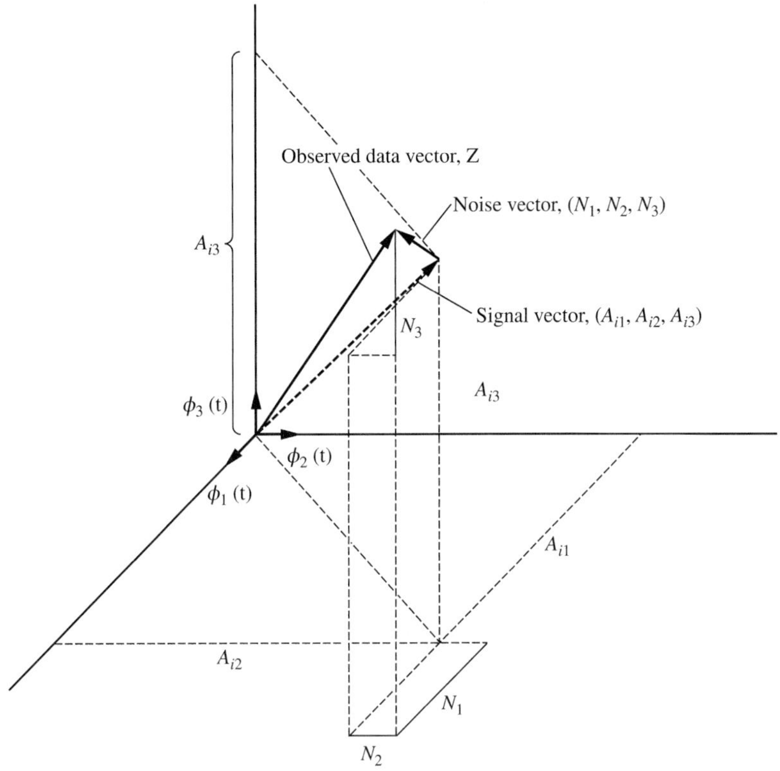

그림 11.6 3차원 관측 공간

$$N_j \triangleq \int_0^T n(t)\phi_j(t)\,dt = (n, \phi_j) \tag{11.87}$$

다음의 성분을 갖는 벡터 $\boldsymbol{Z}$를 데이터 벡터라 하고

$$Z_j \triangleq A_{ij} + N_j,\ j = 1, 2, \ldots, K \tag{11.88}$$

모든 가능한 데이터 벡터 공간을 관측 공간이라 한다. 그림 11.6은 $K=3$에 대한 전형적인 예를 나타낸다.

당면한 결정화 문제는 평균 오류 확률을 최소화하는 방법으로 잡음이 있는 신호 포인트의 집합과 각각의 가능한 전송된 신호 포인트를 관련짓는 것이다. 즉, 관측 공간은 반드시 각각 송신된 신호와 관련된 영역, R_i로 M등분하여야 한다. 그래서 만약 수신기 데이터 포인트가 R_ℓ 영역에 있으면, "$s_\ell(t)$가 수신되었다."는 결정이 최소한의 오류 확률로 이루어진다.

11.1절에서 최소 오류 확률 검출기가 MAP 결정 규칙에 부합함을 보였다. 따라서 가설 H_ℓ을 "신호 $s_\ell(t)$가 수신되었다."라 놓으면 다음과 같이 계산되는 수신기를 구현하고 가장 큰 값

을 선택한다.[7]

$$P(H_\ell|Z_1, Z_2, \ldots, Z_K), \quad \ell = 1, 2, \ldots, M \tag{11.89}$$

식 (11.89)의 사후 확률을 계산하기 위해서 베이즈 규칙을 이용하고 다음을 가정한다.

$$P(H_1) = P(H_2) = \cdots = P(H_M) \tag{11.90}$$

베이즈 규칙의 적용 결과는 다음과 같다.

$$P(H_\ell|z_1, \ldots, z_K) = \frac{f_Z(z_1, \ldots, z_K|H_\ell)P(H_\ell)}{f_Z(z_1, \ldots, z_K)} \tag{11.91}$$

그러나 $P(H_\ell)$와 $f_Z(z_1, \cdots, z_K)$인자는 ℓ과 무관하므로, 검출기는 $f_Z(z_1, \cdots, z_K \mid H_\ell)$을 계산할 수 있으며, 가장 큰 값에 해당하는 H_ℓ을 선택할 수 있다. 식 (11.88)에 주어진 Z_j는 가우시안 과정에 대한 선형 연산의 결과이므로 가우시안 랜덤변수이다. H_ℓ이 주어졌을 때, 결합 확률 밀도 함수를 이용하기 위해서는 평균과 분산, 공분산이 필요하다. 가설 H_ℓ이 주어졌다면 평균은 다음과 같다.

$$\begin{aligned} E\{Z_j|H_\ell\} &= E\{A_{\ell j} + N_j\} = A_{\ell j} + \int_0^T E\{n(t)\}\phi_j(t)\,dt \\ &= A_{\ell j}, \quad j = 1, 2, \ldots, K \end{aligned} \tag{11.92}$$

가설 H_ℓ이 주어진 조건하에서 분산은 다음과 같다.

$$\begin{aligned} \mathrm{var}\{Z_j \mid H_\ell\} &= E\left\{\left[\left(A_{\ell j} + N_j\right) - A_{\ell j}\right]^2\right\} = E\left\{N_j^2\right\} \\ &= E\left\{\int_0^T n(t)\phi_j(t)\,dt \int_0^T n\left(t'\right)\phi_j\left(t'\right)\,dt'\right\} \\ &= \int_0^T \int_0^T E\left\{n(t)n\left(t'\right)\right\}\phi_j(t)\phi_j\left(t'\right)\,dt\,dt' \\ &= \int_0^T \int_0^T \frac{N_0}{2}\delta\left(t - t'\right)\phi_j(t)\phi_j\left(t'\right)\,dt\,dt' \\ &= \int_0^T \frac{N_0}{2}\phi_j(t)\,dt = \frac{1}{2}N_0, \quad j = 1, 2, \ldots, K \end{aligned} \tag{11.93}$$

여기서 ϕ_j의 직교정규 성질이 사용되었다. 같은 방법으로 $j \neq k$에 대해 Z_j와 Z_k의 공분산은 0임

7 대문자들은 랜덤한 관측 좌표들을 나타내기 때문에 데이터 벡터들의 성분을 표시하는 데 사용된다.

을 증명할 수 있다. 따라서 $Z_1, Z_2, \cdots, Z_K$는 비상관 가우시안 랜덤변수이고 통계적으로 독립이므로 다음과 같다.

$$
\begin{aligned}
f_Z(z_1, \ldots, z_K | H_\ell) &= \prod_{j=1}^{K} \frac{\exp\left[-\left(z_j - A_{\ell j}\right)^2 / N_0\right]}{\sqrt{\pi N_0}} \\
&= \frac{1}{\left(\pi N_0\right)^{K/2}} \exp\left[-\sum_{j=1}^{K}\left(z_j - A_{\ell j}\right)^2 / N_0\right] \\
&= \frac{\exp\left\{-\|z - s_\ell\|^2 / N_0\right\}}{\left(\pi N_0\right)^{K/2}}
\end{aligned}
\tag{11.94}
$$

여기서

$$
z = z(t) = \sum_{j=1}^{K} z_j \phi_j(t) \tag{11.95}
$$

그리고

$$
s_\ell(t) = \sum_{j=1}^{K} A_{\ell j} \phi_j(t) \tag{11.96}
$$

ℓ에 독립인 인자를 제외하고 식 (11.94)는 베이즈 규칙에 의해 얻어진 사후 확률, $P(H_\ell \mid z_1, \cdots, z_K)$이다. 그러므로 최대 사후 확률에 부합하는 H_ℓ을 선택하는 것은 식 (11.94)를 최대화하거나 지수를 최소화하기 위해 좌표 $A_{\ell 1}, A_{\ell 2}, \cdots, A_{\ell K}$를 가진 신호를 선택하는 것과 같다. 그러나 $\|z - s_\ell\|$은 $z(t)$와 $s_\ell(t)$ 간의 거리이다. 따라서 평균 오류 확률을 최소화하는 결정 판별 기준은 관측 공간에서 수신된 데이터 포인트에 가장 가까운 송신 신호 포인트를 선택하는 것이다. 거리는 데이터와 신호 벡터 성분의 차이를 제곱한 합의 제곱근으로 정의한다. 즉 다음을 만족하는 H_ℓ을 선택한다.[8]

$$
\begin{aligned}
(\text{Distance})^2 = d^2 &= \sum_{j=1}^{K}(Z_j - A_{\ell j})^2 \\
&= \|z - s_\ell\|^2 = \text{minimum}, \quad \ell = 1, 2, \ldots, M
\end{aligned}
\tag{11.97}
$$

이것은 그림 11.5의 수신기 구조에 의해 수행될 수 있는 동작이다. 이 과정을 다음 예제를 통해 알아보자.

8 Z_j는 랜덤한 관측 $z(t)$의 j번째 좌표이다. 식 (11.97)을 결정 규칙이라 한다.

예제 11.7

이 예제에서 신호 공간에서의 M진 위상동기식 FSK를 고려한다. 송신 신호는 다음과 같다.

$$s_i(t) = A\cos\left\{2\pi\left[f_c + (i-1)\Delta f\right]t\right\}, \quad 0 \le t \le T_s \tag{11.98}$$

여기서

$$\Delta f = \frac{m}{2T_s},\ m\text{은 정수},\ i = 1, 2, \cdots, M$$

수학적 간소화를 위해 f_cT_s는 정수로 가정한다. 직교정규 기저 집합은 그램-슈미트 절차를 적용하여 얻을 수 있다.

$$v_1(t) = s_1(t) = A\cos(2\pi f_c t), \quad 0 \le t \le T_s \tag{11.99}$$

를 선택하면 그 크기의 제곱이 다음과 같다.

$$\|v_1\|^2 = \int_0^{T_s} A^2\cos^2(2\pi f_c t)\,dt = \frac{A^2T_s}{2} \tag{11.100}$$

따라서 다음과 같은 직교정규 함수를 얻을 수 있다.

$$\phi_1(t) = \frac{v_1}{\|v_1\|} = \sqrt{\frac{2}{T_s}}\cos(2\pi f_c t), \quad 0 \le t \le T_s \tag{11.101}$$

만약 $\Delta f = \frac{m}{2T_s}$이면 $(s_2, \phi_1) = 0$임을 알 수 있다. 그러므로 두 번째 직교정규 함수는 다음과 같고

$$\phi_2(t) = \sqrt{\frac{2}{T_s}}\cos\left[2\pi\left(f_c + \Delta f\right)t\right], \quad 0 \le t \le T_s \tag{11.102}$$

이와 유사하게 $\phi_M(t)$까지 $M-2$개의 다른 직교정규 함수를 구할 수 있다. 따라서 직교정규 함수의 개수는 가능한 신호의 개수와 같다. 즉, i번째 신호는 i번째 직교정규 함수의 항으로 쓸 수 있다.

$$s_i(t) = \sqrt{E_s}\,\phi_i(t) \tag{11.103}$$

잡음이 더해진 수신 신호 파형을 $y(t)$로 놓자. 관측 공간에서 살펴보면 $y(t)$는 M개의 좌표로 구성된다. 그 중 i번째는

$$Z_i = \int_0^{T_s} y(t)\phi_i(t)\,dt \tag{11.104}$$

이다. 단 $y(t) = s_i(t) + n(t)$이고, $s_\ell(t)$가 송신된다면 결정 규칙 식 (11.97)은 다음과 같고

$$d^2 = \sum_{j=1}^{M}\left(Z_j - \sqrt{E_s}\,\delta_{\ell j}\right)^2 = \text{minimum over } \ell = 1, 2, \ldots, M \tag{11.105}$$

제곱근을 구하면 다음과 같다.

$$d = \sqrt{Z_1^2 + Z_2^2 + \cdots + \left(Z_\ell - \sqrt{E_s}\right)^2 + \cdots + Z_M^2}$$
$$= \text{minimum} \tag{11.106}$$

2차원 공간(이진 FSK)에 대해 신호 포인트는 원점에서 $\sqrt{E_s}$ 거리만큼 떨어진 두 직교좌표축상에 존재한다. 결정 공간은 제1사분면에 존재하고 최적화 구분은 두 좌표축에 의한 각을 오른쪽 이등분한 45도로 이루어진 선이다.

M진 FSK 변조에서 결정 규칙을 보는 다른 방법은 식 (11.105)에서 ℓ번째 항을 제곱하여 얻어진다. 따라서 다음과 같은 식을 얻는다.

$$d^2 = \sum_{n=1}^{\infty} Z_j^2 + E_s - 2\sqrt{E_s} Z_\ell = \text{minimum} \tag{11.107}$$

j와 E_s에 대한 합은 ℓ(상수)에 무관함으로 d^2은 마지막 항을 최대화하는 가능한 송신 신호를 선택함으로써 ℓ에 대하여 최소화될 수 있다. 즉 결정 규칙은 다음의 식을 만족하는 송신 신호 $s_\ell(t)$를 선택하는 것이다.

$$\sqrt{E_s} Z_\ell = \text{maximum} \tag{11.108}$$

또는

$$Z_\ell = \int_0^T y(t)\,\phi_\ell(t)\,dt = \text{maximum with respect to } \ell \tag{11.109}$$

다시 말해 $t=T_s$일 때 그림 11.5에서 보인 상관기열의 출력을 보고 가장 가능한 송신 신호에 부합하는 것으로 가장 큰 출력을 선택한다.

■

11.3.2 충분 통계

식 (11.97)이 MAP 판별 기준에 부합하는 결정 규칙이라는 것을 보이기 위해 한 가지를 명확히 해야 한다. 특히 결정은 다음과 같은 잡음이 있는 신호를 기반으로 한다.

$$z(t) = \sum_{j=1}^{K} Z_j \phi_j(t) \tag{11.110}$$

기저 함수의 무한 집합을 이용하여 모든 가능한 $y(t)$들을 표현하는 것이 요구되므로, 잡음 성분 $n(t)$ 때문에 $n(t)$는 $y(t)$와 같지 않다. 그러나 K개의 좌표(단, K는 신호 공간 차수)가 결정과 관계되는 모든 정보를 제공함을 보일 수 있다.

기저 함수를 완전 직교정규 집합으로 가정하면 $y(t)$는 다음과 같이 표현된다.

$$y(t) = \sum_{j=1}^{\infty} Y_j \phi_j(t) \tag{11.111}$$

단, ϕ_j의 첫 번째 K는 주어진 신호 집합에 대해 그램-슈미트 절차를 이용하여 선택한다. 가설 H_ℓ이 사실이라고 주어질 때, Y_j는

$$Y_j = \begin{cases} Z_j = A_{\ell j} + N_j, & j = 1, 2, \ldots, K \\ N_j, & j = K+1, K+2 \end{cases} \tag{11.112}$$

이고, 여기서 Z_j, $A_{\ell j}$ 와 N_j는 이미 앞에서 정의된 것과 같다. 식 (11.92)와 식 (11.93)을 얻는 데 사용된 것과 동일한 과정을 적용하면 다음과 같다.

$$E\{Y_j\} = \begin{cases} A_{\ell j}, & j = 1, 2, \ldots, K \\ 0, & j > K \end{cases} \tag{11.113}$$

그리고

$$\text{var}\{Y_j\} = \frac{1}{2}N_0, \text{ 모든 } j \tag{11.114}$$

단 $\text{cov}\{Y_j Y_k\} = 0$, $j \neq k$이다. 따라서 주어진 H_ℓ에서 Y_1, Y_2 ⋯의 결합 확률 밀도 함수는 다음과 같다.

$$\begin{aligned} f_Y(y_1, y_2, \ldots, y_K, \ldots | H_\ell) &= C \exp\left\{-\frac{1}{N_0}\left[\sum_{j=1}^{K}(y_j - A_{\ell j})^2 + \sum_{j=K+1}^{\infty} y_j^2\right]\right\} \\ &= C \exp\left(-\frac{1}{N_0}\sum_{j=K+1}^{\infty} y_j^2\right) f_Z(y_1, \ldots, y_K, | H_\ell) \end{aligned} \tag{11.115}$$

여기서 C는 상수이다. 확률 밀도 함수 인자 Y_{K+1}, Y_{K+2} ⋯는 Y_1, Y_2, ⋯ , Y_K와 그 전항에 독립이며 전자는 $A_{\ell j}$, $j=1, 2, \cdots, K$에 종속되어 있지 않기 때문에 결정화에 어떠한 정보도 주지 못한다. 그래서 식 (11.107)에 주어진 d^2을 충분 통계라 한다.

11.3.3 *M*진 직교 신호의 검출

신호 공간 기법을 이용한 좀 더 복잡한 예로서 신호 파형이 동일한 에너지를 갖고 다음과 같이 신호 구간에 대해서 직교인 M진 신호 방식을 고려해보자.

$$\int_0^{T_s} s_i(t)\, s_j(t)\, dt = \begin{cases} E_s, & i = j \\ 0, & i \neq j,\ i = 1, 2, \ldots, M \end{cases} \tag{11.116}$$

여기서 E_s는 $(0, T_s)$에서 각 신호의 에너지이다.

이런 신호 방식의 실제적인 예는 식 (11.98)에 주어진 M진 위상동기식 FSK에 대한 신호 집합이다. 이 신호 방식에 대한 결정 규칙은 예제 10.7에서 고려되었다. 결정 규칙을 알아내기

위해서는 $K=M$인 직교정규 함수가 필요하며, 그림 11.5에 M개의 상관기가 있는 수신기를 보여주고 있다. 시간 T_s에서 j번째 상관기의 출력은 식 (11.88)에 주어졌다. 결정 기준은 예제 11.7에 보인 것처럼 식 (11.97)이 주어졌을 때 d^2을 최소화하는 신호 포인트 $i=1, 2, \cdots, M$을 선택하는 것이며 다음과 같다.

$$Z_\ell = \int_0^{T_s} y(t)\phi_\ell(t)\,dt = \text{maximum with respect to } \ell \tag{11.117}$$

즉 잡음이 섞인 수신된 신호와 최대 상관을 갖는 신호를 선택한다. 신호 오류를 구하기 위해 다음 식을 살펴보자.

$$\begin{aligned} P_E &= \sum_{i=1}^{M} P\left[E|s_i(t)\ \text{sent}\right] P\left[s_i(t)\ \text{sent}\right] \\ &= \frac{1}{M}\sum_{i=1}^{M} P\left[E|s_i(t)\ \text{sent}\right] \end{aligned} \tag{11.118}$$

각각의 신호는 동일한 사전 확률을 갖는다고 가정하면 다음과 같다.

$$P\left[E|s_i(t)\ \text{sent}\right] = 1 - P_{ci} \tag{11.119}$$

여기서 P_{ci}는 $s_i(t)$가 송신되었을 때 올바르게 결정할 확률이다. 만약 모든 $j\neq i$ 인 경우에 대해

$$Z_j = \int_0^{T_s} y(t)s_j(t)\,dt < \int_0^{T_s} y(t)s_i(t)\,dt = Z_i \tag{11.120}$$

이라면, 정확한 결정이므로 P_{ci}는 다음과 같다.

$$P_{ci} = P(\text{모든}\ \ Z_j < Z_i,\quad j \neq i) \tag{11.121}$$

만약 $s_i(t)$가 송신되었다면

$$\begin{aligned} Z_i &= \int_0^{T_s} \left[\sqrt{E_s}\phi_i(t) + n(t)\right]\phi_i(t)\,dt \\ &= \sqrt{E_s} + N_i \end{aligned} \tag{11.122}$$

이고, 여기서

$$N_i = \int_0^{T_s} n(t)\phi_i(t)\,dt \tag{11.123}$$

$s_i(t)$가 송신되었을 때 $Z_j=N_j$, $j\neq i$이므로 식 (11.121)은 다음과 같이 표현된다.

$$P_{ci} = P(\text{모든 } N_j < \sqrt{E_s} + N_i, \quad j \neq i) \tag{11.124}$$

N_i는 평균이 0이고, 분산이 다음과 같은 가우시안 랜덤변수(가우시안 과정에서 선형 연산)이다.

$$\text{var}\,[N_i] = E\left\{\left[\int_0^{T_s} n(t)\phi_j(t)\,dt\right]^2\right\} = \frac{N_0}{2} \tag{11.125}$$

게다가 다음과 같으므로 $i \neq j$에 대해 N_i와 N_j는 독립이다.

$$E[N_i N_j] = 0 \tag{11.126}$$

N_i에 특정 값이 주어지면 식 (11.124)는 다음과 같이 표현된다.

$$\begin{aligned} P_{ci}(N_i) &= \prod_{\substack{j \neq 1 \\ j=1}}^{M} P[N_j < \sqrt{E_s} + N_i] \\ &= \left(\int_{-\infty}^{\sqrt{E_s}+n_i} \frac{e^{-n_j^2/N_0}}{\sqrt{\pi N_0}}\,dn_j\right)^{M-1} \end{aligned} \tag{11.127}$$

이는 N_j의 확률 밀도 함수가 $n(0, \sqrt{N_0/2})$이기 때문이다. N_i의 모든 가능한 값에 대해 평균을 취하면 식 (11.127)은

$$\begin{aligned} P_{ci} &= \int_{-\infty}^{\infty} \frac{e^{-n_i^2/N_0}}{\sqrt{\pi N_0}} \left(\int_{-\infty}^{\sqrt{E_s}+n_i} \frac{e^{-n_j^2/N_0}}{\sqrt{\pi N_0}}\,dn_j\right)^{M-1} dn_i \\ &= (\pi)^{-M/2} \int_{-\infty}^{\infty} e^{-y^2} \left(\int_{-\infty}^{\sqrt{E_s/N_0}+y} e^{-x^2}\,dx\right)^{M-1} dy \end{aligned} \tag{11.128}$$

이다. 여기서 $x = n_j/\sqrt{N_0}$와 $y = n_i/\sqrt{N_0}$가 교체되었다. P_{ci}는 i에 대해 독립이므로 오류 확률은 다음과 같다

$$P_E = 1 - P_{ci} \tag{11.129}$$

식 (11.128)을 식 (11.129)에 대입하면 P_E에 대하여 적분 불능한 M차 적분이 된다.[9] 이것을 계산하려면 수치적 적분을 해야 한다. P_E 대 $E_s/(N_0 \log_2 M)$을 보여주는 곡선이 몇몇 M의 값에 대해 그림 11.7에 주어졌다. $M \to \infty$임에 따라 $E_s/(N_0 \log_2 M) > \ln 2 = -1.59\text{dB}$이면 오류가 없

9 P_E가 주어진 표를 위해서는 Lindsey and Simon(1973), pp. 199ff 참조.

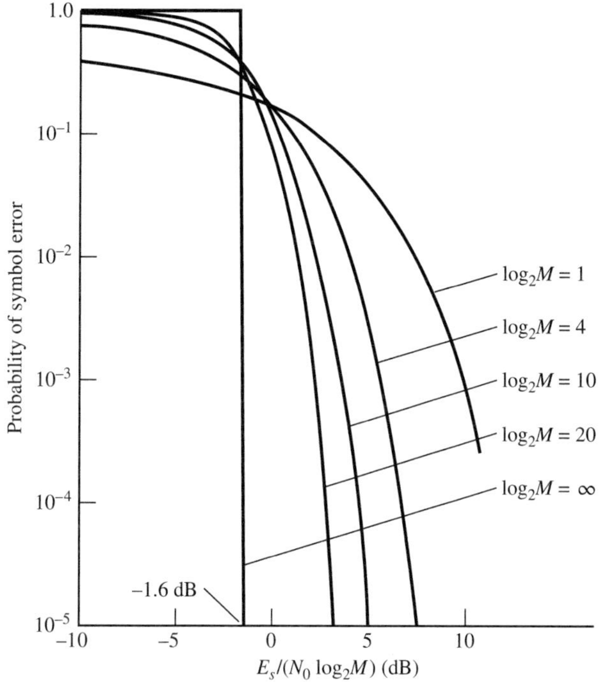

그림 11.7 M진 직교 신호에서 위상동기 검출에 대한 심벌 오류 확률

는 전송이 이루어진다. 그러나 $M \to \infty$는 무한개의 직교정규 함수가 필요함을 나타내므로 이 오류 없는 전송은 무한 대역폭을 가진다는 것을 의미한다. 이것에 대해서는 12장에서 자세히 다루도록 한다.

11.3.4 비동기인 경우

신호 공간 기법을 비동기 디지털 신호에 적용하기 위해 다음의 이진 가설 상황을 고려하자.

$$H_1 : y(t) = G\sqrt{2E/T}\cos(\omega_1 t + \theta) + n(t)$$
$$H_2 : y(t) = G\sqrt{2E/T}\cos(\omega_2 t + \theta) + n(t), \quad 0 \le t \le T \tag{11.130}$$

여기서 E는 한 비트 주기에서 송신 신호 에너지이고, $n(t)$는 양측 전력 스펙트럼 밀도 $\frac{1}{2}N_0$를 갖는 백색 가우시안 잡음이다. 신호는 $|\omega_1 - \omega_2|/2\pi \gg T^{-1}$으로 가정하여 직교가 되도록 한다. 랜덤변수로 가정한 G와 θ를 제외하면 이것은 M진 직교 신호의 특별한 경우에 해당한다(8장의 위상동기, 위상비동기 FSK 참조).

랜덤변수 G와 θ는 페이딩 채널에서 소개된 랜덤 이득과 위상혼란(phase perturbation)을 나타낸다. 각 비트 구간 동안의 랜덤 이득과 위상 천이로 채널을 모델링한다. 이득과 위상 천이는 비트 구간 동안 일정하게 유지된다고 가정하므로 이 채널 모델을 느린 페이딩(slowly fading)이라고 한다. G는 레일리고 θ는 구간(0, 2π)에서 균일하며 G와 θ는 독립으로 가정한다.

식 (11.130)을 전개하면 다음과 같다.

$$H_1 : y(t) = \sqrt{2E/T}\left(G_1 \cos\omega_1 t + G_2 \cos\omega_1 t\right) + n(t)$$
$$H_2 : y(t) = \sqrt{2E/T}\left(G_1 \cos\omega_2 t + G_2 \cos\omega_2 t\right) + n(t), \quad 0 \le t \le T \qquad (11.131)$$

여기서 $G_1 = G\cos\theta$와 $G_2 = -G\sin\theta$는 서로 독립이고 평균이 0인 가우시안 랜덤변수이다(예제 6.15 참조). 이들의 분산을 σ^2으로 표현하였다. 직교정규 기본 함수를 다음과 같이 선택하면

$$\left.\begin{aligned} \phi_1(t) &= \sqrt{2E/T}\cos\omega_1 t \\ \phi_2(t) &= \sqrt{2E/T}\sin\omega_1 t \\ \phi_3(t) &= \sqrt{2E/T}\cos\omega_2 t \\ \phi_4(t) &= \sqrt{2E/T}\sin\omega_2 t \end{aligned}\right\} 0 \le t \le T \qquad (11.132)$$

$y(t)$항은 4차원 신호 공간으로 나눌 수 있고, 결정은 다음의 데이터 벡터를 기반으로 한다.

$$\mathbf{Z} = (Z_1, Z_2, Z_3, Z_4) \qquad (11.133)$$

여기서

$$Z_i = \left(y, \phi_i\right) = \int_0^T y(t)\,\phi_i(t)\,dt \qquad (11.134)$$

가설 H_1이 주어지면

$$Z_i = \begin{cases} \sqrt{E}G_i + N_i, & i = 1, 2 \\ N_i, & i = 3, 4 \end{cases} \qquad (11.135)$$

이고, 가설 H_2가 주어지면 다음과 같다.

$$Z_i = \begin{cases} N_i, & i = 1, 2 \\ \sqrt{E}G_{i-2} + N_i, & i = 3, 4 \end{cases} \qquad (11.136)$$

여기서

$$N_i = (n, \phi_i) = \int_0^T n(t)\phi_i(t)\,dt, \quad i = 1, 2, 3, 4 \qquad (11.137)$$

는 평균이 0이고 $\frac{1}{2}N_0$의 분산을 갖는 독립 가우시안 랜덤변수이다. 또한 G_1과 G_2도 평균이 0,

σ^2의 분산을 갖는 독립 가우시안 랜덤변수이므로 H_1과 H_2가 주어진 경우 Z의 조건부 결합 확률 밀도 함수는 각각 부분 확률 밀도 함수의 곱이다. 따라서 다음과 같다.

$$f_Z(z_1, z_2, z_3, z_4|H_1) = \frac{\exp\left[-(z_1^2 + z_2^2)/(2E\sigma^2 + N_0)\right]\exp\left[-(z_3^2 + z_4^2)/N_0\right]}{\pi^2\left(2E\sigma^2 + N_0\right)N_0} \tag{11.138}$$

그리고

$$f_Z(z_1, z_2, z_3, z_4|H_2) = \frac{\exp\left[-(z_1^2 + z_2^2)/N_0\right]\exp\left[-(z_3^2 + z_4^2)/(2E\sigma^2 + N_0)\right]}{\pi^2\left(2E\sigma^2 + N_0\right)N_0} \tag{11.139}$$

오류 확률을 최소화하는 결정 규칙은 가장 큰 사후 확률 $P(H_\ell|z_1, z_2, z_3, z_4)$에 해당하는 가설 H_ℓ을 선택하는 것이다. 그러나 이 확률은 식 (11.138), 식 (11.139)와 비교할 때 단지 H_1 또는 H_2에 독립인 상수라는 점만 다르다. 특정 관측 $\mathbf{Z}=(Z_1, Z_2, Z_3, Z_4,)$인 경우에 결정 규칙은 다음과 같다.

$$f_Z(Z_1, Z_2, Z_3, Z_4|H_1) \underset{H_1}{\overset{H_2}{\lessgtr}} f_Z(Z_1, Z_2, Z_3, Z_4|H_2) \tag{11.140}$$

식 (11.138), 식 (11.139)를 대입하여 간단히 하면

$$R_2^2 \triangleq Z_3^2 + Z_4^2 \underset{H_1}{\overset{H_2}{\gtrless}} Z_1^2 + Z_2^2 \triangleq R_1^2 \tag{11.141}$$

이 된다. 이 결정 규칙에 부합하는 최적 수신기를 그림 11.8에 나타내었다.

오류 확률을 구하기 위해 $R_1 \triangleq \sqrt{Z_1^2+Z_2^2}$과 $R_2 \triangleq \sqrt{Z_3^2+Z_4^2}$이 어느 가설에서든 레일리 랜덤변수라는 것을 주목하자. H_1이 참이고, $R_2 > R_1$이면 오류가 발생한다. 여기서는 식 (11.141)의 양의 제곱근을 구했다. 예제 6.15로부터 다음 식을 얻을 수 있다.

$$f_{R_1}\left(r_1|H_1\right) = \frac{r_1 e^{-r_1^2/(2E\sigma^2+N_0)}}{E\sigma^2 + \frac{1}{2}N_0}, \quad r_1 > 0 \tag{11.142}$$

그리고

$$f_{R_2}\left(r_2|H_1\right) = \frac{2r_2 e^{-r_2^2/N_0}}{N_0}, \quad r_2 > 0 \tag{11.143}$$

$R_2 > R_1$일 확률을 R_1에 대하여 평균을 취하면 다음과 같다.

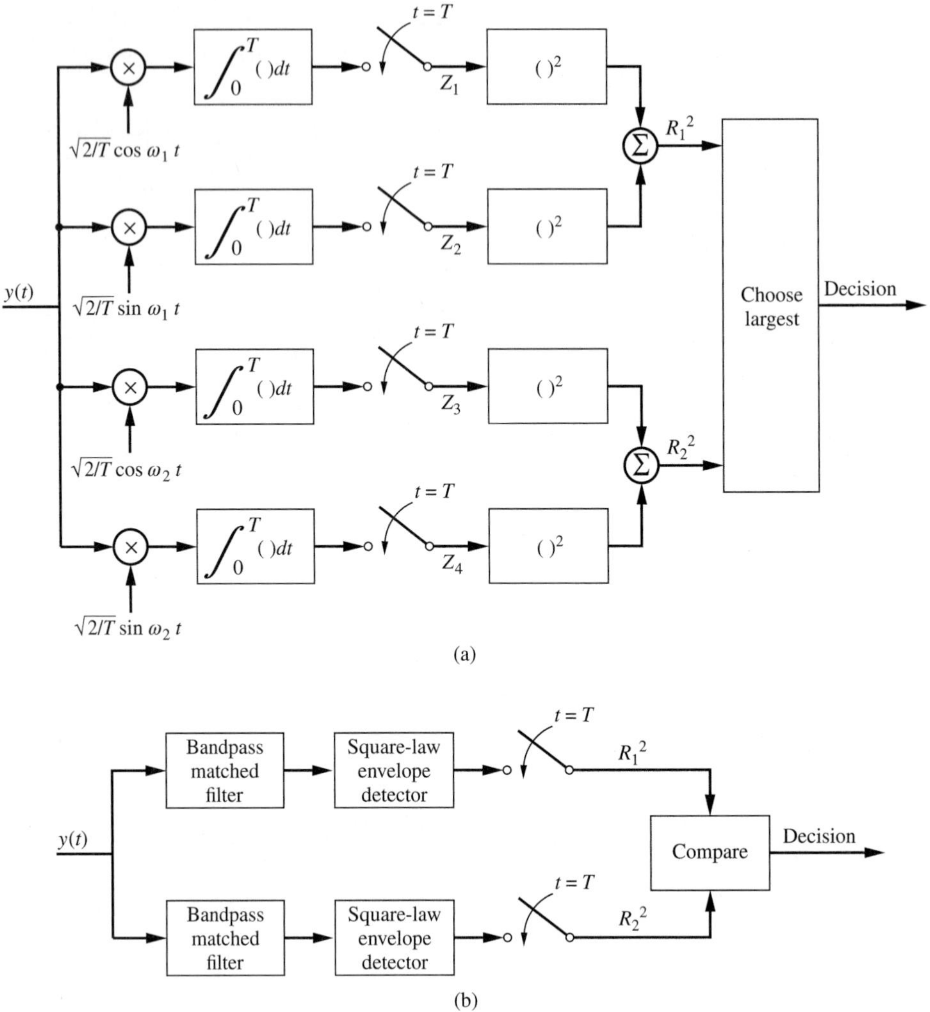

그림 11.8 레일리 페이딩하에서 이진 직교 신호 검출을 위한 최적 수신기 구조. (a) 상관기와 제곱기에 의한 구현, (b) 정합여파기와 포락선 검출기에 의한 구현

$$P\left(E|H_1\right) = \int_0^\infty \left[\int_{r_1}^\infty f_{R_2}\left(r_2|H_1\right) dr_2\right] f_{R_1}\left(r_1|H_1\right) dr_1$$
$$= \frac{1}{2}\frac{1}{1+\frac{1}{2}\left(2\sigma^2 E/N_0\right)} \tag{11.144}$$

여기서 $2\sigma^2E$는 평균 수신 신호 에너지이다. 대칭성을 이용하면 $P(E|H_1)=P(E|H_2)$이다. 그리고 다음 식을 얻을 수 있다.

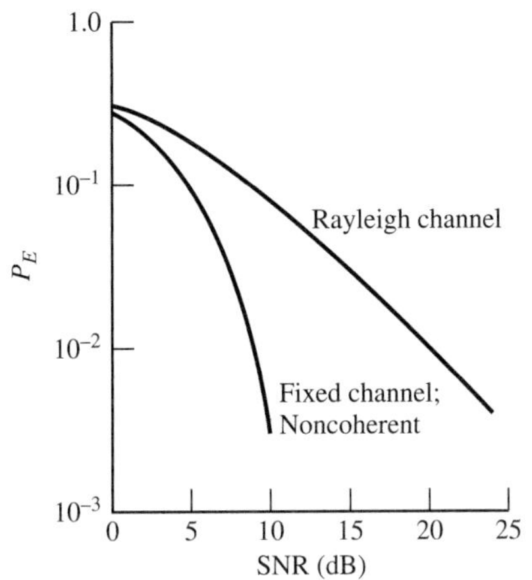

그림 11.9 위상비동기 FSK의 레일리 채널과 고정채널에 대한 P_E 대 SNR 비교

$$P_E = P\left(E|H_1\right) = P\left(E|H_2\right) \tag{11.145}$$

9장의 일정한 진폭의 위상비동기 FSK에 대한 결과(그림 9.30)와 더불어 그림 11.9에 오류 확률을 나타내었다. 페이딩이 적용되지 않은 위상비동기 FSK 신호의 오류 확률은 신호 대 잡음비에 따라 지수적으로 감소하는 반면에 페이딩 채널에서의 오류 확률은 신호 대 잡음비에 대해 역으로 감소한다.

페이딩으로 인한 성능 저하를 방지하는 한 가지 방법은 다이버시티 송신을 하는 것이다. 즉 모든 전송이 동시에 페이딩의 영향을 받지는 않는다고 희망하고 송신 신호 전력을 여러 개의 독립적인 페이딩 전송 경로로 나눈다. 9장에서 다이버시티를 구현하는 여러 방법을 다루었다.

11.4 추정 이론

이 장의 서론에서 언급한 최적화의 두 번째 문제인 랜덤 데이터로부터 파라미터 추정에 대하여 고려하기로 한다. 두 가지 배경 이론을 소개한 후, 11.5절에서 통신 시스템에 추정 이론을 응용하는 여러 가지 방법에 대해 다루겠다.

추정 이론의 기본 개념을 소개하는 데 있어서 검출 이론과 병행하여 알아보기로 한다. 신호 검출의 경우에서와 같이 관심 있는 파라미터 A에 통계적으로 관련된 잡음이 있는 관측 Z를 이용한다.[10] 예를 들어 Z는 미지의 직류전압 A와 독립인 잡음 성분 N의 합이다. 즉 $Z=A+N$이다. 두 가지의 다른 추정 과정이 고려될 것이다. 베이즈 추정과 최대 우도(maximum-likelihood, ML) 추정이 그것이다. 베이즈 추정의 경우, A는 이미 알고 있는 사전 확률 밀도 함수 $f_A(a)$를

10 간단하게 우리는 먼저 단일 관찰 경우를 고려하고 다음에 벡터 관찰을 일반화한다.

가지고, 랜덤하며, 적절한 비용 함수(cost function)는 A의 최적 추정치를 구하기 위해 최소화가 된다. 최대 우도 추정은 랜덤하지 않은 파라미터 또는 미지의 사전 확률 밀도 함수를 갖는 랜덤한 파라미터를 추정하는 데 사용된다.

11.4.1 베이즈 추정

베이즈 추정은 베이즈 검출의 경우에서와 같이 비용 함수(cost function)의 최소화와 관련된다. 관측 Z가 주어지면 **추정 규칙**(또는 **추정기**) $\hat{a}(Z)$를 구한다. 이것은 비용 함수 $C[A, \hat{a}(Z)]$를 최소화하는 A에 값 $\hat{A}$를 할당한 것이다. C는 모르는 파라미터 A와 관측 Z의 함수이다. 절대오차 $|A-\hat{a}(Z)|$가 증가함에 따라 $C[A, \hat{a}(Z)]$는 증가해야 하거나 적어도 감소하지는 않아야 한다. 즉 큰 오차는 작은 오차보다 큰 비용을 필요로 한다. 두 가지 유용한 비용 함수 중 제곱 오차 비용 함수는 다음과 같이 정의된다.

$$C[A, \hat{a}(Z)] = [A - \hat{a}(Z)]^2 \tag{11.146}$$

그리고 균일 비용 함수는 다음과 같이 정의된다.

$$C[A, \hat{a}(Z)] = \begin{cases} 1, & |A - \hat{a}(Z)| > \Delta > 0 \\ 0, & \text{otherwise} \end{cases} \tag{11.147}$$

여기서 Δ는 적절히 선택된 상수다. 이때 각각의 비용 함수에 대해 평균 비용 $E\{C[A, \hat{a}(Z)]\} = \overline{C[A, \hat{a}(Z)]}$를 최소화하는 결정 규칙 $\hat{a}(Z)$를 구하고자 한다. A와 Z는 모두 랜덤변수이므로 평균 비용 또는 위험도는 다음과 같이

$$\begin{aligned} \overline{C[A, \hat{a}(Z)]} &= \int_{-\infty}^{\infty}\int_{-\infty}^{\infty} C[A, \hat{a}(Z)] f_{AZ}(a, z)\, da\, dz \\ &= \int_{-\infty}^{\infty}\int_{-\infty}^{\infty} C[A, \hat{a}(Z)] f_{Z|A}(z|a)\, f_A(a)\; dz\, da \end{aligned} \tag{11.148}$$

으로 주어진다. $f_{AZ}(a, z)$는 A와 Z의 결합 확률 밀도 함수이고 $f_{Z|A}(z|a)$는 A가 주어졌을 때 Z의 조건부 확률이다. 후자는 A값으로부터 Z를 구하는 확률적인 메커니즘을 안다면 구할 수 있다. 예를 들어, 만약 $Z=A+N$[N은 영(zero) 평균과 σ_n^2인 분산을 갖는 가우시안 확률변수]이면 다음과 같다.

$$f_{Z|A}(z|a) = \frac{\exp\left[-(z-a)^2/2\sigma_n^2\right]}{\sqrt{2\pi\sigma_n^2}} \tag{11.149}$$

위험도를 최소화하는 문제를 고려할 때 조건부 확률 밀도 함수 $f_{A|Z}(a|z)$를 이용하여 식

(11.148)을 나타내는 것이 더욱 유용하다. 이것은 베이즈 규칙으로부터 구할 수 있다. 따라서 다음과 같다.

$$\overline{C[A, \hat{a}(Z)]} = \int_{-\infty}^{\infty} f_Z(z) \left\{ \int_{-\infty}^{\infty} C[a, \hat{a}(Z)] f_{Z|A}(z|a)\, da \right\} dz \qquad (11.150)$$

여기서

$$f_Z(z) = \int_{-\infty}^{\infty} f_{Z|A}(z|a)\, f_A(a)\, da \qquad (11.151)$$

는 Z의 확률 밀도 함수다. $f_Z(z)$와 식 (11.150)에서 안쪽 적분은 음이 아니므로 각각의 z에 대해 안쪽 적분을 최소화함으로써 위험도를 최소화한다. 식 (11.150)의 안쪽 적분을 **조건부 위험도**라고 한다.

특별한 관측 Z의 경우, $\hat{a}$의 관점에서 조건부 위험도를 미분하고 결과를 0으로 놓음으로써 식 (11.146)의 제곱 오차 비용 함수의 최솟값을 구할 수 있다. 이 미분의 결과는

$$\frac{\partial}{\partial \hat{a}} \int_{-\infty}^{\infty} [a - \hat{a}(Z)]^2 f_{A|Z}(a \mid Z)\, da = -2 \int_{-\infty}^{\infty} a f_{A|Z}(a|Z)\, da + 2\hat{a}(Z) \int_{-\infty}^{\infty} f_{A|Z}(a|Z)\, da \qquad (11.152)$$

이고, 0으로 놓으면 다음과 같다.

$$\hat{a}_{se}(Z) = \int_{-\infty}^{\infty} a f_{A|Z}(a|Z)\, da \qquad (11.153)$$

여기서 $\int_{-\infty}^{\infty} f_{A|Z}(a|Z)\, da = 1$을 사용하였다. 두 번째 미분은 이것이 최소라는 것을 보여준다. 제곱 오차 비용 함수의 추정기 $\hat{a}_{se}(Z)$는 관측 Z가 주어졌을 때 A의 확률 밀도 함수의 평균 또는 조건부 평균이다. 추정기는 랜덤변수 Z의 함수이기 때문에 $\hat{a}_{se}(Z)$가 가정하는 값 $\hat{A}$는 랜덤하다.

같은 방법으로 식 (11.147)에서 Δ가 무한히 작은 경우에 균일한 비용 함수가 다음의 조건에서 구해질 수 있다.

$$f_{A|Z}(A|Z)\Big|_{A=\hat{a}_{\mathrm{MAP}}(Z)} = \text{maximum} \qquad (11.154)$$

즉 균일한 비용 함수를 최소화하는 추정 규칙 또는 추정기는 Z가 주어졌을 때 A의 조건부 확률 밀도 함수 또는 사후 확률 밀도 함수의 최대치이다. 그러므로 이 추정기를 **최대 사후(maximum a posteriori, MAP) 추정**이라 한다. 충분조건은 아니지만 MAP 추정이 만족해야 할 필요조건은 다음과 같다.

$$\frac{\partial}{\partial A} f_{A|Z}(A|Z)\Big|_{A=\hat{a}_{\mathrm{MAP}}(Z)} = 0 \tag{11.155}$$

그리고

$$\frac{\partial}{\partial A} \ln f_{A|Z}(A|Z)\Big|_{A=\hat{a}_{\mathrm{MAP}}(Z)} = 0 \tag{11.156}$$

후자의 조건은 가우시안 같은 지수적인 형태의 사후 확률 밀도 함수에 대하여 특히 편리하다.

다음의 정리에서 보여주는 것처럼 식 (11.153)의 조건부 평균 추정(conditional-mean estimate)이 좀 더 일반적이지만 다른 추정보다 구하기 쉽기 때문에 MAP 추정은 많이 사용된다.

정리

만약 a의 함수인 사후 확률 밀도 함수 $f_{A|Z}(a|Z)$가 단일 최댓값을 갖고 대칭이고, 비용 함수가 다음의 특성을 갖는다면

$$C(A, \hat{a}) = C(A - \hat{a}) \tag{11.157}$$

$$C(x) = C(-x) \geq 0 \text{ (symmetrical)} \tag{11.158}$$

$$C(x_1) \geq C(x_2) \text{ for } |x_1| \geq |x_2| \text{ (convex)} \tag{11.159}$$

조건부 평균 추정기는 베이즈 추정이다.[11]

11.4.2 최대 우도 추정

관심이 있는 파라미터에 대한 사전 정보가 필요하지 않는 추정 과정에 대해 알아보자. 이러한 과정을 최대 우도(maximum likelihood, ML) 추정이라고 한다. 이 과정을 설명하기 위해 거의 알려지지 않은 랜덤 파라미터 A의 MAP 추정에 대하여 고려하자. A에 대한 정보의 결여는 사후 확률 밀도 함수 $f_{A|Z}(a|Z)$와 비교하기 위해서 A의 사전 확률 밀도 함수 $f_A(a)$를 가정하여 확률적으로 표현된다. 만일 이러한 경우가 아니라면 관측 Z는 A를 추정하는 데 필요 없게 된다. A와 Z의 결합 확률 밀도 함수가 다음과 같이 주어지기 때문에 a에 관한 함수로서 결합 확률 밀도 함수는 최소한 한 개의 a의 값에 대해 정점을 이루어야 한다.

11 Van Trees(1968), pp. 60-61 참조.

$$f_{AZ}(a,z) = f_{A|Z}(a|z)\, f_Z(z) \tag{11.160}$$

조건부 확률의 정의에 의해서 식 (11.160)은 다음과 같다.

$$\begin{aligned} f_{ZA}(z,a) &= f_{Z|A}(z|a)\, f_A(a) \\ &= f_{Z|A}(z|a) \quad \text{(times a constant)} \end{aligned} \tag{11.161}$$

여기서 근사식은 A에 대하여 알지 못한다는 가정에서 나온 것이므로 $f_A(a)$는 상수를 의미한다. A에 대한 ML의 추정은

$$f_{Z|A}(Z|A)\Big|_{A=\hat{a}_{\mathrm{ML}}(Z)} = \text{maximum} \tag{11.162}$$

로 정의된다. 식 (11.160)과 식 (11.161)로부터 만일 파라미터에 대한 사전 정보가 사용되지 않는다면 파라미터의 ML 추정은 MAP 추정에 대응한다. 식 (11.162)로부터 파라미터 A의 ML 추정은 가장 잘 일어날 것 같은 A값이 관측 Z에서 발생한다는 것이다. 그래서 최대 우도라고 이름이 붙여졌다. A의 사전 확률 밀도 함수가 ML 추정을 구하는 데 필요하지 않기 때문에 이것은 사전 확률 밀도 함수가 알지 못하는 랜덤 파라미터에 대한 적절한 추정 과정이다. 만일 결정 파라미터가 추정된다면 $f_{Z|A}(z|A)$는 파라미터로 A를 갖는 Z의 확률 밀도 함수로 간주된다.

식 (11.155)과 식 (11.156)으로부터 ML 추정은 충분조건은 아니나 필요조건인 다음의 식으로 구해질 수 있다.

$$\frac{\partial f_{Z|A}(Z|A)}{\partial A}\Bigg|_{A=\hat{a}_{\mathrm{ML}}(Z)} = 0 \tag{11.163}$$

그리고

$$l(A) = \frac{\partial \ln f_{Z|A}(Z|A)}{\partial A}\Bigg|_{A=\hat{a}_{\mathrm{ML}}(Z)} = 0 \tag{11.164}$$

A의 함수로 관측할 때 $f_{Z|A}(Z|A)$를 우도 함수(likelihood function)라고 한다. 식 (11.163)과 (11.164)는 우도 방정식이라 한다.

식 (11.156)과 베이즈 규칙으로부터 랜덤 파라미터의 MAP 추정은 다음 식을 만족한다.

$$\left[l(A) + \frac{\partial}{\partial A} \ln f_A(A) \right]\Bigg|_{A=\hat{a}_{\mathrm{ML}}(Z)} = 0 \tag{11.165}$$

이것은 파라미터의 ML과 MAP 추정 둘 다를 구할 때 유용하다.

11.4.3 다중 관측에 근거한 추정

어떤 파라미터를 관측하는 데 여러 개의 관측, 즉 $\mathbf{Z} \triangleq (Z_1, Z_2, \cdots, Z_K)$가 가능하다면, A의 ML 추정을 구하기 위해 식 (11.163)과 식 (11.164)에 K중 결합 조건부 확률 밀도 함수 $f_{\mathbf{Z}|A}(\mathbf{z}|A)$를 대입한다. 만일 A에 대한 조건이 주어졌을 때 관측이 독립이면

$$f_{\mathbf{Z}|A}(\mathbf{z}|A) = \prod_{k=1}^{K} f_{Z_k|A}(z_k|A) \tag{11.166}$$

가 된다. 여기서 $f_{Z_k|A}(z_k|A)$는 파라미터 A가 주어졌을 때 k번째 관측, Z_k의 확률 밀도 함수이다. MAP 추정에 대해 $f_{A|\mathbf{Z}}(A|\mathbf{z})$를 구하려면 베이즈 규칙을 이용한다.

예제 11.8

추정 이론의 개념을 설명하기 위해 영 평균을 갖고 분산이 σ_n^2인 가우시안 잡음 $n(t)$가 있는 일정한 레벨의 랜덤 신호 A의 추정에 대해서 알아보자.

$$z(t) = A + n(t) \tag{11.167}$$

$z(t)$는 표본이 독립이 되도록 충분한 간격으로 표본추출 된다고 가정한다. 이런 표본을 다음과 같이 나타내도록 한다.

$$Z_k = A + N_k, \quad k = 1, 2, \ldots, K \tag{11.168}$$

A가 주어지면 Z_k는 독립이고 각각은 평균이 A이고 분산이 σ_n^2이다. 그래서 A가 주어졌을 때 $Z \triangleq (Z_1, Z_2, \cdots, Z_K)$의 조건부 확률 밀도 함수는 다음과 같다.

$$\begin{aligned} f_{\mathbf{Z}|A}(\mathbf{z}|A) &= \prod_{k=1}^{K} \frac{\exp\left[-\left(z_k - A\right)^2/2\sigma_n^2\right]}{\sqrt{2\pi\sigma_n^2}} \\ &= \frac{\exp\left[-\sum_{k=1}^{K}\left(z_k - A\right)^2/2_n^2\right]}{\left(2\pi\sigma_n^2\right)^{K/2}} \end{aligned} \tag{11.169}$$

A에 대해 두 가지 가능성을 가정한다.

1. 평균이 m_A이고 분산은 σ_A^2인 가우시안이다.
2. 이것의 확률 밀도 함수가 알려져 있지 않다.

첫째 경우에서 A에 대한 MAP 추정과 조건부 평균을 구하고, 두 번째 경우에서 ML을 계산하도록 한다.

경우 1

A의 확률 밀도 함수가

$$f_A(a) = \frac{\exp\left[-\left(a - m_A\right)^2 / 2\sigma_A^2\right]}{\sqrt{2\pi\sigma_A^2}} \tag{11.170}$$

이라면 베이즈 규칙에 의해 이것의 사후 확률 밀도 함수는 다음과 같다.

$$f_{A|\mathbf{Z}}(a|\mathbf{z}) = \frac{f_{\mathbf{Z}|A}(\mathbf{z} \mid a)\, f_A(a)}{f_{\mathbf{Z}}(z)} \tag{11.171}$$

대수적인 계산을 하면 다음과 같이 된다는 것을 증명할 수 있다.

$$f_{A|\mathbf{Z}}(a|\mathbf{z}) = \left(2\pi\sigma_p^2\right)^{-1/2} \exp\left(\frac{-\left\{a - \sigma_p^2\left[\left(Km_s/\sigma_n^2\right) + \left(m_A/\sigma_A^2\right)\right]\right\}^2}{2\sigma_p^2}\right) \tag{11.172}$$

여기서

$$\frac{1}{\sigma_p^2} = \frac{K}{\sigma_n^2} + \frac{1}{\sigma_A^2} \tag{11.173}$$

이고, 표본평균은 다음과 같다.

$$m_s = \frac{1}{K}\sum_{k=1}^{K} Z_k \tag{11.174}$$

분명히 $f_{A|\mathbf{Z}}(a|\mathbf{z})$는 분산이 σ_p^2이고, 평균이 다음과 같은 가우시안 확률 밀도 함수이다.

$$\begin{aligned} E\{A|\mathbf{Z}\} &= \sigma_p^2\left(\frac{Km_s}{\sigma_n^2} + \frac{m_A}{\sigma_A^2}\right) \\ &= \frac{K\sigma_A^2/\sigma_n^2}{1 + K\sigma_A^2/\sigma_n^2} m_s + \frac{1}{1 + K\sigma_A^2/\sigma_n^2} m_A \end{aligned} \tag{11.175}$$

가우시안 확률 밀도 함수의 최댓값이 평균에 있기 때문에 이것이 조건부-평균 추정(다른 convex 비용 함수 중에서 제곱 오차 비용 함수)과 MAP(균일 비용 함수) 추정이다. 조건부 분산 $\text{var}(A|\mathbf{Z})$는 σ_p^2이다. 이것은 $\mathbf{Z}$의 함수가 아니므로 다음의 평균 가중치 또는 위험도는 정확히 σ_p^2이 된다.

$$\overline{C[A, \hat{a}(Z)]} = \int_{-\infty}^{\infty} \text{var}\{A|\mathbf{z}\}\, f_{\mathbf{z}}(\mathbf{z})\, d\mathbf{z} \tag{11.176}$$

$E\{A|\mathbf{Z}\}$에 대한 식으로부터 A의 추정 또는 $\hat{a}(Z)$에 대한 재미있는 현상을 볼 수 있다. $K\sigma_A^2/\sigma_n^2 \to \infty$임에 따라 다음과 같은 결과를 얻는다.

$$\hat{a}(Z) \to m_s = \frac{1}{K}\sum_{k=1}^{K} Z_k \tag{11.177}$$

즉 신호 분산 대 잡음 분산이 커짐에 따라 A에 대한 최적 추정은 표본평균에 접근하게 된다. 반면에 $K\sigma_A^2/\sigma_n^2 \to 0$(작은 신호 분산 혹은 큰 잡음 분산)임에 따라 A의 **사전** 평균 $\hat{a}(\mathbf{Z})$는 m_A에 접근한다. 첫 번째 경우의 추정은 관측 측면에서 가중된다. 후자에서 이것은 이미 알고 있는 신호 통계의 측면에서 가중된다. 두 가지 경우에 있어서, σ_p^2의 형태로부터 추정의 질은 $z(t)$의 독립 표본 수가 증가함에 따라 증가함을 알 수 있다.

경우 2

ML 추정은 A에 관하여 $\ln f_{\mathbf{Z}|A}(\mathbf{z}|A)$를 미분하고 그 결과를 0으로 놓음으로써 구할 수 있다. 이 과정을 통해 ML 추정은 다음과 같다.

$$\hat{a}_{\mathrm{ML}}(\mathbf{Z}) = \frac{1}{K}\sum_{k=1}^{K} Z_k \tag{11.178}$$

만일 $K\sigma_A^2/\sigma_n^2 \to \infty$이면(즉 A의 **사전** 확률 밀도 함수가 **사후** 확률 밀도 함수에 비해서 넓다면) 이것은 MAP 추정에 부합하는 것이다.

$\hat{a}_{\mathrm{ML}}(\mathbf{Z})$의 분산은 독립인 랜덤변수의 합의 분산은 각 분산들의 합이라는 것을 이용해 구할 수 있다. 그 결과는 다음과 같다.

$$\sigma_{\mathrm{ML}}^2 = \frac{\sigma_n^2}{K} > \sigma_p^2 \tag{11.179}$$

그러므로 $f_A(a)$를 통하여 알 수 있는 A에 대한 사전 지식은 ML 추정보다 베이즈 추정(조건부-평균과 MAP)에서 분산이 더 작다는 것으로 나타난다. ■

11.4.4 ML 추정의 다른 성질

공정한 추정

추정 $\hat{a}(\mathbf{Z})$가

$$E\{\hat{a}(\mathbf{Z})|A\} = A \tag{11.180}$$

을 만족하면 **공정**하다고 한다. 이것은 추정 규칙에서 바람직한 특성이다. 만일 $E\{\hat{a}(\mathbf{Z})|A\} - A = B \neq 0$이면 B를 추정의 **치우침**이라 한다.

크래머-라오 부등식

많은 경우에 있어서 비랜덤 파라미터에 대해 추정의 분산을 계산하는 것은 어렵다. 공정한 ML 추정의 분산에 대한 하한은 다음의 부등식으로 주어진다.

$$\mathrm{var}\ \{\hat{a}(\mathbf{Z})\} \geq \left(E\left\{ \left[\frac{\partial \ln f_{\mathbf{Z}|A}(\mathbf{Z}|a)}{\partial a} \right]^2 \right\} \right)^{-1} \tag{11.181}$$

또는 등가적으로

$$\text{var}\ \{\hat{a}(\mathbf{Z})\} \geq \left(-E\left\{ \frac{\partial^2 \ln f_{\mathbf{Z}|A}(\mathbf{Z}|a)}{\partial a^2} \right\} \right)^{-1} \tag{11.182}$$

이다. 여기서 기댓값은 단지 $\mathbf{Z}$에 대한 것이다. 이 부등식은 $\partial f_{\mathbf{Z}|A}/\partial a$와 $\partial^2 f_{\mathbf{Z}|A}/\partial a^2$이 존재하고 절대적으로 적분이 가능하다는 가정하에 성립한다. Van Trees(1968)가 이것에 대한 증명을 하였다. 동일한 확률값을 가지고 식 (11.181) 혹은 식 (11.182)를 만족하는 추정을 **효율적**이라고 할 수 있다.

식 (11.181) 혹은 식 (11.182)에서 등호를 만족하는 충분조건은 다음과 같다.

$$\frac{\partial \ln f_{\mathbf{Z}|A}(\mathbf{Z}|a)}{\partial a} = [\hat{a}(\mathbf{Z}) - a]\, g(a) \tag{11.183}$$

여기서 g(·)는 a만의 함수이다. 만일 파라미터에 대한 효과적 추정이 존재한다면 이것은 최대 우도 추정이 된다.

11.4.5 ML 추정의 점근적 품질

극한에서 독립적 관측의 수가 커짐에 따라 ML 추정은 가우시안, 공정한, 효과적 추적이 됨을 증명할 수 있다. 더욱이 K개의 관측에 대한 ML 추정이 실제 값으로부터 고정된 양인 ϵ만큼 차이가 날 확률이 $K \to \infty$임에 따라 0에 접근한다. 이러한 양태를 갖는 추정을 안정적이라고 한다.

예제 11.9

예제 11.8을 상기시키면 $\hat{a}_{\text{ML}}(\mathbf{Z})$는 효과적 추정이라는 것을 알 수 있다. $\sigma^2_{\text{ML}} = \sigma_n^2/K$을 이미 증명하였다. 식 (11.182)를 이용하여 $\ln f_{\mathbf{Z}|A}$를 한 번 미분하면 다음을 구할 수 있다.

$$\frac{\partial \ln f_{\mathbf{Z}|A}}{\partial a} = \frac{1}{\sigma_n^2} \sum_{k=1}^{K} (Z_k - a) \tag{11.184}$$

이것에 2차 미분을 하면 다음과 같다.

$$\frac{\partial^2 \ln f_{\mathbf{Z}|A}}{\partial a^2} = -\frac{K}{\sigma_n^2} \tag{11.185}$$

식 (11.182)는 등호를 만족하게 된다. ■

11.5 통신에서의 추정 이론의 응용

아날로그 데이터 전송에 대하여 추정 이론의 두 가지 응용법을 고려하기로 한다. 2장에서 소개하였던 표본화 정리는 4장에서 표본값에 의한 연속 파형 메시지를 전송하는 여러 가지 시스템에 적용하였다. 이런 기법 중 하나는 메시지의 표본값이 펄스형 반송파를 진폭 변조하는 PAM 이다 PAM에 대한 최적 복조기의 성능을 구하는 데 있어 예제 11.8의 결과를 적용한다. 이것은 관측이 메시지 표본값에 선형적으로 종속이기 때문에 선형추정기(linear estimator) 이다. 출력과 입력 SNR은 선형적인 관계에 있기 때문에 이런 시스템에서 복조기 출력상의 잡음을 줄이는 유일한 방법은 수신된 신호의 SNR을 증가시키는 것이다.

PAM에 대해, 가산성 가우시안 잡음에서 신호의 위상에 대한 최적 ML 추정기를 유도할 것이다. 이것은 위상동기 루프가 될 것이다. 이 경우 추정의 분산은 높은 입력 SNR에 대해 크래머-라오 부등식(Cramer-Rao inequality)을 적용하여 구하게 될 것이다. SNR이 낮은 경우에는 이것이 비선형 추정이므로 분산을 구하기가 어렵다. 즉 관측은 추정되는 파라미터에 비선형적인 관계가 있다.

펄스 위치 변조(PPM) 또는 다른 변조 방식에 의한 아날로그 표본의 전송에 관해서도 생각할 수 있다. 적은 입력 SNR에 대한 이것의 점근적인 성능 분석은 비선형 변조의 임계 효과뿐만 아니라 대역폭과 출력 SNR 사이의 트레이드-오프 관계를 보여준다. 잡음이 있는 PCM의 성능을 고려할 때, 이의 효과는 8장에서 이미 알아보았다.

11.5.1 펄스 진폭 변조(PAM)

PAM에서 대역폭이 W인 메시지 신호 $m(t)$는 T초 간격으로 표본되고, 여기서 $T \le 1/2W$이다. 표본값 $m_k = m(t_k)$는 $t \le 0$과 $t \ge T_0 < T$인 경우에 0인 기본 펄스형 $p(t)$의 시간변환으로 구성되는 펄스 열을 진폭 변조하는 데 사용된다. 수신된 신호와 잡음의 합은

$$y(t) = \sum_{k=-\infty}^{K} m_k p(t - kT) + n(t) \tag{11.186}$$

이고 $n(t)$는 양측 전력 스펙트럼 밀도가 $\frac{1}{2}N_0$인 백색 가우시안 잡음이다.

수신기에서 단일 표본의 추정을 고려하면 다음과 같다.

$$y(t) = m_0 p(t) + n(t), \quad 0 \le t \le T \tag{11.187}$$

편리를 위해 $\int_0^{T_0} p^2(t)dt = 1$을 가정하면 충분 통계는 다음과 같다.

$$\begin{aligned} Z_0 &= \int_0^{T_0} y(t)\, p(t)\, dt \\ &= m_0 + N \end{aligned} \tag{11.188}$$

여기서 잡음 성분은 다음과 같다.

$$N = \int_0^{T_0} n(t)p(t)\,dt \tag{11.189}$$

m_0에 대하여 사전 정보를 갖지 않으면 ML 추정을 적용한다. 이전에 여러 번 사용하였던 과정에 따라 N은 분산이 $\frac{1}{2}N_0$인 영 평균 가우시안 확률변수라는 것을 알 수 있다. m_0의 ML 추정은 예제 11.8의 단일 관측의 경우와 동일한 것이고 최선의 추정은 간단하게 Z_0이다. 디지털 전송 시스템의 경우와 같이 이 추정기는 $p(t)$와 정합된 필터에 $y(t)$를 통과시키고 다음 펄스에 앞서 출력의 진폭을 관측하고 필터의 초기 조건을 0으로 놓음으로써 구성할 수 있다. 추정기는 $y(t)$에 선형적으로 독립이다.

추정의 분산은 N의 분산 또는 $\frac{1}{2}N_0$와 같다. 그러므로 추정기의 출력에서 SNR은 다음과 같다.

$$(\text{SNR})_0 = \frac{2m_0^2}{N_0} = \frac{2E}{N_0} \tag{11.190}$$

여기서 $E = \int_0^{T_0} m_0^2 p^2(t)dt$는 수신된 신호표본의 평균 에너지이다. 그러므로 $(\text{SNR})_0$를 증가시키는 유일한 방법은 표본당의 에너지를 증가시키거나 N_0를 감소시키는 것이다.

11.5.2 신호 위상의 추정 : PLL 다시보기

양측 전력 스펙트럼 밀도가 $\frac{1}{2}N_0$인 백색 가우시안 잡음 $n(t)$가 있는 정현 신호 $A\cos(\omega_c t+\theta)$의 위상을 추정하는 문제를 고려해보자. 관측된 데이터는 다음과 같다.

$$y(t) = A\cos(\omega_c t + \theta) + n(t), \quad 0 \le t \le T \tag{11.191}$$

여기서 T는 관측 구간이다. $A\cos(\omega_c t+\theta)$를

$$A\cos\omega_c t\cos\theta - A\sin\omega_c t\sin\theta$$

로 전개하면 데이터를 나타내는 적절한 직교정규 기본 함수의 집합은 다음과 같다.

$$\phi_1(t) = \sqrt{\frac{2}{T}}\cos\omega_c t, \quad 0 \le t \le T \tag{11.192}$$

그리고

$$\phi_2(t) = \sqrt{\frac{2}{T}}\sin\omega_c t, \quad 0 \le t \le T \tag{11.193}$$

따라서 다음 식에 근거하여 결정한다.

$$z(t) = \sqrt{\frac{T}{2}} A \cos\theta\, \phi_1(t) - \sqrt{\frac{T}{2}} A \sin\theta\, \phi_2(t) + N_1\phi_1(t) + N_2\phi_2(t) \quad (11.194)$$

여기서

$$N_i = \int_0^T n(t)\phi_i(t)\,dt, \quad i = 1, 2 \quad (11.195)$$

$z(t)$에 독립인 $y(t)-z(t)$는 잡음만 포함하고 있기 때문에 이것은 추정을 하는 데 적절하지 못하다. 그러므로 벡터

$$\mathbf{Z} \triangleq (Z_1, Z_2) = \left(\sqrt{\frac{T}{2}} A\cos\theta + N_1, -\sqrt{\frac{T}{2}} A\sin\theta + N_2\right) \quad (11.196)$$

를 근거로 하여 추정할 수 있다. 여기서

$$Z_i = \left(y(t), \phi_i(t)\right) = \int_0^T y(t)\phi_i(t)\,dt \quad (11.197)$$

우도 함수 $f_{\mathbf{Z}|\theta}(z_1, z_2|\theta)$는 PAM의 예와 같이 Z_1과 Z_2의 분산은 간단히 $\frac{1}{2}N_0$라는 것을 알면 구할 수 있다. 그러므로 우도 함수는 다음과 같다.

$$f_{\mathbf{z}|\theta}(z_1, z_2|\theta) = \frac{1}{\pi N_0}\exp\left\{-\frac{1}{N_0}\left[\left(z_1 - \sqrt{\frac{T}{2}}A\cos\theta\right)^2 + \left(z_2 + \sqrt{\frac{T}{2}}A\sin\theta\right)^2\right]\right\} \quad (11.198)$$

이것은 다음과 같다.

$$f_{\mathbf{z}|\theta}(z_1, z_2|\theta) = C\exp\left[2\sqrt{\frac{T}{2}}\frac{A}{N_0}\left(z_1\cos\theta - z_2\sin\theta\right)\right] \quad (11.199)$$

여기서 계수 C는 θ에 독립인 모든 인자를 포함한다. 우도 함수의 로그 표현은 다음과 같다.

$$\ln f_{\mathbf{z}|\theta}(z_1, z_2|\theta) = \ln C + \sqrt{2T}\frac{A}{N_0}\left(z_1\cos\theta - z_2\sin\theta\right) \quad (11.200)$$

이것을 미분하고 0으로 놓음으로써 식 (11.164)에 일치하는 θ의 최대 우도 추정에 대한 필요조건을 구하게 된다. 그 결과는 다음과 같다.

$$-Z_1\sin\theta - Z_2\cos\theta\big|_{\theta=\hat{\theta}_{\mathrm{ML}}} = 0 \quad (11.201)$$

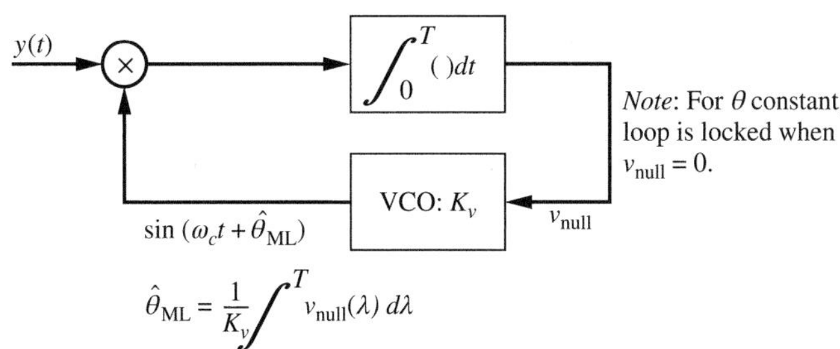

그림 11.10 위상에 대한 최대 우도 추정기

여기서 Z_1과 Z_2는 특별한(랜덤) 관측을 고려하고 있다는 것을 의미한다. 그러나

$$Z_1 = (y, \phi_1) = \sqrt{\frac{2}{T}} \int_0^T y(t) \cos \omega_c t \ dt \tag{11.202}$$

그리고

$$Z_2 = (y, \phi_2) = \sqrt{\frac{2}{T}} \int_0^T y(t) \sin \omega_c t \ dt \tag{11.203}$$

이다. 그러므로 식 (11.201)은 다음과 같은 형태로 놓을 수 있다.

$$-\sin \hat{\theta}_{ML} \int_0^T y(t) \cos \omega_c t \ dt - \cos \hat{\theta}_{ML} \int_0^T y(t) \sin \omega_c t \ dt = 0$$

또는

$$\int_0^T y(t) \sin\left(\omega_c t + \hat{\theta}_{ML}\right) \ dt = 0 \tag{11.204}$$

이 방정식은 그림 11.10에 나타낸 궤환구조로 나타낼 수 있다. 루프 필터를 적분기로 대체한 것을 제외하고는 이것은 3장에서 알아본 위상동기 루프와 동일한 것이다.

$\hat{\theta}_{ML}$의 분산에 대한 하한은 크래머-라오 부등식으로부터 구한다. 식 (11.182)를 적용하면 식 (11.200)으로부터 1차 미분에 대해

$$\frac{\partial \ln f_{\mathbf{z}|\theta}}{\partial \theta} = \sqrt{2T} \frac{A}{N_0} (-Z_1 \sin \theta - Z_2 \cos \theta) \tag{11.205}$$

를 구하고, 2차 미분에 대해

$$\frac{\partial^2 \ln f_{\mathbf{z}|\theta}}{\partial \theta^2} = \sqrt{2T} \frac{A}{N_0} (-Z_1 \cos \theta + Z_2 \sin \theta) \tag{11.206}$$

를 얻게 된다. 식 (11.182)에 대입하면 다음과 같다.

$$\text{var}\left\{\hat{\theta}_{\text{ML}}(Z)\right\} \geq \frac{1}{\sqrt{2T}}\frac{N_0}{A}\left(E\left\{Z_1\right\}\cos\theta - E\left\{Z_2\right\}\sin\theta\right)^{-1} \tag{11.207}$$

Z_1과 Z_2에 대한 기댓값은 식 (11.194)를 이용하면

$$\begin{aligned} E\left\{Z_i\right\} &= \int_0^T E\{y(t)\}\phi_i(t)\,dt \\ &= \int_0^T \sqrt{\frac{T}{2}}A\left[(\cos\theta)\,\phi_1(t) - (\sin\theta)\,\phi_2(t)\right]\phi_i(t)\,dt \\ &= \begin{cases} \sqrt{\frac{T}{2}}A\cos\theta, & i=1 \\ -\sqrt{\frac{T}{2}}A\sin\theta, & i=2 \end{cases} \end{aligned} \tag{11.208}$$

이고, 이 결과를 식 (11.207)에 대입하면

$$\text{var}\left\{\hat{\theta}_{\text{ML}}(Z)\right\} \geq \frac{1}{\sqrt{2T}}\frac{N_0}{A}\left[\sqrt{\frac{T}{2}}A\left(\cos^2\theta + \sin^2\theta\right)\right]^{-1} = \frac{N_0}{A^2T} \tag{11.209}$$

이 된다. 평균 신호 전력이 $P_s = \frac{1}{2}A^2$이고 $B_L = (2T)^{-1}$을 추정기 구조의 잡음-등가 대역폭[12]으로 정의하면 식 (11.209)는 다음과 같다.

$$\text{var}\left\{\hat{\theta}_{\text{ML}}\right\} \geq \frac{N_0 B_L}{P_s} \tag{11.210}$$

이것은 표 10.5에서 증명 없이 나타낸 결과와 동일한 것이다. 추정기의 비선형으로 인해 분산에 대한 하한(lower bound)만을 구할 수 없다. 그렇지만 SNR이 증가함에 따라 한계가 향상된다. 더구나 ML 추정기가 점근적으로 가우시안이기 때문에 평균이 θ($\hat{\theta}_{\text{ML}}$은 바이어스가 없다)이고 분산이 식 (11.209)로 주어진 가우시안으로 $\hat{\theta}_{\text{ML}}$의 조건부 확률 밀도 함수 $f_{\hat{\theta}_{\text{ML}}|\theta}(\alpha|\theta)$를 근사시킬 수 있다.

참고문헌

학부 수준에서 검출과 추정 이론에 대한 교재로 가장 널리 알려진 것은 Van Trees(1968)와 Helstrom(1968)의 책이다. 이 두 책은 나름대로 훌륭한 것이지만 Van Trees의 책이 좀 더 설명이 자세하고 많은 예제를 담고 있다. 최근에는 검출과 추정 이론에 관하여 Poor(1994)와

12 적분 구간 T의 이상적 적분기에 대한 잡음-등가 대역폭은 $(2T)^{-1}$Hz이다.

Scharf(1990)의 책과 McDonough와 Whalen(1995)의 책에서 다루어진다.

위의 책들과 같은 수준으로 이전에 출판된 Wozencraft와 Jacob(1965)이 쓴 책이 있다. 이 책에서는 미국에서 최초로 Kotelnikov(1959)가 그의 박사학위 논문에서 디지털 신호와 최적 아날로그 복조를 다루기 위해 개발된 신호 공간의 개념을 사용하였다.

요약

1. 두 가지 일반적인 최적화 문제는 신호 검출과 파라미터 추정이다. 검출과 추정은 신호를 수신하는 데 있어 동시에 포괄해야 하지만 각각 분리된 문제로 생각하는 것이 훨씬 용이하다.

2. 베이즈 검출기는 결정을 하는 데 있어 평균 비용을 최소화하도록 설계되었다. 이것은 다양한 결정/가설의 구성으로 얻을 수 있는 두 가지 가능한 가설과 비용에 대한 사전 확률에 의존하는 임계치보다는 관측의 사전 확률비인 우도비(likelihood ratio)를 측정한다. 베이즈 검출기의 성능의 척도는 결정을 하는 데 드는 평균 비용 또는 위험도이다. 하지만 사전 확률과 비용을 이용할 수 있으면, 위험도를 표시하는 식에서 검출의 확률과 오경보 P_D와 P_F는 여러 가지 경우에 있어서 유용하다. P_D대 P_F에 관한 그림을 수신기 동작 특성(receiver operation characteristic, ROC)이라고 한다.

3. 비용과 사전 확률을 쓸 수 없는 경우에 결정 방식은 노이만-피어슨 검출기가 유용하다. 이것은 P_F가 허용할 수 있는 레벨 이하를 유지하는 동안 P_D를 최대화한다. 이 수신기 형태는 우도비 테스트로 간단히 나타낼 수 있다. 여기서 임계치는 허용된 오경보 레벨로 결정된다.

4. 최소 오류 확률 검출기(즉 9장에서 알아본 검출기)는 실제로는 옳은 결정에 대한 비용이 0이고 잘못된 결정을 하는 경우에는 옳은 결정과 잘못된 결정이 같은 비용을 가지는 베이즈 검출기이다. 관측이 주어졌을 때 결정 규칙은 가장 큰 사후 확률에 부합하는 옳은 가설을 선택하므로 이런 수신기를 최대 사후(MAP) 검출기라고 한다.

5. 신호 공간의 도입으로 인해 관측된 데이터에 가장 근접한 신호를 전송된 신호로 선택하는 수신기 구조에 대해 MAP 판별기준을 표현할 수 있게 되었다. M진 직교 신호의 위상동기 검출, 레일리 페이딩 채널에서 이진 FSK의 위상비동기의 두 가지 예를 다루었다.

6. M진 직교 신호 검출의 경우에 비트당 에너지 대 잡음 스펙트럼 밀도의 비가 -1.6dB보다 크다면, $M \to \infty$함에 따라 오류 확률은 작아진다. 그러나 이런 완전한 성능은 무한 전송 대역폭을 가짐으로써 가능하다.

7. 레일리 페이딩 채널의 경우 오류 확률은 페이딩이 없는 경우처럼 지수적이기보다는 SNR에 반비례하여 감소한다는 것을 알 수 있다. 성능 개선을 위해 다이버시티를 사용한다.

8. 베이즈 추정은 신호 검출의 경우와 마찬가지로 비용의 최소화를 포함한다. 제곱 오차 비용 함수는 최적 추정으로서 파라미터의 사후 조건부 평균이 된다. 그리고 무한대의 좁으면서 움푹 파인 모양으로 구성된 네모 형태의 비용 함수는 최적 추정으로서 파라미터가 주어졌을 때 데이터의 최대 사후 확

률 밀도 함수가 된다(MAP 추정). 단일 정점에 대하여 사후 확률밀도 함수가 대칭인 한 조건부 평균 추정이 위로 볼록한 대칭형 비용 함수를 최소화한다는 점에서 좀 더 일반적이지만 구현이 용이하기 때문에 MAP 추정을 사용한다.

9. 파라미터 A의 최대 우도(ML) 추정은 관측된 데이터 Z가 될 가능성이 가장 높은 파라미터 $\hat{A}$에 대한 값이다. 또는 A는 A가 주어졌을 때 Z의 최대 조건부 확률 밀도 함수의 절댓값에 해당하는 A값이다. A의 사전 확률이 균일하면 파라미터의 ML과 MAP 추정은 동일하다. A의 사전 확률 밀도 함수는 ML 추정을 구할 필요가 없기 때문에 이전의 통계가 미지인 경우의 파라미터 추정이나 비랜덤 파라미터에 대한 추정에 유리하다.

10. 크래머-라오 부등식은 ML 추정의 분산에 대한 하한을 나타낸다. 극한에서는 독립된 관측의 수가 커짐에 따라 ML 추정은 점근적 특성을 많이 가진다. 특히, 이것은 점근적으로 가우시안이며, 공정하고, 효과적(크래머-라오 부등식의 등식을 만족)이다.

훈련문제

11.1 베이즈 수신기를 설계하기 위해서 꼭 알아야 하는 세 가지를 서술하라.

11.2

(a) 노이만-피어슨 검출기의 결정 원리는 무엇인가?

(b) 어떻게 시행되는가?

11.3 어떤 성분들이 신호 공간을 형성하는 데 들어가는가?

11.4 그램-슈미트 절차는 무엇을 수행하는가?

11.5 왜 디지털 통신 시스템의 분석에서 신호 공간 접근법을 사용하는가?

11.6 베이즈와 최대 우도 추정 절차를 비교하라.

11.7 커다란 샘플 사이즈 범위 내에서 최대 우도 추정기의 세 가지 특징을 서술하라.

11.8 결정 또는 파라미터를 추정하는 데 충분한 통계를 사용하는 원리를 설명하라.

11.9 크래머-라오 부등식의 유용성은 무엇인가?

11.10 효율적인 추정이란 무엇인가?

연습문제

11.1절

11.1 다음 가설들을 가정해보자.

$$H_1 : Z = N\,,\ \ H_2 : Z = S + N$$

S와 N은 다음과 같은 확률 밀도 함수를 갖는 독립 랜덤변수들이다.

$$f_S(x) = 2e^{-2x}u(x)\,,\ \ f_N(x) = 10e^{-10x}u(x)$$

(a) 다음과 같음을 보여라.

$$f_Z(z|H_1) = 10e^{-10x}u(x)$$

그리고

$$f_Z(z|H_2) = 2.5\left(e^{-2x} - e^{-10z}\right)u(x)$$

(b) 우도비 $\Lambda(Z)$를 구하라.

(c) $P(H_1)=\frac{1}{3}$, $P(H_2)=\frac{2}{3}$, $c_{12}=c_{21}=7$ 그리고 $c_{11}=c_{22}=0$이라 한다면, 베이즈 테스트에 대한 임계값을 구하라.

(d) (c)에서의 우도비 테스트가 다음과 같은 식으로 줄일 수 있음을 보여라.

그리고 (c)에서의 베이즈 테스트에 대한 γ값을 구하라.

$$Z \underset{H_1}{\overset{H_2}{\gtrless}} \gamma$$

(e) (c)에서의 베이즈 테스트에 대한 위험도를 구하라.

(f) 10^{-3} 이하의 P_F값을 갖는 노이만-피어슨 테스트에 대한 임계값을 구하라. 그리고 이 임계값에 대한 P_D값을 구하라.

(g) (f)에서의 노이만-피어슨 테스트를 다음과 같은 형태로 줄였을 때, 임의의 γ에 대한 P_F와 P_D 값을 구하라. ROC를 그려라.

$$Z \underset{H_1}{\overset{H_2}{\gtrless}} \gamma$$

11.2 두 개의 가설 결정을 고려하자.

$$f_Z(z|H_1) = \frac{\exp\left(-\frac{1}{2}z^2\right)}{\sqrt{2\pi}}, \quad f_Z(z|H_2) = \frac{1}{2}\exp(-|z|)$$

(a) 우도비 $\Lambda(Z)$를 구하라.

(b) 임계값 η를 임의의 값으로 놓았을 때, 그림 11.1에서 설명된 결정 영역 R_1과 R_2를 구하라. 이 문제에서는 R_1과 R_2 둘 다 서로 연결되어 있는 영역이 될 수 없음을 주의하라. 즉 둘 중에 하나는 다양한 선의 한 부분을 포함하고 있다.

11.3 $Z=S+N$ 형식의 데이터로 관찰된다고 가정한다. 여기서 S와 N은 서로 독립이고, 영 평균과 분산 σ_s^2과 σ_n^2을 가지는 신호와 잡음의 가우시안 랜덤변수이다. 아래의 경우들에 대한 우도비 테스트를 설계 하라. 각자의 경우들에 대한 결정 영역을 묘사하고, 결과를 설명하라.

(a) $c_{11}=c_{22}=0$, $c_{21}=c_{12}$, $p_0=q_0=\frac{1}{2}$

(b) $c_{11}=c_{22}=0$, $c_{21}=c_{12}$, $p_0=\frac{1}{4}$, $q_0=\frac{3}{4}$

(c) $c_{11}=c_{22}=0$, $c_{21}=\frac{1}{2}c_{12}$, $p_0=q_0=\frac{1}{2}$

(d) $c_{11}=c_{22}=0$, $c_{21}=2c_{12}$, $p_0=q_0=\frac{1}{2}$

(힌트 : Z는 영 평균 가우시안 랜덤변수이라는 가설하에 있다는 것을 명심해라. 각각의 분산은 H_1과 H_2라는 가설하에 있다는 것을 고려하라.)

11.4 문제 11.3에서 언급한 각 경우들의 오경보와 검출 확률에 대한 일반적인 표현을 찾아라. 모든 경우의 $c_{12}=1$이라 가정한다. $\sigma_n^2=9$와 $\sigma_s^2=16$인 각 경우들을 수식적으로 구하라. 그리고 위험도를 구하라.

11.2절

11.5 3차원 벡터 공간이 11.2절의 "신호 공간의 구조"라고 제목이 붙여진 절에서 언급된 특성들을 만족함을 보여라. $x(t)$와 $y(t)$는 벡터 **A**와 **B**에 의해 대체된다.

11.6 다음의 벡터들은 3차원 공간에서의 x, y, z 성분들이다. 그것들의 크기와 벡터 사이 각의 코사인을 구하라($\hat{i}$, $\hat{j}$, $\hat{k}$는 각각 x, y, z축에 있는 직교 단위 벡터이다).

(a) $\mathbf{A}=\hat{i}+3\hat{j}+2\hat{k}$, $\mathbf{B}=5\hat{i}+\hat{j}+3\hat{k}$

(b) $\mathbf{A}=6\hat{i}+2\hat{j}+4\hat{k}$, $\mathbf{B}=2\hat{i}+2\hat{j}+2\hat{k}$

(c) $\mathbf{A}=4\hat{i}+3\hat{j}+\hat{k}$, $\mathbf{B}=3\hat{i}+4\hat{j}+5\hat{k}$

(d) $\mathbf{A}=3\hat{i}+3\hat{j}+2\hat{k}$, $\mathbf{B}=-\hat{i}-2\hat{j}+3\hat{k}$

11.7 식 (11.44)와 식 (11.45)에 의해 주어진 스칼라적 정의가 11.2절의 '스칼라적'이라고 제목 붙여진 절에서 언급된 특성들을 만족함을 보여라.

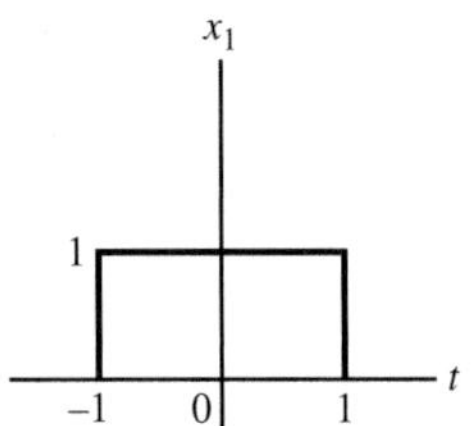

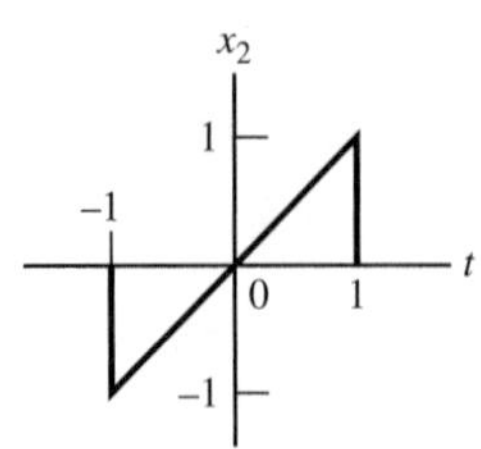

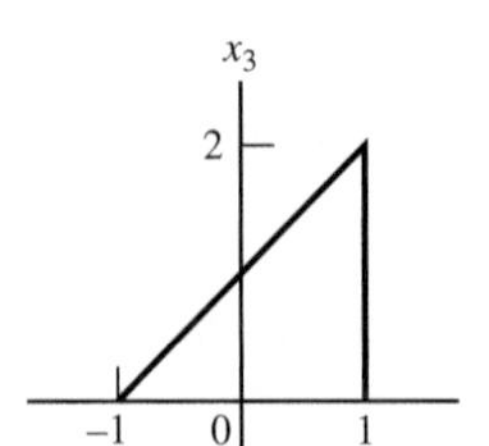

그림 11.11

11.8 식 (11.44) 또는 식 (11.45)와 같은 적절한 정의를 사용하여 다음 신호쌍들의 대한 (x_1, x_2)를 계산하라.

(a) $e^{-|t|}$, $2e^{-3t}u(t)$

(b) $e^{-(4+j3)t}u(t)$, $2e^{-(3+j5)t}u(t)$

(c) $\cos 2\pi t$, $\cos 4\pi t$

(d) $\cos 2\pi t$, $5u(t)$

11.9 $x_1(t)$, $x_2(t)$를 실숫값으로 된 신호라고 하자. 만일 $x_1(t)$와 $x_2(t)$가 직교이면 신호 $x_1(t)+x_2(t)$의 놈에 대한 제곱이 각각의 놈에 대한 제곱의 합과 같고, 그 반대의 경우도 성립함을 보여라. 즉 $(x_1, x_2)=0$일 때 $\|x_1+x_2\|^2=\|x_1\|^2+\|x_2\|^2$이고 그 반대도 성립한다. 3차원 공간에서의 벡터와의 유사성에 주의하라. 피타고라스 정리는 직교 또는 수직의 벡터들에만 적용된다(내적값은 0이다).

11.10 그림 11.11에 있는 신호에 대한 $\|x_1\|$, $\|x_2\|$, $\|x_3\|$, (x_2, x_1), 그리고 (x_3, x_1)을 구하라. 이러한 숫자들을 사용하여 벡터 다이어그램을 구성하고, 그래프적으로 $x_3=x_1+x_2$임을 증명하라.

11.11 다음에 대한 슈바르츠 부등식을 확인하라.

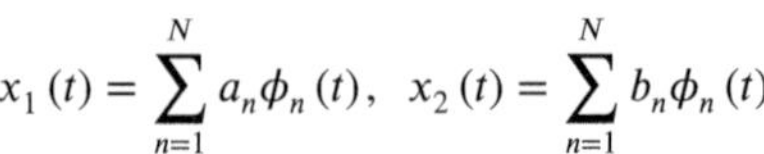

$$x_1(t)=\sum_{n=1}^{N}a_n\phi_n(t),\quad x_2(t)=\sum_{n=1}^{N}b_n\phi_n(t)$$

여기서 $\phi_n(t)$는 직교정규 함수이고, a_n과 b_n은 상수이다.

11.12 문제 11.6의 3차원 공간에서의 벡터에 대한 슈바르츠 부등식을 증명하라.

11.13

(a) 그램-슈미트 절차를 이용하여 그림 11.12에서 주어진 신호들에 대응하는 직교정규 기저 함수 집합을 구하라.

(b) (a)에서 구한 직교정규 기저 함수 집합으로 s_1, s_2, s_3를 표현하라.

11.14 그램-슈미트 절차를 사용하여 벡터 $x_1=3\hat{i}+2\hat{j}-\hat{k}$, $x_2=-2\hat{i}+5\hat{j}+\hat{k}$, $x_3=6\hat{i}-2\hat{j}+7\hat{k}$, $x_4=3\hat{i}+8\hat{j}-3\hat{k}$에 의해서 만들어지는 벡터공간의 직교기저 함수들의 집합을 구하라.

11.15 다음 신호 집합을 고려하자.

$$s_i(t)=\begin{cases}\sqrt{2}A\cos\left(2\pi f_c t+\frac{1}{4}i\pi\right), & 0\le f_c t\le N\\ 0, & \text{otherwise}\end{cases}$$

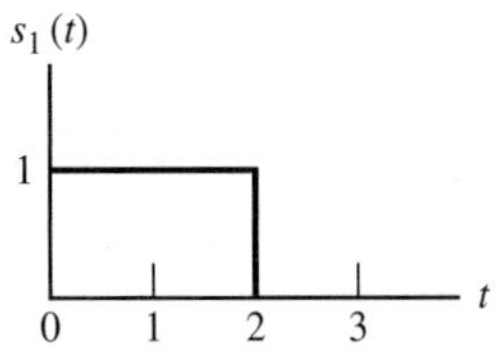

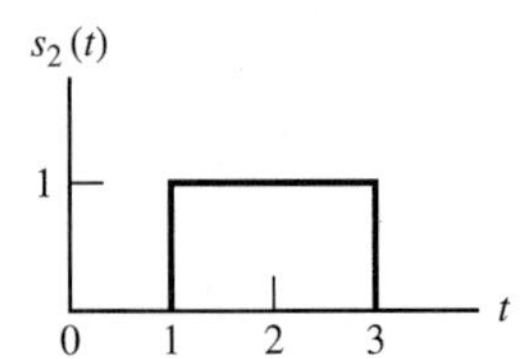

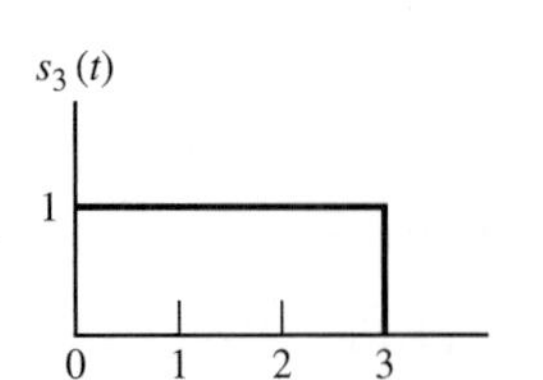

그림 11.12

여기서 N은 정수이고, $i=0, 1, 2, 3, 4, 5, 6, 7$이다.

(a) 이 신호 집합에 의해 생성된 공간에 대한 직교정규 기저 집합을 구하라.

(b) 각 신호를 (a)에서 구한 기저 집합을 이용하여 일반화된 푸리에 급수로 표현한 후, 좌표축을 그려서 $s_i(t)$, $i=1, 2, \cdots, 8$의 위치를 그려라.

11.16

(a) 그램-슈미트 절차를 이용하여 다음 신호에 대응하는 직교정규 기저 함수 집합을 구하라.

$$x_1(t) = \exp(-t)u(t)$$
$$x_2(t) = \exp(-2t)u(t)$$
$$x_3(t) = \exp(-3t)u(t)$$

(b) 신호 집합 $x_1(t)=\exp(-t)u(t), \cdots, x_n(t)=\exp(-nt)u(t)$에 대한 기저 집합의 일반적인 공식을 찾을 수 있는지 알아보라. 여기서 n은 임의의 정수이다.

11.17

(a) 구간 $-1\le t\le 1$에서 정의된 다음 신호들의 직교정규 기저 함수들의 집합을 구하라.

$$x_1(t) = t$$
$$x_2(t) = t^2$$
$$x_3(t) = t^3$$
$$x_4(t) = t^4$$

(b) $x_n(t)=t^n$, $-1\le t\le 1$에 대한 일반적인 결과를 구하라.

11.18 그램-슈미트 절차를 사용하여 다음에 주어진 신호 집합들의 직교정규 기저를 찾아라. 찾은 직교정규 기저 집합으로 각각의 신호를 표현하라.

$$s_1(t) = 1,\ 0\le t\le 2$$
$$s_2(t) = \cos(\pi t),\ 0\le t\le 2$$
$$s_3(t) = \sin(\pi t),\ 0\le t\le 2$$
$$s_4(t) = \sin^2(\pi t),\ 0\le t\le 2$$

11.19 아래에 주어진 반 코사인 펄스(half-cosine pulse)에 대해 예제 11.6을 반복해보라.

$$\phi_k(t) = \Pi\left[\frac{t-k\tau}{\tau}\right]\cos\left[\pi\left(\frac{t-k\tau}{\tau}\right)\right],$$
$$k = 0, \pm 1, \pm 2, \pm K$$

11.3절

11.20 M진 PSK 신호의 경우 전송된 신호가 다음과 같은 형태이다.

$$s_i(t) = A\cos(2\pi t + i\pi/2),$$
$$i = 0, 1, 2, 3,\ \text{for } 0\le t\le 1$$
$$s_i(t) = A\cos\left[4\pi t + (i-4)\pi/2\right],$$
$$i = 4, 5, 6, 7\ \text{for } 0\le t\le 1$$

(a) 이 신호 기법에 대한 기저 함수 집합을 구하라. 이 신호 공간의 차원은 얼마인가? 구한 기저 함수들과 신호 에너지, $E=A^2/2$으로 $s_i(t)$를 표현하라.

(b) 최적(P_E를 최소로 하는) 수신기의 블록도를 그려라.

(c) 오류 확률에 대한 표현식을 구하라. 그러나 그것을 적분하려고 하지 마라.

11.21 $M=2$인 경우, 식 (11.128)을 고려해보자. P_E를 단일 Q 함수로 나타내라. 이 결과가 이진 위상동기 FSK와 동일한 결과라는 것을 증명하라.

11.22 초입방체 시그널링을 위한 정점(vertices-of-a hypercube signaling)에 대하여 고려하자. 여기서 i번째 신호는

$$s_i(t) = \sqrt{\frac{E_s}{n}}\sum_{k=1}^{n}\alpha_{ik}\phi_k(t),\quad 0\le t\le T$$

의 형태를 갖는다. 계수 α_{ik}는 $+1$과 -1의 값을 가지고 E_s는 신호 에너지이다. ϕ_K는 직교정규 함수이다. 그러므로 $M=2^n$(n은 정수) 이고 $n=\log_2 M$이다. $M=8$, $n=3$인 경우 신호 공간에서 신호점은 3차원 공간

에서 입방체의 정점에 위치한다.

(a) $M=8$인 경우 관측 공간의 최적 분할을 그려라.

(b) $M=8$인 경우 심벌 오류 확률이

$$P_E=1-P(C)$$

임을 증명하라.

여기서 $P(C)=\left[1-Q\left(\sqrt{\frac{2E_s}{3N_0}}\right)\right]^3$ 이다.

(c) 임의의 n에 대한 심벌 오류 확률이

$$P_E=1-P(C)$$

임을 증명하라.

여기서 $P(C)=\left[1-Q\left(\sqrt{\frac{2E_s}{nN_0}}\right)\right]^n$ 이다.

(d) $n=1, 2, 3, 4$인 경우에 P_E 대 E_s/N_0를 그리고, $n=1$ 또는 2에 대해 그림 11.7과 비교하라.

주파수 간격이 $1/T_s$ Hz인 코사인곡선을 갖는 $\phi_k(t)$를 사용하면 초입방체(vertices-of-a-hypercube) 변조는 부반송파에 BPSK를 변조를 사용하는 것으로 10장에서 논의하였던 OFDM과 같다.

11.23

(a) 식 (11.98)에 정의된 신호 집합을 참조하여 $(s_i, s_j)=0$일 때 최소 가능한 $\Delta f=\Delta\omega/2\pi$가 $\Delta f=1/(2T_s)$이라는 것을 증명하라.

(b) (a)의 결과를 이용하여 시간대역폭적 WT_s가 주어졌을 때 M진 FSK 신호에 대한 최대 신호의 수가 $M=2WT_s$임을 증명하라. 여기서 W는 전송 대역폭이고 T_s는 신호 지속 시간이다. 따라서 영대영(null-to-null) 대역폭을 이용하면 $W=M/(2T_s)$이다(이 값은 더 넓은 톤 간격이 10장에서 사용되었기 때문에 10장에서 논의했던 결과값보다 작다).

(c) 문제 11.22에서 나타낸 초입방체 정점 신호처리에서 신호의 수가 WT_s에 따라 $M=2^{2WT_s}$로 증가함을 증명하라. 따라서 $W=\log_2 M/(2T_s)$는 FSK의 경우보다 M에 따라 느리게 증가한다.

11.24 식 (11.144)를 유도하라.

11.25 이 문제는 단방향 신호처리 집합(simplex signaling set)을 다룬다.[13]

각각의 에너지가 E_s인 M개의 직교 신호 $s_i(t)$, $i=0, 1, 2, \cdots, M-1$을 고려하자. 신호의 평균을 다음과 같이 계산하고

$$a(t) \triangleq \frac{1}{M}\sum_{i=0}^{M-1} s_i(t)$$

그리고 새로운 신호 집합을 다음과 같이 정의한다.

$$s_i'(t) = s_i(t) - a(t),\ i = 0, 1, 2, \ldots, M-1$$

(a) 새로운 집합에서의 각 신호의 에너지가 아래의 식과 같음을 보여라.

$$E_s' = E_s\left(1-\frac{1}{M}\right)$$

(b) 각 신호끼리의 상관 계수가 아래의 식과 같음을 보여라.

$$\rho_{ij} = -\frac{1}{M-1},\ i, j = 0, 1, \ldots, M-1;\ i \neq j$$

(c) 다음과 같이 M진 직교 신호 집합의 심벌 오류 확률이 주어질 때, 단방향 신호 집합(simplex signal set)의 심벌 오류 확률을 구하라[부록 (F.9), $Q(-x)=1-Q(x)$이다].

$$P_{s,\text{othog}}=1-\int_{-\infty}^{\infty}\left\{Q\left[-\left(v+\sqrt{\frac{2E_s}{N_0}}\right)\right]\right\}^{M-1}\frac{e^{-v^2/2}}{\sqrt{2\pi}}dv$$

13 Simon, M. K., S. M. Hinedi, and W. C. Lindsey, 1995, pp. 204-205 참조.

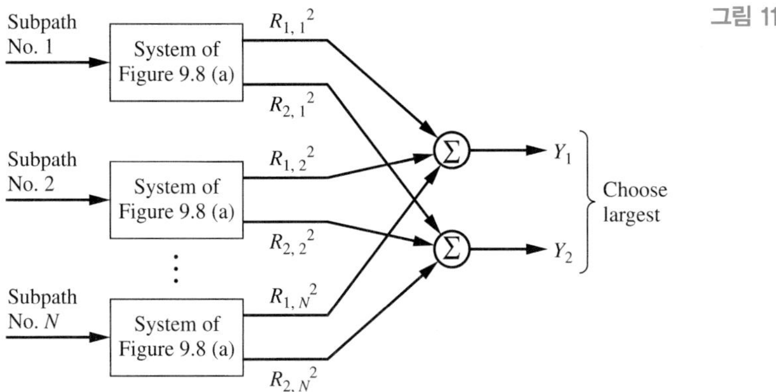

그림 11.13

(d) 식 (10.67)에서 구한 직교 신호 집합에 대한 오류 확률의 유니온 바운드(union bound) 결과를 이용하여 (c)의 표현식을 간략화하라. 그리고 $M=2$, 4, 8, 16일 때, 심벌 오류 확률을 그리고, 위상동기 M진 FSK와 비교하라.

11.26 이진 위상비동기 FSK 신호의 페이딩 문제를 M진 경우로 일반화하라. i번째 가설을 다음의 형태로 놓는다.

$$H_i : y(t) = G_i\sqrt{\frac{2E_i}{T_s}}\cos(\omega_i t + \theta_i) + n(t)$$

$$i = 1, 2, \ldots, M;\ \ 0 \le t \le T_s$$

여기서 G_i는 레일리이고 θ_i는 $(0,\ 2\pi)$에서 균일하다. E_i는 지속시간이 T_s인 교란되지 않은 i번째 신호의 에너지이고, 신호가 직교가 되도록 $i \neq j$인 경우에 $|\omega_i - \omega_j| \gg T_s^{-1}$이다. $G_i \cos\theta_i$와 $-G_i \sin\theta_i$는 평균이 0인 가우시안이다. 그리고 분산은 σ^2이라고 가정한다.

(a) 우도비 테스트를 구하고 최적 상관 수신기가 $2M$상관기, $2M$제곱기, M합산기를 갖는 그림 11.8(a)의 수신기와 동일하다는 것을 증명하라. 여기서 만일 모든 E_i가 동일하다면 전송된 신호에 대해 가장 큰 출력을 가진 합산기를 최선의 추측(최소 P_E)으로 선택한다. E_i가 동일하지 않다면 어떻게 수신기 구조를 개선하겠는가?

(b) 심벌 오류 확률을 구하라.

11.27 균일한 레일리 페이딩 채널에 대한 이진 위상비동기 FSK 신호의 성능을 개선하기 위해 다이버시티를 이용한다. 신호 에너지 E_s는 N개의 부경로로 똑같이 나누어지고 이것들 모두는 독립적으로 페이딩 된다고 가정한다. 모든 경로에서 SNR이 같은 경우, 최적 수신기를 그림 11.13에 나타내었다.

(a) 6장의 연습문제 6.37을 참조하여 Y_1과 Y_2는 카이제곱(chi-square) 확률변수라는 것을 증명하라.

(b) 오류 확률이 다음과 같은 형태라는 것을 증명하라.

$$P_E = \alpha^N \sum_{j=0}^{N-1} \binom{N+j-1}{j} (1-\alpha)^j$$

여기서

$$\alpha = \frac{\frac{1}{2}N_0}{\sigma^2 E' + N_0} = \frac{1}{2}\frac{1}{1+\frac{1}{2}\left(2\sigma^2 E'/N_0\right)},\ \ E' = \frac{E_s}{N}$$

(c) $N=1, 2, 3, \cdots$, 인 경우, P_E 대 SNR$\triangleq(2\sigma^2 E_s)/N_0$를 그려라. 그리고 SNR이 주어졌을 때, P_E를 최소화하는 N의 최적값이 존재함을 증명하라.

그림 11.4

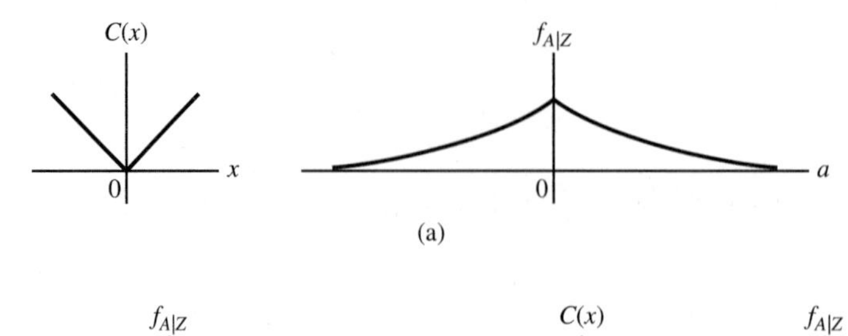

(a)

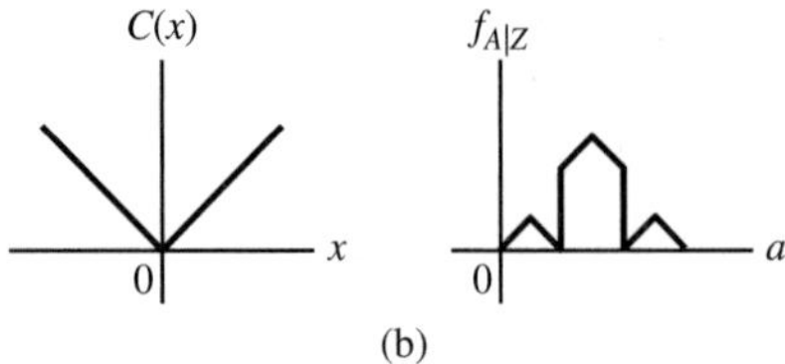

(b)

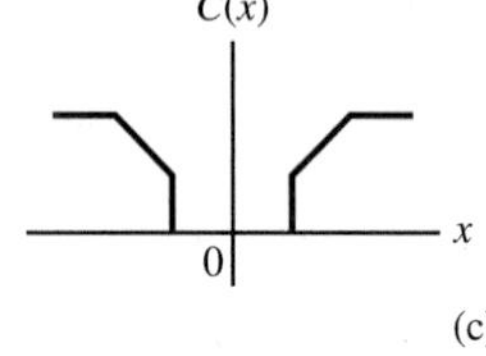

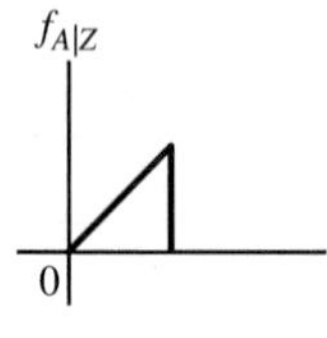

(c)

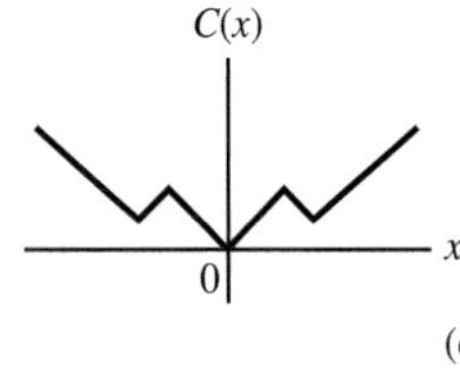

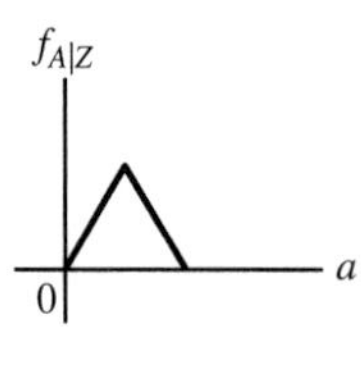

(d)

11.4절

11.28 조건부 확률 밀도 함수

$$f_{Z|\Lambda}(z \mid \lambda) = \begin{cases} \lambda e^{-\lambda z}, & z \geq 0, \lambda > 0 \\ 0, & z < 0 \end{cases}$$

이며 파라미터 λ에 따라 달라지는 확률변수를 Z라고 놓자. λ의 사전 확률 밀도 함수는

$$f_\Lambda(\lambda) = \begin{cases} \frac{\beta^m}{\Gamma(m)} e^{-\beta\lambda} \lambda^{m-1}, & \lambda \geq 0 \\ 0, & \lambda < 0 \end{cases}$$

이다. 여기서 β와 m은 파라미터이고, $\Gamma(m)$은 감마 함수이다. m은 양의 정수라고 가정한다.

(a) 관측을 하기 전 $E\{\lambda\}$와 $\text{var}\{\lambda\}$를 구하라. 즉, $f_\Lambda(\lambda)$를 이용하여 λ의 평균과 분산을 구하라.

(b) 관측을 하였다고 가정하고 $f_{\Lambda|Z}(\lambda \mid z_1)$를 구하라. 그리고 λ의 최소 제곱평균 오차(조건부 평균)와 추정치의 분산을 구하라. (a)의 결과와 비교하라. $f_\Lambda(\lambda)$와 $f_{\Lambda|Z}(\lambda \mid z_1)$의 유사성에 대해 설명하라.

(c) (b)를 이용하여 두 개의 관측이 주어졌을 때 λ의 사후 확률 밀도 함수 $f_{\Lambda|Z}(\lambda \mid z_1, z_2)$를 구하라. 두 개의 관측을 근거로 λ의 최소 제곱평균 오차 추정치와 분산을 구하라. (a)와 (b)에서의 경우와 비교하고 설명하라.

(d) K개의 관측이 λ를 추정하는 데 사용되는 경우에 대하여 일반화하라.

(e) MAP 추정이 최소 제곱평균 오차 추정과 같다고 말할 수 있는가?

11.29 그림 11.14에 나타낸 비용 함수와 사후 확률 밀도 함수 중 어느 조건부 평균이 베이즈 추정인가? 각각에 대해 이유를 설명하라.

11.30 식 (11.178)에 주어진 $\hat{a}_{\text{ML}}(\mathbf{Z})$의 분산이 식 (11.179)라는 것을 증명하라.

11.31 수신기의 RF 필터 출력에서 잡음 전압 $Z(t)$가 K개의 독립된 측정치 $(Z_1, Z_2, \cdots, Z_K)$로 주어졌을 때,

(a) 만일 $Z(t)$가 평균이 0이고 분산이 σ_n^2인 가우시안

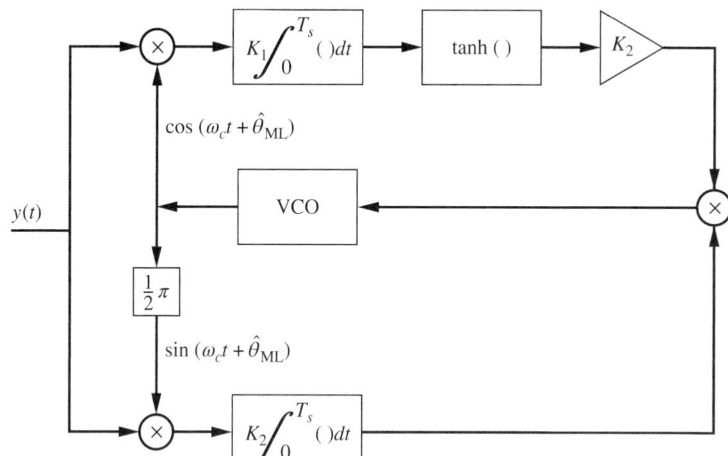

그림 11.15

이라면 잡음 분산의 ML 추정치는 무엇인가?

(b) 실제 분산의 함수로서 이 추정치의 평균값과 분산을 계산하라.

(c) 이것은 편견(bias)이 없는 추정기인가?

(d) Z의 분산을 추정하기 위한 충분 통계량을 구하라.

11.32 식 (11.207)로 표현된 PAM 신호 표본의 추정을 표본값 m_0가 평균이 0이고 분산이 σ_m^2인 가우시안 확률변수인 경우로 일반화하라.

11.33 추정될 미지의 위상 θ를 갖는 잡음 속에서 BPSK 신호의 수신에 대해 알아보자. 두 가지 가설은 다음과 같이 나타낼 수 있다.

$$H_1 : y(t) = A\cos(\omega_c t + \theta) + n(t),\ 0 \le t \le T_s$$
$$H_2 : y(t) = -A\cos(\omega_c t + \theta) + n(t),\ 0 \le t \le T_s$$

여기서 A는 상수이고 $n(t)$는 단측 전력 스펙트럼 밀도 N_0를 갖는 백색 가우시안 잡음이다. 그리고 가설은 똑같은 확률 $[P(H_1)=P(H_2)]$를 갖는다.

(a) 식 (11.192)와 식 (11.193)에 주어진 기저 함수 ϕ_1과 ϕ_2를 이용하여

$$f_{\mathbf{Z}|\theta,H_i}\left(z_1, z_2|\theta, H_i\right),\ i = 1, 2$$

를 구하라.

(b) $f_{\mathbf{Z}|\theta,}\left(z_1, z_2|\theta\right) = \sum_{i=1}^{2} P\left(H_i\right) f_{\mathbf{Z}|\theta,H_i}\left(z_1, z_2|\theta, H_i\right)$와 식 (11.164)를 이용하여 그림 11.15에 나타낸 구조로 ML 추정기를 구현할 수 있음을 보여라. 어떤 조건하에서 이 구조가 코스타스 루프에 의해 근사화될 수 있는가?

(c) 크래머-라오 부등식을 이용하여 분산 $\{\hat{\theta}_{ML}\}$에 대한 식을 구하라. 이 결과를 표 10.7에서의 결과와 비교하라.

11.34 다음과 같은 백색 가우시안 잡음이 있는 이상(biphase) 변조된 신호를 가정하자.

$$y(t) = \sqrt{2P}\sin(\omega_c t \pm \cos^{-1} m + \theta) + n(t),\ 0 \le t \le T_s$$

여기서 ±부호는 확률이 동일하고 θ는 최대 우도 과정에 의해 추정된다. 위의 수식에서

T_s = 신호 구간
P = 평균 신호 전력
ω_c = 반송파 주파수(rad/sec)
m = 변조 상수
θ = RF위상(rad)

이다. $n(t)$의 양측 전력 스펙트럼 밀도는 $\frac{1}{2}N_0$라고 하자.

(a) $y(t)$의 신호 부분을

$$S(t)=\sqrt{2P}m\sin(\omega_c t+\theta)\pm\sqrt{2P}\sqrt{1-m^2}\cos(\omega_c t+\theta)$$

로 나타낼 수 있음을 증명하라. 식 (11.192)와 식 (11.193)에 주어진 직교정규 함수 ϕ_1과 ϕ_2를 이용하여 나타내라.

(b) 우도 함수를

$$L(\theta)=\frac{2m\sqrt{2P}}{N_0}\int_0^{T_s} y(t)\sin\left(\omega_c t+\theta\right)\, dt$$

$$+\ln\cosh\left[\frac{2\sqrt{2P\left(1-m^2\right)}}{N_0}\int_0^{T_s} y(t)\cos\left(\omega_c t+\theta\right)\, dt\right]$$

로 나타낼 수 있음을 증명하라.

(c) θ에 대한 ML 추정기의 블록 다이어그램을 그리고 그림 11.15에 나타낸 블록 다이어그램과 비교하라.

11.35 T초 구간에서의 이상적인 적분기의 임펄스 응답이 $h(t)=\frac{1}{T}[u(t)-u(t-T)]$이다. 여기서 $u(T)$는 단위 계단 함수이다. 이것의 등가(equivalent)잡음 대역폭이 $B_{N,\text{idealint}}=\frac{1}{2T}$ Hz임을 보여라.
[힌트 : $h(t)$를 직접 표현하는 식 (7.108)을 이용해도 좋다. 또는 주파수 응답 함수 $H(f)$를 구해서 식 (7.106)을 사용하는 등가잡음 대역폭을 구할 수 있다.]

컴퓨터 실습문제

11.1 실제적인 통신 시스템이나 레이더 시스템에서는 검출 확률이 거의 1이고 오경보(false alarm) 확률이 0보다 조금만 크기를 원한다. 이런 경우 전체 수신기의 동작 특성 중 아주 작은 부분도 중요하다. 이것을 고려하여 관심 영역에서 실제적인 동작이 나타나도록 컴퓨터 예제 10.1의 MATLAB 프로그램에 필요한 변화를 결정하라. 이 관심 영역은 $P_D\geq 0.95$이고 $P_F\leq 0.01$이라 정의된다. 이 영역에서 동작이 가능하게 하는 파라미터 d의 값을 결정하라.

11.2 고정된 값 σ_A^2/σ_n^2에 대해 σ_p^2 대 관측 수인 K의 곡선을 그리는 프로그램을 작성하고, 예제 10.8의 마지막에 유도된 결론을 증명하라.

11.3 PLL 추정 문제에 대해 컴퓨터 모의실험 프로그램을 작성하라. 식 (11.196)에 주어진 Z_1과 Z_2를 구하기 위해 두 개의 독립 가우시안 확률변수를 발생시킴으로써 이것을 행하라. 따라서 주어진 θ값에 대해 식 (11.201)의 좌변을 형성하라. 첫 번째 값을 θ_0라 하고 θ의 다음 값인 θ_1을 다음 알고리즘으로부터 추정하라.

$$\theta_1=\theta_0+\epsilon\tan^{-1}\left(\frac{Z_{2,0}}{Z_{1,0}}\right)$$

여기서 $Z_{1,0}$과 $Z_{2,0}$는 생성된 Z_1과 Z_2의 첫 번째 값이고, ϵ은 값이 변하는 파라미터이다(첫 번째 값은 0.01로 놓는다). Z_1과 Z_2의 두 번째 새로운 값($Z_{1,1}$과 $Z_{2,1}$으로 부름)을 발생시키고 다음 알고리즘에 따라 다음 추정을 구하라.

$$\theta_2=\theta_1+\epsilon\tan^{-1}\left(\frac{Z_{2,1}}{Z_{1,1}}\right)$$

이러한 방법을 계속하여 여러 개의 θ_i를 발생시켜라. 위상이 0으로 수렴하는지를 알아보기 위해서 θ_i 대 시퀀스의 색인(index)인 i의 곡선을 그려라. ϵ을 10배로 증가시키고 계속한다. 파라미터 ϵ을 PLL 파라미터와 연관시킬 수 있겠는가?(4장 참조). 이것은 몬테카를로 시뮬레이션의 한 예이다.

CHAPTER 12

정보 이론과 부호화

정보 이론은 주어진 대역폭과 신호 대 잡음비에 대하여 통신 시스템 성능을 평가할 때 이론적으로 가장 최상인 시스템과의 비교를 가능하게 하므로, 통신 시스템 성능을 평가하는 데 보다 일반적인 또 다른 관점을 제공한다. 정보 이론을 공부함으로써 통신 시스템의 성능 특성에 대한 중요한 관점을 얻을 수 있다. 보다 명확하게는, 정보 이론은 메시지 신호에 포함된 정보의 정량적 척도를 제공하며, 정보원으로부터 목적지까지 이 정보를 전달하는 시스템 용량을 결정할 수 있게 한다. 정보 이론의 주요 응용 분야인 부호화는 이 장에서는 간략하게 살펴볼 것이며, 완벽하거나 아주 자세히 다루지는 않겠다. 대신에, 기본 아이디어에 대한 개요를 살펴보고, 간단한 예제들을 통해서 아이디어를 설명하겠다. 이 장을 공부하는 학생들이 이 주제에 대해 좀 더 세부적으로 공부하는 계기가 되기를 바란다.

정보 이론은 이상적인 또는 최적의 통신 시스템 성능 특성을 제공한다. 이상적인 시스템의 성능은, 앞 장에서 공부한 실제 시스템 성능과의 비교를 위한 중요한 기초를 제공한다. 이상적인 시스템의 성능 특성은 더욱 복잡한 전송과 검출 기법을 수행하여 얻을 수 있는 성능에서의 이득을 보여준다.

정보 이론 연구에 대한 동기는, 다음과 같이 명시할 수 있는 Shannon의 부호 이론이 제공한다. 만약 정보원이 채널 용량보다 작은 정보율을 가지고 있다면, 정보원 출력이 임의의 작은 오류 확률을 가진 채널을 통하여 전송될 수 있는 부호화 과정이 존재한다. 이것은 굉장히 의미 있는 결과이다. Shannon은 잡음이 존재함에도 불구하고, 무시할 만한 오류가 있는 송수신이 이루어질 수 있다는 것을 알려준다. 부호화라는 이 과정 및 통신 시스템의 설계와 성능에 대한 그 영향을 이해하기 위해서는 정보 이론의 몇 가지 기본적인 개념이 필요하다.

앞으로 두 가지 기본적인 부호화 응용을 다룰 것이다. 그 첫 번째 응용은 정보원 부호화이다. 정보원 부호화를 통해 메시지 신호에서 잉여 정보가 제거되고, 결과적으로 전송되는 각각의 심벌들이 최대의 정보를 전송하게 된다. 또한 채널 또는 오류 정정 부호화 사용을 통해 체계적인 잉여 정보를 전송 신호에 부가하여, 불완전한 실제 채널에서 발생할 수 있는 오류들을 정정할 수 있게 된다.

12.1 기본 개념

학기말 수업 시간에 발생하는 가상의 교실 상황을 고려해보자. 교수님은 학생들에게 다음 표현 중 하나를 말할 것이다.

A. 여러분 다음 학기에 만납시다.
B. 나의 동료가 다음 학기에 강의할 것입니다.
C. 이번 과정에서 여러분 모두는 A이고, 더 이상의 학급 모임은 없습니다.

사전에 이러한 주제에 대한 언급이 없었다면, 위 표현들 중 학생들에게 전달된 상대적인 정보는 무엇일까? 분명히 표현 A로 전달되는 정보는 거의 없을 것이다. 왜냐하면 그 학급은 일반적으로 정규 교수님이 강의한다고 가정할 것이기 때문이다. 즉 정규 교수님이 강의할 확률 $P(A)$는 거의 1이다. 직관적으로 표현 B의 경우는 더 많은 정보를 포함하고 있다는 것을 알 수 있고, 동료 교수님이 강의할 확률 $P(B)$는 상대적으로 낮다. 표현 C의 경우는 전체 학급에 대한 많은 양의 정보를 포함하고 있고, 일반적인 학급 상황에서는 발생할 확률이 매우 낮다는 것에 대부분 동의할 것이다. 표현이나 사건의 확률이 낮을수록 그 표현에 의해 전달된 정보는 더 많아진다. 다른 방법으로 설명하면, 그 표현을 들은 후에 학생들이 나타내는 놀라움은 그 표현에 포함된 정보에 대한 좋은 척도가 될 것이다. 정보는 이 직관적인 예와 일관되게 정의된다.

12.1.1 정보

x_j를 확률 $p(x_j)$로 발생하는 사건이라고 하자. 만약 사건 x_j가 발생했다고 하면, 다음과 같은 정보 단위를 받았다고 한다.

$$I(x_j) = \log_a\left(\frac{1}{p(x_j)}\right) = -\log_a p(x_j) \tag{12.1}$$

정보에 대한 이러한 정의는, $p(x_j)$가 감소함에 따라 $I(x_j)$가 증가하기 때문에 앞의 예제와 일치한다. $0 \leq p(x_j) \leq 1$이므로 $I(x_j)$는 음이 아님을 주지하기 바란다. 식 (12.1)에서 대수의 밑은 임의로 놓은 것이고, 정보가 측정되는 단위를 결정한다. 1928년에 정보의 대수적 척도를 처음으로 제안했던 R. V. Hartley[1]는 밑이 10인 대수의 테이블이 널리 사용되었기 때문에 10을 밑으로 하는 대수를 사용하였고, 그 결과 정보 척도의 단위를 하틀리라고 하였다. 오늘날은 2를 밑으로 하는 대수의 사용이 표준화되어 있어, 정보의 단위는 이진수 또는 비트이다. e를 밑으로 하

1 Hartley, 1928 참조.

는 대수가 사용된다면, 이에 해당되는 단위는 나트 또는 자연 단위이다.

정보를 측정하는 데 밑이 2인 대수를 채택한 데는 몇 가지 이유가 있다. 우리가 생각할 수 있는 가장 간단한 랜덤 실험은 두 결과가 동일한 빈도로 발생하는 실험이다. 흔한 예제는 앞뒤가 동일한 빈도로 나오는 동전 던지기이다. 대수의 밑이 2이고 각 결과의 확률은 0.5이기 때문에, 각 결과로부터 얻는 정보는 1비트 정보와 관계된다. 디지털 컴퓨터는 이진 기계이므로 논리 상태가 동일한 빈도로 나타난다고 가정하면, 각각의 논리 0과 논리 1은 1비트 정보와 관계된다.

예제 12.1

64가지의 결과가 나올 확률이 동일한 랜덤 실험을 고려하자. 각 결과와 관련된 정보는 다음과 같다.

$$I(x_j) = -\log_2\left(\frac{1}{64}\right) = \log_2(64) = 6\ bits \tag{12.2}$$

여기서 j의 범위는 1부터 64까지이다. 랜덤 실험이 동일한 빈도로 발생하는 두 개 이상의 결과를 생성하기 때문에, 각 결과와 관련된 정보는 1비트보다 많다. 따라서 각 결과가 나타날 확률은 1/2보다 작다. ■

12.1.2 엔트로피

일반적으로 실험의 결과와 관련된 평균 정보는 각 특별한 사건에 관련된 정보보다 더 많은 관심의 대상이 된다. 이산 랜덤변수 X에 관련된 평균 정보를 다음과 같이 엔트로피 $H(X)$로 정의한다.

$$H(X) = E\{I(x_j)\} = -\sum_{j=1}^{n} p(x_j)\log_2 p(x_j) \tag{12.3}$$

여기서 n은 가능한 결과의 총가짓수이다. 엔트로피는 평균 불확실도로 생각할 수 있고, 따라서 모든 결과가 동일한 빈도로 발생할 때 최대가 된다.

예제 12.2

이진 정보원에 대하여, $p(1)=\alpha$이고, $p(0)=1-\alpha$라고 하자. 식 (12.3)으로부터 엔트로피는 다음과 같이 나타낼 수 있다.

$$H(\alpha) = -\alpha\log_2(\alpha) - (1-\alpha)\log_2(1-\alpha) \tag{12.4}$$

이를 그림 12.1에 나타내었다. $\alpha=\frac{1}{2}$이면 각 심벌이 동일하게 발생하고, 불확실도, 다시 말해 엔트로피가 최대가 된다. 만약 $\alpha\neq\frac{1}{2}$이면 두 심벌 중 하나는 다른 심벌보다 더 많이 발생한다. 따라서 불확실도,

즉 결과적으로 엔트로피가 감소한다. α가 0 또는 1이면 어떤 심벌이 발생할 것인지 정확하게 알고 있기 때문에 불확실도는 0이 된다.

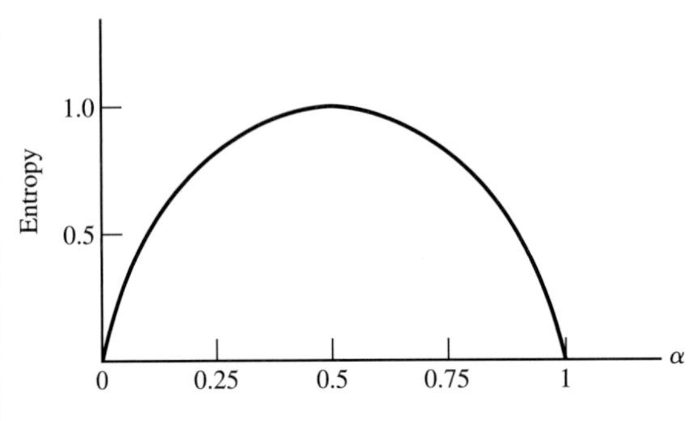

그림 12.1 이진 정보원의 엔트로피

예제 12.2로부터, 적어도 그림 12.1에서 보여진 특별한 경우에서는, 모든 확률이 같을 때 엔트로피 함수는 최댓값을 갖는다는 결론을 내릴 수 있었다. 이러한 사실은 더 완벽한 유도를 해야 한다는 것을 정당화하기에 충분히 중요하다. n개의 결과가 나올 수 있는 운에 맡기는 실험과 p_n은 다른 확률들에 관계된 종속변수라고 가정하자. 그러면

$$p_n = 1 - (p_1 + p_2 + \cdots + p_k + \cdots + p_{n-1}) \tag{12.5}$$

이 되는데, 여기서 p_j는 $p(x_j)$에 대한 간략한 표현식이다. 이 운에 맡기는 실험에 관련된 엔트로피는 다음과 같다.

$$H = -\sum_{j=1}^{n} p_i \log_2 p_i \tag{12.6}$$

엔트로피의 최댓값을 구하기 위하여, p_k와 p_n을 제외한 모든 확률을 일정하게 유지하면서 엔트로피를 p_k에 대하여 미분한다. 이것은 H의 최댓값을 산출하는 p_k와 p_n의 관계를 나타낸다. p_k와 p_n에 관계된 것을 제외한, 모든 미분은 0이 되기 때문에

$$\frac{dH}{dp_k} = \frac{d}{dp_k}(-p_k \log_2 p_k - p_n \log_2 p_n) \tag{12.7}$$

이 된다. 식 (12.5)와

$$\frac{d}{dx} \log_a u = \frac{1}{u} \log_a e \frac{du}{dx} \tag{12.8}$$

를 이용하면

$$\frac{dH}{dp_k} = -p_k \frac{1}{p_k} \log_2 e - \log_2 p_k + p_n \frac{1}{p_n} \log_2 e + \log_2 p_n \tag{12.9}$$

또는

$$\frac{dH}{dp_k} = \log_2 \frac{p_n}{p_k} \tag{12.10}$$

을 얻는데, $p_k = p_n$이면 이것은 0이 된다. p_k가 임의의 값이고, 모든 확률이 $p_i = p_n$, $i = 1, 2, \cdots, (n-1)$이기 때문이다. 따라서

$$p_1 = p_2 = \cdots = p_n = \frac{1}{n} \tag{12.11}$$

이다. 앞에서의 조건이 최솟값이 아닌 최댓값을 주게 된다는 것을 보이기 위해서는, $p_1 = 1$이고 모든 다른 확률들이 0일 때, 엔트로피는 0이 됨을 주지하면 된다. 식 (12.6)으로부터 모든 확률이 같은 경우에 $H = \log_2(n)$이 된다.

12.1.3 이산 채널 모델

이 장의 대부분에서는 통신 채널을 무기억 채널로 가정할 것이다. 이러한 채널에서는, 주어진 시간에서의 채널 출력이 이전 채널 입력의 함수가 아니라 주어진 시간에서의 채널 입력의 함수이다. 이산 무기억 채널은, 입력 확률에 대한 각 출력 상태 확률과 관계된 조건부 확률 집합으로 전체를 나타낼 수 있다. 예제에서 그러한 기법을 설명하겠다. 그림 12.2에는 두 개의 입력과 세 개의 출력을 가진 채널의 다이어그램을 나타내었다. 각각 가능한 입출력 경로는, $p(y_j|x_i)$를 간단히 표시한, 조건부 확률 p_{ij}로 나타낼 수 있다. 즉 p_{ij}는 입력이 x_i로 주어졌을 때 출력이 y_j일 조건부 확률이며, 이것을 **채널 천이 확률**이라고 한다. 전체 천이 확률 집합을 통해 채널이 정의된다. 이 장에서는 천이 확률은 일정하다고 가정한다. 그러나 흔히 접하게 되는 많은 상황에서는 천이 확률이 시간에 따라 변화한다고 가정된다. 송수신기 거리가 시간에 따라 변하는 무선 이동 통신 채널이 한 예이다.

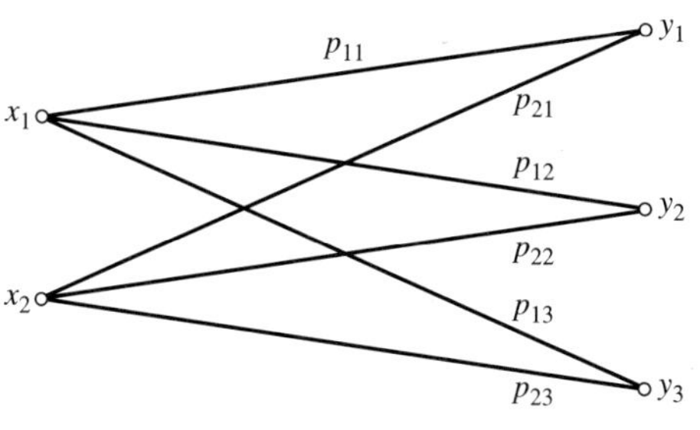

그림 12.2 두 개의 입력과 세 개의 출력을 가진 이산 채널의 다이어그램

그림 12.2로부터 채널은 천이 확률들의 집합으로 완벽하게 나타낼 수 있음을 알았다. 따라서 그림 12.2에 묘사된 무기억 채널은 천이 확률 행렬 $[P(Y|X)]$로 다음과 같이 정의될 수 있다.

$$[P(Y \mid X)] = \begin{bmatrix} p(y_1 \mid x_1) & p(y_2 \mid x_1) & p(y_3 \mid x_1) \\ p(y_1 \mid x_2) & p(y_2 \mid x_2) & p(y_3 \mid x_3) \end{bmatrix} \tag{12.12}$$

각각의 채널 입력은 어떤 출력으로 나오게 되기 때문에, $[P(Y|X)]$의 각 행은 합해서 1이 되어야 한다. 천이 확률 행렬을 채널 행렬이라고 한다.

입력 확률이 주어졌을 때의 출력 확률을 구하는 데 채널 행렬이 유용하게 쓰인다. 예를 들어, 입력 확률 $P(X)$를 다음과 같은 행 행렬로 나타내면

$$[P(X)] = [p(x_1) \quad p(x_2)] \tag{12.13}$$

그러면

$$[P(Y)] = [p(y_1) \quad p(y_2) \quad p(y_3)] \tag{12.14}$$

이고, 이것은 다음 식으로 계산된다.

$$[P(Y)] = [P(X)][P(Y \mid X)] \tag{12.15}$$

만일 $[P(X)]$가 대각선 행렬로 나타내진다면, 식 (12.15)로 행렬 $[P(X, Y)]$를 만들 수 있다. 행렬의 각 원소들은 $p(x_i)p(y_j|x_i)$ 또는 $p(x_j, y_j)$ 형태이다. 이 행렬을 결합 확률 행렬이라 하며, $p(x_j, y_j)$ 항은 x_i를 보내서 y_j로 받을 결합 확률이다.

예제 12.3

그림 12.3과 같은 이진 입출력 채널을 고려해보자. 천이 확률 행렬은 다음과 같다.

$$[P(Y \mid X)] = \begin{bmatrix} 0.7 & 0.3 \\ 0.4 & 0.6 \end{bmatrix} \tag{12.16}$$

만약 입력 확률이 $P(x_1)=0.5$와 $P(x_2)=0.5$이면, 출력 확률은 다음과 같다.

$$[P(Y)] = [0.5 \quad 0.5] \begin{bmatrix} 0.7 & 0.3 \\ 0.4 & 0.6 \end{bmatrix} = [0.55 \quad 0.45] \tag{12.17}$$

그림 12.3은 이진 채널이고, 이 채널에 대한 결합 확률 행렬은 다음과 같다.

$$[P(X, Y)] = \begin{bmatrix} 0.5 & 0 \\ 0 & 0.5 \end{bmatrix} \begin{bmatrix} 0.7 & 0.3 \\ 0.4 & 0.6 \end{bmatrix} = \begin{bmatrix} 0.35 & 0.15 \\ 0.2 & 0.3 \end{bmatrix} \tag{12.18}$$

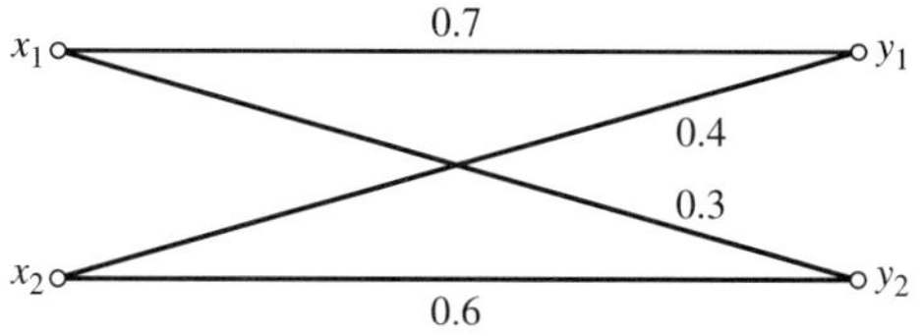

그림 12.3 이진 채널

많은 통신 시스템은 다중 도약 구조를 사용한다. 이러한 시스템들은 보통 두 개 이상의 이진 채널들의 직렬 조합으로 표현되며, 이를 그림 12.4(a)에 나타내었다. 두 개의 이진 채널은 그림 12.4(b)와 같이 결합될 수 있다. 이런 방식으로 N차 도약 시스템($N>2$)으로 쉽게 확장된다.

x_i부터 z_j까지의 모든 가능한 경로를 결정하면, 그림 12.4(b)에 나타낸 전체 채널을 다음과 같은 확률들로 정의할 수 있다.

$$p_{11} = \alpha_1\beta_1 + \alpha_2\beta_3 \tag{12.19}$$

$$p_{12} = \alpha_1\beta_2 + \alpha_2\beta_4 \tag{12.20}$$

$$p_{21} = \alpha_3\beta_1 + \alpha_4\beta_3 \tag{12.21}$$

$$p_{22} = \alpha_3\beta_2 + \alpha_4\beta_4 \tag{12.22}$$

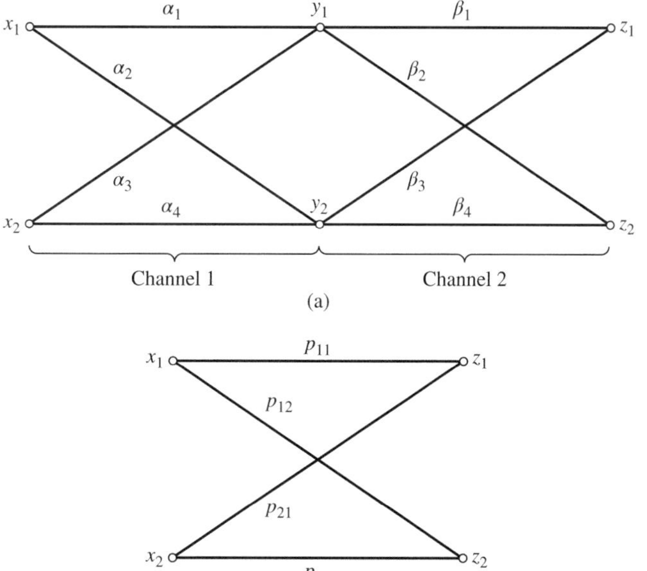

그림 12.4 이차 도약 통신 시스템. (a) 이차 도약 시스템, (b) 복합 시스템

따라서 전체 채널 행렬

$$[P(Z \mid X)] = \begin{bmatrix} p_{11} & p_{12} \\ p_{21} & p_{22} \end{bmatrix} \tag{12.23}$$

은 다음 식과 같이 행렬의 곱으로 나타낼 수 있다.

$$[P(Z \mid X)] = \begin{bmatrix} \alpha_1 & \alpha_2 \\ \alpha_3 & \alpha_4 \end{bmatrix} \begin{bmatrix} \beta_1 & \beta_2 \\ \beta_3 & \beta_4 \end{bmatrix} \tag{12.24}$$

이차 도약 통신 시스템의 경우, 앞 표현식의 오른편은 단순히 상향링크 채널 행렬에 하향링크 채널 행렬을 곱한 것이다.

12.1.4 결합 및 조건부 엔트로피

입력 확률 $p(x_i)$, 출력 확률 $p(y_j)$, 천이 확률 $p(y_j|x_i)$ 그리고 결합 확률 $p(x_i, y_j)$을 이용하여, n개의 입력과 m개의 출력을 갖는 채널에 대한 몇 가지의 엔트로피 함수를 정의할 수 있다. 이러한 함수들은 다음 식

$$H(X) = -\sum_{i=1}^{n} p(x_i) \log_2 p(x_i) \tag{12.25}$$

$$H(Y) = -\sum_{j=1}^{m} p(y_j) \log_2 p(y_j) \tag{12.26}$$

$$H(Y \mid X) = -\sum_{i=1}^{n} \sum_{j=1}^{m} p(x_i, y_j) \log_2 p(y_j \mid x_i) \tag{12.27}$$

그리고

$$H(X, Y) = -\sum_{i=1}^{n} \sum_{j=1}^{m} p(x_i, y_i) \log_2 p(x_i, y_j) \tag{12.28}$$

이다. 중요하면서 유용한 엔트로피 $H(X|Y)$는 다음과 같이 정의된다.

$$H(X \mid Y) = -\sum_{i=1}^{n} \sum_{j=1}^{m} p(x_i, y_j) \log_2 p(x_i \mid y_j) \tag{12.29}$$

이러한 엔트로피는 쉽게 해석된다. $H(X)$는 정보원의 평균 불확실도이고, 반면에 $H(Y)$는 수신

심벌의 평균 불확실도이다. 이와 유사하게, $H(X|Y)$는 하나의 심벌을 수신하였다고 주어졌을 때 송신 심벌의 평균 불확실도에 대한 척도이다. 함수 $H(Y|X)$는 X가 전송되었다고 주어졌을 때 수신 심벌의 평균 불확실도이다. 결합 엔트로피 $H(X, Y)$는 전체 통신 시스템의 평균 불확실도이다.

앞에서 정의한 여러 엔트로피로부터 직접 구할 수 있는, 중요하면서 유용한 관계 두 가지는

$$H(X,Y) = H(X \mid Y) + H(Y) \tag{12.30}$$

그리고

$$H(X,Y) = H(Y \mid X) + H(X) \tag{12.31}$$

이다. 이 식들은 대수 성질을 이용하여 쉽게 유도할 수 있다.

12.1.5 채널 용량

채널 출력을 관찰하고 있는 경우를 생각해보자. 채널 입력에 관한 평균 불확실도는 출력 수신 전에는 $H(X)$값을 가지며, 이러한 입력 평균 불확실도는 출력이 수신되면 일반적으로 감소하게 된다. 즉 $H(X|Y) \le H(X)$의 관계식이 성립한다. 출력이 수신되었을 때 전송된 신호의 평균 불확실도의 감소는 채널을 통하여 전송된 평균 정보량의 척도가 된다. 이것을 **상호 정보량** $I(X; Y)$라고 정의하며, 다음과 같이 나타낼 수 있다.

$$I(X;Y) = H(X) - H(X \mid Y) \tag{12.32}$$

또한 식 (12.30)과 식 (12.31)로부터 식 (12.32)를 다음과 같이 나타낼 수 있다.

$$I(X;Y) = H(Y) - H(Y \mid X) \tag{12.33}$$

상호 정보량은 채널 천이 확률뿐만 아니라 정보원 확률에 대한 함수로도 봐야 한다.

다음 관계식은 식 (12.35)를 증명함으로써 수학적으로 쉽게 증명할 수 있다.

$$H(X) \ge H(X \mid Y) \tag{12.34}$$

$$H(X \mid Y) - H(X) = -I(X;Y) \le 0 \tag{12.35}$$

$H(X|Y)$에 식 (12.29)를, $H(X)$에 식 (12.25)에 대입하면 $-I(X; Y)$는 다음과 같이 나타낼 수 있다.

$$-I(X;Y) = -\sum_{i=1}^{n}\sum_{j=1}^{m} p(x_i, y_j)\log_2\left[\frac{p(x_i)}{p(x_i \mid y_j)}\right] \tag{12.36}$$

아래와 같은 식들이 성립하기 때문에

$$\log_2(x) = \frac{\ln(x)}{\ln(2)} \tag{12.37}$$

그리고

$$\frac{p(x_i)}{p(x_i \mid y_j)} = \frac{p(x_i)p(y_j)}{p(x_i, y_j)} \tag{12.38}$$

$-I(X;Y)$를 다음과 같이 나타낼 수 있다.

$$-I(X;Y) = \frac{1}{\ln(2)} \sum_{i=1}^{n} \sum_{j=1}^{m} p(x_i, y_j) \ln \left[\frac{p(x_i)p(y_j)}{p(x_i, y_j)} \right] \tag{12.39}$$

식을 계속 유도하기 위해서, 다음과 같은 부등식의 사용이 흔히 요구된다.

$$\ln x \leq x - 1 \tag{12.40}$$

이 식은 다음 함수를 고려하여 쉽게 증명할 수 있다.

$$f(x) = \ln(x) - (x - 1) \tag{12.41}$$

$f(x)$를 미분하면

$$\frac{df}{dx} = \frac{1}{x} - 1 \tag{12.42}$$

$x=1$일 때 0이 된다. x를 충분히 크게(>1) 선택하면 $f(x)$를 0보다 작게 만들 수 있으므로 $f(1)=0$은 $f(x)$의 최댓값이 된다.

부등식 (12.40)을 식 (12.39)에 적용한 결과는 다음과 같다.

$$-I(X;Y) \leq \frac{1}{\ln(2)} \sum_{i=1}^{n} \sum_{j=1}^{m} p(x_i, y_j) \left[\frac{p(x_i)p(y_j)}{p(x_i, y_j)} - 1 \right] \tag{12.43}$$

이는 다음 식이 된다.

$$-I(X;Y) \leq \frac{1}{\ln(2)} \left[\sum_{i=1}^{n} \sum_{j=1}^{m} p(x_i)p(y_j) - \sum_{i=1}^{n} \sum_{j=1}^{m} p(x_i, y_j) \right] \tag{12.44}$$

이 중 합은 모두 1과 같으므로, 다음과 같이 원하는 결과를 얻게 된다.

$$-I(X;Y) \le 0 \quad \text{또는} \quad I(X;Y) \ge 0 \tag{12.45}$$

그러므로 상호 정보량은 항상 음수가 아니며, 결과적으로 $H(X) \ge H(X|Y)$가 된다. 이것은 사실상 명백하다. 만약 Y가 주어졌을 때 정보원에 관계된 정보가 감소한다고 가정하는 것은 합리적이지 않다.

채널 용량 C는, 각 사용 채널에 대하여 그 채널을 통해 전송될 수 있는 심벌당 최대 평균 정보인 상호 정보량의 최댓값으로 정의된다. 따라서 다음과 같이 나타낼 수 있다.

$$C = \max[I(X;Y)] \tag{12.46}$$

데이터 스트림에서 각 심벌의 전송은 하나의 채널을 사용하는 것으로 구성되기 때문에, 용량의 단위는 **사용 채널당 전송 비트 수**이다. 용량은 사용된 채널을 통해 출력으로 전달되는 비트 수의 척도이다. 채널 천이 확률은 채널에 의해 고정되기 때문에, 정보원 확률에 대하여 최대화한다. 그러나 정보원 확률에 대한 의존성은 최대화시키는 과정에서 제거되기 때문에 채널 용량은 단지 채널 천이 확률만의 함수가 된다. 다음 예제는 그 방법을 보여준다.

예제 12.4

그림 12.5에 도시한 잡음이 없는 이산 채널의 채널 용량은 쉽게 구할 수 있다. 다음 식에서부터 시작한다.

$$I(X;Y) = H(X) - H(X|Y)$$

그리고 다음과 같이 나타낼 수 있다.

$$H(X \mid Y) = -\sum_{i=1}^{n} \sum_{j=1}^{m} p(x_i, y_j) \log_2 p(x_i \mid y_j) \tag{12.47}$$

잡음이 없는 채널의 경우, $i=j$가 아닌 경우에 모든 $p(x_i, y_j)$와 $p(x_i|y_j)$는 0이 되고, $i=j$인 경우에 $p(x_i|y_j)$는 1이 된다. 따라서 잡음이 없는 채널의 경우 $H(X|Y)$는 0이 되고, 상호 정보량은 다음과 같이 된다.

$$I(X;Y) = H(X) \tag{12.48}$$

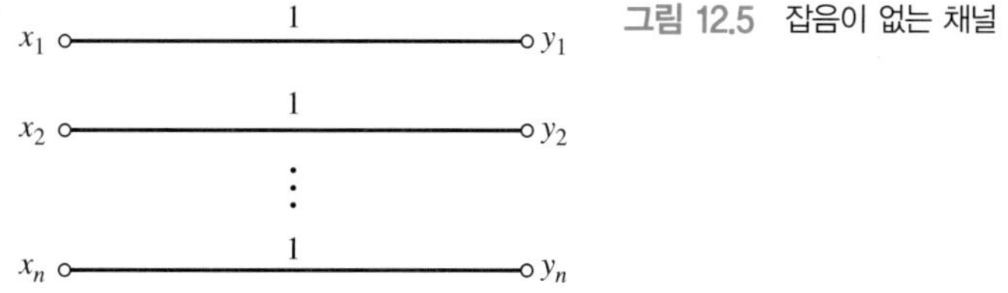

그림 12.5 잡음이 없는 채널

정보원 엔트로피는 모든 정보원 심벌의 발생 확률이 동일한 경우에 최대가 된다. 따라서 채널 용량은 다음과 같다.

$$C = \sum_{i=1}^{n} \frac{1}{n} \log_2 n = \log_2 n \tag{12.49}$$

■

예제 12.5

중요하면서 유용한 채널 모델은 그림 12.6과 같은 이원 대칭 채널이다. 다음 식을 최대화함으로써 용량을 구하고자 한다.

$$I(X;Y) = H(Y) - H(Y|X)$$

여기서

$$H(Y \mid X) = -\sum_{i=1}^{2}\sum_{j=1}^{2} p(x_i, y_j)\log_2 p(y_j \mid x_i) \tag{12.50}$$

이다. 그림 12.6에서 정의된 확률을 이용하면

$$\begin{aligned} H(Y \mid X) = &-\alpha p \log_2 p - (1-\alpha)p\log_2 p \\ &-\alpha q \log_2 q - (1-\alpha) q \log_2 q \end{aligned} \tag{12.51}$$

또는

$$H(Y \mid X) = -p\log_2 p - q\log_2 q \tag{12.52}$$

를 얻을 수 있다. 따라서 상호 정보량은 다음과 같이 된다.

$$I(X;Y) = H(Y) + p\log_2 p + q\log_2 q \tag{12.53}$$

식 (12.53)은 $H(Y)$가 최대일 때 최대가 된다. 이 시스템의 출력은 이진이기 때문에, $H(Y)$는 각 출력의 확률이 $\frac{1}{2}$일 때 최대가 된다. 이원 대칭 채널에서 입력의 발생 확률이 동일하면 결과적으로 출력의 발생 확률도 동일하다는 점을 주지하기 바란다. 이원 채널에서 $H(Y)$의 최댓값은 1이기 때문에 채널 용량은 다음과 같이 나타낼 수 있다.

$$C = 1 + p\log_2 p + q\log_2 q = 1 - H(p) \tag{12.54}$$

여기서 $H(p)$는 식 (12.4)에서 정의한 것과 같다.

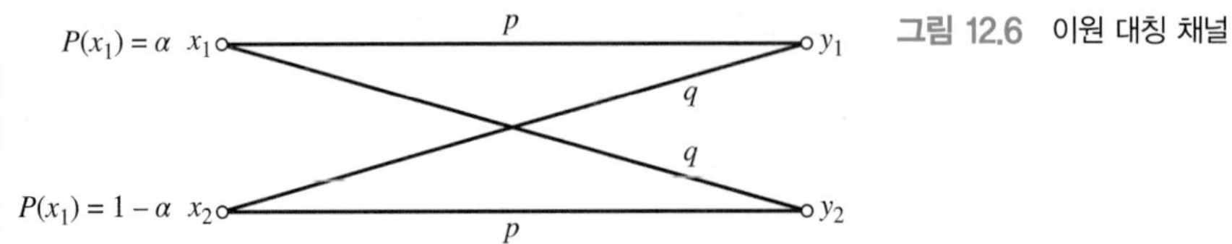

그림 12.6 이원 대칭 채널

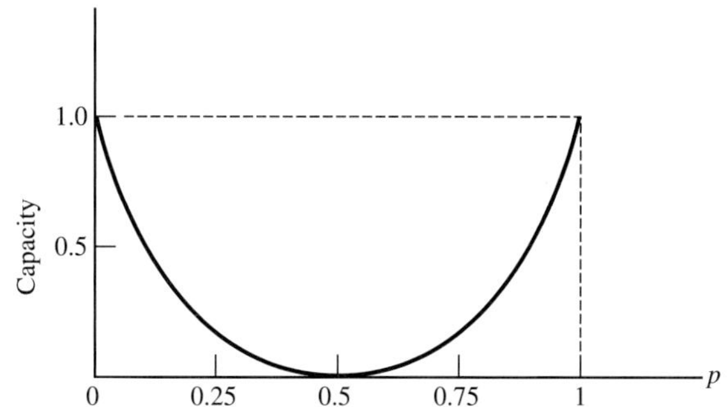

그림 12.7 이원 대칭 채널 용량

이원 대칭 채널의 용량을 그림 12.7에 나타내었다. 예상한 대로 $p=0$ 또는 1인 경우 채널 출력은 채널 입력에 의해서 완벽하게 결정되고 용량은 심벌당 1비트이다. 만일 p가 0.5이면, 입력 심벌은 동일한 확률을 갖는 출력을 내게 되고 용량은 0이 된다.

■

그림 12.5에 나타낸 채널 용량은 식 (12.32)를 이용하여 가장 쉽게 구할 수 있는 반면, 그림 12.6에 나타낸 채널 용량은 식 (12.33)을 이용하는 경우 가장 쉽게 구할 수 있음을 주지할 필요가 있다. $I(X; Y)$를 표현하는 식을 적절히 선택하면 채널 용량을 구하는 데 있어서의 수고를 상당히 줄일 수 있다. 최소한의 계산 노력으로 채널 용량을 구할 수 있는 $I(X; Y)$의 표현식을 선택하는 문제는 통찰력과 신중한 고려가 요구된다.

이원 대칭 채널의 오류 확률 P_E는 다음 식으로부터 쉽게 구할 수 있다.

$$P_E = \sum_{i=1}^{2} p(e \mid x_i)p(x_i) \tag{12.55}$$

여기서 $p(e \mid x_i)$는 주어진 입력 x_i에 대한 오류 확률로 다음과 같다.

$$P_E = qp(x_1) + qp(x_2) = q[p(x_1) + p(x_2)] \tag{12.56}$$

따라서

$$P_E = q$$

가 되는데, 이것은 무조건부 오류 확률 P_E가 조건부 오류 확률 $p(y_j|x_i)$, $i \neq j$와 같다는 것을 나타낸다.

9장에서 P_E는 수신된 심벌 에너지에 대한 감소 함수임을 보였다. 심벌의 에너지는 심벌의 전력에 심벌의 주기를 곱한 것이기 때문에, 송신기 전력이 고정된 경우에는 정보율을 낮춤으로써 오류 확률을 감소시킬 수 있다. 이것은 정보원 부호화(source coding)라 부르는 과정을 통해 정보원에서 잉여 정보를 제거함으로써 달성될 수 있다.

예제 12.6

9장에서 이진 위상동기 주파수 천이 변조 시스템의 경우 심벌 오류 확률은 각 전송 심벌에 대하여 같음을 증명하였다. 따라서 이원 대칭 채널 모델은 주파수 천이 변조 전송에 적합한 전송 모델이 된다. 이 예제에서는 송신기 출력이 1,000W, 송신기로부터 수신기 입력까지의 채널에서 감쇠가 약 30dB, 정보원률 r이 초당 10,000심벌, 잡음 전력 스펙트럼 밀도 N_0가 2×10^{-5}W/Hz라고 가정하였을 때 채널 행렬을 구하고자 한다. 채널 감쇠가 30dB이므로 수신기 입력에서의 신호 전력 P_R은 다음과 같다.

$$P_R = (1000)(10^{-3}) = 1 \text{ W} \tag{12.57}$$

여기에 해당하는 심벌당 수신 에너지는

$$E_s = P_R T = \frac{1}{10,000} = 10^{-4} \text{ J} \tag{12.58}$$

이다. 9장에서 살펴본 위상동기 주파수 천이 변조 수신기에 대한 오류 확률은

$$P_E = Q\left(\sqrt{\frac{E_s}{N_0}}\right) \tag{12.59}$$

이며, 이 식과 주어진 값들을 이용하면 P_E=0.0127을 얻을 수 있다. 따라서 채널 행렬은 다음과 같다.

$$[P(Y \mid X)] = \begin{bmatrix} 0.9873 & 0.0127 \\ 0.0127 & 0.9873 \end{bmatrix} \tag{12.60}$$

다른 변수들은 그대로 놔두고, 정보원 심벌률을 적절히 낮춤으로써 나타나는 채널 행렬의 변화를 계산해보자. 만일 정보원의 심벌률을 25% 낮추어 초당 7,500심벌을 전송하면, 심벌당 수신 에너지는 다음과 같이 된다.

$$E_s = \frac{1}{7500} = 1.333 \times 10^{-4} \text{ J} \tag{12.61}$$

이 경우 심벌 오류 확률은 P_E=0.0049가 되며, 채널 행렬은 다음과 같다.

$$[P(Y \mid X)] = \begin{bmatrix} 0.9951 & 0.0049 \\ 0.0049 & 0.9951 \end{bmatrix} \tag{12.62}$$

따라서 정보원 심벌률을 25% 낮추면, 결과적으로 시스템의 심벌 오류 확률은 거의 3배 정도 좋아진다. 12.3절에서는 정보원의 정보율은 감소시키지 않으면서, 정보원의 심벌률을 낮출 수 있는 기법에 대하여 다룰 것이다. ■

12.2 정보원 부호화

앞 절에서 어떤 확률 기법에 따라 심벌들을 생성하는 정보원으로부터의 정보가 엔트로피 $H(X)$로 표현될 수 있음을 보였다. 엔트로피의 단위는 심벌당 비트 수이므로, 초당 비트로 정보율을 규정하기 위해서는 또한 심벌률을 알아야만 한다. 정보원의 정보율 R_s는 다음과 같다.

$$R_s = rH(X) \text{ bps} \tag{12.63}$$

여기서 $H(X)$는 심벌당 비트 수로 나타내는 정보원 엔트로피이고, r은 초당 심벌 수를 나타내는 심벌률이다.

이러한 정보원이, 채널 용량이 심벌당 C비트, 또는 초당 SC비트인 채널에 입력된다고 가정하자. 여기서 S는 채널에서 사용 가능한 심벌률이다. 정보 이론에서 중요한 이론인 **무잡음 부호화 이론은 다음과 같이 기술할 수 있다. 채널 용량보다 낮은 속도로 정보를 생성하는 정보원과 채널이 주어진 경우 그 채널을 통하여 정보를 전송할 수 있도록 정보원의 출력을 부호화할 수 있다.** 이 이론의 증명은 정보 이론의 소개를 다루는 범위를 벗어나며 정보 이론에 관한 표준 교재를 참고하면 된다.[2] 그러나 간단한 예제를 통하여 이 이론을 입증해보자.

12.2.1 정보원 부호화의 예

먼저 각각 0.9와 0.1의 확률을 가지는 두 가지의 출력 A와 B를 가지는 이산 이진 정보원을 가정하자. 또한 정보원율 r은 초당 3.5심벌이라고 가정하자. 그림 12.8에 나와 있듯이, 정보원의 출력은 거의 오류 없이 초당 2심벌의 속도로 0 또는 1을 전송할 수 있는 이진 채널에 입력된다. 따라서 $p=1$인 예제 12.5로부터 채널 용량은 심벌당 1비트로, 이 경우에는 초당 2비트의 정보율이 된다.

정보원의 심벌률이 채널 용량보다 더 크기 때문에, 정보원의 심벌을 채널로 직접 전송할 수 없다는 것은 자명하다. 그러나 정보원 엔트로피는 다음과 같으며

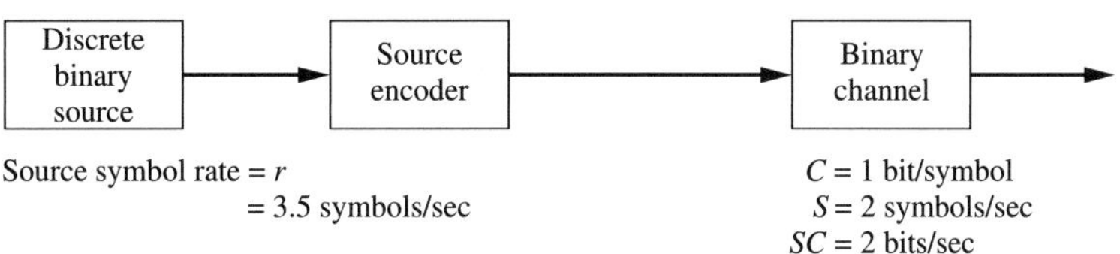

그림 12.8 전송 기법

2 예를 들어 Gallager, 1968 참조.

표 12.1 1차 정보원 확장

Source symbol	Symbol probability $P(\cdot)$	Code word	l_i	$P(\cdot)l_i$
A	0.9	0	1	0.9
B	0.1	1	1	0.1
				$\bar{L} = 1.0$

$$H(X) = -0.1\log_2 0.1 - 0.9\log_2 0.9 = 0.469 \text{ bits/symbol} \tag{12.64}$$

이 식은 정보원의 정보율에 해당한다.

$$rH(X) = 3.5(0.469) = 1.642 \text{ bps} \tag{12.65}$$

그러므로 정보율은 채널 용량보다 작고, 따라서 전송이 가능하게 된다.

전송은 정보원 부호화라 부르는 과정을 통하여 수행된다. 이 과정에서 부호어는 정보원 심벌 중 n개의 심벌 그룹으로 할당된다. 가장 짧은 부호어는 가장 확률이 높은 정보원 심벌 그룹에 할당되고 가장 긴 부호어는 가장 확률이 낮은 정보원 심벌 그룹에 할당된다. 따라서 정보원 부호화는 평균 심벌률을 낮추고 정보원이 채널에 정합되도록 한다. 정보원 심벌 중 n개의 심벌 그룹을 원래 정보원의 n차 확장이라 한다.

표 12.1에는 원래 정보원의 1차 확장을 나타내었다. 표에서 확실히 알 수 있듯이 부호화기의 출력에서 심벌률은 정보원의 심벌률과 같다. 따라서 채널 입력에서의 심벌률은 채널이 수용할 수 있는 것보다 여전히 크다.

원래 정보원의 2차 확장은 표 12.2와 같이 한 번에 두 개의 정보원 심벌을 취하여 구성된다. 이 경우 평균 워드길이 $\bar{L}$는 다음과 같다.

$$\bar{L} = \sum_{i=1}^{2^n} p(x_i)l_i = 1.29 \tag{12.66}$$

여기서 $p(x_i)$는 확장된 정보원의 i번째 심벌의 확률이고, l_i는 i번째 심벌에 해당하는 부호어의 길이이다. 정보원은 이진이기 때문에, 각각의 길이가 n인 확장된 정보원 출력에는 2^n개의 심

표 12.2 2차 정보원 확장

Source symbol	Symbol probability $P(\cdot)$	Code word	l_i	$P(\cdot)l_i$
AA	0.81	0	1	0.81
AB	0.09	10	2	0.18
BA	0.09	110	3	0.27
BB	0.01	111	3	0.03

표 12.3 3차 정보원 확장

Source symbol	Symbol probability $P(\cdot)$	Code word	l_i	$P(\cdot)l_i$
AAA	0.729	0	1	0.729
AAB	0.081	100	3	0.243
ABA	0.081	101	3	0.243
BAA	0.081	110	3	0.243
ABB	0.009	11100	5	0.045
BAB	0.009	11101	5	0.045
BBA	0.009	11110	5	0.045
BBB	0.001	11111	5	0.005

벌이 있게 된다. 따라서 2차 확장의 경우 다음 식이 성립되고

$$\frac{\bar{L}}{n} = \frac{1}{n}\sum P(\cdot)l_i = \frac{1.29}{2} = 0.645 \text{ code symbols/source symbol} \tag{12.67}$$

부호화기 출력에서의 심벌률은 다음과 같다.

$$r\frac{\bar{L}}{n} = 3.5(0.645) = 2.258 \text{ code symbols/second} \tag{12.68}$$

이것은 채널이 수용할 수 있는 초당 2심벌보다 여전히 더 크다. 이러한 과정을 통하여 심벌률이 감소하였으므로 이는 확장을 다시 한 번 해야 한다는 동기를 제공한다.

표 12.3에는 3차 정보원 확장을 나타내었다. 이 경우, 한 번에 정보원 심벌 세 개가 한 그룹이 된다. 평균 워드길이 $\bar{L}$는 1.598이고 다음의 관계식이 성립한다.

$$\frac{\bar{L}}{n} = \frac{1}{n}\sum P(\cdot)l_i = \frac{1.598}{3} = 0.533 \text{ code symbols/source symbol} \tag{12.69}$$

부호화기 출력에서의 심벌률은 다음과 같다.

$$r\frac{\bar{L}}{n} = 3.5(0.533) = 1.864 \text{ code symbols/second} \tag{12.70}$$

이 정도의 속도는 채널에서 수용할 수 있으므로 3차 정보원 확장을 이용하여 전송이 가능해진다.

정보원 심벌이 일정한 속도로 나오는 경우에도, 부호화기 출력에서의 부호 심벌은 일정한 속도로 나오지 않는다는 점을 주지하기 바란다. 표 12.3에서 볼 수 있듯이 정보원 출력 AAA는 단 하나의 심벌이 부호화기 출력에서 나타나게 되는 반면, 정보원 출력 BBB는 부호화기의 출력에서 5개의 심벌이 나오게 된다. 따라서 채널에서의 심벌률이 일정하려면 부호화기 출력에

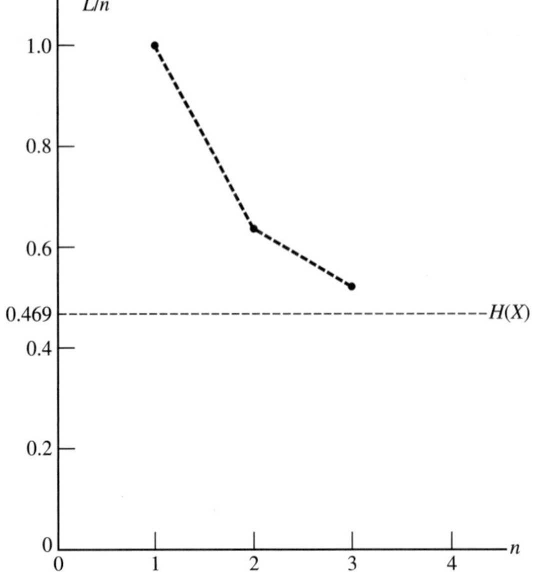

그림 12.9 $\bar{L}/n$의 특성

서 심벌 버퍼링이 제공되어야만 한다.

그림 12.9에는 n에 대한 함수로 $\bar{L}/n$의 특성을 나타내었다. $\bar{L}/n$는 항상 정보원 엔트로피를 초과하며 n이 클 때 정보원 엔트로피에 수렴함을 알 수 있다. 이것이 기본적인 결과가 된다.

이 예에서 부호어를 선택하는 데 사용된 방법을 설명하기 위해 일반적인 정보원 부호화 문제를 살펴보자.

12.2.2 여러 가지 정의

부호어를 만드는 방법을 자세히 논의하기 전에, 먼저 이 작업을 명백하게 하기 위한 몇 가지 용어를 정의하고자 한다. 각 부호어는 어느 채널을 통한 통신에 사용되는 심벌들의 집합인 알파벳으로 구성된다. 예를 들어, 이진 부호어는 2개의 심벌로 이루어진 알파벳으로 구성되는데, 2개의 심벌은 보통 0과 1을 취하게 된다. 부호어의 **워드길이**는 부호어에서의 심벌 개수이다.

부호는 주요한 몇 가지로 분류될 수 있다. 예를 들어, 부호는 **블록** 또는 **비블록** 부호로 분류할 수 있다. 블록 부호는 정보원 심벌의 각 블록이 고정된 길이의 부호 심벌 시퀀스로 부호화되는 것을 말한다. **유일 복호** 부호는 공간을 사용하지 않고 부호어가 복호되는 블록 부호이다. 이러한 부호들은 계속 이어지는 부호 심벌에 대한 참조 없이 각 부호어를 순서대로 복호할 수 있는지의 여부에 따라서 **순시** 부호 또는 **비순시** 부호로 세분할 수 있다. 비순시 부호는 표 12.4에 나타낸 것과 같이 연속되는 부호 심벌을 참조해야 한다. 비순시 부호는 유일하게 복호할 수 있다는 것을 기억해야 한다.

표 12.4 순시 및 비순시 부호

Source symbols	Code 1 noninstantaneous	Code 2 instantaneous
x_1	0	0
x_2	01	10
x_3	011	110
x_4	0111	1110

정보원 부호의 유용한 성능 척도는 부호 **효율성**인데, 이것은 부호어의 최소 평균 워드길이 $\overline{L}_{min}$ 대 부호어의 평균 워드길이 $\overline{L}$의 비율로 정의된다. 즉

$$\text{Efficiency} = \frac{\bar{L}_{\min}}{\bar{L}} = \frac{\bar{L}_{\min}}{\sum_{i=1}^{n} p(x_i) l_i} \tag{12.71}$$

이 되는데, 여기서 $p(x_i)$는 i번째 정보원 심벌의 확률이고 l_i는 i번째 정보원 심벌에 해당하는 부호어 길이이다. 최소 평균 워드길이는 다음과 같다.

$$\bar{L}_{\min} = \frac{H(X)}{\log_2 D} \tag{12.72}$$

여기서 $H(X)$는 부호화되는 메시지 앙상블의 엔트로피이고 D는 부호 알파벳의 심벌 수이다. 따라서 이진 알파벳에 대한 효율은

$$\text{Efficiency} = \frac{H(X)}{\bar{L} \log_2 D} \tag{12.73}$$

또는

$$\text{Efficiency} = \frac{H(X)}{\bar{L}} \tag{12.74}$$

가 된다. 그림 12.9에 함축되어 있는 바와 같이 만약 부호의 효율이 100%라면 평균 워드길이 $\overline{L}$는 엔트로피 $H(X)$와 같게 된다는 점을 주목하기 바란다.

12.2.3 확장된 이진 정보원의 엔트로피

실제적인 많은 문제에 있어서 정보원의 n차 확장을 부호화하여 효율을 개선할 수 있다. 이것은 앞 절의 정보원 부호화에 대한 예제에서 사용한 기법과 동일한 방법이다. 사용된 세 가지 기법의 효율을 계산하려면 확장된 정보원의 효율을 계산하여야 한다. 물론 확장된 정보원의 심벌 확률을 사용하여 효율을 직접 계산할 수도 있지만 더 쉬운 방법도 있다.

n차 확장된 이산 무기억 정보원의 엔트로피 $H(X^n)$은 다음과 같다.

$$H(X^n) = nH(X) \tag{12.75}$$

위 식은 n차 정보원 확장의 출력으로부터 생성된 메시지 시퀀스를 $(i_1, i_2, \cdots, i_n)$으로 표현하여 쉽게 증명할 수 있다. 여기서 i_k는 확률 p_{ik}를 갖는 두 가지 상태 중 하나를 취한다. n차 확장된 정보원의 엔트로피는 다음과 같다.

$$H(X^n) = -\sum_{i_1=1}^{2}\sum_{i_2=1}^{2}\cdots\sum_{i_n=1}^{2}\left(p_{i_1}p_{i_2}\cdots p_{i_n}\right)\log_2\left(p_{i_1}p_{i_2}\cdots p_{i_n}\right) \tag{12.76}$$

이것은 다음과 같이 나타낼 수 있다.

$$H(X^n) = -\sum_{i_1=1}^{2}\sum_{i_2=1}^{2}\cdots\sum_{i_n=1}^{2}\left(p_{i_1}p_{i_2}\cdots p_{i_n}\right)\left(\log_2 p_{i_1} + \log_2 p_{i_2}\cdots\log_2 p_{i_n}\right) \tag{12.77}$$

위의 식을 풀어 쓰면 다음과 같다.

$$\begin{aligned} H(X^n) = &-\sum_{i_1=1}^{2} p_{i_1}\log_2 p_{i_1}\left(\sum_{i_2=1}^{2} p_{i_2}\sum_{i_3=1}^{2} p_{i_3}\cdots\sum_{i_n=1}^{2} p_{i_n}\right) \\ &-\left(\sum_{i_1=1}^{2} p_{i_1}\right)\sum_{i_2=1}^{2} p_{i_2}\log_2 p_{i_2}\left(\sum_{i_3=1}^{2} p_{i_3}\sum_{i_4=1}^{2} p_{i_4}\cdots\sum_{i_n=1}^{2} p_{i_n}\right)\cdots \\ &-\left(\sum_{i_1=1}^{2} p_{i_1}\sum_{i_2=1}^{2} p_{i_2}\cdots\sum_{i_{n-2}=1}^{2} p_{i_{n-2}}\right)\sum_{i_{n-1}=1}^{2} p_{i_{n-1}}\log_2 p_{i_{n-1}}\left(\sum_{i_n=1}^{2} p_{i_n}\right) \\ &-\left(\sum_{i_1=1}^{2} p_{i_1}\sum_{i_2=1}^{2} p_{i_2}\cdots\sum_{i_{n-1}=1}^{2} p_{i_{n-1}}\right)\sum_{i_n=1}^{2} p_{i_n}\log_2 p_{i_n} \end{aligned} \tag{12.78}$$

괄호 안의 모든 항은 1이기 때문에,

$$H(X^n) = -\sum_{k=1}^{n}\sum_{i_k}^{2} p_{i_k}\log_2 p_{i_k} = -\sum_{k=1}^{n} H(X) \tag{12.79}$$

가 되고, 따라서 확장된 이진 정보원의 엔트로피는 다음과 같이 된다.

$$H(X^n) = nH(X) \tag{12.80}$$

확장된 정보원의 효율은 다음과 같다.

Source words	Probability	Code word	(Length)·(Probability)	
X_1	0.2500	00	2 (0.25)	= 0.50
X_2	0.2500	01	2 (0.25)	= 0.50
		A -------- A'		
X_3	0.1250	100	3 (0.125)	= 0.375
X_4	0.1250	101	3 (0.125)	= 0.375
X_5	0.0625	1100	4 (0.0625)	= 0.25
X_6	0.0625	1101	4 (0.0625)	= 0.25
X_7	0.0625	1110	4 (0.0625)	= 0.25
X_8	0.0625	1111	4 (0.0625)	= 0.25
			Average word length = 2.75	

그림 12.10 샤논-파노 정보원 부호화

$$\text{Efficiency} = \frac{nH(X)}{\bar{L}} \tag{12.81}$$

만약 n이 무한대로 접근함에 따라서 효율이 100%에 접근한다면, $\bar{L}/n$는 확장된 정보원의 엔트로피에 접근하게 된다. 이러한 사실은 그림 12.9를 관찰한 결과와 동일하다.

12.2.4 샤논-파노 정보원 부호화

정보원의 출력을 부호화하여 순시 부호가 되도록 하는 여러 가지 방법이 있다. 이 절에서는 그 중 두 가지 방법에 대하여 살펴볼 것이다. 첫 번째 방법은 Shannon-Fano 방법이다. 샤논-파노 부호화(Shannon-Fano coding)는 가장 짧은 평균 워드길이(최적)가 생성된다는 보장이 없기 때문에 자주 사용되지는 않는다. 그러나 샤논-파노 기법은 적용하기가 아주 쉽고 비교적 높은 효율을 가지는 정보원 부호를 산출한다. 다음의 하위 절에서는 주어진 정보원 엔트로피에 대하여 가장 짧은 평균 워드길이를 가지는 정보원 부호를 산출하는 허프만 정보원 부호화(Huffman source coding)에 대해 살펴볼 것이다.

이진 형태로 표현되는 정보원 출력의 집합이 주어져 있다고 가정하자. 먼저 그림 12.10에 나타낸 것처럼 정보원 출력을 발생 확률의 내림차순으로 정리한다. 그 후 이 집합을 가능한 확률이 동일하도록 두 개의 집합으로 나누는데(A-A' 선으로 나타냄), 부호어의 첫 번째 열에 대하여 위의 집합에는 0을 할당하고 아래의 집합에는 1을 할당한다. 각 시행마다 가능한 동일한 확률의 집합으로 나누면서, 더 이상의 집합을 나눌 수 없을 때까지 이러한 과정을 계속한다. 이러한 기법은, 만약 나누는 과정이 항상 확률적으로 동일한 집합으로 나누는 경우에는 100%의 효율성을 가지는 부호를 구성할 수 있다. 그렇지 못한 경우는 부호의 효율이 100% 미만이 된다. 이런 특별한 예제의 경우, 동일한 확률로 나누는 것이 가능하기 때문에 효율은 다음과 같이 된다.

$$\text{Efficiency} = \frac{H(X)}{\bar{L}} = \frac{2.75}{2.75} = 1 \tag{12.82}$$

12.2.5 허프만 정보원 부호화

허프만 부호화는 엔트로피가 주어진 정보원에 대하여 최소 평균 워드길이를 갖는다는 점에서 최적 부호가 된다. 따라서 허프만 기법은 가장 효율이 높은 부호를 제공하게 된다. 샤논-파노 부호화 과정을 설명하기 위하여 사용한 여덟 개 메시지의 정보원 출력을 이용하여 허프만 부호화 과정을 설명한다.

그림 12.11에는 허프만 부호화 과정을 나타내었다. 정보원 출력은 X_1, X_2, X_3, X_4, X_5, X_6, X_7, X_8으로 구성된다. 이 출력은 샤논-파노 부호화에서와 동일하게 발생 확률의 내림차순으로 나열된다. 허프만 과정의 첫 번째 단계는 확률이 가장 낮은 두 개의 메시지 X_7과 X_8을 결합하는 것이다.

상위 메시지 X_7에는 부호어의 마지막 심벌로 0을 할당하고, 하위 메시지 X_8에는 부호어의 마지막 심벌로 1을 할당한다. X_7과 X_8을 결합한 것은 X_7과 X_8의 확률을 더한 확률을 갖는 새로운 합성 메시지로 볼 수 있으며, 이 경우 그림에서와 같이 확률이 0.1250이 된다. 이 합성 메시지를 X'_4로 표기하자. 이러한 초기 단계를 수행한 다음, 새로운 메시지 집합 X_1, X_2, X_3, X_4, X_5, X_6, X'_4를 확률의 내림차순으로 재정렬한다. 비록 X_4의 뒤에 위치했었기 때문에 X'_4라고 명명했지만, X'_4는 X_2와 X_5 사이의 어느 곳에도 위치할 수 있다. 이와 동일한 과정을 한 번 더 수행한다. 메시지 X_5와 X_6를 결합한다. 이 결합된 메시지를 X'_4와 다시 결합한다. 이러한 과정을 가능할 때까지 계속 수행한다. 최종적으로 구성된 나무 구조를 역추적하여 부호어를 결정한다. 최종적인 부호어를 그림 12.11에 나타내었다.

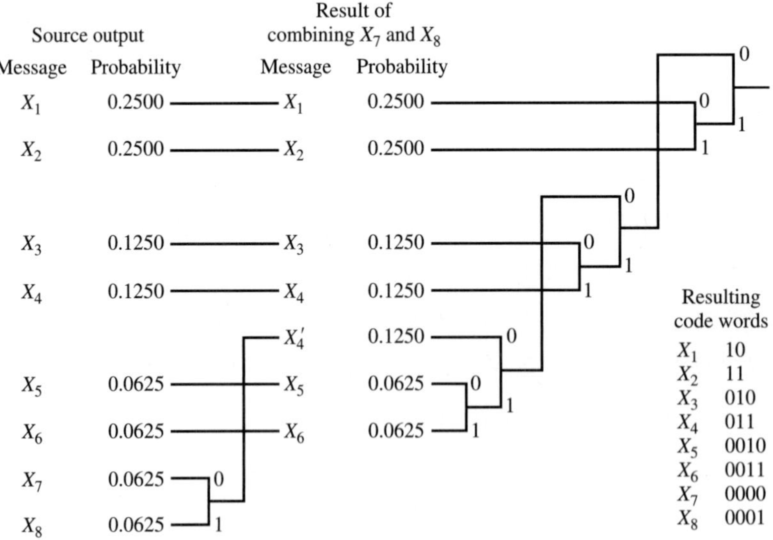

그림 12.11 허프만 정보원 부호화 예제

허프만 과정으로 구성한 부호어는 이전의 결합으로부터 생성된 합성 메시지의 배치가 여러 지점에서 임의적으로 수행되었기 때문에, 섀논-파노 과정으로 구성한 부호어와는 서로 다르게 된다. 상위 또는 하위 메시지에 이진 0 또는 1을 할당하는 것 역시 임의적이다. 그러나 두 과정에 대한 평균 워드길이는 동일하다. 섀논-파노 과정에서는 효율이 100%였는데 허프만 과정에서는 그보다 더 나쁠 수 없기 때문에 이것은 당연한 결과이다.

두 과정의 결과가 같은 평균길이가 되지 않는 경우도 존재한다. 부호어의 시퀀스로부터 원래 이진 심벌 시퀀스가 정확하게 복원될 수 있으므로 허프만 부호화 과정은 무손실 부호화의 한 예이다. 무손실 부호화에 대해서는 많은 예가 있다. 한 예로는 이 장의 마지막 절에서 다룰 연속-길이(run-length) 부호화이다.

12.3 잡음 환경에서의 통신 : 기본 아이디어

관심을 돌려, 이 절에서는 잡음이 존재하는 경우에 잡음의 영향에 대처하여 신뢰성 있는 통신을 할 수 있는 방법에 대해 살펴보자. 잘 알려진 클로드 섀논의 정리를 바탕으로 시작한다.

섀논의 정리(정보 이론의 기본 정리)

채널 용량 C와 R<C인 정보원율 R을 가진 이산 무기억 채널이 주어진 경우(각 심벌은 다른 모든 심벌에 독립적인 잡음에 의해 왜곡됨), 이 채널을 통하여 임의의 작은 오류 확률을 가지고 정보원 출력을 전송할 수 있는 부호가 존재한다.

따라서 섀논의 정리는 근본적으로 잡음이 존재하더라도 오류 없이 전송할 수 있는 방법에 대하여 예견한 것이다. 그러나 불행히도 이 정리는 부호의 존재성만을 밝혔을 뿐, 그러한 부호를 구성하는 방법에 대해서는 언급되어 있지 않다.

잡음이 있는 채널에서 부호를 구성하는 방법에 대한 논의를 시작하기 전에 연속적인 채널에 대하여 잠시 논의하기로 한다. 이 논의는 후에 증명을 하는 데 더 도움이 될 것이다.

9장에서는 AWGN 채널에 대해 논의했었고, 열잡음을 주요 잡음원이라고 가정했을 때 AWGN 채널 모델이 넓은 범위의 온도 및 채널 대역폭에서 적용 가능함을 알 수 있었다. AWGN 채널의 용량을 구하는 것은 상대적으로 간단한 일이고, 유도 과정은 대부분의 정보 이론 교재에서 다루고 있다(이 장 끝에 있는 참고문헌 참조). AWGN 채널 용량은 초당 비트의 단위로, 다음과 같이 나타낼 수 있다.

$$C_c = B\log_2\left(1+\frac{S}{N}\right) \tag{12.83}$$

여기서 B는 Hz 단위인 채널의 대역폭이고, S/N는 신호 대 잡음의 전력비이다. 이 특별한 식은 샤논-하틀리 법칙(Shannon-Hartley low)이라고 알려져 있다. 아래첨자는 식 (12.83)을 식 (12.46)과 구별하기 위해 사용되었다. 식 (12.46)으로 표현된 채널 용량은 심벌당 비트의 단위를 가지지만, 식 (12.83)은 초당 비트의 단위를 가진다.

대역폭과 신호 대 잡음비 간의 트레이드-오프는 샤논-하틀리 법칙으로부터 알 수 있다. 신호 대 잡음비가 무한대인 경우, 즉 잡음이 없는 경우, 대역폭이 영이 아니라면 채널 용량은 무한대가 된다. 그러나 잡음이 있는 상황에서는, 대역폭이 증가하더라도 채널 용량이 임의로 증가할 수는 없다.

대역폭이 넓은 경우에 대하여 샤논-하틀리 법칙의 특성을 이해하기 위해 식 (12.83)을 약간 다른 형태로 바꾸는 것이 바람직하다. 비트당 에너지 E_b는 신호의 전력 S에 비트의 지속시간 T_b를 곱한 것과 같다. 용량에서는, 비트율 R_b는 용량과 같다. 따라서 $T_b = 1/C_c$ s/bit가 된다. 용량에 있어서는 다음 식이 된다.

$$E_b = ST_b = \frac{S}{C_c} \tag{12.84}$$

대역폭 B에서의 총잡음 전력은 다음과 같다.

$$N = N_0 B \tag{12.85}$$

여기서 N_0는 Hz당 watts 단위의 단측파 대 잡음 전력 스펙트럼 밀도이다. 따라서 신호 대 잡음비는 다음과 같이 나타낼 수 있다.

$$\frac{S}{N} = \frac{E_b}{N_0}\frac{C_c}{B} \tag{12.86}$$

이 식을 이용하여 샤논-하틀리 법칙을 등가적인 형태로 다시 표현하면 다음과 같다.

$$\frac{C_c}{B} = \log_2\left(1 + \frac{E_b}{N_0}\frac{C_c}{B}\right) \tag{12.87}$$

E_b/N_0에 대하여 풀면 다음 식이 된다.

$$\frac{E_b}{N_0} = \frac{B}{C_c}(2^{C_c/B} - 1) \tag{12.88}$$

이 식은 이상적인 시스템의 성능을 분석하는 데 사용될 수 있다. $B \gg C_c$인 경우, 근사식 $e^x \cong 1+x$, $|x| \ll 1$을 이용하면 다음 식이 성립한다.

$$2^{C_c/B} = e^{(C_c/B)\ln 2} \cong 1 + \frac{C_c}{B}\ln 2 \tag{12.89}$$

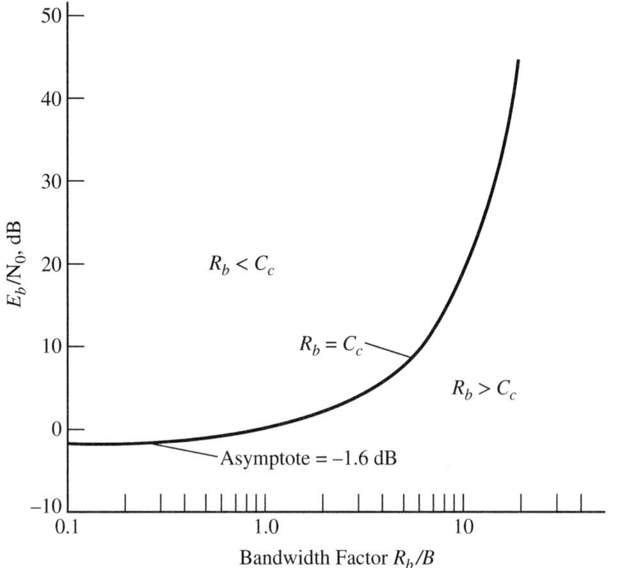

그림 12.12 AWGN 채널에 대한 $R_b = C_c$ 관계

식 (12.89)를 식 (12.88)에 대입하면 다음과 같이 된다.

$$\frac{E_b}{N_0} \cong \ln 2 = -1.6 \text{ dB} \quad B \gg C_c \tag{12.90}$$

따라서 $R_b = C_c$인 이상적인 시스템의 경우, 대역폭이 무한정 증가함에 따라 E_b/N_0는 -1.6dB의 한계치에 접근하게 된다.

R_b/B의 함수로 데시벨 단위의 E_b/N_0를 그림 12.12에 나타내었다. 이상적인 시스템은 $R_b = C_c$로 정의되고, 식 (12.88)에 해당한다. 우리의 관심 영역은 두 부분으로 나누어볼 수 있다. $R_b < C_c$인 첫 번째 영역은, 임의의 작은 오류 확률을 얻을 수 있는 영역이다. 명백하게 이 영역은 우리가 시스템을 동작시키기에 원하는 영역이 된다. $R_b > C_c$인 다른 영역에서는 임의의 작은 오류 확률을 기대할 수 없다.

그림 12.12로부터 중요한 트레이드-오프를 추론할 수 있다. 대역폭 인자 R_b/B가 커서 비트율이 대역폭보다 훨씬 크다면, $R_b < C_c$인 영역에서 시스템을 동작시키기 위해서는, R_b/B가 작을 때보다 충분히 더 큰 E_b/N_0값이 필요하다. 다른 방법으로 설명을 하자면, 정보원 비트율이 초당 R_b비트로 고정되어 있고, 사용가능한 대역폭이 $B \gg R_b$가 되도록 크다고 가정해보자. 이 경우에 $R_b < C_c$인 영역에서의 동작을 위해서는 E_b/N_0가 -1.6dB보다 약간만 더 크면 된다. 요구되는 신호 전력은 다음과 같다.

$$S \cong R_b(\ln 2)N_0 W \tag{12.91}$$

이것은 $R_b<C_c$인 영역에서 동작하기 위한 최소 신호 전력이다. 그러므로 이 영역에서의 동작에는 **전력 제한 동작**이 필요하다.

이제 대역폭이 $R_b \gg B$가 되도록 제한된다고 가정해보자. 그림 12.12로부터 $R_b<C_c$인 영역에서 동작을 하기 위해서는 더 큰 E_b/N_0값이 필요하다는 것을 알 수 있다. 따라서 요구되는 신호 전력은 식 (12.91)에서 주어진 것보다 훨씬 크다. 이를 **대역 제한 동작**이라 한다.

앞 단락에서 샤논-하틀리 법칙이 적용되는 AWGN 채널에서는 적어도 전력과 대역폭 사이에 트레이드-오프가 존재함을 설명하였다. 이러한 트레이드-오프는 통신 시스템 설계에 있어 근본적으로 중요한 요소가 된다.

잡음이 존재하는 경우라 하더라도 이론적으로는 완벽한 시스템 성능을 얻을 수 있다는 것을 알았으므로, 샤논의 정리에서 제시한 성능을 얻을 수 있도록 하는 시스템 구성에 대해 살펴보도록 하자. 사실상 11장에서 이러한 시스템을 분석했었다. 직교 신호를 채널로 전송하고, 복조에서는 상관 수신기를 사용하였다. 시스템의 성능을 그림 11.7에 나타내었다. 샤논의 경계(Shannon' s bound)도 명확히 나타나 있다.

잡음 효과에 대처하기 위해 많은 기술들이 사용되고 있고 그로 인해 성능이 Shannon의 이론적 한계에 더욱 가까워지고 있다. 가장 보편적으로 사용되는 기술은 **순방향 오류 정정**이다. 순방향 오류 정정을 위한 두 가지 주요 부호화 기법은 블록 부호와 길쌈 부호이다. 이어지는 두 절에서 이들 기술들을 다루고자 한다.

12.4 잡음 채널에서의 통신 : 블록 부호

초당 R_s개 심벌률의 직렬 이진 심벌 스트림을 발생하는 정보원을 고려하자. 이러한 심벌들을 T초 길이의 블록으로 그룹화한다고 가정하면, 각 블록에는 $R_sT=k$개의 정보원 또는 정보 심벌이 포함된다. 이러한 k-심벌 블록에 잉여 검사 심벌을 추가하여 n심벌 길이의 부호어를 만들게 된다. 적절하게 설계된 블록 부호에서 이러한 $n-k$개의 검사 심벌은, 잡음 채널을 통한 n심벌 부호어 전송에서 발생하는 하나 이상의 오류를 복호기에서 정정(또는 검출)할 수 있는 충분한 정보를 제공한다. 이러한 방식으로 동작하는 부호기로 만들어지는 부호를 (n, k) 블록 부호라고 부른다. 블록 부호의 중요한 파라미터는 아래 식과 같이 정의되는 부호율이다.

$$R_s = \frac{k}{n} \tag{12.92}$$

이는 n심벌의 각 블록에서 k비트 정보가 전송되기 때문이다. 설계 목표는 가능한 가장 높은 비율의 오류 정정 능력을 달성하는 것이다.

부호는 검사 심벌에 포함되어 있는 잉여의 양에 따라 오류를 정정하거나 또는 단지 검출만

할 수 있다. 오류를 정정할 수 있는 부호를 **오류 정정 부호**라고 한다. 오류를 검출만 할 수 있는 부호도 역시 유용하게 사용된다. 예를 들어, 오류 정정은 안 되지만, 검출된 경우, 궤환 채널을 사용하여 오류가 발견된 부호어의 재전송을 요구하게 된다. 오류 검출 및 궤환 채널에 대해서는 다음 절에서 살펴볼 것이다. 만약 부호어 유실보다 오류가 더 심각한 문제이면, 오류가 발견된 부호어를 재전송 요구 없이 그냥 폐기할 수 있다.

12.4.1 해밍 거리와 오류 정정

부호를 기하학적으로 관찰함으로써 어떠한 원리로 오류를 정정하거나 검출할 수 있는가를 알 수 있다. 이진 부호어는 심벌의 길이가 n인 1과 0의 시퀀스다. 부호어 s_j의 해밍 무게 $w(s_j)$는 부호어 내의 1의 개수로 정의한다. 부호어 s_i와 s_j 사이의 해밍 거리 $d(s_i, s_j)$ 또는 d_{ij}는 두 부호어 간의 서로 다른 값을 가지는 위치의 개수로 정의한다. 해밍 거리를 해밍 무게로 표현하면 다음과 같다.

$$d_{ij} = w(s_i \oplus s_j) \tag{12.93}$$

여기서 심벌 $\oplus$은 캐리를 제외한 이진 덧셈의 모듈로 2 가산을 의미한다.

예제 12.7

이 예제에서는 $s_1 = 101101$과 $s_2 = 001100$ 간의 해밍 거리를 구한다.

$$101101 \oplus 001100 = 100001$$

이므로

$$d_{12} = w(100001) = 2$$

가 되고, 이는 s_1과 s_2가 두 개의 위치에서 다름을 의미한다. ■

두 부호어를 기하학적으로 표현하면 그림 12.13과 같다. 두 개의 C는 거리가 5인 두 개의 부호어를 나타낸다. 왼쪽의 부호어가 기준 부호어이다. 기준으로부터 오른쪽의 첫 번째 'x'는 기준 부호어로부터 거리가 1인 이진 시퀀스를 나타낸다. 여기서 거리는 해밍 거리를 나타내는 것으로 이해하면 된다. 기준 부호어로부터 오른쪽의 두 번째 'x'는, 기준으로부터 거리가 2인 이진 시퀀스를 나타낸다. 이런 식으로 확장하여 해석한다. 주어진 부호에 대한 모든 부호어의 해밍 거리 중 그림에 나타낸 두 개 부호어 간의 거리가 가장 가깝다고 가정하면, 이 부호는 거리가 5인 부호가 된다. 그림 12.13은, 수신 시퀀스에 대해 해밍 거리가 가장 가까운 부호어에 주어진 수신 시퀀스를 할당하는 최소 거리 복호화의 개념을 보여주고 있다. 따라서 최소 거리

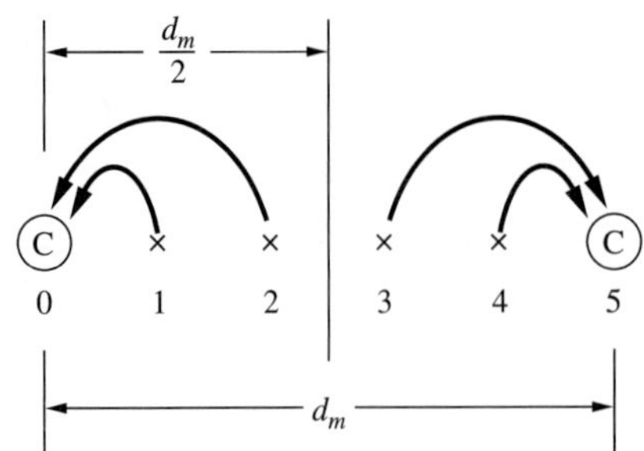

그림 12.13 부호어가 아닌(non-code word) 시퀀스를 설명하고 있는 두 개의 부호어의 기하학적 표현

복호기는, 그림에 보인 것처럼 수직선 왼쪽에 수신된 시퀀스를 왼쪽에 있는 부호어에 할당하고, 수직선 오른쪽에 수신된 시퀀스를 오른쪽에 있는 부호어에 할당한다.

따라서 최소 거리 복호기가 항상 e개의 오류를 정정할 수 있음을 추론할 수 있다. 여기서 e는 d_m-1을 넘지 않는 최대 정수이고, d_m은 부호어 간의 최소 거리이다. 만일 d_m이 홀수이면, 모든 수신 워드들은 하나의 부호어로 할당된다. 그러나 d_m이 짝수인 경우에는 수신 워드는 두 부호어의 중간 지점에 위치한다. 이 경우 오류는 정정되지 못하고 검출만 가능하다.

예제 12.8

8개의 부호어 [0001011, 1110000, 1000110, 1111011, 0110110, 1001101, 0111101, 0000000]으로 구성된 부호를 생각해보자. 만일 1101011이 수신되었다면 복호된 부호어는 1101011과 해밍 거리가 가장 가까운 부호어이다. 계산은 다음과 같다.

$$w(0001011 \oplus 1101011) = 2 \quad w(0110110 \oplus 1101011) = 5$$
$$w(1110000 \oplus 1101011) = 4 \quad w(1001101 \oplus 1101011) = 3$$
$$w(1000110 \oplus 1101011) = 4 \quad w(0111101 \oplus 1101011) = 4$$
$$w(1111011 \oplus 1101011) = 1 \quad w(0000000 \oplus 1101011) = 5$$

따라서 복호된 부호어는 1111011이다. ■

12.4.2 단일 패리티 검사 부호

k개의 정보 심벌의 각 블록에 한 개의 검사 심벌을 부가하여, 단일 오류를 검출할 수는 있으나 정정할 수는 없는 간단한 $(k+1,\ k)$ 부호를 구성할 수 있다. 따라서 부호율은 $k/(k+1)$가 된다. 이렇게 부가된 심벌을 패리티 검사 심벌이라 하며, 모든 부호어의 해밍 무게가 홀수 또는 짝수가 되도록 부가한다. 만일 수신 워드가 짝수 개의 오류를 포함하고 있다면, 복호기는 오류를 검출할 수 없게 된다. 만약 오류가 홀수 개라면 복호기는 홀수 개의 오류, 아마도 한 개의 오류를 검출할 것이다.

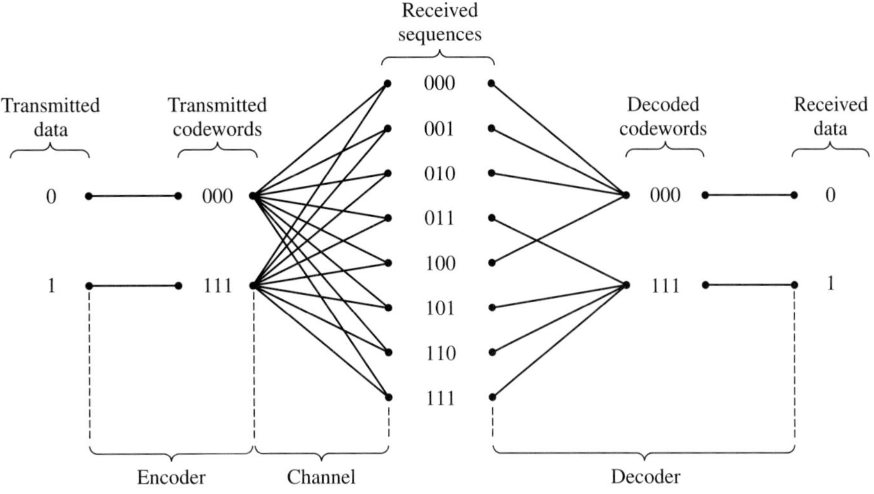

그림 12.14 부호율이 $\frac{1}{3}$인 반복 부호의 예

12.4.3 반복 부호

전송하고자 하는 각 심벌을 n번 반복 전송함으로써 오류를 정정할 수 있는 간단한 부호를 생성할 수 있다. 결과적으로 $n-1$개의 검사 심벌이 부가된다. 이러한 기법은, 모두 0인 부호어와 모두 1인 부호어의 두 개 부호어를 갖는 $(n, 1)$ 부호를 만들게 된다. 수신된 워드는 수신 심벌의 다수가 0인 경우에는 0으로 복호되고, 1인 경우에는 1로 복호된다. 이것은 $\frac{1}{2}(n-1)$개의 오류를 정정할 수 있는 최소 거리 복호와 동일하다. 반복 부호는 심벌 오류 확률이 낮은 경우 높은 오류 정정 능력을 갖지만, 낮은 부호율을 갖는다는 단점이 있다. 예를 들어, 정보원의 정보율이 심벌당 R비트인 경우, 부호기의 출력률 R_c는 다음과 같다.

$$R_c = \frac{k}{n}R = \frac{1}{n}R \quad \text{bits/symbol} \tag{12.94}$$

부호율이 $\frac{1}{3}$인 반복 부호화 과정을 그림 12.14에 자세히 나타내었다. 부호기는 데이터 심벌 0과 1을 각각 해당하는 부호어 000과 111에 대응시킨다. 그림에서와 같이 여덟 개의 가능한 수신 시퀀스들이 있다. 전송 시퀀스를 수신 시퀀스에 할당하는 방식은 랜덤하며, 그 할당에 대한 통계적 특성은 9장 및 10장에서 유도한 채널 특성에 따라 결정된다. 복호기는 수신 시퀀스를 최소 해밍 거리 복호 규칙에 따라 두 개의 부호어 중 하나에 대응시킨다. 그림 12.14에 보인 것처럼 각 복호된 부호어는 데이터 심벌에 해당한다.

예제 12.9

이 예제에서는 부호율이 $\frac{1}{3}$인 반복 부호의 오류 정정 능력에 대해 알아본다. 다음과 같은 조건부 오류 확률 $(1-p)$를 갖는 이원 대칭 채널에서 부호가 사용된다고 가정하자.

$$P(y_j \mid x_i) = 1 - p, \quad i \neq j \tag{12.95}$$

각 정보원 0은 000으로, 1은 111로 부호화된다. 채널을 통과할 때 두 개 또는 세 개의 심벌이 바뀌면 오류가 발생한다. 정보원 출력이 같은 발생 확률을 가진다고 가정하면, 오류 확률 P_e는 다음과 같이 된다.

$$p_e = 3(1-p)^2 p + (1-p)^3 \tag{12.96}$$

$1-p=0.1$이면, $P_e=0.028$이 되는데, 이는 4배보다 약간 작은 성능 향상을 의미한다. $1-p=0.01$이면, 성능 향상 비율은 약 33배가 된다. 따라서 이 부호는 $1-p$가 작을 때 성능이 좋다.

부호화한 오류 확률 p와 부호화하지 않은 오류 확률 p는 같지 않기 때문에, 이 간단한 예제를 혼동할 수 있다. 이 예제는 부호어 사이의 해밍 거리 n이 커짐에 따라 성능이 향상된다는 것을 시사하고 있다. 그러나 n이 증가하면 부호율은 감소한다. 실제 관심을 갖는 대부분의 경우에 정보율은 일정하게 유지되어야 한다. 이 예제에서는 각 정보 비트에 대하여 세 개의 부호 심벌이 필요하다. 정보율이 주어진 상황에서, 잉여 정보의 증가는 결과적으로 심벌률의 증가를 가져온다. 따라서 부호화된 심벌들은 부호화되지 않은 심벌들보다 더 적은 에너지로 전송된다. 이것은 채널 행렬을 변화시키게 되고, 따라서 부호화한 오류 확률 p가 부호화하지 않은 오류 확률 p보다 더 커지게 된다. 컴퓨터 예제 12.1과 12.2에서 이 문제에 대해 좀 더 자세하게 다룰 것이다. ■

12.4.4 단일 오류 정정을 위한 패리티 검사 부호

반복 부호와 단일 패리티 검사 부호는 높은 오류 정정 능력 또는 높은 정보율을 가지는 부호들이지만 두 가지 특성을 모두 만족하지는 못한다. 이러한 특성이 적절히 결합된 부호만이 디지털 통신 시스템에서 실제적으로 사용될 수 있다. 이제, 이러한 요구 조건을 만족하는 패리티 검사 부호의 종류에 대하여 살펴보자.

k개의 정보 심벌들과 r개의 패리티 검사 심벌들을 구성하는 일반적인 부호어는 다음과 같이 나타낼 수 있다.

$$a_1 \quad a_2 \cdots a_k \quad c_1 \quad c_2 \cdots c_r$$

여기서 a_i는 i번째 정보 심벌이고, c_j는 j번째 검사 심벌이다. 워드길이는 $n=k+r$이다. 문제는 부호율을 만족시키면서 좋은 오류 정정 특성을 얻기 위해 r개의 패리티 검사 심벌을 선택하는 것이다.

좋은 부호의 또 다른 요구되는 성질은, 복호기가 쉽게 구현되어야 한다는 것이다. 이것은 결국 부호가 간단한 구성을 가져야 한다는 것을 필요로 한다. 2^k개의 서로 다른 부호어들은 k 길이의 정보 시퀀스로부터 구성될 수 있다는 것을 기억하기 바란다. 부호어는 길이가 n이기 때문에, 2^n개의 가능한 시퀀스들이 수신된다. 2^n개의 가능한 수신된 시퀀스 중에 2^k은 유효한 부호어를 나타내고, 나머지 2^n-2^k은 잡음 또는 다른 채널 손상으로 인한 오류를 포함한 수신 시퀀스를 나타낸다. Shannon은, $n \gg k$에 대하여 n 길이의 2^n개의 시퀀스 중 하나를 2^k개의 정보 시퀀스의 각각에 랜덤하게 간단히 할당할 수 있다는 것을 보였는데, 대부분의 경우에 결과적으로 '좋은' 부호가 될 것이다. 부호화기는 이러한 할당을 표로 구성한다. 이 방법의 난점은 부호어가 구조적이지 못하기 때문에, 복호를 위해서는 순람표가 요구된다는 것이다. 순람표는 느리고 과도한 메모리를 요구하기 때문에 대부분의 응용에는 바람직하지 않다. 이제 정보 시퀀스를 n-심벌 부호어로 할당하는 구조적인 방법을 살펴본다.

부호어의 처음 k개의 심벌이 정보 심벌인 부호를 **체계적 부호**라고 한다. $r=n-k$의 패리티 검사 심벌을 선택하여 다음 r개의 선형 방정식을 만족하도록 한다.

$$\begin{aligned} 0 &= h_{11}a_1 \oplus h_{12}a_2 \oplus \cdots \oplus h_{1k}a_k \oplus c_1 \\ 0 &= h_{21}a_1 \oplus h_{22}a_2 \oplus \cdots \oplus h_{2k}a_k \oplus c_2 \\ \vdots\ &\ \vdots \qquad\qquad\qquad \vdots \\ 0 &= h_{r1}a_1 \oplus h_{r2}a_2 \oplus \cdots \oplus h_{rk}a_k \oplus c_r \end{aligned} \tag{12.97}$$

식 (12.97)은 다음과 같이 나타낼 수 있다.

$$[H][T] = [0] \tag{12.98}$$

여기서 $[H]$는 패리티 검사 행렬이고,

$$[H] = \begin{bmatrix} h_{11} & h_{12} & \cdots & h_{1k} & 1 & 0 & \cdots & 0 \\ h_{21} & h_{22} & \cdots & h_{2k} & 0 & 1 & \cdots & 0 \\ \vdots & \vdots & \ddots & \vdots & \vdots & \vdots & \ddots & \vdots \\ h_{r1} & h_{r2} & \cdots & h_{rk} & 0 & 0 & \cdots & 1 \end{bmatrix} \tag{12.99}$$

$[T]$는 부호어 벡터로 다음과 같다.

$$[T] = \begin{bmatrix} a_1 \\ a_2 \\ \vdots \\ a_k \\ c_1 \\ \vdots \\ c_r \end{bmatrix} \tag{12.100}$$

이제 길이가 n인 수신 시퀀스를 $[R]$이라고 하자. 만약

$$[H][R] \neq [0] \tag{12.101}$$

이면, $[R]$은 부호어가 아니며, 즉 $[R] \neq [T]$이고 채널을 통과한 n개의 송신 심벌에서 적어도 한 개의 오류가 발생한 것을 알 수 있다. 만약

$$[H][R] = [0] \tag{12.102}$$

이면, $[R]$은 유효한 부호어가 된다. 그리고 채널 상에서 심벌 오류 확률은 작다고 가정하였기 때문에, 수신 시퀀스는 송신된 부호어일 공산이 가장 크다.

부호화의 첫 번째 단계는 $[R]$을 다음과 같이 나타내는 것이다.

$$[R] = [T] \oplus [E] \tag{12.103}$$

여기서 $[E]$는 채널에 의해 발생한 길이 n의 오류 형태를 나타낸다. $[R]$과 $[E]$로부터 부호어를 복원할 수 있기 때문에, 복호 문제는 결국 $[E]$를 구하는 것으로 귀결된다. 식 (12.97)에 기인한 이 구조가 복호기를 정의하게 된다.

$[E]$를 계산하는 첫 번째 단계로서, 수신된 워드 $[R]$에 패리티 검사 행렬 $[H]$를 곱한다. 그 곱은 $[S]$로 표기하며 다음 식과 같이 나타낼 수 있다.

$$[S] = [H][R] = [H][T] \oplus [H][E] \tag{12.104}$$

$[H][T] = [0]$이므로

$$[S] = [H][E] \tag{12.105}$$

가 되고, 행렬 $[S]$를 **증후군**이라고 한다. $[H]$는 정방 행렬이 아니므로 $[H]$의 역이 존재하지 않기 때문에, 식 (12.105)는 직접적으로 풀 수 없게 된다.

단일 오류가 발생했다고 가정하면, 오류 벡터는 다음과 같은 형태로 나타낼 수 있다.

$$[E] = \begin{bmatrix} 0 \\ 0 \\ \vdots \\ 1 \\ \vdots \\ 0 \end{bmatrix}$$

$[E]$의 좌변에 $[H]$를 곱하면 증후군은 행렬 $[H]$의 i번째 열이 되는데, 여기서 오류는 i번째 위치

에서 발생한다. 다음 예제에서는 이 방법을 설명한다. 채널 상에서 심벌 오류 확률이 작다고 가정하였기 때문에, 가장 작은 해밍 무게를 갖는 오류 벡터가 실제 오류 벡터일 공산이 가장 크다는 것을 주지하기 바란다. 따라서 단일 오류를 포함하는 오류 형태일 가능성이 가장 크다.

예제 12.10

부호가 다음과 같은 패리티 검사 행렬을 갖는다.

$$[H] = \begin{bmatrix} 1 & 1 & 0 & 1 & 0 & 0 \\ 0 & 1 & 1 & 0 & 1 & 0 \\ 1 & 0 & 1 & 0 & 0 & 1 \end{bmatrix} \tag{12.106}$$

111011을 수신하였다고 가정하였을 때, 오류가 발생하였는지를 판정하고, 복호된 부호어를 구하라. 첫 번째 단계로 증후군을 계산한다. 이때 모든 연산은 모듈로 2임을 상기하고, 이는 다음과 같다.

$$[S] = [H][R] = \begin{bmatrix} 1 & 1 & 0 & 1 & 0 & 0 \\ 0 & 1 & 1 & 0 & 1 & 0 \\ 1 & 0 & 1 & 0 & 0 & 1 \end{bmatrix} \begin{bmatrix} 1 \\ 1 \\ 1 \\ 0 \\ 1 \\ 1 \end{bmatrix} = \begin{bmatrix} 0 \\ 1 \\ 1 \end{bmatrix} \tag{12.107}$$

따라서 오류가 발생하였다는 것을 알 수 있다. 증후군이 패리티 검사 행렬의 세 번째 열이기 때문에, 수신된 워드의 세 번째 심벌에 오류가 발생하였다고 추측할 수 있다. 그러므로 복호된 부호어는 110011이다. 이는 110011이 0의 증후군을 갖는다는 것을 보임으로써 증명할 수 있다. ■

패리티 검사 부호를 더 자세하게 살펴보기로 하자. 식 (12.97)과 식 (12.99)로부터 패리티 검사는 다음과 같이 나타낼 수 있다.

$$\begin{bmatrix} c_1 \\ c_2 \\ \vdots \\ c_r \end{bmatrix} = \begin{bmatrix} h_{11} & h_{12} & \cdots & h_{1k} \\ h_{21} & h_{22} & \cdots & h_{2k} \\ \vdots & \vdots & \ddots & \vdots \\ h_{r1} & h_{r2} & \cdots & h_{rk} \end{bmatrix} \begin{bmatrix} a_1 \\ a_2 \\ \vdots \\ a_k \end{bmatrix} \tag{12.108}$$

따라서 부호어 벡터 $[T]$는

$$[T] = \begin{bmatrix} a_1 \\ a_2 \\ \vdots \\ a_k \\ c_1 \\ \vdots \\ c_r \end{bmatrix} = \begin{bmatrix} 1 & 0 & \cdots & 0 \\ 0 & 1 & \cdots & 0 \\ \vdots & \vdots & \ddots & \vdots \\ 0 & 0 & \cdots & 1 \\ h_{11} & h_{12} & \cdots & h_{1k} \\ \vdots & \vdots & \ddots & \vdots \\ h_{r1} & h_{r2} & \cdots & h_{rk} \end{bmatrix} \begin{bmatrix} a_1 \\ a_2 \\ \vdots \\ a_k \end{bmatrix} \tag{12.109}$$

또는

$$[T] = [G][A] \tag{12.110}$$

로 나타낼 수 있는데, 여기서 $[A]$는 k개의 정보 심벌로 구성된 벡터

$$[A] = \begin{bmatrix} a_1 \\ a_2 \\ \vdots \\ a_k \end{bmatrix} \tag{12.111}$$

이고, $[G]$는 생성 행렬이라고 부르며 다음과 같다.

$$[G] = \begin{bmatrix} 1 & 0 & \cdots & 0 \\ 0 & 1 & \cdots & 0 \\ \vdots & \vdots & \vdots & \vdots \\ 0 & 0 & \cdots & 1 \\ h_{11} & h_{12} & \cdots & h_{1k} \\ \vdots & \vdots & \vdots & \vdots \\ h_{r1} & h_{r2} & \cdots & h_{rk} \end{bmatrix} \tag{12.112}$$

식 (12.99)와 식 (12.112)를 비교해보면, 생성 행렬 $[G]$와 패리티 검사 행렬 $[H]$ 간의 관계가 명백해진다. 만약 $m \times m$ 항등 행렬을 $[I_m]$으로 나타내면, 행렬 $[H_p]$는 다음과 같이 정의된다.

$$[H_p] = \begin{bmatrix} h_{11} & h_{12} & \cdots & h_{1k} \\ h_{21} & h_{22} & \cdots & h_{2k} \\ \vdots & \vdots & \ddots & \vdots \\ h_{r1} & h_{r2} & \cdots & h_{rk} \end{bmatrix} \tag{12.113}$$

이때 생성 행렬은 다음과 같이 되고

$$[G] = \begin{bmatrix} I_k \\ \cdots \\ H_p \end{bmatrix} \tag{12.114}$$

패리티 검사 행렬은 다음과 같이 주어진다.

$$[H] = [H_p \ \vdots \ I_r] \tag{12.115}$$

이는 체계적 부호에서 생성 행렬과 패리티 검사 행렬 간의 관계를 보여준다.

식 (12.112)로 정의된 부호를 **선형 부호**라고 하는데, 그 이유는 $k+r$개의 부호어 심벌이 k개의 정보 심벌의 선형 조합으로 구성되기 때문이다. 또한 두 개의 서로 다른 정보 시퀀스를 더하여 생성된 새로운 정보 시퀀스에 대한 부호어는, 원래 두 개의 정보 시퀀스에 해당되는 두 개의 부호어를 더한 것과 같다는 점을 주지하기 바란다. 이는 간단히 증명할 수 있다. 만약 두 개의 정보 시퀀스가 더해졌다면, 결과적인 정보 심벌 벡터는 다음과 같다.

$$[A_3] = [A_1] \oplus [A_2] \tag{12.116}$$

$[A_3]$에 해당하는 부호어는 다음과 같다.

$$[T_3] = [G][A_3] = [G]\{[A_1] \oplus [A_2]\} = [G][A_1] \oplus [G][A_2] \tag{12.117}$$

$$[T_1] = [G][A_1] \tag{12.118}$$

이고

$$[T_2] = [G][A_2] \tag{12.119}$$

이므로, 위의 두 식으로부터 다음 식이 성립한다.

$$[T_3] = [T_1] \oplus [T_2] \tag{12.120}$$

이러한 특성을 만족시키는 부호를 **그룹 부호**라고 한다.

12.4.5 해밍 부호

해밍 부호는 거리가 3인 특수한 패리티 검사 부호이다. 이 부호는 3의 거리를 가지기 때문에 모든 단일 오류를 정정할 수 있다. 이 부호에 대한 패리티 검사 행렬은 $2^{n-k}-1 \times n-k$ 차원으로 쉽게 구성할 수 있다. 만약 행렬 $[H]$의 i번째 열이 숫자 i의 이진 표현이라면, 단일 오류의 경우, 이 부호는 증후군이 오류 위치의 이진 표현과 같다는 흥미로운 특성을 갖는다.

예제 12.11

(7, 4) 부호의 패리티 검사 행렬은 쉽게 구해진다. 행렬 $[H]$의 i번째 열이 i의 이진 표현이라고 가정하면 다음 식이 된다.

$$[H]=\begin{bmatrix}0&0&0&1&1&1&1\\0&1&1&0&0&1&1\\1&0&1&0&1&0&1\end{bmatrix} \tag{12.121}$$

(이는 체계적 부호가 아님을 주지하기 바란다.) 수신된 워드 1110001에 대해, 증후군은 다음과 같다.

$$[S]=[H][R]=\begin{bmatrix}0&0&0&1&1&1&1\\0&1&1&0&0&1&1\\1&0&1&0&1&0&1\end{bmatrix}\begin{bmatrix}1\\1\\1\\0\\0\\0\\1\end{bmatrix}=\begin{bmatrix}1\\1\\1\end{bmatrix} \tag{12.122}$$

따라서 오류는 일곱 번째 위치에서 발생하였고, 복호된 부호어는 1110000이다.

(7, 4) 해밍 부호에서 패리티 검사는 부호어에서 첫 번째, 두 번째, 그리고 네 번째 위치에 있게 되는데, 이는 패리티 검사 행렬 중 0이 아닌 단 하나의 원소를 갖는 열이 오직 이 세 개의 열뿐이기 때문이다. 패리티 검사 행렬의 열들은 부호의 거리 특성 변화 없이 순서를 바꿀 수 있다. 따라서 식 (12.121)에 등가적인 체계적 부호는 1열과 7열, 2열과 6열, 그리고 4열과 5열의 위치를 서로 바꾸어 구할 수 있다.

■

12.4.6 순회 부호

앞에서는 주로 패리티 검사 부호의 수학적인 특성을 다루었으며, 패리티 검사 부호기와 복호기의 구현은 논의하지 않았다. 사실, 이러한 장치의 구현을 살펴보면, 일반적으로 꽤 복잡한 하드웨어 구조가 요구된다. 그러나 궤환 시프트 레지스터를 이용하여 쉽게 구현할 수 있는 패리티 검사 부호가 있는데, 이러한 부호를 순회 부호라고 한다. 순회 부호라는 명칭은 한 부호어를 순환적으로 천이시키면 또 다른 부호어가 된다는 사실로부터 유래하였다. 예를 들어, $x_1\ x_2 \cdots x_{n-1}x_n$이 부호어라고 가정하면 $x_n x_1 x_2 \cdots x_{n-1}$도 부호어가 된다. 이 절에서는 순회 부호의 근본적인 이론에 대해서는 다루지 않고, 단지 부호기와 복호기의 구현을 살펴본다. 예시를 들어 설명하겠다.

(n, k) 순회 부호는 $n-k$ 단으로 구성된 시프트 레지스터에 적절한 궤환을 추가함으로써 쉽게 구현될 수 있다. 그림 12.15에는 (7, 4) 순회 부호를 생성하는 레지스터를 나타내었다. 스위

치는 초기에 A지점에 위치하며, 시프트 레지스터 단은 모두 0으로 초기화한다. 그다음 $k=4$개의 정보 심벌이 부호기로 입력된다. 각 정보 심벌이 입력되면서, 출력으로 보내지며, $S_2 \oplus S_3$ 값에 더해지게 된다. 이 결과 값은 다시 시프트 레지스터의 첫 번째 단으로 입력된다. 이와 동시에 S_1과 S_2는 각각 S_2와 S_3로 이동하게 된다. 모든 정보 심벌이 입력되고 난 뒤 스위치가 B지점으로 이동하고, 시프트 레지스터를 $n-k=3$번 이동시켜서 레지스터의 내용을 소거한다. 매 이동마다 S_2와 S_3의 합이 출력된다. 이 합은 다시 자신의 값에 더해져서 0이 되고, 이 0값은 다시 S_1으로 입력된다. $n-k$번의 이동이 완료되면 최종적으로 $k=4$개의 정보 심벌과 $n-k=3$개의 패리티 검사 심벌로 구성된 부호어가 생성된다. 또한 이 시점에서 각 레지스터의 단은 0이 되어 다음에 입력되는 $k=4$개의 정보 심벌을 수신할 수 있도록 준비된다.

예로 든 부호기에서 생성된 $2^k=16$개의 부호어를 그림 12.15에 나타내었다. 각 부호어의 처음 네 개의 심벌인 $k=4$개의 정보 심벌이 왼쪽 심벌부터 먼저 부호기로 입력된다. 또한 부호어가 1101인 경우에 대하여 매 이동마다 출력되는 심벌과 레지스터의 상태 변화를 그림 12.15에 나타내었다.

(7, 4) 순회 부호의 복호기를 그림 12.16에 나타내었다. 상단 레지스터는 저장을 목적으로 사용되고 하단 레지스터와 궤환 부분은 부호기에 사용된 궤환 시프트 레지스터와 동일하다. 초기 상태에서 스위치 A는 닫힌 상태이고 B는 열린 상태이다. n개의 수신 심벌은 두 개의 레지스터로 입력된다. 만약 오류가 없으면, 상단 레지스터의 단이 모두 채워졌을 때 하단 레지

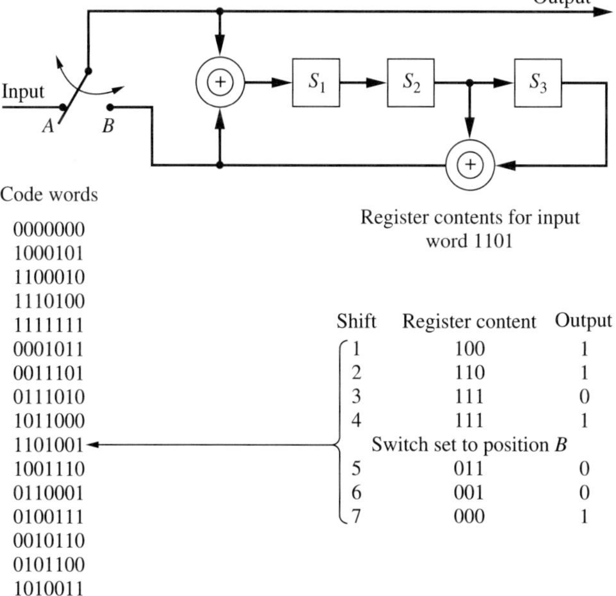

그림 12.15 (7, 4) 순회 부호의 부호기

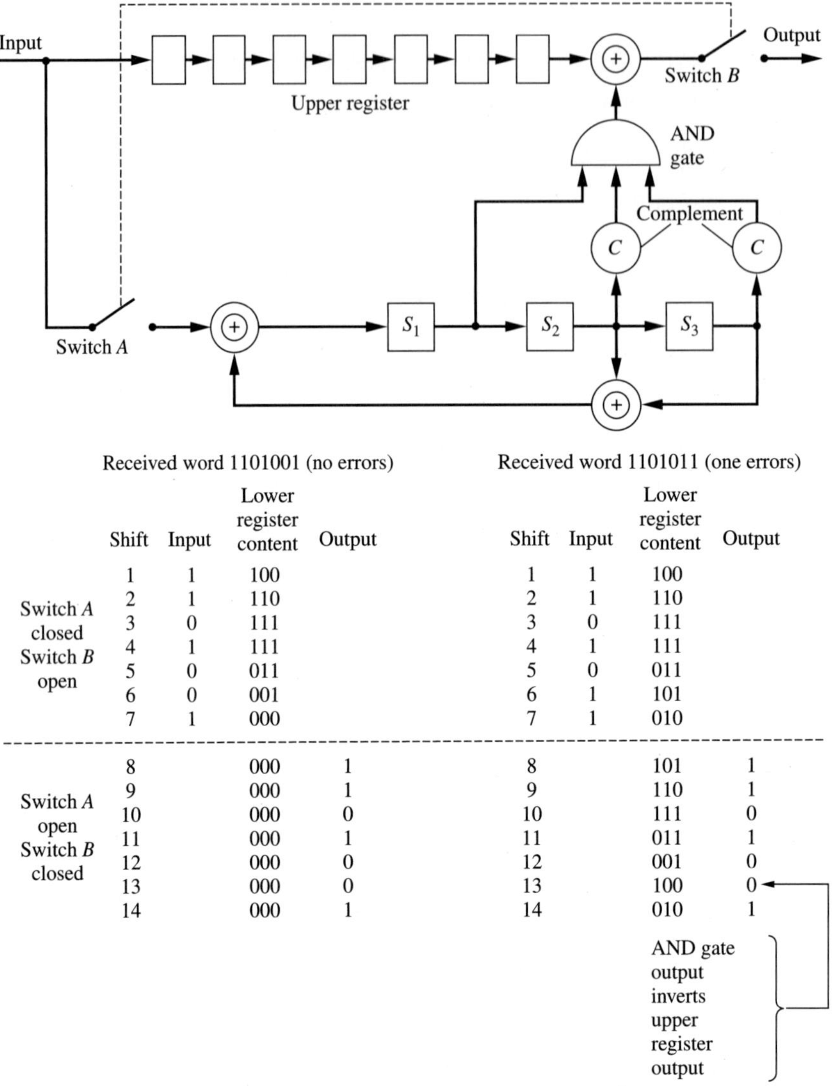

Received word 1101001 (no errors)

	Shift	Input	Lower register content	Output
Switch A closed Switch B open	1	1	100	
	2	1	110	
	3	0	111	
	4	1	111	
	5	0	011	
	6	0	001	
	7	1	000	
Switch A open Switch B closed	8		000	1
	9		000	1
	10		000	0
	11		000	1
	12		000	0
	13		000	0
	14		000	1

Received word 1101011 (one errors)

Shift	Input	Lower register content	Output
1	1	100	
2	1	110	
3	0	111	
4	1	111	
5	0	011	
6	1	101	
7	1	010	
8		101	1
9		110	1
10		111	0
11		011	1
12		001	0
13		100	0
14		010	1

AND gate output inverts upper register output

그림 12.16 (7, 4) 순회 부호의 복호기

스터의 모든 단은 0이 된다. 이때 스위치의 상태는 반전되고 상단 레지스터에 저장된 부호어가 출력된다. 수신된 워드 1101001에 대한 복호기 연산을 그림 12.16에 나타내었다.

수신 워드가 모두 복호기에 입력되었을 때 하단 레지스터의 단이 모두 0인 상태가 아니라면, 이것은 오류가 발생한 것이다. 시프트 레지스터의 출력에 잘못된 심벌이 나타나면 AND 게이트의 출력이 1이 되기 때문에, 오류는 복호기에 의해서 자동적으로 정정된다. 이 1값은 하단 레지스터에서 시퀀스 100에 의하여 생성되고, 상단 레지스터 출력을 반전시킨다. 이러한 연산을 그림 12.16에 나타내었다.

12.4.7 골레이 부호

(23, 12) 골레이 부호는 거리가 7이기 때문에, 23개 심벌의 한 블록에서 세 개의 오류를 정정할 수 있다. 부호율은 $\frac{1}{2}$보다 약간 크다. 부가적인 패리티 심벌을 (23, 12) 골레이 부호에 더하여 거리가 8인 확장된 (24, 12) 골레이 부호를 생성하게 된다. 이를 통해 부호율에서 약간의 감소가 있는, 네 개의 오류를 갖는 수신 시퀀스의 (전부는 아니지만) 일부를 정정할 수 있게 된다. 그러나 약간 감소된 부호율로 인한 이점이 있다. 확장된 골레이 부호의 부호율이 정확히 $\frac{1}{2}$이기 때문에, 채널을 통과한 심벌률은 정확히 정보율의 2배가 된다. 심벌률과 정보율 간의 이러한 2배 차이에 의해 보통 타이밍 회로의 설계가 간단해진다. 다중 오류 정정 부호 설계는 이 책의 범위를 벗어난다. 그러나 뒤의 예제에서 AWGN 환경에서의 (23, 12) 골레이 부호 성능을 해밍 부호 성능과 비교할 것이다.

12.4.8 BCH 부호와 리드-솔로몬 부호

BCH 부호는 주어진 블록 길이에서 다양한 부호율을 제공할 수 있기 때문에 매우 유연하다. 이를 보여주기 위해 표 12.5에는 대략 $\frac{1}{2}$과 $\frac{3}{4}$의 부호율을 갖는 몇 가지 간략한 BCH 부호를 목록에 나타내었다.[3] 이러한 부호들은 순회 부호이기 때문에, 앞에서 설명한 간단한 시프트 레지스터 구조를 이용하여 부호화 및 복호화 과정을 수행할 수 있다.

리드-솔로몬 부호(Reed-Solomon code)는 BCH 부호와 매우 밀접하게 연관된 비이진 부호이다. 즉 이 부호는 각 정보 심벌이 이진 부호와 같은 1비트보다는 m비트 정보를 전송하는 비

표 12.5 BCH 부호의 간단한 목록

Rate≈1/2 codes				Rate≈3/4 codes			
n	k	e	Rate	n	k	e	Rate
7	4	1	0.5714	15	11	1	0.7333
15	7	2	0.4667	31	21	2	0.6774
31	16	3	0.5161	63	45	3	0.7143
63	30	6	0.4762	127	99	4	0.7795
127	64	10	0.5039	255	191	8	0.7490
255	131	18	0.5137	511	385	14	0.7534
511	259	30	0.5068	1023	768	26	0.7507

3 BCH 코드에 대해서 허용 가능한 n, k, 그리고 e값을 제공하는 표는 많은 곳에서 찾을 수 있다. $n \leq 1023$에 대해 확장된 표는 Lin and Costello(2004) 참조.

이진 부호이다. 리드-솔로몬 부호는 연집 오류 제어에 특히 적당하며, 음성 CD를 위한 기록과 재생 표준의 한 부분이다.[4]

12.4.9 성능 비교 기법

블록 부호에 대하여 부호화된 시스템과 부호화되지 않은 시스템의 상대적인 성능을 비교할 때, 기본적인 가정은 **정보율**이 두 시스템 모두에서 동일하다는 것이다. 하나의 워드가 k개의 정보 심벌의 한 블록으로 정의된다고 가정하자. 이러한 k개의 정보 심벌을 부호화하여 $n>k$개의 심벌이 포함된 부호어를 생성한다. 그러나 부호어에 포함된 정보 심벌은 k개이다. 하나의 워드를 전송하는 데 요구되는 시간 T_w는, 같은 정보율을 갖는다는 가정하에, 부호화된 경우와 부호화되지 않은 경우 모두에서 동일하게 된다. $n>k$이므로, 심벌률은 부호화되지 않은 시스템보다 부호화된 시스템에서 더 높게 된다. 만약 송신기의 전력이 일정하다고 가정하면, 송신 심벌당 에너지는 부호화가 사용되었을 때 k/n의 비율로 감소하게 된다. 그러므로 부호화하면 결과적으로 심벌 오류 확률이 높아진다. 오류 확률을 획기적으로 낮출 수 있도록 이러한 심벌 오류 확률의 증가를 극복할 수 있는 부호화를 해야만 한다.

q_u와 q_c가 각각 부호화되지 않은 시스템과 부호화된 시스템에서의 심벌 오류 확률을 나타낸다고 가정하자. 또한 P_{eu}와 P_{ec}를 각각 부호화되지 않은 시스템과 부호화된 시스템에서의 워드 오류 확률이라고 가정하자. 부호화되지 않은 시스템에서의 워드 오류 확률은 워드를 구성하는 어떤 k개의 심벌에 오류가 발생했을 때, 부호화되지 않은 워드에 오류가 발생하는 것을 관찰하여 계산할 수 있다. 하나의 심벌이 오류 없이 수신될 확률은 $(1-q_u)$이고 모든 심벌 오류는 서로 독립이라고 가정했기 때문에, 워드를 구성하는 k개의 심벌이 모두 정확히 수신될 확률은 $(1-q_u)^k$이 된다. 따라서 부호화되지 않은 워드의 오류 확률은 다음과 같다.

$$P_{eu} = 1 - (1 - q_u)^k \tag{12.123}$$

순방향 오류 정정을 사용하는 시스템에서 한 개 또는 그 이상의 심벌 오류는 사용되는 부호에 따라 복호기에서 정정될 수 있다. 만약 사용된 부호가 n-심벌 부호어에서 e개까지의 오류를 정정할 수 있다면, 워드 오류 확률 P_{ec}는 수신된 부호어에 e개를 초과하는 오류가 존재할 확률과 같다. 따라서

$$P_{ec} = \sum_{i=e+1}^{n} \binom{n}{i} (1 - q_c)^{n-i} q_c^i \tag{12.124}$$

---

4 리드-솔로몬 부호에 대한 실험을 원하는 사람은 MATLAB Communications Toolbox에 포함된 리드-솔로몬 부호의 생성 행렬을 구성하는 루틴을 참조하라.

이고, 여기서

$$\binom{n}{i} = \frac{n!}{i!(n-i)!} \tag{12.125}$$

이다. P_{ec}에 대한 앞의 식 (12.124)에서는 부호가 완전 부호라고 가정한다. 완전 부호란 n-심벌 부호어에서 e개 이하의 오류가 항상 정정될 수 있는 부호로, 만약 n-심벌 부호어 전송에서 e개를 초과하는 오류가 발생하면 항상 복호에 실패하게 된다. 유일하게 알려진 완전 이진 부호들에는 앞에서 살펴본 $e=1$인 해밍 부호, 그리고 $e=3$인 (23, 12) 골레이 부호가 있다. 만약 부호가 완전 부호가 아닌 경우에는, e개를 초과하는 오류가 발생한 하나 또는 그 이상의 수신 시퀀스가 정정될 수 있다. 이 경우 식 (12.124)는 최저 성능 한계이다. 이 성능 한계값은, 특히 높은 신호 대 잡음비에서 실제값에 근접한다.

워드 오류 확률의 비교는 부호화되거나 또는 부호화되지 않은 n-심벌 워드 각각이 같은 수의 정보 비트를 전송하는 경우에만 유용하다. 부호어당 서로 다른 수의 정보 비트를 갖는 부호를 비교하거나 또는 서로 다른 오류 정정 능력을 갖는 부호를 비교할 때에는 비트 오류 확률에 기반하여 부호를 비교해야 한다. 채널 심벌 오류 확률로부터 비트 오류 확률을 정확하게 계산하는 것은 보통 어려운 일이며, 부호 생성 행렬에 관계된다. 그러나 Torrieri[5]는 블록 부호의 비트 오류 확률에 대한 상한과 하한을 모두 유도하였다. 이 한계들은 대부분의 채널 신호 대 잡음비 범위에서 실제값에 매우 근접한다. Torrieri는 비트 오류 확률을 다음과 같이 유도하였다.

$$p_b = \frac{q}{2(q-1)}\left[\sum_{i=e+1}^{d}\frac{d}{n}\binom{n}{i}P_s^i(1-P_s)^{n-i} + \frac{1}{n}\sum_{i=d+1}^{n} i\binom{n}{i}P_s^i(1-P_s)^{n-i}\right] \tag{12.126}$$

여기서 P_s는 채널 심벌 오류 확률, e는 부호어당 정정 가능한 오류 수, d는 거리($d=2e+1$), 그리고 q는 부호 알파벳의 크기이다. 이진 부호의 경우 $q=2$이고 리드-솔로몬 부호와 같은 비이진 부호에 대해서는 $q=2^m$이다.

다음 절에서 이어지는 부호화 예제에서는 식 (12.126)을 이용한다. 심벌 오류 확률을 비트 오류 확률로 변환하는 데 필요한 계산을 수행하는 MATLAB 프로그램이 다음과 같이 개발되어 있다.

---

5 D. J. Torrieri, *Principles of Secure Communication Systems* (2nd ed), Artech House, 1992, Norwood, MA, 또는 D. J. Torrieri, "The Information Bit Error Rate for Block Codes," *IEEE Transactions on Communications*, **COM-32**(4), April 1984 참조.

```
%File: ser2ber.m
function [ber] = ser2ber(q,n,d,t,ps)
lnps = length(ps);           %length of error vector
ber = zeros(1,lnps);         %initialize output vector
for k=1:lnps                 %iterate error vector
    ser = ps(k);             %channel symbol error rate
    sum1 = 0; sum2 = 0;      %initialize sums
    for i=(t+1):d
       term = nchoosek(n,i)*(ser^i)*((1-ser))^(n-i);
       sum1 = sum1+term;
    end
    for i=(d+1):n
       term = i*nchoosek(n,i)*(ser^i)*((1-ser)^(n-i));
       sum2 = sum2+term;
    end
    ber(k) = (q/(2*(q-1)))*((d/n)*sum1+(1/n)*sum2);
end
%End of function file.
```

12.4.10 블록 부호 예제

이제 앞 절에서 논의한 많은 부호화 기법의 성능들을 살펴보자.

컴퓨터 예제 12.1

이 예제에서는 부호화된 시스템과 부호화되지 않은 시스템에 대한 워드 오류 확률을 비교하여 (7, 4) 단일 오류 정정 부호의 효용성에 대하여 살펴보자. 또한 심벌 오류 확률들도 구해본다. 이진 위상 천이 변조 전송 시스템에서 부호를 사용한다고 가정하자. 9장에서 보였던 것과 같이 AWGN 환경에서 이진 위상 천이 변조에 대한 심벌 오류 확률은 다음과 같다.

$$q = Q\left(\sqrt{2z}\right) \tag{12.127}$$

여기서 z는 신호 대 잡음비 E_s/N_0이다. 각 워드의 전체 에너지가 k개의 정보 심벌에 분포하기 때문에, 심벌 에너지 E_s는 송신기 전력 S에 워드 시간 T_w를 곱한 다음 k로 나눈 값이 된다. 따라서 부호화를 사용하지 않은 경우의 심벌 오류 확률은 다음과 같다.

$$q_u = Q\left(\sqrt{\frac{2ST_w}{kN_0}}\right) \tag{12.128}$$

부호화된 시스템과 부호화되지 않은 시스템에 대하여 같은 워드 속도를 가정하면, 부호화가 사용될 때는 k개의 정보 심벌에 대해 이용 가능한 에너지가 $n>k$개의 심벌에 분포해야 하기 때문에 부호화된 심벌의 오류 확률은 다음과 같다.

$$q_c = Q\sqrt{\frac{2ST_w}{nN_0}} \tag{12.129}$$

따라서 앞에서도 설명했듯이, 심벌 오류 확률은 부호화를 사용하는 경우 증가하게 된다. 그러나 부호의 오류 정정 능력으로 증가된 심벌 오류 확률을 상쇄할 수 있으며, 실제적으로는 특정 신호 대 잡음비 영역에서 워드 오류 확률에 있어서 최종적으로 이득을 얻게 된다. (7, 4) 부호에 대한 부호화되지 않은 워드 오류 확률은 식 (12.123)으로 주어지는데, 이때 $k=4$이다. 따라서 다음 식과 같이 된다.

$$P_{eu} = 1 - \left(1 - q_u\right)^4 \tag{12.130}$$

이 부호는 단일 오류를 정정할 수 있기 때문에 $e=1$이 된다. 그러므로 식 (12.124)로부터 부호화된 경우에 대한 워드 오류 확률은 다음과 같다.

$$P_{ec} = \sum_{i=2}^{7} \binom{7}{i} \left(1 - q_c\right)^{7-i} q_c^i \tag{12.131}$$

앞의 두 식에서 설명된 계산을 수행하기 위한 MATLAB 프로그램은 다음과 같다.

```
%File: c12ce1.m
n = 7; k = 4; t = 1;                       %code parameters
zdB = 0:0.1:14;                            %set STw/No in dB
z = 10.^(zdB/10);                          %STw/No
lenz = length(z);                          %length of vector
qc = Q(sqrt(2*z/n));                       %coded symbol error prob.
qu = Q(sqrt(2*z/k));                       %uncoded symbol error prob.
peu = 1-((1-qu).^k);                       %uncoded word error prob.
pec = zeros(1,lenz);                       %initialize
for j=1:lenz
    pc = qc(j);                            %jth symbol error prob.
    s = 0;                                 %initialize
    for i=(t+1):n
        termi = (pc^i)*((1-pc)^(n-i));
        s = s+nchoosek(n,i)*termi;
        pec(1,j) = s;                      %coded word error probability
    end
end
qq = [qc',qu',peu',pec'];
semilogy(zdB',qq)
xlabel('STw/No in dB')                     %label x axis
ylabel('Probability')                      %label y
% End script file.
```

부호화된 시스템과 부호화되지 않은 시스템에 대한 워드 오류 확률을 그림 12.17에 나타내었다. 그래프는 워드 에너지를 잡음 전력 밀도로 나눈 ST_w/N_0의 함수로 도시하였다. 만약 ST_w/N_0의 값이 11dB 또는 그 이상의 근처에 있지 않은 한, 부호화는 시스템 성능에 거의 영향을 끼치지 않는다는 것을 주지하기 바란다. 또한 만약 ST_w/N_0가 크지 않다면, (7, 4) 부호에 의해 제공된 성능 개선은 그리 크지 않은데 이런 경우 시스템 성능은 부호화 없이 충족될 수도 있다. 그러나 많은 응용 시스템에서는 비록 작은 성능 개선일지라도 매우 중요하게 된다. 또한 그림 12.17에 나타나 있듯이 부호화되지 않은 심벌 오류 확률과 부호화된 심벌 오류 확률은 각각 q_u와 q_c이다. 많은 수의 심벌에 대하여 워드당 이용 가능한 에너지를 확산하는 효과는 명백하다.

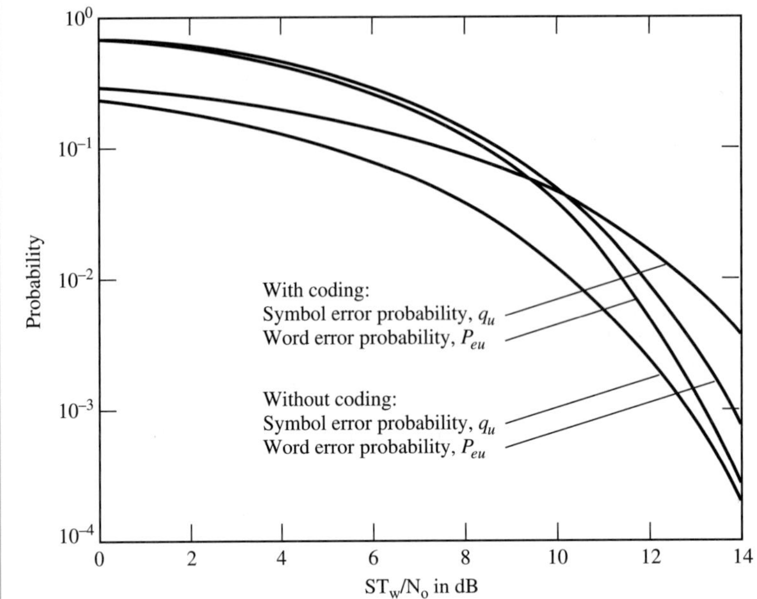

그림 12.17 (7, 4) 해밍 부호에 대하여 부호화된 시스템과 부호화되지 않은 시스템 간의 비교

컴퓨터 예제 12.2

이 예제에서는, 서로 다른 두 개의 채널에서 반복 부호의 성능을 살펴보자. 두 경우 모두 주파수 천이 변조와 위상비동기 수신기 구조를 사용한다. 첫 번째 경우에는 가산적 백색 가우시안 잡음(AWGN) 채널을, 두 번째 경우에는 레일리 페이딩 채널을 가정한다. 확연하게 다른 결과들을 얻게 될 것이다.

사례 1 : AWGN 채널

9장에서 보았듯이 AWGN 채널에서 위상비동기 주파수 천이 변조 시스템에 대한 오류 확률은 다음과 같다.

$$q_u = \frac{1}{2}e^{-z/2} \tag{12.132}$$

여기서 z는 대역폭 B_T를 갖는 수신기 대역통과 필터 출력에서의 신호 전력 대 잡음 전력비이다. 따라서 z는 다음과 같다.

$$z = \frac{A^2}{2N_0 B_T} \tag{12.133}$$

여기서 N_0B_T는 신호 대역폭 B_T에서의 잡음 전력이다. $n=1$인 경우 시스템 성능을 그림 12.18에 나타내었다. 이 시스템에 n-심벌 반복 부호가 사용된다면, 심벌 오류 확률은 다음과 같이 된다.

$$q_c = \frac{1}{2}e^{-z/2n} \tag{12.134}$$

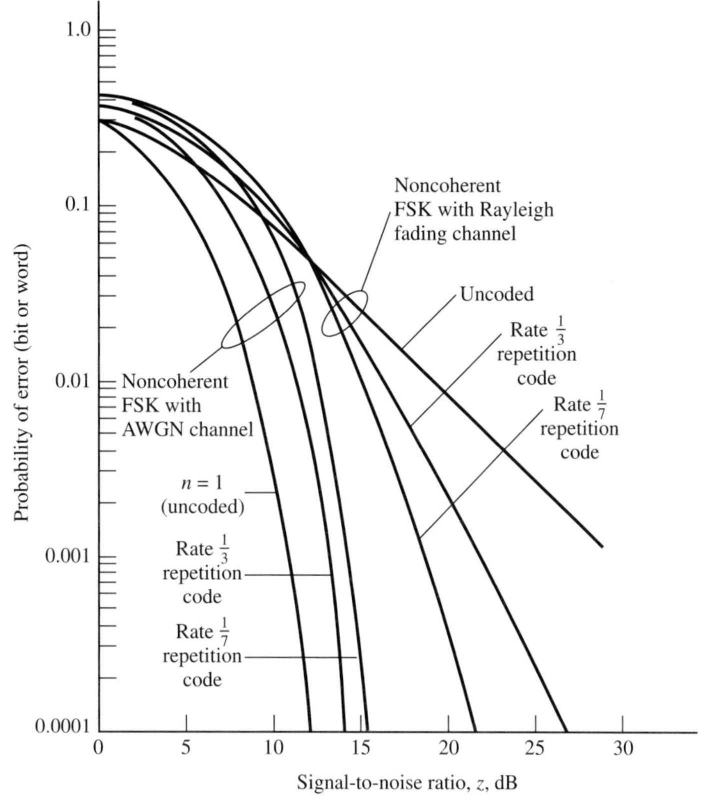

그림 12.18 AWGN 채널과 레일리 페이딩 채널 상에서 반복 부호의 성능

하나의 정보 심벌(비트)을 n개의 반복되는 부호 심벌로 부호화할 때, n개의 심벌에 이용 가능한 비트당 에너지를 확산시키는 것을 필요로 하기 때문에 이러한 결과를 얻게 된다. 부호화를 사용할 경우의 심벌 지속 시간은, 부호화를 사용하지 않을 경우의 정보 심벌 지속 시간에 비해 $1/n$로 감소한다. 즉 부호화하면 신호 대역폭은 n배 증가한다. 따라서 부호화를 사용하는 경우 q_u에 대한 수식에서 B_T는 q_c를 계산하기 위하여 nB_T로 대치되어야 한다. 워드 오류 확률은 식 (12.124)로 나타내었고, 이때 e는 다음과 같다.

$$e = \frac{1}{2}(n-1) \tag{12.135}$$

각 부호어는 1비트의 정보를 전송하기 때문에 반복 부호에 대한 워드 오류 확률은 비트 오류 확률과 같다.

AWGN 채널에서 부호율이 $\frac{1}{3}$, $\frac{1}{7}$인 반복 부호를 사용하는 위상비동기 주파수 천이 변조 시스템의 성능을 그림 12.18에 나타내었다. 시스템의 성능은 반복 부호를 사용함으로써 더욱 저하됨을 주지하기 바란다. 이러한 결과는 부호화의 경우 심벌 오류 확률의 증가가 그 부호의 오류 정정 능력으로 극복되는 것보다 크기 때문에 발생한다. 이와 동일한 결과가 진폭 천이 변조뿐만 아니라 위상동기 주파수 천이 변조와 이진 위상 천이 변조에서도 발생한다. 이는 신호 대 잡음비에 대한 심벌 오류 확률의 상관 관계가 기본적으로 지수적인 시스템에서 반복 부호의 낮은 부호율로 인해 반복 부호가 효과적으로 사용되지 못하고 있음을 보여준다.

사례 2 : 레일리 페이딩 채널

반복 부호가 효과적으로 사용될 수 있는 시스템의 한 예로는 레일리 페이딩 환경에서 동작하는 주파수 천이 변조 시스템이 있다. 이러한 시스템을 10장에서 분석하였다. 심벌 오류 확률은 다음과 같이 나타낼 수 있다.

$$q_u = \frac{1}{2}\frac{1}{1+\frac{E_a}{2N_0}} \tag{12.136}$$

여기서 E_a는 심벌(또는 비트)당 평균 수신 에너지이다. 반복 부호를 사용하면 에너지 E_a를 부호어를 구성하는 n개의 심벌로 분산하게 된다. 따라서 부호화를 사용하면 다음과 같이 된다.

$$q_c = \frac{1}{2}\frac{1}{1+\frac{E_a}{2nN_0}} \tag{12.137}$$

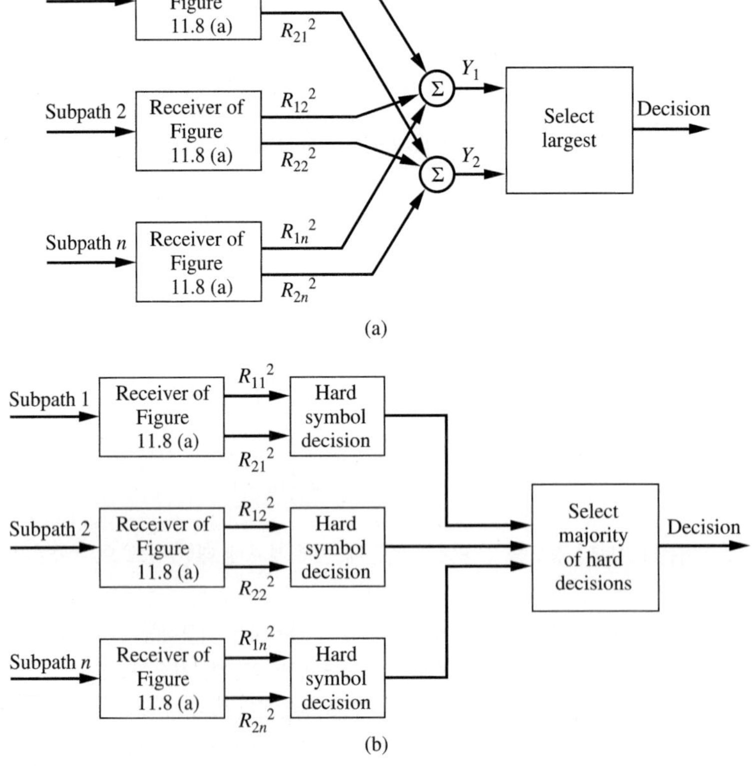

그림 12.19 최적 및 준최적 시스템의 비교. (a) 최적 시스템, (b) 반복 부호 모델

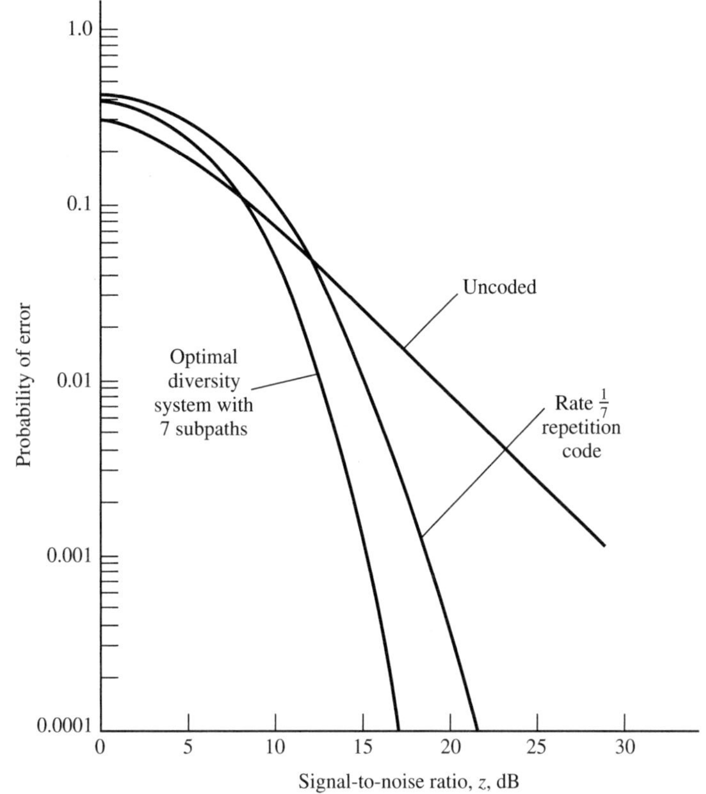

그림 12.20 레일리 페이딩 채널에서 위상비동기 주파수 천이 변조의 성능

사례 1에서와 같이, 복호된 비트 오류 확률은 식 (12.124)로 주어지며, 이때 e는 식 (12.135)로 주어진다. 반복 부호의 부호율이 1, $\frac{1}{3}$, $\frac{1}{7}$인 경우에 대한 레일리 페이딩의 결과를 그림 12.18에 나타내었다. 이 경우 신호 대 잡음비 z는 E_a/N_0이다. 반복 부호는 비록 AWGN 환경에서는 성능 개선을 주지 못하지만 E_a/N_0 값이 충분히 큰 경우 레일리 페이딩 환경에서는 성능이 개선됨을 볼 수 있다.

반복 부호는, n번 반복되는 심벌들이 서로 다른 n개의 시간 슬롯 또는 하위 경로에서 전송되기 때문에 시간 다이버시티 전송으로 볼 수 있다. 여기서 비트당 에너지가 일정하게 유지되어 결과적으로 가용한 신호 에너지가 n개의 하위 경로에 균등하게 분배된다고 가정한다. 연습문제 12.27에서 전송된 정보 비트 판정 전에 수신기 출력의 최적 결합이 그림 12.19(a)와 같음을 보였다. 이 예제에서 고려한 반복 부호에 대한 모델을 그림 12.19(b)에 나타내었다. 근본적인 차이점은 n-심벌 부호어의 각 심벌에 대한 '경판정'을 n개의 수신기 각각의 출력에서 수행한다는 점이다. 복호된 정보 비트는 수신된 부호어의 n개 심벌로부터 다수결 논리로 결정된다.

수신기 출력에서 경판정을 수행하는 경우, 정보는 분명히 유실되고, 그 결과 성능 열화를 가져온다. 이러한 현상을, 그림 12.19(a)의 $n=7$인 최적 시스템의 성능과 그림 12.19(b)의 부호율이 $\frac{1}{7}$인 반복 부호를 사용한 시스템의 성능을 나타낸 그림 12.20에 나타내었다. 또한 부호화되지 않은 시스템 성능을, 성능 기준으로 나타내었다. ■

컴퓨터 예제 12.3

이 예제에서는, AWGN 채널에서 위상 천이 변조를 사용하는 부호화되지 않은 시스템에서 (15, 11) 해밍 부호와 (23, 12) 골레이 부호의 성능을 비교한다. 부호어가 서로 다른 수의 정보 비트를 전송하기 때문에 워드 오류 확률에 기반한 비교는 사용할 수 없다. 따라서 식 (12.126)에 주어진 Torrieri의 근사식을 사용한다. 두 부호는 이진이기 때문에, 두 부호 모두 $q=2$이다. MATLAB 코드는 다음과 같고 그 결과는 그림 12.21에 나타내었다. 골레이 부호의 이점은 특히 높은 E_b/N_0에 대하여 뚜렷하다.

```
%File: c12ce3.m
zdB = 0:0.1:10;                   %set Eb/No axis in dB
z = 10.^(zdB/10);                 %convert to linear scale
ber1 = q(sqrt(2*z));              %PSK result
ber2 = q(sqrt(12*2*z/23));        %CSER for (23,12) Golay code
ber3 = q(sqrt(11*z*2/15));        %CSER for (15,11) Hamming code
berg = ser2ber(2,23,7,3,ber2);    %BER for Golay code
berh = ser2ber(2,15,3,1,ber3);    %BER for Hamming code
semilogy(zdB,ber1,'k-',zdB,berg,'k-',zdB,berh,'k-.')
xlabel('E_b/N_o in dB')          %label x axis
ylabel('Bit Error Probability')   %label y axis
legend('Uncoded','Golay code','Hamming code')
%End of script file.
```

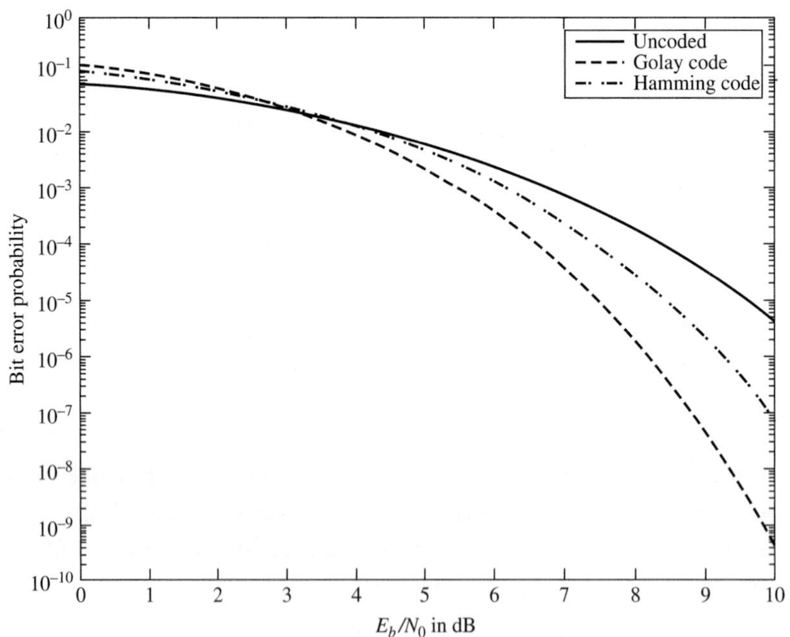

그림 12.21 부호화되지 않은 시스템에서 골레이 부호와 해밍 부호의 성능 비교

컴퓨터 예제 12.4

이 예제에서는, 부호화되지 않은 시스템에서 (23, 12) 골레이 부호와 (31, 16) BCH 부호의 성능을 비교한다. 위상 천이 변조 및 AWGN 환경에서의 동작으로 가정한다. 두 부호 모두 약 1/2의 부호율을 갖고 부호어당 3개까지 오류를 정정할 수 있다. MATLAB 코드는 다음과 같고 성능 결과는 그림 12.22에 나타내었다. 그림에서 BCH 부호가 보다 개선된 성능을 제공함을 주지하기 바란다.

```
%File: c12_ce4.m
zdB = 0:0.1:10;                      %set Eb/No in dB
z = 10.^(zdB/10);                    %convert to linear scale
ber1 = q(sqrt(2*z));                 %PSK result
ber2 = q(sqrt(12*2*z/23));           %SER for (23,12) Golay code
ber3 = q(sqrt(16*z*2/31));           %SER for (16,31) BCH code
berg = ser2ber(2,23,7,3,ber2);       %BER for (23,12) Golay code
berbch = ser2ber(2,23,7,4,ber3);     %BER for (16,31) BCH code
semilogy(zdB,ber1,'k-',zdB,berg,'k-',zdB,berbch,'k-.')
xlabel('E_b/N_o in dB')             %label x axis
ylabel('Bit Error Probability')      %label y axis
legend('Uncoded','Golay code','(31,16) BCH code')
% End of script file.
```

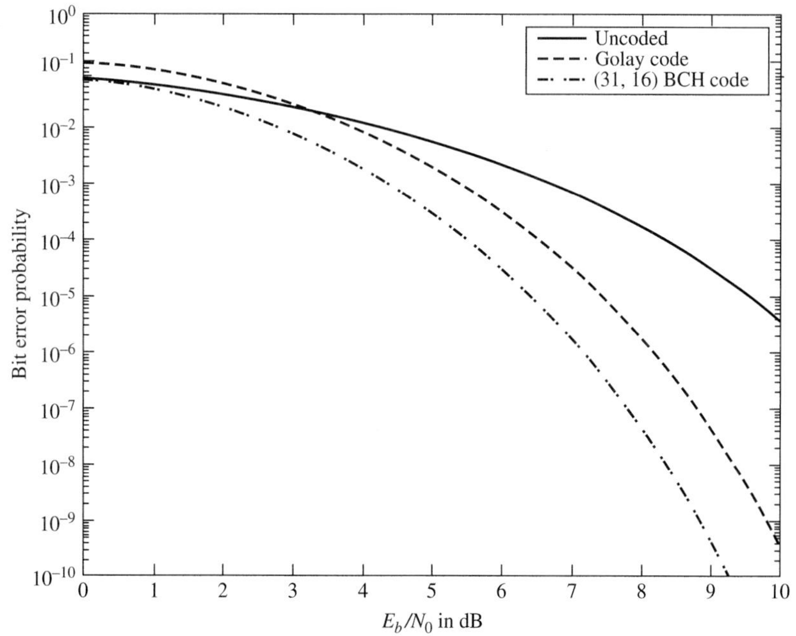

그림 12.22 부호화되지 않은 위상 천이 변조 시스템에서 골레이 부호와 (31, 16) BCH 부호의 비교

■

12.5 잡음 채널에서의 통신 : 길쌈 부호

길쌈 부호는 비블록 부호의 한 예이다. 패리티 검사 심벌이 정보 심벌의 한 블록에 대하여 계산되기보다는 패리티 검사가 정보 심벌의 한 범위에서 계산된다. **구속 범위**라고 불리는 이 범위는 한 정보 심벌이 부호기에 입력되는 각 시간에 하나의 정보 심벌씩 이동한다.

그림 12.23에는 일반적인 길쌈 부호의 부호기를 나타내었다. 이 부호기는 상당히 간단하며 세 가지 구성 요소 부분으로 구성된다. 부호기에서 가장 주요한 부분은 k개의 정보 심벌을 저장하고 있는 시프트 레지스터이다. 여기서 k는 이 부호의 구속 범위이다. 각 시프트 레지스터 단은 그림에 나타낸 것처럼 v개의 모듈로 2 가산기에 연결된다. 모든 단이 모든 가산기에 연결되는 것은 아니다. 사실 이 연결은 '다소 랜덤'하며, 발생되는 부호의 성능에 상당한 영향을 미친다. 새로운 정보 심벌이 부호기로 천이될 때마다 가산기 출력은 전환기에 의해 표본화된다. 따라서, 부호율 $1/v$을 만드는 각 입력 심벌에 대하여 v개의 출력 심벌이 생성된다.[6]

부호율이 $\frac{1}{3}$인 길쌈 부호기를 그림 12.24에 나타내었다. 각 입력에 대하여, 부호기 출력은 시퀀스 $v_1v_2v_3$이다. 그림 12.24의 부호기에 대하여

$$v_1 = S_1 \oplus S_2 \oplus S_3 \tag{12.138}$$

$$v_2 = S_1 \tag{12.139}$$

$$v_3 = S_1 \oplus S_2 \tag{12.140}$$

잘 동작하는 부호는, S_2와 S_3(두 개의 이전 입력)를 고정시켰을 때, 현재 입력 $S_1=0$과 $S_1=1$에 대한 각각의 출력 $v_1v_2v_3$가 서로 보수 관계가 되는 특성을 갖는 것을 뒤에서 알게 될 것이다.

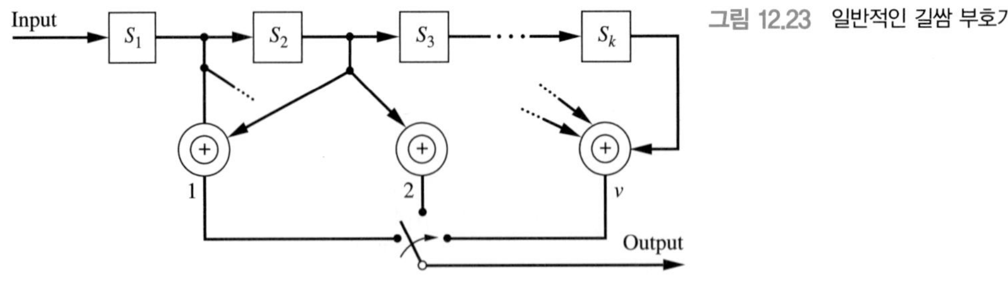

그림 12.23 일반적인 길쌈 부호기

6 이번 장에서는 부호율이 $1/v$인 길쌈 부호기만 고려한다. 물론 더 높은 부호율을 갖는 길쌈 부호의 생성이 필요할 때도 있다. 만약 심벌들이 한 번에 하나의 심벌 대신 k개의 심벌이 부호기로 이동된다면, 부호율 k/v의 길쌈 부호가 된다. 이러한 부호들은 보다 복잡하고 입문 과정에서 다루는 수준을 넘어선다. 이 내용에 대해 더 관심이 있는 학생은 참고문헌 목록에 있는 부호 이론에 대한 표준 교재를 참고하길 바란다.

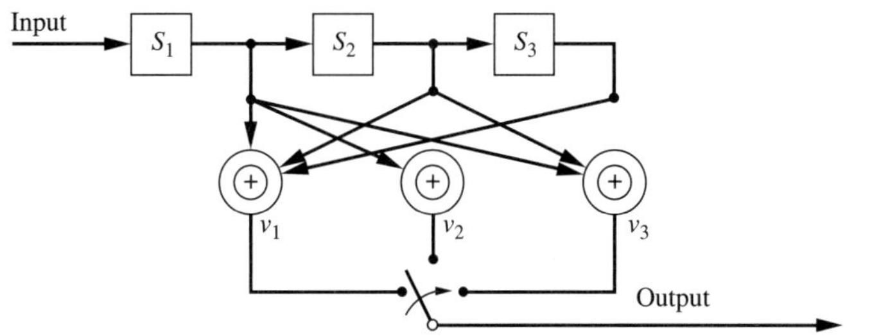

그림 12.24 부호율이 $\frac{1}{3}$인 길쌈 부호기

시퀀스 $S_2\ S_3$가 부호기의 현재 상태로 간주되고, 현재 입력과 함께 현재 상태가 출력을 결정한다. 따라서 입력 시퀀스가 다음과 같다면

$$101001\ \cdots$$

초기 상태를 00으로 가정하였을 때, 출력 시퀀스는 다음과 같이 된다.

$$111101011101100111\ \cdots$$

어느 시점에서 이 시퀀스는 유일 복호화될 수 있게 종결된다. 이것은 부호기의 초기 상태를 00으로 되돌려놓아 수행되며 비터비(Viterbi) 알고리즘을 살펴볼 때 설명할 것이다.

12.5.1 나무 다이어그램과 격자상도

많은 기법들이 길쌈 부호를 복호화하기 위해 개발되어 왔다. 우리는 여기서 두 가지 기법, 즉 근본적인 특성을 고려한 나무 탐색 기법과 널리 사용되는 비터비 알고리즘에 대해 살펴본다. 먼저 나무 탐색을 살펴보자. 그림 12.24의 부호기에 대한 부호 나무의 일부분을 그림 12.25에 나타내었다. 그림 12.25에서는 하나의 이진 심벌이 부호기에 입력되고, 괄호 안의 3개의 이진 심벌은 각 입력 심벌에 대응하는 출력 심벌이 된다. 예를 들어 부호기에 1010이 입력되면 출력은 111101011101 또는 경로 A가 된다.

또한 복호화 절차는 그림 12.25를 따르면 된다. 수신된 시퀀스를 복호화하기 위해서 입력 시퀀스에 해밍 거리가 가장 가까운 경로를 부호 나무에서 탐색한다. 예를 들어, 입력 시퀀스 110101011111은 1010으로 복호된다. 이 경우 오류는 입력 시퀀스의 세 번째와 열한 번째 위치에서 발생한다.

나무 탐색 기법의 정확한 구현은 부호 나무가 정보 심벌 수에 따라 지수적으로 증가하기 때문에 많은 응용에서 실용적이지 못하다. 예를 들어, N개의 이진 정보 심벌은 부호 나무에서 2^N개의 가지를 생성하는데, N이 클 경우 나무 전체를 저장하는 것이 비현실적이 된다. 하드웨어의 요구조건이 합리적이면서 뛰어난 성능을 제공하는 여러 복호화 알고리즘들이 개발되어 왔

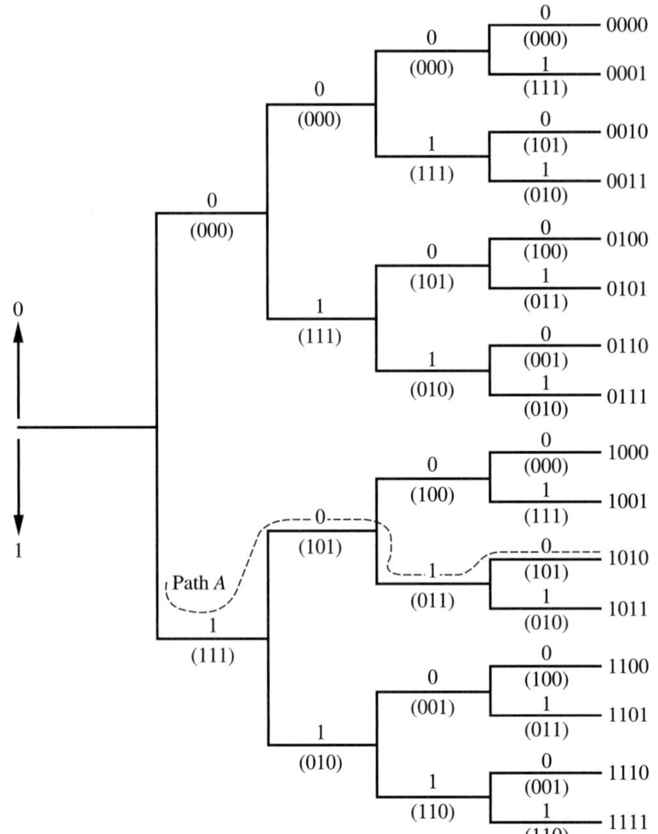

그림 12.25 부호 나무

다. 이 기법 중 가장 널리 쓰이는 알고리즘인 비터비 알고리즘을 간단히 살펴보기 전에, 부호 나무를 아주 간략하게 표현한 격자상도에 대해 살펴보자.

격자상도를 구성하는 데 중요한 요점은, 부호 나무가 k개의 가지 이후로 반복된다는 것이다. 여기서 k는 부호기의 구속 범위이다. 이것은 그림 12.25의 부호 나무로부터 쉽게 알 수 있다. 네 번째 정보 심벌이 입력된 다음, 16개의 가지가 부호 나무에 나타난다. 첫 번째 심벌을 제외하고 처음 8개 가지에 대한 부호기 출력은 두 번째 8개 가지에 대한 부호기 출력과 정확히 일치한다. 조금만 생각해보면 이것은 명백하다. 부호기의 출력은 가장 최근의 k개 입력에만 관계된다. 이 경우 구속 범위 k는 3이다. 따라서, 네 번째 정보 심벌에 해당하는 출력은 두 번째, 세 번째 그리고 네 번째 입력에 의해서만 결정된다. 첫 번째 정보 심벌이 이진수 0이었든 1이었든 차이는 없다(이는 구속 범위의 의미를 명확하게 한다).

현재 정보 심벌이 부호기에 입력되면, S_1은 S_2로, S_2는 S_3로 천이된다. 그러면 새로운 상태인 S_2 S_3와 현재 입력인 S_1이 시프트 레지스터의 상태 S_1 S_2 S_3를 결정하고, 따라서 출력 $v_1v_2v_3$를 결정하게 된다. 이러한 것을 표 12.6에 정리하였다. 주어진 상태 천이에 해당하는 출력을 그림

표 12.6 그림 12.23의 길쌈 부호기에 대한 상태, 천이 그리고 출력

(a) 상태에 대한 정의

State	S_1	S_2
A	0	0
B	0	1
C	1	0
D	1	1

(b) 상태 천이

Previous				Current				
State	S_1	S_2	Input	S_1	S_2	S_3	State	Output
A	0	0	0	0	0	0	A	(000)
			1	1	0	0	C	(111)
B	0	1	0	0	0	1	A	(100)
			1	1	0	1	C	(011)
C	1	0	0	0	1	0	B	(101)
			1	1	1	0	D	(010)
D	1	1	0	0	1	1	B	(001)
			1	1	1	1	D	(110)

(c) 상태천이 $x \to y$에 대한 부호기 출력

Transition	Output
$A \to A$	(000)
$A \to C$	(111)
$B \to A$	(100)
$B \to C$	(011)
$C \to B$	(101)
$C \to D$	(010)
$D \to B$	(001)
$D \to D$	(110)

12.25에서 괄호 안에 표시하였다.

상태 A와 C는 상태 A와 B로부터만 도달될 수 있으며, 상태 B와 D는 상태 C와 D로부터 도달될 수 있다는 사실에 주목하기 바란다. 표 12.6의 내용은 보통 그림 12.26과 같은 상태도로 나타낼 수 있다. 상태도에서, 입력 0에 대한 상태의 천이는 점선으로, 입력 1에 대한 상태의 천이는 실선으로 나타내었다. 부호기 출력은 괄호 안의 세 심벌로 나타내었다. 주어진 입력 시퀀스에 대한 상태 천이와 부호기 출력은 상태도에서 추적할 수 있다. 이것은 주어진 입력 시퀀스에 따른 부호기 출력을 구하는 매우 편리한 방법이 된다.

그림 12.27에 나타낸 격자상도는 상태도로부터 직접 구할 수 있다. 초기에 부호기는 상태 A

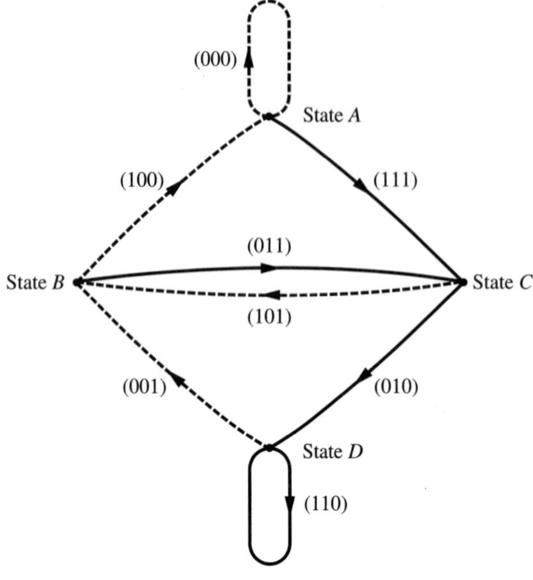

그림 12.26 길쌈 부호의 상태도

라고 가정한다(모든 요소가 0이다). 0이 입력되면 점선으로 나타낸 것처럼 부호기는 상태 *A*를 유지하고, 1이 입력되면 실선으로 나타낸 것처럼 상태 *C*로 천이된다. 2개의 입력 시퀀스에 대해서는 네 가지 상태로 천이될 수 있다. 세 번째 입력은 가능한 천이를 모두 보여준다. 또한 네 번째 입력도 가능한 모든 천이를 할 수 있게 된다. 따라서 두 번째 입력 이후부터 격자는 전체

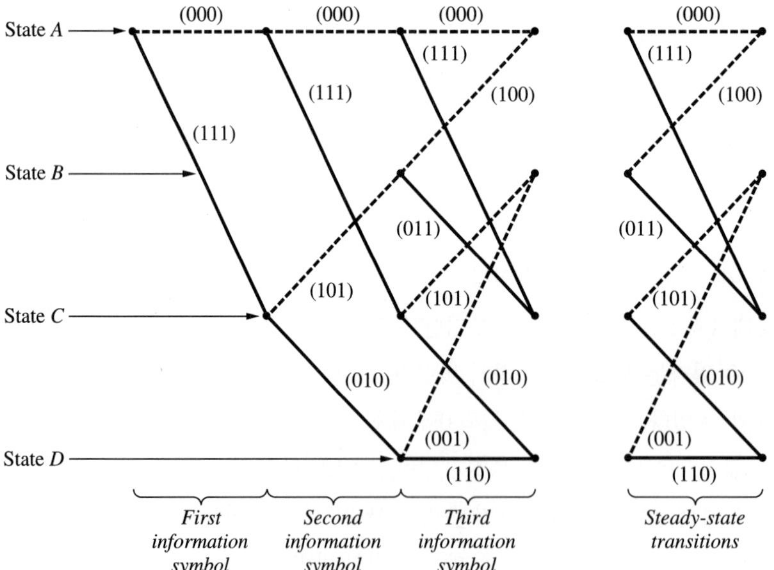

그림 12.27 격자상도

가 반복되며, 가능한 천이는 정상 상태 천이로 나타낸다. 부호기는 그림 12.27에 보인 것처럼 2개의 이진수 0을 입력함으로써 항상 상태 A로 돌아올 수 있다. 앞에서와 같이, 어떤 천이로 인한 출력 시퀀스를 괄호 안 시퀀스로 나타내었다.

12.5.2 비터비 알고리즘

비터비 알고리즘을 설명하기 위하여, 앞에서 부호 나무를 이용한 복호화 방법을 설명하기 위해 사용했던 시퀀스 110101011111을 수신 시퀀스로 고려하자. 첫 번째 단계는, 초기 노드(상태 A)와 격자에서 세 단계 깊이에 있는 네 개의 상태와의 각각의 해밍 거리를 계산하는 것이다. 예로 든 부호기의 구속 범위가 3이기 때문에, 격자에서 세 단계의 깊이를 반드시 살펴보아야 한다. 네 개의 노드 각각은 이전 두 개의 노드로부터만 도달될 수 있기 때문에 여덟 개의 경로가 구분되어야 하고, 각 경로에 대한 해밍 거리를 계산해야 한다. 따라서 격자의 초기 세 단계의 깊이를 살펴보아야 하며, 예제의 부호기는 부호율이 $\frac{1}{3}$이기 때문에 처음 아홉 개의 수신 심벌을 초기에 고려해야 한다. 따라서 입력 시퀀스 110101011과 격자의 세 단계 깊이로 끝나는 여덟 개 경로 간의 해밍 거리를 계산한다. 이 계산을 표 12.7에 정리하였다. 여덟 개의 해밍 거리를 계산한 다음, 네 개의 노드 각각에 대한 최소 해밍 거리를 갖는 경로를 존속시킨다. 이렇게 존속된 네 개의 경로를 **생존자**라고 한다. 다른 네 개의 경로는 더 이상 고려하지 않고 폐기한다. 네 개의 생존자는 표 12.7에서 확인할 수 있다.

비터비 알고리즘 적용의 다음 단계는 이 예제에서 고려하고 있는 111의 다음 세 개의 수신 심벌에 대해 살펴보는 것이다. 이 기법은 네 개 상태까지의 해밍 거리를 다시 한 번 계산하는 것인데, 이번에는 격자에서 4단계가 깊이이다. 앞에서와 같이, 각각 네 개의 상태는 이전 두 개의 상태로부터만 도달될 수 있다. 따라서 다시 한 번 여덟 개의 해밍 거리를 계산하여야 한다. 각각의 해밍 거리와 함께 네 개의 이전 생존자는 각각의 생존 경로에 의하여 도달되는 두 개의

표 12.7 비터비 알고리즘의 계산 : 첫 번째 단계(수신 시퀀스=110101011)

Path[1]	Corresponding symbols	Hamming distance	Survivor?
$AAAA$	000000000	6	No
$ACBA$	111101100	4	Yes
$ACDB$	111010001	5	Yes[2]
$AACB$	000111101	5	No[2]
$AAAC$	000000111	5	No
$ACBC$	111101011	1	Yes
$ACDD$	111010110	6	No
$AACD$	000111010	4	Yes

[1] 처음과 마지막 상태는 각각 첫 번째와 네 번째 문자로 구분된다. 두 번째와 세 번째 문자는 중간 상태를 나타낸다.
[2] 만약 두 개 이상의 경로가 같은 해밍 거리를 갖는다면, 어느 쪽을 생존자로 결정해도 차이가 없다.

표 12.8 비터비 알고리즘의 계산 : 두 번째 단계(수신 시퀀스=110101011111)

Path[1]	Previous survivors distance	New segment	Added distance	New distance	Survivor?
ACBAA	4	*AA*	3	7	Yes
ACDBA	5	*BA*	2	7	No
ACBCB	1	*CB*	1	2	Yes
AACDB	4	*DB*	2	6	No
ACBAC	4	*AC*	0	4	Yes
ACDBC	5	*BC*	1	6	No
ACBCD	1	*CD*	2	3	Yes
AACDD	4	*DD*	1	5	No

[1] 밑줄은 이전 생존자를 나타낸다.

상태로 확장된다. 새로운 구간 각각의 해밍 거리는 각각의 새로운 구간에 해당하는 부호기출력과 111을 비교하여 계산된다. 이 계산을 표 12.8에 정리하였다. 최소의 새로운 거리를 갖는 경로는 *ACBCB*이다. 이에 해당하는 정보 시퀀스는 1010이며 앞에서의 나무 검색과 일치한다.

일반적인 수신 시퀀스에 대한 과정을 계속해서 표 12.8에 나타내었다. 각각의 새로운 계산 후에는, 다음 세 가지 수신 심벌과 관계하여 네 개의 생존 경로와 누적 해밍 거리만이 계속 존속된다. 마지막 과정에서는, 생존 경로의 개수를 네 개에서 한 개로 줄여야 한다. 여섯 개의 부호 심벌 전송에 해당하는 정보 시퀀스 끝에 두 개의 여분 0을 삽입하여 줄일 수 있다. 그림 12.28에서 보인 것처럼, 이렇게 하면 격자는 상태 *A*에서 강제로 종결된다.

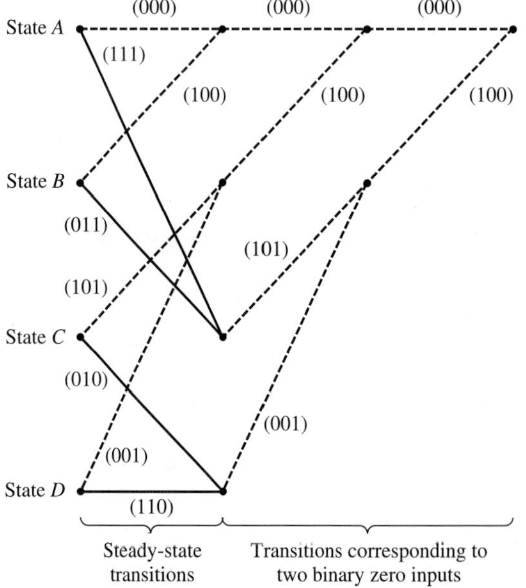

그림 12.28 격자상도의 종료

비터비 알고리즘은 실제로 광범위하게 응용되고 있다. 비터비 알고리즘은 최대 우도 복호기로 볼 수 있고 그런 의미에서 최적이라 할 수 있다. Viterbi와 Omura(1979)는 비터비 알고리즘에 대한 최고의 분석을 하였고, Heller와 Jacobs(1971)[7]가 쓴 논문은 비터비 알고리즘에 대한 많은 성능 특성을 요약한 내용을 담고 있다.

12.5.3 길쌈 부호에 대한 성능 비교

블록 부호에서와 같이, MATLAB 프로그램이 개발되어 여러 파라미터를 갖는 길쌈 부호의 비트 오류 확률을 비교할 수 있다. MATLAB 프로그램은 다음과 같다.

```
% File: c12_convcode.m
% BEP for convolutional coding in Gaussian noise
% Rate 1/3 or 1/2
% Hard decisions
%
clf
nu_max = input...
(' Enter max constraint length: 3-9, rate 1/2; 3-8, rate 1/3 => ');
nu_min = input(' Enter min constraint length (step size = 2) => ');
rate = input('Enter code rate: 1/2 or 1/3 => ');
Eb_N0_dB = 0:0.1:12;
Eb_N0 = 10.^(Eb_N0_dB/10);
semilogy(Eb_N0_dB, qfn(sqrt(2*Eb_N0)), 'LineWidth', 1.5), ...
   axis([min(Eb_N0_dB) max(Eb_N0_dB) 1e-12 1]), ...
   xlabel('{\itE_b/N}_0, dB'), ylabel('{\itP_b}'), ...
hold on
for nu = nu_min:2:nu_max
   if nu == 3
      if rate == 1/2
         dfree = 5;
         c = [1 4 12 32 80 192 448 1024];
      elseif rate == 1/3
         dfree = 8;
         c = [3 0 15 0 58 0 201 0];
      end
   elseif nu == 4
      if rate == 1/2
         dfree = 6;
         c = [2 7 18 49 130 333 836 2069];
      elseif rate == 1/3
         dfree = 10;
         c = [6 0 6 0 58 0 118 0];
      end
   elseif nu == 5
      if rate == 1/2
         dfree = 7;
         c = [4 12 20 72 225 500 1324 3680];
      elseif rate == 1/3
         dfree = 12;
         c = [12 0 12 0 56 0 320 0];
      end
```

7 Heller, J. A. and I. M. Jacobs, "Viterbi Decoding for Satellite and Space Communications," *IEEE Transactions on Communications Technology*, **COM-19**: 835–848, October 1971.

```
    elseif nu == 6
       if rate == 1/2
          dfree = 8;
          c = [2 36 32 62 332 701 2342 5503];
       elseif rate == 1/3
          dfree = 13;
          c = [1 8 26 20 19 62 86 204];
       end
    elseif nu == 7
       if rate == 1/2
          dfree = 10;
          c = [36 0 211 0 1404 0 11633 0];
       elseif rate == 1/3
          dfree = 14;
          c = [1 0 20 0 53 0 184 0];
       end
    elseif nu == 8
       if rate == 1/2
          dfree = 10;
          c = [2 22 60 148 340 1008 2642 6748];
       elseif rate == 1/3
          dfree = 16;
          c = [1 0 24 0 113 0 287 0];
       end
    elseif nu == 9
       if rate == 1/2
          dfree = 12;
          c = [33 0 281 0 2179 0 15035 0];
       elseif rate == 1/3
          disp('Error: there are no weights for nu = 9 and rate = 1/3')
       end
    end
    Pd = [];
    p = qfn(sqrt(2*rate*Eb_N0));
    kk = 1;
    for k = dfree:1:dfree+7;
       sum = 0;
       if mod(k,2) == 0
          for e = k/2+1:k
             sum = sum + nchoosek(k,e)*(p.^e).*((1-p).^(k-e));
          end
          sum = sum + 0.5*nchoosek(k,k/2)*(p.^(k/2)).*((1-p).^(k/2));
       elseif mod(k,2) == 1
          for e = (k+1)/2:k
             sum = sum + nchoosek(k, e)*(p.^e).*((1-p).^(k-e));
          end
       end
       Pd(kk, :) = sum;
       kk = kk+1;
    end
    Pbc = c*Pd;
    semilogy(Eb_N0_dB, Pbc, '--', 'LineWidth', 1.5), ...
       text(Eb_N0_dB(78)+.1, Pbc(78), ['\nu = ', num2str(nu)])
end
legend(['BPSK uncoded'], ...
['Convol. coded; HD; rate = ', num2str(rate, 3)])
hold off
% End of script file.
```

앞의 MATLAB 코드는 격자를 통하여 모두 0인 경로를 정확한 경로로 가정할 수 있게 하는 길쌈 부호의 선형성에 기반한다. 이 경우, 복호 오류 사건은 격자의 어떤 점에서 모두 0인 경로로부터 벗어나는 경로에 해당되며 이는 몇 단계 후에 모두 0인 경로와 다시 병합하게 된다. 모두 0인 경로를 정확한 경로로 가정했기 때문에, 정보 비트 오류 개수는 주어진 길이의 오류 사건 경로와 관계된 정보 비트 오류 개수에 해당된다. 따라서 비트 오류 확률의 상한은 다음과 같이 나타낼 수 있다.

$$nP_b < \sum_{k=d_{\text{free}}}^{\infty} c_k P_k \tag{12.141}$$

이 식에서 d_{free}는 부호의 자유 거리(모두 0인 경로로부터 최소-길이 오류 사건 경로의 해밍 거리 또는 간단히 최소-길이 오류 사건 경로의 해밍 무게), P_k는 길이 k의 오류 사건 경로가 발생할 확률이며, c_k는 이 격자에서 길이 k의 모든 오류 사건 경로와 관련하여 정보 비트 오류의 개수를 나타내는 가중치 계수이다. 부호의 **무게 구조**라고 불리는 후자는 부호생성 함수로부터 구할 수 있으며, 이는 격자에 대하여 모두 0이 아닌 경로들의 개수를 계산하는 함수로서 주어진 길이의 모든 경로와 관련된 정보 경로의 개수를 알려준다. '좋은' 길쌈 부호의 부분적[식 (12.141)에서 합의 상한치는 계산상 어떤 유한한 수로 설정되어야 하기 때문에 부분적] 무게 구조들은 문헌에서 규명되고 발표되어 있다(위의 프로그램에서 무게는 c로 명명된 벡터들에 의해 주어진다).[8] 오류 사건 확률은

$$P_k = \sum_{e=(k/2)+1}^{k} \binom{k}{e} p^e (1-p)^{k-e} + \binom{k}{k/2} p^{k/2}(1-p)^{k/2}, \quad k\text{ 는 짝수} \tag{12.142}$$

그리고

$$P_k = \sum_{e=(k+1)/2}^{k} \binom{k}{e} p^e (1-p)^{k-e}, \quad k\text{ 는 홀수} \tag{12.143}$$

로 주어진다.[9] 여기서 AWGN 채널의 경우

$$P = Q\left(\sqrt{\frac{2kRE_b}{N_0}}\right) \tag{12.144}$$

이며, 위 식에서 R은 부호율이다.

엄격하게 말하자면, 식 (12.141)의 상한치가 유한한 정수로 제한되며, 상한은 정확하지 않을 수 있다. 그러나 만약 어느 정도 많은 수의 항이 고려되면 식 (12.141)의 유한한 합의 결과는

---

8 J. P. Odenwalder, "Error Control," in *Data Communications, Networks, and Systems*, Thomas Bartree (ed.), Indianapolis: Howard W. Sams, 1985.

9 Ziemer and Peterson, 2001, pp. 504-505.

적절히 낮은 값의 p에 대하여 컴퓨터 모의실험에서 보여진 것과 같이 비트 오류 확률에 충분히 좋은 근사가 된다.

컴퓨터 예제 12.5

길쌈 부호로부터 기대할 수 있는 성능 개선의 한 예로, 부호율이 $\frac{1}{2}$ 및 $\frac{1}{3}$인 길쌈 부호에 대한 비트 오류 확률의 추정을 앞에서의 MATLAB 프로그램을 이용하여 계산한 것처럼 그림 12.29와 그림 12.30에 각각 도시하였다. 이들 결과를 보면, 구속장이 7인 부호에 대하여 부호율이 $\frac{1}{2}$인 부호는 10^{-6}의 비트 오류 확률에서 약 3.5dB의 성능 개선을 제공하며, 반면에 부호율이 $\frac{1}{3}$인 부호는 거의 4dB의 성능 개선을 제공한다. 연판정의 경우(검출기 출력이 비터비 복호기에 입력되기 전에 몇 개의 레벨로 양자화된다), 성능 개선은 상당히 더 커지게 된다(각각 약 5.8dB 및 6.2dB).[10]

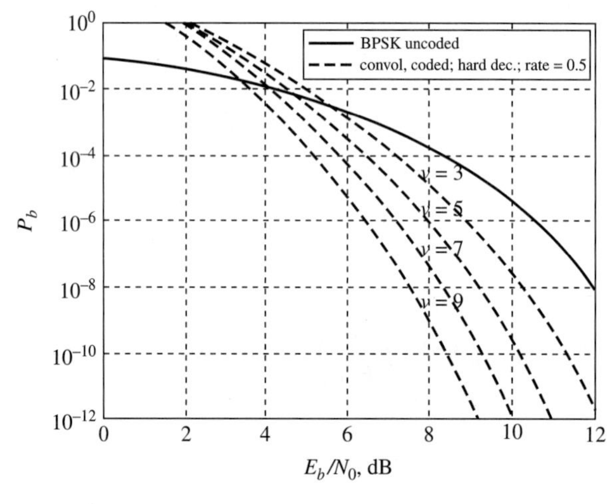

그림 12.29 AWGN 채널에서 길쌈 부호화된 이진 위상 천이 변조에 대해 추정된 비트 오류 확률 성능 : R=1/2

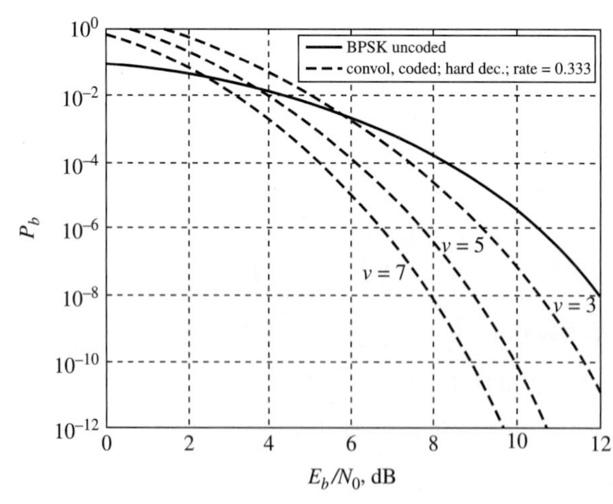

그림 12.30 AWGN 채널에서 길쌈 부호화된 이진 위상 천이 변조에 대해 추정된 비트 오류 확률 성능 : R=1/3

■

10 Ziemer and Peterson, 2001, pp. 511, 513 참조.

12.6 대역폭 및 전력 효율적인 변조(TCM)

변조 기법에서 선호되는 특성은 대역폭과 전력을 동시에 절약하는 것이다. 1970년대 말 이후로 이러한 문제를 해결하기 위해 부호화와 변조를 결합하는 것이 시도되어 왔다. 두 가지 접근 방법이 있다. (1) 변조 지수 집합을 순회적으로 사용하여 몇 개의 변조 심벌 상에서 확장된 메모리를 갖는 연속 위상 변조(CPM)[11]와 (2) M진 변조 기법과 부호화를 결합한 **격자 부호 변조**(TCM)[12]이다. 이 절에서는 격자 부호 변조에 대하여 간략히 살펴보겠다. 연속 위상 변조에 대한 기본적인 내용은 Ziemer와 Peterson(2001)의 4장을 참조하기 바란다. Sklar(1988)에는 격자 부호 변조에 대해 보다 많은 예제들과 함께 잘 설명되어 있다.

11장에서, M진 변조 기법에서 가장 발생 가능성이 높은 오류는 전송 신호점에 대하여 유클리드 거리가 가장 짧은 신호점을 실제 전송된 신호에 해당하는 것으로 잘못 판단하여 발생한다고 신호 공간도를 사용하여 설명했다. 이 문제를 해결하기 위해 Ungerboeck이 제시한 방법은, M진 변조와 부호화를 결합하여 동일한 전송률의 부호화되지 않은 전송 기법에 비하여 평균 전력이나 대역폭을 증가하지 않고도 가장 혼동될 가능성이 있는 신호점들 간의 최소 유클리드 거리를 증가시키는 것이다. 하나의 특정한 예를 들어 그 절차를 설명하겠다.

동일한 데이터 전송률로 동작하는 격자 부호 변조 시스템과 4위상 천이 변조(QPSK) 시스템을 비교하자. 4위상 천이 변조 시스템은 신호 위상(신호 공간점)당 2비트를 전송하기 때문에, 신호 위상당 3비트를 전송하는 8-위상 천이 변조(8-PSK) 변조기와 2개의 입력 데이터 비트마다 3개의 부호화된 심벌을 생성하는, 즉 부호율이 $\frac{2}{3}$인 길쌈 부호기를 결합한 격자 부호 변조 시스템과 동일한 전송률을 가질 수 있다. 그림 12.31(a)에는 이를 생성하기 위한 부호기를 나타내었고, 그림 12.31(b)는 이에 해당하는 격자상도를 나타내었다. 부호기는 첫 번째 데이터 비트를 첫 번째와 두 번째 부호화 심벌을 생성하는 부호율이 $\frac{1}{2}$인 길쌈 부호기의 입력으로 취하며, 두 번째 데이터 비트는 바로 세 번째 부호화 심벌로 취한다. 이를 이용하여 다음의 규칙에 따라 특정한 신호 위상이 전송되도록 선택한다.

---

11 연속 위상 변조는 많은 사람들에 의해 연구되어 왔다. 입문 과정으로 C.-E. Sundberg, “Continuous Phase Modulation,” *IEEE Communications Magazine*, **24**: 25-38, April 1986, and J. B. Anderson and C.-E. Sundberg, “Advances in Constant Envelope Coded Modulation,” *IEEE Communications Magazine*, **29**: 36-45, December 1991 참조.

12 Ungerboeck이 쓴 격자 부호 변조에 대한 소개를 다룬 세 개의 논문인 G. Ungerboeck, “Channel Coding with Multilevel/Phase Signals,” *IEEE Transactions on Information Theory*, IT-28: 55-66, January 1982; G. Ungerboeck, “Trellis-Coded Modulation with Redundant Signal Sets, Part I: Introduction,” *IEEE Communications Magazine*, **25**: 5-11, February 1987; and G. Ungerboeck, “Trellis-Coded Modulation with Redundant Signal Sets, Part II: State of the Art,” *IEEE Communications Magazine*, **25**: 12-21, February 1987 참조.

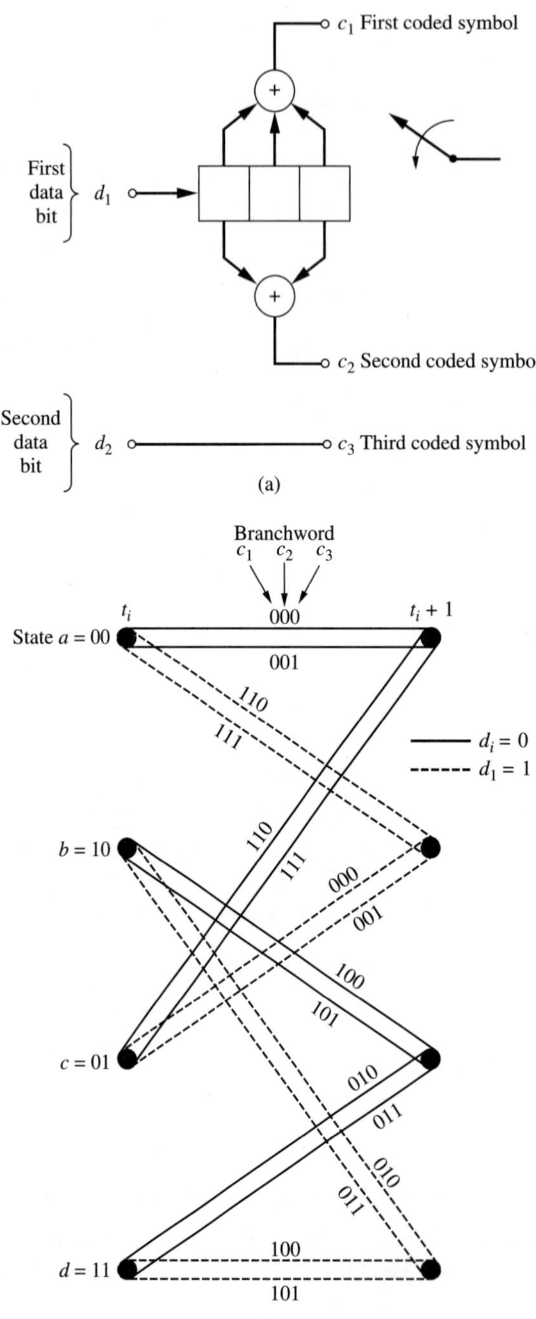

그림 12.31 4-상태, 8-위상 천이 변조 격자 부호 변조에 해당하는 (a) 길쌈 부호기, (b) 격자상도

1. 격자에서 모든 병렬 천이에는 최대 가능 유클리드 거리가 할당된다. 이들 천이는 하나의 부호 심벌만큼의 차이가 있기 때문에(이 예제에서는 부호화되지 않은 비트에 해당하는 부호

심벌), 이들 천이를 복호할 때 생기는 오류는 단일 비트 오류이고 이는 이 절차에 의해 최소화된다.

2. 발산하거나 또는 한 격자 상태로 수렴하는 모든 천이는 그다음에 가능성이 가장 큰 유클리드 거리 구분으로 할당된다.

부호화된 심벌을 8-위상 천이 변조 시스템의 신호 위상으로 할당하는 이 규칙을 그림 12.32에 나타낸 집합 분할이라 알려진 기법으로 적용할 수 있다. 만약 부호화 심벌 c_1이 0이라면, 나무의 첫 단계에서 왼쪽 가지가 선택되는 반면, c_1이 1이라면 오른쪽 가지가 선택된다. 유사한 방법으로 나무의 두 번째, 세 번째 단계가 진행되면, 각 가능한 부호화 출력에 대하여 유일한 신호 위상이 선택된다.

격자 부호 변조 신호를 복호하기 위해서 각 신호 구간에서 잡음이 더해진 수신 신호는 격자에서 가능한 천이와 상관되고, 그림 12.25와 함께 살펴보았던 것처럼 해밍 거리 대신에 메트릭으로 이러한 상호 상관의 합을 이용한 비터비 알고리즘을 사용하여 격자를 따라 검색한다(이를 **연판정 기준**의 사용이라 한다). 또한 부호화되지 않은 비트가 부호에서 세 번째 심벌이 되므로 한 격자 상태에서 다음으로의 경로에 두 개의 가지가 대응되기 때문에 복호 과정이 두 배나 복잡하다. 생존 가지에 대하여 두 개의 복호 비트를 선택할 때, 첫 번째 복호 비트는 복호되는 가지의 상태 천이를 생성하는 입력 비트 b_1에 해당된다. 두 번째 복호 비트는 c_3가 부호화

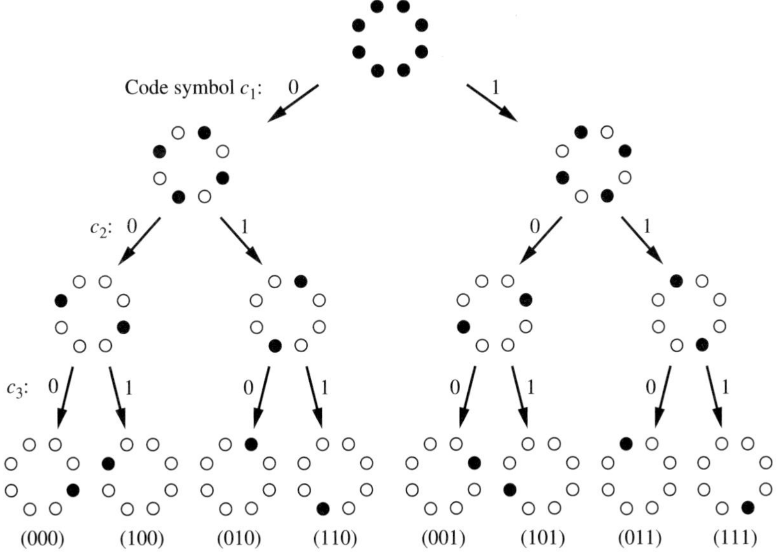

그림 12.32 자유 거리를 최대로 하는 규칙을 따르면서, 부호율이 $\frac{2}{3}$인 부호기 출력을 8-위상 천이 변조 신호점에 할당하는 집합 분할(G. Ungerboeck, "Channel Coding with Multilevel/Phase Signals," *IEEE Transactions on Information Theory*, Vol. IT-28, January 1982, pp. 55-66.)

되지 않은 비트 b_2와 동일하기 때문에 가지 워드의 세 번째 심벌 c_3와 동일하다.

Ungerboeck은 신호 방법의 사건 오류 확률 성능을 신호 집합의 자유 거리의 항으로 나타내었다. 높은 신호 대 잡음비에서 오류 사건의 확률(즉 어떤 주어진 시간에서 비터비 알고리즘이 병렬 천이와 관련된 신호 중에서 잘못된 판정을 하거나 올바른 경로로부터 하나 이상의 천이에서 발산하는 몇몇 경로를 따라 잘못된 판정의 시퀀스를 만들기 시작하는 확률)은 다음과 같이 근사화된다.

$$P(\text{error event}) = N_{\text{free}} Q\left(\frac{d_{\text{free}}}{2\sigma}\right) \qquad (12.145)$$

여기서 N_{free}는, 전송된 신호 시퀀스로부터 임의의 상태에서 발산하여 하나 이상의 천이 후에 다시 병합되는 거리 d_{free}의 가장 가까운 이웃 신호 시퀀스의 개수이다. (자유 거리는 보통 신호 에너지가 1로 정규화되었다고 가정하고, 잡음 표준 편차 σ가 이 정규화에 고려된다고 가정하여 계산된다.)

부호화되지 않은 4위상 천이 변조에 대하여, $d_{\text{free}}=2^{1/2}$이고 $N_{\text{free}}=2$(거리 $d_{\text{free}}=2^{1/2}$에서 인접

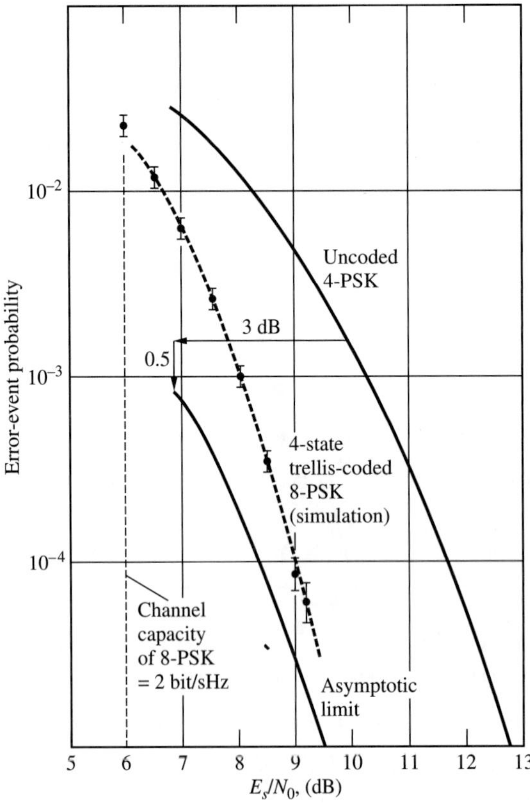

그림 12.33 4-상태, 8-위상 천이 변조 격자 부호 변조 신호 방식에 대한 성능(G. Ungerboeck, "Trellis-Coded Modulation with Redundant Signal Set, Part 1: Introduction," *IEEE Communications Magazine*, February 1987, Vol. 25, pp. 5-11)

한 두 신호점이 있다)인 반면, 4-상태 부호화된 8-위상 천이 변조에 대해서는 $d_{free}=2$이고 $N_{free}=1$이 된다. 인자 N_{free}를 무시하면 부호화되지 않은 4위상 천이 변조에 비하여, 격자 부호 변조로 인하여 $2^2/(2^{1/2})^2=2=3$dB의 점근적인 이득을 갖는다. 그림 12.33에는 Underboeck으로부터 모의실험 결과들을 가지고 오류 사건 확률에 대한 점근적인 하한을 비교하였다.

격자 부호 변조 부호화 변조 절차는 더 높은 레벨의 M진 기법들로 일반화될 수 있다. Ungerboeck은 이 관찰 결과가 다음과 같이 일반화될 수 있음을 보이고 있다.

1. 부호화 및 변조 과정마다 전송될 m개의 비트 중에서, $k \le m$개의 비트들은 이진율 $k/(k+1)$의 길쌈 부호기에 의해 $k+1$개의 부호화된 심벌들로 확장된다.
2. $k+1$개의 부호화된 심벌들은 잉여 2^{m+1}진 신호 집합에서 2^{k+1}개의 부분 집합들 중 하나를 선택한다.
3. 남은 $m-k$개의 심벌들은 선택된 부분 집합 내에서 2^{m-k}개의 신호들 중 하나를 결정한다.

또한 격자 부호 변조 시스템을 구현하기 위해서 블록 부호 또는 M진 진폭 천이 변조나 4위상 진폭 천이 변조 같은 다른 변조 방법들을 사용하기도 한다는 것을 언급해야 한다.

격자 부호 변조 시스템의 성능에 영향을 미치는 또 다른 파라미터는 부호의 구속 범위 ν이며, 이는 부호기가 2^ν개의 상태를 갖는다고 하는 것과 같은 의미이다. Ungerboeck은 다양한 구속장을 가진 격자 부호 변조 시스템에 대한 점근적인 이득도 발표했다. 이것들은 표 12.9에 나

표 12.9 격자 부호 변조 시스템에 대한 점근적인 부호화 이득

		Asymtotic coding gain(dB)	
No. of States, 2^ν	k	$G_{8PSK/QPSK}$ $m=2$	$G_{16PSK/8PSK}$ $m=3$
4	1	3.01	–
8	2	3.60	–
16	2	4.13	–
32	2	4.59	–
64	2	5.01	–
128	2	5.17	–
256	2	5.75	–
4	1	–	3.54
8	1	–	4.01
16	1	–	4.44
32	1	–	5.13
64	1	–	5.33
128	1	–	5.33
256	2	–	5.51

출처 : G. Ungerboeck, "Trellis-Coded Modulation with Redundant Signal Sets, Part II: State of the Art," *IEEE Communications Magazine*, Vol. 25, February 1987, pp. 12-21.

타내었다.

마지막으로, Viterbi 등(1989)의 논문은, VLSI 회로 구현에 많이 쓰이는 $\frac{1}{2}$ 단일 부호율의 64-상태 이진 길쌈 부호를 사용하는 M진 위상 천이 변조에 대해 간단한 방법을 제시하고 있다. 천공으로 알려진 기술은 부호율을 $(n-1)/n$까지 변환한다.

■ 12.7 궤환 채널

많은 실제 시스템에서 수신기에서 송신기로의 궤환 채널이 사용 가능하다. 궤환 채널이 사용 가능할 때 이 채널을 활용하여 부호화 기법의 복잡도를 줄이면서 특정 성능을 달성할 수 있다. 판정 궤환, 오류 검출 궤환, 정보 궤환 등 여러 가지 궤환 기법들이 있다. 판정 궤환 기법에서는 영-지역(null-zone) 수신기가 사용되고, 궤환 채널은 이전 심벌을 판정할 수 없어서 재전송을 송신기에 요구하거나 판정이 된 후 다음 심벌 전송을 송신기에 요구할 때 사용된다. 영-지역 수신기는 보통 이진 소거 채널로서 모델링된다. 오류 검출 궤환은 부호화와 궤환 채널의 결합과 관계된다. 이 기법에서는 오류가 검출되었을 때 부호어의 재전송을 요구한다.

일반적으로 궤환 기법은 분석하기가 다소 어려운 경향이 있다. 따라서 여기서는 가장 단순한 기법인, 완벽한 궤환을 갖는다고 가정된 판정 궤환 채널만을 다루기로 한다. 정합 필터 판정을 하는 이진 전송 기법을 가정하자. 신호 파형은 $s_1(t)$와 $s_2(t)$이다. $s_1(t)$와 $s_2(t)$가 전송되었다는 조건하에 시간 T에서 정합 필터 출력의 조건부 확률 밀도 함수는 9장에서 유도하였고 그림 12.34에 그 적용을 나타내었다. $s_1(t)$와 $s_2(t)$가 동일한 사전 확률을 가진다고 가정한다. 영-지역 수신기에 대하여, 두 개의 임계치 a_1과 a_2가 설정되었다. 만약 V로 표기한 표본화된 정합 필터 출력이 a_1과 a_2 사이에 놓인다면, 판정을 하지 못하고 궤환 채널을 사용하여 재전송을 요구하게 된다. 이 사건을 소거라고 하고 P_2의 확률로 발생한다고 하자. $s_1(t)$가 전송되었다고 가정하면, $V > a_2$일 때 오류가 발생한다. 이 사건의 확률은 P_1으로 표기하자. 대칭성에 의해서 $s_2(t)$에 대해서도 이들 확률은 동일하게 된다.

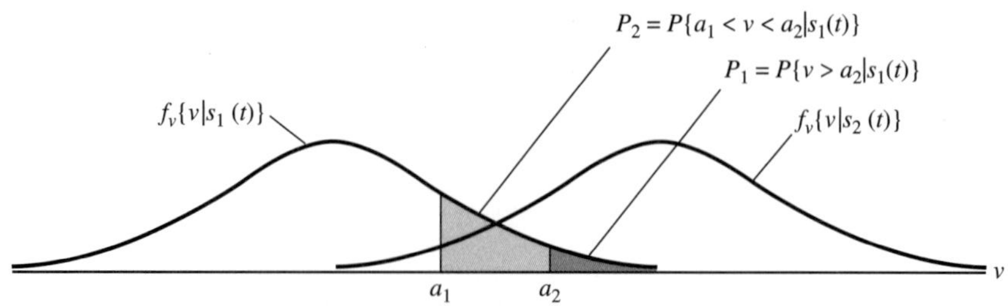

그림 12.34 영-지역 수신기의 판정 영역

독립이라고 가정하면, 오류에 의해 일어난 $j-1$ 소거 확률은 다음과 같다.

$$P(j-1 \text{ transmissions, error}) = P_2^{j-1} P_1 \tag{12.146}$$

전체 오류 확률은 모든 j에 대한 이 확률의 합이다. 즉 다음과 같이 된다. ($j=0$은 단일 전송에서의 올바른 판정에 해당되기 때문에 포함되지 않는다는 것을 주지하기 바란다.)

$$P_E = \sum_{j=1}^{\infty} P_2^{j-1} P_1 \tag{12.147}$$

이것은 다음과 같다.

$$P_E = \frac{P_1}{1-P_2} \tag{12.148}$$

평균 전송 횟수, N 또한 쉽게 유도된다. 그 결과는 다음과 같다.

$$N = \frac{1}{(1-P_2)^2} \tag{12.149}$$

이는 보통 1보다 약간 크다. 이 결과에 따르면, N을 크게 증가시키지 않더라도 오류 확률을 상당히 감소시킬 수 있다. 그러므로, 정보율을 크게 줄이지 않고 성능을 향상시킬 수 있게 된다.

컴퓨터 예제 12.6

이제, 적분-덤프 검출기를 갖는 기저대역 통신 시스템을 고려하자. 적분-덤프 검출기의 출력은 다음과 같다.

$$V = \begin{cases} +AT + N, & \text{if } +A \text{ is sent} \\ -AT + N, & \text{if } -A \text{ is sent} \end{cases}$$

여기서 N은 표본화 순간에 검출기 출력에서의 잡음을 나타내는 랜덤변수이다. 검출기는 두 임계치 a_1과 a_2를 사용하는데, 여기서 $a_1=-\gamma AT$이고 $a_2=\gamma AT$이다. 만약 $a_1<V<a_2$이면 재전송이 발생한다. 여기서 $\gamma=0.2$라고 하자. 이 연습문제의 목적은 오류 확률(그림 12.35)과 $z=A^2T/N_0$의 함수로서 평균 전송 횟수(그림 12.36)를 계산하고 도시하는 것이다.

$-A$가 전송되었다는 조건하에서, 표본화된 정합 필터 출력의 확률 밀도 함수는 다음과 같다.

$$f_V(v|-A) = \frac{1}{\sqrt{2\pi}\sigma_n} \exp\left(-\frac{(v+AT)^2}{2\sigma_n^2}\right) \tag{12.150}$$

소거 확률은 다음과 같다.

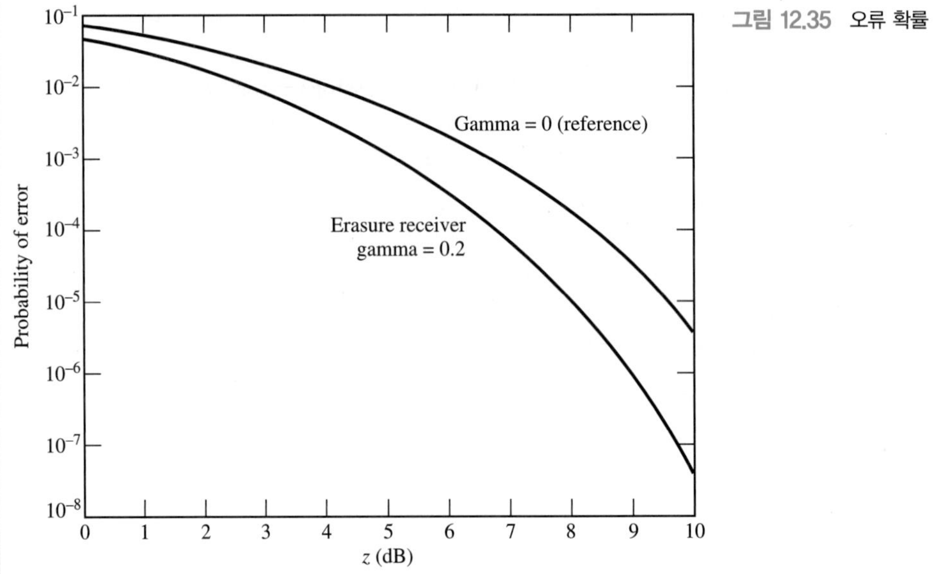

그림 12.35 오류 확률

$$P(\text{Erasure}|-A) = \frac{1}{\sqrt{2\pi}\sigma_n}\int_{a_1}^{a_2} \exp\left(-\frac{(v+AT)^2}{2\sigma_n^2}\right) dv \tag{12.151}$$

다음 식을 이용하면

$$y = \frac{v+AT}{\sigma_n} \tag{12.152}$$

식 (12.151)은 다음과 같이 된다.

$$P(\text{Erasure}|-A) = \frac{1}{\sqrt{2\pi}}\int_{(1-\gamma)AT/\sigma_n}^{(1+\gamma)AT/\sigma_n} \exp\left(-\frac{y^2}{2}\right) dy \tag{12.153}$$

이것을 가우시안 Q 함수로 표현할 수 있다. 그 결과는 다음과 같다.

$$P(\text{Erasure}|-A) = Q\left(\frac{(1-\gamma)AT}{\sigma_n}\right) - Q\left(\frac{(1+\gamma)AT}{\sigma_n}\right) \tag{12.154}$$

대칭성에 의해 다음이 같이 된다.

$$P(\text{Erasure}|-A) = P(\text{Erasure}|+A) \tag{12.155}$$

한편, $+A$와 $-A$는 같은 확률로 전송된다고 가정한다. 따라서 다음 식이 된다.

$$P(\text{Erasure}) = P_2 = Q\left(\frac{(1-\gamma)AT}{\sigma_n}\right) - Q\left(\frac{(1+\gamma)AT}{\sigma_n}\right) \tag{12.156}$$

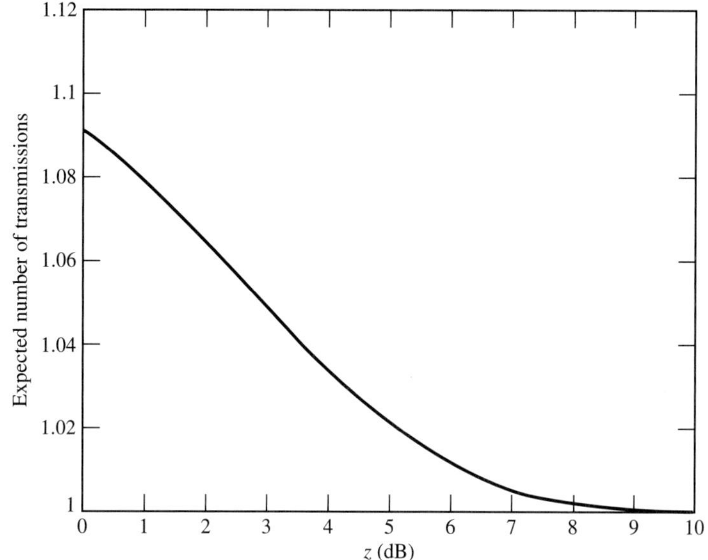

그림 12.36 평균 전송 횟수

백색잡음을 입력으로 하는, 적분-덤프 검출기에 대한 N의 분산이 다음과 같다는 것은 9장에서 보였다.

$$\sigma_n^2 = \frac{1}{2}N_0 T \tag{12.157}$$

따라서

$$\frac{AT}{\sigma_n} = AT\sqrt{\frac{2}{N_0 T}} = \sqrt{\frac{2A^2 T}{N_0}} \tag{12.158}$$

이며, 이것은 다음과 같이 된다.

$$\frac{AT}{\sigma_n} = \sqrt{2z} \tag{12.159}$$

이를 치환하면 소거 확률은 다음과 같이 된다.

$$P_2 = Q\left[(1-\gamma)\sqrt{2z}\right] - Q\left[(1+\gamma)\sqrt{2z}\right] \tag{12.160}$$

$-A$가 전송되었다는 조건하에서, 오류 확률은 다음과 같다.

$$P(\text{Error}|-A) = \frac{1}{\sqrt{2\pi}\sigma_n}\int_{a_{2=\gamma AT}}^{\infty} \exp\left(-\frac{(v+AT)^2}{2\sigma_n^2}\right)dv \tag{12.161}$$

소거 확률을 구하는 데 사용하였던 동일한 과정을 수행하면 다음과 같이 된다.

$$P(\text{Error}) = P_1 = Q\left[(1+\gamma)\sqrt{2z}\right]$$

오류 확률과 평균 전송 횟수를 계산하고 도시하기 위한 MATLAB 코드는 다음과 같다. 비교를 목적으로, 단일 임계치 적분-덤프 검출기에 대한 오류 확률 역시 구해진다[간단히 식 (12.161)에서 $\gamma=0$으로 둔다].

```
% File: c12ce6.m
g = 0.2;                    % gamma
zdB = 0:0.1:10;             % z in dB
z = 10.^(zdB/10);           % vector of z values
q1 = Q((1-g)*sqrt(2*z));
q2 = Q((1+g)*sqrt(2*z));
qt = Q(sqrt(2*z));          % gamma=0 case
p2 = q1-q2;                 % P2
p1 = q2;                    % P1
pe = p1./(1-p2);            % probability of error
semilogy(zdB,pe,zdB,qt)
xlabel('z - dB')
ylabel('Probability of Error')
pause
N = 1./(1-p2);
plot(zdB,N)
xlabel('z - dB')
ylabel('Expected Number of Transmissions')
% End of script file.
```

앞의 프로그램에서 가우시안 Q 함수는 MATLAB 루틴을 이용하여 계산된다.

```
function out=Q(x)
out=0.5*erfc(x/sqrt(2));
```

■

12.8 신호 모델

8장에서 신호 대 잡음비가 통신 시스템 내의 다양한 지점에서 계산되었다. 그중에서 복조기 입력에서의 신호 대 잡음비와 복조기 출력에서의 신호 대 잡음비가 특히 관심 있는 부분이었다. 이들 신호 대 잡음비를 각각 검출전 신호 대 잡음비 $(SNR)_T$와 검출후 신호 대 잡음비, $(SNR)_D$라고 하였다. 이때 이들 파라미터의 비율, 즉 검출 이득은 시스템의 성능 지수로서 널리 사용되어 왔다. 이 절에서는 몇 가지 시스템에 대하여 $(SNR)_T$의 함수로 $(SNR)_D$의 특성을 비교하고자 한다. 그러나 우선, 실제적이지는 않지만 최적인 시스템에 대한 특성을 살펴본다. 이를 통해 비교의 기반을 마련하고 신호 대 잡음비와 대역폭의 트레이드-오프 개념에 대한 추가적인 통찰력을 제공할 것이다.

12.8.1 대역폭과 SNR

통신 시스템에 대한 블록도를 그림 12.37에 나타내었다. 여기서는 시스템의 수신기 부분에 중점을 둘 것이다. 검출전 필터 출력의 신호 대 잡음비 $(SNR)_T$는 정보가 수신기에 도착할 수 있는 최대 전송률을 제공한다. 샤논-하틀리 법칙으로부터 최대 전송률 C_T는 다음과 같다.

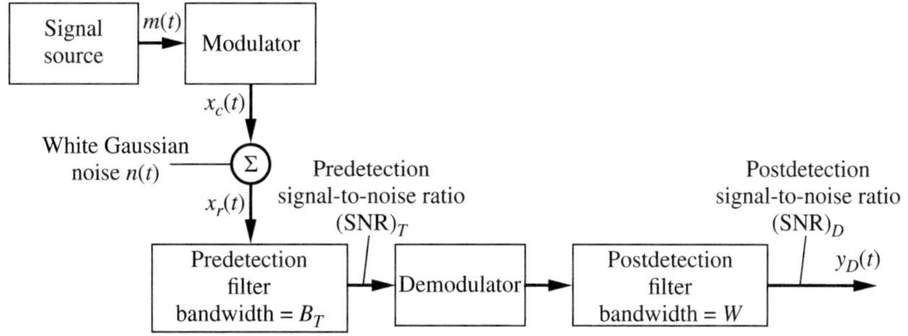

그림 12.37 통신 시스템 블록도

$$C_T = B_T \log\left[1 + (\mathrm{SNR})_T\right] \tag{12.162}$$

여기서, 검출전 대역폭 B_T는 보통 변조 신호의 대역폭이다. 식 (12.162)는 샤논-하틀리 법칙에 근거하였기 때문에, AWGN의 경우에만 유효하다. 복조기 출력의 신호 대 잡음비 $(\mathrm{SNR})_D$는 정보가 수신기를 떠날 때의 최대 전송률을 제공한다. 이때 최대 전송률 C_D는 다음과 같다.

$$C_D = W \log[1 + (\mathrm{SNR})_D] \tag{12.163}$$

여기서 W는 메시지 신호의 대역폭이다.

최적 변조는 $C_D = C_T$인 시스템에서 정의된다. 이 시스템에서는 잡음 환경에서 정보의 손실 없이 복조가 이루어진다. C_D와 C_T가 같다고 하면 다음 식을 얻을 수 있다.

$$(\mathrm{SNR})_D = \left[1 + (SNR)_T\right]^{B_T/W} - 1 \tag{12.164}$$

이는 신호 대 잡음비에 대한 대역폭의 최적 교환이 지수적임을 보여준다. 잡음 환경에서 주파수 변조의 성능을 분석할 때, 7장에 있는 복조기 출력의 신호 대 잡음비로 대역폭과 시스템 성능의 트레이드-오프를 처음 소개했던 것을 기억하기 바란다.

전송 대역폭 B_T 대 메시지 대역폭 W의 비를 대역폭 확장 인자 γ라고 한다. 이 파라미터의 역할을 완벽하게 이해하기 위해, 검출전 신호 대 잡음비를 다음과 같이 나타낸다.

$$(\mathrm{SNR})_T = \frac{P_T}{N_0 B_T} = \frac{W}{B_T}\frac{P_T}{N_0 W} = \frac{1}{\gamma}\frac{P_T}{N_0 W} \tag{12.165}$$

따라서 식 (12.164)를 다음과 같이 표현할 수 있다.

$$(\mathrm{SNR})_D = \left[1 + \frac{1}{\gamma}\left(\frac{P_T}{N_0 W}\right)\right]^{\gamma} - 1 \tag{12.166}$$

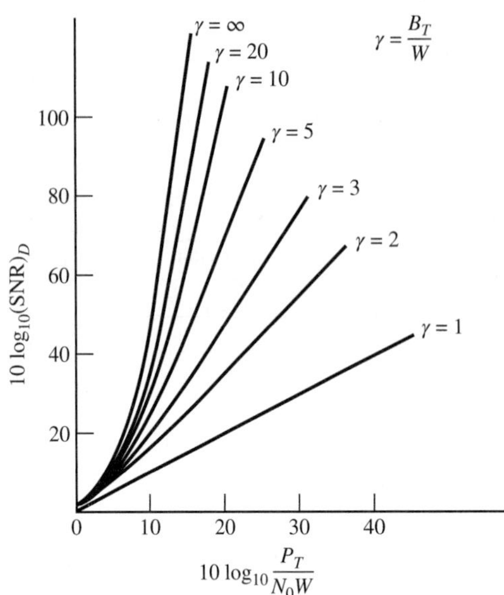

그림 12.38 최적 변조 시스템의 성능

$(\text{SNR})_D$와 $\frac{P_T}{N_0 W}$의 관계를 그림 12.38에 나타내었다.

12.8.2 변조 시스템의 비교

최적 변조 시스템의 개념은 시스템의 성능을 비교하기 위한 기반을 제공한다. 예를 들어, 이상적인 단측파대 시스템은 전송 대역폭이 메시지 대역폭과 동일하므로 대역폭 확장 인자가 1이다. 그러므로 최적 변조 시스템의 검출후 신호 대 잡음비는 $\gamma=1$일 때 식 (12.166)으로부터 다음과 같이 된다.

$$(\text{SNR})_D = \frac{P_T}{N_0 W} \tag{12.167}$$

이것은 8장에서 구한, 완벽한 위상 기준을 가지고 위상동기 복조를 사용하는 단측파대 변조 시스템에 대한 결과와 동일하다. 그러므로, 단측파대 변조 시스템의 전송 대역폭 B_T가 메시지 대역폭 W와 정확히 같다면, 다른 오류원이 없다는 가정하에 단측파대 변조는 최적이다. 물론 이상적인 필터가 필요하고 복조 반송파의 완벽한 위상동기가 이루어져야 하기 때문에 실제적으로는 이러한 시스템을 결코 만들 수 없다.

양측파대 변조, 진폭 변조, 직교 양측파대 변조의 경우는 상당히 다르다. 이들 시스템에서 $\gamma=2$이다. 7장에서 완벽한 위상동기 복조라는 가정하에 단측파대 변조와 직교 양측파대 변조의 검출후 신호 대 잡음비는 다음과 같음을 살펴보았다.

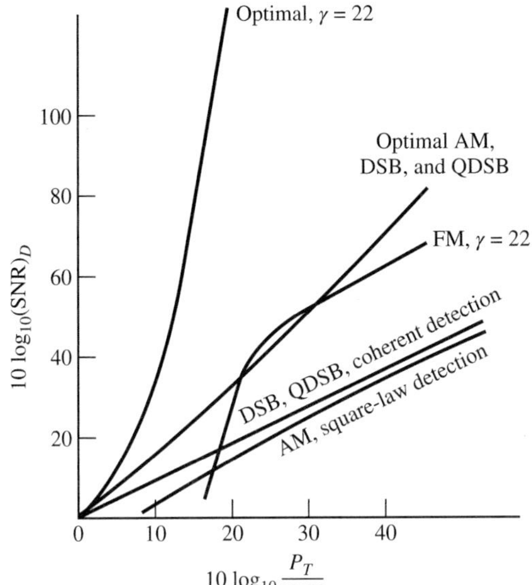

그림 12.39 아날로그 시스템의 성능 비교

$$(\text{SNR})_D = \frac{P_T}{N_0 W} \tag{12.168}$$

반면, 최적 시스템에서는 $\gamma=2$일 때 식 (12.166)과 같다.

이들 결과를 제곱 복조를 한 진폭 변조에 대한 결과와 함께 그림 12.39에 나타내었다. 그림 12.39에서 이 시스템들은 특히 $\frac{P_T}{N_0 W}$가 큰 값일 경우에 최적에서 멀어짐을 볼 수 있다.

또한 그림 12.39에 변조 지수 10을 가정하여 정현파 변조를 한, 프리엠퍼시스를 사용하지 않은 주파수 변조에 대한 결과를 나타내었다. 변조 지수 10인 경우의 대역폭 확장 인자는 다음과 같다.

$$\gamma = \frac{2(\beta+1)W}{W} = 22 \tag{12.169}$$

실현 가능한 주파수 변조 시스템의 성능은 그림 12.39에서 볼 수 있다. 그림 12.39를 통하여 γ와 $\frac{P_T}{N_0 W}$가 큰 경우, 실현 가능한 시스템은 최적에서 최적에 한참 못 미침을 확인할 수 있다.

12.9 간단한 개요

이번 개요 절에서는 몇 가지 중요한 부호화 기법에 대해 살펴본다. 여기서 살펴보는 것은 간단한 개요라는 점을 염두에 두기 바란다. 관심 있는 학생은 추후에 여기서 다루는 주제에 대해 보다 자세히 살펴보기 바란다.

12.9.1 인터리빙과 연집 오류 정정

이동 통신 시스템에서 접하게 되는 페이딩 채널과 같이 많은 실제적인 통신 채널에서의 오류는 집단적으로 발생하는 경향을 보인다. 따라서 오류는 더 이상 독립적이지 않게 된다. 이러한 연집 오류 특성을 보이는 시스템의 성능을 개선하기 위한 부호 개발을 하는 데 많은 노력이 이루어져 왔다. 이들 부호의 대부분은 앞에서 고려되었던 간단한 부호보다 더 복잡한 경향이 있다. 그러나 단일 연집 오류를 정정할 수 있는 부호는 이해하기가 다소 쉽고 많은 상황에서 유용한 인터리빙이라고 알려진 기술로 이어진다.

예로 정보원 출력이 (n, k) 블록 부호를 이용하여 부호화된다고 가정하면, i번째 부호어는 다음과 같은 형태가 된다.

$$\lambda_{i1} \quad \lambda_{i2} \quad \lambda_{i3} \quad \cdots \quad \lambda_{in}$$

이들 m개의 부호어들을 표에 행으로 입력시킨다고 가정한다면 i번째 행은 i번째 부호어를 나타낸다. 이것은 $m \times n$ 배열을 생성한다.

$$\begin{matrix} \lambda_{11} & \lambda_{12} & \cdots & \lambda_{1n} \\ \lambda_{21} & \lambda_{22} & \cdots & \lambda_{2n} \\ \lambda_{31} & \lambda_{32} & \cdots & \lambda_{3n} \\ \vdots & \vdots & \ddots & \vdots \\ \lambda_{m1} & \lambda_{m2} & \cdots & \lambda_{mn} \end{matrix}$$

만약 열을 따라 표를 읽어 전송한다면, 전송되는 심벌 스트림은 다음과 같이 된다.

$$\lambda_{11} \quad \lambda_{21} \quad \cdots \quad \lambda_{m1} \quad \lambda_{12} \quad \lambda_{22} \quad \cdots \quad \lambda_{m2} \quad \cdots \quad \lambda_{1n} \quad \lambda_{2n} \quad \cdots \quad \lambda_{mn}$$

그림 12.40에 나타낸 것처럼 수신 심벌은 복호화 전에 디인터리빙 되어야 한다. 디인터리버는 인터리버의 역연산을 수행하고, 블록당 n개의 심벌 블록으로 수신 심벌을 재정렬한다. 각 블록은 채널 영향으로 인한 오류를 나타내는 부호어에 해당된다. 구체적으로 살펴보면 만약 연

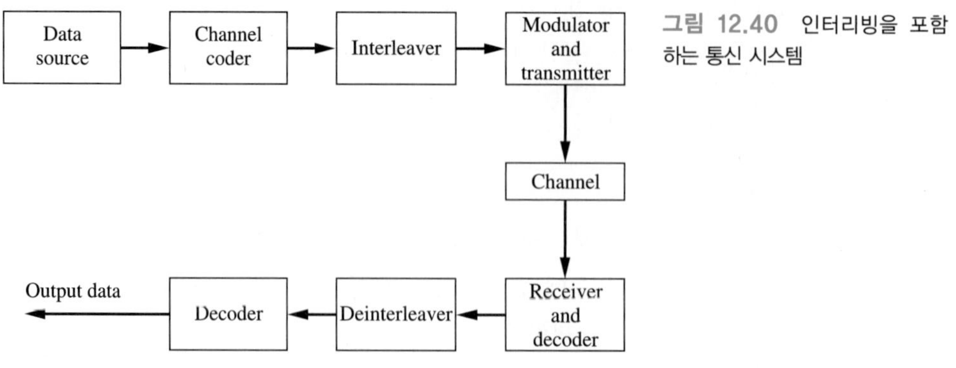

그림 12.40 인터리빙을 포함하는 통신 시스템

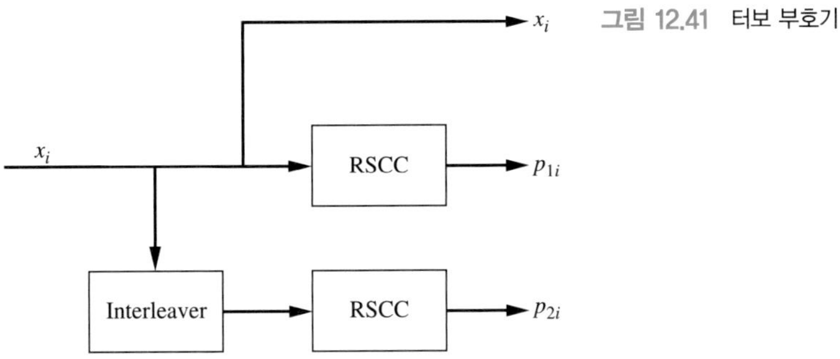

그림 12.41 터보 부호기

집 오류가 연속되는 m개의 심벌에 영향을 준다면, 그때 각 부호어(길이 n)는 정확히 1개의 오류를 갖게 된다. 해밍 부호 같은 단일 오류를 정정할 수 있는 오류 정정 부호는, 만약 mn개의 전송 심벌 스트림에서 다른 오류가 없다면, 채널에 의해 유발된 채널 연집 오류를 정정할 수 있게 된다. 마찬가지로, 이중 오류 정정 부호는 $2m$개의 심벌에 걸친 하나의 연집 오류를 정정할 수 있다. 각각의 길이가 n인 m개의 부호어가 mn 길이의 시퀀스로 인터리빙 되기 때문에, 이 부호를 인터리빙된 부호라고 한다.

인터리버의 전체적인 효과는 오류를 무작위로 순서를 바꾸어 오류 사건의 상관도를 감소시키는 것이다. 여기서 다뤄지는 인터리버는 블록 인터리버라고 한다. 많은 다른 형태의 가능한 인터리버가 존재하지만, 그들을 살펴보는 것은 여기서 다루고 있는 간단한 소개의 범위를 벗어난다. 인터리빙 과정이 터보 부호화에 중요한 역할을 한다는 것을 다음 절에서 알게 될 것이다.

12.9.2 터보 부호화

부호 이론의 연구는 샤논의 경계에 가까이 근접하는 성능을 갖는 통신 시스템을 제공하는 부호 기법에 대하여 연구되어 왔다. 대부분의 진전은 서서히 진행되어 왔다. 잡음이 존재하는 환경에서 거의 이상적인 성능을 위한 이 연구에서의 커다란 진전이 Berrou, Glavieux, Thitimajshima에 의한 논문 발표로 1993년에 알려졌다.[13] 이 논문이 더 강력한 부호화 기법을 위한 연구의 결과가 아니라, 연결 회로를 위한 효과적인 클락킹 기술의 연구 결과라는 점은 놀라운 일이다. 그러나 그들의 발견은 부호화 이론에 혁명을 일으켰다. 터보 부호화, 특히 복호화는 복잡한 작업으로 심지어 간단한 구현을 살펴보는 것도 이 교재의 범위를 넘어선다. 그러나 앞으로의 학습을 위한 동기 부여로서 몇몇 중요한 개념은 제시할 것이다.

터보 부호기의 기본적인 구조는 그림 12.41에 나타내었다. 터보 부호기는, 앞에서 학습했던

---

13 C. Berrou, Glavieux, and P. Thitimajshima, "Near Shannon Limit Error-Correcting Coding and Decoding: Turbo Codes," *Proc. 1993 Int. Conf. Commun.*, pp. 1064–1070, Geneva, Switzerland, May 1993.
또한 부호 이론의 역사에 대한 훌륭한 지침서인 D. J. Costello and G. D. Forney, "Channel Coding: The Road to Channel Capacity," *Proc. IEEE*, Vol. 95, pp. 1150–1177, June 2007 참조.

인터리버와 순환 체계 길쌈 부호기들(RSCCs)로 구성된다는 것을 주지하기 바란다. 순환 체계 길쌈 부호기는 그림 12.41에 나타나 있다. 순환 체계 길쌈 부호기는 하나의 중요한 차이점을 제외하면 앞에서 학습했던 길쌈 부호기와 매우 유사하다는 것을 주지하기 바란다. 지연 소자들로부터 입력으로 돌아가는 궤환 경로가 있다는 것이 차이점이다. 기존의 길쌈 부호기는 이 궤환 경로를 가지고 있지 않기 때문에 FIR 디지털 필터처럼 작용한다. 궤환 경로와 함께 필터는 IIR 또는 순환 필터가 되는데, 이것이 터보 부호의 특성 중 하나이다. 그림 12.42(a)에서 나타낸 순환 체계 길쌈 부호기는 입력 x_i가 출력 시퀀스 $x_i\, p_i$를 생성하는 부호율 1/2의 길쌈 부호기이다. 출력 시퀀스에서 첫 심벌은 정보 심벌이기 때문에 부호기는 체계적이다.

그림 12.41에 나타낸 두 개의 순환 체계 길쌈 부호기는 보통 동일하며, 보여지는 것처럼 평행한 구조로 부호율 1/3의 부호를 생성한다. 입력 심벌 x_i는 출력 시퀀스 $x_i\, p_{1i}\, p_{2i}$를 생성한다. 알고 있는 것처럼, 부호어 간의 해밍 거리가 크면 좋은 부호 성능(낮은 오류 확률)을 얻게 된다. 부호기의 순환적 특성 때문에, 입력 시퀀스에서 단일 이진수 1은 주기 T_p를 갖는 주기적인 패리티 시퀀스 p_1을 생성할 것이다. 엄격히 말하면, 입력에서 무게가 1인 시퀀스는 p_1에 대하여 무한한 무게의 시퀀스를 생성할 것이다. 그러나 만약 입력 시퀀스가 T_p만큼 분리된 이진수 1들의 쌍으로 구성된다면, 패리티 시퀀스는 주기 T_p를 갖는 두 개의 주기 시퀀스의 합이 될 것이다. 이진수의 연산은 두 동일한 이진수가 더해졌을 때 결과가 0이 되는 덧셈표를 갖기 때문에, 두 시퀀스의 합은 오프셋의 처음 주기를 제외하고는 0이 된다. 물론 이것은 첫 패리티 시퀀스의 해밍 무게를 감소시킬 것이며 이는 바람직하지 않은 결과이다.

이제 인터리버를 실행시켜 보자. 인터리버는 두 개의 이진수 1 사이의 간격을 바꾸게 되고, 따라서 소거가 일어나지 않을 확률이 높게 된다. 따라서 만약 패리티 시퀀스 중 하나가 큰 해밍 무게를 갖는다면 다른 하나는 그렇지 않을 것이다.

그림 12.43은 두 개의 다른 인터리버 크기에 대한 터보 부호의 성능을 보여준다. 더 큰 크기의 인터리버는, 인터리버의 입력을 더 잘 '무작위화'할 수 있기 때문에 더 좋은 성능 결과를 낳는다.

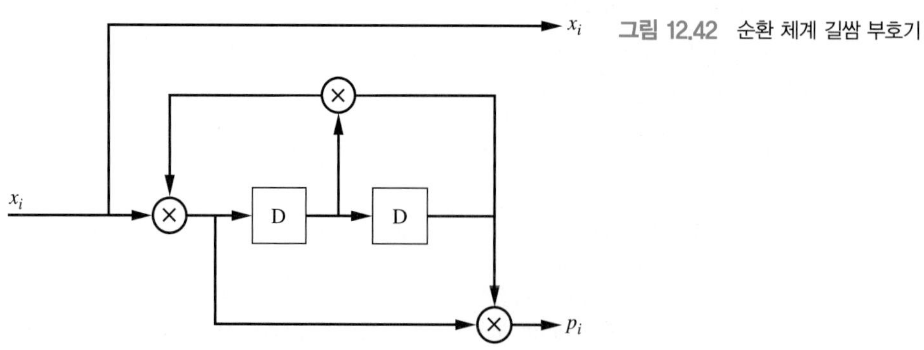

그림 12.42 순환 체계 길쌈 부호기

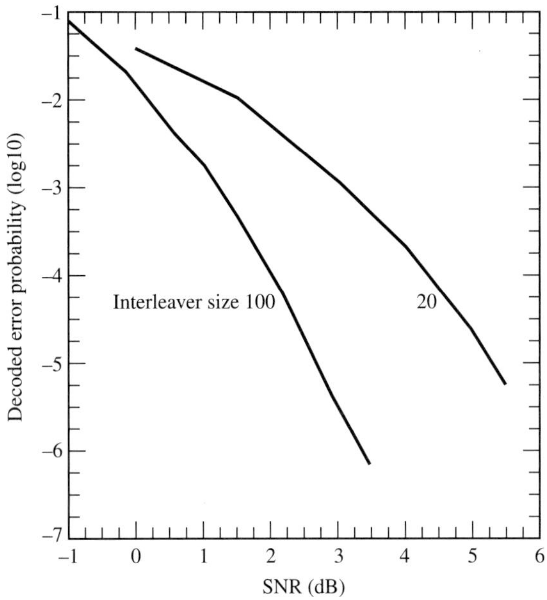

그림 12.43 터보 부호의 성능 곡선

대부분의 터보 복호화 알고리즘은 앞의 장에서 공부했던 최대 사후 확률 추정 원리에 기반한다. 더 중요한 것은, 터보 복호화 알고리즘은 다른 복호화 도구들과는 달리 반복하는 성질을 갖는다. 따라서 주어진 시퀀스가 복호기를 여러 번 통과하게 되는데, 반복적으로 통과할 때마다 오류 확률이 감소한다. 그 결과 성능과 복호화 시간 사이에 트레이드-오프가 존재한다. 이로 인해 특정한 복호화 알고리즘 개발에 자유도가 허용된다. 이 자유도는 다른 복호화 기법에서는 허용되지 않는다. 예를 들어 복호화 과정에서 사용된 반복 횟수를 조절하여 주어진 서비스 품질(QoS)에 대하여 다양한 복호기를 구성할 수 있다. 또한 복호기는 지연과 성능 간의 트레이드-오프를 고려하여 원하는 요구조건에 맞추어질 수 있다. 예를 들어, 데이터 통신은 낮은 비트 오류 확률이 요구되지만, 지연은 보통 문제가 되지 않는다. 그러나 음성 통신은 낮은 지연이 요구되고, 높은 오류 확률은 용인될 수 있다.

샤논의 경계에 근접한 성능을 얻을 수 있기 때문에, 터보 부호는 채널 용량에 근접하게 되는 부호의 한 예가 된다. 용량에 근접하는 부호의 또 다른 예는 저밀도 패리티 검사(LDPC) 부호이다. 용량에 근접하는 부호의 정확한 복호화는 NP-하드 문제로 알려져 있으며, 최적 복호기에 대한 근사적 방법이 구해져 있다. LDPC 부호는 1963년에 Gallager가 고안하였으나, 복호화의 어려움 때문에 수십 년 동안 고려의 대상이 되지 못하여 왔다(참고문헌에서 이에 대한 내력을 참조하라). 터보 부호로 살펴보았던 반복 복호 기법과 같은 복호화 방법이 존재한다. 이 내용에 대해 관심이 있는 학생은 William Ryan과 Shu Lin(2009)의 교재를 참고하기 바란다.

12.9.3 정보원 부호화의 예

이 장 앞부분에서 간단한 정보원 부호화에 대해 살펴보았다. 그러나 사용 가능한 수많은 정보원 부호화 기법이 있고, 모두 서로 다른 특성을 가지고 있다. 이를 간략히 보여주기 위해서 두 개의 서로 다른 유형의 정보원 부호기를 아주 간략히 살펴보기로 한다. 첫 번째 부호기는 연속-길이(run-length) 부호기로 이는 무손실 부호기이다. 무손실 부호기는 원래의 데이터 스트림이 부호기 출력으로부터 정확히 복원될 수 있다는 장점을 가진다. JPEG 부호화로 알려진 두 번째 기법은 손실은 있지만, 매우 유연한 특성을 가지고 있다.

연속-길이 부호

연속-길이 부호는 이진 시퀀스를 좀 더 짧은 시퀀스로 대체하는 데이터 압축 기법이다. 연속-길이 부호는 이진 심벌, 또는 심벌 시퀀스가 데이터 스트림 내에서 자주 반복될 때 가장 유용하다. 간단한 예제를 통해 이 개념을 살펴보자.

컴퓨터 예제 12.7

다음 MATLAB 프로그램은 연속-길이 부호를 설명하는 데 사용될 수 있는 심벌 시퀀스를 생성한다.

```
% File: c12ce7.m
for k=1:40
    z(k)=rand(1);
    if z(k)<0.3
        z(k)='B';
    else
        z(k)='W';
    end
end
s=char(z)
% End of script file.
```

이 프로그램을 실행하면 결과는 다음과 같다.

WWBWWBBWWWBWWWWBWWWWWBWWWWWWWBWBBBBWWWWB

부호화된 시퀀스를 표현하는 방법은 여러 가지가 있지만, 가장 간단한 방법은 다음과 같다.

2W1B2W2B3W1B4W1B5W1B7W1B1W4B4W1B

이는 두 개의 흰색, 한 개의 검은색, 두 개의 흰색 등을 의미한다. ■

연속-길이 부호화 기법은 주어진 심벌이 길게 연속될 때 가장 적합하다. 예를 들어, 발행된 신문의 흑백 만화와 같은 선화를 고려하면, 길게 연속되는 흰색 화소와 짧게 연속되는 검은색 화소가 존재할 것이다. 또한 연속-길이 부호화 기법은, 팩스로 보내지는 용지가 보통 여백을 많이 포함하고 있기 때문에 팩스 전송에도 적합하다. 팩스로 보내지는 용지의 선이 여백인 경우, 모든 화소는 흰색이고 그 선은 예를 들어, 연속되는 75개의 W인 75W로 전송될 수 있다.

이는 자주 발생하는 데이터 스트림을 단일 심벌로 대체할 수 있는, 연속-길이 부호화의 또 다른 변형을 초래한다. 예를 들어, WWBWW는 심벌 C로 대체할 수 있다. 이 외에도 많은 변형이 가능하다. 이는 좀 더 짧은 심벌로 대체할 수 있는 시퀀스를 찾기 위해 검색 데이터 상에서 슬라이딩 윈도우를 사용해야 함을 시사한다.

이 장의 초기에 허프만 부호화를 설명할 때, 허프만 부호에 의해 생성된 부호어는, 특히 정보원 심벌이 낮은 확률을 가질 때 긴 열의 0 또는 1을 갖는다는 것을 보였었다. 그러므로 허프만 부호기의 출력은 보통 연속-길이 부호화된다. 이를 **변형 허프만 부호**라고 한다.

JPEG

지난 절에서, 데이터가 길게 연속되는 검은색 또는 흰색 화소를 포함하는 흑백 이미지의 경우 연속-길이 부호화가 유용함을 알아보았다. 연속-길이 부호화는 많은 색과 색조를 가지는 컬러 사진과 같은 정보원 데이터의 경우에는 유용하지 않다. 이러한 이미지 유형의 경우, 현재 가장 보편적인 압축 기법은 JPEG(JPEG 표준을 개발하는 위원회인 공동 영상 전문가 그룹의 이름을 따서 명명)이다. JPEG는 많은 경우에서 연속-길이 부호와 반대이다. 연속-길이 부호화는 무손실이지만, JPEG 부호화는 무손실이 아니다. 연속-길이 부호화는 앞 절에서 보았듯이 오직 특정 정보원 데이터의 경우에만 유용하지만, JPEG는 사진과 같은 다색 이미지에 유용하다. JPEG는 요즘 가장 보편적이며, 디지털 카메라와 인터넷에 이미지를 저장하는 데 사용된다. 비록 JPEG는 무손실이 아니지만, 10 : 1 압축은 이미지 품질에서 대부분의 사람들이 인지할 수 있는 손실 없이 적용될 수 있다.

JPEG의 주요 장점은 사용자가 데이터 저장에 필요한 파일의 크기와 이미지의 충실도 사이의 트레이드-오프를 선택할 수 있다는 것이다. 고정된 이미지의 크기에 대해서 크기가 작은 파일은 낮은 충실도를 가지게 되며, 파일의 크기가 커짐에 따라 충실도도 향상된다. 예를 들어, 한 유명한 카메라 제조사는 사용자가 JPEG/fine, JPEG/normal, 그리고 JPEG/basic 중 하나를 선택하도록 하였다. JPEG/fine은 매우 작은 압축을 제공하기 때문에 이미지의 화상결함은 나타나지 않는다. JPEG/nomal과 JPEG/basic은 보통 각각 8 : 1과 16 : 1의 압축을 제공한다.

JPEG 알고리즘의 모든 요소는 이전에 설명하였다. 간단히 말해서, JPEG 압축 알고리즘은 이산 코사인 변환(DCT)에 기반을 두고 있다. 이미지는 먼저 8×8 화소의 데이터 블록으로 나누어지고, 데이터 블록은 이산 코사인 변환을 사용하여 주파수 영역으로 변환된다. 그다음 진폭과 위상 성분을 양자화한다. 이 과정은 이미지를 압축할 때 발생한다. 양자화 레벨은 압축 비율을 결정한다. 모든 8×8 화소 블록에 대하여 양자화된 데이터는 허프만 부호에 의해 다시 압축된다. 이 마지막 과정은 무손실 과정이다. 압축된 이미지는 이 과정을 역으로 수행하여 복원된다.

12.9.4 디지털 텔레비전

아날로그 텔레비전에서 디지털 텔레비전으로의 변환은 2009년 6월 12일에 완료되었다. 단청용에서 입체음향 주파수 변조 전송으로의 변환에 따라, 연방통신위원회는 아날로그 텔레비전을 소유한 사람들이 구식의 아날로그 시스템을 찾지 않도록 규정지었다.[14] 4장에서 살펴본 바와 같이, 단청용 수신기와 호환이 되는 주파수 변조 입체음향 방송을 만드는 것은 간단한 작업인 반면, 아날로그 수신기와 호환이 되는 디지털 텔레비전을 만드는 것은 훨씬 더 복잡했다. 결국 변환기를 이용하도록 결정되었고 미국에서는 변환기 비용 문제를 일부분 지원하기 위해 쿠폰 시스템을 도입하였다.

디지털 텔레비전 연구는 적용되는 표준이 너무 많아 복잡하다. 미국의 지상파 디지털 텔레비전의 전송은 8-레벨의 잔류측파대를 사용한다. 세계의 많은 다른 지역에서는 부호화된 OFDM(직교 주파수 분할 다중화)을 사용한다. 위성 기반 시스템은 다른 전송 기술을 사용한다. 미국 지상파 전송에 적용되는 추가적인 표준들이 있다. 예를 들어, 대부분의 HDTV(고화질 디지털 텔레비전) 시스템은 비월주사로 1920×1080 화소를 사용하고, 16 : 9 비율로 화면이 나온다. 이러한 이미지는 35mm의 사진 필름과 근본적으로 동일한 품질을 가지고 있다. SDTV(디지털 표준 텔레비전)는 다양한 표준을 사용하지만, 미국에서는 4 : 3 비율의 640×480 화소가 공통적으로 사용된다.[15]

압축되지 않은 고화질 디지털 전송의 데이터율은 엄청나며, 채널당 대략 1.6GHz이다. 그러므로 MPEG(동영상 전문가 그룹에서 개발) 이미지 압축과 부호화가 사용된다. '영화'는 프레임들의 배열로 볼 수 있기 때문에, MPEG가 JPEG 이미지들의 배열로써 보여질 수 있다는 것은 놀랄 만한 것이 아니다. 따라서, JPEG와 마찬가지로 MPEG는 이산 코사인 변환을 기반으로 하며, JPEG와 같은 8×8 화소의 데이터 세그먼트를 사용한다. JPEG와 같은 계수 양자화가 데이터 압축에 사용된다. 인간의 시각 특징인 잔상은 프레임의 재생 비율을 결정하는 데 사용되며, 프레임 대 프레임의 잉여 제거는 추가적인 압축에 사용된다. 비록 덜 중요하지만, 오디오 신호 압축 또한 사용된다.

아날로그 텔레비전에 비하여 디지털 텔레비전이 갖는 많은 장점이 있다. 저자의 생각으로,

---

14 시장에 새로운 기술을 도입하는 것은 단순히 기술적인 문제로만 결정되는 것이 아니라 법률, 규제 및 재정 등에 의해서도 결정된다는 것을 염두에 두기 바란다. 기술의 세계에는, 거의 통제할 수 없는 이러한 많은 이슈들이 있다.

15 명백히, HDTV 신호는 SDTV 신호보다 더 넓은 대역폭을 사용한다. 따라서 일반적으로 SDTV에서 HDTV로 변환할 때, 필요로 하는 용량을 얻기 위해서, 텔레비전 수신기 안테나로부터 동축 케이블을 교체하는 것이 필요하다.

두 가지 가장 중요한 장점은 다음과 같다.

1. 디지털 신호들의 오류 없는 재생과 재전송이 가능하다. 이진 데이터 스트림의 복조, 재변조 및 재전송이 간단하다. 원래의 데이터 스트림에 대한 비트 오류율이 무시할 만하다고 가정하면, 잡음과 간섭 효과는 제거된다.
2. 거의 모든 부분에 있어서, 디지털 텔레비전 시스템은 디지털 신호 처리(DSP)를 사용해서 구현할 수 있다. DSP 컴포넌트들은 작고, 특히 가격이 저렴하며, 오랜 시간이 지나도 매우 신뢰할 만하다.

다른 많은 장점들이 있다. 예를 들면, 디지털 전송은 저전력을 요구한다. 다중경로 반사 때문에 생기는 고스트 이미지가 훨씬 적고, 디지털 신호들은 쉽게 다중화된다.

이러한 간략한 소개를 통해서, 학생들이 여기에서 다룬 주제를 더 살펴보는 데 동기부여가 되었으면 한다.

참고문헌

정보 이론과 부호화의 거의 전부를 다루는 포괄적인 설명은 부득이하게 이 책에서 의도했던 바를 크게 넘어서는 수준에서 제공될 것이다. 이 장의 목적은 이 책의 나머지 부분과 어울리는 수준에서 정보 이론의 일부 기본적인 개념들을 제시하고자 한다. 희망컨대, 다음에 제시된 자료가 심화 학습에 대한 동기부여가 되기를 바란다.

Shannon(1948)에 의한 최초의 논문은 이 장과 거의 동일한 수준의 흥미로운 읽을거리이다. 이 논문은 W. Weaver의 흥미로운 추가 설명이 더해진 서적으로 출간되었다(Shannon and Weaver, 1963).

정보 이론에 대한 다양한 교재들이 있다. Blahut(1987)의 교재를 추천한다. 현재 대학원 과정에서 많이 사용되고 있는 표준 교재는 Cover와 Thomas(2006)의 책이다.

또한 대학원 수준의 부호 이론을 다루는 많은 교재들이 있다. Lin과 Costello(2004) 그리고 Wicker(1994)의 책이 표준 교재로 사용되고 있다. Clark와 Cain(1981)의 책은 이론적인 배경 자료뿐만 아니라 부호기와 복호기 설계와 관련하여 많은 실용적인 정보를 담고 있다. 언급한 바와 같이, 용량에 근접하는 부호에 대한 연구는 현재에도 활발히 연구되고 있다. Ryan과 Lin(2009)의 책은 이 부호들에 대하여 잘 다루어져 있다. 관심 있는 학생들은 Johnson(2009)의 책 또한 살펴보기 바란다.

이 장의 마지막 절에서 언급한 것처럼, 대역폭 및 전력 효율적 통신의 문제는 최신 시스템 구현에 있어서 매우 중요하다. 연속 위상 변조는 Ziemer와 Peterson(2001)의 교재에서 다루고 있다. 부호화 이득에 대한 내용을 포함하여 격자 부호 변조에 대한 기본적인 소개가 Sklar(1988)의 책에 담겨 있다. Biglieri, Divsalar, McLane 그리고 Simon(1991)의 책은 격자 부호 변조 이론, 성능 및 구현에 대하여 수준 높은 내용을 다루고 있다.

요약

1. 어떤 사건의 발생과 관련된 정보는 그 사건 확률의 대수로 정의된다. 밑이 2인 대수가 사용된다면, 정보의 단위는 비트이다.

2. 정보원 출력의 집합과 관련된 평균 정보는 그 정보원의 엔트로피로 알려져 있다. 모든 정보원이 동일한 확률로 발생할 때 엔트로피 함수는 최댓값을 갖는다. 엔트로피는 평균 불확실도이다.

3. n개의 입력과 m개의 출력을 갖는 채널은 $P(y_j|x_i)$ 형태의 nm개의 천이 확률로 표현된다. 채널 모델은 천이 확률 또는 천이 확률 행렬로 표현되도록 도시할 수 있다.

4. 하나의 시스템에 대하여 많은 엔트로피들이 정의될 수 있다. 엔트로피 $H(X)$와 $H(Y)$는 각각 채널 입력과 출력의 평균 불확실도를 나타낸다. $H(X|Y)$는 주어진 출력에 대한 채널 입력의 평균 불확실도이고, $H(Y|X)$는 주어진 입력에 대한 채널 출력의 평균 불확실도이다. $H(X, Y)$는 통신 시스템 전체의 평균 불확실도이다.

5. 채널의 입력과 출력 사이의 상호 정보량은

$$I(X\,;Y)=H(X)-H(X\mid Y)$$

또는

$$I(X\,;Y)=H(X)-H(Y\mid X)$$

로 주어진다. 상호 정보량의 최댓값은 채널 용량으로 알려져 있는데, 여기서 최대화는 정보원의 확률에 관계된다.

6. 정보원 부호화는 전송 심벌당 정보가 최대가 될 수 있도록 정보원 출력으로부터 잉여를 제거하기 위해 사용된다. 정보원율이 채널 용량보다 작다면 정보가 채널을 통해 전송될 수 있도록 정보원 출력을 부호화하는 것이 가능하다. 이것은 정보원을 확장하고, 확장된 정보원 심벌을 최소 평균 워드길이를 갖는 부호어들로 부호화하여 이루어진다. 최소 평균 워드길이 $\overline{L}$는 $H(X^n)=nH(X)$에 근접하는데, 여기서 $H(X^n)$은 n이 증가함에 따라 엔트로피 $H(X)$를 갖는 정보원의 n차 확장 엔트로피이다.

7. 정보원 부호화에 대한 두 가지 기법인 샤논-파노 기법과 허프만 기법을 이 장에서 설명하였다. 허프만 기법은 최적 정보원 부호를 생성하는데, 이는 최소 평균 워드길이를 갖는 정보원 부호이다.

8. 잡음이 있는 채널에서의 무오류 전송은, 정보원율이 채널 용량보다 작을 때 이루어질 수 있다. 이는 채널 부호들을 사용하여 이루어진다.

9. AWGN 채널 용량은

$$C_c = B\log_2\left(1+\frac{S}{N}\right)$$

이며, 여기서 B는 채널 대역폭이고, S/N는 신호 대 잡음비이다. 이는 샤논-하틀리 법칙으로 알려져 있다.

10. (n, k) 블록 부호는 k-심벌 정보원 시퀀스에 $r=n-k$ 패리티 심벌을 부가함으로써 생성된다. 이는 n-심벌 부호어를 생성한다.

11. 복호화는 보통 수신된 n-심벌의 시퀀스에서 부터 각각의 가능한 전송 부호어들까지의 해밍 거리를 계산함으로써 이루어진다. 해밍 거리에 있어서, 수신된 시퀀스에 가장 가까운 부호어가 전송 부호어일 공산이 크다. 해밍 거리에 있어서, 가장 가까운 두 부호어가 부호의 최소 거리 d_m을 결정한다. 이 부호는 $\frac{1}{2}(d_m-1)$개의 오류를 정정할 수 있다.

12. 단일 패리티 검사 부호는 정보 시퀀스에 단일 패리티 심벌을 부가함으로써 형성된다. 이 $(k+1, k)$ 부호는 단일 오류를 검출할 수 있지만, 오류 정정 능력은 제공하지 못한다.

13. 블록 부호율은 k/n이다. 가장 좋은 부호들은 높은 부호율과 함께 강력한 오류 정정 능력을 제공한다.

14. 반복 부호들은 각 정보 심벌을 홀수 배로 전송하여 형성되므로 부호율은 $1/n$이 된다. 반복 부호들은 AWGN 환경에서는 성능 개선을 제공하지 못하지만, 레일리 페이딩 환경에서는 성능 개선을 제공한다. 이 간단한 예를 통해, 주어진 채널에 대하여 적절한 부호화 기법을 선택하는 것이 중요함을 보였다.

15. 패리티 검사 행렬 $[H]$는 $[H][T]=[0]$을 만족하도록 정의된다. 여기서 $[T]$는 열벡터로 나타낸 전송 부호어이다. 수신된 시퀀스가 열벡터 $[R]$로 표현된다면, 증후군 $[S]$는 $[S]=[H][R]$로부터 결정된다. 이는 $[S]=[H][E]$와 등가임을 보일 수 있고, 여기서 $[E]$는 오류 시퀀스이다. 만약 부호어의 전송에서 단일 오류가 발생하면, 증후군은 오류 위치에 해당하는 $[H]$의 열이 된다.

16. 패리티 검사 부호의 생성 행렬 $[G]$는 $[T]=[G][A]$를 만족하도록 결정된다. 여기서 $[T]$는 n-심벌 전송 시퀀스이며, $[A]$는 k-심벌 정보 시퀀스이다. $[T]$와 $[A]$는 열벡터를 나타낸다.

17. 그룹 부호에서 어떤 두 부호어들의 모듈로 2 합은 또 다른 부호어가 된다.

18. 해밍 부호는 패리티 검사 행렬의 열이 열 색인의 이진 표현에 대응되는 단일 오류 정정 부호이다.

19. 순회 부호는 부호어 심벌의 순회 이동이 항상 또 다른 부호어를 생성하는 블록 부호의 일종이다. 이 부호들은, 부호기와 복호기의 구현이 시프트 레지스터와 기본적인 논리 요소들을 이용하여 쉽게 만들어지기 때문에 매우 유용하다.

20. 부호화된 시스템의 채널 심벌 오류 확률은, k개의 정보 심벌 전송에 이용 가능한 에너지가 단지 k개의 정보 심벌보다는 오히려 $n>k$개의 심벌 부호어에 분산되어야 하기 때문에 부호화되지 않은 시스템의 심벌 오류 확률보다 더 크다. 부호의 오류 정정 능력은 흔히 전체 성능 이득이 실현되도록 한다. 성능 이득은 부호의 선택과 채널 특성에 좌우된다.

21. 길쌈 부호는 간단한 시프트 레지스터와 모듈로 2 가산기를 사용하여 쉽게 생성된다. 복호화는 나무 탐색 기법을 사용하여 이루어지며, 이는 흔히 비터비 알고리즘으로 구현된다. 구속 범위는 성능에 가장 큰 영향을 미치는 부호 파라미터이다.

22. 격자 부호 변조는, 같은 비트율을 갖는 부호화되지 않은 기법에 대한 평균 전력과 대역폭을 증가시키지 않고 오류가 가장 잘 발생할 것 같은 신호점들 간의 유클리드 거리를 증가시키는 부호화와 M진 변조와의 결합 기법이다. 부호화는 해밍 거리(경판정)보다는 결정 측정기준(연판정)을 축적하는 비터비 복호기를 사용하여 이루어진다.

23. 궤환 채널 시스템은 영-지역 수신기를 이용하며, 수신기 판정이 영-지역 안에 떨어지면 재전송이 요구된다. 만약 궤환 채널 이용이 가능하면, 요구되

는 전송 횟수의 작은 증가만으로도 오류 확률은 상당히 감소된다.

24. 인터리빙된 부호들은 연집잡음 환경에 유용하다.

25. 연속-길이 부호는 많은 여백을 가지는 문서의 스캔과 같이, 길게 연속되는 단일 심벌을 가지는 데이터 스트림을 압축할 때 매우 유용하다. 부호화된 데이터로부터 원래의 데이터가 완벽하게 복원될 수 있기 때문에, 연속-길이 부호는 무손실 부호이다. 연속-길이 부호는 흔히 허프만 부호와 결합된다.

26. JPEG 부호는 무손실 부호는 아니지만, 이미지 충실도와 파일 크기 간의 트레이드-오프를 허용하는 압축 정도를 선택할 수 있도록 한다. JPEG 부호는 사진과 같은 많은 색조를 가지는 이미지에 유용하다.

27. 디지털 텔레비전은 매우 다양한 표준을 사용하며, 고화질과 표준화질 모두 이용 가능하다. 이미지 압축은 필수적이며, 기본적으로 JPEG의 확장인 MPEG가 사용된다. 디지털 텔레비전은 많은 장점을 가지는데, 그중 두 가지는 신호 재생에 의한 잡음 면역과 DSP의 사용을 통한 구현이다.

28. 샤논-하틀리 법칙을 이용하면 AWGN 환경에서 동작하는 시스템에 대한 최적 변조 개념을 제공할 수 있다. 그 결과는 검출전과 검출후 대역폭 관점에서의 최적 시스템 성능이 된다. 대역폭과 신호 대 잡음비 간의 트레이드-오프를 쉽게 확인할 수 있다.

훈련문제

12.1 메시지가 0.8의 확률로 발생한다. 비트, 나트, 하틀리 단위로 메시지에 대한 정보(information)를 구하라.

12.2 (a) 정보원 출력은 7^3개의 발생 확률이 동일한 메시지이다. 비트 단위로 메시지에 대한 정보를 구하라. (b) 발생 확률이 동일한 메시지를 3^7개로 가정하고, 이 문제를 반복하라.

12.3 정보원이 $\frac{1}{6}$, $\frac{1}{2}$ 그리고 $\frac{1}{3}$ 확률의 세 가지 출력을 갖는다. 정보원의 엔트로피를 구하라. 세 가지 출력의 정보원에 대한 최대 엔트로피를 얻는 정보원 확률을 구하라.

12.4 두 개의 이원 대칭 채널이 직렬로 연결되어 있는 통신 시스템이 있다. 첫 번째 이원 대칭 채널은 0.03의 오류 확률을 가지며, 두 번째 이원 대칭 채널은 0.07의 오류 확률을 갖는다. 이 직렬 조합의 오류 확률을 구하라.

12.5 이원 대칭 채널의 오류 확률이 0.001이다. 채널 천이 확률 행렬을 작성하라. 입력 확률을 0.3과 0.7로 가정하고, 출력 확률을 구하라.

12.6 이원 대칭 채널의 오류 확률이 0.001일 때 채널 용량을 구하라.

12.7 이진 정보원의 심벌 확률이 0.4와 0.6이다. 5차 정보원 확장의 엔트로피를 구하라.

12.8 신호 대 잡음비가 25dB인 AWGN 채널에서 통신 시스템이 동작하고 있다. 채널 대역폭이 15kHz일 때, bps 단위의 채널 용량을 구하라.

12.9 부호율이 $\frac{1}{7}$인 반복 부호의 전송 부호어를 구하라. 부호어 간의 해밍 거리는 얼마인가? 부호어당 얼마나 많은 오류를 정정할 수 있는가?

12.10 (5,4) 부호를 고려하자. 이 부호의 종류는 무엇인가? 부호어당 얼마나 많은 오류를 정정할 수 있는가? 부호어당 얼마나 많은 오류를 검출할 수 있는

가? 이 부호의 생성 행렬을 작성하라.

12.11 (7,4) 단일 오류 정정 부호가 1, 2, 6, 7번째 위치에 정보원 심벌을 갖는다. 이 부호에 대한 생성 행렬을 작성하라.

12.12 구속 범위 5를 갖는 길쌈 부호가 있다. 데이터 심벌이 한 번에 1비트씩 부호기에 입력된다고 가정할 때, 부호기의 상태도를 정의하기 위해서 얼마나 많은 상태가 필요한가?

12.13 통신 시스템이 신뢰도를 높이기 위해 궤환을 이용한다. 이 시스템은 0.01의 소거 확률을 가진 이진 소거 채널로 설계되었다. 심벌 전송에 필요한 평균 전송 횟수를 구하라.

12.14 통신 시스템이 10kHz의 메시지 신호 대역폭과 250kHz의 전송 대역폭으로 동작한다. 대역폭 확장 인자는 얼마인가? 20dB의 검출전 신호 대 잡음비와 최적의 복조를 가정할 때, 검출후 신호 대 잡음비를 구하라.

연습문제

12.1절

12.1 이진 3-도약 통신 시스템이 천이 확률 α_i, β_i, $\gamma_i(i=1, 2, 3, 4)$를 갖는다. 3-도약 시스템 전체에 대한 천이 확률을 구하라. 이 문제를 두 가지의 다른 방법으로 해결하라. 첫째, 입력에서 출력으로의 모든 가능한 경로를 추적하고, 각 경로에 대한 확률을 계산하라. 그다음 이 문제를 행렬 곱으로 구하라.

12.2 52장의 카드 한 벌이 있다고 가정하자(조커는 제외한다).

(a) 이 카드 한 벌에서 한 장의 카드를 뽑는 것에 대한 정보를 구하라.

(b) 두 번째 카드를 뽑기 전에 첫 번째로 뽑았던 카드를 다시 돌려놓는다고 가정할 때, 한 쌍의 카드를 뽑는 것에 대한 정보를 구하라.

(c) 첫 번째 뽑았던 카드를 돌려놓지 않고 두 번째 카드를 뽑는다고 가정할 때, 한 쌍의 카드를 뽑는 것에 대한 정보를 구하라.

12.3 각각의 확률이 [0.30, 0.25, 0.20, 0.15, 0.10]인 $[m_1, m_2, m_3, m_4, m_5]$ 다섯 개의 출력을 갖는 정보원이 있다. 이 정보원의 엔트로피를 구하라. 다섯 개의 출력을 가진 정보원의 최대 엔트로피를 구하라.

12.4 각각의 확률이 [0.30, 0.25, 0.20, 0.1, 0.1, 0.05]인 $[A, B, C, D, E, F]$ 여섯 개의 출력을 갖는 정보원이 있다. 이 정보원의 엔트로피를 구하라.

12.5 다음과 같은 천이 행렬을 갖는 채널이 있다.

$$\begin{bmatrix} 0.6 & 0.3 & 0.1 \\ 0.2 & 0.5 & 0.3 \\ 0.2 & 0.2 & 0.6 \end{bmatrix}$$

(a) 모든 천이 확률을 나타내는 채널 다이어그램을 그려라.

(b) 입력 확률이 동일하다고 가정할 때 채널 출력 확률을 구하라.

(c) 동일한 발생 확률의 채널 출력을 갖도록 하는 채널 입력 확률을 구하라.

(d) (c)를 이용하여 결합 확률 행렬을 구하라.

12.6 오류 확률이 0.007인 이원 대칭 채널이 있다. 전체 오류 확률이 0.02를 초과하지 않도록 하면서 이 채널들은 얼마나 많이 직렬로 연결될 수 있는가?

12.7 두 개의 입력 (0,1)과 세 개의 출력 $(0, e, 1)$을 갖는 채널이 있다. 여기서 e는 소거를 나타낸다. 즉

입력에 해당하는 출력이 없게 된다. 채널 행렬이 다음과 같을 때 채널 용량을 구하라.

$$\begin{bmatrix} 1-p & p & 0 \\ 0 & p & 1-p \end{bmatrix}$$

12.8 오류 확률 p_1을 갖는 이원 대칭 채널 다음에 소거 확률 p_2를 갖는 소거 채널이 연결되어 있다. 이 직렬 조합으로 나타나는 채널 행렬을 구하고, 그 결과에 대하여 논하라.

12.9 채널 행렬이 다음과 같은 채널의 용량을 구하라. p의 함수로 결과를 도시하고, 그 결과를 뒷받침할 수 있는 직관적인 논거를 제시하라. (여기서 $q=1-p$). N개의 병렬 이원 대칭 채널로 일반화하라.

$$\begin{bmatrix} p & q & 0 & 0 \\ q & p & 0 & 0 \\ 0 & 0 & p & q \\ 0 & 0 & q & p \end{bmatrix}$$

12.10 식 (12.25)에서 식 (12.29)까지 주어진 엔트로피의 정의로부터 식 (12.30)과 식 (12.31)을 유도하라.

12.11 양자화기의 입력은 다음과 같은 진폭 확률 밀도 함수를 갖는 랜덤 신호이다.

$$f_X(x) = \begin{cases} ae^{-ax}, & x \ge 0 \\ 0, & x < 0 \end{cases}$$

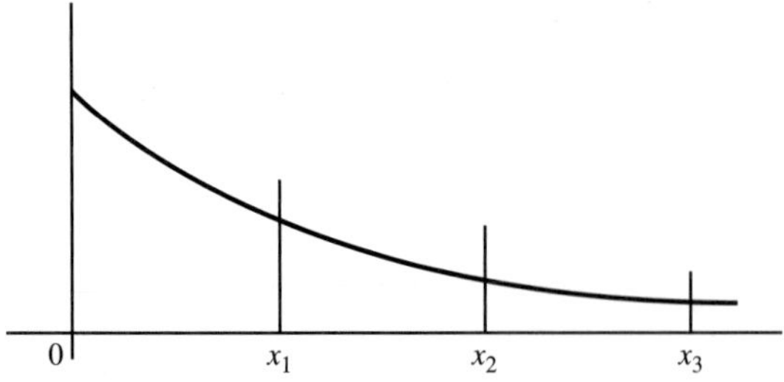

그림 12.44

그림 12.44에 나타낸 것처럼 신호는 네 개의 양자화 레벨 x_i를 사용하여 양자화된다. 양자화기의 출력에서 엔트로피가 최대가 되도록 a의 함수로 $x_i(i=1, 2, 3)$의 값을 구하라.

12.12 양자화기의 입력이 레일리 확률 밀도 함수를 갖는다고 가정하고 앞의 문제를 반복하라.

$$f_X(x) = \begin{cases} \dfrac{x}{a^2}e^{-x^2/2a^2}, & x \ge 0 \\ 0, & x < 0 \end{cases}$$

12.13 양자화기 출력에서 엔트로피가 최대가 되도록 σ에 대하여 양자화 레벨을 구하라. 양자화 레벨이 6이고, 양자화기의 입력이 평균이 0인 가우시안 과정이라고 가정한다.

12.14 그림 12.45에 나타낸 것처럼 직렬 연결된 두 개의 이원 대칭 채널이 있다. 각 채널의 용량을 구하라. 입력이 x_1, x_2이고 출력이 z_1, z_2인 전체 시스템을 적절히 선택된 p_{11}, p_{12}, p_{21}, p_{22}로 나타낼 수 있다. 이들 4개의 확률과 전체 시스템의 용량을 구하고, 그 결과에 대하여 논하라.

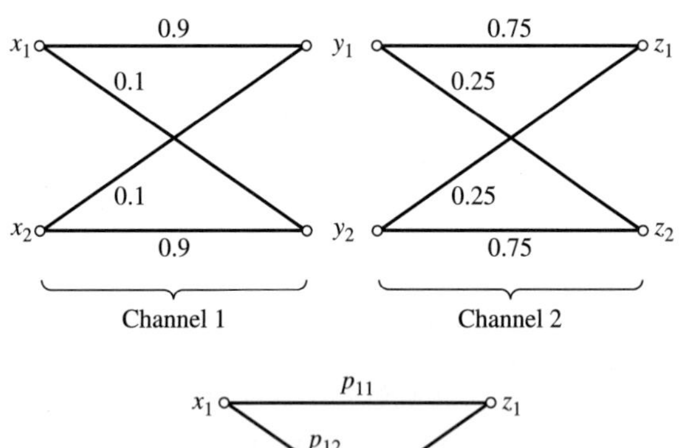

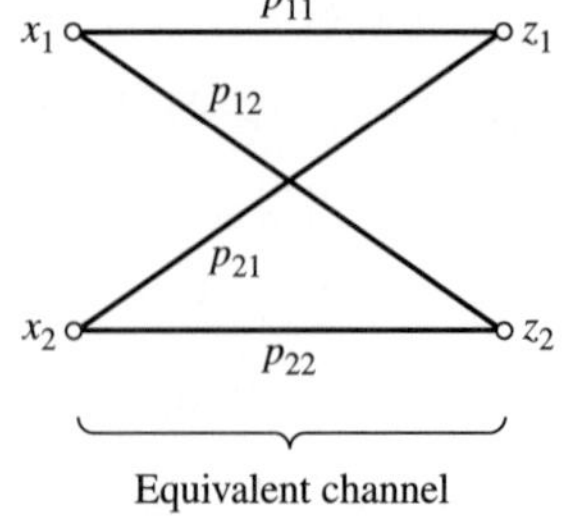

그림 12.45

12.2절

12.15 두 개의 출력 [A, B]의 각 확률이 $\left[\frac{5}{8}, \frac{3}{8}\right]$인 정보원이 있다. 두 가지의 다른 방법을 이용하여 이 정보원의 4차 확장 엔트로피를 구하라.

12.16 표 12.1에 정의된 정보원의 4차 확장 엔트로피를 계산하라. $n=4$에 대하여 $\bar{L}/n$를 구하고, 이 결과를 그림 12.9에 더하라. $n=1, 2, 3, 4$에 대하여 이 부호의 효율을 구하라.

12.17 발생 확률이 동일한 7개의 출력 메시지를 갖는 정보원이 있다. 이 정보원에 대하여 샤논-파노 부호를 구하고, 이 부호의 효율을 구하라. 허프만 부호에 대하여 반복하고, 결과를 비교하라.

12.18 5개의 출력 [m_1, m_2, m_3, m_4, m_5]의 각 확률이 [0.40, 0.20, 0.17, 0.13, 0.10]인 정보원이 있다. 샤논-파노와 허프만 기법을 이용하여 정보원 출력을 나타내는 부호어를 구하라.

12.19 출력 확률이 [0.85, 0.15]인 이진 정보원이 있다. 채널은 1bit/symbol의 용량에서 초당 350개의 이진 심벌을 전송할 수 있다. 전송이 완료되었을 때 최대 정보원 심벌률을 구하라.

12.20 정보원 출력이 동일한 발생 확률을 갖는 11개의 메시지로 구성된다. 이진 샤논-파노 부호와 허프만 부호를 이용하여 정보원 출력을 부호화하라. 이에 따른 두 부호의 효율을 계산하고, 그 결과를 비교하라.

12.21 아날로그 정보원이 다음과 같은 확률 밀도 함수를 갖는 출력을 갖는다.

$$f_X(x) = \begin{cases} 2x, & 0 \le x \le 1 \\ 0, & \text{otherwise} \end{cases}$$

이 정보원의 출력은 다음과 같은 11개의 양자화 레벨에 의해 10개의 메시지로 양자화된다.

$$x_1 = 0.1k, \qquad k = 0, 1, \cdots, 10$$

이 메시지는 이진 허프만 부호를 이용하여 부호화된다. 정보원이 초당 250개 표본으로 전송된다고 가정할 때, 초당 심벌 단위의 이진 심벌률을 구하라. 또한 초당 비트 단위의 정보율을 구하라.

12.22 정보원 출력은 각각의 확률이 [0.35, 0.25, 0.2, 0.15, 0.05]인 5개의 메시지 [m_1, m_2, m_3, m_4, m_5]로 구성된다. 샤논-파노와 허프만 부호화 기법을 사용하는 2차 정보원 확장에 대한 이진 부호어를 구하라. 이 부호의 효율을 구하고, 이에 대해 설명하라.

12.23 워드길이 l_i, $1 \le i \le N$을 갖는 순시 이진 부호가 존재하기 위한 필요충분조건이

$$\sum_{i=1}^{N} 2^{-l_i} \le 1$$

임을 보일 수 있다. 이것은 **크래프트 부등식**이라고 알려져 있다. 표 12.3에 주어진 부호어들에 의해 크래프트 부등식이 만족됨을 보여라(주의 : 위에 주어진 부등식은 유일 복호 부호들에 대해서도 또한 만족되어야 한다).

12.3절

12.24 연속 대역통과 채널이 그림 12.46과 같이 모델링될 수 있다. 신호 전력을 60W로, 잡음 전력 스펙트럼 밀도를 10^{-5}W/Hz로 가정했을 때, 채널 용량을 채널 대역폭의 함수로서 도시하고, $B \to \infty$인 경우 용량을 계산하라.

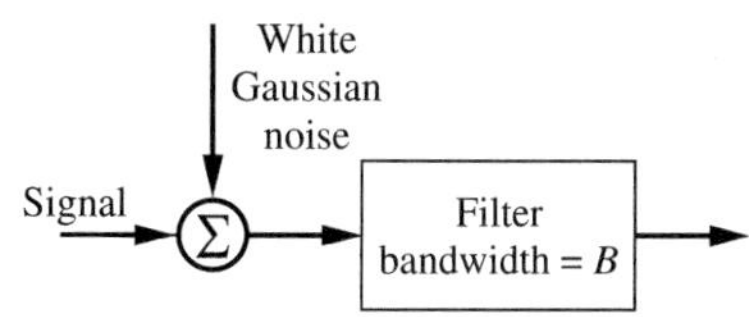

그림 12.46

12.25 그림 12.46에 나와 있는 대역통과 채널을 다시 고려하자. 잡음 전력 스펙트럼 밀도는 10^{-5}이고 대역폭은 10kHz이다. 채널 용량을 신호 전력 P_T의 함수로 도시하고, $P_T \to \infty$인 경우 용량을 계산하라. 앞 문제의 결과와 이 문제의 결과를 비교하라.

12.4절

12.26 AWGN에서 부호율이 $1/n$인 부호의 경우, n이 증가하면 시스템 성능은 항상 감소하게 됨을 보이는 분석을 수행하라. 특정 결과를 얻기 위해 위상천이 변조를 가정하라.

12.27 (15, 11) 단일 오류 정정 부호에 대한 패리티 검사 행렬과 생성 행렬을 작성하라. 부호는 체계적이라고 가정하라. 모두 1인 정보 시퀀스에 해당하는 부호어를 구하라. 모두 1인 입력 시퀀스에 해당하는 부호어를 가정하고, 오류의 위치가 세 번째일 경우의 증후군을 구하라.

12.28 패리티 검사 부호가 다음과 같은 패리티 검사 행렬을 갖는다.

$$[H] = \begin{bmatrix} 0 & 1 & 1 & 1 & 1 & 0 & 0 \\ 1 & 0 & 1 & 1 & 0 & 1 & 0 \\ 1 & 1 & 0 & 1 & 0 & 0 & 1 \end{bmatrix}$$

생성 행렬을 구하고 가능한 모든 부호어를 구하라.

12.29 앞 문제에서 기술된 부호에 대해 다음과 같은 정보 시퀀스

$$[A_1] = \begin{bmatrix} 0 \\ 1 \\ 1 \\ 1 \end{bmatrix} \qquad [A_2] = \begin{bmatrix} 1 \\ 0 \\ 1 \\ 0 \end{bmatrix}$$

에 해당하는 부호어 $[T_1]$과 $[T_2]$를 구하라. 이 두 부호어를 사용하여 그룹 특성을 설명하라.

12.30 해밍 부호에서 n과 k의 관계를 구하라. 이 결과를 이용하여 n이 커짐에 따라 부호율은 1에 근접함을 보여라.

12.31 그림 12.15에 나와 있는 부호기에 대한 생성 행렬을 구하라. 생성 행렬을 이용하여 전체 부호어 집합을 생성하고, 그 결과를 이용하여 그림 12.15에 나와 있는 부호어들을 검사하라. 이 부호어들은 순회 부호를 구성함을 보여라.

12.32 앞 문제의 결과를 사용하여 그림 12.15에 나와 있는 부호기에 대한 패리티 검사 행렬을 구하라. 패리티 검사 행렬을 사용하여 수신 시퀀스 1101001과 1101011을 복호하라. 그 결과를 그림 12.16에 나와 있는 것과 비교하라.

12.33 컴퓨터 예제 12.1에서 살펴본 부호화된 시스템을 고려하자. 어떤 특정 레벨 이상의 신호 대 잡음비에 대하여, 부호어에서의 3개의 심벌 오류 확률은 부호어에서의 2개의 심벌 오류 확률에 비해 무시할 수 있다는 것을 보여라.

12.5절

12.34 그림 12.24에 나와 있는 길쌈 부호기를 고려하자. 시프트 레지스터의 내용이 $S_1S_2S_3$이고, 여기서 S_1은 가장 최근 입력을 나타낸다. $S_1=0$과 $S_1=1$에 대한 각각의 출력 시퀀스 $v_1v_2v_3$를 구하라. 생성된 두 개의 출력 시퀀스가 서로 보수 관계임을 보여라. 이것은 바람직한가? 그 이유를 설명하라.

12.35 그림 12.47에 나와 있는 길쌈 부호기에 대하여 앞 문제를 반복하라. 그림 12.47에 나와 있는 부호기에서 시프트 레지스터의 내용은 $S_1S_2S_3S_4$이고, 여기서 S_1은 가장 최근 입력을 나타낸다.

12.36 그림 12.47에 나와 있는 길쌈 부호기의 구속 범위는 얼마인가? 각 상태 천이에 대한 출력을 나타내는 상태도를 그려라.

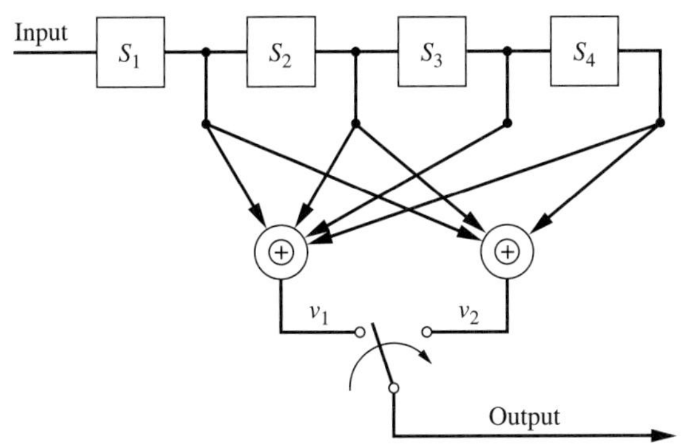

그림 12.47

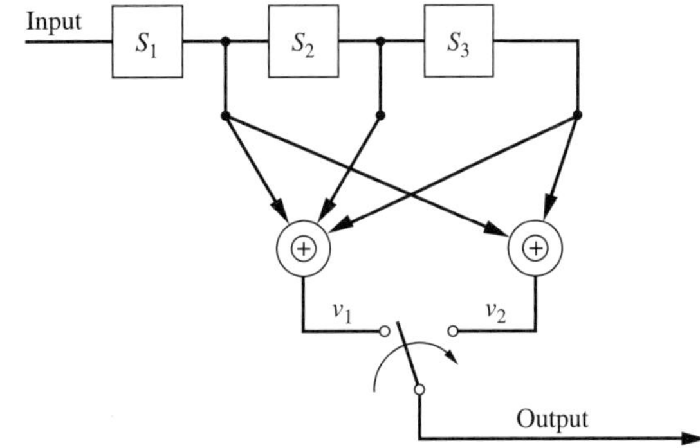

그림 12.48

12.37 그림 12.48에 나와 있는 길쌈 부호기에 대한 상태도를 그려라. 정상상태 천이의 첫 번째 집합을 통한 격자상도를 그려라. 두 번째 격자상도에서 격자의 종결 상태는 모두 0의 상태임을 보여라.

12.39 (23, 12) 골레이 부호로 가정하고 앞 문제를 반복하라.

12.40 적절한 분석을 통하여 식 (12.149)의 정확성을 검증하라.

12.6절

12.38 정보원이 초당 5,000개 심벌률로 이진 심벌을 생성한다. 채널에는 0.2초 동안 지속되는 연집 오류가 있다. 연집 오류를 모두 수정할 수 있는 인터리빙된 (n, k) 해밍 부호를 이용하는 부호화 기법을 고안하라. 부호기에서 나오는 정보율이 부호기로 들어가는 정보율과 같다고 가정하라. 이 시스템이 적절하게 동작할 때 연집 간의 최소 시간은 얼마인가?

12.7절

12.41 $\beta=1$, 5, 10에 대하여, 최적 변조 시스템과 프리엠퍼시스가 있는 주파수 변조를 비교하라. 임계치 이상에서 동작하는 경우만을 고려하고, 임계치에서 P_T/N_0W의 값을 20dB로 가정하라.

12.42 궤환 채널에 대한 평균 전송 횟수의 표현식인 식 (12.149)를 유도하라.

컴퓨터 실습문제

12.1 출력 확률을 변수로 하여 정보원의 엔트로피를 도시하는 컴퓨터 프로그램을 개발하라. 정보원 출력이 동일한 확률을 가질 때, 최대 정보원 엔트로피가 발생하는 것을 관찰하고자 한다. 확률이 각각 $[a, 1-a]$인 간단한 두 개의 출력 정보원 $[m_1, m_2]$로부터 시작하여 파라미터 a의 함수로 엔트로피를 도시하라. 그다음에, 확률이 각각 $[a, b, 1-a-b]$인 세 개의 출력 정보원 $[m_1, m_2, m_3]$의 좀 더 복잡한 경우를 고려하라. 같은 방법으로 결과를 도시하라.

12.2 임의의 길이를 갖는 랜덤 이진 비트 스트림 입력에 대한 허프만 정보원 부호를 생성하는 MATLAB 프로그램을 작성하라.

12.3 컴퓨터 예제 12.2에는 그림 12.18을 생성하는 데 사용되는 MATLAB 프로그램이 포함되지 않았다. 그림 12.18을 생성하기 위한 MATLAB 프로그램을 작성하고, 작성된 프로그램을 이용하여 그림 12.18의 정확성을 검증하라.

12.4 표 12.5에는 부호율이 $\frac{1}{2}$과 $\frac{3}{4}$인 BCH 부호 목록을 나타내었다. Torrieri 경계와 적절한 MATLAB 프로그램을 이용하여, $n=7$, 15, 31, 63의 블록 길이를 갖는 부호율 $\frac{1}{2}$의 BCH 부호에 대한 비트 오류 확률을 단일 축 상에 다 같이 도시하라. 정합 필터 검출을 하는 위상 천이 변조를 가정하라. $n=15$, 31, 63, 127의 블록 길이를 갖는 부호율 $\frac{3}{4}$의 BCH 부호에 대하여 반복하라. 이 예제로부터 어떤 결론을 도출할 수 있는지 기술하라.

12.5 정보 비트 오류 확률을 기반으로 부호를 비교하기 위한 Torrieri 기법을 구현하는 데 MATLAB 함수 `nchoosek`가 사용되었다. n과 k값이 큰 경우에 이 함수를 사용하게 되면 계승 함수로부터 기인되는 수치 정밀도 문제가 발생하게 된다. 이러한 문제를 나타내 보이기 위하여 $n=1000$과 $n=500$인 경우에 MATLAB 함수 `nchoosek`를 실행하라. 이러한 문제를 완화할 수 있는 `nchoosek` 계산의 대체 기법을 개발하라. 그 기법을 이용하여 (511, 385)와 (1023, 768) BCH 부호의 성능을 비교하라. 여기서 위상동기 복조를 갖는 주파수 천이 변조를 가정하라.

12.6 그림 12.25에 나와 있는 나무 다이어그램을 생성하는 MATLAB 프로그램을 작성하라.

12.7 $\gamma=0.1$, $\gamma=0.3$, $\gamma=0.4$인 경우에 대해 컴퓨터 예제 12.6을 반복하라. $\gamma=0.2$인 경우의 컴퓨터 예제 12.6의 결과와 함께 이번 문제에서 구한 결과를 통해서 어떤 결론을 도출할 수 있는지 기술하라.

12.8 컴퓨터 예제 12.7에서 `W` 및 `B` 심벌의 실행 흐름이 생성되었다. 연속-길이 부호를 생성하기 위한 MATLAB 프로그램을 작성하라.

APPENDIX A

물리적 잡음원

1장에서 논의되었던 바와 같이 통신 시스템에서 잡음은 두 부류의 광범위한 근원에 기인하며, 하나는 대기, 태양, 우주 또는 인공 근원 등의 시스템 외적 요인이고, 다른 하나는 시스템 내적 요인이다. 외적 잡음원이 시스템 성능에 영향을 미치는 정도는 시스템의 위치 및 구조와 밀접한 관련이 있다. 결론적으로 이들이 시스템 성능에 미치는 효과를 신뢰할 수 있을 정도로 분석하는 것은 어려우며, 대신에 경험적 공식들이나 현장 측정 값들을 주로 사용한다. 통신 시스템을 해석하고 설계하는 데 있어서 외적 잡음원의 중요성은 내적 잡음원에 대한 상대적인 강도에 따라 달라진다. 이 부록에서는 내적 잡음원의 특성과 해석을 다룬다.

통신 시스템을 구성하는 부시스템 내적 잡음은 부시스템을 구성하는 소자 내에서 전하 캐리어의 랜덤 운동으로 인하여 발생한다. 내적 잡음을 일으키는 메커니즘과 이러한 메커니즘에 대한 적절한 모델에 대하여 알아보자.

A.1 물리적 잡음원

A.1.1 열잡음

열잡음은 도체나 반도체에서 전하 캐리어의 랜덤 운동으로 인하여 발생한다. 원자 레벨에서의 이러한 랜덤 요동은 절대온도 0보다 높은 온도에서 일어나는 물질의 일반적인 특성이다. 나이퀴스트는 열잡음에 대하여 가장 먼저 연구한 사람 중 한 명이다. 나이퀴스트 정리는 주파수 대역폭이 B Hz이고 온도 T K일 때, R Ω인 저항 단자에 나타나는 평균 제곱 잡음 전압은 다음과 같다는 것이다.

$$v_{\mathrm{rms}}{}^2 = \left\langle v_n{}^2(t) \right\rangle = 4kTRB \ \mathrm{V}^2 \tag{A.1}$$

여기서

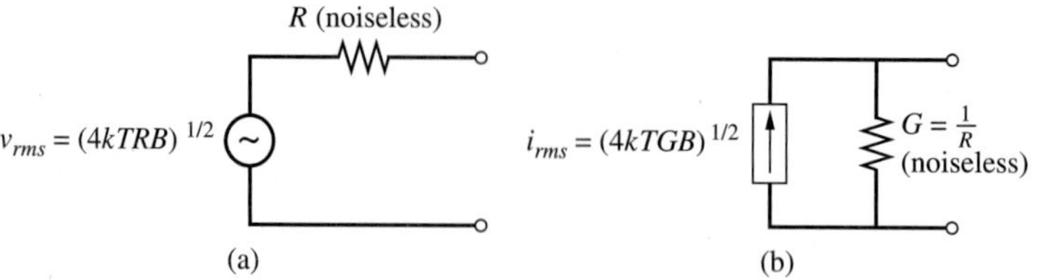

그림 A.1 잡음저항의 등가회로. (a) 테브넹, (b) 노턴

$$k=\text{볼츠만 상수}=1.38\times10^{-23}\ \text{J/K}\text{이다.}$$

따라서 잡음저항은 그림 A.1(a)에 나타낸 것과 같이 무잡음저항을 rms 전압이 v_{rms}인 잡음 발생기와 직렬로 연결한 등가회로로 나타낼 수 있다. 그림 A.1(a)의 단자들을 단락시키면, 다음과 같은 평균 제곱값을 갖는 단락-회로 잡음 전류를 얻을 수 있다.

$$i_{rms}^{\ 2} = \left\langle i_n^{\ 2}(t) \right\rangle = \frac{\left\langle v_n^{\ 2}(t) \right\rangle}{R^2} = \frac{4kTB}{R} = 4kTGB\ \ \text{A}^2 \tag{A.2}$$

여기서 $G=1/R$은 저항의 컨덕턴스이다. 그러므로 그림 A.1(a)의 테브넹 등가회로는 그림 A.1(b)의 노턴 등가회로로 변환될 수 있다.

예제 A.1

그림 A.2에 나타낸 저항회로에 대하여 고려해보자. $T=290$K의 실온에서 대역폭이 100kHz일 때, 출력 단자들에 나타나는 rms 잡음 전압을 구하라.

풀이

각 저항으로 인하여 출력 단자들에 걸리는 잡음 전압을 구하기 위하여 전압 배분 원리를 이용한다. 그러면 독립된 전원들로 인한 전력은 합해지기 때문에, rms 출력 전압 v_0는 전체 평균 제곱 전압에 해당하는 각 저항에 걸리는 전압의 제곱(전력에 비례)의 합을 구하고, 이 값의 제곱근을 취하여 얻을 수 있다. 계산은 다음과 같다.

$$v_0^2=v_{01}^{\ 2}+v_{02}^{\ 2}+v_{03}^{\ 2}$$

여기서

$$v_{01} = \sqrt{4kTR_1B}\left(\frac{R_3}{R_1+R_2+R_3}\right) \tag{A.3}$$

$$v_{02} = \sqrt{4kTR_2B}\left(\frac{R_3}{R_1+R_2+R_3}\right) \tag{A.4}$$

$$v_{03} = \sqrt{4kTR_3B}\left(\frac{R_1+R_2}{R_1+R_2+R_3}\right) \tag{A.5}$$

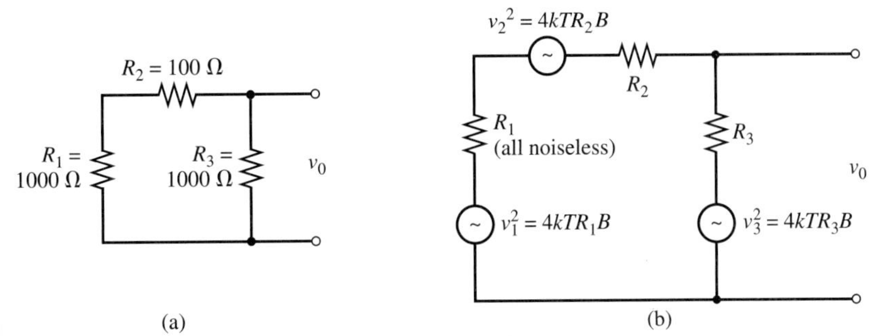

그림 A.2 잡음 계산을 위한 회로. (a) 저항 네트워크, (b) 잡음-등가회로

이다.

상기 수식들에서, $\sqrt{4kTR_iB}$는 저항 R_i에 걸리는 rms 전압을 나타낸다. 따라서

$$\begin{aligned} v_0^2 &= (4kTB)\left[\frac{(R_1+R_2)R_3^2}{(R_1+R_2+R_3)^2} + \frac{(R_1+R_2)^2R_3}{(R_1+R_2+R_3)^2}\right] \\ &= \left(4\times 1.38\times 10^{-23}\times 290\times 10^5\right) \\ &\quad \times\left[\frac{(1100)(1000)^2}{(2100)^2} + \frac{(1100)^2(1000)}{(2100)^2}\right] \\ &\cong 8.39\times 10^{-13}\ \text{V}^2 \end{aligned} \tag{A.6}$$

이다. 그러므로

$$v_0 = 9.16\times 10^{-7}\ \text{V (rms)} \tag{A.7}$$

이다.

A.1.2 나이퀴스트 공식

예제 A.1은 여러 개의 잡음저항을 포함하는 잡음 계산에 대해서 설명한다는 측면에서 좋은 예가 되기는 하지만, 저항의 수가 많으면 잡음 계산이 대단히 길어질 수 있음을 설명하기도 한다. **나이퀴스트 공식**은 이러한 계산을 상당히 간략화할 수 있으며, 열역학론을 이용하여 증명할 수 있다. 저항, 커패시터, 인덕터들로만 구성된 어떤 단일 단자 회로의 출력 단자에서 평균제곱 잡음 전압은 다음과 같다.

$$\left\langle v_n^2(t)\right\rangle = 2kT\int_{-\infty}^{\infty} R(f)\,df \tag{A.8}$$

여기서 $R(f)$는 단자에서 들여다 본 복소 임피던스의 실수부이다(Hz 단위 주파수에 대하여, $f=\omega/2\pi$). 회로망이 저항만을 포함하면 대역폭 B 내의 평균 제곱 잡음 전압은 다음과 같다.

$$\langle v_n^{\,2}\rangle = 4kT R_{\text{eq}} B\ \text{V}^2 \tag{A.9}$$

여기서 R_{eq}는 회로망의 테브넹 등가저항이다.

예제 A.2

그림 A.2에 나타낸 회로망의 단자에서 들여다 보면, 등가저항은 다음과 같다.

$$R_{\text{eq}} = R_3 \parallel (R_1 + R_2) = \frac{R_3\,(R_1 + R_2)}{R_1 + R_2 + R_3} \tag{A.10}$$

따라서

$$v_0^{\,2} = \frac{4kTBR_3\,(R_1 + R_2)}{(R_1 + R_2 + R_3)} \tag{A.11}$$

이것은 이전에 구한 결과와 같다는 것을 알 수 있다. ■

A.1.3 산탄잡음

산탄잡음은 전자소자에서 전류 흐름의 이산적인 특성으로 인하여 발생한다. 예를 들어 포화된 열전자 다이오드에서의 전자 흐름은 음극에서 방출되어 양극에 랜덤하게 도달되는 전자들의 총합에 의하여 결정되므로, 전류 흐름은 평균 전류 흐름 I_d(양극에서 음극으로 흐를 때 양의 값을 취함)에 다음과 같은 평균 제곱값을 갖는 랜덤한 등락 성분을 더한 것이다.

$$i_{\text{rms}}^{\,2} = \langle i_n^{\,2}(t)\rangle = 2eI_d B\ \text{A}^2 \tag{A.12}$$

여기서 e=전자 전하량=1.6×10^{-19}C이다. 식 (A.12)를 쇼트키(Schottky) 정리라고 한다.

독립된 전원들로부터의 전력은 더해지기 때문에 독립된 전원들에서 발생하는 두 개의 전압들 또는 두 개의 전류들과 같이 독립된 전원으로부터의 잡음 전압들 또는 잡음 전류들의 제곱들은 더해진다. 따라서 쇼트키 정리를 p-n 접합에 적용할 때, p-n 접합 다이오드에 흐르는 전류는 다음과 같다.

$$I = I_s\left[\exp\left(\frac{eV}{kT}\right) - 1\right] \tag{A.13}$$

여기서 V는 다이오드에 걸리는 전압이고 I_s는 역포화 전류이다. 따라서, p-n 접합 다이오드에 흐르는 전류는 두 개의 독립된 전류원 $-I_s$와 $I_s\exp(eV/kT)$에 의한 것으로 생각할 수 있다. 이 두 가지 전류는 각각 독립적으로 등락하며, 다음과 같은 평균 제곱 산탄잡음 전류를 갖게 한다.

$$i_{\text{rms,tot}}{}^2 = \left[2eI_s \exp\left(\frac{eV}{kT}\right) + 2eI_s\right] B$$
$$= 2e\left(I + 2I_s\right) B \tag{A.14}$$

정상 동작의 경우, $I \gg I_s$이고, 차동 컨덕턴스는 $g_0 = dI/dV = eI/kT$이므로, 식 (A.14)는 다음과 같이 근사화될 수 있다.

$$i_{\text{rms,tot}}{}^2 \cong 2eIB = 2kT\left(\frac{eI}{kT}\right) B = 2kTg_0 B \tag{A.15}$$

이것은 식 (A.2)에서의 인자 4 대신에 인자 2이므로 차동 컨덕턴스 g_0의 **반열잡음**(half-thermal noise)으로 볼 수 있다.

A.1.4 다른 잡음원

열잡음과 산탄잡음 이외에 전자소자에서 내적 잡음을 유발하는 다른 세 가지 잡음 메커니즘들이 있다. 여기서는 이것들에 대하여 간단히 알아보려고 한다. 더 많은 내용은 Van der Ziel(1970)이 작성한 전자소자의 잡음 해석에서 다루고 있다.

생성-재조합 잡음

생성-재조합 잡음은 반도체에서 자유전하가 생성되고 재조합되는 결과이다. 이러한 생성과 재조합 사건들은 랜덤하게 발생한다고 생각할 수 있다. 그러므로 이 잡음 과정을 산탄잡음 과정으로 취급할 수 있다.

온도-등락 잡음

온도-등락 잡음은 방사와 열전도 과정에서의 등락으로 인한 트랜지스터와 같은 작은 물체와 환경 간의 오르내리는 열 교환으로 인한 것이다. 또한 액체나 기체가 작은 물체를 지나 흐르는 경우 열대류 등락이 발생한다.

명멸잡음

명멸잡음(fliker noise)은 여러 가지 원인 때문에 발생한다. 이것은 주파수가 감소함에 따라 스펙트럼 밀도가 증가하는 특성을 가진다. 주파수에 대한 스펙트럼 밀도의 관계는 종종 주파수의 역에 비례하는 것으로 알려지고 있다. 그러므로 명멸잡음을 **1/f-잡음**이라고도 한다. 보다 더 일반적으로 명멸잡음 현상은 1에 가까운 α값을 갖는 상수/f^{α} 형태의 전력 스펙트럼으로 나타낼 수 있다. 명멸잡음을 일으키는 물리적 메커니즘을 이해하기는 어렵다.

A.1.5 가용 전력

잡음과 관련된 계산은 전력 전달을 동반하기 때문에 고정 내부저항을 가진 전원으로부터의 이용 가능한 최대 전력에 대한 개념은 유용할 것이다. 그림 A.3은 최대 전력 전달에 관한 정리를 설명한 것으로, 내부저항 R을 가진 전원은 $R=R_L$이면 저항 부하 R_L로 최대 전력이 전달되고, 이러한 조건하에서 전원에서 생성된 전력 P는 전원저항과 부하저항 사이에 균등하게 분할된다. $R=R_L$인 경우를 부하가 전원에 정합되었다고 하고, 이때 부하로 전달된 전력을 가용 전력 P_a라고 한다. 따라서 $P_a=\frac{1}{2}P$이고, $R=R_L$인 경우에만 부하로 전달된다. 그림 A.3(a)를 살펴보면 전원의 rms 전압이 v_{rms}이므로 $R_L=R$에 걸리는 전압은 $\frac{1}{2}v_{rms}$라는 것을 알 수 있다. 이때 가용 전력은 다음과 같이 주어진다.

$$P_a = \frac{1}{R}\left(\frac{1}{2}v_{\text{rms}}\right)^2 = \frac{{v_{\text{rms}}}^2}{4R} \tag{A.16}$$

마찬가지로 그림 A.3(b)에 나타낸 노턴 등가회로를 이용하면 가용 전력은 다음과 같이 쓸 수 있다.

$$P_a = \left(\frac{1}{2}i_{\text{rms}}\right)^2 R = \frac{{i_{\text{rms}}}^2}{4G} \tag{A.17}$$

여기서 $i_{rms}=v_{rms}/R$는 rms 잡음 전류이다.

식 (A.1) 또는 식 (A.2)를 식 (A.16) 또는 식 (A.17)에 대입하여 정리하면, 잡음저항은 다음과 같은 가용 전력을 생성한다는 것을 알 수 있다.

$$P_{a,R} = \frac{4kTRB}{4R} = kTB \text{ W} \tag{A.18}$$

마찬가지로 식 (A.15)로부터 차동 컨덕턴스에 정합된 부하저항을 갖는 다이오드는 다음과 같은 가용 전력을 생성한다.

$$P_{a,D} = \frac{1}{2}kTB \text{ W}, \quad I \gg I_s \tag{A.19}$$

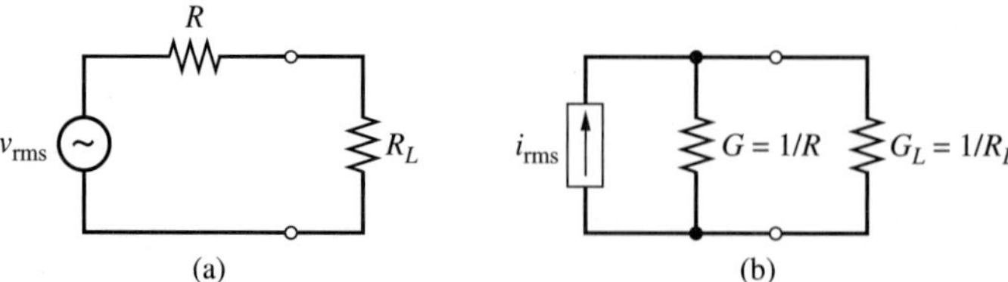

그림 A.3 최대 전력 전달 정리 관련 회로. (a) 부하저항 R_L을 갖는 전원에 대한 테브넹 등가회로, (b) 부하 컨덕턴스 G_L을 갖는 전원에 대한 노턴 등가회로

예제 A.3

T_0=290K의 실온에서 저항에 대한 헤르츠당 가용 전력을 계산하라. 1W를 기준으로 하는 데시벨(dBW)와 1mW를 기준으로 하는 데시벨(dBm)로 나타내라.

풀이

전력/Hz$=P_{a,R}/B=(1.38\times10^{-23})(290)=4.002\times10^{-21}$W/Hz

dBW 단위에서 전력/Hz$=10\log_{10}(4.002\times10^{-21}/1)\cong-204$ dBW

dBm 단위에서 전력/Hz$=10\log_{10}(4.002\times10^{-21}/10^{-3})\cong-174$ dBm

■

A.1.6 주파수 의존성

예제 A.3에서는 T_0=290K에서 잡음저항의 헤르츠당 가용 전력에 대한 좋은 근삿값이 관심 주파수와 무관하게 −174 dBm/Hz라고 계산하여 구하였다. 사실 식 (A.1)의 나이퀴스트 정리는 더 일반적인 결과를 간략하게 나타낸 것이다. 헤르츠당 가용 전력에 대한 정규 양자 역학적 표현 또는 가용 전력 스펙트럼 밀도 $S_a(f)$는 다음과 같다.

$$S_a(f) \triangleq \frac{P_a}{B} = \frac{hf}{\exp(hf/kT)-1}\ \text{W/Hz} \qquad \text{(A.20)}$$

여기서 h=플랭크 상수$=6.6254\times10^{-34}$ J-s이다.

이 식은 그림 A.4에 그려져 있으며, 매우 낮은 온도와 매우 높은 주파수를 제외한 모든 경우에는 $S_a(f)$를 상수라고 근사화하는 것이 타당함을 볼 수 있다(즉, P_a는 대역폭 B에 비례한다).

A.1.7 양자잡음

식 (A.20) 그 자체적으로는 광통신에서 이용되는 $hf\gg kT$ 조건을 만족하는 매우 높은 주파수에서는 잡음이 무시될 수 있을 것이라는 잘못된 가정을 하도록 할 수 있을 것이다. 그러나 전자 에너지의 이산적인 특성을 고려하기 위해서는 식 (A.20)에 hf에 해당하는 양자잡음 항이 더해져야 한다. 이것은 그림 A.4에 그려진 직선으로 열잡음 영역과 양자잡음 영역 사이를 추정하도록 하는 천이 주파수이다. 이 천이 주파수는 T=2.9K에 대해서도 20GHz 이상이 되는 것을 알 수 있다.

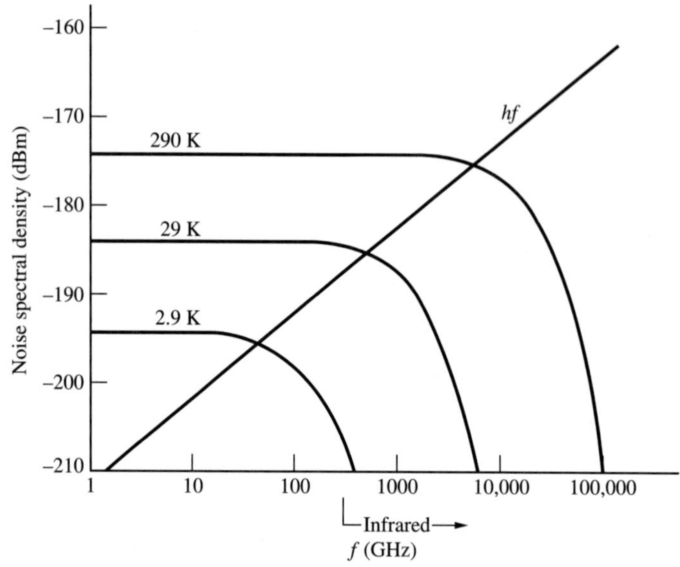

그림 A.4 열저항에 대한 주파수 대 잡음 전력 스펙트럼 밀도

A.2 시스템에서 잡음 특성화

통신 시스템에서 몇 가지 가능한 내적 잡음원들을 고려하여 시스템 전체적인 잡음성뿐만 아니라 시스템을 구성하는 부시스템들의 잡음성도 특성화하는 편리한 방법들에 대하여 다루려고 한다. 그림 A.5는 시스템을 구성하는 N개 단 또는 부시스템들의 종속연결을 나타낸 것이다. 예를 들어, 이 블록도가 슈퍼헤테로다인 수신기를 나타낸다면, 부시스템 1은 RF 증폭기이

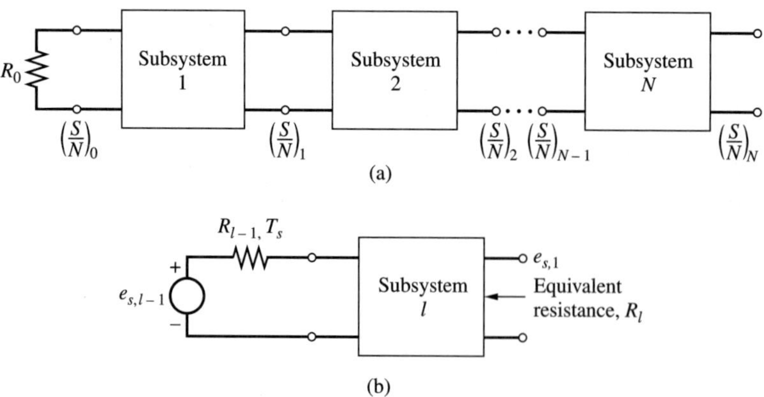

그림 A.5 시스템을 구성하는 부시스템들의 종속연결. (a) 각 점에서 SNR에 대한 정의를 포함하는 N개 부시스템들의 종속연결, (b) 종속연결에서 l번째 부시스템

고, 부시스템 2는 혼합기이며, 부시스템 3은 IF 증폭기이며, 부시스템 4는 검출기일 것이다. 각 단 출력에서 출력 신호 대 잡음 전력비와 입력 신호 대 잡음 전력비 사이의 관계를 찾으려고 한다. 이를 통하여 전체 시스템의 출력잡음에 영향을 크게 끼치는 부시스템들을 정확히 파악하고, 이로 인하여 잡음을 최소화하는 설계들이 구현될 수 있도록 한다.

A.2.1 시스템의 잡음 지수

시스템 잡음성에 대한 한 가지 유용한 척도는 **잡음 지수** F이며, 이것은 시스템 입력에서의 SNR 대 시스템 출력에서의 SNR의 비로 정의된다. 특히, 그림 A.5에서 l번째 부시스템에 대한 잡음 지수 F_l은 다음과 같은 관계를 통하여 정의된다.

$$\left(\frac{S}{N}\right)_l = \frac{1}{F_l}\left(\frac{S}{N}\right)_{l-1} \tag{A.21}$$

이상적인 무잡음 부시스템에 대해서는 $F_l = 1$이다. 즉 부시스템이 부가적인 잡음을 유발하지 않는 경우이다. 실제 소자들에 대해서는 $F_l > 1$이다.

소자와 시스템에 대한 잡음 지수는 보통 데시벨(dB) 단위로 나타내며, 구체적으로는 다음과 같다.

$$F_{\text{dB}} = 10\log_{10} F_{\text{ratio}} \tag{A.22}$$

전형적인 잡음 지수로는 도파관 증폭기(20~30dB 전력 이득)에서는 2~4.5dB이고, 혼합기에 대해서는 5~8dB이다(수동 혼합기는 출력에서 하나의 측파대만 사용하기 때문에 최소 3dB의 손실을 갖는다). 추가적인 정보는 Mumford와 Schiebe(1968) 혹은 소자 제조업자의 데이터 시트에 포함되어 있다.

식 (A.21)에 주어진 잡음 지수 정의는 시스템의 각 단계에서의 신호 전력과 잡음 전력 둘 다에 대한 계산을 필요로 한다. 식 (A.21)과 동등한 대체 정의는 잡음 전력에 대한 계산만을 포함하고 있다. 시스템의 어떤 단계에서 신호 전력과 잡음 전력은 앞 단계 부시스템에 대한 현 단계 부시스템에 인한 부하와 관련되어 있으나, 신호와 잡음은 동일한 부하에 걸리므로 SNR은 부하와 독립이다. 따라서 신호와 잡음을 계산하는 데 임의의 부하 임피던스를 편리하게 사용할 수 있을 것이다. 특히, 출력 임피던스에 정합된 부하 임피던스를 사용함으로써 가용 신호 전력과 가용 잡음 전력을 다루게 될 것이다.

그림 A.5에 나타낸 종속 시스템에서 l번째 부시스템을 고려해 보자. 입력을 rms 신호전압 $e_{s,l-1}$과 등가저항 R_{l-1}을 갖는 테브넹 등가회로로 나타내면, 가용 신호 전력은 다음과 같다.

$$P_{sa,l-1} = \frac{{e_{s,l-1}}^2}{4R_{l-1}} \tag{A.23}$$

만일 열잡음이 존재한다고 하면, 전원 온도 T_s에 대한 가용 잡음 전력은 다음과 같다.

$$P_{na,l-1} = kT_s B \tag{A.24}$$

따라서 입력 SNR은 다음과 같이 주어진다.

$$\left(\frac{S}{N}\right)_{l-1} = \frac{e_{s,l-1}{}^2}{4kT_s R_{l-1} B} \tag{A.25}$$

그림 A.5(b)로부터 가용 출력 신호 전력은 다음과 같다.

$$P_{sa,l} = \frac{e_{s,l}{}^2}{4R_l} \tag{A.26}$$

$P_{sa,\,l}$과 $P_{sa,\,l-1}$의 관계를 부시스템 l의 가용 전력 이득 G_a로 나타내면, 모든 저항이 정합되었을 때, 다음과 같다.

$$P_{sa,l} = G_a P_{sa,l-1} \tag{A.27}$$

출력 SNR은 다음과 같다.

$$\left(\frac{S}{N}\right)_l = \frac{P_{sa,l}}{P_{na,l}} = \frac{1}{F_l}\frac{P_{sa,l-1}}{P_{na,l-1}} \tag{A.28}$$

또는

$$\begin{aligned} F_l &= \frac{P_{sa,l-1}}{P_{sa,l}}\frac{P_{na,l}}{P_{na,l-1}} = \frac{P_{sa,l-1}}{G_a P_{sa,l-1}}\frac{P_{na,l}}{P_{na,l-1}} \\ &= \frac{P_{na,l}}{G_a P_{na,l-1}} \end{aligned} \tag{A.29}$$

여기서 오정합이 신호와 잡음에 동일하게 영향을 미치기 때문에 어떠한 오정합도 무시될 수 있을 것이다.[1] 따라서 잡음 지수는 출력잡음 전력 대 무잡음 시스템에서의 잡음 전력비가 된다. $P_{na,\,l} = G_a P_{na,\,l-1} + \mathrm{P}_{int,\,l}$(여기서 $\mathrm{P}_{int,\,l}$은 부시스템 l의 가용 내적 잡음 전력이다)과 $P_{na,\,l-1} = kT_s B$라는 것을 알면, 식 (A.29)를 다음과 같이 표현할 수 있다.

$$F_l = 1 + \frac{P_{\mathrm{int},l}}{G_a k T_s B} \tag{A.30}$$

또는 잡음 지수를 표준화[2]하기 위해 $T_s = T_0 = 290\mathrm{K}$로 놓으면 다음 식을 얻을 수 있다.

---

1 이는 잡음 전력 이득과 신호 전력 이득이 동일하다고 가정한다. 이득이 주파수에 따라 변한다면, 스폿 잡음 지수(spot noise figure)를 정의할 수 있으며, 신호 전력과 잡음 전력은 좁은 대역폭 Δf 내에서 측정된다.

2 표준화가 되지 않는다면, 수신기 제조업자는 간단히 경쟁자보다 큰 T_s을 선택함으로써 경쟁자의 제품보다

$$F_l = 1 + \frac{P_{\text{int},l}}{G_a k T_0 B} \tag{A.31}$$

따라서 $G_a \gg 1$인 경우에, $F_l \cong 1$이며, 이는 내적 잡음의 영향은 큰 이득을 갖는 시스템에서는 하찮게 된다는 것을 보여준다. 반대로, 낮은 이득을 갖는 시스템에서는 내적 잡음의 중요성이 더욱 부각될 것이다.

A.2.2 잡음 지수의 측정

소자 입력을 기준으로 한 출력에서의 가용 잡음 전력 $P_{na,\text{out}}$을 바탕으로 식 (A.29)를 이용하고 이 잡음을 전원저항 R_s와 병렬인 전류 발생기 $\overline{i_n^2}$ 또는 전원저항과 직렬인 전압 발생기 $\overline{e_n^2}$으로 나타내면, 입력잡음을 알려진 양으로 바꾸고 소자 출력에서 잡음 전력의 변화를 측정함으로써 잡음 지수를 결정할 수 있다. 특히, 포화된 열전자 다이오드를 나타내는 전류원을 가정하면 잡음 지수는 다음과 같다.

$$\overline{i_n^2} = 2eI_d B \ \text{A}^2 \tag{A.32}$$

충분한 전류가 다이오드를 통하여 흐르므로 출력에서 잡음 전력은 다이오드 없이 나타나는 양의 2배가 된다. 이때 잡음 지수는 다음과 같다.

$$F = \frac{eI_d R_s}{2kT_0} \tag{A.33}$$

여기서 e는 쿨롱 단위의 전자 전하이고, I_d는 암페어 단위의 다이오드 전류이고, R_s는 입력저항이다. k는 볼츠만 상수이고, T_0는 켈빈 단위의 표준온도이다.

앞의 방법의 변형으로 Y-인자 방법이 있으며, 그림 A.6에 나타나 있다. 하나는 유효 온도 T_{hot}에서, 다른 하나는 유효 온도 T_{cold}에서 보정된 두 개의 잡음원들이 이용될 수 있다고 가정하자. 미지의 온도 T_e를 가진 미지의 시스템 입력에 첫 번째 잡음원을 부과하는 경우, 식 (A.18)로부터 가용 출력잡음 전력은 다음과 같이 된다.

$$P_h = k(T_{\text{hot}} + T_e)BG \tag{A.34}$$

여기서 B는 시험 중인 장치의 잡음 대역폭이며, G는 가용 전력 이득이다. 두 번째 'cold' 잡음원이 존재할 때 가용 출력잡음 전력은 다음과 같다.

더 우수한 잡음 성능을 갖는다고 주장할 수 있을 것이다. 과거에 사용된 잡음 지수의 여러 정의들에 대한 요약은 Mumford and Scheibe(1968), pp. 53-56에서 참조할 수 있다.

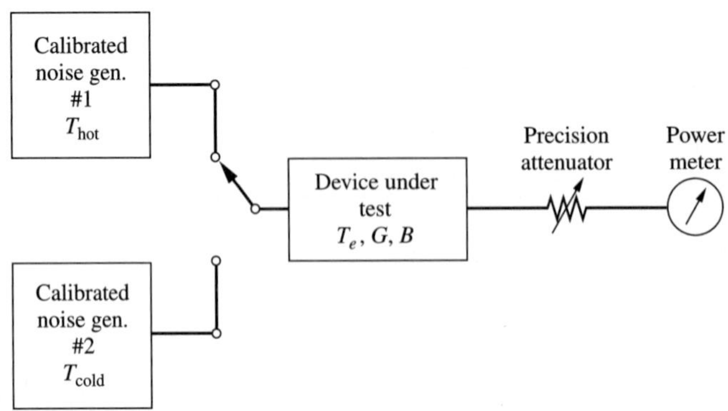

그림 A.6 유효 잡음 온도를 측정하는 Y-인자 방법

$$P_c = k(T_{\text{cold}} + T_e)BG \tag{A.35}$$

이 두 개의 식들에서 두 개의 미지수들은 T_e와 BG이다. 첫째 식을 둘째 식으로 나누면 다음을 얻는다.

$$\frac{P_h}{P_c} = Y = \frac{T_{\text{hot}} + T_e}{T_{\text{cold}} + T_e} \tag{A.36}$$

T_e에 대하여 풀면 이 방정식은 다음과 같다.

$$T_e = \frac{T_{\text{hot}} - YT_{\text{cold}}}{Y - 1} \tag{A.37}$$

이것은 두 개의 알려진 잡음원 온도들과 측정된 Y-인자를 포함한다. Y-인자는 그림 A.6의 정밀 감쇠기의 도움으로 다음과 같은 방법을 따라 측정될 수 있다. (1) 시험 중인 시스템에 첫째(hot) 잡음원을 연결하고, 미터 눈금을 편리하게 읽을 수 있도록 감쇠기를 조정하라. (2) 둘째(cold) 잡음원으로 스위치를 옮기고 앞에서와 같은 미터 눈금을 읽을 수 있도록 감쇠기를 조정하라. (3) 감쇠기 세팅의 변화 ΔA가 데시벨 단위이므로 $Y=10^{\Delta A/10}$을 계산하라. (4) 식 (A.37)을 사용하여 유효 잡음 온도를 계산하라.

A.2.3 잡음 온도

식 (A.18)은 온도 T에서 저항의 가용 잡음 전력이 저항 R값에 무관하게 kTB W임을 말하고 있다. 이 결과를 어떤 잡음원의 **등가잡음 온도** T_n을 정의하는 데 이용할 수 있을 것이다.

$$T_n = \frac{P_{n,\max}}{kB} \tag{A.38}$$

여기서 $P_{n,\max}$는 잡음원이 대역폭 B로 전달할 수 있는 최대 잡음 전력이다.

예제 A.4

각각 온도 T_1과 T_2에서 저항 R_1과 R_2는 직렬로 연결되어 백색잡음원을 형성한다. 이 조합에 대한 등가 잡음 온도를 구하라.

풀이

이 조합에 의해 생성된 평균 제곱 전압은 다음과 같다.

$$\langle v_n{}^2 \rangle = 4kBR_1T_1 + 4kBR_2T_2 \tag{A.39}$$

등가저항이 R_1+R_2이기 때문에 가용 잡음 전력은 다음과 같다.

$$P_{na} = \frac{\langle v_n{}^2 \rangle}{4(R_1+R_2)} = \frac{4k(T_1R_1+T_2R_2)B}{4(R_1+R_2)} \tag{A.40}$$

그러므로 등가 잡음 온도는 다음과 같다.

$$T_n = \frac{P_{na}}{kB}\frac{R_1T_1+R_2T_2}{R_1+R_2} \tag{A.41}$$

두 저항이 같은 온도에 있지 않으면, T_n은 물리적인 온도가 아님에 유의하라. ■

A.2.4 유효 잡음 온도

식 (A.30)의 두 번째 항 $P_{int,\,l}/G_akT_0B$(이것은 단위가 없음)는 시스템 내부 잡음만에 의한 것이다. $P_{\text{int},\,l}/G_akB$가 온도 단위라는 것을 상기하면 잡음 지수를 다음과 같이 쓸 수 있다.

$$F_l = 1 + \frac{T_e}{T_0} \tag{A.42}$$

여기서

$$T_e = \frac{P_{\text{int},l}}{G_akB} \tag{A.43}$$

따라서 다음과 같다.

$$T_e = (F_l - 1)T_0 \tag{A.44}$$

T_e는 시스템의 **유효 잡음 온도**이고 시스템의 파라미터들에만 관련이 있다. 이것은 입력을 기준으로 한 시스템 잡음성의 척도이다. 왜냐하면 이것은 시스템 출력에서 내부 잡음원들에 의해 만들어진 것과 동일한 가용 잡음 전력을 얻기 위하여 무잡음 시스템의 입력에 위치한 열저항이 필요로 하는 온도이기 때문이다. $P_{na,\,l}=G_aP_{na,\,l-1}+P_{\text{int},\,l}$과 $P_{na,\,l-1}=kT_sB$를 상기하면, 부시스

템 출력에서 가용 잡음 전력을 다음과 같이 쓸 수 있다.

$$\begin{aligned} P_{na,l} &= G_a k T_s B + G_a k T_e B \\ &= G_a k \left(T_s + T_e\right) B \end{aligned} \tag{A.45}$$

여기서 전원의 실제 온도 T_s가 사용된다. 따라서 시스템 출력에서 가용 잡음 전력은 잡음원의 온도에 시스템의 유효 잡음 온도를 더하고 $G_a kB$를 곱하여 구할 수 있다. 여기서 G_a항은 잡음이 시스템 입력에 기준을 두고 계산되기 때문에 나타난 것이다.

A.2.5 부시스템들의 종속연결

그림 A.5의 첫 두 개의 단을 고려하면 잡음은 다음과 같은 발생원으로 인해 출력에 나타난다는 것을 알 수 있다.

1. 증폭된 잡음원 $G_{a_1} G_{a_2} k T_s B$
2. 두 번째 단에 의해 증폭된 첫 번째 단으로부터의 내부 잡음 $G_{a_2} P_{a,\,\mathrm{int}_1} = G_{a_2}(G_{a_1} k T_{e_1} B)$
3. 두 번째 단에서 생기는 내부 잡음 $P_{a,int_2} = G_{a_2} k T_{e_2} B$

따라서 종속연결의 출력에서 총가용 잡음 전력은 다음과 같다.

$$P_{na,2} = G_{a_1} G_{a_2} k \left(T_s + T_{e_1} + \frac{T_{e_2}}{G_{a_1}} \right) B \tag{A.46}$$

종속연결의 가용 이득이 $G_{a_1} G_{a_2}$라는 것을 이용하고 식 (A.45)와 비교하면 이 종속연결의 유효 온도는 다음과 같다.

$$T_e = T_{e_1} + \frac{T_{e_2}}{G_{a_1}} \tag{A.47}$$

식 (A.42)로부터 전체 잡음 지수는 다음과 같다.

$$\begin{aligned} F &= 1 + \frac{T_e}{T_0} = 1 + \frac{T_{e_1}}{T_0} + \frac{1}{G_{a_1}} \frac{T_{e_2}}{T_0} \\ &= F_1 + \frac{F_2 - 1}{G_{a_1}} \end{aligned} \tag{A.48}$$

여기서 F_1은 단 1의 잡음 지수이고, F_2는 단 2의 잡음 지수이다. 이 결과를 임의 개수의 단으로 일반화한 것이 프리스(Friis) 공식이며, 다음과 같이 주어진다.

$$F = F_1 + \frac{F_2 - 1}{G_{a_1}} + \frac{F_3 - 1}{G_{a_1} G_{a_2}} + \dots \tag{A.49}$$

반면 식 (A.47)의 일반화는 다음과 같다.

$$T_e = T_{e_1} + \frac{T_{e_2}}{G_{a_1}} + \frac{T_{e_3}}{G_{a_1} G_{a_2}} + \cdots \tag{A.50}$$

예제 A.5

파라볼라 접시 안테나가 태양에 똑바르지 않은 하늘을 향해 위로 지향하고 있다. 대기 방사에 의한 잡음은 70K의 잡음원 온도와 동일하다. 2dB의 잡음 지수, 20MHz 대역폭에 걸쳐 20dB의 가용 전력 이득을 가진 저잡음 전치 증폭기가 안테나 공급장치(파라볼라 반사기 초점)에 장착되어 있다.

(a) 전치 증폭기의 유효 잡음 온도를 구하라.
(b) 전치 증폭기 출력에서 가용 잡음 전력을 구하라.

풀이

(a) 식 (A.45)로부터 다음을 얻는다.

$$T_{\text{eff,in}} = T_s + T_{e,\text{preamp}} \tag{A.51}$$

그러나 식 (A.44)는 다음과 같은 결과를 얻게 한다.

$$\begin{aligned} T_{e,\text{preamp}} &= T_0(F_{\text{preamp}} - 1) \\ &= 290(10^{2/10} - 1) \\ &= 169.6\,\text{K} \end{aligned} \tag{A.52}$$

(b) 식 (A.45)로부터 가용 출력잡음 전력은 다음과 같다.

$$\begin{aligned} P_{na,\text{out}} &= G_a k \left(T_s + T_e\right) B \\ &= 10^{20/10}(1.38 \times 10^{-23})(169.6 + 70)\left(20 \times 10^6\right) \\ &= 6.61 \times 10^{-12}\ \text{W} \end{aligned} \tag{A.53}$$

■

예제 A.6

2.5dB의 잡음 지수와 찾아져야 하는 전력 이득을 가진 전치 증폭기가 5dB의 이득과 8dB의 잡음 지수를 갖는 혼합기와 종속연결 되어 있다. 이 종속연결의 전체 잡음 지수가 최대 4dB가 되도록 하는 전치 증폭기의 이득을 구하라.

풀이

프리스 공식은 다음으로 한정할 수 있다.

$$F = F_1 + \frac{F_2 - 1}{G_1} \tag{A.54}$$

G_1에 대하여 풀면 다음을 얻는다.

$$G_1 = \frac{F_2 - 1}{F - F_1} = \frac{10^{8/10} - 1}{10^{4/10} - 10^{2.5/10}} = 7.24\ (\text{ratio}) = 8.6\ \text{dB} \tag{A.55}$$

혼합기의 이득은 중요하지 않다는 데 주목하라.

■

A.2.6 감쇠기 잡음 온도와 잡음 지수

입력과 출력 사이에 가용 전력에 있어서 L배의 손실을 주는 순수 저항 감쇠기에 대하여 고려해보자. 따라서 출력 가용 전력 $P_{a,\mathrm{out}}$은 입력 가용 전력 $P_{a,\mathrm{in}}$과 다음과 같은 관계를 갖게 된다.

$$P_{a,\mathrm{out}} = \frac{1}{L} P_{a,\mathrm{in}} = G_a P_{a,\mathrm{in}} \tag{A.56}$$

그러나 감쇠기가 저항성이며 입력에서의 등가 저항과 같은 등가 온도 T_s에 있다고 가정하기 때문에 가용 출력 전력은 다음과 같다.

$$P_{na,\mathrm{out}} = kT_s B \tag{A.57}$$

감쇠기를 유효 온도 T_e로 특성화하고 식 (A.45)를 이용하면 $P_{na,\mathrm{out}}$을 다음과 같이 쓸 수 있다.

$$\begin{aligned} P_{na,\mathrm{out}} &= G_a k\left(T_s + T_e\right) B \\ &= \frac{1}{L} k\left(T_s + T_e\right) B \end{aligned} \tag{A.58}$$

식 (A.57)과 식 (A.58)을 같다고 놓고 T_e에 대하여 풀면 다음과 같다.

$$T_e = (L-1)\,T_s \tag{A.59}$$

이는 감쇠기에 앞서 놓이는 온도 T_s의 잡음저항의 유효 잡음 온도이다. 식 (A.42)로부터 잡음원 저항과 감쇠기의 종속연결의 잡음 지수는 다음과 같다.

$$F = 1 + \frac{(L-1)\,T_s}{T_0} \tag{A.60}$$

또는 실온 T_0에서의 감쇠기에 대하여 다음과 같다.

$$F = 1 + \frac{(L-1)\,T_0}{T_0} = L \tag{A.61}$$

예제 A.7

L=1.5dB의 손실인자(−1.5dB 이득)이며 실온에서 잡음 지수가 F_1인 인입선을 가진 안테나와 잡음 지수가 F_2=7dB, 이득이 20dB인 RF 전치 증폭기, 그 뒤에 잡음 지수가 F_3=10dB, 변환 이득이 8dB인 혼합기와 마지막으로 잡음 지수가 F_4=6dB, 이득이 60dB인 집적회로 IF 증폭기로 구성되어 있는 수신기 시스템을 고려해보자.

(a) 시스템의 전체 잡음 지수와 전체 잡음 온도를 구하라.
(b) 전치 증폭기와 케이블의 순서가 서로 바뀐 시스템의 잡음 지수와 잡음 온도를 구하라(즉 전치 증폭기는 안테나 단자 오른쪽에 장착된다).

풀이

(a) 데시벨 값을 비율로 바꾸고 식 (A.46)을 사용하면 다음을 얻는다.

$$\begin{aligned} F &= 1.41 + \frac{5.01-1}{1/1.41} + \frac{10-1}{100/1.41} + \frac{3.98-1}{(100)(6.3)/1.41} \\ &= 1.41 + 5.65 + 0.13 + 6.7 \times 10^{-3} = 7.19 = 8.57\,\text{dB} \end{aligned} \tag{A.62}$$

케이블과 RF 증폭기가 근본적으로 시스템의 잡음 지수를 결정하고 케이블의 손실 때문에 시스템의 잡음 지수가 개선된다는 것에 유의하라. 식 (A.47)을 T_e에 대하여 풀면 다음의 유효 잡음 온도를 얻는다.

$$T_e = T_0(F-1) = 290(7.19-1) = 1796\,\text{K} \tag{A.63}$$

(b) 케이블과 RF 전치 증폭기의 순서를 바꾸면 다음의 잡음 지수를 얻는다.

$$\begin{aligned} F &= 5.01 + \frac{1.41-1}{100} + \frac{10-1}{100/1.41} + \frac{3.98-1}{(100)(6.3)/1.41} \\ &= 5.01 + \left(4.1 \times 10^{-3}\right) + 0.127 + \left(6.67 \times 10^{-3}\right) \\ &= 5.15 = 7.12\,\text{dB} \end{aligned} \tag{A.64}$$

잡음 온도는 다음과 같다.

$$T_e = 290(4.15) = 1203\,\text{K} \tag{A.65}$$

잡음 지수와 잡음 온도는 RF 전치 증폭기의 잡음 레벨에 의해 결정됨에 주목하라. ■

지금까지 안테나라는 하나의 중요한 잡음원을 생략해왔다. 안테나가 방향성이고 낮 시간 하늘(대체적으로 화씨 300도의 잡음 온도)과 같은 강렬한 열잡음원을 향하고 있다면, 이 안테나의 등가 온도가 계산 시에 중요할 수도 있을 것이다. 이러한 점은 저잡음 전치 증폭기가 사용될 때는 특별히 더 그러하다(표 A.1 참조).

A.3 자유 공간 전파 예

잡음 계산의 마지막 예로서 자유 공간 전자기파 전파 채널에 대하여 고려할 것이다. 예시로서 그림 A.7에 나타낸 것과 같이 관심 대상의 통신 링크가 정지궤도 중계 위성과 저궤도 위성 또는 비행체 간에 형성되어 있다고 가정하자.

이것을 지상국과 작은 과학위성 또는 비행체 간의 중계 링크의 부분을 나타낼 수 있을 것이다. 지상국 전력이 높기 때문에 지상국 중계 위성 링크는 잡음이 없다고 가정하고 두 개의 위성 간의 링크에 대하여 관심을 집중할 것이다.

송신 신호 전력 P_T W를 송신하는 중계 위성을 가정하자. 등방성 방사의 경우, 위성으로부터 거리 d에서의 전력 밀도는 다음과 같다.

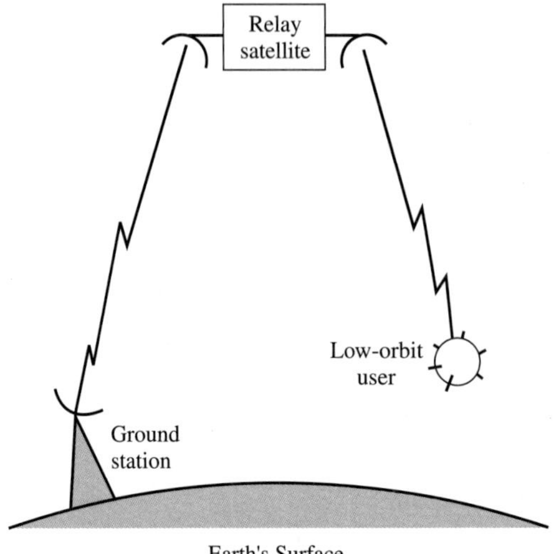

그림 A.7 위성 중계 통신 링크

$$p_t = \frac{P_T}{4\pi d^2} \mathrm{W/m^2} \tag{A.66}$$

만일 위성 안테나가 지향성을 가지며 방사 전력이 저궤도 운반체 쪽으로 향하고 있다면, 안테나는 등방성 방사 레벨에 대한 안테나 전력 이득 G_T로 나타낼 수 있다. 송신 파장의 제곱 λ^2에 비하여 큰 개구면적 A_T를 갖는 개구형 안테나의 경우, 최대 이득은 $G_T=4\pi A_T/\lambda^2$이라는 것을 증명할 수 있다. 수신 안테나에 의해 포착되는 전력 P_R은 수신 개구면적 A_R과 개구에서의 전력 밀도의 곱으로 나타낼 수 있다. 이것은 다음과 같이 주어진다.

$$p_R = p_t A_R = \frac{P_T G_T}{4\pi d^2} A_R \tag{A.67}$$

그러나 수신된 안테나 전력은 최대 이득 $G_R=4\pi A_R/\lambda^2$을 이용하여 다음과 같이 나타낼 수 있다.

$$P_R = \frac{P_T G_T G_R \lambda^2}{(4\pi d)^2} \tag{A.68}$$

식 (A.68)은 송신된 전자파의 등방성 확산에 따른 전력상의 손실만을 포함하는 것이다. 만약 대기흡수와 같은 다른 손실들이 중요해지게 된다면 식 (A.68)에서 손실인자 L_0로 포함될 수 있을 것이며 다음과 같다.

$$P_R = \left(\frac{\lambda}{4\pi d}\right)^2 \frac{P_T G_T G_R}{L_0} \tag{A.69}$$

인자 $(4\pi d/\lambda)^2$을 종종 자유 공간 손실이라고 한다.[3]

수신기 전력을 계산하는 데 있어 데시벨로 나타내는 것이 편리하다. 10 $\log_{10} P_R$을 취하면 다음 식을 구할 수 있다.

$$10\log_{10} P_R = 20\log_{10}(\lambda/4\pi d) + 10\log_{10} P_T + 10\log_{10} G_T + 10\log_{10} G_R - 10\log_{10} L_0 \quad \text{(A.70)}$$

이제 10 $\log_{10} P_R$은 1W를 기준으로 한 데시벨 단위에서 수신된 전력으로 해석될 수 있다. 이것을 보통 dBW 단위의 전력이라고 한다. 마찬가지로 10 $\log_{10} P_T$는 보통 dBW 단위의 송신된 신호 전력이라고 한다. 10 $\log_{10} G_T$ 항과 10 $\log_{10} G_R$ 항은 각각 데시벨 단위에서 송신기와 수신기 안테나 이득(등방성에 대한)이고, 10 $\log_{10} L_0$는 데시벨 단위에서 손실 인자이다. 10 $\log_{10} G_T$와 10 $\log_{10} P_T$를 함께 묶어서 이 항을 dBW 단위에서 유효 방사 전력(ERP 또는 종종 EIRP, 즉 등방성에 기준한 유효 방사 전력)이라고 한다. 첫째 항의 부호를 바꾸면 단위가 데시벨인 자유 공간 손실이 된다. $d=10^6$mi$(1.6\times10^9$m)이고, 주파수 500MHz($\lambda=0.6$m)인 경우에 다음과 같다.

$$20\log_{10}\left(\frac{\lambda}{4\pi d}\right) = 20\log_{10}\left(\frac{0.6}{4\pi\times1.6\times10^9}\right) = -210\,\text{dB} \quad \text{(A.71)}$$

만일 λ나 d가 10배 만큼씩 변한다면 이 값은 20dB만큼 변한다. 식 (A.70)을 이용하고 잡음 지수와 잡음 온도에 대하여 구한 결과들을 이용하여 전형적인 위성링크에 대한 SNR을 계산할 수 있다.

예제 A.8

릴레이 위성 사용자 링크에 대한 파라미터가 다음과 같이 주어져 있다.

릴레이 위성 유효 방사 전력($G_T=30$dB, $P_T=100$W) : 50dBW
송신 주파수 : 2GHz($\lambda=0.15$m)
사용자의 수신기 잡음 온도(수신기의 잡음 지수와 안테나의 배경 온도를 포함) : 700K
사용자 위성 안테나 이득 : 0dB
전체 시스템 손실 : 3dB
릴레이 사용자 이격 거리 : 41,000km

사용자 위성 수신기 IF 증폭기 출력에서 50kHz 대역폭에서 신호 대 잡음 전력비를 구하라.

풀이

수신된 신호 전력은 식 (A.69)를 이용하여 다음과 같이 계산한다(괄호 안의 +와 − 기호는 더해지는 양인지 빼지는 양인지를 나타낸다).

3 손실은 P_R의 분모에서의 인자라는 관례를 따랐다. 즉 데시벨 단위의 손실은 양수의 값이다(음수의 이득).

자유 공간 손실 : $-20\log_{10}(0.15/4\pi\times41\times10^6)$: 190.7dB(−)
유효 방사 전력 : 50dBW (+)
수신 안테나 이득 : 0dB (+)
시스템 손실들 : 3dB (−)
수신 신호 전력 : −143.7dBW

잡음 전력 레벨은 식 (A.43)으로부터 계산되며 다음과 같다.

$$P_{\text{int}} = G_a kT_e B \tag{A.72}$$

여기서 P_{int}는 내부 잡음원으로 인한 수신기 출력잡음 전력이다. SNR을 계산하고 있고, 신호와 잡음은 같은 이득에 의하여 곱해지기 때문에 수신기의 가용 이득은 계산에는 들어가지 않는다. 따라서 G_a를 1로 놓을 수 있으며, 잡음 레벨은 다음과 같다.

$$\begin{aligned} P_{\text{int,dBW}} &= 10\log_{10}\left[kT_0\left(\frac{T_e}{T_0}\right)B\right] \\ &= 10\log_{10}(kT_0) + 10\log_{10}\left(\frac{T_e}{T_0}\right) + 10\log_{10}B \\ &= -204 + 10\log_{10}(700/290) + 10\log_{10}(50{,}000) \\ &= -153.2\text{ dBW} \end{aligned} \tag{A.73}$$

수신기 출력에서의 SNR은 다음과 같다.

$$SNR_0 = -143.7 + 153.2 = 9.5\text{ dB} \tag{A.74}$$

■

예제 A.9

디지털 통신 시스템의 성능 해석에 앞의 예제에서 얻어진 결과를 적용하기 위해서는 SNR을 비트 에너지 대 잡음 스펙트럼 밀도 비 E_b/N_0(9장 참조)로 변환해야 한다. SNR_0의 정의에 의하여 다음을 얻는다.

$$\text{SNR}_0 = \frac{P_R}{kT_e B} \tag{A.75}$$

분자와 분모에 데이터 비트 구간 T_b를 곱해서 다음 식을 얻는다.

$$\text{SNR}_0 = \frac{P_R T_b}{kT_e BT_b} = \frac{E_b}{N_0 BT_b} \tag{A.76}$$

여기서 $P_R T_b = E_b$와 $kT_e = N_0$는 각각 비트당 신호 에너지와 잡음 전력 스펙트럼 밀도이다. SNR_0로부터 E_b/N_0를 얻기 위하여 다음 식을 계산한다.

$$E_b/N_0|_{\text{dB}} = (\text{SNR}_0)_{\text{dB}} + 10\log_{10}(BT_b) \tag{A.77}$$

예를 들어 9장으로부터 위상 천이 변조된 반송파의 영대영 대역폭이 $2/T_b$ Hz라는 것을 상기하자. 그러므로 BPSK에 대한 BT_b는 2 또는 3dB이므로, 다음을 얻는다.

$$E_b/N_0|_{\text{dB}} = 9.5 + 3 = 12.5 \text{ dB} \tag{A.78}$$

이진 BPSK 디지털 통신 시스템을 위한 오류 확률은 9장에서 다음과 같이 유도되었다.

$$\begin{aligned} P_E &= Q\left(\sqrt{2E_b/N_0}\right) \cong Q\left(\sqrt{2 \times 10^{1.25}}\right) \\ &\cong 1.23 \times 10^{-9} \text{ for } E_b/N_0 = 12.5 \text{ dB} \end{aligned} \tag{A.79}$$

여기서 오류 확률은 매우 작다는 것을 알 수 있다(10^{-6}보다 낮은 값이면 충분하다고 할 수 있을 것이다). 시스템이 과도하게 설계되었다는 것처럼 보인다. 그러나 안전 인자인 마진은 포함되지 않았다. 시스템 구성 요소들이 열화될 것이며 의도되지 않은 환경에서 동작될지도 모른다. 단지 3dB 마진이 허용된 경우 오류 확률 성능은 1.21×10^{-5}이 된다.

참고문헌

여기서 다루어진 수준과 범위에 견줄 수 있는 수준의 내부 잡음원에 대한 취급과 통신 시스템에 초점이 맞추어진 계산에 대한 내용들은 2장과 3장에서 참고된 통신에 대한 대부분의 책들에 나와 있다. Mumford와 Scheibe(1968)에서는 기본적인 수준에서 간결하면서도 철저하게 다루고 있다. Van der Ziel(1970)에서는 반도체 소자에서의 잡음을 심화적으로 다루고 있다. 잡음에 대한 또 다른 유용한 참고문헌은 Ott(1988)이다. 위성링크 전력 예산에 대한 논의에 대해서는 Ziemer와 Peterson(2001)을 참고하길 바란다.

연습문제

A.1절

A.1 유효 잡음대역폭이 30MHz인 이상적인 rms 전압계(무잡음 가정)가 다음의 소자들에 의해 생기는 잡음 전압을 측정하는 데 사용된다. 각각의 경우에 대해서 측정기의 값을 계산하라.

(a) 실온 $T_0 = 290^\circ$K에서 10kΩ 저항

(b) 29°K에서 10kΩ 저항

(c) 2.9°K에서 10kΩ 저항

(d) 대역폭이 4, 10, 100배 만큼 각각 감소하면 위의 결과들에 어떤 변화가 일어나는가?

A.2 역포화 전류가 $I_s = 15\mu$A인 접합 다이오드가 있다.

(a) 실온(290°K)에서, $I > 20I_s$, 따라서 식 (A.14)가 식 (A.15)로 근사화되는 것이 가능한 경우에, V를 구하라. rms 잡음전류를 구하라.

(b) $T = 29^\circ$K인 경우에 대해서 (a)문항을 반복하라.

A.3 그림 A.8에 나타낸 회로를 고려하여

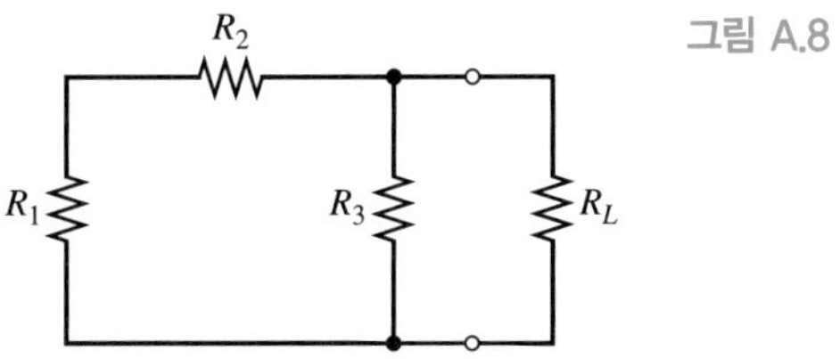

그림 A.8

(a) R_3에 걸리는 평균 제곱 잡음 전압에 대한 표현식을 구하라.

(b) 만일 $R_1=2000\Omega$, $R_2=R_L=300\Omega$, and $R_3=500\Omega$ 일 때, 헤르츠당 평균 제곱 잡음 전압을 구하라.

A.4 그림 A.8 회로를 참고하여, R_1, R_2, R_3로부터의 최대 가용 잡음 전력이 부하저항에 전달되도록 부하저항 R_L을 R_1, R_2, R_3에 대하여 나타내라.

A.5 2MHz의 대역폭과 400°K의 온도를 가정할 때 그림 A.9 회로의 출력 단자에 걸리는 rms 잡음 전압을 구하라.

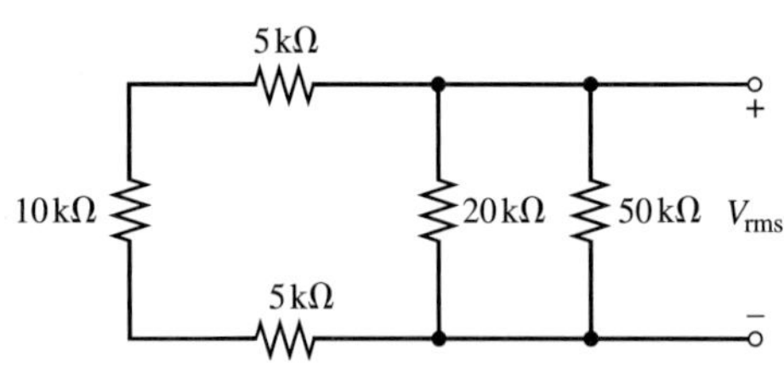

그림 A.9

A.2절

A.6 $T_0=290$°K를 갖는 잡음원을 가정하여 그림 A.10에 나타낸 2단자 저항 정합 회로망에서 F와 T_e에 대한 식을 구하라.

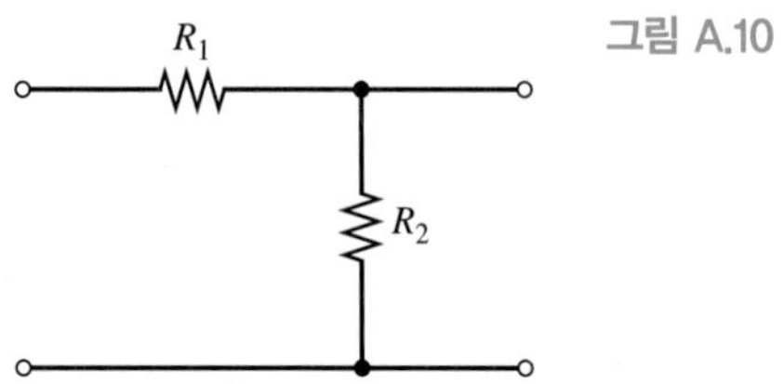

그림 A.10

A.7 표 A.1에 나타낸 사양을 갖는 세 가지의 증폭기들이 등가잡음 온도 $T_s=1{,}000$°K의 잡음원에 종속 연결되어 있다. 대역폭이 50kHz라고 가정하라.

(a) 이 종속연결의 잡음 지수를 구하라.

(b) 증폭기 1과 2의 순서를 바꾼다고 하고, 이 종속연결의 잡음 지수를 구하라.

(c) 문항 (a)와 (b)의 시스템들에 대한 잡음 온도를 구하라.

(d) 문항 (a)의 구조라고 가정하고 출력 SNR이 40dB가 되도록 하는 데 필요한 입력 신호 전력을 구하라. 문항 (b)의 경우에 대한 시스템에서 같은 계산을 수행하라.

표 A.1

Amplifier no.	F	T_e	Gain
1		300K	10dB
2	6dB		30dB
3	11dB		30dB

A.8 잡음 지수 F와 이득 $G_a=1/L$을 갖는 증폭기가 손실 $L\gg1$인 감쇠기에 종속으로 연결되어 있다.

(a) 잡음 온도 T_0에서 이 종속연결의 잡음 지수를 구하라.

(b) 잡음 온도 T_0에서 문항 (a)에서와 같은 두 개의 동일한 감쇠기-증폭기 단의 종속연결에 대하여 잡음 지수를 구하라.

(c) 잡음 온도 T_0에서 위의 결과를 N개의 동일한 감쇠기-증폭기로 일반화하라. 감쇠기와 증폭기 수를 2배로 하였을 때 잡음 지수의 증가는 얼마인지 데시벨로 나타내라.

A.9 표 A.2에 나타낸 사양을 갖는 전치 증폭기, 혼합기, 증폭기의 종속연결이 주어져 있다.

표 A.2

	Noise figure, dB	Gain, dB	Bandwidth
전치 증폭기	2	G_1	*
혼합기	8	1.5	*
증폭기	5	30	10MHz

* 이 단의 대역폭은 증폭기 대역폭보다 매우 크다.

(a) 이 종속연결의 전체 잡음 지수가 5dB 또는 그보

다 작게 하는 전치 증폭기의 이득을 구하라.

(b) 300°K(이것은 우주로부터 본 지구의 온도이다)의 잡음 온도를 갖는 안테나에 연결된 전치 증폭기가 있다. 15dB의 전치 증폭기 이득을 사용하는 전체 시스템의 잡음 온도를 구하고, (a)에서 얻은 전치 증폭기 이득에 대해서도 구하라.

(c) 문항 (b)의 두 가지 경우들에 대하여 증폭기 출력에서의 잡음 전력을 구하라.

(d) 2dB의 손실을 가진 전송선이 안테나와 전치 증폭기를 연결하는 것을 가정하여 문항 (b)를 반복하라.

A.10 잡음 온도가 300°K인 안테나가 전체 이득 80dB, T_e=1,500°K, 대역폭 3MHz를 갖는 수신기에 연결되어 있다.

(a) 수신기의 출력에서 가용 잡음 전력을 구하라.

(b) 출력 SNR이 50dB가 되도록 하는 안테나 단자에서 필요한 신호 전력 P_r을 dBm 단위로 구하라.

A.11 식 (A.37)과 동반되는 논의들을 참조하고, 각각 300°K와 600°K의 유효 잡음 온도를 갖는 두 개의 보정된 잡음원들이 있다고 가정하자.

(a) 증폭기의 출력에서 같은 전력 미터가 읽혀지도록 하기 위하여 감쇠기 세팅값들의 차이가 각각 1dB, 1.5dB, 2dB일 경우, 두 개의 잡음원들을 입력으로 사용하는 증폭기의 잡음 온도를 구하라.

(b) 각각의 잡음 지수를 구하라.

A.3절

A.12 A.3절에서 기술된 릴레이 사용자 링크가 다음과 같은 파라미터를 갖는다.

릴레이 위성의 평균 송신 전력 : 35dBW
송신 주파수 : 7.7GHz
릴레이 위성의 유효 안테나 개구 : 1m^2
사용자 수신기 잡음 온도(안테나 포함) : 1,000°K
사용자의 안테나 이득 : 6dB
총 시스템 손실 : 5dB
시스템 대역폭 : 1MHz
릴레이 사용자 이격 거리 : 41,000km

(a) dBW 단위로 사용자의 수신 신호 전력 레벨을 구하라.

(b) dBW 단위로 수신기 잡음 레벨을 구하라.

(c) dB 단위로 수신기에서 신호 대 잡음비를 계산하라.

(d) 다음의 디지털 신호 방식들에 대하여 평균 오류 확률을 구하라.[4] (1) BPSK, (2) 이진 DPSK, (3) 이진 위상비동기 FSK, (4) QPSK.

4 이 부분의 문제는 9장과 10장의 결과들을 필요로 한다.

APPENDIX B

결합 가우시안 랜덤변수

이 부록에서 가우시안 랜덤변수들 X_1, X_2, ⋯ , X_N의 집합에 대한 결합 확률 밀도 함수와 특성 함수에 대하여 알아본다. 6장에서 $N=2$에 대한 결합 pdf는 다음과 같이 주어졌다.

$$f_{X_1X_2}(x_1,x_2) = \frac{\exp\left\{-\frac{1}{2(1-\rho^2)}\left[\left(\frac{x_1-m_1}{\sigma_{x_1}}\right)^2 - 2\rho\left(\frac{x_1-m_1}{\sigma_{x_1}}\right)\left(\frac{x_2-m_2}{\sigma_{x_2}}\right)+\left(\frac{x_2-m_2}{\sigma_{x_2}}\right)^2\right]\right\}}{2\pi\sigma_{x_1}\sigma_{x_2}\sqrt{1-\rho^2}} \tag{B.1}$$

여기서 $m_i=E\{X_i\}$, $\sigma_{x_i}{}^2=E\{[X_i-m_i]^2\}$, $i=1$, 2, 그리고 $\rho=E\{(X_1-m_1)(X_2-m_2)/\sigma_{x_1}\sigma_{x_2}\}$이다. 이제 이 중요한 결과를 일반화할 것이다.

B.1 PDF

N 결합 가우시안 램덤변수들의 결합 확률 밀도 함수는 다음과 같다.

$$f_X(\mathbf{x}) = (2\pi)^{-N/2}\,|\det\ \mathbf{C}|^{-1/2}\exp\left[-\frac{1}{2}(\mathbf{x}-\mathbf{m})^t\,\mathbf{C}^{-1}(\mathbf{x}-\mathbf{m})\right] \tag{B.2}$$

여기서 **x**와 **m**은 각각 전치(transpose)들이 다음과 같은 열행렬이고,

$$\mathbf{x}^t = \begin{bmatrix} x_1 & x_2 & \cdots & x_N \end{bmatrix} \tag{B.3}$$

$$\mathbf{m}^t = \begin{bmatrix} m_1 & m_2 & \cdots & m_N \end{bmatrix} \tag{B.4}$$

C는 다음과 같은 요소를 갖는 상관 계수들의 양정치(positive definite) 행렬이다.

$$C_{ij} = E\left[(X_i-m_i)(X_j-m_j)\right] \tag{B.5}$$

식 (B.2)에서 $\mathbf{x}^t$와 $\mathbf{m}^t$는 $1\times N$ 행벡터들이고 $\mathbf{C}$는 $N\times N$ 정방행렬이다.

B.2 특성 함수

가우시안 랜덤변수들 $X_1, X_2, \cdots, X_N$의 결합 특성 함수는 다음과 같다.

$$M_{\mathbf{X}}(\mathbf{v}) = \exp\left[j\mathbf{m}^t\mathbf{v} - \frac{1}{2}\mathbf{v}^t\mathbf{C}\mathbf{v}\right] \tag{B.6}$$

여기서 $\mathbf{v}^t=[v_1\ v_2\ \cdots\ v_N]$이다. 식 (B.6)의 멱급수 전개식으로부터, 어떤 네 개의 평균이 0인 가우시안 랜덤변수들에 대하여 다음이 만족한다는 것을 알 수 있다.

$$\begin{aligned} E\left(X_1X_2X_3X_4\right) &= E\left(X_1X_2\right)E\left(X_3X_4\right) + E\left(X_1X_3\right)E\left(X_2X_4\right) \\ &\quad + E\left(X_1X_4\right)E\left(X_2X_3\right) \end{aligned} \tag{B.7}$$

이것은 기억할 만한 유용한 규칙이다.

B.3 선형 변환

결합 가우시안 랜덤변수들의 집합이 선형 변환에 의해 랜덤변수들의 새로운 집합으로 변환될 때, 이 새로운 랜덤변수들은 가우시안 결합이다. 이것을 증명하기 위하여 다음과 같은 선형 변환을 고려하자.

$$\mathbf{y} = \mathbf{A}\mathbf{x} \tag{B.8}$$

여기서 $\mathbf{y}$와 $\mathbf{x}$는 차원이 N인 열벡터이고, $\mathbf{A}$는 요소 $[a_{ij}]$를 가지는 비특이 $N\times N$ 정방행렬이다. 식 (B.8)로부터 야코비안은 다음과 같다.

$$J\begin{pmatrix} x_1, x_2, \ldots, x_N \\ y_1, y_2, \ldots, y_N \end{pmatrix} = \det\left(\mathbf{A}^{-1}\right) \tag{B.9}$$

여기에서 $\mathbf{A}^{-1}$은 $\mathbf{A}$의 역행렬이고, $\det(\mathbf{A}^{-1})=1/\det(\mathbf{A})$이다. 다음을 식 (B.2)에 적용하면

$$\mathbf{x} = \mathbf{A}^{-1}\mathbf{y} \tag{B.10}$$

다음과 같이 된다.

$$\begin{aligned} f_{\mathbf{Y}}(\mathbf{y}) &= (2\pi)^{-N/2}\,|\det\ \mathbf{C}|^{-1/2}\,|\det\ \mathbf{A}|^{-1} \\ &\quad \times \exp\left[-\frac{1}{2}\left(\mathbf{A}^{-1}\mathbf{y} - \mathbf{m}\right)^t\mathbf{C}^{-1}\left(\mathbf{A}^{-1}\mathbf{y} - \mathbf{m}\right)\right] \end{aligned} \tag{B.11}$$

$\det\mathbf{A}=\det\mathbf{A}^t$이고, $\mathbf{A}\mathbf{A}^{-1}=\mathbf{I}$, 즉 항등행렬이므로, 식 (B.11)은 다음과 같이 쓸 수 있다.

$$f_{\mathbf{Y}}(\mathbf{y}) = (2\pi)^{-N/2} \left|\det \mathbf{ACA}^t\right|^{-1/2} \times \exp\left\{-\frac{1}{2}[\mathbf{A}^{-1}(\mathbf{y}-\mathbf{Am})]^t\mathbf{C}^{-1}[\mathbf{A}^{-1}(\mathbf{y}-\mathbf{Am})]\right\} \tag{B.12}$$

그러나 등식 $(\mathbf{AB})^t = \mathbf{B}^t\mathbf{A}^t$과 $(\mathbf{A}^{-1})^t = (\mathbf{A}^t)^{-1}$을 이용하면 식 (B.12)의 중괄호({ }) 내부의 항은 다음과 같이 쓸 수 있다.

$$-\frac{1}{2}\left[(\mathbf{y}-\mathbf{Am})^t\left(\mathbf{A}^t\right)^{-1}\mathbf{C}^{-1}\mathbf{A}^{-1}(\mathbf{y}-\mathbf{Am})\right]$$

마지막으로, 등식 $(\mathbf{AB})^{-1} = \mathbf{B}^{-1}\mathbf{A}^{-1}$을 이용하면, 위의 식은 다음과 같이 재정리된다.

$$-\frac{1}{2}\left[(\mathbf{y}-\mathbf{Am})^t\left(\mathbf{ACA}^t\right)^{-1}(\mathbf{y}-\mathbf{Am})\right]$$

따라서 식 (B.12)는 다음과 같이 된다.

$$f_{\mathbf{Y}}(\mathbf{y}) = (2\pi)^{-N/2}\left|\det \mathbf{ACA}^t\right| \exp\left\{-\frac{1}{2}(\mathbf{y}-\mathbf{Am})^t\left(\mathbf{ACA}^t\right)^{-1}(\mathbf{y}-\mathbf{Am})\right\} \tag{B.13}$$

이 식은 평균 벡터 $E[\mathbf{Y}] = \mathbf{Am}$과 공분산 행렬 $\mathbf{ACA}^t$를 가지는 랜덤 벡터 $\mathbf{Y}$에 대한 결합 가우시안 밀도 함수라는 것을 알 수 있다.

APPENDIX C

협대역 잡음 모델의 증명

7장에서 소개된 협대역 잡음 모델이 만족함을 증명하겠다. 표현을 간단하게 하기 위하여 다음과 같이 나타내자.

$$\hat{n}(t) = n_c(t)\cos(\omega_0 t + \theta) - n_s(t)\sin(\omega_0 t + \theta) \tag{C.1}$$

여기서 $\hat{n}(t)$는 식 (C.1)에 나타낸 잡음이며, 힐버트 변환과 혼동해서는 안 된다. 따라서 다음이 만족함을 보여야 한다.

$$E\{[n(t) - \hat{n}(t)]^2\} = 0 \tag{C.2}$$

항별로 풀어서 기댓값을 구하면, 다음을 얻을 수 있다.

$$E\{(n - \hat{n})^2\} = \overline{n^2} - \overline{2n\hat{n}} + \overline{\hat{n}^2} \tag{C.3}$$

여기서 표기의 편의를 위해 인수 t를 생략하였다.

식 (C.3)의 마지막 항을 먼저 고려해보자. $\hat{n}(t)$의 정의에 따라 다음과 같이 전개할 수 있다.

$$\begin{aligned}\overline{\hat{n}^2} &= E\left\{\left[n_c(t)\cos(\omega_0 t + \theta) - n_s(t)\sin(\omega_0 t + \theta)\right]^2\right\} \\ &= \overline{n_c^2}\,\overline{\cos^2(\omega_0 t + \theta)} + \overline{n_s^2}\,\overline{\sin^2(\omega_0 t + \theta)} \\ &\quad - 2\overline{n_c n_s}\,\overline{\cos(\omega_0 t + \theta)\sin(\omega_0 t + \theta)} \\ &= \frac{1}{2}\overline{n_c^2} + \frac{1}{2}\overline{n_s^2} = \overline{n^2}\end{aligned} \tag{C.4}$$

여기서 다음과 같은 사실들을 이용하였다.

$$\overline{n_c^2} = \overline{n_s^2} = \overline{n^2} \tag{C.5}$$

$$\overline{\cos^2(\omega_0 t + \theta)} = \frac{1}{2} + \frac{1}{2}\overline{\cos 2(\omega_0 t + \theta)} = \frac{1}{2} \tag{C.6}$$

$$\overline{\sin^2(\omega_0 t + \theta)} = \frac{1}{2} - \frac{1}{2}\overline{\cos 2(\omega_0 t + \theta)} = \frac{1}{2} \tag{C.7}$$

$$\overline{\cos(\omega_0 t + \theta)\sin(\omega_0 t + \theta)} = \frac{1}{2}\overline{\sin 2(\omega_0 t + \theta)} = 0 \tag{C.8}$$

다음으로 $\overline{n\hat{n}}$을 고려해보자. $\hat{n}(t)$의 정의에 따라 다음과 같이 쓸 수 있다.

$$\overline{n\hat{n}} = E\{n(t)[n_c(t)\cos(\omega_0 t + \theta) - n_s(t)\sin(\omega_0 t + \theta)]\} \tag{C.9}$$

그림 7.12로부터 다음을 얻을 수 있다.

$$n_c(t) = h(t') * [2n(t')\cos(\omega_0 t' + \theta)] \tag{C.10}$$

$$n_s(t) = -h(t') * [2n(t')\sin(\omega_0 t' + \theta)] \tag{C.11}$$

여기서 $h(t')$은 그림 7.12의 저역통과 필터의 임펄스 응답이다. 식 (C.10)과 식 (C.11)에서 인수 t'가 사용되었는데, 이것은 컨벌루션 연산에서 적분변수가 식 (C.9)에서의 변수 t와 다르다는 것을 상기시키기 위한 것이다. 식 (C.10)과 식 (C.11)을 식 (C.9)에 대입하면, 다음을 얻는다.

$$\begin{aligned}
\overline{n\hat{n}} &= \begin{array}{l} E\{n(t)h(t') * [2n(t')\cos(\omega_0 t' + \theta)]\cos(\omega_0 t + \theta) \\ + h(t') * [2n(t')\sin \omega_0 t' + \theta)]\sin(\omega_0 t + \theta)]\} \end{array} \\
&= \begin{array}{l} E\{2n(t)h(t') * n(t')[\cos(\omega_0 t' + \theta)\cos(\omega_0 t + \theta) \\ + \sin(\omega_0 t' + \theta)\sin(\omega_0 t + \theta)]\} \end{array} \\
&= E\{2n(t)h(t') * [n(t')\cos \omega_0 (t - t')]\} \\
&= 2h(t') * [E\{n(t)n(t')\}\cos \omega_0 (t - t')] \\
&= 2h(t') * [Rn(t - t')\cos \omega_0 (t - t')] \\
&\triangleq 2\int_{-\infty}^{\infty} h(t - t')R_n(t - t')\cos \omega_0 (t - t')\, dt'
\end{aligned} \tag{C.12}$$

$u = t - t'$이라고 놓으면, 다음과 같이 주어진다.

$$\overline{n\hat{n}} = 2\int_{-\infty}^{\infty} h(u)\cos(\omega_0 u)R_n(u)\, du \tag{C.13}$$

이제, 파시발 정리의 일반적인 경우는 다음과 같다.

$$\int_{-\infty}^{\infty} x(t)y(t)\, dt = \int_{-\infty}^{\infty} X(f)Y^*(f)\, df \tag{C.14}$$

여기서 $x(t) \leftrightarrow X(f)$이고 $y(t) \leftrightarrow Y(f)$이다. 식 (C.13)에서 다음과 같은 관계들이 이용될 수 있음에 주목해야 한다.

$$h(u)\cos \omega_0 u \leftrightarrow \frac{1}{2}H(f - f_0) + \frac{1}{2}H(f + f_0) \tag{C.15}$$

$$R_n(u) \leftrightarrow S_n(f) \tag{C.16}$$

따라서 식 (C.14)를 이용하면 식 (C.13)을 다음과 같이 쓸 수 있다.

$$\overline{n\hat{n}} = \int_{-\infty}^{\infty} [H\left(f - f_0\right) + H(f + f_0)] S_n(f)\, df \tag{C.17}$$

여기서 $S_n(f)$가 실수라는 사실을 사용하였다. 그러나 $S_n(f)$가 협대역이라고 가정하였기 때문에 $H(f-f_0)+H(f+f_0)=1$인 조건에서만 0이 아닌 값을 갖는다. 따라서 식 (C.13)은 다음과 같이 축약할 수 있다.

$$\overline{n\hat{n}} = \int_{-\infty}^{\infty} S_n(f)\, df = \overline{n^2(t)} \tag{C.18}$$

식 (C.18)과 식 (C.4)를 식 (C.3)에 대입하면, 다음을 얻는다.

$$E\{(n - \hat{n})^2\} = \overline{n^2} - 2\overline{n^2} + \overline{n^2} \equiv 0 \tag{C.19}$$

이 식은 $n(t)$와 $\hat{n}(t)$ 사이의 평균 제곱 오차가 0임을 보여준다.

APPENDIX D

영점 교차 및 원점 포위 통계치들

이 부록에서는 가산성 가우시안 잡음에서 FM 신호를 복조할 때 자주 부딪치는 두 가지 문제점들에 대해 생각해본다. 특히, 대역 제한 가우시안 과정의 영점 교차 확률에 대한 표현식과 일정 진폭 정현파에 협대역 가우시안 잡음이 더해진 신호의 평균 원점 포위 비율에 대한 표현식을 유도할 것이다.

D.1 영점 교차 문제

그림 D.1에 나타낸 것과 같은 평균이 0인 저역통과 가우시안 과정 $n(t)$의 표본 함수를 고려해보자. 이것의 유효 잡음 대역폭을 W, 전력 스펙트럼 밀도를 $S_n(f)$, 자기상관 함수를 $R_n(\tau)$로 나타내자.

작은 시간 구간 Δ초 동안에 영점을 교차할 확률을 생각해보자. Δ가 충분히 작아서 두 개 이상의 영점 교차가 생기지 않는 경우에는, 시간 구간 $\Delta \ll 1/(2W)$ 동안에 한 번 $-$에서 $+$로 영점 교차하는 확률 $P_{\Delta-}$는 $n_0<0$와 $n_0+\dot{n}_0\Delta>0$인 확률이다.

$$\begin{aligned} P_{\Delta-} &= \Pr(n_0 < 0 \text{ and } n_0 + \dot{n}_0\Delta > 0) \\ &= \Pr(n_0 < 0 \text{ and } n_0 > -\dot{n}_0\Delta, \text{ all } \dot{n}_0 \geq 0) \\ &= \Pr(-\dot{n}_0\Delta < n_0 < 0, \text{ all } \dot{n}_0 \geq 0) \end{aligned} \tag{D.1}$$

이 식은 n_0와 $\dot{n}_0$의 결합 확률 밀도 함수 $f_{n_0\dot{n}_0}(y, z)$에 대하여 다음과 같이 쓸 수 있다.

$$P_{\Delta-} = \int_0^\infty \left[\int_{-z\Delta}^0 f_{n_0\dot{n}_0}(y, z)\, dy\right] dz \tag{D.2}$$

여기서 y와 z는 각각 n_0와 $\dot{n}_0$의 실행변수들이다. 이제 $\dot{n}_0$는 가우시안이라고 가정된 $n(t)$에 선형 연산을 적용하여 얻기 때문에 가우시안 랜덤변수이다. 연습문제 D.1에서 다음이 만족함을 증

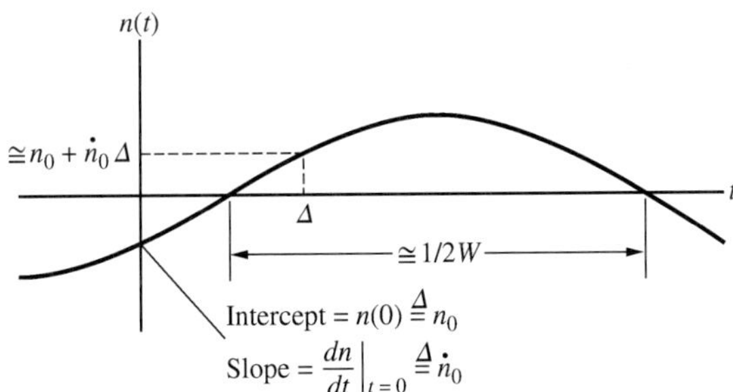

그림 D.1 대역폭 W의 저역통과 가우시안 과정의 표본 함수

명할 것이다.

$$E\{n_0\dot{n}_0\} = \left.\frac{dR_n(\tau)}{d\tau}\right|_{\tau=0} \tag{D.3}$$

따라서 만일 $\tau=0$ 에서 $R_n(\tau)$의 도함수가 존재하면, $R_n(\tau)$는 우함수이어야 하므로 위의 식은 다음과 같이 된다.

$$E\{n_0\dot{n}_0\} = 0 \tag{D.4}$$

그러므로 상관성이 없는 가우시안 과정들은 독립이기 때문에 각각 $n_0(t)$와 $dn_0(t)/dt$의 표본들인 n_0와 $\dot{n}_0$는 통계적으로 독립이다. $\text{var}\{n_0\}=\overline{n_0^2}$와 $\text{var}\{\dot{n}_0\}=\overline{\dot{n}_0^2}$으로 놓으면, n_0와 $\dot{n}_0$의 결합 확률 밀도 함수는 다음과 같다.

$$f_{n_0\dot{n}_0}(y, z) = \frac{\exp(-y^2/2\overline{n_0^2})}{\sqrt{2\pi\overline{n_0^2}}}\frac{\exp(-z^2/2\overline{\dot{n}_0^2})}{\sqrt{2\pi\overline{\dot{n}_0^2}}} \tag{D.5}$$

이것을 식 (D.2)에 대입하면 다음을 얻을 수 있다.

$$P_{\Delta-} = \int_0^{\infty}\frac{\exp(-z^2/2\overline{\dot{n}_0^2})}{\sqrt{2\pi\overline{\dot{n}_0^2}}}\left[\int_{-z\Delta}^{0}\frac{\exp(-y^2/2\overline{n_0^2})}{\sqrt{2\pi\overline{n_0^2}}}\,dy\right]dz \tag{D.6}$$

Δ가 작은 경우에는 식 (D.6)의 괄호 내부의 적분을 $\frac{z\Delta}{\sqrt{2\pi\overline{n_0^2}}}$으로 근사할 수 있으므로, 식 (D.6)는 다음과 같이 간략히 표현할 수 있게 된다.

$$P_{\Delta-} \cong \frac{\Delta}{\sqrt{2\pi\overline{n_0^2}}}\int_0^{\infty} z\frac{\exp(-z^2/2\overline{\dot{n}_0^2})}{\sqrt{2\pi\overline{\dot{n}_0^2}}}\,dz \tag{D.7}$$

$\zeta=z^2/2\overline{\dot{n}_0^2}$로 놓으면, Δ초 내에서 한 번 $-$에서 $+$로 영점 교차할 확률은 다음과 같다.

$$P_{\Delta-} \cong \frac{\Delta}{2\pi\sqrt{\overline{n_0^2}\,\overline{\dot{n}_0^2}}}\int_0^\infty \overline{\dot{n}_0^2}\, e^{-\zeta}\, d\zeta$$
$$= \frac{\Delta}{2\pi}\sqrt{\frac{\overline{\dot{n}_0^2}}{\overline{n_0^2}}} \tag{D.8}$$

대칭성을 이용하면 한 번 +에서 −로 영점 교차할 확률은 앞의 결과와 같다. 따라서 Δ초 동안에 +또는 −에서 한 번 영점 교차할 확률은 다음과 같다.

$$P_\Delta \cong \frac{\Delta}{\pi}\sqrt{\frac{\overline{\dot{n}_0^2}}{\overline{n_0^2}}} \tag{D.9}$$

예를 들어 $n(t)$가 다음과 같은 전력 스펙트럼 밀도를 갖는 이상적인 저역통과 랜덤 과정이라고 가정하자.

$$S_n(f) = \begin{cases} \frac{1}{2}N_0, & |f| \le W \\ 0, & \text{otherwise} \end{cases} \tag{D.10}$$

따라서 상관 계수는 다음과 같다.

$$R_n(\tau) = N_0 W \operatorname{sinc} 2W\tau$$

이것은 영점에서 도함수를 가진다. 그러므로 n_0와 $\dot{n}_0$가 독립이며 다음과 같이 된다.

$$\overline{n_0^2} = \operatorname{var}\{n_0\} = \int_{-\infty}^{\infty} S_n(f)\,df = R_n(0) = N_0 W \tag{D.11}$$

그리고 미분기의 전달 함수가 $H_d(f) = j2\pi f$이므로 다음과 같다.

$$\overline{\dot{n}_0^2} = \operatorname{var}\{\dot{n}_0\} = \int_{-\infty}^{\infty} |H_d(f)|^2 S_n(f)\,df = \int_{-W}^{W} (2\pi f)^2 \frac{1}{2} N_0\, df$$
$$= \frac{1}{3}(2\pi W)^2 (N_0 W) \tag{D.12}$$

이 결과들을 식 (D.9)에 대입하면 다음을 얻을 수 있다.

$$2P_{\Delta-} = 2P_{\Delta+} = P_\Delta = \frac{\Delta}{\pi}\frac{2\pi W}{\sqrt{3}} = \frac{2W\Delta}{\sqrt{3}} \tag{D.13}$$

이것은 이상적인 구형 저역통과 스펙트럼을 갖는 랜덤 과정이 작은 시간 구간 Δ초 동안에 영점을 한 번 교차할 확률이다.

D.2 영점 교차의 평균율

정현파에 협대역 가우시안 잡음을 더한 경우를 생각해보자.

$$\begin{aligned} z(t) &= A\cos\omega_0 t + n(t) \\ &= A\cos\omega_0 t + n_c(t)\cos\omega_0 t - n_s(t)\sin\omega_0 t \end{aligned} \tag{D.14}$$

여기서 $n_c(t)$와 $n_s(t)$는 7.5절에서 설명된 통계적 성질들을 갖는 저역통과 과정들이다. $z(t)$를 포락선 $R(t)$와 위상 $\theta(t)$에 대하여 다음과 같이 쓸 수 있을 것이다.

$$z(t) = R(t)\cos[\omega_0 t + \theta(t)] \tag{D.15}$$

여기서

$$R(t) = \sqrt{[A + n_c(t)]^2 + n_s^2(t)} \tag{D.16}$$

$$\theta(t) = \tan^{-1}\left[\frac{n_s(t)}{A + n_c(t)}\right] \tag{D.17}$$

그림 D.2(a)는 이 랜덤 과정의 페이저 표시도이다. 그림 D.2(b)는 원점을 포위하지 않는 $R(t)$의 첨점의 가능한 궤적을 $\theta(t)$와 $d\theta(t)/dt$와 함께 나타내었다. 그림 D.2(c)는 원점을 포위하는 궤적을 $\theta(t)$와 $d\theta(t)/dt$와 함께 나타내었다. 원점이 포위되는 경우에는 $d\theta/dt$ 아래의 면적이 2π rad이 되어야 한다. 4장에서의 이상적인 FM 변별기의 정의를 상기해 보면, 그림 D.2에 나타난 $d\theta/dt$는 변조되지 않은 신호에 잡음 또는 간섭이 더해진 입력에 대한 변별기의 출력이다. 신호 대 잡음비가 높은 경우, 페이저는 수평축 부근에서 불규칙하게 등락할 것이다. 그렇지만 경우에 따라서는 그림 D.2(c)에서와 같이 원점을 포위할 수도 있다. 직관적으로 이런 포위들은 신호 대 잡음비가 감소할수록 더욱 빈도가 높아진다. 면적이 0이 아니기 때문에, 그림 D.2(b)에 나타낸 면적이 0인 잡음 배회 현상보다는 그림 D.2(c)에 나타낸 원점 포위 현상으로 인한 임펄스 형태의 출력이 변별기 출력의 잡음 레벨에 더욱 심각한 영향을 미친다. 이제 그림 D.2(c)에 나타낸 형태의 잡음이 발생시키는 초당 잡음 스파이크의 평균 수에 대한 표현식을 유도해 보자. 반시계 방향의 원점 포위 때문에 생기는 양의 스파이크들에 대해서만 고려한다. 그 이유는 시계 방향의 원점 포위 때문에 생기는 음의 스파이크들에 대한 평균율은 대칭성 때문에 양의 스파이크 경우와 같기 때문이다.

만일 2-상한에서 $R(t)$가 수평축을 교차한다면 원점 포위가 성립될 것이라고 가정하고 Δ초 동안의 짧은 시간 구간에 대해서 생각하면 구간 $(0, \Delta)$에서 반시계 방향 포위의 확률 $P_{cc\Delta}$은 다음과 같다.

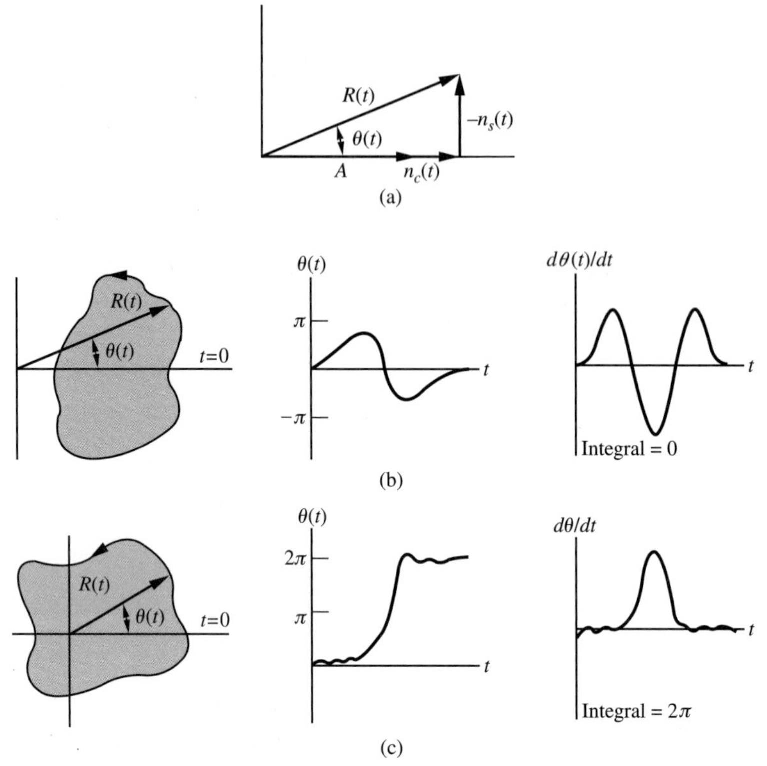

그림 D.2 정현파에 가우시안 잡음을 더한 경우 가능한 궤적을 보여주는 페이저 다이어그램. (a) 정현파와 협대역 잡음의 합의 페이저 표현, (b) 원점을 포위하지 않는 궤적, (c) 원점을 포위하는 궤적

$$\begin{aligned} P_{cc\Delta} &= \Pr[A + n_c(t) < 0 \text{ and } n_s(t) \text{ makes + to } - \text{ zero crossing in } (0, \Delta)] \\ &= \Pr\left[n_c(t) < -A\right] P_{\Delta-} \end{aligned} \tag{D.18}$$

여기서 $P_{\Delta-}$는 $n(t)$ 대신에 $n_s(t)$로 대체되고 식 (D.13)에 주어진 (0, Δ)인 구간에서 −에서 +로 한 번 영점 교차할 확률이며, $n_c(t)$와 $n_s(t)$가 통계적으로 독립이라는 사실을 이용하였다. 7장의 $\overline{n_c^2(t)} = \overline{n_s^2(t)} = \overline{n^2(t)}$을 상기해보자. 만약 $n(t)$가 단측 대역폭이 B이고 전력 스펙트럼 밀도가 N_0인 이상적인 대역통과 과정이라면 $\overline{n^2(t)} = N_0 B$이고 다음과 같이 주어진다.

$$\Pr[n_c(t) < -A] = \int_{-\infty}^{-A} \frac{e^{-n_c^2/2N_0B}}{\sqrt{2\pi N_0 B}}\, dn_c = \int_{A/\sqrt{N_0B}}^{\infty} \frac{e^{-u^2/2}}{\sqrt{2\pi}}\, du \tag{D.19}$$

$$= Q\left(\sqrt{A^2/N_0 B}\right) \tag{D.20}$$

여기서 $Q(\cdot)$는 가우시안 Q 함수이다. $n_s(t)$의 대역폭 $W = B/2$이므로, 식 (D.13)으로부터 다음 결과를 얻는다.

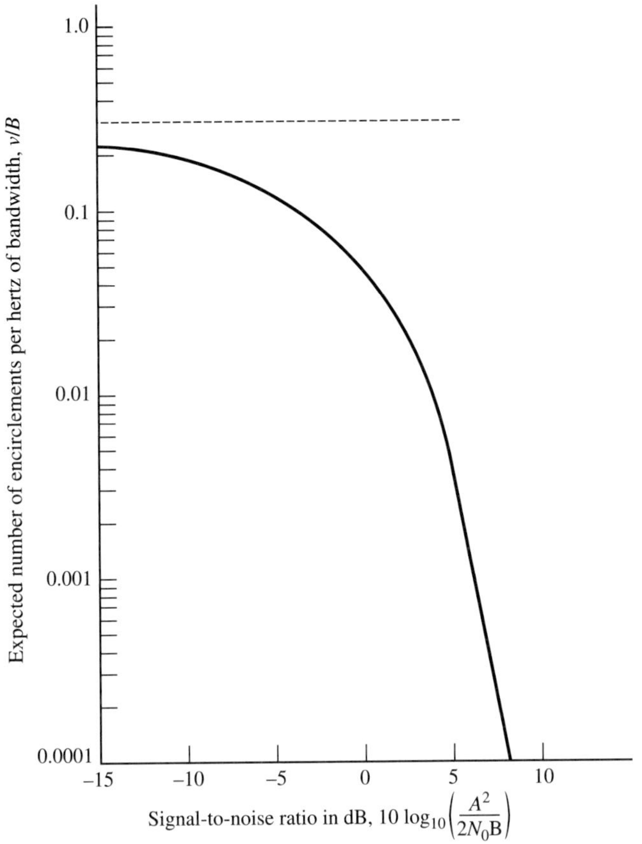

그림 D.3 신호 대 잡음비의 함수로서 원점 포위 비율

$$P_{\Delta-} = \frac{\Delta B}{2\sqrt{3}} \tag{D.21}$$

식 (D.20)과 식 (D.21)을 식 (D.18)에 대입하면, 다음을 얻는다.

$$P_{cc\Delta} = \frac{\Delta B}{2\sqrt{3}} Q\left(\sqrt{\frac{A^2}{N_0 B}}\right) \tag{D.22}$$

시계 방향 포위 확률 $P_{c\Delta}$는 대칭성에 의해서 같은 결과를 갖는다. 따라서 초당 시계 방향과 반시계 방향의 포위의 기대 수는 다음과 같다.

$$\begin{aligned} \nu &= \frac{1}{\Delta}\left(P_{c\Delta} + P_{cc\Delta}\right) \\ &= \frac{B}{\sqrt{3}} Q\left(\sqrt{\frac{A^2}{N_0 B}}\right) \end{aligned} \tag{D.23}$$

초당 포위의 평균수는 대역폭에 직접 비례하여 증가하고 신호 대 잡음비 $A^2/2(N_0B)$가 증가함에 따라 지수적으로 감소한다. 그림 D.3은 신호 대 잡음비의 함수로서 ν/B를 나타내고 있다. 또한 그림 D.3에서 신호 대 잡음비가 0에 가까워질 때 점근선 $\nu/B=1/(2\sqrt{3})=0.2887$로 수렴한다는 것을 보여주고 있다.

위에 유도된 결과에는 시간 간격 T에서 임펄스의 수 N에 대한 통계들에 대해서는 아무것도 언급되지 않고 있다. 그러나 연습문제 D.2에서 주기적인 임펄스 잡음 과정의 전력 스펙트럼 밀도는 다음과 같음을 증명할 것이다.

$$S_I(f) = \nu\overline{a^2} \tag{D.24}$$

여기서 ν는 초당 임펄스의 평균 수(주기 임펄스 열인 경우에 $\nu=f_s$)이고 $\overline{a^2}$는 임펄스 가중치 a_k의 평균 제곱값이다. 펄스 간의 간격이 지수분포를 갖는 펄스들에 대해서도 비슷한 결과를 얻는다(즉 포아송 임펄스 잡음). $d\theta/dt$의 임펄스 부분을 다음과 같은 표본 함수를 갖는 포아송 임펄스 잡음 과정으로 근사적으로 나타내자.

$$x(t) \triangleq \left.\frac{d\theta(t)}{dt}\right|_{\text{impulse}} = \sum_{k=-\infty}^{\infty} \pm 2\pi\delta(t-t_k) \tag{D.25}$$

여기서 t_k는 식 (D.23)에서 주어진 평균 포위율 ν를 갖는 포아송 포인트 과정이다. 그러면 임펄스 잡음 과정의 전력 스펙트럼 밀도를 다음에 주어진 스펙트럼 레벨을 갖는 백색잡음 과정으로 근사화할 수 있다.

$$\begin{aligned} S_x(f) &= \nu(2\pi)^2 \\ &= \frac{4\pi^2 B}{\sqrt{3}} Q\left(\sqrt{\frac{A^2}{N_0 B}}\right), \quad -\infty < f < \infty \end{aligned} \tag{D.26}$$

만약 식 (D.14)에서 정현 신호 성분이 FM 변조되었다면 초당 임펄스의 평균 수는 변조되지 않은 경우에 비해서 증가된다. 직관적으로 그 이유는 다음과 같이 설명될 수 있다. 단일 계단 함수에 의해서 FM 변조된 반송파를 생각해보자.

$$z(t) = A\cos 2\pi[f_c + f_d u(t)]t + n(t) \tag{D.27}$$

여기서 $f_d \le \frac{1}{2}B$는 단위 전압당 헤르츠 단위의 주파수 편이 상수이다. 이 주파수 계단 때문에 그림 D.2(a)에 나타낸 반송파 페이저는 $t>0$일 때 f_d Hz로 반시계 방향으로 회전한다. 잡음은 중심 주파수가 f_c Hz이고, B Hz로 대역 제한되어 있기 때문에 이것의 평균 주파수는 $t>0$일 때 변조된 반송파의 순시 주파수보다 낮다. 그래서 f_d Hz만큼 주파수가 천이되어 있다면(즉 변조되었다면), 그렇지 않은 경우보다 반송파 페이저에 대하여 $R(t)$가 2π만큼 시계 방향으로 회전할 확률이 더 크게 된다. 달리 표현하면 음의 스파이크들에 대한 평균 포위율은 $t>0$ 동안 증가할 것이고 양의 스파이크들인 경우는 감소하게 될 것이다. 역으로 음의 주파수 계단에 대해서는 양의 스파이크들에 대한 평균 포위율은 증가할 것이고 음의 스파이크들인 경우는 감소하게 될 것이다. 이 결과는 변조를 하지 않은 경우에 비하여 스파이크 발생율에 있어서 다음과 같은 평균을 가지는 순수 증가 $\delta\nu$라는 것을 증명할 수 있다(연습문제 D.1과 D.2 참조).

$$\overline{\delta\nu} = \overline{|\delta f|} \exp\left(\frac{-A^2}{2N_0 B}\right) \tag{D.28}$$

여기서 $\overline{|\delta f|}$는 주파수 편이 크기의 평균이다. 바로 이전에 고려한 경우 $\overline{|\delta f|} = f_d$이다. 총평균 스파이크 발생율은 $\nu + \overline{\delta\nu}$가 된다. 변조된 신호에 대한 스파이크 잡음의 전력 스펙트럼 밀도는 식 (D.26)에서 ν 대신에 $\nu + \overline{\delta\nu}$를 대입하여 얻을 수 있다.

연습문제

D.1 다음과 같은 신호+잡음 랜덤 과정을 생각해 보자.

$$z(t) = A\cos 2\pi(f_0 + f_d)t + n(t) \tag{D.29}$$

여기서 $n(t)$는 다음과 같이 주어진다.

$$n(t) = n_c(t)\cos 2\pi f_0 t - n_s(t)\sin 2\pi f_0 t \tag{D.30}$$

$n(t)$가 $-\frac{1}{2}B \le f \pm f_0 \le \frac{1}{2}B$인 구간에서 $\frac{1}{2}N_0$이고 다른 구간에서는 0인 양측 전력 스펙트럼 밀도를 갖는 이상적인 대역 제한 백색잡음 과정이라고 가정하자. $z(t)$를 다음과 같이 나타내자.

$$z(t) = A\cos 2\pi(f_0 + f_d)t + n'_c(t)\cos 2\pi(f_0 + f_d)t \\ -n'_s(t)\sin 2\pi(f_0 + f_d)t$$

(a) $n'_c(t)$와 $n'_s(t)$를 $n_c(t)$와 $n_s(t)$에 대하여 표현하라. $n'_c(t)$와 $n'_s(t)$의 전력 스펙트럼 밀도들 $S_{n'_c}(f)$, $S_{n'_s}(f)$를 구하라.

(b) $n'_c(t)$와 $n'_s(t)$의 교차전력 스펙트럼 밀도 $S_{n'_c n'_s}(f)$와 교차상관 함수 $R_{n'_c n'_s}(\tau)$를 구하라. $n'_c(t)$와 $n'_s(t)$가 상관되어 있는가? 동시에 표본화된 $n'_c(t)$와 $n'_s(t)$는 독립인가?

D.2

(a) 연습문제 D.1의 결과들을 이용하여 $\overline{|\delta f|} = f_d$일 때 식 (D.28)을 유도하라.

(b) A^2/N_0B의 신호 대 잡음비가 1, 10, 100, 1000인 각 경우, 편이 f_d가 5와 10이며, $\overline{|\delta f|} = f_d$, $B = 2f_d$일 때, f_d를 가진 구형파 변조 FM 신호에 대해 식 (D.28)과 식 (D.23)을 비교하라. 그리고 A^2/N_0B에 대한 ν와 $\overline{\delta\nu}$의 그래프들을 그려라.

APPENDIX E

카이제곱 통계치들

유용한 확률 분포들이 다음과 같이 독립적인 가우시안 랜덤변수의 제곱의 합으로부터 얻어진다.

$$Z = \sum_{i=1}^{n} X_i^2 \tag{E.1}$$

각 구성 랜덤변수 X_i가 평균이 0이고 분산이 σ^2일 때, Z의 확률 밀도 함수는 다음과 같다.

$$f_Z(z) = \frac{1}{\sigma^n 2^{n/2} \Gamma(n/2)} z^{(n-2)/2} \exp(-z/2\sigma^2), \quad z \geq 0 \tag{E.2}$$

랜덤변수 Z는 자유도 n을 갖는 중앙 카이제곱 또는 단순히 카이제곱(chi-square) 랜덤변수로 알려져 있다. 식 (E.2)에서 $\Gamma(x)$는 다음과 같이 정의되는 감마 함수이다.

$$\Gamma(x) = \int_0^\infty t^{x-1} \exp(-t) dt, \quad x > 0 \tag{E.3}$$

감마 함수는 다음과 같은 성질들을 가진다.

$$\Gamma(n) = (n-1)\Gamma(n-1) \tag{E.4}$$

그리고

$$\Gamma(1) = 1 \tag{E.5}$$

정수 n에 대하여 위의 두 개의 식들을 이용하여 다음을 얻을 수 있다.

$$\Gamma(n) = (n-1)! \quad \text{integer } n \tag{E.6}$$

또한

$$\Gamma\left(\frac{1}{2}\right) = \sqrt{\pi} \tag{E.7}$$

$z=y^2$으로 변수를 치환하면, 식 (E.2)로부터 얻을 수 있는 자유도 2인 중앙 카이제곱 분포는 다음과 같이 주어지는 레일리 pdf가 된다.

$$f_Y(y) = \frac{y}{\sigma^2} \exp\left(-y^2/2\sigma^2\right), \quad y \geq 0 \tag{E.8}$$

만약 식 (E.1)에서 구성 랜덤변수의 평균이 0이 아니고, $E(X_i)=m_i$를 갖는다면, Z의 pdf는 다음과 같다.

$$f_z(z) = \frac{1}{2\sigma^2}\left(\frac{z}{s^2}\right)^{(n-2)/4} \exp\left(-\frac{z+s^2}{2\sigma^2}\right) I_{n/2-1}\left(\frac{s\sqrt{z}}{\sigma^2}\right), \quad z \geq 0 \tag{E.9}$$

여기서

$$s^2 = \sum_{i=1}^{n} m_i^2 \tag{E.10}$$

그리고

$$I_m(x) = \sum_{k=0}^{\infty} \frac{(x/2)^{m+2k}}{k!\Gamma(m+k+1)}, \quad x \geq 0 \tag{E.11}$$

는 제1종 m차 수정된 베셀 함수이다. 식 (E.9)에서 정의된 랜덤변수는 비중앙(noncentral) 카이제곱 랜덤변수라고 한다. 만약 $n=2$로 놓고 $z=y^2$으로 변수 치환하면, 식 (E.9)는 다음과 같이 된다.

$$f_Y(y) = \frac{y}{\sigma^2} \exp\left(-\frac{y^2+s^2}{2\sigma^2}\right) I_0\left(\frac{sy}{\sigma^2}\right), \quad y \geq 0 \tag{E.12}$$

이것은 라이시안 pdf이다.

APPENDIX F

수학적 표와 수치적 표

이 부록은 이 책에서 다루는 내용들에 적합한 다음과 같은 몇 가지 표를 포함하고 있다.

1. 가우시안 Q 함수
2. 삼각 항등식
3. 급수 전개
4. 적분
5. 푸리에 변환쌍
6. 푸리에 변환 정리

F.1 가우시안 Q 함수

이 부록에서는 가우시안 Q 함수를 더 자세히 살펴보고 Q 함수의 여러 가지 근사들을 다룬다.[1] 분산이 1이고 평균이 0인 가우시안 확률 밀도 함수는 다음과 같다.

$$Z(x) = \frac{1}{\sqrt{2\pi}} e^{-x^2/2} \tag{F.1}$$

해당하는 누적 분포 함수는 다음과 같다.

$$P(x) = \int_{-\infty}^{x} Z(t)\,dt \tag{F.2}$$

가우시안 Q 함수는 다음과 같이 정의된다.[2]

1 이 부록에 제시된 정보는 Abramowitz와 Stegun의 *Handbook of Mathematical Functions*, New York: Dover, 1972에서 인용한 것이다(1964년에 National Bureau of Standards Applied Mathematics Series 55의 일부분으로 처음 출판되었다).

2 $x<0$일 때, $Q(x)=1-Q(|x|)$.

$$Q(x) = 1 - P(x) = \int_x^{\infty} Z(t)\,dt \tag{F.3}$$

매우 큰 x에 대해 $Q(x)$의 점근적 확장은 다음과 같다.

$$Q(x) = \frac{Z(x)}{x}\left[1 - \frac{1}{x^2} + \frac{1 \cdot 3}{x^4} - \cdots + \frac{(-1)^n 1 \cdot 3 \cdots (2n-1)}{x^{2n}}\right] + R_n \tag{F.4}$$

여기서 나머지는 다음과 같이 주어진다.

$$R_n = (-1)^{n+1} 1 \cdot 3 \cdots (2n+1) \int_x^{\infty} \frac{Z(t)}{t^{2n+2}}\,dt \tag{F.5}$$

이것은 무시된 첫 번째 항보다 절댓값에서 작다. $x \geq 3$일 경우 식 (F.4)에서 첫 번째 항이 가우시안 Q 함수를 근사하기 위해 사용된다면 오류는 10%보다 작게 된다.

수치 적분을 편리하게 할 수 있는 Q 함수에 대한 유한 한계 적분은 다음과 같다.[3]

$$Q(x) = \begin{cases} \dfrac{1}{\pi} \displaystyle\int_0^{\pi/2} \exp\left(-\frac{x^2}{2\sin^2\phi}\right) d\phi, & x \geq 0 \\ 1 - \dfrac{1}{\pi} \displaystyle\int_0^{\pi/2} \exp\left(-\frac{x^2}{2\sin^2\phi}\right) d\phi, & x < 0 \end{cases} \tag{F.6}$$

표 F.1 Q 함수 값들의 짧은 표

x	$Q(x)$	x	$Q(x)$	x	$Q(x)$
0	0.5	1.5	0.066807	3.0	0.0013499
0.1	0.46017	1.6	0.054799	3.1	0.00096760
0.2	0.42074	1.7	0.044565	3.2	0.00068714
0.3	0.38209	1.8	0.035930	3.3	0.00048342
0.4	0.34458	1.9	0.028717	3.4	0.00033693
0.5	0.30854	2.0	0.022750	3.5	0.00023263
0.6	0.27425	2.1	0.017864	3.6	0.00015911
0.7	0.24196	2.2	0.013903	3.7	0.00010780
0.8	0.21186	2.3	0.010724	3.8	7.2348×10^{-5}
0.9	0.18406	2.4	0.0081975	3.9	4.8096×10^{-5}
1.0	0.15866	2.5	0.0062097	4.0	3.1671×10^{-5}
1.1	0.13567	2.6	0.0046612	4.1	2.0658×10^{-5}
1.2	0.11507	2.7	0.0034670	4.2	1.3346×10^{-5}
1.3	0.096800	2.8	0.0025551	4.3	8.5399×10^{-6}
1.4	0.080757	2.9	0.0018658	4.4	5.4125×10^{-6}

3 J. W. Craig, "A New, Simple and Exact Results for Calculating the Probability of Error for Two-Dimensional Signal Constellations," *IEEE MILCOM'91 Conference Record.*, Boston MA, pp. 25.5.1-25.5.5, November 1991.

M. K. Simon and Dariush Divsalar, "Some New Twists to Problems Involving the Gaussian Probability Integral," *IEEE Transactions on Communications*, Vol. 46, pp. 200-210, February 1998.

잘 알려진 오차 함수는 가우시안 Q 함수를 사용하여 다음과 같이 나타낼 수 있다.

$$\operatorname{erf}(x) \triangleq \frac{2}{\sqrt{\pi}} \int_0^x e^{-t^2}\, dt = 1 - 2Q\left(\sqrt{2}x\right) \tag{F.7}$$

$\operatorname{erfc}(x) = 1 - \operatorname{erf}(x)$로 정의되는 상보 오차 함수는 다음과 같이 나타낼 수 있다.

$$Q(x) = \frac{1}{2}\operatorname{erfc}\left(x/\sqrt{2}\right) \tag{F.8}$$

위의 식은 Q 함수는 아니지만 erfc는 MATLAB 보조 프로그램에 포함되어 있기 때문에 MATLAB를 사용하여 계산할 때 편리하다.

$Q(x)$에 대한 짧은 표를 표 F.1에 나타내었다. $x<0$일 때 $Q(x)$의 값은 아래와 같은 관계를 사용하여 표에서 찾을 수 있다.

$$Q(x) = 1 - Q(|x|), \quad x < 0 \tag{F.9}$$

예를 들어, 표 F.1에서 $Q(-0.1) = 1 - Q(0.1) = 1 - 0.46017 = 0.53983$이다.

F.2 삼각 항등식

$$\cos(u) = \frac{e^{ju} + e^{-ju}}{2}$$

$$\sin(u) = \frac{e^{ju} - e^{-ju}}{2j}$$

$$\cos^2(u) + \sin^2(u) = 1$$

$$\cos^2(u) - \sin^2(u) = \cos(2u)$$

$$2\sin(u)\cos(u) = \sin(2u)$$

$$\cos(u)\cos(v) = \frac{1}{2}\cos(u-v) + \frac{1}{2}\cos(u+v)$$

$$\sin(u)\cos(v) = \frac{1}{2}\sin(u-v) + \frac{1}{2}\sin(u+v)$$

$$\sin(u)\sin(v) = \frac{1}{2}\cos(u-v) - \frac{1}{2}\cos(u+v)$$

$$\cos(u \pm v) = \cos u \cos v \mp \sin u \sin v$$

$$\sin(u \pm v) = \sin u \cos v \pm \cos u \sin v$$

$$\cos^2(u) = \frac{1}{2} + \frac{1}{2}\cos(2u)$$

$$\cos^{2n}(u) = \frac{1}{2^{2n}}\left[\sum_{k=0}^{n-1} 2\binom{2n}{k}\cos 2(n-k)u + \binom{2n}{n}\right]$$

$$\cos^{2n-1}(u) = \frac{1}{2^{2n-2}}\left[\sum_{k=0}^{n-1} 2\binom{2n-1}{k}\cos(2n-2k-1)u\right]$$

$$\sin^2(u) = \frac{1}{2} - \frac{1}{2}\cos(2u)$$

$$\sin^{2n}(u) = \frac{1}{2^{2n}}\left[\sum_{k=0}^{n-1}(-1)^{n-k}\, 2\binom{2n}{k}\cos 2(n-k)u + \binom{2n}{n}\right]$$

$$\sin^{2n-1}(u) = \frac{1}{2^{2n-2}}\left[\sum_{k=0}^{n-1}(-1)^{n+k-1}\, 2\binom{2n-1}{k}\sin(2n-2k-1)u\right]$$

F.3 급수 전개

$$(u+v)^n = \sum_{k=0}^{n}\binom{n}{k}u^{n-k}v^k, \quad \binom{n}{k} = \frac{n!}{(n-k)!k!}$$

Letting $u = 1$ and $v = x$ where $|x| \ll 1$ results in the approximations:

$$(1+x)^n \cong 1 + nx; \quad (1-x)^n \cong 1 - nx; \quad (1+x)^{1/2} \cong 1 + \frac{1}{2}x$$

$$\log_a u = \log_e u \log_a e; \quad \log_e u = \ln u = \log_e a \log_a u$$

$$e^u = \sum_{k=0}^{\infty} u^k/k! \cong 1 + u, \quad |u| \ll 1$$

$$\ln(1+u) \cong u, \quad |u| \ll 1$$

$$\sin u = \sum_{k=0}^{\infty}(-1)^k \frac{u^{2k+1}}{(2k+1)!} \cong u - u^3/3!, \quad |u| \ll 1$$

$$\cos u = \sum_{k=0}^{\infty}(-1)^k \frac{u^{2k}}{(2k)!} \cong 1 - u^2/2!, \quad |u| \ll 1$$

$$\tan u = u + \frac{1}{3}u^3 + \frac{2}{15}u^5 + \ \ldots$$

$$J_n(u) \cong \begin{cases} \dfrac{u^n}{2^n n!}\left[1 - \dfrac{u^2}{2^2(n+1)} + \dfrac{u^4}{2 \cdot 2^4 (n+1)(n+2)} - \ \ldots\right], & |u| \ll 1 \\ \sqrt{\dfrac{2}{\pi u}}\cos(u - n\pi/2 - \pi/2), & |u| \gg 1 \end{cases}$$

$$I_0(u) \cong \begin{cases} 1 + \dfrac{u^2}{2^2} + \dfrac{u^4}{2^4} + \ \ldots \cong e^{u^2/4}, & 0 \le u \ll 1 \\ \dfrac{e^u}{\sqrt{2\pi u}}, & u \gg 1 \end{cases}$$

F.4 적분

F.4.1 부정적분

$$\int \sin(ax)\,dx = -\frac{1}{a}\cos(ax)$$

$$\int \cos(ax)\,dx = \frac{1}{a}\sin(ax)$$

$$\int \sin^2(ax)\,dx = \frac{x}{2} - \frac{1}{4a}\sin(2ax)$$

$$\int \cos^2(ax)\,dx = \frac{x}{2} + \frac{1}{4a}\sin(2ax)$$

$$\int x\sin(ax)\,dx = a^{-2}[\sin(ax) - ax\cos(ax)]$$

$$\int x\cos(ax)\,dx = a^{-2}[\cos(ax) + ax\sin(ax)]$$

$$\int x^m\sin(x)\,dx = -x^m\cos(x) + m\int x^{m-1}\cos(x)\,dx$$

$$\int x^m\cos(x)\,dx = x^m\sin(x) - m\int x^{m-1}\sin(x)\,dx$$

$$\int \exp(ax)\,dx = a^{-1}\exp(ax)$$

$$\int x^m\exp(ax)\,dx = a^{-1}x^m\exp(ax) - a^{-1}m\int x^{m-1}\exp(ax)\,dx$$

$$\int \exp(ax)\sin(bx)\,dx = \left(a^2+b^2\right)^{-1}\exp(ax)[a\sin(bx) - b\cos(bx)]$$

$$\int \exp(ax)\cos(bx)\,dx = \left(a^2+b^2\right)^{-1}\exp(ax)[a\cos(bx) + b\sin(bx)]$$

F.4.2 정적분

$$\int_0^\infty \frac{x^{m-1}}{1+x^n}dx = \frac{\pi/n}{\sin(m\pi/n)},\quad n > m > 0$$

$$\int_0^\pi \sin^2(nx)\,dx = \int_0^\pi \cos^2(nx)\,dx = \pi/2,\quad n \text{ an integer}$$

$$\int_0^\pi \sin(mx)\sin(nx)\,dx = \int_0^\pi \cos(mx)\cos(nx)\,dx = 0,\ m \neq n,\ m \text{ and } n \text{ integer}$$

$$\int_0^\pi \sin(mx)\cos(nx)\,dx = \begin{cases} 2\mathrm{m}/\left(m^2-n^2\right), & m+n \text{ odd} \\ 0, & m+n \text{ even}\end{cases}$$

$$\int_0^\infty x^{a-1}\cos bx\,dx = \frac{\Gamma(a)}{b^a}\cos(\pi a/2),\quad 0 < |a| < 1,\ b > 0$$

$$\int_0^\infty x^{a-1}\sin bx\,dx = \frac{\Gamma(a)}{b^a}\sin(\pi a/2),\quad 0<|a|<1,\ b>0$$

$$\int_0^\infty x^n \exp(-ax)\,dx = n!/a^{n+1},\ n \text{ an integer and } > 0$$

$$\int_0^\infty \exp\left(-a^2x^2\right)dx = \frac{\sqrt{\pi}}{2\,|a|}$$

$$\int_0^\infty x^{2n}\exp\left(-a^2x^2\right)dx = \frac{1\cdot 3\cdot 5\ldots(2n-1)\sqrt{\pi}}{2^{n+1}a^{2n+1}},\ a>0$$

$$\int_0^\infty \exp(-ax)\cos(bx)\,dx = \frac{a}{a^2+b^2},\ a>0$$

$$\int_0^\infty \exp(-ax)\sin(bx)\,dx = \frac{b}{a^2+b^2},\ a>0$$

$$\int_0^\infty \exp\left(-a^2x^2\right)\cos(bx)\,dx = \frac{\sqrt{\pi}}{2a}\exp\left(-\frac{b^2}{4a^2}\right)$$

$$\int_0^\infty x\exp\left(-ax^2\right)I_k(bx)\,dx = \frac{1}{2a}\exp\left(-\frac{b^2}{4a}\right),\ a>0$$

$$\int_0^\infty \frac{\cos(ax)}{b^2+x^2}\,dx = \frac{\pi}{2b}\exp(-ab),\ a>0,\ b>0$$

$$\int_0^\infty \frac{x\sin(ax)}{b^2+x^2}\,dx = \frac{\pi}{2}\exp(-ab),\ a>0,\ b>0$$

$$\int_0^\infty \operatorname{sinc}(x)\,dx = \int_0^\infty \operatorname{sinc}^2(x)\,dx = \frac{1}{2}$$

F.5 푸리에 변환쌍

Signal	Fourier transform
$\Pi(t/\tau) = \begin{cases} 1, & \lvert t\rvert \le \tau/2 \\ 0, & \text{otherwise} \end{cases}$	$\tau\operatorname{sinc}(f\tau) = \tau\dfrac{\sin(\pi f\tau)}{\pi f\tau}$
$2W\operatorname{sinc}(2Wt)$	$\Pi(f/2W)$
$\Lambda(t/\tau) = \begin{cases} 1-\lvert t\rvert/\tau, & \lvert t\rvert \le \tau \\ 0, & \text{otherwise} \end{cases}$	$\tau\operatorname{sinc}^2(f\tau)$
$W\operatorname{sinc}^2(Wt)$	$\Lambda(f/W)$
$\exp(-\alpha t)u(t),\ \alpha>0$	$1/(\alpha+j2\pi f)$
$t\exp(-\alpha t)u(t),\ \alpha>0$	$1/(\alpha+j2\pi f)^2$
$\exp(-\alpha\lvert t\rvert),\ \alpha>0$	$2\alpha/\left[\alpha^2+(2\pi f)^2\right]$

Signal	Fourier transform
$\exp\left[-\pi (t/\tau)^2\right]$	$\tau \exp\left[-\pi (\tau f)^2\right]$
$\delta(t)$	1
1	$\delta(f)$
$\cos\left(2\pi f_0 t\right)$	$\frac{1}{2}\delta(f - f_0) + \frac{1}{2}\delta(f + f_0)$
$\sin\left(2\pi f_0 t\right)$	$\frac{1}{2j}\delta(f - f_0) - \frac{1}{2j}\delta(f + f_0)$
$u(t)$	$\frac{1}{j2\pi f} + \frac{1}{2}\delta(f)$
$1/(\pi t)$	$-j\mathrm{sgn}(f);\ \mathrm{sgn}(f) = \begin{cases} 1, & f > 0 \\ -1, & f < 0 \end{cases}$
$\sum_{m=-\infty}^{\infty} \delta\left(t - mT_s\right)$	$f_s \sum_{n=-\infty}^{\infty} \delta\left(f - nf_s\right);\ f_s = 1/T_s$

F.6 푸리에 변환 정리

Name	Time-domain operation (signals assumed real)	Frequency-domain operation
Superposition	$a_1 x_1(t) + a_2 x_2(t)$	$a_1 X_1(f) + a_2 X_2(f)$
Time delay	$x\left(t - t_0\right)$	$X(f)\exp\left(-j2\pi t_0 f\right)$
Scale change	$x(at)$	$\lvert a\rvert^{-1} X(f/a)$
Time reversal	$x(-t)$	$X(-f) = X^*(f)$
Duality	$X(t)$	$x(-f)$
Frequency translation	$x(t)\exp\left(j2\pi f_0 t\right)$	$X\left(f - f_0\right)$
Modulation	$x(t)\cos\left(2\pi f_0 t\right)$	$\frac{1}{2}X(f - f_0) + \frac{1}{2}X(f + f_0)$
Convolution [4]	$x_1(t) * x_2(t)$	$X_1(f)X_2(f)$
Multiplication	$x_1(t)x_2(t)$	$X_1(f) * X_2(f)$
Differentiation	$\frac{d^n x(t)}{dt^n}$	$(j2\pi f)^n X(f)$
Integration	$\int_{-\infty}^{t} x(\lambda)\,d\lambda$	$X(f)/(j2\pi f) + \frac{1}{2}X(0)\delta(f)$

4 $x_1(t) * x_2(t) \triangleq \int_{-\infty}^{\infty} x_1(\lambda)x_2(t-\lambda)d\lambda$.

국문 · 영문 용어 정리

Absorption 흡수

Adaptive equalization 적응 등화

Adaptive filter 적응 필터

Administrative Radio Conference 전파관리협의회

Advanced Mobile Phone System 고등 이동 전화 시스템

Advanced Technology Satellite 고등 기술 위성

Aliasing 엘리어싱

Alphabet 알파벳

Amplitude density spectrum 진폭 밀도 스펙트럼

Amplitude distortion 진폭 왜곡

Amplitude jitter 진폭지터

Amplitude modulation(AM) 진폭 변조(AM)

Amplitude-shift keying(ASK) 진폭 천이 변조(ASK)

Amplitude spectrum 진폭 스펙트럼

Analog baseband system 아날로그 기저대역 시스템

Analog pulse modulation 아날로그 펄스 변조

Analog signal 아날로그 신호

Analog-to-digital conversion 아날로그-디지털 변환

Analytic signal 분석 신호

Angle modulation 각 변조

Antipodal signals 대척 신호

Aperiodic signal 비주기 신호

A posteriori probability 사후 확률

Apparent carrier 피상반송파

Arithmetical average 산술 평균

Asynchronous system 비동기 시스템

Atmospheric attenuation 대기 감쇠

Atmospheric noise 대기잡음

Attenuator noise 감쇠기 잡음

Autocorrelation function 자기상관 함수

Available power 가용 전력

Available power gain 가용 전력 이득

Average cost 평균 비용

Average information 평균 정보

Average power 평균 전력

Average uncertainty 평균 불확실도

AWGN model AWGN 모델

Balanced discriminator 균형 변별기

Bandlimited channels 대역 제한 채널

Bandlimited white noise 대역 제한 백색잡음

Bandpass limiter 대역통과 제한기

Bandpass signals 대역통과 신호

Bandpass systems 대역통과 시스템

Bandwidth 대역폭

Barker sequence 바커 시퀀스

Baseband 기저대역

Baseband data transmission 기저대역 데이터 전송

Basis vector set 기저 벡터 집합

Bayes detection 베이즈 검출

Bayes estimation 베이즈 추정

Bayes' rule 베이즈 규칙

Bessel filter 베셀 필터

Bessel function, table of 베셀 함수표

Bessel polynomial 베셀 다항식

BIBO stability BIBO 안정도

Binary random waveform 이진 랜덤 파형

Binary system 이진 시스템

Binary unit 이진 단위

Binit 비니트

Binomial coefficient 이항 계수

Binomial distribution 이항 분포

Binomial theorem 이항 정리
Biphase-shift keying(BPSK) 이진 위상 천이 변조(BPSK)
Bit 비트
Bit-rate bandwidth 비트율 대역폭
Bit synchronization 비트 동기화
Boltzmann's constant 볼츠만 상수
Burst-error-correcting code 연집 오류 정정 부호
Butterworth filter 버터워스 필터

Capacity limits 용량 한계치
Carrier frequency 반송파 주파수
Carrier nulls 반송파 영점
Carrier recovery 반송파 복원
Carrier reinsertion 반송파 재삽입
Carrier synchronization 반송파 동기화
Carson's rule 카슨의 법칙
Causal system 인과 시스템
Cellular mobile radio 셀룰러 이동 무선
Central-limit theorem 중심 극한 정리
Channel 채널
Channel capacity 채널 용량
Characteristic function 특성 함수
Chebyshev filter 체비셰프 필터
Chebyshev inequality 체비셰프 부등식
Chebyshev polynomial 체비셰프 다항식
Chip period 칩 주기
Chi-square statistics 카이제곱 통계량
Cochannel interference 동일 채널 간섭
Code synchronization 부호 동기화
Coding 부호화
Coherent demodulation 위상동기 복조
Communication system 통신 시스템
Communication theory 통신 이론
Commutator 발신기
Companding 압신
Compound event 복합 사건
Complementary error function 상보 오류 함수
Complex envelope 복소 포락선
Compressor 압축기
Conditional expectation 조건부 기댓값
Conditional entropy 조건부 엔트로피
Conditional mean 조건부 평균
Conditional probability 조건부 확률
Conditional probability density 조건부 확률 밀도
Conditional risk 조건부 위험도
Consistent estimate 일관성 추정치
Constraint span 구속 범위
Continuous-phase modulation(CPM) 연속 위상 변조(CPM)
Convolution 컨벌루션
Convolutional code 길쌈 부호
Convolution theorem 컨벌루션 정리
Correct detection 정확한 검출
Correlation 상관
Correlation coefficient 상관 계수
Correlation detection 상관 검출
Cost of making a decision 판정 비용
Costas phase-lock loop 코스타스 위상동기 루프
Covariance 공분산
Cramer-Rao inequality 크래머-라오 부등식
Cross-correlation function 교차상관 함수
Cross-power 교차전력
Cross-power spectral density 교차전력 스펙트럼 밀도
Crosstalk 혼신
Cumulative distribution function 누적 분포 함수
Cycle-slipping phenomenon 주기-미끄러짐 현상
Cyclic codes 순회 부호
Cyclic prefix 순회 전치 부호
Cyclostationary process 주기적 정상 과정

Data transmission 데이터 전송

Data vector 데이터 벡터
Decimation in time and frequency 시간과 주파수 간축
Decision rule 판정 기준
De-emphasis 디엠퍼시스
Delay distortion 지연 왜곡
Delay spread 지연 확산
Delta function 델타 함수
Delta modulation 델타 변조
Demodulation phase errors 복조 위상 오차
Detection(statistical) 검출(통계적)
Detection gain 검출 이득
Deviation ratio 편이율
Differential encoding 차동 부호화
Differential phase-shift keying(DPSK) 차동 위상 천이 변조(DPSK)
Differentiation theorem 미분 정리
Diffuse multipath 산란 다중경로
Digital audio broadcasting 디지털 오디오 방송
Digital signal 디지털 신호
Digital telephone system 디지털 전화 시스템
Digital-to-analog conversion 디지털-아날로그 변환
Dimensionality theorem 차원 정리
Direct sequence(DS) spread-spectrum 직접 시퀀스(DS) 확산 대역
Dirichlet conditions 디리클레 조건
Discrete Fourier transform 이산 푸리에 변환
Discriminator 변별기
Distortion 왜곡
Distortionless transmission 무왜곡 전송
Diversity transmission 다이버시티 전송
Double-sideband modulation(DSB) 양측파대 변조(DSB)
Duality theorem 쌍대 정리

Effective carrier 유효 반송파
Effective noise temperature 유효 잡음 온도
Effective radiated power 유효 방사 전력
Efficient estimate 효율성 추정치
Electromagnetic spectrum 전자기적 스펙트럼
Electromagnetic-wave propagation channels 전자기파 전파 채널
Energy 에너지
Energy signal 에너지 신호
Energy spectral density 에너지 스펙트럼 밀도
Ensemble 앙상블
Entropy 엔트로피
Envelope 포락선
Envelope detection 포락선 검출
Envelope-phase representation of noise 잡음의 포락선 위상 표현
Equal gain combining 동이득 결합
Equalization 등화
Equivalent noise temperature 등가잡음 온도
Ergodic process 에르고딕 과정
Error correcting codes 오류 정정 부호
Error-detection feedback 오류 검출 궤환
Error function 오류 함수
Error probability 오류 확률
Estimation 추정
Euler's theorem 오일러 정리
Event 사건
Excess phase 초과 위상
Expander 확장기
Expectation 기댓값
Extended source 확장된 정보원
Eye diagrams 눈 다이어그램

Fading 페이딩
Fading margin 페이딩 마진
False alarm 오경보
Fast Fourier transform 고속 푸리에 변환

Fast frequency-shift keying(FFSK) 고속 주파수 천이 변조(FFSK)
Fast hop 빠른 도약
Federal Communications Commission(FCC) 연방통신위원회(FCC)
Feedback channels 궤환 채널
Feedback demodulators 궤환 복조기
Filter 필터
Filtered Gaussian process 필터링된 가우시안 과정
Fixed system 고정 시스템
Fourier coefficients 푸리에 계수
Fourier series 푸리에 급수
Fourier transforms 푸리에 변환
Frame 프레임
Free distance 자유거리
Free-space loss 자유 공간 손실
Free-space propagation 자유 공간 전파
Frequency bands 주파수 대역
Frequency deviation 주파수 편이
Frequency diversity 주파수 다이버시티
Frequency divider 주파수 분할기
Frequency division multiplexing 주파수 분할 다중화
Frequency-domain analysis 주파수 영역 해석
Frequency hopped(FH) spread-spectrum 주파수 도약 확산 대역
Frequency modulation 주파수 변조
Frequency multiplier 주파수 곱셈기
Frequency reuse 주파수 재사용
Frequency-shift keying(FSK) 주파수 천이 변조(FSK)
Frequency translation 주파수 이전
Frequency translation theorem 주파수 이전 정리
Friis' formula Friis 공식
Fundamental period 기본 주기
Fundamental theorem of information theory 정보 이론의 기본 정리

Gamma function 감마 함수
Gaussian MSK 가우시안 MSK
Gaussian process 가우시안 과정
Gaussian Q-function 가우시안 Q 함수
Generator matrix 생성 행렬
Geometric distribution 기하 분포
Global positioning system 위성 위치 확인 시스템
Global system for mobile GSM 이동 통신
Golay code 골레이 부호
Gram-Schmidt procedure 그램-슈미트 절차
Gray code 그레이 부호
Group codes 그룹 부호
Group delay 그룹 지연
Guided electromagnetic-wave channel 유도 전자기파 채널

Halfwave symmetry 반파 대칭
Hamming codes 해밍 부호
Hamming distance 해밍 거리
Hamming weight 해밍 무게
Handoff 핸드오프
Harmonic frequencies 고조파 주파수
Hartley 하틀리
High-side tuning 상측 튜닝
Hilbert transforms 힐버트 변환
History of communications 통신의 역사
Huffman code 허프만 부호

Ideal discriminator 이상적인 변별기
Ideal filters 이상적인 필터
Image frequency 환상 주파수
Impulse function 임펄스 함수
Impulse noise 임펄스 잡음
Impulse response 임펄스 응답

Indirect frequency modulation 간접 주파수 변조
Information 정보
Information feedback 정보 궤환
Information rate 정보율
Information theory 정보 이론
Instantaneous sampling 순시 표본화
Intangible economy 무형 경제
Integrals(table of) 적분(표)
Integrate-and-dump detector 적분-덤프 검출기
Integration theorem 적분 정리
Interference 간섭
Interleaved codes 인터리빙된 부호
Intermediate frequency 중간 주파수
Intermodulation distortion 상호 변조 왜곡
International Telecommunication Union(ITU) 국제통신연합(ITU)
Intersymbol interference 심벌간 간섭
Isotropic radiation 등방성 방사

Jacobian 야코비안
Joint entropy 결합 엔트로피
Joint event 결합 사건
Jointly Gaussian random variables 결합 가우시안 랜덤변수
Joint probability 결합 확률

Kraft inequality 크래프트 부등식
Kronecker delta 크로네커 델타

Laplace approximation 라플라스 근사
Last mile problem 최종단 문제
Likelihood ratio 우도비
Limiter 제한기
Line codes 선 부호
Linear systems 선형 시스템
Line codes 선 부호
Line spectra 선 스펙트럼
Local multipoint distribution system(LMDS) 지역 다지점 분배 시스템(LMDS)
Local oscillator 국부 발진기
Lower sideband 하측파대
Low-side tuning 하측 튜닝

Manchester data format 맨체스터 데이터 형태
Marginal probability 부분 확률
Marker code 마커 부호
M-ary hypothesis test *M*진 가설 검증
M-ary systems *M*진 시스템
MAP receivers MAP 수신기
Matched filter 정합 필터
Maximum a posterior(MAP) detection 최대 사후(MAP) 검출
Maximum a posterior(MAP) estimation 최대 사후(MAP) 추정
Maximum a posterior(MAP) receivers 최대 사후(MAP) 수신기
Maximum likelihood estimation 최대 우도 추정
Maximum power transfer 최대 전력 전달
Maximum ratio combining 최대비 결합
Mean-square error 평균 제곱 오차
Measure(probability) 척도(확률)
Message signal 메시지 신호
Minimax detector 최소최대 검출기
Minimum mean-square error equalization 최소 평균 제곱 오차 등화
Minimum probability of error detection 최소 오류 검출 확률
Minimum-shift keying(MSK) 최소 천이 변조(MSK)
Missed detection 미검출

Mixing 혼합
Model(signal) 모델(신호)
Modulation 변조
Modulation factor 변조 인자
Modulation index 변조 지수
Modulation theorem 변조 정리
Moment generating function 모멘트 생성 함수
Monte Carlo simulation 몬테 카를로 모의실험
m-sequence *m*-시퀀스
Multichannel multipoint distribution system(MMDS) 다중 채널 다지점 분배 시스템(MMDS)
Multipath 다중경로
Multiple access 다중접속
Multiple-input multiple-output(MIMO) 다중 입력 다중 출력(MIMO)
Multiple observations(estimates based on) 다중 관측(추정치 기반)
Multiplexing 다중화
Multiplication theorem 곱셈 정리
Mutual information 상호 정보량

Narrowband angle modulation 협대역 각 변조
Narrowband noise model 협대역 잡음 모델
Narrowband-to-wideband conversion 협대역 광대역 변환
Nat 나트
Negative frequency 음의 주파수
Negative modulation factor 음의 변조 인자
Neyman-Pearson detection 노이만-피어슨 검출
Noise 잡음
Noiseless coding theorem 무잡음 부호화 정리
Noncoherent digital system 위상비동기 디지털 시스템
Nonlinear distortion 비선형 왜곡
Non-return-to-zero(NRZ) data format NRZ 데이터 포맷
Norm(in signal space) 놈(신호 공간에서)
Normalized energy 정규화 에너지
Normalized power 정규화 전력
Norton circuit Norton 회로
Null event 공사건
Null-zone receiver 영 지역 수신기
Nyquist criterion(zero ISI) 나이퀴스트 기준(ISI 무발생)
Nyquist frequency 나이퀴스트 주파수
Nyquist pulse-shaping criterion 나이퀴스트 펄스 성형 기준
Nyquist' s formula 나이퀴스트 공식
Nyquist' s theorem 나이퀴스트 정리

Observation space 관측 공간
Offset quadriphase-shift keying(OQPSK) 오프셋 4위상 천이 변조(OQPSK)
On-off keying 온오프 변조
Optimal modulation 최적 변조
Optimal threshold 최적 임계치
Order of diversity 다이버시티 차수
Origin encirclement 원점 포위
Orthogonal processes 직교 과정
Orthogonal signals 직교 신호
Orthonormal basis set 정규 직교 기저 집합
Outcomes 성과

Paley-Weiner criterion 페일리-위너 기준
Parameter estimation 파라미터 추정
Parity check codes 패리티 검사 부호
Parseval' s theorem 파시발 정리
Partially coherent system 부분적 위상동기 시스템
Percent modulation 퍼센트 변조
Period 주기
Periodic signal 주기 신호
Phase delay 위상 지연
Phase detector 위상 검출기
Phase deviation 위상 편이

Phase distortion 위상 왜곡
Phase-lock loop(PLL) 위상동기 루프(PLL)
Phase modulation 위상 변조
Phase-plane 위상 평면
Phase response function 위상 응답 함수
Phase-shift keying(PSK) 위상 천이 변조(PSK)
Phase-shift modulator 위상 천이 변조기
Phase spectrum 위상 스펙트럼
Phase trellis 위상 격자
Phasor signal 페이저 신호
Photodiode 광전 다이오드
Pilot carrier 파일럿 반송파
Pilot clock 파일럿 클락
Planck's constant 플랭크 상수
Poisson approximation 포아송 근사
Poisson distribution 포아송 분포
Poisson sum formula 포아송 합 공식
Polar RZ pulse 극성 RZ 펄스
Postdetection combining 검출후 결합
Postdetection filter 검출후 필터
Power 전력
Power-efficient modulation 전력 효율적 변조
Power gain 전력 이득
Power limited operation 전력 제한 동작
Power margin 전력 마진
Power signal 전력 신호
Power spectral density 전력 스펙트럼 밀도
Predetection combining 검출전 결합
Predetection filter 검출전 필터
Pre-emphasis and de-emphasis 프리엠퍼시스 및 디엠퍼시스
Probability 확률
Probability density functions 확률 밀도 함수
Probability(cumulative) distribution functions 확률(누적) 분포 함수
Pseudo-noise(PN) sequences 의사잡음(PN) 시퀀스
Pulse-amplitude modulation(PAM) 펄스 진폭 변조(PAM)
Pulse-code modulation(PCM) 펄스 부호 변조(PCM)
Pulse correlation function 펄스상관 함수
Pulse-position modulation(PPM) 펄스 위치 변조(PPM)
Pulse resolution 펄스 해상도
Pulse-width modulation(PWM) 펄스 폭 변조(PWM)
Puncturing 천공

Q-function Q 함수
Quadrature-component representation of noise 잡음의 직교 성분 표현
Quadrature double-sideband(QDSB) 직교 양측파대(QDSB)
Quadrature multiplexing 직교 다중화
Quadriphase-shift keying(QPSK) 4위상 천이 변조(QPSK)
Quantizing 양자화
Quantum noise 양자잡음

Radio frequency filter 무선 주파수 필터
Raised cosine spectra 상승 여현 스펙트럼
Random process 랜덤 과정
Random signal 랜덤 신호
Random telegraph waveform 랜덤 전신 파형
Random variable 랜덤변수
Rayleigh's energy theorem 레일리의 에너지 정리
Receiver 수신기
Receiver operating characteristic 수신기 동작 특성
Recursive symmetric convolutional coder 순환 대칭 길쌈 부호화기
Relative frequency 상대 도수
Reliability 신뢰도
Repetition code 반복 부호
Rerurn-to-zero(RZ) data format 제로-복귀(RZ) 데이터 포맷

Rice-Nakagami(Ricean) pdf 라이스-나카가미(라이시안) pdf
Ricean K factor 라이시안 K 인자
Risetime 상승시간
Roll-off factor 롤오프 인자
Rotating phasor 회전 페이저
Run-length codes 연속-길이 부호

S

Sallen-Key circuit 샐렌-키 회로
Sample function 표본 함수
Sample space 표본 공간
Sampling 표본화
Scalar product 스칼라적
Scale-change theorem 축척 변화 정리
Schottky's theorem 쇼트키 정리
Schwarz inequality 슈바르츠 부등식
Selection combining 선택 결합
Selectivity 선택도
Self-synchronization 자기동기화
Sensitivity 감도
Serial MSK 직렬 MSK
Series expansions 급수 전개
Set partitioning 집합 분할
Shannon-Fano codes 샤논-파노 부호
Shannon-Hartley law 샤논-하틀리 법칙
Shannon's first theorem(noiseless coding) 샤논 첫 번째 정리(무잡음 부호화)
Shannon's second theorem(fundamental theorem) 샤논 두 번째 정리(기본 정리)
Shannon limit 샤논 한계
Shot noise 산탄잡음
Sifting property 택출성
Signal 신호
Signal-to-noise ratio(SNR) 신호 대 잡음비(SNR)
Signal-to-interference ratio(SIR) 신호 대 간섭비(SIR)
Signum function 시그넘 함수
Sinc function 싱크 함수
Sine-integral function 사인-적분 함수
Single-sideband modulation(SSB) 단측파대(SSB) 변조
Singularity functions 특이 함수
Slope overload 경사 과부하
Slow hop 느린 도약
Smart antennas 스마트 안테나
Soft decision metric 연판정 측정기준
Source coding 정보원 부호화
Source extension 정보원 확장
Span(vector space) 범위(벡터 공간)
Spectrum 스펙트럼
Spherics 전자 기상학
Spike noise 스파이크 잡음
Split-phase data format 분할 위상 데이터 형식
Spreading code 확산 부호
Spread-spectrum communications 확산 대역 통신
Squared-error cost function 제곱 오차 비용 함수
Square-law detectors 제곱 검출기
Squaring loop 제곱 루프
Square-well cost function 사각 우물 비용 함수
Stability(BIBO) 안정도(BIBO)
Staggered QPSK 엇갈림 QPSK
Standard deviation 표준 편차
Standard temperature 표준온도
State diagram 상태도
Stationary process 정상 과정
Statistical averages 통계 평균
Statistical independence 통계적 독립
Statistical irregularity 통계적 불규칙성
Step function 계단 함수
Stereophonic broadcasting 입체음향 방송
Stochastic process 확률 과정
Strict-sense stationary 엄격한 의미의 정상성
Sufficient statistic 충분 통계 값

Superheterodyne receiver 슈퍼헤테로다인 수신기
Superposition integral 중첩 적분
Superposition theorem 중첩 정리
Suppressed carrier 억압 반송파
Survivor 생존자
Symbol 심벌
Symbol synchronization 심벌 동기화
Symmetry properties 대칭성
Synchronous demodulation 동기 복조
Synchronous system 동기 시스템
Synchronization 동기화
Syndrome 증후군
System 시스템

Tables 표
Tapped delay-line 탭 지연선
Telephone system 전화 시스템
Thermal noise 열잡음
Thevenin circuit 테브닝 회로
Threshold effect 임계 효과
Threshold extension(PLL) 임계치 확장(PLL)
Threshold of test 시험 임계치
Time average autocorrealtion 시간평균 자기상관
Time-delay theorem 시간 지연 정리
Time diversity 시간 다이버시티
Time-division multiplexing 시분할 다중화
Time-domain analysis 시간 영역 해석
Time-invariant system 시불변 시스템
Timing error(jitter) 타이밍 오차(지터)
Torrieri approximation Torrieri 근사
Trans-Atlantic/Pacific cable 대서양/태평양 횡단 케이블
Transducer 변환기
Transfer function 전달 함수
Transform theorems 변환 정리
Transition probability 천이 확률
Transmission bandwidth 전송 대역폭
Transmitter 송신기
Trans-Atlantic and Pacific cable 대서양/태평양 횡단 케이블
Transparent reception 투명한 수신
Transversal filter 트랜스버설 필터
Trapezoidal integration 부등변 4각형 적분
Tree diagram 나무 다이어그램
Trellis-coded modulation(TCM) 격자 부화 변조(TCM)
Trellis diagram 격자상도
Triangle inequality 삼각 부등식
Trigonometric identities 삼각 항등식
Turbo code 터보 부호
Turbo information processing 터보 정보 처리

Unbiased estimate 공정성 추정치
Uncertainty 불확실도
Uniform sampling theorem 균일 표본화 정리
Unipolar pulse 단극성 펄스
Upper sideband 상측파대

Variance 분산
Vector observation 벡터 관측
Vector space 벡터 공간
Venn diagram 벤 다이어그램
Vertices of a hypercube signaling 초입방체 시그널링을 위한 정점
Vestigial-sideband modulation(VSB) 잔류측파대 변조(VSB)
Viterbi algorithm 비터비 알고리즘
Vocoder 보코더
Voice over internet 인터넷 전화
Voltage controlled oscillator(VCO) 전압 제어 발진기(VCO)

W

Wavelength division multiplexing 파장 분할 다중화
Wiener filter 위너 필터
Whitening filter 백색화 필터
White noise 백색잡음
Wide sense stationary 광의의 정상성
Weiner-Hopf equations 위너-호프 방정식
Wiener-Khinchine theorem 위너-킨친 정리
Wiener optimum filter 위너 최적 필터
Word synchronization 워드 동기화
World Radio Conference 세계전파통신협의회

Y-factor method Y-인자 방법

Zero-crossing statistics 영교차 통계
Zero-forcing equalization 영점 강요 등화
Zero-ISI condition ISI 무발생 조건
Zero-order hold reconstruction 0차 지속 복원

찾아보기

ㄴ

ㄷ

ㅎ

역자 소개

박상규

미국 미시간대학교 앤아버캠퍼스 공학박사
한양대학교 정보통신처장 및 대한전자공학회 통신연구회 위원장 역임
현 한양대학교 융합전자공학부 교수

오성근

한국과학기술원 공학박사
한국통신학회 상임이사 및 이동통신연구회 위원장 역임
현 아주대학교 전자공학과 교수

윤동원

한양대학교 공학박사
현 신호정보특화연구센터장
　한양대학교 융합전자공학부 교수

이재진

미국 조지아공과대학교 공학박사
현 대한전자공학회 통신소사이어티 회장
　숭실대학교 전자정보공학부 교수